张彦仲科学文集

（中文部分）

张彦仲 著

2001 年当选中国工程院院士

1984年剑桥大学三一学院博士毕业

父亲张孔玉、母亲孙紫云

成长照片

1962 年西北大学物理系毕业，后排右一为张彦仲

2001 年叔侄二人同当院士，叔张殿琳（左二）、侄张彦仲（左一）

2009 年与夫人参加剑桥大学 800 年校庆

1989 年任悉尼大学客座教授

树雄心立壮志
向科学技术现
代化進軍
华国锋

奖状

0001122

为表扬在我国科学技术工作中作出重大贡献的先进工作者和先进集体，特颁发此奖状，以资鼓励。

受奖者：张彦仲

全国科学大会
一九七八年

1978 年 3 月全国科学大会奖状

1978 年 11 月考察 NASA 发动机高空试车台（后排右一为张彦仲）

1981 年与导师 P.J.W. Rayner 教授夫妇

1983 年与诺贝尔奖获得者、剑桥大学三一学院院长 Sir A.L. Hodgkin 勋爵夫妇

1989 年会见著名数学家、剑桥大学三一学院院长 Sir M.F. Atiyah 勋爵

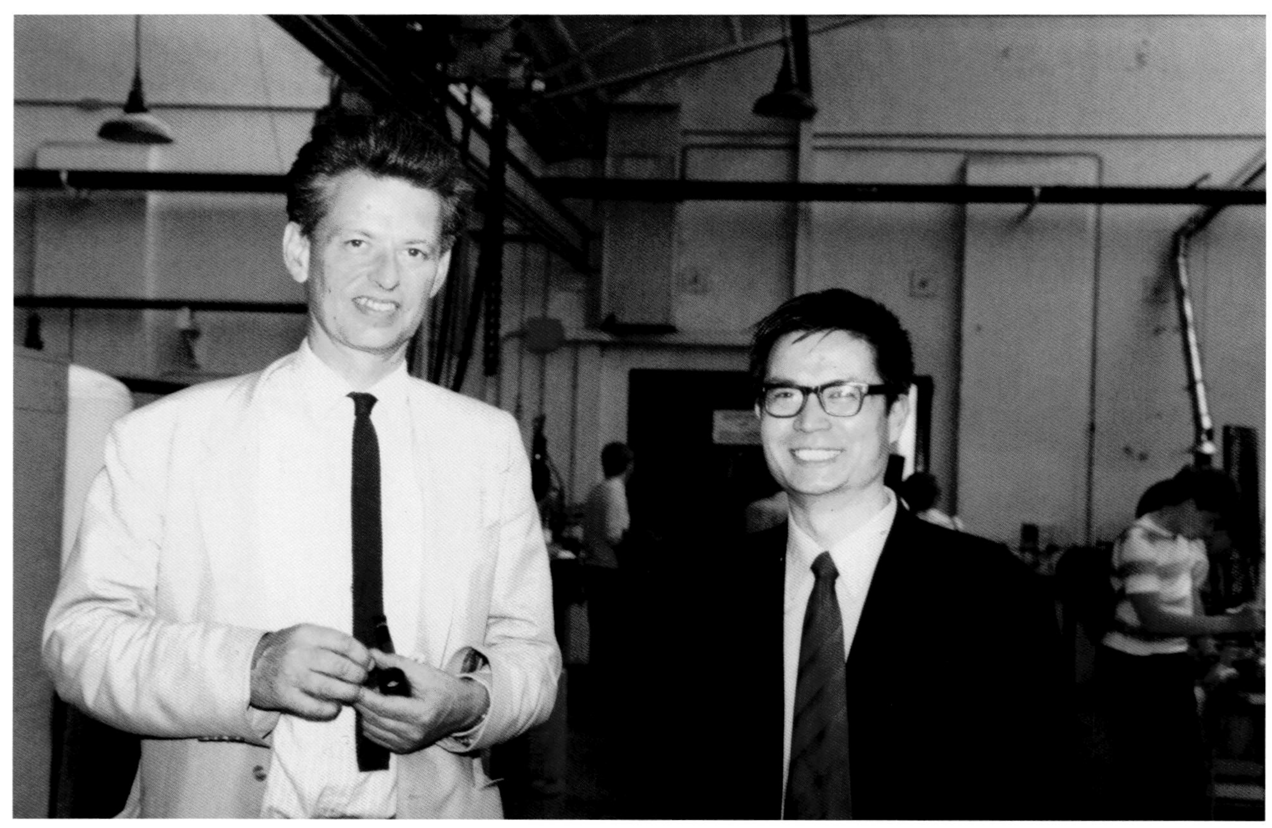

1981 年与剑桥大学三一学院指导老师 M.D. Cowley 博士

1992 年 9 月任国际航空科学大会组委会主席，与三届主席合影

1992 年 12 月在德国向德国航空研究院约丹教授颁发中华人民共和国国际合作奖

2005 年 1 月 25 日在日内瓦联合国贸发大会做研发全球化的发言

2009 年在香港杰出华人科学家公开讲座做中国大飞机的报告

2010 年任澳门科技大学荣誉教授，做大飞机工程的报告

2007 年在中国航空学会做大飞机气动总体技术的学术报告

1983 年在德国发表子群卷积的论文

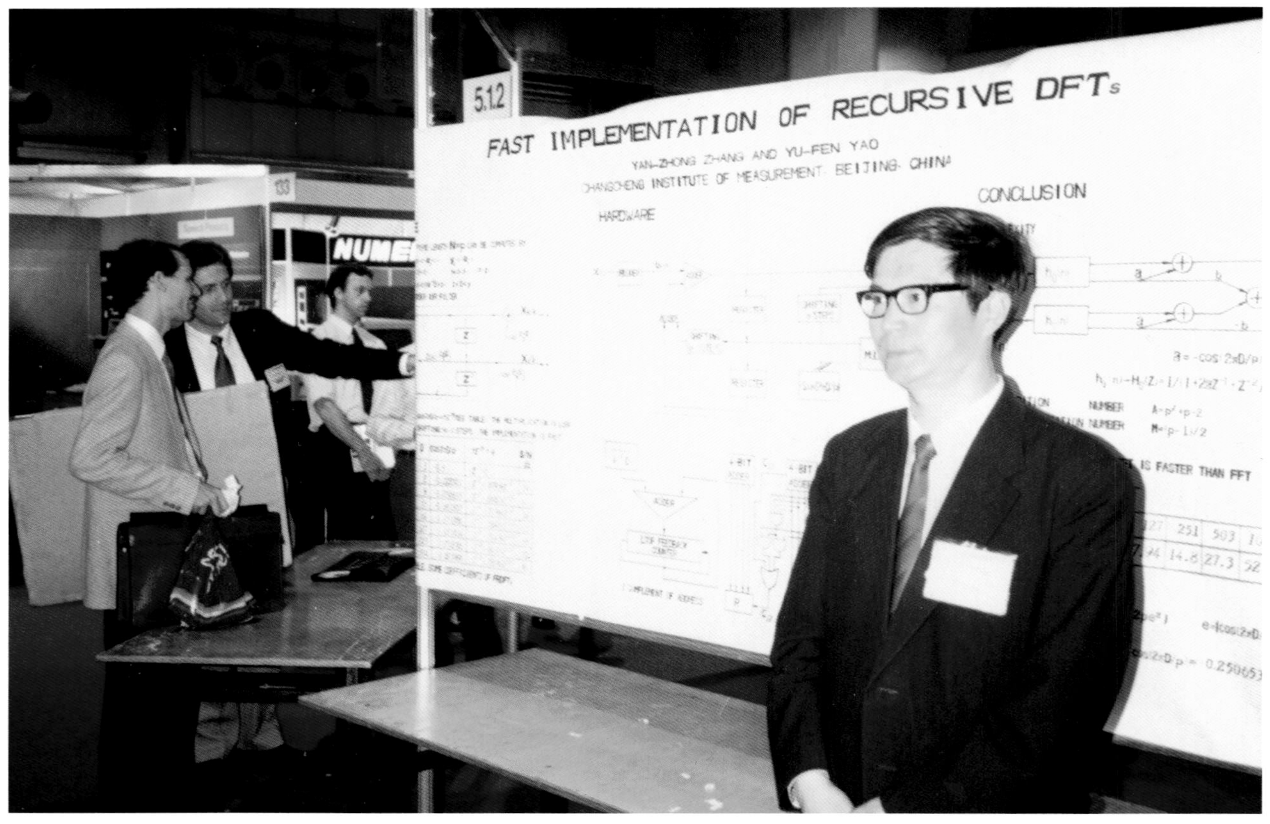

1989 年在英国 IEEE 会议上发表快速递归 DFT 的论文

1995 年 9 月在华盛顿航空航天大会上做中国民用飞机发展的学术报告

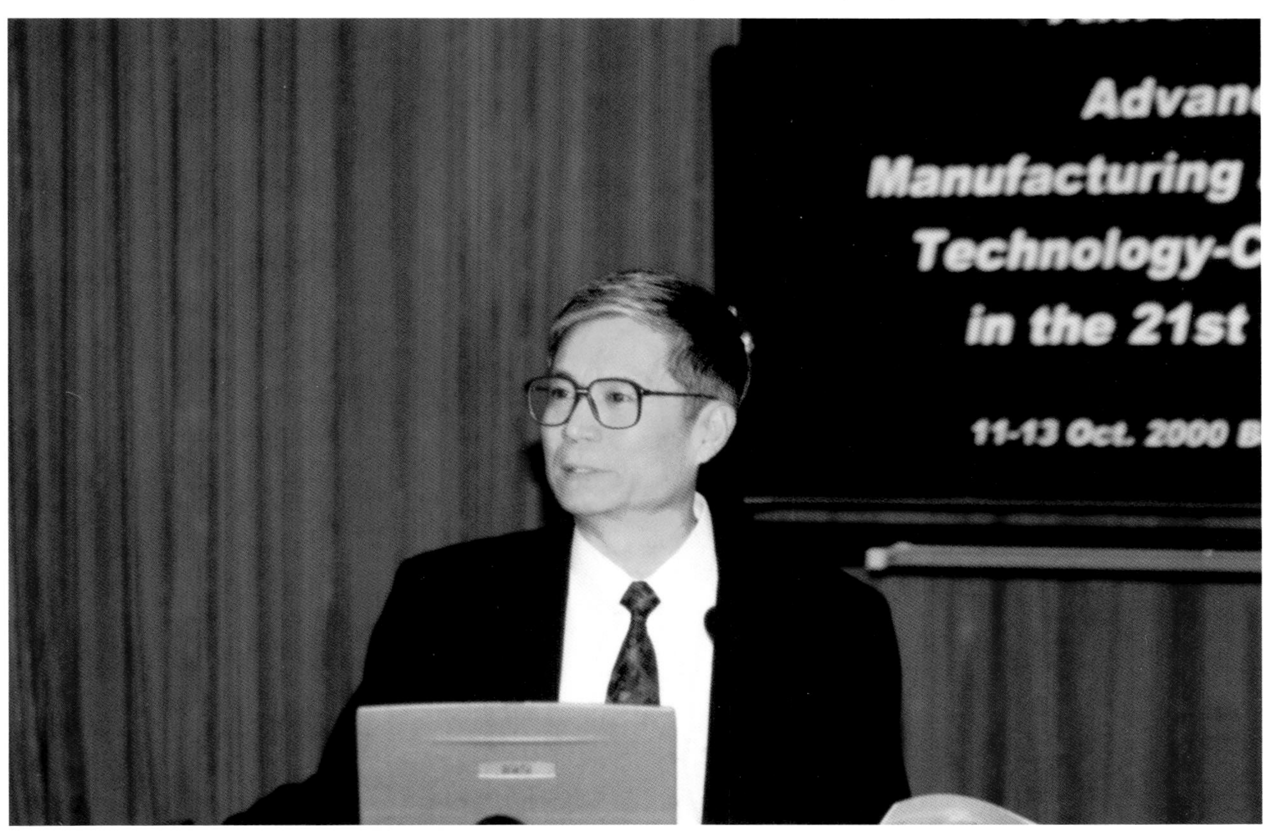

2000 年 10 月做 21 世纪未来航空技术的学术报告

1999 年 10 月任中英论坛核心组成员

2000 年 3 月在中航二集团做成本系统工程讲座

2005 年 11 月在人大循环经济发展论坛做节约型社会的报告

2010 年做大飞机工程报告

1988 年 10 月主持 Y5B 的改型和首飞（左五为张彦仲）

1990 年 12 月 17 日主持运 8C 首飞（左三为张彦仲）

1995 年 3 月主持 Y12IV 型飞机取 FAA 适航证

2001 年完成直 9、直 11 和涡轴 8A 取证

2001 年 11 月主持空警 200 载机首飞

2003 年 4 月 29 主持直 10 直升机首飞

2006 年 7 月主持完成大飞机专项的方案论证（前排左二为张彦仲）

2012—2016 年主持完成两机专项实施方案的制定（前排左八为张彦仲）

2018 年 1—11 月 主持完成机载系统提升计划的制定（前排左六为张彦仲）

2013 年 1 月共同主持运 20 大型运输机首飞技术评审

2017 年 5 月主持 C919 大型客机首飞技术评审

2017 年 12 月主持 AG600 水上飞机首飞技术评审

2012—2018 年主持南海发展战略研究（左五为张彦仲）

2007 年与大飞机班一期师生合影（前排左七为张彦仲）

2008 年与大飞机班二期师生合影（前排左五为张彦仲）

2009 年与大飞机班三期师生合影（二排左八为张彦仲）

2011 年与大飞机班五期师生合影（二排左六为张彦仲）

专著照片

“中国工程院院士文集”总序

二〇一二年暮秋，中国工程院开始组织并陆续出版“中国工程院院士文集”丛书。“中国工程院院士文集”收录了院士的传略、学术论著、中外论文及其目录、讲话文稿与科普作品等。其中，既有早年初涉工程科技领域的学术论文，亦有成为学科领军人物后，学术观点日趋成熟的思想硕果。卷卷文集在手，众多院士数十载辛勤耕耘的学术人生跃然纸上，透过严谨的工程科技论文，院士笑谈宏论的生动形象历历在目。

中国工程院是中国工程科学技术界的最高荣誉性、咨询性学术机构，由院士组成，致力于促进工程科学技术事业的发展。作为工程科学技术方面的领军人物，院士们在各自的研究领域具有极高的学术造诣，为我国工程科技事业发展做出了重大的、创造性的成就和贡献。“中国工程院院士文集”既是院士们一生事业成果的凝练，也是他们高尚人格情操的写照。工程院出版史上能够留下这样丰富深刻的一笔，余有荣焉。

我向来以为，为中国工程院院士们组织出版“中国工程院院士文集”之意义，贵在“真善美”三字。他们脚踏实地，放眼未来，自朴实的工程技术升华至引领学术前沿的至高境界，此谓其“真”；他们热爱祖国，提携后进，具有坚定的理想信念和高尚的人格魅力，此谓其“善”；他们治学严谨，著作等身，求真务实，科学创新，此谓其“美”。“中国工程院院士文集”集真善美于一体，辩而不华，质而不俚，既有“居高声自远”之澹泊意蕴，又有“大济于苍生”之战略胸怀，斯人斯事，斯情斯志，令人阅后难忘。

读一本文集，犹如阅读一段院士的“攀登”高峰的人生。让我们翻开“中国工程院院士文集”，进入院士们的学术世界。愿后之览者，亦有感于斯文，体味院士们的学术历程。

徐匡迪

2012 年

前　　言

《张彦仲科学文集》节选了作者在学术刊物上公开发表的110多篇论文，分为中文部分和外文部分两个分册。每册又分信息技术、航空工程及重大科技战略三个部分，便于读者查阅、指正。

作者从上大学开始，60年来，先后学习过理论物理（大学本科），研究过机械振动，学习并研究信息技术，研究航空系统工程，从事重大科技工程战略研究等。一生的学术生涯，可分为四个阶段。

20世纪六七十年代，大学毕业后，研究振动、冲击和机械故障诊断。写的文章不多，留下来的更少。仅仅找到几篇课题总结和工作报告，水平也不高。找了几篇，作为记录那个时期工作的片段，收入本文集的航空工程部分。

80年代，从赴剑桥大学留学开始，研究信号处理、数字电路、先进算法等信息技术相关领域。在国内外发表过一些论文。有一部分已找不到了，选了几十篇，归入本文集的信息技术部分。

90年代，根据工作需要，研究民用飞机系统工程、机载系统工程和航空电子系统等航空工程。写过一些文章，找了一部分，纳入本文集的航空工程部分。

近十几年，研究重大科技工程发展战略。根据国家要求，主持研究提出了“大型飞机”和“航空发动机及燃气轮机”两个国家重大专项的实施方案。主持研究过建设节约型社会、发展战略性新兴产业、开发南海等战略问题。关于这些研究，都有专题研究报告，但篇幅巨大，不便纳入文集。有关文章不多，节选了几篇，列入本文集的重大科技战略部分。

由于作者水平所限，原文错误之处不少，恳望读者批评指正。

在此，感谢浙江大学出版社的精心编辑出版。由于早期的文章没有电子版，都要重新排版。有的文章电子版难以转换，也要重新输入。尤其是文中的图表、公式等都要重新描绘，工作量之大可想而知。文集的出版凝聚着编辑们的辛勤劳动，对所有参加过文集出版工作的师生员工深表感谢！

作者

2018年12月

于西子湖畔

张彦仲简介

张彦仲(1940—),航空系统工程及信号处理专家,中国工程院院士(2001 年)。

陕西三原人。1962 年于西北大学毕业,1984 年获得剑桥大学博士学位,1986 年兼北京航空学院教授,1989 年任悉尼大学客座教授。曾任航空部、航空航天部总工程师,中国航空研究院院长,中航二集团总经理等。现任国家大型飞机、航空发动机及燃气轮机二个重大专项的专家咨询委员会主任。

长期从事振动、信号处理与航空系统工程的研究工作。主持研制成我国第一套大加速度校准装置。率先在国内开展飞机发动机的故障诊断研究,解决 55 架飞机的振动故障问题,获“全国科学大会奖”。研究提出“子群卷积”与快速递归 DFT 新算法,提高效率数个量级;发明用有限状态机实现数字系统的新结构,消除极限环震荡;攻克异或电路简化难题,开拓了新学科领域等,取得多项学术领先成就。任 12 号工程、神鹰工程总指挥,主持直 10、空警 200 载机、直 9A、运 8C 等飞机成功首飞。获党中央、国务院、中央军委“高新工程金质奖章”。

主持研究提出了大型飞机、航空发动机及燃气轮机专项的实施方案,以及机载系统提升计划。牵头完成 C919 等大飞机的阶段及首飞技术评审,均首飞成功。负责两个国家专项的专家咨询工作,系统地推动我国大型飞机、航空发动机与机载事业的发展。获“国家重大科技计划组织管理突出贡献奖”。

主持完成“南海开发战略”、“建设节约型社会”及“航空强国战略”等中国工程院重大咨询项目。提出填造“定海神针”工程、建设节约型社会等战略意见。

获国家级、部级奖 11 项。出版中、外文专著 12 部,英汉字典 1 部,论文 200 多篇。

目　录

信息技术

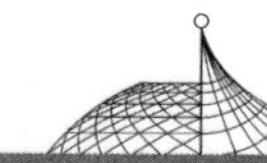

航空工程

重大科技战略

信息技术

异或逻辑函数的简化*

摘　要:本文提出了一种简化异或门逻辑函数的计算机算法。这种算法用于简化 n 个输入变量的异或逻辑函数时,比快速 Reed-Muller 变换算法快 $n/[1+(n-1)2^{-n}]$倍。

关键词:异或逻辑函数;Reed-Muller 多项式;简化

1. 前　言

数字电路设计的根本问题,是如何用最少的门电路实现所要求的逻辑功能。一般说来,门电路数量少的设计成本低、层次少、速度快、可靠性好。一个数字电路可以用或、与、非门(称作布尔电路)实现;也可以用异或、与、非门(称作异或电路)实现。数学上,前者可用布尔函数描述,后者可用 Reed-Muller 多项式表示。

异或电路比布尔电路有门数少,连接简单,易查找故障等优点。但是由于长期未找到简化异或电路的有效方法,影响到异或电路的广泛应用。异或电路的简化问题,在数学上就归结为:如何使表示这个电路的 Reed-Muller 多项式的项数最少的问题。

许多学者[1-7]已经论述了 Reed-Muller 多项式简化问题。Saluja 和 Ong[7]提出了一个得到所有极性模 2 表示的穷举算法。这个算法需要 2^n 次矩阵乘法和输出矢量的 (2^m-1) 次的置换。Mukhopadhyay 和 Schmitz[2]给出了 Reed-Muller 多项式的极性函数。最小的 Reed-Muller 多项式的最佳极性可以通过求解“极性兼容图”的“最大阈”来获得。在绝大多数实用情况下,这个图顶点的数目非常大。Bioul Davio 和 Deschamps[3] 提出了在变数 $n\leqslant 5$ 时,适用于混合极性的环和展开式的简化方法。Papakonstantinou[5]研制了一种混合极性,乘积表达式(项数 $m<6$)的模 2 和的简化算法。最近,张彦仲[8]提出了一个单输出异或门逻辑设计的有效计算方法。Robinson 和 Yeh[9]提出了一个对于混合极性的 Reed-Muller 多项式的局部简化方法。它应用的是使固定极性多项式的系数最小化的方法,但不能保证对全局的极小化。本文提出异或逻辑函数简化的有效算法。

2. 快速 Reed-Muller 变换

任何 n 个变量的开关函数都可以表示为如下的具有固定极性的 Reed-Muller 多项式:

$$f(x_0,x_1,\cdots,x_{n-1})=a_0\oplus a_1x_0{}^*\oplus a_2x_1{}^*\oplus a_3x_0{}^*x_1{}^*\oplus\cdots\oplus a_rx_0{}^*x_1{}^*\cdots x_{n-1}{}^* \tag{1}$$

式中,$\oplus$表示模 2 加法 $a_i\in(0,1)$,$i=0,1,2,\cdots,2^n-1$,$x_1{}^*$ 可表示当极性为 1 时的反码$\overline{x_i}$,也可表示当极性为 0 时的 x_i,但不能同时表示两者,$r=2^n-1$。

* 文章发表于《中国科学(A 辑)》,1989(11):1225-1232.

如果知道所有可能的函数输出 $f_0, f_1, \cdots, f_t$，则上面多项式的系数可用下式求出：

$$A = T_a F_3 \tag{2}$$

式中，$A=(a_0, a_1, \cdots, a_t)^t$，$t$ 表示转置，$F=[f(0,0,\cdots,0), f(0,0,\cdots,1), \cdots, f(1,1,\cdots,1)]^t$ 为函数输出矢量。

T_n 是由下式递归定义的$(2^n \times 2^n)$阶矩阵：

$$T_n = \begin{bmatrix} T_{n-1} & 0 \\ T_{n-1} & T_{n-1} \end{bmatrix}, T_1 = \begin{bmatrix} 1 & 0 \\ 1 & 1 \end{bmatrix}$$

它称为 Reed-Muller 变换矩阵。

例.具有正极性(x_2, x_1, x_0)的 Reed-Muller 多项式，可以写成

$$f(x_2, x_1, x_0) = a_0 \oplus a_1 x_0 \oplus a_2 x_1 \oplus a_3 x_0 x_1 \oplus a_4 x_2 \oplus a_5 x_0 x_2 \oplus a_6 x_1 x_2 \oplus a_7 x_0 x_1 x_2$$

它的系数可以由下式求出：

$$\begin{bmatrix} a_0 \\ a_1 \\ a_2 \\ a_3 \\ a_4 \\ a_5 \\ a_6 \\ a_7 \end{bmatrix} = \left[\begin{array}{cccc|cccc} 1 & & & & & & & \\ 1 & 1 & & & & & & \\ 1 & 0 & 1 & & & & & \\ 1 & 1 & 1 & 1 & & & & \\ \hline 1 & 0 & 0 & 0 & 1 & & & \\ 1 & 1 & 0 & 0 & 1 & 1 & & \\ 1 & 0 & 1 & 0 & 1 & 0 & 1 & \\ 1 & 1 & 1 & 1 & 1 & 1 & 1 & 1 \end{array}\right] x \begin{bmatrix} f(0,0,0) \\ f(0,0,1) \\ f(0,1,0) \\ f(1,0,0) \\ f(1,0,1) \\ f(1,1,0) \\ f(1,1,1) \end{bmatrix}$$

上述例子表明计算 3 个变量的 Reed-Muller 变换需要(3^3-2^3)次模 2 加法，一般情况下，n 个变量的 Reed-Muller 变换需要(3^n-2^n)次模 2 加法。但是，Reed-Muller 变换矩阵可以分解成下面的 Kronecker 乘积：

$$T_n = T_1 \otimes T_1 \otimes T_1 \otimes \cdots \otimes T_1 \tag{3}$$

式中，$\otimes$表示 Kronecker 积。这种分解可以大大地减少系数计算时的模 2 加法的次数。

例.可以将 3 个变量的 Reed-Muller 变换矩阵分解如下：

$$T_3 = \left[\begin{array}{cccc|cccc} 1 & & & & & & & \\ 1 & 1 & & & & & & \\ & & 1 & & & & & \\ & & 1 & 1 & & & & \\ \hline & & & & 1 & & & \\ & & & & 1 & 1 & & \\ & & & & & & 1 & \\ & & & & & & 1 & 1 \end{array}\right] \left[\begin{array}{cccc|cccc} 1 & & & & & & & \\ & 1 & & & & & & \\ 1 & & 1 & & & & & \\ & 1 & & 1 & & & & \\ \hline & & & & 1 & & & \\ & & & & & 1 & & \\ & & & & 1 & & 1 & \\ & & & & & 1 & & 1 \end{array}\right] \left[\begin{array}{cccc|cccc} 1 & & & & & & & \\ & 1 & & & & & & \\ & & 1 & & & & & \\ & & & 1 & & & & \\ \hline 1 & & & & 1 & & & \\ & 1 & & & & 1 & & \\ & & 1 & & & & 1 & \\ & & & 1 & & & & 1 \end{array}\right]$$

这只需要 $3 \times 2^2 = 12$ 次模 2 加法，其信号流图如图 1 所示。

一般说来，用 Kronecker 分解之后，n 个变量的 Reed-Muller 变换的模 2 加法次数将减少为

$$n \times 2^{n-1} \tag{4}$$

这种算法称为快速 Reed-Muller 变换(FRMT)，它比 Reed-Muller 变换要快 $2(1.5^n-1)/n$ 倍。这两种算法的比较在图 2 中给出。

对于 n 个变量，存在着 2^n 种不同的极性，Reed-Muller 多项式的简化是从 2^n种可能的极性中找出使多项式模 2 加法次数最少的过程。

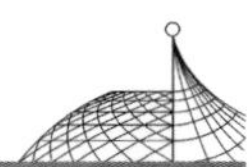

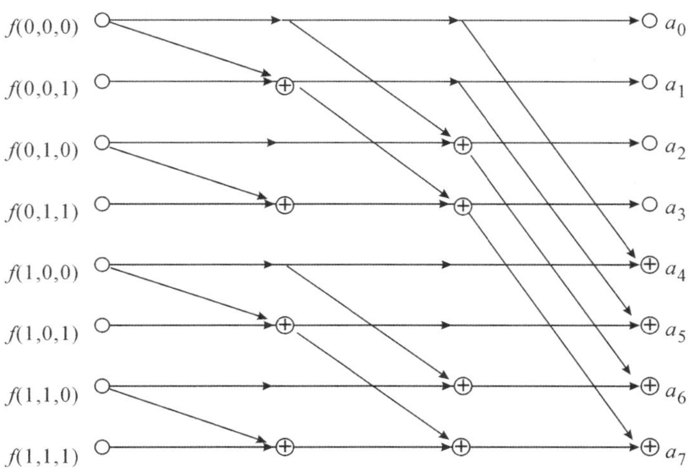

图 1　快速 Reed-Muller 变换流图

Saluja 和 Ong[7] 提出：一个新极性函数的输出矢量是另一个极性函数输出矢量的置换。多项式系数的全部 2^n 个集合可以用一个 Reed-Muller 变换矩阵乘以逐次修改的输出变量而得到。它们之中有一个或 n 个是最小的。如果使用 FRMT 算法，则这个穷举算法的模 2 加法次数为

$$2^n \times n \times 2^{n-1} \tag{5}$$

3. 邻接极性映射

我们将证明一组具有新的极性的多项式系数可以直接从另一组多项式系数得到，而不需要置换输出函数矢量和计算(2)式。我们从邻接极性多项式开始证明。当两个变量集（$x_{n-1}{}^* \cdots x_k{}^* \cdots x_0{}^*$）的极性和（$x_{n-1}{}^* \cdots \overline{x}_k{}^* \cdots x_0{}^*$）的极性，只有一个变量 $x_k{}^*$ 具有不同极性时，称为极性相邻。

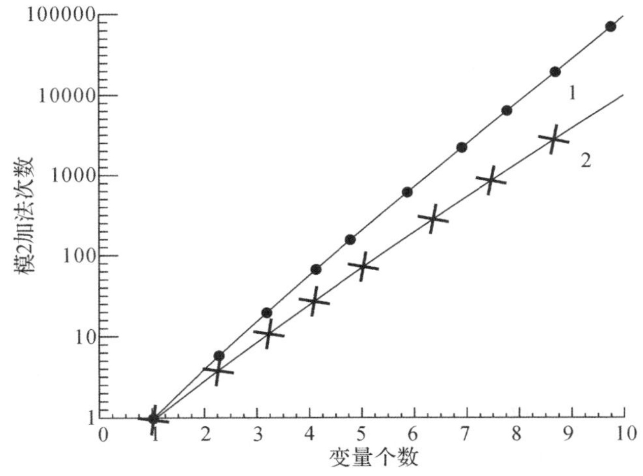

图 2　R-M 变换和快速 R-M 变换的比较

（1 表示 R-M 变换，2 表示快速 R-M 变换）

定理. n 个变量的 Reed-Muller 多项式系数，可以从它的相邻性多项式的系数直接映射得到，这种映射要作 2^{n-1} 次模 2 加法。n 个变量的 Reed-Muller 多项式有 n 个邻接极性映射。

证.根据(1)式,可将 n 个变量 Reed-Muller 多项式重写为如下形式:

$$f(x_0{}^*,x_1{}^*,\cdots,x_{n-1}{}^*)=a_{0\cdots00}\oplus a_{0\cdots01}x_0\oplus a_{0\cdots10}x_1{}^*\oplus a_{0\cdots11}x_0{}^*x_1{}^*\oplus\cdots\oplus a_{11\cdots11}x_0{}^*x_1{}^*\cdots x_{n-1}{}^* \tag{6}$$

按照各项是否含有 $x_0{}^*$,可将(6)式分成两部分:

$$f(x_0{}^*,x_1{}^*,\cdots,x_{n-11}{}^*)=f_0(x_1{}^*,x_1{}^*,\cdots,x_{n-1}{}^*)\oplus x_0{}^*f_1(x_1{}^*x_1{}^*,\cdots,x_{n-1}{}^*) \tag{7}$$

式中,f_0 和 f_1 是不含变量 $x_0{}^*$ 的函数。

$$\begin{aligned}f_0(x_1{}^*,x_1{}^*,\cdots,x_{n-1}{}^*)&=a_{0\cdots00}\oplus a_{0\cdots10}x_1{}^*\oplus\cdots\oplus a_{11\cdots10}x_1{}^*x_1{}^*\cdots x_{n-1}{}^*\\ f_1(x_1{}^*,x_2{}^*,\cdots,x_{n-1}{}^*)&=a_{0\cdots01}\oplus a_{0\cdots11}x_1{}^*\oplus\cdots\oplus a_{11\cdots10}x_1{}^*x_2{}^*\cdots x_{n-1}{}^*\end{aligned} \tag{8}$$

若 $x_0{}^*$ 的一种极性改变成$\overline{x}_0{}^*$ 的一种极性,可利用

$$\overline{x}_0{}^*=1\oplus x_0{}^* \tag{9}$$

(7)式可以改为

$$f'(x_0{}^*,x_1{}^*,\cdots,x_{n-1}{}^*)=f_0(x_1{}^*x_2{}^*\cdots,x_{n-1}{}^*)\oplus\overline{x}_0{}^*f_1(x_1{}^*x_1{}^*\cdots,x_{n-1}{}^*) \tag{10}$$

此处

$$f(x_1{}^*,x_2{}^*\cdots,x_{n-1}{}^*)=(a_{0\cdots00}\oplus a_{0\cdots01})\oplus(a_{0\cdots10}\oplus a_{0\cdots11})x_1{}^*\oplus\cdots \tag{11}$$

由于 $f(x_1{}^*,x_2{}^*,\cdots,x_{n-1}{}^*)$不改变,因此 $f'(x_0{}^*,x_1{}^*,\cdots,x_{n-1}{}^*)$是 $f(x_0{}^*,x_1{}^*,\cdots,x_{n-1})$的邻接极性多项式,并可表示如下:

$$\begin{aligned}f'(\overline{x}_0{}^*,x_1{}^*,\cdots,x_{n-1}{}^*)=&a_{0\cdots00}\oplus a_{0\cdots01}\overline{x}_0{}^*\oplus a_{a\cdots11}\overline{x}_0{}^*x_1{}^*\\&\oplus\cdots\oplus a_{1\cdots11}\overline{x}_0{}^*x_1{}^*\cdots x_{n-1}{}^*\end{aligned} \tag{12}$$

把方程(10),(11)和(12)进行比较,$f'(\overline{x}_0{}^*,x_1{}^*,\cdots,x_{n-1}{}^*)$的系数有下列关系:

$$a'_{xx\cdots x_1}=a_{xx\cdots\cdots x_1},a'_{xx\cdots x_0}=a_{xx\cdots x_0}\oplus a_{xx\cdots x_1}$$

式中,$xx\cdots x$ 表示(00…0),(00…1)…,(11…1),这是 Reed-Muller 多项式系数从极性($x_0{}^*,x_1{}^*,\cdots,x_{n-1}{}^*$)到极性($\overline{x}x_0{}^*,x_0{}^*,\cdots,x_{n-1}{}^*$)的一个映射,这个映射需要 2^{n-1} 次模 2 加法。

同样,$x_1{}^*$ 的极性也可以作类似的改变,所以对于 n 个变量的多项式则有 n 个邻接极性映射。

例.应用下面的邻接极性映射,3 个变量的 Reed-Muller 多项式的系数,可以从极性($x_2 * x_1{}^*x_0{}^*$)映射到极性($x_2{}^*x_1{}^*\overline{x}_0{}^*$):

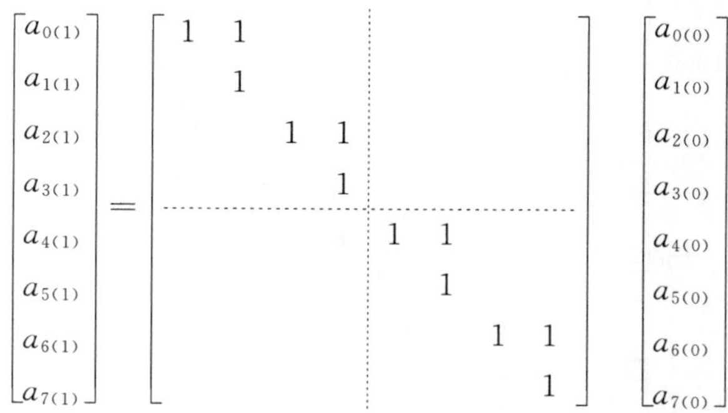

其中,$a_{1(1)}$ 表示具有($x_2{}^*x_1{}^*\overline{x}_0{}^*$)极性的系数,$a_{1(0)}$ 表示具有($x_2{}^*x_1{}^*x_0{}^*$)极性的系数,$i=0,1,\cdots,7$。

类似地,可以分别用下面的邻接极性映射,从具有极性($x_2{}^*x_1{}^*x_0{}^*$)的系数,映射得到具有($x_2{}^*\overline{x}_1{}^*x_0{}^*$)和($\overline{x}_2{}^*x_1{}^*x_0{}^*$)极性的系数。

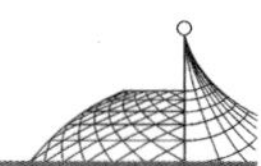

$$
\left[\begin{array}{c} a_{0(2)} \\ a_{1(2)} \\ a_{2(2)} \\ a_{3(2)} \\ \hline a_{4(2)} \\ a_{5(2)} \\ a_{6(2)} \\ a_{7(2)} \end{array}\right]
=
\left[\begin{array}{cccc|cccc}
1 & & 1 & & & & & \\
 & 1 & & 1 & & & & \\
 & & 1 & & & & & \\
 & & & 1 & & & & \\
\hline
 & & & & 1 & & 1 & \\
 & & & & & 1 & & 1 \\
 & & & & & & 1 & \\
 & & & & & & & 1
\end{array}\right]
\left[\begin{array}{c} a_{0(0)} \\ a_{1(0)} \\ a_{2(0)} \\ a_{3(0)} \\ \hline a_{4(0)} \\ a_{5(0)} \\ a_{6(0)} \\ a_{7(0)} \end{array}\right]
$$

$$
\left[\begin{array}{c} a_{0(4)} \\ a_{1(4)} \\ a_{2(4)} \\ a_{3(4)} \\ \hline a_{4(4)} \\ a_{5(4)} \\ a_{6(4)} \\ a_{7(4)} \end{array}\right]
=
\left[\begin{array}{cccc|cccc}
1 & & & & 1 & & & \\
 & 1 & & & & 1 & & \\
 & & 1 & & & & 1 & \\
 & & & 1 & & & & 1 \\
\hline
 & & & & 1 & & & \\
 & & & & & 1 & & \\
 & & & & & & 1 & \\
 & & & & & & & 1
\end{array}\right]
\left[\begin{array}{c} a_{0(0)} \\ a_{1(0)} \\ a_{2(0)} \\ a_{3(0)} \\ \hline a_{4(0)} \\ a_{5(0)} \\ a_{6(0)} \\ a_{7(0)} \end{array}\right]
$$

式中，$a_{i(2)}$和$a_{i(4)}$分别表示极性($x_2^* \bar{x}_1^* x_0^*$)和($\bar{x}_2^* x_1^* x_0^*$)的系数，$i=0,1,2,\cdots,7$。

3个变量的Reed-Muller多项式，具有3个邻接极性映射，每次映射需要4次模2加法。

4. 格雷码排序和高效算法

格雷码是一种反射型的二进制码[8]，即从一个码值到下一个码的增值的变化中，一次只变化一个比特，并且格雷码的集合与自然二进制码的集合有单值一一对应关系。如果n个变量的所有极性按格雷码安排，则每个极性都相邻于下一个极性。于是，所有的2^n组Reed-Muller多项式系数，可用基于格雷码排序的邻接极性映射来进行映射而得到。一种穷举搜索最小多项式系数的有效算法可用(2^n-1)次邻接极性映射而得到。

例.3个变量的Reed-Muller多项式的所有可能极性的系数，可以利用下面的格雷码排序的7次邻接极性映射而得到：

000	001	011	010	110	111	101	100
$x_2x_1x_0$	$x_2x_1\bar{x}_0$	$x_2\bar{x}_1\bar{x}_0$	$x_2\bar{x}_1x_0$	$\bar{x}_2\bar{x}_1x_0$	$\bar{x}_2\bar{x}_1\bar{x}_0$	$\bar{x}_2x_1\bar{x}_0$	$\bar{x}_2x_1x_0$

这个有效算法可用图3所示流程表示。

5. 复杂度的比较

从图3可以看出，为了计算7组极性的系数，需要$7\times 2^2=28$次模2加法，第一组极性的系数可以从输出函数矢量用FRMT算法求得，它需要12次模2加法的总次数为40。对于n个变量的情况，计算(2^n-1)组多项式极性系数，需要$(2^n-1)\times 2^{n-1}$次模2加法，用FRMT算法计算第一组系数需要$n\times 2^{n-1}$次模2加法。因此，计算全部多项式系数所需要模2加法的总次数为

$$(2^n+n-1)\times 2^{n-1} \tag{14}$$

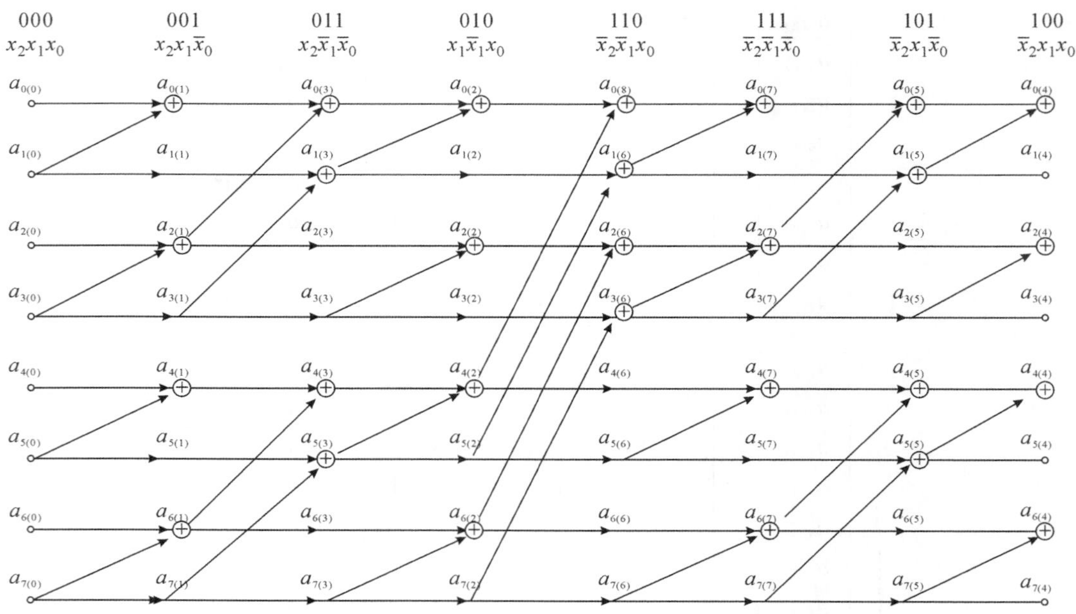

图 3 三变量算法流程

多项式中的一个或数个的项数是最少的，如果只需要最少的那一组系数，就可使用“同位”算法，只需要 2^n 个存贮单元。

由(5)式和(14)式可知，这个有效算法所需的模 2 加法次数要比 FRMT 算法少

$$n/[1+(n-1)2^{-n}] \tag{15}$$

倍，两种算法的比较见图 4 及表 1 所示。

表 1 两种算法的比较

变量数 n	No. of ⊕($*\ 2^{n-1}$)		倍 数
	新算法	FRMT	
2	5	8	1.600
3	10	24	2.400
4	19	64	3.368
5	36	160	4.444
6	69	384	5.565
7	134	896	6.686
8	263	2048	7.787
9	520	4608	8.861
10	1033	10240	9.912
12	4107	49152	11.967
16	65551	1048576	15.966

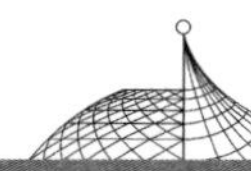

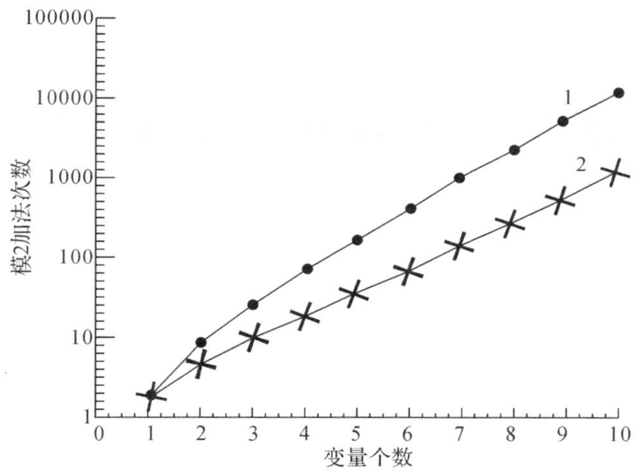

图 4 FRMT 和新算法之间的比较

（1 表示 FRMT，2 表示新算法）

6. 总　结

本文所提出的简化异或逻辑函数的高效算法，用于简化 n 个输入的逻辑函数比快速 Reed-Muller 变换快 $n/[1+(n-1)2^{-n}]$ 倍。这种高效算法计算量最小，速度快，也可用于计算机辅助电路设计。

参考文献

[1] Even. S. , Kohwi, I. & Paz, A. , *IEES Trans.* , EC-16 (1967), 671-674.

[2] Mukhopadkyay, A. & Schmita, G. , *IEEE Trans. on Computer*, C-19, (1970), 132-140.

[3] Bioul, G. , Davio, M. & Desehamps, J. P. , *Philips Res. Repts.* 28, 1976, 17-36.

[4] Marincovic, S. B. & Tosic, Z. , *IEEE Trans. on Computers*, C-26 (1977), 310-313.

[5] Kodandapani, K. L. & Sethur, R-V. , *ibid.* , C-26 (1977), 310-313.

[6] Papakon-stantinou, G. , *ibid.* , C-28 (1979), 163-167.

[7] Saluja, K. K. & Ong, E. H. , *ibid.* , C-28 (1979), 535-537.

[8] Zhang, Y. Z.(张彦仲), Rayner, P. J. W. , *IEEE Proceedings*, Vol. 131(1984), Pt. E, No. 5, September, 177-186.

[9] Robinson, J. P. & Yeh, C. L. , *IEEE Trans. on Computers*, C-31 (1982), 800-801.

[10] Wang, M. C. , *IEEE Trans. on Electronic Computers*, EC-18(1966), 659-660.

多输出异或逻辑电路的优化*

摘　要:本文提出一种优化设计多输出异或逻辑电路的计算机方法。研究了公共门对电路优化的影响。给出了公共函数、剩余函数及遗留项的概念和定义。提出了寻找最佳极性的计算机方法。用这种方法所设计出的电路需用的异或门数目最少。

关键词:异或逻辑电路;优化

很多学者[1-3]研究了异或逻辑电路的优化问题。有学者[3]根据邻接极性映射及格雷码排序提出一种优化单输出异或逻辑电路的计算机方法,但未解决多输出逻辑电路的优化问题。多输出电路的优化,因有各个输出电路之间公共门的影响,使问题更加复杂和困难。本文首先考虑公共门对多输出电路的影响,然后,引入了公共函数、剩余函数、遗留项等概念,最后给出电路优化的计算机方法。

1. 公共项的影响

单输出电路的优化可用文献[3]中的高效算法得出。所需异或门的数量 w 由最小极性多项式的非零系数的个数决定,这是因为

$$1 \oplus f = \overline{f} \tag{1}$$

所以,多项式的常数项,可以在电路的输出端用一个非门代替异或门来实现。所需异或门的数量如下:

$$w = w' - a_0 - 1 \tag{2}$$

式中,w'表示多项式的项数,$a_0 \in (0,1)$是多项式的常数项。

对于多输出电路的优化,必须考虑公共项的影响。因为在 s 个输出多项式中的公共项中,可以用一个异或门实现,这就节约了$(s-1)$个异或门。所以,对于 m 个输出函数的最佳极性,不能由 $w = \sum_{i=0}^{m-1} w_i$的最小值简单确定,还要全面统计公共项所节约的门数。

例. 表 1 给出 3 个输出函数的真值表,极性(000)的多项式系数也列表 1 中。

应用文献[3]中的高效算法,3 个多项式的所有可能系数,都可由 $A(0)$,$B(0)$和 $C(0)$直接映射求出。其流图见图 1。图 1 中,w_i 表示第 i 个多项式中非零项的数目。w'_i 表示实现 f_i 所需用的异或门数。

* 文章发表于《中国科学(A 辑)》,1989(12):1315-1321.

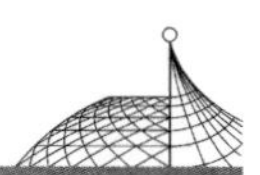

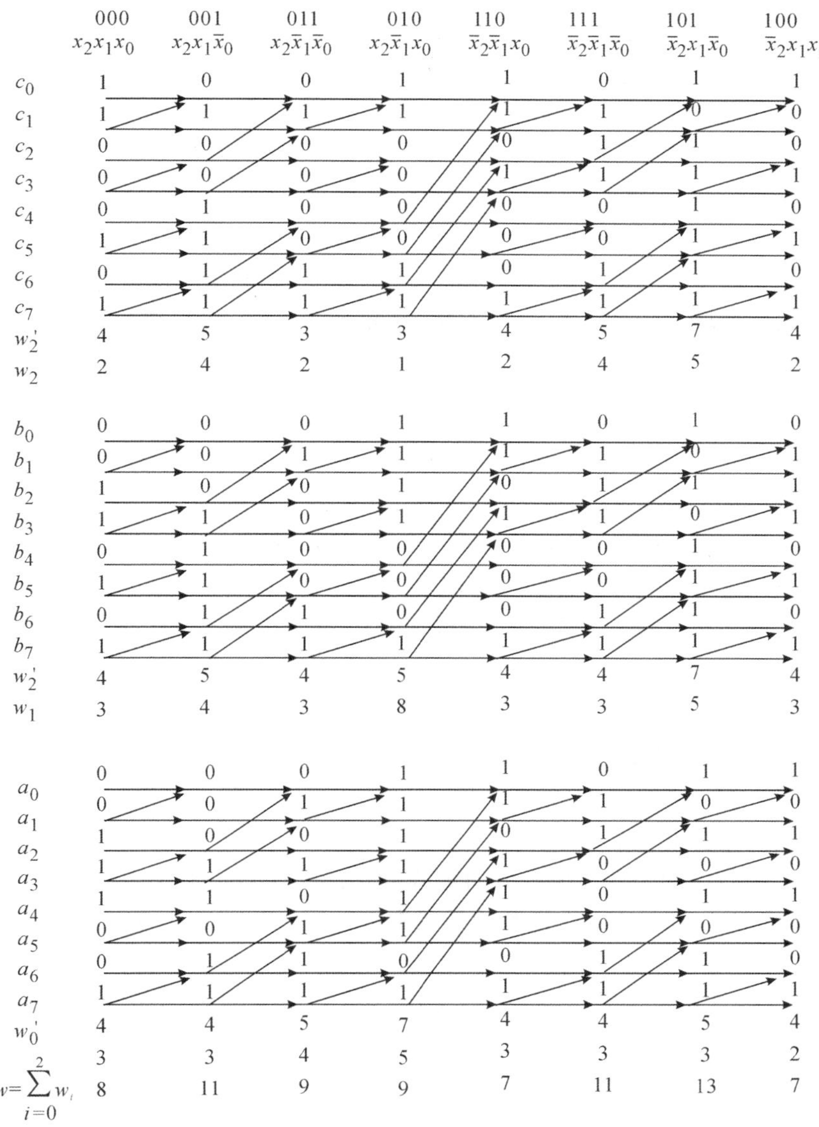

图 1　多输出函数的流图

表 1　3 个输出函数真值表

输　入			输　出			多项式系数		
x_2	x_1	x_0	f_2	f_1	f_0	c_i	b_i	a_i
0	0	0	1	0	0	1	0	0
0	0	1	0	0	0	1	0	0
0	1	0	1	1	1	0	1	1
0	1	1	0	0	0	0	1	1
1	0	0	1	0	1	0	0	1
1	0	1	1	1	1	1	1	0

续表

输　入			输　出			多项式系数		
x_2	x_1	x_0	f_2	f_1	f_0	c_i	b_i	a_i
1	1	0	1	1	0	0	0	0
1	1	1	0	0	0	1	1	1

由图 1 可以看出，当极性是(100)或(110)时，总和 w 具有最小值 7，即需要 7 个异或门。但若考虑了公共项以后，别的极性所用的门数可以更少。如极性(011)，$w=9$，其输出函数为

$$f_0=\bar{x}_0\oplus\bar{x}_0\ \bar{x}_1\oplus\bar{x}_0 x_2\oplus\bar{x}_1 x_2\oplus\bar{x}_0\ \bar{x}_1 x_2$$

$$f_1=\bar{x}_0\oplus\bar{x}_0\ \bar{x}_1\oplus\bar{x}_1 x_2\oplus\bar{x}_0\ \bar{x}_1 x_2$$

$$f_2=\bar{x}_0\oplus\bar{x}_1 x_2\oplus\bar{x}_0\ \bar{x}_1 x_2$$

式中，$(\bar{x}_0\oplus\bar{x}_1 x_2\oplus\bar{x}_0\ \bar{x}_1 x_2)$是 3 个多项式的公共项，可省去 4 个异或门。$(\oplus\bar{x}_0\ \bar{x}_1)$是 f_0 和 f_1 的公共项可省去 1 个异或门。实现这 3 个多项式仅需 4 个异或门。虽然极性(011)的 w 值比极性(100)的 w 值要大，由于公共项较多而只需要较少的异或门来实现。

从上例可知，在寻找 m 个输出函数的最佳极性时，应考虑公共项。下面的定理将给出在多输出多项式中决定公共项的一个方法。

2. 公共函数、剩余函数和遗留项

在给出定理之前，先引出几个定义。

定义 1　由 s 个函数中的公共项所组成的函数，称为 s—产公共函数。

公共函数的系数，可以通过在 s 个函数的系数中进行逻辑"与"运算而直接得到

$$A_{i_1 i_2\cdots i_s}=A_{i_1}\wedge A_{i_2}\wedge\cdots\wedge A_{i_s}\,, \tag{3}$$

式中，$A_{i_1 i_2\cdots i_s}$ 表示 s—公共函数的系数向量，$A_{i_1}, A_{i_2},\cdots, A_{i_s}$ 分别是输出函数 $f_{i_1}, f_{i_2},\cdots, f_{i_s}$ 的系数向量。表示逻辑"与"运算。

令 $w'_{i_1 i_2\cdots i_s}$ 表示公共函数的权，则公用门数 $w_{i_1 i_2\cdots i_s}$ 可以由(2)式求出。因为 $A_{i_1}, A_{i_2},\cdots A_{i_s}$ 是极性的函数，所以公共函数的异或门数 $w_{i_1 i_2\cdots i_s}$ 是极性的函数。

在 m 个输出函数中的 s—公共函数的数目是

$$c_m^s,\quad s=2,3,\cdots,m \tag{4}$$

在 m 个输出函数中公共函数的总数为

$$c_m^2+c_m^3+\cdots+c_m^{m-1}+c_m^m=2^m-(m+1) \tag{5}$$

为了避免在不同的公共函数中，重复计算公共的异或门，引进了"剩余函数"这一概念。

定义 2. 函数 f_i 的剩余函数是函数 f_i 的项中去掉 s—公共函数的$(w_{i_1 i_2\cdots i_s}-1)$个公共异或项之后所组成的子函数。

剩余函数的系数，可用函数 f_i 的系数，公共函数 $f_{i_1 i_2\cdots i_s}$ 和遗留项 c_i 按如下模 2 加法而求出：

$$A(t)_i=A_i\oplus A_{i_1 i_2\cdots i_s}\oplus c_i \tag{6}$$

式中，$\oplus$表示模 2 加法，A_i 是 f_i 的系数向量，$A_{i_1 i_2\cdots i_s}$ 是 s—公共函数 $f_{i_1 i_2\cdots i_s}$ 的系数向量。

c_i 是一列向量，它有一个非零元素是在 $A_{i_1 i_2\cdots i_s}$ 中遗留下来，而 c_i 中其它所有元素为零。c_i 的存在意味着公共函数中有一项遗留在剩余函数中，这个项叫遗留项。因为公共函数具有 $w_{i_1 i_2\cdots i_s}$ 项，所以 c_i

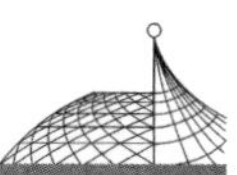

有 $w_{i_1 i_2 \cdots i_s}$ 种形式。

很明显，遗留项和 c_i 形式的选择不会改变剩余函数的权及其异或门数。因此，公共函数的任何一项都可以是剩余项，但是 s—公共函数的遗留项决不应是(s—1)公共函数的遗留项，那么

如果 $c_i = c_{t-1}$，则 $c_i \oplus c_{t-1} = 0$，将会引入不正确的公共门。

在产生公共函数之后，为了作进一步的运算，输出函数应该用剩余函数代替。在 $A_{i_1 i_2 \cdots i_s}$ 产生之后，记忆装置中的系数 A_i，要用 $A_i^{(t)}$ 代替。

举一个 4—输出函数的例子，若输出函数是 f_0, f_1, f_2 和 f_3 则 4—公共函数 f_{0123} 是

$$A_{0123} = A_0 \wedge A_1 \wedge A_2 \wedge A_3$$

4—剩余函数 f_{012} 是

$$A_i^{(t)} = A_i \oplus A_{0123} \oplus c_i, \quad i = 0, 1, 2, 3$$

3—公共函数 f_{012} 是

$$A_{012} = A_i^{(4)} \wedge A_1^{(4)} \wedge A_2^{(4)}$$

剩余函数是

$$A_i^{012} = A_i^{(4)} \oplus A_{012} \oplus c_3, \quad i = 0, 1, 2$$

但是 3—公共函数 f_{123} 是

$$A_{123} = A_1^{012} \wedge A_2^{012} \wedge A_i^{(4)}$$

这里 A_1^{012} 和 A_2^{012} 取代了 $A_1^{(4)}$ 和 $A_2^{(4)}$，

剩余函数是

$$A_1^{123} = A_1^{012} \oplus A_{123} \oplus c'_3$$
$$A_2^{123} = A_2^{012} \oplus A_{123} \oplus c'_3$$
$$A_3^{123} = A_3 \oplus A_{123} \oplus c'_3$$

并且请注意这里在前面的两等式中 $A_1^{(4)}$ 和 $A_2^{(4)}$ 已经用 A_1^{012} 和 A_2^{012} 取代，且 $c'_3 \neq c_3$，这种代换用同位算法很容易实现。

3. 异或门的最小数目

在给出公共函数和剩余函数的定义，并找到它们的算法之后，可以节省异或门的数目，并由下面的定理给出：

定理. m 个输出函数可以节省的异或门数目如下：

$$N_s = (m-1)w^{(m)} + (m-2)w^{(m-1)} + \cdots + 2w^{(3)} + w^{(2)} \tag{8}$$

式中，N_s 表示所节省的异或门数目，$w^{(m)}$ 表示 m 个输出函数公共门数，$w^{(m-1)} = w_{01\cdots(m-2)} + w_{01\cdots(m-3)(m-1)} + \cdots + w_{12\cdots(m-1)}$ 表示 c'_m 个(m—1)公共门的数目。

$$w^{(3)} = \sum_{i \neq j \neq k}^{m-1} w_{ijk}$$

表示所有 3—公共函数的门数，$w^{(2)} = \sum_{i \neq j}^{m-1} w_{ij}$ 表示所有 2—公共函数的门数。

推论 1. 考虑了公共项的 m 个输出函数实现所要的异或门总数如下：

$$N_{eor} = \sum_{i=0}^{m-1} w_i - N_s \tag{9}$$

式中，N_{eor} 表示所需要的异或门总数，w_i 是单独实现每一单个函数 f_s 所需的异或门数，N_s 是由于公共项而节省的异或门数。

因为 w_i 和 N_s 是极性的函数，所以 N_{eor} 也是极性的函数。最佳极性可由最小的 N_{eor} 值得到。

4. 寻找最佳极性的算法

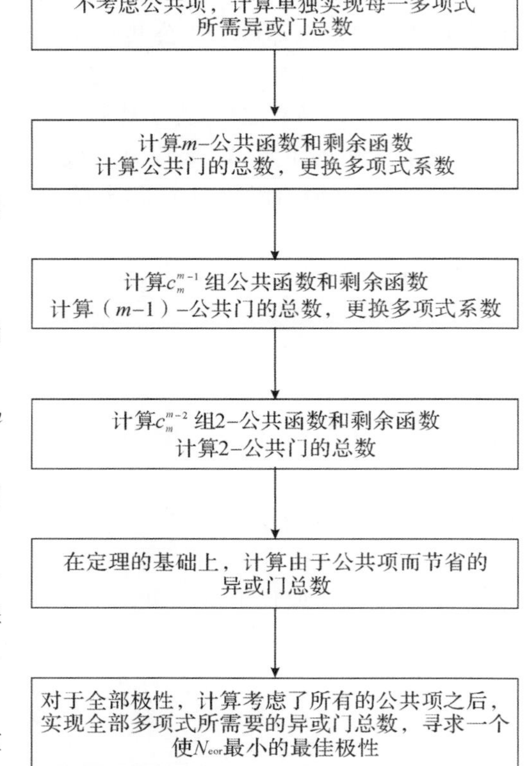

图 2　化简算法的流程图

最佳极性和 m 个输出函数所需的最少异或门数可以用图 2 中的算法求出。

步骤 1. 计算 m 个输出函数的公用异或门数。

(1)按(3)式用逻辑或运算计算 m—公共函数的系数 $A_{01\cdots m-1}$；

(2)计算公共门数 $w^{(m)}$；

(3)选择 c_m 按(6)式用模 2 加法运算，计算 m 剩余函数系数 $A_i^{(m)}$ $(i=0,1,\cdots m-1)$；

(4)在计算机存贮器中用 $A_i^{(m)}$ 代替 $A_i[i=0,1,\cdots(m-1)]$。

步骤 2. 对所有$(m-1)$输出函数的集合，计算公共门数 $w^{(m-1)}$。

(1)同步骤 1，选择第一组$(m-1)$输出函数，计算$(m-1)$—公共函数系数 $A_{01\cdots(m-2)}$ 和公共门数 $w_{01\cdots(m-2)}$，选择 $c_{m-1}\neq c_m$，计算$(m-1)$剩余函数 $A_i^{(m-1)}[i=0,1,\cdots(m-2)]$，并在计算机存贮器中用 $A_i^{(m-1)}$ 代表，$A_i^{(m)}$；

(2)和步骤 2 中(1)一样，选择第二组$(m-1)$输出函数计算 $A_{01\cdots(m-3)(m-1)}$，$w_{01\cdots(m-3)(m-1)}$ 和剩余函数 $A'^{(m-1)}_i[i=0,1,\cdots,(m-3)(m-1)]$，并用 $A'^{(m-1)}_i$ 代替 $A_i^{(m-1)}$ 和 $A_i^{(m)}$。但第二组$(m-1)$输出函数系数在上一步骤已修改了，在本步骤中，它们将再次被 $A'^{(m-1)}_i(i=0,1\cdots m-3,m-1)$修改。

(m)选择第 m 组$(m-1)$个输出函数，计算 $A_{12\cdots m-1}$ 和 $w_{12\cdots m-1}$ 等，和上面步骤一样，调整函数系数。

(n)用下列计算所有$(n-1)$个公共门的总数：

$$w^{(m-1)}=w_{01\cdots(m-1)}+w_{01\cdots(m-3)(m-1)}+\cdots+w_{01\cdots(m-1)}。$$

步骤 3. 和前面步骤一样，计算公共门数 $w^{(m-1)}$，$w^{(m-3)}$，…，$w^{(2)}$。

步骤 4. 用(8)式计算可以节省的异或门总数 N_s，用(9)式计算一个极性所需要门的总数队 N_{eor}。

步骤 5. 对所有可能的极性计算异或门的总数 N_{eor} 使 N_{eor} 最小的极性是最佳的。

对于上面的例子，不同极性所需异或门的总数在表 2 中给出。

表 2　上面例子中不同极性的异或门数

格雷码	000	001	011	010	110	111	101	100
极性	$x_2x_1x_0$	$x_2x_1\bar{x}_0$	$x_2\bar{x}_1\bar{x}_0$	$x_2\bar{x}_1x_0$	$\bar{x}_2\bar{x}_1x_0$	$\bar{x}_2\bar{x}_1\bar{x}_0$	$\bar{x}_2x_1\bar{x}_0$	$\bar{x}_2x_1x_0$
w_0	2	4	2	1	2	4	5	2
w_1	3	4	3	3	2	3	5	3
w_2	3	3	4	5	3	3	3	2
$w=\sum_{i=0}^{2}w_i$	8	11	9	9	7	11	13	7

续表

格雷码	000	001	011	010	110	111	101	100
极性	$x_2x_1x_0$	$x_2x_1\bar{x}_0$	$x_2\bar{x}_1\bar{x}_0$	$x_2\bar{x}_1x_0$	$\bar{x}_2\bar{x}_1x_0$	$\bar{x}_2\bar{x}_1\bar{x}_0$	$\bar{x}_2x_1\bar{x}_0$	$\bar{x}_2x_1x_0$
$w^{(3)}$	0	2	2	1	0	2	3	0
$w^{(2)}$	2	1	1	2	1	1	1	1
N_s	2	5	5	4	1	5	7	1
N_{eor}	6	6	4	5	6	6	6	6

从表 2 中可以看出，极性 $x_2\bar{x}_1\bar{x}_0$ 对于考虑公共项的 3 输出函数实现是一个最佳的极性。实现这个电路仅需 4 个异或门。图 3 给出了这个例子的逻辑电路图。

5. 与门和非门总数的估算

输入的非门数 N_{in}取决于各输入极性。输出的非门数及或门数由下面推论给出。

推论 2. 输出的非门数 N_{out}，是

$$N_{out}=\sum_{i=0}^{m-1}a_{io} \tag{10}$$

式中，N_{out}表示输出端的非门数，a_{io}是第 i 个输出函数的常数项。显然，N_{out}是极性的函数。

推论 3. 实现 m 个输出函数，需要的与门数 N_{and}为

$$N_{and}=w_d-\sum_{i=0}^{n-1}d(2^i)-d_0 \tag{11}$$

式中，w_d 是 m 输出函数的或多项式 D 的权，

$$D=A_0 \vee A_1 \vee \cdots \vee A_{m-1} \tag{12}$$

$\vee$ 表示逻辑或运算，$d(2^i)$表示 D 多项式的单个变量项的系数，N_{and}表示与门的数目。对于表 1 中的例子，输入非门数，输出非门数和异或门数见表 3。

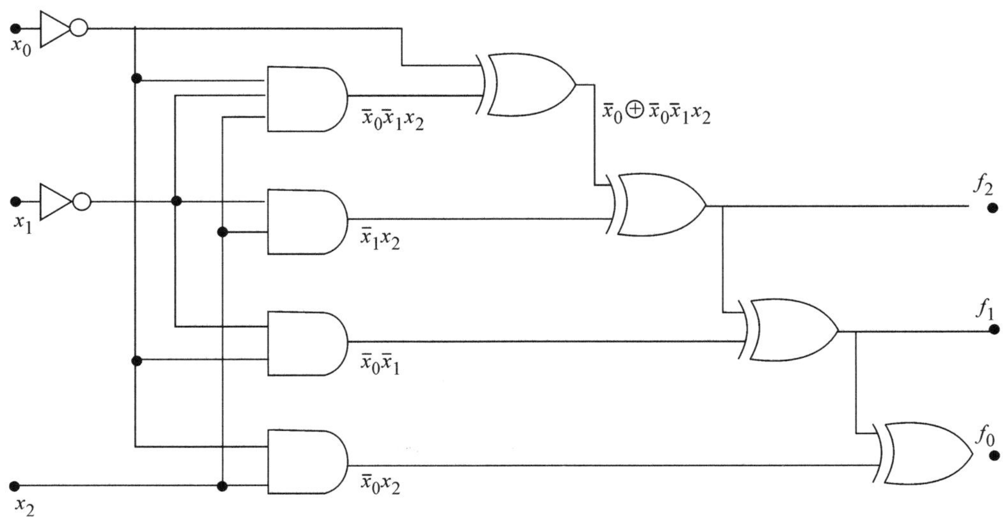

图 3　例题的最佳逻辑电路

表 3　例中的非门、与门和异或门数

格雷码	000	001	011	010	110	111	101	100
极性	$x_2 x_1 x_0$	$x_2 x_1 \bar{x} x_0$	$x_2 \bar{x}_1 \bar{x}_0$	$x_2 \bar{x}_1 x_0$	$\bar{x}_2 \bar{x}_1 x_0$	$\bar{x}_2 \bar{x}_1 \bar{x}_0$	$\bar{x}_2 x_1 \bar{x}_0$	$\bar{x}_2 x_1 x_0$
N_{in}	0	1	2	1	2	3	2	1
N_{out}	1	0	0	3	2	0	3	2
N_{not}	1	1	2	4	4	3	5	3
N_{and}	3	4	4	3	3	4	4	3
N_{eor}	6	6	4	5	6	6	6	6

若非门、与门和异或门的费用分别为 P_1, P_2, P_3，则电路总费用为

$$P = P_1 N_{not} + P_2 N_{and} + P_3 N_{eor} \tag{13}$$

最优极性由最小的费用 P 而得出。

6. 结　论

本文提出了一种优化多输出异或逻辑电路的计算方法。这个方法考虑了公共门对电路简化的作用，所设计出的电路是最佳的，需用的异或门数量最少。文中所提出的理论、方法和程序，都可用于计算机辅助逻辑电路优化设计。

参考文献

[1] Besslich, Ph. W., *Pros. IEE.*, 130(1983), Pt. E, 6:203-206.

[2] Zhang Y. Z.(张彦仲) & Rayner P. J. W., *IEE Proceedings*, 131(1984), Pt. E, 5:177-186.

[3] 张彦仲，中国科学(A 辑)，1989，11:1225-1232.

具有(N-1)/2 次乘法的快速傅里叶变换*

摘　要：本文提出递归傅里叶变换的一种快速实现方法。对于一个质数长度的离散傅里叶变换，仅需用一个复数系数就可以递归算出全部 N 个($N=P$)频率分量。恰当地选用这个系数，使其为 2^{-m} 形式。就可以用($m-1$)次移位代替乘法，免去了递归结构内部的乘法，大大提高运算速度。这种方法结构简单。总共需用($N-1$)/2 次实数常数乘法，尤其适于硬件实现。文中给出快速运算的系数表、硬件实现的方案及乘法次数的比较，讨论了系数误差的影响，并提出了高精度实现的方案。

关键词：信号处理；算法；快速傅里叶变换；数字硬件

1. 前　言

离散傅里叶变换(DFT)是数字信号处理中最核心的运算。这不仅因为离散傅里叶变换可以把信号从时域变换到频域，而且可以用于谱分析、谱估计、有限冲击响应数字滤波器、卷积和相关函数等的计算。已经广泛用于各种科学技术领域。

一个 N 点离散傅里叶变换的直接计算需用大约 N^2 次复数乘法($4N^2$ 次实数乘法)和 N 个复数系数。1965 年 Cooley 和 Tukey[1] 提出了快速傅里叶变换算法(FFT)，使计算 N 点离散傅里叶变换的复数乘法次数下降到 $\frac{1}{2}N\log_2 N$ 次(相当于 $2N\log_2 N$ 次实数乘法)。但仍需用 $N/2$ 个复数系数。复数系数的存储和计算需占用较多的内存和较长的计算时间，并使 FFT 的硬件实现相当复杂和昂贵。

作者[2-4]曾提出了一种最佳递归傅里叶变换算法。这种算法仅需要一个复数系数就可以计算全部 N 个频率分量。而且采用递归形式结构简单、成本低，便于硬件实现。这是一个很突出的优点。但是这种算法需用 N^2 次实数乘法，速度不快。本文在上述工作的基础上，利用递归傅里叶变换中系数有($N-1$)种选择的可能性，恰当地选择系数使其接近 2 的幂次，便可以用移位代替乘法，完全避免了在递归结构内部的乘法运算，大大提高了运算速度。实现了递归傅里叶变换的快速计算。取名为快速递归傅里叶变换。这种方法既保持了递归算法结构简单的优点，又实现了高速度。

本文首先说明递归傅里叶变换快速实现的原理，然后给出快速算法的系数及硬件实现方案，比较 DFT、FFT 及本算法的乘法次数，并讨论了系数、误差的影响，提出高精度方案。

2. 离散傅里叶变换的单系数递归算法

作者[2-4]已经证明，对于一个长度 $N=P$ 为质数的离散傅里叶变换

* 文章发表于《航空学报》，1989，10(9)：562-471.

$$X(k)=\sum_{n=0}^{P-1} W_P^{mk} x(n) \tag{1}$$

式中，$k=0,1,\cdots,(P-1)$；

$W_P=\mathrm{e}^{-j2\pi/P}$。

其中非零频分量可以仅用一个复数系数 W_P^D 按下列方程作$(P-1)$次递归求出：

$$\begin{cases} y_k(m)=W_P^D y_k(m-1)+u_k(m) \\ y_k(0)=u_k(0) \end{cases} \tag{2}$$

式中，$k=1,2,\cdots,(P-1)$；

$m=0,1,\cdots,(P-1)$；

$\{y_k(m)\}$——递归运算的输出序列；

$W_P^D=\mathrm{e}^{-j2\pi D/p}$；

$\{u_k(m)\}$——输入序列$\{x(n)\}$的重排。

$$u_k(m)=x(\langle(P-1-m)k^{-1}D\rangle_P) \tag{3}$$

式中，k^{-1}——整数 k 在域 $GF(P)$的逆元，$k^{-1}k=1 \mod P$；

D——一个可选择的参数，满足 $1\leqslant D<P$；

$\langle \quad \rangle_u=\langle \quad \rangle \bmod P$——按 P 求模。

上面的递归方程可以看成是一个具有复系数的一阶 IIR 滤波器。其 z 变换如下：

$$H(z)=\frac{1}{1-W_P^D z^{-1}} \tag{4}$$

它可以表示为实系数函数

$$H(z)=\frac{1}{1-W_P^D z^{-1}}\frac{1-W_P^{-D}z^{-1}}{1-W_P^{-D}z^{-1}}=\frac{1-\cos(2\pi D/P)z^{-1}-j\sin(2\pi D/P)z^{-1}}{1-2\cos(2\pi D/P)z^{-1}+z^{-2}} \tag{5}$$

(5)式可看成一个如图 1 所示的二阶 IIR 滤波器。

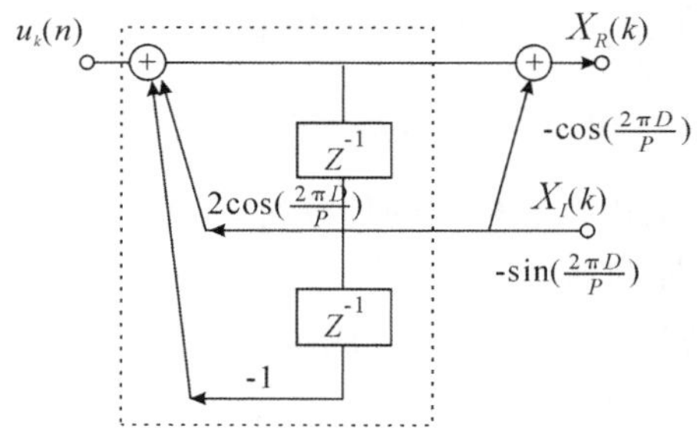

图 1　DFT 的二阶递归实现

在图 1 中，$X_R(k)$和 $X_I(k)$分别表示 DFT 输出的实部和虚部分量。显然，这是一个“退化的”标准二阶 IIR 滤波器。由于引进 $w(n)$之后，(5)式可以写成下面的差分方程

$$w(n)=2\cos\left(\frac{2\pi D}{P}\right)w(n-1)-w(n-2)+u_k(n) \tag{6}$$

$$\left.\begin{aligned} X_R(k)&=w(P-1)-\cos\left(\frac{2\pi D}{P}\right)w(P-2) \\ X_I(k)&=-\sin\left(\frac{2\pi D}{P}\right)w(P-2) \end{aligned}\right\} \tag{7}$$

离散傅里叶变换单系数递归计算结构非常简单，有下列三点重要的特点：

(1)递归算法仅需用一个复系数 W_P^D 就可以计算全部 P 个频率分量。因为式(2)中，系数 W_P^D 与

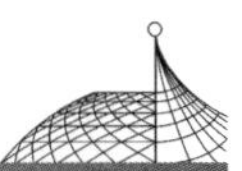

频率分量序号k无关。对于不同的频率分量$X(k)$，只要把输入序列$\{x(n)\}$重排为$\{u_k(m)\}$，就可以用原来的系数和递归结构，计算出新的频率分量。由于仅需用一个复系数，这就大大节省了存储系数所占的内存，和计算系数所花费的时间。由于这个系数是不变的，就可以用固定的硬件结构实现，结构简单，成本低。

(2)由图1可以看出，每计算一对频率分量$X_R(k)$和$X_I(k)$虚线内的递归部分要作$(P-1)$次实数乘法。对于第$(P-1)$次递归运算结束时的输出，虚线外部分应作乘以常数$-\cos\left(\frac{2\pi D}{P}\right)$和$-\sin\left(\frac{2\pi D}{P}\right)$的二次乘法。显然，影响运算速度的主要因素是虚线内递归系数$2\cos\left(\frac{2\pi D}{P}\right)$的乘法运算。一般说来，这个乘法应用高速度器件实现；而虚线外的二次常数乘法，可用低速器件实现。

(3)由方程可以看出系数W_P^D中D是一个整数$(1\leqslant D<P)$，D可以是$1,2,\cdots,(P-1)$中任意一个，不会影响计算结果。D有$(P-1)$种可能不同的选择，这就增加了系统实现的灵活性。

3. 快速递归傅里叶变换的原理

由单系数递归DFT算法的第二个特点可看出，影响运算速度的主要因素是递归系数$2\cos\left(\frac{2\pi D}{P}\right)$的乘法运算。尽管这个运算可以用高速器件实现，但高速器件的成本很高，其速度仍然满足不了现代科学技术发展的要求。所以，提高算法速度的根本出路在于，减少或者消除递归系数$2\cos\left(\frac{2\pi D}{P}\right)$与递归数据的乘法运算。

在现代电子数字计算机中，所有数据的运算都是按二进制进行的。一个特别简单的情况就是：一个数据乘以2^{-m}，可以不用乘法，只要把这个数据右移m位，即可得到乘积。由第三个特点可以看出，复系数W_P^D有$(P-1)$种可能的选择性，一般说来，总可以找到一个整数$D(1\leqslant D<P)$，使得系数$\cos\left(\frac{2\pi D}{P}\right)\approx 2^{-m}$。这样，我们可以在递归结构中用$(m-1)$次移位代替一次乘法，完全消除了递归运算中的乘法。由于移位的时间非常短，这就可以大大提高运算速度。

例如：$N=3$的离散傅里叶变换，令$D=9$则递归系数$2\cos\left(\frac{2\pi D}{P}\right)=-0.5013\approx-2^{-1}$。因此可以用一次移位代替一次乘法。移位的速度比乘法快得多，这就得到快速算法的实现。常用的快速系数在表1中给出。

复序列的实现有所不同，设复序列$x(n)$为

$$x(n)=x_R(n)+jx_I(n) \tag{8}$$

表1　快速递归的系数及误差

P	D	$\cos(2\pi D/P)$	近似的2^{-m}	误差δ	P	D	$\cos(2\pi D/P)$	近似的2^{-m}	误差δ
3	1	-0.7	-2^{-1}	0	47	12	-0.033415	-2^{-5}	0.5512×2^{-8}
5	1	-0.06017	-2^{-2}	0.9443×2^{-3}	53	13	0.029633	2^{-5}	-0.8277×2^{-9}
7	2	-0.42521	-2^{-2}	0.8793×2^{-5}	59	15	-0.026621	-2^{-5}	0.5926×2^{-7}
9	3	-0.142315	-2^{-3}	-0.5541×2^{-3}	61	11	0.128398	2^{-3}	0.8700×2^{-8}
13	3	0.120537	-2^{-3}	-0.5713×2^{-3}	67	14	0.255043	2^{-2}	0.6455×2^{-7}

续表

P	D	$\cos(2\pi D/P)$	近似的 2^{-m}	误差 δ	P	D	$\cos(2\pi D/P)$	近似的 2^{-m}	误差 δ
17	5	-0.237863	-2^{-2}	-0.7572×2^{-5}	71	17	0.066323	2^{-4}	0.9787×2^{-8}
19	4	0.215485	-2^{-2}	-0.5779×2^{-7}	73	19	0.064508	-2^{-4}	-0.5142×2^{-8}
23	6	0.068212	-2^{-4}	-0.7350×2^{-7}	79	19	0.059615	2^{-4}	-0.7385×2^{-8}
29	7	0.051139	-2^{-4}	-0.5351×2^{-6}	83	21	0.018924	-2^{-6}	-0.8446×2^{-8}
31	9	-0.250653	-2^{-2}	-0.6682×2^{-10}	89	24	-0.123232	-2^{-3}	0.9054×2^{-9}
37	10	-0.127018	-2^{-8}	-0.5166×2^{-8}	97	24	0.016193	2^{-6}	0.5817×2^{-10}
41	10	0.038303	-2^{-5}	0.9027×2^{-5}	101	25	0.015552	2^{-6}	-0.5996×2^{-13}
43	9	0.252933	-2^{-2}	0.7509×2^{-2}					

则

$$X(z)=X_R(z)+jX_I(z)$$

所以

$$Y(z)=H(z)X_R(z)+jH(z)X_I(z) \tag{9}$$

由图 2 给出复序列 DFT 的递归快速实现($P=31,D=9$)可以看出，虽然复序列 DFT 的计算量增加了一倍，但由于采取了并有处理，速度提高了一倍，而系统的运行时间，仅增加了二次加法时间。

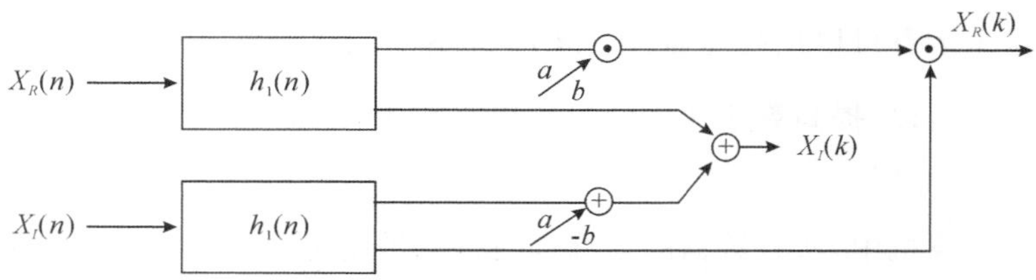

图 2　复序列 DFT 快速递归实现($P=31,D=9$)

$a=-\cos(2\pi D/P)(\approx 2.4)$，$b=-\sin(2\pi D/P)$；

$h_1(n)$与(5)式中 $H(z)$的分母互为 Z 变换

4. 快速递归傅里叶变换的硬件实现

由于选用系数 $\cos\left(\frac{2\pi D}{P}\right)=2^{-m}$，免去了递归运算中的乘法。所以，在硬件实现时。递归结构内部的乘法器可以用一个移位寄存器取代。而在递归输出端的二次乘法中，与系数$-\cos\left(\frac{2\pi D}{P}\right)$的乘法也可以用移位寄存器实现，而与系数$-\sin\left(-\frac{2\pi D}{P}\right)$的乘法是一个常数乘法。可以用一个数字衰减器实现。系统的硬件实现见图 3。

5. 运算次数估算

如图 3 所示，输入序列$\{u_k(m)\}$完成一个频率分量计算要作$(P-1)$递归运算，即要作$(2P-3)$次实数加法，为求出 $X_R(k)$和 $X_I(k)$还需一次加法和一次乘法。因为对实输入、输出有共轭关系

$$X(P-k)=X^*(k) \tag{10}$$

所以只需要对 $k=1,2,\cdots,(P-1)/2$ 进行运算。因此，考虑到计算 $X(0)$用的$(P-1)$次加法后，实数加法次数 A 和实数乘法次数 M 分别为

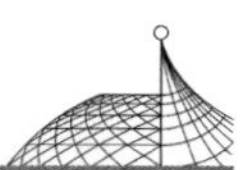

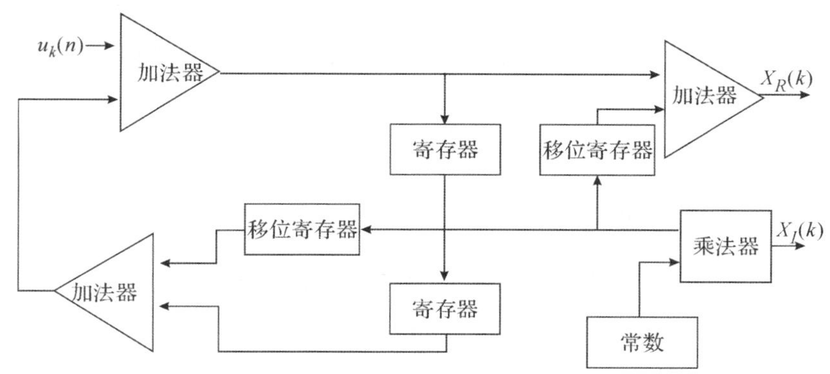

图3　快速递归 DFT 的硬件方案

$$\left.\begin{aligned}A&=(2P-2)(P-1)/2+(P-1)=P(P-1)\\M&=(P-1)/2\end{aligned}\right\}\tag{11}$$

对于复序列(图2)，由于采用两个滤波器并行工作，所用计算量只增加 $2(P-1)$ 次加法运算，所以

$$\left.\begin{aligned}A&=P(P-1)+2(P-1)=P^2+P-2\\M&=(P-1)/2\end{aligned}\right\}\tag{12}$$

DFT 直接计算

$$\left.\begin{aligned}A_D&=4P^2\\M_D&=4P^2\end{aligned}\right\}\tag{13}$$

按基2FFT算法估计

$$\left.\begin{aligned}A_F&=3N\log_2 N-2N+2\\M_F&=2N\log_2 N-4N+4\end{aligned}\right\}\tag{14}$$

三种算法的运算次数比较列在表2及表3。

表2　三种算法实乘法次数比较

变换长度		DFT	FFT	快速递归	变换长度		DFT	FFT	快速递归
P	N	$4P^2$	$2N\log_2 N-4N+4$	$(P-1)/2$	P	N	$4P^2$	$2N\log_2 N-4N+4$	$(P-1)/2$
3	4	36	4	1	31	32	3844	196	15
7	8	196	20	3	61	64	14884	516	30
17	16	1156	68	8	127	128	64516	1284	63

表3　三种算法实加法次数比较

变换长度		DFT	FFT	快速递归	变换长度		DFT	FFT	快速递归
P	N	$4P^2$	$3N\log_2 N-2N+2$	P^2+P-2	P	N	$4P^2$	$3N\log_2 N-2N+2$	P^2+P-2
3	4	36	18	10	31	32	3844	418	990
7	8	196	58	51	61	64	14884	1026	3780
17	16	1156	162	304	127	128	64516	2434	16251

可以看出，快速递归比 FFT 的乘法次数少，而加法次数多。实现算法的最终时间还取决于所用器件的性能。一般地讲。加法器用的时间比乘法器少，而移位最快。若忽略移位时间，设乘法与加法用时间之比数为 η，则当

$$\eta \geqslant \frac{P^2+3P-4-3P\log_2 P}{2P\log_2 P-(9P-9)/2} \tag{15}$$

时，快速递归比 FFT 快。表 4 给出部分 η 值。

表 4　快速递归实现与 FFT 速度判据

P	η	P	η	P	η	P	η
3	0	19	2.13	47	4.96	73	7.22
0	0.224	23	2.58	53	5.50	79	7.72
7	0.573	29	3.22	59	6.03	83	8.04
11	1.15	31	3.12	61	6.21	97	9.16
13	1.41	37	4.02	67	6.72		
17	1.90	43	4.59	71	7.06		

6. 系数误差的影响

由于在递归计算中用 2^{-m} 代替系数 $\cos\left(\frac{2\pi D}{P}\right)$，所以，必然在 DFT 的输出中引入相位误差及幅值误差。已知系数的误差

$$\delta=\cos\left(\frac{2\pi D}{P}\right)-2^{-m} \tag{16}$$

令

$$\left.\begin{aligned} &\phi_1=\frac{2\pi D}{P}=\Delta\varphi && \text{为理想相角} \\ &\phi=\arccos(2^{-m})=\varphi_0+\Delta\varphi && \text{为实际相角} \end{aligned}\right\} \tag{17}$$

式中，$\Delta\varphi$ 为相差。

由(16)式及(17)式得出

$$\delta=\cos\varphi_0-\cos(\varphi_0+\Delta\varphi)\approx\sin\varphi_0\Delta\varphi$$

故相差为

$$\Delta\varphi=\frac{\delta}{\sin\varphi_0} \tag{18}$$

第二个相邻频率分量之间的相位差为

$$\Delta\theta_0=\delta/D\sin\varphi_0 \tag{19}$$

最后一个频率分量有最大相差为

$$P\Delta\theta_0=P\delta/D\sin\varphi_0$$

为了满足质数长度条件，最大相差必须满足

$$P\Delta\theta_0\ll\theta_0$$

由(17)式及(19)式得出

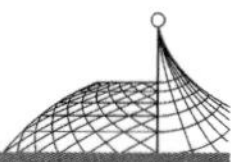

$$\frac{P\delta}{D\sin\varphi_0} \ll \frac{2\pi}{P}$$

近似系数可以用于递归计算的条件为

$$P \ll \frac{\varphi_0 \sin\varphi_0}{\delta} \tag{20}$$

式中，

$$\varphi_0 = \frac{2\pi D}{P}$$

由方程(5)可以看出快速递归计算部分可以表示为一个二阶全极数字滤液器

$$w(n) = kw(n-1) - w(n-2) + u_k(n) \tag{21}$$

式中，

$$k = 2^{-(m-1)} = k_0 + \Delta k$$

$$k_0 = 2\cos(\frac{2\pi D}{P}), \Delta k = 2\delta$$

这里，仅考虑由于递归系数误差引起的输出幅值误差。令

$$\left.\begin{aligned} w(n) &= w_0(n) + \Delta(n) \\ w(n-1) &= w_0(n-1) + \Delta(n-1) \\ w(n-2) &= w_0(n-2) + \Delta(n-2) \end{aligned}\right\} \tag{22}$$

式中，$w_0(n)$由下列无误差方程决定：

$$w_0(n) = k_0 w_0(n-1) - w_0(n-2) + u_k(n) \tag{23}$$

$\Delta(n)$为幅值误差信号，把(22)式及(23)式代入(21)式并略去二次小项 $\Delta k \cdot \Delta(n-1)$可得

$$\Delta(n) = k_0 \Delta(n-1) - \Delta(n-2) + \Delta k w_0(n-1) \tag{24}$$

上式即为确定幅度误差的差分方程。(24)式的 z 变换为

$$\Delta(z)(1 - k_0 z^{-1} + z^{-2}) = \Delta k w_0(z) z^{-1}$$

$$\frac{\Delta z}{w_0(z)} = \frac{\Delta k z^{-1}}{1 - k_0 z^{-1} + z^{-2}} \tag{25}$$

式中

$$k_0 = 2\cos\varphi_0$$

(25)式可以看作一个双极点，单零点的二阶 IIR 数字滤波器。这个数字滤波器在单位信号作用下，全部输出的均方值，即为幅值的均方噪声。为了估计这个噪声大小，必须求得滤波器(25)式的冲击响应。方程(25)的冲击响应 $h(n)$为

$$h(n) = \Delta k \frac{\sin n\varphi_0}{\sin\varphi_0} \tag{26}$$

假定噪声信号是不相关的，故上述滤波器在 P 次递归中，对单位输入的输出功率为

$$\frac{N}{W^2} = \sum_{n=1}^{P} |h(n)|^2 \tag{27}$$

由(26)及(27)式可得

$$\frac{\Delta}{W^2} = \frac{\Delta k^2}{\sin^2\varphi} \sum_{n=1}^{P} |\sin n\varphi_0|^2 = \frac{P\Delta k^2}{2\sin^2\varphi_0} \tag{28}$$

因为 $\Delta k = 2\delta$，幅值的信噪比为

$$\left.\begin{aligned} &10\log(\sin^2\varphi_0 / 2P\delta^2)(\text{dB}) \\ &\varphi = \frac{2\pi D}{P} \end{aligned}\right\} \tag{29}$$

例如，$P=31$ 点的 DFT，在 $D=\eta$ 时，系数误差 $\delta=0.6682\times2^{-10}$。由系数近似引起的噪声，其信噪比为 45dB。表 5 给出常用系数的信噪比。

表 5　常用系数及信噪比

P	D	2^{-m}	信噪比(dB)	P	D	2^{-m}	信噪比(dB)
3	1	-2^{-1}		47	12	-2^{-5}	32.6
5	1	2^{-2}	14.1	53	13	2^{-5}	35.6
7	2	-2^{-2}	19.5	59	15	-2^{-5}	26.0
11	3	-2^{-3}	21.7	61	14	2^{-3}	28.4
13	3	2^{-3}	32.8	67	14	2^{-2}	24.4
17	5	-2^{-2}	16.9	71	67	2^{-4}	26.8
19	4	2^{-2}	30.3	73	18	-2^{-4}	32.3
23	6	-2^{-4}	28.2	79	14	2^{-4}	28.8
29	7	2^{-4}	23.9	83	21	-2^{-6}	27.4
31	9	-2^{-2}	45.5	89	24	-2^{-3}	32.5
37	10	-2^{-3}	35.1	97	21	2^{-8}	42.0
41	10	2^{-5}	23.9	101	25	2^{-6}	59.7
43	9	2^{-2}	31.0				

7. 高精度实现

由表 5 可以看出，这种快速实现方案，对于大多数长度，其精度不是很高。对于高精度使用要求，还必须进一步提高系数的精度。一个最简单的方案就是用 2 个二进制整数之和乘近似系数 $\cos\left(\frac{2\pi D}{P}\right)$ 即使

$$\cos\left(\frac{2\pi D}{P}\right)=\pm2^{-m}\pm2^{-n} \tag{30}$$

由于 m 及 n 有多种可能的组合，可以使系数精度大为提高。而递归数据与系数($\pm2^{-m}\pm2^{-n}$)的乘法，可以用两个移位寄存器[一个移位(m—1)次，另一个移位(n—1)次]，和一个加法器(把两个移位后的数据相加)来实现。如图 4 所示。这个方案用两种移位及一次加法代替一次乘法。仅比简单移位方案多一次加法和(n—1)次移位。速度稍微降低，但却使精度大为提高。常用的($\pm2^{-m}\pm2^{-n}$)型系数及信噪比见表 6。

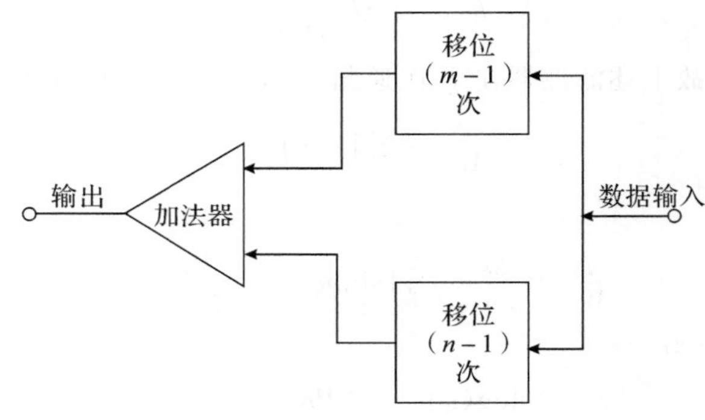

图 4　高精度实现

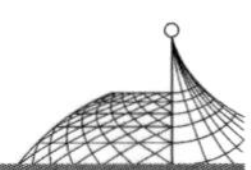

表 6 高精度系数及信噪比

P	D	近似系数 $\pm 2^{-m} \pm 2^{-n}$	系数误差 δ	信噪比 (dB)	P	D	近似系数 $\pm 2^{-m} \pm 2^{-n}$	系数误差 δ	信噪比 (dB)
3	1	-2^{-1}	0		47	12	$-2^{-5}-2^{-9}$	-0.8677×2^{-12}	53.8
5	1	$2^{-2}+2^{-4}$	-0.8916×2^{-8}	38.9	53	13	$2^{-5}-2^{-9}$	0.6891×2^{-11}	49.2
7	1	$2^{-1}+2^{-8}$	-0.7732×2^{-9}	43.9	59	16	$-2^{-3}-2^{-7}$	0.7125×2^{-18}	60.5
11	3	$-2^{-3}-2^{-8}$	-0.8652×2^{-9}	42.0	61	14	$2^{-3}+2^{-8}$	-0.5201×2^{-10}	45.0
13	3	$2^{-3}-2^{-8}$	-0.5704×2^{-10}	50.9	67	17	$-2^{-8}-2^{-7}$	-0.6650×2^{-17}	84.6
17	4	$2^{-3}-2^{-5}$	-0.7586×2^{-9}	41.3	71	11	$2^{-1}+2^{-4}$	-0.8309×2^{-14}	63.6
19	4	$2^{-2}-2^{-8}$	-0.6229×2^{-10}	48.4	73	19	$-2^{-4}-2^{-9}$	-0.9064×2^{-14}	63.5
23	6	$-2^{-4}-2^{-8}$	-0.9401×2^{-9}	38.1	79	20	$-2^{-8}-2^{-8}$	-0.7187×2^{-11}	47.1
29	5	$2^{-1}-2^{-5}$	-0.6995×2^{-11}	51.2	83	21	$-2^{-8}-2^{-8}$	0.6217×2^{-10}	42.1
31	9	$2^{-2}-2^{-11}$	-0.6728×2^{-12}	57.6	89	22	$2^{-8}+2^{-9}$	0.5764×2^{-13}	60.6
37	10	$-2^{-3}-2^{-8}$	-0.5300×2^{-13}	65.1	97	24	$2^{-8}+2^{-11}$	0.6536×2^{-13}	59.1
41	12	$-2^{-2}-2^{-8}$	0.6589×2^{-10}	44.5	101	25	$-2^{-8}+2^{-14}$	-0.7965×2^{-16}	75.3
43	10	$2^{-3}-2^{-8}$	-0.9940×2^{-18}	89.1					

8. 小 结

本文提出递归傅里叶变换的一种快速实现方法。对于一个质数长度的离散傅里叶变换，仅需用一个复数系数就可以递归算出全部 N 个($N=P$)频率分量。恰当地选用这个系数，使其为 2^{-m} 形式，就可以用($m-1$)次移位代替乘法，免去了递归结构内部的乘法，大大提高了运算速度。这种方法结构简单，总共需用($N-1$)/2 次实数常数乘法，尤其适于硬件实现。本文中给出快速运算的系数表、硬件实现的方案乘法及加法次数的比较，讨论了系数误差的影响，并提出了高精度实现的方案。

参考文献

[1] Colley J W. and Tukey J W. An Algorithm for Machine Calculation of Complex Fourier Series, Math Comut, 1965; 19(90), pp. 297-301.

[2] Zhang Yanzhong. Optimum Coefficients for Recursively Computing Discrete Fourier Transforms, MELECON″85/Volume Ⅰ: Digital Signal Processing, A. Luque, A. R. Figueiras Vidal, V. Cappellini (eds) Elsevier Science Publishers B. (North-Holland)/IEEE 1985; pp. 11-14.

[3] Zhang Y Z. Optimum Recursive Computation of Prime Length DFTs, Digest of Papers, the 20th International Electronics Convention of TREE, Melbourne, Australia, October 1985, pp. 583-586.

[4] 张彦仲. 递归傅里叶变换的最佳系数. 信号处理, 1987; 3(1), pp. 31-36.

[5] Blanken J D. and Rustan P L. Selection Criteria for Efficient Implementation of FFT Algorithms IEEE Trans. 1982; (Assp-30): 1, pp. 107-109.

Fast DFT With $(N-1)/2$ Multiplications

Abstract: A fast recursive algorithm for computing DFTs with prime length is proposed. This algorithm has a very simple structure and needs only one coefficient for computing all N frequency components in terms of permuting the input sequences. This coefficient has $(N-1)$ possible choices, some of the coefficients approximate to the form of 2^{-m}, so one multiplication in the recursive loop can be replaced by shifting $(m-1)$ steps. The shift is much faster than multiplication, the speed of the algorithm is very high. Only $(N-1)/2$ real multiplications are required to compute all N frequency components, they are much less than $2N\log_2 N$ real multiplications of FFT. The errors and the coefficients with the form of 2^{-m} are presented.

The complexity of the algorithm is studied. The number of additions, multiplications and shifts for the algorithm are listed. A factory is introduced, when the period ratio T_m/T, of multiplier and adder is greater than the factory η, this algorithm is faster than FFT algorithm.

The effect of coefficient errors is analysed. The phase and amplitude errors are presented. The necessary condition of this algorithm is proposed. The noise introduced from the coefficient errors is presented. An implementation method for increasing the accuracy of coefficients, reducing errors and noise of systems is proposed. The sum of two shifts $(2^{-m} \pm 2^{-n})$ is used to approximate to the coefficient. This implementation reduces the noise of systems about 20 dB. The high accuracy scheme is presented. The coefficients with high accuracy and noise are listed.

The hardware scheme of this algorithm is presented. It is very simple, fast and cheap.

Keywords: signal processing; algorithm; fast DFT; digital hardware

最佳递归傅里叶变换算法*

摘　要：本文阐述了离散傅里叶变换的递归算法，表明当变换长度 $N=P$ 是一个质数时，算法就变得特别简单，只要用一个复数系数 W_P^D 就可以计算全部 N 个频率分量。本文讨论了系数选择与信噪比的关系，求出了递归算法的最佳系数，这些系数使得定点实现傅里叶变换时具有最大信号噪声比。

1. 序　言

离散傅里叶变换是数字信号处理中的核心计算。谱分析与谱估计，有限冲击响应数字滤波器的实现，卷积和相关函数等的计算都必须应用离散傅里叶变换。N 点离散傅里叶变换的一般形式为

$$X(k)\sum_{n=0}^{N=1} x(n) W_N^{Kn} \tag{1}$$

式中，$K=0,1,\cdots,(N-1)$；$W_N=\mathrm{e}^{-j2\pi/N}$。

由上式可以得出，计算一个频率分量 $X(k)$ 要用 $(N-1)$ 个复数系数，直接计算全部 N 个频率分量要用 $N(N-1)$ 次复数乘法。一九六五年美国科学家 Cooley 和 Tukey 提出了快速傅里叶变换算法(FFT)。这种快速算法使计算 N 个频率分量所用的复数乘法次数降低到 $\frac{1}{2}N\log_2 N$ 次[1]。但是，用 FFT 算法计算一个频率分量仍需要 $(N-1)$ 个复数系数。复数系数的产生和存储需用很多内存和较长的计算时间，并增加了硬件实现的复杂性。

下一节将阐明质数长度离散傅里叶变换的一种递归算法。这种算法仅需要一个复数系数。就可以计算全部频率分量。第三节将讨论定点实现这种算法的动态范围和信号噪声比。第四节将给出具有最大信噪比的系数。

2. 质数长度离散傅里叶变换的递归算法

递归算法常用于计算平方根等运算。这种算法具有非常简单的结构，并很容易实现。

公式(1)中的 N 点离散傅里叶变换可以改写为

$$\begin{aligned} X(k) &= \sum_{n=0}^{N-1} x(n) W_N^{nK} \\ &= [\cdots[[W_N^K x(N-1)+x(N-2)]W_N^k + x(N-3)]W_N^k+\cdots+x(1)]W_N^K+x(b) \end{aligned} \tag{2}$$

上述公式可以改写为如下递归形式：

* 文章发表于《信号处理》，1987，3(1)：31-36.

$$\begin{cases} y_k(n)=W_N^k y_k(n-1)+u(n) \\ y_k(0)=u(0) \quad k=0,1,2,\cdots,(N-1) \end{cases} \tag{3}$$

式中，$u(n)=x(N-1-n)$，$n=0,1,2,\cdots,(N-1)$。

离散傅里叶变换的第 k 个频率分量 $X(k)$ 可由递归序$\{y_k(n)\}$的第$(N-1)$次输出得到：

$$X(k)=yk(N-1) \qquad k=0,1,2,\cdots(N-1)$$

上述递归算法叫做戈泽尔算法[2]，戈泽尔算法的优点是：计算一个频率分量 $X(k)$ 仅需要一个复数系数算 W_N^K 和 N 次递归运算。如果不要求计算全部 N 个频率分量，而仅要求计算少数(M 个)频率分量，在 $M<\frac{1}{2}\log_2 N$ 时，戈泽尔算法比 FFT 算法需用的乘法次数还要少。但是戈泽尔算法仍需用$(N-1)$个复数系数来计算全部 N 个频率分量。

但是，当离散傅里叶变换的长度 $N=P$ 是质数时，只要用一个傅里叶系数就可以递归计算全部 P 个频率分量。在给出一般理论之前，先举例说明算法的基本概念。考虑一个五点的离散傅里叶变换：

$$X(k)=\sum_{n=0}^{4}x(n)W^{nk} \qquad k=0,1,2,3,4$$

式中，$W=\mathrm{e}^{-j2\pi/5}$。

由上式可以得出零频率分量为

$$X(0)=\sum_{n=0}^{4}x(n)$$

而非零频率分量可以写成如下矩阵形式：

$$\begin{bmatrix} x(1) \\ x(2) \\ x(3) \\ x(4) \end{bmatrix}=\begin{bmatrix} 1 & w^1 & w^2 & w^3 & w^4 \\ 1 & w^2 & w^4 & w^1 & w^3 \\ 1 & w^3 & w^1 & w^4 & w^2 \\ 1 & w^4 & w^3 & w^2 & w^1 \end{bmatrix}\begin{bmatrix} x(0) \\ x(1) \\ x(2) \\ x(3) \\ x(4) \end{bmatrix}$$

显而易见，上述傅里叶系数矩阵的每一行都由第一行五个元素重新排列组成。如果要使各行系数与第一行系数的次序一样，就必须重新安排输入序列$\{x(n)\}$的次序。上述矩阵方程可重新整理为

$$\begin{bmatrix} x(1) \\ x(2) \\ x(3) \\ x(4) \end{bmatrix}=\begin{bmatrix} x(0) & x(1) & x(2) & x(3) & x(4) \\ x(0) & x(3) & x(1) & x(4) & x(2) \\ x(0) & x(2) & x(4) & x(1) & x(3) \\ x(0) & x(4) & x(3) & x(2) & x(1) \end{bmatrix}\begin{bmatrix} 1 \\ w^1 \\ w^2 \\ w^3 \\ w^4 \end{bmatrix}$$

由上述矩阵形式可以看出，重新排列输入序列，就可以用一个系数计算全部四个非零频率分量。

对于任意一个长度 $N=P$ 为质数的离散傅里叶变换，公式(3)中的递归形式可以修改为如下形式：

$$\begin{cases} y_k(n)=W_p y_k(n-1)+U_k(n) \\ y_k(0)=U_k(0) \quad k=1,2,\cdots,(P-1) \end{cases} \tag{4}$$

式中，$U_k(P-1-n)=x(\langle nk^{-1}\rangle p)$是输入序列的重排；

K^{-1}是在域 $GF(P)$中的逆元，即 $K^{-1}k=1 \bmod p$；

$\langle \quad \rangle p=\langle \quad \rangle \bmod p$ 表示按 p 求模；

$W_p=\mathrm{e}^{-j2\pi/P}$。

由公式(4)可以得出，只要用一个复数系数 $W_p=\mathrm{e}^{-j2\pi/P}$ 和输入序列的重排就可以递归计算全部 P 个频率分量。而输入序列的重排可用查表法或计算法确定输入序列地址的方式得到，这是很容易实

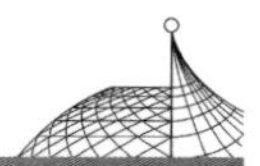

现的。

实际上，在递归方程(4)中用的系数，不仅限于用于 W_P，也可以用任意一个如下形式的系数：

$$W_P^D = \mathrm{e}^{-j2\pi D/P}$$

式中，D 是一个整数，$1 \leqslant D < P$。

对于上述的例子，也可以用代替 $W^2 = \mathrm{e}^{-j4\pi/5}$ 代替 $W = \mathrm{e}^{-j2\pi/5}$ 作为递归系数，递归方程的矩阵形式写成：

$$\begin{bmatrix} x(1) \\ x(2) \\ x(3) \\ x(4) \end{bmatrix} \begin{bmatrix} x(0) & x(2) & x(4) & x(1) & x(3) \\ x(0) & x(1) & x(2) & x(3) & x(4) \\ x(0) & x(4) & x(3) & x(2) & x(1) \\ x(0) & x(3) & x(1) & x(4) & x(2) \end{bmatrix} \begin{bmatrix} 1 \\ W^2 \\ W^4 \\ W^8 = W \\ W^8 = W^3 \end{bmatrix}$$

对于任一系数 W_P^D，公式(4)可改写为：

$$\begin{cases} y_k(n) = W_P^D y_k(n-1) + u_k(n) \\ y_k(0) = u_k(0) \quad k = 0, 1, \cdots, (p-1) \end{cases} \tag{5}$$

式中，$u_k(p-1-N) = X(\langle nk^{-1}D \rangle p) \quad n = 0, 1, \cdots, (p-1)$；

K^{-1} 是 K 在域 $GF(P)$ 中的逆元；

D 是整数且满足 $1 \leqslant D < P$，$W_P^D = \mathrm{e}^{-j2\pi D/P}$。

因为 D 可以是 $1, 2, \cdots, (P-1)$ 中的任意一个数。所以系数 W_P^D 有 $(P-1)$ 种不同的选择。我们将从系统的信噪比出发考虑选择最佳系数。

3. 动态范围和信号噪声比

为了研究算法实现的动态范围和信号噪声比，递归公式(5)可以看作是一个具有复数系数 W_P^D 的一阶无限冲击响应数字滤波器。这个滤波器的 Z 变换函数是

$$H(z) = \frac{1}{1 - W_P^D Z^{-1}} \tag{6}$$

为了便于实际计算，可把上式变换成一个实系数的函数

$$H(z) = \frac{1}{1 - W_P^D z^{-1}} \frac{1 - W_P^{-D} z^{-1}}{1 - W_P^{-D} z^{-1}} = \frac{1 - \cos(2\pi D/p) z^{-1} - j\sin(2\pi D/p) z^{-1}}{1 - 2\cos(2\pi D/p) z^{-1} + z^{-2}} \tag{7}$$

公式(7)可以看作是一个二阶无限冲击响应数字滤波器。图 1 给出这种滤波器的结构。

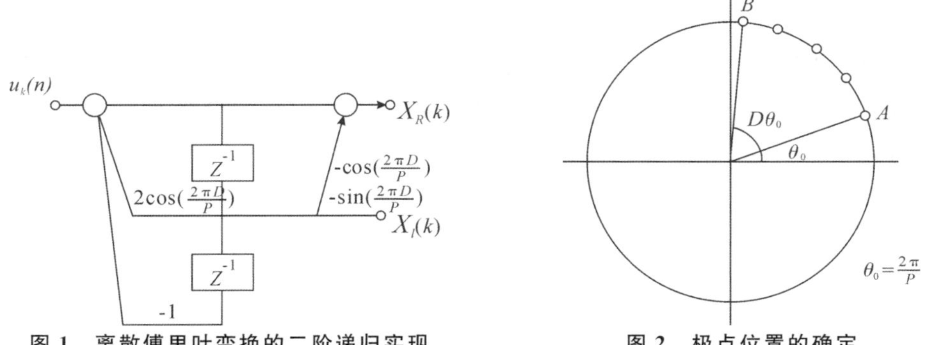

图 1　离散傅里叶变换的二阶递归实现

图 2　极点位置的确定

公式(5)和(6)表示：离散傅里叶变换的递归计算可以看成是在一平面单位圆的一个固定 A 点上

(见图 2)求输入信号谱的过程。当输入信号长度 P 是质数时,运用重排输入序列的方法,可以在单位圆的同一个点 $A(=W_P)$上计算全部$(P-1)$个频率分量。因为 P 是质数,所以我们可以用单位圆上$(P-1)$个极点中任意一个点 $B(=W_P^D,1\leqslant D<P)$来代替点 A。这就提出了选择最佳点的问题。

如果用浮点运算实现公式(5)的递归计算,选用$(P-1)$个系数 $W_P^D(1\leqslant D<P)$中任何一个,对最终计算结果都没有影响。但是,如用定点运算实现,系数 W_P^D 的选用将对动态范围及最终输出的信号噪声比产生很大影响。为此,我们必须研究定点实现的动态范围和信号噪声比。

公式(7)是一个二阶无限冲击响应数字滤波器。在定点实现时,为了防止溢出,必须在滤波器的输入端引入一个衰减因子 A_D。衰减因子 A_D 的大小由滤波器的冲击响应确定。

$$A_D<\frac{1}{\sum\limits_{n=0}^{P-1}|h_D(n)|}\quad 0<A_D<1 \tag{8}$$

式中,$h_D(n)$是公式(7)中全极部分的冲击响应。

算法实现的信号噪声比与衰减因子 A_D 的大小呈正比。很容易求得公式(7)中全极滤波器部分的冲击响应 $h_D(n)$及衰减因子 A_D 分别为

$$h_D(n)=\frac{\sin\dfrac{2\pi(n+1)D}{p}}{\sin\dfrac{2\pi D}{p}} \tag{9}$$

$$A_D=\frac{\left|\sin\dfrac{2\pi D}{p}\right|}{\sum\limits_{n=0}^{P-1}\left|\sin\dfrac{2\pi(n+1)D}{p}\right|} \tag{10}$$

因为 P 是质数,上述公式中$\sum\limits_{n=0}^{P-1}\left|\sin\dfrac{2\pi(n+1)D}{p}\right|$是一个与数字 D 无关的常数,即:

$$\sum_{n=0}^{p-1}\left|\sin\frac{2\pi(n+1)D}{p}\right|=C_P<p \tag{11}$$

式中,C_P 是一个与 D 无关的因子。

应用上述公式,衰减因子 A_D 可写成

$$A_D=\left|\sin\frac{2\pi D}{p}\right|C_P \tag{12}$$

显而易见,当$\dfrac{2\pi D}{p}$接近$\pm\dfrac{\pi}{2}$时 A_D 具有最大值、定点输出具有无溢出的最大信噪比。

4. 最佳系数

根据公式(12),我们可以从$(P-1)$个不同的系数中选出一个 A_D 具有极大值的系数。这个系数就是使定点实现具有最大信噪比的最佳系数。表 1 给出 $P<100$ 的全部最佳因数 D 和最佳系数 $\cos(\dfrac{2\pi D}{p})$,表 2 给出部分 $P>100$ 的最佳系数。

5. 结　论

质数长度的离散傅里叶变换的递归算法有一个很重要的性质:只要用一个系数即可计算全部 N 个频率分量。这就使算法的硬件实现简化。本文讨论了系数选择与信噪比的关系。给出了定点实现

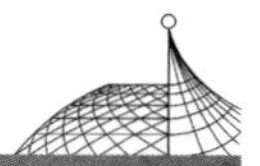

时的最佳系数，这些系数使系统具有无溢出最大信噪比，本文列出了长度 $N<100$ 的全部最佳系数及 $N>100$ 时的部分最佳系数。

表 1　$P<100$ 的最佳系数

P	p	$\cos(\frac{2\pi D}{P})$
3	1	−0.5
5	1	3.309017
7	2	−0.222521
11	3	−0.142315
13	3	0.120537
17	4	0.092268
19	5	−0.825793
23	6	−0.068242
29	7	0.054139
23	6	−0.068242
29	7	0.054139
31	8	−0.050649
37	9	0.042441
41	10	0.088303
43	11	−0.036522
47	12	−0.033415
53	13	0.029633
59	15	−0.026621
61	15	0.025748
67	17	−0.023448
71	18	−0.022122
78	18	0.021516
79	20	−0.019882
83	21	−0.018921
97	24	0.016193

表 2　$P>100$ 的最佳系数

P	p	$\cos(\frac{2\pi D}{P})$
127	32	-1.5881×10^{-7}
257	61	1.5647×2^{-8}
509	127	1.5801×2^{-9}
1021	255	-1.5754×2^{-10}
2039	510	1.5777×2^{-11}
4093	1023	1.5720×2^{-12}
8191	2048	-1.5710×2^{-13}

参考文献

[1] Cooley, J. W. and Tukey, J. W. "An algorithm for machine calculation of Complex Fourier Series", Math. Comut. ,Vol. 19, No. 90, April 1965, pp. 297-301.

[2] Gold,B. and Rader,C. ,"Digital Processing of Signals", McGraw-Hill, New York, 1969.

[3] Zhang,Y. Z. "Digital Signal Processing Systems with Finite State Machine Realisation", Ph. D. Dissertation, Cambridge University, England,1984.

[4] Zhang, Y. Z. "Optimum Coefficients for Recursively Computing DFTs", accepted for publication in IEEE Electrotechnical Conference Melecon'85. Madrid, Spain, October 1985.

Optimum Recursive Computation of DFTs

Abstract: The recursive computation of prime length DFTs has very simple structure and needs only one coefficient. The signal to noise ratio for fixed point implementation of this algorithm is discussed. The optimum coefficient with maximum S/N ratio are presented.

伽罗华域 $GF(2^M)$ 上逻辑多项式的优化*

摘　要：本文研究了在扩展伽罗华域 $GF(2^M)$ 上逻辑多项式多表示和优化问题。提出一种快速算法，使乘法次数减少到 $M \cdot 2^{M-2}$ 次。

关键词：Reed-Muller 多项式；伽罗华域 $GF(2^M)$；快速算法

1. 在域 $GF(2^M)$ 中的 Reed-Muller 多项式的极性系数

任何多值逻辑函数，都可以在扩展的 Galois 域 $GF(2^M)$ 上表示如下的多项式

$$Y=f(x)=\sum_{i=0}^{r}a_i x^i \tag{1}$$

式中，a_i、x、$Y\in GF(2^M)0,1,\cdots,(2^M-1)$，　$r=2^M-1$。

多项式系数可以从函数输出矢量由下式求出 $a_0=f(0)$

$$a_i=\sum_{x\in GF(2^M)}\cdot f(x)x^{\prime -i} \tag{2}$$

式中，$i=1,2,\cdots,(2^M-1)$，　$\sum\limits_{x\in GF(2^M)}$ 表示对 $GF(2^M)$ 中所有可能的元素之和。

令 α 是 $GF(2^M)$ 中 M 阶本原多项式 $P_M(\alpha)$ 的原根，则变量 x 可以表示为 $x=x_{M-1}\alpha^{M-1}+\cdots+x_1\alpha+x_0 \bmod P_M(\alpha)$ 式中 $(x_{M-1},\cdots,x_1,x_0)$ 是基域 $GF(2)$ 的 M 个输入变量。

例如，表 2 在域 $GF(2^3)$ 上用 α 的乘幂可以重新改写为表 1 所示。

其值表可以用 $GF(2^3)$ 中的多项式表示

$$Y=f(x)=\alpha^2+\alpha^2x+\alpha^6x^2+\alpha x^3+\alpha^6x^4+\alpha^4x^5+\alpha^3x^6+\alpha^5x^7$$

式中，$x,Y\in GF(2^3)$；

$x=x_2\alpha^2+x_1\alpha+x_0$；

$Y=y_2\alpha^2+y_1\alpha+y_0 \bmod(\alpha^3+\alpha+1)$；

$x_i,y_i\in(0,1)$，$i=0,1,2$。

要实现此多项式需要 $GF(2^3)$ 中的 7 个乘法器和加法器。在 $GF(2^M)$ 域上的乘法器可用 M 级反馈移位寄存器[15]来实现。$GF(2^M)$ 加法器可由 M 个模 2 加法器来实现。减少式(1)之多项式中非零系数的数目将是所希望的，这将减少乘法和加法器的数目。

* 文章发表于《计测技术》，1989(3)：1-7.

表 1　在域 GF(2^3)上的真值表

输入				输出			
x	x_2	x_1	x_0	y_2	y_1	y_0	Y
0	0	0	0	1	0	0	α^2
1	0	0	1	0	0	0	0
α	0	1	0	1	1	1	α^5
α^2	1	0	0	1	0	1	α^6
α^3	0	1	1	0	0	0	0
α^4	1	1	0	1	1	0	α^4
α^5	1	1	1	0	0	0	0
α^6	1	0	1	1	1	1	α^5

显然,非零系数的数目受到输入和输出变量极性的影响。例如,表 1 中,令输入极性改为($\bar{x}_2$,x_1,x_0),则真值表改为

表 2　新输入极性真值表

输入				输出			
x	$\bar{x}_2$	x_1	x_0	y_2	y_1	y_0	Y
α^6	1	0	1	1	0	0	α^2
α^2	1	0	0	0	0	0	0
α^5	1	1	1	1	1	1	α^5
1	0	0	1	1	0	1	α^6
α^4	1	1	0	0	0	0	0
α^3	0	1	1	1	1	0	α^4
α	0	1	0	0	0	0	0
0	0	0	0	1	1	1	α^5

令 $x'=\bar{x}_2\alpha^2+x_1\alpha+\bar{x}_0 \bmod (\alpha^3+\alpha+1)$

由式(2),多项式为

$$y=\alpha^5+\alpha^6x'+\alpha^6x'^5+\alpha^6x'^6+\alpha^5x'^7$$

该多项式有 5 个非零系数,它比极性(x_2,x_1,x_0)的非零系数要少,对于 M 个二进制变量的情况,有 2^M 个不同的极性。具有最少非零数目的最佳极性,可以通过穷举所有 2^M 组多项式系数而求得。

事实上,在扩展的伽罗瓦域 $GF(2^M)$上。多项式极小化是在 $GF(2^M)$上 M 输出函数极小化的一个特殊问题,它要加上对扩展伽罗瓦域多项式非零系数最少的约束条件,扩展域上的某些性质将导致扩展域多项式最小化的一种有效算法。

等式(2)表明,多项式系数可以从它的函数输出矢量中求出。直接计算所有极性的系数需要产 $2^M(2^M-1)$域中乘法、加法以及(2^M-1)次真值表的置换。下面将要证明,一个新极性的多项式系数,不需要重新排列真值表和计算式(2),就可以从另一个极性映射求得。

2. 输入极性映射

输入极性的任何改变对应于如下的一个输入变量变换

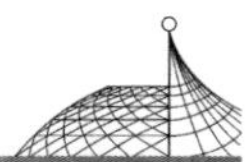

$$\begin{aligned} x' &= \overset{*}{x}_{M-1}\alpha^{M-1}+\cdots+\overset{*}{x}_1\alpha+\overset{*}{x}_0 \\ &= x+b_{M-1}\alpha^{M-1}+\cdots+b_1\alpha+b_0 \\ &= x+B \end{aligned} \tag{3}$$

式中，$b_i=\begin{cases}1 & \overset{*}{x}_i=\bar{x}_i \\ 0 & \overset{*}{x}_i=x_i\end{cases} \quad i=0,1,\cdots,M-1;$ (4)

$B=b_{M-1}\alpha^{M-1}+\cdots+b_1\alpha+b_0=\alpha^m$ 是 $GF(2^M)$的一个元素（$m=0,1,\cdots,(2^M-2)$）。当 $m<M$ 时，$B=\alpha^m$ 称为低阶元素。它在式(4)中只有一个非零系数。

将式(3)代入多项式(1)中得到

$$Y=f(x'+B)=\sum_{i=0}^{r}a_i(x'+B)'=\sum_{i=0}^{r}a_i'x'^i$$

比较变量 x'的系数，新的极性系数可从下面另一个极性系数上映射求出

$$A'=T_M(B)A \tag{5}$$

式中，$A'=(\alpha'_0\ \alpha'_1\cdots\ \alpha'_{M-1})^t$，$A=(\alpha_0\ \alpha_1\cdots\ \alpha_{M-1})^t$。

$T_M(B)$可由下式进行递归计算

$$T_M(B)=\begin{bmatrix}T_{M-1}(B) & B^{2M-1}T_{M-1}(B) \\ 0 & T_{M-1}(B)\end{bmatrix},\ T_1(B)=\begin{bmatrix}1 & B \\ 0 & \end{bmatrix} \tag{6}$$

对于 $GF(2^3)$上的多项式，式(5)可以写成矩阵形式

$$\begin{bmatrix}a'_0 \\ a'_1 \\ a'_2 \\ a'_3 \\ a'_4 \\ a'_5 \\ a'_6 \\ a'_7\end{bmatrix}=\left[\begin{array}{cccc:cccc} 1 & B & B^2 & B^3 & B^4 & B^5 & B^6 & B^7 \\ & 1 & 0 & B^2 & & B^4 & 0 & B^8 \\ & & 1 & B & & & B^4 & B^5 \\ & & & 1 & & & & B^4 \\ \hdashline & & & & 1 & B & B^2 & B^3 \\ & & & & & 1 & 0 & B^2 \\ & & & & & & 1 & B \\ & & & & & & & 1 \end{array}\right]\begin{bmatrix}a_0 \\ a_1 \\ a_2 \\ a_3 \\ a_4 \\ a_5 \\ a_6 \\ a_7\end{bmatrix}$$

一般说来，在变量变换$(x+B)$中，输入极性对应于一个多项式，B 可以是 $GF(2^M)$的任意元素。2^M 个输入极性对应于 2^M 个域元素，对于每个极性的映射所需要的域乘法和加法为

$$(3^M-2^M) \tag{7}$$

由于上面的映射矩阵可以分解成下面的 Kronecker 积，故这个数目可以大大减少。

$$\left[\begin{array}{cccc:cccc} 1 & B & & & & & & \\ & 1 & & & & & & \\ & & 1 & B & & & & \\ & & & 1 & & & & \\ \hdashline & & & & 1 & B & & \\ & & & & & 1 & & \\ & & & & & & 1 & B \\ & & & & & & & 1 \end{array}\right] \left[\begin{array}{cccc:cccc} 1 & & B^2 & & & & & \\ & 1 & & B^2 & & & & \\ & & 1 & & & & & \\ & & & 1 & & & & \\ \hdashline & & & & 1 & & B^2 & \\ & & & & & 1 & & B^2 \\ & & & & & & 1 & \\ & & & & & & & 1 \end{array}\right] \left[\begin{array}{cccc:cccc} 1 & & & & B^4 & & & \\ & 1 & & & & B^4 & & \\ & & 1 & & & & B^4 & \\ & & & 1 & & & & B^4 \\ \hdashline & & & & 1 & & & \\ & & & & & 1 & & \\ & & & & & & 1 & \\ & & & & & & & 1 \end{array}\right]$$

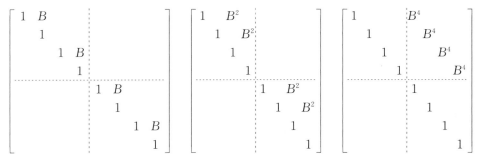

使用上面的分解，每个映射的域乘积和加法，减少为

$$M\cdot 2^{M-1} \tag{8}$$

3. 有效算法

引入邻接极性映射和极性的次序重排，可以得到一个进一步减少乘法次数的有效算法。极性($\overset{*}{x}_{M-1}, \cdots, \overset{\circledast}{x}_k, \cdots, \overset{*}{x}_0$)称为极性($\overset{*}{x}_{M-1}, \cdots, \overset{*}{x}_k, \cdots, \overset{*}{x}_0$)的邻接极性，因为它们只有一个变量 $\overset{*}{x}_k$ 的极性不同。由式(4)可知，任何邻接极性变化对应于一个($x+\alpha^m$)($m<M$)的低价变换变量。最重要的是对应于变换变量($x+1$)(即 $B=1$ 的变量 x_0)的邻接极性变化。计算这个极性映射不需要域的乘法，如果 2^M 组极性换用一种排序方法，使变换变量($x+1$)尽可能多地出现，则穷举搜索极性系数需要最少的乘法次数。

令所有 2^M 组极性按照格雷码的次序排序，则总共(2^M-1)组极性变化中的 2^{M-1} 组极性变化对应于($x+1$)的变换变量，这 2^{M-1} 映射不需要域的乘法。另外的($2^{M-1}-1$)组极性变化对应于低价变换变量。全部(2^M-1)次邻接极性映射所需要的域乘法总数是 $M\cdot 2^{M-1}(2^{M-1}-1)$。每次映射所需域乘法的平均数目小于

$$M\cdot 2^{M-2} \tag{9}$$

域加法的平均数仍然为

$$M\cdot 2^{M-1} \tag{10}$$

例如，表 2 中域 $GF(2^3)$ 的有效多项式算法流图如图 1 所示。

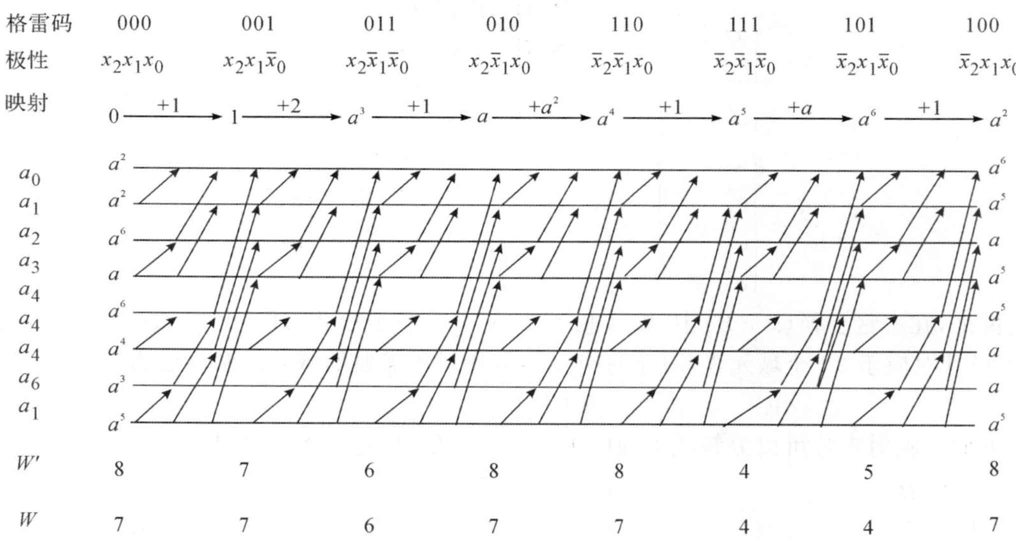

图 1 在扩展域 $GF(2^3)$ 上有效多项式算法

图 1 中，W' 表示多项式系数的权；W 表示为非常数项的数目。

图 1 表明：4 组映射是($x+1$)的变换，它不需作乘法，另外 3 组需要 36 次乘法，每次映射的平均域乘法次数是 5.2<6，这个最佳极性可以用该有效算法求出。

4. 输出极性的映射

输出多项式的常数项，可以用改变输出变量的极性而省去。对于上面例子，如果输出极性从(y_2，

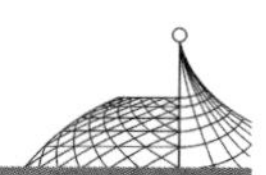

y_1，y_0)改变为($\bar{y}_2$，$\bar{y}_1$，$\bar{y}_0$)，则真值表(表 2)就变为表 3。

表 3 新输入极性真值表

输入				输出			
x'	$\bar{x}_2$	x_1	x_0	$\bar{y}_2$	$\bar{y}_1$	$\bar{y}_0$	y'
α^6	1	0	1	0	1	1	α^3
α^2	1	0	0	1	1	1	α^5
α^5	1	1	1	0	0	0	0
1	0	0	1	0	1	0	α
α^4	1	1	0	1	1	1	α^5
α^3	0	1	1	0	0	1	1
α	0	1	0	1	1	1	α^5
0	0	0	0	0	0	0	0

令 $y'=\bar{y}_2\alpha^2+\bar{y}_1\alpha+\bar{y}_0 \quad \mathrm{mod}\ (\alpha^3+\alpha+1)$

则 $y'=y+\alpha^2+\alpha+1=y+\alpha^6$

由式(29)，多项式变为

$$y'=\alpha^6 x'+\alpha^6 x'^5+\alpha^6 x'^6+\alpha^5 x'^7$$

常数项 α^5 应用($y_0 y_1 y_2$)到($\bar{y}_2$，$\bar{y}_1$，$\bar{y}_0$)的输出映射移去。输入极性($\bar{x}_2 x_1 \bar{x}_0$)和输出极性($\bar{y}_2$，$\bar{y}_1$，$\bar{y}_0$)是最佳极性，在最佳极性多项式中，只有 4 项非零项。

从上面分析可以看出，多项式中任何非零常数项($\alpha_0\neq0$)，可以利用下面的映射消除。

$$y'=y+a_0 \tag{11}$$

最佳的输入极性和输出极性，可以用上面的算法求出。

5. 结 论

本文研究了扩展的伽罗瓦域多项式的优化问题，给出了一个不用重排其真值表和计算 Reed-Muller 变换、直接将多项式系数从一个极性映射到另一个极性的有效算法。这个穷举算法的域乘积次数减少到 $M\cdot2^{M-2}$ 次。这个算法很容易推广到扩展 GF 域上多输出多项式的情况。

本文所提出的算法是穷举的，高效的，并可以作“同位”(in place)运算，它们可以有效地用在计算机辅助逻辑设计中，并且只需要大约 2^M 个内存单元，其所用的乘法次数也是最少的。

参考文献

[1] Even, S., Kohavi, E. and Paz, A., “On minimal modulo-2 Sums of Products for Switching functions”, IEEE Trans. Vol. EC-16, October 1967, pp. 671-674.

[2] Mukiopadkyay, A. and Schmitz, G., “Minimization of Exclusive-OR and logical equivalence Switching, functions”, IEEE Trans. On Computers, Vol. C19, No. 2, February 1970, pp. 132-140.

[3] Bioul, G., Davio, M. and Deschamps, J. P., “Minimization of ring-sum expansions of Boolean functions”, Philips Res. Repts. 28, 1973, pp. 17-36.

[4] Marincovic, S. B. and Tosic, Z. , "Algorithms for minimal polarized form determination", IEEE Trans. on Computers, Vol. C-23, December 1974, pp. 1313-1315.

[5] Kodandapani, K. L. and Setbur, R. V. , "A note on minimal Reed-Muller Canonical forms of Switching functions", IEEE Trans. on Computers, Vol. C-26, March 1977, pp. 310-313.

[6] Papakonstantinou, G. , "Minimization of modulo-2 sum of Products", IEEE Trans. on Computers Vol. C-28, No. 2, February 1979, pp. 163-167.

[7] Saluja, K. K. and Ong, E. H. , "Minimization of Reed-Muller canonic expansion", IEEE Trans. on Computers, Vol. C-28, No. 7, July 1979, pp. 535-537.

[8] Wang, M. C. , "An algorithm for Gray-to-binary conversion", on Electronic Computers, Vol. EC-18 August 1966, pp. 659-660.

[9] Hellerman, L. , "A measure of computational work", IEEE Trans. on Computers, Vol. C-21, No. 5, May 1972, pp. 439-446.

[10] Reddy, S. M. , "Easily testable realization for logic functions", IEEE Trans. on Computers, Vol. C-21, November 1972, pp. 1183-1188.

[11] Kopandapani, K. L. , "A note on easily testable realizations for logic functions", IEEE Trans. on Computers, Vol. C-23, 1974, pp. 332-333.

[12] Saluja, K. K. and Reddy, S. M. , "Fault detecting test sets for Reed-Muller canonic networks", IEEE Trans. on Computers, Vol. C-24, 1975, pp. 995-998.

[13] Wu, X. , Chen, X. and Fiurst, S. L. , "Mapping of Reed-Muller coefficients and minimisation of Exclusive-OR switching functions", Proc. IEEE, Vol. 129, Pt. E, No. 1, 1972, pp. 15-20.

[14] Robinson, J. P. and Yeh, C.-L. , "A method for modulo-2 minimization", IEEE Trans. on Computers, Vol. C-31, No. 8, August 1982, pp. 800-801.

[15] Zhang, Y. Z. (张彦仲) and Rayner, P. J. W. , "Minimization of Reed-Muller Polynomials with fixed polarity", IEEE Proceedings, Vol. 131, Pt. E, No. 5, September 1984, pp. 177-186.

Turbo码最优周期交织器*

摘　要：从码字重量分布的角度分析了影响Turbo码性能的原因，介绍了Turbo码最优周期交织器的概念，然后基于这一概念，为Turbo码提供了一个新的交织器设计方法，并对采用这种交织器的Turbo码的性能进行仿真。与几种常用的交织器相比，这样的交织器使Turbo码的性能有了很大改善，这种改善在高信噪比的环境中更为明显。最优周期交织器的应用对于实际的Turbo码交织器设计有重要的意义，对于提高移动通信系统的性能有重要价值。

关键词：反馈；卷积码；信噪比；Turbo码；移动通信

Turbo码最早被提出是在1993年，这是一种新的编码机制，它与目前通信系统中常用的维特比编码方式相比，译码性能有了很大的提高，因此，这种编码方式出现之后，很快就引起了国际通信编码领域的瞩目[1]。但是，目前Turbo码的应用主要局限于长数据帧的情况，而如何将Turbo码应用于短数据帧，尤其是移动通信领域，还有许多问题需要解决。

Turbo码的性能在很大程度上取决于所使用的交织器的类型和长度，这是因为交织器的结构影响着Turbo码的码字重量分布。一个好的交织器能够减少Turbo码低权重码字的数量，即使得码字重量谱"细化"[2,3]。在以往的Turbo码交织器设计中，码字重量为2的输入信息序列被认为对低权重码字的分布有较大的影响，所以交织器的设计主要考虑如何打乱重量为2的输入序列，以避免低权重码字的产生。在文献[4]中，Khandani设计了一种交织器，对这一问题进行了优化，但是仿真结果证明，这种交织器并不能使得Turbo码的性能有明显的改善。因此，仅考虑如何打乱重量为2的输入序列，对于Turbo码交织器的设计而言，仍是远远不够的。

本文分析了Turbo码低权重码字产生的原因，提出了最优周期交织器的概念，并将这一概念应用到了实际的交织器的设计中，这种新型的交织器使得Turbo码的性能有了明显的提高。

1. Turbo码最优周期交织器

Turbo码采用并行级联的反馈卷积码RCC(Recursive Convolutional Code)编码，而且一般是两个相同的RCC编码电路，不过在数据进入第二个RCC编码器之前，先进行了交织。图1给出了1/3速率的Turbo编码电路，以此作为一个例子介绍有关Turbo码最优周期交织器的一些概念。本文中，以 $\underline{s}^n = s_0 s_1 \cdots s_{n-1}$ 表示一个长为 n 的输入信息序列，输出有3个部分，一个是未经编码的信息序列 $\underline{x}^n$，另外两个输出序列 $\underline{y}_1^n$ 和 $\underline{y}_2^n$ 是两个RCC所产生的校验序列。RCC的转移函数可以用 $G(D)=F(D)/B(D)$ 来表示，$F(D)$ 是前馈多项式，$B(D)$ 是反馈多项式。用 (g_1, g_2) 来表示反馈卷积码，其中 g_1 和 g_2 分别是反馈多项式及前馈多项式的八进制表示。满足 $Q(D)=1+D^r$ 是 $B(D)$ 的倍数这一条件的最小

* 文章发表于《北京航空航天大学学报》，2000，26(4)：381-384. 系作者与祁峰、王睦重、邵定蓉合作完成。

正整数 r 被定义为 RCC 的脉冲响应周期。

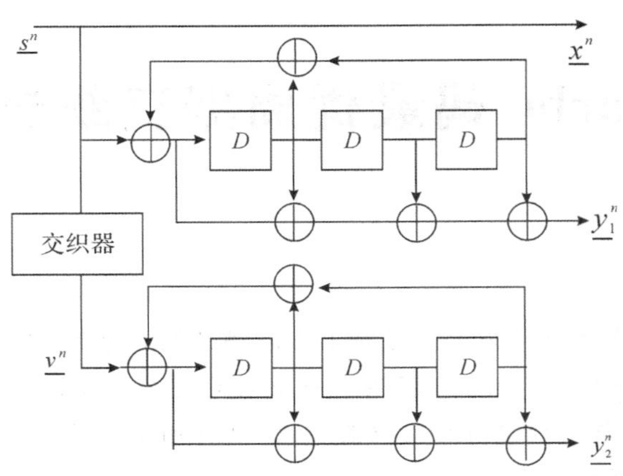

图 1　由两个反馈卷积码组成的 Turbo 码

对于一个长为 n 的信息序列 $\underline{s}^n$，定义 D 变换为 $S(D)=\sum_{k=0}^{n-1}s_iD^i$，$S(D)$被称为信息多项式。

$\underline{s}^n$ 经交织后得到序列，$\underline{v}^n=v_0v_1\cdots v_{n-1}$，交织器实质上就是一个置换矩阵 $\boldsymbol{P}=[p_{ij}]$，$0\leqslant i,j\leqslant n-1$，使得 $\underline{\boldsymbol{V}}=\underline{\boldsymbol{S}}\boldsymbol{P}$，其中 $\underline{\boldsymbol{V}}$ 和 $\underline{\boldsymbol{S}}$ 是对应于 $\underline{v}^n$ 和 $\underline{s}^n$ 的 n 维矢量。为简单起见，把交织器表示为一个整数序列

$$\rho_j=\sum_{k=0}^{n-1}kp_{jk}\qquad j=1,2,\cdots,n-1$$

例如，当 $n=3$ 时，$P=\begin{bmatrix}0&1&0\\0&0&1\\1&0&0\end{bmatrix}$是一个有效的置换矩阵，相应的交织器为 $\underline{\rho}^n=2,0,1$。注意这里的所有的序列、矢量和多项式都是在 GF(2)上定义的。

当一个输入二进制序列的 D 变换 $S(D)$可以被反馈多项式 $B(D)$整除时，RCC 的状态寄存器将在这一序列的最后一个'1'到来后回到零状态，定义这样的二进制序列为可分序列，其 D 变换为可分多项式。如果可分信息序列第一个'1'与最后一个'1'相隔的距离较小时，RCC 将会输出低权重码字。例如，对于(13,17)码，反馈多项式 $B(D)=D^3+D+1$，如果所输入的二进制信息序列为 0110100，则信息多项式 $S(D)=D^4+D^2+D$，$S(D)$可以被 $B(D)$整除，RCC 编码器将会在最后一个'1'到来时回到零状态，RCC 所产生的校验序列的重量为 4。

Turbo 码交织器的作用在于对那些在第一个 RCC 产生低权重输出的信息序列进行调整，使之可以在另一个 RCC 产生较高的权重输出。根据前面的分析，Turbo 码交织器设计遵循以下原则：有效地打乱信息序列，使得至少一个编码器的输入序列不再是可分序列。

考虑到实际应用中，交织器的长度 N 通常大于 100，直接设计一个满足上述原则的交织器几乎是不可能的，所以提出如下设计思想：使 Turbo 码交织器和每帧信息序列的长度均等于 RCC 的脉冲响应周期 L，在这样的一个周期上寻找一个最大限度满足上述原则的“最优”的交织器；然后把这一长为 L 的“最优”交织器合理地加以扩展，设计出长为 N 的实际的 Turbo 码交织器。

现在介绍最优周期交织器的概念，假定 Turbo 码的反馈多项式周期为 L，如果存在一个长为 L 的交织器，该交织器可以把所有长为 L 的可分序列(全'1'和全'0'序列除外)转变为不可分序列，则称该交织器为 Turbo 码的最优周期交织器。接下来，将设法寻找 Turbo 码的最优周期交织器。

为简单起见，设 RCC 寄存器长 m 为 3，由于用做 Turbo 码的 RCC 的反馈多项式 $B(D)$为本原多项式，所以，RCC 的传输函数的脉冲响应周期 $L=2^m-1=2^3-1=7$，接下来将考查在 RCC 的一个脉

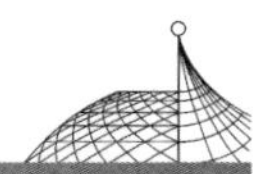

冲响应周期内，信息多项式 $S(D)$ 整除反馈多项式 $B(D)$ 的几种情况。这里，输入信息序列的长度也等于 L，其重量 w 在 1 到 L 之间变化。

(1) $w=1$

显然，对于反馈卷积码，如果输入序列重量为 1，则 $S(D)$ 一定不被 $B(D)$ 整除。

(2) $w=2$

设 $S(D)=D^m+D^n=D^n(D^{m-n}+1)$，$m>n$。

注意到 $m-n<L$，对于 Turbo 码，由于 $B(D)$ 为本原多项式，所以当 $m-n<L$ 时，$D^{m-n}+1$ 不被 $B(D)$ 整除。因此，当输入序列重量为 2 时，$S(D)$ 不被 $B(D)$ 整除。

(3) $w=L$

由于这时 $S(D)=D^{L-1}+D^{L-2}+\cdots+1$，且 $L=2^m-1$，所以 $S(D)$ 一定可以被 m 次本原多项式 $B(D)$ 整除。

(4) $w=3$

仅当 $S(D)$ 等于 $B(D)$ 或 $B(D)$ 的移位时，$S(D)$ 才可以被 $B(D)$ 整除。例如，$B(D)=D^3+D+1$，则当 $S(D)$ 为下列形式之一时：D^3+D+1，D^4+D^2+D，$D^5+D^3+D^2$，$D^6+D^4+D^3$，D^5+D^4+1，D^6+D^5+D，D^6+D^2+1，$S(D)$ 可以被 (D) 整除。

若 (D) 是输入信息序列 s^n 交织之后的 D 变换，可以验证，若 Turbo 码的 RCC 寄存器长度为 3，则存在长度为 L 的交织器，使得对于任意长度为 L 且重量为 3 的信息序列，可以避免 s^n 本身的 D 变换和交织之后的 D 变换同时被反馈多项式整除。如 $\rho^n=4,1,5,6,0,2,3$，就是这样的一个交织器，前面所提到的 7 个可分序列经该交织器后，其 D 变换分别为 D^6+D^4+D，D^5+D+1，$D^6+D^5+D^2$，D^6+D^3+D，D^2+D+1，D^3+D^2+D，D^5+D^3+D 可以证明这些多项式均不能被反馈多项式整除。

(5) $w=4$

对于 Turbo 编码器而言，若其 RCC 的脉冲响应周期为 L，考虑对长为 L 的二进制序列进行交织(交织器的长度亦等于 L)则有下列结论成立：

定理　如果一个交织器能够避免重量为 U 的信息序列在交织前后均为可分序列，那么该交织器也能够避免重量为 $L-U$ 的信息序列在交织前后同时是可分序列。

证明　假定上述结论不存在，那么至少有一个重量为 $L-U$ 的信息序列 $\underline{a}_1^n$ 在交织前后均为可分序列。设该序列的 D 变换为 $A_1(D)$，交织后该序列为 $\underline{a}_2^n$，相应的 D 变换为 $A_2(D)$，则 $A_1(D)$ 和 $A_2(D)$ 均可以被反馈多项式 $B(D)$ 整除。

对 $\underline{a}_1^n$ 各位取反得到 $\underline{c}_1^n$，则 $\underline{c}_1^n$ 的 D 变换为 $C_1(D)=D^{L-1}+D^{L-2}+\cdots+1-A(D)$，由于 $D^{L-1}+D^{L-2}+\cdots+1$ 和 $A(D)$ 均可被 $B(D)$ 整除，所以 $\underline{c}_1^n$ 是可分序列。

设 $\underline{c}_1^n$ 交织之后为 $\underline{c}_2^n$，注意到 $\underline{c}_2^n$ 正好是 $\underline{a}_2^n$ 各位取反的结果，从而 $C_2(D)=D^{L-1}+D^{L-2}+\cdots+1-A_2(D)$，由于 $D^{L-1}+D^{L-2}+\cdots+1$ 和 $A_2(D)$ 均可被 $B(D)$ 整除，所以 $\underline{c}_1^n$ 交织之后的序列 $\underline{c}_2^n$ 亦是可分序列。

可见 $\underline{c}_1^n$ 在交织前后均为可分序列，由于该序列重量为 U，与已知相矛盾。从而定理结论成立。

根据定理，对于 RCC 寄存器长度为 3 的 Turbo 码，$L=7$，如果一个交织器可以使得重量为 3 的信息序列在交织前后不同时为可分序列，那么该交织器也可以使得重量为 4 的信息序列在交织前后不同时为可分序列。

(6) $w=5,6$

对于长为 L 的信息序列，由于重量为 L 的信息多项式，即全‘1’多项式，一定可以被反馈多项式整除，因而如果所有重量为 v 的信息多项式都不被反馈多项式整除，那么所有重量为 $L-v$ 的信息多项式也同样不被反馈多项式整除。这样，由于重量为 1 和 2 的信息多项式都不被反馈多项式整除，所以重量为 6 和 5 的信息多项式也不被反馈多项式整除。

综合上述分析，对于 RCC 寄存器长度为 3 的 Turbo 码，如果一个交织器可以使得重量为 3、在交织前后均可被 RCC 反馈多项式整除的信息序列个数取得最小值，那么这样的交织器就是所要寻找的最优周期交织器。例如，对于(13,17)RCC 编码器所构成的 Turbo 码，4,1,5,6,0,2,3 就是一个最优周期交织器，因为只有全'1'序列在交织前后才同时是可分序列，它确保了在 Turbo 码 RCC 一个脉冲响应周期 L 内，重量为 $1,2,\cdots,L-1$ 的信息多项式在交织前后不能同时被整除。根据接下来的仿真结果，可以证明，Turbo 码最优周期交织器对于实际的交织器设计是十分有意义的。

2. 交织器设计和仿真结果

本文的 Turbo 码交织器设计是基于最优周期交织器来进行的。下面将举例说明这一设计思想。采用约束长度 $m=3$ 的 RCC，其脉冲响应周期为 $L=2^m-1=7$，假定需要设计的交织器长度为 N，设最优交织器为 $e[0],e[1],\cdots,e[L-1]$，则交织器设计步骤如下。

1)将整个交织器顺序划分为 $R=N/L$ 组，每组中有 L 个元素，则第 k 组($0\leqslant k<N/L$)中 L 个元素分别为：$kL,kL+1,\cdots,kL+(L-1)$。

2)将每组中的元素基于最优交织器重新排序，这样，第 k 组中的元素依次成为：$kL+e[0],kL+e[1],\cdots,kL+e[L-1]$。

3)为了防止连续突发性错误，应用 Dunscombe 和 Piper[5] 所提供的方法尽可能地把各组的次序打乱，将所得到的最优组序存于 $r[i]$中。

4)按下列方法得到 $f[i]$：

For $i=0$ to $R-1$ do

  For $j=0$ to $L-1$ do

    $f[iL+j]=r[i]L+e[j]$

5)对 $f[i]$做如下调整，从而得到所设计的交织器 $\rho[i]$：

For $j=0$ to $L-1$ do

  For $i=0$ to $R-1$ do

    $\rho[iR+j]=f[iL+(j+iR)\bmod L]$

根据以上算法，本文为帧长 105、采用(13,17)RCC 的 1/3Turbo 码设计了交织器，图 2 表示的是采用所设计的交织器的 Turbo 码与使用随机交织器和分组交织器的 Turbo 码在高斯白噪声信道中进行仿真时，比特误码率的比较。

同样的，设计了帧长为 420 的交织器，误码性能的仿真结果如图 3 所示。很明显，采用本文所设计的交织器之后，Turbo 码的误码率有了较大的降低，尤其是在信噪比较高的情况下，这种交织器对 Turbo 码性能的改善更为显著。

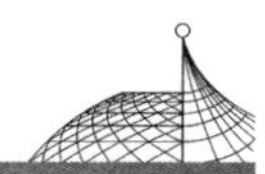

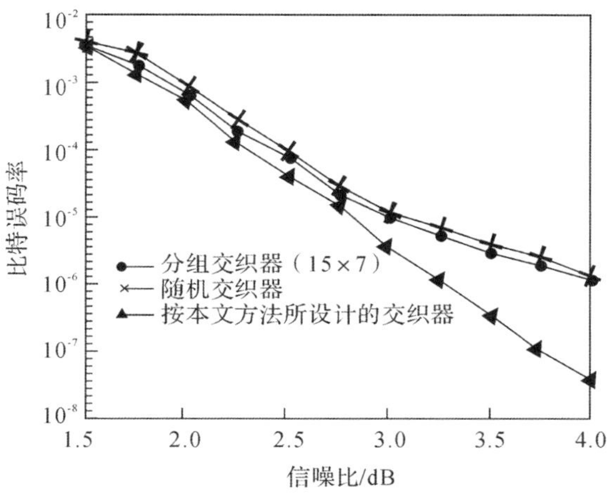

图 2 几种不同的交织器 Turbo 码的比特误码性能的比较，采用(13,17)反馈卷积码，帧长 105

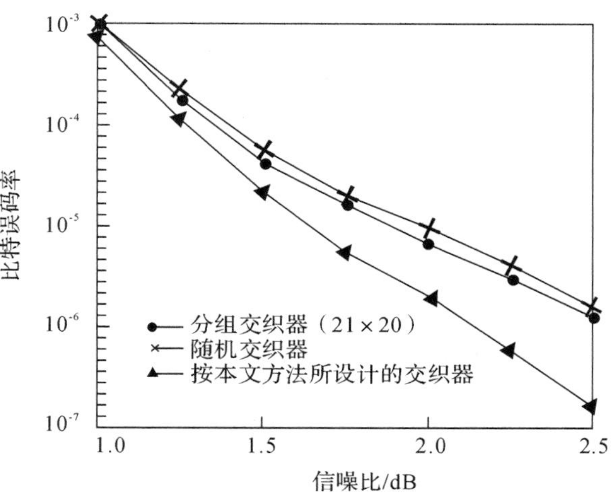

图 3 几种不同的交织器 Turbo 码的比特误码性能的比较，采用(13,17)反馈卷积码，帧长 420

3. 结 论

本文为 Turbo 码提供了一种新的交织器设计方法。这一设计方法的核心思想为：在 Turbo 码 RCC 的脉冲响应周期 L 上寻找最优周期交织器，然后把这一长为 L 的"最优"交织器合理地加以扩展，设计出实际的 Turbo 码交织器。仿真结果证明，与其它的常规的交织器相比，按本文方法所设计的交织器使得 Turbo 码的性能有了显著的提高，对于提高以短数据帧传输为主的移动通信系统的性能有重要价值。

参考文献

[1] Berrou C, Glavieux A, Thitimajshima P. Near Shannon limit error-correcting coding and decoding: Turbo-codes[A]. In: Proc IEEE Internatinal Conference on Communications[C]. Geneva: IEEE, 1993: 1064-1070.

[2] Dolinar S, Divsalar D. Weight distributions for Turbo codes using random and nonrandom permutations[R]. TDA Progress Rep 42122, 1995: 56-65.

[3] Perez C, Seghers J. A distance spectrum interpertation of Turbo codes[J]. IEEE Trans Inform Theory, 1996, 42: 1698-1709.

[4] Khandani A. Design of Turbo-code interleaver using hungarian method[J]. Electron Lett, 1998, 34: 63-65.

[5] Dunscombe E, Piper F C. Optimal interleaving scheme for convolutional coding[J]. Electron Lett, 1989, 25: 1517-1518.

Optimal Period Interleaver for Turbo Codes

Abstract: By analyzing the relation between input sequences and feedback polynomials, we find the reason why low-weight codewords for Turbo codes are generated. The concept of optimal period interleavers for Turbo codes is introduced. A novel design scheme for interleavers used for Turbo codes is presented. The main idea of this method is to design the interleaver based on an optimal period interleaver. Simulation results are presented for Turbo codes using our interleavers. A magnitude improvement in bit error rate performance is obtained at high signal-noise ratio compared to Turbo codes using other conventional interleavers. According to simulations results, it is significant to apply the optimal period interleaver in the practical interleaver design. This is particularly of interest to Turbo coding applications in mobile communications where short frames are typical.

Keywords: feedback; convolutional codes; signal-noise ratio; Turbo codes; mobile communication

LTPB 多站点联网测试软件设计*

摘　要:作为现役飞机最为先进航电技术的代表,高速数据总线在设计上的复杂性是显而易见的。如何对其性能进行全面考察是一个非常重要的问题。本文所论述的联网测试软件提供了一个有效的方法,实现了对 LTPB 联网性能的测试与演示。一方面证明了软件本身设计的合理性,同时也进一步证明了整个 LTPB 设计与实施的正确性。

关键词:线性令牌传递总线;联网测试;软件;设计

高速数据总线 HSDB 是美国空军"宝石柱和宝石台"发展计划中的关键支持技术,具有高带宽、实时性强和高可靠性等特点,被称为新一代战机航空电子结构中的工作脊柱,其用途将扩展到航天飞机、军舰和陆地战车等的电子综合化系统中。考虑到其苛刻的应用要求,设计与实现的复杂是显然的。如何用较为合理的方法对高速数据总线组网环境下的性能进行研究是我们关注的一个焦点。

LTPB(线性令牌传递总线)是高速数据总线的最终版本,已实施于现役最为先进的 F-22 中。本文从 LTPB 的基本联网方式和协议机理出发,阐明了 LTPB 联网的基本原理和功能特征,并依据文献[1,2]的内容与方法,从软件的角度给出了可基本覆盖其原理和功能的测试和演示工具。

1. 系统总体设计

1.1　系统要求

根据本课题的任务目标,应集中精力完成 ABI(航空总线接口)前端机 BIU(总线接口单元)的研制实施,这一部分的工作应始终以 SAE AS4074 协议[1]及使用手册 SAE AIR4288 为准,针对高速光纤数据总线 BIU 的研制,用 PC 作为其宿主机,提供组网环境,并采用高级语言编制用户界面,最终完成多个站点的原理机试验,从而实现对 BIU 的监控及性能评估。

1.2　系统组成

下面从拓扑结构和 BIU 在 PC 中的位置两方面来说明目标系统的组成。

● 拓扑结构

依据 SAE AS4074 协议标准,LTPB 组网的拓扑结构在物理上采用星形总线结构(如图 1 所示);在逻辑上采用环形结构。

---

* 文章发表于《航空计测技术》,2001,21(5):27-31. 系作者与周强、白建林、罗志强合作完成。

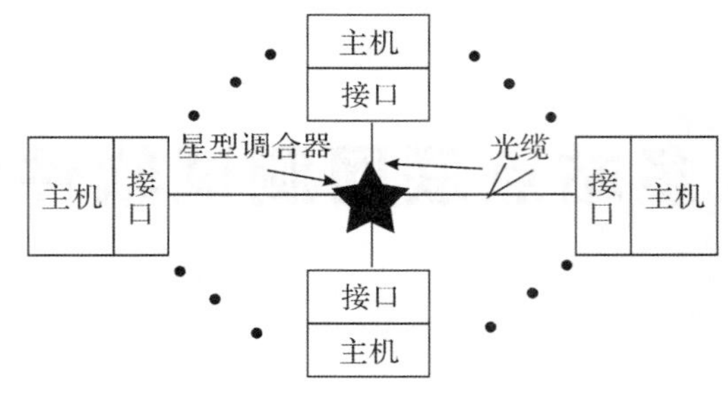

图 1　物理拓扑结构图

● PC 与 BIU 之间的关系

LTPB 作为一种机载局域网技术，它的组网环境（以 PC 为平台）结构与 OSI 参考模型的关系如图 2 所示。这里用 PC 作为其宿主机（图 2 中 PC 部分），在通用操作系统上嵌入高层软件开发平台（VC ++）来设计用户界面，并与操作系统构成网络服务使用者；而较低层的 BIU 及其相应的驱动程序构成网络服务供应者，这样就形成了完整的组网环境。

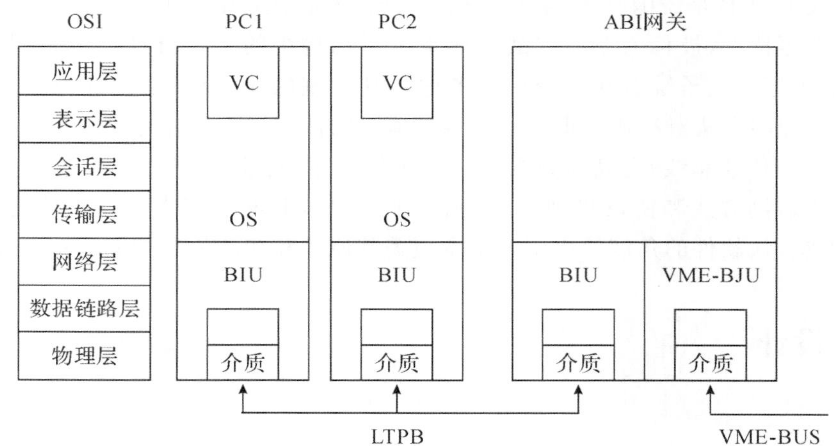

图 2　OSI 参考模型及其与组网 PC、ABI 网关的对应关系

在设计联网测试软件的时候，需要注意两个方面的问题：

(1)高层软件及用户界面的定义、设计和实现；

(2)BIU 与操作系统之间的逻辑联结形式（接口驱动程序）。

1.3　系统联网原理和功能特点

LTPB 协议是一个限时令牌多优先级传输协议，网络上的节点共享一条广播式传输介质，拓扑结构在物理上为总线型，在逻辑上为环型。当 LTPB 工作时，网络上的节点根据它们的物理地址编码的大小组成逻辑环路，令牌沿逻辑环路逐点传输。环路上获得令牌的节点得到机会向其它节点发送消息，每个节点能够使用的网络带宽（占用总线的时间）受到令牌持有定时器 THT 的限制，而节点中令牌旋转定时器 TRT 则确定了消息依据优先级别发送的次序。

从 LTPB 联网所实现的功能上来说，它包括以下方面：不操作（建环、入环和退环），令牌传递，消息调度，故障跟踪和系统监视。

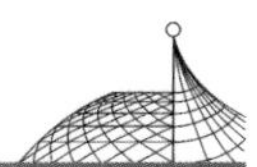

1.4 总体设计方案

依照联网测试软件所提出的用户界面和驱动程序接口两个方面的要求，对测试进行了进一步的划分：把所有测试按照功能和结构进行分类(见图 3)。

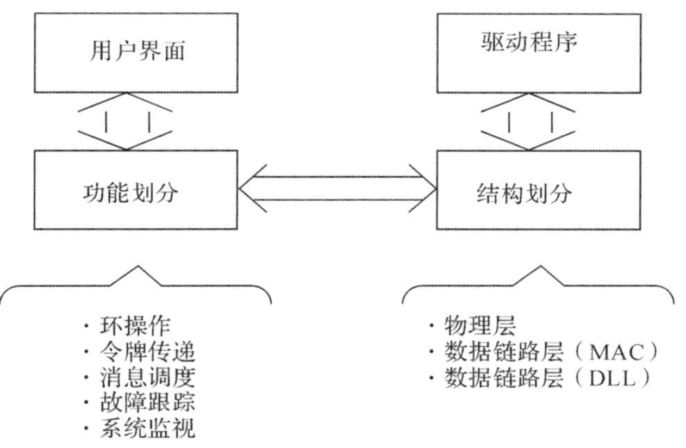

图 3 功能划分与结构划分的关系

用户界面中的测试应按功能进行划分，这样便于用户的使用；功能细化后，应使用 SAE AS4290 测试验证计划[2]中测试的结构划分，以方便测试的实施。功能划分与结构划分的关系见图 3。

2. 软件设计

用户界面应用程序和 BIU 驱动软件接口函数集是本文所述联网测试软件的两个重要组成部分。测试的具体实施通过下面的系统测试框图(见图 4)实现。本软件通过调用支持底层 BIU 的驱动软件接口函数集，来实现对 BIU 状态与联网环境的监控。因此，BIU 驱动软件接口函数集的功能越完备，联网演示软件的功能也就越强。而驱动软件接口函数集的功能最终是由底层 BIU 的硬件实现决定的。

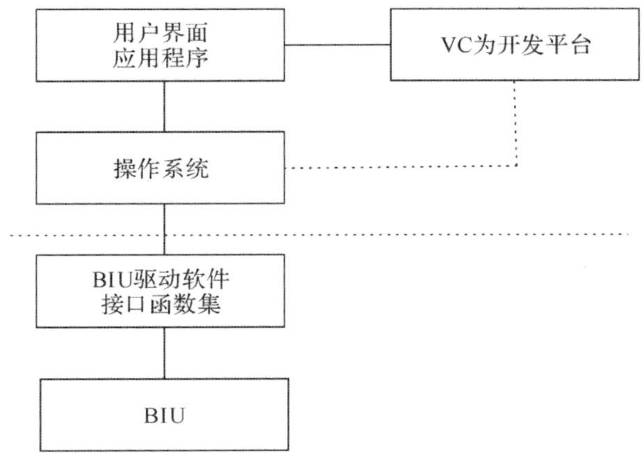

图 4 系统测试框图

2.1 驱动程序设计

BIU 驱动接口函数集(也可称为 BIU 驱动程序),直接实现对 BIU 硬件的操作,同时也向上层用户界面提供调用。上层用户界面通过这些接口函数集来实现对 BIU 硬件的管理,进而实现对 LTPB 联网的监视与测试。针对系统所实现的功能和目的,驱动函数集由 11 个网关接口函数组成。它们可实现如下功能:初始化或复位 BIU(即网关);实现数据的发送与接收;实现站管理(见表 1)。

这里需要指出的是,由于文献[2]中的电气特性、加电、错误注入及响应和同步冗余测试款项超出了系统本身所能实施的测试能力,需要更为强大的支持环境(特别是包括相应的硬件环境),因此这里没有相应的支持函数;此外,流量计计数器也未能给出硬件实施,因此也没有相应的支持函数,但考虑到其对 BIU 整体设计与功能的实现影响不大,可通过对底层 BIU 硬件的完善加以实现。

表 1　网关接口函数测试有效性一览表

接口函数	"AS4290 测试计划"结构划分								网络宏观功能划分			
	电气特性	帧格式	定时器	流量统计计数器	站管理	电气	错误注入及响应	同步冗余	环操作	消息调度	BIU方式状态	关键参数
Int init—BIRU() 初始化或复位网关	—	+	+	—	+	—	—	—	+	+	—	+
Int IfSend() 查询网关可否发数据	—	+	+	—	+	—	—	—	+	+	—	+
Int SendData() 发送准备好的一帧数据	—	+	+	—	+	—	—	—	+	+	—	+
Void DataReady() 发送数据	—	+	+	—	+	—	—	—	+	+	—	+
Int Arrival() 查询网关是否接收到数据	—	+	+	—	+	—	—	—	+	+	—	+
Int ReceiveData() 取得网关接收的数据	—	+	+	—	+	—	—	—	+	+	—	+
Void GetRegister() 取得网关各寄存器的值	—	+	+	—	+	—	—	—	+	+	+	+
Void SetRegister() 取得网关各寄存器的值	—	+	+	—	+	—	—	—	+	+	+	+
Void GetTime() 取得网关的时间	—	—	—	—	+	—	—	—	+	+	—	—
Void GetMenber() 取得在环的站	—	—	—	—	+	—	—	—	+	+	—	+
Int SendM()发送一帧 站管理消息到网关	—	—	—	—	+	—	—	—	+	+	—	+

注:"—"表示接口函数对相应的测试验证无效;"+"表示接口函数对相应的测试验证有效。

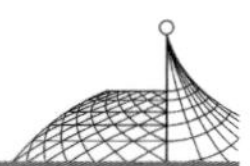

2.2 高层用户界面设计

联网演示软件采用 C++作为编程语言，采用基本类库的方式简化具体的编程。软件采用面向对象的程序设计方法。软件开发选用 Microsoft 公司的 Microsoft Visual C++6.0 作为软件开发平台。可实现以下功能：

a. 依据 4290 测试验证计划的有关章节(帧格式、定时器和站管理)对 BIU 进行验证；

b. 验证和演示多站点的环路操作，包括建环、退环和入环；

c. 验证和演示多优先级的消息调度机制；

d. 验证和演示 BIU 的方式状态转移机制；

e. 监视多站点联网的各节点关键状态参数。

(1)功能需求

我们从测试的两个层次对功能进行划分：结构划分和功能划分。结构划分依照 SAE AS4290 线形令牌多路传递总线测试验证草案[2]的划分原则，从单元级的角度给出测试内容。功能划分在结构划分的基础上，以联网的宏观角度给出了 LTPB 的测试和演示。

(2)详细设计

用户界面采用面向对象的设计方法。用户界面由许多的元素组成，如：文本框、命令按钮、消息对话框等。在面向对象的设计中，它们都是 MFC(微软基础类库)或其派生类的对象实现。其中，窗口是最重要的用户界面对象。图 5 给出了 MFC 窗口类的层次划分。在界面设计时，就可利用这些进行方便的设计实现。例如，命令按钮对象可由 Cbutton 类或其派生类实现，消息对话框可由 CDialog 类或其派生类实现。

程序结构按照面向消息和对话框进行组织，见图 6。用户界面按照联网中的不同角色，分为“主站方式”和“从站方式”。“主站方式”下依照测试的不同级别进行“结构划分”和“功能划分”。“结构划分”中包括“帧格式”、“站管理”和“定时器”测试款项；而“功能划分”中包括“环路操作”、“消息调度”和“BIU 状态转换”测试款项。“环路操作”用来实现环路操作中有关建环、退环和入环的演示，并对网络在线节点进行实时监视。LTPB 的消息调度方式是保证网络正常运行和实时性能的关键所在，因此“消息调度”款项对单帧(字符串消息)和多帧(图像消息)、单优先级和多优先级进行了区分，可灵活地实现长消息量和多消息优先级(LTPB 为四个)的测试。“BIU 状态转换”测试款项可实现对 BIU 状态的实时监测，控制 BIU 状态间的转移。“主站方式”下的所有测试款项均可作用于本地和远程，当作用于远程时，“从站方式”下的各个部分将被唤起以实现测试。

(3)用户界面的风格

用户界面的设计首先涉及整个系统对用户界面的要求，即整个系统运行时，人机交互界面的功能和性能。为达到任务所要求的功能和性能，要进行用户界面的设计，用户界面的设计有其设计原则和方法。这里要联系计算机系统常用的用户界面的风格，这些风格是指在计算机系统的用户界面上控制输入的方法。程序中，主要采用以下几类输入方法：鼠标点击；菜单选项；表格填充；直接操作。

3. 结束语

高速数据总线是现役飞机最为先进的机载航电技术，它具有高带宽、实时性强和高可靠性等特

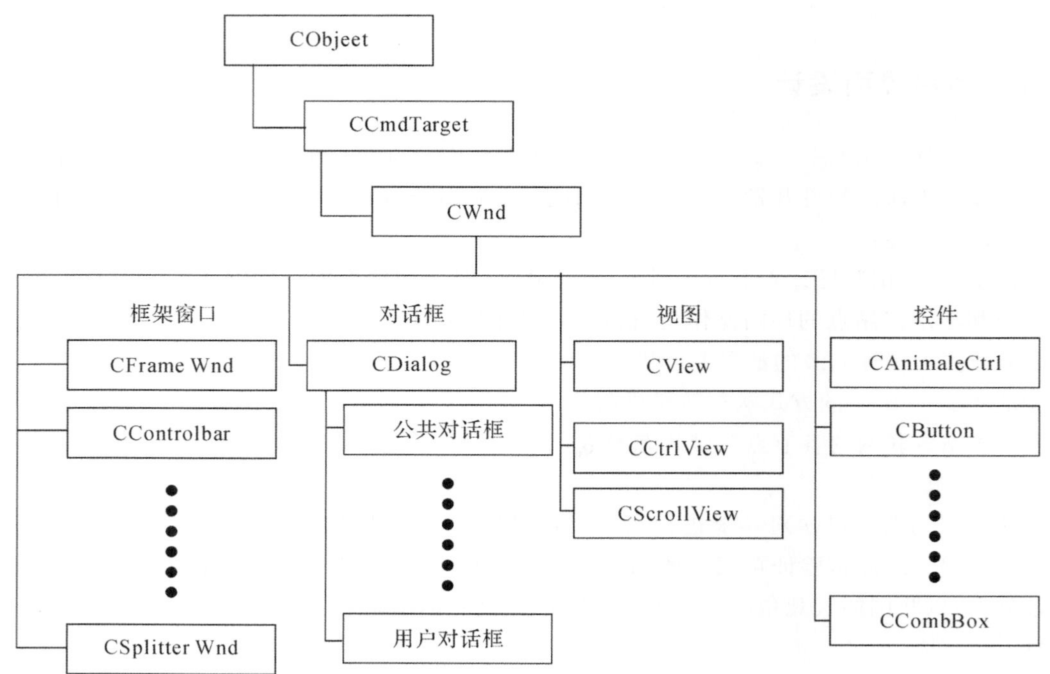

图 5　窗口类层次图

点。考虑到其苛刻的要求，设计的复杂是显然的。如何实现对其性能的全面考察是非常重要的一个问题。联网测试软件提供了一个有效的方法。接口驱动函数实现对 BIU 的直接硬件操作，为上层软件提供了较为全面的功能调用，是整个软件的基础。上层软件通过驱动函数提供了直观的、清晰的、多样的用户界面。实践证明，联网测试软件基本圆满地实现了对 LTPB 联网性能的测试与演示。它一方面证明了软件本身设计的合理性，同时也进一步证明了整个 LTPB 设计与实施的正确性。

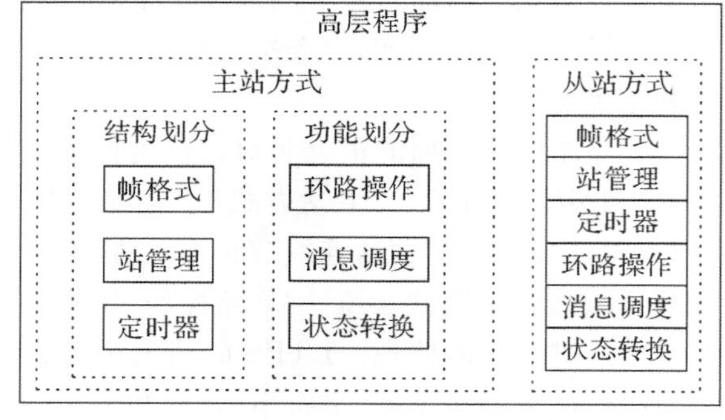

图 6　高层程序结构组织

参考文献

[1] Society of Automotive Engineers. AS4074 linear token passing multiplex data bus [S]. Warrendale: Society of Automotive Engineers Inc. 1993.

[2] Society of Automotive Engineers. AS4290 validation test plan for AS4074 linear token passing multiplex data bus [S]. Warrendale: Society of Automotive Engineers Inc. 1996.

[3] 王仲文. 计算机网络技术[M]. 北京：中国商业出版社，1997.

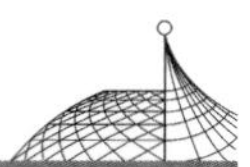

Design of Testing Software for LTPB Network

Abstract: As the representative of the most advanced aeroelectronic technique of the active aircrafts, the design complexity of high speed data bus is apparently. How to investigate its whole performance is an very important problem. The network testing software presented in this paper supplies an effective method then the test and demonstration of the performance of the LTPB network are realized. On one hand, the reasonableness of the design of the software itself is proved and on the other hand the exactitude of the design and the enforcement of the whole LTPB are proved also.

Keywords: linear token passing bus; network test; software; design

一种优化的LTPB网络带宽分配方法及实时性能分析*

摘　要:研究LTPB(线性令牌传递总线)通信网络中带宽分配方法对网络实时性能的影响,提出了一种优化的带宽分配方法和基于"最差情形下可达负载率"的网络实时性能分析方法,证明了该带宽分配方法优于所有传统的分配方法,最后举例说明了结论的正确性。

关键词:局部区域网络;总线式结构;实时系统;线性令牌传递总线;带宽分配

1. 引　言

LTPB(线性令牌传递总线)是一种50Mbit/s传输码速率的高速光纤网络,是SAE(Society of Automotive Engineers)组织为20世纪90年代以后的飞机、舰船、车辆等运行工具电子综合系统开发的局域网络标准(AS4074标准[1])。目前已开始在美国三军的先进飞机上得到初步应用[2]。由于特殊的应用环境,通常要求LTPB网络提供严格实时的消息传输。网络带宽在各节点之间的分配直接影响到网络的实时特性。为保证消息传输的实时条件,带宽容量应合理地分配给各个节点。

LTPB属于限时令牌多优先级传输协议,对限时令牌多优先级传递网络的研究始于Grow,他在1982年首先提出令牌传递网络的概念[3];20世纪80年代末由Johnson[4]、Ross、Sethi、Pang和Ferguson等人针对FDDI网络进行了性能研究;90年代以来,美国得克萨斯A&M大学的研究小组,特别是Agrawal[5]、Kamat、Chen和Malcolm[6]等人针对环型令牌传递协议FDDI网络的实时特性进行了研究,提出了网络实时的可达负载率和消息实时保证概率等实时性评价指标,为网络实时特性的系统研究打下了一定的基础。文献[7]对LTPB网络的系统特性进行了全面的研究和分析。

传统的带宽分配方法,由于自身的特点,都不能完全有效地利用网络带宽。因此,寻找优化合理的带宽分配方法并对其实时性能进行评价,是目前对该类网络的实时性能进行研究的主要方向之一[8]。

本文从LTPB的网络模型出发,依据协议的消息调度原则,提出了一种优化的负载匹配带宽分配方法(OLA),并以"最差情形下可达负载率(WCAU)"为衡量带宽分配方法的性能指标,并证明在该指标意义下,OLA优于所有传统的带宽分配方法,最后,用4个消息集的例子及仿真说明所得结论的正确性。

* 文章发表于《通信学报》,2002,23(6):22-29.系作者与周强、罗志强合作完成。

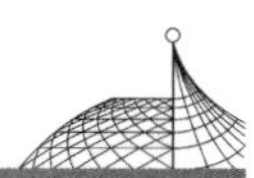

2. 网络和消息模型

LTPB 协议是一个限时令牌多优先级传输协议，网络上的节点共享一条广播式传输介质，当 LTPB 工作时，网络上的节点根据它们的物理地址编码的大小组成逻辑环路，令牌沿逻辑环路逐节点传输。环路上获得令牌的节点得到机会向其他节点发送消息。每个节点能够使用的网络带宽（占用总线的时间片）受到令牌持有定时器 THT 的限制，而节点中令牌旋转定时器 TRT 则确定了消息依据优先级别发送的次序。在这里，我们只是讨论最高优先级消息的实时传输。

假设网络中有 n 个节点，每个节点各有一个实时消息流要在网络上传输，分别由 $S_1, S_2, \cdots, S_n$，表示，由它们组成一个消息集合 M，即

$$M=\{S_1, S_2, \cdots, S_n\} \tag{1}$$

对于消息流 S_i，有如下假设：

(1)消息流产生周期 P_i：表示消息流 S_i 的消息产生周期。对于非周期性消息，则表示消息产生最小时间间隔。

(2)消息流长度 C_i：表示消息流 S_i 的传输时间，包括网络协议规定的信息域、校验域和前导符等消息帧全部内容。

(3)消息流最大允许延迟时间：等于消息流产生周期 P_i。

消息流 S_i 可由一个二维数组 $S_i=(C_i, P_i)$ 表示。 (2)

为表示第 i 个消息流对网络负载能力的要求，定义节点 i 的负载率为

$$U_i=C_i/P_i \tag{3}$$

那么，网络总的负载率为

$$U=\sum_{i=1}^{n}U_i \tag{4}$$

3. 网络带宽分配方法和消息实时传输要求

3.1 一般网络带宽分配方法

网络带宽的分配对消息流实时特性的满足至关重要。

假设实时消息集合 M 如式(1)及其消息特征式(2)，在一般意义下，令 f 表示 THT_i 的分配方法，则有

$$(THT_1, THT_2, \cdots, THT_n)=f(C_1, C_2, \cdots, C_n, P_1, P_2, \cdots, P_n, T_{\mathrm{MR}}) \tag{5}$$

其中，T_{MR} 为最大的平均令牌旋转时间。

3.2 消息实时传输要求

对于特定的消息流，如果所采用的带宽分配方法既能满足协议限制条件又能满足消息延迟限制条件，那么在该带宽分配方法下对特定消息流可实现实时传输。

(1)协议限制条件

考虑到令牌在节点中的传输开销 θ，在令牌旋转一周的时间里，用于发送消息的总带宽应满足

$$\sum_{i=1}^{n} THT_i \leqslant T_{MR} - \theta \tag{6}$$

其中，THT_i 称为令牌持有时间，表示节点 i 所分配的网络带宽。

(2)消息延迟限制条件

对于任意时间间隔 t，用 $X_i(t)$ 表示 i 节点发送消息的最小时间量。消息集合 M 中每个消息在其最大允许延迟时间内，应有足够该消息的发送时间，因此对于任意消息流 S_i 应有

$$X_i(P_i) \geqslant C_i \quad i=1,2,\cdots,n \tag{7}$$

3.3 传统带宽分配方法

这里，给出几种常见的带宽分配方法。

(1)耗尽型(FLA)[6]节点每次获得令牌时发送队列中的全部消息

$$THT_i = C_i \tag{8}$$

(2)比例型(PA)[6]节点按其消息流负载率分配网络带宽

$$THT_i = \frac{C_i}{P_i}(T_{MR} - \theta) \tag{9}$$

(3)归一化比例型(NPA)[6]节点按其归一化消息流负载率分配网络带宽

$$THT_i = \frac{C_i/P_i}{U}(T_{MR} - \theta) \tag{10}$$

(4)本地型(LA)[7]

$$THT_i = \frac{C_i}{[P_i/T_{MR}] - 1} \tag{11}$$

4. 优化的带宽分配方法及性能分析

4.1 一种优化的带宽分配方法

根据LTPB实时消息的调度原则推导出了在任意时间间隔 t 内，i 节点消息发送最小时间量的数学表达[9]

$$X_i(t) = \begin{cases} 0 & 0 \leqslant t < T_{MR} \\ (m_i - 1)THT_i + \min(THT_i, t - m_i \times T_{MR}) & T_{MR} \leqslant t \end{cases} \tag{12}$$

式中，$m_i = [t/T_{MR}]$；$m_i \geqslant 1$；$[\cdot]$表示对实数取整。

对于节点 i 来说，在消息产生周期 P_i 内可发送消息的最小时间量为 $X_i(P_i)$，而待发送的消息量为 C_i；从负载匹配的角度出发，令消息发送量 $X_i(P_i)$ 和消息量 C_i 相等，即得到一种优化的负载匹配带宽分配方法(OLA)

$$THT_i = \begin{cases} C_i & 0 \leqslant P_i - T_{MR} < T_{MR} \\ C_i/m_i & P_i - m_i T_{MR} \geqslant THT_i \\ \dfrac{C_i - (P_i - m_i T_{MR})}{m_i - 1} & P_i - m_i T_{MR} < THT_i \end{cases} \tag{13}$$

式中，$m_i = [P_i/T_{MR}]$；$m_i > 1$。

在一定带宽分配方法下，只要网络负载率小于某值 U_A，网络中所有消息的实时性都能得到保证，则称 U_A 为网络在该带宽分配方法下的可达负载率，最差情形下的可达负载率(WCAU)用 U_A^* 表示。

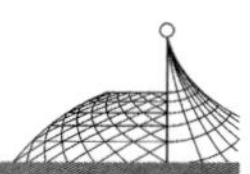

它可作为定量衡量带宽分配方法实时性能的指标。显然，U_A^* 越大，分配方法的性能就越好。

4.2 实时性能分析

把带宽分配方法记为 f^*，所有的带宽分配方法 f^* 的集合记为 F，与带宽分配方法对应的带宽分配记为 THT_i^*，在带宽分配方法下用于消息发送的最小时间量记为 $X_i^*(P_i)$。

定理1　$\forall f^* \in F$，如果 f^* 的 $WCAU$ 为 U^*，对于 f^{OLA} 则有

$$U^{\mathrm{OLA}} \geqslant U^*$$

证明　由 U^* 的定义可知，当网络负载率 $U_1 \leqslant U^*$，对任意消息集 M，均满足实时传输条件(6)和(7)，即 $\sum_{i=1}^{n} THT_i^* \leqslant T_{\mathrm{MR}} - \theta$ 和 $X_i^*(P_i) \geqslant C_i$。

由分配方法OLA的定义，得 $X_i^{\mathrm{OLA}}(P_i) = C_i$。满足条件(7)。又因为 $X_i^*(P_i) \geqslant C_i = X_i^{\mathrm{OLA}}(P_i)$，且 $X_i(P_i)$ 是 THT_i 的单调增函数。所以，$THT_i^* \geqslant THT_i^{\mathrm{OLA}}$。进而可得，$\sum_{i=1}^{n} THT_i^{\mathrm{OLA}} \leqslant \sum_{i=1}^{n} THT_i^* \leqslant T_{\mathrm{MR}} - \theta$。满足条件(6)因此，可知 U_1 也是OLA的可达负载率。

再由 U^{OLA} 的定义可得，$U^{\mathrm{OLA}} \geqslant U^*$。

引理1　$\forall M$，有 $X_i^{\mathrm{LA}}(P_i) \geqslant C_i$。

证明　由LA的定义(11)和式(12)，有

$$X_i^{\mathrm{LA}}(P_i) = (m_i + 1) THT_i + \min(THT_i, P_i - m_i \times T_{\mathrm{MR}}) \geqslant (m_i + 1) THT_i = C_i$$

得证。

引理2　对于 f^{LA}，当 $U \leqslant \frac{[P_{\min}/T_{\mathrm{MR}}]-1}{[P_{\min}/T_{\mathrm{MR}}]+1}(1-\alpha)$ 时，协议限制条件(6)成立。其中，$P_{\min}$ 是所有 P_i 中的最小者。

证明　因为

$$\frac{[P_i/T_{\mathrm{MR}}]-1}{[P_i/T_{\mathrm{MR}}]} > \frac{[P_i/T_{\mathrm{MR}}]-1}{[P_i/T_{\mathrm{MR}}]+1} \geqslant \frac{[P_{\min}/T_{\mathrm{MR}}]-1}{[P_{\min}/T_{\mathrm{MR}}]+1}$$

所以

$$U \leqslant \frac{[P_{\min}/T_{\mathrm{MR}}]-1}{[P_{\min}/T_{\mathrm{MR}}]+1}(1-\alpha) < \frac{[P_i/T_{\mathrm{MR}}]-1}{[P_i/T_{\mathrm{MR}}]+1}(1-\alpha) \tag{14}$$

令 $\frac{[P_j/T_{\mathrm{MR}}]-1}{P_j/T_{\mathrm{MR}}}$ 为 $\frac{[P_i/T_{\mathrm{MR}}]-1}{P_i/T_{\mathrm{MR}}}$ 中的最小值，带入式(14)，得

$$U < \frac{[P_j/T_{\mathrm{MR}}]-1}{P_j/T_{\mathrm{MR}}}(1-\alpha)$$

再由式(4)

$$\Rightarrow \sum_{i=1}^{n} U_i < \frac{[P_j/T_{\mathrm{MR}}]-1}{P_j/T_{\mathrm{MR}}}(1-\alpha) \Rightarrow \sum_{i=1}^{n} U_i \frac{P_j/T_{\mathrm{MR}}}{[P_j/T_{\mathrm{MR}}]-1} < (1-\alpha)$$

$$\Rightarrow \sum_{i=1}^{n} U_i \frac{P_i/T_{\mathrm{MR}}}{[P_i/T_{\mathrm{MR}}]-1} < (1-\alpha) \Rightarrow \sum_{i=1}^{n} \frac{C_i}{[P_i/T_{\mathrm{MR}}]-1} < T_{\mathrm{MR}} - \theta$$

得证。

定理2　对于 f^{LA}，有 $U^{\mathrm{LA}} = \frac{[P_{\min}/T_{\mathrm{MR}}]-1}{[P_{\min}/T_{\mathrm{MR}}]+1}(1-\alpha)$

证明　首先，由引理1、2可知，$\frac{[P_{\min}/T_{\mathrm{MR}}]-1}{[P_{\min}/T_{\mathrm{MR}}]+1}(1-\alpha)$ 是带宽分配方法(LA)的可达负载率。可以证明：对任给的 $\varepsilon > 0$，至少存在一消息集的负载率 $U(M) \leqslant \frac{[P_{\min}/T_{\mathrm{MR}}]-1}{[P_{\min}/T_{\mathrm{MR}}]+1}(1-\alpha) + \varepsilon$，使其不满足协议限制条件。也就是说，$\frac{[P_{\min}/T_{\mathrm{MR}}]-1}{[P_{\min}/T_{\mathrm{MR}}]+1}(1-\alpha)$ 是其可达负载率的最小上限。得证。

推论 对于 f^{OLA}，$U^{OLA} \geqslant \frac{[P_{\min}/T_{MR}]-1}{[P_{\min}/T_{MR}]+1}(1-\alpha) \approx \frac{1}{3}(1-\alpha)$。

这里的任意消息集是有限制的，为使讨论的问题有意义，假设 $m_i>1$。

证明 由定理1、2可直接推出。

定理1证明了OLA优于所有其它的带宽分配方法。定理2及推论以目前最优的分配方法为参照，给出了OLA最差情形下可达负载率的一个下限。

表1从WCAU的角度，给出了带宽分配方法及性能对照。

表1 带宽分配方法及性能对照

分配方法	THT_i 表达式	WCAU
耗尽型(FLA)	$THT_i=C_i$	0
比例型(PA)	$THT_i=\frac{C_i}{P_i}(T_{MR}-\theta)$	0
归一化比例型(NPA)	$\frac{C_i/P_i}{U}(T_{MR}-\theta)$	$\frac{1-\alpha}{3}$
本地型(LA)	$THT_i=\frac{C_i}{[P_i/T_{MR}]-1}$	$\frac{1-\alpha}{3}$
本文提出的方法(OLA)	式(13)	$\geqslant\frac{1-\alpha}{3}$

* $\alpha=\theta/T_{MR}$

5. 例子与讨论

我们考查表2至表5中的4个消息集(M_1、M_2、M_3 和 M_4)在不同分配方法下的实时传输情况。假设 $T_{MR}=50$，$\tau=0$。

PA的实时性能最差，4个消息集均不能在PA方法下得到实时传输。从整体上来说，LA和NPA方法优于FLA和PA方法，但对于特定的消息集，也有例外，表3中FLA就优于LA。对于这4个消息集，只有OLA均能满足实时传输要求，明显优于其他的分配方法。

这与我们用WCAU的指标来衡量带宽分配方法实时性能的结果是一致的。

表2 消息集 M_1 的带宽分配及性能比较

消息参数			带宽分配方法所分配的网络带宽				
i	C_i	P_i	PA	FLA	LA	NPA	OLA
1	30	135	11.1	30	30	22.7	15
2	36	135	13.3	36	36	27.2	18
协议条件满足否?			Y	N	N	Y	Y
时间延迟条件满足否?			N	Y	Y	Y	Y
消息集能否实时传输?			N	N	N	Y	Y

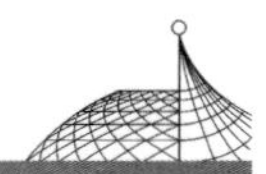

表 3 消息集 M_2 的带宽分配及性能比较

消息参数			带宽分配方法所分配的网络带宽				
i	C_i	P_i	PA	FLA	LA	NPA	OLA
1	15	85	8.8	15	N/A	22.2	15
2	25	95	13.2	25	N/A	27.7	25
协议条件满足否？			Y	Y	N/A	Y	Y
时间延迟条件满足否？			N	Y	N/A	Y	Y
消息集能否实时传输？			N	Y	N	Y	Y

表 4 消息集 M_3 的带宽分配及性能比较

消息参数			带宽分配方法所分配的网络带宽				
i	C_i	P_i	PA	FLA	LA	NPA	OLA
1	46	165	13.9	46	23	23.2	15.5
2	53	165	16.1	53	26.5	26.7	19
协议条件满足否？			Y	N	Y	Y	Y
时间延迟条件满足否？			N	Y	Y	Y	Y
消息集能否实时传输？			N	N	Y	Y	Y

表 5 消息集 M_4 的带宽分配及性能比较

消息参数			带宽分配方法所分配的网络带宽				
i	C_i	P_i	PA	FLA	LA	NPA	OLA
1	70	152	23.0	70	35	33.98	34
2	33	152	10.9	33	16.5	16.02	15.5
协议条件满足否？			Y	N	N	Y	Y
时间延迟条件满足否？			N	Y	Y	N	Y
消息集能否实时传输？			N	N	N	N	Y

下面，给出了 4 个消息集在 5 种带宽分配方法下的性能仿真比较。

合理有效地利用网络实时带宽是我们寻求的目标。在仿真环境下，以网络带宽的实时消息利用率作为评价带宽分配方法的实时性能指标。网络实时消息利用率定义为单位带宽下的实时消息发送数。为便于比较，图 1 中采用了归一化网络实时消息利用率（定义为某分配方法的实时消息利用率与 OLA 方法下实时消息利用率的比值）。

仿真参数设置为：平均令牌循环时间为 50μs，站点数定义为 2，数据率为 50Mbit/s，仿真时间为 0.01s。从图中的仿真结果，可得出与上面分析相一致的结论。

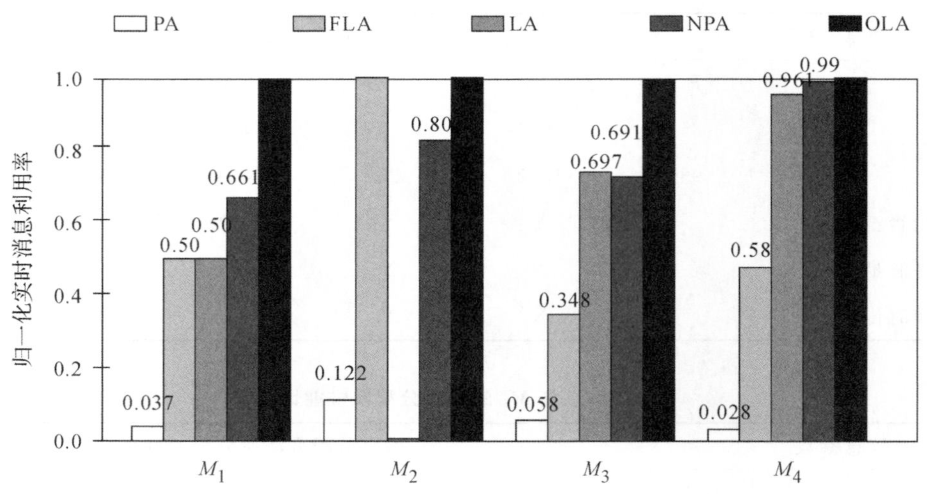

图 1　五种分配方法实时性能的仿真比较

6. 结束语

本文利用负载匹配的思想，来优化网络带宽的分配，为一般网络资源分配的优化提供了一种方法。采用最差情形下的可达负载率来衡量分配方法的性能。为网络实时性能的分析提供了有效的方法；但须注意，该分析方法描述了带宽分配方法对任意消息集的整体特性，对于某些特定的消息集则可能产生例外。此外，本文证明了 OLA 方法优于所有传统方法。并给出了 OLA 方法 WCAU 的一个下限，对于最终上限的取得还有待进一步的研究。

参考文献

[1] Society of Automotive Engineer. AS4074 Linear token passing multiplex data bus [S]. Warrendale: Society of Automotive Engineer Inc. 1993.

[2] UHLHORN R. The fiber optic high speed data bus for a new generation of military aircraft[J]. IEEE LCS Mag, 1991, 2(1): 36-45.

[3] GROW R. A timed-token protocol for local area networks[A]. Proc Electro'82[C]. Paper 17/3, May 1982.

[4] JOHNSON M. Proof that timing requirement of the FDDI token ring protocol are satisfied[J]. IEEE Trans COM-35,June 1987,35(6):620-625.

[5] AGRAWEL G, CHEN B, ZHAO W. Guaranteeing syncronous message deadlines in high speed token ring networks with timed token protocol[A]. Proc IEEE Int Conf DCS[C]. June 1992: 468-475.

[6] MAICOLM N, KAMAT S, ZHAO W. Real-time communication in FDDI networks[J]. Real Time Systems, 1996(10):75-105.

[7] 熊华钢. 机载高速数据总线系统研究[D]. 北京:北京航空航天大学,1998.

[8] ZHANG S. Testing the feasibility of synchronous bandwidth allocation for time-critical communication

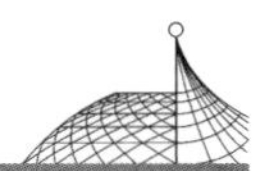

in FDDI networks[A]. Proceedings of the 1997 6th International Conference on Computer Communications and Networks, ICCCN'97[C]. 326-331.

[9]周强,熊华钢,罗志强. LTPB网络带宽分配策略的实时性能研究[J]. 北京航空航天大学学报,2001,27(1):20-23.

An Optimal Bandwidth Allocation Scheme and Real-Time Performance Analysis for LTPB Network

Abstract: Real-time performance in LTPB communication network is investigated under the effects of bandwidth allocation schemes. An optimal bandwidth allocation scheme (OLA) for LTPB network and an real-time performance analysis method based on WCAU (thc worst available utilization) are proposed. Formal proof that OLA has better performance than any other schemes is given. Finally examples are given to demonstrate the correctness of the conclusion.

Keywords: local area networks; bus-organization real-time systems; linear token passing bust bandwidth allocation

基于 DSP 的高动态 DS-SS 捕获和跟踪模块*

摘　要:本文介绍了一种基于 TI 公司 DSP 芯片 TMS320C6711D 的高动态 DS-SS 捕获和跟踪模块,它是 DS-SS 高动态数字中频接收机的一个核心部分。

关键词:DS-SS;高动态;捕获;跟踪;DSP

随着微电子技术的迅速发展,DSP 芯片的性能得到了飞跃式的提高。CMOS 工艺水平的不断进步、功耗的大大降低以及先进架构的采用,使得 DSP 芯片的主频不断提高,性能更加灵活和优越。

与传统微处理器相比,DSP 能够提供更好的性能价格比,更高的运算速度和运算能力,它已经广泛应用于军事、航空航天、信号处理、通信、雷达、消费等许多领域,其主要应用有:信号处理、通信、语音、图形/图像、军事、仪器仪表、自动控制、医疗和家用电器等。

采用 DSP 进行数字化处理具有可程控、精度高、稳定性好、可靠性和可重复性好、易于实现自适应算法以及大规模集成等优点,这些是模拟系统所不及的。

本文介绍了基于 TMS320C6711D 芯片实现的 DS-SS(Direct Sequence-Spread Spectrum,直接序列扩频)高动态中频接收机的原理,并具体介绍了实现捕获和跟踪功能的 DSP 模块。

1. DS-SS 高动态数字中频接收机原理

DS-SS 高动态数字中频接收机是基于 DSP 和 FPGA 实现的一种数字化接收机,其功能是实现中频输入信号的解扩和解调,结构如图 1 所示,主要由 3 个部分组成:A/D、FPGA 和 DSP。

A/D 部分:主要功能是进行模拟/数字转换,其输入信号来自射频前端的下变频输出,为 10.7M 的中频模拟信号。A/D 输出的数字中频信号送入 FPGA 中的数字下变频器,开始进行数字化处理。

FPGA 部分:主要的功能模块有数字下变频器、多路相关累加器、码 NCO 和本地伪码发生器。A/D 输出的信号经过数字下变频得到零中频的扩频信号,将此扩频信号 I、Q 分路后送入相关累加模块,分别与超前、当前和滞后状态的本地伪码进行相关累加,累加的结果送入 DSP 中进行捕获和跟踪算法的处理。码 NCO 和数字下变频器中的载波 NCO 由 DSP 中码相位跟踪环路和载波跟踪环路的反馈信号加以控制。

DSP 部分:分别将超前、当前和滞后三路的 I、Q 通道相关累加值平方相加,进行平方律包络检波,并将得到的结果作为捕获和码相位跟踪算法的输入,而当前路的累加结果 IOTS 和 QOTS 作为载波跟踪环路和数据解调模块的输入。

---

* 文章发表于《测控技术》,2004,23(S):10-12.系作者与邹琼、邵定蓉合作完成。

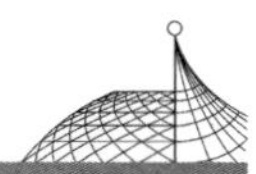

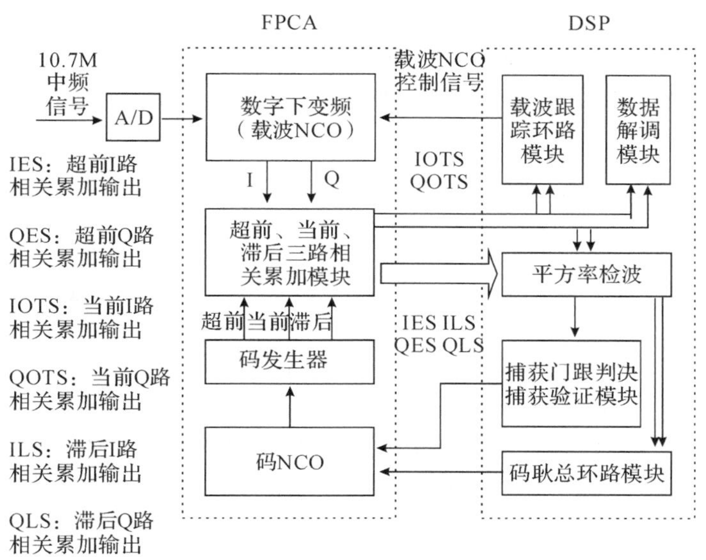

图 1　DS-SS 数字中频接收机原理框图

2. DSP 捕获和跟踪算法模块

2.1　捕获门限判决

由于接收信号具有高动态特性，其多普勒频移很大，因此捕获过程需要对多普勒频移和伪码相位进行二维搜索。每搜索一个频率单元，相关累加器进行一个伪码周期的相关累加，将其累加结果送入 DSP 进行平方律检波，然后和预先设定的门限进行比较。若检波结果大于门限，则伪码和载波停止滑动，然后进入验证阶段；否则，通过码 NCO 和载波 NCO 控制伪码相位和频率单元的搜索，继续进行捕获。

2.2　捕获验证模块

采用多逗留检测，进行三次门限比较。若连续三次的检波结果均大于门限，则判定信号已捕获，转入跟踪阶段；在验证次数达到三之前，只要有一次检波结果不能超过门限，则判定先前为假捕，重新开始搜索捕获。

2.3　码相位跟踪环路

当捕获验证通过时，系统转入跟踪模式。码相位的跟踪由超前一滞后型非相干数字延迟锁相环（DDLL）实现，共包括环路鉴相器、环路滤波器与码 NCO 三个部分。

（1）环路鉴相器。其输入信号由滞后路和超前路的平方检波结果相减得到，鉴相特性如图 2 所示。可知在鉴相器工作的线性段，其输出信号 $E(\tau)$ 反映了码片同步误差的大小和方向。

（2）环路滤波器。其功能是对鉴相器输出的误差信号进行滤波，抑制噪声和高频分量，并且控制环路相位校正的速度和精度。适当选择滤波器参数，可以改善环路性能。在本接收机中选择采用理想二阶环来实现伪码相位的跟踪，相应的环路滤波器为一阶理想积分滤波器，传递函数如下：

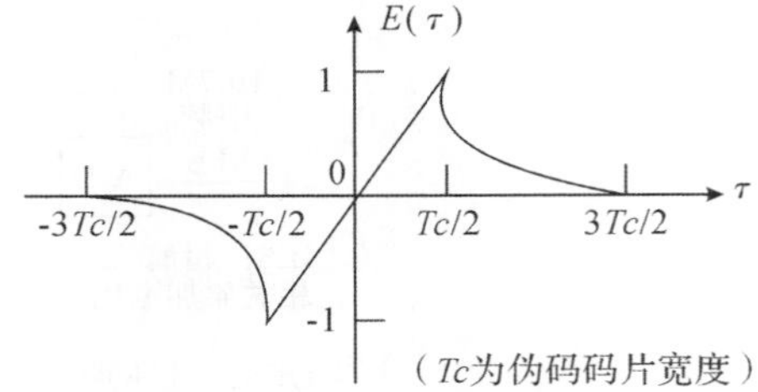

图 2　鉴相特性曲线

$$F(s)=\frac{1+s\tau_2}{s\tau_1} \tag{1}$$

式中，τ_1、τ_2 为时间常数，则其对应的差分方程为

$$y(n)=y(n-1)+\frac{\tau_2}{\tau_1}[x(n)-x(n-1)]\frac{T_s}{\tau_2}x_2$$

式中，y 为滤波器输出信号，x 为滤波器输入信号，T_s 为采样周期。

（3）码 NCO。在 FPGA 中实现，用于向伪码发生器提供时钟信号，其输入为来自 DSP 的频率控制字和相位调整字。DSP 向码 NCO 写频率控制字，以得到预期的码时钟频率。当捕获和跟踪过程中需要滑动本地伪码时，DSP 向码 NCO 写相位调整字，以改变码时钟的输出相位，从而控制伪码的相位滑动。

2.4　载波跟踪环路

PLL 环路具有较好的噪声性能，但对通信链路干扰的容忍能力较差，特别是受载体动态引入的多普勒频移影响较大。在高动态环境下，采用 PLL 环路将不能保持稳定跟踪，从而导致载波跟踪失锁，无法正确解调数据。FLL 环路虽然跟踪精度较 PLL 低，但是它具有较好的动态性能，因此，本系统采用了叉积自动频率跟踪的 FLL 环来实现载波跟踪，它包括鉴频器、环路滤波器和载波 NCO 三部分。

（1）鉴频器。采用的是叉积鉴频，其输入输出关系如下：

$$\Delta f_k=I(k-1)Q(k)-I(k)Q(k-1) \tag{3}$$

$$I(k)=\sqrt{2}AD(k)\cos\Phi_k\cdot\sum_{i=1}^{L}PN_k(i)\cdot PN_k'(i)$$

$$=\sqrt{2}AD(k)\cos\Phi_k\cdot R_{PN}(k)$$

$$Q(k)=\sqrt{2}AD(k)\sin\Phi_k\cdot\sum_{i=1}^{L}PN_k(i)\cdot PN_k'(i)$$

$$=\sqrt{2}AD(k)\sin\Phi_k\cdot R_{PN}(k)$$

$$\Phi_k=\omega_d\cdot T\cdot k+\Phi_0$$

式中，Δf_k 为鉴频器的输出信号；$I(k)$、$Q(k)$为鉴频器的输入信号；A 为载波幅值；$D(k)$为第 k 次积分周期所对应的数据位；L 为伪码长度；$PN_k(i)$和 $PN_k'(i)$分别为第 k 次积分周期中接收伪码和本地伪码的采样点值；$R_{PN}(k)$为接收伪码与本地伪码在第 k 次积分周期的相关值；ω_d 为多普勒频移；Φ_0 为初始相位；T 为积分周期。

由此可得：

$$\begin{aligned}\Delta f_k&=I(k-1)Q(k)-I(k)Q(k-1)\\&=2A^2D(k)D(k-1)R_{PN}(k)R_{PN}(k-1)\cdot\sin(\Phi_k-\Phi_{k-1})\end{aligned} \tag{4}$$

假定测量的相邻数据位不变，即 $D(k)D(k-1)=1$ 则该叉积鉴频器的鉴频特性为正弦曲线。相邻采样点的相位变化为

$$\Phi_k-\Phi_{k-1}=\omega_d\cdot T\cdot(k-(k-1))=\omega_d\cdot T$$

由鉴频特性可知，$|\Phi_k-\Phi_{k-1}|\leq\frac{\pi}{2}$ 为鉴频器的工作区，当 $|\Phi_k-\Phi_{k-1}|\to 0$ 时，$\sin(\Phi_k-\Phi_{k-1})$ 与

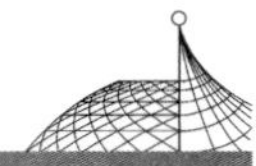

$\Phi_k-\Phi_{k-1}$ 近似成线性比例关系，此时，鉴频器的输出 Δf_k 与单位积分间隔内相位变化 $\Phi_k-\Phi_{k-1}$ 成正比。

上述算法在信噪比较低的条件下能取得较好的性能，但是它计算时要求相邻数据位必须相同，否则输出的鉴频结果会产生符号模糊，导致载波调整的不正确。

在实际的接收信号中，数据符号不可能连续不变，因此在实际设计中，采用可消除符号模糊的叉积自动频率跟踪算法(CPAFC)：

$$\Delta f_k=[I(k-1)Q(k)-I(k)Q(k-1)]\cdot \mathrm{sign}[I(k-1)I(k)+Q(k-1)Q(k)] \tag{5}$$

(2)环路滤波器。由于系统处于高动态环境下，环路必须具备跟踪频率阶跃和频率斜升的能力，因此，在载波跟踪时采用了二阶滤波器以构成三阶环路。本系统中采用的是二阶 Jaffe-Rechtin 滤波器。滤波器的输入为叉积鉴频器的输出 Δf_k，其输出为频率校正量 $\Delta\omega$。

$$\begin{aligned}&\Delta\omega=\omega_k-\omega_{k-1}=\omega_k\cdot T+\sqrt{2}\,\omega_{nF}\cdot\Delta f_k\\&\omega'_k=\omega'_{k-1}+\omega_{nF}^2\cdot\Delta f_k\\&\frac{\omega''}{\omega_{nF}^2}=\frac{1}{T},\omega_{nF}=1.89B_{LF}\end{aligned} \tag{6}$$

式中，T 为相关累加器的积分时间间隔。根据载波的加速度变化率 ω'' 可求得 ω_{nF}，从而得到 B_{LF}。

(3)载波 NCO。在 FPGA 中实现，它是数字下变频器的一部分。DSP 将载波环路滤波器输出的频率校正字送往载波 NCO 来调整载波频率。

2.5 数据解调模块

由于载波锁频环的输出信号仍存在残余频差，因此完成解扩和锁频之后的数据 IOTS 和 QOTS 仍被剩余频差所调制，这使得数据解调变得困难，若利用单路数据信号的正负来进行数据判决，解调结果会不准确。因此，本接收机通过一个软科斯塔斯环来对数据信号进行相位旋转，以消除残余频差的影响，从而正确解调数据。

3. TMS320C6711D 芯片简介

TMS320C6711D 是 TI 公司基于 C67X™DSP 内核开发的新一代高速浮点数字信号处理器，它采用了先进的 VLIW(超长指令字)架构和 0.13μm CMOS 工艺。TMS320C6711DGDP200 芯片时钟频率为 200MHz，处理能力达到 1600 MIPS 和 1200 MFLOPS，其可容忍的工作温度范围为商用级 0～90℃。由于本系统对工作温度范围有较高要求，因此选用的是型号为 TMS320C6711DGDPA167 的这款芯片，它的时钟频率为 167MHz，最高处理能力为 1000 MFLOPS，可容忍的工作温度范围为扩展级的−40～105℃。

TMS320C6711DGDPA167(下面简称 C6711D)的主要特点如下：

(1)工作时钟 167MHz，指令周期 6ns，最大处理能力 1000 FLOPS，

(2)每个周期最多可执行 8 条 32 位指令。

(3)3.3V 的 I/O 电压，1.26V 的内核电压，272-pin BGA 封装。

(4)基于超长指令字架构的 C67X™DSP 内核：

①具有 8 个高度独立的功能单元(包括两个乘法器和 6 个算术逻辑单元)；

②具有 32 个 32 bit 通用寄存器的装载/存储结构。

(5)L1/L2 两级内存结构：

①4KB 的 L1P 程序 cache，不参与内存映射；

②4KB 的 L1D 数据 cache，不参与内存映射；

③64KB 的 L2 Unified Mapped RAM/Cache(可灵活分配给程序或数据使用)；被设置为 Cache 的部分不参与内存映射，设置为 RAM 的部分参与内存映射。

(6)功能强大的 32bit 外部存储器接口(EMIF)：

①可实现对各种异步和同步存储器的无缝连接；

②具有总共 256MB 的外部存储器寻址空间。

4. 与 DSP 相关的硬件问题

C6711D 具有多种上电引导方式，本系统中采用的是 ROM 引导方式，通过外接 FLASH 来完成 DSP 的上电引导工作。

C6711D 中引入了之前的 TMS320C6711 和 TMS320C6711B 芯片中没有的 GPIO 模块(General-Purpose Input/Output Module)，它与 DSP 的外部中断引脚复用，因此在使用外部中断时，需注意进行相应的设置。

C6711D 中还提供了一个可软件编程的 PLL 时钟发生器，可提供多种分频和倍频输出，方便对电路板上其他芯片提供同步时钟。为了保证 DSP 芯片的时钟模块正常工作，必须注意给 PLLHV 引脚外接 EMI(电磁干扰)滤波器和相应的滤波电容。

由于 C6711D 是一种高速运行的数字集成电路，为了保证信号的传输质量，必须采用适当的端接技术。在本系统中，对所有的 EMIF 输出信号线均采用串行端接法，使源端阻抗和传输线阻抗相匹配，以保证其信号的完整性。

5. 结束语

本文所介绍的高动态数字中频接收机的硬件部分和 DSP 算法模块均经过现场调试，具有良好的性能，可在收发机高速相对运动的条件下，多普勒频移为±40kHz 的大动态范围内，对扩频信号的伪码和载波实现快速捕获和跟踪，并正确地解调数据。

参考文献

[1] 张厥盛，郑继禹，万心平. 锁相技术[M]. 西安：西安电子科技大学出版社，1994.

[2] 沈允春. 扩谱技术[M]. 北京：国防工业出版社，1995.

[3] 朱近康. 扩展频谱通信及其应用[M]. 北京：中国科技大学出版社，1993.

[4] 孙礼. GPS 接收机系统的研究[D]. 北京：北京航空航天大学，1998.

[5] 王念旭，等. DSP 基础与应用系统设计[M]. 北京：北京航空航天大学出版社，2001.

[6] 任丽香，等. TMS320C6000 系列 DSPs 的原理与应用[M]. 北京：电子工业出版社，2000.

[7] Texas Instrument. TMS320C6711 floating-point digital signal processors [Z]. 2004-01.

[8] Texas Instrument. TMS320C6000 DSP peripherals overview reference guide[Z]. 2003-08.

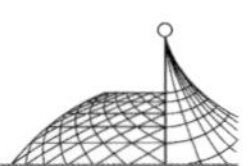

A DSP-Based Acquisition and Tracking Module for the High-Dynamic DS-SS Receiver

Abstract: A DSP-based acquisition and tracking module is discussed, which is the key part of the high-dynamic DS-SS digital IF receiver.

Keywords: DS-SS; high dynamic; acquisition; tracking; DSP

具有良好数据接口的区域导航定位系统测试仪*

摘　要：介绍一种具有良好数据接口的区域导航定位系统综合测试仪，对该综合测试仪的实现在硬件和软件两方面都作了详细论述，其中运用51系列单片机AT89C52作为主控制器，运用软件和FPGA共同负责数据运算处理，通过USB接口进行通信，以对测试仪的参数进行设定，并将定位结果送PC机显示分析。

关键词：定位导航；直序扩频；USB；硬件电路；软件平台

在遥测遥控系统中，为了确定空中机动载体的实时位置并确保空中载体沿着既定轨道飞行到目标区域，需要在载体上装备适当的定位导航装置。区域导航定位系统综合测试仪是为区域导航定位系统的生产调试和在地面对主要技术指标进行定性综合测试以及数据记录、误差分析、结果打印输出的综合性装置。由于传统的串行通信方式有着速度慢和无法实现即插即用的缺点，而新一代的通用串行总线接口USB接口却有着其他接口无法比拟的优势，它支持热插拔，是一种快速、双向、同步、动态连接且价格低廉的串行接口，有优秀的便携性和可扩展性，为快速数据通信提供了极大的便利，所以我们选择用USB接口来设计综合测试仪。

本综合测试仪在PC机上的软件平台上预置轨迹等参数，通过USB接口与硬件电路通信，得到弹载接收机的定位结算数据。对弹载接收机的定位结算数据和弹道理想数据(预先设定的轨迹)进行结果分析比对，显示出相应的轨迹。对理想轨迹数据和接收机测得的数据进行误差分析，分析主要误差来源。

1. 系统基本原理

假定飞行器在飞行过程中的轨迹如图1所示。由于硬件的资源受限，不可能连续模拟飞行轨迹。只要采样足够多个采样点，即可近似模拟飞行轨迹。图1表示出，在飞行器的飞行轨迹上，采样N个点。每个采样点对于地面四个应答设备，都有相对应的四个延迟时间。采样点1对应t_1，t_2，t_3，t_4，采样点N对应t'_1，t'_2，t'_3，t'_4。因此，N个采样点对应N组时间延迟，事先将这N组数据存储起来。地面四个接收机接收到触发脉冲后，根据预先的时间延迟数据存储，分别延迟相应的时间，即可模拟飞行轨迹。

2. 硬件电路

图2为硬件电路实现方案。电脑将待发送的数据通过USB串口经过PDIUSBD12转换芯片传送给单片机AT89C52，经单片机缓存处理后的数据传送给FPGA，与伪码进行直序扩频调制。同时，FPGA向频率合成器AD9854写频率控制字，产生频率合成器需要的控制信号。AD9854产生的载波

* 文章发表于《全国第十届信号与信息处理联合学术会议论文集》，2006：181-184.系作者与王丹、李署坚合作完成。

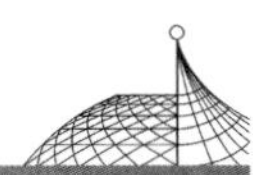

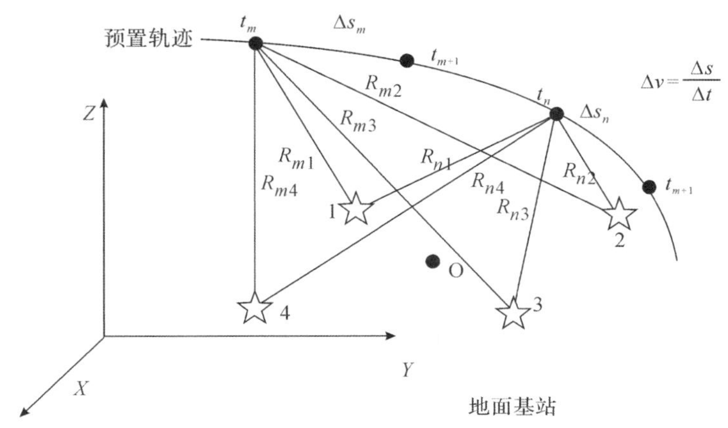

图 1　飞行器轨迹模拟

信号与信息数据经 BPSK 调制后发送。

从图 2 中看到，PC 机与综合测试仪之间通过 USB 接口进行通信，以对测试仪的参数进行设定。弹载接收机将测得的定位结果等数据传送到 PC 机，并进行存储，以便进行后续的误差比对与分析等。

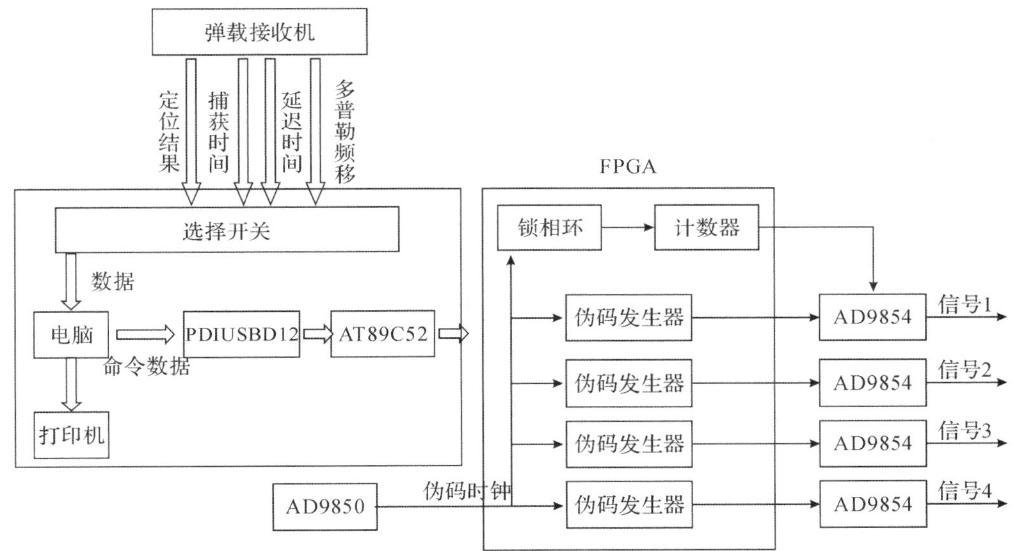

图 2　硬件电路原理框图

2.1　单片机及其外围电路设计

单片机选用 AT89C52。AT89C52 是 ATMEL 公司的八位 FLASH 单片机，在片内含有 FLASH 存储器，因此在系统的开发过程中可以十分容易的进行程序的修改，这就大大缩短了系统的开发周期。AT89CS1 包含 4KB 可编程 FLASH 存储器，128×8 字节内部 RAM，32 条可编程 I/O 线，3 个 16 位定时器/计数器，6 个中断源等，是一种功能强、灵活性高而且价格合理的单片机。

单片机外围电路由单片机晶振电路、单片机复位电路和单片机存储电路构成。其中单片机晶振电路中单片机的晶体采用频率为 11.0592MHz 的无源晶体，接在单片机的 XTAL1 和 XTAL2 两个管脚之间。单片机的复位电路由 maxim 公司的 MAX708 搭建,它在上电时会产生 200ms 的脉冲,从而使单片机可靠复位。将单片机的数据线 P00-P07 接到锁存器 74HC573,输出端为低 8 位地址 A0-A7,构成单片机存储电路。以一片 6116 为数据存储器,用于存放数据和变量。6116 的地址线为 11 位,数据线为 8 位,可以存放 2K 字节的数据。

2.2 USB 接口电路设计

USB(Universal Serial Bus)是一种通用串行总线。为了开发一种兼容低速和高速的技术,一些 PC 大厂商如 COMPAQ、INTEL、MICROSOFT 和 NEC 等公司共同开发了 USB 数据传输总线,从而为广大用户提供了一种可共享的、可扩充的、使用方便的串行总线。现在几乎每台计算机都安装了 USB 接口。现在随着 USB 接口的发展,USB 接口协议已经从 1.0 发展到 2.0 版本,它的传输速率也已从最早的 12Mb/s 发展到了 480Mb/s。

USB 的规范能针对不同的性价比要求提供不同的选择,以满足不同的系统和部件及相应的功能。其主要优点有使用方便、速度快、易于扩展、能够采用总线供电等等。

现在的 USB 生产厂商很多,几乎所有的硬件厂商都有 USB 的产品。USB 控制器一般有两种类型:一种是 MCU(微控制器)集成在芯片里面的,如 INTEL 的 8X930AX、CYPRESS 的 EZ-USB 以及 MOTOLORA 等公司的产品;另一种就是纯粹的 USB 接口芯片,仅处理 USB 通信,控制系统需另加控制器,如 Philips 的 PDIUSBD11(I^2C 接口)、PDIUSBD12(并行接口)等。

由于本系统对实时性要求较高,数据传输的速度至少为 10Kbps,虽然对于 PCI 总线来说其 33Mbit/s 的传输速度完全可以达到设计要求,但相对于 USB 接口来说,PCI 接口使用复杂,而且由于 PCI 总线的速度达到了 33Mbit/s,因此印制板的布线要求也较高,在软件设计方面由于 PCI 总线需要占用计算机的内部中断,因此其兼容性较差。而 USB 接口的速度最快可以达到 480Mb/s,支持热插拔、无须占用计算机内部宝贵的中断资源和 DMA 资源,而且使用方便,所以本系统决定采用 USB 接口来设计数据采集系统的接口模块。由于本系统的传输速度只要 10Kbps,所以本系统决定采用支持 USB1.1 协议的 Philips 公司的 PDIUSBD12 芯片作为 USB 接口的接口芯片。此芯片的最高传输速度为 12Mb/s 完全能满足系统设计需要。

PDIUSBD12 是一个性能优良的 USB 器件,通常用于与微控制器通过高速通用并行接口进行通信。

PD1USBD12 是实现 USB 接口的标准组件,完全符合 USB1.1 规范,可以使设计者在各种不同类型的微控制器中选择最合适的作为系统微控制器,允许使用现存的体系结构并使固件投资减到最小。此外 PDIUSBD12 还具有低挂器挂起功耗连同 Lazy-Clock 输出,可以满足 ACPI、OnNOW 和 USB 电源管理设备的要求,其低功耗工作允许实现总线供电的外围设备。PDIUSBD12 还集成了像 SoftConnect、GoodLink、可编程时钟输出、低频晶振和终端电阻等特性。

本系统采用单片机控制 USB 接口芯片的方法,单片机通过复用八位数据线与 PDIUSBD12 相连,单片机同时控制 PDIUSBD12 的选通及数据传输,控制 USB 芯片的地址。计算机通过 USB 接口以分时的方式分别把数据传输到单片机中去,少量的计算机控制信号则在 USB 接口空闲时向外发送,充分利用 USB 接口的带宽。

单片机与 PDIUSBD12 的通信靠单片机给 PD1USBD12 发命令来实现。PDIUSBD12 的命令分为 3 种:初始化命令、数据流命令和通用命令。PDIUSBD12 数据手册给出了各种命令的代码和地址。单片机先给 PDIUSBD12 的命令地址发命令,根据不同命令的要求再发送或读出不同的数据。因此,可以将每种命令做成函数,用子函数实现各个命令,以后直接调用函数。

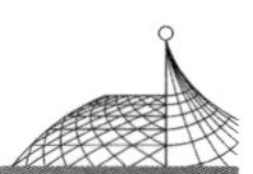

2.3 频率合成器的设计

伪码时钟由 AD9850 产生。AD9850 使用了先进的直接数字频率合成技术(DDS),是高速度、高性能的完全数字化的可编程频率合成器和时钟发生器。此处 AD9850 产生了一个 2.5MHz 的时钟信号。

本系统的载波调制采用的是二进制相移键控(BPSK),选用的是采用 DDS 技术的可编程频率合成器 AD98S4。AD9854 是采用 DDS 技术、高度集成化的器件。配合内部两个高速、高性能的正交数模转换器和一个比较器来完成数字可编程的 I、Q 两路频率合成功能。AD98S4 可以完成 FSK,RANPEDFSK,CHIRP,BPSK 等调制功能。AD9854 创新的高速 DDS 内核提供了 48 比特的频率分辨率。AD9854 的电路结构允许同时产生两路正交的高达 150MHz 的输出,并且输出的频率可以在数字的调整下以每秒 100 兆个新频率点的速度跳变。两个 12 比特的乘法器可以实现可编程的幅度调制,输出整形键控和精确的正交输出幅度控制。AD9854 的可编程 4～20 倍参考时钟倍频器电路可以用较低频率的外部参考时钟而在内部产生一个高达 300MHz 的时钟。AD9854 工作在并行工作方式下时,有 8 根数据线,6 根地址线与单片机相连。AD9854 的频率控制字 $FTW=F_{out}\times CLKIN/2^{48}$。

通过单片机不断地改变 AD9854 的频率转换字(FTW)来完成对多普勒效应的模拟。对输出幅度的控制也是通过单片机写 AD9854 内部寄存器来完成。

2.4 FPGA 硬件设计

FPGA 的外部时钟输入为 100MHz,经过 40 分频,产生 2.5MHz 的伪码时钟。外部同步脉冲的周期经过 50 分频,即产生本地数据周期,通过对伪码时钟进行计数,产生伪码地址,以此地址选通存储伪码的 ROM,输出本地的四组伪码。对伪码地址进行判断,当地址为零时,产生一个数据脉冲。对数据脉冲进行 25 进制计数,产生以 25 个数据为一帧的帧周期数据。本系统采用二进制相移键控(BPSK),因此把伪码和数据经过一个异或门即可实现扩频调制。

采用图 3 所示电路完成信号模拟的时延功能,即用信号时间的延迟模拟在伪距上的传播时间以模拟飞行轨迹。

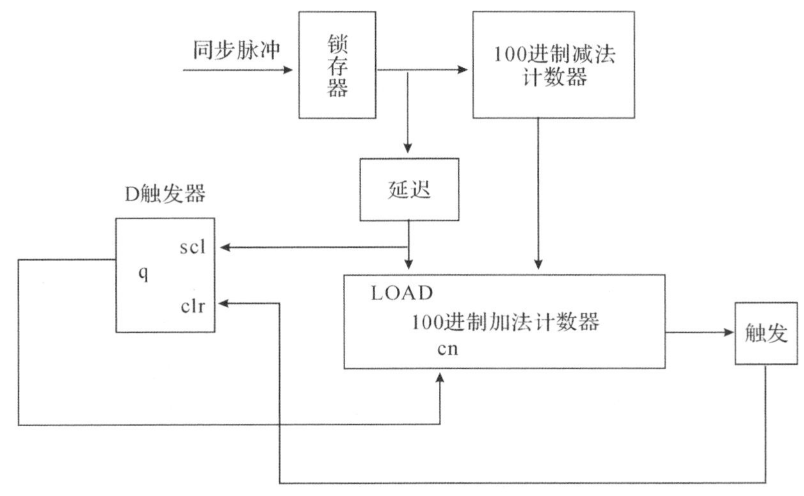

图 3 信号时延电路

3. 软件平台

在本综合测试仪系统中，实现的软件功能分为四个部分：

(1)飞行轨迹预置软件

预先设定弹道轨迹，并计算出地面应答机(四个)在弹道采样点的相应伪距 ΔR(对应电波延迟 ΔT)，以模拟产生应答信号(即信号模拟器)。

(2)动态交互界面，进行参数和命令设置

设置各个地面站的码型、码速率和载波速率。由伪距计算出各个采样点与四个地面站的多普勒频移和延迟时间后，连同地面站的码型、码速率、载波频率输出。

(3)数据记录软件

记录弹载接收机的定位结果、初捕时间、重捕时间和多普勒频移。

(4)误差分析软件

对弹载接收机的定位结算数据和弹道理想数据(预先设定的轨迹)进行结果分析比对，显示出相应的轨迹。对理想轨迹数据和接收机测得的数据进行误差分析，分析主要误差来源。

利用 VISUAL BASIC 语言编写的软件平台结构如图 4。

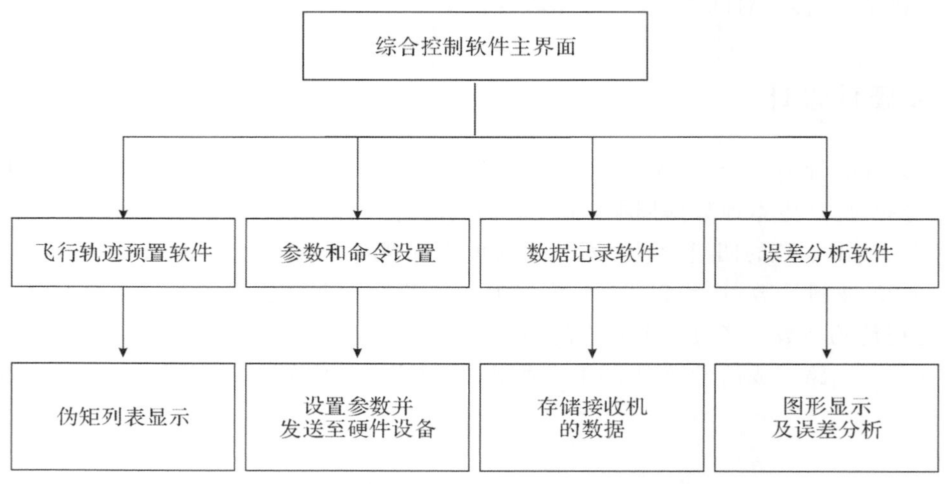

图 4　软件平台结构图

4. 结　论

本文所介绍的区域导航定位系统综合测试仪能为区域导航定位系统的生产调试和在地面对主要技术指标进行定性综合测试以及数据记录、误差分析、结果打印输出，满足系统设计要求。而且由于系统采用单片机控制 USB 接口芯片的方式进行数据传输，保证了系统的实时性和可靠性。新一代的通用串行总线接口 USB 作为一种新的 PC 机互连协议，使外设到计算机的连接更加高效、便利，为我们提供了极佳的解决方案。上述采用 USB 接口实现的区域导航定位系统综合测试系统，由于主要器件均为可编程，因此便于修改、易于实现，使设计有极大的灵活性。

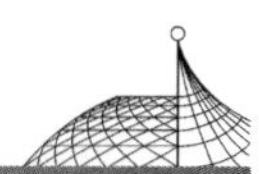

参考文献

[1] 孙仲康，陈辉煌. 定位导航与制导[M]. 北京：国防工业出版社，1987.
Sun Zhongkang, Chen Huihuang. Positioning Navigation and Guiding[M]. Beijing: National Defence Industry Press, 1987.

[2] 张汝春. USB 新技术[M]. 北京：清华大学出版社，2002.
Zhang Ruchun. New Technology of USB[M]. Beijing: Tsinghua University Press, 2002.

[3] Firmware Programming Guide for PDIUSBD12，1998.

[4] 周立功，等. PDIUSBD12 USB 固件编程与驱动开发[M]. 北京：北京航空航天大学出版社，2003.
Zhou Ligong, etc. Firmware Programming and Driver Development of PDIUSBD12 USB[M]. Beijing: BUAA Press, 2003.

[5] 王钦. Visual Basic 6.0 入门与提高[M]. 北京：人民邮电出版社，2002.
Wang Qin. The Introduction and Improvement of Visual Basic 6.0[M]. Beijing: Posts & Telecom Press, 2002.

GC5016 及其在 TD-SCDMA 基站中的应用*

摘　要：介绍了 TI 公司的宽频带 4 通道的数字上变频/下变频转换器 GC5016 的内部结构和关键指标，分析讨论了 TD-SCDMA 基站对数字上变频器的要求。基于 GC5016 的特点，给出了在 TD 系统中 GC5016 在射频板上作为数字上变频器的应用实例，给出了满足 TD 指标的 GC5016 的内部滤波器的设计和系统的配置，并在 MATLAB 中进行了仿真，在射频板上进行了验证。实践证明，GC5016 作为数字上变频器性能满足 TD 系统的要求。

关键词：GC5016；数字上变频器(DUC)；TD-SCDMA 基站；滤波器

TD-SCDMA 是第三代移动通信系统的 3 种主流标准之一，采用时分双工方式，在频谱上有较大的灵活性。该系统综合采用了智能天线、同步 CDMA、联合检测和软件无线电等无线通信中的先进技术。软件无线电基本思想是将宽带模/数和数/模转换器尽可能靠近天线处理，以软件方式替代硬件实施信号处理。软件无线电系统包括：宽带多频段天线、射频部分、A/D 和 D/A 转换、数字上变频和数字下变频等部分，其中数字上/下变频是其核心技术。上变频是指发射端将基带信号(频率较低)调制为射频或中频信号(频率较高)的过程，下变频是指接收端将射频信号解调为基带信号的过程。

GC5016 是 TI 公司推出的一款宽频带 4 通道的可编程数字上变频/下变频转换器，是业界第一颗单晶片数字上变频器和下变频器，它是为了满足高速、宽带的数字信号处理而设计，提供 150MSPS 时钟、杰出的 3G 性能、灵活的宽带数字滤波、多个输入与输出接口选项以及超低功耗。

1. 应用实例

1.1　TD-SCDMA 基站数字中频发射模块硬件设计

TD-SCDMA 基站上行方向将中频模拟信号经过 A/D 变换和下变频变换后通过光纤发送给基站室内单元进行基带数据处理。下行方向通过光纤接收来基站室内单元的控制信号和数据信号，通过对协议的解析，将控制信息发送到相应的模拟单元和处理器，数据信号经过上变频变换后通过 D/A 送往模拟单元。数字中频发射模块就是位于射频板上用来实现下行方向数据变换的电路。数字中频发射模块结构如图 1 所示。

数字中频发射模块的硬件设计可分为以下几个功能块单元：

①Transform 部分：差分单端变换部分由变压器构成，主要完成输出结果差分到单端和时钟单端到差分的变换；

---

*　文章发表于《无线电工程》，2007，37(4)：54-56. 系作者与马媛合作完成。

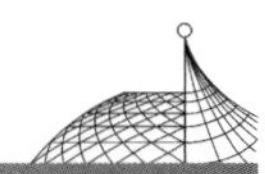

②DAC 部分:数模转换部分主要完成数字信号到模拟信号的转换;

③DUC 部分:数字上变频部分主要完成数据的内插、滤波、成型和数据格式变换;

④Processor 部分:处理器部分主要完成 DUC 寄存器配置和 D/A 寄存器配置。每片 DUC 的配置是由地址总线、数据总线、片选和读写管脚配合完成的,读写访问的确认发生在总线周期中的等待状态下;

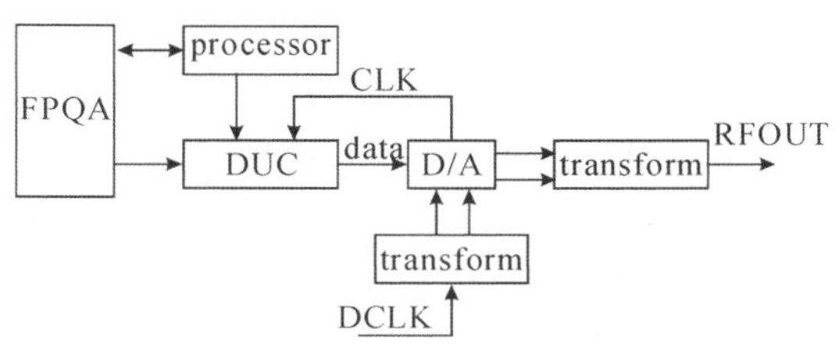

图 1　数字中频发射模块结构

⑤FPGA 部分:FPGA 为数字上变频芯片提供多载波的 1/4 并行数据,GC5016 与 FPGA 接口方式采用 4 通道时分复用方式。

1.2　TD-SCDMA 基站对 DUC 的要求

基站发射机的相关技术指标为:

①ACLR:40dB@±1.6MHz 50dB@±3.2MHz;

②EVM:12.5%;

③峰值码域误差:−28dB。

根据这些技术指标可以推出系统对 DUC 的要求如下:

①基站系统对于 DUC 产生的数据速率的要求。DAC 的采样频率必须高于有用信号带宽的 2 倍以上。因此 DUC 输出数据速率必须能够达到有用信号带宽的 2 倍以上;

②基站系统对于内部、外部数据总线的宽度的要求。内部、外部的数据总线必须足够宽,以保证信号的完整性。DUC 内部数据总线的宽度除了要保证信号的动态范围外,还要保证几个通道的信号相加后不引起失真;

③基站系统对 DUC 中 FIR 滤波器要求。3GPP TS25.105.400 协议规定:TD-SCDMA 基站系统的发信机的脉冲成形(RRC)滤波器为 $\alpha=0.22$ 的根升余弦滤波器。基站系统中,RRC 滤波器是通过 DUC 中的 FIR 滤波器实现的,滤波器的阻带衰减决定了数字中频模块输出信号的 ACLR,滤波器的阻带衰减需大于 70dB。在滤波器的过渡带设计时,尽量使其特性接近标准的 RRC 滤波器。滤波器的通带纹波小于 0.1 时,由于通带纹波引起的发信机的 EVM 非常小,对整个系统的 EVM 的贡献可以忽略。

1.3　数字中频发射模块中的数据处理技术

GC5016 有 4 个完全相同的处理通道,能够独立地配置成上变频、下变频或者是 2 个上变频和 2 个下变频组合的通道。在上变频模式,信道接收数据,用可编程的数值 1~4096 进行内插,并将其调制到选定的中心频率上。每个通道包含一个用户可编程输入滤波器(PFIR),这个滤波器可以用作发射数据的整形滤波器或用以生成 QPSK、GMSK 或者 QAM 信号等的内奎斯特滤波器。

上变频转换器通道模式有:

①4 个通道的输出时钟速率可到 150MSPS,2 个通道同用可以达到 300MSPS;

②具有 16 个能达到 256 阶的 FIR 滤波器;

③64 个并行输入/输出位,提供灵活的 I/O 选项;

④输出可以是独立的,可以是一两个输出的和,也可以是任意的几个 GC5016 芯片输出信号的

融合。

数字中频发射模块中 GC5016 用作直接数字上变频器的内部结构如图 2 所示。

在 TD-SCDAA 基站系统中,每片 GC5016 处理 4 个载波,每个通道处理 1 个载波。基带码片速率 $f_s=1.28\text{MHz}$,使用的时钟频率是 $f_{\text{clk}}=76.8\text{MHz}$,所以内插倍数为 76.8/1.28=60。基带数字信号以串行的方式输入到每个通道的串行输入口,其中每一帧的串行输入为 32 位,前 16 位为 I 路信号,后 16 位为 Q 路信号。串行口收到全部 32 位数据后,分为 I/Q 两路信号并行处理。I/Q 信号分别进行 4 倍插 0 值,并且经过脉冲成形滤波器完成第 1 级内插,并且实现整个发送链路的根升余弦滤波器。再分别对 I/Q 两路信号进行 15 倍插值,并且使用 6 阶 CIC 滤波器进行滤波,完成第 2 级内插,整个通道的内插系数为 4×15=60。然后对 I/Q 两路信号进行数字复数调制,调制频率为 9.2~29.2MHz,根据调制的频率,将信号调制到不同的信道上去,调制后有用信号在 9.2~29.2MHz 的频带内。每个通道调制后的 2 路信号分别与其他通道的 I/Q 信号相加求和,然后将结果高 16 位通过并口送往 D/A 进行处理。

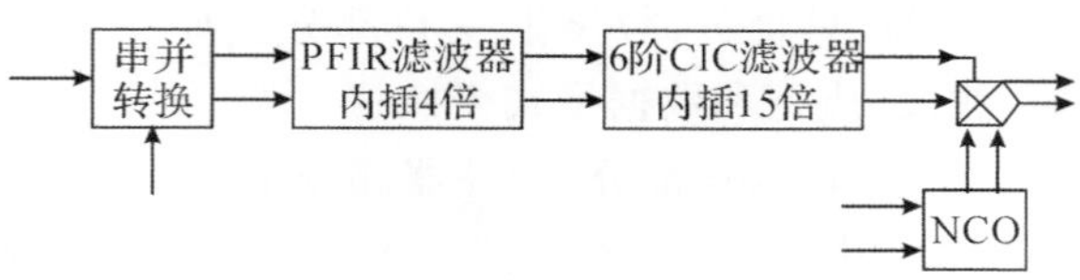

图 2 GC5016 直接上变频一个通道框图

1.4 GC5016 内部滤波器的设计

在直接上变频结构中由 FIR 和 CIC 两级滤波器构成。由于 CIC 滤波器的通带倾斜较大,从而信号经过 CIC 滤波器,频谱会产生一定程度的倾斜,且会有较大损耗。为此,把前面的 FIR 滤波器的幅频特性稍加修改,使他的幅频特性与 CIC 滤波器相反。

FIR 滤波器的设计参数为:

滤波器类型:根升余弦;滚降系数:0.22;窗函数:凯撒窗;采样频率/MHz:5.12;带宽/MHz:1.6;阶数:256。

CIC 滤波器的设计参数为:

内插倍数:15;阶数:6;梳状时延:1。

图 3 是在 MATLAB 中对 CIC 滤波器补偿后的 DUC 滤波器的幅频特性曲线的仿真结果。

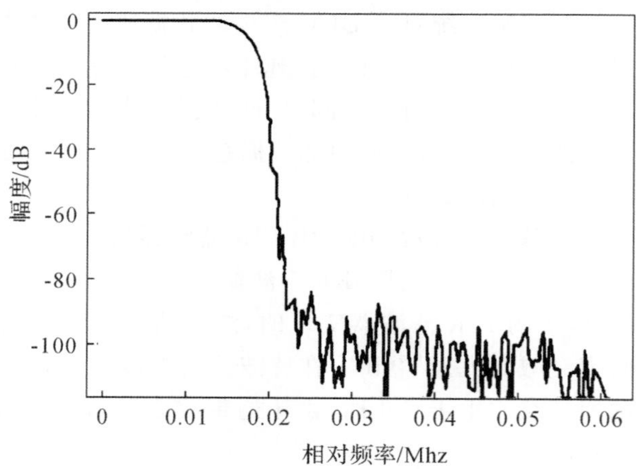

图 3 DUC 幅频特性曲线

1.5 GC5016 内部增益控制和延时处理

GC5016 内部增益控制由两部分组成:FIR 滤波器的增益控制和通道的增益控制。信号进入 FIR 滤波器前,经过 4 倍插 0 值,所以引入衰减为:20×log10(4)=12dB。

通过增加 FIR 滤波器的系数的和可以对该衰减进行补偿。为了使 3 个通道的数据求和后不溢出,FIR 滤波器的系数和设为 3,也就是增益补偿为:20×log10(3)=5dB。

也就是说,第 1 级的内插的增益为−7dB。当每个通道的增益控制设置为没有衰减时,DAC 输出的单个载波功率最大可以达到−14dBm。

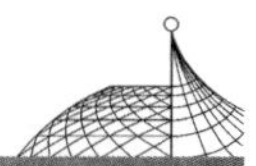

GC5016 内部的处理延时由下式计算：

Latency(clk)＝6.914×(numPFIRcoef)＋380。

计算结果为 2150clks。

1.6 测试结果

使用该方案在 TD 基站射频板上进行了实际测试，GC5016 内的数控振荡器 NCO 频点设置在 17.6MHz、9.2MHz、20.8MHz、22.4MHz 四个频点上。测试结果满足基站发射机的相关技术指标，达到系统要求。

2. 结束语

GC5016 集成了 DUC 与 DDC，实践证明，性能满足基站系统的要求，能够使用在 TD-SCDMA 基站系统中，而且对于系统有以下几方面的好处：集成度高，集成了 4 通道的 DDC 和 DUC，利于 PCB 设计；芯片内的 FIR 滤波器可达到 256 阶，滤波性能好。

参考文献

[1] 李世鹤. TD-SCDMA 第三代移动通信系统标准[M]. 北京：人民邮电出版社，2004.

[2] TUTTLEBEE W. 软件无线电技术与实现[M]. 北京：电子工业出版社，2004.

[3] 成卫国，冯峰，姚东，等. MATLAB5.3 应用指南[M]. 北京：人民邮电出版社，1999.

[4] 丁玉美，高西全. 数字信号处理[M]. 西安：西安电子科技大学出版社，2001.

[5] 张永. 数字中频技术在 TD-SCDMA 基站系统中的应用与实现[D]. 北京：电信技术科学研究院，2003：33-53.

GC5016 and Its Application in TD-SCDMA Base Station

Abstract: This paper introduces the main structure and configuration of GC5016-wideband 4-channel digital up-converter/down-converter of TI Co., and analyzes and discusses the requirement of TD-SCDMA base station for digital up-converter. Based on the characteristics of GC5016, the application example of GC5016 as the digital up-converter on the RF board in TD system is given, and GC5016 interior filterer design and system configuration which meet TD specifications are given. The simulation is carried out in MATLAB, and the verification is carried out on the RF board. The practice proves that the performances of GC5016 as a digital up-converter meet the requirements of TD system.

Keywords: GC5016; DUC; TD-SCDMA base station; filterer

基于频域均衡的CP-SC-CDMA下行链路性能分析*

摘　要：基于循环前缀的单载波频域均衡码分多址系统CP-SC-CDMA能够消除多径信道引起的数据块之间的干扰，同时利用简单的单抽头频域均衡代替传统的复杂度较高的RAKE接收机和时域均衡器弥补时间弥散带来的频率选择性衰落。从理论上分析CP-SC-CDMA系统中固有的残余码间干扰问题，并针对多用户下行链路对各种合并分集方案进行比较，从理论分析和仿真结果两方面给出最小均方误差合并方案是折中残余码间干扰和信噪比的最佳合并方案。

关键词：循环前缀；CP-SC-CDMA；频域均衡；合并方案

1. 前　言

基于RAKE接收机的宽带直扩码分多址（DS-CCMA）技术在第三代移动通信系统中得到了广泛的应用，但它只能够支持每秒几兆比特数据率的业务。随着用户对宽带业务需求的增加，未来移动通信系统往往需要占用很大的无线传输带宽，能够提供高速数据传输（接近1Gb/s），因此信道传输时延带来的频率选择性衰落将更加严重，传统的基于RAKE接收机和时域均衡器的DS-CMA系统的性能会更加恶化，同时实现复杂度大大提高[1]。另外，多载波码分多址（MC-CCMA）系统可以通过简单的单抽头频域均衡克服频率选择性信道带来的影响，从而引起了学者的广泛关注，但MC-CDMA和正交频分复用（OFDM）一样都具有峰平比（PADR）高和对频率偏移敏感的问题，限制了其性能的提高[2,3,6]。最近提出来的基于循环前缀的单载波码分多址系统（CP-SC-CCMA）可以用与MC-CDMA同样复杂度的系统实现几乎相同的性能，同时保持了单载波系统对PAPR和频率偏移的强健性，这种系统近期得到了广泛的研究和关注，并使它成为下一代无线通信系统有力的竞争者[4,5,7]。

CP-SC-CDMA系统虽然可以获得很好的性能，但是与MC-CDMA系统不同的是这种单载波频域均衡系统存在固有的残余码间干扰（ICI）从而很大程度上限制了其性能的进一步提高。本文从理论上对这种固有的残余码间干扰进行分析，并从抑制残余码间干扰和提高信噪比两个方面对各种频域均衡（FDE）合并方案进行比较，指出最小均方误差合并方案MMSEC是折中残余码间干扰和信噪比的最佳合并方案。

2. CP-SC-CDMA下行链路传输模型

CP-SC-CDMA下行链路传输模型如图1所示。

*　文章发表于《遥测遥控》，2009，30(6)：6-9. 系作者与刘亮、邵定蓉、李署坚合作完成。

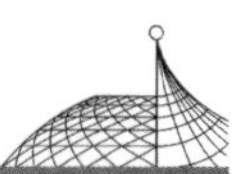

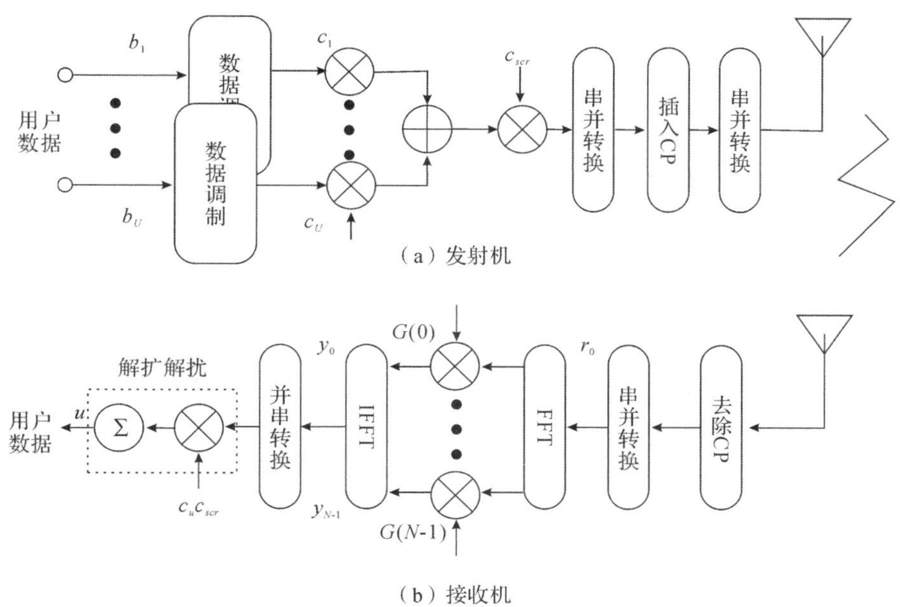

图 1 CP-SC-CDMA 下行链路传输模型

在基站发射端，首先将 1 个用户（$u=1,2,\cdots,U$）的二进制数据调制成符号 b_U 然后用正交扩频序列 C_u 分别对每个用户的符号进行扩频并叠加，最后用扰码 c_{scr} 对复用后的信号进行加扰，使得调制后的下行信号接近于白噪声。数据流被分割成长度为 N 的数据块，长度为 N_g 的循环前缀(CP)扩展到每个数据块的首部，这里假设 N_g 大于多径信道最大时延长度 L 并且多径信道是块频率选择性衰落(信道增益在每个数据块长度内保持恒定)。

移动用户首先去除每个数据块的 CP 串并转换后进行 N 点快速傅里叶变换(FFT)得到 N 个子载波信号为了方便理解，借用 OFDM 的子载波概念，虽然没有用到多载波调制然后对每个子载波信号进行频域均衡，FDE 后的信号由 N 点逆快速傅里叶变换(IFFT)将信号由频域变回时域，最后解扰，解扩，解调后得到用户的数据。

3. 残余码间干扰理论分析

文中采用码片级的描述方法，假设系统存在 N 个子载波和 U 个用户，数据块间的干扰(IBI)被 CP 去除，因此只需要考虑每个独立的数据块。接收端去除 CP 后，用户接收机接收到的离散形式等效基带模型可以表示为

$$r = hs + n = hCPb + n \tag{1}$$

其中，$C \triangleq [C_1, C_2, \cdots, C_U]$（满足 $C^H C = NI_U$）、$P \triangleq \mathrm{diag}\{\sqrt{P_1}, \sqrt{P_2}, \cdots, \sqrt{P_U}\}$ 和 $b \triangleq [b_0, b_1, \cdots, b_U]^T$ 分别代表 U 个用户的扩频序列、信号功率和数据符号，$n \triangleq [n_0, n_1, \cdots, n_{N-1}]^T$ 为零均值高斯白噪声矢量。CP 的插入使得发射信号与信道的线性卷积变为循环卷积，因此信道矩阵 h 是循环矩阵，表示如下

$$h_{i,j} = \begin{cases} h_{(i-j)\bmod N}, |i-j| < L \\ 0, |i-j| \geq L \end{cases} \tag{2}$$

将1进行FFT频域均衡、IFFT运算，同时对信道矩阵进行奇异值分解，可得

$$\begin{aligned}\boldsymbol{y} &= F^{\mathrm{H}} \circ G \circ F \circ h \circ s = F^{\mathrm{H}} \circ G \circ F \circ F^{\mathrm{H}} \circ H \circ F \circ s \\ &= F^{\mathrm{H}} \circ H \circ F \circ s \\ &= \hat{h} \circ s \end{aligned} \tag{3}$$

其中，G、H、$\hat{H}$ 均为对角矩阵，对角线元素分别是信道均衡系数 $G(k)$、信道增益系数 $H(k)$ 和信道均衡后的每个子载波等效增益系数 $\hat{H}(k)$，$\boldsymbol{y} \triangleq [y_0, y_1, \cdots, y_{N-1}]^{\mathrm{T}}$ 为 $IFFT$ 后的时域扩频信号，F 为归一化离散傅立叶变换矩阵，h 为信道均衡后等效信道矩阵。

根据公式(3)，我们可以得到两种情况下的不同结论：

第一种情况：当对角矩阵 $\hat{H}$ 的对角线元素 $\hat{H}(k) \triangleq A, k=0,1\cdots,N-1$ 时，A 是常量，可得，$y=\hat{h}s=A\circ F^{\mathrm{H}} \circ F \circ s = A \circ s$，该情况下系统没有符号间干扰，从而保证了各用户间扩频码的正交性，经过解扰、解扩和解调后可以得到用户的数据。

第二种情况：当对角矩阵 H 对角线元素 $\hat{H}(k) \neq A, k=0,1\cdots,N-1$ 时，等效信道矩阵 h 不再是对角阵，而是具有和信道矩阵 h 类似形式的非因果循环矩阵，如公式(4)所示，从而带来了残余码间干扰，破坏了用户扩频码间的正交性。随着用户数增多，这种残余码间干扰对性能的影响将更加严重。

$$\hat{h} = \begin{bmatrix} \hat{h}_0 & \hat{h}_1 & \hat{h}_2 & \cdots & \hat{h}_1 \\ \hat{h}_1 & \hat{h}_0 & \hat{h}_1 & \cdots & \hat{h}_2 \\ \vdots & \ddots & \ddots & & \vdots \\ \vdots & & \ddots & \ddots & \vdots \\ \hat{h}_1 & \hat{h}_2 & \cdots & \hat{h}_1 & \hat{h}_0 \end{bmatrix} \tag{4}$$

根据上述分析可知，矩阵 H 对角线元素是否等于或者接近于常量决定了残余码间干扰的大小，因此可以通过分析各种频域均衡合并方案的等效信道增益矩阵 $\hat{H}$ 来选取抑制码间干扰和提高信噪比的最佳合并方案。

4. CP-SC-CDMA 频域均衡合并方案分析

常用的频域均衡合并准则有迫零合并准则(ZF)、最大合并比准则(MRC)、等增益合并准则(EGC)以及最小均方误差合并准则(MMSC)等[2,6]，不同准则下的信道均衡系数 $G(k)$ 如式(5)所示

$$G(k) = \begin{cases} \dfrac{1}{H(k)}, & \text{ZF} \\ \dfrac{H^*(k)}{|H(k)|}, & \text{EGC} \\ H^*(k), & \text{MRC} \\ \dfrac{H^*(k)}{|H(k)|^2 + (\frac{E_S}{N_0} \circ \frac{U}{N})^{-1}}, & \text{MMSEC} \end{cases} \tag{5}$$

这里为了描述方便，假设用户1为需要检测的用户，其他用户的信号作为干扰，且用户1功率 $P_1 = E_S/T_S$，E_S 为每个符号的能量，T_S 为每个符号的时间宽度，N_0 为噪声的单边功率谱密度。

根据式(3)和式(5)可以看出，迫零合并准则下 $\hat{H}(k) = G(k) \circ H(k) = 1$ 是常量，可以完全消除残余码间干扰，但在子载波信道增益比较低的位置它会提高噪声功率，从而降低信噪比，制约了系统性能的提高，这种情况在低信噪比下尤为严重；最大合并比准则等效于匹配滤波器，因此可以最大限度

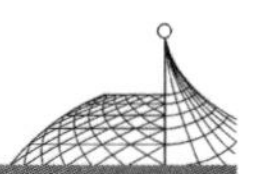

地提高信噪比，但同时也增加了频率选择性衰落信道带来的残余码间干扰，同样制约了系统性能的提高；等增益合并准则介于迫零准则和最大合并比准则之间，不能使系统获得最佳性能；相比之下，最小均方误差准则能够同时抑制残余码间干扰和提高信噪比，且在不考虑噪声影响的情况下等同于迫零准则。

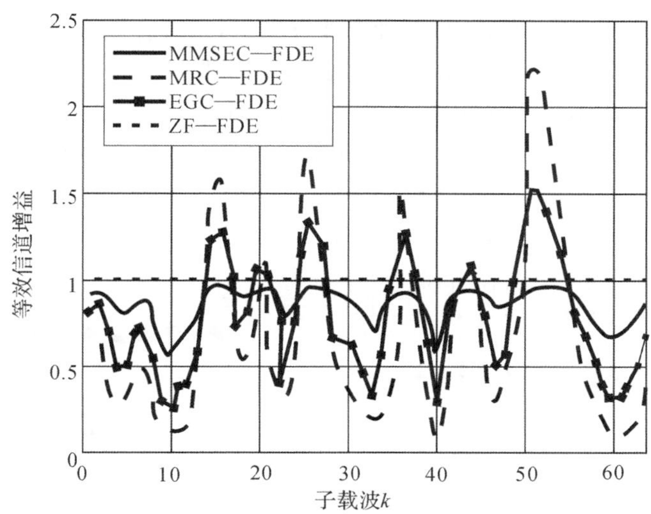

图 2　信道等效增益波形

图 2 给出了 $E_b/N_0=10\text{dB}$，$N=U=64$，$L=16$ 归一化功率时延多径衰落信道下的子载波等效增益系数波形。从图中可以很容易地看出，MMSEC 准则具有相对平坦的增益系数(峰平比小)，因此可以很好地抑制残余码间干扰，同时相对 ZF 准则考虑了噪声的影响，从而使系统获取最佳的性能；MRC 和 EGC 准则则恶化了残余码间干扰，在用户多的情况下系统能会进一步降低。

表 1　系统仿真参数设置

系统方案	载波频率	3GHz
	码片速率	100MHz
	归一化多普勒频移	$f_D \circ T_s=0.005$
发射机	调制方式	QPSK
	FFT 点数	64
	循环前缀长度	16
	扩频码	长度 64 沃尔什码
	扰码	长度 4095PN 码
无线信道	衰落	块频率选择性瑞利衰落
	功率时延模型	16 路归一化功率时延模型[4]
接收机	频域均衡方案	ZF，EGC，MRC，MMSEC
	信道估计	理想

5. 仿真结果

本文对 CP-SC-CDMA 多用户下行链路性能进行了 Monte Carlo 仿真[8]，仿真参数设置如表 1 所示。图 3 给出了 ZF、EGC、MRC、MMSEC 四种合并方案下，系统存在单用户和满负荷情况下下行链路的比特误码率(BER)曲线。从图中看出，ZF 准则下，BER 曲线仅对信噪比敏感，对用户数保持强健性；MRC 和 EGC 准则下，BER 曲线对用户数非常敏感，当满负荷情况下，BER 曲线出现误码平台；MMSET 准则下，BER 曲线受残余码间干扰的影响随着用户数的增多性能有所下降，但不会出现误码平台。

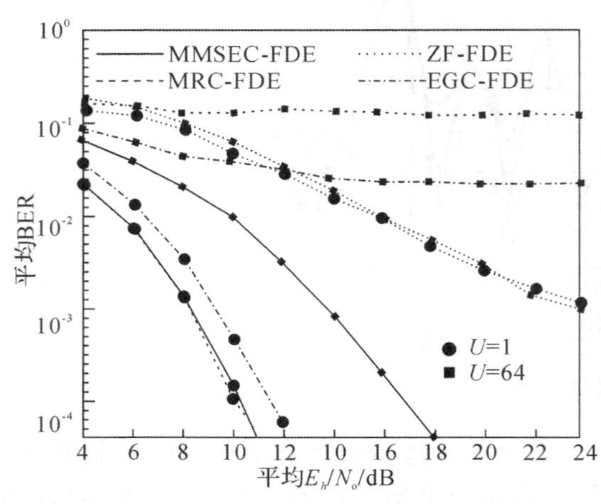

图 3　下行链路 BER 与 E_B/N_0 关系曲线

图 4　下行链路 BER 与系统用户数 U 关系曲线

图 4 给出了 $E_0/N_0=10$dB 条件下，ZF、MRC、EGC、MMSEC 四种合并方案的 BER 随用户数的变化曲线。从图中可以更清晰地看出，ZF 准则对用户数不敏感任意用户数下均具有同样的误码率，但由于噪声的影响，误码率维持在一个比较高的值；MRC 准则下系统在 $U\leqslant5$ 的情况下，BER 曲线与 MMSEC 几乎相同，但随着用户数增加，性能逐渐下降，甚至超过了 ZF 准则下的误码率。从图中可以看出，MMSEC 准则是折中残余码间干扰和信噪比的最佳合并方案，与前面的理论分析完全吻合。

6. 结　论

CP-SC-CDMA 系统可以用相同复杂度的收发信机实现与 MC-CDMA 系统相近的性能，同时具有 PAIR 小和对频偏不敏感的优点。但这种系统存在固有的残余码间干扰，在满负荷的情况下更加严重，从而影响了系统性能的进一步提高。本文从理论上对残余码间干扰进行了分析，并针对下行多用户链路对各种频域均衡合并方案进行了比较，从理论和仿真两方面说明了 MMSEC 是折中残余码间干扰与信噪比的最佳合并方案。

参考文献

[1] Adachi F, Sawahashi M, and Suda H. Wideband DS-CDMA for next generation mobile communication systems[J]. IEEE Commun. 1998,36(9): 56-59.

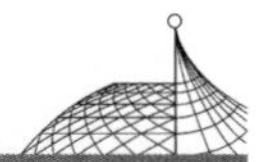

[2] Hara Sand Prasad R. Overview of multicarrier CDMA[J]. IEEE Commun. 1993,E76-B(2): 113-119.

[3] Hanzo Webb W, and Keller T. Single- and multi-carrier quadrature amplitude modulation[M]. John Wiley & Sons,2000.

[4] Adachi F Garg D, Takaoka S, and Takeka K. Broadband CDMA techniques[J]. IEEE Wireless Commun. 2005,2(2): 8-18.

[5] Baum K L, Thomas T A, Vock F W, and Nangia V. Cyclic-prefix CDMA: An improved transmission method for broadband DS-CDMA cellular systems [C]. in Wireless Communication and Networking Conf. vol. 1, Mar 2002:183-188.

[6] Fazel K, and Kaiser S. Multi-carrier and Spread Spectrum Systems[M]. John Wiley & Sons. Chichester,2003.

[7] Falconer D,Ariyavisitakul S L,Benyamin-Seeyar A,and Eidson B. Frequency Domain equalization for single-carrier broadband wireless systems[J]. IEEE Commun. 2002, 40(4):58-66.

[8] 约翰 G. 普罗基斯. 数字通信[M]. 张力军,等译. 北京:电子工业出版社,2003.

Performance Analysis for CP-SC-CDMA Downlink Transmission Based on Frequency Domain Equalization

Abstract: The CP-SC-CDMA system based on Cyclic Prefix (CP) can remove the inter block interference (BI) due to the multi path channel and mean while equalize the frequency selective fading channel with simple one-tap frequency domain equalization (one-tap FDE) rather than the conventional RAKE receiver and time domain equalization which posses high complexity. In this paper, the theoretical analysis of the residual inter code interference (ICI) is presented and also some kinds of combining techniques are compared based on the multi-user downlink transmission. Results show that MMSEC is the best combining technique which gives a good trade off between residual ICI and signal to noise ratio (SNR).

Keywords: Cyclic Prefix; CP-SC-CDMA; frequency domain equalization; combining technique

OFDM 系统定时偏差补偿算法*

摘　要：为了消除正交频分复用(OFDM,Orthogonal Frequency Division Multiplexing)符号定时偏差对信道估计的影响,提出了1种补偿算法。理论分析表明相移可以被看作是信道统计特性的变化,并且在使用线性插值的信道估计方法时估计误差会扩大。该算法利用符号定时偏差会引起子载波相位旋转的特点,对信道估计进行补偿。仿真结果表明,在多径信道下,在信噪比为20dB定时位置位于循环前缀中点时,使用该算法后信道估计均方误差是通常线性插值算法的25%,因此新算法缩小了信道估计均方误差。实验结果表明,该算法提高了接收机的性能。

关键词：正交频分复用;信道估计;相移

在无线传输环境中,信道的时域与频域响应是时变的;由多径效应引起的频率选择性衰落在不同的子载波上也表现出衰落的不一致性,从而导致正交频分复用(OFDM, Orthogonal Frequency Division Multiplexing)符号各个数据子载波上出现畸变的不均匀性[1]。为了保证系统的性能不受信道多径和衰落效应的影响,就需要采用信道估计的方法来跟踪信道响应的变化。在诸多信道估计算法中,导频辅助信道估计算法比较简单,易于工程实现。

导频辅助信道估计主要包含导频图案的选择、导频所处位置信道估计和基于内插的完整信道响应估计三部分内容。在相同导频密度下,菱形导频图案的信道估计性能优于其他导频图案[2]。导频所处位置最小均方误差(MMSE, Minimum Mean-Square Error)信道估计器配合维纳滤波内插方法虽然估计均方误差最小,但是需要已知信道相关特性[3],而实际上信道的相关特性难以获得。如果利用最恶劣情况下的信道相关特性来完成信道估计会使较好情况下的估计误差和最恶劣情况一样[1]。如果设置多组信道相关系数来进行估计则大大增加了系统的复杂度。导频所处位置使用最小平方(LS, Least Square)信道估计器配合线形内插的信道估计方法实现简单,在工程上得到了广泛的应用。为了避免多径效应引起的符号间干扰,符号的定时位置应落在循环前缀中,从而导致各载波相位有规律的旋转,使信道估计误差增加[4]。

本文选择菱形导频图案,在导频所处位置使用LS信道估计器,然后利用线形插值法完成信道估计,分析了OFDM符号定时偏差对信道估计误差的影响,进而提出了一种补偿算法,并且已在实际工程中实现。

1. 系统模型

假设理想同步,则接收到第 l 个OFDM符号的第 k 个子载波承载的数据可以记为

$$Y(l,k)=H(l,k)X(l,k)+W(l,k)$$

---

* 文章发表于《北京航空航天大学学报》,2010,36(6):728-731.系作者与孙宇明、邵定蓉、李署坚合作完成。

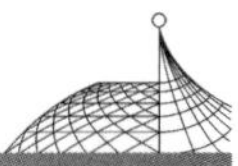

$$0\leqslant k\leqslant N-1,0\leqslant 1\leqslant M-1 \tag{1}$$

式中,N 为子载波数目;M 为一帧中 OFDM 符号数目;l 为 OFDM 符号序号;k 为子载波序号;$Y(l,k)$ 为接收到的数据;$H(l,k)$ 为信道频域响应;$X(l,k)$ 为传输的数据;$W(l,k)$ 为加性噪声。在导频位置上使用 LS 估计器,则信道频域响应的估计值为

$$\hat{H}(l,p(l,n))=H(l,p(l,n))+\frac{W(l,p(l,n))}{X(l,p(l,n))} \tag{2}$$

式中,$p(l,n)$ 为第 l 个 OFDM 符号的导频位置;n 为导频序号。

假设信号传输路径满足瑞利分布,信道的时延功率谱满足负指数分布,则信道的互相关系数可以表示为[5]

$$\left.\begin{aligned} r_f(f)&=\frac{\delta_n^2}{1+j2\pi f\tau_{\max}\Delta F_c}\\ r_t(t)&=J_0[2\pi f_{\mathrm{dmax}}tT_{\mathrm{ofdm}}]\end{aligned}\right\} \tag{3}$$

式中,$r_t(t)$ 为时域互相关函数;$r_f(f)$ 为频域互相关函数;$J_0(\mathrm{x})$ 为第一类零阶贝塞尔函数;δ_n^2 为信道能量;f_{dmax} 为最大多普勒频移;$\tau_{\max}$ 为信道最大时延;ΔF_c 为子载波间隔;T_{ofdm} 为 OFDM 符号间隔。

2. 信道补偿算法

离散导频是对信道的时间频率二维采样,必须满足二维采样定理,即

$$f_{\mathrm{dmax}}T_{\mathrm{ofdm}}\Delta_{\mathrm{T}}\leqslant 1/2;\tau_{\max}\Delta F_c\Delta_{\mathrm{p}}\leqslant 1/2$$

式中,Δ_{T} 为导频在时间轴上的索引间隔;Δ_{p} 为导频在频率轴上的索引间隔。

由文献[1]可知,任意一点时间频率二维信道估计的误差可以表示为

$$\begin{aligned} J(l,k)&=E[\|H(l,k)-\hat{H}(l,k)\|^2]\\ &=E[\|H(l,k)\|^2]-\theta(l,k)^{\mathrm{T}}\tilde{\omega}(l,k)^*-\tilde{\omega}(l,k)^{\mathrm{T}}\theta^*(l,k)+\tilde{\omega}(l,k)^{\mathrm{T}}\Phi\tilde{\omega}(l,k)^*\end{aligned} \tag{4}$$

式中,$\tilde{\omega}(l,k)$ 为插值系数向量,其长度为参与该点信道估计的导频数目;$\theta(l,k)$ 为该点与参与该点信道估计导频互相关向量,其长度为参与该点信道估计的导频数目;Φ 为参与信道估计导频点之间的自相关矩阵,其元素定义如下:

$$\phi(\Delta_l,\Delta_k)=r(\Delta_l,\Delta_k)+\frac{1}{\gamma}\delta(\Delta_l,\Delta_k) \tag{5}$$

式中,Δ_l 与 Δ_k 为参加估计的导频间隔;γ 为信噪比。

只有当符号的定时位置在循环前缀中时,接收到的各子载波相位才会产生有规律的旋转,否则会产生符号间干扰。这种规律性旋转可以看作信道的转变,即

$$\hat{H}(l,k)=H(l,k)\exp(j2\pi kd(l)/N) \tag{6}$$

式中,$H(l,k)$ 为带有符号定时偏差的信道频域响应;$d(l)$ 为符号定时偏差且 $d(l)<0$ 这种转变会使信道的统计特性发生变化。

下面以移动多媒体广播(CMMB, China Mobile Multimedia Broadcasting)的导频图案为例进行讨论[5]。调制使用 4096 个子载波,其中 3076 个为有效子载波,其它为虚拟子载波。其导频图案是菱形导频结构,且 $\Delta_{\mathrm{T}}=1,\Delta_{\mathrm{p}}=8$,其导频对应的子载波编号为:当 l 是奇数且 $0\leqslant n\leqslant 191$ 时,导频的子载波编号为 $8n+2$;当 l 是奇数且 $192\leqslant n\leqslant 383$ 时,导频的子载波编号为 $8n+1023$;当 l 是偶数且 $0\leqslant n\leqslant 191$ 时,导频的子载波编号为 $8n+6$;当 l 是偶数且 $192\leqslant n\leqslant 383$ 时,导频的子载波编号为 $8n+1027$;2538 和 4095 的位置上固定有导频。

一帧数据包含 53 个 OFDM 符号,即 $M=53$ 其循环前缀长度为 51.2μs,为了便于工程实现,导频

所处位置使用LS信道估计器配合线形内插的信道估计方法。具体信道估计算法如下：

(1)对导频所处位置使用LS言道估计器，如式(2)所示，导频图案如上所述。

(2)利用导频信号进行时域线性插值，分以下情况：①当 $l=0$ 时，使用下一个符号的导频作为本符号该位置的信道估计结果；当 $l=52$ 时，使用上一符号的导频作为相符号该位置的估计结果。②当 $1\leqslant l\leqslant 51$ 时，进行时域线性插值。

(3)利用导频信号进行频域线性插值。

在实际工程中一帧接收信号的信道估计平均误差，可以写成：

$$\bar{\varepsilon}=\frac{\varepsilon_p+\varepsilon_{pi}+\varepsilon_i}{MU}\approx\alpha-\{\sum_{m=1}^{3}\{\beta-\chi+\eta\}\} \tag{7}$$

式中，U 为有效子载波数目；M 为一帧符号数；ε_p 为导频处信道估计均方误差；ε_{pi} 为时域插值信道估计均方误差；ε_i 为频域插值信道估计均方误差。

$$\alpha=0.3016\frac{1}{\gamma}+(0.5402+0.0951r_t(2)-0.2497r_t(1))r_t(0)$$

$$\beta=(0.0832)r_t(1)\text{real}(r_t(m))\cos[\frac{2\pi(m)\tau}{4096}F_s]$$

$$\eta=(0.0432-0.02m)\text{real}(r_t(m))\cos[\frac{2\pi(m)\tau}{4096}F_s]$$

$$\chi=0.0346r_t(1)\text{real}(r_t(4))\cos[\frac{2\pi 4\tau}{4096}F_s]$$

式中，F_s 为采样率。由式(3)可知，$\text{real}(r_f(f))$ 是下降函数且 $r_t(1)>0$ 则当 $\tau\in[0\mu s, 51.2\mu s]$ 即定时位置在循环前缀中时，信道估计的平均误差随着 τ 的增加而增大。因此，需要对信道进行补偿消除符号定时偏差的影响。

符号定时偏差 τ 来自于两方面：一方面为了消除多径效应引起的符号间干扰而引入；另一方面由符号定时误差而引入。可以使用基于训练序列的符号定时算法使定时误差在1个采样点以内。因此，符号定时偏差主要来源于最大多径延时 τ_{max} 当符号定时位置洛在循环前缀中时，各个子信道只是相位发生了如式(6)所示的旋转，因此只要在频域补偿各个子信道的相位即可。具体步骤如下：①使用符号定时算法估计出符号定时位置。为消除符号间干扰，应使定时位置偏移 τ 不小于最大信道时延。②如式(8)所示，对接收到的数据在频域实行相位补偿。③利用导频进行信道估计。④重复步骤①。

$$Y'(l,k)=Y(1,k)\exp(-j2\pi k\tau/N) \tag{8}$$

3. 算法仿真

在多径信道下，利用蒙特卡罗法对使用补偿算法和未使用算法2种情况进行仿真。假设仿真参数如下：① OFDM 系统带宽为10MHz，采样率为40MHz。②复数基带信号 $X(l,k)$ 从16－QAM星座点中随机取出，这样解调时对信道估计精度要求较高。③调制使用4096个子载波，其中3076个为有效子载波，其他为虚拟子载波，用4096点的快速逆傅里叶变换实现。④离散导频结构如上所述。⑤每帧除了训练符号外，包括53个OFDM符

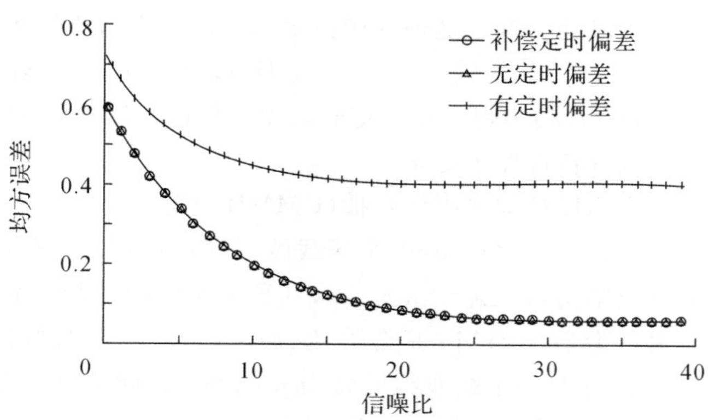

图1 信道估计性能仿真图

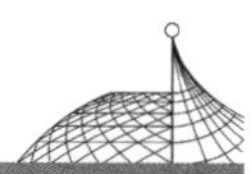

号。每个符号长度为463.2μs,其中循环前缀长度为 51.2μs,OFDM 符号长度为 409.6μs,保护间隔长度为 2.4μs。⑥发射信号经过的瑞利多径信道是由 5 条路径组成的,各路的延时 r 分别为 0,12,20,28 和 44 个样点,路径增益为 $h_i=\exp\{-\tau_i^2/2\}$多普勒频移为 50Hz。⑦在不同信噪比下发送 100 帧的数据,从而计算信道估计均方误差。为了最大程度避免符号间干扰,定时位置取循环嵌缀中点,即引入定时偏差为 1024 个采样点。

仿真结果如图 1 所示,在定时偏差为 1024 个样点的情况下,存在定时偏差会使信道估计均方误差增加,补偿定时偏差后与无定时偏差信道估计均方误差很接近。信噪比大于 20dB 时,补偿后的信道估计均方误差是未补偿的信道估计均方误差的 25%。

4. 实验结果

本文提出的补偿算法已经在 OFDM 解调卡中实现。发射信号格式与仿真相同,其信噪比为 20dB 采用 16-QAM 星座映射方式。接收机以 40MH 的频率对接收信号进行采样。补偿算法实现流程如图 2 所示,首先对 $Y(l,k)$补偿定时偏差并解扰,然后进行信道估计,最后实行信道补偿及解调后输出数据流。为了最大限度地减小符号间干扰,本接收机定时位置取循环前缀的中点即引入定时偏差为 1024 个采样点。使用在线逻辑分析软件 chipscope 取信道补偿后数据,可以得到接收机解调星座图。如图 3 和图 4 所示,使用补偿算法后星座图明显收敛。可见,补偿算法提高了接收机的性能。

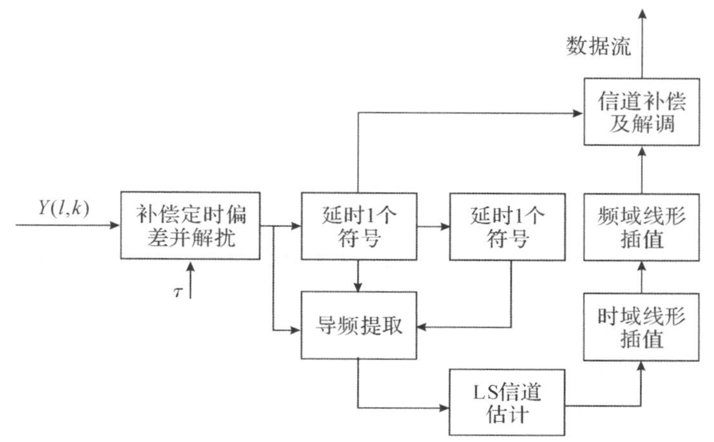

图 2 算法实现流程图

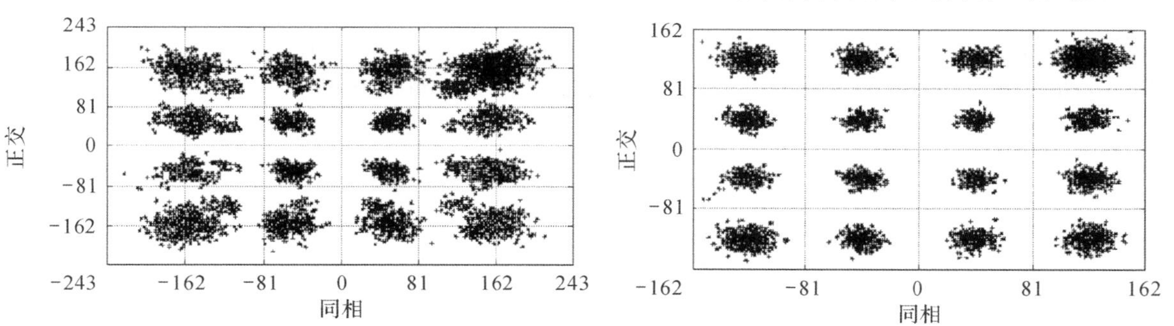

图 3 信噪比 20dB 时未使用补偿算法星座图

图 4 信噪比 20dB 时使用补偿算法后星座图

5. 结　论

本文以 CMMB 帧格式为例分析了符号定时偏差对信道估计的影响,进而提出了一种补偿算法,并且已在实际工程中实现。理论分析表明,随着定时偏差增加信道估计均方误差会增大。仿真结果表明,定时偏差会使信道估计均方误差增加,补偿定时偏差后与无定时偏差信道估计均方误差很接近;在定时偏差为 1024 个样点的情况下,信噪比大于 20dB 时使用补偿算法能够使信道估计均方误差减小到原来的 25%。实验结果表明,本算法可以很好地使星座图收敛,从而提高了接收机的性能。

参考文献

[1] 张海滨. 正交频分复用的基本原理与关键技术[M]. 北京:国防工业出版社，2006:25-52.
[2] Choi J, Lee Y. Optimum pilot pattern for channel estimation in OFDM Systems[J]. IEEE Trans on Comm, 2005, 4(5):2083-2088.
[3] Edfors O, Sandell M, Van De Beek J, et al. OFDM channel estimation by singular value decomposition[J]. IEEE Trans on Comm, 1998, 46(7):931-938.
[4] Park J, Kim J, Park M, et al. Performance analysis of channel estimation for OFDM systems with residual timing offset[J]. IEEE Trans on Wireless Comm, 2006, 5(7):1622-1625.
[5] GY/T220.1—2006，移动多媒体广播. 第1部分:广播信道帧结构、信道编码和调制[S].

Timing Offset Compensation Algorithm for OFDM System

Abstract: To eliminate the effect of orthogonal frequency division multiplexing (OFDM) system symbol timing offset on channel estimation, a compensation algorithm was presented. The theoretical analysis shows the phase shift is calculated as the change of statistical properties and the channel estimation error is extended when the linear interpolation is used in the channel estimation. The presented algorithm compensates the channel estimation using the characteristic of subcarrier phase shift caused by symbol timing offset. The simulation results show that in multipath fading channel, the channel estimation mean square error of the new algorithm is 25% that of normal linear interpolation algorithm when the signal to noise ratio is 20dB and the timing position is the middle of the cyclic prefix, so new algorithm can improve the performance of receiver.

Keywords: orthogonal frequency division multiplexing; channel estimation; phase shift

一种基于训练符号的OFDM系统同步新算法*

摘　要：提出一种基于训练符号正交频分复用系统的时间频率联合同步算法。算法构造了每个载波上传输PN序列的训练符号，利用训练符号良好相关特性实现了定时估计和粗频偏捕获，再使用ML估计算法进行细频偏估计。仿真结果表明，在多径信道和加性高斯白噪声信道下，新算法定时估计和细频偏估计误差小、计算复杂度低。

关键词：正交频分复用；训练符号；时域相关性；时间—频率同步

1. 引　言

在宽带无线数字通信系统中，影响信息高速传输最主要的一类干扰是由多径效应引起的频率选择性衰落。频率选择性衰落会引起符号间干扰，造成通信性能下降[1]。正交频分复用(OFDM)技术将高速的串行数据转换为低速的并行数据传输，并且使用循环前缀作为保护间隔，大大增加了数据符号的周期，可以有效抵抗频率选择性衰落。对系统同步要求高是OFDM接收技术上的一个难点，这是因为它对定时误差和频率误差比普通单载波接收机敏感[1-4]，因此，需要解决OFDM系统精确同步问题。符号定时位置只要落在循环前缀中，就可以通过信道补偿来纠正相位误差。

文献[5-8]都提出了用训练符号进行OFDM系统同步的方法。基于训练符号的同步算法虽然降低了频谱利用率和信息传输速率，但是具有较快的同步速度和较高的同步精度，因此仍然具有很高的应用价值。文献[5,6]算法应用两个OFDM符号长度的训练符号实现同步。文献[8]提出了一种利用单OFDM符号长度的训练符号对称性实现同步的方法，扩大了样本空间，获得了比较优越的同步性能。文献[9]指出了利用每个子载波上PN序列的相关性来解决MC-CDMA系统定时估计问题。本文在这种思想的启发下利用相关性解决OFDM系统的定时估计和粗频偏捕获问题。

本文在文献[9]的基础上进一步讨论了载波频偏和定时偏差对于每个载波上传输PN序列时域相关值的影响，提出了一种新的同步算法。在多径信道或加性高斯白噪声信道下，理论分析和计算机仿真结果表明，新算法与文献[8]算法相比，在不损失定时精度的情况下实现复杂度低，能准确估计多径数目，消除符号间干扰(ISI)。

2. 系统模型

假设一帧数据包含 M 个OFDM数据符号，则存在载波频偏和定时偏差的OFDM接收信号记为

---

*　文章发表于《遥测遥控》，2010，31(4)：25-30. 系作者与孙宇明、邵定蓉、李署坚合作完成。

$$r[i,n]=\begin{cases} s[i,n-N_g], & n\in[N_g,N-1+N_g],i\in[1,m] \\ s[i,n+N-N_g], & n\in[0,N_g-1],i\in[1,m] \\ q[i,n], & n\in[0,2N_t+N_g],i=0 \end{cases} \tag{1}$$

式中，i 表示数据符号，n 表示采样点序号，N_t 表示同步信号长度，N_g 表示循环前缀长度，W 表示 OFDM 数据符号长度，$s[i,n]$的定义如式(2)中所示，$q[i,n]$表示接收到的训练符号。

$$s[i,n]=\frac{1}{\sqrt{N}}\sum_{k=0}^{N-1}X_{i,k}H_k\exp\left\{\frac{j2\pi kn(1+\xi)}{N}+\frac{j2\pi\Delta f(1+\xi)n}{N}\right.$$
$$\left.+\frac{j2\pi k(\xi(i(N+N_g)+N_g)+\theta_0)}{N}+\frac{j2\pi\Delta f(i(N+N_g)+N_g)}{N}+N(n)\right\} \tag{2}$$

式中，$N(n)$表示高斯白噪声，H_k 表示信道频率响应在第 k 个频点上的值，ξ 表示归一化的采样钟偏差，Δf 表示归一化频率偏差，θ_0 表示采样钟固定相差，$X_{i,k}$表示复值基带信号。

3. 新同步算法

3.1 训练符号的结构

如图 1 所示，训练符号由循环前缀和两个重复的同步信号组成。循环前缀长度由系统性能指标确定。则接收到的训练符号记为

$$q[0,n]=\begin{cases} t[n-N_g], & n\in[N_g,N_t-1+N_g] \\ t[n+N_t-N_g], & n\in[0,N_g] \\ t[n-N_g-N_t], & n\in[N_t+N_g,2N_t+N_g-1] \end{cases} \tag{3}$$

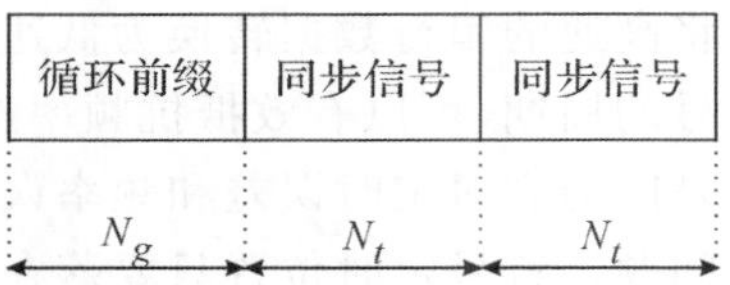

循环前缀	同步信号	同步信号
N_g	N_t	N_t

图 1　训练符号结构图

式中，$t[n]$的定义如式(4)。设 $PN(k)$为调制伪随机码的 $BPSK$ 信号，则有

$$t[n]=\frac{1}{\sqrt{N_t}}\sum_{k=0}^{N_t-1}PN(k)H_k\exp\left\{\frac{j2\pi kn(1+\xi)}{N_t}+\frac{j2\pi\Delta f(1+\xi)n}{N_t}\right.$$
$$\left.+\frac{j2\pi k(\xi(i(N_t+N_g)+N_g)+\theta)}{N_t}+\frac{j2\pi\Delta f(i(N_t+N_g)+N_g)}{N_t}\right\}+N(n) \tag{4}$$

式中，θ 表示定时偏差。

3.2 载波频偏和定时偏差对相关值的影响

在文献[9]的基础上，进一步讨论载波频偏和定时偏差对其相关值的影响。设时域相关函数为 $\lambda(\theta,\Delta f)$，本地数据 $pn[n]$是 $PN(k)$的逆傅里叶变换，则有

$$\lambda(\theta,\Delta f)=\sum_{n=0}^{N_t-1}t[n]pn^*[n] \tag{5}$$

不失一般性，在加性高斯白噪声信道中讨论序时域相关性，则有

$$\lambda(\theta,\Delta f)=\frac{1}{N_t}\sum_{n=0}^{N_t-1}\sum_{k=0}^{N_t-1}\sum_{w=0}^{N_t-1}PN(k)PN(k+w)$$
$$\cdot\exp\left\{\frac{j2\pi kn(1+\xi)}{N_t}+\frac{j2\pi\Delta f(1+\xi)n}{N_t}+\frac{j2\pi k(\xi(i(N_t+N_g)+N_g)+\theta)}{N_t}\right.$$

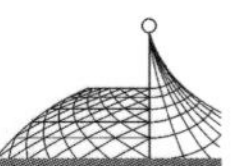

$$+\frac{j2\pi\Delta f((i(N_t+N_g)+N_g)}{N_t}-\frac{j2\pi(k+w)n}{N_t}\Bigg\}$$

$$+\sum_{n=0}^{N_t-1}N(n)\left(\frac{1}{\sqrt{N_t}}\sum_{k=0}^{N_t-1}PN(k)\exp\left\{-\frac{j2\pi kn}{N_t}\right\}\right) \tag{6}$$

一般采样钟漂移都是100ppm量级的，式(6)可以近似为

$$\lambda(\theta,\Delta f)\approx\frac{1}{N_t}\exp\left\{\frac{j(N_t-1)\pi(\Delta f+\theta)}{N_t}+\frac{j2\pi\Delta f(i(N_t+N_g)+N_g)}{N_t}\right\}-\frac{\sin\pi\theta}{\sin\dfrac{\pi\theta}{N_t}}-\frac{\sin\pi\Delta f}{\sin\dfrac{\pi\Delta f}{N_t}}+I_p+N_p \tag{7}$$

式中，

$$I_p=\frac{1}{N_t}\exp\left\{\frac{j2\pi\Delta f(i(N_t+N_g)+N_g)}{N_t}\right\}\sum_{n=0}^{N_t-1}\sum_{k=0}^{N_t-1}\exp\left\{\frac{j2\pi k\theta}{N_t}\right\}$$

$$\cdot\sum_{w=0}^{N_t-1}PN(k)PN(k+w)\exp\left\{\frac{j2\pi\Delta fn}{N_t}-\frac{j2\pi nw}{N_t}\right\} \tag{8}$$

$$N_p=\frac{1}{\sqrt{N_t}}\sum_{n=0}^{N_t-1}N(n)\left(\sum_{n=0}^{N_t-1}PN(k)\exp\left\{-\frac{j2\pi kn}{N_t}\right\}\right) \tag{9}$$

由伪随机序列的性质可知，I_p 与 N_p 一样可以被视为噪声，则有

$$|\lambda(\theta,\Delta f)|\approx\left|\frac{1}{N_t}\frac{\sin\pi\theta}{\sin\dfrac{\pi\theta}{N_t}}\frac{\sin\pi\Delta f}{\sin\dfrac{\pi\Delta f}{N_t}}\right|+|I_p+N_p| \tag{10}$$

式中，$|\cdot|$表示取模。由式(10)可以看出，相关值与载波频偏和定时偏差都有关。

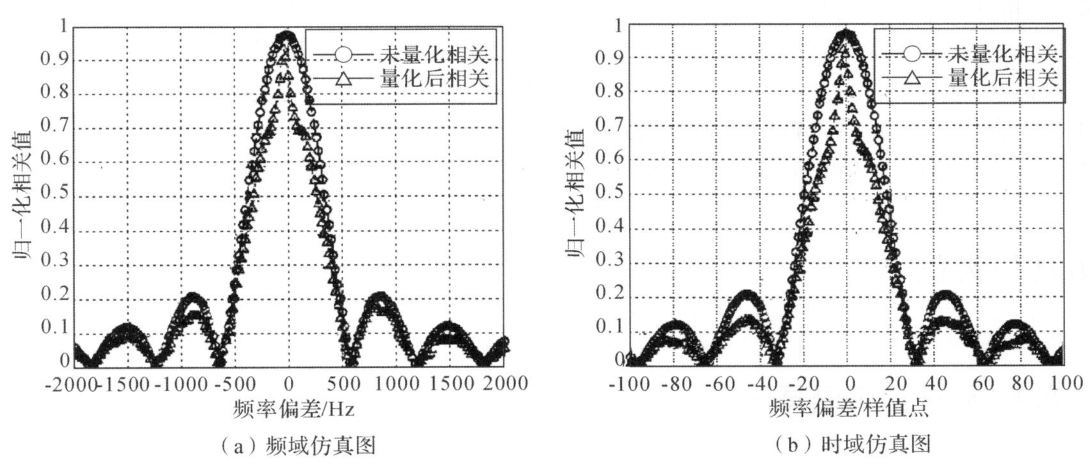

(a) 频域仿真图　　(b) 时域仿真图

图2　长度为2047的 *m* 序列载波频偏和定时偏差仿真图

为了进一步降低上述算法的复杂度，可以先对本地序列 $pn[n]$ 和接收序列 $t[n]$ 进行量化处理，由 $pns[n]$ 取代 $pn[n]$、$ts[n]$ 取代 $t[n]$ 进行相关操作。$pns[n]$ 和 $ts[n]$ 的定义如式(11)所示，$pns[n]$ 和 $ts[n]$ 包含 $pn[n]$ 和 $t[n]$ 的信息，相关值随载波频偏和定时偏差变化的特性依然存在。如图2所示，图中以32倍数字采样、10MHz带宽、传输长度为2047的 m 序列为例。

$$\begin{cases}pns[n]=\text{sign}(\text{Re}(pn[n]))+j\text{sign}(\text{Im}(pn[n]))\\ ts[n]=\text{sign}(\text{Re}(t[n]))+j\text{sign}(\text{Im}(t[n]))\end{cases} \tag{11}$$

式中，sign(·)表示取符号位。

3.3 符号定时估计和粗频偏捕获算法

由上可知,用时间频率二维搜索的方法可以完成符号定时估计和粗频偏捕获,如式(12)所示。

$$\begin{cases}\theta_t = \arg_\theta \max(|\lambda(\theta,\Delta f)|) \\ f_l = \arg_{\Delta f} \max(|\lambda(\theta,\Delta f)|)\end{cases} \tag{12}$$

式中,θ_t 表示符号定时估计值,f_l 表示粗频偏估计值。

3.4 细频偏估计算法

粗频偏捕获完成后,运用文献[10]提出的 ML 算法作细频偏估计。在多径信道下,可以利用信号相关性估计多径数目 x,而后利用式(13)得到无 ISI 的细频偏估计。

$$f_F = -\frac{1}{2\pi}\angle\left(\sum_{n=\theta_t+x}^{N_t} r[0,n]r[0,n+N_t]\right) \tag{13}$$

式中,x 表示多径数目,f_F 表示细频偏估计值,∠(·)表示求复角。

3.5 同步算法实现步骤

综上所述,新算法具体步骤如下:

①对接收信号使用匹配滤波器进行时间频率二维搜索,从而完成如式(12)所示的捕获过程,得到粗频偏 f_l 和第一个同步信号起始点 θ_t。

②以 θ_t 为中心点计算$[-N_g/2,N_g/2]$范围内较大相关峰值点的个数,从而确定多径数目 x。

③根据 θ_t,确定帧位置,利用式(13),进行细频偏估计并进行补偿。

④在突发模式下转入步骤①,在连续模式下,验证下一帧的 θ_t 位置是否出现峰值点。如果在 θ_t 位置左右一个采样点内出现峰值,则进入跟踪状态,转入步骤③,否则转入步骤①。

4. 仿真与实践

4.1 文献[8]捕获定时算法

$$x[N_t-n]=x[n], n\in[1,N_t-1] \tag{14}$$

$$\Phi_\theta(\Delta f)=\sum_{k=1}^{N_t-1}\frac{r[i,\theta+2N_t-k]r^*[i,\theta+k]}{|r[i,\theta+2N_t-k]r^*[i,\theta+k]|}\exp(-j2\pi\Delta fk) \tag{15}$$

文献[8]的训练符号结构如图1所示,同步信号 $x[n]$ 满足式(14)。对接收信号进行时间频率二维搜索,当$|\Phi_\theta(\Delta f)|$最大时,完成定时估计和粗频偏捕获。$\Phi_\theta(\Delta f)$定义如式(15)所示。

4.2 仿真和工程实践结果

在白噪声和多径信道两种情况下,利用蒙特卡罗法分别对新算法和文献[8]的定时算法进行仿真。假设仿真参数如下:

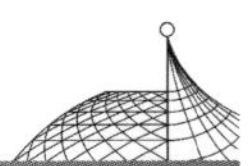

①OFDM系统带宽为10MHz，载频为2GHz。信道多普勒等其他因素引起的频率偏移为3.24240625kHz，超过一个子载波间隔(2.44140625kHz)801Hz。

②复数基带信号 $x_{i,k}$ 从QPSK星座点中随机取出。

③新算法训练符号结构与文献[8]算法一样，如图1所示。每帧中训练符号长度为4352，其中循环前缀长度 N_g 为256，每个同步信号长度 N_t 为2048。

④新算法同步信号传输长度为2047的 m 序列，文献[8]算法同步信号使用满足式(14)的序列。

⑤每帧除了训练符号外，包括5个OFDM符号。每个符号长度为4352，循环前缀长度为256，子载波数为4095和一个虚拟载波。用4096点的快速逆傅里叶变换实现，其中零频点不调制数据。

⑥发射信号分别经过高斯白噪声、多径信道 A 和 B。如图3所示，多径信道 A 是由5条路径组成的，各路的延时 τ_i 分别为0、3、5、7和11个样点，路径增益分别为1、0.891、0.354、0.316和0.1。可见，多径信道 A 的第一径是功率很强的主径，其它径功率较小；多径信道 B 的第一径和第二径功率相差不大，不存在功率很强的主径。⑦在不同信噪比下发送1000帧的数据，从而计算定时估计均方差和频偏估计均方差。

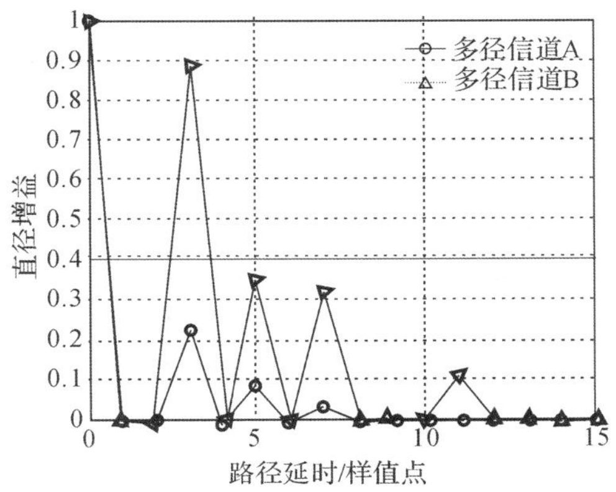

图3　多径信道示意图

仿真结果表明，在加性高斯白噪声信道、多径信道 A 和 B 下，新算法在未量化和量化后两种情况下进行相关计算，得到定时估计的均方误差均在一个采样点以内，与文献[8]定时性能相同。图4所示，在多径信道下，新算法可以很明显反映多径数目，相关值很锐利，但是文献[8]算法不能达到这一目的。图5所示，在高斯白噪声信道和多径信道 A 和 B 下，新算法的频偏估计性能均优于文献[8]算法，且估计性能受多径影响小。

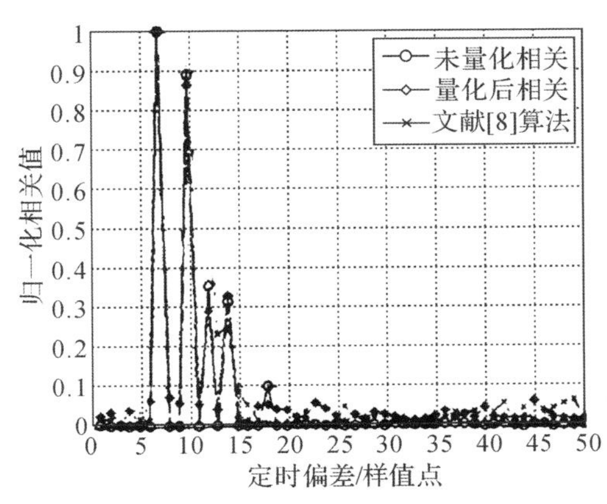

图4　新算法和文献[8]算法归一化定时曲线图

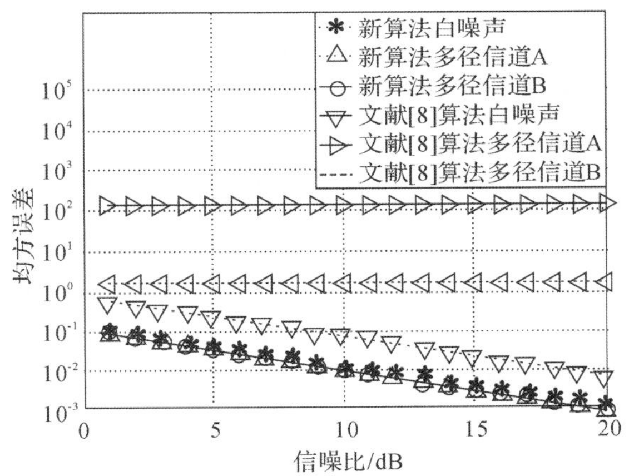

图5　新算法频偏估计均方误差仿真图

另外，将新算法与文献[8]算法进行计算复杂度比较(如表1)，其中 K 表示整数倍频偏范围。可见，新算法大大减少了运算次数。在实际应用中，分别对本地数据和接收数据量化后进行匹配滤波，可以进一步减少运算位数。量化后的匹配滤波只使用1位乘法器和1位加法器，从而减少了复数乘法器和复数加法器所占的资源。

表 1　定时算法计算复杂度比较

	文献[8]算法(次)	本文算法(次)
复数乘法	$(2K+1)(N_t-1)(L+1)$	$N_t(2K+1)(L+1)$
复数加法	$(2K+1)(N_t-1)(L+1)$	$(2K+1)(N_t-1)(L+1)$
复数除法	$(2K+1)(N_t-1)(L+1)$	0
求模运算	$(2K+N_t)(L+1)$	1
复指数运算	$(2K+1)(N_t-1)(L+1)$	0

本文提出的定时算法已经在 OFDM 解调卡中实现。解调卡使用 Xilinx 公司的 FPGA 芯片，其型号为 XC4VLX100-10I。

发射信号以无循环前缀的连续两个重复同步信号作为训练符号[11]。其同步信号格式与本仿真相同，因此可以使用本定时算法。本定时算法硬件实现逻辑程序在第三方综合工具平台 Synplify 上综合，需要 26652 个 LUTs，占总资源的 27%。相比而言，在使用相同结构训练符号的情况下，文献[8]定时算法计算过于复杂，在该硬件平台上无法实现。

为了得到定时精度均方误差，在 FPGA 中设计一个长计数器来记录每两个相关峰之间采样点数目，则计数器数值的均方误差为定时均方误差。在 MATLAB 仿真平台下生成不同信噪比的标准格式数字信号，再通过矢量信号发生器发射作为标准信号源。使用标准信号源进行测试的结果表明，信噪比在 0～20dB 的情况下，使用在线逻辑分析软件 chipscope 每个信噪比读取 1024 帧计数器结果，定时均方误差在 1 个采样点以内，载波同步偏差通过频率计测定在 1Hz 以内，与仿真结果相同。

5. 结　论

本文提出了一种基于训练符号的同步算法。这种算法利用特殊的训练符号结构，可以在一个 OFDM 符号时间内实现定时同步、载波同步，即同步时间是 435.2μs，而在相同条件下使用传统两个 OFDM 符号长度的训练符号[5,6]同步至少需要 870.4μs。新算法突出的特点是利用 PN 序列的相关性可以估计出多径数目，最大限度避免了 ISI，进一步使用量化后计算的方法，可大大减少乘法器和加法器位数，从而降低系统复杂度。该算法适用于在加性高斯白噪声信道或多径信道下 OFDM 符号的同步，具有较高的实用价值。本文提出的定时算法已经在实际工程中实现。

参考文献

[1] 尹长川，罗涛，乐广信. 多载波宽带无线通信技术[M]. 北京：北京邮电大学出版社，2004.

[2] Lei W, Schlegel C. Synchronization Requirements for Multiuser OFDM on Satellite Mobile and Tow-path Rayleigh Fading Channels[J]. IEEE Transaction on Communications, 1995: 887-895.

[3] 张海滨. 正交频分复用的基本原理与关键技术[M]. 北京：北京国防工业出版社，2006.

[4] Van Nee R, Prasad R. OFDM for Wireless Multimedia Communication[M]. Boston & London: Artech House, 2000: 77-80.

[5] Schmidl T M, Cox D C. Robust Frequency and Timing Synchronization for OFDM[J]. IEEE Transaction on Communications, 1997, 45(12): 1613-1621.

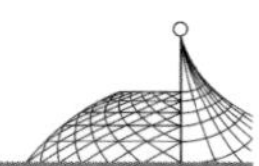

[6] 田野,谈振辉. 一种改进的 OFDM 联合时间频率同步算法[J]. 北京交通大学学报,2006,30(2):5-9.

[7] 田野,谈振辉. 一种新的基于短训练符号的 OFDM 联合时间频率同步算法[J]. 铁道学报,2007,29(1):61-65.

[8] Zhang Z S,Long K P,Zhao M,et al. Joint Frame Synchronization and Frequency Offset Estimation in OFDM System[J]. IEEE Transactions on Broadcasting, 2005, 51(3):389-394.

[9] 孙雪俊,焦影,曾虹虹等. 一种新的 MC-CDMA 系统同步算法[J]. 电子学报,2001,29(12A):1904-1907.

[10] Van de Beek J,Sandell M,Borjesson P O. ML Estimation of Time and Frequency Offset in OFDM Systems Using the Cyclic prefix[J]. IEEE Transaction on Wireless Communications, 1997,45(12):1613-1621.

[11] 广播信道帧结构、信道编码和调制[S]. GY/T220.1—2006,移动多媒体广播,第 1 部分.

A New Synchronization Algorithm for OFDM System Based on the Training Symbol

Abstract: This paper presents an orthogonal frequency division multiplexing (OFDM) system time-frequency jointed synchronization algorithm based on the short training symbol. Constructing a training symbol transmitting the PN sequence by every carrier, the presented algorithm could accomplish the timing estimation and the coarse frequency offset capture using the perfect relation of the symbol and realize the fine frequency offset estimation employing the ML estimation algorithm. The simulation results show that the new algorithm could get smaller timing and frequency offset estimation error and lower calculation complexity in the AWGN channel and multipath fading channel.

Keywords: OFDM; training symbol; relation in the time domain; time-frequency synchronization

SC-CDMA 上行异步链路用户级频域均衡方案*

摘　要：针对频率选择性衰落信道，通过利用虚拟子载波间的分集增益，推导了上行异步链路最小均方误差准则（MMSE）下的线性最优用户级频域均衡；通过分析其频域均衡（FDE）矩阵的特点，进一步提出一种低复杂度的分块对角实现方法；结合理论分析和仿真验证的方法对传统的载波级频域均衡，所提出的用户级频域均衡以及低复杂度分块对角频域均衡 3 种方案从复杂度和性能两个方面进行了比较分析。结果表明，用户级频域均衡性能明显优于传统的载波级频域均衡，在存在载波频偏和远近效应的上行异步链路其优势更为明显，实际系统设计时可以通过选择每个数据块内的符号数目来获得系统复杂度与性能的折衷。

关键词：单载波码分多址；频域均衡；用户级最小均方误差；频率选择性衰落信道

1. 引　言

基于 RAKE 接收机的宽带 DS-CDMA 技术在第三代移动通信系统中得到了广泛的应用，但它只能够支持几兆比特每秒数据率的业务。随着用户对宽带业务需求的增加，下一代移动通信系统（4G）需要提供更高速率的数据传输（接近 1Gbit/s）[1]，信道传输时延带来的频率选择性衰落将更加严重，传统的基于 RAKE 接收机和时域均衡器的 DS-CDMA 系统的性能会更加恶化，实现复杂度也大大提高[2]。近年来，一种将 CDMA 与单载波频域均衡技术[3]（SC-FDE）相结合的多址方案：单载波码分多址（SC-CDMA）技术，可以有效地克服严重的频率选择性衰落，在对抗多径和多址干扰方面比 DS-CDMA 更加强健，具有比 OFDMA 更低的峰平比，对时间和频率协调的要求也比 TDMA/FDMA/OFDMA 低，成为下一代无线通信多址技术有力的竞争者[4]。

SC-CDMA 较低的发射端处理复杂度和峰平比决定了其更适合于上行链路传输（从移动终端到基站）。然而，已有的针对 SC-CDMA 的研究普遍针对下行同步链路，移动终端采用基于最小误差均方准则（MMSE）的单抽头载波级频域均衡（PC-MMSE，per-carrier MMSE）[5,6]，它没有利用 CDMA 系统固有的扩频分集增益，因而只能获得次优性能。文献[7]针对 SC-CDMA 下行链路推导了基于 MMSE 的用户级频域均衡方案（PU-MMSE，per-user MMSE），但它仅考虑数据块长度等于扩频增益的特殊情况，且用户级频域均衡比载波级频域均衡复杂度高，增加了移动终端的负荷，不适合下行链路采用。

上行链路是异步链路，每个用户不仅到达时间不一致，无线传输信道也不尽相同，下行链路的 PC-MMSE 方法无法直接借鉴到上行链路中。针对上行链路，虽然文献[8,9]提出了零多用户干扰的

---

*　文章发表于《通信学报》，2010，31(8A)：177-183. 系作者与刘亮、邵定蓉、李署坚合作完成。

基金项目：国家建设高水平大学公派留学研究生基金资助项目（2008602008）、新加坡南洋理工大学无线与定位中心研究基金资助项目。

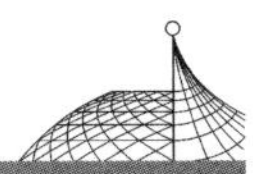

SC-CDMA 方案，它利用块扩展(block spreading)[8]或者二维扩展(two-dimensional spreading)[9]的特殊结构在频域均衡之前完全消除多用户干扰，但这种方案需要在发射端插入大量的保护间隔且仅适用于低速或静止无线传输，实际系统中载波频偏或远近效应等非理想特性会严重破坏用户间的正交性，从而限制了其在实际移动通信系统中的应用。因此，针对上行链路研究低复杂度的用户级频域均衡方案显得尤为重要。

本文针对频率选择性衰落信道，研究了 SC-CDMA 上行链路最优 PU-MMSE 频域均衡方案(所有虚拟子载波进行 MMSE 联合检测)，通过分析 PU-MMSE 频域均衡矩阵的特点，进一步提出一种低复杂度的分块对角实现方法。最后，本文从复杂度和性能两个方面对 PC-MMSE 和 PU-MMSE 进行了比较，并仿真分析了实际系统中上行链路可能存在的异步特性，远近效应和载波频偏的影响。

为了方便描述，后文标记如下：向量和矩阵分别使用小写和大写黑体表示；$(\cdot)^*$，$(\cdot)^{\mathrm{T}}$，$(\cdot)^{\mathrm{H}}$，$(\cdot)^{-1}$，$tr(\cdot)$分别代表共轭，转置，共轭转置，求逆和求迹；$\lceil x \rceil$表示不小于 x 的最小整数；$E[\cdot]$表示期望；$\mathrm{diag}\{\cdot\}$是对角矩阵；$C^n[R^n]$，$C^{m\times n}[R^{m\times n}]$分别代表 n 维实(复)矢量空间和 $m\times n$ 维实(复)矢量空间；I_N 表示 $N\times N$ 维单位矩阵；$O_{M\times N}$是 $M\times N$ 维零矩阵；$\otimes$代表克罗内克(Kronecker)乘积。

2. 系统模型与 PC-MMSE 频域均衡

本文采用码片级等效基带模型描述方法，不失一般性，文中假设接收机达到了精确的定时同步，并以码片速率 $1/T_c$ 对接收信号进行采样。在发射端，串行输入的数据比特流经过 MPSK 或者 MQAM 调制后被分割成长度为 Q 的数据块 $d_u^{(i)}=[d_u^{(i)}(0),d_u^{(i)}(1),\cdots,d_u^{(i)}(Q-1)]^{\mathrm{T}}\in C^Q$，其中 $d_u^{(i)}(n)$表示用户 u 的第 i 个数据块中第 n 个调制符号。数据块 $d_u^{(i)}$ 满足如下条件

$$\begin{cases}E[d_u^{(i)}]=0\\ C_{d_u^{(i)}}=E[d_u^{(i)}(d_u^{(i)})^{\mathrm{H}}]=\sigma_s^2 I_Q\end{cases}\tag{1}$$

发射端循环前缀(CP)的插入消除了数据块间干扰(IBI)，因此只需要对每个单独的数据块进行处理，为了描述方便，后文省略数据块索引(i)。将 d_u 与扩频增益为 L 的加扰扩频码 $c_u=[c_{u,1},c_{u,2},\cdots,c_{u,L}]^{\mathrm{T}}$ 相乘生成发射信号 $s_u\in C^N$。

$$\begin{aligned}s_u&=[d_u(0)c_u^{\mathrm{T}}d_u(1)c_u^{\mathrm{T}}\cdots d_u(Q-1)c_u^{\mathrm{T}}]^{\mathrm{T}}\\&=(I_Q\otimes c_u)\cdot d_u\\&=\Omega_u d_u\end{aligned}\tag{2}$$

其中，$N=Q\times L$ 表示数据块的长度。

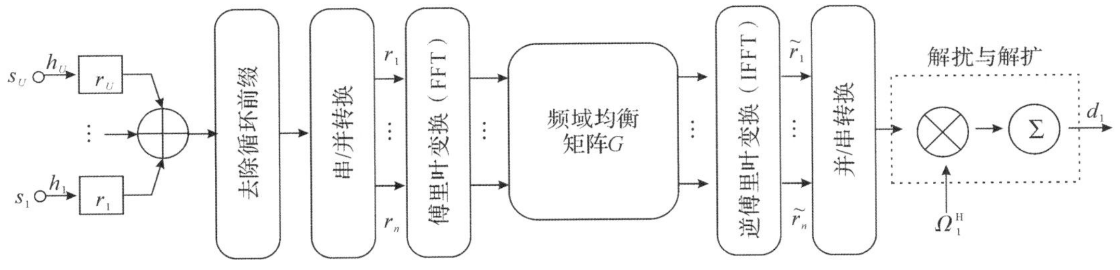

图 1　基于 FDE 的 SC-CDMA 上行链路接收机结构框

基于 FDE 的 SC-CDMA 上行链路接收机结构框图如图 1 所示，定义小区中用户到达基站最大时差和最大信道多径时延分别为 $\tau_{\max,t}$ 和 $\tau_{\max,p}$，假设距离基站最远用户的最后一条路径到达时间仍落在循环前缀 CP 之内(实际系统中，基站可以通过测量用户到达时间和信道时延扩展进而调整用户的发

射时间来实现这一假设),使其满足$[(\tau_{\max,t}+\tau_{\max,p})/T_c]\leqslant N_g$,$N_g$ 表示循环前缀 CP 的长度。因此,接收端去处 CP 后,所有用户等效信道均退化为循环矩阵,记为 H_u。接收端对去除 CP 后的信号 r 首先进行 N 点 FFT 变换,频率选择性衰落引起的虚拟子载波上的畸变通过频域均衡矩阵 G 进行补偿,然后通过 N 点逆 FFT(IFFT)变换将信号变回时域进行解扰和解扩,不失一般性,本文以检测用户 1 的信号 d_1 为例进行说明。

对于传统的 PC-MMSE 频域均衡,均衡矩阵 G 为对角阵,第 n 个子载波上的系数可以表示为[10]

$$G_u(n)=\frac{\widetilde{H}_u(n)^*}{|\widetilde{H}_u(n)|^2+\lambda^{-1}} \tag{3}$$

式中,$\widetilde{H}_u(n)$表示用户 u 第 n 个虚拟子载波上的信道增益,λ 表示接收端信噪比,下行链路 $\lambda=(U/N)\cdot(E_s/N_0)$,上行链路 $\lambda=(U/N)\cdot(E_s/N_0)/N$,$E_s/N_0$ 表示符号能量与加性高斯白噪声(AWGN)单边功率谱密度的比值。

3. 基于最小均方误差准则的用户级频域均衡(PU-MMSE FDE)

传统 PC-MMSE 的频域均衡矩阵 G(见式(3))由 SC-FDE 系统演化而来,其设计准则是保证每个子载波上均方误差最小,即 $\min_G E(|r-\tilde{r}|^2)$,由于其频域均衡在解扩之前,没有充分利用扩频系统提供的分集增益,故从性能角度考虑是次优的。本节针对上行异步链路推导基于 MMSE 准则的最优线性频域均衡器(用户级频域均衡器),根据图 1,基站接收到的信号 r 可以表示为

$$r=\sum_{u=1}^{U}H_uS_u+n=\sum_{u=1}^{U}H_u\Omega_u d_u+n \tag{4}$$

式中,n 表示 AWGN 且满足 $E[nn^{\mathrm{H}}]=\sigma_n^2 I_N$。$r$ 通过 FFT 变换,频域均衡,IFFT 变换以及解扩处理,解调得到用户 1 的符号矢量 $\hat{d}_1$ 为

$$\hat{d}_1=\frac{1}{L}\Omega_1{}^{\mathrm{H}}F^{\mathrm{H}}GFr=\omega^{\mathrm{H}}r \tag{5}$$

PU-MMSE 的本质就是寻找最佳的检测矢量 $\omega_{opt}^{\mathrm{H}}$,使得发射符号 d_1 与估计符号 $\hat{d}_1$ 之间的均方误差最小,即

$$\omega_{\mathrm{opt}}^{\mathrm{H}}=\arg\min_{\omega}E[|d_1-\hat{d}_1|^2] \tag{6}$$

根据维纳滤波理论[9],可得最佳检测矢量 $\omega_{\mathrm{opt}}^{\mathrm{H}}$ 为

$$\omega_{\mathrm{opt}}^{\mathrm{H}}=\{R_{r,r}^{-1}R_{r,b_{\mathrm{H}}}\}^{\mathrm{H}}=\{E[r\cdot r^{\mathrm{H}}]^{-1}E[r\cdot d_u^{\mathrm{H}}]\}^{\mathrm{H}}=(H_1\Omega_1)^{\mathrm{H}}\left\{\sum_{u=1}^{U}(H_u\Omega_uH_u{}^{\mathrm{H}}\Omega_u{}^{\mathrm{H}})+\frac{\sigma_n^2}{\sigma_s^2}I_N\right\}^{-1} \tag{7}$$

循环矩阵 H_u 可以通过傅里叶变换进行对角化,即

$$H_u=F^{\mathrm{H}}D(\tilde{h}_u)F \tag{8}$$

式中,$F_{kn}=\exp(-j2\pi nk/N)/\sqrt{N}$表示归一化傅里叶变换矩阵,$D(\tilde{h}_u)=\mathrm{diag}\{\widetilde{H}_u(0),\widetilde{H}_u(1),\cdots,\widetilde{H}_u(N-1)\}$。将式(8)代入式(7),并根据式(1)和式(5)进行简单变换可得最佳检测矢量 $\omega_{\mathrm{opt}}^{\mathrm{H}}$和等效频域均衡矩阵 G 为

$$\omega_{\mathrm{opt}}^{\mathrm{H}}=\Omega_1{}^{\mathrm{H}}F^{\mathrm{H}}D(\tilde{h}_1)\left\{\sum_{u=1}^{U}D(\tilde{h}_u)(F\Omega_u)(F\Omega_u)^{\mathrm{H}}D(\tilde{h}_u)^{\mathrm{H}}+\frac{\sigma_n^2}{\sigma_s^2}I_N\right\}^{-1}F \tag{9}$$

$$G=LD(\tilde{h}_1)\left\{\sum_{u=1}^{U}D(\tilde{h}_u)(F\Omega_u)(F\Omega_u)^{\mathrm{H}}D(\tilde{h}_u)^{\mathrm{H}}+\frac{\sigma_n^2}{\sigma_s^2}I_N\right\}^{-1} \tag{10}$$

针对式(9)和式(10),做以下几点特殊说明。

1)虽然它们由上行异步链路模型出发推导得出,但同样适用于下行同步链路,当用户从基站同时

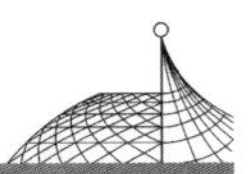

发射且经历相同的无线信道传输，即 $D(\tilde{h})=D(\tilde{h}_1)\rightarrow D(\tilde{h}_U)$，式(9)、式(10)退化为下行同步链路条件下的最佳加权矢量 $\omega_{\text{opt}}^{\text{H}}$ 和等效频域均衡矩阵 G。

2)在下行同步链路传输中，当 $U=L$(系统满负荷)时，等效均衡矩阵 $G=LD(\tilde{h}_1)\{LD(\tilde{h}_u)LD(\tilde{h}_u)^{\text{H}}+\sigma_n^2/\sigma_s^2 I_N\}^{-1}$ 变为对角矩阵，与 PC-MMSE FDE 矩阵 G 相同。此外，通过对比不难发现，文献[7]针对下行链路得出的 PU-MMSE 仅是式(10)中当 $N=L$ 时的一个特例。

3)通过上述 2)的分析可以看出，G 在 $U\neq L$ 的情况下不能简化为对角矩阵，其维数 $N=Q\times L$ 随数据块长度 Q 的增大而增加。因此，相比 PC-MMSE，PU-MMSE 中 N 维非对角矩阵求逆带来的复杂度不容忽视。

4. 低复杂度分块对角 PU-MMSE FDE

通过第 2 节的分析可知 PU-MMSE 虽然从性能上是最优的，但其等效频域均衡矩阵 G 不再是对角矩阵(单抽头频域均衡)，从而增加接收机复杂度。通过发掘式(9)和式(10)的特点，提出一种低复杂度的分块对角 PU-MMSE(BD-PU-MMSE, block diagonal PU-MMSE)频域均衡方案。

令 $T_u=H_u\Omega_u\in C^{N\times Q}$，由于 H_u 和 Ω_u 均为分块循环矩阵，其乘积 T_u 也为分块循环矩阵，且具有以下形式：

$$T_u=\begin{bmatrix} T_{u,1} & T_{u,2} & \cdots & T_{u,Q} \\ T_{u,Q} & T_{u,1} & \ddots & \vdots \\ \vdots & \ddots & \ddots & T_{u,2} \\ T_{u,2} & \cdots & T_{u,Q} & T_{u,1} \end{bmatrix}_{N\times Q} \tag{11}$$

式中 $T_{u,i}\in C^L$。循环矩阵可以通过傅里叶变换对角化，根据文献[12]分块循环矩阵理论，与式(8)类似，T_u 可以被块傅里叶矩阵 $F_{(n)}$ 对角化，定义 $F(n)=F_Q\otimes I_N$。

T_u 可分解为

$$T_u=(F_Q\otimes I_N)\cdot\text{diag}\{\Theta_{u,1},\Theta_{u,2},\cdots,\Theta_{u,Q}\}\cdot(F_Q\otimes I_N) \tag{12}$$

式中，分块矩阵对角线元素 $\Theta_{u,q}(q=1,2,\cdots,Q)$ 均为 $L\times 1$ 维矩阵，且满足如下等式：

$$F_{(L)}T_u(:,1)=[\Theta_{u,1}^{\text{T}},\Theta_{u,2}^{\text{T}},\cdots,\Theta_{u,Q}^{\text{T}}]^{\text{T}} \tag{13}$$

根据式(7)，令 $\Theta_u=\text{diag}\{\Theta_{u,1},\Theta_{u,2},\cdots,\Theta_{u,Q}\}$，最佳检测矢量 $\omega_{\text{opt}}^{\text{H}}$ 可以简化为

$$\omega_{\text{opt}}^{\text{H}}=F_{(l)}\Theta_l{}^{\text{H}}\left\{\sum_{u=1}^{U}\Theta_u\Theta_u{}^{\text{H}}+\frac{\sigma_n^2}{\sigma_s^2}I_N\right\}^{-1}F_{(L)} \tag{14}$$

比较式(9)和式(14)可以看出，式(9)中复杂度最高的 $N=QL$ 维非对角矩阵求逆计算简化为式(14)中 Q 个 L 维矩阵的求逆，从而降低了复杂度。值得注意的是，低复杂度的 BD-PU-MMSE 推导过程并没有对 PU-MMSE 进行任何近似和假设，从性能角度考虑，它们是完全等效的。

5. 性能与复杂度分析

5.1 性能分析

通过分析 PU-MMSE FDE 的符号均方误差(MSE)来评估系统的性能。由于 PU-MMSE 与低复杂度的 BD-PU-MMSE 性能相同，仅从 BD-PU-MMSE 出发研究。根据式(1)和式(14)，可以得出误差

矢量 $d_1-\hat{d}_1$ 的协方差矩阵为

$$C_{\mathrm{MSE}}=E[(d_1-\hat{d}_1)(d_1-\hat{d}_1)^H]=\sigma_s^2 I_Q-\sigma_s^2 F_{(1)}^H \Theta_l{}^H\left\{\sum_{u=1}^{U}\Theta_u\Theta_u{}^H+\frac{\sigma_n^2}{\sigma_s^2}I_N\right\}^{-1}\Theta_l F_{(l)} \tag{15}$$

因此，系统符号平均 MSE 可以表示为

$$MSE=\frac{1}{Q}\mathrm{tr}\{C_{\mathrm{MSE}}\} \tag{16}$$

5.2 计算复杂度分析

下面比较 PC-MMSE，PU-MMSE 以及 BD-PU-MMSE 的计算复杂度，由于 3 种方案可以采用相同的信道估计算法，这里计算复杂度分析只考虑接收机均衡模块的复杂度，且仅计算复杂度最高的复乘运算。PU-MMSE FDE 和 BD-PU-MMSE FDE 均包含了非对角矩阵的求逆运算，根据高斯消去法，求逆运算分别需要 $o(N^3)$ 和 $o(L^3)$ 数量级的复乘运算。但注意到需要求逆的矩阵均为托普利兹矩阵，根据 Schur 类型[13]的方法，可以将复杂度分别降低至 $o(N^2)$ 和 $o(L^2)$，为了方便比较，取它们复杂度值分别为 κN^2 和 κL^2（κ 表示复杂度加权因子）。表 1 给出了 3 种频域均衡方案的复杂度对比。

表 1　计算复杂度对比

	2 个特殊情况		一般情况	
	$L=1,Q=N$ (SC-FDE)	$Q=1,L=N$[7]	$N=QL,Q\neq1,L\neq1$	平均每个符号计算量 ($N\gg Q$)
PC-MMSE	$2N1bN+N$	$2N1bN+N$	$2N1bN+N$	$\approx o(L1bN)$
PU-MMSE	$2N1bN+N$	$2N1bN+\kappa N^2$	$2N1bN+\kappa N^2$	$\approx o(LN)$
BD-PU-MMSE	$2N1bN+N$	$2N1bN+\kappa N^2$	$N1bQ+Q\cdot\kappa L^2+Q1bQ$	$\approx o(L)$

从表 1 可以看出，通常情况下 3 种方案的复杂度关系为 $C_{\text{PC-MMSE}}<C_{\text{BD-PU-MMSE}}<C_{\text{PU-MMSE}}$，随着每个数据块所含符号个数 Q 的增加，BD-PU-MMSE 在复杂度方面比 PU-MMSE 的优势增加，当 Q 增大到 N 时，$C_{\text{PC-MMSE}}=C_{\text{BD-PU-MMSE}}$，复杂度降至最低。另一方面，随着 Q 的减小，BD-PU-MMSE 的复杂度反而增大，当 Q 减小到 1 时，$C_{\text{BD-PU-MMSE}}=C_{\text{PU-MMSE}}$。因此可以得出：在数据块长度 N 固定不变的情况下，采用较大的 Q 可以获得更低的复杂度，但同时较大的 Q 会带来较小的扩频增益 L，系统性能也从最优向次优靠近。因而，如何选择 N,Q,L 使得系统复杂度与性能更好的折衷是实际系统设计的关键。

6. 系统仿真与讨论

本节对 SC-CDMA 多用户上行异步链路进行数值分析和蒙特卡罗仿真，系统参数设置见表 2。首先根据式(15)的理论结果对理想条件下 PC-MMSE 和 PU-MMSE 的 MSE 性能进行数值分析，然后进一步地对它们在非理想条件(系统存在异步用户，载波频偏和远近效应)下的比特误码率(BER)进行蒙特卡罗仿真。

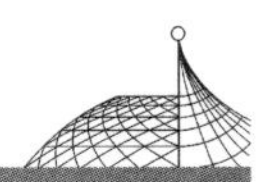

表 2　系统仿真参数设置

系统参数	载波速率 码片速率 归一化多普勒频移 非理想条件	5GHz 200MHz $f_dT_c(N+N_g)=0.001$ 载波频偏/远近效应
发射机	调制方式 FFT 点数 扩频码 循环前缀 扰码	QPSK $N=64$ 长度 $L=32$ 沃尔什码 $N_g=16$ 下行链路 $N_g=32$ 上行链路 长度为 4095PN 码
无线信道	衰落 功率时延模型	准静止频率选择性衰落 16 抽头归一化功率时延模型
接收机	频域均衡 信道估计	PC-MMSE FDE BD-PU-MMSE FDE 理想

图 2 给出了上行链路 PC-MMSE 和 PU-MMSE 符号均方误差的性能曲线。在系统用户数 $U=1$ 的情况下，两者 MSE 性能差距不大，但随着用户数的增加，PU-MMSE 的优势逐渐呈现出来，在系统满负荷 $U=L=32$ 的情况下，PC-MMSE 的 MSE 持续保持在很高的值，无法正常工作（以上特点在图 3BER 结果中得以更好呈现）。

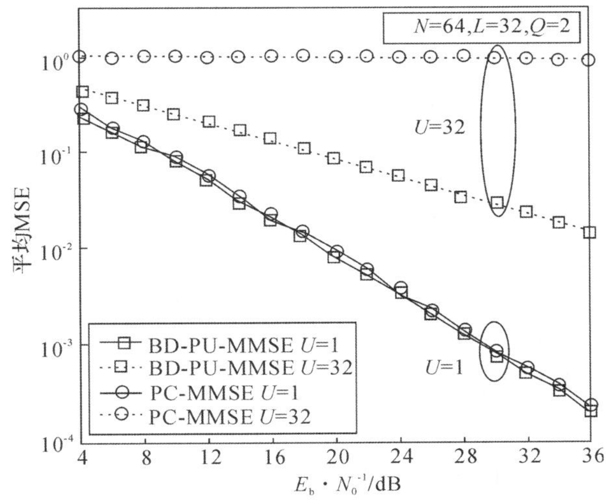

图 2　上行链路符号均方误差（MSE）性能曲线

首先，考虑理想条件下的 BER 性能（无载波频偏和远近效应）。图 3 给出了上行和下行链路 $E_b/N_0=10$dB 条件下，传统 PC-MMSE FDE 和本文提出的 PU-MMSE FDE 的 BER 随用户数 U 的变化曲线。从图中可以清晰地看出，当 $U>1$ 时，PU-MMSE FDE 性能明显优于 PC-MMSE FDE，这种性能优势在上行链路更加明显，通过第 2、3 节分析不难发现其原因：上行链路用户间时间和相位的异步特性严重破坏了扩频码的正交性，带来严重的多径和多用户干扰，这一影响对没有利用扩频码分集增益的 PC-MMSE FDE 更加致命。另一方面，下行链路满负荷情况下 PU-MMSE 的 BER 与 PC-MMSE 相同（其等效频域均衡矩阵 G 相同），这与第 3 节 2）中理论分析结果吻合。

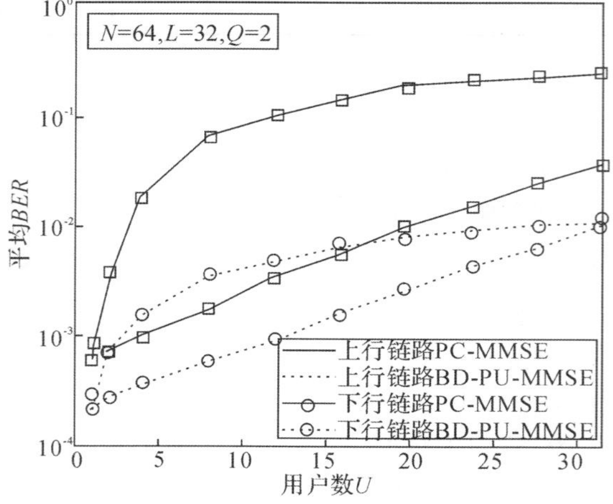

图 3　上、下行链路 BER 与用户数 U 关系曲线

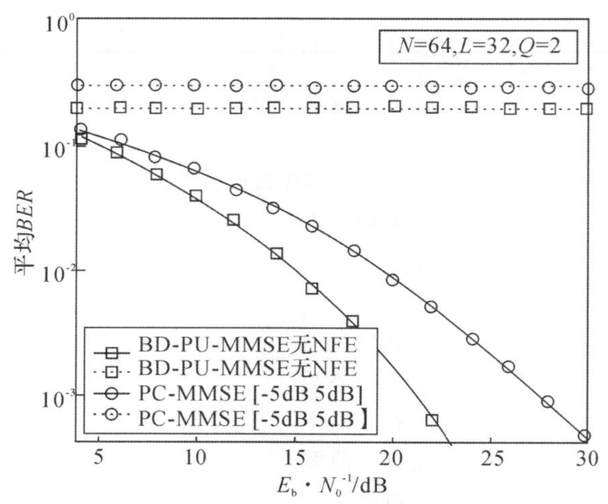

图 4　远近效应对上行链路性能的影响(满负荷 $U=L$)

其次，研究 CDMA 系统中固有的远近效应（NFE）对系统的影响，仿真中假设基站接收到干扰用户与检测用户功率的比值均匀分布在[－5dB，5dB]之间。针对满负荷上行链路，图 4 给出了远近效应对 PC-MMSE FDE 和 PU-MMSEFDE 的影响。曲线表明，系统满负荷带来的多用户干扰使得 PC-MMSE FDE 在 E_b/N_0 为任何值时都无法正常工作。相反，PU-MMSE FDE 具有较好的性能，即使在存在远近效应的情况下，系统也没有出现明显的误码平台。

在实际系统中除了远近效应对 SC-CDMA 系统产生很大的影响外，由于 SC-CDMA 采用 FDE 块传输处理方法，由接收机本地振荡器的不稳定或多普勒效应引起的载波频率偏移会破坏虚拟子载波间的正交性，同样严重影响系统性能。图 5 针对上行链路研究了载波频偏对 PU-MMSE FDE 和 PU-MMSE FDE 的影响，仿真中假设接收端每个用户存在均匀分布在[0，ε]引之间的残余载波频偏。从图中可以看出，PU-MMSE FDE 可以很好地工作且在 ε≤0.1 时对载波频偏呈现出一定的强健性，而 PC-MMSE FDE 即使在 1/4 系统负荷的情况下依然产生严重的误码平台。

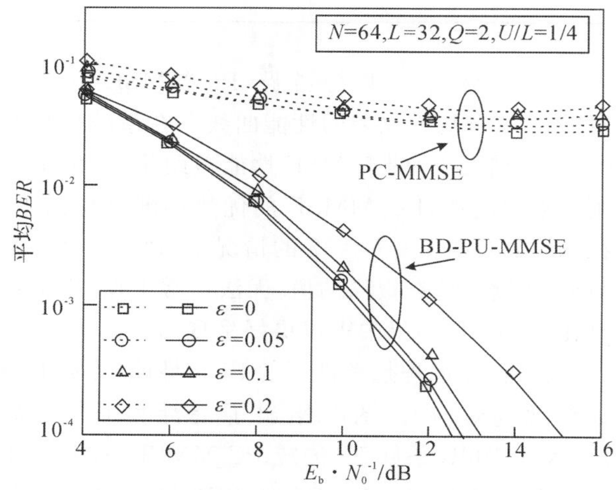

图 5　载波频偏对上行链路性能的影响($U=L/4$)

7. 结束语

通过利用 SC-CDMA 系统固有的码分集增益，本文提出了一种新的基于 MMSE 准则的最优线性用户级频域均衡(PU-MMSE FDE)方案，它更好地抑制了上行异步链路码正交性破坏带来的多径和多址干扰。进一步地，针对 PU-MMSE 复杂度较高的缺点，提出了一种无性能损失的低复杂度实现方法。研究结果表明，PU-MMSE FDE 明显优于传统的 PC-MMSE FDE，在系统存在载波频偏，远近效应非理想条件的情况下优势更加明显。另外，可以将本文提出的 PU-MMSE FDE 与先进的非线性均衡方法(如判决反馈均衡、迭代均衡[14])或多用户检测方法(如干扰对消[15])结合，将多址和多径干扰完全消除，使其性能接近匹配滤波下限。

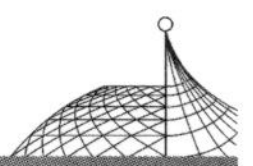

参考文献

[1] ADACHI F, SAWAHASHI M, SUDA H. Wideband DS-CDMA for next-generation mobile communications systems[J]. IEEE Communications Magazine, 1998, 36(9): 56-69.

[2] YUNGSOO K, et al. Beyond 3G: vision, requirements, and enabling technologies[J]. IEEE Communications Magazine, 2003, 41(3): 120-124.

[3] FALCONER D, ARIYAVISITAKUL S L, BENYAMIN-SEEYAR A, et al. Frequency domain equalization for single-carrier broadband wireless systems[J]. IEEE Communication Magazine, 2002, 40(4): 58-66.

[4] ADACHI F, TAKEDA K, TOMEBA H. Frequency-domain equalization for broadband single-carrier multiple access[J]. IEICE Transactions on Communications, 2009, E92-B(5): 1441-1456.

[5] AL-KAMALI F S, et al. Performance evaluation of cyclic prefix CDMA systems with frequency domain interference cancellation[J]. Digital Signal Processing, 2009, 19(1): 2-13.

[6] GARG D, ADACHI F. Packet access using DS-CDMA with frequency-domain equalization[J]. IEEE Journal on Selected Areas in Communications, 2006, 24(1): 161-170.

[7] TAO L, et al. A novel MMSE detection technique for DS-CDMA[A]. International Conference on Information, Communications & Signal Processing[C]. Singapore, 2007.

[8] ZHOU S, GIANNAKIS G B. Chip-interleaved block-spread code division multiple access[J]. IEEE Trans Wireless Commun, 2002, 50(2): 235-248.

[9] PENG X, PNG K B, LI Z, et al. Two-layer spreading CDMA: an improved method for broadband uplink transmission[J]. IEEE Trans Vehicular Tech, 2008, 57(6): 3563-3577.

[10] ADACHI F, et al. Broadband CDMA techniques[J]. IEEE Wireless Communications, 2005, 12(2): 8-18.

[11] HAYKIN S. Adaptive Filter Theory[M]. Enflewood Cliffs, NJ: Prentice-Hall, 1991.

[12] DAVIS P J. Circulant Matrices[M]. New York: John-Wiely, 1979.

[13] KAILATH T. Operator Theory: Advances and Applications[M]. Cambridge, MA: Birkhauser, 1986.

[14] LIU H, SCHNITER P. Iterative frequency domain channel estimation and equalization for single-carrier transmission without cyclic-prefix[J]. IEEE Wireless Communications, 2008, 7(10): 3686-3691.

[15] HAYASHI K, SAKAI H. Co-channel interference cancellation for downlink block transmission with cyclic prefix[A]. IEEE Vehicular Technology Conference[C]. Singapore, 2008.

Per-User Frequency Domain Equalization for SC-CDMA Asynchronous Uplink Transmission

Abstract: An optimal linear FDE called per-user minimum-mean-square-error (PU-MMSE) FDE was derived for SC-CDMA uplink by equalizing all the virtual subcarriers jointly. After a short discussion on the PU-MMSE FDE, a low complexity block-diagonal PU-MMSE FDE was proposed by exploiting the inherent characteristics of the FDE matrix. By means of theoretical analysis and computer simulation, the conventional per-carrier MMSE (PC-MMSE) FDE, proposed PU-MMSE FDE and block diagonal PU-MMSE FDE were compared from the perspectives of complexity and performance. Results obtained show that the proposed PU-MMSE FDE significantly outperforms the conventional PC-MMSE FDE, particularly in asynchronous uplink with practical impairments including carrier frequency offset and near-far effect. Furthermore, owing to the low complexity block-diagonal PU-MMSE FDE, the number of symbols in each block can be carefully chosen to trade-off between system performance and complexity.

Keywords: single carrier CDMA; frequency domain equalization; per-user minimum-mean-square-error; frequency-selective fading channel

基于噪声判决的OFDM小数倍频偏估计算法*

摘　要：为了提高正交频分复用(OFDM)系统小数倍频率偏差估计精度，提出了一种使用实时信道估计结果辅助的小数倍频偏估计算法。通过对接收信道噪声的估计确定门限逻辑，实现了其与基于循环前缀算法的无缝连接，并兼顾了二者的优点。仿真结果表明，在高斯白噪声下，新算法估计方差低于基于循环前缀算法的5.91%，收敛速度快5个反馈点；在多径信道下，前者低于后者的5.18%，收敛速度快6个反馈点，该算法提高了接收机性能。

关键词：正交频分复用；门限逻辑；信道估计；频率估计

1. 引　言

在宽带无线数字通信系统中，正交频分复用(OFDM)技术将高速的串行数据转换为低速的并行数据传输，可以有效地抵抗频率选择性衰落。对系统同步要求高是OFDM接收技术上的一个难点，因为它对定时误差和频率误差比普通单载波接收机敏感[1-3]。载波同步误差会破坏OFDM各个载波的正交性，从而引入载波间干扰降低信噪比，因此需要解决OFDM系统载波精确同步问题。

文献[4—11]都提出了OFDM系统实现频偏估计的算法。其中，文献[4—6]算法应用时域数据实现频偏估计，但估计精度易受多径效应影响；文献[7,8]算法利用频域数据实现频偏估计，但估计精度易受载波间干扰影响[12]。因此，一般情况下在时域进行粗频偏估计，在频域进行细频偏估计[2]。在高斯白噪声下，因为每个OFDM符号导频数量的限制，所以利用频域导频进行频偏估计会比利用时域循环前缀估计精度低。基于数据判决的同步算法[8]比利用时域循环前缀的方法估计精度高，但其性能受误符号率的影响。

本文提出了一种信道估计辅助小数倍频偏估计算法，并与基于循环前缀小数倍频偏估计算法进行了合并，进而提出了时间频率联合小数倍频偏估计算法。该算法改进了基于数据判决的估计算法，并以接收信道噪声能量估计为依据，实现了利用时域和频域数据估计的无缝连接，兼顾了二者的优点。仿真结果表明，在多径信道和加性高斯白噪声信道下，该算法的小数倍频偏估计性能和频率跟踪性能均优于只使用频域或时域数据。实验结果表明，该算法可以加快星座图收敛，从而提高接收机性能。

2. 系统模型

假设一帧数据包含A个OFDM数据符号，则存在定时偏差的OFDM接收信号为$r[i,n]$。当$n\in$

* 文章发表于《通信学报》，2010，31(8A)：56-62.系作者与孙宇明、邵定蓉、李署坚合作完成。

$[N_g, N-1+N_g]\cap i\in[1,A]$时，$r[i,n]$为$s[i,n-N_g]$；当$n\in[0,N_g-1]\cap i\in[1,A]$时，$r[i,n]$为$s[i,n+N-N_g]$；当$n\in[0,2N_t+N_g]\cap i=0$时，$r[i,n]$为$q[i,n]$。其中，$i$表示数据符号；$n$表示采样点序号；$N_t$表示同步信号长度；$N_g$表示循环前缀长度；$N$表示OFDM数据符号长度；$s[i,n]$的定义如式(1)中所示；$q[i,n]$表示接收到的训练符号。

$$s[i,n]=\frac{1}{\sqrt{N}}\sum_{k=0}^{N-1}X_{i,k}H_{i,k}\times$$
$$\exp\left\{\frac{j2\pi kn(1+\xi)}{N}+\frac{j2\pi\Delta f(1+\xi)n}{N}+\frac{j2\pi k(\xi(i(N+N_g)+N_g)+\theta_0)}{N}+\frac{j2\pi\Delta f(i(N+N_g)+N_g)}{N}\right\}+N(n) \tag{1}$$

式(1)中，$N(n)$表示高斯白噪声；$H_{i,k}$表示第i个符号信道频率响应在第k个频点上的值；ξ表示归一化的采样钟偏差；Δf表示归一化频率偏差；θ_0表示采样钟固定相差；$X_{i,k}$表示复值基带信号。

3. 已有算法

3.1 基于数据判决的频偏估计算法

由文献[8]可知，小数倍频偏估计结果$\hat{f}_D$如式(2)所示。

$$\begin{cases}\hat{f}_D=\dfrac{N}{2\pi(N+N_g)}\arg\{\sum\limits_{k=1}^{M}(\hat{H}_{i,k}\hat{H}_{i-1,k}^{*})\}\\ \hat{H}_{i,k}=\dfrac{Y_{i,k}}{\hat{X}_{i,k}}\end{cases} \tag{2}$$

其中，N_g表示循环前缀的长度；N表示数据符号长度；M表示真实载波数目；$\hat{X}_{i,k}$表示解调后的数据符号；$\hat{H}_{i,k}$表示第i个符号第k个频点利用数据判决得到的估计值。

3.2 基于循环前缀的频偏估计算法

由文献[13]可知，小数倍频偏估计结果$\hat{f}_C$如式(4)所示。

$$\hat{f}_C=-\frac{1}{2\pi}\arg(\sum_{n=0}^{N_g}r[i,n]r^{*}[i,n+N]) \tag{3}$$

4. 新算法

4.1 信道估计辅助的数据判决频偏估计算法

式(1)中的$\hat{H}_{i,k}$可以看作是第i个符号第k个频点利用数据判决得到的瞬时信道估计值，在数据符号判断正确的情况下，假设信道中的噪声能量为σ^2；在数据符号判断错误的情况下，$\hat{X}_e$表示错误判断的符号，则其信道估计噪声变为

$$\left\|\frac{Y_{i,k}}{\hat{X}_{i,k}}-\frac{Y_{i,k}}{\hat{X}_{i,k}-\hat{X}_e}\right\|^2+\frac{\sigma^2}{N\|\hat{X}_{i,k}\|^2}$$

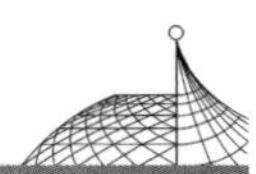

由文献[1]可知，任意一点时间—频率二维信道估计的误差可以表示为

$$E[\|\hat{H}_{P_i,k}-H_{i,k}\|^2]=E[\|H_{i,k}\|^2]-\theta(i,k)^{\mathrm{T}}\bar{\omega}(i,k)^*-\bar{\omega}(i,k)^{\mathrm{T}}\theta^*(i,k)+\bar{\omega}(i,k)^{\mathrm{T}}\Phi\bar{\omega}(i,k)^* \quad (4)$$

其中，$\bar{\omega}(i,k)$表示插值系数向量，其长度为参与该点信道估计的导频数目；$\theta(i,k)$表示该点与参与该点信道估计导频互相关向量，其长度为参与该点信道估计的导频数目；$H_{i,k}$表示信道频域响应；$\hat{H}_{P_i,k}$表示基于导频的信道估计值；Φ 表示参与信道估计导频点之间的自相关矩阵，其元素定义如下：

$$\begin{cases}\phi(\Delta_l,\Delta_k)=r(\Delta_l,\Delta_k)+\dfrac{1}{\gamma}\delta(\Delta_l,\Delta_k)\\ \gamma=\dfrac{\sigma^2}{NE\{\|X_{i,k}\|^2\}}\end{cases}$$

式中，Δ_l 与 Δ_k 表示参加估计的导频间隔；γ 表示信噪比。

为了减小频偏估计误差，信道估计辅助算法的估计公式可以表示为

$$\hat{f}_h=\frac{N}{2\pi(N+N_g)}\arg\{\sum_{k=1}^{M}(\widetilde{H}_{i,k}\widetilde{H}_{i-1,k}{}^*)\} \quad (5)$$

式中，$\widetilde{H}_{i,k}=\alpha_{i,k}\hat{H}_{i,k}+(1-\alpha_{i,k})\hat{H}_{pi,k}$，$\alpha_{i,k}\in[0,1]$。

因为各个频点上的噪声相互独立，所以合并后的信道估计误差 $E[\|\widetilde{H}_{i,k}-H_{i,k}\|^2]$ 可以写为

$$\alpha^2_{i,k}E[\|\hat{H}_{i,k}-H_{i,k}\|^2]+(1-\alpha_{i,k})^2E[\|\hat{H}_{pi,k}-H_{i,k}\|^2]$$

可知当 $\alpha_{i,k}=\dfrac{E[\|\hat{H}_{pi,k}-H_{i,k}\|^2]}{E[\|\hat{H}_{i,k}-H_{i,k}\|^2]+E[\|\hat{H}_{pi,k}-H_{i,k}\|^2]}$ 时，$E[\|\widetilde{H}_{i,k}-H_{i,k}\|^2]$最小，使得 $\hat{f}_D$ 估计误差最小。

下面以一种特定的导频图案和信道估计方式为例对 $\alpha_{i,k}$的设定进行讨论。在相同导频密度下，菱形导频图案的信道估计性能优于其他导频图案[14]，因此假设导频图案为菱形。为了便于工程实现，导频所处位置使用 LS 信道估计器配合线形内插的信道估计方法。以导频点的间距为单位把时平面划分若干个矩形估计单元，每个矩形单元可以组成一个坐标系独立进行插值运算，该坐标系定义如下：1)对导频分别在时间和频率方向连线，设相交的非导频点为原点。2)设 J 是时间方向导频间隔；I 是频率方向导频间隔。3)导频点的坐标分别为$(0,J)(I,0)(I,2J)(0,-J)$。4)该坐标系中点的坐标用(m_k,m_i)表示，其中 m_k 表示频率方向数据坐标，其范围为$[0,I]$；m_i 表示时间方向数据坐标，其范围为$[0,J]$。综上所述，插值系数可以表示为

$$\overline{w}(l,k)=\left[\frac{(J+m_i)(I-m_k)}{2IJ}\ \frac{(J-m_i)(I-m_k)}{2IJ}\cdot\frac{m_km_i}{2IJ}\ \frac{2m_kJ-m_km_i}{2IJ}\right]$$

将插值系数代入式(4)可以得到基于导频的信道估计误差为

$$E[\|\hat{H}_{pi,k}-H_{i,k}\|^2]=E\{\|H^2{}_{m_i,m_k}\|\}-\nu E\{2\mathrm{real}(bBeH^*{}_{m_i,m_k})\}+\kappa\frac{\sigma^2}{N}+E\{\|bBe\|^2\} \quad (6)$$

其中，各个符号定义如下：

$$b\left[\frac{I-m_k}{I}\quad\frac{m_k}{I}\right]$$

$$e=[1\quad 1]^T$$

$$\kappa=\frac{2(I-m_k)^2(J^2+m_i^2)+m_k^2(m_i^2+(2J-m_i)^2)}{4I^2J^2}$$

$$B=\begin{bmatrix}\dfrac{J+m_i}{2J}\hat{H}(J,0) & \dfrac{J-m_i}{2J}\hat{H}(-J,0)\\ -\dfrac{m_i}{2J}\hat{H}(-2J,I) & \dfrac{2J+m_i}{2J}\hat{H}(0,I)\end{bmatrix}$$

假设导频间隔设计满足信道变化的要求，当信道的时延功率谱和多普勒功率谱都满足均匀分布或者前者满足负指数同时后者满足经典多普勒频谱时[1]，由式(6)可知，基于导频的信道估计误差随着时延和多普勒频移的增加而增大。在数据符号判断正确时，数据判决方法的信道估计误差可以近似等于接收信道中的噪声能量，基于导频的信道估计误差可以近似等于各个频率点上的接收数据平均噪声；在数据符号判断错误时，2 种信道估计方法的估计误差都较大，而且误差之差必定小于符号判定门限。

4.2 噪声能量估计算法

接收端信道补偿后的各子载波上的数据可以看成是对发射端复制基带信号的估计。假设接收到的数据是各态历经的，且估计种类视信道估计方法而定，则接收信道中的噪声能量可以由式(7)而定。

$$\sigma^2 = N \quad MSE_x \approx \frac{N}{BM_0 E_h}\sum_{i=1}^{B}\sum_{k=1}^{M_0}\|Y_{i,k}\|^2 \tag{7}$$

式中，B 表示参与接收噪声估计的 OFDM 符号数，随着其增大估计结果接近真实均方误差；E_s 是信道平均能量；M_0 表示虚拟子载波数；σ^2 表示接收信道中的噪声能量。对某一频点而言，该频点的接收噪声能量 σ_k^2 如式(8)所示。

$$\sigma_k^2 \approx \frac{1}{B}\sum_{i=1}^{B}\left\|\hat{X}_{i,k}-\frac{Y_{i,k}}{\hat{H}_{Pi,k}}\right\|^2 = \frac{1}{B}\sum_{i=1}^{B}\left\|\frac{\hat{X}_{i,k}(\hat{H}_{Pi,k}-\hat{H}_{i,k})}{\hat{H}_{Pi,k}}\right\|^2 \tag{8}$$

4.3 改进的数据判决与循环前缀合并算法

基于循环前缀和改进的数据判决 2 种估计方法互不相关，为了减小频偏估计误差，可以合并两种算法的估计结果，如式(9)所示：

$$\hat{f}_a=\beta\hat{f}_h+(1-\beta)\hat{f}_C \tag{9}$$

式中，$0\leqslant\beta\leqslant1$。当 $\beta=\dfrac{\varepsilon(\hat{f}_C)}{\varepsilon(\hat{f}_h)+\varepsilon(\hat{f}_C)}$时，频偏估计误差最小。其中，ε(·)表示均方误差。

5. 算法性能分析

5.1 新算法稳定性讨论

首先，讨论当 $\alpha_{i,k}$取值有偏差时，$\hat{f}_h$ 估计方差的变化。因为信道的最大多径时延和多普勒频移不容易得到且不容易计算，所以 $\alpha_{i,k}$ 不易取得最优解，下面讨论如何取得次优解，以满足实际的需求。$\alpha_{i,k}$取值只要满足式(5)的条件则 $\varepsilon(\hat{f}_h)\leqslant\varepsilon(\hat{f}_D)$。由式(6)可知，随着信道中噪声能量的增加和信道多径时延和多普勒频移增加，$\alpha_{i,k}$的下限增大。由式(8)可知 σ_k^2 可以作为对 $\alpha_{i,k}$下限的估计，则 $\alpha_{i,k}$取值如式(11)所示可以使其必定满足式(10)。这样可以得到合并算法的次优解。假设判决数据错误发生在相邻的星座点上，则

$$E[\|\hat{H}_{i,k}-H_{i,k}\|^2]+E[\|\hat{H}_{P_i,k}-H_{i,k}\|^2]\leqslant 4d^2E[\|\hat{H}_{Pi,k}\|^2]$$

式中，d 是相邻星座点间距离。

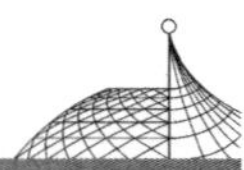

$$\frac{E[\|\hat{H}_{P_i,k}-H_{i,k}\|^2]-E[\|\hat{H}_{i,k}-H_{i,k}\|^2]}{E[\|\hat{H}_{i,k}-H_{i,k}\|^2]+E[\|\hat{H}_{P_i,k}-H_{i,k}\|^2]}\leqslant\alpha_{i,k}\leqslant 1 \tag{10}$$

$$\alpha_{i,k}=\frac{E[\|\hat{H}_{Pi,k}\|^2]N\sigma_k^2}{E[\|\hat{X}_{i,k}\|^2]\sigma^2+E[\|\hat{H}_{Pi,k}\|^2]\sigma_k^2} \tag{11}$$

其次，讨论β取值偏差对$\hat{f}_a$估计性能的影响。β取值只要满足式(11)的条件则$\varepsilon(\hat{f}_a)\leqslant\min\{\varepsilon(\hat{f}_h),\varepsilon(\hat{f}_C)\}$。由文献[8,13]可知上面两种算法的估计方差与参与估计的数据数量和噪声成正比，β的设置如式(13)所示。当$\varepsilon(\hat{f}_h)$很大时，因为$\|\sigma_k\|$小于数据判决门限，所以对$\varepsilon(\hat{f}_h)$会产生错误的估计。因此当$\|\sigma_k\|$大于等于数据判决门限时使$\beta=0$。综上，β的设置满足式(12)的要求。由于基于循环前缀的算法估计性能不受误码率和频偏的影响，可以设置较低的门限来完成切换。

$$\frac{\varepsilon(\hat{f}_C)-\varepsilon(\hat{f}_h)}{\varepsilon(\hat{f}_h)+\varepsilon(\hat{f}_C)}\leqslant\beta\leqslant\frac{2\varepsilon(\hat{f}_C)}{\varepsilon(\hat{f}_h)+\varepsilon(\hat{f}_C)} \tag{12}$$

$$\begin{cases}\beta=\dfrac{NM^2\sigma^2}{N_g(N+N_g)^2\sum\limits_{k=1}^{M}\sigma_k^2+NM^2\sigma^2}, & \dfrac{1}{M}\sum\limits_{k=1}^{M}\sigma_k^2<\dfrac{d^2}{4}\\ \beta=0, & \dfrac{1}{M}\sum\limits_{k=1}^{M}\sigma_k^2<\dfrac{d^2}{4}\end{cases} \tag{13}$$

再次，讨论当稳定状态下频率抖动对估计的影响。频率抖动主要是由发射与接收端参考时钟频率变化引起的，因此其幅度值较小。在稳定状态下，频率的抖动会引起σ_k^2的变化，因此系统会自适应的更改$\alpha_{i,k}$与β，从而估计出频率偏差，通过数字变频使系统重新恢复到稳定状态。

最后，当频率偏差超出基于数据判决方法的范围时，通过判定有$\beta=0$，估计算法退化成基于循环前缀的算法，依然能够实现频率捕获。频偏变小后，通过自适应调节系数依然可以完成精确的载波同步。

5.2 新算法收敛速度和计算量讨论

由上面的讨论可知，新算法的估计精度均优于基于数据判决的小数倍频偏估计算法和基于循环前缀的小数倍频偏估计算法，因此在使用相同的环路滤波器时，新算法的输入噪声小，则收敛速度更快同时残留频差更小。

新算法是在数据解调和信道估计完成基础上实现的，因此可以借用信道估计所用的存储器。计算$\hat{f}_h$时，由式(5)和式(10)可知，$\alpha_{i,k}$取值可以是2的幂次倒数整数倍，则只需要两个乘法器和两个加法器，和一个cordic核用来求角度；计算$\hat{f}_C$时只需要简单的切换，计算角度的cordic核可以与基于数据判决的算法使用同一个核。计算$\hat{f}_a$时，只需要使用两个复乘法器和两个加法器。

6. 算法仿真

分别在白噪声和多径信道两种情况下，利用蒙特卡罗法对联合同步算法进行仿真。移动多媒体广播的帧结构设计满足了高动态大数据量要求，因此以移动多媒体广播(CMMB)帧格式为例[15]检验本算法性能，假设仿真参数如下。

1)OFDM系统带宽为10MHz，采样频率为40MHz，小数倍频率偏差分别为50Hz和1001Hz。在小数倍频率偏差为50Hz的情况下，上述三种算法都可以正常使用，从而比较频率估计精度；在小数倍频率偏差为1001Hz时，只有基于循环前缀和新算法可以正常使用，从而比较频率跟踪性能。

2)其导频图案是菱形导频结构，且$\Delta_T=1$，$\Delta_P=8$，其导频对应的子载波编号为：当l是奇数且$0\leqslant n\leqslant 191$时，导频的子载波编号为$8n+2$，当$l$是奇数且$192\leqslant n\leqslant 383$时，导频的子载波编号为$8n+1023$；当$l$是偶数且$0\leqslant n\leqslant 191$时，导频的子载波编号为$8n+6$；当$l$是偶数且$192\leqslant n\leqslant 383$时，导频的子载波编号为$8n+1027$；2538和4095的位置上固定有导频。

3)复数基带信号$X(l,k)$从16—QAM星座点中随机取出，这样解调时对同步精度要求较高。

4)制使用4096个子载波，其中3076个为有效子载波，其他为虚拟子载波。

5)每帧除了训练符号外，包括53个OFDM符号。每个符号长度为463.2μs，其中循环前缀长度为51.2μs，OFDM符号长度为409.6μs，保护间隔长度为2.4μs。

6)发射信号分别经过高斯白噪声和多径信道。其中，多径信道模型各路的延时分别为0、1.2μs、2.4μs、4.8μs和25.6μs，路径增益为1、0.891、0.354、0.316和0.1。其最大多径延时正好满足其导频设置的频域间隔，并且第二径存在强反射。

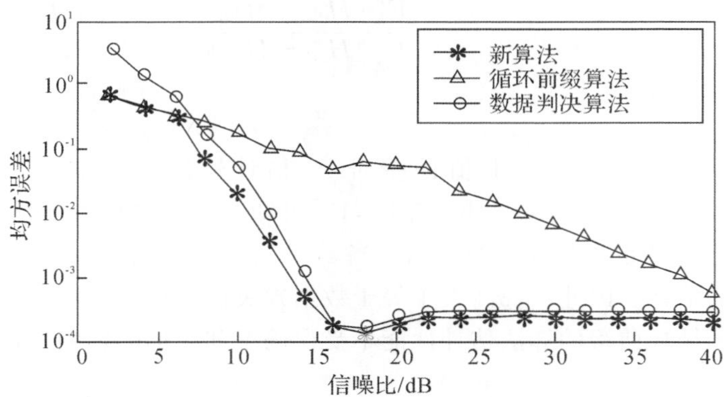

(a) 在高斯白噪声道下50Hz频偏

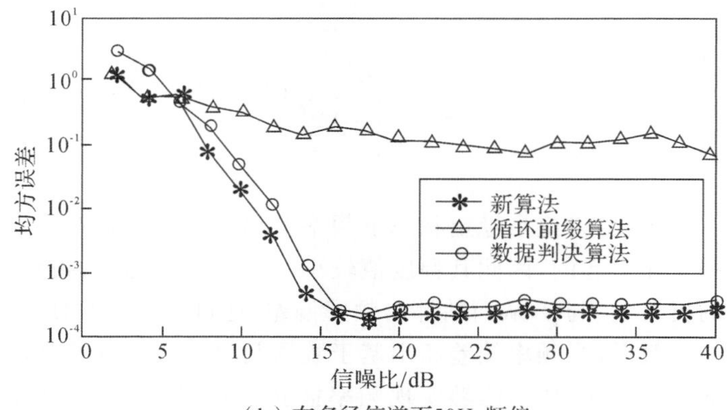

(b) 在多径信道下50Hz频偏

图1 频偏估计性能比较

7)在不同信噪比下，发送100帧数据，计算频偏估计均方差，比较算法频偏估计性能；在25dB信噪比下，发送100帧数据，比较算法跟踪性能，环路滤波器采用一阶环，满足下式：

$\hat{f}_n=\hat{f}_{n-1}+\frac{\hat{f}_a}{2}$，$\hat{f}_n$表示第$n$个时刻的频率控制参数。

综上所述，新算法具体步骤如下：

1)使用符号定时算法完成定时，使用粗同步算法完成整数倍频偏估计；

2)解调数据后利用式(7)和式(8)和计算出σ_k^2与σ^2，从而计算出相应的$\alpha_{i,k}$和β；

3)利用式(9)计算出小数倍频率偏差，输出到环路滤波器；

4)使用环路滤波器输出改变数字下变频频率；

5)重复步骤2)。

仿真结果表明，在加性高斯白噪声信道、多径信道下，新算法比单独使用一种算法估计精度高、跟踪性能好。图1所示，在高斯白噪声和多径信道下，新算法的估计精度均高于基于循环前缀和数据判决的算法。在高斯白噪声下，新算法跟踪稳定时剩余频偏均方误差为0.0034，15个反馈点后进入稳定状态，而基于循环前缀算法跟踪稳定时剩余频偏均方误差为0.0575，20个反馈点后进入稳定状态，前者估计方差低于后者的5.91%，收敛速度快5个反馈点；在多径信道下，新算法跟踪稳定时剩余频偏均方误差为0.0038，17个反馈点后进入稳定状态，而基于循环前缀算法跟踪稳定时剩余频偏均方

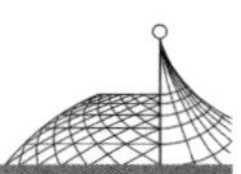

误差为0.0736,23个反馈点后进入稳定状态,前者低于后者的5.18%,收敛速度快6个反馈点。

7. 实验结果

新算法在硬件中进行了实验,实验结构框图如图2所示。首先,信号经过数字下变频成为有残余频率偏差的基带信号。其次,基带信号分成两路,一路经过快速傅里叶变换模块、信道估计和星座图映射模块后输出数据;另一路进入利用循环前缀估计模块进行基于循环前缀的频偏估计。再次,当前输出数据和经过延时单元的输出数据进入信道估计值合并模块进行信道估计值合并。然后,频域估计模块根据信道估计合并模块送来的数据来计算小数倍频偏。最后,基于循环前缀的估计结果和频域估计结果送入频偏估计合并模块进行合并,从而通过频率控制模块把细估计与粗估计结合来控制数字下变频模块改变频率。

在发射信号的信噪比为25dB的情况下,使用在线逻辑分析软件chipscope截取星座图映射前数据,可以得到接收机解调星座图(如图3所示),使用本文提出的算法后星座图明显收敛。可见,本文提出的算法提高了接收机的性能。

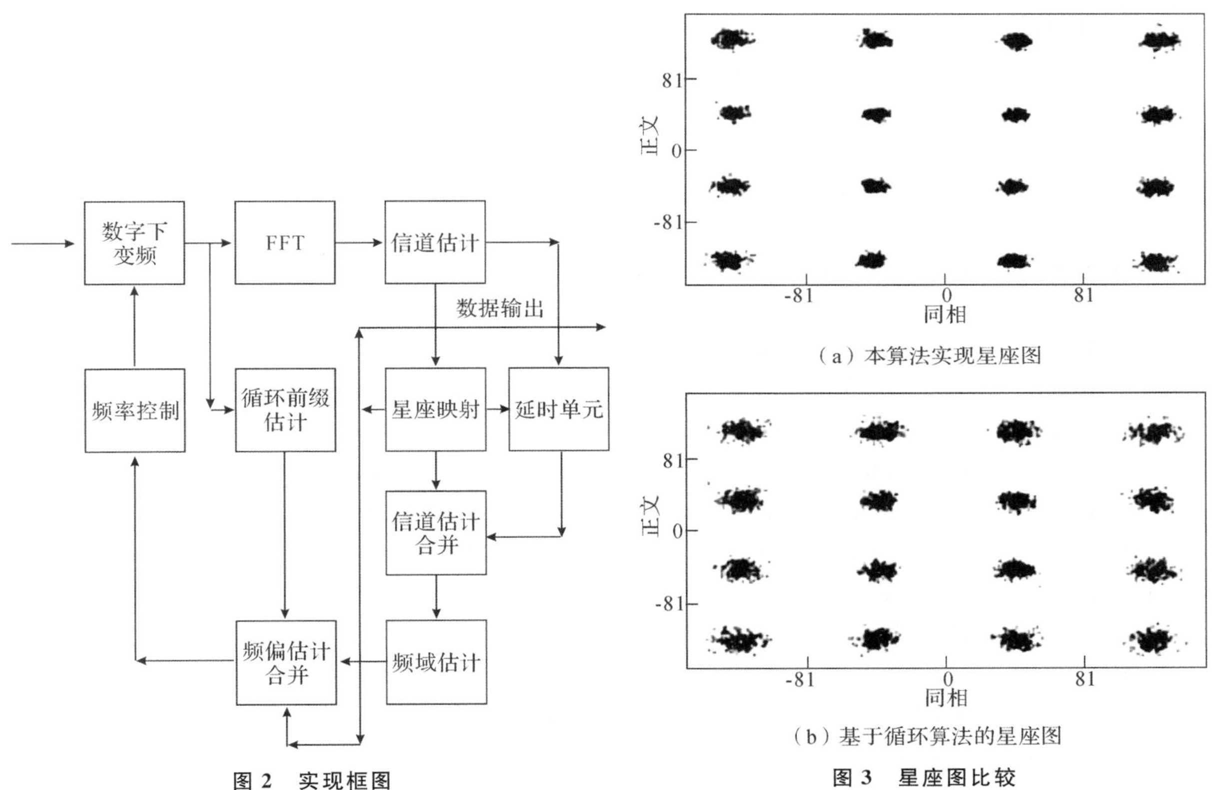

图2 实现框图

(a)本算法实现星座图

(b)基于循环算法的星座图

图3 星座图比较

8. 结束语

本文提出了一种基于数据判决和循环前缀的OFDM系统联合时间频率小数倍频偏估算法。这种算法以接收数据噪声能量估计为依据,实现了频域和时域估计的无缝连接,并且兼顾了二者的优点。新算法突出的特点是利用频域数据的频偏估计精度与接收数据噪声的关系来同时使用时域和频域数据进行小数倍频偏估计。理论分析表明，新算法的小数倍频偏估计精度比单独使用时域或频域数据算法。仿真结果表明，在高斯白噪声和多径信道下，新算法的估计精度和收敛速度均优于基于循环前缀和数据判决的算法。在高斯白噪声下，新算法跟踪稳定时剩余频偏均方误差为 0.0034，15 个反馈点后进入稳定状态，而基于循环前缀算法跟踪稳定时剩余频偏均方误差为 0.0575，20 个反馈点后进入稳定状态，前者估计方差低于后者的 5.91%，收敛速度快 5 个反馈点；在多径信道下，新算法跟踪稳定时剩余频偏均方误差为 0.0038，17 个反馈点后进入稳定状态，而基于循环前缀算法跟踪稳定时剩余频偏均方误差为 0.0736，23 个反馈点后进入稳定状态，前者低于后者的 5.18%，收敛速度快 6 个反馈点。实验结果表明，本算法可以增强星座图收敛，从而提高了接收机的性能。

参考文献

[1] 尹长川，罗涛，乐广信. 多载波宽带无线通信技术[M]. 北京：北京邮电大学出版社，2004：22-69.
YIN C C, LUO T, YUE G X. Multicarrier Broadband Wireless Communication Technology [M]. Beijing: Beijing University of Posts and Telecommunications Press, 2004:22-69.

[2] 张海滨. 正交频分复用的基本原理与关键技术[M]. 北京：国防工业出版社，2006：25-52.
ZHANG H B. Principle and Key Technologies for Orthogonal Frequency Division Multiplexing [M]. Beijing: National Defence Industry Press, 2006: 25-52.

[3] VAN NEE R, PRASAD R. OFDM for Wireless Multimedia Communication[M]. Boston & London: Artech House, 2000:77-80.

[4] MO R, CHEW Y H, TJHUNG T T, et al. A new blind joint timing and frequency offset estimator for OFDM systems over multipath fading channels[J]. IEEE Transactions on Vehicular Technology, 2008, 57(5): 2947-2957.

[5] GUO Y, LIU G, GE J, A novel time and frequency sync-hronization scheme for OFDM systems [J]. IEEE Transactions on Consumer Electronics, 2008, 54(2): 321-325.

[6] FUSCO T, TANDA M. Blind synchronization for OFDM systems in multipath channels[J]. IEEE Transactions on Wireless Communications, 2009, 8(3): 1340-1348.

[7] YOU Y, LEE K, KANG S. Pilot-aided frequency offset tracking scheme for OFDM-based DVB-T[J]. IEEE Transactions on Consumer Electronics, 2008, 54(3): 1053-1058.

[8] SHI K, E. SERPEDIN E, CIBLAT P. Decision-directed fine synchronization in OFDM systems [J]. IEEE Transactions on Communications, 2005, 53(3): 408-412.

[9] 蒋雁翔，王东明，高西奇等. 时频训练序列 OFDM 频偏估计方法[J]. 通信学报，2006，27(6)：10-15.
JIANG Y X, WANG D M, GAO X Q, et al. Frequency offset estimator for OFDM with time-frequency training sequence[J]. Beijing: Journal on Communications, 2006, 27(6): 10-15.

[10] 刘占利，曾嵘，赵春明. 低复杂度的 OFDM 粗频偏估计算法[J]. 通信学报，2005，26(5)：86-90.
LIU Z L, ZENG R, ZHAO C M. Low-complex coarse frequency offset estimation algorithm in OFDM systems[J]. Journal on Communications, 2005, 26(5): 86-90.

[11] 马章勇，赵春明，尤肖虎. 无线信道中 OFDM 系统时频同步新算法[J]. 通信学报，2003，24(12)：76-83.
MA Z Y, ZHAO C M, YOU X H. A novel OFDM time and frequency synchronization algorithm in wireless channel[J]. Journal on Communications, 2003, 24(12): 76-83.

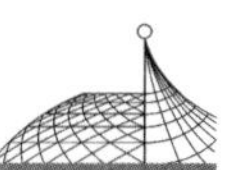

[12] 郑来波，胡健栋. 基于信号重构的OFDM频偏跟踪算法的跟踪范 围[J]. 北京邮电大学学报，2005，28(2)：81-84.
ZHENG L B, HU J D. The tracking range of CFO tracking AL-gorithm based on signal reconstruction for OFDM[J]. Journal of Beijing University of Posts and Telecommunications, 2005, 28(2): 81-84.

[13] SCHIMDL T, COX D. Robust frequency and timing synchronization for OFDM[J]. IEEE Transactions on Communications, 1997, 45(12): 1613-1621.

[14] CHOI J, LEE Y Optimum pilot pattern for channel estimation in OFDM systems[J]. IEEE Transactions on Communications, 2005, 4(5): 2083-2088.

[15] GY/T 220.1—2006，移动多媒体广播 第1部分：广播信道帧结构、信道编码和调制[S].
GY/T 220.1—2006. Mobile Multimedia Broadcasting Part 1: Framing Structure, Channel modulation for Broadcasting Channel[S].

Fractional Frequency Estimation Algorithm for OFDM System Based on Noise Decision

Abstract: To improve the orthogonal frequency division multiplexing (OFDM) system fractional frequency estimation precision, a fractional frequency offset estimation algorithm assisted by the real time channel estimation was presented. By means of estimating the received channel noise to ensure the threshold logic, the seamless connection of frequency offset estimation between the presented algorithm and the estimation algorithm based on cycle prefix was realized. The simulation results show that, in additive white Gaussian noise channel, the estimation mean-square error of the new algorithm is less than 5.91% of the cyclic prefix based algorithm, the convergence speed of the former algorithm is more than the latter 5 feedback point; in multipath fading channel, the estimation mean-square error of the former is less than 5.18% of the latter, the convergence speed of the former is more than the latter 6 feedback point. Therefore, the receiver performance could be improved.

Keywords: OFDM; threshold logic; channel estimation; frequency estimation

基于正交循环码的 M-ary 扩频解扩新算法及 FPGA 实现*

摘　要：针对基于正交循环码 M-ary 扩频解扩算法消耗硬件资源较多的问题，提出一种以折叠匹配滤波器为基础的算法及 FPGA 实现方案。选择合适的计算时钟，算法使用 6 个加法器和 4 个乘法器即可实现非相干解扩，比传统相关解扩算法节省资源，两者消耗资源之比随进制数 M 的增加而降低。实验结果证明了算法的正确性和有效性。

关键词：M-ary 正交扩频；解扩；折叠匹配滤波器；FPGA

1. 前　言

M-ary 扩频通信系统可解决直扩通信中带宽有限情况下扩频增益与信息传输速率的矛盾，在军事和民用领域得到了广泛应用[1,2]，例如民用的 IS-95 系统，军用的 JTIDS'皆采用了该项技术。解扩算法是 M-ary 扩频系统正常工作的关键技术之一[3,4]。随着软件无线电的发展，FPGA 技术以其丰富的逻辑资源与可重构性得到广泛应用。研究适用于 FPGA 的解扩算法具有重要意义。

M-ary 扩频通信的解扩通常采用多路相关累加[4,5]或者 FFT[2,6]的办法。前者结构简单，所需相关器个数正比于进制数 M；随着 M 增加，消耗资源直线上升。后者利用频域相乘得到时域相关值，所耗资源取决于伪码长度，与 M 无关，但硬件实现结构复杂，实时性较差。

本文利用正交循环码的特性，提出一种基于折叠匹配滤波器的算法，用两组匹配滤波器进行乒乓操作，实现解调数据的连续实时输出。

2. 系统模型

2.1　发射模型

基于正交循环码的 M-ary 扩频系统的发射结构如图 1 所示，其中扩频参与集合 PN 采用正交循环码实现。串行数据先经过串并变换器，转换成 k 比特的并行数据，共有 $M=2^k$ 个状态，即 M 个码元，组成集合 $D=\{D_i \mid i=0,1,\cdots,M-1\}$，用 M 条长为 $N(N\geqslant M)$ 的扩频码来对应传输。

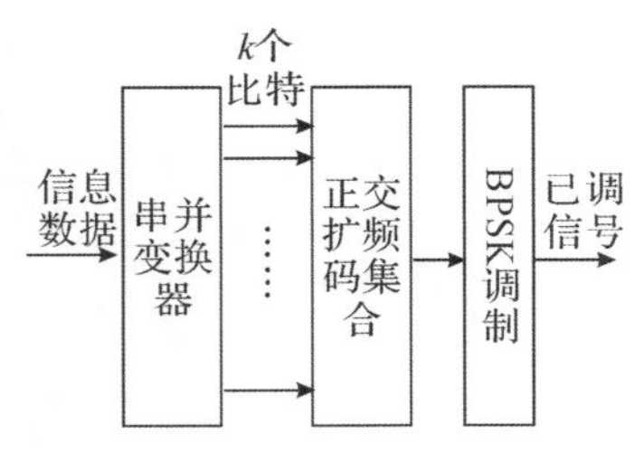

图 1　M-ary 正交扩频原理图

* 文章发表于《遥测遥控》，2011，32(1)：52-56．系作者与文霄杰、邵定蓉、李署坚、宋伟宁合作完成。

挑选一条长度为 N、自相关性好的伪随机序列 PN_0 作为原型扩频码，选择其 M 个循环右移相位序列构成集合 $PN=\{PN_i|i=0,1,\cdots,M-1\}$，$D$ 中元素和 PN 中的元素一一对应：$D_i\leftrightarrow PN_i$。

码元 D_i 对应的扩频码 PN_i 可表示为：

$$PN_i(t)=\sum_{n=0}^{N-1}PN_{i,n}g_c(t-nT_c) \tag{1}$$

其中，$PN_{i,n}\in\{\pm1\}$为扩频码 $PN_i(t)$的第 n 个码片，T_c 为码片宽度，$g_c(t)$为门函数，定义如下：

$$g_c(t)=\begin{cases}1,0<t\leqslant T_c\\0,其它\end{cases} \tag{2}$$

一个信息码元符号周期内发射信号为：

$$s(t)=\sqrt{2P}PN_i(t)\cos(wt),0\leqslant t<NT_c \tag{3}$$

式(3)中，P 为信号功率，w 为载波频率。

2.2 传统解扩算法及消耗资源分析

假定 M 个码元等概率传输，在高斯信道中，最佳接收机为 M 个相关器或等效的匹配滤波器[7]。基于相关器的理想接收机解扩原理图，如图 2 所示。

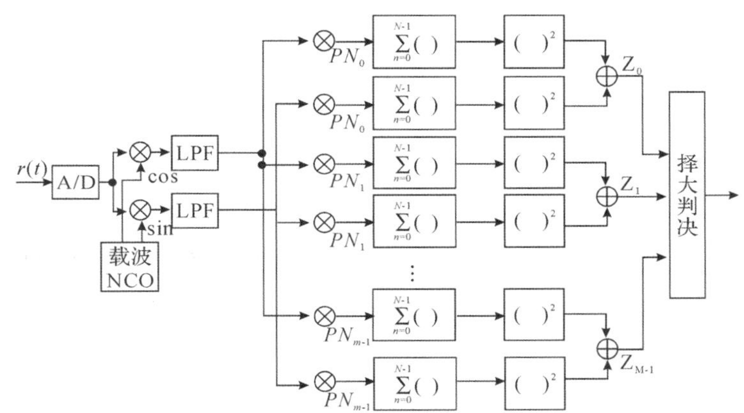

图 2 基于相关器的理想接收机解扩原理图

接收信号 $r(t)$可表示为：

$$r(t)=s(t)+n(t) \tag{4}$$

其中，$n(t)$是均值为 0、双边功率谱密度为$\frac{N_0}{2}$的带限加性高斯噪声。

对 $r(t)$进行采样，设采样速率为扩频码速率 f_c，得到 $r(n)$，通过数字下变频和低通滤波器，得到 I 路信号：

$$x_I(n)=\sqrt{P}PN_i(n)\cos\varphi+n_I(n) \tag{5}$$

同理，Q 路信号为：

$$x_Q(n)=\sqrt{P}PN_i(n)\sin\varphi+n_Q(n) \tag{6}$$

其中 φ 为本地载波与实际载波间的相差，$n_I(n)$和 $n_Q(n)$是 I/Q 两路经过低通滤波后的等效噪声。

将式(5)和式(6)联合写成复信号形式：

$$\widetilde{x}(n)=x_I(n)+jx_Q(n) \tag{7}$$

当接收端和发射端的 PN 码已经完全同步，解扩需要 $\widetilde{x}(n)$与 M 路扩频码相关，然后取模平方，得到路非相干相关值 $Z_i,i=0,1,\cdots,M-1$，取最大值，解调出数据。

其中 Z_i 可以表示为：

$$Z_i=(\sum_{n=0}^{N-1}x_I(n)PN_{i,n})^2+(\sum_{n=0}^{N-1}x_Q(n)PN_{i,n})^2,i=0,1,\cdots,M-1 \tag{8}$$

可以看出，相关累加器解扩消耗的资源为 3M 个加法器和 2M 个乘法器，其中乘法器资源在 FPGA 中尤其稀缺，当 M 较大时，将耗费大量的资源。

而 FFT 算法利用频域相乘来得到相关值，其计算过程可用下式表示[8]：

$$Z_{\mathrm{FFT}}=|IFFT(FFT(\tilde{x}(n))\cdot(FFT(PN_0))^*)|^2,n=0,1,\cdots,N-1 \tag{9}$$

通过式(9)计算出的 Z_{FFT} 共有 N 个循环相关值，从中取出正交循环码 $\{PN_i|i=0,1,\cdots,M-1\}$ 对应的 M 个右移相位位置的相关值，结果同式(8)。

FFT 算法解扩计算量独立于进制数 M，与扩频码长度 N 有关，硬件实现结构复杂，实时性较差。

3. 新算法及消耗资源分析

为了降低硬件消耗资源，本文提出一种基于折叠匹配滤波器的解扩方案，原理如图 3 所示。其主要构成为 4 个折叠匹配滤波器、4 个乘法器和两个加法器，其中折叠匹配滤波器利用循环码的特性设计，冲击响应如下：

$$h(n)=PN_{\mathrm{E}}(2N-1-n),n=0,1,\cdots,2N-1 \tag{10}$$

其中，$PN_E=[PN_0,PN_0]$，即两个周期的扩频码。

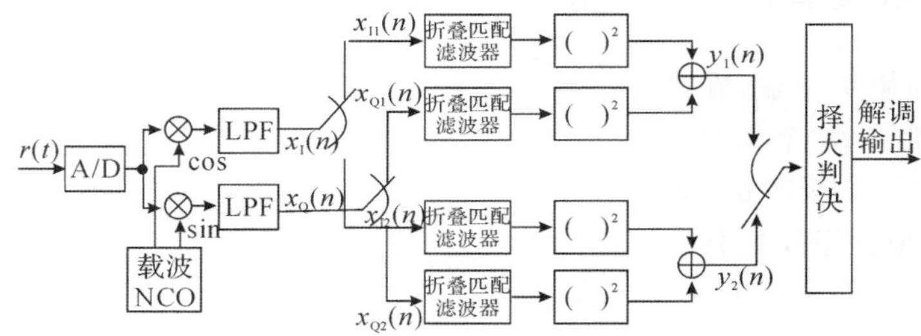

图 3　基于折叠匹配滤波器的接收机解扩原理图

折叠匹配滤波器是常系数的 FIR 滤波器，在 FPGA 中实现时为节约资源，采用倒置型结构实现。记滤波器输入为 $x(n)$，输出 $y(n)$，根据式(10)有[9]：

$$\begin{aligned}y(n)&=\sum_{i=0}^{N'-1}x(n-i)h(i)\\&=(\cdots((\sum_{i=0}^{H-1}x(n-i)h(i))+\sum_{i=H}^{2H-1}x(n-i)h(i)+\sum_{i=2H}^{3H-1}x(n-i)h(i))+\cdots)+\sum_{i=(h-1)H}^{N'-1}x(n-i)h(i)\end{aligned} \tag{11}$$

式(11)中，$N'=hH=2n$，h 为折叠次数。

设输入数据时钟为 f_c，滤波器计算时钟为 hf_c。取折叠次数 $A=2N$ 时，设计工作时钟为 $2Nf_c$，匹配滤波器可由一个加法器、延时单元和 RAM 实现。折叠匹配滤波器结构如图 4 所示。延时单元可用 FPGA 中的 SLR16、FIFO 或 RAM 完成，这些资源在 FPGA 中非常丰富，设计时基本不受约束。联合图 3 和图 4 可看出，相比传统的相关累加解扩算法，新算法总共需要 6 个加法器，乘法器的个数也由原来的 2M 降为 4 个。

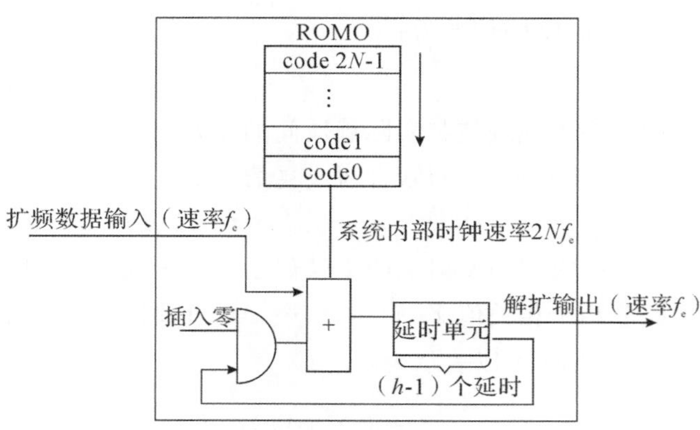

图 4　折叠匹配滤波器结构图

新算法解扩的工作原理如下文所述。每两个匹配滤波器和乘法器为一组，图 3 中两个开关每隔 NT_c 同步切换一次。当输入开关接通第一组

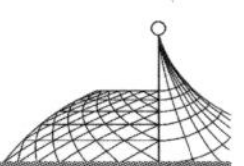

滤波器时，输出开关则与第二组滤波器相连；反之皆切换到另一滤波器组。

输入信号可以表示为

$$x_{I1}(n)=\begin{cases}x_I(n), & lN-N\leqslant n<lN-1, l\text{ 为奇数}\\ 0, & lN-N\leqslant n<lN-1, l\text{ 为偶数}\end{cases} \quad (12)$$

$$x_{Q1}(n)=\begin{cases}x_Q(n), & lN-N\leqslant n<lN-1, l\text{ 为奇数}\\ 0, & lN-N\leqslant n<lN-1, l\text{ 为偶数}\end{cases} \quad (13)$$

$$x_{I2}(n)=\begin{cases}x_I(n), & lN-N\leqslant n<lN-1, l\text{ 为偶数}\\ 0, & lN-N\leqslant n<lN-1, l\text{ 为奇数}\end{cases} \quad (14)$$

$$x_{Q2}(n)=\begin{cases}x_Q(n), & lN-N\leqslant n<lN-1, l\text{ 为偶数}\\ 0, & lN-N\leqslant n<lN-1, l\text{ 为奇数}\end{cases} \quad (15)$$

输出计算如下：

$$y_1(n)=(x_{I1}(n)*h(n))^2+(x_{Q1}(n)*h(n))^2 \quad (16)$$

$$y_2(n)=(x_{I2}(n)*h(n))^2+(x_{Q2}(n)*h(n))^2 \quad (17)$$

其中 * 为卷积运算符号。

以 NT_c 为一个计算周期，偶数周期的 $y_1(n)$ 和奇数周期的 $y_2(n)$ 组合输出循环相关值 $Z_{FMF}(l)$，即

$$Z_{FMF}(l)=\begin{cases}y_1(n), lN-N\leqslant n<lN-1, l\text{ 为偶数}\\ y_2(n), lN-N\leqslant n<lN-1, l\text{ 为奇数}\end{cases} \quad (18)$$

同 FFT 算法一样，每个扩频码周期有 N 个循环相关值，取对应 M 个位置的值，然后选出最大值，根据位置映射出数据。

4. 实验结果与分析

实验环境由 FPGA 硬件平台与其软件开发环境 ISE7.1 组成，使用 Xilinx 公司的 xc4vlx40 芯片，硬件开发语言为 VHDL。利用 Matlab 产生基于正交循环码的 M-ary 扩频数据，存入 FPGA 的 RAM 中，实验时用时钟读出送入基于折叠匹配滤波器的解扩接收机，经过平方相加模块后，在开关控制下送入择大判决模块，得出峰值位置，映射得出数据。

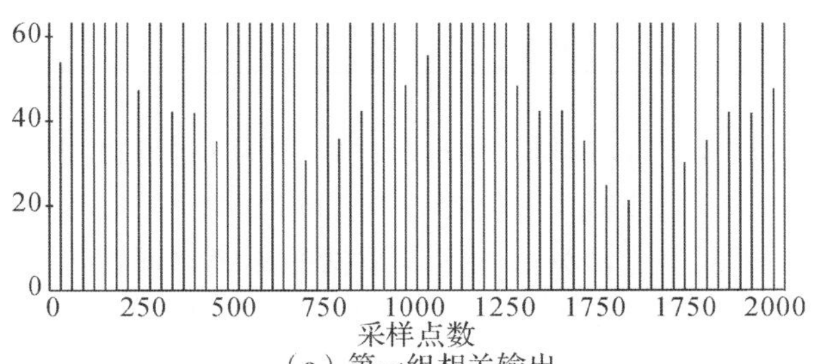

(a) 第一组相关输出

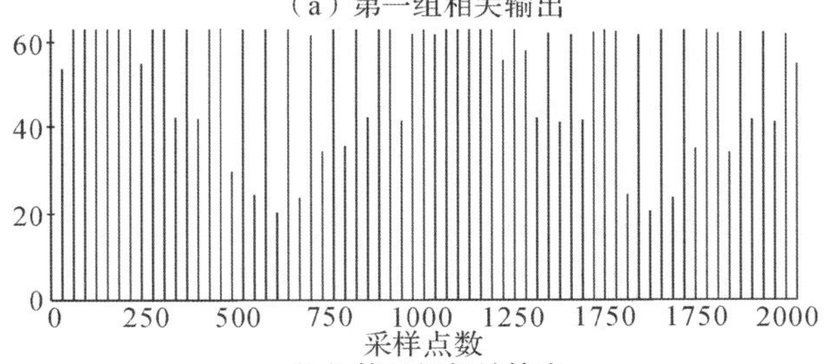

(b) 第二组相关输出

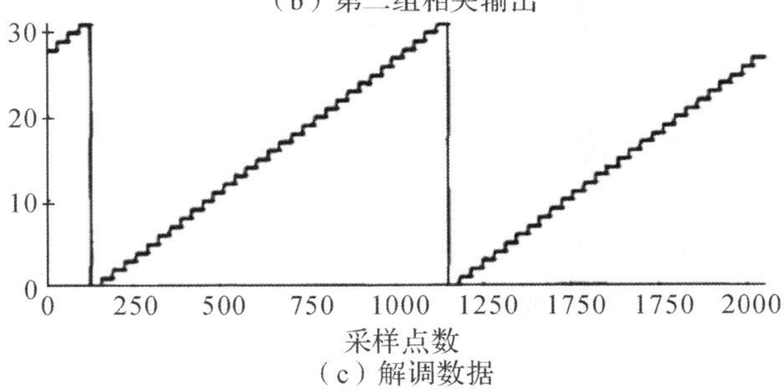

(c) 解调数据

图 5　在线逻辑分析仪采集数据波形

设置系统码速率 $f_c=1$Mchip/s，扩频码长为 32，采用 $M=32$ 进制调制，每 5 个比特数据串并转换成一个码元符号，速率为 31.25Ksymbol/s，比特速率为 156.25Kbit/s。码元 00000～11111 分别对应原型扩频码循环右移 0～31 个相位。用 Matlab 产生周期的信息码元为 00000～11111 的 M-ary 扩频信号，数据采样位数为 12。折叠匹配滤波器工作时钟为 64MHz，即 $h=64$，$H=1$，由图 4 可知，此时滤波器只需要一个加法器。

利用 ISE 的在线逻辑分析仪 Chipscope 采集两路匹配滤波器的非相干输出 y_1 和 y_2 以及数据解

调结果 d，如图 5 所示，其中采样时钟为 1MHz。同时将 d 存入文件，用 Matlab 读出并与调制数据对比，结果正确无误。

在上述平台上同时实现相关累加算法、FFT 算法和新算法，从 xst 报告得出所耗的主要资源如表 1所示。

表 1　三种算法消耗 FPGA 资源

FPGA 资源	相关累加	FFT	新算法
Slices	3552	2384	372
DSP48s	64	12	4
Slice Flip Flops	4704	3566	372
4 Input LUTS	3456	3472	528

其中，DSP48s 为 xc4vlx40 中的乘法器资源，加法器主要耗用 Slices(芯片中每一个 Slice 由 2 个 Slice Flip Flops 和 2 个 4 Input LUTS 组成，具体设计时两者的占用比例不同)资源。

以上三种算法均实现数据的连续解调输出，FFT 调用 ISE 中的流水型 IP 核。

从表 1 中可看出，FFT 比相关累加节省资源，而新算法比 FFT 节省资源。FFT 消耗资源独立于进制数 M，与扩频码长度 N 有关。相关累加算法与 N 无关，与 M 成正比。当 M 较小时，相关累加算法消耗资源减少，优于 FFT 算法。新算法在 FPGA 能支持 $2Nf_c$ 的工作时钟下，消耗资源独立于 M 和 N，优于前两种算法。

FPGA 的工作频率跟芯片的厂商型号和电路设计质量有关，Xilinx 的 virtex4 系列可以达到四五百兆赫兹，实际设计中由于布线延时等原因，性能降低。

上述实验中，当扩频码速率提高，$f_c=10$Mchip/s 时，$Nf_c=640$MHz，此时 FPGA 很难支持这一速率，折叠次数 h 调整为 $N/2$，工作时钟为 160MHZ，每个滤波器消耗 4 个加法器，新算法消耗加法器 18 个、乘法器 4 个。此时 Slices 资源约增加为原来的三倍，DSP48S 不变。

5. 结　论

针对以正交循环码为基础的 M-ary 扩频系统，提出了一种使用折叠匹配滤波器的非相干解扩算法和 FPGA 实现方案。选取合适的系统时钟，可以用 6 个加法器和 4 个乘法器实现非相干解扩，所耗资源独立于伪码长度 N 和进制数 M。实验证明了本算法的正确性和有效性。算法的应用范围与 FPGA 能支持的计算速率及 Nf_c 有关，当前者大于后者时，本算法可直接使用；反之，折叠倍数需做调整，消耗加法器资源相应有所增加。

参考文献

[1] 薛筱明，李建东. 多进制正交码扩频系统的解扩和同步技术及其实现[J]. 电子学报，1998，26(1)：105-110.

[2] 褚振勇，应小凡，田红心，等. 一种双正交循环码 M 元扩频接收机性能分析[J]. 西安电子科技大学学报，2004，31(6)：850-854.

[3] Dekorey A，Fischer S，Kammeyer K D. Maximum Likelihood Decoding of M-ary Orthogonal

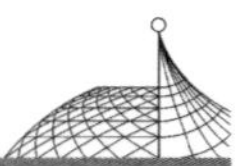

Modulated Signals for Multicarrier Spread-spectrum Systems[C]. PIMRC'S, Boston, MA, 1998:538-543.

[4] Louay M A Jalloul, Jack M Holtzman. Performance Analysis of DS/CDMA with Noncoherent M-ary Orthogonal Modulation in Multipath Fading Channels[J]. IEEE Journal on Selected Areas in Communications, 1994,12(5):862-870.

[5] 徐辉,余晓刚,王华,等. 一种多进制正交扩频方案的解扩技术研究[J]. 系统仿真学报. 2003, 15(7):1002-1004.

[6] 姚俊,褚振勇,易克初. 一种基于循环码的双多进制正交扩频系统的性能分析[J]. 电讯技术,2006, 46(5):84-88.

[7] John G, Proakis. Digital Communications[M]. New York: McGraw-Hill,1983:209-210.

[8] 奥本海姆 Alan V,谢弗 Ronald W. 离散时间信号处理[M]. 西安:西安交通大学出版社,2001.

[9] 徐峰,邵定蓉,李署坚. 一种高动态直扩接收机快速码捕获方法[J]. 北京航空航天大学学报,2007, 33(6):672-676.

De-spreading Scheme and Its FPGA Implementation of M-ary Spread Spectrum Signals Based on Orthogonal Cyclic Codes

Abstract: To reduce the hardware resource of de-spreading algorithm of M-ary spread spectrum signals based on orthogonal cyclic codes, a new scheme using folded digital matched filter and its FPGA implementation are presented. Compared with the traditional algorithm using correlators, the de-spreading is achieved with six adders and four multipliers applying the new algorithm while the performance is better as M increases. The experiment results verify the validity of the proposed scheme.

Keywords: M-ary orthogonal spread spectrum; de-spreading; folded DMF; FPGA

多径效应对非相干延迟锁定环的影响*

摘　要：多径是影响伪码测距及定位精度的重要误差源之一。研究多径效应对非相干延迟锁定环的影响，给出多径信道下的最大测距误差公式，指出存在多径时的 S 曲线斜率的变化规律，并分析多径对跟踪环路噪声性能的影响。仿真及分析结果表明，多径引起了鉴相曲线的零点漂移，并导致了更大的噪声抖动。

关键词：多径效应；非相干延迟锁定环；测距

多径效应是应用电磁波测距、定位中面临的重大挑战。应用直接序列扩频信号的测距系统能有效地对抗时延大于一个码片的多径，但时延在一个码片之内的多径仍会对扩频测距系统产生较大的干扰，是扩频测距系统的主要误差来源之一。文献[1，2]对多径的影响进行了详细的讨论，但它们仅讨论了相干延迟锁定环的情况，而实际系统中，尤其是高动态环境下，码跟踪环路一般选用非相干延迟锁定环，因而讨论非相干延迟锁定环更有实际意义；文献[3－5]对非相干延迟锁定环的讨论主要着重于存在一条多径时的情况。

本文首先给出了扩频测距系统的多径模型，然后分析了多径对非相干延迟锁定环的影响，给出了多径引起的最大测距误差的表达式，最后讨论了多径对跟踪环路噪声性能的影响。

1. 多径模型

因信道中存在建筑物或其他物体的反射及散射，使得进入接收机的直达信号叠加了很多多径信号。图1示出了存在两个反射物的情况。接收机接收的信号为：

$$r(t)=\sum_{i=0}^{M}A_iD(t-\tau_i)C(t-\tau_i)\cos(\omega t+\psi_i)+n(t)$$

其中，M 为多径的数目；$D(t)$ 为调制的数据；$C(t)$ 为伪码序列；ω 为载波频率；A_i、τ_i、ψ_i、分别对应第 i 条路径的幅度、延时与相位，$i=0$ 为直达信号；$n(t)$ 为噪声。

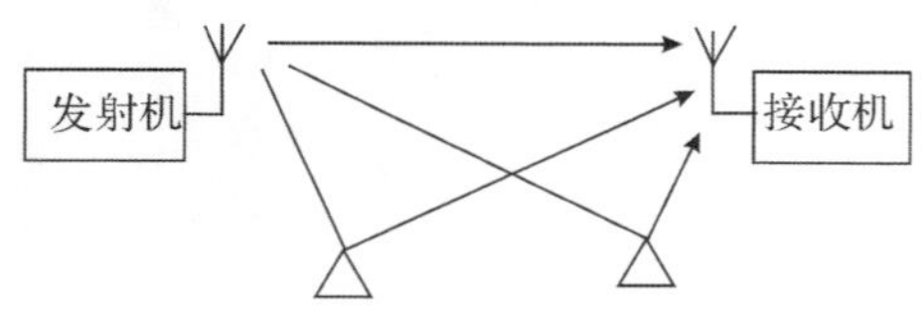

图1　多径模型图

2. 非相干延迟锁定环

非相干延迟锁定环基本框图如图2所示。设产生的本地载波为：$\cos(\omega_0 t+\zeta_0)$，其中，ω_0 与 ζ_0 分别为接收机对载波频率与相位的估计。产生的两路伪码信号分别为

---

*　文章发表于《遥测遥控》，2011，32(1)：57-61. 系作者与宋伟宁、邵定蓉、李署坚、文霄杰合作完成。

基金项目：国家"863"计划基金资助项目(2008AA04A104)。

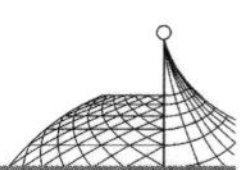

$$C_1(t)=C(t-\tau+\frac{d}{2}),C_2(t)=C(t-\tau-\frac{d}{2})$$

其中，τ 为对直达信号的时延估计，d 为相关间隔。不失一般性，假设 $D(t)=1$，先不考虑噪声的影响，则平方器的输出分别为

$$L^2(\tau)=\left[\sum_{i=0}^{M}\frac{A_i}{2}R(\tau-\tau_i-\frac{d}{2})\cos(\Delta\omega t+\varphi_i)\right]^2 \quad (1)$$

$$E^2(\tau)=\left[\sum_{i=0}^{M}\frac{A_i}{2}R(\tau-\tau_i+\frac{d}{2})\cos(\Delta\omega t+\varphi_i)\right]^2 \quad (2)$$

其中，$\Delta\omega=\omega-\omega_0$，$\varphi_i=\psi_i-\zeta_0$，$R(\delta)=\begin{cases}1-\frac{|\delta|}{T_0},|\delta|\leqslant T_C\\0,|\delta|>T_C\end{cases}$ 为伪码理想自相关函数，T_C 为伪码码片周期。

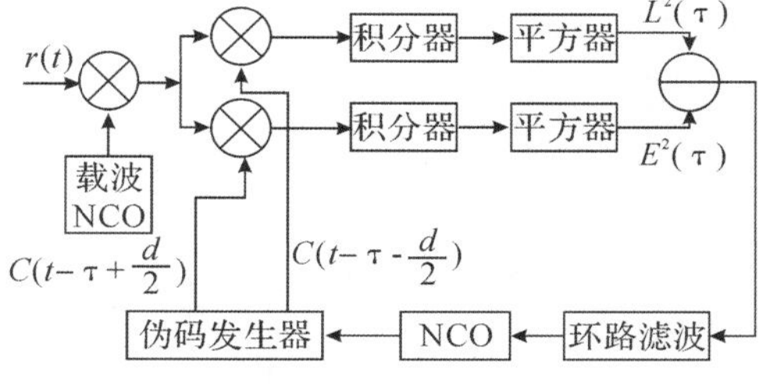

图 2　非相干延迟锁定环基本框图

鉴相器的输出为：

$$S(\tau)=\left[\sum_{i=0}^{M}\frac{A_i}{2}R(\tau-\tau_i-\frac{d}{2})\cos(\Delta\omega t+\varphi_i)\right]^2-\left[\sum_{i=0}^{M}\frac{A_i}{2}R(\tau-\tau_i+\frac{d}{2})\cos(\Delta\omega t+\varphi_i)\right]^2 \quad (3)$$

由式(3)可知：当 $M=0$，即不存在多径时，理论上，码跟踪环可以精确跟踪 $S(\tau)$ 的零点，此时，不存在测距误差。由于多径的影响，$S(\tau)$ 的零点不再是 $\tau=\tau_0$，而是产生了一定的偏移，此偏移量即为多径引起的测距误差。

3. 多径对测距误差的影响

式(3)为非线性方程，直接求解是比较困难的，为了求解式(3)的零点，重新考虑鉴相曲线 $S(\tau)$，将式(1)、(2)代入式(3)中，有：

$$S(\tau)=L^2(\tau)-E^2(\tau)=[L^2(\tau)-E^2(\tau)]=[L(\tau)+E(\tau)]\times[L(\tau)-E(\tau)] \quad (4)$$

当残余频率分量 $\Delta\omega$ 较小时，在跟踪区域内，式(4)中 $L(\tau)+E(\tau)\neq 0$，因此，$S(\tau)=0$ 的解与 $S'(\tau)=0$ 的解相同，其中：

$$S'(\tau)=L(\tau)-E(\tau) \quad (5)$$

可见，多径对非相干延迟锁定环引起的测距误差 ε 与对相干延迟锁定环产生的误差相同，为[5]

$$\varepsilon=\frac{d}{2A_0}\max\left[\sum_{i=1}^{M}A_i\cos(\psi_i)\right] \quad (6)$$

多径环境下非相干/相干延迟锁定环鉴相曲线如图 3 所示，其中 $S(\tau)$ 为利用式(3)(非相干延迟锁定环)做出的曲线，$S'(\tau)$ 为利用式(5)(相干延迟锁定环)做出的曲线。仿真结果表明，两者的零点相同，即两者具有相同的测距误差。

从式(6)中可以看出，相关间隔 d 越小，多径幅度之和 $\sum_{i=1}^{M}A_i\cos(\psi_i)$ 与直达信号幅度 A_0 之比越小，多径引起的测距误差越小。但在实际系统中，相关间隔 d 越小，码跟踪环路的牵引范围越小，码环的动态性能也越差，因而，实际实现时，需要对 d 值权衡考虑。

为了更好地认识相关间隔 d 对测距误差的影响，考虑存在多径时的鉴相曲线 $S(\tau)$，如图 4 所示。考虑相关间隔为 d_1 与 d_2 的两个相关器，其中，$d_1>d_2$。相关器 1 对应鉴相曲线线性部分的点：(x_1, y_1)、(x_4, y_4)，相关器 2 对应鉴相曲线线性部分的点：(x_2, y_2)、(x_3, y_3)。其中，$y_1=-y_4$，$y_2=-y_3$，

$y_1 > y_2$。假设线性部分可表示为 $y=kx+b$,其中,$k>0$,则相关器 1 对应的零点(即多径引起的测距误差)为

$$\varepsilon_1=\frac{x_1-x_4}{2}=\frac{\dfrac{y_1-b}{k}-\dfrac{y_4-b}{k}}{2}=\frac{y_1}{k} \tag{7}$$

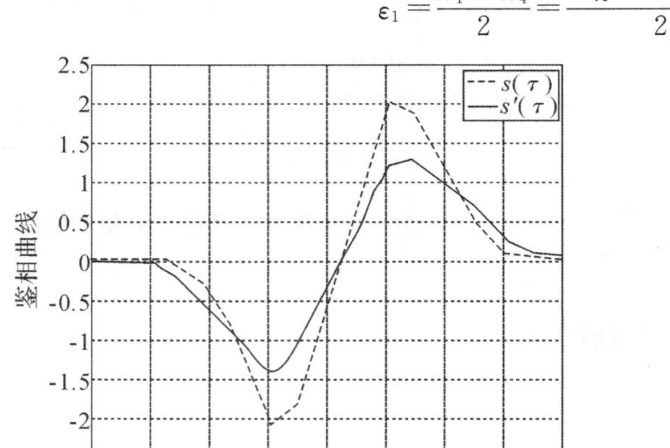

图 3　多径环境下非相干/相干延迟锁定环鉴相曲线

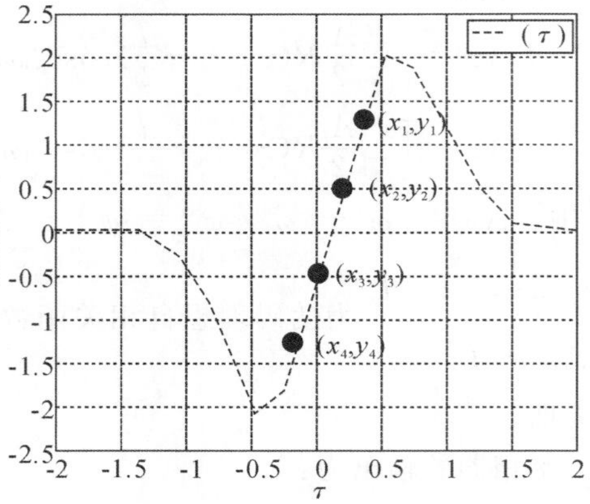

图 4　存在多径时鉴相曲线

相关器 2 对应的零点(即多径引起的测距误差)为

$$\varepsilon_2=\frac{x_2-x_3}{2}=\frac{\dfrac{y_2-b}{k}-\dfrac{y_3-b}{k}}{2}=\frac{y_2}{k} \tag{8}$$

比较式(7)与式(8)可知,$\varepsilon_1 > \varepsilon_2$,即:对应的相关器间隔 d 越小,引起的跟踪误差越小。

4. 多径对 S 曲线斜率的影响

为了考察多径对 S 曲线斜率的影响,重新考虑式(3)。无多径时:

$$S_0(\tau)=\left[\frac{A_0}{2}R(\tau-\tau_0-\frac{d}{2})\cos(\Delta\omega t+\varphi_0)\right]^2-\left[\frac{A_0}{2}R(\tau-\tau_0+\frac{d}{2})\cos(\Delta\omega t+\varphi_0)\right]^2 \tag{9}$$

其中,$\tau_0-\frac{d}{2}\leqslant\tau\leqslant\tau_0+\frac{d}{2}$ 为伪码跟踪的线性部分,其斜率为 $k_0=\frac{2[A_0\cos(\Delta\omega t+\varphi_0)]^2}{d}$。

比较式(9)与式(3),显然有:

$$S(\tau_0+\frac{d}{2})>S_0(\tau_0+\frac{d}{2});\quad S(\tau_0-\frac{d}{2})<s_0(\tau_0-\frac{d}{2})$$

若认为 $S(\tau)$ 在 $\tau_0-\frac{d}{2}\leqslant\tau\leqslant\tau_0+\frac{d}{2}$ 区间内近似为直线,则 $S(\tau)$ 的斜率 k 满足 $k_0>k_0$,即,存在多径时,S 曲线的斜率要比无多径时更大,有利于跟踪鉴相曲线的"零点"(此"零点"与真正的零点存在偏移)。其伪真结果如图 5 所示。

由图 5 可见,由于多径信号的存在,增大了鉴相曲线的最大值,并减小了其最小值,从而使得鉴相曲线的斜率提高。

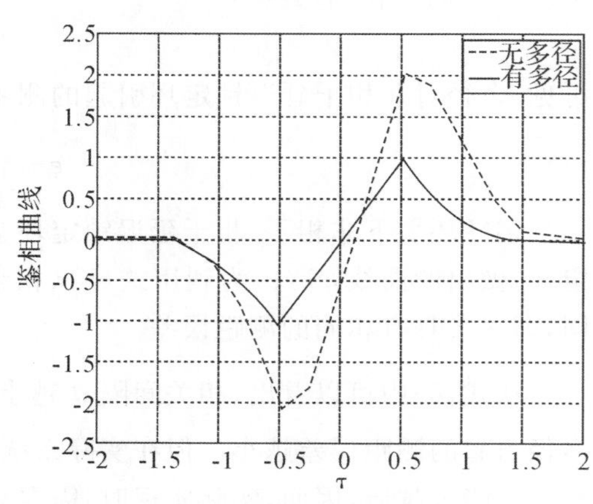

图 5　有/无多径时 S 曲线的斜率比较

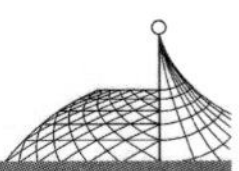

5. 多径对噪声性能的影响

下面考虑多径对跟踪环路噪声性能的影响。设输入噪声为带限零均值的高斯白噪声，其双边功率谱密度是$\frac{N_0}{2}$，可表示为

$$n(t)=n_c(t)\cos(\omega t+\varphi)+n_a(t)\sin(\omega t+\varphi) \tag{10}$$

其中，$n_c(t)$与$n_a(t)$是相互独立的互均值基带高斯白噪声，ω与φ分别为其频率与相位。从图2中可知，经过与本地伪码相关后的噪声分别为

$$\omega_{n1}(t)=n_{1c}(t)\cos(\omega t+\varphi)-n_{1s}(t)\sin(\omega t+\varphi) \tag{11}$$

$$\omega_{n2}(t)=n_{2c}(t)\cos(\omega t+\varphi)-n_{2s}(t)\sin(\omega t+\varphi) \tag{12}$$

其中，$n_{1c}(t)=C(t-\tau-\frac{d}{2})n_c(t)$，$n_{1s}(t)=C(t-\tau-\frac{d}{2})n_s(t)$，$n_{2c}(t)=C(t-\tau+\frac{d}{2})n_c(t)$，$n_{2s}(t)=C(t-\tau+\frac{d}{2})n_s(t)$，且$n_{1c}(t)$、$n_{2c}(t)$、$n_{1s}(t)$、$n_{2s}(t)$的功率谱相同，满足[7]：

$$S_n(\omega)=\begin{cases}\frac{N_0}{2}, & 0\leqslant|\omega|\leqslant\frac{B_N}{2}\\ 0, & |\omega|>\frac{B_N}{2}\end{cases} \tag{13}$$

其中，B_N为中频滤波器带宽。经过平方、低通滤波之后，鉴别器的输出为

$$e(t,\tau)=S(\tau)+n_e(t,\tau)$$

其中，

$$n_e(t,\tau)=2\sum_{i=0}^{M}A_i\left\{\left[R(\tau-\tau_i-\frac{d}{2})\right]n_{2c}(t)-\left[R(\tau-\tau_i+\frac{d}{2})\right]n_{1c}(t)\right\}+\{n_{2c}^2(t)+n_{2s}^2(t)-n_{1c}^2(t)-n_{1s}^2(t)\} \tag{14}$$

$e(t,\tau)$的自相关函数为

$$R_e(\delta)=E\{e(t,\tau)e(t+\delta,\tau)\}=S^2(\tau)+F(\tau)R_n(\delta)+2R_e^2(\delta) \tag{15}$$

其中，

$$F(\tau)=\left[\sum_{i=0}^{M}A_iR(\tau-\tau_i-\frac{d}{2})\right]^2+\left[\sum_{i=0}^{M}A_iR(\tau-\tau_i+\frac{d}{2})\right]^2$$

$$R_n(\delta)=E[n_{jm}(t)n_{jm}(t+\delta)]\quad(j=1,2;m=c,s)$$

式(15)中用到了下面的公式[6]：

$$E[n_{jm}^2(t)n_{jm}^2(t+\delta)]=2R_n^2(\delta)+\sigma_n^4$$

$$E[n_{1m}^2(t)n_{2m}^2(t+\delta)]=\sigma_n^4$$

$$E[n_{jc}^2(t)n_{js}^2(t+\delta)]=\sigma_n^4;$$

其中，σ_n^4是$n(t)$的方差，且有$\sigma_n^4=\frac{N_0B_N}{2}$。

对式(15)作傅里叶变换，可求得鉴别器的输出功率谱密度为

$$S_e(f)=S^2(\tau)\delta(f)+[F(\tau)S_n(f)+S_n(f)\otimes S_n(f)] \tag{16}$$

式(16)中第一项为鉴相S曲线分量，第二项为噪声分量，其中，$\otimes$代表卷积。

无多径时，鉴别器输出的功率谱密度为[7]

$$S_{e0}(f)=S_0{}^2(\tau)\delta(f)+[F_0(\tau)S_n(f)+S_n(f)\otimes S_n(f)] \tag{17}$$

其中,第一项为鉴相 S 曲线分量,第二项为噪声分量,且有

$$F_0(\tau)=A_0{}^2R^2(\tau-\tau_0-\frac{d}{2})+A_0{}^2R^2(\tau-\tau_0-\frac{d}{2})$$

比较式(16)与式(17)可知,由于多径的影响,鉴别器的输出噪声分量比原来增大,即:多径使 S 曲线噪声抖动变大。

6. 结　论

本文从非相干延迟锁定环入手,讨论了多径对伪码跟踪环路的影响。分析给出了多径对扩频测距系统带来的最大测距误差表达式;对 S 曲线的分析表明,多径使得鉴相曲线的斜率变大,使得系统更容易得到偏移后的零点;最后,得出了多径信道下,非相干延迟锁定环的噪声抖动变大。为尽量消除多径效应的影响,根据本文的研究结论,可以采用窄相关接收机;在实际系统中,也需要考虑多径引起的鉴相曲线斜率的变化及多径对码环噪声性能的影响。

参考文献

[1] 刘晓莉,李云荣. GPS 信号跟踪的多径影响分析与仿真[J]. 全球定位系统,2007,32(1):1-7.
[2] 宋茂忠. 多径和噪声作用下延迟锁定环的测距误差分析[J]. 数据采集与处理,2001,3(16):72-76.
[3] 杨伟,赵昀,寇艳红,黄智刚. GPS 多径信号建模及接收机测试评估[J]. 北京航空航天大学学报,2009,5(35):551-554.
[4] 王忠,黄顺吉. 扩频测距系统中多径跟踪误差研究[J]. 系统工程与电子技术,1999,21(7):37-40.
[5] 张孟阳,吕保维,宋文淼. GPS 系统中的多径效应分析[J]. 电子学报,1998,3(3):10-14.
[6] 赵淑清,郑薇. 随机信号分析[M]. 哈尔滨:哈尔滨工业大学出版社,1999.
[7] 田日才. 扩频通信[M]. 北京:清华大学出版社,2007.

Influence of Multipath on Non-Coherent Delay-Lock Tracking Loop

Abstract: Multipath is one of the most important error sources of ranging and positioning system based on the direct sequence spread spectrum. This paper analyzes the impact of multipath on the ranging error. The ranging error formula is given. The influence of multipath on the slope of S curve is presented. The effect of multipath on the tracking loop noise performance is studied. The result shows that multipath can cause zero drift and result in larger noise jitter.

Keywords: multipath; non-coherent delay-lock tracking loop; ranging

频率选择性衰落信道下 SC-FDE 载波频偏影响*

摘　要：为了研究载波频率偏移(CFO)对单载波频域均衡(SC-FDE)系统的影响，分析了迫零(ZF)、最大合并比(MRC)、最小均方误差(MMSE)均衡方案下，CFO 引起的星座图畸变以及干扰的类型和特点。推导了信干噪比(SINR)损失的理论表达式，并基于数值分析和蒙特卡洛仿真分别获得了 SC-FDE 系统不同频偏下的 SINR 和比特误码率(BER)性能曲线。与相同条件下的正交频分复用(OFDM)系统进行比对分析，结果表明，频率选择性衰落信道下 SC-FDE 系统在相位旋转、干扰和 SINR 损失的综合影响下呈现出对频偏敏感的特性，高阶调制的情况下其敏感程度与 OFDM 系统相当。分析结果和结论对于高速无线通信系统的设计具有一定的参考价值。

关键词：高速无线通信；单载波频域均衡；载波频偏；频率选择性衰落信道；相位旋转；干扰；信干噪比；正交频分复用

随着用户对宽带业务需求的增加，未来 4G 无线通信系统需要提供更高速率的数据传输业务，多径信道带来的频率选择性衰落也将更加严重。如果采用传统时域均衡器(TDE)技术，系统性能会随之恶化，同时实现复杂度也大大增加。近年来，基于循环前缀(CP)的单载波频域均衡系统(SC-FDE)可以用于正交频分复用系统(OFDM)相同复杂度的收发信，有效地克服频率选择性衰落，同时可以弥补 OFDM 峰平比(PAPR)高、对同步误差和相位噪声敏感的问题，更适合于上行链路传输[1-3]。因此，SC-FDE 技术开始广泛应用于 LTE SC-FDMA 系统[4]、宽带 CD-MA 系统[5]、空时及空频编码的 MIMO 系统、超宽带系统以及协作通信系统中[6]。

然而，已有的文献普遍建立在理想的频率同步基础上，实际系统中由接收机本地振荡器的不稳定或多普勒效应引起的载波频率偏移(CFO)对 SC-FDE 系统的影响不容忽视。关于 CFO 对传统单载波和 OFDM 系统的影响，学者已经进行了深入的研究[1,7-10]，并得出传统单载波(未采用块传输)对 CFO 的敏感程度比 OFDM 低的结论，但这一结论并不能直接借鉴到采用块传输的 SC-FDE 系统中。现有的关于 CFO 对 SC-FDE 系统性能影响的理论分析也相对较少，尤其针对频率选择性衰落信道。文献[10]给出了加性高斯白噪声(AWGN)信道下，SC-TOE 系统中由 CFO 造成的信干噪比(SINR)损失的理论推导；文献[11]推导了 AWGN 信道中 CFO 影响下的 SC-DE 系统的比特误码率(BER)表达式；文献[12]仅通过仿真的方法分析了平坦衰落信道下 CFO 对 SC-FDE 系统的影响；文献[13]从 SINR 和 BER 角度比较了 SC-DE 和 OFDM 对频偏的敏感程度，但它针对超宽带信道且仅考虑 BPSK 调制，没有从物理概念上对频偏造成的影响进行深入的分析，对设计实际系统缺乏指导性。

本文从理论上针对频率选择性衰落信道研究了 CFO 对 SC-TOE 系统性能的影响。首先从 CFO 影响下的系统模型出发，分析了期望信号和干扰信号的特点并推导了 SINR 的理论表达式，在此基础上对 SINR 和 BER 分别进行数值分析和蒙特卡洛仿真，并与 OFDM 进行比较。

---

*　文章发表于《沈阳工业大学学报》，2011，33(3)：315-320. 系作者与刘亮、邵定蓉、李署坚合作完成。

基金项目：国家建设高水平大学公派留学研究生项目(2008602008)。

为了方便描述，后文采用的符号标记如下：$(\cdot)^*$，$(\cdot)^{\mathrm{T}}$，$(\cdot)^{\mathrm{H}}$，$(\cdot)^{-1}$分别代表共轭、转置、共轭转置和求逆；$E[\cdot]$表示期望；diag$\{\cdot\}$是对角矩阵；S_n 表示矢量 s 的第 n 个元素；$C^n[R^n]$，$C^{m\times n}[R^{m\times n}]$分别代表 n 维实(复)矢量空间和 $m\times n$ 维实(复)矢量空间；I_N 表示 $N\times N$ 维单位矩阵；$M_{M\times N}$表示 $M\times N$维零矩阵。

1. CFO 影响下的 SC-FDE 系统模型

CFO 影响下的 SC-FDE 系统传输模型如图 1 所示。文中采用符号级等效基带模型描述方法，不失一般性，本文假设接收机达到了精确的定时同步，并且以符号速率对接收信号进行采样。

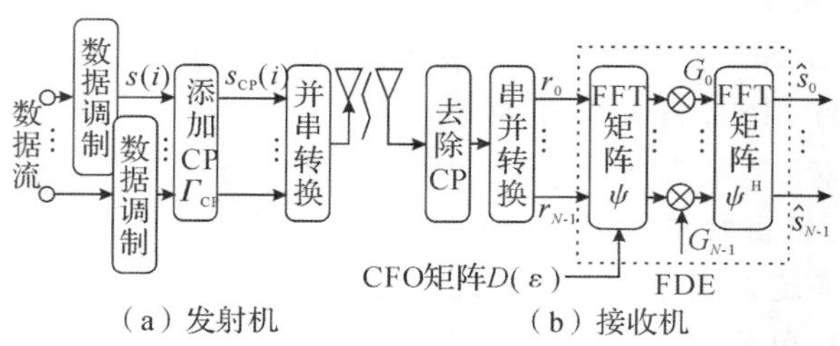

图 1　CFO 影响下的 SC-FDE 系统传输模型

发射端串行输入的符号能量为 E_s 的数据流$s(n)$被分割成长度为 N 的数据块 $s(i)=[s(iN),s(iN+1),s(iN+N-1)]^{\mathrm{T}}$。长度为 P 的 CP 被扩展到每个数据块的前部，生成发射信号 $s_{\mathrm{CP}}(i)=\Gamma_{\mathrm{CP}}s(i)\in C^M$，式中，$\Gamma_{\mathrm{CP}}=[I_{P\times N},I_N]\in R^{M\times N}$用来描述 CP 的插入过程，$M=N+P$，$I_{P\times N}$代表单位矩阵 I_N 的最后 P 行。

假设信道为准静止频率选择性信道，即信道系数至少在一个数据块内保持恒定，信道冲击响应 $h(\tau)=\sum_{l=0}^{L-1}h_l\delta(\tau-\tau_l)$（$h(\tau)$是发射端成形滤波器、物理信道和接收端匹配滤波器卷积的综合结果），L 表示最大可分辨路径个数，τ_l 和 h_l 分别表示多径时延和信道系数，并满足 $\sum_{l=0}^{L-1}E[|h_l|^2]=1$。

接收端接收的等效基带信号可表示为

$$r_{\mathrm{CP}}(i)=H_{\mathrm{CP}}\Gamma_{\mathrm{CP}}s(i)+H_{\mathrm{IBI}}\Gamma_{\mathrm{CP}}s(i-1)+\eta \tag{1}$$

式中，$H_{\mathrm{CP}}\in C^{M\times M}$表示首列为$[h_0,h_1,\cdots,h_{L-1},0,\cdots,0]^{\mathrm{T}}$的下三角托普利兹矩阵；上三角托普利兹矩阵 $H_{\mathrm{IBI}}\in C^{M\times M}$用来构造数据块间的干扰，其首行为$[0,\cdots,0,h_{L-1},\cdots,h_2,h_1]$；$\eta\in C^M$ 表示单边功率谱密度为 $N_0/2$ 加性高斯白噪声矢量。接收机首先去除 CP，当 $P\geqslant L$ 时，$H_{\mathrm{IBI}}\Gamma_{\mathrm{CP}}=0_{M\times N}$，即数据块间的干扰(IBI)完全被去除，等效信道退化为首行等于$[h_0,h_1,0,0,h_{L-1},\cdots,h_2,h_1]$的循环矩阵，用 $H\in C^{N\times N}$来表示。假设系统由于频率同步不理想或者多普勒效应，导致发射机与接收机之间存在残余频偏 ε(相对子载波间隔归一化)。为了描述这一频偏对系统的影响，引入 CFO 矩阵 $D(\varepsilon)=\mathrm{diag}\{1,\mathrm{e}^{-j2\pi\frac{\varepsilon}{N}},\cdots,\mathrm{e}^{-j2\pi\varepsilon\frac{(N-1)}{N}}\}$，则接收到的时域信号可表示为

$$r=D(\varepsilon)\cdot H\cdot s+n \tag{2}$$

式中，$n\in C^N$ 表示单边功率谱密度为 $N_0/2$ 加性高斯白噪声矢量。定义傅里叶变换矩阵 $\Psi_{m,k}=\frac{1}{\sqrt{N}}\mathrm{e}^{-j2\pi mk/N}\in C^{N\times N}$，单抽头频域均衡矩阵 $G=\mathrm{diag}\{G_0,G_1,\cdots,G_{N-1}\}$和信道增益矩阵 $\Theta=\mathrm{diag}\{\Theta_0,\Theta_1,\cdots,\Theta_{N-1}\}$，其中 $\Theta_k=\sum_{l=0}^{N-1}h_l\mathrm{e}^{-j2\pi\frac{lk}{N}}$，将接收的时域信号 r 进行快速傅里叶变换(FFT)、频域均衡和逆快速

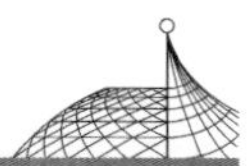

傅里叶变换(IFFT),可得解调后的符号矢量

$$\hat{s}=\Psi^{H}G\Psi D(\varepsilon)Hs+\Psi^{H}G\Psi n$$
$$=\underbrace{\Psi^{H}\overbrace{G\Psi\underbrace{D(\varepsilon)\Psi^{H}\Theta\Psi s}_{\lambda}}^{\rho}}_{\theta}+\underbrace{\Psi^{H}G\Psi n}_{\mu} \tag{3}$$

从式(3)可以看出,解调符号在数据块长度 N 信道增益 Θ 和 CFO 矩阵 $D(\varepsilon)$ 固定的前提下只受均衡矩阵 G 的影响,迫零(ZF),最小均方误差(MMSE),最大合并比(MRC)3 种典型均衡方案下的均衡矩阵 G 可以表示为[4]

$$G=\begin{cases}(\Theta^{H}\Theta)^{-1}\Theta^{H}\\(\Theta^{H}\Theta+\dfrac{N_0}{E_s}I_N)^{-1}\Theta^{H}\\\Theta^{H}\end{cases} \tag{4}$$

特别的,当 SC-FDE 工作在 AWGN 信道下,解调的符号矢量仅受频偏和噪声影响,可简化为

$$\hat{s}=D(\varepsilon)s+n \tag{5}$$

从式(5)可以看出,AWGN 信道下每个符号产生独立的相位旋转,且旋转相位线性递增,而式(3)表明频率选择性衰落信道下 CFO 对 SC-FDE 的影响则比较复杂。

2. CFO 对 SC-FDE 影响定性分析

基于式(3)可将接收信号分为 3 个阶段描述:接收到的时域信号 λ,均衡后的频域信号 ρ 以及 IFFT 变换后的时域信号 θ 和噪声 μ 将各个阶段信号展开并用其元素表示可得

$$\lambda_t=\frac{1}{\sqrt{N}}e^{-j2\pi\varepsilon\frac{t}{N}}\sum_{k=0}^{N-1}s_k\Theta_k e^{-j2\pi\frac{tk}{N}} \tag{6}$$

$$\rho_f=\frac{1}{N}(\sum_{k=0}^{N-1}e^{-j2\pi\varepsilon\frac{t}{N}})G_f\Theta_f s_f+\frac{1}{N}\sum_{k=0}^{N-1}e^{-j2\pi\varepsilon\frac{t}{N}}\sum_{k=0,k\neq f}^{N-1}G_k\Theta_k s_k e^{-j2\pi\frac{t(f-k)}{N}} \tag{7}$$

$$\begin{aligned}\theta_m=&\underbrace{\frac{1}{N^2}(\sum_{t=0}^{N-1}e^{-j2\pi\varepsilon\frac{t}{N}})(\sum_{f=0}^{N-1}G_f\Theta_f)s_m}_{s_1}\\&+\underbrace{\frac{1}{N^2}\sum_{f=0}^{N-1}\sum_{\substack{k=0\\k\neq f}}^{N-1}\sum_{t=0}^{N-1}G_f\Theta_k e^{-j2\pi\frac{m(k-f)}{N}}e^{-j2\pi\frac{t(\varepsilon-k+f)}{N}}s_m}_{s_2}\\&+\underbrace{\frac{1}{N^2}(\sum_{t=0}^{N-1}e^{-j2\pi\varepsilon\frac{t}{N}})\sum_{\substack{n=0\\n\neq m}}^{N-1}\sum_{f=0}^{N-1}G_f\Theta_f e^{-j2\pi\frac{f(n-m)}{N}}s_n}_{s_{11}}\\&+\underbrace{\frac{1}{N^2}\sum_{f=0}^{N-1}\sum_{\substack{k=0\\k\neq f}}^{N-1}G_f\Theta_k\sum_{\substack{n=0\\n\neq m}}^{N-1}s_n e^{-j2\pi\frac{f(kn-fm)}{N}}\sum_{t=0}^{N-1}e^{-j2\pi\frac{t(\varepsilon-k+f)}{N}}}_{s_{12}}\end{aligned} \tag{8}$$

$$\mu_m=\frac{1}{N}\sum_{n=0}^{N-1}\sum_{k=0}^{N-1}G_k n_n e^{-j2\pi\frac{k(n-m)}{N}} \tag{9}$$

2.1 星座图旋转特点

由式(8)可知,CFO影响下的期望信号分为 S_1 和 S_2 两部分,其中 $S_1 \neq 0(\forall \varepsilon)$,而 $S_2=0(\varepsilon=0)$,即期望信号 S_1 在有无频偏情况下均存在,而期望信号 S_2 只有频偏存在时才发挥作用。

(1)S_1 中第1个参数 $\frac{1}{N}\sum_{t=0}^{N-1} e^{-j2\pi\varepsilon\frac{t}{N}}$ 为常数,物理上反映了 CFO 引起解调符号相位的一致性旋转,即数据块内的每个符号旋转相同的角度 $\Phi=arg\{\frac{1}{N}\sum_{t=0}^{N-1} e^{-j2\pi\varepsilon\frac{t}{N}}\}=\pi\varepsilon(N-1)/N$。第2个参数 $\frac{1}{N}\sum_{f=0}^{N-1} G_f\Theta_f$ 描述了均衡后的信道对解调符号的影响,其大小依赖于信道增益 Θ_f 和频域均衡系数 G_f。该参数将每个子载波上等效信道增益 $\Delta_f=G_f\Theta_f$ 进行求和平均,在本质上反映了 SC-FDE 系统的频率分集增益。相比之下,OFDM 系统每个子载波都承受平坦衰落,频率分集增益恒为1。

(2)期望信号 S_2 同样承受幅度和相位的畸变,但其变化特性取决于数据块内每个符号的索引,因此,数据块内每个符号还具有独立的幅度和相位旋转,这种相位旋转将造成严重的性能损失,且不易用低复杂度的算法进行补偿。值得注意的是,SC-FDE 期望信号的这一特性与 OFDM 系统不同,OFDM 中 CFO 仅引起解调符号相位的一致性旋转[8]。

2.2 干扰的类型和数置

CFO影响下的干扰信号同样可以分为 S_{I1} 和 S_{I2} 两部分进行分析。

(1)SC-FDE 可以通过低复杂度的单抽头频域均衡器来有效地克服频率选择性衰落,但 FFT+FDE+IFFT 的结构决定了其残余符号间干扰(S_I)的存在,即 S_I 不能被完全消除(ZF 均衡器除外)。式(8)中的 S_{I1} 对受 CFO 影响的残余符号间干扰进行了充分的说明,当 $\Delta_f=1$,即 ZF 均衡方案下 $S_{I1}=0(\forall\varepsilon)$,系统不存在残余符号间干扰,但在最大合并比和最小均方误差均衡方案下,$S_{I1}\neq 0$,且其取值受频偏大小和均衡准则的影响。

(2)与 SC-FDE 系统固有的残余符号间干扰 S_{I1} 不同,干扰 S_{I2} 完全由频偏引起,可以将其等同于 OFDM 中的载波间干扰(ICI),它在任何均衡方案下均存在且影响严重。不难发现,当 $\varepsilon=0$ 时,$S_{I2}=0$。

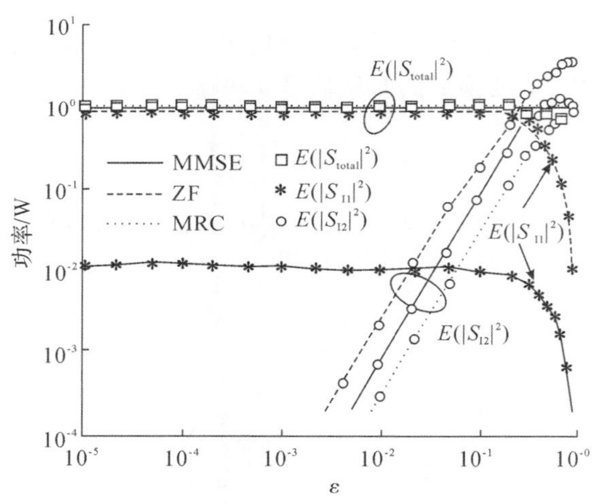

图2 当 $E_b/N_0=10$dB 时,3种均衡方案下期望信号 S_{total}、干扰信号 S_{I1} 和 S_{I2} 的功率随 ε 变化的曲线

图2给出了 $E_b/N_0=10$dB 时,MMSE、ZF 和 MRC3 种均衡方案下期望信号 $S_{total}=S_1+S_2$、干扰信号 S_{I1} 和 S_{I2} 的功率随 ε 变化的曲线,其中 E_b 表示比特能量。从图中可以看出,期望信号的功率随 ε 变化不大,干扰信号 S_{I1} 的功率在 $\varepsilon\leqslant 0.02$ 时基本保持不变,但随着 ε 的继续增大,其大小迅速下降;相反,干扰信号 S_{I2} 的大小随 ε 的增大而递增,且其影响在 ε 较小情况下几乎可以忽略。因此,在 ε 较小的区域,干扰 S_{I1} 起主要作用;而在 ε 较大区域,干扰 S_{I2} 成为导致系统性能损失的主要因素。值得注意的是,图2给出的期望信号和干扰信号的功率特点直接决定了3种均衡方案下系统 SINR 的性能曲线。

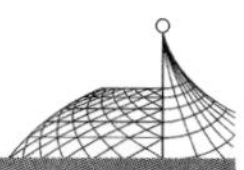

3. CFO 影响下 SINR 理论推导

根据式(3)、(8)和(9),解调出的第 m 个符号可以展开为

$$\hat{s}_m = \underbrace{S_1 + S_2}_{S_{\text{total}}} + \underbrace{S_{\text{I1}} + S_{\text{I2}}}_{S_{\text{I,total}}} + \mu_m \tag{10}$$

根据中心极限定理,当子载波数 N 较大时,$S_{\text{I,total}}$ 可以近似为均值为零的高斯随机变量。因此,频偏影响下的第 m 个符号的 SINR 可表示为

$$f_{\text{SINR,SC-FDE}}(m) = \frac{E[|S_{\text{total}}|^2]}{E[|S_{\text{I,total}}|^2] + E[|n_m|^2]} \tag{11}$$

基于式(8)、(9)和 $E[s_m n_n]=0$,$E[s_m n_n]=E_s\delta(n-m)$,可得

$$E[|S_{\text{total}}|^2] = \frac{E_s}{N^4}\left|\sum_{k=0}^{N-1}\sum_{f=0}^{N-1} G_f\Theta_k \mathrm{e}^{-j2\pi m\frac{(k-f)}{N}} A(\varepsilon,k,f)\right|^2 \tag{12}$$

$$E[|S_{\text{I,total}}|^2] = \frac{E_s}{N^3}\sum_{k=0}^{N-1}|\Theta_k|^2\left|\sum_{f=0}^{N-1} G_f \mathrm{e}^{-j2\pi\frac{fm}{N}} A(\varepsilon,k,f)\right|^2 - \frac{E_s}{N^4}\left|\sum_{k=0}^{N-1}\sum_{f=0}^{N-1} G_f\Theta_k \mathrm{e}^{-j2\pi m\frac{(k-f)}{N}} A(\varepsilon,k,f)\right|^2 \tag{13}$$

$$E[|\mu_m|^2] = \frac{N_0}{N}\sum_{k=0}^{N-1}|G_k|^2 \tag{14}$$

式中,$A(\varepsilon,k,f)=\sum_{t=0}^{N-1}\mathrm{e}^{-j2\pi t\frac{(\varepsilon-k+f)}{N}}$。

为了方便后文比较,这里直接给出 CFO 影响下 OFDM 系统 SINR 的表达式为

$$f_{\text{SINR,OFDM}}(m) = \frac{|H_m|^2\left|\sum_{n=0}^{N-1}\mathrm{e}^{-j2\pi\varepsilon\frac{n}{N}}\right|^2}{\sum_{k=0,k\neq m}^{N-1}|\Theta_k|^2\left|\sum_{n=0}^{N-1}\mathrm{e}^{-j2\pi n\frac{(m+\varepsilon-k)}{N}}\right|^2 + N^2\frac{N_0}{E_s}} \tag{15}$$

4. 数值和仿真结果

为了对 CFO 影响下的 SC-FDE 系统和 OFDM 系统的 SINR 和 BER 进行比对分析,设置相同的系统仿真参数如表 1 所示。仿真中涉及的调制方式包括二进制相移键控(BPSK),正交相移键控(QPSK)以及正交幅度调制(QAM)。根据式(11)和(15)的理论分析结果,SINR 通过对 1000 个信道样本求平均得到,BER 则通过蒙特卡洛仿真得到。

表 1　系统仿真参数设置

仿真参数名称	参数设置
载波频率	3GHz
系统带宽	100MHz
数据块长度系统	64 个数据符号
CP 长度	16 个数据符号
信道模型	瑞利分布的准静态衰落信道 16 路归一化功率谱分布模型[5]
均衡方案	ZF,MMSE,MRC
信道估计	理想

图 3 和图 4 分别给出了不同 ε 下 OFDM 和 SC-FDE 系统的 SINR 随每比特信噪比 E_b/N_0 的变化曲线，调制方式采用 QPSK。从图中可以看出：

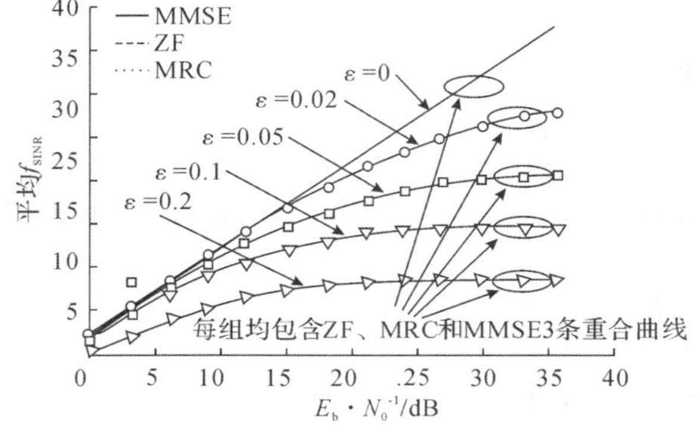

图 3　ε=[0,0.02,0.05,0.1,0.2],ZF、MRC 和 MMSE 均衡方案下 OFDM 系统 SINR 性能曲线

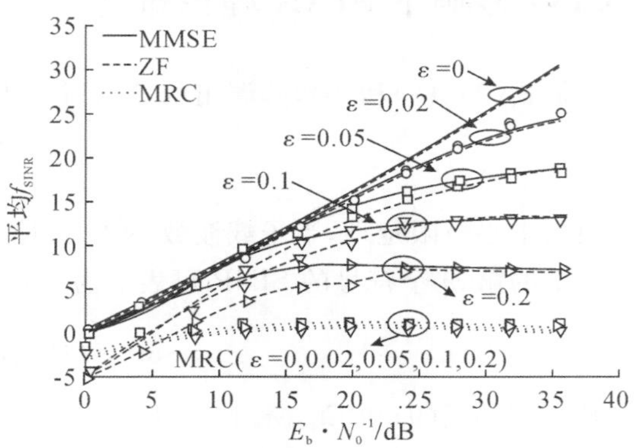

图 4　ε=[0,0.02,0.05,0.1,0.2],ZF、MRC 和 MMSE 均衡方案下 SdDE 系统 SINR 性能曲线

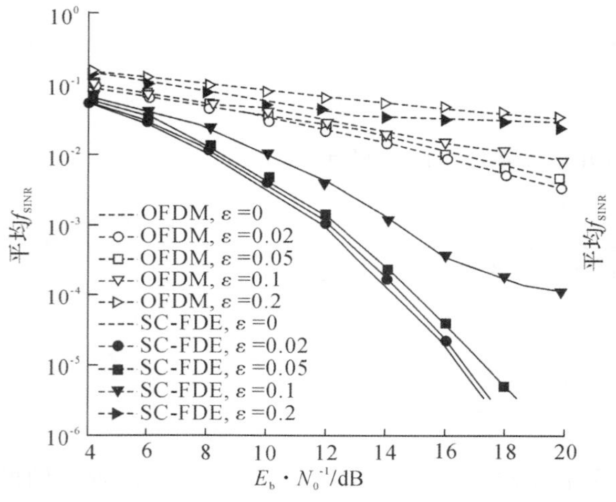

图 5　ε=[0,0.02,0.05,0.1,0.2],BPSK 调制方式下 SC-FDE 和 OFDM 系统 BER 性能曲线

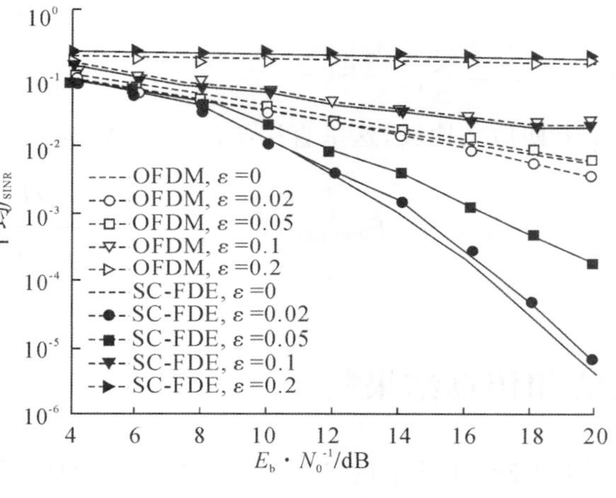

图 6　ε=[0,0.02,0.05,0.1,0.2],QPSK 调制方式下 SC-FDE 和 OFDM 系统 BER 性能曲线

(1)对于任意的 ε，在 3 种均衡方案下，OFDM 系统的 SINR 随 E_b/N_0 的变化趋势一致，与式(15)的理论分析结果吻合。SC-FDE 系统中 $f_{SINR,MMSE} \geqslant f_{SINR,ZF}$，即在低信噪比下，ZF-FDE 受深衰落点噪声放大的影响(从式(14)可以容易地看出)，其 SINR 损失比 MMSE-DE 严重，当 $E_b/N_0 \geqslant 25$dB 时两者趋于一致；而 MRC-FDE 严重恶化了残余码间干扰 S_{11}，导致在 $E_b/N_0 \geqslant 10$dB 情况下，$f_{SINR,ZF} \gg f_{SINR,MRC}$，但由于 MRC-FDE 等效于匹配滤波，可以最大限度地提高信噪比，因此，当 $E_b/N_0 < 5$dB 时，MRC-FDE 反而比 ZF-FDE 略有优势。然而较小时严重干扰 S_{11} 和 ε 较大时严重干扰 S_{12}(参照图 2 结果)导致 $SINR_{MRC}$ 在任意 ε 下的曲线几乎重合，且维持在一个较低的值。因此，当系统存在 CFO 时，MMSE-FDE 是折衷符号间干扰和噪声放大的最佳均衡方案。

(2)当 $E_b/N_0 = 25$dB 时，ε 从 0 增至 0.2，OFDM 的 SINR 损失为 19dB，而 SC-FDE 的 SINR 损失为 13dB，即从平均 SINR 能量损失角度说明 OFEM 对频偏敏感程度比 SC-FDE 略高一些。

图 5～7 分别给出了不同 ε 下 SC-FDE 和 OFDM 系统的 BER 曲线，均衡方案采用 MMSE。从图

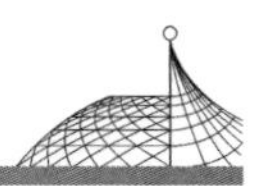

中可以看出，SC-FDE 系统呈现出对频偏敏感的特性，当 $\varepsilon \geqslant 0.1$ 时，3 种调制方式下均出现误码平台，且在高阶调制下尤为严重。相比 OFDM，BPSK 调制方式下 SC-FDE 对频偏表现出一定的强健性，但在 QPSK 和 16QAM 调制方式下，SC-FDE 的 BER 曲线性能随着 ε 增加严重恶化，其对 CFO 敏感程度与 OFDM 相当，甚至有超过的趋势。

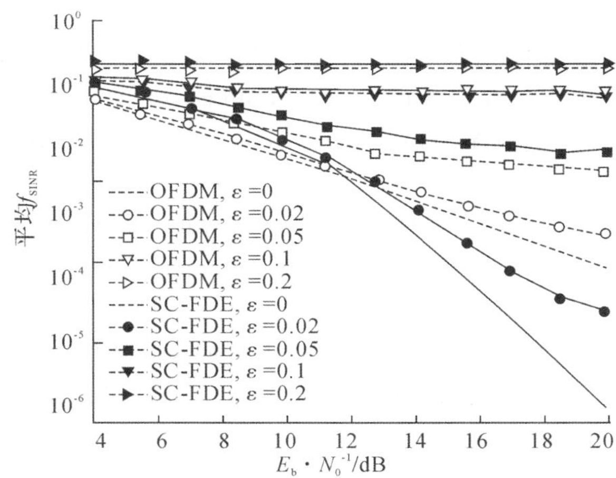

图 7 SC-FDE 和系统性能曲线

5. 结 论

本文针对 3 种典型的频域均衡方案，研究了频率选择性衰落信道下 CFO 对 SC-FDE 系统性能的影响。深入分析了频偏影响下星座图的旋转，系统的干扰类型和特点，并在此基础上推导了 SINR 的数学表达式。数值分析和仿真结果表明与传统的单载波系统不同，采用块传输的 SC-FDE 系统呈现出对 CFO 敏感的特性，且在高阶调制下尤为严重。因此，在设计实际的 SC-FDE 系统时，载波频率偏移是一个不容忽视的问题，需要采用精确的频偏估计算法将 ε 控制在 2% 以内。另外，本文的分析方法和结论并不局限于 SC-FDE 系统本身，可以推广到 SC-CDMA 等其他基于 FDE 的单载波块传输系统中。

参考文献

[1] Sari H, Karam H, Jeanclaude I. Transmission techniques for digital terrestrial TV broadcasting [J]. IEEE Communication Magazine, 1995, 33(2):100-109.

[2] Falconer D, Ariyavisitakul S L, Benyamin S A, et al. Frequency domain equalization for single-carrier broadband wireless systems[J]. IEEE Communication Magazine,2002,40(4):158-166.

[3] Benvenuto N, Dinis R, Falconer D. Single carrier modulation with nonlinear frequency domain equalization! an idea whose time has come again[J]. IEEE Proceedings, 2010,98(1):169-196.

[4] 3GPP/TR 25.814. Physical layer aspects for evolved universal terrestrial radio access (UTRA) (Release7)[EB/OL].[2009-06-14]. http://www.3gpp.org/ftp/Specs/html4nfo /25814.htm.

[5] Adachi F, Takeda K, Tomeba H. Frequency-domain equalization for broadband single-carrier multiple access[J]. IEICE Transactions on Communications, 2009,2(5):1441-1456.

[6] Pancaldi F, Vitetta G M, Kalbasi R, et al. Single-carrier frequency domain equalization[J]. IEEE Signal Processing Magazine,2008,25(5):37-56.

[7] Sathananthan K, Tellambura C. Probability of error calculation of OFDM systems with frequency offset [J]. IEEE Transactions on Communications, 2001,49(11):1884-1888.

[8] Zhang Z, Tellambura C. The effect of imperfect carrier frequency offset on an OFDMA uplink [J]. IEEE Transactions on Communications, 2009, 57(4): 1025-1030.

[9] Pollet T, Van Bladel M, Moeneclaey M. BER sensitivity of OFDM systems to carrier frequency offset and wiener phase noise[J]. IEEE Transactions on Communications, 1995,43(234):

191-193.

[10] Wang Z D, Ma X L, Giannakis G B. OFDM or single carrier block transmission[J]. IEEE Transactions on Communications,2004,52(3):380-394.

[11] Han Y, Huh H, Krogmerier J V. Comparison of error probability for OFDM and SC-FDE[C] //The 37th International Conference on Signals, Systems and Computers. Monterey, USA, 2003:497-501.

[12] Ma X, Kobayashi H, Schwartz S. Effect of frequency offset on BER of OFDM and single carrier systems[C] //International Symposium on Personal, Indoor and Multimedia Communications. Beijing, China, 2003: 2239-2243.

[13] Wang Y, Dong X D. Comparison of frequency offset and timing offset effects on the performance of SC-FDE and OFDM over UWB channel[J]. IEEE Transactions on Vehicular Technology, 2009, 58(1): 242-250.

Effect of Carrier Frequency Offset on Performance of SC-FDE Under Frequency-Selective Fading Channel

Abstract: In order to investigate the effect of carrier frequency offset (CFO) on the performance of single-carrier frequency-domain equalization (SC-FDE) system under frequency-selective fading channel, the distortion of constellation diagram as well as type and characteristic of interferences resulted by CFO were analyzed based on zero forcing (ZF), maximum ratio combining (MRC) and minimum-mean-square-error (MMSE) frequency equalization schemes. The theoretical expression for the signal-to-interference-plus-noise ratio (SINR) loss was derived. The SINR and bit-error-ate (BER) performance curves of SC-FDE system under different frequency offsets were obtained through comprehensive numerical analysis and Monte Carlo simulation respectively, and compared with those of orthogonal frequency division multiplexing (OFDM) system under the same conditions. The results show that the SC-FDE is fairly sensitive to frequency offset under the integrated effects of phase rotation, interference and SINR loss, and the sensitivity corresponds to that of OFDM system in the case of high-level modulation. The analysis results and conclusions provide some reference for the design of high-data-rate wireless communication system.

Keywords: high-data-rate wireless communication; single-carrier frequency-domain equalization; carrier frequency offset; frequency-selective fading channel; phase rotation; interference; signal to interference plus noise ratio; orthogonal frequency division multiplexing

载波相位平滑伪距算法在区域实时定位系统中的应用*

摘　要：针对可能出现的伪距突发错误及载波周跳的问题，研究一种应用于低动态区域实时定位系统的鲁棒载波相位平滑伪距算法。仿真结果表明，方法可以在一定程度上减小由于伪距突发错误与周跳所引起的测距误差，进而提高定位精度。

关键词：载波相位平滑伪距；实时定位系统；鲁棒

1. 引　言

实时定位系统 RTLS(Real Time Location System)是一种应用无线通信技术，实时地对目标进行定位的系统[1]。本文所研究的区域实时定位系统，由有源标签、读写器、服务器和定位系统软件组成，在物流、人员监控等领域有着广泛的应用前景。标签按照一定的时间间隔发送无线信号；读写器将接收信号的到达时刻信息传送到服务器，由系统定位软件得出标签的位置信息。系统的定位精度直接受伪距测量精度的影响。

由于伪码测距方法实现简单但误差较大，不能完全满足本系统的高精度要求，而载波相位测距方法精度较高，但存在整周模糊度问题，且硬件实现难度较大，因此本文研究相位平滑伪距方法在区域实时定位系统中的应用。该方法利用载波相位提高伪码测距的精度，且不存在整周模糊度的问题[2-4]。本文推导了相位平滑伪距数学模型及其实时计算的 Hatch 滤波公式；针对系统中可能出现的伪距突发错误，提出了相应的处理方法；并给出了低动态条件下一种载波周跳的处理方法。

2. 原理与模型

2.1 系统原理

系统定位原理框图示于图 1。在该给定区域内，系统中包含 l 个读写器。考虑系统中的第 i 个标签，它向读写器发送信号形式可以表示为

$$S_i(t)=AD_i(t)PN(t)\cos(2\pi f_0+\varphi_0) \tag{1}$$

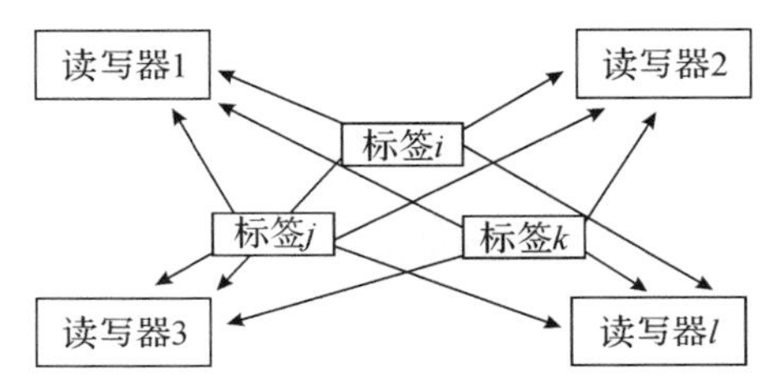

图 1　定位原理图

* 文章发表于《遥测遥控》，2011，32(4)：25-28. 系作者与宋伟宁、邵定蓉、李署坚、文霄杰合作完成。

其中，A、$D_i(t)$、$PN(t)$、f_0 和 φ_0 分别为发射信号的幅度、调制信息、扩频码、载波频率和载波起始相位。读写器接收并解调标签的发射信号，得到其伪码测距信息及载波相位信息，从而建立方程并解算得到标签的位置。

2.2 载波相位平滑伪距原理

系统的伪码及载波相位测量方程可表示为[2]

$$\rho=R+\varepsilon_\rho \tag{2}$$

$$\lambda\phi+\lambda N=R+\varepsilon_\phi \tag{3}$$

其中，R 为距离真值，ρ 为伪码测距值，ε_ρ 为伪码测距误差，λ 为载波波长，ϕ 为载波相位，N 为整周模糊度，ε_ϕ 为载波相位测距误差。由式(2)、式(3)可得

$$\rho-\varepsilon_\rho=\lambda\phi+\lambda N-\varepsilon_\phi \tag{4}$$

在不考虑误差项影响的情况下，若测量过程中不存在周跳，则 N 为定值。读写器对接收信号连续测量 n 次，可得如下系列方程

$$\begin{gathered}\rho_1=\lambda\phi_1+\lambda N\\ \rho_2=\lambda\phi_2+\lambda N\\ \vdots\\ \rho_n=\lambda\phi_n+\lambda N\end{gathered} \tag{5}$$

由式(5)可得

$$\lambda N=\frac{1}{n}\sum_{k=1}^{n}(\rho_k-\lambda\phi_k) \tag{6}$$

将式(6)代入式(5)，可得相位平滑后的伪距 $\bar{\rho}_n$ 为

$$\bar{\rho}_n=\lambda\phi_n+\frac{1}{n}\sum_{k=1}^{n}(\rho_k-\lambda\phi_k) \tag{7}$$

对于式(7)，考虑相位平滑后的测距误差 σ_ρ 与 ε_ρ、ε_ϕ 之间的关系[5]，由于 $\varepsilon_\phi\ll\varepsilon_\rho$，根据误差传递定理，有

$$\sigma_\rho{}^2=\varepsilon_\phi{}^2+\frac{1}{n}(\varepsilon_\rho{}^2+\varepsilon_\phi{}^2)\approx\frac{1}{n}\varepsilon_\rho{}^2 \tag{8}$$

由式(8)可以看出，当进行 n 次平滑运算后，平滑后的测距误差约减小为伪码测距误差的$\frac{1}{\sqrt{n}}$。

由式(7)得出 $\bar{\rho}_n$ 需要存储 n 次测量数据才能得到平滑结果。在系统应用中，需要实时得到测距信息，因而需要给出式(7)的实时表达形式。

$$\begin{aligned}\bar{\rho}_n&=\lambda\phi_n+\frac{1}{n}\sum_{k=1}^{n}(\rho_k-\lambda\phi_k)=\lambda\phi_n+\frac{1}{n}\sum_{k=1}^{n}(\rho_n-\lambda\phi_n)+\frac{n-1}{n}(\bar{\rho}_{n-1}-\lambda\phi_{n-1})\\&=\frac{1}{n}\rho_n+\frac{n-1}{n}(\bar{\rho}_{n-1}+\lambda\phi_n-\lambda\phi_{n-1})\end{aligned} \tag{9}$$

式(9)即为相位平滑伪距的 Hatch 滤波形式[6]。

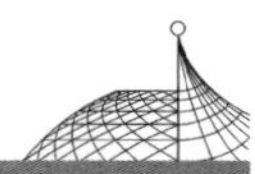

3. 鲁棒算法

3.1 伪码测距出现突发错误的处理方法

当存在外界干扰或接收机环路失锁引起伪码测距出现突发错误时，对于本系统，由于标签动态很小（一般认为物流中，标签载体的移动速度不超过 20m/s），相邻两次测量时间间隔内（系统选取码速率为 10Mchip/s，码长为 64，每个伪码周期取得一次测量值，则相邻两次测量时间的间隔为$\frac{1\times 64\text{chip}}{10\text{Mchip/s}}=6.4\mu\text{s}$）可认为基本不动（距离改变值约为 $20\text{m/s}\times 6.4\mu\text{s}=1.3\times 10^{-4}\text{m}$），很直观的三种处理方法是：①用上一时刻平滑后的伪距 $\bar{\rho}_i$ 直接作为当前平滑后的结果 $\bar{\rho}_{i+1}$，；②用上一时刻的伪距 ρ_i 代替当前伪距 ρ_{i+1} 进行平滑运算，得到平滑结果；③用上一时刻平滑后的伪距 $\bar{\rho}_i$ 代替当前伪距 ρ_{i+1} 进行平滑运算，得到平滑结果。利用方法 1、2、3 得到的伪距平滑结果 ξ_{i+1}、ζ_{i+1}、χ_{i+1} 分别如下

$$\xi_{i+1}=\frac{1}{i}\rho_i+\frac{i-1}{i}(\bar{\rho}_{i-1}+\lambda\phi_i-\lambda\phi_{i-1}) \tag{10}$$

$$\zeta_{i+1}=\frac{1}{i+1}\rho_i+\frac{i}{i+1}(\bar{\rho}_i+\lambda\phi_{i+1}-\lambda\phi_i) \tag{11}$$

$$\chi_{i+1}=\frac{1}{i+1}\bar{\rho}_i+\frac{i}{i+1}(\bar{\rho}_i+\lambda\phi_{i+1}-\lambda\phi_i) \tag{12}$$

3.2 出现周跳时的处理方法

假设 m 时刻出现周跳，则相应的测量方程为

$$\begin{aligned}
\rho_1&=\lambda\phi_1+\lambda N\\
&\vdots\\
\rho_{m-1}&=\lambda\phi_{m-1}+\lambda N\\
\rho_m&=\lambda\phi_m+\lambda\Delta\\
\rho_{m+1}&=\lambda\phi_{m+1}+\lambda\Delta\\
&\vdots\\
\rho_n&=\lambda\phi_n+\lambda N+\lambda\Delta
\end{aligned} \tag{13}$$

其中，Δ 为周跳。

由式(9)可知，在不对周跳作任何处理的情况下，平滑结果为

$$\bar{\rho}_m=\frac{1}{m}\rho_m+\frac{m-1}{m}(\bar{\rho}_{m-1}+\lambda\phi_m+\lambda\Delta-\lambda\phi_{m-1}) \tag{14}$$

$$\bar{\rho}_{m+1}=\frac{1}{m+1}\rho_{m+1}+\frac{m}{m+1}(\bar{\rho}_m+\lambda\phi_{m+1}-\lambda\phi_m) \tag{15}$$

由式(14)、式(15)可知，周跳仅对当前时刻的平滑结果产生直接影响。同 2.1 节，基于本系统低动态的特点，可以对周跳作如下处理：

当系统稳定后，若两次测量间的平滑伪距结果之差大于某一阈值，则判定为出现周跳，用上一时刻平滑后的伪距 $\bar{\rho}_i$ 直接作为此次平滑后的结果 $\bar{\rho}_{i+1}$，输出。

4. 仿真结果分析

仿真条件伪码测距误差为 6m，相位测距误差为 0.05m。为了更直观地表示，仿真结果中的纵坐标均为平滑后的伪距与距离真值之差。

实验一：伪距误差与平滑次数的关系。

图 2 所示为伪距误差与平滑次数关系的仿真图。如图 2 所示，经过 100 次平滑，相对于真值的误差可减小至 0.5m 左右。在本系统中，伪码速率为 10Mchip/s，码长为 64，每个伪码周期进行一次伪码测距及载波相位信息输出，则两次测量间的间隔为 $\frac{1\times 64\text{chips}}{10\text{Mchip/s}}=6.4\mu\text{s}$，100 次平滑需耗时 $6.4\mu\text{s}\times 100=0.64\text{ms}$，可同时满足系统的精度与实时性要求。

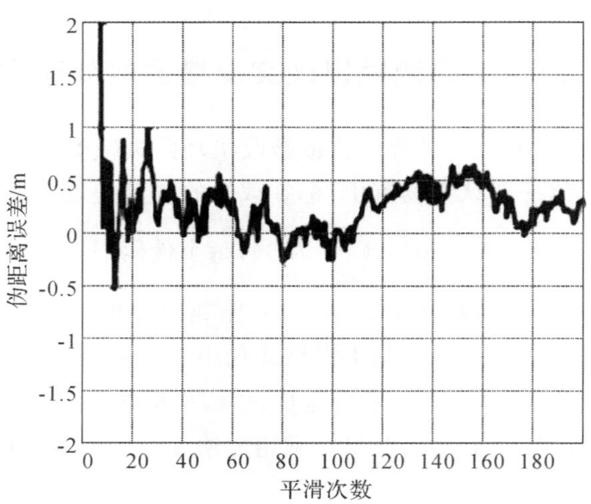

图 2　伪距误差与平滑次数关系图

实验二：伪距出现突发错误时的处理方法。

伪码测距突发错误处理方法比较结果示于图 3。在伪码测距出现突发错误时，采用方法 1、3 的效果明显优于方法 2，且采用方法 1、3 得到的伪距误差曲线与无突发错误的误差曲线基本重合，可以满足系统的精度要求。

实验三：出现周跳时的处理方法。

周跳修复结果如图 4 所示。对于存在周跳的情况，若不作任何处理，则存在较大测距误差。若按文中所述方法进行处理，则处理后的伪距误差曲线与无周跳的伪距误差曲线基本重合，可以满足系统的精度要求。

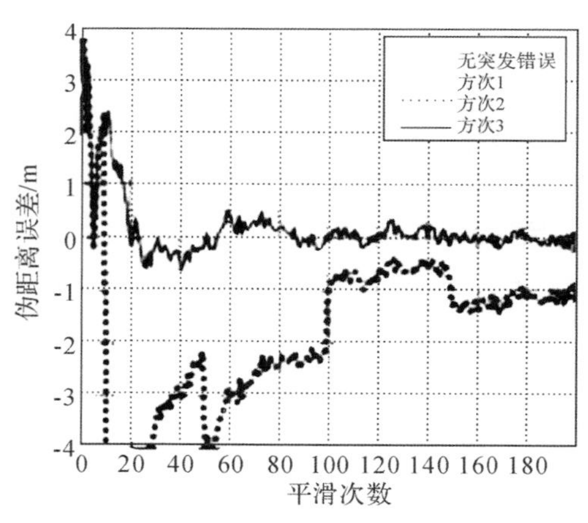

图 3　伪码测距突发错误处理方法比较图

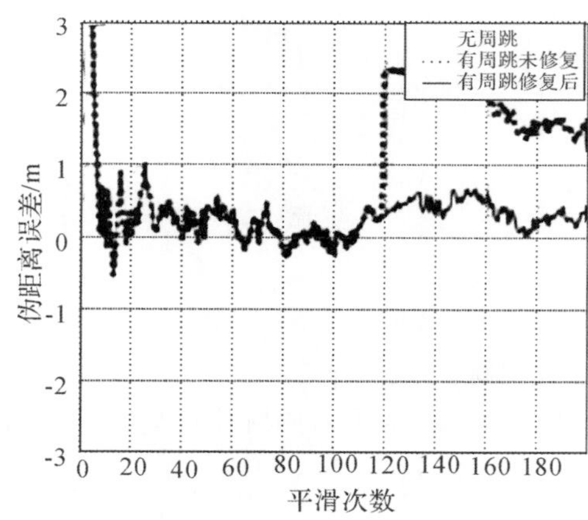

图 4　周跳修复结果图

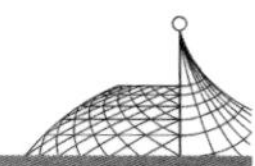

5. 结　论

本文研究载波相位平滑伪距算法在区域实时定位系统中的应用，给出了一种低动态下伪距突发错误与周跳的鲁棒算法。仿真结果表明，在设定的仿真条件下，经过 0.64ms 的处理时间，可以将与真值的相对误差减小至 0.5m 左右；当存在伪距突发错误或周跳时，经过本文方法处理得到的伪距误差曲线与不存在突发错误或周跳时的误差曲线基本一致，可以满足区域实时定位系统的实时性与精度要求。

参考文献

[1] 王文峰，耿力. 基于射频识别的实时定位系统技术研究[J]. 信息技术与标准化，2007，7：21-24.

[2] 谢钢. GPS 原理与接收机设计[M]. 北京：电子工业出版社，2009.

[3] 常志巧，郝金明，李军正. 载波相位平滑伪距及其在差分定位中的应用[J]. 海洋测绘，2009，29(3)：21-23.

[4] 范士杰，孔祥元. 基于 Hatch 滤波的 GPS 伪距相位平滑及其在单点定位中的应用[J]. 勘察科学技术，2007，4：40-42.

[5] 刘根友，朱连才，任超. GPS 相位与伪距联合实时定位算法[J]. 测绘通报，2001，10：10-11.

[6] Hatch R. The synergism of GPS code and carrier measurement[C]. Proceedings of the Third International Geodetic Symposium on Satellite Doppler Positioning. New Mexico State University, February 1982：1213-1232.

A Robust Algorithm of Carrier Phase Smoothed Pseudo Range in Real Time Location Systems

Abstract：Considering the burst error of pseudo range and carrier cycle slip, a robust carrier phase smoothed pseudo range algorithm is developed for the low dynamic system. Simulation results reveal that with the proposed algorithm the error caused by burst error of pseudo range and carrier cycle slip is reduced and the location precision is improved.

Keywords：carrier phase smoothed pseudo range; real time location system; robust

自适应 OFDM 采样频偏估计算法*

摘　要:修正了基于数据判决的采样频偏估计公式,提出一种自适应采样频偏估计算法,利用离散导频估计频偏变化,从而得到参与估计的数据符号间隔,并且同时使用信道估计结果和接收数据对采样频率偏差进行估计,达到提高估计精度的目的。仿真表明,在高斯白噪声信道下,新算法估计精度比基于数据判决算法和基于离散导频算法高 3dB 左右;在多径信道下,新算法的估计精度比其他两种算法提高 5dB 以上。实验结果表明,该算法的星座收敛速度快,提高了接收机性能。

关键词:正交频分复用;自适应算法;采样;同步

在宽带无线数字通信系统中,正交频分复用 OFDM(Orthogonal Frequency Division Multiplexing)技术将高速的串行数据转换为低速的并行数据传输,可以有效地抵抗频率选择性衰落[1-3]。对系统同步要求高是 OFDM 接收技术上的一个难点,因为它对定时误差和频率误差比普通单载波接收机敏感。子载波数目越大,系统对采样钟频率偏差越敏感[4],因此在高速传输数据时,需要解决 OFDM 系统采样频率同步问题。

文献[5－8]都提出了 OFDM 系统实现采样频偏估计的算法。其中,文献[5－7]应用连续导频实现采样频偏估计,但估计精度受到导频数量的限制。文献[8]提出了一种利用频域数据实现采样频偏的估计算法,但是对复数之和幅角与复数幅角之和在概念上混淆以致得出了错误的估计值,并且这种算法的估计精度会受误符号率的影响。在相同导频密度下,菱形离散导频图案的信道估计性能优于其他导频图案[9]。文献[10]提出了一种利用离散导频进行采样频偏估计的算法,但在多径信道下其估计性能会受到影响。

本文修正了文献[8]提出的基于数据判决采样频偏估计公式(见公式(2)),并且讨论了数据间隔对算法估计方差的影响,进而提出了一种自适应采样频偏估计算法。该算法通过离散导频来确定参与估计的数据符号间隔,并且同时使用信道估计结果和接收数据,实现充分利用频域数据进行采样钟频偏估计。仿真结果表明,在多径和加性高斯白噪声信道下,该算法的采样频偏估计性能优于基于离散导频或数据判决算法。实验结果表明,该算法的星座收敛速度快,提高了接收机性能。

1. 系统模型

参考文献[11]的系统模型,假设一帧数据包含 A 个 OFDM 数据符号,则存在定时偏差的 OFDM 接收信号为 $r[i,n]$。

当 $n\in[N_g,N-1+N_g]\cap i\in[1,A]$时,$r[i,n]$为 $s[i,n-N_g]$;

当 $n\in[0,N_g-1]\cap i\in[1,A]$时,$r[i,n]$为 $s[i,n+N-N_g]$;

---

* 文章发表于《北京航空航天大学学报》,2011,37(8):1001-1005.系作者与孙宇明、邵定蓉、李署坚合作完成。

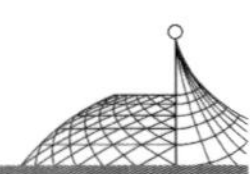

当 $n\in[0,N_s+N_g]\cap i=0$ 时，$r[i,n]$为 $q[i,n]$。

其中，i 表示数据符号的序号；n 表示采样点序号；N_s 表示同步信号长度；N_g 表示循环前缀长度；N 表示 OFDM 数据符号长度；$s[i,n]$的定义如式(1)中所示；$q[i,n]$表示接收到的训练符号。

$$s[i,n]=\frac{1}{\sqrt{N}}\sum_{k=0}^{N-1}X_{i,k}H_{i,k}$$

$$\exp\left\{\frac{j2\pi kn(1+\xi)}{N}+\frac{j2\pi kn(1+\xi)n}{N}+\frac{j2\pi k[\xi(i(N+N_g)+N_g)+\theta_0]}{N}+\frac{j2\pi\Delta f(i(N+N_g)+N_g)}{N}\right\}+N(n) \tag{1}$$

式中，$N(n)$表示高斯白噪声；$H_{i,k}$表示第 i 个符号信道频率响应在第 k 个频点上的值；ξ 表示归一化的采样钟偏差；Δf 表示归一化频率偏差；θ_0 表示采样钟固定相差；$X_{i,k}$表示复值基带信号。

2. 自适应采样频偏估计算法

2.1 采样频偏信息提取

文献[8]提出的基于数据判决估计公式如下所示：

$$\hat{\xi}=\frac{N\{\arg(\sum_{k=1}^{\frac{M}{2}}\hat{H}_{i,k}\hat{H}^*_{i-1,k})-\arg(\sum_{k=1}^{\frac{M}{2}}\hat{H}_{i,\frac{M}{2}-k}\hat{H}^*_{i-1,\frac{M}{2}-k})\}}{\pi(N+N_g)(M+2)}$$

式中，$\hat{H}_{i,k}=\frac{Y_{i,k}}{\hat{H}_{i,k}}$；$M$ 表示真实载波数目；$\hat{H}_{i,k}$表示解调后的数据符号。可知，上式中 k 会对采样频偏估计造成影响，文献[8]公式误认为

$$\arg\{\sum_{k=1}^{\frac{M}{2}}\exp\frac{j2\pi k\xi}{N}\}=\sum_{k=1}^{\frac{M}{2}}\arg\exp(\frac{j2\pi k\xi}{N})$$

假设参与估计的有用数据间隔为 Δk，归一化采样频偏估计结果 $\hat{\xi}_{sd}$ 表达式如下：

$$\hat{\xi}_{sd}=\frac{N\arg\{\sum_{k=1}^{v(\Delta k)}(\widetilde{H}_{i,k}\widetilde{H}^*_{i-1,k})(\widetilde{H}_{i,k-\Delta k}\widetilde{H}^*_{i-1,k-\Delta k})^*\}}{2\pi\Delta L(N+N_g)\Delta k} \tag{2}$$

式中，$\widetilde{H}_{i,k}$表示瞬时信道估计值；ΔL 表示参与估计的数据符号间隔；$v(\Delta k)$表示参与估计的样本数，当 $v(\Delta k)\leqslant 0.5M$ 时，$v(\Delta k)=M-v(\Delta k)-1$；当 $v(\Delta k)>0.5M$ 时，$v(\Delta k)=M-v(\Delta k)+1$。

使用文献[8]的推导方法，Γ 表示瞬时信道估计结果信噪比，则估计的均方误差如式(3)所示。

$$\varepsilon(\hat{\xi}_{\mathrm{sd}})\approx\frac{N^2}{2\pi^2(N+N_g)^2(\Delta L\Delta k)^2v(\Delta k)\Gamma} \tag{3}$$

式中，$\varepsilon(\cdot)$表示均方误差。

2.2 时变信道对于采样频偏估计的影响

考虑到，OFDM 主要应用在时变信道场合，信道在采样频偏估计过程中变化，则估计的均方误差改写为

$$\varepsilon(\hat{\xi}_{\mathrm{sdc}})\approx\varepsilon(\hat{\xi}_{\mathrm{sd}})+\varepsilon(\Delta\bar{\varphi}_{\Delta k}) \tag{4}$$

式中，$\varepsilon(\hat{\xi}_{\mathrm{sdc}})$表示时变信道下采样频偏估计值；$\Delta\bar{\varphi}_{\Delta k}$表示相位差变化均方误差。信道的变化速率越大

则相邻载波间的相位变化越快，即式(4)中$\varepsilon(\Delta\bar{\varphi}_{\Delta k})$越大，导致估计方差增大。可见，选择较小的$\Delta L$和$\Delta k$可以减小$\varepsilon(\Delta\bar{\varphi}_{\Delta k})$但是会使$\varepsilon(\hat{\xi}_{sd})$增大，选择较大的$\Delta L$和$\Delta k$会使$\varepsilon(\hat{\xi}_{sd})$减小而$\varepsilon(\Delta\bar{\varphi}_{\Delta k})$增大，因此需要选择适合的$\Delta L$和$\Delta k$，使采样频偏估计均方误差在一定范围内达到最小。

当ΔL足够小时，可以认为信道是准静止的。

在这种情况下，由式(3)可知，当Δk为$0.5M+1$时，估计的均方误差最小。

2.3 频偏变化估计算法

多普勒频移的变化是由物体的移动产生的。物体的移动会使入射角产生变化，使多普勒频移产生变化。假设多普勒效应变化引起的频偏变化为$f_{\mathrm{d}}(i)$，则接收信号为

$$\begin{aligned}s[i,n]=\frac{1}{\sqrt{N}}\sum_{k=0}^{N-1}X_{i,k}H_{i,k}\exp\Big\{&\frac{j2\pi kn(1+\xi)}{N}+\frac{j2\pi[\Delta f+f_{\mathrm{d}}(i)](1+\xi)n}{N}\\&+\frac{j2\pi[\Delta k[\xi(i(N+N_g)+N_g)+\theta_0]}{N}\\&+\frac{j2\pi[\Delta f+f_d(i)](i(N+N_g)+N_g)}{N}\Big\}+N(n)\end{aligned}$$

由上可得频偏的变化率为

$$\mu(i)=f_{\mathrm{d}}(i)-f_{\mathrm{d}}(i-1)=N_{\arg}\{\sum_{k=1}^{N_P}(\hat{H}_{i,p(i,k)}\hat{H}^{*}_{i-N_1\cdot p(i,k)})\cdot\hat{H}^{*}_{i-1,p(i,k)}\hat{H}_{i-N_1-2,p(i,k)}\}/2\pi(N+N_g)$$

式中，N_t表示离散导频时域间隔；$p(i,k)$表示第i个OFDM符号中第k个导频的位置；N_p表示一个符号中的导频数量。$\mu(i)$连续累加A个符号，假设连续两帧数据信道变化速率一样，则其最大频率变化如下：

$$f_{c,\max}\approx\arg_i\max(\sum_1^i\mu(i))-\arg_i\min(\sum_1^i\mu(i))$$

根据时域抽样定理，设T表示一个OFDM符号长度，只要ΔL远小于时域采样时间就可以认为信道是准静止的，可得

$$\left.\begin{aligned}&\Delta L=[\frac{1}{20f_{c\max}T}]\quad\frac{1}{20f_{c\max}T}>1\\&\Delta L=1\qquad\qquad\frac{1}{20f_{c\max}T}\leqslant1\end{aligned}\right\}\tag{5}$$

2.4 自适应采样频偏估计算法

为了减小采样频偏估计误差，使用信道估计辅助的算法估计公式可以表示为

$$\hat{\xi}_{\mathrm{sdh}}=\frac{N\arg\{\sum_{k=1}^{\frac{N}{2}}(\widetilde{H}_{i,k}\widetilde{H}^{*}_{i-1,k})(\widetilde{H}_{i,k-\frac{M}{2}-1}\widetilde{H}^{*}_{i-1,k-\frac{M}{2}-1})^{*}\}}{\pi\Delta L(N+N_g)(M+2)}\tag{6}$$

式中，$\widetilde{H}_{i,k}=\alpha_{i,k}\widetilde{H}_{i,k}+(1-\alpha_{i,k})\widetilde{H}^{P}_{i,k}\alpha_{i,k}\in[0,1]$。信道合并系数$\alpha_{i,k}$如式(7)所示[11]。

$$\alpha_{i,k}=\frac{E[\|\hat{H}^{P}_{i,k}\|^2]N\sigma_k^2}{E[\|\hat{X}_{i,k}\|^2]\sigma^2+E[\|\hat{H}^{P}_{i,k}\|^2]N\sigma_k^2}\tag{7}$$

式中，σ^2表示接收信道中的噪声能量；σ_k^2表示接收信道中的噪声能量；$\hat{H}^{P}_{i,k}$表示基于导频的信道估计值；$E[\times]$表示$\times$的数学期望值。

综上所述，算法实现步骤如下：

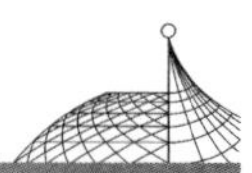

(1)完成信道估计,并且对数据补偿后做星座图映射,进而得到利用数据判决得到的瞬时信道估计值;

(2)使用式(5)估计出 ΔL;

(3)用式(6)计算出采样频偏;

(4)通过插值滤波器纠正频率偏差;

(5)重复步骤(1)。

3. 算法稳定性分析

讨论频偏变化估计有偏差时系统性能的变化。频偏变化估计偏差主要来自于系统噪声和采样频率抖动的影响。一方面,采样频率的抖动一般在 0.3×10^{-6} 以内,因此它对于频偏变化的影响可以忽略不计;另一方面,系统噪声的影响如式(8)所示,可知其偏差值必定小于 $\mu(i)$,因此仍然会满足 ΔL 的取值要求。

$$\varepsilon(\mu(i))\approx\frac{N^2}{4\pi^2(N+N_g)^2N_p\Gamma} \tag{8}$$

讨论当稳定状态下采样频率抖动对估计的影响。采样频率抖动主要是由发射与接收端参考时钟频率变化引起的,因此其范围较小,一般在 0.3×10^{-6} 以内。在稳定状态下,采样频率的抖动会引起 σ_k^2 的变化,因此系统会自适应地更改 $a_{i,k}$,从而估计出采样频率偏差,通过插值滤波器使系统重新恢复到稳定状态。

4. 算法仿真

分别在白噪声和多径信道两种情况下,利用蒙特卡罗法对联合同步算法进行仿真。以移动多媒体广播帧格式为例。OFDM 系统带宽为 8MHz,采样频率为 40MHz,复数基带信号 $X(l,k)$ 从 16-QAM 星座点中随机取出,每帧包括 53 个 OFDM 符号和一组训练序列。导频采用菱形导频结构,且 $\Delta_T=1,\Delta_P=8$,其导频对应的子载波编号为:当 l 是奇数且 $0\leqslant n\leqslant191$ 时,导频的子载波编号为 $8n+2$;当 l 是奇数且 $192\leqslant n\leqslant383$ 时,导频的子载波编号为 $8n+1023$;当 l 是偶数且 $0\leqslant n\leqslant191$ 时,导频的子载波编号为 $8n+6$,当 l 是偶数且 $192\leqslant n\leqslant383$ 时,导频的子载波编号为 $8n+1027$;2538 和 4095 的位置上固定有导频。采用导频所处位置使用最小平方 LS(Least Square)信道估计器配合线形内插的方法完成信道估计。发射信号分别经过高斯白噪

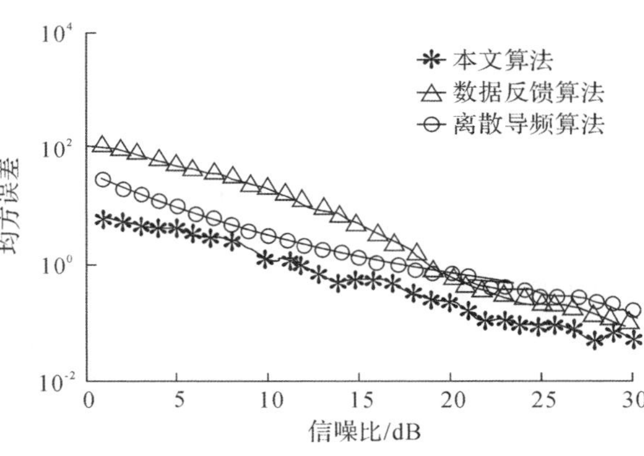

(a) 在高斯白噪声信道下无多普勒频移采样频偏400Hz

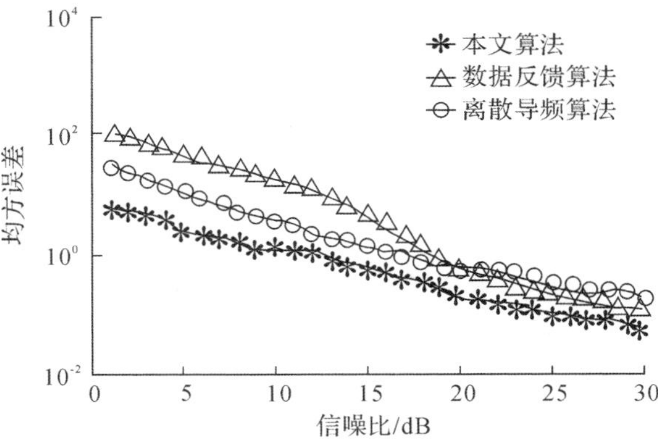

(b) 在多径信道下无多普勒频移采样频偏400Hz

图 1 采样频偏估计性能仿真图

声和多径信道。其中,多径信道模型各路的延时分别为 0,1.2μs,2.4μs,4.8μs 和 25.6μs,路径增益为 1,0.891,0.354,0.316 和 0.1。其最大多径延时正好满足其导频设置的频域间隔,并且第二径存在强反射。在不同信噪比下,发送 100 帧数据,计算采样频偏估计均方差,比较算法频偏估计性能。其它仿真参数如表 1 所示。使用数学软件 Matlab,分别对基于数据判决反馈算法、基于离散导频算法和本文算法进行仿真。

仿真结果表明,在加性高斯白噪声和多径信道下,新算法比单独使用一种算法估计精度高。如图 1所示,在高斯白噪声信道下,新算法估计精度比基于数据判决和基于离散导频的算法高 3dB 左右;在多径信道下,新算法的估计精度比其他两种算法提高 5dB 以上。

表 1　参数列表

有效载波数/个	虚拟载波数/个	符号长度/μs	循环前缀长度/μs	采样频率偏差/Hz
3076	1020	409.6	51.2	400

5. 实验结果

实验设备由 FPGA(Field Programmable Gate Arrays)硬件开发板和 OFDM 解调卡组成。FPGA 硬件开发板,使用 Xilinx 公司的 FPGA 芯片,其型号为 XC4VSX55-10C,作为发射机。OFDM 解调卡硬件平台,使用 Xilinx 公司的 FPGA 芯片,其型号为 XC4VLX100-101,作为接收机。使用 Matlab 产生加入高斯白噪声的标准格式数字信号,存入 FPGA 硬件开发板的 RAM 中。在 FPGA 硬件开发板上,通过读取 RAM 中数据然后把其调制到 5MHz 的中频上,通过 D/A 发射出去。FPGA 硬件开发板和 OFDM 解调卡之间通过同轴线连接。

在实验中,符号同步和载波同步是通过基于训练序列的算法完成的。新算法在硬件中进行了实验,实验结构框图如图 2 所示。首先,完成载波和定时同步的信号经过插值滤波器成为有残余采样频偏的基带信号。其次,基带信号经过快速傅里叶变换模块和信道估计模块完成快速傅里叶变换、导频处的 LS 信道估计和线性插值信道估计后分成三路,第一路进入星座映射模块后分别进行数据输出和瞬时信道估计;第二路进入频偏变化估计模块进行频偏变化估计;第三路直接参与瞬时信道估计。再次,频偏变化估计模块和瞬时信道计算模块的输出分别送入采样频偏估计模块进行采样频偏估计。最后,通过采样频率控制模块把估计值送给线形插值滤波器模块从而改变采样频率。

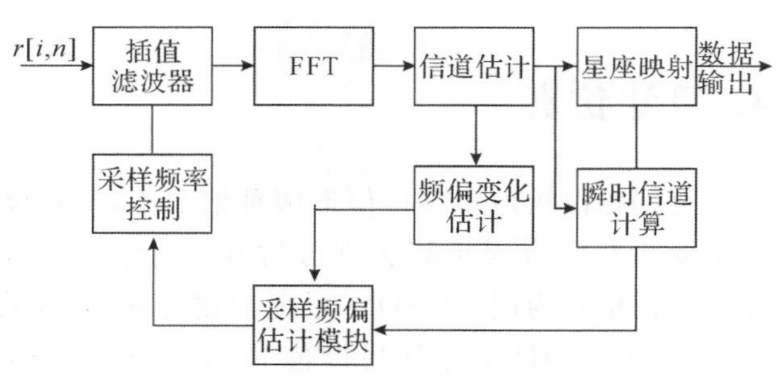

图 2　算法实验结构图

在发射信号的信噪比为 25dB 的情况下,使用在线逻辑分析软件 chipscope 截取星座图映射前数据,可以得到接收机解调星座图。如图 3 所示,使用本文提出的算法后星座图明显收敛。可见,本文提出的算法提高了接收机的性能。

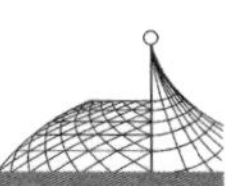

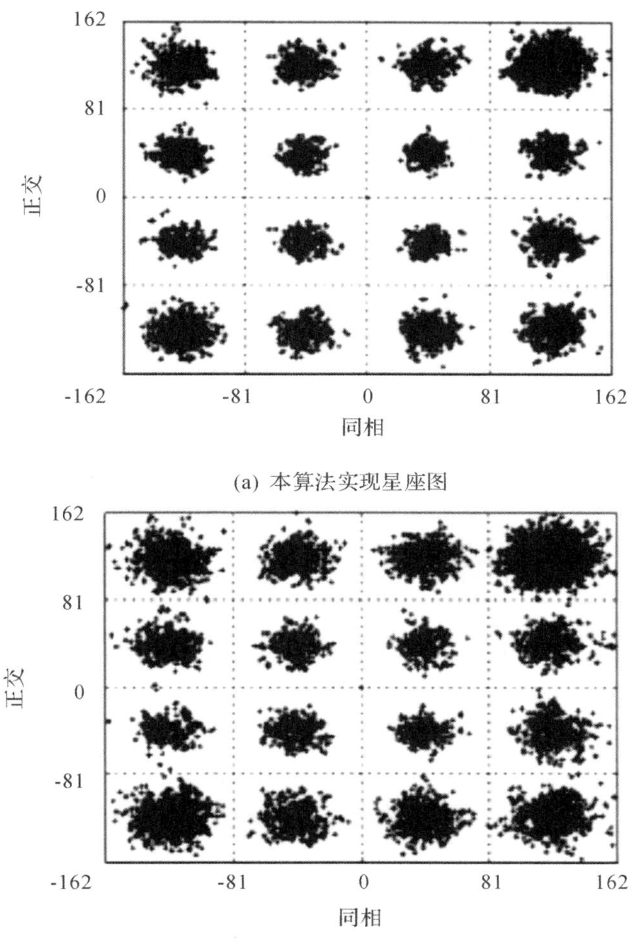

(a) 本算法实现星座图

(b) 基于离散导频算法的星座图

图 3　星座图比较

6. 结束语

本文修正了文献[8]提出的基于数据判决采样频偏估计公式(见式(2)),并且讨论了数据间隔对算法估计方差的影响,进而提出了一种自适应采样频偏估计算法。该算法通过离散导频来确定参与估计的数据符号间隔,并且同时使用信道估计结果和接收数据,实现充分利用频域数据进行采样钟频偏估计。理论分析表明,新算法的采样频偏估计精度比基于数据判决算法和基于离散导频算法高。仿真结果表明,在高斯白噪声信道下,新算法估计精度比基于数据判决算法和基于离散导频算法高3dB左右;在多径信道下,新算法的估计精度比其他两种算法提高5dB以上。实验结果表明,本算法星座图收敛快,提高了接收机的性能。

参考文献

[1] 尹长川,罗涛,乐广信. 多载波宽带无线通信技术[M]. 北京: 北京邮电大学出版社,2004:22-69.

[2] 杨晨阳,洪慧勇.基于训练序列的时域OFDM载波同步算法[J].北京航空航天大学学报,2005,31(2):157-161.

[3] 肖征荣,余智,赵绍刚,等.使用复小波包的MIMO4FDM无线系统[J].北京航空航天大学学报,2004,30(11):1084-1087.

[4] 崔小准,胡光锐,陈豪.采样频率误差对OFDM系统的影响和估计方法[J].上海交通大学学报,2003, 37(10):1581-1584.

[5] Young H Y, Sang T K, Kyung T L, et al. An improved sampling frequency offset estimator for OFDM-based digital radio mondiale systems[J]. IEEE Transactions on Broadcasting, 2008, 54(2):283-286.

[6] Wei T C, Liu W C, Tseng C Y, et al. Low complexity synchronization design of an OFDM receiver for DVB-T/H[J]. IEEE Transactions on Consumer Electronics,2009,55(2):408-413.

[7] Hung N L, Tho L N, Chi Chung K. RLS-based joint estimation and tracking of channel response, sampling, and carrier frequency offsets for OFDM[J]. IEEE Transactions on Broadcasting, 2009, 55(1):84-94.

[8] Kai S, Serpedin E, Ciblat P. Decision-directed fine synchronization in OFDM systems[J]. IEEE Transactions on Communications, 2005,53(3):408-412.

[9] Choi J, Lee Y. Optimum pilot pattern for channel estimation in OFDM systems[J]. IEEE Transaction on Communications, 2005,4(5):2083-2088.

[10] Hyoung Kyu S, Joon Beom K, Young Hwan Y. Pilot-assisted fine frequency synchronization for OFDM-based DVB Receivers[J]. IEEE Transactions on Broadcasting, 2009, 55(3): 674-678.

[11] 孙宇明,张彦仲,李署坚,等.基于噪声判定的OFDM小数倍频偏估计算法[J].通信学报,2010, 31(8):56-62.

[12] GY/T220.14006 移动多媒体广播　第1部分:广播信道帧结构、信道编码和调制[S].

Adaptive Sampling Frequency Offset Estimation Algorithm for OFDM System

Abstract: The estimation formula of sampling frequency offset estimation algorithm based on data decision was corrected. An orthogonal frequency division multiplexing (OFDM) system adaptive sampling frequency offset estimation algorithm was presented. The frequency offset change using discrete pilots to find the interval of the data symbol was estimated, and the sampling frequency offset estimation using the channel estimation results and the received data at the same time was implemented to improve the estimation precision. The simulation results show that, the estimation precision of the new algorithm is higher than the method using pilots or data decision respectively about 3dB in additive white Gaussian noise channel, and about 5dB in multipath fading channel. The experiment results show the constellation could be converged better. Therefore, the receiver performance could be improved.

Keywords: orthogonal frequency division multiplexing; adaptive algorithms; sampling; synchronization

一种基于 RFID 的区域实时定位系统布局*

摘　要：建立了基于射频识别(RFID)技术定位系统的数学模型；根据几何精度因子(GDOP)，讨论了定位精度与读写器个数及布局之间的关系，给出了实时定位系统(RTLS)的读写器布局策略。仿真结果表明，系统的定位精度随着读写器个数的增加而提高；当测距误差为 1.5m、读写器个数为 5 个时，应用本文的布局策略，区域内标签定位误差的数学期望可以达到 1.7262m，满足系统实际需要。

关键词：定位；因子；射频识别

实时定位系统(real time location system, RTLS)是一种应用无线通信技术、实时地对目标进行定位的系统，在给定的区域(办公楼、场地、城区)内对货物、人员等的定位应用上有着广泛的前景。

本文所研究的 RTLS 系统，是基于射频识别(radio frequency identification, RFID)技术，对目标进行识别定位，由有源标签、读写器、服务器和定位系统软件组成。标签按照一定的时间间隔发送无线信号；读写器将接收到的信号的到达时刻信息传送到服务器，由系统定位软件得出标签的位置信息。定位误差受测距误差与读写器布局两方面因素的影响[1-4]。本文主要考虑布局对定位误差的影响，提出一种区域实时定位系统的布局策略，可使区域内标签几何精度因子(GDOP)值的数学期望取得较小值。

1. 原理与模型

1.1　系统原理

实时定位系统原理如图 1 所示，在一个给定的区域内，系统中有 m 个读写器，考虑系统中的第 i 个标签，它向读写器发送信号为

$$S_i(t)=A\cdot D_i(t)\cdot C(t)\cdot \cos(2\pi f_0+\phi_0) \tag{1}$$

其中，A 为发送信号的幅度；$D_i(t)$ 为调制信息；$C(t)$ 为扩频码；f_0 为载波频率；ϕ_0 为载波起始相位。读写器接收并解调标签的发送信号，得到其到达时刻信息，得出距离方程为

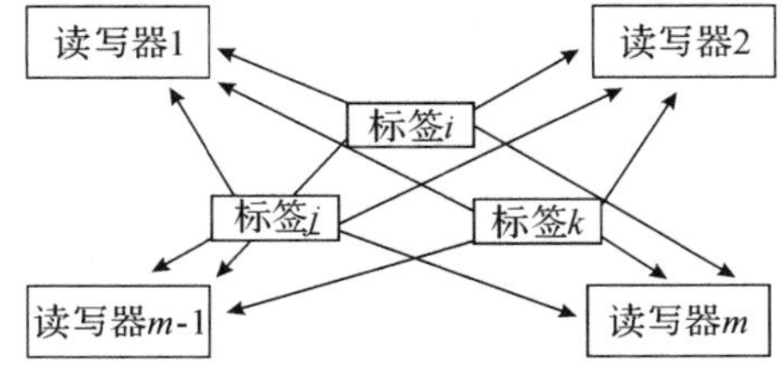

图 1　定位原理图

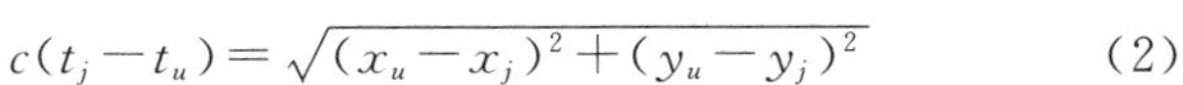

$$c(t_j-t_u)=\sqrt{(x_u-x_j)^2+(y_u-y_j)^2} \tag{2}$$

其中，c 为光速；t_j 为信号到达读写器的时刻；t_u 为标签发送信号时刻；(x_j,y_j) 为已知的读写器的位置；(x_u,y_u) 为标签的位置。式(2)是非线性方程，可以先将其近似为线性方程，然后求解[2]。

---

* 文章发表于《北京工业大学学报》，2011，37(9)：1304-1309. 系作者与宋伟宁、邵定蓉、李署坚合作完成。

定义 $\zeta_j \triangleq ct_j$，可将式(2)表示为

$$\zeta_j = ct_j = \sqrt{(x_u - x_j)^2 + (y_u - y_j)^2} + ct_u \tag{3}$$

设$(\Delta x_u, \Delta y_u)$是真实位置(x_u, y_u)与近似位置$(\hat{x}_u, \hat{y}_u)$之间的偏离，Δt_u 是真实信号发送时刻 t_u 与近似信号发送时刻 $\hat{t}_u$ 之间的偏离。利用近似位置$(\hat{x}_u, \hat{y}_u)$和近似发送时刻 $\hat{t}_u$ 可以计算出

$$\hat{\zeta}_j = c\hat{t}_j = \sqrt{(\hat{x}_u - x_j)^2 + (\hat{y}_u - y_j)^2} + c\hat{t}_u \tag{4}$$

利用泰勒公式，并省去二阶及以上高阶小项，可得到

$$\hat{\zeta}_j - \zeta_j = \frac{x_j - \hat{x}_u}{\hat{r}_j}\Delta x_u + \frac{y_j - \hat{y}_u}{\hat{r}_j}\Delta x_u - c\Delta t_u \tag{5}$$

其中 $\hat{r}_j = \sqrt{(x_j - \hat{x}_u)^2 (y_j - \hat{y}_u)^2}$。显然，要解出标签的位置信息，需要建立至少 3 个方程，即至少需要 3 个读写器。

精度因子(dilution of precision, DOP)是由几何布局引起的距离测量误差因子。常用的有几何精度因子(GDOP)、位置精度因子(PDOP)、水平精度因子(HDOP)、垂向精度因子(VDOP)和时间精度因子(TDOP)等。本系统由于需要考虑时间误差，因此选取 GDOP 为衡量读写器布局的标准[2]。用 X 表示 GDOP 值，则有 $X = \sqrt{D_{11} + D_{22} + D_{33}}$，其中，$D_{ii}(i=1,2,3)$是 $G = (H^{\mathrm{T}} \cdot H)^{-1}$ 的对角线元素；H 是观测矩阵。

1.2 系统几何模型

为了讨论方便，令读写器个数为 m，当 $m=3$ 时，系统的几何模型如图 2 所示。

读写器布局在 A,B,C，考虑位于 O 点的标签，$\vec{e_1}, \vec{e_2}, \vec{e_3}$ 分别为 3 个读写器的测距矢量，方向为由标签指向读写器。

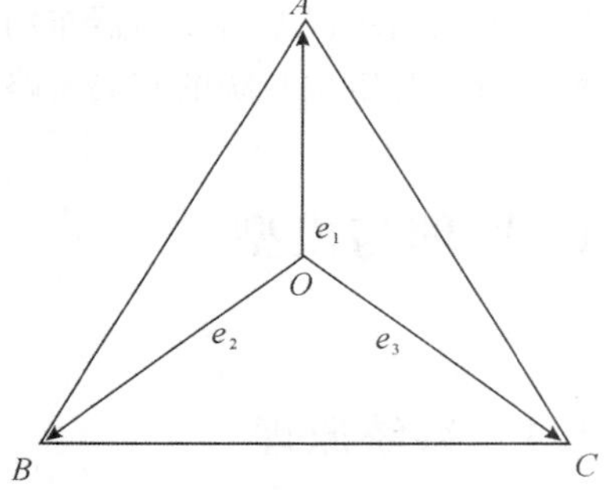

图 2　3 个读写器时的布局情况

2. 布局策略

2.1 $m=3$ 的布局策略

3 个读写器时，O 点的 GDOP 值 X 满足方程[5]

$$X^2 = \mathrm{Trace}((H^{\mathrm{T}} \cdot H)^{-1}) \tag{6}$$

当 3 个观测方程不相关时，H 为可逆矩阵，则有

$$(H^{\mathrm{T}} \cdot H)^{-1} = H^{-1} \cdot (H^{\mathrm{T}})^{-1} = \frac{H^*}{|H|} \cdot \frac{(H^{\mathrm{T}})^*}{|H^{\mathrm{T}}|} = \frac{H^* \cdot (H^{\mathrm{T}})^*}{|H|^2} \tag{7}$$

其中，H^* 是 H 的伴随矩阵；$|H|$ 是 H 的行列式。将式(7)代入式(6)，得到 $X^2 = \dfrac{\mathrm{Trace}(H^* \cdot (H^{\mathrm{T}})^*)}{|H|^2}$。其中

$$|H| = \begin{vmatrix} e_{11} & e_{12} & 1 \\ e_{21} & e_{22} & 1 \\ e_{31} & e_{32} & 1 \end{vmatrix} = \begin{vmatrix} e_{11} & e_{12} & 1 \\ e_{21} - e_{11} & e_{22} - e_{12} & 1 \\ e_{31} - e_{21} & e_{32} - e_{22} & 1 \end{vmatrix} \tag{8}$$

式中，e_{11}, e_{12} 为$\vec{e_1}$在 x 轴和 y 轴的分量；e_{21}, e_{22} 为$\vec{e_2}$在 x 轴和 y 轴的分量；e_{31}, e_{32} 为$\vec{e_3}$在 x 轴和 y 轴的分

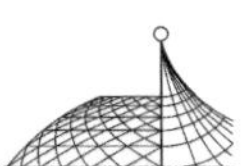

量。根据图 2,有

$$\vec{AB}=\vec{e_2}-\vec{e_1}=(e_{21}-e_{11})\vec{i}+(e_{22}-e_{12})\vec{j} \tag{9}$$

$$\vec{BC}=\vec{e_3}-\vec{e_2}=(e_{31}-e_{21})\vec{i}+(e_{32}-e_{22})\vec{j} \tag{10}$$

其中 $\vec{i}$、$\vec{j}$ 分别为 x 轴和 y 轴的单位方向矢量。

三角形 ABC 面积 S_{ABC} 满足关系式

$$S_{ABC}=\frac{1}{2}\vec{AB}\cdot\vec{BC}=\frac{1}{2}\left|(e_{21}-e_{11})\cdot(e_{32}-e_{22})-(e_{22}-e_{12})\cdot(e_{31}-e_{21})\right| \tag{11}$$

比较式(8)与式(11),可知 $|H|=2S_{ABC}$,从而

$$X^2=\frac{\mathrm{Trace}(H^*\cdot(H^{\mathrm{T}})^*)}{|H|^2}=\frac{\mathrm{Trace}(H^*\cdot(H^{\mathrm{T}})^*)}{4S_{ABC}^2}=\frac{R}{4}\cdot\frac{1}{S_{ABC}^2} \tag{12}$$

其中 $R=\mathrm{Trace}(H^*\cdot(H^{\mathrm{T}})^*)$。通过仿真可知,随着 S 的增大(虽然 R 也在相应变化),区域内各点 GDOP 的主要变化趋势为逐渐减小,因此,读写器布局时应尽量使得 3 个读写器所成三角形面积 S 最大。区域内不同点的 GDOP 值随面积变化趋势如图 3 所示。

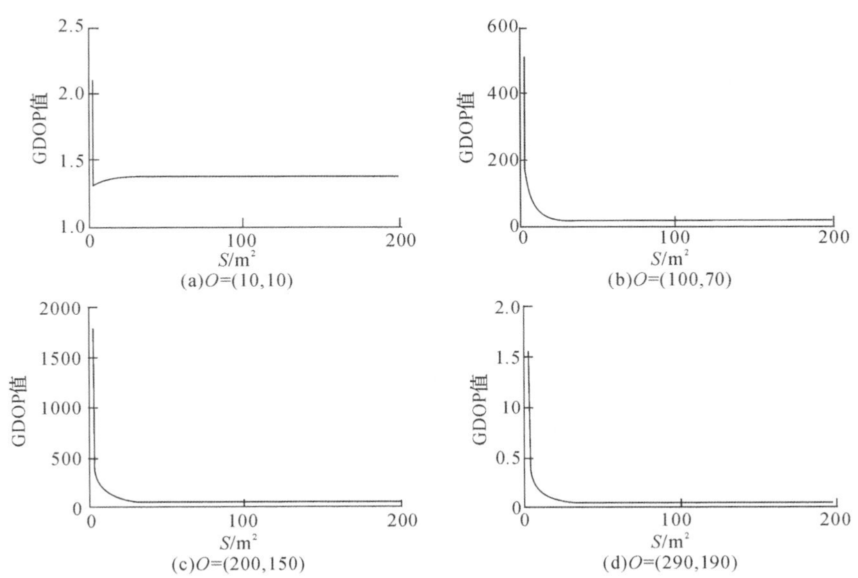

图 3 GDOP 值随面积变化趋势

由图 3 可以看出,GDOP 值随着 S 的增大在逐渐减小。其中,注意趋势图中的图(a),它存在 1 个拐点,说明这一规律并不是绝对的。基于考虑的是使整个区域($0\leqslant x\leqslant 300\mathrm{m}$,$0\leqslant y\leqslant 200\mathrm{m}$)内的标签 GDOP 值的数学期望值为最小,并不需要对这类"奇异点"做特殊考虑,因此,读写器布局时应使 3 个读写器所成三角形面积 S 最大。

要使三角形面积最大,首先其 3 个顶点应在矩形的边上,如图 4 所示。

过 A 点做平行于底边的直线,交 BC 于点 O,交 QZ 于点 P。这样,$S_{ABC}=S_{ACO}+S_{ABO}\leqslant\frac{1}{2}S_{XAPQ}+\frac{1}{2}S_{AYZP}=\frac{1}{2}S_{XYZQ}$。因此,三角形 S_{ABC} 的面积最大为矩形的一半。

因此,在 3 个读写器的情况下,应该使其布局满足 $S_{ABC}=\frac{1}{2}S_{XYZQ}$。

2.2 m 变为 m+1 对 GDOP 值的影响

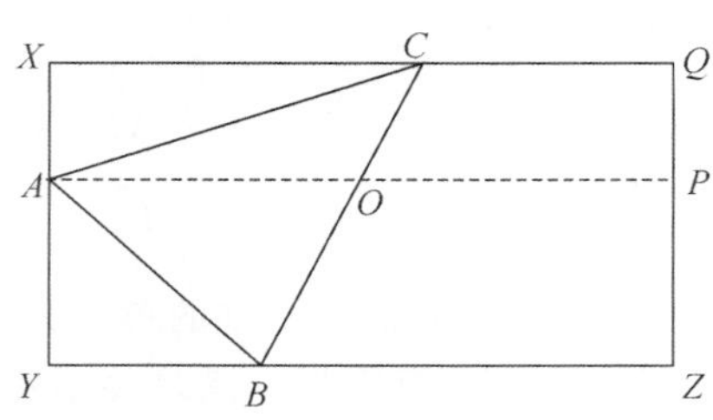

图 4 读写器在矩形区域布局

m 变为 $m+1$ 时对观测矩阵 H 的影响为[6-7]：增加 1 个行向量 $h=(\alpha_1 \quad \alpha_2 \quad 1)$。其中，$\alpha_1$ 和 α_2 分别为新增加的观测向量在 x 轴、y 轴上的分量。设 H_m 为 m 个读写器时的观测矩阵，H_{m+1} 为 $m+1$ 个读写器时的观测矩阵，则有

$$H_{m+1}^{\mathrm{T}} \cdot H_{m+1} = H_m^{\mathrm{T}} \cdot H_m + h^{\mathrm{T}} \cdot h \tag{13}$$

令 $H_m^{\mathrm{T}} \cdot H_m = P \cdot \Lambda \cdot P^{\mathrm{T}}$，其中，$P$ 为一正交矩阵；Λ 为对角阵。

$$P^{\mathrm{T}}(H_{m+1}^{\mathrm{T}} H_{m+1})P = P^{\mathrm{T}}(H_m^{\mathrm{T}} \cdot H_m)P + (P^{\mathrm{T}} h^{\mathrm{T}}) h P = \Lambda + \beta^{\mathrm{T}} \beta$$
$$\beta = hP = (\beta_1 \ \beta_2 \ \beta_3)；\Lambda = \mathrm{diag}(\lambda_{11}, \lambda_{22}, \lambda_{33}) \tag{14}$$

由于正交变换不改变矩阵的迹，并应用 Sherman-Morrison 公式[8]，得到

$$\mathrm{Trace}[(H_{m+1}^{\mathrm{T}} \cdot H_{m+1})^{-1}] = \mathrm{Trace}[P^{\mathrm{T}} \cdot (H_{m+1}^{\mathrm{T}} \cdot H_{m+1})^{-1} \cdot P] = \mathrm{Trace}(\Lambda^{-1}) - \frac{\sum_{i=1}^{3} \left(\frac{\beta_i}{\lambda_{ii}}\right)^2}{1 + \sum_{i=1}^{3} \left(\frac{\beta_i}{\lambda_{ii}}\right)^2 \lambda_{ii}} \tag{15}$$

应用正交变换不改变迹的性质，得到

$$\mathrm{Trace}[(H_m^{\mathrm{T}} H_m)^{-1}] = \mathrm{Trace}[\Lambda^{-1}] = X_m{}^2 \tag{16}$$

考虑到 λ_{ii} 为正值，因此有

$$X_{m+1}^2 = X_m^2 - \frac{\sum_{i=1}^{3} \left(\frac{\beta_i}{\lambda_{ii}}\right)^2}{1 + \sum_{i=1}^{3} \left(\frac{\beta_i}{\lambda_{ii}}\right)^2 \lambda_{ii}} < X_m^2 \tag{17}$$

式(17)表明，GDOP 值随着读写器个数 m 的增加而单调递减。

重新考虑式(13)，并利用 Sherman-Morrison 公式[8]，有

$$(H_{m+1}^{\mathrm{T}} \cdot H_{m+1})^{-1} = (H_m^{\mathrm{T}} \cdot H_m + h^{\mathrm{T}} \cdot h)^{-1} = (H_m^{\mathrm{T}} H_m)^{-1} - \frac{(H_m^{\mathrm{T}} H_m)^{-1} \cdot (h^{\mathrm{T}} h) \cdot (H_m^{\mathrm{T}} H_m)^{-1}}{1 + h(H_m^{\mathrm{T}} H_m h)^{-1} h^{\mathrm{T}}} \tag{18}$$

可见，新增加的读写器应根据已有的读写器布局，通过式(18)的计算，使区域内第二项的数学期望取得极大值。

3. 布局仿真

仿真区域为 $0 \leqslant x \leqslant 300\mathrm{m}, 0 \leqslant y \leqslant 200\mathrm{m}$；设系统的测距误差为 1.5m。下面仅分析由布局引起的误差。

3.1 读写器的布局仿真

按照上述布局策略进行布局，读写器个数 m 为 3、4、5、6 时的区域内 GDOP 等值线如图 5 所示。其中，$m=3$ 时布局在 3 个顶点(0,0)，(300,0)，(0,200)，以后依次布局在(300,200)，(150,0)，(150,200)。

3.2 仿真结果分析

首先，考虑 1 种随机布局方式：读写器位置利用 Matlab 生成的随机数得到，读写器个数 m 与布局

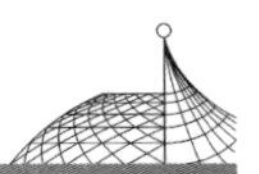

位置如表 1 所示。

表 1　随机布局位置

m	位置
3	(133,190)、(184,46)、(237,121)
4	(276,87)、(221,183)、(52,82)、(136,178)
5	(17,3)、(105,149)、(143,89)、(2,186)、(41,93)
6	(125,08)、(253,30)、(157,139)、(60,75)、(201,172)、(251,170)

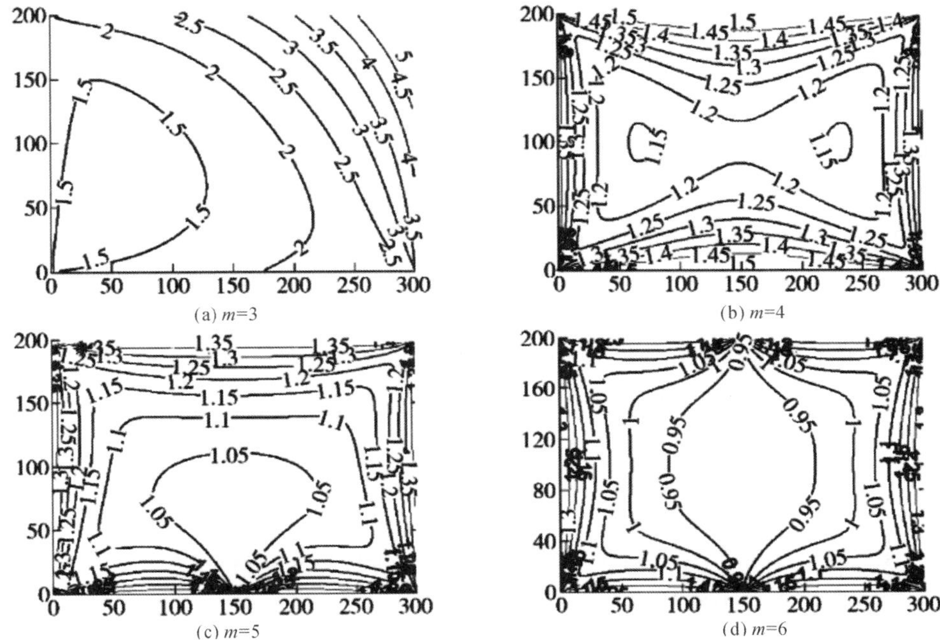

(a) m=3　(b) m=4　(c) m=5　(d) m=6

图 5　m 为不同值时 GDOP 等值线

将随机布局与策略布局做比较，得到表 2。其中，GDOP 值的数学期望是均匀取区域内 399×399 个点的 GDOP 值进行算术平均近似得到；定位误差是在 1.5m 的系统测距误差情况下得到。从表中数据可以看出，策略布局明显优于随机布局。随着 m 的增大，系统的定位精度得到了有效提高。

表 2　2 种策略的 GDOP 与定位误差比较

布局策略		m=3	4	5	6
随机布局	GDOP 值	27.2270	16.0780	9.5678	4.6654
	定位误差/m	40.8405	24.1170	14.3517	6.9981
策略布局	GDOP 值	2.1675	1.2674	1.1508	1.0411
	定位误差/m	3.2513	1.9011	1.762	1.5617

4. 结束语

本文通过对给定区域内的 GDOP 的讨论，基于使系统内标签 GDOP 值的数学期望最小的考虑，给出了读写器的一种布局思路：3 个读写器时，应使其构成的三角形面积为给定矩形区域面积的一半；新增 1 个读写器时，应依据本文所述方法，找出最佳位置；读写器个数越多，新增加的读写器对 GDOP 值的改善程度越小。在实际系统布局时，需综合定位精度与成本考虑布置读写器的个数。仿真结果表明，根据本文方法对读写器进行布局，在 1.5m 的系统测距误差下，当 $m=5$ 时，标签定位精度的数学期望可以达到 1.7262m。因此，此布局策略可以满足系统实际需要。

参考文献

[1] 王文峰，耿力. 基于射频识别的实时定位系统技术研究[J]. 信息技术与标准化，2007，7：21-24.

[2] KAPLAN E D. GPS 原理与应用[M]. 邱致和，王万义，译. 北京：电子工业出版社，2002：169-173.

[3] LEVANON N. Lowest GDOP in 2-D scenarios[J]. IEE Proc-Radar, Sonar Navig, 2000, 148(3)：149-155.

[4] 邵良琪，邵定蓉. 一种区域定位系统的布站策略[J]. 电子信息学报，2007，29(3)：553-556.

[5] 言中，丁子明. 卫星无线电导航[M]. 北京：国防工业出版社，1989：171-173.

[6] 丛丽，ABIDAT A I，谈展中. 卫星导航几何因子的分析和仿真[J]. 电子学报，2006，34(12)：2204-2208.

[7] YARLAGADDA R，ALI I，ALDHAHIR N，et al. GPS GDOP metric[J]. IEE Proc-Radar, Sonar Navig，2000，147(5)：259-264.

[8] MANOLAKIS D G，INGLE V K，KOGON S M. Statistical and adaptive signal processing[M]. 周正，译. 北京：电子工业出版社，2003：709-710.

The Arrangement of a Regional Real Time Location System Based on RFID

Abstract: This paper presents the model of positioning system based on ratio frequency identification (RFID). Depending on geometry dilution of precision (GDOP), relationship between positioning precision and the number and arrangement of readers is discussed; arrangement strategy in real time location system (RTLS) is derived. The simulation results show that precision of location is improved with the increasing number of readers. When ranging error is 1.5 meters and the number of readers is 5, mathematical expectation of location error is 1.7262 meters, which satisfies the system requirement.

Keywords: location; dilution; ratio frequency identification (RFID)

激光雷达主动偏振图像散斑抑制算法研究*

摘　要：针对激光主动偏振图像的散斑去除问题，提出了一种新的非局部正则化方法：根据激光主动偏振图像的噪声特点，在全变差模型的基础上，提出了非局部全变差正则化模型。该算法充分利用了图像的全局信息复原图像，在很好地抑制散斑的同时，保持了图像的细节信息。新模型使用轮流最小化方法进行求解，则原始图像和点扩散函数都可以在最小化框架中求解，则可以更好地复原图像。通过主动偏振图像的处理结果可知，该方法优于 PM 算法。

关键词：主动偏振成像；非局部；散斑抑制

1. 引　言

在激光雷达遥感系统中引入目标的偏振信息会大大提高激光雷达遥感的性能，包括植被分类，农作物综合信息探测，大气、河流、湖泊、海洋污染监测及其污染物种类探测等。特别是在激光偏振雷达遥感中，当应用偏振信息进行探测时，对目标识别和成像来说具有突出的优点。然而，由于散斑的影响，使得获取的图像效果不理想，严重影响了后续图像信息的提取。

针对全变差模型在处理激光主动偏振图像散斑中存在的一些问题，本文提出了一种新的抑制激光主动偏振图像相干斑噪声的非局部全变差模型。新算法基于全变差模型，结合非局部算法，提出了一种新的滤波模型。本文从理论上证明了新算法的有效性，并通过对实际偏振图像的处理证明了该算法不仅能够有效去除相干散斑，而且能够保持图像纹理，增强图像边缘。

2. 散斑噪声模型

激光主动成像散斑噪声模型可以表示为

$$g(x,y)=h(x,y)\otimes f(x,y)+n(x,y) \tag{1}$$

式中，$g(x,y)$表示散斑图像；$f(x,y)$表示原始图像；$h(x,y)$表示点扩散函数；$n(x,y)$表示加性白噪声；$\otimes$表示卷积算子。

由于不能获得点扩散函数的信息，所以只能采用盲卷积方法复原图像。盲卷积复原方法有滤波法[1]，统计估计法[2]，基于学习的方法[3]，全变差正则化方法[4]，Tikhonov 正则化方法[5]。

由于盲反卷积为病态问题，You 和 Kaveh 在文献[5]中提出通过最小化问题得到 f 和 h，其表达式为

---

* 文章发表于《激光与红外》，2011，41(11)：1193-1195. 系作者与闻东海、江月松、华厚强合作完成。

基金项目：国家重点基础研究发展计划(No. 2011CB707001)资助。

$$\min_{f,h}\|f\otimes h-g\|_2^2+\alpha\|Df\|_2^2+\beta\|Dh\|_2^2 \tag{2}$$

式中 D 为一阶差分矩阵；α,β 为正的正则化参数。

在文献[6]中 You 和 Kaveh 使用异向扩散方法恢复 f 和 h，进一步 Chan 和 Wong 在文献[7]中提出如下的反卷积问题：

$$\min_{f,h}\|f\otimes h-g\|_2^2+\alpha TV(f)+\beta TV(h) \tag{3}$$

式中，TV 为全变差正则化项。

3. 非局部平均去噪算法

非局部滤波是一种有效的去噪方法，它考虑像素与周围信息的相关性，利用模板匹配寻找图像的最佳恢复效果。给定一幅离散的含噪图像 $g=\{g(i)\mid i\in I\}$，I 表示图像域，对于其中的任何一个像素 i，非局部平均的方法利用整幅图像中所有像素值的加权平均来得到该点的估计值，即：

$$NL_{[g]}(i)=\sum w(i,j)g(j),j\in I \tag{4}$$

其中，权值 $w(i,j)$ 依赖于像素 i 与 j 之间的相似性，并且满足：

$$0\leqslant w(i,j)\leqslant 1 \text{ 且 } \sum_j w(i,j)=1 \tag{5}$$

两个像素 i 与 j 之间的相似性由灰度值向量 $g(N_i)$ 与 $g(N_j)$ 之间的相似性决定，其中，N_i 表示以像素 i 为中心的固定大小的方形邻域。各邻域灰度值向量之间的相似性通过高斯加权的欧氏距离来衡量，即：

$$d(i,j)=\|g(N_i)-g(N_j)\|_{2,a}^2 \tag{6}$$

其中，$a>0$ 为高斯核函数的标准差。

由欧式距离表示的权重定义为

$$w(i,j)=\frac{1}{g(i)}\exp(-d(i,j)/h^2) \tag{7}$$

其中，$g(i)=\sum_j\exp(-d(i,j)/h^2)$ 为归一化常数。参数 h 控制着指数函数的衰减速度。因而决定着滤波的程度。式(7)中，当 $i=j$ 时，会发生过加权的现象，为解决这个问题，按下式计算 $w(i,j)$ 的值：

$$w(i,j)=\max(w(i,j)\quad i\neq j) \tag{8}$$

文献[8]提出如下非局部算子：

$$J_{NL/TV}(f)=\int|\nabla_w f|=\int_\Omega\sqrt{\int_\Omega(f(i)-f(j))^2w(i,j)\mathrm{d}j}\,\mathrm{d}i \tag{9}$$

4. 新型盲反卷积模型

基于以上分析，提出一种新的盲反卷积模型，其表达式为

$$\min_{f,h}\|f\otimes h-g\|_2^2+\alpha J_{NL/TV}(f)+\beta\|Dh\|_2^2 \tag{10}$$

该模型采用非局部算子作为正则化项，能够更好地保持图像的纹理信息，取得较好的去噪效果。

模型的算法如下：

(1)输入初始图像 f_0，PSFh_0，散斑图像 g。

(2)设置 $n=1$，χ_f，χ_h 为停止门限。

(3)通过下式求解 f_n：

$$f_n=\arg\min_f\|h_{n-1}\otimes f-g\|_2^2+\partial J_{NL/TV}(f) \tag{11}$$

(4)通过下式求解 h_n：

$$h_n=\arg\min_f \|h\otimes f_n-g\|_2^2+\beta\|Dh\|_2^2 \tag{12}$$

(5)if $|f_n-f_{n-1}|\leqslant\chi_f$ or $|h_n-h_{n-1}|\leqslant\chi_h$，则终止。

(6)否则 $n=n+1$，继续执行第(3)步。

5. 偏振图片散斑抑制效果分析

为了客观地评价非局部全变分模型的去噪效果，采用等效视数(ENL)和边缘增强指数两个指标对各种处理结果进行评价。等效视数是衡量一幅图像斑点噪声相对强度的一种指标，也是衡量滤波器滤波性能的一种指标，又称为有效视数。当均匀区域内等效视数越大，则滤波器的滤波效果越好，等效视数定义为

$$\mathrm{ENL}=(m/s)^2 \tag{13}$$

式中，m 和 s 分别为图像某均匀区域的均值和标准差。

边缘增强指数(EEI)是一种常用的评价边缘保持程度的指标，人为确定 P 个明显边缘的位置，在每个边缘两侧各取一个邻域 R_{K1}，R_{K2}。记原始图像中 R_{K1}，R_{K2} 的灰度均值分别为 m_{K1}，m_{K2}，滤波后的灰度均值分别为 m'_{K1}，m'_{K2}，则边缘增强指数定义为：

$$\mathrm{EEI}=\frac{\sum_{K=1}^{P}|m'_{K1}-m'_{K2}|}{\sum_{K=1}^{P}|m_{K1}-m_{K2}|} \tag{14}$$

容易看出，如果图像没有经过任何处理，则 EEI=1，如果斑点抑制后 EEI>1，则表明边缘得到锐化，边缘信息得到增强；如果斑点抑制后 EEI<1，则表明边缘受到平滑，边缘信息减弱了。

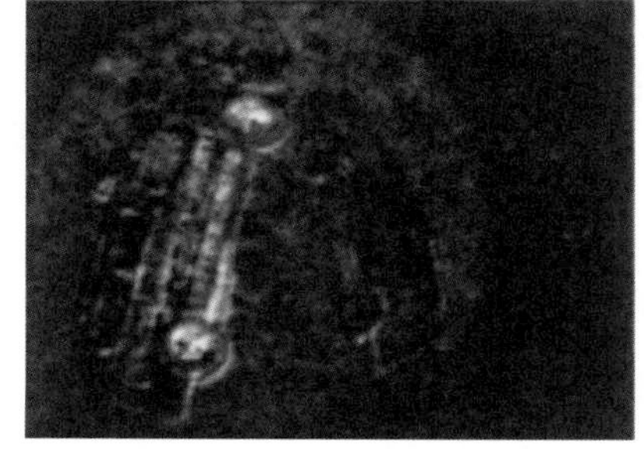

(a)激光主动成像图片

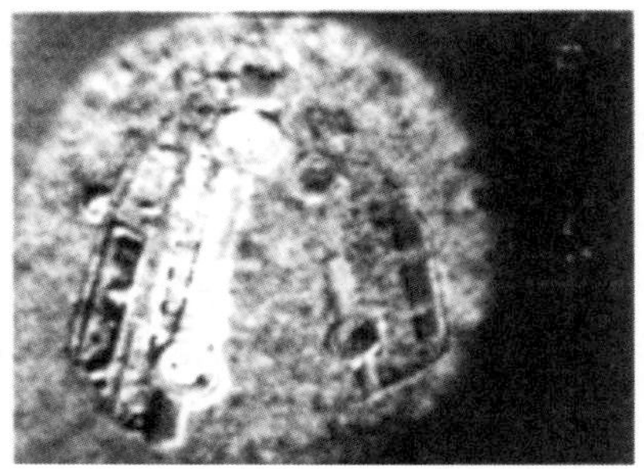

(b)PM模型处理结果

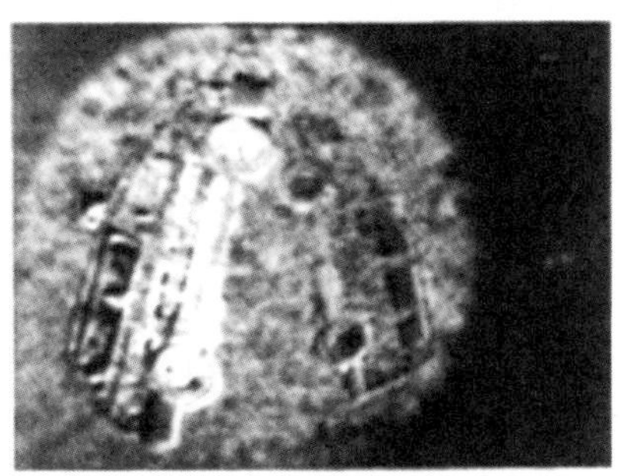

(c)新模型处理结果

图 1　不同滤波模型处理效果比较

为了比较新算法的散斑抑制效果，选取了一组目标进行了激光雷达遥感偏振成像的实验研究：在一个泡沫板上放着两辆小车，其中左边一辆是铁制的白色小汽车，右边一辆是塑料的白色小汽车。图 1 为汽车图片处理结果。

表 1 为不同滤波模型等效视数和边缘增强指数对比表。

表 1　不同滤波模型处理结果对比表

filtering model	PM	hybrid filter
ENL	13.215	14.698
EEI	1.12	1.23

6. 结束语

在全变差去噪模型的基础上，提出了非局部全变差模型用以处理激光主动成像图片。该算法使用非局部算子作为图像复原正则化项，在去除散斑噪声的同时，也能保持图像的纹理和边缘信息。

参考文献

[1] M Ng, R Plemmons, S Qiao. Regularization of RIF blind image deconvolution[J]. IEEE Transactions on, 2000, 9(6): 1130-1134.

[2] D Tzikas, A Likas, N Galatsanos. Variational bayesian sparse kernel-based blind image deconvolution with student's-t priors[J]. IEEE Transactions on, 2009, 19(4): 753-764.

[3] R Nakagakit, A K Katsaggelos. A VQ-based blind image restoration algorithm[J]. IEEE Transactions on, 2003, 12(9): 1044-1053.

[4] Y Huang, M Ng. Lipschitz and total-variational regularization for blind deconvolution[J]. Commun. Comput. Phys., 2008, 2: 159-206.

[5] Y You, M Kaveh. A regularization approach to joint blur identification and image restoration [J]. IEEE Transactions on, 1996, 5(3): 416-427.

[6] Y You, M Kaveh. Blind image restoration by anisotropic regularization[J], IEEE Transactions on, 1999, 8(3): 396-407.

[7] T F Chan, C K Wong. Total variation blind deconvolution[J]. IEEE Transactions on, 1998, 7(3): 370-375.

[8] Lou Yifei, Zhang Xiaoqun, Osher Stanley. Image recovery via nonlocal operators[J]. Journal of Scientific Computing, 2009, 42(2): 185-197.

Algorithm for Speckle Noise Reduction of Laser Radar Polarization Active Image

Abstract: In order to reduce speckle noise of laser active polarization image, a new denoising model based on nonlocal regularizations is proposed. This algorithm make full use of global information of the image, which reduces speckle noise and keeps the detail of the image information. The new model uses alternating minimization algorithm, the original image and point spread function (PSF) can be solved in minimizing framework, which can restore image better. Active polarization image processing results show the method outperforms PM algorithm.

Keywords: polarization active imager; nonlocal means; speckle reduction

DS/FH 混合扩频系统快速捕获新算法*

摘　要:针对 DS/FH(Direct Sequence/Frequency Hopping)混合扩频系统捕获时间长的难题,提出了一种基于可变跳频速率的捕获算法。对搜索过程中频率未对准状态进行快速出局处理,降低平均捕获时间;对准状态则通过较长时间来验证以降低虚警概率。通过状态流图,导出了新算法在高斯白噪声信道和典型干扰环境下的平均捕获时间计算公式、检测概率、漏警概率和虚警概率。仿真结果表明,在高斯白噪声环境下,选取合适的门限,平均捕获时间可减少为传统快速扫描法的 1/4;在干扰环境下,新算法鲁棒性优于后者。

关键词:DS/FH;扩频通信;捕获;频率识别

直接序列扩频(DSSS, Direct Sequence Spread Spectrum)和跳频扩频(FHSS, Frequency Hopping Spread Spectrum)结合而成的 DS/FH 混合扩频系统,综合了抗截获、抗多径、抗干扰和抗远近效应等优点,得到广泛的研究和应用[1-3]。系统稳定工作的前提是准确快速地同步。特别是在军事通信中通常采用突发方式,通信实时性至关重要。对于 DS/FH 混合扩频系统来说,实现同步的典型做法是在传信息前先发送几个周期的同步跳频码,接收端必须在此期间完成同步,否则后面的信息就要丢失,因此同步的时间要尽量短。同步由捕获和跟踪两部分组成,其中捕获尤为关键,包括跳频频率捕获[4-6]和直扩相位捕获两个过程[1-3,7-8]。

美军的联合战术信息分发系统(JTIDS, Joint Tactical Information Distribution System)成功应用了 DS/FH 技术,但其关键技术中的捕获技术依然是不公开的。目前研究算法主要有等待搜索同步法[2-3,7]和快速扫描同步法[8]。前者捕获时本地频率综合器等待在某个频率点上,一旦直扩捕获相关值超出门限则给出捕获成功指示,此种方法实现电路简单,捕获时间与跳频伪码周期成正比,周期越长则捕获时间越长;后者在捕获阶段使用快速频率扫描,本地频率综合器的跳频速率为发射端的 H ($H>1$)倍,当直扩捕获相关值超过门限,捕获宣告成功,此算法比前者捕获耗时要少,H 的取值受信噪比影响,当信噪比较高可取值大,反之则较小,实际应用中需要折衷考虑。

为进一步减少捕获时间,下文提出了一种基于可变跳频速率的捕获方法:本地频率综合器的跳频速率由捕获逻辑控制,当与接收信号频率未对准时,采用高跳频速率扫描,进行快速出局处理;频率对准时,频率扫描速率低,留时间作验证从而减少虚警概率。与快速扫描方法相比,新方法减少了频率未对准时的扫描时间。通过状态流图推导了其检测概率和平均捕获时间,仿真结果表明,新算法可以显著地减少平均捕获时间。

1. 基于可变跳频速率的捕获算法

新捕获算法原理框图如图 1 所示。本地频率综合器在捕获过程有快慢两种跳频速率 f_{FH1} 和 f_{FH2}

* 文章发表于《北京航空航天大学学报》,2011,37(12):1504-1509. 系作者与文霄杰、邵定蓉、李署坚合作完成。

($f_{FH1}>f_{FH2}$),对应的跳频时间间隔分别记为 T_{FH1} 和 T_{FH2},其状态由捕获控制逻辑控制。发射端跳频频点集记为$\{f_1,f_2,f_3,\cdots,f_N\}$本地频率综合器的频点集为$\{f'_1,f'_2,f'_3,\cdots,f'_N\}$,其中 N 为跳频频点总数,且有 $f_i-f'_i=f_0,i=1,2,\cdots,N$ 即收发对应频点相差固定频率 f_0。捕获时对接收信号进行频率识别,设接收信号频率为 f_i,当频率综合器频率 $f'_j,j=1,2,\cdots,N$ 与接收信号频率一致时(即 $f'_j=f'_i$),经过中频滤波后得到中频信号,送入直扩捕获电路;频率不一致时(即 $f'_j\neq f'_i$)则只有噪声输出。若直扩初捕和验证皆成功,频率识别完成,否则控制频率综合器换为下一个频率。

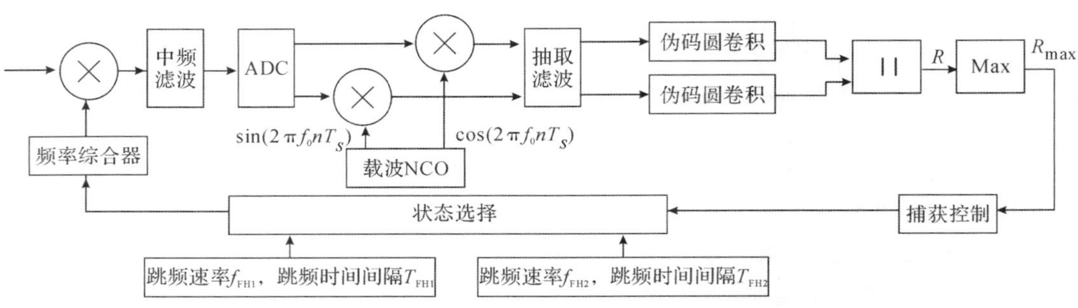

图 1　基于可变跳频速率的捕获算法原理框图

算法的具体步骤如下:

(1)设置频率综合器频点 $f'_j=f'_1$。

(2)在此频点上逗留 T_{FH1} 秒,对不变频和抽取滤波后的数据进行伪码解扩处理,得到相关值,取绝对值后选出最大相关值 R_{max}。

(3)如果 R_{max} 大于门限 η,记录峰值对应相位值 φ,进入步骤(4)(捕获验证阶段);否则进入步骤(5)。

(4)逗留 AT_{h1} 同步骤(2)进行相关值计算验证(A 为计算次数),若 φ 对应相关值不少于 B 次大于其它相关值,判定捕获成功,否则进入步骤(5)。

(5)捕获不成功时,如果 $j<N$,则 $j=j+1$,转入步骤(2);若 $j=N$ 则回到步骤(1)。

可以看出,算法对频率未对准时的频点进行快速出局处理,当步骤(3)初捕判定不成功时,跳频时间间隔为 T_{FH1},对应高跳频扫描速率 f_{FH1},反之,跳频时间间隔为 T_{FH2}($T_{FH2}=(1+A)T_{FH1}$),对应低跳频扫描速率 f_{FH2}。

2. 算法性能分析

平均捕获时间是衡量捕获系统性能的重要参量,采用 Holmes J K 的状态流图方法[9]来计算平均捕获时间。不失一般性,设抽取滤波后的数据速率等于直扩伪码速率。

2.1　平均捕获时间

先不考虑多普勒频率的影响,捕获过程可以用图 2 所示的状态流图来表示,其中,状态 S_N 为跳频频率对准的状态,此状态可转移到捕获状态 ACQ(Acquisition);S_i

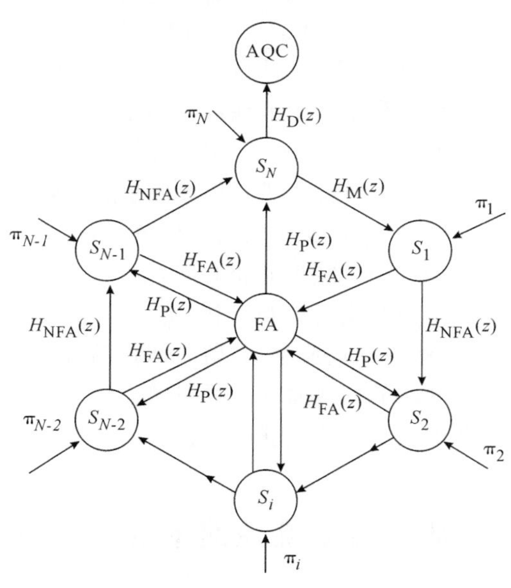

图 2　捕获过程状态流程图

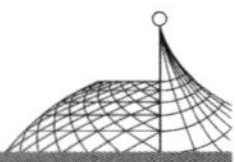

($i=1,2,\cdots,N-1$)对应跳频频率未对准状态，虚警状态 FA(False Alarm)为过渡态。总的状态数为 $N+2$，在 S_N 状态下能完成捕获。

在图 2 中，$H_D(z)$是从 S_N 到 ACQ 状态的增益，$H_M(z)$是从 S_N 到 S_1 的增益，从 S_i 到 S_{i+1} 有两条路径，一条是没有虚警情况下的直通路径，另一条路径发生虚警，但经过一段时间后转移到 S_{i+1} 状态，两条路径的联合增益为 $H_0(z)$。

捕获过程的生成函数为[10]

$$P_{\mathrm{ACQ}}(z)=\frac{H_D(z)[1-H_0^N(z)]}{N[1-H_M(z)H_0^{N-1}(z)][1-H_0(z)]} \tag{1}$$

平均捕获时间由下式计算：

$$E(T_{\mathrm{ACQ}})=\left.\frac{\mathrm{d}P_{\mathrm{ACQ}}(z)}{\mathrm{d}z}\right|_{z=1}=\frac{1}{H_D(1)}[H'_D(1)+H'_M(1)+(N-1)H'_0(1)(1-H_D(1)/2)] \tag{2}$$

基于可变跳频速率捕获算法的流程如图 3 所示，其中 P 为虚警惩罚因子。图 3(a)为频率对准状态捕获细节图，(P_{d1}，P_{m1}，P_{fa1})对应初捕阶段的检测概率，漏警概率和虚警概率，(P_{d2}，P_{fa2})为验证阶段的检测概率和虚警概率，{JP(P_{tfa}，P_{tnfa})为初捕发生虚警后验证阶段的虚警概率和非虚警概率。图 3(b)为频率未对准状态捕获细节图，P_{nfa0} 和 P_{nfa1} 为初捕和验证阶段的非虚警概率。由图 3 可知：

$$H_D(z)=P_{\mathrm{d1}}z^{T_{\mathrm{FH1}}}P_{\mathrm{d2}}z^{AT_{\mathrm{FH1}}}$$

$$H_M(z)=P_{\mathrm{m1}}z^{T_{\mathrm{FH1}}}+P_{\mathrm{d1}}z^{T_{\mathrm{FH1}}}P_{\mathrm{fa2}}z^{AT_{\mathrm{FH1}}}+P_{\mathrm{fa1}}z^{T_{\mathrm{FH1}}}(P_{\mathrm{tnfa}}z^{AT_{\mathrm{FH1}}}+P_{\mathrm{tfa}}z^{AT_{\mathrm{FH1}}}z^{PT_{\mathrm{FH1}}})$$

$$H_0(z)=P_{\mathrm{nfa0}}z^{T_{\mathrm{FH1}}}+(1-P_{\mathrm{nfa0}})z^{T_{\mathrm{FH1}}}\cdot[P_{\mathrm{nfa1}}z^{AT_{\mathrm{FH1}}}+(1-P_{\mathrm{nfa1}})z^{(A+P)T_{\mathrm{FH1}}}(P_{\mathrm{tnfa}}z^{AT_{\mathrm{FH1}}}+P_{\mathrm{tfa}}z^{AT_{\mathrm{FH1}}}z^{PT_{\mathrm{FH1}}})$$

代入式(2)可得平均捕获时间为

$$E(T_{\mathrm{ACQ}})=\frac{T_{\mathrm{FH1}}}{P_{\mathrm{d1}}P_{\mathrm{d2}}}\{1+A(P_{\mathrm{d1}}+P_{\mathrm{fa1}})+PP_{\mathrm{fa1}}P_{\mathrm{tfa}}+$$
$$\frac{(N-1)}{2}[1+A(1-P_{\mathrm{nfa0}})+P(1-P_{\mathrm{nfa0}})(1-P_{\mathrm{nfa1}})](2-P_{\mathrm{d1}}P_{\mathrm{d2}})\} \tag{3}$$

用理想情况作验算，即在捕获和验证阶段检测概率 $P_{\mathrm{d1}}=1$，$P_{\mathrm{d2}}=0$，非虚警概率 $P_{\mathrm{nfa0}}=1$，$P_{\mathrm{nfa1}}=1$，此时 $E(T_{\mathrm{ACQ}})=T_{\mathrm{FH1}}[A+(N+1)/2]$，与直接推导相符。

上述推导可推广至需要搜索多普勒频率的情况下，设接收信号的频率$[f_i-f_{\mathrm{dmax}},f_i+f_{\mathrm{dmax}}]$，$f_{\mathrm{dmax}}$ 为最大多普勒频移，频率搜索步长 f_{step}，此时在每个跳频频点上需搜索 N_{d}($N_{\mathrm{d}}=2f_{\mathrm{dmax}}/f_{\mathrm{step}}$)个频点，搜索总频点数为 $N'=N_{\mathrm{d}}N$，以此代替式(3)中 N 即得搜索多普勒频率下的平均捕获时间。

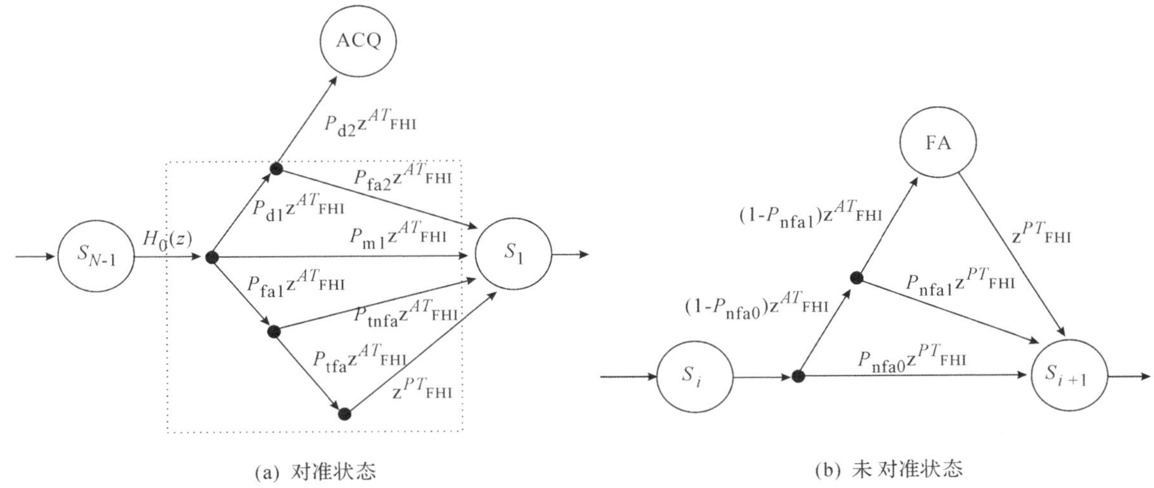

(a) 对准状态　　(b) 未对准状态

图 3　S_N 和 S_i 的细节图

2.2 检测概率、虚警概率和漏警概率

在 2 种典型的通信环境，即无干扰和存在部分频带噪声干扰的 AWGN(Additive White Gaussian Noise)信道下，分析新算法的性能。

2.2.1 无干扰

设定 H_1 为本地频率综合器与接收信号频率对准，且直扩伪码偏差小于一个码片时的情况，H_0 为两者未对准时的情况，设高跳频扫描速率频点驻留时间为一个伪码周期，即 $T_{FH1}=MT_C$，M 和 T_C 为伪码长度和码片宽度。

在 AWGN 信号模型下，相关值包络 R 的概率密度服从莱斯分布[11]：

$$f(x|H_i)=\frac{x}{\sigma_n^2}\exp(-\frac{x^2+\mu_i^2}{2\sigma_n^2})I_0(\frac{x\mu_i}{\sigma_n^2}) \tag{4}$$

其中，$x\geqslant 0$，$i=0,1$，$\mu_i(i=0,1)$和 σ_n^2 分别为 H_1 和 H_0 情况下包络的均值和方差。

由式(4)得累积概率分布：

$$F(x|H_i)=\begin{cases}1-Q_1(\frac{\mu_1}{\sigma_n},\frac{x}{\sigma_n}) & i=1\\ 1-\exp(-\frac{x^2}{2{\sigma_n}^2}) & i=0\end{cases} \tag{5}$$

其中，Q_1 为 Marcum Q 函数。

先考虑 S_N 状态下，各检测概率的计算。

在捕获阶段，检测概率 P_{d1} 为伪码对准相位相关值大于其它 $M-1$ 个相位相关值，且大于门限 η 的概率：

$$P_{d1}=\int_\eta^\infty f(x|H_1)[F(x|H_0)]^{M-1}\mathrm{d}x \tag{6}$$

漏警概率 P_{m1} 为所有相关值皆低于门限 η 的概率：

$$P_{m1}=F(\eta|H_1)[F(\eta|H_0)]^{M-1}$$

虚警概率 P_{fa1} 为伪码非对准相位相关值过门限的概率，可由下式计算：

$$P_{fa1}=1-P_{d1}-P_{m1} \tag{7}$$

验证阶段，检测概率 P_{d2} 和虚警概率 P_{tfa}：

$$P_{d2}=\sum_{n=B}^{A}\binom{A}{n}{P_d}^n(1-P_d)^{A-n} \tag{8}$$

$$P_{tfa}=\sum_{n=B}^{A}\binom{A}{n}{P_{fa}}^n(1-P_{fa})^{A-n} \tag{9}$$

其中，P_d 和 P_{fa} 计算如下：

$$P_d=\int_0^\infty f(x|H_1)[F(x|H_0)]^{M-1}\mathrm{d}x$$

$$P_{fa}=\int_0^\infty f(x|H_0)[F(x|H_1)][F(x|H_0)]^{M-2}\mathrm{d}x$$

跳频频率未对准，S_i，$i=1,2,\cdots,N-1$ 情况下，各概率的计算如下文。

初捕时，非虚警概率 P_{nfa0}，即没有相关值超过门限的概率：

$$P_{nfa0}=F(\eta|H_0)^M \tag{10}$$

验证时，非虚警概率为

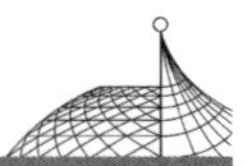

$$P_{\mathrm{nfa1}}=1-\sum_{n=B}^{A}\binom{A}{n}P_{\mathrm{fa0}}^{n}(1-P_{\mathrm{fa0}})^{A-n} \tag{11}$$

其中

$$P_{\mathrm{fa0}}=\int_{0}^{\infty}f(x\mid H_0)[F(x\mid H_0)]^{M-1}\mathrm{d}x$$

当加大高跳频扫描速率频点逗留时间，检测 C 个伪码周期时，对应初捕阶段的捕获概率、虚警概率、漏警概率（$P'_{\mathrm{d1}},P'_{\mathrm{m1}},P'_{\mathrm{fa1}}$）分别由下式计算：

$$P'_{\mathrm{d1}}=P_{\mathrm{d1}}\sum_{c=0}^{C-1}P_{\mathrm{m1}}^{c}$$

$$P'_{\mathrm{m1}}=P_{m1}^{C}$$

$$P'_{\mathrm{fa1}}=1-P'_{\mathrm{d1}}-P'_{\mathrm{m1}}$$

代入式（3）可得平均捕获时间。

2.2.2　有干扰

单频干扰和多频干扰对扩频系统很有效，其中 DS 系统常受到前者干扰，FH 或 DS/FH 系统常受到后者的干扰。S. W. Houston 在 1975 年证明了在跳频频率间隔等于扩频带宽，且每个频隙间至多出现一个频率的干扰信号时部分带宽干扰和部分多频干扰等效。下文分析部分带宽噪声干扰对同步性能的影响。

按最严重情况分析，干扰随机分布在整个跳频带宽 $W=NB$ 内，其中 B 为跳频频率间隔，干扰机功率为 J 等效的干扰功率谱密度是 $N_J=J/W$。设被干扰的频点数为 $q(q=1,2,\cdots,N)$个，则每个频点被干扰的概率 $\alpha=q/N$，干扰功率 $\sigma_J^2=J/q=N_JNB/q=\alpha^{-1}N_JB$。

噪声和干扰的功率之和为

$$\sigma^2=\sigma_n^2+\sigma_J^2=N_0B+\alpha^{-1}N_JB$$

将 σ^2 代替式（5）中 σ_n^2，得干扰情况下相关值包络的概率密度分布。

综合频点受干扰和不受干扰的情况，上节中对应的虚警概率和检测概率分别为

$$P_{\mathrm{d,ALL}}=\alpha P_{\mathrm{d},J}+(1-\alpha)P_{\mathrm{d},NJ}$$

$$P_{\mathrm{fa,ALL}}=\alpha P_{\mathrm{fa},J}+(1-\alpha)P_{\mathrm{fa},NJ}$$

其中，$P_{\mathrm{d},J}$，$P_{\mathrm{fa},J}$，和 $P_{\mathrm{d},NJ}$，$P_{\mathrm{fa},NJ}$ 分别为有无干扰下的检测概率和虚警概率。

代入式（3）可得干扰情况下新算法的平均捕获时间。

3. 算法仿真结果与分析

本节将比较基于可变跳频速率扫描（以下简称变速率扫描）算法与传统快速扫描算法的检测概率和平均捕获时间性能。设 DS/FH 混合扩频系统的参数为：跳频速率 $R_{ds}=2400$ 跳/s，直扩伪码速率 $R_{ds}=4.9152\mathrm{Mbit/s}$，虚警惩罚因子 $P=100$，跳频点数 $N=20$。变速率扫描算法初捕积分时间 $T_{\mathrm{FH1}}=MT_{\mathrm{C}}$，验证阶段积分时间设为 3 个伪码周期；快速扫描算法的跳频时间间隔 $T'_{\mathrm{h}}=4MT_{\mathrm{C}}$。将变速率扫描算法和快速扫描算法单次频率搜索的虚警概率皆设为 10^{-5}，以信噪比E_{C}/N_0为参变量，得出检测概率曲线，如图 4 所示，变速率扫描算法的检测

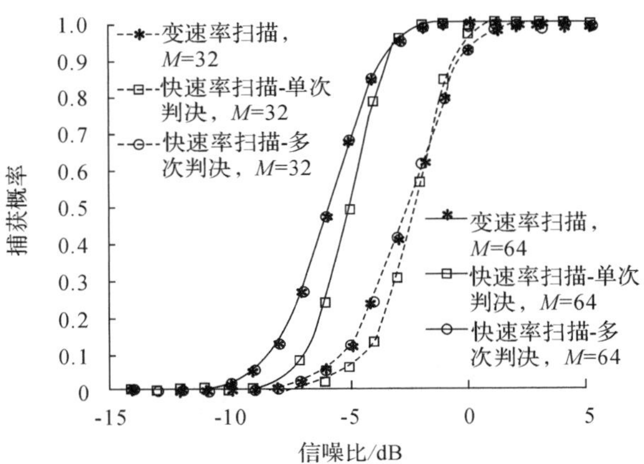

图 4　变速率扫描与快速扫描算法的检测概率

概率与快速扫描算法多次判决方式的相同，但此时变速率扫描算法排除频率未对准状态所用的时间 $H'_0(1) \approx T_{FH1}$，比快速扫描算法所用时间 $H'_0(1) \approx T'_h$ 短，约为后者 1/4，当平均捕获时间项中 $H'_0(1)$ 为决定因素时，前者捕获时间也约为后者 1/4。图 5 印证了这一分析。

图 5 为两者的平均捕获时间，取相应 SNR (Signal to Noise Ratio)下的最优门限，得出该点的最优平均捕获时间。可以看出变速率扫描算法捕获时间明显优于快速扫描算法。当信噪比较高时，变速率扫描算法的捕获时间约为快速扫描算法的 1/4，即两者性能主要由排除频率未对准状态的速率决定，与上文分析一致。

比较图 5(a)和图 5(b)，低信噪比下，增大伪码长度 M，频点驻留时间增长，可以提高检测性能，信噪比高时则因检测伪码时间过长而增加平均捕获时间。

图 6 给出改变高跳频扫描速率频点驻留时间检测伪码周期数增多时对捕获性能的影响。增长驻留时间，增大了检测概率，但与增长伪码长度效果类似，导致平均捕获时间变长。

考虑受干扰的情况，设信噪比为 0dB，伪码长度 M 为 64，图 7 给出了系统受到单频点和 20 个频点干扰的情况。可以看出变速扫描算法鲁棒性优于快速扫描算法。当信干比较低时，捕获时间比快速扫描时间短；当信干比较高时，算法性能与无干扰情况相似，捕获时间对信干比不再敏感。

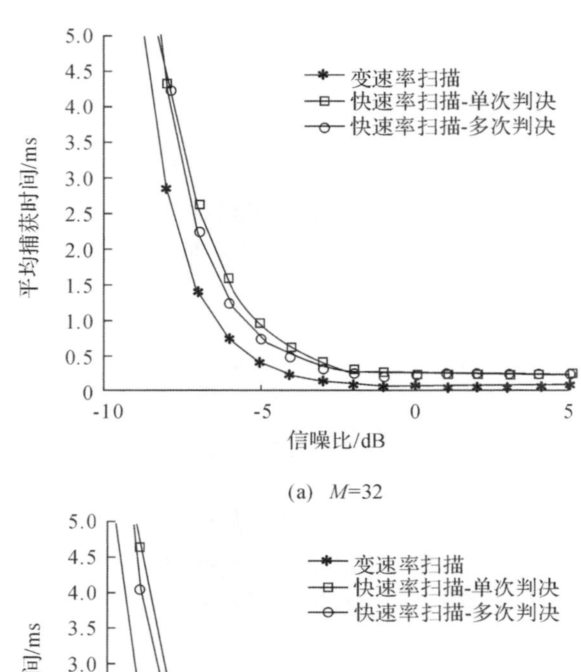

(a) M=32

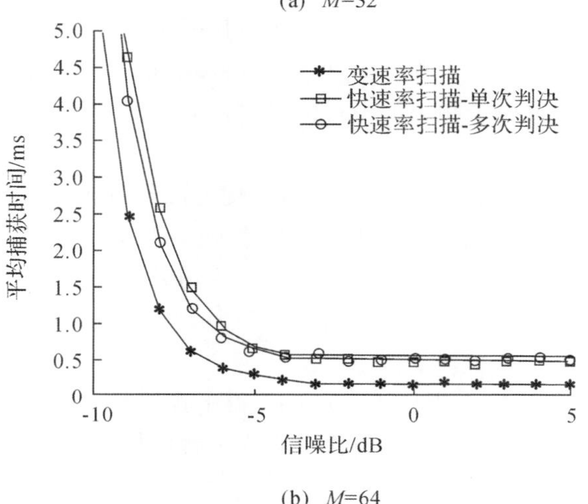

(b) M=64

图 5　变速率扫描与快速扫描算法的平均捕获时间

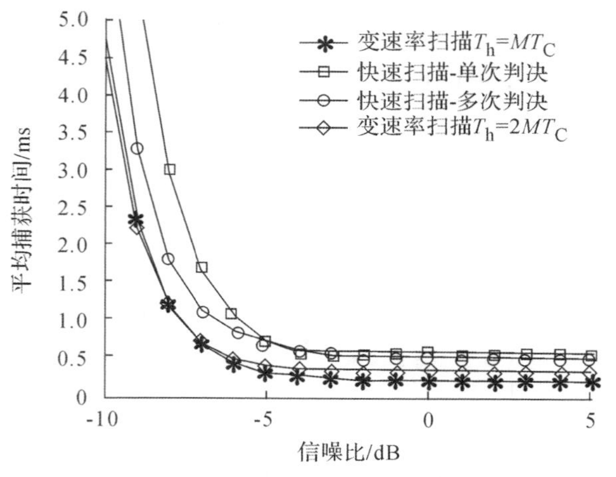

图 6　频率逗留时间对捕获性能的影响

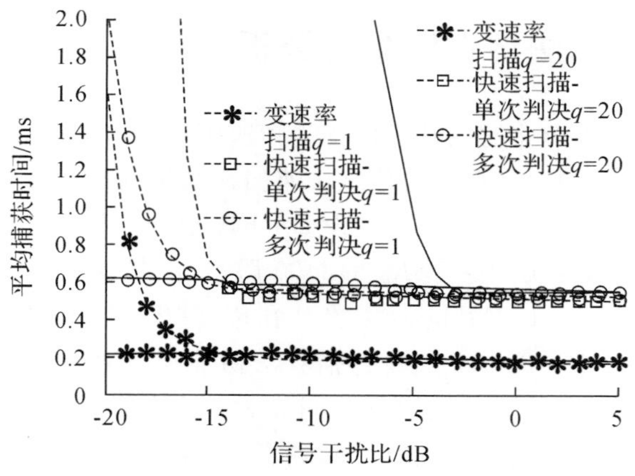

图 7　干扰情况下变速率扫描与快速扫描算法的捕获性能

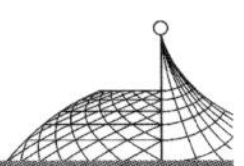

4. 结　论

新算法与传统快速扫描方法相比其特点在于捕获过程采用可变跳频速率扫描，频率未对准状态使用快速出局处理。仿真结果表明其性能优于快速扫描算法，在信噪比较高时，选取合适的门限，平均捕获时间降为后者的 1/4。

参考文献

[1] Yang Wenge, Meng Shengyun, Wang Jinbao, et al. Acquisition performance analysis of a synchronization scheme of DS/FH hybrid spread spectrum signals for TT&C[C]//Electronic Measurement & Instruments. Beijing: IEEE Computer Society, 2009:4395-4399.

[2] Sourour E, Elezabi A. Robust acquisition of hybrid direct sequence-slow frequency hopping spread-spectrum under multitone and Gaussian interference in fading channels[C]//Wireless Communications and Networking Conference. Las Vegas:IEEE, 2008:917-922.

[3] Vanninen T, Saarnisaari H, Raustia M, et al. FH-code phase synchronization in a wireless multi-hop FH/DSSS adhoc network[C]//Military Communications Conference. Washington: IEEE, 2006:1-7.

[4] Song M, Wigginton S. Frequency hopping pattern detection in wireless ad hoc networks[C]//Proceedings of the International Conference on Information Technology: Coding and Computing. Las Vegas: IEEE Computer Society,2005:633-638.

[5] Zhao Minjian, Xu Mingxia, Zhong Jie, et al. Slot synchronization in ad hoc networks based on frequency hopping synchronization[C]//Wireless Communications, Networking and Mobile Computing. Wuhan:IEEE Computer Society,2006:1-4.

[6] Tabassam A, Heiss S. Bluetooth clock recovery and hop sequence synchronization using software defined radios[C] //Region 5 Conference. Kansas City: IEEE Computer Society,2008:1-5.

[7] Benvenuto N,Guidotti G, Pupolin S. Performance of a digital acquisition circuit for hybrid FH-DS spread spectrum systems[C]//Military Communications Conference. San Diego: IEEE, 1988:971-975.

[8] 张波，邵定蓉，李署坚. DS/FH 混合系统快速同步的研究[J]. 北京航空航天大学学报，2005，31(11):1226-1231.

[9] Holmes J K, Chen Chang C. Acquisition time performance of PN spread spectrum systems[J]. IEEE Transactions on Communications, 1977,25(8):778-783.

[10] Polydoros A, Weber C. A unified approach to serial search spread-spectrum code acquisition-part I: general theory[J]. IEEE Transactions on Communications, 1984, 32(5):542-549.

[11] Li Hong, Lu Mingquan, Feng Zhenming. Improved zeropadding method for rapid long PN-Code acquisition[J]. IEEE Transactions on Signal Processing, 2008,56(8):3795-3799.

Novel Rapid Acquisition Algorithm for Hybrid DS/FH Spread Spectrum Systems

Abstract: To improve the mean acquisition time performance of hybrid DS/FH spread spectrum systems, a rapid acquisition algorithm based on alterable frequency hopping rate was proposed. The unaligned states frequencies were excluded to fast decrease mean acquisition time, while the acquisition was declared after adequate verification to decrease false alarm probability. The closed form expression of the mean acquisition time was obtained with the state diagram in additive Gaussian noise channel and typical jamming environment, and the probabilities of detection, missing, and false alarm were derived. The simulation results show that, in the circumstance of additive Gaussian noise channel, the mean acquisition time with the optimal threshold is decreased almost 1/4 of the one using the tradition fast scanning method and the new algorithm is more robust under jamming.

Keywords: direct sequence/frequency hopping (DS/FH); spread spectrum communication; acquisition; frequency identification

基于扩频技术的RFID区域实时定位系统设计*

摘　要:RFID定位技术通过射频信号实现目标的识别与位置确定,是近年来兴起的热门技术之一;然而,针对战地医院等电子干扰大、物理环境复杂、多径衰落明显的应用场合,其性能将受到显著影响;文章就此设计了一种利用扩频技术进行信息传输的RFID实时定位系统,利用伪随机码进行标签信息调制,可有效增强系统的抗多径、抗干扰能力;给出了基于扩频编码的RFID实时定位系统整体设计,研究了标签设计与捕获算法两个技术关键点;理论分析表明,系统抗多径能力显著增强,且定位误差可达2.384m。

关键词:RFID;扩频技术;定位;多径干扰

1. 引　言

RFID(射频识别)是一种应用于目标自动识别的技术,可通过射频信号识别特定目标,并获取相关信息[2]。因其具有低成本、高可靠性特点,被广泛应用于交通运输、安全、银行、健康护理等领域[1]。同时,RFID还具有非接触识别的特点,因此,利用其进行实时定位,具有寿命长、响应速度快、标签成本低、可适用于恶劣环境等优点[3],并随着RFID技术的日渐成熟,已成为近年来的研究热点。目前开展的相关工作主要集中在RFID定位系统的防频率干扰[4]、定位管理系统的整体设计[5]、提高定位精度的信息处理算法[6]等方面。

区域实时定位的应用环境多为室内,定位精度容易受到多径效应的影响。特别在某些存在严重电子干扰的场合,传统的基于RSSI(接收信号强度)的RFID定位技术无法满足需求。针对上述问题,本文设计了一种基于扩频技术的RFID定位系统,利用标签发送具有一定码速率的扩频调制信号,由控制中心根据安置在区域内的4个以上的接收机接收信号的时间不同,通过相应的定位解算方法,获取标签所在位置。

本文给出了基于扩频技术的RFID区域实时定位系统设计思路,同时就标签设计、信号捕获算法等关键性技术进行了研究,最后,分析了系统的抗多径干扰能力和定位精度。

2. 系统基本结构

系统主要由读卡器、标签和控制中心三部分组成,如图1所示。标签固定在定位目标上,定时向读卡器实时发射扩频调制信号,信号中带有每个标签的相关信息。预先布置在定位区域内的读

---

*　文章发表于《计算机测量与控制》,2013,21(1):192-194.系作者与赵斐、张波、李署坚合作完成。

基金项目:国家科技支撑项目(2011BAH05)。

卡器进行标签信号的捕获、解扩与解调，并将结果以有线方式传输到控制中心，由控制中心完成位置信息的计算。控制中心同时向读卡器统一授时，以实现读卡器之间时钟的严格同步，确保定位精度。

系统定位原理为：设标签位置为(x_u, y_u)，信号发送时刻为t_u。读卡器接收并解调标签发射的信号，得出信号到达时刻，将其上传到控制中心（中心电脑）。控制中心接收这些到达时刻信息，利用读卡器的已知位置信息，建立方程组：

$$\sqrt{(x_j-x_u)^2+(y_j-y_u)^2}=c(t_j-t_u), j=1,2,\cdots,n \tag{1}$$

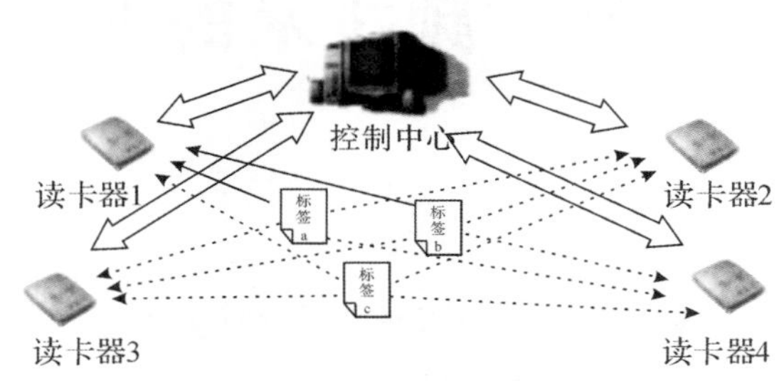

图1 系统总体构成原理图

其中采取与文献[7]类似的做法，令表达对的近似，利用泰勒展开式，并略去二阶及以上高阶项，对式(1)进行线性近似：

$$c\Delta t_j=\frac{x_j-\hat{x}_u}{\hat{r}_j}\Delta x_u+\frac{y_j-\hat{y}_u}{\hat{r}_j}\Delta y_u-c\Delta t_u, j=1,2,\cdots,n \tag{2}$$

其中$(\Delta x_u, \Delta y_u)=(x_u, y_u)-(\hat{x}_u, \hat{y}_u)$，$\Delta t_u=t_u-\hat{t}_u$，$\Delta t_j=\hat{t}_j-t_u$，$\hat{r}_j=\sqrt{(x_j-\hat{x}_u)^2+(y_i-\hat{y}^2)}$

令$X=[\Delta x_u, \Delta y_u, -c\Delta t_u]$，用最小二乘法获取定位结果：

$$X=(H^{\mathrm{T}}H)^{-1}H^{\mathrm{T}}\Delta_\rho \tag{3}$$

其中H与Δ_ρ可通过式(2)确定。

3. 标签设计

扩频技术的利用，在拓宽RFID技术应用的同时，也带来了系统设计上的一些问题。考虑到RFID系统在能量等方面的局限性，需要设计标签所用的扩频码和捕获方法，以实现定位信息的快速响应、提高定位精度。

3.1 标签的组成

标签的基本工作流程为：首先将标号信息进行组帧，然后进行扩频调制，经过正交上变频，调制到载波上并由天线发射出去，原理框图如图2所示。

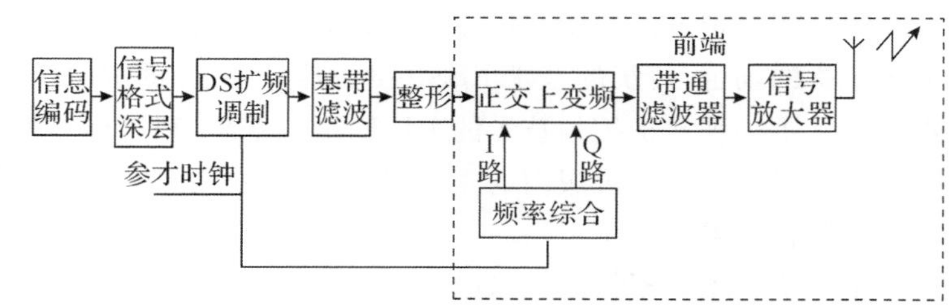

图2 标签原理方框图

3.2 伪码的选择

伪码的选择是码长、定位（测距）精度、码的自相关特性、码的互相关特性、抗干扰能力等因素的综合权衡。常见的伪码有M序列、m序列、Gold序列以及复合码等。m序列具有自相关特性好、生成简便、硬件成本低、序列数目多、性能分析比较容易的优势。因此，本系统选用m序列作为扩频伪码。

在码长的选择方面，一般而言，码序列越长，系统的抗干扰能力越强。同时，码的捕获时间与码周期的平方成正比，而捕获时间与定位精度息息相关。综合上述因素，本系统设定的序列长度是511

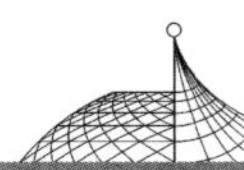

位，可获得 27dB 扩频处理增益，能较大程度改善系统性能。

3.3 信号格式

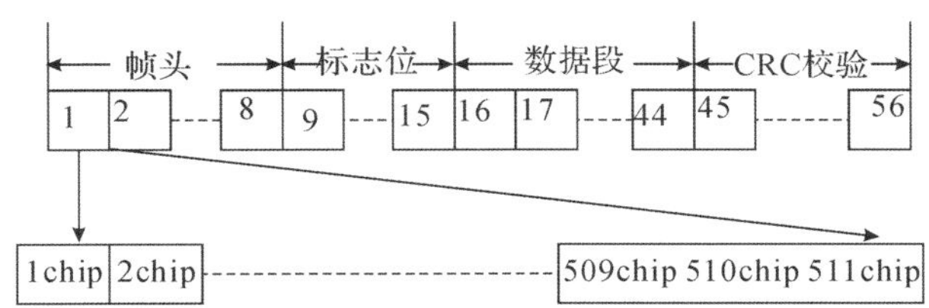

图 3 标签的信号格式

标签的信号格式如图 3 所示，由帧头、标志位、数据段和 CRC 校验组成。其中，帧头用于完成信号捕获、跟踪；标志位采用 7 巴克码，用于作为达到时间的计时标志；数据段包含用户 ID，用于区分不同的标签；CRC 校验用于差错校验，码型选取自相关性优良的 m 序列。

4. 捕获算法设计

本系统读卡器需要对标签发送的扩频信号进行捕获，以实现后续的跟踪和信息解算。系统中标签与读卡器的相对运动会引起多普勒频移，因此一般扩频系统的接收模块需要同时对信号进行时域（码相位）和频域（多普勒频移）的二维搜索。

4.1 多普勒频移分析

系统中多普勒频移主要包括运动多普勒频移和电波传播介质变化引起的介质多普勒频移。介质多普勒频移量级在，相对于运动多普勒频移而言可以忽略不计。对于运动多普勒频移而言，考虑到本系统的应用环境，标签的载体为人，若人运动速度为 V，载波频率为 f_s，那么人运动所产生的多普勒频移为

$$f_{di}=\frac{f_s\times V\times\cos\theta_i}{c} \tag{4}$$

式中，c 为光速，θ_i 为人的运动方向与读写器之间的夹角。

选取信号频率 24GHz 时，取载体最大相对运动速度绝对值$\leqslant$10m/s，接收信号多普勒频移为

$$f_{d\max}=f_t v_{\max}/c\leqslant 2.4\times10^9\times\frac{10}{3\times10^8}=80\,\text{Hz} \tag{5}$$

可以看出，本系统中载体运动速度很小，由此带来的多普勒频移变化范围也不大，因此频率的变化可直接由载波跟踪[8]电路消除，省去了一般扩频通信中的频域搜索步骤，节省了运算资源。

4.2 捕获方法

目前常用的捕获方法主要有两种：匹配滤波器相关法和序贯相关法。其中，匹配滤波器相关法捕获时间短，故本系统采用该方法进行信号捕获。匹配滤波器相当于一个并行的码相关器，输出的相关值表征了输入序列与本地码序列的相关性，理论上粗捕最长只需 2 个扩频码周期即可，因此本系统设

计信号粗同步头为 4 个扩频码周期，可保证扩频码实现同步。

5. 抗多径干扰性能分析

扩频通信技术的引入主要用于改善系统抗多径干扰性能，首先建立系统数学模型：

系统使用伪随机码来逼近白噪声信号的统计特性，当码长足够长时，具有与白噪声相似的自相关函数：

$$R_c=\begin{cases}1-\dfrac{|\tau|}{T_c} & |\tau|<T_c\\ 0 & |\tau|\geqslant T_c\end{cases}\tag{6}$$

式中，T_c 为码元宽度。

设读写器接收到的信号包括两部分：

$$r_1(t)=Ad(t)c(t)\cos(\omega_0 t+\varphi_1)$$

$$r_2(t-\tau_i)=\sum_{i=2}^{N}A_i d(t-\tau_i)c(t-\tau_i)\cos[\omega_0(t-\tau_i)+\varphi_i],i=2,3,\cdots N\tag{7}$$

$r_1(t)$为所期望的接收信号，$r_2(t-\tau_i)$为多径干扰信号。其中 $d(t)$为标签信息，$c(t)$为伪随机码，A_i,τ_i,φ_i 分别为第 i 径的信号幅度，传播延迟，载波相移。假设系统已同步，本振信号为 $b(t)=2c(t)\cdot\cos(\omega_0 t+\varphi_1)$，与接收信号混频后，进入带宽很窄的低通滤波器。设低通滤波器的冲击响应为 $h(t)$，多径信号的低通输出为

$$u_2(t)=\int_{-\infty}^{\infty}\sum_{i=2}^{N}A_i d(\alpha-\tau_i)R_c(\varepsilon_i T_c)\cos(\varphi_1-\varphi_i)h(t-\alpha)\mathrm{d}\alpha\tag{8}$$

式中 $\varepsilon_i=(T_i-T_1)/T_c$ 为归一化延迟差。令 $\varphi'_i=\varphi_1-\varphi_i$，假设 φ 在$[0,2\pi]$上均匀分布，则：

$$\begin{aligned}P_{u_2}&=E[v_2(t)]^2=E\Bigg[\sum_{i=2}^{N}\sum_{j=2}^{N}A_iA_jR_c(\varepsilon_iT_c)\cos(\bar{\omega}'_i)\cos(\bar{\omega}'_j)\\&\quad\times\int_{-\infty}^{\infty}\int_{-\infty}^{\infty}\sum_{i=2}^{N}{}_i d(\alpha-\tau_i)d(\beta-\tau_i)h(t-\alpha)h^*(t-\beta)\mathrm{d}\alpha\mathrm{d}\beta\Bigg]\\&=\sum_{i=2}^{N}\frac{A_i^{\ 2}}{2}R_c^2(\varepsilon_iT_c)\int_{-\infty}^{\infty}\int_{-\infty}^{\infty}\sum_{i=2}^{N}R_d(\beta-\alpha)h(\alpha)h^*(\beta)\mathrm{d}\alpha\mathrm{d}\beta\\&=\sum_{i=2}^{N}\frac{A_i^{\ 2}}{2}R_c^2(\varepsilon_iT_c)\int_{-\infty}^{\infty}S_d(f)|H(f)|^2\mathrm{d}f\\&=\sum_{i=2}^{N}\frac{A_i^{\ 2}}{2}R_c^2(\varepsilon_iT_c)\end{aligned}\tag{9}$$

当 $\varepsilon_i\geqslant 1$ 时，$R_c^2(\varepsilon_iT_c)\approx(1-\varepsilon_i)^2$，结合式(3)可得：

$$P_{u2}=\begin{cases}\displaystyle\sum_{i=2}^{N}\frac{A_i^{\ 2}}{4}(1-\varepsilon_i)^2 & \varepsilon_i<1\\ 0 & \varepsilon_i\geqslant 1\end{cases}\tag{10}$$

由上式可知：当多径干扰信号与期望接收信号之间的时延大于一个码元时间时，多径信号对系统的影响可以直接忽略不计；当多径干扰信号与期望接收信号之间的时延小于一个码元时间时，系统性能会受到一定影响，但是相对于传统传输机制而言，扩频通信系统有效降低了此类多径信号能量。综上所述，扩频技术的引入，使系统的抗多径能力有效提高，从而可以在多径干扰明显的场合保证系统的定位精度。

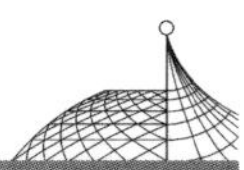

6. 定位误差分析

定位误差是评价定位系统的重要指标，具体由伪距误差和精度因子决定。对于本文所讨论的系统而言，伪距误差主要由系统误差、时钟精度误差、时钟量化误差、伪码同步误差 4 部分组成：

$$e_{\mathrm{pr}}=\sqrt{(\Delta t_s\times c)^2+(\Delta t_c\times c)^2+(\Delta t_q\times c)^2+(\Delta T_c\times c)^2} \tag{11}$$

其中，c 为光速，Δt_s 为系统随机延时，Δt_c 为时钟漂移误差，Δt_q 为时钟量化偏差，ΔT_c 为伪码同步时间误差。Δt_s 根据经验值一般取 3ns；本设计拟采用稳定度为 10^{-6} 的高频恒温晶振，Δt_c 和 Δt_q 分别取 10^{-6}s/s 和 1ns；通过利用 DDLL（滞后—超前延迟锁定环）技术，可达 1/16 个码片宽度。由此可得总的伪距误差为 2.29m。

实际应用还需考虑读写器布局对于精度影响，其一般通过 GDOP 形式体现，本系统采用文献[9]提出的布局策略：在 6 个读写器时，GDOP 的数学期望为 1.0411，由此而确定的理论定位误差为

$$e_{\mathrm{total}}=e_{\mathrm{pr}}\times \mathrm{GDOP}=2.29\mathrm{m}\times 1.0411=2.384\mathrm{m} \tag{12}$$

7. 结　论

为了满足某些噪声大、多径衰落明显环境下实时定位的需求，本文将扩频技术引入传统的 RFID 定位系统。在确定整体结构的同时，对标签设计与捕获算法两个系统设计的关键环节进行了研究，确定了设计方案。理论分析结果表明，采用扩频技术的 RFID 系统具有较强的抗多径干扰能力和较好的定位精度。同时，由于扩频系统具有时分多址、码分多址、频分多址等特点，可以有效提高系统的容量，为以后进一步提升本系统的定位精度等性能提供了较大可能。

参考文献

[1] Junjuan L, Xi T, Hao M. Dual frequency based Real Time Location System using passive UHF RFID[A], in ASIC (ASICON), 2011 IEEE 9th International Conference[C]. 2011: 779-782.

[2] Juels A. RFID security and privacy: A research survey[J]. Selected Areas in Communications, IEEE Journal, vol. 24, 2006: 381-394.

[3] Tesoriero R, Gallud J A, Lozano M D, et al. Tracking autonomous entities using RFID technology[J]. Consumer Electronics, IEEE Transactions, vol. 55, 2009: 650-655.

[4] 胡圣波，郑志平. 一种井下 RFID 定位系统的读卡器防碰撞算法[J]. 微计算机信息，2006，(26)：185-187.

[5] 赵晶亮，姚金杰，苏新彦，等. 基于射频识别的室内定位系统设计[J]. 计算机测量与控制，2011，(11)：2848-2850.

[6] Park S, Hashimoto S. Autonomous mobile robot navigation using passive RFID in indoor environment[J]{JP. Industrial Electronics, IEEE Transactions, vol. 56, 2009: 2366-2373.

[7] 张云鹏，缪栋，杨小冈，等. 镜像映射法及递推最小二乘法在伪距导航定位解算中的应用[J]. 全球定位系统，2004：44-47.

[8] 朱群，郑林华. 一种基于 FPLL 的载波跟踪算法[J]. 电子工程师，2004，(30)：31-33.

[9] 宋伟宁，张彦仲，邵定蓉，等. 一种基于 RFID 的区域实时定位系统布局[J]. 北京工业大学学报，2001，(9)：1304-1309.

Design of RFID Locating System with Spread Spectrum Technology

Abstract: The RFID localization is an emerging technology which performs the identification and localization with the radio frequency signal. However, its performance will be prominently affected when deploying in the occasions with complicated physical conditions, strong electronic interference, and obvious multipath fading, such as field ambulance. Aiming at solving this problem, the spread spectrum technology is introduced into RFID location system with the purpose of improving capacity of resisting disturbance and interference. The system architecture, tag design and capturing algorithm are discussed in this paper. The theoretical analysis gives out the result that tolerance of the multipath interference of the localization system is obviously improved, with the location error around 2. 384 meters.

Keywords: RFID; spread spectrum technology; location; multipath

激光偏振成像散斑统计特性和抑制方法研究*

摘　要：对激光偏振成像系统的散斑统计特性及其相应的散斑去除方法进行了理论和实验研究。运用穆勒矩阵法建立了该激光偏振成像系统散斑光强的概率分布模型。针对现代电荷耦合器件(CCD)的成像特点，通过比较散斑与像素的大小，将散斑分为两种情况进行研究，即小散斑和大散斑。得出散斑的归一化方差与像素呈线性关系，均值不受像素的影响。进而提出了统一的散斑噪声概率模型，即改进的伽马分布模型。基于此模型，提出了改进的贝叶斯非局部滤波模型。通过处理真实的偏振图片，综合等效视数、边缘增强指数等指标，表明该算法比传统的散斑去除算法具有更好的散斑去除和边缘保持能力。

关键词：统计光学；散斑概率分布模型；穆勒矩阵法；散斑；非局部算法

1. 引　言

激光偏振成像技术在军事和民事领域都有广泛的应用，但在其成像过程中会产生散斑噪声，严重影响偏振图像信息的提取。因此，研究散斑的统计特性对于抑制散斑噪声具有十分重要的意义。国内外学者对散斑统计特性进行了广泛的研究，在医用方面，超声波的散斑统计模型和逆高斯散斑统计模型相继提出并展开了研究[1,2]。在合成孔径雷达成像方面，学者提出了很多不同的模型，如反高斯分布模型[3]、重尾瑞利模型[4]和二阶混合高斯分布模型[5]。戴恩文等[6]研究了菲涅耳望远镜合成孔径激光成像雷达的散斑特性。其他方面，双波长散斑场空间相关参数及在两单波长散斑图像中样本子区与目标子区的位置关系得到了研究[7]。

现代的感光器件，如电荷耦合器件(CCD)，包含数百万个探测器，可以对不同区域的散斑强度进行并行处理。但关于像素对散斑的影响和偏振成像系统的散斑特性没有进行深入研究，例如，Skipetrov 等[8]只是分析了简易偏振成像系统的散斑特性，没有对激光偏振成像系统进行深入研究。

针对一种改进的激光偏振成像实验方法，研究了散斑噪声的对比度、方差、相关函数以及散斑归一化方差与像素的函数关系，并根据这些参量设计了针对性较强的散斑抑制算法，证实了算法的有效性。

2. 双旋转波片一次测量偏振成像系统

改进偏振成像系统由激光器、发射系统、接收系统和成像及信号处理系统组成。该系统通过一次

---

*　文章发表于《光学学报》，2013，33(3)：D311003-1-8. 系作者与闻东海、江月松、张绪国、华厚强合作完成。

基金项目：国家自然科学基金(41140035)、国家 973 计划(2011CB707001)和国家 863 计划(2012AA8126029B)资助课题。

测量即可求得目标的偏振度，从而得到目标偏振度编码的图像。激光雷达偏振遥感成像系统在发射系统中加入偏振状态产生部分——偏振态发生器，在接收系统中加入偏振状态检测部分——偏振态分析仪，利用偏振分光棱镜代替偏振态分析仪中的偏振片，利用两个 CCD 相机同时接收偏振状态相互垂直的目标像。实验装置原理图如图 1 所示。

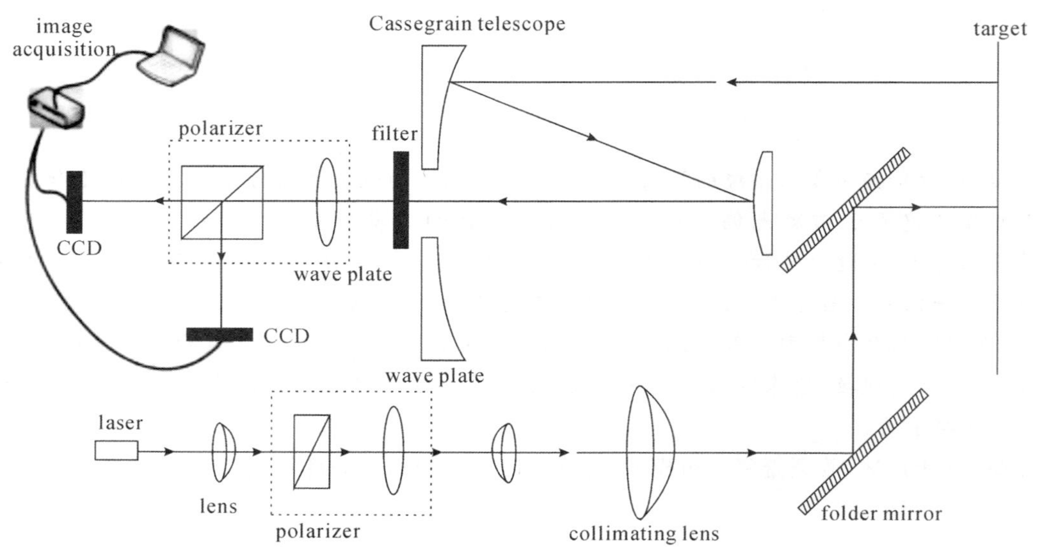

图 1　双旋转波片激光偏振成像系统

激光器发射稳定的 808nm 激光束进入偏振态发生器。该偏振态发生器由准直透镜、偏振片、λ/8 波片、扩束透镜组成。偏振片和 λ/8 波片都设定在一定的角度，其作用是产生特定的入射光斯托克斯矢量。光束经过两次镜面反射照射目标，通过卡塞格林望远镜收集反射光。光束进入偏振态分析仪。该分析仪由 λ/8 波片、偏振分光棱镜组成。λ/8 波片和偏振分光棱镜都放置在特定的角度，其作用是为产生特定的穆勒矩阵，进而产生特定的出射光斯托克斯矢量，得到目标的偏振信息。数据采集接收系统由双通道的 CCD 及计算机构成。通过系统中各个元件的配置和调节，使得该系统能够获取目标后向散射光的偏振度。

在该系统中，偏振态发生器中起偏器透光轴和 X 轴的夹角为 $-72.385°$、波片快轴与 X 轴夹角为 45°，因此，偏振态发生器的穆勒矩阵为

$$M_{\mathrm{PSG}}=\begin{bmatrix} 1 & -\sqrt{2}/\sqrt{3} & -1/\sqrt{3} & 0 \\ -1/\sqrt{3} & \sqrt{2}/\sqrt{3} & 1/3 & 0 \\ -1/\sqrt{3} & \sqrt{2}/\sqrt{3} & 1/3 & 0 \\ -1/\sqrt{3} & \sqrt{2}/\sqrt{3} & 1/3 & 0 \end{bmatrix} \tag{1}$$

则入射光的斯托克斯矢量为

$$S_{\mathrm{intar}}=\begin{bmatrix} 1 \\ -1/\sqrt{3} \\ -1/\sqrt{3} \\ -1/\sqrt{3} \end{bmatrix} \tag{2}$$

当目标不是双折射材料时，目标后向散射光的斯托克斯矢量为

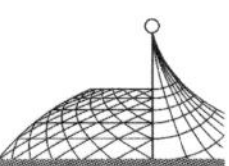

$$S_{\text{outtar}}=\begin{bmatrix} M_{00} \\ -M_{11}/\sqrt{3} \\ -M_{11}/\sqrt{3} \\ -M_{33}/\sqrt{3} \end{bmatrix} \tag{3}$$

式中，M_{00}，M_{11}，M_{33} 分别为目标穆勒矩阵的主对角线元素。

偏振态分析仪中起偏器透光轴和 X 轴夹角为 $-72.85°$、波片慢轴与 X 轴的夹角为 $45°$。通过偏振棱镜得到两束偏振态相互垂直的偏振光，则两个 CCD 上探测到的水平和垂直光强分别为

$$I_{/\!/}=M_{00}+\frac{1}{3}(2M_{11}+M_{33}) \tag{4}$$

$$I_{\perp}=M_{00}-\frac{1}{3}(2M_{11}+M_{33}) \tag{5}$$

根据偏振度定义，可知

$$p_d=\frac{|M_{11}|+|M_{22}|+|M_{33}|}{3M_{00}} \tag{6}$$

式中 p_d 为偏振度，$M_{11}\approx M_{22}$，因此偏振度可以近似为

$$p_d=\frac{2|M_{11}|+|M_{33}|}{3M_{00}}=\frac{I_{/\!/}-I_{\perp}}{I_{/\!/}+I_{\perp}} \tag{7}$$

按照(7)式对得到的图像进行偏振度编码就可以实现激光偏振成像，得到目标的偏振度图像。

3. 偏振图像散斑特性研究

透过偏振态分析仪的水平和垂直光强 I 服从负指数分布，即 $P(I)=(I/\bar{I})\exp(-I/\bar{I})$，式中 $\bar{I}$ 为 I 的均值。则 CCD 的一个像素上得到的光强可以表示为

$$I_\alpha=\frac{1}{A_D}\iint_{\text{pixel }\alpha} I(x,y)\,\mathrm{d}x\mathrm{d}y \tag{8}$$

式中 A_D 为一个像素的面积。$\alpha=1,\cdots,N$ 为相机的不同像素。光强 I 的均值 i 和方差 c 的估计为

$$i=\frac{1}{N}\sum_{\alpha=1}^{N} I_\alpha \tag{9}$$

$$c=\frac{1}{N-1}\sum_{\alpha=1}^{N}(I_\alpha-i)^2 \tag{10}$$

由(9)、(10)式可知，均值和方差的估计为无偏估计，因此

$$\langle i\rangle=\langle I\rangle \tag{11}$$

$$\langle c\rangle=\langle(I-\langle I\rangle)^2\rangle=\langle I\rangle^2 \tag{12}$$

(11)、(12)式中 $\langle\cdots\rangle$ 表示均值。针对实验材料的不同，散斑大小各有不同。根据散斑尺寸 b 和像素大小 a 之间的关系，可以分两种情况考虑散斑的特性。一种为小散斑情况($b<a$)，这种情况下，不同像素之间不相关，但是其强度概率分布不服从负指数分布。另一种情况为大散斑情况($b\geqslant a$)，光强分布仍为负指数分布，但是不同像素之间是相关的。

3.1 小散斑偏振图像特性研究

在小散斑情况下，不同像素的积分光强相互独立，像素积分光强服从伽马分布：

$$P(I_\alpha)=\frac{1}{\Gamma(\mu)}(\frac{\mu}{\bar{I}})^\mu I_\alpha^{\mu-1}\exp(-\frac{\mu I_\alpha}{\bar{I}}) \tag{13}$$

式中参数 μ 为自相关系数 $\mu\geqslant1$，且依赖于像素的大小和形状。

$$\frac{1}{\mu}=\frac{1}{a^4}\int_{\text{pixel}}\mathrm{d}^2r\int_{\text{pixel}}[g(r-r')-1]\mathrm{d}^2r' \tag{14}$$

式中 d^2r 代表二维积分，$g(\Delta r)$ 为散斑强度空间自相关函数。通过计算可知

$$\langle I_\alpha{}^2\rangle=\frac{\mu+1}{\mu}\langle I\rangle^2 \tag{15}$$

则

$$\langle i\rangle=\langle I\rangle \tag{16}$$

$$\frac{\sigma_i^2}{(i)^2}=\frac{1}{\mu N} \tag{17}$$

$$\langle c\rangle=\frac{\langle I\rangle^2}{\mu} \tag{18}$$

$$\frac{\sigma_c^2}{\langle c\rangle^2}=\frac{2}{N-1}[1+\frac{3}{\mu}(1-\frac{1}{N})] \tag{19}$$

式中 σ_i^2 和 σ_c^2 分别为 i 和 c 的方差，由(19)式可知，当 $N\rightarrow\infty$ 时，可得

$$\frac{\sigma_c^2}{\langle c\rangle^2}\Big|_{N\rightarrow\infty}=\frac{2}{N}(1+\frac{3}{\mu}) \tag{20}$$

3.2 大散斑偏振图像特性研究

在大散斑情况下，由于光强服从负指数分布，故偏振图像仍服从负指数分布，但需要考虑相邻像素的相关关系如图 2 所示。

相关关系对光强和方差的影响可以通过增加两个参数进行描述：

$$\frac{1}{\mu_2}=\frac{1}{a^4}\int_{\text{pixel 1}}\mathrm{d}^2r\int_{\text{pixel 2}}[g(r-r')-1]\mathrm{d}^2r' \tag{21}$$

$$\frac{1}{\mu_3}=\frac{1}{a^4}\int_{\text{pixel 1}}\mathrm{d}^2r\int_{\text{pixel 3}}[g(r-r')-1]\mathrm{d}^2r' \tag{22}$$

式中 μ_2 为像素 1 和 2 之间的互相关系数，μ_3 为像素 1 和 3 之间的互相关系数。为了计算光强的方差，$\sigma_i^2=\langle i^2\rangle-\langle i\rangle^2$，需要计算 $\langle i^2\rangle$，即

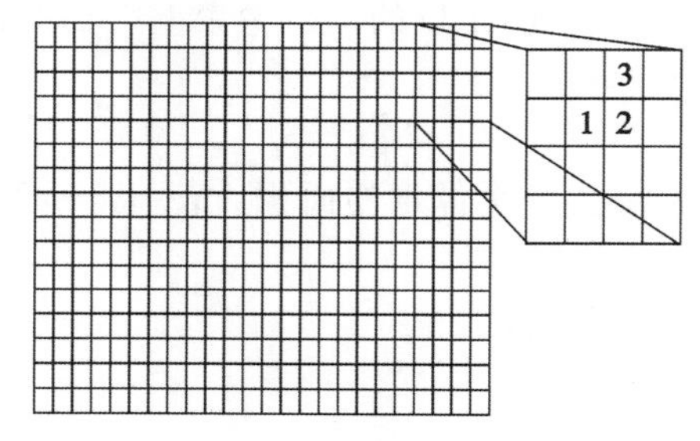

图 2　相邻像素的相关关系

$$\langle i^2\rangle=\frac{1}{N^2}\sum_{\alpha=1}^{N}\sum_{\alpha=1}^{N}\langle I_\alpha I_\alpha\rangle \tag{23}$$

(23)式中的相关函数 $\langle I_\alpha I_\alpha\rangle$ 可以分为三种情况进行计算，第一种情况为图 2 中像素 1 的自相关函数，即

$$\langle I^2\rangle=\frac{1}{a^4}\int_{\text{pixel}}\mathrm{d}^2r\int_{\text{pixel}}\langle I(r)I(r')\rangle\mathrm{d}^2r'=\langle I\rangle^2(1+\frac{1}{\mu}) \tag{24}$$

第二种情况为图 2 中像素 1 和像素 2 的互相关函数，即

$$\langle I_1I_2\rangle=\langle I^2\rangle=\frac{1}{a^4}\int_{\text{pixel 1}}\mathrm{d}^2r\int_{\text{pixel 2}}\langle I(r)I(r')\rangle\mathrm{d}^2r'=\langle I\rangle^2(1+\frac{1}{\mu_2}) \tag{25}$$

第三种情况为图 2 中像素 1 和像素 3 的互相关函数，即

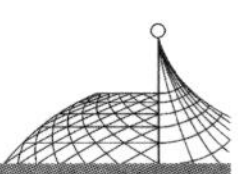

$$\langle I_1 I_3 \rangle = \langle I^2 \rangle = \frac{1}{a^4}\int_{\text{pixel 1}} \mathrm{d}^2 r \int_{\text{pixel 3}} \langle I(r) I(r') \rangle \mathrm{d}^2 r' = \langle I \rangle^2 (1+\frac{1}{\mu_3}) \tag{26}$$

(26)式中包含了 N 个 $\langle I^2 \rangle$ 项、$4(N-\sqrt{N})$ 个 $\langle I_1 I_2 \rangle$ 项、$4(\sqrt{N}-1)^2$ 个 $\langle I_1 I_3 \rangle$ 项、$N^2-(3\sqrt{N}-2)^2$ 项。即

$$\langle i^2 \rangle = \frac{1}{N^2}\{N\langle I^2 \rangle + 4(N-\sqrt{N})\langle I_1 I_2 \rangle + 4(\sqrt{N}-1)^2 \langle I_1 I_3 \rangle + \langle N^2-(3\sqrt{N}-2)^2 \rangle \langle I \rangle^2\} \tag{27}$$

使用(24)～(27)式以及 $\sigma_i^2 = \langle i^2 \rangle - \langle i \rangle^2$，可得

$$\frac{\sigma_i^2}{\langle i \rangle^2} = \frac{1}{N}\left[\frac{1}{\mu} + \frac{4}{\mu_2}(1-\frac{1}{2\sqrt{N}}) + \frac{4}{\mu_3}(1-\frac{2}{2\sqrt{N}}+\frac{1}{N})\right] \tag{28}$$

为了计算 c 的均值，可以将(10)式改写为

$$c = \frac{1}{N-1}\sum_{\alpha=1}^{N} I_\alpha{}^2 - \frac{i^2}{1-1/N} \tag{29}$$

利用(24)式和(28)式，可得

$$\langle c \rangle = \langle I \rangle^2 \left[\frac{1}{\mu} - \frac{4}{\mu_2\sqrt{N}(\sqrt{N}+1)} - \frac{4(\sqrt{N}-1)}{\mu_3 N(\sqrt{N}+1)}\right] \tag{30}$$

当 $N \to \infty$ 时，(30)式变为(18)式。

为了计算 c 的方差，可以利用(30)式进行计算，但是，计算十分繁琐复杂。可通过数值模拟产生散斑尺寸分别为 2、4 的 1024×1024 的两组散斑模型，结合不同像素的大小，产生合成散斑。当 $N \to \infty$ 时，由(20)式可知，$\sigma_c^2/\langle c \rangle^2$ 可以表示为 $1/\mu$ 项之和，数值模拟结果可以通过修改(20)式进行拟合，即

$$\frac{\sigma_c^2}{\langle c \rangle^2} \approx \frac{2}{N}\left[1+\frac{3}{\mu}+\frac{10}{\mu^2}\right] \tag{31}$$

小散斑情况下，散斑归一化方差与像素的函数关系如图 3 所示。

图 3 两条直线为(20)式在参数 μ 为 1.25 和 5.48预测的理论值。圆点为照射在泡沫上，曝光时间为 350ms 产生的散斑计算的实际值。由图 3 可知，在像素值较大的情况下，理论值与实际值拟合较好，而在像素值较小的情况下，理论值与实际值拟合较差。这是因为理论值为在像素趋于无穷情况下的预测值。由于采用相机的像素会达到百万级像素，所以在实际应用中小散斑情况下得到的方差公式能够很好地进行理论估计。

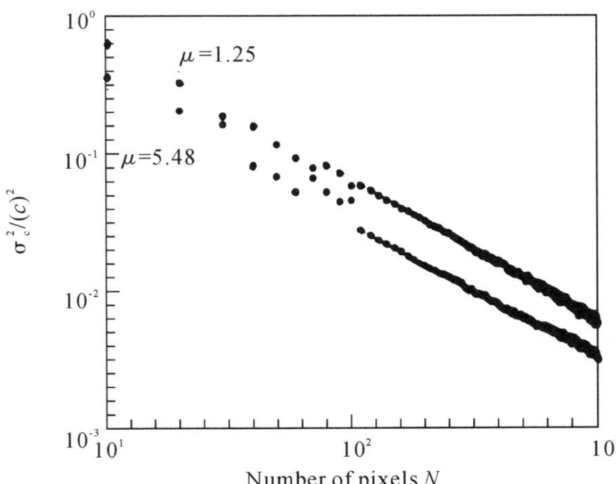

图 3　小散斑归一化方差与像素的函数关系

大散斑情况下，归一化方差与像素的函数关系如图 4 所示。

图 4 两条直线为(31)式在参数 μ 为 1.25 和 5.48时的理论值。圆点为照射在金属上，曝光时间为 15ms 的实际值。在 $\mu=5.48$ 的情况下，理论值和实际值不能很好地吻合，这是因为理论值是当像素值趋于无穷的情况下得到的，所以在像素值较小的情况下，理论值和实际值不能很好地吻合。一般的 CCD 相机像素会多达百万像素，所以在实际情况下，得到的理论值能够很好地满足实际应用。

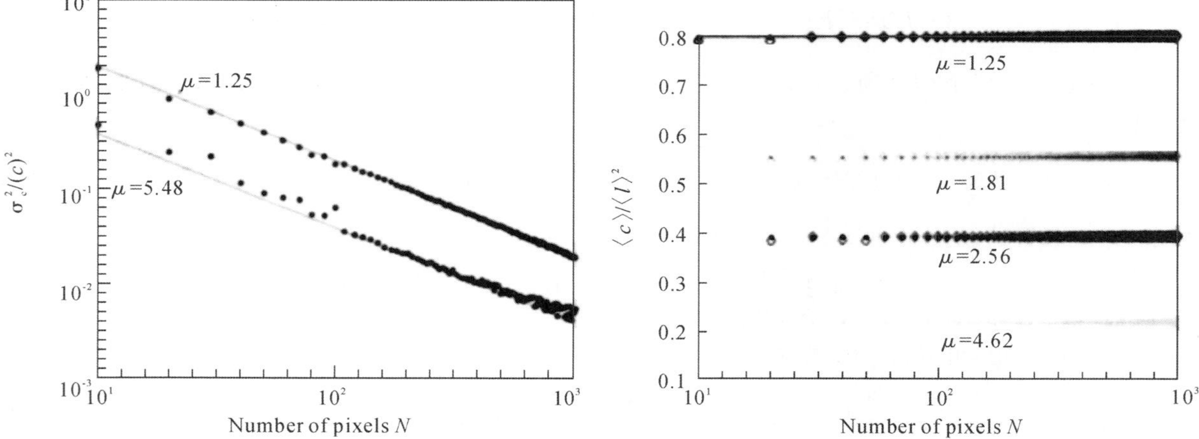

图 4　大散斑归一化方差与像素的函数关系

图 5　大小散斑情况下归一化均值与像素函数关系

小散斑情况下，均值波动与像素的函数关系如图 5 所示。

图 5 为小散斑情况下，均值波动与像素的函数关系。4 条线段分别为 μ 在 4 个不同取值时理论值与实验值的比较。直线为理论值，菱形为实验值。从图中可以看出，在像素值较小的情况下，理论值与实验值有一定偏差；在像素值较大的情况下，理论值预测实验值较准确。这是因为理论值是在像素值较大的情况下得到的，所以在像素值较小的情况下，理论值与实际值有些偏差。在实际的相机中，像素值会达到百万像素值，理论值能够很好地对其进行计算。

3.3　改进的伽马分布

根据以上分析，提出了偏振成像的统一散斑概率分布模型，即改进的伽马模型，即

$$P(I)=\frac{\Gamma(\mu+\mu_2+\mu_3)}{\Gamma(\mu)\Gamma(\mu_2)\Gamma(\mu_3)}\left(\frac{\mu+\mu_2+\mu_3}{\bar{I}}\right)^{\mu+\mu_2+\mu_3}\times I^{\mu+\mu_2+\mu_3-1}\exp\left[-\frac{(\mu+\mu_2+\mu_3)I}{\bar{I}}\right] \tag{32}$$

(32)式在小散斑情况下，互相关系数 $\mu_2=\mu_3=0$，转化为(13)式；在大散斑情况下，则考虑到像素之间的相互关系对概率密度的影响，更准确地描述了散斑的概率分布模型。

4. 改进的非局部偏振图像去噪算法

图像散斑的去除方法已经被很多著作进行了研究。大致可以分为自适应滤波器[9,10]、小波法[11,12]、偏微分方程[13,14]和混合方法[15,16]。以上的各种散斑滤波器可以称为局部自适应复原算法[17]，局部自适应滤波器的缺点为散斑去除效果受滤波窗口大小和形状的影响；某些方法需要一个经验值确定的去噪门限。因此，自适应去除散斑噪声的一个发展趋势为设计自适应调整大小和方向的滤波窗口。应用小波方法去除散斑噪声，阈值门限的设计一般需要根据经验完成；层间的概率模型还需要重点研究。小波去除散斑成功与否，就在于得到散斑先验知识的能力和利用这些知识进行准确建模的能力，所以未来小波去除散斑方法的进一步发展，还有赖于新的更为准确的模型的提出。偏微分方程方法应用图像的梯度确定边缘信息，在散斑噪声较大的情况下，梯度不能准确定位图像的边缘信息，不能增强图像的细节和边缘部分。

最近，Buades 等[18]提出了非局部去噪，其利用像素点周围的窗口邻域来表示像素点的特征，然后基

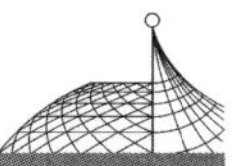

于邻域内灰度值向量之间的欧氏距离定义相应中心像素点之间的权值。Buades 等将该算法应用于图像去噪，证明其性能要优于很多经典的去噪算法，如双边滤波、各向异性扩散、全变差滤波以及基于小波变换的方法等。根据偏振成像系统的散斑理论模型，提出了针对性强的偏振成像散斑抑制算法，即基于模糊域自适应非局部偏振图像去噪算法。该算法根据散斑噪声的统一概率分布模型，提出了新的贝叶斯滤波模型，通过对比各种参数指标可知，新算法在散斑抑制和边缘保持上具有更好的效果。

贝叶斯非局部滤波器为[17]

$$\hat{u}(x_i)=\frac{\sum_{x_j\in\Delta_i}p[v(x_j)\mid u(x_i)]p[u(x_i)]u(x_i)}{\sum_{x_j\in\Delta_i}p[v(x_j)\mid u(x_i)]p[u(x_i)]} \tag{33}$$

式中 $u(x_i)$为无噪图像，$v(x_j)$为含噪图像，$u(x_i)$，$v(x_j)$分别为大小为 $D\times D$ 中心位于像素 x 的方形相似窗口和Δ_i 中心位于像素 x_i 的方形搜索窗口，$\hat{u}(x_i)$为非局部算法复原图像，$p[u(x_i)]$为 $u(x_i)$的概率分布函数，$p[v(x_j)\mid u(x_i)]$为 $u(x_i)$已知条件下，$v(x_j)$的条件分布函数，$p[v(x_j)\mid u(x_i)]p[u(x_i)]$为 $v(x_j)$和 $u(x_i)$的相似性度量值。

针对偏振成像的统一散斑模型，推导了新的贝叶斯非局部滤波模型。假设散斑噪声满足独立分布条件，则条件分布 $p[v(x_j)\mid u(x_i)]$为

$$p[v(x_j)\mid u(x_i)]=\prod_{d=1}^{D\times D}p[v_d(x_j)\mid u_d(x_i)] \tag{34}$$

式中 $u_d(x_i)$和 $v_d(x_j)$分别为相应像素块中第 d 个像素，采用(32)式统一散斑模型，则

$$p[v(x_j)\mid u(x_i)]\propto\frac{\Gamma(\mu+\mu_2+\mu_3)}{\Gamma(\mu)\Gamma(\mu_2)\Gamma(\mu_3)}\exp\left\{-\frac{[v_d(x_j)-u_d(x_i)]^2}{2u(x_i)^{2(\mu+\mu_2+\mu_3)}}\right\} \tag{35}$$

$$p[v(x_j)\mid u(x_i)]=\prod_{d=1}^{D\times D}p[v_d(x_j)\mid u_d(x_i)]\propto\left[\frac{\Gamma(\mu+\mu_2+\mu_3)}{\Gamma(\mu)\Gamma(\mu_2)\Gamma(\mu_3)}\right]^{D\times D}\exp\left\{-\sum_{d=1}^{D\times D}\frac{[v_d(x_j)-u_d(x_i)]^2}{2u_d(x_i)^{2(\mu+\mu_2+\mu_3)}}\right\} \tag{36}$$

进而根据(33)式，即可完成散斑去噪。

5. 实验结果

为了评价改进的贝叶斯非局部滤波算法(IBNLM)的性能，将其与散斑去噪算法、Lee 滤波器、Kuan 滤波器、异向扩散滤波器(AD)、各向异性扩散(SRAD)滤波器和最优贝叶斯非局部滤波(OBNLM)进行比较。首先选取一幅激光偏振成像装置对一幅测试图片进行成像。各种算法的滤波参数如表 1 所示。各种滤波算法处理图片的效果如图 6 所示。

表 1　滤波器参数设置(非局部滤波 $\Delta_i=11\times11$)

Filters	Iterations	Filter parameters	Threshold	Filtering windows
Lee				2×2
Kuan				2×2
AD	60	0.01	30	
SRAD	50	0.08		
OBNLM		12	0.9	7×7
IBNLM		12		9×9

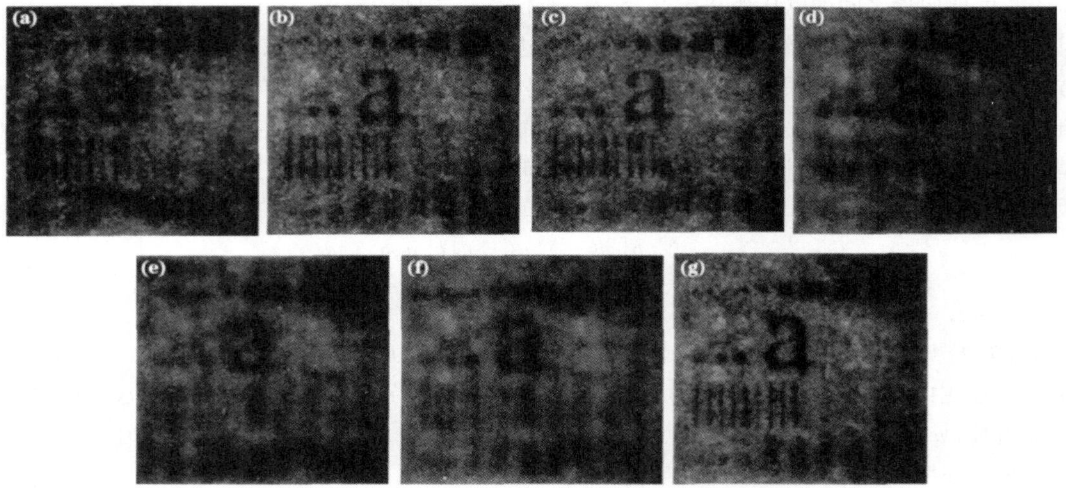

图 6　不同算法的处理效果图

其等效视数(ENL)和边缘保持指数(EPI)如表 2 所示。

表 2　等效视数和边缘保持指数

Filters	ENL	EPI
Lee	23.73	0.72
Kuan	23.73	0.70
AD	22.89	0.59
SRAD	25.51	0.70
OBNLM	24.49	0.55
IBNLM	28.19	0.79

另外一幅图片选取激光偏振装置对金属飞机和涂漆飞机进行成像,各种算法的滤波器参数如表 3 所示。各种算法的处理结果如图 7 所示。其等效视数和边缘保持指数如表 4 所示。

表 3　滤波器参数设置(非局部滤波 $\Delta_i=33\times33$)

Filters	Iterations	Filter parameters	Threshold	Filtering windows
Lee				5×5
Kuan				5×5
AD	70	0.01	40	
SRAD	60	0.08		
OBNLM		12	0.8	11×11
IBNLM		12		9×9

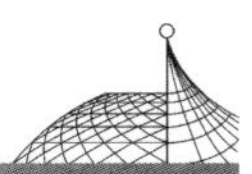

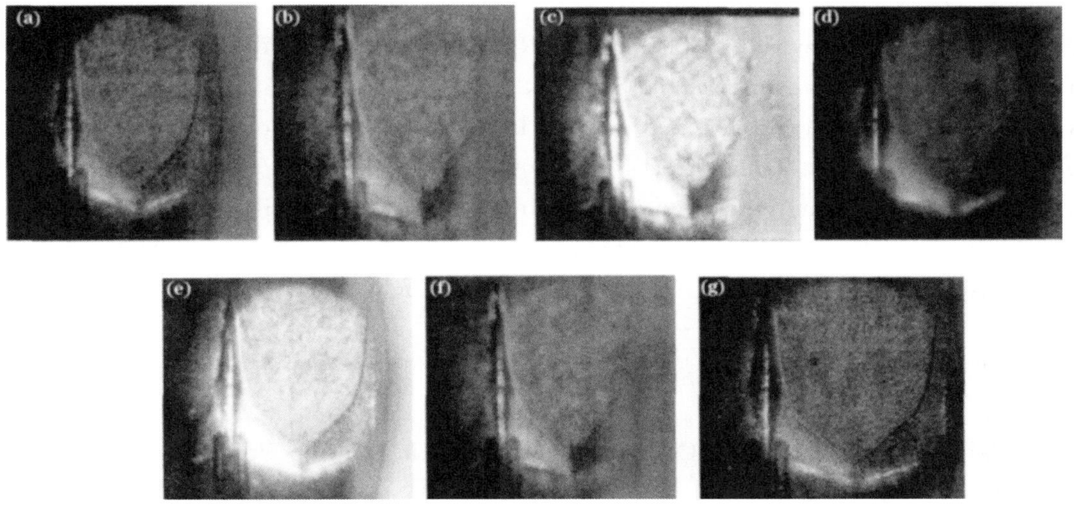

图 7　各种算法的处理结果图

(a)原始图像;(b)Lee 处理结果;(c)Kuan 处理结果;(d)AD 处理结果;
(e)SRAD 处理结果;(f)OBNLM 处理结果;(g)IBNLM 处理结果

表 4　等效视数和边缘保持指数

Filters	ENL	EPI
Lee	15.37	0.79
Kuan	17.56	0.67
AD	19.78	0.55
SRAD	16.35	0.71
OBNLM	16.59	0.69
IBNLM	21.83	0.82

6. 结　论

运用穆勒矩阵法建立了激光偏振成像系统的散斑统一概率模型。通过比较散斑与像素的大小,将散斑分为小散斑和大散斑,实验和理论结果表明,散斑归一化均值不受像素的影响,归一化方差与像素成反比例关系。进而提出了统一的散斑概率模型,该模型能够很好地表征散斑概率模型。根据散斑统一概率模型,提出了改进的贝叶斯非局部散斑抑制算法,通过实验数据表明,该算法在散斑抑制和边缘保持上都优于经典的散斑抑制算法。

参考文献

[1] M. Shankar. A general statistical model for ultrasonic backscattering from tissues[J]. IEEE Trans. Ultrasonic,Ferroelecirics and Frequency Control,2000, 47(3):727-736.

[2] T. Eltoft. Modeling the amplitude statistics of ultrasonic images[J]. IEEE Trans. Medical

Imaging,2006,25(2):229-240.

[3] Y. Delignon,W. Pieczynski. Modeling non-Rayleigh speckle distribution in SAR images[J]. IEEE Trans. Geoscience and Remote Sensing,2002,40(6):1430-1435.

[4] A. Achim,E. E. Kuruoglu,J. Zerubia. SAR image filtering based on the heavy-tailed Rayleigh model[J]. IEEE Trans. Image Processing,2006,15(9):2686-2693.

[5] J. M. Nicolas. Gamma mixture modeled with "second kind statistics": application to SAR image processing[C]. IEEE International in Geoscience and Remote Sensing Symposium, 2002.

[6] 戴恩文,孙建锋,闫爱民,等. 菲涅耳望远镜合成孔径激光成像雷达实验室验证[J]. 光学学报,2012, 32(5): 0528003.

[7] 刘恒彪,周亚杰,王昌灵. 双波长数字散斑相关法表面粗糙度测量[J]. 光学学报,2011,31(4): 0412006.

[8] S. E. Skipetrov,J. Peuser,R. Cerbino, et al. Noise in laser speckle correlation and imaging techniques[J]. Opt. Express,2010,18(14): 14519-14534.

[9] M. E. Buemi, J. Jacob,M. Mejail. SAR image processing using adaptive stack filter[J]. Pattern Recognition Letters,2010,31(1): 307-314.

[10] G. Liu,X. Zeng,F. Tian, et al. Speckle reduction by adaptive window anisotropic diffusion [J]. Signal Processing,2009,89(11): 2233-2243.

[11] J. J. Ranjani,S. J. Thiruvengadam. Dual-tree complex wavelet transform based SAR despeckling using interscale dependence[J]. IEEE Trans. Geoscience and Remote Sensing, 2010, 48(6): 2723-2731.

[12] M. Amirmazlaghani,H. Amindavar. Two novel Bayesian multiscale approaches for speckle suppression in SAR images[J]. IEEE Trans. Geoscience and Remote Sensing,2010,48(7): 2980-2993.

[13] K. B. Eom. Anisotropic adaptive filtering for speckle reduction in synthetic aperture radar images[J]. Opt. Eng. ,2011,50(5):57206-57215.

[14] J. Yu,J. Tan, Y. Wang. Ultrasound speckle reduction by a SUSAN-controlled anisotropic diffusion method[J]. Pattern Recognition,2010,43(9):3083-3092.

[15] 贾大功,马彩缤,武立强,等. 基于改进旋滤波的电子散斑干涉图滤波方法[J]. 光学学报,2012, 32(3):0311001

[16] 刘立人. 基于散斑抑制的合成孔径激光成像雷达的结构和工作模式[J]. 光学学报,2011, 31(10):1028001.

[17] P. Coupe,P. Hellier,C. Kervrann, et al. Nonlocal means-based speckle filtering for ultrasound images[J]. IEEE Trans. Image Processing,2009,18(10):2221-2229.

[18] A. Buades,B. Coll,J. M. Morel. A review of image denoising algorithms,with a new one[J]. Multiscale Modeling Simulation,2005,4(2): 490-530.

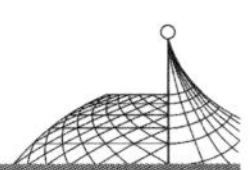

Speckle Characteristics of Laser Radar Polarization Imaging and Despecking Algorithm

Abstract: The theoretical and the experimental investigations of the laser polarization imaging system of speckle statistical characteristics and speckle removing method are conducted. A probability distribution model for speckle intensity of laser active polarization imaging system by using Muller matrix is proposed. According to modern charge coupled device (CCD) imaging characteristics, through comparison of speckle and pixel size speckles are divided into two kinds, namely small speckle and big speckle. The normalized variance of speckle is linear to pixel, and the mean value of speckle is irrelevant to pixel. A unified speckle noise probability model, namely the improved Gamma distribution model is proposed. Based on this model, the improved Bayesian nonlocal algorithm is presented. The despeckling results show that equivalent number of looks and edge preserve index outperform those of traditional methods.

Keywords: statistical optical; probability distribution model of speckle; Muller matrix method; speckle; nonlocal algorithm

基于伪随机后缀的 OFDM 信道估计方法*

摘　要：提出了一种基于伪随机后缀的正交频分复用(Orthogonal frequency division multiplexing,OFDM)系统模型，并针对其在缓变信道下的信道估计需求，提出了一种基于一阶统计的信道估计方法和利用广义循环矩阵对角化性质的均衡方法。在高斯白噪声(Additive white-Gaussian-noise,AWGN)信道、频率选择性衰落信道和多普勒信道下，对误码率性能进行了仿真分析。仿真结果表明：该方法适合缓变信道，其误码率性能优于传统插入导频的循环前缀(Cyclic prefix,CP)-OFDM；但对于多普勒信道其性能会变差。

关键词：通信技术；正交频分复用；信道估计；伪随机后缀；循环矩阵

1. 引　言

正交频分复用(Orthogonal frequency division multiplexing,OFDM)技术可以很好地对抗频率选择性衰落或窄带干扰，能消除信号多径传播所造成的符号间干扰(Inter symbol interference,ISI)[1-4]。目前现有的 OFDM 主要是采取循环前缀(Cyclic prefix,CP)-OFDM 方式。CP-OFDM 虽然具有解调上的便利，但是降低了数据传输效率[5-13]；并且由于信道估计的需求，需要在数据块中插入导频或训练序列以实时跟踪和估计信道，这进一步降低了系统的传输效率[11-14]。

本文提出了一种新的 OFDM 模型，即伪随机后缀 OFDM 模型，无须插入导频和循环前缀，可实现低复杂度信道估计和迫零(Zero forcing,ZF)均衡，可有效提高传输效率，可应用于缓变信道场景，且性能优于传统的 CP-OFDM。

2. 基于伪随机后缀的 OFDM 原理

针对 CP-OFDM 的一些局限和不足，本文研究了一种基于伪随机后缀的 OFDM 模型。该模型以伪随机序列作为后缀，并利用后缀进行信道估计，可实现低复杂度信道估计和均衡。该模型利用接收向量的一阶统计量对信道进行半盲估计和跟踪，相比传统的 OFDM 无须单独发送导频，可显著提高传输效率；利用广义循环矩阵的性质[15]可进行低复杂度均衡。该方法对信道的估计具有一定的实时性，可以适应缓变信道。

下面给出伪随机后缀 OFDM 模型并介绍其原理。图 1 为 N 个子载波的 OFDM 模型，第 i 个 $N\times1$的输入向量 $\tilde{s}_N(i)$ 首先做逆快速傅里叶变换(Inverse fast Fourier transform,IFFT)，IFFT 矩

* 文章发表于《吉林大学学报(工学版)》,2014,44(1):253-258.系作者与崔金、张波合作完成。

基金项目："863"国家高技术研究发展计划项目(2011AA120501)、国家自然科学基金项目(61171070)。

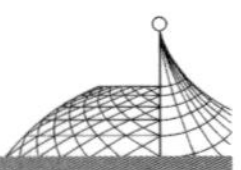

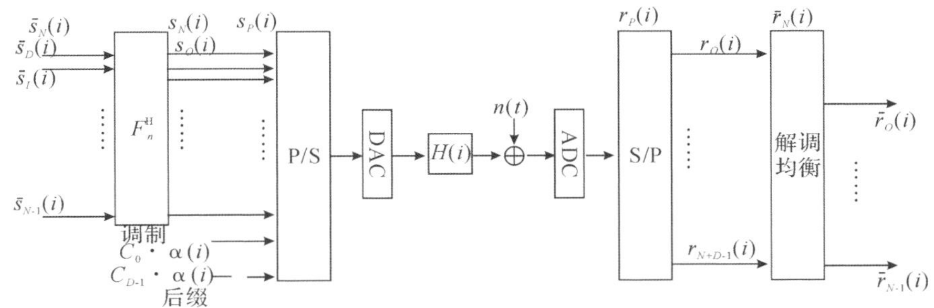

图 1　伪随机后缀 OFDM 基本原理图

阵为

$$F_N^{\mathrm{H}}=1/\sqrt{N}(W_N^{kl})^{\mathrm{H}},0\leqslant k<N,0\leqslant l<N \tag{1}$$

伪随机后缀 OFDM 模型如图 1 所示。

后缀向量 $c_D=(c_0,c_1,\cdots,c_{D-1})^{\mathrm{T}}$ 与伪随机数 $\alpha(i)$ 相乘之后，作为后缀。并行宽度为 $P=N+D$。对应的 $P\times1$ 发送向量为

$$s_P(i)=F_{ZP}^{\mathrm{H}}\tilde{s}_N(i)+\alpha(i)c_P \tag{2}$$

矩阵 F_{ZP}^{H} 为

$$F_{ZP}^{\mathrm{H}}=\begin{bmatrix}I_N\\ 0_{D\times N}\end{bmatrix}_{P\times N}F_N^{\mathrm{H}} \tag{3}$$

多径信道可等效为 L 阶 FIR 滤波器，冲激响应长度 $L\leqslant D$。它的传递函数表示为

$$H(z)=\sum_{n=0}^{L-1}h_nz^{-n} \tag{4}$$

由循环矩阵定义[15]，设 $c_0,c_1,\cdots,c_{n-1}\in C$，有

$$C=\begin{bmatrix}c_0 & c_1 & c_2 & \cdots & c_{n-1}\\ c_{n-1} & c_0 & c_1 & \cdots & c_{n-2}\\ c_{n-2} & c_{n-1} & c_0 & \cdots & c_{n-3}\\ \vdots & \vdots & \vdots & & \vdots\\ c_1 & c_2 & c_3 & \cdots & c_0\end{bmatrix} \tag{5}$$

C 称为数组 $c_0,c_1,\cdots,c_{n-1}$ 的循环矩阵。信道输入输出关系可用矩阵运算表达，接收向量等于发送向量与循环矩阵相乘。

根据信道对 OFDM 符号的影响，可将信道矩阵拆分成 $H_{\mathrm{ISI}}(P)$ 和 $H_{\mathrm{IBI}}(P)$：$H_{\mathrm{ISI}}(P)$ 是其下三角阵（包含对角线元素，第一列是 $[h_0,h_1,\cdots,h_{L-1},0,\cdots,0]^{\mathrm{T}}$），反映了 OFDM 符号块间干扰；$H_{\mathrm{IBI}}(P)$ 是其上三角阵（不包含对角线，第一行是 $[0,\cdots,0,h_{L-1},\cdots,h_1]$），反映了符号块内干扰。

信号与信道卷积为

$$r_p(i)=H_{\mathrm{ISI}}(P)S_P(i)+H_{\mathrm{IBI}}(P)s_P(i-1)+n_P(i) \tag{6}$$

上式可以化为

$$r_p(i)=(H_{\mathrm{ISI}}(P)+\beta_iH_{\mathrm{IBI}}(P))s_P(i)+n_P(i) \tag{7}$$

式中，$\beta_i=\alpha(i-1)/\alpha(i)$。

可令

$$H_{\beta_i}=H_{\mathrm{ISI}}(P)+\beta_iH_{\mathrm{IBI}}(P) \tag{8}$$

由广义循环矩阵的定义[15]有：

$$\widetilde{C}=\begin{bmatrix} c_0 & c_1 & c_2 & \cdots & c_{n-1} \\ \alpha c_{n-1} & c_0 & c_1 & \cdots & c_{n-2} \\ \alpha c_{n-2} & \alpha c_{n-1} & c_0 & \cdots & c_{n-3} \\ \vdots & \vdots & \vdots & & \vdots \\ \alpha c_1 & \alpha c_2 & \cdots & \cdots & c_0 \end{bmatrix} \tag{9}$$

由以上定义，H_{β_i} 是广义循环矩阵，如图 2 所示，它的结构利于对角化处理，并且特征向量易于计算，能给均衡带来很大方便。

将式(2)带入式(7)可得第 i 个接收向量 $r_p(i)$ 为

$$r_p(i)=H_{\beta_i}(F_{\mathrm{ZP}}^{\mathrm{H}}\tilde{s}_N(i)+\alpha(i)c_P)+n_P(i)=H_{\beta_i}\binom{F_N^{\mathrm{H}}\tilde{s}_N(i)}{\alpha(i)c_D}+n_P(i) \tag{10}$$

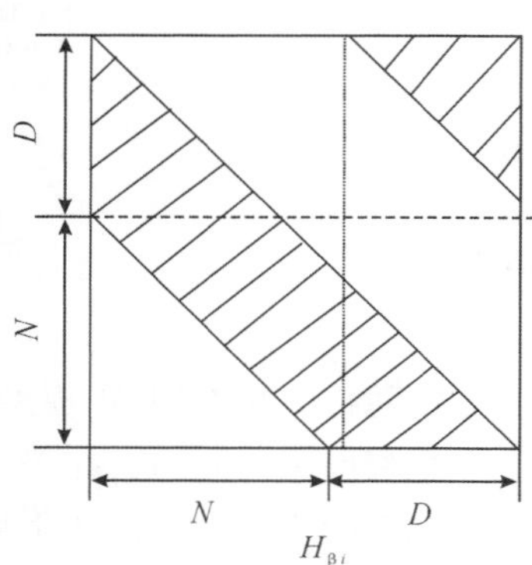

图 2　H_{β_i} 的形状

3. 伪随机后缀 OFDM 信道估计

本文研究了一种基于一阶统计量的信道估计方法，该方法利用接收向量特定分量的一阶期望可完成信道估计。

这种算法的前提是信道是缓变的。因为算法本身利用了接收向量的一阶统计量，需要对一定时间间隔内的数据取期望，求期望的样本越多，效果越好。

设 $H_{\mathrm{CIRC}}(D)$ 是 $D\times D$ 的广义循环矩阵，其第一行分量为$[h_0, 0, \cdots, 0, h_{L-1}, \cdots, h_1]$。

定义信号 $s_N(i)=[s_0(i),\cdots,s_{N-1}(i)]^{\mathrm{T}}$，它的前 D 个分量 $s_{N,0}(i)=[s_0(i),\cdots,s_{D-1}(i)]^{\mathrm{T}}$；后 D 个分量 $s_{N,1}(i)=[s_{N-D}(i),\cdots,s_{N-1}(i)]^{\mathrm{T}}$，根据物理意义，可将 $H_{\mathrm{CIRC}}(D)$分解为

$$H_{\mathrm{CIRC}}(D)=H_{\mathrm{ISI}}(D)+H_{\mathrm{IBI}}(D) \tag{11}$$

将式(6)展开，可得接收向量各分量为

$$r_P(i)=\begin{bmatrix} H_{\mathrm{ISI}}(D)s_{N,0}(i)+\alpha(i-1)H_{\mathrm{IBI}}(D)c_D+n_{D,0} \\ \vdots \\ H_{\mathrm{IBI}}(D)s_{N,1}(i)+\alpha(i)H_{\mathrm{ISI}}(D)c_D+n_{D,1} \end{bmatrix} \tag{12}$$

向量 $r_P(i)$的前 D 个分量和后 D 个分量如式(12)所示。通常时域信号 $s_N(i)$和高斯白噪声都是零均值的，对一定时间间隔内多个接收向量对应的分量求平均可使包含 $s_{N,0}(i)$、$s_{N,1}(i)$和 $n_{D,0}$、$n_{D,1}$ 的项趋近于零。故对接收向量的前 D 个和后 D 个分量取期望可得列向量 $\hat{h}_{c,1}$ 和 $\hat{h}_{c,0}$ 为

$$\hat{h}_{c,1}=E\left[\frac{r_{N,0}(i)}{\alpha(i-1)}\right]=H_{\mathrm{IBI}}(D)c_D \tag{13}$$

$$\hat{h}_{c,0}=E\left[\frac{r_{N,1}(i)}{\alpha(i)}\right]=H_{\mathrm{ISI}}(D)c_D \tag{14}$$

将两项相加后得到 $\hat{h}_c$：

$$\hat{h}_c=\hat{h}_{c,1}+\hat{h}_{c,0}=H_{\mathrm{CIRC}}(D)c_D \tag{15}$$

这样就把对接收向量特定分量求期望相加之后的新向量表示成循环矩阵和已知的后缀向量 c_D 相乘的结果。

由矩阵运算的性质，上式可化为式(16)，其中 C_D 是第一行分量为$[c_0, c_{D-1}, c_{D-2}\cdots, c_1]$的循环矩阵，$h_D$ 的元素是信道冲激响应函数 h_n 的前 D 个响应值，即：

$$H_{\mathrm{CIRC}}(D)c_D=C_Dh_D=F_D^{\mathrm{H}}\widetilde{G}_D^{-1}F_Dh_D \tag{16}$$

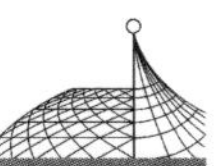

故信道冲激响应的估计量 $\hat{h}_D$ 是：

$$\hat{h}_D=\widetilde{C}_D^{-1}\hat{h}_c=F_D^{\mathrm{H}}\widetilde{G}_D^{-1}F_D\hat{h}_c \tag{17}$$

选取合适的后缀长度 D，使其大于信道的冲激响应长度，即 $L\leqslant D$，这样就能保证对信道响应进行充分估计，从而利用接收向量的一阶统计完成半盲信道估计。

上面的方法适用于缓变信道，对于多普勒信道其性能会变差。

4. 伪随机后缀 OFDM 的 ZF 均衡算法

为消除多径效应带来的干扰，接收端需要对接收向量 $r_P(i)$ 做均衡。均衡准则使用 ZF 准则，其均衡器 G_{ZF} 为

$$G_{\mathrm{ZF}}=F_N H_0^{+} \tag{18}$$

式中：$(\cdot)^{+}$ 为矩阵的 Moore-Penrose 伪逆矩阵[15]；H_0 为 $P\times N$ 矩阵，它包含 $H_{\mathrm{ISI}}(P)$ 的前 N 列。

这里利用广义循环矩阵对角化的性质进行均衡。H_{β_i} 为广义循环矩阵，可知：

广义循环矩阵 H_{β_i}，一定可以对角化为

$$H_{\beta_i}=V_P^{-1}(i)D_iV_P(i) \tag{19}$$

对角阵为

$$D_i=\mathrm{diag}\{H(\beta_i^{-\frac{1}{P}}),\cdots,H(\beta_i^{-\frac{1}{P}}\mathrm{e}^{j2\pi\frac{P-1}{P}})\} \tag{20}$$

对角线元素 $H(z)$ 为

$$H(z)=\sum_{n=0}^{N-1}h_nz^{-n}$$

$$z,h_1,h_2,\cdots,h_{N-1}\in C \tag{21}$$

式中：$h_n=[h_1,h_2,\cdots,h_{N-1}]$ 中元素是信道时域冲激响应各点的值。

特征矩阵为

$$V_P(i)=[\frac{1}{P}\sum_{N=0}^{P-1}|\beta_i|^{-\frac{2n}{P}}]^{\frac{1}{2}}F_P\mathrm{diag}\{1,\beta_i^{\frac{1}{P}},\cdots,\beta_i^{\frac{P-1}{P}}\} \tag{22}$$

为使特征矩阵简化，将后缀中的 β_i 选为 $\beta_i=\mathrm{e}^{j2\pi(m_i/M)}$，$m_i\in\{0,1,\cdots,M-1\}$，这样对角矩阵就可以化简为

$$D_i=\mathrm{diag}\{H(\mathrm{e}^{j2\pi(m_i/(MP))}),\cdots,H(\mathrm{e}^{j2\pi((P-1)M-m_i)/(MP)})\} \tag{23}$$

由 $\hat{r}_P=r_P(i)-H_{\beta_i}c_P$，均衡器可化为

$$G_{\mathrm{ZF}}^{\mathrm{PRP}}=F_N[I_N0_{N\times D}]H_{\beta_i}^{-1}=F_N[I_N0_{N\times D}]V_P^{\mathrm{H}}(i)D_i^{-1}V_P(i) \tag{24}$$

式(24)和 $r_P(i)$ 相乘得：

$$G_{\mathrm{ZF}}^{\mathrm{PRP}}r_P(i)=F_N[I_N0_{N\times D}]H_{\beta_i}^{-1}(H_{\beta_i}(i)s_P(i)+n_p(i)) \tag{25}$$

5. 伪随机后缀 OFDM 性能仿真

本文在美国 Math Works 出品的 Matlab R2011b 软件环境下进行仿真。首先在 AWGN 信道下，对伪随机后缀 OFDM 系统误码率性能进行了仿真分析，重点比较该模型和插入导频的 CP-OFDM 的性能。

仿真中，OFDM 系统参数设置如下：载波频率为 2.4GHz；FFT 点数为 64；采样时间为 200ns；带宽为 20MHz；子载波调制为 QPSK；子载波间隔为 78.125kHz。

CP-OFDM 的导频间隔取 $N_t=4$ 和 $N_f=4$。仿真结果如图 3 所示。从图 3 可看出，在 AWGN 信

道下，模型的误码率性能好于 CP-OFDM。

下面继续分析伪随机 OFDM 模型在频率选择性衰落信道下的误码率性能。仿真采用 COST207 RA 信道，仿真首先对数据做了信道编码，信道编码采用 $N=7$ 的(133，171)卷积码，仿真性能如图 4 所示。

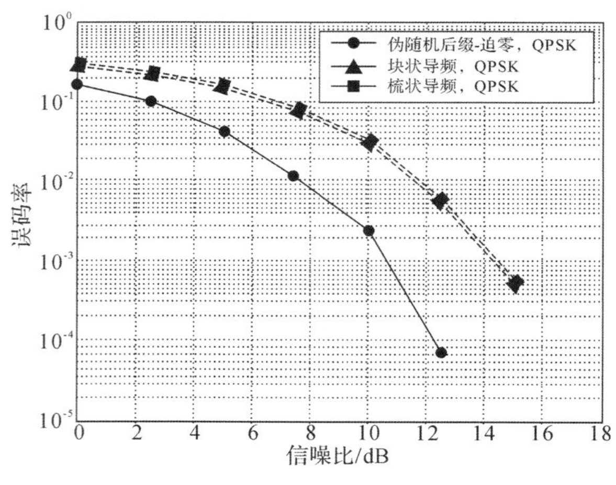

图 3　AWGN 信道下的误码率性能比较

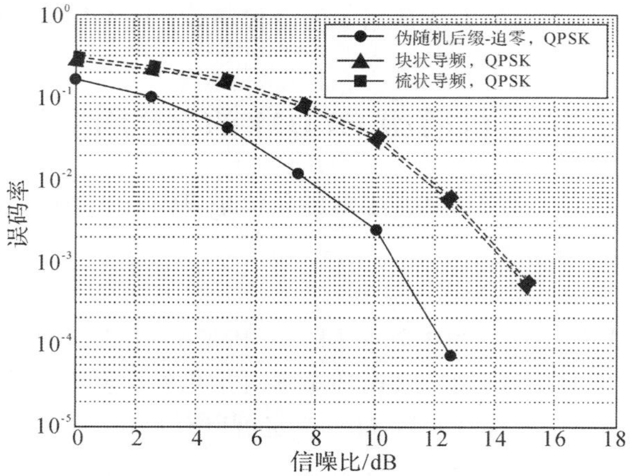

图 4　频率选择性衰落信道下的误码率比较

图 4 给出伪随机后缀 OFDM 系统和传统 CP-OFDM 算法的误码率比较。从图 4 中可看出，相比 CP-OFDM，在 10^{-4} 数量级下，伪随机后缀 OFDM 误码率性能大约有 5dB 的提升。

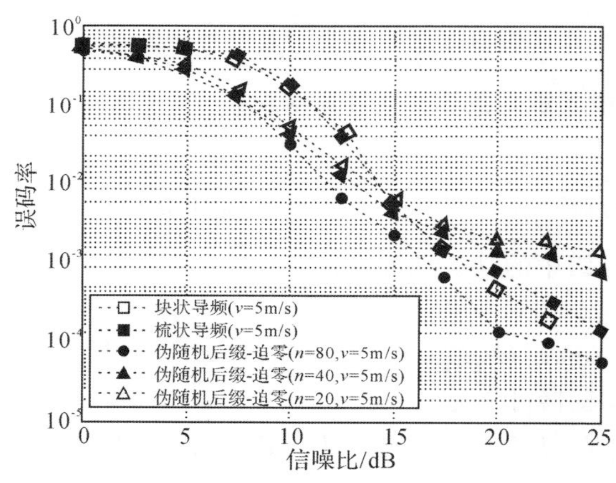

图 5　$v=5\text{m/s}$ 误码率性能分析

伪随机后缀 OFDM 模型的信道估计是通过取数个 OFDM 符号特定向量的期望，通过取期望消除偏差，估计出信道时域冲激响应，所以算法在多普勒信道下性能会变差，仿真分析算法在多普勒信道下的性能，结果如图 5 至图 7 所示。

从图 5 可知，在 $v=5\text{m/s}$ 的情况下，由于多普勒频移较小，伪随机后缀 OFDM 信道估计算法在取符号数 $n=80$ 做信道估计时，误码率性能要好于 CP-OFDM；而取 $n=20$ 和 $n=40$ 时，$n=40$ 的误码率性能略好。原因在于：此时运动速度较慢，多普勒频移较小，伪随机后缀 OFDM 信道估计算法中做一阶统计的符号数 n 越多，越有利于消除偏差，性能越好，所以此时，n 的取值越大，算法性能越好。

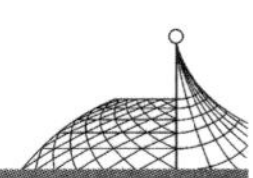

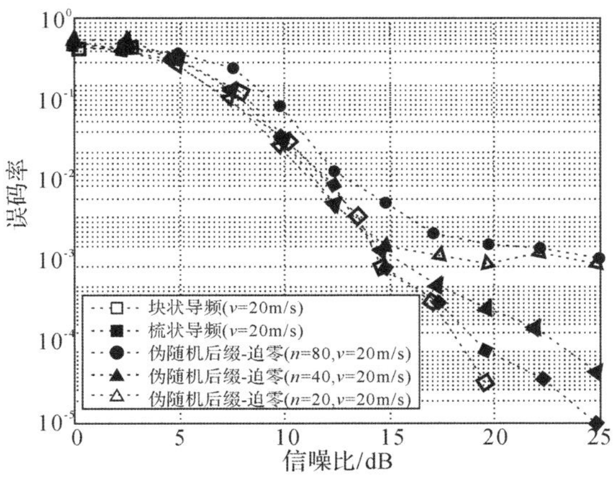

图 6　$v=20$m/s 的误码率性能比较

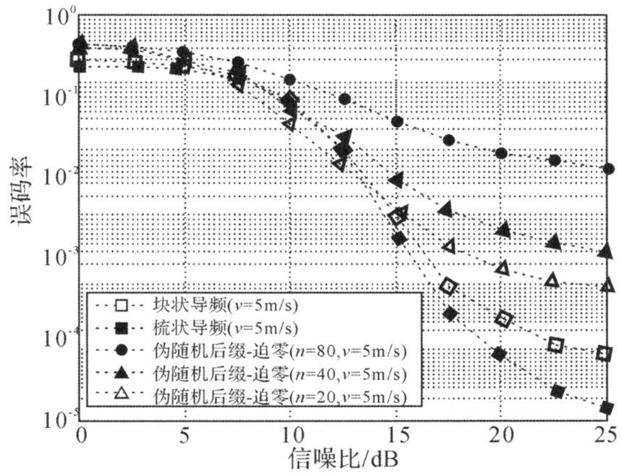

图 7　$v=30$m/s 的误码率性能比较

从图 6 可知，在 $v=20$m/s 的情况下，由于多普勒频移增加，信道的变化速度变快，伪随机后缀 OFDM 信道估计算法已逐渐不如 CP-OFDM；其中，$n=40$ 的情况性能是最好的 $n=20$ 的情况性能略差 $n=80$ 时性能最差。原因在于：由于多普勒频移变大，信道的动态增加 $n=80$ 的信道估计算法不适应信道的快变，所以造成其误码率性能不理想；而 $n=20$ 的情况和 $n=40$ 的情况相比，其取期望值所用的符号数较少，相对信道跟踪能力会略强；$n=40$ 的情况，信道跟踪能力相比 $n=20$ 的情况会稍差，但是由于取期望值所用符号数更多，可以通过取期望消去更多偏差，所以此时性能会略好。

从图 7 可知，在 $v=30$m/s 的情况下，伪随机后缀 OFDM 性能已经明显不如 CP-OFDM；其中，$n=20$的情况性能是最好的，$n=40$ 的情况性能略差，$n=80$ 的情况性能最差。原因在于：在 $v=30$m/s 的情况下，运动速度显著增加，信道估计算法的跟踪能力决定了系统的性能，$n=20$ 时其信道跟踪能力要强于 $n=40$ 和 $n=80$ 的情况，所以其性能在这几种情况中是最好的。

通过仿真分析，可知伪随机后缀 OFDM 模型在多普勒信道下，误码率性能变差，且在运动速度较快时，伪随机后缀 OFDM 模型信道估计取一阶期望的符号数越多，性能越差。

6. 结束语

针对传统插入导频的 CP-OFDM 存在的问题，提出了一种基于伪随机后缀的 OFDM 系统模型，该模型相比 CP-OFDM，无须插入导频，利用伪随机后缀作为保护间隔和进行信道估计，能达到有效提高传输效率的目的；但该方法的局限性在于：由于信道估计采用基于一阶统计的方法，虽然通过取期望可消除偏差，其在缓变信道下传输效率和性能相比传统 CP-OFDM 有所提高，但在多普勒信道性能有所下降，信道跟踪能力有限。本文仿真分析结果对 OFDM 信道估计方法在工程应用方面有参考意义。

参考文献

[1] Cui Tao,Tellambura C. OFDM channel estimation and data detection with superimposed pilots [J]. European Transactions on Telecommunications, 2011, 22(3):125-136.

[2] Kalashnikov K S, Shakhtarin B I. Estimation and compensation for the influence of interchannel interference in reception of OFDM signals[J]. Journal of Communications Technology and Electronics, 2013, 58(3):208-216.

[3] Hao Li-hong,Li Guang-jun, Yang Ha-fen. Blind channel estimation for cyclic-prefixed single-carrier systems with repetition scheme[J]. AEU-International Journal of Electronics and Communications, 2010, 64(9):874-879.

[4] Wang Yung-yi,Hu Hsu-jah, Chen Yen-lin. On the ICI mitigation in OFDM systems by using the segment-based QR decomposition[J]. IEICE Transactions on Communications, 2012, 95(5):1878-1881.

[5] Kim K J, Tsiftsis T A. Performance analysis of QRD-based cyclically prefixed single-carrier transmissions with opportunistic scheduling[J]. IEEE Transactions on Vehicular Technology, 2011, 60(1):328-333.

[6] Chen Yi-sheng. Semiblind channel estimation for MIMO single carrier with frequency-domain equalization systems[J]. IEEE Transactions on Vehicular Technology, 2010, 59(1):53-62.

[7] Wan Feng, Zhu Wei-ping, Swamy M N S. Semiblind sparse channel estimation for MIMO-OFDM systems[J]. IEEE Transactions on Vehicular Technology, 2011, 60(6):2569-2582.

[8] Konstantinidis S, Freear S. Performance analysis of Tikhonov regularized LS channel estimation for MIMO OFDM systems with virtual carriers[J]. Wireless Personal Communications, 2012, 64(4):703-717.

[9] Manasseh E, Ohno S, Nakamoto M. Combined channel estimation and PAPR reduction technique for MIMO-OFDM systems with null subcarriers[J]. EURASIP Journal on Wireless Communications and Networking, 2012(1):1-15.

[10] Gupta P, Mehra D K. Simplified semi-blind channel estimation for spacetime coded MIMO-OFDM systems[J]. Wireless Personal Communications, 2012, 62(3):497-515.

[11] Ma Yi, Yi Na, Tafazolli R. Channel estimation for PRP-OFDM in slowly time varying channel: first-order or second-order statistics? [J]. Signal Processing Letters, IEEE, 2006, 13(3):129-132.

[12] Muquet B, Wang Zheng-dao, Giannakis G B, et al. Cyclic prefixing or zero padding for wireless multicarrier transmissions? [J]. IEEE Transactions on Communications, 2002, 50(12):2136-2148.

[13] Muquet B, De Courville M, Duhamel P. Subspace-based blind and semi-blind channel estimation for OFDM systems[J]. IEEE Transactions on Signal Processing, 2002,50(7):1699-1712.

[14] Mousa A, Mahmoud H. Reducing ICI effect in OFDM system using low-complexity Kalman filter based on comb-type pilots arrangement[J]. International Journal of Communication Systems, 2011, 24(1): 53-61.

[15] 陈景良,陈向晖.特殊矩阵[M].北京:清华大学出版社,2001:372-376.

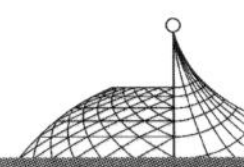

OFDM Channel Estimation Based on Pseudo Random Postfix

Abstract: A new model of orthogonal Frequency Division Multiplexing (OFDM) system based on pseudo-random-postfix was proposed. In view of the requirements of channel estimation under slow time-varying channel, a channel estimation method based on first-order statistics and a low-complexity equalization using the property of circular matrix diagonalization were proposed. The performance of Bit-Error-Rate (BER) was simulated and analyzed under the Additive-White-Gaussian-Noise (AWGN) channel, frequency selective fading channel and Doppler channel. The simulation results show that the proposed method can be applied to the slowly time varying channels, such as the slow-moving case, and can achieve better BER performance than the traditional Cyclic Prefix (CP)-OFDM. However, the performance may get worse for the Doppler scenarios.

Keywords: communications; orthogonal frequency division multiplexing (OFDM); channel estimation; pseudo random postfix; circulant matrix

激光雷达主动偏振图像散斑抑制算法*

摘　要：针对激光主动偏振图像的散斑去除问题，提出了一种基于异向扩散的冲击各向异性滤波模型。该模型融合了冲击滤波器和小核值相似区算法，利用小核值相似区算法提取偏振图像边缘，减少了噪声对边缘检测的影响；针对不同的图像区域，自动调整冲击滤波器的系数，使得该算法既能保持图像边缘，又可以很好地抑制图像的散斑。使用八方向一阶差分估计小核值相似区算法的门限，门限估计更加准确；迭代终止条件采用完全散射区域的平均绝对误差作为标准，使得迭代次数更加合理。通过对比等效视数和边缘保持指数可见，冲击各向异性滤波算法的散斑抑制能力和边缘保持能力与传统的 Lee 和 SRAD 模型相比更加有效。

关键词：主动偏振成像；冲击各向异性去噪；冲击滤波；散斑抑制

1. 引　言

传统激光成像一般采用光强法，目标和背景的偏振特性往往被忽略，对于具有相同反射率的目标和背景，通过强度成像不能正确发现目标。激光主动偏振成像技术通过对物体进行偏振度成像，可以区分具有相同反射率的目标和背景，因而日益受到重视。该技术尤其在军事侦察、植被遥感和气溶胶探测方面已经体现出了极大的优势。但是散斑噪声的存在对偏振图像的后续使用造成了极大的干扰，所以散斑的去除对激光主动偏振成像具有重要意义。

2. 散斑去噪算法概述

图像散斑的去除方法已经被很多著作进行了研究。大致包括自适应滤波器、小波法、偏微分方程法、全变差法。经典的自适应滤波器包括：Lee 滤波器[1]、Frost 滤波器[2]、Kuan 滤波器[3]。基于小波的去除散斑的方法可以分为阈值法[4-5]和贝叶斯估计法[6-7]。阈值法包括硬阈值、软阈值，其将小于指定阈值的小波系数视为噪声去除。贝叶斯估计法通过无噪信号和噪声的概率分布来估计无噪信号。偏微分方程法[8]通过求解扩散方程实现图像去噪。全变差法[9-10]去除散斑噪声，需要确定乘性噪声的概率分布。

自适应滤波法根据图像的局部统计特征来选取滤波窗口的大小和形状，尽管在保留图像细节方面取得了一定效果，但对窗口的选择很敏感，限制了处理效果。小波去除散斑噪声，阈值门限的设计尚无确定方法。全变差法在去除散斑的同时，存在降低图像边缘的锐度，在光滑区域出现“阶梯效应”

---

*　文章发表于《红外与激光工程》，2014，43(4)：1130-1134．系作者与闻东海、江月松、华厚强、余荣合作完成。

基金项目：国家重点基础研究发展计划(2011CB707001)。

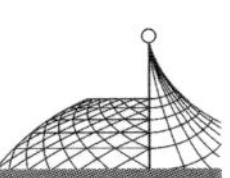

的缺点。偏微分方程法通过求解初始值为输入图像的非线性热扩散方程来实现散斑去噪。但是现有的偏微分方程法存在的缺点包括：采用梯度提取图像的边缘信息，信息的提取受噪声影响较大；偏微分方程在扩散的同时，模糊了图像的边缘信息。

针对偏微分方程法的缺点，提出了一种抑制激光主动偏振图像散斑噪声的冲击各向异性算法。该算法利用小核值相似区算法提取图像的边缘信息，利用冲击滤波器增强图像的边缘信息。从理论上证明了算法的有效性，并通过对实际偏振图像的处理证明了该算法不仅能够有效去除散斑，而且能够保持图像边缘。

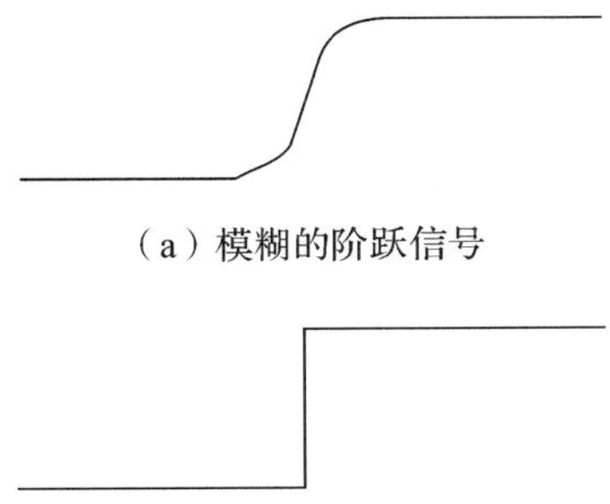

（a）模糊的阶跃信号

（b）冲击滤波器输出信号

图 1　冲击滤波器效果图

3. 理论分析

3.1　冲击滤波器

冲击滤波器（shock filter）其表达式为

$$\frac{\partial I(x,y;t)}{\partial t}=-\mathrm{sign}(I_{\eta\eta})\cdot|\nabla I(x,y;t)| \tag{1}$$

式中，$I(\Omega,t)\rightarrow R,\Omega\in R$，$t$ 为时间常数；$I_{\eta\eta}$ 为图像梯度方向二阶偏导数；∇ 为图像梯度算子；sign（·）为符号函数；|·|为绝对值算子；$\frac{\partial}{\partial}$（·）为偏导函数。图像像素点在作用区域取得极大值时，梯度二阶偏导数 $I_{\eta\eta}$ 为负，则公式(1)为：

$$I_t=|\nabla I| \tag{2}$$

式中，I_t 为图像在时刻 t 的偏导数，表示使用半径为 t 的圆形结构元素对图像进行的膨胀运算。图像像素点在作用区域取得极小值时，$I_{\eta\eta}$ 为正，则公式(1)为：

$$I_t=-|\nabla I| \tag{3}$$

公式(3)为使用半径为 t 的圆形结构元素对图像进行腐蚀运算。通过以上分析可知，冲击滤波器可以增强图像的边缘。通过处理模糊的阶跃信号，冲击滤波器的处理效果如图 1 所示。

3.2　小核值相似区算法

小核值相似区算法(SUSAN)的基本原理是把图像中的每个像素与具有相近灰度值的局部区域相联系。

SUSAN 算法用一个圆形模板遍历图像，若模板内其他任意像素的灰度值与模板中心像素（核）的灰度值的差小于一定阈值，就认为该点与核具有相同（或相近）的灰度值，满足这样条件的像素组成的区域称为核值相似区（USAN）。假设输入图像为 I，最简单的 USAN 具有下列形式：

$$d(\vec{r},\vec{r}_0)=\begin{cases}1 & |I(\vec{r})-I(\vec{r}_0)|\leqslant T\\ 0 & |I(\vec{r})-I(\vec{r}_0)|>T\end{cases} \tag{4}$$

式中，$\vec{r}_0$，$\vec{r}$ 分别代表中心像素的位置和模板中其他像素的位置；$I(\vec{r})$ 为位置 $\vec{r}$ 处像素点强度值；d（·）为核值相似区；T 为灰度差门限，它影响检测到角点的个数。T 减小，获得图像中更多精细的变化，从而给出相对较多的检测数量。门限 T 必须根据图像的对比度和噪声等因素确定。则图像中某一点的 USAN 区域大小可由下式表示：

$$v(\vec{r_0})=\sum_{\vec{r}\neq \vec{r_0}} d(\vec{r},\vec{r_0}) \tag{5}$$

式中，$v(\vec{r_0})$为点 r_0 核值相似区和函数。

USAN 区域包含了图像局部许多重要的结构信息，它的大小反映了图像局部特征的强度，当模板完全处于背景或目标中时，USAN 区域最大，当模板移向目标边缘时，USAN 区域逐渐变小，当模板中心处于角点位置时，USAN 区域很小。得到每个像素对应的 USAN 区域大小后，利用下式产生初始角点响应：

$$ER(\vec{r_0})=\begin{cases} p-v(\vec{r_0}) & v(\vec{r_0})<p \\ 0 & \text{其他} \end{cases} \tag{6}$$

式中，p 为几何门限，$p=3q_{\max}/4$，$q_{\max}$ 为 q 的最大值；$ER(\vec{r_0})$为初始角点响应函数。由于 SUSAN 算法不依赖于任何梯度信息，所以显著地减少了噪声对边缘检测的影响。

4. 冲击各向异性滤波模型

提出一种冲击各向异性去噪模型，将 SRAD 模型和冲击滤波模型中的梯度算子替换为 SUSAN 算子，并将 SRAD 模型与冲击滤波算子模型相融合，针对不同区域，自适应调整滤波模型。在图像均匀区域，主要发挥 SRAD 模型的作用，使得散斑得到充分抑制；而在图像边缘区域，则主要发挥冲击滤波器的作用，使得图像的边缘得到增强。该滤波模型表达式为：

$$\begin{cases} \dfrac{\partial I(x,y;t)}{\partial t}=\alpha \operatorname{div}[q(x,y;t)]\cdot \nabla I(x,y;t)-\beta(1-g)\operatorname{sign}(I_{\eta\eta})\cdot SUSAN(I) \\ I(x,y;0)=I_0(x,y) \\ \partial I(x,y;t)/\partial \vec{n}\,|_{\partial\Omega}=0 \end{cases} \tag{7}$$

其中，

$$q(x,y;t)=\sqrt{\frac{(1/2)(|SUSAN(I)|/I)^2}{[1+(1/4)(\nabla^2 I/I)]^2}}-\sqrt{\frac{-(1/4^2)(\nabla^2 I/I)^2}{[1+(1/4)(\nabla^2 I/I)]^2}} \tag{8}$$

$$g=\exp\left(-\left(\frac{SUSAN(I)}{k}\right)^2\right) \tag{9}$$

公式(7)中，$\operatorname{div}(\cdot)$为散度算子；$\alpha$，$\beta$ 为经验常数；k 为实验常数。公式(8)中$\nabla^2(\cdot)$为拉普拉斯算子。

4.1 模型分析

引入局部坐标系(η,ε)，其中 η 表示图像单位梯度矢量，ε 表示图像水平线的单位切矢量。如图 2 所示。

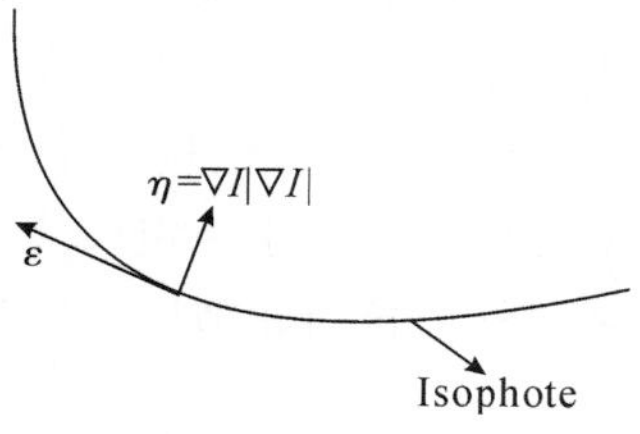

$I_{\eta\eta}$ 和 $I_{\varepsilon\varepsilon}$ 分别为 η 和 ε 方向的二阶方向导数，则公式(7)可表达为：

$$\frac{\partial I}{\partial t}=c(q)\left\{\left[\frac{1-q^2/q_0^{\,4}(t)}{1+q^2/q_0^{\,4}(t)}\right]I_{\eta\eta}+I_{\varepsilon\varepsilon}\right\}-(1-g)\operatorname{sign}(I_{\eta\eta})\cdot|SUSAN(I)| \tag{10}$$

图 2 局部坐标系

式中，$q_0(t)$为散斑尺度函数。在边缘处，$q_0(t)\leqslant 1$，$q\gg q_0(t)$，$1-g\approx 1$，$\dfrac{1-q^2/q_0^{\,4}(t)}{1+q^2/q_0^{\,4}(t)}\approx -1$，所以冲击各向异性滤波模型在边缘处可以实现图像边缘增强；在平坦区域，$1-g\approx 1$，冲击滤波器作用较小，主要发挥模型的抑制散斑能力。

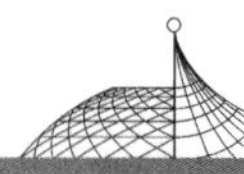

4.2 小核值相似区算子参数估计

SUSAN 边缘检测算子的门限 T 对于正确检测图像边缘具有重要作用。若 T 过小，则可能将散斑引起的噪声误认为图像边缘；若 T 过大，则可能忽略图像细节。即 T 应该反映给定主动偏振图像散斑噪声的变化。文中选用偏振图像的完全散射区域估计 T。对于区域中的每个点，从八个方向计算强度变化，即

$$\begin{cases}\nabla_N=I_{i-1,j}-I_{i,j};\nabla_S=I_{i+1,j}-I_{i,j}\\ \nabla_W=I_{i,j-1}-I_{i,j};\nabla_E=I_{i,j+1}-I_{i,j}\\ \nabla_{NW}=I_{i-1,j-1}-I_{i,j};\nabla_{NE}=I_{i-1,j+1}-I_{i,j}\\ \nabla_{SE}=I_{i+1,j+1}-I_{i,j};\nabla_{SW}=I_{i+1,j-1}-I_{i,j}\end{cases} \tag{11}$$

通过对八个方向的平均来计算当前像素点强度的变化值，即

$$IR(i,j)=0.125\times \mathrm{sqrt}(\nabla_N{}^2+\nabla_S{}^2+\nabla_W{}^2+\nabla_E{}^2+\nabla_{SE}{}^2+\nabla_{SW}{}^2+\nabla_{NE}{}^2+\nabla_{NW}{}^2) \tag{12}$$

式中，sqrt(·)为平方差函数；IR(·)为像素强度变化函数。T 值估计由下式计算：

$$T=\mathrm{Median}_{(i,j)}(IR(i,j)) \tag{13}$$

式中，Median(·)为中值函数。

4.3 模型迭代终止条件

若采用固定迭代步数来处理图片，可能会产生散斑过度滤波或者散斑抑制不充分。为了更好地实现散斑抑制，采用平均绝对误差标准(MAE)作为迭代终止标准。随着迭代次数的增加，平均误差值以指数方式递减。当平均迭代误差足够小时，表明两次迭代的差别已经足够小，迭代应当终止。应用 MAE 标准作为偏振图像迭代终止标准是合适的。

采用两幅连续迭代图像的完全散射区域的平均绝对误差作为迭代终止条件。其表达式为

$$MAE(FDI^t)=\frac{1}{m\times n}\sum_{m=1}^{m}\sum_{j=1}^{n}\sqrt{(FDI_{i,j}^t+FDI_{i,j}^{t-1})^2} \tag{14}$$

式中，$FDI_{i,j}^t$、$FDI_{i,j}^{t-1}$ 分别为完全散射区域中像素点(i,j)在时刻 t 和时刻 $t-1$ 的滤波值；m 和 n 分别为完全散射区域图像的行数和列数。

4.4 模型的算法流程

考虑图像 $I(x,y)$，时间步长为 Δt，空间变量 x 与 y 的步长均为 h，空间和时间坐标按如下方式进行量化：

$$t=l\Delta t,l=1,2,\cdots \quad x=ih,i=1,2,\cdots,M$$
$$y=jh,j=1,2,\cdots,N \tag{15}$$

式中，设置 h 为 1，M 和 N 分别为图像的行数和列数。

公式(7)右端第一项的离散化格式为：

$$d_{i,j}^n=c_{i+1,j}^n(I_{i+1,j}^n-I_{i,j}^n)+c_{i,j}^n(I_{i-1}^n-I_{i,j}^n)+c_{i,j+1}^n(I_{i,j+1}^n-I_{i,j}^n)+c_{i,j}^n(I_{i,j-1}^n-I_{i,j}^n) \tag{16}$$

式中，$c_{i+1,j}^n$、$c_{i,j}^n$、$c_{i,j+1}^n$、$c_{i,j}^n$ 为扩散系数。公式(7)右端第二项采用单边迎风差分方案格式进行离散化，则公式(7)最终的离散化方案为：

$$I_{i,j}^{n+1}=I_{i,j}^{n}+\Delta t(\partial d_{i,j}^{n}+\beta(1-g)t_{i,j}^{n}) \tag{17}$$

冲击各向异性模型的计算步骤为：

步骤 1：输入初始含噪图像 I_0，给定初始化参数，时间间隔 Δt，迭代终止参数。

步骤 2：按公式(7)进行迭代运算。

步骤 3：判断是否达到终止条件，否则继续执行步骤 2。

5. 偏振图片散斑抑制效果分析

为了客观评价滤波模型的去噪效果，采用等效视数(ENL)和边缘保持指数(EPI)两个指标对处理结果进行评价。将冲击各向异性模型与 Lee 模型、SRAD 模型、Non-Local Means(NLM)滤波法进行比较。取 $\alpha=0.4$，$\beta=0.6$，$k=180$，迭代终止条件 $\sigma=1e-3$。表 1 为滤波器参数设置表。表 2 为不同滤波模型等效视数和边缘增强指数对比表。图 3 为偏振飞机图片处理结果。

(a) 原始图片

(b) Lee去噪效果

(c) SRAD去噪效果

(d) NLM去噪效果

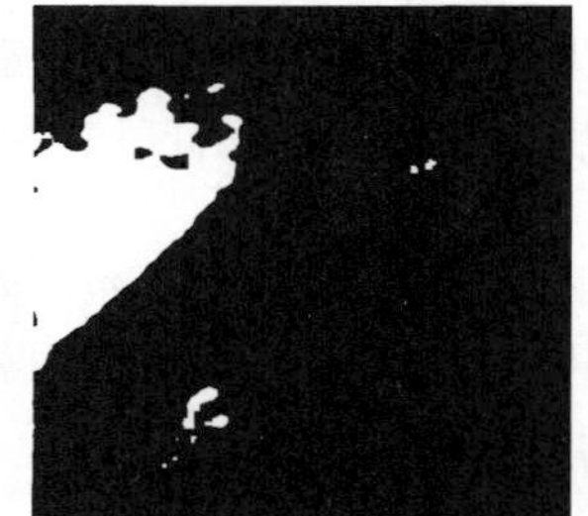

(e) 中文去噪效果

图 3　偏振飞机图像去噪结果

表 1　滤波器参数设置表

Filter	Iteration number	Smoothing parameter	Threshold	Patch size
Lee	—	—	—	3×3
SRAD	10	0.08	—	—
NLM	—	8	0.6	9×9

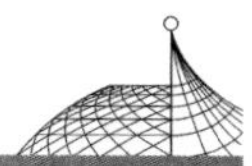

表 2　滤波器性能对比表

Filter	ENL	EPI
Lee	26.5273	0.7159
SRAD	28.7291	0.6905
NLM	27.9271	0.7106
Presented model	29.2734	0.7236

6. 结束语

提出了冲击各向异性滤波模型用以处理激光主动成像图片。该算法在偏振图像处理中实现选择性平滑，并针对图像边缘进行了加强。处理结果表明，该算法在抑制散斑噪声的同时，较好地保留了图像的边缘信息。

参考文献

[1] 李自勤，王骐，李琦，等. 激光成像系统图像散斑抑制算法比较[J]. 红外与激光工程，2003，32(2)：130-133.

[2] 张朝晖，潘春洪，马颂德. 一种基于修正 Frost 核的 SAR 图像斑点噪声抑制方法[J]. 中国图象图形学报，2005，10(4)：431-435.

[3] Darain T Kuan, Sawchuk Alexander A, Strand Timothy C, et al. Adaptive noise smoothing filter for images with signal-dependent noise[J]. Pattern Analysis and Machine Intelligence, IEEE Transactions on，1985，7(2)：165-177.

[4] 李晓峰，徐军，罗积军，等. 激光主动成像图像噪声分析与抑制[J]. 红外与激光工程，2011，40(2)：332-337.

[5] 刘志刚，郭艳颖. 基于小波—边缘保持 Kalman 滤波抑制散斑噪声算法[J]. 红外与激光工程，2008，37(S2)：638-641.

[6] Achim A，Bezerianos A，Tsakalides P. Novel bayesian multiscale method for speckle removal in medical ultrasound images[J]. Medical Imaging，2001，20(8)：772-783.

[7] Foucher S, B Benie G, Boucher J M. Multiscale MAP filtering of SAR images[J]. Image Processing，2001，10(1)：49-60.

[8] 钱惟贤，陈钱，顾国华，等. 采用方向信息测度和时间域迭代技术的红外图像扩散去噪算法[J]. 红外与激光工程，2010，39(3)：561-565.

[9] Sangwoon Y，Hyenkyun W. A new multiplicative denoising variational model based on *m*th Root transformation[J]. Image Processing，2012，21(5)：2523-2533.

[10] Hyenkyun W, Sangwoon Y. Alternating minimization algorithm for speckle reduction with a shifting technique[J]. Image Processing，2012，21(4)：1701-1714.

Algorithm for Speckle Reduction of Laser Radar Polarization Active Image

Abstract: In order to reduce speckle noise of laser active polarization image, a shock anisotropic denoising model was proposed. The model utilized Smallest Univalue Segment Assimilating Nucleus (SUSAN) algorithm to extract image edge which reduced the noise influence on edge detection influence. The approach adjusted coefficient of the shock filter automatically, which made new algorithm both retain the image edge, and restrain image speckle. The threshold of SUSAN was estimated by eight direction order difference, which made the estimation more accuracy. Fully developed regional average absolute error was used as the standard of iterative termination conditions. Through comparing the equivalent numbers of looks (ENL) and edge preserve index (EPI), the proposed algorithm provides more effective speckle reduction as well as edge preservation.

Keywords: polarization active imager; shock anisotropic diffusion; shock filter; speckle reduction

基于伪噪声序列的 OFDM 信道估计方法*

摘　要：针对正交频分复用（Orthogonal frequency division multiplexing, OFDM）的应用及需求，提出一种基于伪噪声（Pseudo-noise）序列的 OFDM 系统模型，并针对其信道估计均衡需求，提出一种基于迭代的信道估计算法和低复杂度的频域均衡算法。最后在高斯白噪声信道、存在多普勒频移瑞利信道、双径延迟信道下，对误码率性能进行仿真和分析。结果表明，该方法适用于常见信道，误码率性能优于传统循环前缀（Cyclic prefix，CP）-OFDM，且通过迭代能够提高性能。以上研究结果可应用于 OFDM 数字电视地面广播工程。

关键词：正交频分复用；信道估计；伪噪声序列；迭代；多普勒频移

1. 引　言

正交频分复用技术（Orthogonal frequency division multiplexing, OFDM）可以很好地对抗频率选择性衰落，消除多径效应带来的符号间干扰（Inter symbol interference, ISI）[1-2]，因此 OFDM 被认为是数字电视传输中很有发展前途的技术[3-4]。目前常见的 OFDM 大多采取循环前缀（Cyclic prefix，CP）OFDM 方式。CP-OFDM 技术具有解调上的便利，但是这种传输结构降低了数据传输效率，并且信道估计过程在数据块中插入了导频或训练序列、实时跟踪和估计信道，进一步降低了系统传输效率[5-6]。

本文提出一种新的 OFDM 模型，即基于伪噪声（Pseudo-noise）序列的 OFDM 模型，无须插入导频和循环前缀，可实现低复杂度信道估计和频域均衡，可以有效提高传输效率，且性能优于传统 CP-OFDM，适用于数字电视地面广播的工程应用。

2. 基于 PN 序列的 OFDM 模型

针对 CP-OFDM 技术的不足，本文提出了基于 PN 序列的 OFDM 模型。它使用 PN 序列作为前缀，并利用前缀完成信道估计，可以完成低复杂度信道估计和均衡，并可以通过迭代算法消除误差提高精度，相比传统 OFDM 无须单独发送导频，可显著提高传输效率，实现低复杂度频域均衡。该方法信道估计能力具有一定的实时性，可以适应常见信道。下面给出其模型和数学原理。

OFDM 模型的第 i 个 $N\times 1$ 输入向量 $\tilde{s}_N(i)$ 首先做快速逆傅里叶变换（Inverse fast Fourier transform，IFFT）。

*　文章发表于《电子技术应用》，2015，41(2)：106-108. 系作者与崔金、邵定蓉、张波合作完成。

基金项目：国家 863 计划资助项目（2011AA120501）、国家自然科学基金资助项目（61171070）。

PN 序列为 $p=[p_1,p_2,\cdots,p_M]^{\mathrm{T}}$，发送向量的并行宽度为 $P=N+M$。

对应的 $P\times 1$ 发送向量为

$$s_p(i)=F_{\mathrm{ZP}}^{\mathrm{H}}s_n{}^i+p \tag{1}$$

多径信道的冲激响应长度 $L\leqslant M$，其传递函数表示为

$$H(z)=\sum_{n=0}^{L-1}h_n z^{-n} \tag{2}$$

在第 i 帧 OFDM 数据中，定义数据块 z_i 为

$$z_{i,n}=\begin{cases}s_{i,a},0\leqslant n\leqslant N-1\\ p_{i+1,n-N},N\leqslant n\leqslant P\end{cases} \tag{3}$$

其中，p_{i+1}表示第 $i+1$ 个 OFDM 符号中插入的 PN 序列。定义第 i 个 OFDM 的信号帧 $\bar{z}_i$ 为

$$\bar{z}_{i,n}=\begin{cases}z_{i,a},0\leqslant n\leqslant P-1\\ p_{i+1,n+M},-M\leqslant n\leqslant 0\end{cases} \tag{4}$$

$\bar{z}_i$ 由 OFDM 数据 s_i 和其首尾两段保护间隔 p_i,p_{i+1} 组成。因为插入相同的 PN 序列，则 p_i 可以视为是 z_i 的循环前缀，时域构成圆卷积。

$\bar{z}_i$ 过信道后的响应 $\{\bar{r}_{i,n}\}_{n=0}^{P+M-1}$ 由三部分组成：$\{p_{i,n}\}_{n=0}^{M+L-1}$，$\{y_{i,n}\}_{n=0}^{N+L-1}$ 和 $\{p_{i+1,n}\}_{n=0}^{M+L-1}$，其中：

$$\begin{cases}p'_{i,n}=p_{i,n}*h_{i,n},0\leqslant n\leqslant M+L-1\\ y_{i,n}=s_{i,n}*h_{i,n},0\leqslant n\leqslant N+L\\ p'_{i+1,n}=p_{i+1,n}*h_{i,n},0\leqslant n\leqslant M+L-1\end{cases} \tag{5}$$

接收向量 $\bar{r}_i$ 可表示为

$$\bar{r}_{i,n}=v_{i,n}+w_{i,n},0\leqslant n\leqslant P+M \tag{6}$$

$$v_{i,n}=\begin{cases}p'_{i,n}+y_{i-1,n+N},0\leqslant n\leqslant L-1\\ p'_{i,n},L\leqslant n\leqslant M\\ p'_{i,n}+y_{i,n-M},M\leqslant n\leqslant M+L-1\\ y_{i,n-M},M+L\leqslant n\leqslant P\\ y_{i,n-M}+p_{i+1,n-P},P\leqslant n\leqslant P+L-1\\ p'_{i+1,n-P},P+L\leqslant n\leqslant P+M\end{cases} \tag{7}$$

其中，$w_{i,n}$是均值为零的复高斯白噪声。从式(7)知，由于没有循环前缀的保护，OFDM 数据和前缀将受到来自相邻前缀或 OFDM 信号的多径干扰。因此，不能直接采用频域均衡，必须首先消除多径干扰，才能有效地估计信道。

3. 信道估计算法

由于添加了相同的 PN 序列，因此 PN 序列可以视为 OFDM 数据块 z_i 的循环前缀，其信道响应 r_i 满足圆卷积

$$r_i=z_i\oplus h_i+w_i \tag{8}$$

频域满足

$$R_i=H_i\times Z_i+W_i \tag{9}$$

根据式(7)，PN 序列对应的时域响应 $\tilde{p}_i$：

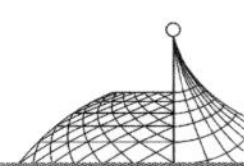

$$\tilde{p}_{i,n}=\begin{cases}p'_{i,n}+\underbrace{y_{i-1,n+N}}_{\text{ICI}}+w_{i,n},0\leqslant n\leqslant L-1\\ p'_{i,n}+w_{i,n},L\leqslant n\leqslant M\\ p'_{i,n}+\underbrace{y_{i,n-M}}_{\text{ICI}}+w_{i,n},M\leqslant n\leqslant M+L-1\end{cases}\tag{10}$$

受到多径信道影响，PN 序列的响应将受到载波间干扰（Inter-carrier interference，ICI），尾部数据也将受到 ISI，在估计信道状态信息时，首先必须消除两段干扰，得到 PN 序列与信道状态信息的卷积结果。

信道估计的算法分以下几个步骤：

（1）利用上一帧的 OFDM 数据 $\hat{s}_{i-1}$ 和 $\hat{h}_{i-1}$，结合式（5），计算干扰项 ICI，并从 $\tilde{p}_i$ 中消除，得到 PN 序列与 h_i，的近似线性卷积结果：

$$\bar{p}_{i,n}=\begin{cases}p'_{i,n},0\leqslant n\leqslant M\\ p'_{i,n}+\underbrace{y_{i,n-M}}_{\text{ISI}}+w_{i,n},M\leqslant n\leqslant M+L-1\end{cases}\tag{11}$$

由时域频域关系，可知初估计的时域响应 $\tilde{h}_i$：

$$\tilde{h}_i=\text{IFFT}\left[\frac{\text{FFT}(\bar{p}_{i,n})}{\text{FFT}(p)}\right]\tag{12}$$

其中，IFFT(X)和 FFT(X)分别表示对数据 X 做 IFFT、FFT 变换，得到时域信道响应 $\tilde{h}_i$。

（2）利用信道响应 $\tilde{h}_i$ 和接收向量 r_i，结合 FFT/IFFT 变换，通过式（9），得到第 i 个 OFDM 数据块 $\hat{z}_i$，进一步得到发送的第 i 个 OFDM 数据 $\hat{s}_i$：

$$\hat{s}_{i,n}=\hat{z}_{i,n},0\leqslant n<N\tag{13}$$

利用式（8），估计 ISI 并消除。

（3）迭代 $\tilde{h}_i^{(I)}=0.8\times\tilde{h}_i+0.2\times\tilde{h}_i^{(I-1)}$，直到 I 等于预设的迭代次数 J。

4. 性能仿真分析

本文在美国 MathWorks 出品的 Matlab R2014a 环境下进行仿真。在 AWGN 信道、存在多普勒频移的瑞利信道、双径延迟信道下，对误码率性能进行了分析，重点比较该模型和传统 CP-OFDM 的性能。仿真 OFDM 参数如表 1 所示。

由图 1 可知，在 AWGN 信道下，模型的误码率性能好于 CP-OFDM。

表 1 OFDM 的参数

参数	数值
FFT	64
载波	2.4GHz
采样间隔	200ns
调制	QPSK
带宽	20MHz

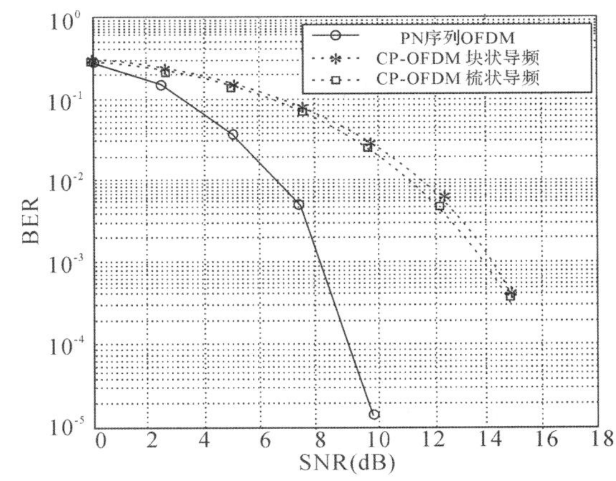

图 1 AWGN 信道下的误码率性能比较

之后仿真发送端采用信道编码，信道编码为约束长度 $N=7$ 的(133,171)卷积码。

图 2 给出该算法和 CP-OFDM 的误码率比较。从图中可看出，在 10^{-4} 数量级下，基于 PN 序列的 OFDM 算法比 CP-OFDM 误码率性能大约有 6dB 的提升。

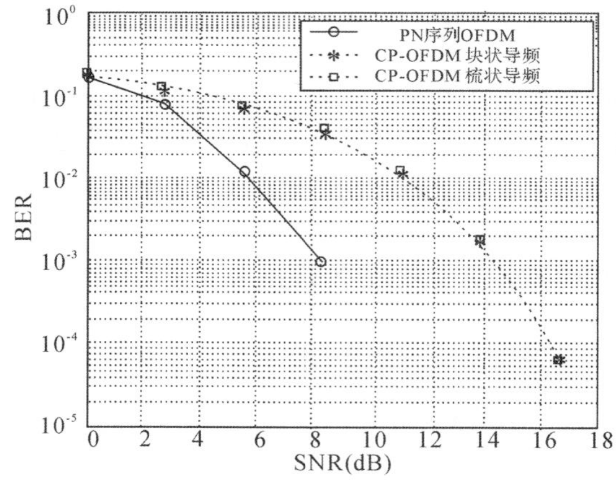

图 2　瑞利信道下的误码率性能比较，v=10m/s

PN序列 v=20m/s 迭代1次
PN序列 v=20m/s 迭代2次
CP-OFDM 块状导频 v=20m/s
CP-OFDM 梳状导频 v=20m/s
BER
SNR(dB)

图 3　双径信道下的性能比较，v=20m/s

由图 3 可知，在双径信道 $v=20$m/s 时，基于 PN 序列的 OFDM 算法性能明显好于 CP-OFDM，且由仿真结果可知，通过迭代可以消除干扰，提高系统性能。

5. 结　论

本文针对传统插入导频的 CP-OFDM 存在的问题，提出了一种基于 PN 序列的 OFDM 系统模型，该模型相比 CP-OFDM 无须插入导频，利用 PN 序列作为保护间隔并进行信道估计，能达到有效提高传输效率的目的。该方法适用于数字电视地面广播，且在常见信道下性能优于传统 OFDM。

参考文献

[1] KALASHNIKOV K S, SHAKHTARIN B I. Estimation and compensation for the influence of interchannel interference in reception of OFDM signals[J]. Journal of Communications Technology and Electronics, 2013, 58(3): 208-216.

[2] Wan Feng, Zhu Weiping, SWAMY M N S. Semiblind sparse channel estimation for MIMO-OFDM systems[J]. IEEE Transactions on Vehicular Technology, 2011, 60(6): 2569-2582.

[3] Chen L, PICHÉ R, KUUSNIEMI H, et al. Adaptive mobile tracking in unknown non-line-of-sight conditions with application to digital TV networks[J]. EURASIP Journal on Advances in Signal Processing, 2014(1): 1-10.

[4] Chunyi S, Harada H. Proposal and hardware performance of an enhanced feature detection method for OFDM signals of digital TV standards[J]. IEICE Transactions on Communications, 2013, 96(3): 859-868.

[5] KONSTANTINIDIS S, FREEAR S. Performance analysis of tikhonov regularized LS channel estimation for MIMO OFDM systems with virtual carriers[J]. Wireless Personal Communications, 2012, 64(4): 703-717.

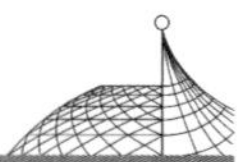

[6] MANASSEH E,OHNO S,NAKAMOTO M. Combined channel estimation and PAPR reduction technique for MIMO-OFDM systems with null subcarriers[J]. EURASIP Journal on Wireless Communications and Networking,2012(1):1-15.

OFDM Channel Estimation Based on Pseudo-Noise Sequence

Abstract: A model of orthogonal frequency division multiplexing (OFDM) system based on the pseudo-noise sequence is designed in this paper. Meanwhile, an iterative algorithm for channel estimation and a frequency domain equalization algorithm of low complexity are proposed to satisfy the equalization demand in channel estimation of this model. Then simulations are carried out corresponding to a Gauss white noise channel, a Rayleigh channel with a Doppler frequency shift and a double path delay channel. And the bit error rates (BER) are calculated respectively. Analysis results indicate that the method applies to usual channels and has a superior BER over traditional cyclic prefix OFDM (CP-OFDM). Moreover, its performance can be further improved though iteration. All findings mentioned above can be applied in OFDM digital television terrestrial broadcasting engineering.

Keywords: OFDM;channel estimation;pseudo-noise sequence;iteration;Doppler frequency-shift

基于块平均预处理的GNSS-R延迟映射处理方法*

摘　要：为了提高导航卫星反射信号信噪比，提出了一种基于块平均预处理(BAP)的反射信号处理方法，该方法首先以伪码周期为块尺寸对接收信号进行分块，并对各分块进行叠加、平均，然后对平均后的信号进行相关处理。在此基础上，理论分析了块平均预处理对导航反射信号的影响，推导了镜面反射点反射信号处理增益的数学表达式，以及相关处理后得到的一维相关功率，对比分析了该方法与传统处理方法的计算复杂度，分析表明该方法对反射信号具有空域滤波效果，提高了镜面反射点反射信号的信噪比且有效降低了计算复杂度。最后，基于块平均预处理的软件接收机被开发，并对课题组实采的岸基GPS数据进行了处理，结果表明：与未块平均预处理的传统方法相比，在块平均预处理时间为2、5、10、15以及20ms时，该方法所得相关功率的峰值信噪比分别提高了约3.5、6.7、10.2、10.6和10.4dB，且在块平均预处理时间为10ms时，处理等长数据的时间缩短了近2.2倍。

关键词：全球导航卫星系统(GNSS)；反射信号；块平均；信号处理；信噪比(SNR)；处理时间

利用导航卫星反射信号进行地表参数反演是卫星导航应用的一个新型分支，该技术通过岸/陆基、机载或星载的特殊装置接收，处理经地表反射的导航卫星信号，可进行海面高度测量[1-2]、海风探测[3-4]以及土壤湿度测量[5]，是一种被动式探测技术，也是无源双基/多基雷达的一种新手段，具有接收装置轻、开发成本低以及应用面广等优势，近20年得到了国内外学者的广泛关注。

延迟映射接收机(Delay Mapping Receiver，DMR)是接收、处理导航卫星反射信号的特殊装置。文献[6]系统地描述了一种硬件GPS延迟/多普勒映射装置，并在岸基和机载条件下对该装置进行了试验验证。在国内，北京航空航天大学电子信息工程学院基于现场可编程门阵列(Field-Programmable Gate Array，FPGA)自主研发了GRrSv. 2GPS反射信号处理装置，并利用该装置进行了海面风场、有效波高和土壤湿度测量等应用研究7[7]。在反射信号接收装置设计中，如何提高信噪比一直是研究重点之一，传统方法是进行非相干累加[8]，但随着非相干累加次数的增多，一方面平方损耗的增加限制了信噪比的提高，另一方面计算复杂度线性增加。针对上述问题，本文提出了一种基于块平均预处理(BAP)的GNSS反射信号延迟映射处理方法，该方法首先以伪码周期为块尺寸对接收信号进行分块，对各分块进行叠加、平均，然后对平均后的信号进行相关处理。在此基础上，理论分析了块平均预处理对反射信号的影响、镜面反射点反射信号的处理增益以及一维时延相关功率模型，对比分析了该处理方法和未经块平均预处理的传统方法的计算复杂度。最后，利用2种处理方法对课题组实采的岸基GPS数据进行了处理验证，结果表明：与未经块平均预处理的传统方法相比，在块平均预处理时间为2、5、10、15以及20ms时，该方法提高峰值信噪比约3.5、6.7、10.2、10.6和10.4dB，且有效降低了计算复杂度，在块平均预处理时间为10ms时，处理等时长数据的时间缩短了近2.2倍。

---

* 文章发表于《北京航空航天大学学报》，2015，41(10)：1943-1949. 系作者与王峰、杨东凯、李伟强合作完成。

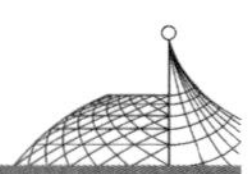

1. 导航卫星反射信号模型

如图 1 所示，假设每个散射单元对应的散射信号相互独立，散射单元(x,y)对应的散射信号载波剥离后可以表示为

$$s_r(t(x,y))=A(x,y)\cdot \text{prn}(t-\tau(x,y))\cdot \exp[-j(2\pi\Delta f(x,y)t+\varphi(x,y))] \quad (1)$$

式中，$A(x,y)$为散射单元(x,y)（$(0,0)$为镜面反射点）对应散射信号的幅度；$\tau(x,y)$、$\Delta f(x,y)$和$\varphi(x,y)$分别为相对于发射时刻的时间延迟、载波剥离后的残余频率和相位；$\text{prn}(t)$为导航卫星信号的伪码。

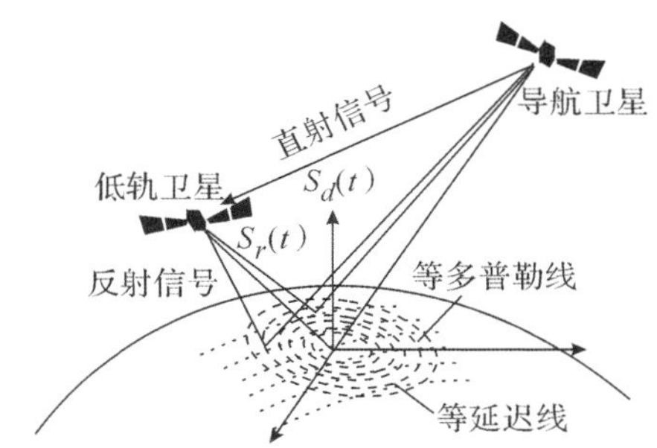

图 1　观测区域反射示意图

反射信号接收装置接收到的信号由各散射单元的散射信号共同作用[9]，可表示为

$$S_r(t)=\iint_S A(x,y)\cdot \text{prn}(t-\tau(x,y))\cdot \exp[-j(2\pi\Delta f(x,y)t+\varphi(x,y))]\mathrm{d}x\mathrm{d}y+n(t) \quad (2)$$

式中，$n(t)$为信号噪声，假设为均值为 0、方差为 σ_n^2 的高斯白噪声；S 为信号闪耀区。

2. 基于 BAP 的反射信号处理方法

2.1　基于块平均预处理的反射信号模型

块处理在导航数据的处理中已得到了广泛应用[10]，文献[11—12]论述了基于块平均的弱信号快速捕获算法。对导航数据进行块处理时，块尺寸通常为伪码的整周期，本文设置块尺寸为伪码周期，对于 GPS L1 CA 码，块尺寸为 1ms。根据伪码周期性，任意时刻的伪码可表示为

$$\text{prn}(t)=\text{prn}(t'+nT)\big|_{0\leqslant t'\leqslant T} \quad (3)$$

式中，T 为伪码周期；n 为自然数。如图 2 所示，对 L ms 的反射信号 $S_r(t)$分块平均得

$$\begin{aligned}\bar{S}_r(t')&=\frac{1}{L}\sum_{i=0}^{L-1}S_r(t'+iT)=\iint_S A(x,y)\cdot \text{prn}(t'-\tau(x,y))\\&\cdot \exp[-j(2\pi\Delta f(x,y)t'+\varphi(x,y))]\\&\{\frac{1}{L}\sum_{i=0}^{L-1}\exp[-j(2\pi\Delta f(x,y)iT)]\}\mathrm{d}x\mathrm{d}y+\bar{n}(t')\end{aligned} \quad (4)$$

反射信号$S_r(t)$
1 ms　1 ms　…　1 ms
第1块　第2块　…　第L块
待相关处理信号$\bar{S}_r(t)$

图 2　L ms 反射信号的块平均预处理示意图

令 $H_L(f)=\frac{1}{L}\{\sum_{i=0}^{L-1}\exp[-j(2\pi fiT)]\}$，则式(4)可表示为

$$\bar{S}_r(t')=\iint_S A(x,y)\cdot \mathrm{prn}(t'-\tau(x,y))\cdot \exp[-j(2\pi\Delta f(x,y)t'+\varphi(x,y))] \cdot H_L(\Delta f(x,y))\mathrm{d}x\mathrm{d}y+\bar{n}(t') \tag{5}$$

$H_L(f)$为块平均预处理响应函数，其表达式为

$$H_L(f)=\frac{1}{L}\sum_{i=0}^{L-1}\exp[-j(2\pi fiT)]=\frac{1-\exp(-j\pi fTL)}{1-\exp(-j\pi fT)}=\frac{1}{L}\frac{\sin(\pi fTL)}{\sin(\pi fT)}\exp[-j\pi fT(L-1)] \tag{6}$$

式中，L 为分块数目，考虑到导航电文数据位的符号跳变般分块数目 L 不大于导航电文数据宽度与伪码宽度的比值，对于 GPS L1 CA 码，不大于 20。$H_L(f)$是一个梳状滤波器，其幅频特性如图 3 所示，滤波器通带峰值位于 ikHz，其中 $i=0,1,2,\cdots$，过零带宽为 $1/L$kHz，通带频率间隔固定为 1kHz，与分块数目无关，但是通带宽度与分块数目相关，随着分块数目的增多，通道宽度变窄。

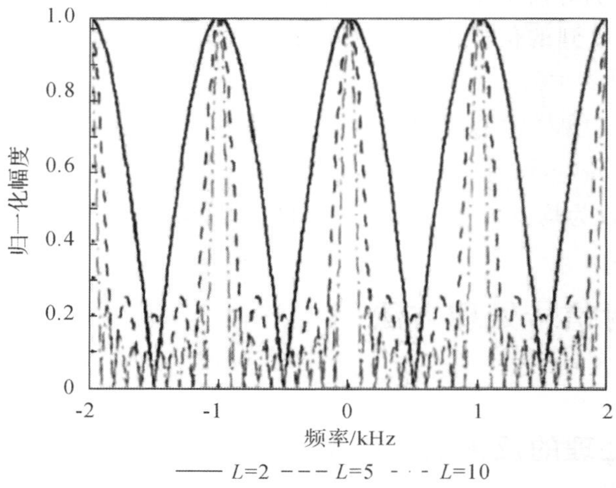

图 3　块平均预处理的幅频特性

2.2　基于块平均预处理的反射信号处理结构

基于块平均预处理的反射信号处理结构如图 4 所示，直射和反射信号分别由直射通道(点划线上部)和反射通道(点划线下部)处理。直射通道完成直射信号的捕获和跟踪，得到的载波频率和码相位为反射通道提供参考信息[13]。反射通道由载波生成模块、码生成模块、块平均预处理模块以及相关处理模块组成。

反射通道载波生成模块产生频率为 $f_d+\Delta f$ 的本地载波，对反射信号进行载波剥离，其中，f_d 为直射通道载波环路输出的直射信号多普勒频率，Δf 为频率补偿量；码生成模块产生初始码相位为 $\tau_d+\Delta\tau$ 的本地伪码，其中，τ_d 为直射通道码跟踪环输出的直射信号码相位，$\Delta\tau$ 为码补偿量；块平均预处理模块对载波剥离后的反射信号进行分块、平均处理；相关处理模块对块平均预处理后的信号和本地伪码进行相关运算得到一维时延相关功率。

由于反射信号在相关窗内进行处理，首先需对本地码和反射信号进行粗对齐，使处理后的反射信号相关功率峰值处于相关窗内，此过程被称为码补偿。通常，码补偿量 $\Delta\tau$ 定义为反射信号镜面反射点处的信号分量相对于直射信号在码延迟上发生的偏移量，可由式(7)得到其粗略的估计值[14]。

$$\Delta\tau=\frac{2H\sin\theta}{c}f_c \tag{7}$$

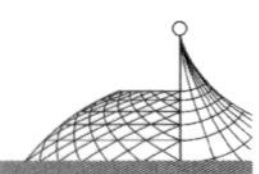

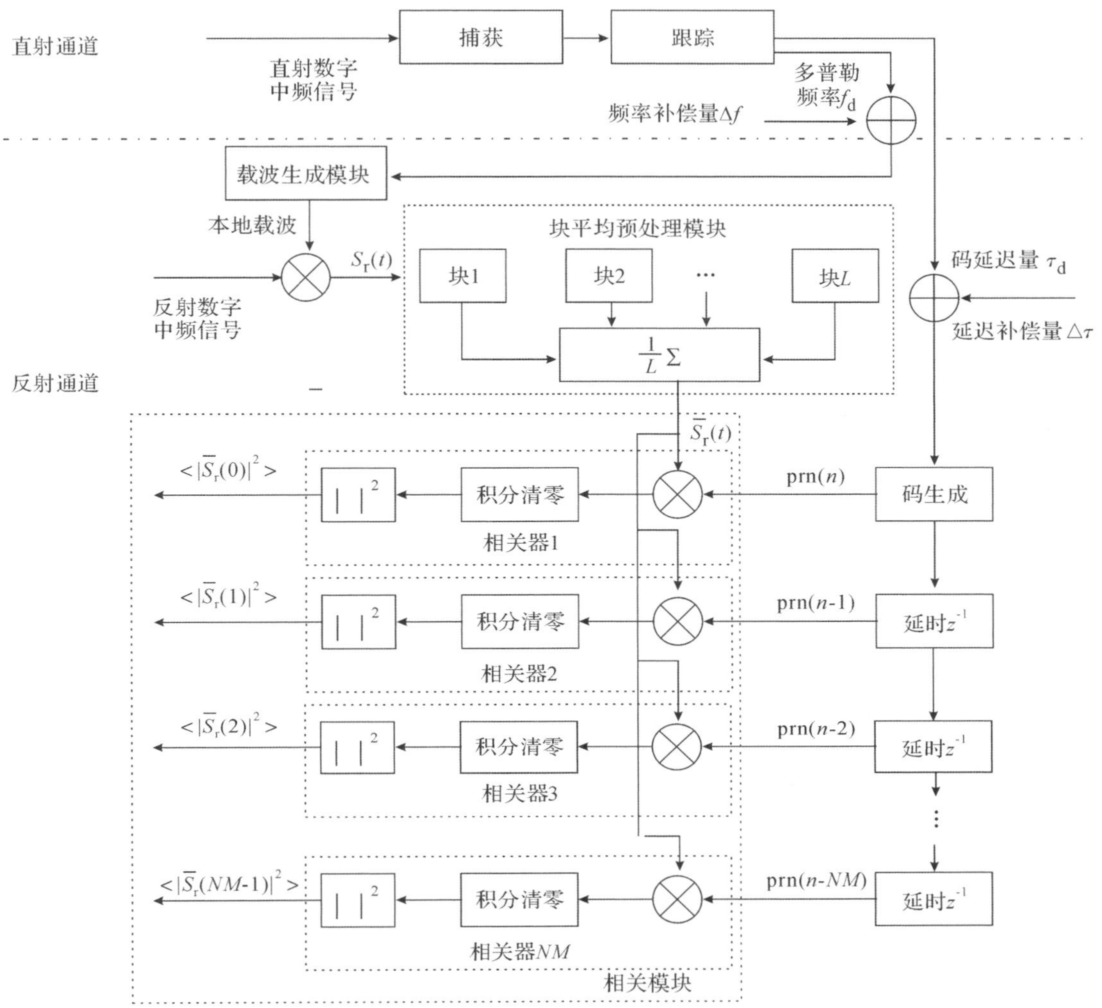

图 4　基于块平均预处理的反射信号处理结构图

式中，H 为接收平台高度；θ 为卫星仰角；c 为光速；f_c 为伪码码率，对于 GPS L1 CA 码而言，其值为 1.023MHz。

本地载波频率和反射信号频率未对齐会产生相关功率的损失，因此，需在直射通道载波跟踪环输出结果的基础上进行频率补偿使相关功率的损失尽量减小。频率补偿量 Δf 可由式(8)[7]得到：

$$\lambda\Delta f = v_r \cdot u_{rs} + v_t \cdot u_{st} - (v_t - v_r) \cdot u_{tr} \tag{8}$$

式中，λ 为载波波长；v_t 和 v_r 分别为导航卫星和接收平台速度，u_{tr}、u_{rs} 和 u_{st} 分别为导航卫星到接收平台的单位矢量、接收平台到镜面反射点的单位矢量以及镜面反射点到导航卫星的单位矢量。在岸基条件下，由于反射信号相对于直射信号的码延时和载波频率的变化很小，因此，码补偿量和频率补偿量可设为 0。

2.3　基于块平均预处理的反射信号一维相关功率

假设反射通道载波生成模块产生的本地载波的频率与镜面反射点的反射信号频率相等，根据文献[15]，可得基于块平均预处理的一维时延相关功率为

$$\langle|\bar{S}_r(\tau)|^2\rangle=\int_S A^2(x,y)\cdot\Lambda^2(\tau-\tau(x,y))\cdot\mathrm{sinc}^2(\pi(\Delta f(0,0)-\Delta f(x,y))T_{\mathrm{coh}})\cdot|H_L(\Delta f(0,0)-\Delta f(x,y))|^2\mathrm{d}x\mathrm{d}y \tag{9}$$

式中，$\Lambda(\tau)$为伪码自相关函数；$\mathrm{sinc}(x)=\sin x/x$。从式(9)可知，基于块平均预处理的反射信号经历了3次空域滤波：①相关积分时以 sinc 函数进行空域滤波；②相关积分时以伪码自相关函数进行空域滤波[15]；③块平均预处理时以 $H_L(f)$进行空域滤波。

3. 性能分析

3.1 镜面反射点处理增益

假设在块平均预处理前，散射单元(x,y)对应散射信号的信噪比为$R_{\mathrm{in}}(x,y)$，块平均预处理后，对应信号的信噪比为$R_{\mathrm{out}}(x,y)$，定义块平均预处理增益为$G_{\mathrm{BAP}}(x,y)$，其表达式为

$$G_{\mathrm{BAP}}(x,y)=\frac{R_{\mathrm{out}}(x,y)}{R_{\mathrm{in}}(x,y)}=\frac{\frac{\sqrt{2}}{2}A^2(x,y)|H_L(\Delta f(x,y))|^2/\bar{\sigma}_n^2}{\frac{\sqrt{2}}{2}A^2(x,y)/\sigma_n{}^2}=|H_L(\Delta f(x,y))|^2\sigma_n{}^2/\bar{\sigma}_n^2 \tag{10}$$

式中，$\bar{\sigma}_n^2$ 为块平均预处理后的噪声功率，根据白噪声的特点，有如下关系：

$$\bar{\sigma}_n^2=\frac{1}{L}\sigma_n{}^2 \tag{11}$$

因此，$G_{\mathrm{BAP}}(x,y)$可表示为

$$G_{\mathrm{BAP}}(x,y)=10\lg(L|H_L(\Delta f(x,y))|^2) \tag{12}$$

假设通过频率补偿使反射通道的本地载波频率与镜面反射点的反射信号频率相等，即$\Delta f(0,0)=0$，则满足[12]

$$G_{\mathrm{BAP}}(0,0)=10\lg L \tag{13}$$

因此，镜面反射点反射信号的处理增益为

$$G_{\mathrm{spe}}=G_{\mathrm{BAP}}(0,0)+G_{\mathrm{coh}}+10\lg m-l(m) \tag{14}$$

式中，G_{coh}为相关解扩增益，对于 GPS L1 CA 而言，其值为 30dB；m 为非相干累加次数，$l(m)$为平方损耗[8]。假设反射信号相关功率的输出率为 f_R，则存在

$$L\cdot m=\frac{1}{T\cdot f_R} \tag{15}$$

将式(15)代入式(14)可得在反射信号相关功率输出率一定的条件下，镜面反射点的处理增益为

$$G_{\mathrm{spe}}=G_{\mathrm{coh}}-10\lg T\cdot f_R-l(m) \tag{16}$$

当一维相关功率输出率 f_R 一定时，随着块平均预处理次数 L 的增加，非相干累加次数 m 减小，平方损耗减小，镜面反射点反射信号的处理增益增大。当反射信号相关功率输出率为 1Hz 时，GPS L1 CA 码的镜面反射点增益随 L 的变化结果如表 1 所示，其中，$L=1$ 表示未经过块平均处理的方法。

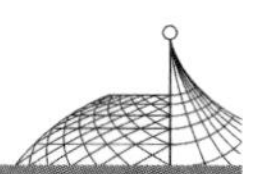

表 1　一维时延相关功率输出率为 1Hz 时，GPS L1 CA 码的镜面反射点信号处理增益

L	m	G_{spe}/dB	与传统方法增益差/dB
1	1000	50.0	0
2	500	51.4	1.4
5	200	53.3	3.3
10	100	54.6	4.6
20	50	55.8	5.8

3.2　计算复杂度

假设相关功率输出率为 f_R，码周期为 T，进行 L ms 数据的块平均预处理，一个码周期内的采样点数为 N，进行 M 个不同时延的一维相关功率计算，其中 $f_R/L=S_2$，$f_R/T_c=S_1$（S_1、S_1 为整数）。相关积分的乘法计算量为 $2N$，加法计算量为 $2(N-1)$，进行 M 个时延相关值的乘法计算量为 $2MN$，加法计算量为 $2M(N-1)$，计算相关功率的乘法计算量为 $2M$，加法计算量为 M。表 2 给出了未块平均预处理的传统方法和基于块平均预处理方法的计算复杂度。对于 GPS L1 CA 码，当 $L=10$，且计算 64 个时延点的一维相关功率时，与未经块平均预处理的传统方法相比，乘法计算量缩小了 10 倍，加法计算量缩小了 9.3 倍。

表 2　计算复杂度

计算类型	$L=1$	$L>1$	缩小倍数
乘法	$2MS_1(N+1)$	$2MS_2(N+1)$	S_1/S_2
加法	$MS_1(2N-1)$	$NS_2(2M+L-1)$	$S_1/S_2(1+L/2M)$

4. 岸基数据处理

本文对课题组 2013 年 8 月 2 日 9 时 38 分在广东省阳江市海洋气象观测站采集的岸基 GPS L1 CA 码数据进行了处理。观测点相对于海平面高度约为 134m，观测区域位于观测点东南方向，可观测卫星高度角范围为 10°～35°。14 号卫星反射信号在反射天线覆盖范围内且信号最强，因此，反射通道对 14 号卫星反射信号进行处理。

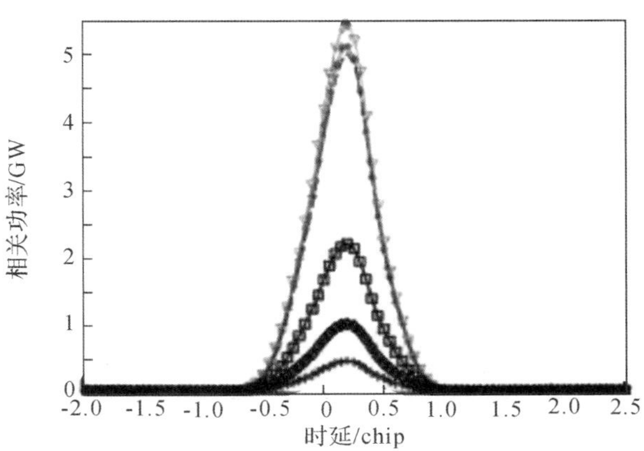

图 5　反射信号一维时延相关功率

图 5 为 2 种处理结构处理得到的反射信号一维时延相关功率，从图 5 可知：① 相比于传统处理方法，块平均预处理时间为 2、5、10、15 以及 20ms 时，所得一维时延相关功率的峰值高了 3.4、6.8、11.7、12.1 和 11.8dB，定义峰值信噪比为

$$R_{\mathrm{peak}}=\frac{\max\{\langle|S_r(\tau)|\rangle^2\}}{P_{\mathrm{noise}}} \tag{17}$$

式中，P_{noise}为相关功率底噪功率，可通过额外配置噪声通道的方法测得[16]，信噪比对比结果如表 3 所示，块平均预处理为 2、5、10、15 以及 20ms 的处理较传统处理方法的峰值信噪比分别提高了 3.5、6.7、10.2、10.6 和 10.4dB，但是，由于峰值功率为镜面反射点与周围散射单元信号相关功率的功率和，因此，峰值信噪比的增益差较表 1 理论仿真分析的镜面反射点信号处理增益的增益差要大；②随着块平均预处理的时间增大，峰值信噪比增加，但是在块平均预处理为 10、15 和 20ms 时，峰值性噪比基本相同，主要是由于导航电文存在数据位比特跳变[16]，消除了部分累加效果，导致信噪比无法持续增大，且块平均预处理时间越接近导航电文数据位宽度，处于数据符号跳变的概率越大，导致信噪比下降，如图 5 所示的块平均预处理时间为 20ms 时比 15ms 时的峰值信噪比低。综上分析，对于存在导航电文的导航信号，并不是块平均预处理时间越长越好，块平均预处理时间应该小于导航电文数据位宽度；对于无导航电文的信号（例如：L5C 导频信号），块平均预处理时间可以设置较长。

表 3　信噪比对比结果

L	峰值功率/dB	底噪/dB	信噪比/dB
1	86.7	73.9	12.8
2	90.1	73.8	16.3
5	93.5	73.9	19.5
10	97.0	74.0	23.0
15	97.4	74.0	23.4
20	97.1	73.9	23.2

表 4 为块平均预处理时间为 10ms 时，2 种处理结构的软件实现方式下，处理等长数据所用时间的对比结果，程序运行平台为 M8300 台式计算机，其处理器为 Inter(R) Core (TM) i5～2400 CPU @ 3.10GHz，内存 3GB，操作系统为 Microsoft Windows XP Processional。运行结果表明：处理等长度数据，基于块平均预处理的处理结构所用时间明显比传统处理结构所用时间短，缩短了约 2.2 倍。但是，由于程序实际运行时间不仅取决于算法设计，还受输入数据规模、编译器、处理器速度等诸多复杂的软硬件因素的影响，因此，处理时长的缩短比例与前面分析的计算复杂度缩短比例不符，且不同的处理平台和程序编写风格，处理时长的缩短比例不同。

表 4　2 种处理结构的数据处理时长对比

处理数据长度/ms	软件处理时长/s		缩短倍数
	$L=1$	$L=10$	
1000	10.2	4.6	2.22
60000	609.2	287.5	2.12
120000	1235.2	562.8	2.19

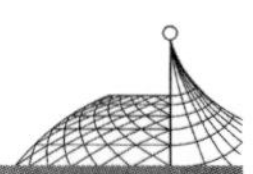

5. 结　论

本文通过对基于块平均预处理的 GNSS-R 反射信号处理方法的理论分析表明：相比于传统的未经块平均预处理的处理方法相比，该方法：

（1）在伪码自相关函数和 sinc 函数空域滤波的基础上，增加了一次空域滤波。

（2）在一维时延相关功率输出率恒定的条件下，减小了非相干累加次数，进而减小平方损耗，有效提高了镜面反射点反射信号增益。

（3）降低计算复杂度的倍数近似为块平均预处理的分块数。

通过该方法和传统处理方法对实采数据处理，对比分析处理结果表明，该方法：

（1）有效提高了反射信号一维相关功率的峰值信噪比，对于存在导航电文的信号，块平均预处理时间受到限制，当与导航电文比特位宽相近时，峰值信噪比增加受到限制，甚至开始下降，对于无导航电文存在的信号，块平均预处理时间可以设置较长。

（2）有效缩短了处理等时长数据的时间，本文中的处理时长缩短了近 2.2 倍。

对于我国独立研发的全球卫星导航系统，其 B1 信号中进行了 NH(Neumann-Hoffman)码的二次编码，如何提高镜面反射点处的信噪比还需要进一步研究，这将是本文后续的研究工作。

参考文献

[1] D7 Addio S, Martin-Neira, di Bisceglie M, et al. GNSS-R altimeter based on Doppler multi-looking[J]. IEEE Journal of Selected Topic in Applied Earth Observation and Remote Sensing, 2014,7(5):1452-4460.

[2] Valencia E, Zavorotny V U, Akos D M, et al. Using DDM asymmetry metrics for wind direction retrieval from GPS ocean-scattered signals in airborne experiments[J]. IEEE Transactions on Geoscience and Remote Sensing,2014,52(7):3924-3936.

[3] Garrison J L, Komjathy A, Zavorotny V U, et al. Wind speed measurement using forward scattered GPS signals[J]. IEEE Transactions on Geoscience and Remote Sensing, 2002,40(1): 50-65.

[4] Li W Q, Yang D K, Fabra F, et al. Typhoon wind speed observation utilizing reflected signals from BeiDou GEO satellites[C] // China Satellite Navigation Conference (CSBC). Berlin: Springer-Verlag,2014:191-200.

[5] Rodriguez-Alvarez N, Bosch-Lluis X, Camps A, et al. Soil moisture retrieval using GNSS-R techniques: Experimental results over a are soil field[J]. IEEE Transactions on Geoscience and Remote Sensing, 2009,47(11):3616-3624.

[6] Stephen T L, Peter K, Garth F, et al. A Delay/Doppler-mapping receiver system for GPS-reflection remote sensing[J]. IEEE Transactions on Geoscience and Remote Sensing, 2002, 40(5): 11504163.

[7] Li W Q, Yang D K, Zhang B. Real-time processing of reflected GNSS signal for remote sensing: System and experiments[J]. The Journal of Navigation, 2011,64(S1):127-140.

[8] 杨东凯，张其善. GNSS 反射信号处理基础与实践[M]. 北京：电子工业出版社，2012:90-91.

[9] 张建军，袁洪，王宪．基于 GNSS 散射信号陆地高度计的建模与分析[J]．系统仿真学报，2009，21(10)：2810-2814．

[10] Feng G, van Graas F. GPS receiver block processing[C]// Proceedings of the ION Conference GPS'99，1999：307-316.

[11] Mohamed S, Moeness G A. Acquisition of weak GNSS signals using a new block averaging pre-processing[C]// Position Location and Navigation IEEE Symposium. Piscataway, NJ: IEEE Press，2008：1362-1372.

[12] 鲁郁．GPS 全球定位接收机——原理与软件实现[M]．北京：电子工业出版社，2009：77-78．

[13] 杨东凯，丁文锐，张其善．软件定义的 GNSS 反射信号接收机设计[J]．北京航空航天大学学报，2009，35(9)：10484051．

[14] 路勇，熊华刚，杨东凯．GNSS-R 海洋遥感原始数据采集系统研究与实现[J]．哈尔滨工程大学学报，2009，30 (6)：644-648．

[15] 张益强．基于 GNSS 反射信号的海洋微波遥感技术[D]．北京：北京航空航天大学，2008．

[16] 谢刚．GPS 原理与接收机设计[M]．北京：电子工业出版社，2011：358-364．

GNSS-R Delay Mapping Processing Method Based on Block Averaging Pre-processing

Abstract: To improve signal-to-noise ratio of global navigation satellite system reflected signals, a method of processing navigation satellites reflected signal based on block averaging pre-processing (BAP) was presented, which divided the received signals into blocks with period of pseudocode and achieved the mean values of blocks by superposition and averaging, and then performed the correlation process for the mean values. On the basis, the model of reflected signal which processed by BAP was theoretically analyzed; the mathematical expression of processing gain of signal reflected by specular point and correlation power model were derived; computational complexity of this method was compared with one of traditional method. The conclusion is that this method conducts the spatial filtering for reflected signals, improves signal-to-noise ratio and effectively reduces computational complexity. At last, a software receiver was developed to process coastal raw GPS data collected. The results show that when the BAP time are 2, 5, 10, 15 and 20 ms, the method improves about 3.5, 6.7, 10.2, 10.6 and 10.4 dB on signal-noise ratio of peak and reduces the processing time by about 2.2 times, with BAP being 10 ms, compared with the traditional method.

Keywords: global navigation satellite system (GNSS); reflected signal; block averaging; signal processing; signal-to-noise ratio (SNR); processing time

基于双基雷达原理的GNSS海面反射信号建模方法*

摘　要：GNSS-R技术应用过程中接收机的测试验证需要反射信号产生源，以降低成本。信号的模型是GNSS-R信号产生源中的核心。针对缺乏相应模型的问题，提出了一种根据双基雷达原理建立GNSS海面反射信号模型的方法。首先，在分析GNSS海面反射信号特征的基础上，选取了恰当的海面反射点。然后，计算了雷达方程中的散射系数和散射面积，从而得到相应反射点的反射信号功率。最后，对所求得的反射信号参数进行仿真验证。验证的结果表明，反射信号的相关功率曲线与ZV模型理论曲线的相关系数优于0.98，能够有效地用于GNSS海面反射信号的生成。该方法对GNSS-R信号产生源的研制具有一定的理论参考意义和实际应用价值。

关键词：GNSS；反射信号；双基雷达；ZV模型；相关功率

GNSS-R(GNSS-Reflection)技术是自20世纪90年代以来逐渐发展起来的GNSS的一个新型分支，是国内外遥感探测和导航技术领域研究热点之一[1]。通过这种技术可以获取海态、海面风场、海冰以及海水盐度等信息[2-4]，这对于远洋航运、海上捕捞、气象、潮位、洋流分析等均具有重要的研究意义和应用前景。

目前，国内外学者投入了很多精力进行研究，开展了各种地基、空基和天基试验，并研制了多种反射信号接收机，来用于反射信号的接收处理和反演研究[5-8]。由于GNSS-R的许多试验对测试场景都有苛刻的要求，需要耗费大量的人力物力才能进行。而且，由于受到气候的影响，海况条件复杂多变，使得试验可重复性非常差。因此，非常需要研制可在实验室测试的GNSS-R信号产生器，以便于GNSS反射信号接收机的测试。

对于GNSS-R信号产生源的研制还处于起步阶段，可用于反射信号产生源的信号模型还在探索中。本文在分析海面反射信号特点的基础上，根据双基雷达方程建立反射信号的模型，并对计算的信号参数进行了相关验证。

1. 海面反射信号特征分析

在反射信号测量系统中，卫星与海面、反射信号接收机构成一个收发分置雷达结构。接收机一般需要采用两副天线，一副向上的右旋圆极化天线，用于接收直射信号；另一副向下的左旋圆极化天线，用于接收海面反射信号(海反信号)。GNSS海面反射信号传播的几何结构如图1所示。

为了方便研究，引入镜面反射点概念，即从发射机经反射点到达接收机的路径最小的点。接收机接收的海反信号主要来自镜面反射点周围的区域，即所谓的闪烁区。GNSS卫星的信号经海面反射

*　文章发表于《北京航空航天大学学报》，2017，43(8)：1610-1615. 系作者与祁永强、张波、杨东凯、王强合作完成。

后将在闪烁区上形成一系列的等延迟线和等多普勒线。

1.1 等延迟线和等多普勒线

以镜面反射点为坐标原点的坐标系统相对应，则沿这一路径的传播时间为

$$\tau_0=\tau(0)=[R_t(0)+R_r(0)]/c \tag{1}$$

式中 $R_t(0)$ 为卫星到镜面反射点的距离，及 $\tau(0)$ 为镜面反射点到接收机的距离，$R_r(0)$ 为光在空气中传播的速度。

信号沿任意一条反射路径的传播时间可以表示为

$$\tau(r)=[R_t(r)+R_r(r)]/c \tag{2}$$

式中，r 为海面上除镜面反射点外的某个反射点。

以 τ_0 为参考，定义其他路径上信号传播的时间与 τ_0 的差值为时间延迟，即

$$\Delta\tau=\tau(r)-\tau_0 \tag{3}$$

反射面上由 $\Delta\tau$ 等于常数的点组成的线称为等延迟线，其形状为椭圆。

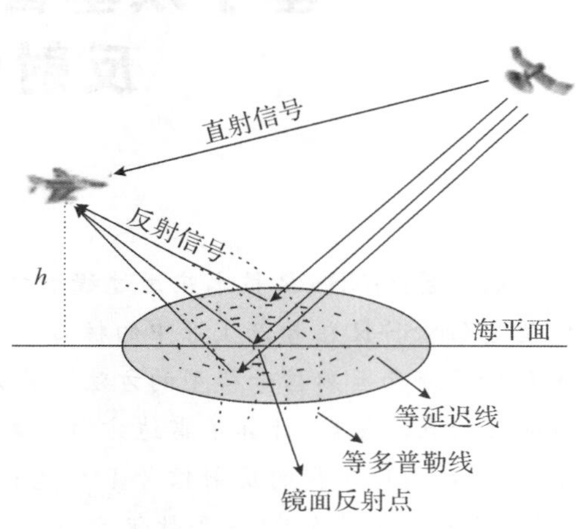

图 1　GNSS 反射信号传播示意图

以镜面反射点为参考点，由该点反射信号得到的多普勒频率 $f_0=f_D(0)$ 为参考频率。可得各散射点与参考点的多普勒频差为

$$\Delta f=f_D(r)-f_0 \tag{4}$$

式中，

$$f_D(r,t_0)=f_{D0}(r,t_0)+f_s(r,t_0) \tag{5}$$

$$f_{D0}(r,t_0)=[v_t m(r,t_0)-v_r n(r,t_0)]/\lambda \tag{6}$$

$$f_s(r,t_0)=q(r,t_0)v_s/2\pi \tag{7}$$

其中，m，n 分别表示卫星到散射点，散射点到接收机的单位矢量，q 为散射向量。

$f_D(r,t_0)$ 为总的多普勒频移，$f_{D0}(r,t_0)$ 和 $f_s(r,t_0)$ 分别为由卫星和接收机相对运动以及由散射点相对运动引起的多普勒频移。v_t，v_r 分别为卫星和接收机的速度矢量，v_s 为散射点速度矢量。

由 Δf 相等的点组成的曲线称为等多普勒线，其形状为类双曲线的弧线。

以 GPS 卫星 C/A 码信号为例，设卫星高度为 20200km，接收机高度为 5km，卫星高度角为 60°，接收机的速度为(0,120,0)m/s，卫星的速度为(−570，−219，236)m/s，等时延线和等多普勒线如图 2 所示。其中，(0,0)点为镜面反射点。椭圆线为等延迟线，每个椭圆延迟 0.25chip。三条弧线为等多普勒线，相邻两条弧线间隔是 100Hz。过镜点的等多普勒线为−183.05Hz。

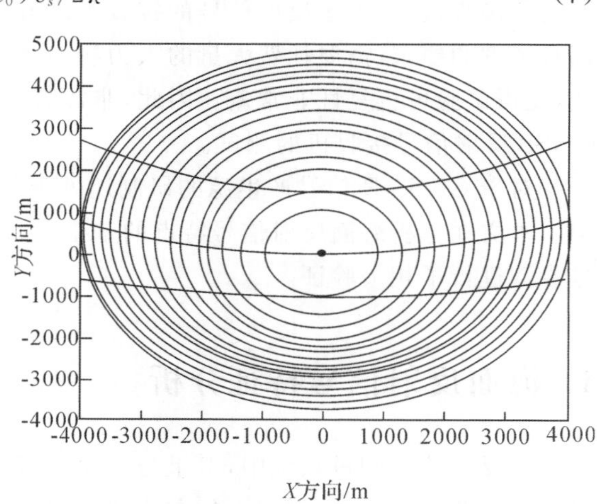

图 2　等时延/多普勒线

在机载高度下一般不需要考虑多普勒频移对散射信号功率的影响。因此，只需要将镜面反射点和过镜点的等多普勒线与各等延时线的交点作为观测点即可。在反射信号的应用中，一般以镜面反

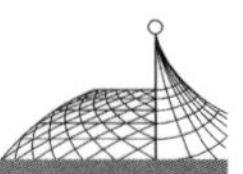

射点的时延值 τ_0 和多普勒值 f_0 作为参考值。由 GNSS-R 几何关系可知,镜点反射信号相对于发射信号的时延约为 68911chip。

1.2 反射信号相位在海面上的映射

由于 GNSS 信号的波长较长,可将海反信号认为是海洋表面一系列散射点反射信号的集合,只是由于多径效应分别对应不同的时间延时、相位和幅值,设每个个体反射信号的时间延迟为 τ_k,相位为 φ_k,幅值为 a_k,则海反信号的电磁场[9]为

$$E_L = \sum_k a_k \mathrm{e}^{-i(\frac{2\pi c}{\lambda}\tau_k + \varphi_k)} \tag{8}$$

式中 c 为光速,λ 为载波的波长。

设 GNSS 发射的伪码为 $x(t)$,$y(t)$为海反信号,则由式(9)可得:

$$y(t) = \sum_k x(t) a_k \mathrm{e}^{-i(\frac{2\pi c}{\lambda}\tau_k + \varphi_k)} \tag{9}$$

为了分析的方便,式(9)中的时延 τ_k 可对应于伪码相位,载波相位 φ_k 可认为主要由多普勒频移引起,幅值 a_k 是反射功率的平方根。这样,每个反射信号基本上可用幅值、伪码时延和多普勒频移三个参量来完整描述。

由于海面的粗糙性,海反信号特性较为复杂,表现为信号幅值的衰减以及不同的时延和不同多普勒信号的叠加[10],而不同的时延和多普勒又与反射面的不同反射单元相对应,如图 3 所示。

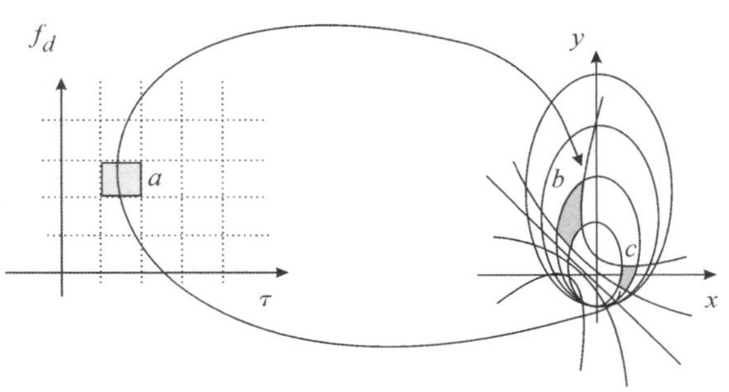

图 3 反射单元与时延一多普勒单元的对应关系

从图 3 可以看出,具有相同的时延和多普勒的反射信号可能会来自两个不同的区域。时延一多普勒点 a 对应于海面的两个点 b 和 c。也就是说,a 点反射信号的能量是海面 b 和 c 两点信号能量的叠加。设 a 点信号的功率为尺,b 点信号的功率为 6,c 点信号的功率为 6,则满足

$$P_a = P_b + P_c \tag{10}$$

因此,从图 2 可知,共有 15 个等延时环,再加上镜面反射点,那么反射信号的数目为 16(即 $k=1,2,\cdots,16$),相应地海面上的反射点有 31 个。

2. 海面反射信号的功率计算

2.1 双基雷达方程

在 GNSS-R 双基雷达中,设卫星发射功率为 P_t,发射天线的功率增益为 G_t,接收天线的功率增益为 G_r,卫星距海面反射点的距离为 R_1,接收机距海面反射点的距离为 R_2,则海面上 j 反射点信号的接收功率[11]为

$$P_j = \frac{P_t G_t G_r \lambda^2 \sigma_j A_j}{(4\pi)^3 R_1^2 R_2^2} \tag{11}$$

式中,σ_j 为双基散射系数,A_j 为 σ_j 所对应的海面散射截面积。从式(11)可以看出,散射系数和散射面

积是求得反射信号接收功率的关键。

2.2 散射系数计算

标准化的双基散射截面形式如下：

$$\sigma=\pi|R|^2\left(\frac{q}{q_z}\right)^4 P\left(-\frac{q_x}{q_z},\frac{q_y}{q_z}\right) \tag{12}$$

其中，q 为散射向量，R 为菲涅耳反射系数。GNSS 信号经海面反射后，其菲涅耳反射系数[12]为

$$R=R_{RL}=\frac{1}{2}(R_V-R_H) \tag{13}$$

$$R_V=\frac{\varepsilon\sin\theta-\sqrt{\varepsilon-\cos^2\theta}}{\varepsilon\sin\theta+\sqrt{\varepsilon-\cos^2\theta}} \tag{14}$$

$$R_H=\frac{\sin\theta-\sqrt{\varepsilon-\cos^2\theta}}{\sin\theta+\sqrt{\varepsilon-\cos^2\theta}} \tag{15}$$

式中，ε 为海面的复介电常数，θ 为卫星的高度角。

式(12)中，P 是各向异性的二维高斯分布的概率密度函数[13]，其表达式为

$$P(s_x,s_y)=\frac{1}{2\pi\sigma_{sx}\sigma_{sy}\sqrt{1-b_{x,y}^2}}\exp\left[\frac{-1}{2(1-\mathrm{b}_{x,y}^2)}\right]\times\left(\frac{s_x^2}{\sigma_{sx}^2}-2b_{x,y}\frac{s_xs_y}{\sigma_{sx}\sigma_{sy}}+\frac{s_y^2}{\sigma_{sy}^2}\right) \tag{16}$$

式中，$S_x=-q_x/q$，$s_y=-q_y/q$ 分别为沿 x 和 y 方向的海面倾斜度；σ_{sx}^2，σ_{sy}^2 分别为海面沿 x 和 y 方向的均方倾斜度；$b_{x,y}$ 为 S_x，S_y 的相关系数。海面倾斜方差和相关系数与海面风场之间可以通过波浪谱建立如下关系：

$$\sigma_{sx,sy}^2=\langle s_{x,y}^2\rangle=\int_{-\infty}^{k_0}\int_{-\infty}^{k_0}k_{x,y}^2\psi(k_x,k_y)\mathrm{d}k_x\mathrm{d}k_y \tag{17}$$

$$b_{xy}=\langle s_x,s_y\rangle/\sigma_{sx}\sigma_{sy} \tag{18}$$

$$\langle s_x,s_y\rangle=\int_{-\infty}^{k_0}\int_{-\infty}^{k_0}k_xk_y\psi(k_x,k_y)\mathrm{d}k_x\mathrm{d}k_y \tag{19}$$

式中，k_x 和 k_y 是海浪的波数，$\psi(k_x,k_y)$ 为海浪谱函数。如果风向沿 x 方向或者 y 方向，则 $b_{xy}=0$，否则 $b_{xy}\neq0$。假设海浪谱主要是由海风产生的，那么 $\psi(k_x,k_y)$ 可由 Elfouhaily 模型[14]来计算。

设风速为 5m/s，风向为 0°，波龄为 0.84，海温为 25°C，盐度为 20‰，可计算得到整个闪烁区的散射系数，如图 4 所示。

2.3 散射面积计算

为了求出选取海面反射点的反射信号功率，还需要得到适当的每个反射点周围的区域面积。考虑到信号辐射的特点，每个反射点所对应的周围区域设为圆形。假设过(0,0)点的等多普勒线为 l_1，等延时线从内到外依次为 c_1，c_2，…。

由镜面反射点的定义可知，镜点反射信号在海面的反射单元是唯一的。设椭圆 c_1 的长轴为 a，短轴为 b，那么镜面反射点反射单元的圆形半径为

$$r_0=\alpha\cdot(a-\sqrt{a^2-b^2}) \tag{20}$$

设弧线 l_1 与椭圆 c_1 相交的右侧点为 A，坐标是(x_1,y_1)；弧

图 4　整个闪烁区的散射系数

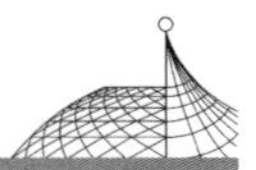

线 l_1 与椭圆 c_2 相交的右侧点为 B，坐标是(x_2, y_2)；那么反射点 A 反射单元的圆形半径为

$$r_1=\alpha\cdot\sqrt{(x_2-x_1)^2-(y_2-y_1)^2} \tag{21}$$

式(20)和式(21)中的 α 为选择系数，$\alpha\leqslant 0.5$。为了每个反射单元的散射面积在海面上不重复，设 $\alpha=0.4$。以此类推，就可以求得其余反射点反射单元的圆形半径。每个反射单元的散射面积如图 5 所示。

求出散射系数和散射面积后，就可以由式(11)和式(10)求得每个反射信号的功率。设卫星发射功率为 26.8dBW，发射增益为 1dB，接收增益为 3dB，可求得镜点反射信号(τ_0, f_0)的功率为-170.65dBW。延迟镜点信号 0.25chip 的反射信号$(\tau_0+0.25, f_0)$的功率为$(-174.88\text{dBW})+(-174.88\text{dBW})=-171.87$dBW。以此类推，可以求出其余反射信号的功率值。

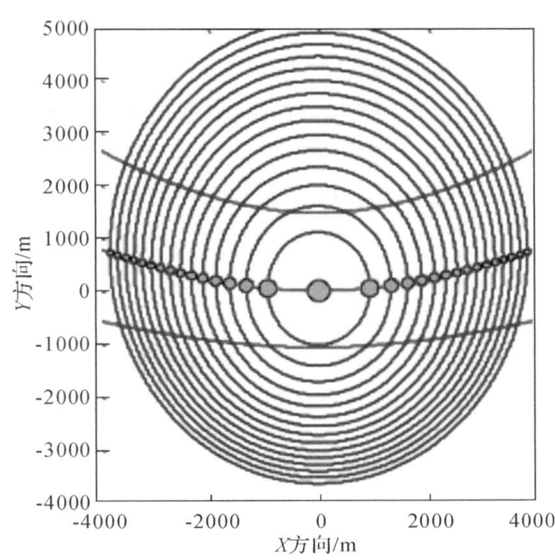

图 5　反射单元的散射面积

3. 海面反射信号的相关处理

为了验证该方法所取的海面反射点是否恰当以及计算的反射信号功率是否正确，需对由 16 个反射信号组成的海反信号进行相关处理。假设 GNSS 信号到达海面的功率为-158.5dBW，先用直射信号功率对所求的反射信号功率进行归一化。然后根据文献 15 中的处理结构图，对接收机接收到的海反信号进行相关处理仿真。在模拟过程中，设本地伪码共有 64 个相关器，相互间隔 1/4 个码片。处理得到的海反信号相关功率如图 6 中的星形线所示。

在利用 GNSS 海面散射信号进行海面风场遥感的研究中，Zavorotny 等人[16]利用 Kirchhoff 近似的几何光学方法建立了 GNSS 海面散射信号相关功率模型，即 ZV 模型。ZV 模型的时延一维相关功率是指在某个特定的多普勒频移下的相关功率，其表达式如下：

$$\langle|Y(\tau,f_0)|^2\rangle=T_i{}^2\int\frac{D^2(\vec{\rho})\Lambda^2[\tau-(R_0+R)/c]}{4\pi R_t{}^2R_r{}^2}\times |S[f_0(\vec{\rho})-f_c]|^2\sigma_0(\vec{\rho})\mathrm{d}^2\rho \tag{22}$$

式中，T_i 为相干积分时间；D 为接收机天线的增益；Λ 为 *GNSS* 伪随机码的自相关函数；S 为多普勒滤波函数；σ_0 为粗糙海面的标准化散射截面；$\vec{\rho}$ 为镜像反射点到平均海面上某一点的向量；R_t，R_r 分别为卫星和接收机到 $\vec{\rho}$ 端点的距离。

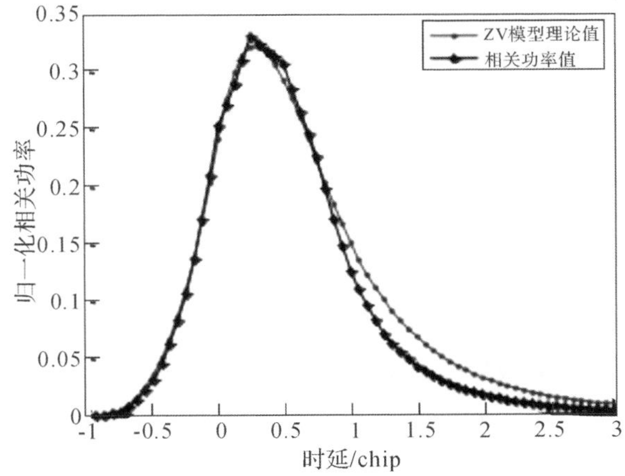

图 6　反射信号处理结果

在相同的条件下，即可得到 ZV 模型的时延一维相关功率波形，如图 6 中的点形线。从图 6 可以看出两者的近似度很高，经计算得到相关系数为 0.9822。

最后，对分别由 12 个、14 个和 15 个反射信号组成的海反信号进行了相关处理，其相关系数分别为 0.9816、0.9821 和 0.9822。由 15 个与 16 个反射信号组成的海反信号相关处理的结果相同。说明随着时延的增加，相应的信号越来越弱，对于相关功率的影响也就越来越小。因此，在模拟的时候，选择前 15 个反射信号即可。

4. 结 论

从上面的建模分析和仿真可得到以下结论：

(1)海面反射点的选取方法既符合海面反射信号的特点，又使复杂的信号模型得到了简化，降低了信号建模的实现难度。

(2)计算反射单元散射面积的方法是方便可行的，为应用双基雷达方程计算 GNSS 海面反射信号的功率奠定了基础。

(3)通过所得海面反射信号的相关处理与 ZV 理论模型的比较，验证了该建模方法的合理性和科学性。

为使本文提出的方法能够适用于不同的条件，后续将进一步研究不同多普勒频率与时延的海面反射点选取和相应散射面积计算等问题。

参考文献

[1] A. Camps, J. F. Marchan-Hernandez, X. Bosch-Lluis, et al. Review of GNSS-R instruments and tools developed at the Universitat Politecnica de Catalunya-Barcelona tech//2014 IEEE Geoscience and Remote Sensing Symposium, QC:IEEE,2014:3826-3829.

[2] Domenico Schiavulli, Ali Ghavidel, Adriano Camps, et al. GNSS-R Wind-Dependent Polarimetric Signature Over the Ocean[J]. IEEE Geoscience and Remote Sensing Letters, 2015, 12(12): 2374-2378.

[3] Qingyun Yan, Weimin Huang. Spaceborne GNSS-R Sea Ice Detection Using Delay-Doppler Maps: First Results From the U. K. TechDemoSat-1 Mission[J]. IEEE Journal of Selected Topics in Applied Earth Observations and Remote Sensing,2016,(99):1-7.

[4] Juha Kainulainen, Kimmo Rautiainen, Juha Lemmetyinen, et al. Detection of a Sea Surface Salinity Gradient Using Data Sets of Airborne Synthetic Aperture Radiometer HUT-2-D and a GNSS-R Instrument[J]. IEEE Transactions on Geoscience and Remote Sensing,2011,49(11): 4561-4571.

[5] LOWEST, KORGERPY, FRANKLING, et al. A delay/Doppler-mapping receiver system for GPS-reflection remote sensing[J]. IEEE Transactions on Geoscience and Remote Sensing,2002, 40(5):1150-1164.

[6] YOU H, GARRISON J L, HECKLER G, et al. The autocorrelation of waveforms generated from ocean-scattered GPS signals[J]. IEEE Geoscience and Remote Sensing Letters,2006,3(1): 78-82.

[7] CARDELLACHE, RUFFINI G, PINO D, et al. Mediterranean balloon experiment: ocean wind speed sensing from the stratosphere, using GPS reflections[J]. Remote Sensing of Environment,2003, 88(3):351-362.

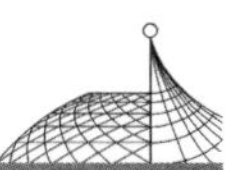

[8] LI Weiqiang, YANG Dongkai, ZHANG Bo. Real-time processing of reflected GNSS signal for remote sensing: system and experiments[J]. The Journal of Navigation, 2011, 64: 127-140.

[9] George A H, Zuffada C. Theoretical description of a bistatic system for ocean altimetry using the GPS signal[J]. Radio Science, 2003, 38(5): 10-19.

[10] 杨东凯,张其善. GNSS反射信号处理基础与实践[M]. 北京:电子工业出版社,2012.

[11] 丁鹭飞,耿富录. 雷达原理[M]. 3版. 西安:西安电子科技大学出版社,2002.

[12] MAURICE W L. Radar reflectivity of land and sea[M]. Boston: Artech House, 2001.

[13] Elfouhaily T, D. R. Thompson and L. Lindstrom. Delay-Doppler Analysis of Bistatical Reflected Signals from the Ocean Surface: Theory and application[J]. IEEE Transactions on Geoscience and Remote Sensing, 2002, 40(3): 560-573.

[14] T. Elfouhaily, B. Chapron, K. Katsaros, et al. A unified directional spectrum for and short wind-driven waves[J]. Journal of Geophysical Research, 1997, 104: 15781-15796.

[15] 杨东凯,丁文锐,张其善. 软件定义的GNSS反射信号接收机设计[J]. 北京航空航天大学学报, 2009, 35(9): 1048-1051.

[16] ZAVOROTNY V, VORONOVICH A. Scattering of GPS Signals from the ocean with wind remote sensing application[J]. IEEE TGRS, 2000, 38(2): 951-964.

GNSS Sea Surface Reflection Signal Modeling Method Based on the Principle of Bistatic Radar

Abstract: In the application of GNSS-R technology, the reflection signal source is needed to test the receiver in order to reduce costs. The signal model is the core of GNSS-R signal source. In order to solve the problem of the lack of corresponding model, this paper presents a method of establishing GNSS sea surface reflection signal model based on the principle of bistatic radar. Firstly, on the basis of analyzing the characteristics of GNSS sea surface reflection signal, sea surface reflection points were selected. Then, the scattering coefficient and the scattering area in the radar equation were calculated. Thus, the reflected signal power in corresponding reflection point was obtained. Finally, reflection signal parameters are simulated and verified. The simulation results indicate that the correlation coefficient of the signal correlation power curve and the theoretical curve of the ZV model is better than 0.98, which can be used to generate the GNSS ocean reflection signal effectively. The approach is of important reference significance for the theory and the development of GNSS-R signal generator.

Keywords: GNSS; reflection signal; bistatic radar; ZV model; correlation power

航空工程

大飞机气动总体技术的发展*

摘　要：本文论述了大飞机常规气动布局的发展，客机机身技术以及新型气动布局——翼身融合体飞机(BWB)的发展。分析了气动总体技术对于大型飞机的安全性、经济性、舒适性和环保性等方面的作用，并结合国内的研究现状提出我国加强气动总体技术研究，走自主创新的意见。

关键词：大飞机；气动；总体；超临界翼型；翼梢小翼；层流技术；机身；翼身融合体；CFD；风洞试验；气动噪音

1. 前　言

大型飞机对我国国民经济的发展和科技进步有重大的带动作用。我国正处于民航运输高速发展的战略机遇期[1]，未来 20 年，我国需要 2000 多架大型飞机。发展我国大型飞机产业，研究具有自主知识产权和为市场所接受的大型飞机，并在商业竞争中取得成功，对航空产业的转型，带动相关产业的发展有重大战略意义，也是国家意志，也是提高综合国力的必然要求。

气动总体技术是飞机发展的基本问题。在确保飞机安全性的同时，提高飞行效率，减轻飞机的机体重量是最主要的技术目标。气动总体布局的不断创新，推动飞机性能的不断提升。合理的气动总体布局方案不但能提升飞机总体技术水平，而且是大型飞机获得商业竞争成功的技术保障。

2. 大型飞机总体技术发展的趋势

飞机的气动总体技术问题，涉及飞机设计的很多方面，是一个多学科交互作用的复杂课题，它的发展在很大程度上是一个逐渐演变的过程。尽管在过去的 50 多年里有许多技术进步，现代飞机的机翼、机身和操纵面布置看上去与最早"彗星"号的设计没有太大的差别。只有发动机安装形式从原来的埋入式布局改变成今天使用的吊舱式布局。

由于减少气动阻力、改善升阻比、发动机增效、采用先进电子和控制技术、结构减重、改进材料和制造技术等诸多方面的重大进展，大型客机在综合技术水平方面已经有了很大的发展。例如 B787 和 A350 与同级别的其他飞机相比：燃油节省 15%～20%；座公里成本降低约 10%；维修周期加长，维修成本降低约 30%；排放比类似飞机减少约 20%；起降噪声更小，对机场附近居民的噪声影响减少 60%；座舱舒适性气压由 2400m 降到 1800m，窗口大 65%；液压系统由 21MPa 提高到 35MPa；多电系统从发动机提取动力减少 35%，减重超过 1t 等。

---

* 本文最早发表于中国航空学会 2007 年学术报告会，2007 年 9 月，深圳。

文章刊于《中国工程科学》，2009，11(5)：4-17.

在未来20年中，为了满足人们对于大型飞机的安全性、经济性、舒适性和环保性等方面逐步提高的要求，其安全性将提高10倍，事故率降低到现在的1/10；经济性提高1倍（即运输成本降低50%）；废气排放减少到现在的1/5～1/3；噪声减少到现在的1/4～1/2；座舒适性进一步提高；研制周期缩短30%，费用降低35%，成本减少30%；飞机的阻力水平降低10%～20%，巡航效率增加30%等。

2.1 燃油经济性的发展情况

近年来，国际原油价格一路上涨，航空公司的运营成本也随之增加，直接运营成本中燃油费的比重已到了30%～40%，因此改进和发展干线客机的主要努力方向仍然是降低燃油消耗率、节省能源。自20世纪60年代至80年代干线飞机燃油经济性提高情况和对未来情况的预估如图1所示。

从图1中可以看出，自1960年开始的20至30年间：

(1)采用双涵道涡轮喷气发动机，并不断提高其涵道比(涵道比达5～9)。

(2)1980—1988年，采用了展弦比λ≈9～10的超临界机翼(Ту-204，Ил-96，A310，A320等)使空气效率提高了20%～30%，大大提高了燃油经济性。

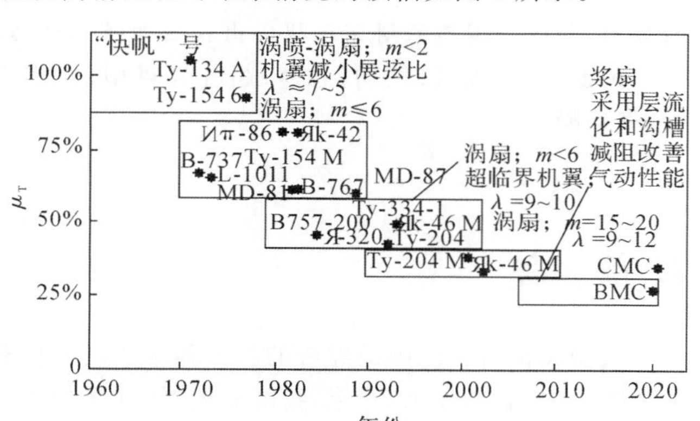

图1 燃油经济性的发展情况

预计今后20至30年，燃油消耗率还会继续大幅降低，有效的措施仍将是：

(1)采用大涵道比的涡轮喷气发动机(m≈10～20)；采用涡轮桨扇发动机；

(2)提高飞机空气动力效率；

(3)采用新结构和先进材料减重；

BAE公司研究预计今后10年内飞机飞行效率的提高可使250座客机的油耗减少20%以上，其中，7%来自发动机，4.5%来自材料的结构，8.5%来自空气动力。可见，飞机总体布局技术是民机设计中十分重要的技术之一。

2.2 大型客机发动机的发展

20世纪70年代以后，第一代大涵道比涡扇发动机得到发展并成为军民用运输机的主要动力。经过30多年的发展，大涵道比涡扇发动机的性能、经济性、安全性、可靠性和环保水平都有很大进步[8]，见图2。

与早期的涡喷发动机相比，发动机的噪声已经降低了20dB，推力增加了100倍，耗油率减少了50%。目前，大涵道比涡扇发动机的最大推力已超过50000daN，发动机的空中停车率从每1000飞行小时1次下降到0.002～0.005次。航班准点率达到99.95%～99.98%。发动机在飞机上不拆换的工作时间达到16000h，最长超过40000h。发动机的噪声强度和污染物排放也分别降低了75%和80%。

表1给出了大涵道比涡扇发动机的发展历程和循环参数。可以看出涵道比从4提高到15，总增压比从25提高到50，涡轮进口温度从1500K提高到1900K以上。

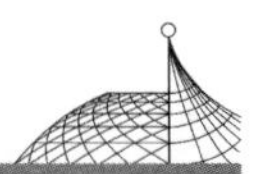

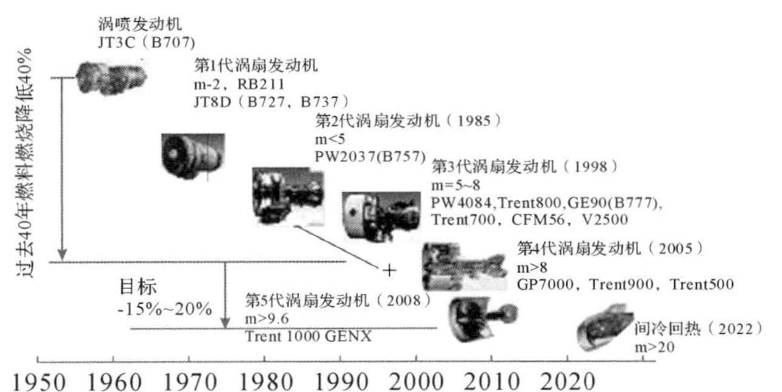

图 2　大型客机发动机的发展

表 1　大涵道比涡扇发动机的发展历程和循环参数

取证时间	1977—1992	1993—2007	2008 年以后
典型发动机	RB211、PW4000、CFM56、V2500、PW2037、JT9D、CF6-80C2/E1	Trent800、PW4084、GE90、Trent900、GP7200	Genx、Trent1000、PW8000
涵道比	4～6	6～9	10～15
风扇压比	1.7	1.5～1.6	1.3～1.4
总增压比	25～30	38～45	50～60
涡轮前温度/K	1 500～1 570	1 570～1 850	>1 900
巡航耗油率/kg(daN · h)$^{-1}$	0.58～0.7	0.565～0.6	0.5～0.55

今后，大涵道比涡扇发动机将进一步提高性能和可靠性，降低污染排放和噪声，并具有更好的经济性。到 2020 年，预计噪声减少 30dB；CO_2 排放减少 50%；NO_x 排放减少 80%；飞机事故率减少 80%；重量减轻 30%；耗油率降低 15%～20%；研制和生产成本减少 30%；维护成本减少 40%。

2.3　大型客机的先进机载系统技术

机载设备是飞机的三大支柱之一。它包括飞行控制系统、航空电子系统和航空机电系统。机载设备对改善飞机性能有很大影响，也是现代飞机高科技含量和先进性的重要体现。

国外大型客机如波音 777、波音 787 和 A-380 均已采用了综合化、模块化的处理系统，代表机载系统的世界先进水平。据报道[7]，该项技术使整个航电系统的体积减小 50%，重量减少 30%，功耗降低 16%，可靠性提高 20 倍。波音 787 减少了 100 多个航线可更换组件(LRU)，为实现节省 20%的燃油做出了重要贡献。

刚刚投入运营的 A380 飞机的机载系统与空客其他飞机的机载系统相比更先进，安全、可靠(见图 3)。A380 飞机采用了如下先进的机载技术：

a. 高压液压系统：35MPa；b. 变频发电机：150kVA 变频交流电源；c. 机上维护系统(OMS)：采用先进的“动压轴承三轮升压式高压除水带回流空气”的环境控制系统；d. 模块化航电：基于 ARINC 653 标准的、开放式的综合模块化；e. 2 套液压+2 套电器电传操纵：除了 2 套液压系统外，还配备了电作动系统，向多电飞机方向又迈进了一步；f. 电液飞控作动器；g. 提供机翼减载的燃油系统。

电传飞行控制系统是民用飞机发展的重要里程碑，它可减轻飞行员工作的负担、提高乘座舒适性、优化飞机设计。空客和波音都以电传飞行控制系统来改善飞机效能及增强市场商业竞争能力，取得了巨大成功。对大型客机三余度飞行控制系统来说，采用电传操纵(FBW)和功率电传作动器(PBW)可使飞机减重 6.5%，降低全寿命成本 3.2%，增加平均故障间隔时间 5.4%，故障率不超过 10^{-9}。此外，还可实现：a. 放宽静安定性，飞机重心后移约 6%，可减少平尾面积，实现减重节油；b. 通过机翼载荷控制缓解机翼"疲劳"。B-52 验证表明可降低飞机翼根弯矩达 40%，降低机翼重量 8.2%；c. 能提供全飞行包线一级飞行品质，提高舒适性。

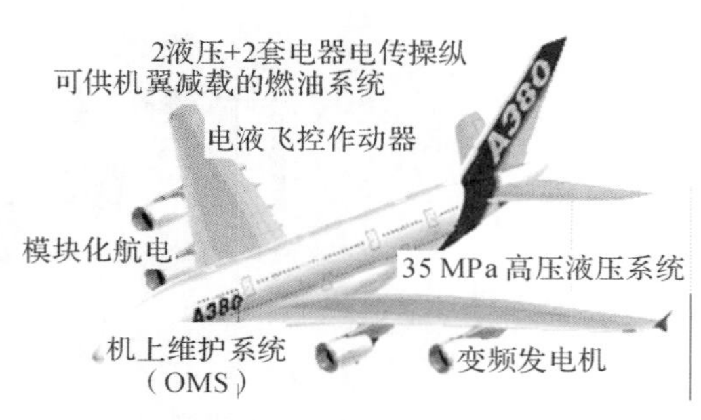

图 3　A380 的先进机载技术

现今，大型飞机正向多电飞机(more electrical aircraft)方向发展(见图 4)，即用更多电源取代液压源、气源，对电源系统提出了新的挑战。变频电源系统的发电机直接与发动机附件机匣连接，不再需要复杂的恒速传动装置和大功率变换器，可减重 30%，减体积 40%，提高效率 15%。

2.4　大型客机材料技术的发展

机上环境和自然环境对民用飞机可靠性、安全性、经济性等有着十分苛刻的要求，要求结构材料具有质轻、高强和耐高温及耐腐蚀等性能。一代材料，一代飞机。目前，大型客机机体材料主要包括铝合金、钛合金和树脂基复合材料等，而发展重点则集中在低成本、高性能的树脂基复合材料技术。

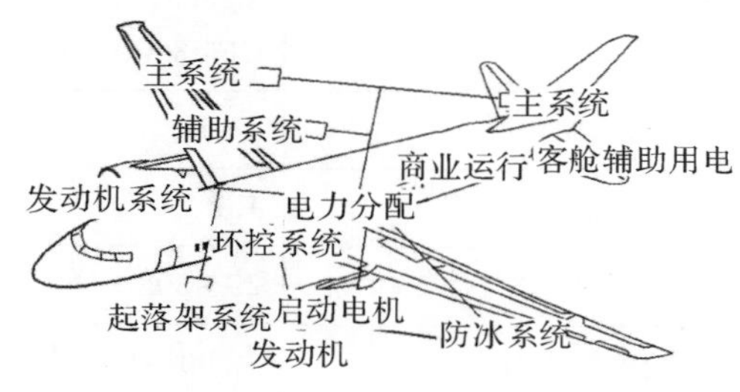

图 4　多电飞机示意图

从图 5 可以看出，大多数客机铝材用量仍占其自身质量的约 70%，但铝材受到了严峻挑战，有逐年下降的趋势；而复合材料和钛合金的用量则不断增加。在 B787 飞机机体材料中，复合材料用量已经达到 50%，铝合金用量 20%，钛用量 15%。

尽管复合材料比铝合金贵，但可使飞机的结构重量大幅度减轻。复合材料的使用可以减重 10%～30%，所带来的经济效益(包括燃油消耗降低 3%等)远远抵赏了它成本高的负面效应。另外，B787 的外场维护间隔时间从 B767 的 500h 提高到 1000h，维修费用比 B777 低 32% 等也带来了可观的经济效益。

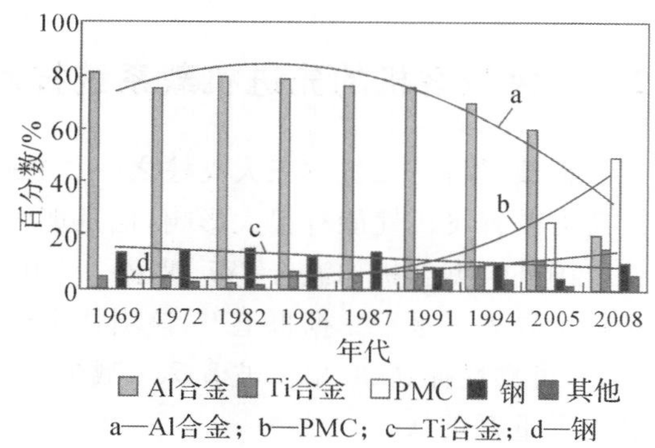

图 5　大型客机机体材料的发展

3. 大型飞机常规气动布局的发展

自从莱特兄弟发明第一架飞机以来，飞机设计师们通常将飞机的水平尾翼和垂直尾翼都放在机翼后面的飞机尾部。这种布局一直沿用到现今，也是现代飞机最常采用的气动布局，因此称之为"常规布局"。

常规布局形式经过长期的发展成为飞机布局形式的主流，得到了广泛应用，特别是运输类飞机。常规布局在发展的早期，以多跨度构架形的双翼机和撑杆式的单翼机为典型。随着古典式翼型的出

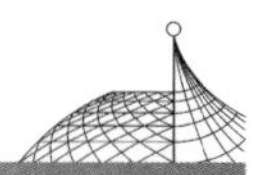

现，为大展弦比、悬臂式机翼打下了基础。大推力、小尺寸喷气发动机的出现，使跨、超声速飞行成为可能。

3.1 翼吊与尾吊

21世纪，人们看到，翼吊布局（见图6）已经成为美国、欧洲、俄罗斯等国家和地区大型客机所共同采用的主流布局。并且（至少在21世纪前10年），我们看到尚在研制的新型号（空客A380和波音787）仍然采用这种布局。这种布局有以下主要优点：

图6 翼吊与尾吊

a. 发动机重量在全机重心附近，减小了全机重量配平的困难；

b. 发动机重量对机翼减载作用，减轻了结构重量；

c. 发动机的进气和喷流远离机体。

客机的发动机尾吊式布局，在20世纪50年代末首先在法国的“快帆”号客机上采用。将发动机短舱安装在机身后部的两侧（见图6），有很直观的优点：

a. 这是一种“干净机翼”的设计。发动机的位置在机翼后，因此短舱的进气、喷气以及外形的干扰都对机翼上的气流影响较小，机翼可以比较单纯地按空气动力学需要来设计。

b. 装在机身两侧的发动机的推力线接近飞机的对称轴线。在单台发动机停车的情况下，继续工作发动机的推力对飞机产生的不对称偏航力矩较小。

c. 降低起落架支柱的高度；降低座舱噪声，改善飞机舒适性；发动机更换和维护容易，起飞着陆时外界物体进入发动机的可能性减少。如果要换装推力加大的发动机一般不影响垂直尾翼的设计。

大型飞机的尾吊维护比翼吊困难，尾吊在发动机短舱设计，不同发动机选用，机身长度改变对气动和重心的影响，均比翼吊复杂困难。支线飞机和通用航空飞机，由于尺度关系，如果使用翼吊布局，发动机离地太近，反而成了小型飞机的致命伤。因此，一般情况下70座以上飞机常用翼吊布局，而70座以下飞机常用尾吊布局。

3.2 上单翼与下单翼

目前大型飞机都是单翼机，根据机翼安装在机身上的部位把飞机分为上、中、下单翼飞机，也有称作高、中、低单翼。机翼安装在机身上部（背部）为上单翼（见图7(a)）；机翼安装在机身中部的为中单翼，机翼安装在机身下部（腹部）为下单翼（见图7(b)）。然而，中单翼因翼梁与机身难以协调，因此这里不再作重点介绍。

图 7　上单翼和下单翼飞机

上单翼具有干扰阻力小,视野好,机身离地高近,易装货,发动机离地高,升力大等优点;下单翼具有:离地近,起落架短,降落稳定性好,易收放,维修方便,舱门空间不受影响,人员易救生逃离等优点。

军用运输机因需要有利于货物装卸和空投空降,要求发动机位置比舱门高,必须能够使用条件恶劣或简易的机场,因此一般采用上单翼;而民用客机在救生逃离和舒适性方面要求高,因此一般采用下单翼。

3.3　超临界翼型

超临界翼型概念是美国 NASA 兰利研究中心的惠特科姆于 1967 年首先提出。这种翼型的特点是前缘半径较大,中部上表面弯度较小,后部下表面凹曲,后缘薄而尖。目前,超临界翼型已经在美国的波音 757,767,777 和 787,欧洲的 A310,320,330,340,380 和俄国(原苏联)的 Ил-96,Ту-204 等现代客机上得到广泛应用。

超临界翼型的研制经历了两个阶段:第一代超临界翼型上的表面局部超声区的气流较普通翼型的加速慢,激波强度小;第二代超临界翼型为进一步提高临界 *Ma* 使其上表面局部超声速区气流作部分等熵压缩,激波明显减弱,其上表面的增厚和下表面后段的向内收缩都更多,翼型中线呈典型的 S 型。三种翼型的几何外形如图 8 所示。

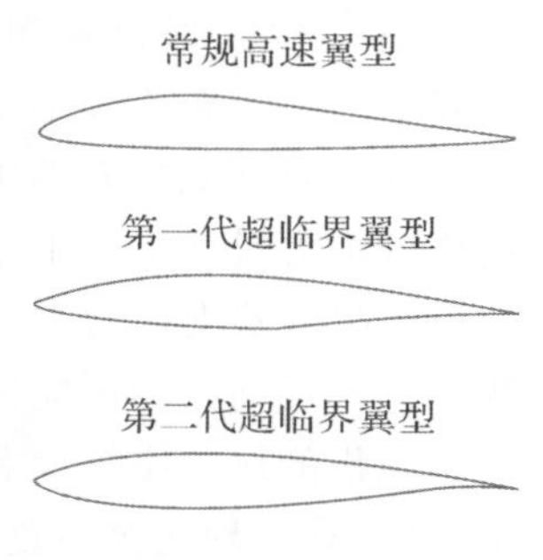

图 8　超临界翼型示意图

气流绕过普通翼型前缘时速度增加较多(前缘越尖,迎角越大,增加越多),在翼型上表面流速继续增加。翼型厚度越大,上表面越向上隆起,速度增加也越多。飞行速度足够高时(*Ma* 为 0.85～0.9),翼型上表面的局部流速可达到音速。这时的飞行 *Ma* 称为临界 *Ma*。飞行速度再增加,上表面便会出现强烈的激波,引起气流分离,使机翼阻力急剧增加。为了保持飞机飞行的经济性,飞行马赫数不宜超过临界 *Ma*。想要提高巡航速度就要设法提高机翼临界 *Ma*。

图 9 为三种翼型(相对厚度为 12%),在 $C_L=0.5$ 时阻力 C_D 随 *Ma* 变化的曲线。由图可见,第二代超临界翼型与普通翼型相比临界 *Ma* 的增加量 $\Delta Ma=0.10$,效果非常显著。从而提高客机的巡航速度和运营效率,大幅度提高客机的燃油效率,如图 10 所示[5],采用了超临界机翼的客机 B777,A320 和 Ил-96M,相比采用普通机翼的客机 Ил-62,Ту-154,燃油效率增加了 40%～50%。

现代客机应用超临界翼型能起到减小机翼后掠角和增加机翼相对厚度并因此减小机翼重量和改善结构效率,达到增大机翼展弦比的目的。大展弦比机翼可降低诱导阻力和增加升力,提高飞机的气动效率(升阻比)。对以 $Ma=0.82$ 巡航的现代客机而言,当采用更大展弦比的机翼时,既可减轻重

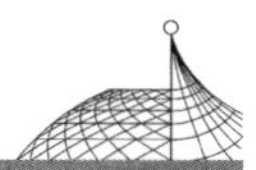

量,也可省燃油约8%。在典型的使用率条件下,每减少1%的阻力,相当每年减少燃油:B737减少15000gal,B757减少25000gal,B767减少30000gal,B777减少70000gal,B747减少1000000gal。

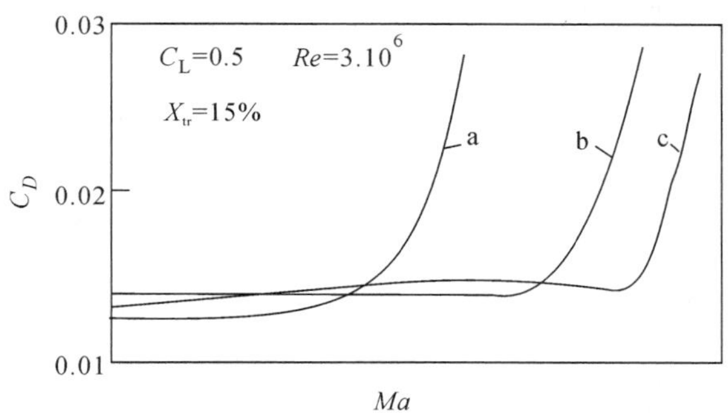

a—常规高速翼型; b—第一代超临界翼型;
c—第二代超临界翼型

图9 超临界翼型的型阻系数 C_D 随 Ma 的变化关系图

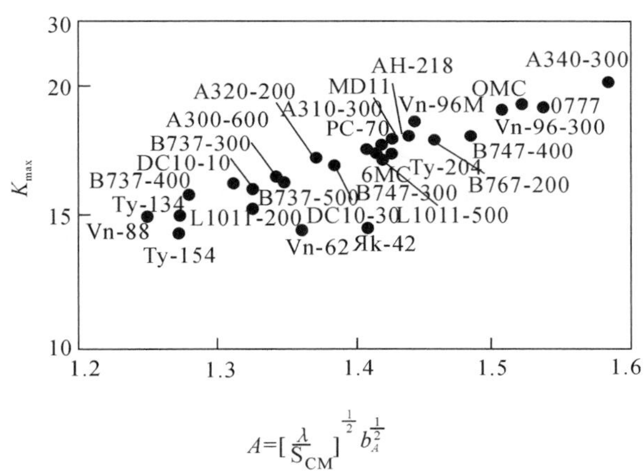

图10 正弦比与 K_{max} 的关系图

但是超临界翼型较大范围的后部弯度,会产生很大的低头力矩,造成飞机在配平飞行时,因为需要增大平尾的向下载荷而增加飞机翼升力,从而使超临界翼型提高阻力发散 Ma 数的效果打折扣,配平阻力也要大得多。超临界翼型的另一个缺点是后部的结构高度太小,给后缘襟翼系统的设计带来一定困难。

3.4 提高 $Ma \cdot K_{max}$ 值

现代干线客机的巡航速度为800～870km/h,设计气动布局时的设计 Ma=0.75～0.82,而飞机最大航程时对应最低燃油消耗的 Ma=0.75～0.79。只有提高巡航 Ma 和 Ma 与飞机空气动力效率 K_{max}(最大升阻比)的乘积才能大大提高经济效益并缩短飞行时间。大飞机每提高空气动力效率0.35%,就相当于每年节约30000gal的燃油。

三维机翼设计应在满足给定的巡航速度和水平飞行升力系数、绝对保证飞行安全和机场要求等条件下,获得尽可能高的升阻比,由于对机翼的气动力、工艺、强度、气弹等方面的要求常相互矛盾,机翼的气动设计只能取其气动要求和其他要求之间的折中，为保证飞机达到要求的实际航程和较好的运输成本指标，机翼的几何形状和增升系统设计应实现尽可能高的 $Ma \cdot K_{max}$ 值。空中客车和俄罗斯某些飞机的 $Ma \cdot K_{max}$ 与 Ma 的关系曲线（如图 11 所示）[5]，可以看出 $Ma \cdot K_{max}$ 值从 11～12 增加到了 15～16。

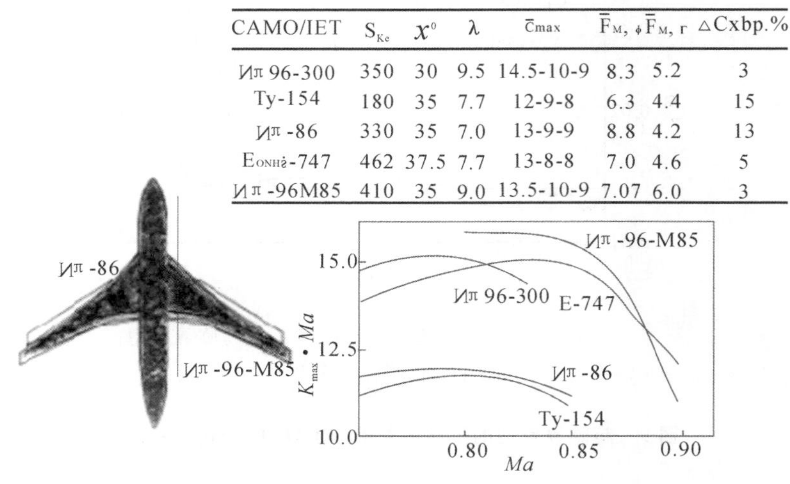

CAMO/IET	S_{Ke}	χ^0	λ	$\bar{c}$max	$\bar{F}_M$,	$\phi\bar{F}_M$, г	△Cxbp.%
Ил 96-300	350	30	9.5	14.5-10-9	8.3	5.2	3
Ту-154	180	35	7.7	12-9-8	6.3	4.4	15
Ил -86	330	35	7.0	13-9-9	8.8	4.2	13
Eонн-747	462	37.5	7.7	13-8-8	7.0	4.6	5
Ил -96M85	410	35	9.0	13.5-10-9	7.07	6.0	3

图 11　各种飞机的 $Ma \cdot K_{max}$ 曲线比较

近年来的“石油危机”使干线客机设计中的燃油效率指标成了决定性的因素，甚至不惜以适当降低巡航速度为代价，因此必须大大提高 K_{max} 来提高 $Ma \cdot K_{max}$ 值，图 10 反映了今年来一些典型飞机在提高 K_{max} 上所取得的进步[5]，所采取的重要措施是使用超临界机翼，使中等后掠角机翼的剖面上可有较大的相对厚度 $\bar{C}$，并使巡航飞行速度仍达到 800～870km/h，在保持机翼的机构强度和重量不变的前提下提高了机翼展弦比 40%～50%，从而提高了 K_{max} 值。

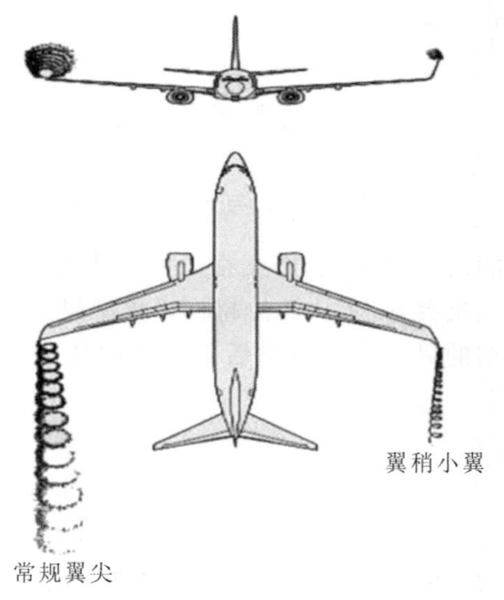

图 12　翼梢小翼的效果图

俄罗斯的 Ил-96-M85 飞机采用了外翼剖面 $\bar{C}=10\%$，1/4 弦线后掠角 $\chi=35°$ 的超临界机翼，其 $Ma \cdot K_{max}$ 值优于 $\bar{C}=8\%$，$\chi=35°$ 的 Ил-86 的普通翼型机翼，见图 11，翼型加厚和后掠角不变的超临界机翼比普通翼型机翼可有较大的展弦比而使空气动力效率 K_{max} 提高；Ил-96-M85 飞机的 $Ma \cdot K_{max}$ 值也优于同

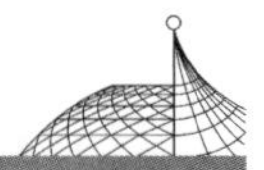

为超临界翼型的 Ил-96-300 飞机，翼型相对厚度不变和展弦比减小时，后掠角增大也能得到较大的 $Ma \cdot K_{max}$ 值。以上表明了机翼设计的进展，还有进一步改进提高的空间。

俄罗斯雅克集团与依留申集团联合推出的 150 座级涡扇干线飞机 MC-21，已在俄罗斯中短途干线飞机的政府招标计划中中标。该机设计指标高于目前在中国使用的空客、波音的同类飞机，广泛采用新技术，是目前技术水平较高的飞机。而其最主要的改进之处就是采用了新一代的超临界机翼，可做到巡航 Ma 时 K_{max} 值较大，以增加航程。并减小机翼后掠角，降低结构重量。

3.5 气动细节设计

(1)翼梢小翼。机翼上下表面的压力差，使下表面的高压气流向外侧的翼尖流动，而上表面的低压气流向内侧流动，这种气流的横向流动与自由流结合形成翼尖涡。大展弦比机翼有很强的翼尖涡，它将机翼的尾涡卷入形成集中涡，引起强下洗，导致机翼的升力方向明显向后倾斜，产生很大的飞机诱导阻力，一般使客机在巡航状态的诱导阻力达到飞机总阻力的约 40%。

20 世纪 70 年代惠特科姆将其设计成产生显著侧力的翼梢小翼，才真正开发了它的潜力。翼梢小翼的作用在于：在翼尖下游耗散翼尖涡；使机翼上下表面气流横向流动产生的诱导速度与自由流合成的速度，在小翼上产生垂直当地气流方向的向内侧力(小翼升力)，其在自由流方向产生显著的推力分量；起到端板作用，增大机翼的有效展弦比；减少诱导阻力，增加飞机的颤振裕度，改变其起飞阶段的噪声分布。

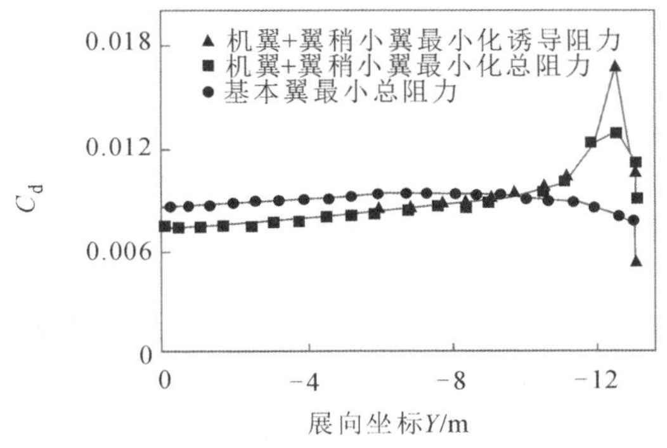

图 13　沿展向阻力分布的比较

最早的翼梢小翼是 20 世纪 70 年代由 NASA Langley 中心研发加在 KC-135 上，由于诱导阻力的减少使得飞机总阻力降低 6.5%(诱导阻力减少 15%)，航程增加 7.5%；俄国现代客机 Ty-204 的翼梢小翼使飞机总阻力减少 5%；B747 飞机安装融合式翼梢小翼可减少 6810～9010kg 油耗；B737-700 和的融合式翼梢小翼，可使航程增加 5%；B737-800 飞机安装弯折式翼梢小翼的可节油 3%～5%(6000 磅商载)；B737-700 装上翼梢小翼后噪声级别由 A 降低到 AA。

根据计算实例[6]，在巡航设计状态下($Ma=0.76, C_L=0.53$)，使用 Lagrange 乘数优化方法，对机翼＋翼梢小翼进行升阻比的优化设计。沿展向的阻力分布的比较(见图 13)，可以看出，加装翼梢小翼后，因其在翼尖下游耗散翼尖涡，减少了气流的横向流动，机翼大部分区域的沿展向的当地阻力比单独机翼的阻力要小，在翼尖附近相对偏大。

表 2　翼稍小翼例子计算结果比较

参数	单独机翼	机翼＋机梢小翼	
		minimum 诱导阻力系数	minimum 诱导阻力系数＋形状阻力系数
展向效率因子	0.410 2	1.870 6	1.587 4
翼根弯矩	－0.166 8	－0.168 6	－0.169 0
诱导阻力系数	0.012 42	0.002 68	0.003 21
形状阻力系数	0.018 48	0.028 10	0.021 24
总阻力系数	0.030 90	0.030 78	0.024 45
升阻比	17.152 1	17.216 6	22.023 3

加装翼梢小翼能够减少诱导阻力，不过小翼本身也会产生诱导阻力和形状阻力，应将这些减小到最低并且不能抵消由于加装小翼所引起的诱导阻力的减小量。同时小翼的安装，势必增加翼根的弯矩大小(见表 2)，严重地影响机翼的结构强度，因此在进行翼梢小翼设计时，考虑翼根弯矩的变化则显得相当必要。

第一和第二代喷气客机的试验数据表明，对于给定的机翼翼根弯矩，翼梢小翼获得的效益比加长翼展好，前者翼梢小翼只在增加很少几何展长的情况下，就能得到较高的有效展长效果，因此比简单外伸翼尖增加的弯矩少，付出的结构代价小。当翼梢小翼作为现役客机的改进项目时，必须进行仔细考虑，因其增加的弯矩要受到机翼结构强度的严格限制。在设计翼梢小翼时笔者分析的经验是：$\lambda>11$ 时采用翼梢小翼的效果并不明显；$\lambda=5\sim9$ 时采用翼梢小翼的效果比较好。

(2)翼根。对于现代民用客机而言，其机翼根部翼型相对厚度较大，又具有较大的安装角，且起落架又常常需要收在机身下部，这样即使在较小的来流迎角下也会产生气流分离现象。迎角增大，分离旋涡增强，分离范围扩大。分离旋涡不但产生阻力，而且严重时对升力有明显的影响。机身对机翼的干扰使机翼的压力分布发生明显的变化，特别在翼根区域影响更为显著，尤其是对采用下单翼布局的飞机。主要表现为：机翼翼根区剖面的压力分布形态发生巨大的变化，这种影响一般可达 30%半翼展，严重的情况可达 70%～80%半翼展，机翼表面的等压线在翼根区出现弯曲，降低了机翼的气动效率。翼身整流罩的设计目的就是要保证在达到翼根处的目标压力分布的同时使翼根处气流不产生分离。

(3)发动机短舱。发动机短舱位置和喷流方位是动力增升构型设计中最关键的参数。发动机短舱对高速巡航性能和增升都有明显影响。短舱上下位置在避免巡航状态喷流直接冲刷襟翼的前提下应尽量靠近机翼。为了实现在很小的襟翼偏角时发动机喷流都可以穿过襟翼，其吊挂位置不但要靠近机翼，而且要稍稍向机翼前缘伸出。发动机出口向前移，有利于减小巡航时短舱干扰阻力，同时减少短距起降时短舱的干扰影响。短舱展向位置对动力升力影响不大，发动机后移则对升力增大不利。通过短舱声学设计，可大大降低发动机产生的噪音。采用锯齿形喷口(chevron)和在发动机短舱中敷设声衬是降低发动机噪声的有效手段。

B787 设计中融合先进的空气动力学技术，显著提升飞机性能并降低运营成本。其先进的空气动力学技术之一便是层流型短舱，通过精巧的设计，B787 创造了保持层流的短舱部分长度之最，其结果是阻力降低，飞机每年的油耗最多可减少 30000gal。

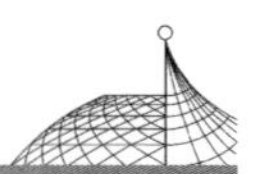

4. 大型客机机身的发展

大型客机的一个主要用途就是舒适而安全地载运乘客完成他们想要实现的旅行。客户对客舱内部布置、装饰的评头论足要比对飞机的其他特征仔细的多。因此，以客舱的细节设计为起点，才能获得优良的民机设计。

民机客舱布置需考虑的因素中，舒适性占主要的地位。决定客舱舒适性的主要因素有：a. 座椅的设计和安排，特别是可调性和腿部空间；b. 客舱布置和装饰的美感；c. 旅客在舱内的活动空间；d. 客舱内的微气候，即空调系统设计；e. 舱内噪声和声共振；f. 飞机加速度对旅客的影响；g. 爬升和下降时机身的姿态；h. 续航时间；i. 卫生间、休息室和其他设施的舒适和方便程度；j. 服务质量——乘务员服务态度，娱乐、饮食等设施和安排。笔者主要从大型客机的舒适性着手，介绍客舱剖面形状、座舱布置以及座舱压力等方面的发展。

4.1 客舱剖面

现代旅客机按座位的舒适程度和在飞行中对旅客的服务条件，采用不同级别的座舱，Ⅰ级是最高级、Ⅱ级是旅行级、Ⅲ级是经济级。对一般民用飞机，经济舱占整个客舱的绝大部分甚至全部，因此客舱剖面选取主要由经济舱布置决定。

机身剖面形状由实现增压的结构设计要求所支配。圆形壳以环张力来平衡内部力载荷，这就使得圆形剖面效率更高，从而结构重量最轻。任何非圆形剖面的壳体都将承受弯曲应力，这将显著增加机身结构的重量。但是，完全圆形的剖面也许并非包容商载最佳的形状，因为客舱空间的上方和下方有过多容积无法利用。在某些设计中，通过将几个圆形截面相互连接，构成剖面形状来克服这一点。例如空客公司的飞机系列，其机身剖面形状就从圆形逐步转变成了现在椭圆形[3]（见图 14），最典型的是 A380 飞机。

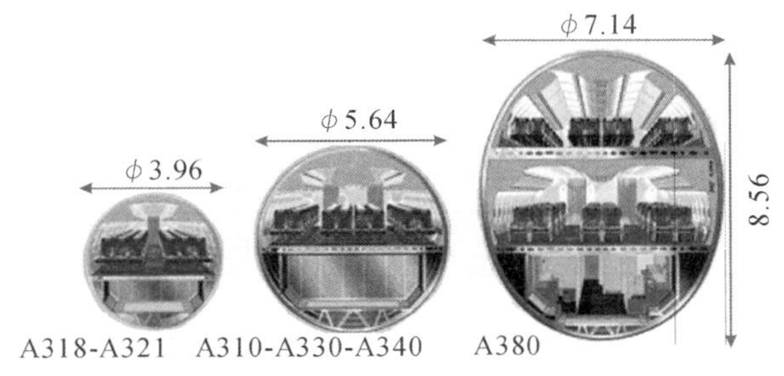

图 14 空客系列飞机机身的发展(单位:m)

作为目前世界上最为舒适、宽敞、豪华的 A380 飞机座舱，其剖面形状的设计从一开始，便经历了一个不断创新、检验及听取客户意见的过程，最后逐步演变成现在的机身剖面形状，如图 15 所示。第一排的众多剖面形状中(没有全部列出)，通过表面积最小的原则，并考虑机身长度和货舱的货物容易的因素，筛选出第二排的 4 个剖面形状；在这 4 个剖面形状中，再充分比较其表面积大小、机身长度、机体结构重量和成本因素，得到第三排的第一个方案；最后考虑到航空公司舒适性和操作灵活性要求以及制造商的设计灵活性等，最终形成了现在的机身剖面形状方案。此外，在大型客机的剖面形状设计中，必须考虑机场的兼容性。比如 650 座，采用 8＋6 并排分布的剖面，A380 飞机则会过长、过细、刚度差以及

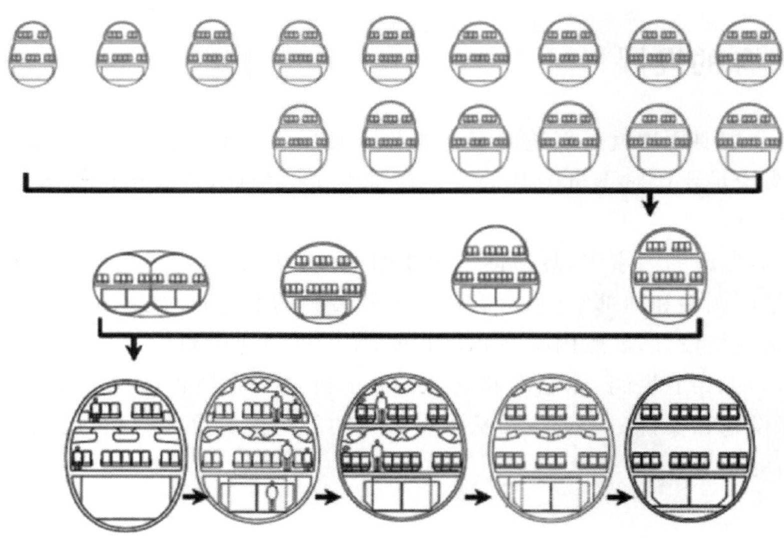

图 15　A380 机身截面形状研究

过重，对于机场调度和 9 个舱门来说太长；再如 480 座，采用 10＋6 并排分布的剖面，A380 飞机则会过短、过粗、等剖面部分相对过低，舱门过少，机场的地面维护并不是最理想。

4.2　座舱布置与座舱压力

布置座舱座椅通常采用由两个或三个座椅组成一个座椅单元的型式。Ⅰ级客舱只采用由两个座椅组成的单元，Ⅱ级和Ⅲ级客舱可以用两个座椅的单元，也可以用三个座椅的单元。Ⅰ级客舱的座椅应有可以后仰 45°的靠背和放脚的活动台面，保证旅客能半仰卧地休息；Ⅱ级和Ⅲ级客舱的座椅靠背应分别能后仰 36°和 25°。

乘客乘坐的舒适度则与座椅宽度和过道宽度直接相关。下面以Ⅲ级客舱（经济舱）为例来说明，为了满足人们对于舒适性日益增加的要求，民用客机在设计时不断加宽了座椅宽度和过道宽度（见表 3）。

表 3　飞机的座椅宽度和过道宽度

机　型	椅背宽度/英寸	扶手宽度/英寸	过道宽度/英寸
MC-21	18	2	19.7
A320	18	2	19
B737	17	2	18

注：1 英寸≈2.54cm。

从上表可以看出，虽然 A320 飞机比 B737 飞机的座椅宽度和过道宽度分别只加宽了 1 英寸，但是乘坐过这两类飞机的人都能感受到，A320 飞机比 B737 飞机的舒适度明显要好。而俄罗斯准备推出的 MC-21 飞机的过道宽度比 A320 飞机还要宽出 0.7 英寸，其舒适度将进一步提高。此外，加大客舱的窗口能够改善乘客的视野范围，也可以提高乘坐的舒适度。波音 787 飞机拥有大型客机中最大的机窗，机窗面积比其他机型大 65％。

目前，大型客机都采用增压客舱，多数飞机客舱内增压后的气压相当于在海拔 2400m 高度的大气

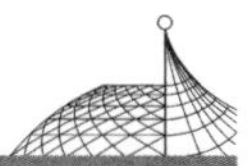

压力。而空客公司与波音公司已经将他们的新产品的客舱压力增加到了相当于1800m高度的大气压力，如A350和B787。其中，超宽体A350客舱的超舒适设计中，客舱的压力始终保持在6000英尺/1800m或以下；客舱湿度保持在20%的水平。

然而，座舱内部的压力如果越高，飞机升到高空以后，机内外的压力差也就越大，飞机结构所承受的压力也越大，因此对于飞机结构的强度要求也就越大。当飞机客舱内增压后，气压由相当于海拔2400m高度的大气压变为相当于1800m高度的气压后，飞机客舱内的气压增加了7.7%，机身结构强度相应的也要增加7.7%，全复合材料机身的出现正好可以满足。例如，B787的全复合材料机身的高强度除了可以增加客舱的耐压力，而且更容易控制客舱内温度、湿度和通风。

5. 新气动布局——翼身融合体飞机(BWB)

随着现代航空工业的快速发展以及航空运输市场运营成本的逐年增长，世界主要航空大国的航空研制部门都开始对下一代经济性、可靠性要求更高的运输机开展了研究。在所公布的几种未来大型运输机的气动布局方案中，飞翼布局的运输机引起了广泛关注，并且有的方案已进行到了相关的风洞试验阶段。其实飞翼布局形式，早在20世纪30年代，就已经被提出来。但是由于早期空气动力学、飞机设计理论及飞行控制系统等学科发展的滞后与不成熟，对于飞翼布局的外形所暴露出的稳定性不足、操纵难度大等与常规布局飞机特性相差很大的问题无法完全解决，因此不得不放弃。然而20世纪70年代以来，随着电子技术的飞速发展，计算机控制技术得到了广泛的应用，线控增稳技术、放宽静稳定度技术相继在飞机控制系统上得到了广泛应用，并取得了很好的效果。这些使飞翼布局的飞行器控制系统有了实现的可能，为飞翼布局飞机重新发展扫清了障碍。BWB便是根据人们对飞翼布局的研究成果提出来的，见图16。

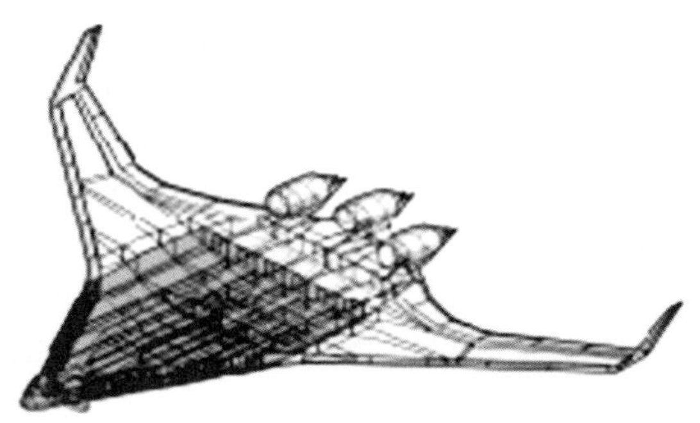

图16　翼身融合体飞机

飞翼布局之所以受到关注，主要是有以下优点：

(1)结构重量轻。采用全无尾布局，从结构上省掉了垂尾与平尾，从而大大减轻了结构重量，使整个飞机重量较相同量级的常规布局飞机大为减轻。同时，飞翼的宽短式机身设计在同等条件下结构强度更好。

(2)空气动力效率高，气动载荷的分布可达到最佳(见图17)。飞翼布局飞机其机翼与机身的融合

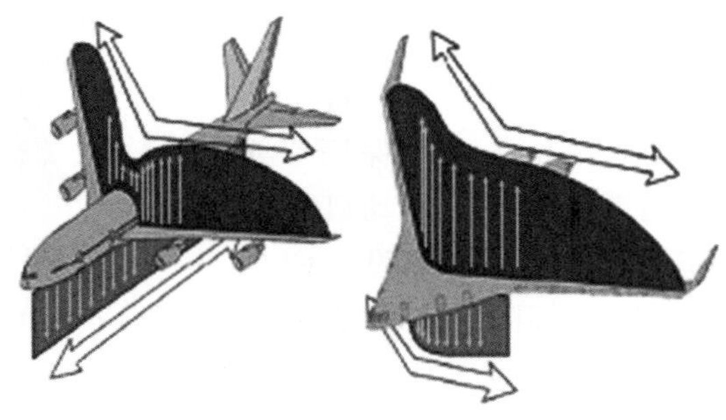

图17　气动载荷的分布示意图

大大减小了传统布局翼身间的干扰阻力和诱导阻力，从而减小了飞机的总阻力。同时使得整个飞机机体成为一个大的升力面，大幅提高了飞行器的续航时间、航程和有效载荷。资料显示，飞翼机的浸润面积减少1/3，K_{max}可达到 23～30，可使飞机的使用成本降低约 20％。

（3）有效装载空间大。飞翼布局飞机改变了常规布局的机身载重方式，大型飞翼机宽敞的中央机身机翼融合体内，可安排客、货舱和各种设备，使得可装载体积增大 20％～30％。

（4）飞行效率高。对于发动机安置于飞翼布局飞机上侧后部的设计，可通过发动机与边界层的相互作用进一步提高飞行效率。

5.1 BWB 的研究和发展

波音与斯坦福大学合作[3]，最早进行 BWB 外形的研究，并提出第一代 BWB 的外形；随后，在 NASA（1994—1997）的资助下，与一些大学和研究所共同开展研究，提供一个 800 座位，航程 7000 哩（12971km），巡航 $Ma=0.85$ 的概念可行的先进客机。然后，在波音（麦道）原有的第一代 BWB 研究基础上，以最小起飞重量为设计目标设计出了第二代 BWB 的外形[2]。它的翼展 85.3m，机翼面积 2450m，翼载为 488kg/m²，远小于现代客机的翼载。与同样设计要求的常规布局飞机相比，起飞总重可以降低 15.2％、K 增加 20.6％、燃油消耗降低 27.5％、使用空重降低 12.3％、需求推力降低27％、直接使用成本降低 13％。

截面升力系数和翼型相对厚度沿展向的变化，如图 18 所示，可以看出高承载的外翼和低截面升力的内翼及中央体的特点，它具有可承载旅客的大厚度翼型和易于纵向平衡的反弯后缘。

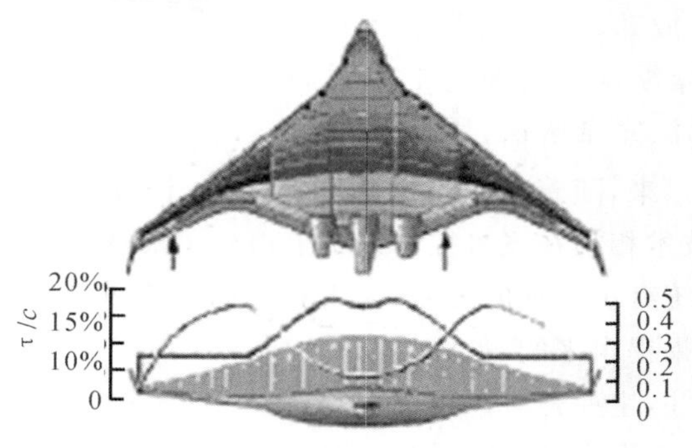

图 18 截面升力系数和相对厚度沿展向的分布

基于 N-S 方程的计算流体力学（CFD）方法计算巡航状态时的上表面的等压线分布（见图 19），可见外翼形成的激波向中央体过渡成一系列的压缩波，它是由于大量的展向流动弱化三维的压缩性影响，同时使流动的分离将始于内外翼交接处，使内外翼的流动保持附着流，可以保证外翼在大迎角时侧向控制的有效性，内翼能保证给发动机提供一个较均匀的流场环境，这些充分表明气动外形设计的合理性。随后的跨声速风洞实验表明，升、阻力和俯仰力矩的 CFD 计算值非常好地符合实验值。

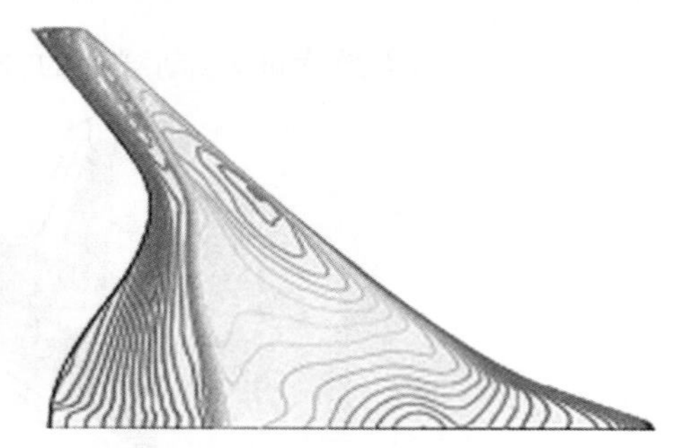

图 19 N-S 计算的上表面等压线分布

俄罗斯中央流体研究院在波音与空客合作和支持下做

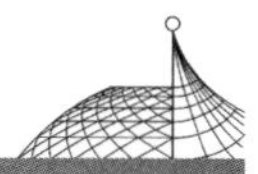

过对飞翼型布局的概念性设计研究，即航程为 13700km，900 座位，巡航 $Ma=0.85$，起飞距离 3350m 的基本要求，考虑了常规布局、BWB 布局、升力体布局和纯飞翼布局等 4 种外形。从图 20 可以看出，BWB 布局的升阻特性明显优于其它类型的布局，同样也证实了翼身融合体外形的优点。

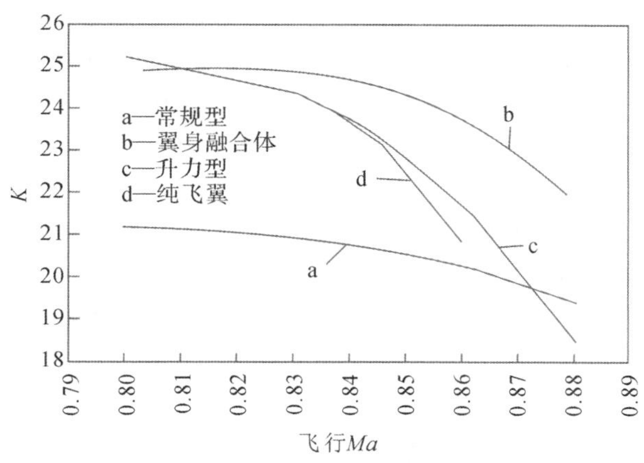

图 20　气动效率 *K* 随 *Ma* 的变化

为了进一步与现有常规布局的民机做出对 BWB 的评估[2]，以及考虑了上述超大型飞机尚不能成为近期市场的需求，波音降低了设计目标，初步确定为 480 座(以下称 BWB-480)。图 21 中，给出了 BWB-480 和 A380-700 分别在约 480 位旅客的商载和 16121km 航程时的性能比较。除了机身受压指标外，各项指标显示了 BWB 的优点，其中最引人注意的是 BWB-450 的每个座位耗油率比 A380-700

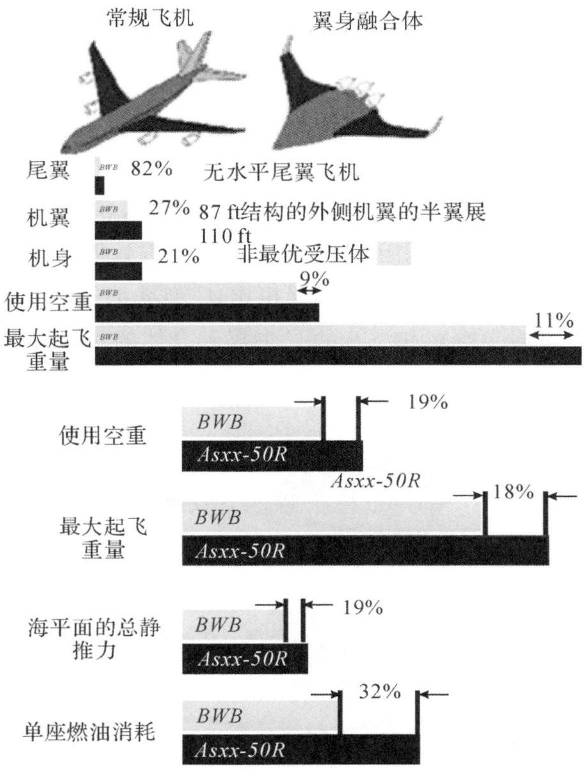

图 21　BWB450 与 A380-700 的比较

的减少 32%，虽然两个飞机都采用当量相当的发动机，但 BWB-480 少用一台发动机，这是低油耗的主要原因；此外 BWB-480 采用全复合材料，而 A380-700 基本上仍是铝合金为基本材料的机翼；噪声和污染物排放的环保性也要明显地好。

翼身融合体飞机虽然在结构重量、气动效率等方面拥有常规布局飞机无法比拟的优点，但在系列化发展、座舱强度与舒适性、FAR25 部应急撤离要求等几个方面是其最终能否成为民机型号的几个重要问题。针对系列化发展的问题，波音公司经过深入研究后发现，只要在展向（而不是纵向）随着座位数的增加或减少而伸长或缩短中央体，这样可以形成系列机型（见图 22），当然必须保持外形的光滑，空气动力性能和平衡。研究表明可以达到上述要求，只是较小座位数时要付出增大空重的代价；对于舒适性问题，可采用置于机外摄像头在舱内顶部与每名旅客前的屏幕上反映天空图像，据某项模拟调查显示，如果有了这些设施，60%的乘客并会因为看不到窗口外的风景而感到不舒服；但对于 FAR25 部要求的乘客必须能够在 90s 内紧急撤离，现在还没有找到有效的解决方案。

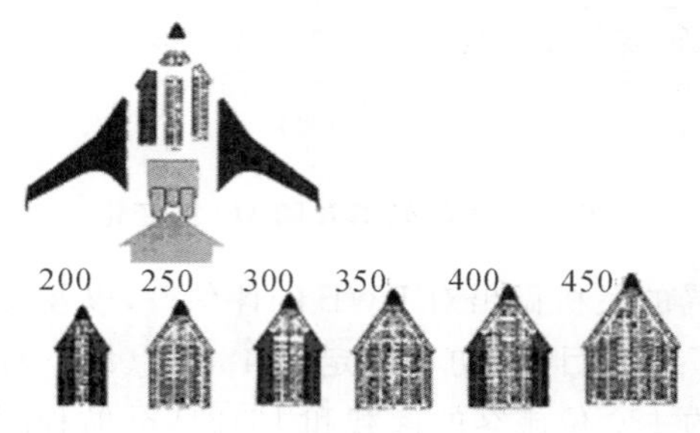

注：相同机翼、座舱、相同或相似的翼身融合中飞机可载200至400人

图 22　播音 BWB 发展的设想

5.2　C 型翼布局

在 BWB 发展过程中，为了解决翼展过大的问题，提出了 C 型翼布局。与平面翼相比，C 型翼几乎具有最大诱阻有效因子（增加约 45%），诱阻最小；明显增大了有效展弦比、减小几何翼展，翼展减小将提高抖振 Ma 数，进而提高 $Ma \cdot K_{max}$。与翼梢小翼相比，C 型翼梢还有 T 型尾翼的作用，可明显改善飞翼布局的纵向稳定性和操纵性。空客和波音的 C 型翼融合体的布局方案（见图 23）。

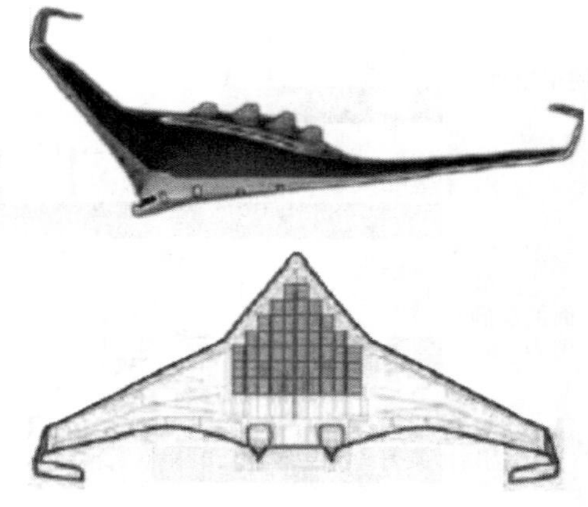

图 23　波音与空客 C 型翼布局方案

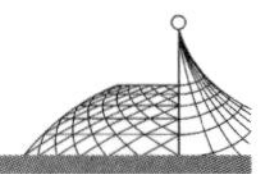

C 型翼融合体布局继承了 BWB 布局的优点，即较高气动效率；大装载空间；较高结构效率。同时，可有效缓解 BWB 翼展过大的问题，明显改善 BWB 布局的纵向稳定性和操纵性，易于实现自配平设计，消除巡航配平阻力。

C 型翼的上述优点不仅进一步完善了 BWB 布局设计，把 C 型翼技术用于传统布局，同样也会收到良好效果。波音研究表明，在与 B747-400 运力相同情况下，采用 C 型翼技术将使运营成本显著降低，其中，起飞重量减少 10%～12%、所需推力减小 11%～14%、燃油减小 20%～41%，这些降低来自于 C 型翼技术会使诱导阻力减小约 10%，如图 24 所示。

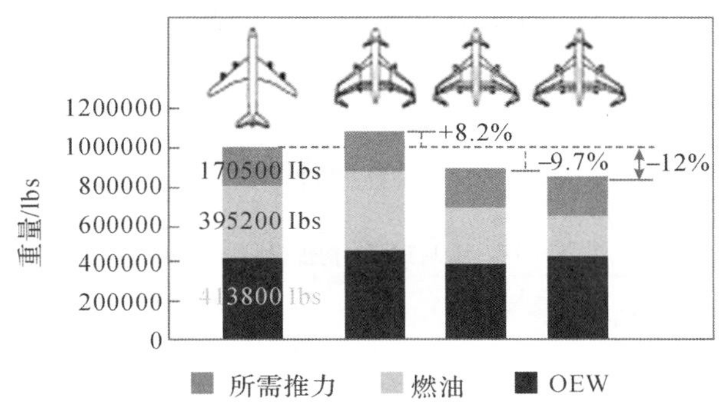

图 24　C 型翼布局对运营成本影响

C 型翼技术用于传统布局的优点在于，采用与机翼一起考虑的准展向加载设计的机身，装载空间更大；较好的稳定性和操纵性；较好的起降性能；在飞机的安全性、维护性、舒适性等方面继承传统布局的优点。

C 型翼传统布局的主要设计难点包括：内翼采用的 Griffith/Goldschmied 翼形气动与结构设计；C 型翼梢的优化设计；非圆柱形内翼压力舱的设计。

6. 加强气动总体技术的研究

作为飞机气动总体技术的基础学科，空气动力学主要研究物体在同气体作相对运动情况下的受力特性、气体流动规律和伴随发生的物理化学变化。它是在流体力学的基础上，随着航空工业和喷气推进技术的发展而成长起来的一个学科。由于飞机是在大气层内飞行，主要依靠空气产生的升力来平衡飞机自身的重力、利用各种气动力来操纵飞机的飞行，因此，空气动力学的发展对飞机的诞生和演变起着决定性的作用。目前，空气动力学主要的研究方法有：

一是理论空气动力学，就是按照各种假定条件简化复杂的空气动力学方程，或者利用空气动力学理论提出种种模型来解释复杂的空气动力学现象；

二是实验空气动力学，就是利用风洞模拟各种飞行条件，利用模型分析空气流动现象，或者测量各种空气动力特性；

三是计算空气动力学，它利用计算机计算各种流动情况下空气动力，这是随着计算机的发展和应用而发展起来的新方法，CFD(Computational Fluid Dynamics)计算流体学技术是计算机辅助空气动力设计的核心。

这三种方法将长期并存、相互结合，不断动空气动力学的发展。本文将着重介绍 CFD 和风洞技术方面的研究。

6.1 CFD 技术的发展

大飞机的设计可以分为以下几个阶段：需求分析，概念设计，初步设计，详细设计，原型机试制，试飞，批量生产，实用和改进改型。其中 CFD 技术重点参与的阶段是概念设计和初步设计阶段。随着 CFD 技术和计算机能力的不断提高，CFD 技术在飞行器设计中所发挥的作用也越来越大。应用于大飞机设计，CFD 最大的作用是可以有效地缩短研制周期，节省研制费用[4]。在图 25 中，应用 CFD 可以将飞机的研制周期从 18 个月缩短 6 个月甚至更少[5]。此外，CFD 还可解决许多风洞试验无法解决的气动问题。

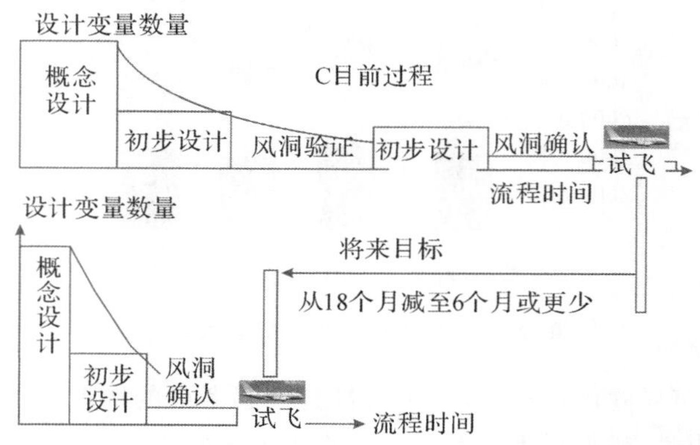

图 25　CFD 可缩短飞机的研制周期

1966—1974 年，美国 Northrop 公司，研制 YF-17，进行了近 13500h 的风洞实验，当时还没有可用的 CFD 技术；1982—1990 年，研制性能更高、外形更复杂的 YF-23，CFD 计算用了近 15000h，风洞实验只用了近 5500h，减少了约 60%的实验工作量，总成本大大降低，相对研制周期大大缩短。而且获得了优异的设计性能。

波音公司研制新一代 737 和 787 飞机中广泛应用了 CFD 技术（见图 26），其中包括：高速机翼设计；发动机机体一体化设计；翼身整流设计；垂尾和后机身的设计；机头与驾驶室设计；环控系统进气设计；排气系统设计等。

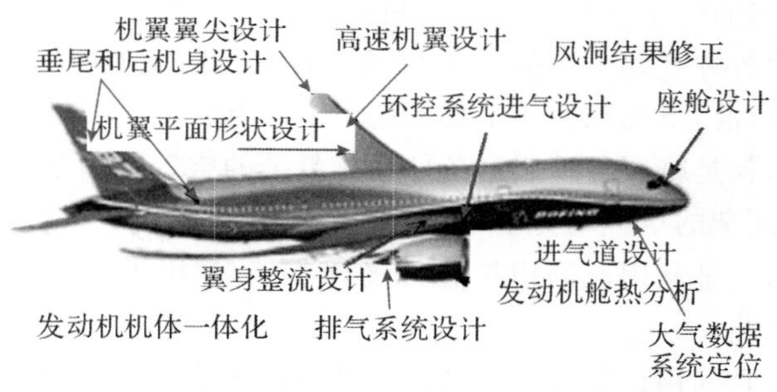

图 26　CFD 在 B787 飞机研制中的作用

20 世纪 80 年代初，发达国家飞机设计中已有 30%～50%的气动力数据由计算机模拟提供，特别是在初步设计阶段，风洞试验仅作为校核手段。到了 80 年代末，波音公司称 CFD 技术可以使试验模型吹风时数减少约 80%。实际上所有的欧洲新飞机设计都已采用了 CFD 工具。以便改进设计和引

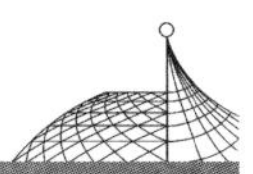

入新的概念。

美国20世纪90年代的20项关键技术中，CFD技术被列为第8项，属最优先技术领域，至今对我严格禁运。在今天美国航空航天领域，CFD约占气动设计工作量的70%，而风洞试验的工作量只占30%。随着CFD技术的进一步发展，未来飞行器性能的确定，将依赖于在“虚拟数值风洞”数据基础上产生的“虚拟飞行”。

先进的CFD技术需要先进的硬件条件的支持。在美国，NASA哥伦比亚超级计算机拥有10240个处理器，20组机柜，两套系统(1—12为AIX3700和13—20为3700BX系统)以及分布式+共享存储的机群结构。利用先进的计算机系统，CFD软件可以划分多达7200万网格点，4亿3300万个自由度。

我国现有水平：计算阻力时，网格点能达到1470万点，阻力精度0.0020；波音公司使用1500～6000万点，阻力精度<0.0010。我国在计算机硬件方面也存在着差距，现在上海超级计算中心10万亿次机(2048个CPU)，CFD计算时需要用到512个CPU，现在很难得到资源。我国在软件方面存在的问题是缺乏高层次的脱体涡模型、转戾模型。

综上所述，针对我国大型飞机研制中的气动问题，建议大力发展以N-S方程为主的精细计算、分析手段，并通过相关风洞验证实现CFD技术的工程化，具体内容包括：a. 机翼多点优化综合设计技术；b. 机翼—机身—挂架/短舱一体化综合设计技术；c. 高精度阻力系数预测技术阻力精度：0.0020提高到0.0010；d. 高效增升装置的设计和计算；e. 大规模并行计算技术和网格计算技术；f. 实用湍流模型研究：建立高层次的脱体涡模型、转戾模型；g. 形成适于工程设计用的复杂组合体精确CFD软件。

6.2 风洞试验技术

大飞机在概念和初样设计阶段，主要依靠CFD计算，风洞试验仅用于流动分离等，气动力可能出现较大变化的情况；在气动设计和结构、系统研制和生产阶段，主要依靠风洞试验在短时间内提供大量数据，CFD方法对于许多设计条件来说，仍不可靠；因此，CFD技术与风洞试验在飞行器研制的各个阶段要求是不同的，它们是相互验证的，而目前风洞试验对于飞行器的研制尚不能被替代。

目前我国的风洞实验技术侧重于军用飞机、战术导弹等，民机风洞实验技术非常匮乏，已经严重滞后于民机型号的研制，因此加强我国的民机实验技术研究迫在眉睫。主要内容包括：a. 关联风洞试验结果和飞行数据的差别修正，特别是增升装置的雷诺数修正。b. 研究发动机的动力模拟和反推力装置的试验技术。c. 研究高雷诺数下的气动弹性试验技术。d. 按适航规定完成结冰/除冰试验。

民机风洞试验对于数据的精度和准度要求很高。目前国际上通用的考核民机试验水平的一个重要指标——阻力系数重复性试验均方根误差要求在0.0001以内。这个标准较之一般的军机试验指标严格了许多，因此必须采取适当的措施保证试验的高精度。另外，民机的尺寸通常比军用飞机大许多，而风洞试验段的尺寸又限制了实验模型的长度。因此在风洞中进行模型试验时一些小尺寸的部件无法准确模拟，模型试验雷诺数较之全尺寸飞机低至少一个数量级。这些模拟的不足会严重影响试验数据的准度。因此大型客机的对于风洞技术还有其特殊的要求：a. 高雷诺数风洞：$Re>5000$万，$Ma=0.85$；低噪音地紊流度风洞：紊流度为0.2%～0.4%，0.01%～0.02%；冰风洞(FAR25)：0～−30℃，0.2～3g/m^3，5～50μm。

6.3 大型客机的噪声预测和减噪技术

大型民机降落时襟翼、副翼和起落架展开，飞机为高升力、高阻力结构，发动机喷口湍流流入大气，湍流边界层和空腔振荡产生很强的噪声。飞机低空飞行很长距离，潜在地使大片区域暴露在飞机进场噪声环境中。进场噪声在机场附近有居住人群时显得十分重要。飞机外部噪声通过侧壁和结构传播进入机舱内部，形成内部噪声。内部噪声影响承载人员的舒适乘坐环境，决定了大型民机型号的国际认可程度。可见，噪声问题是民用大型飞机气动问题中极为重要的研究课题之一。

由于目前飞机噪声中原先起主要作用的推进系统噪声已经降低到了与起落架、增升装置及结构噪声同等量级的水平(见图 27)，飞机的机体噪声特别是进场时的机体噪声问题就显得越来越突出了。因此，20 世纪 90 年代以后，国际航空界纷纷开展了结合计算流体力学的飞机机体噪声预测研究，使原来依赖于试验和经验公式的机体噪声预测技术发展到了更高的水平。美国 NASA、法国 ONERA 和德国 DLR、英国剑桥大学、美国 MIT 等许多著名的大学研究机构以及各大航空工业公司(如波音公司、空客公司等)针对机体噪声都开展了广泛而深入的研究。然而，飞机机体噪声问题非常复杂，降低机体噪声是一个多学科交叉的课题，涉及空气动力学、飞行力学、动力学、声学、材料学、控制技术等多门学科，是一个系统工程，需要多方努力才能得到解决。

机体噪声是由于气流流过飞机表面引起的气流压力扰动产生的，其本质是空气动力噪声。因此，为了降低机体噪声，必须加强以下几方面的研究：a. 低噪声气动布局设计技术；b. 气动分析方法和软件；c. 测量气动噪声的试验技术。

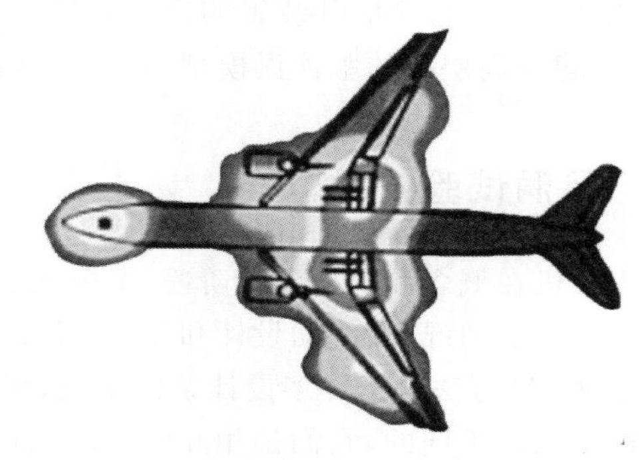

图 27　飞机主要噪声分布

CFD 和声类比相结合的方法是迄今为止最受欢迎的机体噪声预测方法(见图 27)，此方法常被称为混合方法(hybrid method)。该方法的基本思想是：近场部分采用 CFD 技术进行数值模拟，以获得准确的声源信息数据；声波从近场到远场部分的传播采用“声类比”(Acoustic Analogy)方法进行精确的解析求解。该方法克服了半经验方法和纯理论方法对几何外形和飞行状态的限制，求解模型更接近物理实际；另一方面，该方法也克服了纯数值方法在远场噪声计算方面的不足，大大提高了远场噪声计算的效率。但是要做到这一点需要我国的计算能力有“显著的提升”。

7. 结　语

大型飞机的研制是一项庞大而复杂的系统工程，除经费筹措、人员组织以外，还涉及了气动、结构强度、材料、电子、控制、发动机以及制造技术等工程领域的诸多技术问题。气动总体技术在其中扮演着“顶层总体”的重要角色，能够为性能计算、结构载荷计算和飞行控制设计提供重要依据，在保证飞行速度、航程、载重量、安全、经济与舒适性等方面，也起着不可替代的作用。

现在大飞机总体布局仍采用常规气动布局，但综合性能已有很大的提高，气动效率还有改进提高的空间；层流技术开始进入工程应用；飞翼布局(BWB)有很大的优势，受到各国关注。我国应加大气动总体的研究，进一步加强 CFD 和实验气动力学的研究能力，夯实基础，走出自主创新的路子。

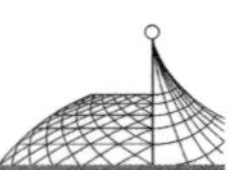

参考文献

[1] IMF:Statistical Report of 1997.

[2] 张彦仲:"航空技术的发展趋势",中国工程科学,第1卷第1期,1999.10.

[3] Leibeck, R. H. Design of the blended wing body subsonic transport, Journal of Aircraft, 2004, 41(1):10-25.

[4] Charles Champion:"Development of Airbus A380", ICAS 2006, 2006.9.

[5] 顾颂芬.新一代大型客机的要求和特点,在大飞机方案论证委员会上的报告,2006.9.

[6] 张雨等.民用飞机翼梢小翼的多约束优化设计,空气动力学报,第24卷第3期,2006.9.

[7] 张彦仲,金德琨.航空电子的新进展,2007高技术发展报告,中国科学院,2007.3.

[8] 刘大响.大型民用飞机发动机的发展现状及关键技术,大飞机关键技术论坛,中国航空学会,深圳,2007.9.

The Development of Aerodynamics & Configuration Technology for Large Aircraft

Abstract:The paper introduced the development of aerodynamics & configuration technology for large aircraft. The technique of fuselage and the advanced aerodynamics configuration—Blended Wing Body (BWB) were described. The impact of aerodynamics & configuration technology on safety, economical, comfortable and environmental characters for large aircraft was analyzed. The proposal for enhancing the research of aerodynamics in China was presented.

Keywords:large aircraft; aerodynamics; configuration; super critical foil; winglet; laminar flow technique; fuselage; BWB; CFD; wind tunnel technique; aerodynamical noise

航空环境工程与科学*

摘　要:阐述了航空对环境的影响及航空环保工程技术,分析了飞机排放对大气的污染及航空噪声的影响;研究了控制飞机排气污染和噪声污染的办法,提出了降低航空污染的技术和管理措施。

关键词:航空;航空器;环境;排放;噪声

1. 序　言

近 100 年来,航空技术从无到有,不断完善。飞机在交通、运输、军事、贸易等方面得到了广泛应用,为社会带来了巨大的效益,并且促进了全球经济和社会的发展。目前,全世界主要航空公司拥有的民机总量已达到 10349 架,装备军队的飞机已有 47794 架。在 2000 年世界民航业的客运量突破了 43 万亿座公里,货运量达到了 31Mt。而且,民航业的客运量和货运量仍然处于增长之中。

据空中客车公司预测,在今后的 20 年里,世界民航业的客运量将以每年 4.9%的速度增长,货运量将以 5.7%的速度增长。到 2019 年世界主要航空公司的飞机总量将达到 19173 架,年运力增加到 10.8 万亿座公里[1]。

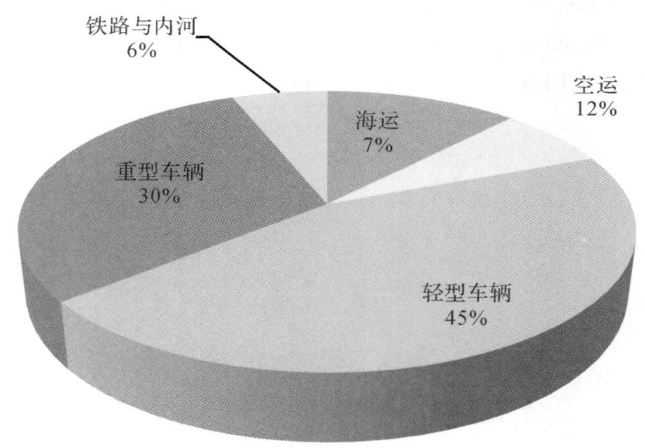

图 1　航空占世界运输中 CO_2 排放的份额

然而,随着航空事业的不断发展,飞机对环境所造成的影响也日益加大。据联合国下属的政府间气候变化专门委员会(PCC)统计,全世界所消耗的矿物燃料中,运输业占了 20%～25%,其中航空运输消耗的燃料占运输业消耗燃料总量的 12%,而 CO_2 排放与燃料消耗成正比(见图 1)[2]。

---

* 文章发表于《中国工程科学》,2001,3(7):1-6.

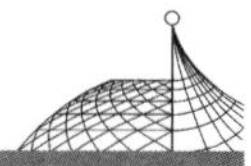

随着人们环保意识的增强，汽车等地面交通工具正逐步采用电力、天然气等绿色能源，而航空燃料在世界石油消耗量中的比重将会逐年增加，它对环境造成的影响也越来越受到人们的关注。

2. 飞机对环境的影响

飞机对环境的影响主要表现在排气污染和噪声污染。由于飞机是在高空飞行，它所排放的污染物比地面排放的污染物对大气的影响更为明显，更容易导致温室效应和全球气候的变化。根据国际航空运输协会（IATA）提供的资料，全世界的飞机所产生的二氧化碳占人类燃烧矿物燃料所产生的二氧化碳总量的2.5％而航空运输所导致的温室效应却占人类全部活动所导致的温室效应的3.5％。

2.1 飞机排气对环境的影响

飞机用的燃料是航空煤油，它所排放的尾气主要包括二氧化碳、氮氧化物、水蒸气、碳氢化合物、一氧化碳、硫氧化物和碳的微小颗粒。这些气体对环境的主要影响是导致大气的温室效应，进而影响全球气候的变化。

(1)二氧化碳。根据航空燃料的分子构成，单位质量的航空燃料燃烧后将产生大约3.15单位质量的二氧化碳。1992年飞机所排放的二氧化碳大约为514Mt，相当于当年全部矿物燃料所产生的二氧化碳总量的2.4％或相当于当年人类产生的二氧化碳的2％。到2050年，航空业每年产生的二氧化碳总量将会达到1468Mt，占人类所产生的二氧化碳总量的3％。二氧化碳是产生温室效应的主要气体[3]。

(2)氮氧化物。氮氧化物是燃烧产生的副产品，主要包括NO、NO_2和N_2O等。NO为无色无臭的气体，它与血红蛋白的结合能力比CO还强，更容易造成人体缺氧。NO_2为棕色气体，可在人呼吸时到达肺的深部，引起呼吸系统疾病。此外，NO_2还能形成酸雨，对环境构成危害。

(3)水蒸气。飞机所产生的水蒸气会形成冷却颗粒的尾迹和高空云团，这些尾迹和云团像温室气体一样，能部分地阻止地面反射的太阳能向太空辐射，从而导致温室效应。如果燃烧时还有硫酸盐和碳黑生成，那么水蒸气的阻止辐射效应还会进一步增强。

(4)碳氢化合物。碳氢化合物比二氧化碳更能导致温室效应。由于飞机一般都在对流层上部或平流层内飞行，它排出的碳氢化合物所造成的温室效应就更加明显。

据测算，人类造成的总温室效应大约比人类所产生的二氧化碳造成的温室效应大1.5倍，而飞机所造成的总温室效应大约比飞机排出的二氧化碳所造成的温室效应大2～4倍。造成这一差异的主要原因就是碳氢化合物、氮氧化物、水蒸气等飞机排放物在高空时的温室效应比在地面更加明显。

为了控制飞机排放污染对环境造成的影响，国际民航组织（CAO）在20世纪80年代初制订了专门的飞机排放标准。其中关于排气中烟尘数量的标准于1986年生效。在这些排放标准中，主要涉及飞机起飞、着陆、爬升、进场和地面滑行阶段，对于飞机巡航时的排放没做明确规定。这些标准实施之后，飞机排出的一氧化碳和碳氢化合物已经显著降低，但是飞机排出的氮氧化物降低程度却不大（见图2）。造成这种情况的主要原因是，近年来发动机燃烧室的温度和压力有逐渐提高的趋势。提高发动机的燃烧温度，有助于提高发动机的工作效率，促进燃料完全燃烧，从而降低一氧化碳和碳氢化合物的排放。但同时，由于燃烧温度提高，发动机生成的氮氧化物也增加了。

为了降低飞机氮氧化物的排放量，ICAO下属的航空环境保护委员会（CAEP）修改了原先的飞机排放标准，新标准于1996年生效。该标准中对一氧化碳、碳氢化合物和烟尘的排放标准没变，但是把氮氧化物的排放量降低了20%最近，CAEP决定进一步降低氮氧化物的排放量，到2004年把增压比30以下的发动机的氮氧化物排放量在1996年标准的基础上再降低16.5%。同时，考虑到高增压比发动机虽然会增加氮氧化物的排放，但对于提高发动机的整体效能非常有利，所以允许适当放宽增压比大于30的发动机的氮氧化物排放量。

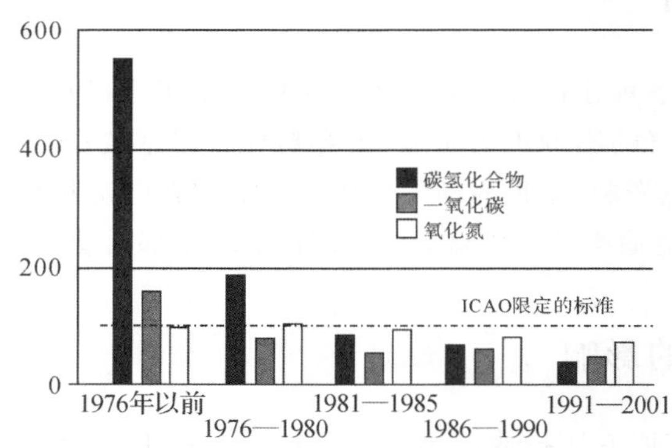

图2 航空发动机污染排放量占ICAO规定量(1996年标准)的百分比

2.2 飞机噪声的污染

根据影响对象的不同，飞机噪声可以分为机内噪声和机外噪声。机内噪声不但会影响机内乘客和机组人员的舒适度和身体健康，而且还会对飞机结构产生很强的声载荷，当声载荷的声压级超过130dB时，就有可能使结构产生疲劳破坏。而且，作用在飞机结构上的声压级越高、时间越长，破坏情况就越严重。机外噪声主要影响机场或飞机航线附近的居民生活。一般说来，机外噪声可以分为低频噪声和高频噪声，高频噪声比低频噪声给人带来的烦恼更大，而喷气飞机所发出的噪声恰恰又大部分是高频噪声。因此治理飞机的机外噪声污染对于改善机场周围人民的生活质量具有重要意义。

除了一般的噪声之外，有时飞机还会产生一种被称为“音爆”的机外噪声污染。音爆产生的主要原因是由于飞机在超声速飞行时产生了激波，这种波传到地面时仍然具有很大能量，会发出雷鸣般的爆炸声。音爆持续的时间一般较短，大型超声速飞机约为350ms，战斗机一般在100ms左右。如果音爆传到室内，由于多次反射会形成共鸣，持续时间较长。有些高强度的音爆甚至会震碎建筑物的玻璃，给地面造成更大的危害。

为了控制飞机的噪声污染，美国联邦航空局(FAA)早在1969年就制定了飞机噪声适航条例FAR36部，1971年ICAO也制定了航空器噪声标准，作为国际航空公约的附件16。后来，世界上许多国家也都制定了关于航空噪声的标准。随着这些标准的实施，以及航空技术水平的提高，飞机噪声污染状况已经出现了比较明显的好转(参见图3)。

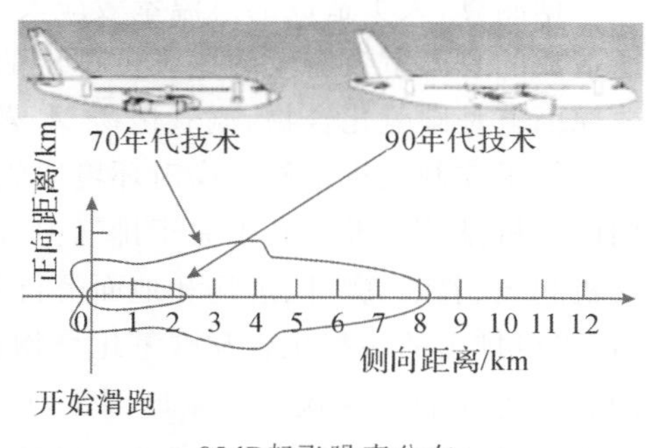

图3 航空技术的发展对机外噪声的改进

2001年1月8日至17日，CAEP在加拿大蒙特利尔召开第五次会议。会上提出，ICAO理事会应把关于飞机噪声的标准在现有基础上再逐步降低10dB，并且建议新标准应在2006年1月1日开始实施。根据目前所掌握的情况，ICAO将在今年9月召开的大会上考虑这一建议。如果ICAO采纳

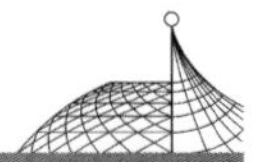

了 CAEP 的建议，将会促使世界各国更好地解决航空噪声的污染问题，但是同时，这也对未来的航空技术提出了更高的要求。

3. 对飞机排气污染的控制

降低飞机的排气污染，可以从技术、管理和税收政策等多方面入手。其中最重要的是不断提高飞机的环保性能，从根本上降低污染。在各种降低飞机排气污染的技术中，以发动机、气动、结构和空中交通管理技术最为重要。

3.1 发动机

由于飞机的排气污染是由发动机直接产生的，所以改善发动机性能、提高燃烧效率对降低飞机油耗和温室气体排放效果最为明显。从 1976 年到 1994 年，通过提高飞机结构设计、发动机技术和飞机满座率，每座公里的飞机油耗已经下降了近 50%（见图 4），这意味着飞机的污染排放也降低了 50%。在这一成就中，一半以上的贡献得益于发动机技术的提高。

在过去的 40 年里，航空发动机技术取得了重大进步。从涡喷发动机到目前的第三代涡扇发动机，发动机耗油率累积降低了 40%。采用新型发动机之后，可以显著提高飞机的燃油效率，降低每座公里的二氧化碳排放。特别是对于远程飞机来说，效果更加明显。而在短程航线上，采用先进涡轮螺桨发动机的飞机比采用涡喷发动机的飞机效率更高，前者每座公里的二氧化碳排放量比后者低 20%。

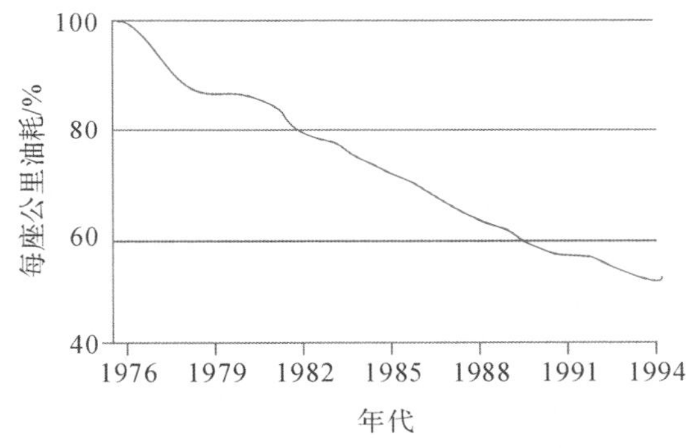

图 4　民航飞机耗油率变化情况

目前，人们正在研制新一代的高涵道比发动机，其耗油率有望比现在的发动机再降低 12%～20%（见图 5）。但是，在研制新型航空发动机时，也面临着一个重要的技术挑战，这就是氮氧化物的排放问题。为了提高发动机的工作效率，必须提高燃烧室的燃烧温度，而燃烧室温度的提高，必然导致氮氧化物的增加。这是一个难以解决的矛盾，也是目前人们重点研究的技术课题。根据美国 NASA 目前的工作计划，在今后 10 年里，有望把飞机氮氧化物的排放量降低到现在的 1/3，把二氧化碳的排放量降低到现在的75%；在今后 25 年内，把氮氧化物的排放量降低到现在的 1/5，把二氧化碳的排放量降低到现在的 50%[4]。

为了解决将来石油枯竭之后的航空燃料问题，目前人们已经开始寻找航空煤油的替代燃料（例如氢）采用这些燃料，将有助于解决飞机的污染排放问题，但是，在技术上目前还有一些难以克服的问题。例如，氢燃料单位体积的热值仅有航空煤油的 23%，对于同样油耗的飞机，燃料箱要大 3 倍才行，而且还需要全新设计飞机并从根本上更换目前的燃料供应、分配和储存基础设施。由于目前还没有可供实用的航空煤油替代方案，所以减少航空排放污染的关键措施仍然是提高飞机的燃油效率。

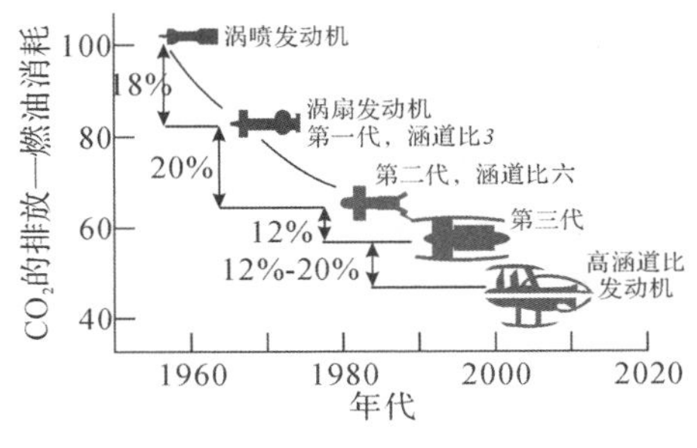

图 5　不同年代发动机耗油率和 CO_2 排放变化情况

3.2 气动外形

通过先进的气动技术，可以降低飞机的气动阻力，从而达到省油和降低污染排放的目的。目前，人们正加强对层流技术和翼身融合体气动布局的研究工作，以便提高飞机的气动性能。此外，在气动外形方面有助于提高飞机的效率、降低飞机污染排放的技术还有：通过先进的被动流场控制器（例如：涡发生器）增加飞机的升力，在翼尖加装翼梢小翼，采用超临界翼型以提高和优化飞机巡航时的升阻比，利用计算流体力学的设计方法进行气动设计，以及通过先进的制造技术提高飞机表面的光滑度等。据 NASA 估计，21 世纪亚声速民航机的升阻比将比目前的提高 1 倍，达到 40。

3.3 飞机结构

减轻飞机的结构质量有助于降低飞机的油耗，从而降低飞机的污染排放。在未来的飞机上，人们将采用更多的铝锂合金和复合材料。其中铝锂合金主要用于机翼、机身的主承力结构，复合材料将用于飞机的次要结构。

除了采用新材料外，减少飞机上一些不太需要的部件也能取得减重的效果。比如，有人建议去掉一些飞机上的推力反向装置。因为推力反向装置虽然能够改善飞机的着陆性能，但是对于一些机场情况良好的飞行任务来说，这种装置显然是多余的。如果去掉这种装置，飞机的最大起飞质量大约可以减轻 0.3%～1%，而且，去掉飞机的推力反向装置还能够改善发动机的内部流场特性，有助于提高发动机的效率。目前，人们正在对这种建议进行研究。

减轻飞机质量的另一种方法是降低飞机乘客的享受水平。比如：取消飞机的舷窗和机上娱乐设备，缩小过道的宽度和座椅的排距等。这些减重方法对于短途飞机来说也许是可行的，但能否得到乘客的满意和认可还有待进一步的研究。

此外，如果主动降噪技术能够取得成功，就可以拆除飞机内部的一部分内饰物和隔音装置，从而减轻飞机的质量。

据估计，全面采用这些减重措施之后，一架中程宽体客机的起飞质量大约可以减轻 2000kg，这大约相当于把发动机的燃油效率提高了 1%。

3.4 空中交通管制

随着交通流量的日益增加，世界上许多机场和航线都出现了不同程度的拥堵。造成航线拥堵的原因除了机场等基础设施不足外，还有一个重要原因就是空中交通管理系统需要做进一步的改进。在欧洲，1999 年由于航班延误给航空公司造成的损失大约价值 50 亿美元，其中一半的原因是由于空中交通管理系统引起的。

目前，基于卫星通信和导航的“自由飞”技术正在迅速发展并逐步得到应用，通过这项技术可以增加航线容量、缩短飞机航程，并减少飞机在空中和地面的等待时间，从而降低飞机的油耗。

由于改进空中交通管理系统涉及多个国家的机场、航空公司和空中交通管理部门，所以要求各国相互协调地进行工作。据 ICAO 的一份报告介绍，如果各国政府能够制订恰当的航空管理框架，改善空中交通管理系统，将能使目前国际航班机队每次飞行的油耗降低 6%～12%。

此外，改进航空公司的运营方式也能降低飞机的油耗、减少航空对环境的影响。航空公司目前可以采取的主要方法包括：减少飞机上不必要的质量、提高飞机的满载率、优化飞机的飞行速度、限制辅

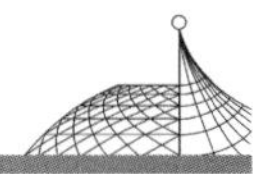

助动力系统(APU)的使用以及缩短飞机的滑行距离等。总之，这些节油措施可以使飞机的油耗降低2%～6%。

4. 对航空器噪声污染的控制措施

为了降低喷气式飞机的机内噪声，必须降低其发动机噪声和机体噪声；对于螺旋桨飞机和直升机来说，除了降低上述两种噪声外，还要降低螺旋桨的噪声。而降低机外噪声危害的主要方法是合理规划机场周围的土地，使用更为安静的飞机和采取运营上的降噪手段。

4.1 降低发动机噪声

发动机的噪声主要包括涡轮噪声、燃烧室噪声、风扇噪声和喷气噪声等。对于涡喷发动机来说，由于喷管喷出气流的速度很快，所以喷管噪声是发动机噪声的主要声源。后来，人们用涡扇发动机取代了涡喷发动机，使尾喷管的气流速度有了明显降低。在今天的高涵道比涡扇发动机上，喷管气流的速度再一次被降低，这不但降低了发动机的总体噪声，也使尾喷管的噪声降到了压气机噪声之下，使压气机噪声成为发动机的主要噪声源。

为了降低压气机的噪声，人们采用了取消进气道的导流叶片、减少风扇叶片数量、降低转速、改进叶片的气动设计等方法，并且通过恰当地选取风扇叶片和静子叶片的数量，控制压气机噪声的频率，使它不宜于传播到发动机机舱以外形成噪声污染。除此之外，人们在发动机上还采用了消声衬垫，从而使发动机的噪声大大降低。

4.2 降低机体噪声

在飞机飞行过程中，机体与空气相互摩擦，使空气的运动发生改变，因而产生机体噪声。机体噪声的大小与飞机的气动外形、表面粗糙度和飞行速度有关。从20世纪70年代初起，随着发动机噪声的降低，机体噪声就逐步成为飞机噪声的主要声源。进一步降低飞机的噪声已经不能仅仅依靠降低发动机的噪声来实现，甚至有人把机体噪声作为飞机噪声的下限，认为飞机机体噪声难以降低。

直到最近十年，人们借助于计算流体力学的强大工具，逐步弄清了产生飞机噪声的关键结构部件周围的流场分布和变化情况，使人们能够比较系统地了解机体噪声的产生和控制机理，为降低机体噪声寻求解决方案。目前，美国NASA已经利用这些研究成果设计了低噪声的襟翼并且在模型实验中取得了成功。NASA下一步打算研究低噪声的起落架，然后再研究降低整个机体噪声的方法。

除此之外，人们目前还在研究通过主动或被动的方法，降低机内的噪声。其中主动降噪的原理是在飞机的一些部位放置一些扬声器，通过计算机控制这些扬声器发出与噪声信号相位相反的声音，从而使噪声得到抵消。这种降低噪声的方法目前虽然取得了一定进展，但是仍然有一些技术上的难点需要继续攻克。被动降低机体噪声的方法主要有：采用吸声材料和减震、隔音设施，以及动力消声器等。

4.3 降低螺旋桨噪声

对于直升机和螺旋桨飞机来说，旋翼和螺旋桨噪声是飞机噪声的重要声源。目前，人们为降低旋翼和螺旋桨噪声所采取的主要方法包括增加桨叶数、降低转速、改善桨叶翼型等。图 6 是螺旋桨桨叶数 B 和直径与远场分声压级 FL2 的关系，从中可以看出，随着螺旋桨桨叶数量的增加和桨叶直径的增大，螺旋桨噪声的分声压级迅速降低。此外，增加螺旋桨桨叶的数量，还可以提高螺旋桨噪声的频率，利用高频噪声在空气中衰减快的这一特点，以达到降低螺旋桨噪声的目的。

4.4　降低机场噪声

目前，用于航空运输的喷气式飞机的噪声已经比以往大大降低。今天投入使用的飞机基本上比 30 年前的同类飞机安静 20dB。这相当于把噪声的危害降低了 75%。现代涡喷发动机所产生的噪声的能量只相当于早期商业用涡喷发动机噪声能量的 1%，从而改善了机场周围的生活环境（见图 7）。

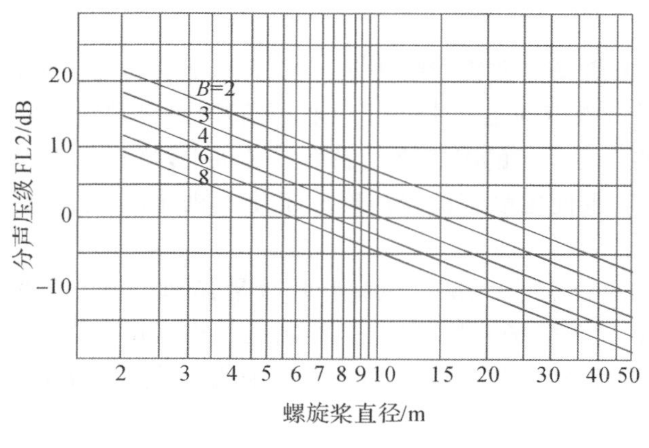

图 6　螺旋桨桨叶数 B 和直径与远场分声压级 FL2 的关系

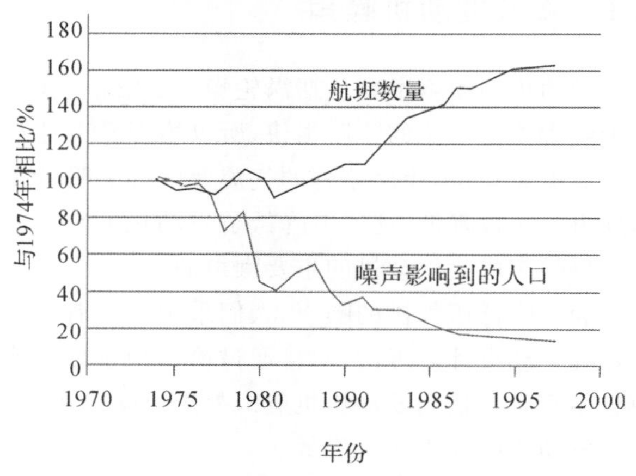

图 7　英国希思罗机场航班数量及其噪声所影响到的人口变化情况

目前，人们正在研究新的降低噪声技术，力图在未来的十年里把飞机的噪声再降低 10dB，这相当于把人耳所能感觉到的噪声强度再降低一半。

但是，如果对机场附近的人口数量增长情况不加控制，就会抵消飞机噪声的降低所取得的环境改善成果。因此，在提高飞机环保性能的同时，有关部门还要加强对机场周围地区的合理规划，在机场和人口密集区之间建立一个噪声缓冲区。

此外，在机场运营上采取一些措施也能取得降低噪声的效果。比如：在跑道和飞机航线附近种草、种树和采用消音材料，减少或禁止夜航，采取有利于降低发动机噪声的飞机起飞和着陆程序等。但是，这些措施的成功与否取决于机场及其周围环境的布局，并且要确保航空运输的安全。

5. 结　论

随着社会的进步和经济的发展，航空在人类社会生活中的作用将变得更加重要。同时，航空对于环境的影响也会越来越大。世界各国对提高飞机环保性能的要求越来越高，ICAO 也正在制定新的飞机排放和噪声标准。这对于我国航空事业的发展，既是机遇，也是挑战。只要我们及早做出努力，加大科研投入，积极开发高效、环保和节能的航空新技术，并利用我国加入 WTO 的契机更好地开展国际合作，就一定能够把飞机对环境的影响程度降到最低水平，并促进我国国民经济的发展和人民生活水平的提高。

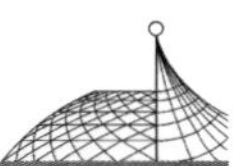

参考文献

[1] Airbus Group. The airbus global market forecast[R]. Airbus Group Report,2000.
[2] International Air Transport Association. Aviation & the environment[M]. Swizerland,2000.
[3] IPCC. 航空和全球大气[R]. IPCC 特别报告,1999.
[4] NASA. NASA subsonic jet transport noise reduction research[R]. NASA Report 1998.

Aviation Environment Engineering and Science

Abstract: This paper discusses the influence of aviation on the environment and the environmental protection technology. It also analyzes the pollution of aircraft emissions to the atmosphere and the effect of aviation noise. The ways to control aircraft emissions and noise are studied. The technologies and management measures to reduce aviation emissions are recommended.

Keywords: aviation; aircraft; environment; emissions; noise

航空技术的发展趋势和创新基地建设*

摘　要:面对21世纪的需要,下一代航空器将飞得更快、尺寸更大、更经济安全、消耗资源更少。载客1000人的大型飞机、高超音速飞机、微型无人机、地效飞机、倾转旋翼飞机等将交付使用。为减少污染和对石油的依赖,将采用替代燃料。飞机的经济性、安全性、环保性能将有成倍甚至成十倍地提高。面对挑战,必须加强航空技术创新基地建设。

关键词:航空技术;发展趋势;技术创新;重点实验室;创新基地建设

1. 21世纪对航空技术的发展提出了新的挑战和机遇

21世纪是知识经济的时代。人们将利用新掌握的知识迅速转化为技术、产品;在一切产品和服务所创造的价值中,知识含量的比重越来越高,创新的作用更加突出。面对世界经济的全球化和信息化,各国间的经济联系和科技、工业合作日益加深,企业要赢得商机必须依赖先进的信息网络技术,要迅速地执行合同必须依赖快捷的物流递送,这就对航空运输提出了更高的需求,不仅要求它更安全、经济、舒适、可靠,而且要求它运力更高、速度更快。要适应"地球村"的可持续发展,用最少的不可再生物质与环境资源消耗完成物流递送,为此,对航空器的能耗、噪声、尾气排放要求更严。

这些要求既是挑战,也给航空技术、航空产业的发展带来了机遇。

2. 航空技术的战略地位

航空技术维系着国家的国防、经济、技术安全,是综合国力的具体体现。在国防上,早在20世纪40年代,空中力量在战争中的核心作用就被发达国家确认。科索沃战争再次告诉我们,在高技术战争中,拥有航空技术优势才能确保国家安全。在经济上,航空产品附加值高,按单位质量价值比,如轮船为1,则小轿车为9,电子计算机为300,喷气飞机为800,航空发动机为1400,隐身战斗机为5000。它是西方发达国家调控外汇平衡的主要筹码。发展航空产品能以较少资源消耗参与国际经济循环,有利于国家的可持续发展。在技术上,航空不仅可以直接为国民经济服务,还能作为先锋用户牵引相关高技术产业化,航空技术还能向其它领域转移和扩散,推动相关产业的发展(见表1)。

* 文章发表于《中国工程科学》,1999,1(1):19-24.

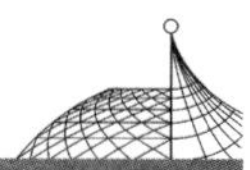

表 1　航空技术扩散到其他产业的实例

领域	技术项目	所扩散的领域	使用部位
空气动力学	风洞试验	汽车、建筑	汽车设计、高楼风力和环境影响分析
	翼型技术	船舶、汽车	水翼船的水翼、汽车的扰流片
	叶片	电力	风力发电叶片
	计算流体动力学分析	力学分析	汽车、铁路、船舶、电气车体扰流分析、船体扰流分析、高速铁路车辆头部形状设计、进隧道时的空气动力分析、洁净室内气流流动分析、设计
	救生服	运动	竞赛泳衣
	整流罩	铁道车辆	整流罩、受电弓罩
结构材料	铝合金	汽车、铁道、船舶	汽车车体构架、厢体与发动机零件、火车厢体蒙皮、船体（液化天然气船改进低温性能）
	钛合金	运动	高尔夫球头等
	复合材料	汽车、运动	保险杠、车体蒙皮、钓鱼竿、网球拍、高尔夫球杆
	夹层结构	汽车、建筑、家具	车体蒙皮、房梁

3. 航空技术将面临重大变革

3.1　21 世纪航空器的发展方向

面对 21 世纪的需求，航空器将向更快、更大、更经济和安全发展。以 F-22 战斗机为例，它具有隐身、超音速巡航、过失速机动、短距起落能力和更先进的航电与武器系统，与 F-15 相比每飞行小时的维修工时降低 70%，综合作战效能提高近 10 倍。为适应美国空军向航天航空军的发展，已经提出应在 2025 年装备 *Ma* 为 7～15 的高超音速飞机。在民机方面，美、欧正在研制 500～800 座级的客机。图 1 是对 21 世纪初亚音速民机的座级分布预测。与此同时国外还在研究载客 1000 人采用飞翼布局的运输机（见图 2）。对民机技术，欧、美也提出了更高的目标，预计在 21 世纪初，飞机的阻力和结构质量将下降 20%，研制时间和费用将下降 30%～35%，维护费用将下降 40%，NO_x 排放和事故率下降 80%，到 2020 年事故率再下降 50%。新一代超音速民用飞机希望在 2020 年前后投入使用。

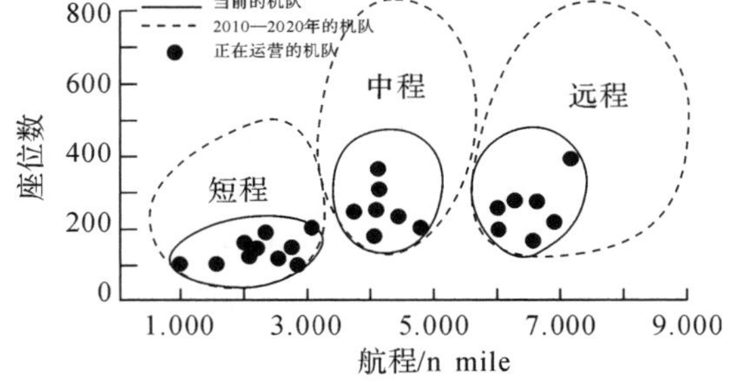

图 1　21 世纪初亚音速民机的座级预测

3.2　航空技术的发展方向

3.2.1　向高超音速飞行进军

20 世纪上半叶，人类完善了亚音速飞行，并开始解决可压缩空气动力学问题。20 世纪下半叶完善了超音速飞行，以 F-22 为标志，在一架实用的飞机上同时具备了长时间超音速巡航和超音速机动能力。50 年代，各国就开始探索高超音速飞行，美国的 X-15 虽借助火箭推力完成了 $Ma=6$ 的高超音速飞行试验，但离可稳定飞行并随时重复出动的实用要求相去极远，高超音速区至今仍是一个飞行走廊。目前国外又提出一批高超音速计划，为高超音速飞机准备所需的关键技术[1]。

3.2.2　气动技术的创新

空气动力学虽在 20 世纪与飞机同步经历了两次飞跃，但即使是对亚音速、超音速的空气动力学的理论知识还远未完全了解。目前，人类对转捩、湍流机理的了解还非常粗浅。分离流和涡运动尽管已在飞机设计中有所应用，但是对其产生和演化的复杂规律还没有掌握。目前，人们正致力于转捩和湍流结构的可用模型、对支配三维分离和再附着的参数的了解及其模型、对旋涡形成、旋涡相互作用和旋涡破裂现象的了解等方面的研究，并希望在 2000 年前后取得理论上的突破，从而使非定常空气动力学得到比较充分的完善。这将使飞机气动效率大幅度提高。目前，民航飞机的升阻比最高可达 20 左右，估计 21 世纪亚音速民航机的升阻比可以比目前提高 1 倍，达到 40 左右[2]。

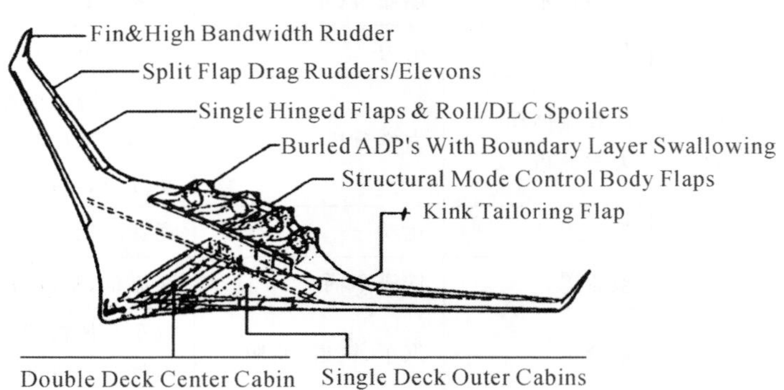

图 2　国外 1000 座飞翼布局运输机方案

3.2.3　新概念发动机

不同的发动机有其固有的适用速度范围。随着飞行速度的提高，涡轮发动机的效率下降(见图 3)。为了适应更高的飞行速度需采用冲压发动机。为兼顾起飞着陆，需要采用多种发动机的组合，并研究新概念发动机。其中最引人注目的有超燃冲压发动机、脉冲爆震波发动机。在超燃冲压发动机里，燃烧室中的气流速度超过音速，发动机能适应 Ma 为 6～25 的飞行速度[3]。脉冲爆震波发动机利用在一个圆筒里燃烧爆震波的抽吸与反射压缩形成快速的脉冲推力，其结构简单，无需涡轮，推重比高，能适应从起飞到高超音速飞行。目前西北工业大学已经研制成小型脉冲爆震波发动机的原理样机。

3.2.4　智能结构

21 世纪，智能材料和智能结构将在航空器中大量应用。在材料中植入敏感元件、控制系统、射频发射源或其它执行元件，能使飞机结构具有隐身、目标探测和发射信息功能，也能够根据飞行状态随时改变结构构型，或对结构的破损适时进行结构重组。智能结构的采用，不但提高了航空器的性能，而且加深了航空技术与微电子、计算机、人工智能和自动控制技术的结合，使航空技术以机械技术为主向以电子技术为主过渡。

3.2.5　广泛采用光传电动操纵系统

在当代的飞机上，驾驶员的操纵多通过计算机产生的电控制信号，由电一液作动器控制操纵面，计算机软件还能“主动”在驾驶信号上叠加一些改善飞机性能、飞行品质、防止驾驶失误的信号。电传操纵系统容易受到雷击、电磁干扰和电磁脉冲的损害，液压系统又存在密封件易高温老化、漏液易着火、受损后的生存力差等问题。为此，目前正研究用光传代替电传，用电力作动系统代替液压作动系统。

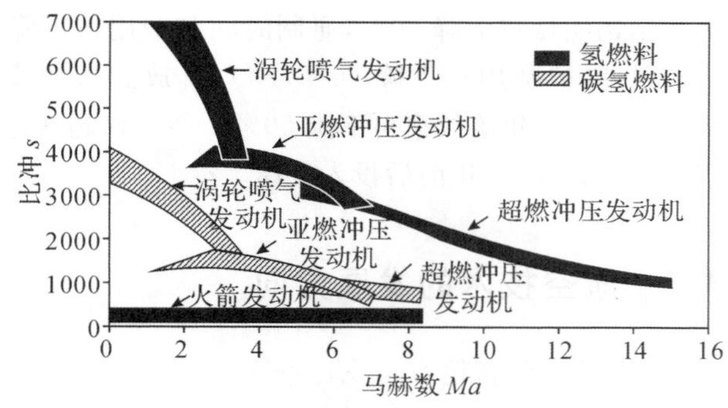

图 3　各类发动机的比冲随飞行 *Ma* 的变化

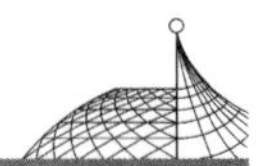

3.2.6　驾驶员变为飞机管理员

当代的飞机是一个高度自动化的系统，攻击目标时驾驶员只要按计算机的指示操纵，航行时飞机能按预定航线自动飞行，计算机还能“主动”执行一些驾驶员无法完成的操纵，飞机离完全替代驾驶员自主驾驶仅数步之遥。21 世纪，在各种人工智能软件、智能蒙皮、主动捭制技术更广泛应用，可靠性也进一步提高后，所有飞机驾驶和故障排除均可以由飞机自主完成，驾驶员将成为向飞机下达任务的管理员。

3.2.7　出现多种新概念飞机

目前，人们正在研究各种新概念飞机。无人机没有人素工程限制，飞机轻、小、价廉、机动性好，能执行高风险任务，深受军队关注。早在 70 年代国外就试飞过无人战斗机，随着所需技术的发展即将成为现实。微型无人机也是研究的热点，1998 年 8 月，试飞的“微型星”翼展为 15cm，计划在今年试飞的微型直升机只有一张小邮票大小。随着纳米技术和微机械的发展，在 21 世纪会出现更微小、功能更强的无人机。地效飞行器利用地面效应和动力增升原理实现高效掠海飞行。它具有巡航高度仅数米、目标隐蔽、速度高达 500km/h、浪大时能升空飞行等优点。1982 年苏联就研制出 540t 重的“里海怪物”，1998 年中国航空工业总公司 605 研究所研制成 DX-100 地效飞机，可乘坐 15 人，最大速度 200km/h，已命名为“天翼一号”在太湖投入观光商业运营。倾转旋翼机在起飞时旋翼向上具有直升机的特性，巡航时旋翼向前像是螺旋桨飞机，兼有能垂直上升和固定翼飞机速度较快的特点。1999 年第一种实用的倾转旋翼机 V-22 已向美军交付，在 21 世纪会获得广泛的军民用市场。

3.2.8　新概念武器即将投入使用

21 世纪初，以强激光武器实施硬杀伤，用电磁脉冲武器破坏武器中的电子器件，用计算机病毒武器实施软杀伤都将实现，如美国用波音 747 改型加装强激光武器的反导弹飞机能在 400km 处击毁“飞毛腿”导弹。武器将继冷兵器、热兵器后发生向电磁兵器的一次变革，并使空战方式和作战飞机发生深刻的变化。

3.2.9　采用新型航空燃料

据预测，全球的天然气储量可开采 100～200 年，石油约 50 年。为解决资源短缺和环境污染，国外从 50 年代起就开始研究各种航空替代燃料，并进行多次试飞。目前戴姆勒-克莱斯勒宇航（DASA）公司正着手改装一架采用氢燃料的 A310 客机，认为这种飞机将在 12～14 年后投入运营。目前看好的主要有液氢和液态天然气，但它们有沸点低、密度小的问题。如液氢单位体积的热值约为现用航空燃料的 23%，这是航空发展中必须解决的问题。

3.2.10　虚拟现实技术

虚拟现实以软件化的已掌握规律为核心，由计算机通过传感器、制动器、立体视听设备，使人产生进入一个由计算机生成的“虚拟现实”环境的感受，通过人机系统直观和自然的交互方式，在“虚拟现实”环境中感知“现实”世界和完成操作。在飞机研制过程中，虚拟现实技术可为设计者和用户提供先期演示，检验设计方案和战术、技术性能及布局的合理性。在训练上，利用虚拟现实技术所提供的逼真环境，可以在保证训练质量的前提下减少实际飞行时间，降低训练费用。美国在研制的 JSF 战斗机就计划采用虚拟现实技术训练飞行员，以减少甚至不要 JSF 的教练型。

4. 加强航空技术创新迎接 21 世纪的挑战

一个完整的创新体系是指在改造自然中知识的创造、转换和应用的全过程。它涉及从新思想的产生到产品设计、试制、生产的全部活动，辅以良好的营销和服务才能实现有效的产业化。广义地讲，它包括技术创新、机制创新、体制创新。由于创新成果的产业化与市场密切相关，市场会通过企业的需求和资金投入牵引创新的方向；体制创新涉及生产要素的重新组合，更要靠市场来推动。所以，企业是创新的主体。

根据国外的统计，中、小发展中国家在人均 GNP 1000 美元以下时，研究开发经费占 GNP 的比例小于 1%，多处于技术引进、仿制的阶段；人均 GNP 超过 1000 美元时，研究开发经费占 GNP 的比例大于 1%，进入以技术的消化、吸收、改进为主的阶段；在 5000 美元以上时，研究开发费用占 GNP 的比例超过 2%，进入以自主创新为主的阶段。我国目前虽正处于以消化、吸收、改进为主的阶段，但作为人口最多的大国，是有创新能力的。早在 50 年代就提出“别人有的我们要有，别人没有的我们也要有”，并自力更生地发展了我们的导弹、原子弹和氢弹。今天我们的经济、科技实力更强，面对 21 世纪知识经济的挑战和美国的技术封锁，必须把航空产业的科技路线转上主要依靠技术创新的轨道。

在 20 世纪的 100 年内，人类发明了飞机，从亚音速到超音速，目前正向高超音速冲击。为满足飞机大型化和采用替代燃料，在 21 世纪也将进行一次飞跃。每一次飞跃都是航空技术创新的结果。立足创新，迎头赶上就拉近我们与发达国家的起跑线。

加强航空科研开展航空技术创新，首要的是转变观念，加速从“跟进型”向“创新型”科研路线的转变。旧中国无航空科研可言。新中国成立后，在苏联帮助下开始建设航空科研机构，从一无所有开始，免不了是“跟进型”的，但是“跟进型”导致我国航空技术在发展上缺乏创新的特色，形不成对国外的优势技术领域。50 年后的今天，我国航空科研能力已达到第三代战斗机的水平，建成和正在建设的国家级和部级重点实验室 49 个，拥有一批年富力强的学科带头人，拥有了航空技术创新的人才和物质基础。然而，重要的是科研路线的转变，从“跟进型”摆脱出来，才会涌现类似“沙窝驻丘”等中国人的航空技术创新成果。

其次，要建设创新基地推动航空技术创新。什么是航空技术创新基地？我们以为航空技术创新基地应具有出成果、出人才、能有效支持科研成果商品化和产业化的功能，有许多成果可以转化是航空技术创新基地生存和发展的根本，技术创新为产业化提供雄厚的技术储备。因此，航空技术创新基地应当包括重点实试验、技术开发中心，甚至可以开办高科技企业作为中试生产基地。随着科学技术的发展，创新是多学科碰撞、结合产生的，航空技术集众多学科最新成就之大成。航空技术创新基地除以专业性为主的特点外，更要强调适当开展综合性研究，加强跨基地联合，在综合中创新。建设航空技术创新基地，需要注意以下四个因素的作用。

(1)试验设施是技术创新的物质基础。航空发动机是试验出来的，这是世界航空界的共识。微电子业发展快，在于非常重视科研实验手段建设。在“八五”计划中，印度拿出 1.1 亿卢比引进电子技术，却拿出 4 亿卢比扩充实验设备，可见试验设施在创新中的作用。

(2)优秀的学术带头人是技术创新的关键。我国每 1 万人只有科技工作者 3 人，而美国有 34 人，相差 10 多倍。因此我们不仅要珍惜人才，更要在航空技术创新基地这一人才摇篮中促进人才成长。

(3)创新意识是技术创新的源泉。“知识经济、创新意识对于我们 21 世纪的发展至关重要。”我们理解有创新意识才有创新的行为。

(4)机制是技术创新的动力。创新基地必须是开放型的，广聚人才，在合作、竞争中推陈出新，借助市场机制推动创新。

最后，航空技术创新基地的建设必须瞄准高技术前沿，高标准、高水平、成体系。只有这样，才能保证航空科技水平上一个台阶，才能对航空产品的发展起到强有力的支撑作用。“八五”“九五”，航空工业建成和正在建设一批航空科技重点实验室(见表 2)，推动了航空科技成果的工程化和商品化，提高了航空科研的整体实力，朝世界先进水平逐步靠拢。

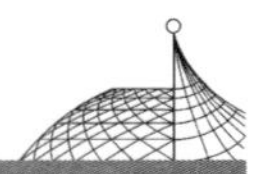

表 2　航空工业总公司重点实验室一览表[4]

序号	实验室	序号	实验室
1	高速高雷诺数气动力	26	火力控制系统
2	低速增压风洞	27	机载与弹载计算机
3	计算流体力学	28	航空火力与指挥控制系统
4	翼型叶栅空气动力学	29	航空制导武器
5	空气动力数值模拟	30	航空电子系统综合
6	直升机旋翼动力学	31	飞行控制
7	直升机旋翼	32	惯性技术
8	高速水动力	33	高性能电磁窗
9	航空发动机高空模拟	34	全机电磁兼容
10	航空发动机气动热力	35	航空电子
11	航空发动机动力传输	36	航空救生技术
12	航空动力控制系统	37	航空机电系统综合
13	航空发动机离心压气机	38	航空电源
14	全尺寸飞飞机结构静力/疲劳	39	动态测试与校准技术
15	航空噪音与声音疲劳	40	航空综合环境
16	智能材料与结构	41	无人机先进布局和控制制导
17	先进复合材料	42	航空可靠性综合
18	先进高温结构材料	43	民用飞机燃料安全性综合
19	凝固技术	44	航空总体论证仿真
20	空间材料科学	45	歼击综合仿真
21	超精密加工	46	飞行仿真
22	高能束流加工	47	先进仿真技术
23	航空精密加工制造技术	48	航空电子系统射频综合仿真
24	数控制造技术	49	航空软件开发环境
25	航空连接技术		

在知识经济时代即将到来之际，我们必须站在技术创新和科教兴国的战略高度，面向 21 世纪，把航空技术创新基地建设与高科技企业发展结合起来，强化自主创新的力度，为满足新一代飞行器研制的需要和推动国民经济发展作出应有的贡献。

依赖于信息网络，越来越多的政治、经济、国防的信息在网络上运行。但是，由于自然和社会两方面的原因，信息网络的环境将变得越来越严峻。网络运行的可靠性和安全性越来越成为制约信息网络发挥作用的因素。因此，研究大规模信息网络的自适应、自学习、自组织理论，研究复杂信息网络的智能控制理论，以及研究网络信息的密码学理论已经成为刻不容缓的任务。

中文信息网络现今的网络基本上是英语文化主导的信息网络，这是一个非常严峻的现实。研究、建设和发展中国文化的信息网络，关乎民族文化和民族精神的兴衰。因此，也是一个需要高度重视的课题。21 世纪就在眼前,我们应当加倍努力,开创信息网络工程学的新纪元。

参考文献

[1] NASA. 网站资料. 1999-06-23.

[2] 美国国家研究委员会,工程和技术系统委员会,航空航天工程局,航空技术委员会. 二十一世纪的航空技术[M]. 中国航空信息中心,译. 北京:航空工业总公司第六二八研究所,1994.

[3] 王道荫. 迈向 21 世纪的航空科学技术[M]. 北京:航空工业总公司第六二八研究所,1994.

[4] 张彦仲. 进一步落实科教兴国的战略指导思想大力推进航空科技重点实验室建设[R]. 北京:中国航空工业总公司,1998.

The Development Trend of Aeronautic Technology and the Building of Technology Innovation Bases

Abstract: In the 21st century, the next generation aircraft will be faster, larger, safer, more economic and resources saving. The aircraft such as airliner for 1000 or more passengers, hypersonic vehicle, mini-UAV, ground effect aircraft and tilt rotor aircraft will be put into market. The use of substitute aviation fuel can reduce the dependence on petroleum and the atmosphere pollution. The economy, safety and environmental protection performance will be improved several even ten times. Faced to the challenge, we must enhance the building of aeronautic technology innovation bases.

Keywords: aeronautic technology; development trend; technology innovation; key laboratory

中国直升机　运输机的未来发展*

摘　要：阐述了中国直升机、运输机的现状，未来发展思路和具体实施计划；介绍了中国在产的直升机、运输机，在产的直升机有直11(2吨级)、直9(4吨级)、直8(13吨级)系列，在产的运输机有运5、运7、运8、运12和农5系列；提出了改进生产一代、研制发展一代、预研攻关一代的发展思路，制定了直升机改进生产以直8、直9、直11为主，研制以6吨级直升机为主，预研以10吨级直升机为主的发展计划；运输机改进生产以运8、运12为主，研制以涡扇支线飞机为主，发展以大型运输机为主的实施计划；提出了突破直升机发动机、旋翼、传动、抗坠毁、复合材料关键技术的措施；指出直升机、运输机发展要坚持自主开发和国际合作、技术和贸易、军用和民用相结合，建议把直升机、运输机纳入国家长远发展规划。

关键词：中国；直升机；运输机；发展

直升机和运输机作为20世纪科学技术最辉煌的创造之一，极大地改变了人类社会经济生活的面貌。直升机和运输机是典型的军民两用产品，是航空工业军民结合最有效的结合点，具有广泛的科技带动作用。

新中国航空工业建立50年来，已生产交付军民用直升机约1000架，军民用运输机1400多架，是世界上少数几个具有直升机和运输机科研生产能力以及产品系列的国家[1,2]。

预计未来十年世界需生产交付军民用直升机13000多架，民航旅客运输机10000多架。我国需要军民用直升机近1000架，民航旅客运输机1000架左右[2-4]。

美俄欧把直升机和运输机发展作为战略产业，国家大力支持，产品不断更新，技术不断提高，直升机和运输机竞争相当激烈[1]。未来20年对中国直升机、运输机发展十分关键，研究和加强我国直升机和运输机未来发展势在必行。

1. 中国直升机　运输机的现状

1.1　直升机的现状

1956年我国开始建立自己的直升机工业，1999年国防体制改革后，中国航空工业第二集团成为我国主要承担研制生产直升机任务的特大型企业集团。

40多年来，我国通过仿制、自行设计和国际合作等方式，研制了直5、直6、直7、直8、直9、直11直升机，研制了“海鸥”“翔鸟”无人直升机和M16超轻型直升机；国际合作研制了EC120直升机，参与了

*　文章发表于《中国工程科学》，2002，4(8)：1-7.

西科斯基公司 S92 直升机研制。现在生产的主要直升机为直 8、直 9、直 11、EC120。

直 5 是中国生产的第一种直升机，按照苏联米 4 仿制。1958 年 12 月首飞，1979 年停产，共生产 545 架，其中出口援外 86 架。

直 8 是我国研制的最大吨位的直升机，装 3 台涡轴发动机，最大起飞重量 13000kg，最大巡航速度 248km/h，航程 800km，升限 3050m，陆地水上都可起降。1985 年首飞，已生产了 15 架。

图 1　直 9 直升机

直 9 是我国引进法国直升机公司 AS365N“海豚”专利生产的双发多用途直升机（见图 1）最大起飞重量 3850kg、商载 1863kg、巡航速度 293km/h、升限 4500m。1982 年首飞成功，目前生产的直 9 直升机国产化率达 75%。已生产了近 100 架。

直 11 是我国直升机行业自行设计的第一个机种，单发单旋翼带尾桨式。最大起飞重量 2200kg、有效商载 880kg、巡航速度 238km/h，升限 5240m，航程 600km。1996 年 12 月首飞成功，已生产交付 31 架。

EC120 是具有当今国际先进水平的 5 座单发轻型直升机，由中国、法国、新加坡联合投资研制，分别拥有该机 24%、61% 和 15% 的股份，1995 年 6 月首飞，用户有 20 多个国家。1999 年开始，年交付量在 100 架份以上，已累计交付 300 多架份。

国产直升机主要性能见表 1。

表 1　国产直升机主要性能[25]

机型	起飞质量/kg	巡航速度/(km·h)$^{-1}$	升限/m	航程/km	巡航时间/h	交付数量/架
直 8	13000	248	3050	800	41	12
直 9	3850	293	4500	910	44	约 100
直 11	2200	238	5240	600	3.7	31
EC120	1770	232	6035	748	4.2	>300

1.2　运输机的现状

我国运输机科研生产经过几十年努力，从无到有，由小到大，先后仿制和自行研制的主要机型有运 5 系列、运 7 系列、运 8 系列、运 10、运 11、运 12 系列、农 5 飞机等，合作生产了 MD82/83/90-30 飞机，现在生产的机型为运 5、运 7、运 8、运 12 以及农 5 系列飞机。

图 2　Y-12 多用途运输机

农 5 是我国自行研制的第一架农林专用机，单发螺桨，最大起飞质量 2450kg、最大商载 960kg、升限 4280m、速度 220km/h。1989 年 12 月首飞，1992 年 7 月获得中国民航型号合格证。

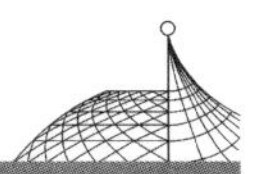

运 5 是新中国制造的第一架小型通用运输机，单发螺桨，可乘 12 名乘客，最大起飞质量 5250kg、最大商载 1500kg、升限 4500m、速度 239km/h，可在土跑道和草地上起降，起降距离不到 200m，即使发动机停车，仍能安全滑翔降落。1957 年 12 月试制成功，已生产 1000 多架，是生产时间最长和产量最大的国产运输机。

运 12 是我国自行研制的通用运输机（见图 2），双发涡桨，可载客 19 人、最大起飞质量 5670kg、最大商载 1984kg、速度 328km/h、航程 1340km，可在土跑道或草地上起降，起降距离 500m。1982 年 7 月首飞，是我国第一个取得 CAAC 型号合格证，唯一取得 CAA、FAA 型号合格证的国产飞机。运 12 已销售 120 多架，出口到 20 多个国家共计 94 架。

运 8 是我国现在生产的最大的运输机（见图 3），四发涡桨，最大起飞质量 61000kg、最大商载 20000kg、单件空投质量 7400kg、升限 10400m，速度 662km/h，最大航程 5615km。1974 年 12 月 25 日首飞成功，1993 年取得中国民航型号合格证，运 8 已交付 80 多架，其中出口 16 架。

图 3　Y-8 运输机

运 7 是双发涡轮螺桨短/中程运输机。1970 年 12 月 25 日首飞，1998 年取得中国民航型号合格证。新机型“新舟”60：最大起飞重量为 21800kg，最大商载 5500kg，巡航速度 503km/h，满载航程 2400km。运 7 系列客机可载客 50～60 名，已生产近 200 架。

运 10 是 150 座级四发涡扇旅客运输机，共试制两个样机，1970 年组织研制，1980 年首飞成功，后停止研制，共飞行了 130 多个起落，170 个飞行小时。

我国还曾根据生产许可证国际合作组装了 150 座级麦道飞机 MD82/83/90-30，共计 37 架。

国产运输机主要性能见表 2。

表 2　国产运输机主要性能[1]

机型	起飞质量/kg	最大商载/kg	速度/(kg・h^{-1})	升限/m	航程/km	续航时间/h
农 5	2450	960	220	4280	282	5.8
运 5	5250	1500	239	4500	845	5.6
运 7	21800	4700	503	8750	1983	4.5
运 8	61000	20000	662	10400	5615	10.5
运 10	110000	25000	974	12000	6400	8.5
运 12	5670	1984	328	7000	1340	5.3
MD82	67810	19969	925		3798	

2. 中国直升机　运输机的未来发展

2.1　直升机的未来发展

改进生产：直 11、直 9、直 8、EC120、S92。

研制发展:6 吨级直升机。

预研攻关:10 吨级直升机。

前沿研究:倾转旋翼机。

经过 10 到 15 年发展,使我国直升机形成 2 吨、4 吨、6 吨、10 吨、13 吨级直升机系列,形成具有一定国际竞争力和规模的直升机研制和生产能力,成为国防装备的可靠研制生产基地和国民经济的增长点。

2.1.1 改进生产一代

(1)直 11 改进改型(见表 3)

表 3 直 11 改进改型主要性能对比

性能参数	直 11	直 11A	直 11B
有效载荷/kg	880	1074	1164
使用升限/m	5240	6000	5168
无地效升限/m	3000	4484	3283
有地效升限/m	3750	5171	3932
最大爬升率/($m \cdot s^{-1}$)	9.8	11.3	8.4

改型第一步:单发型更换大功率的发动机,命名为直 11A,最大起飞功率从 510kW 提高到 557kW,改善高温高原性能,正在立项。

改型第二步:研制双发型,命名为直 11B,现处于方案论证阶段。

(2)直 9-H 系列改进改型(见表 4)

表 4 直 9-H 系列改进改型主要性能对比

性能参数	H410A	H425	H450
最大起飞质量/kg	4100	4250	4500
有效载荷/kg	1760	1860	2060
使用升限/m	4572	4572	4572
有地效升限/m	2150	2740	2840
无地效升限/m	1150	1320	1960

第一步——研制 H410A:在 Z-9A 基础上,更换大功率发动机,发动机最大起飞功率从 526kW 提高到 626kW,2001 年已完成取证。

第二步——研制 H425:在 H410A 基础上,改进旋翼系统、航电系统、结构及内设,燃油系统进行抗坠毁设计,整体水平达到世界 20 世纪 90 年代水平,此机型已立项,正在研制中。

第三步——研制 H450:在 H425 基础上,改进旋翼、传动、操纵系统,改进涵道尾桨,使商载提高 200kg 现处于方案论证阶段。

(3)直 8 改进改型(见表 5)

在直 8A 基础上改型为直 8F,a. 换发,最大起飞功率从 1190kW 提高到 1448kW;b. 研制具有防冰能力的复合材料桨叶,替换原金属桨叶,现处于方案论证阶段;c. 采用先进的航电综合系统。

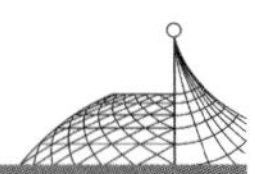

表 5　直 8A 和直 8F 主要性能对比

性能参数	改进前直 8A	改进后直 8F
发动机首翻期/h	500	3500
4500m 高原启动	不能	能
使用升限/m	3050	4700
有地效悬停升限/m	1900	2800

(4)EC120

扩大中方生产份额至 40%以上；从 2002 年起，年产量提高到 150 架份；计划在哈飞公司建立总装生产线。

(5)S92

建立年产 48 架份垂尾生产能力，完善工艺质量，争取扩大生产份额。

2.1.2　研制发展一代——6 吨级直升机(见表 6)

6 吨级直升机已开始研制，装两台涡轴发动机，采用综合化航空电子系统，采用抗坠毁设计，坠毁时机上人员生存概率>85%；材料方面要求结构复合材料>80%，覆盖面基本为复合材料，将填补我国 6 吨级直升机空白。

表 6　6 吨级通用型直升机主要性能

最大起飞质量/kg	6000
有效商载/kg	>2500
巡航速度/(km·h^{-1})	270
航程/km	>800
使用升限/m	5880
有地效悬停升限/m	2900

2.1.3　预研攻关一代——10 吨级直升机

10 吨级直升机轮廓设想是单悬翼带尾桨构型，广泛采用复合材料，装两台涡轴发动机，采用 APU 启动，直现在开展以发动机、传动系统、旋翼、复合材料为核心的关键技术研究，重点突破1765kW涡轴发动机关键技术。

2.1.4　前沿研究一代——倾转旋翼机(见表 7)

倾转旋翼机兼具直升机垂直起落和固定翼飞机升限高、速度快、航程远的优点，是未来的重要运输工具，已建议作为专题列入“S863”计划，同时探索与国外合作研制。

表 7　倾转旋翼机直升机涡桨飞机主要性能对比[151]

比较机型	起飞方式	起飞质量/kg	速度/(km·h^{-1})	升限/m	航程/km
倾转旋翼机 V22	垂直	24 947	638	7 925	3 336
直升机 CH47	垂直	24 494	298	3 095	1 042
涡桨飞机 Q8-400	滑跑	28 600	648	7 620	2 400

2.2 运输机的未来发展

改进生产:农 5、运 5、运 12、运 8。

研制发展:BCRJ 系列 50 座级涡扇支线飞机。

预研攻关:大型运输机。

2.2.1 改进生产一代

(1)运 12 飞机改进改型(见表 8)

表 8 运 12 改进改型机种主要性能

机型	运 12W	运 12E	运 12G	运 12F
最大起飞质量/kg	5670	5670	7500	7300
最大商载/kg	1984	1984	2500	2050
最大平飞速度/(km · h^{-1})	328	345	350	480
使用升限/m	7000	7000	8000	7600
单发升限/m	3000	4200		
航程/km	1340	1340	1500	2400
发动机起飞功率/kW	455	550	770	880

第一步——改为高原型运 12E:在运 12Ⅳ基础上,更换大功率发动机,4 叶桨代替 3 叶桨,换装先进电子设备,更改维修方式,整机寿命从 20000h 提高到 36000h,噪声降低 5~9dB,单发升限从 3000m 提高到 4200m,2001 年已改型完成,取得中国民航适航证。

第二步——改为货运型运 12G:在运 12E 基础上,更换动力装置,机身重新设计,侧开可装卸集装箱的舱门,更改机翼、尾翼,可装 3 个 LD3 标准集装箱,目前处于方案论证阶段。

第三步——改为气密型运 12F:改为气密舱,更换发动机,提高速度,采用综合航空电子系统,起落架改为可收放式,现处于方案论证阶段。

(2)运 8 飞机改进改型(见表 9)

第一步——改为运 8F400:在运 8F200 基础上,驾驶体制 5 人改为 3 人,重新设计机头和驾驶舱,安装先进的电子设备,2001 年首飞,2002 年取证。

第二步——改为运 8F600:在运 8F400 基础上,更换大功率发动机,单发最大当量功率从 3126kW 提高到 4039kW,驾驶体制 3 人改为 2 人,4 叶桨改为 6 叶桨,机体寿命从 20000h 提高到 30000h,货舱容积从 137m^3 提高到 170m^3。已立项研制,计划 2003 年首飞。

第三步——改为运 8F800:在运 8F600 基础上,加长机身,增大机翼,加强起落架,采用整体油箱,增大航程航时,使最大商载从 20t 提高到 30t,航程由 3800km 增加到 7800km,商载超过 C130,目前处于方案论证阶段。

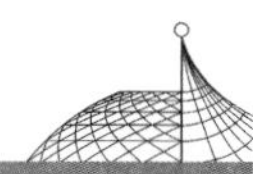

表 9　运 8 改进改型机种主要性能比较

机型	运 8F200	运 8F400	运 8F600	运 8F800
最大起飞质量/t	61	61	65	81
最大商载/t	15	15	20	30
使用升限/m	10050	10050	11000	11500
最大速度/(km·h^{-1})	640	640	700	660
最大航程/km	3400	3400	3800	7800
驾驶体制/人	5	3	2	2

2.2.2　研制发展一代——BCRJ 系列 50 座级涡扇支线飞机(见表 10、图 4)BCRJ 系列 50 座级涡扇支线飞机由中国航空工业第二集团和巴西航空工业公司合作发展,有 37、44、50 座 3 个机种,在世界 30～50 座级涡扇支线飞机中机种最全,飞机部件和系统通用性达 98%。巡航速度830km/h,飞行高度 10000m,航程 3000km 左右。

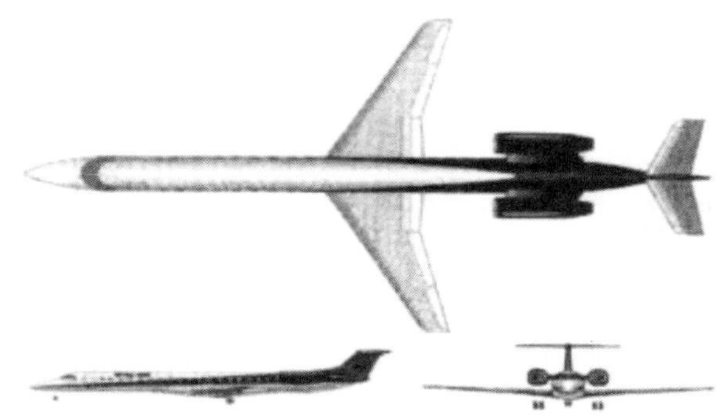

图 4　BCRJ 系列 50 座级涡扇支线飞机示图

中国航空工业第二集团和巴西航空工业公司首先合资生产 50 座级 BCRJ 系列涡扇支线飞机,预计 2003 年开始交付,同时准备联合研制 60 座级 BCRJ160 涡扇支线飞机。

表 10　BCRJ 系列 50 座级涡扇支线飞机主要性能

性能参数	BCRJ145XR	BCRJ140LR	BCRJ135LR
座位数	50	44	37
最大商载/kg	5890	5330	4850
最大起飞质量/kg	24000	21100	200(1)
巡航速度/(km·h^{-1})	852	833	833
设计航程/km	3700	3019	3148
最大升限/m	11278	11278	11278

2.2.3　预研攻关一代——大型运输机(见表 11)

大型军用运输机的发展重点是:最大商载 45t,最大载重航程 4000km 以上,续航时间不小于 9h 的上单翼飞机。

大型民用运输机技术起点高，可从大型军用飞机的技术基础上发展，先期主要安排大型运输机关键技术研究。大型特种飞机通过大型运输机改型发展。

大型运输机应走“军民结合，军机优先，以军促民，国家投资”，自主发展和国际合作相结合的道路。

表 11　国内重点关注的大型运输机主要性能[1]

性能参数	安 70	伊尔 76MD	运 10
最大起飞质量/t	130	190	110
最大商载/t	47	47	25
货舱容量(长×宽×高)/m^3	19×4×41	20×3.45×3.4	
单台发动机功率	桨扇 10150kW	涡扇 117.7kN	涡扇 844kN
巡航速度/($km\cdot h^{-1}$)	750～800	750～780	974
使用升限/m	12000	12000	12000
最大燃油航程/km	8000	7800	6400
短距起飞距离/m	915(35t)	1700	2318

3. 直升机关键技术研究

以突破直升机的发动机、传动、旋翼、抗坠毁、复合材料等关键技术为重点，经过 10～15 年的努力，使整体技术达到或接近世界先进水平。

3.1　发动机技术(见表 12)

改进生产：涡轴 8A。

研制发展：6 吨级直升机所需发动机。

预研攻关：10 吨级直升机所需发动机(功重比 9 一级的发动机)。

表 12　我国直升机发动机性能[6

型号	起飞功率/kW	耗油率/[$g\cdot(kW\cdot h)^{-1}$]	功重比/($kW\cdot kg^{-1}$)	涡轮前温度/K	装机机型
涡轴 6	1103	401	3.5	1235	直 8
涡轴 8A	522	363	44	1330	直 9、直 11
—	956	311	5.3	1370	6 吨级
—	1622	286	6.6	1520	10 吨级

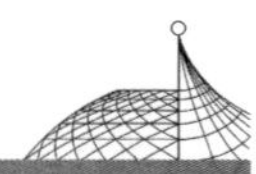

3.2 传动技术

改进生产:直 8、直 9、直 11 传动系统。

研制发展:6 吨级直升机传动系统,20 世纪 90 年代初水平。

预研攻关:预研 10 吨级直升机传动系统,性能优于国外同类型直升机传动系统。主减功重比达到 4kW/kg,高速输入级部件设计寿命 3000h,干运转能力达到 30min。

3.3 旋翼技术

改进生产:直 8、直 9、直 11 旋翼。直 8 金属桨改为复合材料,直 9 复合材料桨修改桨尖。

研制发展:6 吨级直升机旋翼,20 世纪 90 年代初水平。

预研攻关:“九五”预研了 25B 旋翼原理样机。“十五”完成一套设计分析软件,用该软件设计的背景机旋翼气动性能要优于国外同类型直升机旋翼,悬停效率提高 2%,前飞升阻比提高 2%～3%,气动噪声降低 2～3dB。

3.4 抗坠毁技术

改进生产:正在进行直 9 燃油系统抗坠毁设计,直 8、直 11 没有按抗坠毁设计,可用新技术改进。

研制发展:正在按抗坠毁要求研制 6 吨级直升机,要求抗坠毁概率>85%。

预研攻关:正在研究 10 吨级直升机的抗坠毁技术,要求坠机时机上成员生存概率>85%,要求机体结构吸>20%,适坠性起落架要求吸收全机垂直撞击能量的 60%,要求燃油系统等具有适坠性等。

3.5 先进复合材料技术

改进生产:用先进复合材料技术改进生产现有机型,现在直 9 复合材料占覆盖面的 80%,直 11 旋翼为复合材料,机头整流罩、发动机整流罩等次承力结构也采用了复合材料,直 8 主要为金属材料。

研制发展:6 吨级直升机复合材料占全机质量的 33.5%,金属夹层结构占全机质量的 15.5%,合计为 49%,逐步达到 60%以上,主承力结构、旋翼系统均为复合材料,并开始采用金属基复合材料。

预研攻关:围绕 10 吨级直升机开展复合材料攻关,目标是结构复合材料用量达到 80%,减轻重量 15%。预研内容包括:先进原材料的研究,损伤容限准则研究,铺层设计方法,成型工艺,可靠性分析,4～6m 长大模块铺层设计制造技术。

4. 结束语

我国直升机、运输机的发展已经具有了一定的规模和科研生产能力,自身潜在市场巨大,加上我国经济实力的不断增强和改革开放,使今后直升机、运输机的发展拥有良好的前景。

充分利用我国市场、经济、技术发展的大好环境,及时制定我国直升机、运输机未来发展政策和战略,采取有力措施,我国直升机、运输机的发展大有可为。着眼未来,建议如下:

(1)把直升机、运输机纳入国家长远发展规划,并制定扶持国产直升机、运输机的有关政策。

(2)直升机、运输机的发展要坚持自主开发和国际合作相结合、技术和贸易相结合、军用和民用相结合。

(3)直升机的改进生产以直 8、直 9、直 11 为主,研制发展以 6 吨级直升机为主,未来发展以 10 吨级直升机为主。

(4)运输机的改进生产以运 8、运 12 为主,研制发展以涡扇支线飞机为主,未来发展以大型运输机为主。

参考文献

[1] Jane's All the World's Aircraft[M]. 2001—2002.

[2] Jane's Helicopter Markets and Systems[M]. Issue Thirteen. 2001.

[3] Boeing commercial airplanes[R]. Current Market Outlook. 2001.

[4] Airbus Group. The Airbus Global Market Forecast[R]. 2001.

[5] Zhang Yanzhong. The future special aircraft and its challenges on aeronautical technology[A]. ICETS[C]. Beijing China, October 11,2000, 1: 141-150.

[6] Jane's Aero-Engines[M]. Issue Ten,2001.

Future Development of Helicopter and Transport Aircraft in China

Abstract: The actual state future development principle and plan of china's helicopter and transport aircraft are presented. The helicopter in production such as Z-11, Z-9, Z-8, and the transport aircraft in production such as Y-5, Y-7, Y-8, Y-12 and N-5 are reviewed. The development principle of three generations is put forward, i. e. to improve Z-11, Z-9, Z-8 helicopter, develop 6-ton class helicopter research 10-ton class helicopter, and to improve Y-8, Y-12, develop turbofan regional jet, develop in future heavy transport aircraft. The key technological plan for helicopter's composite materials rotor system, transmission system, crashworthiness, and engine is described. The paper points out that the development of China's helicopter and transport aircraft should adhere to the combination of self developing with international cooperation technology with trade, military with civil usage and should be the nation's long term development strategy.

Keywords: China; helicopter transport aircraft; development

加速度计的校准*

摘　要:本文概述了加速度计的校准方法。分析了激光干涉法校准加速度计的原理、装置和误差。介绍了线性大加速度,低频和高频振动的校准方法和装置,横向灵敏度的测量方法等。

1. 概　述

加速度校准分“车间校准”与“实验室校准”两种。车间校准是在装配车间进行的。它的主要是对批量生产的加速度计逐个进行出厂校准并在装配调试过程中进行检验。在此车间进行校准和测试的项目有:基本灵敏度(电压灵敏度及电荷灵敏度)、频率响应、横向灵敏度、温度响应、密封性检验、电容及漏电电阻测试等。

基本灵敏度是采用背靠背比较法校准的。其示意图见图1。

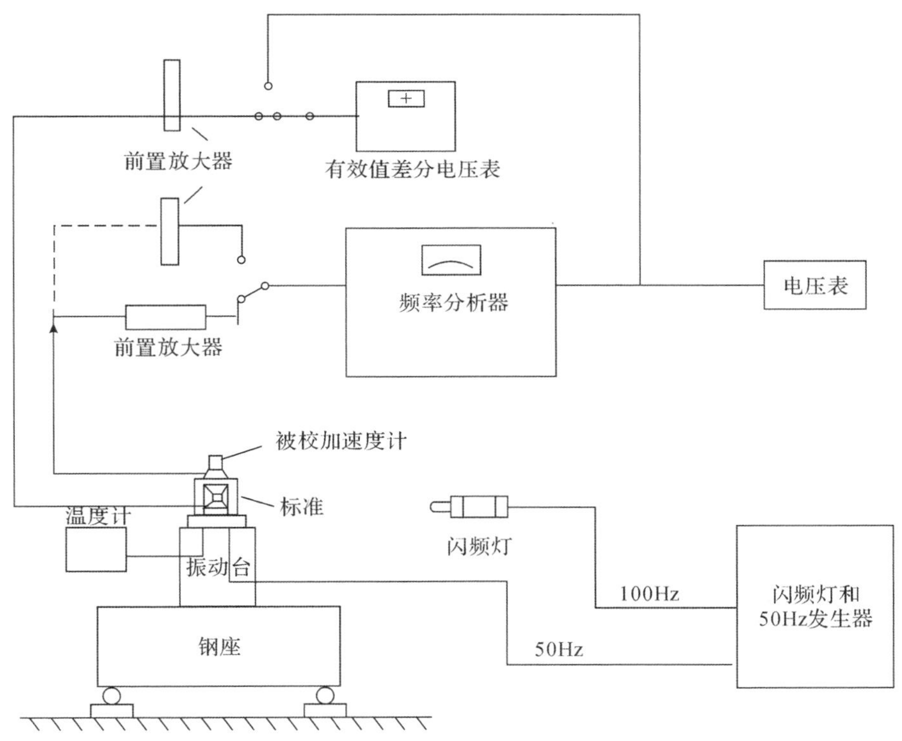

图1　加速度计的生产校准

* 文章发表于《中国科技情报所文献》,1973:16-28.

激振器为电动式振动台，它被装在一个大钢座上，而钢座又用橡皮减震器与地基隔开，以隔离背景振动的影响。校准频率为 50Hz，加速度约 10g。校准精度为±2%。所用参考标准加速度计为 8305 型或 4338 型。它的灵敏度可在本校准系统中用读数显微镜测量振幅“绝对法”进行校准，也可以送实验室用激光干涉仪进行校准。

实验室校准主要是对标准加速计(8305 型)进行出厂校准。在这里激光校准装置是公司的最高振动计量标准。该实验室除了校准基本灵敏度外，还对新型加速度计进行冲击，基座应变，声场影响等指标进行例行检验。

有关加速度计校准方面的问题在下一节略加介绍。

2. 激光校准装置

所谓“激光校准”主要是指用激光干涉仪精确测量标准振动台台面的振幅。根据频率算出加速度，再根据所测出的加速度计的输出电压(或电荷)即可求出加速度计的灵敏度。

2.1 激光干涉仪基本原理

如图 2 所示，它是一个迈克尔逊干涉仪。激光器发出波长 $\lambda=6328$A 的光束沿 X 方向以传播系数 K 和角频率 ω 射到分光镜上，分光镜将一部分光反射到参考镜 1 上，这部分光束由参考镜 1 反射回来穿过分光镜射到光电二极管上；而另一部分光束穿过分光镜射到运动的镜片 2 上，再从此镜片上反射到分光镜上，再从分光镜反射到光电二极管上。

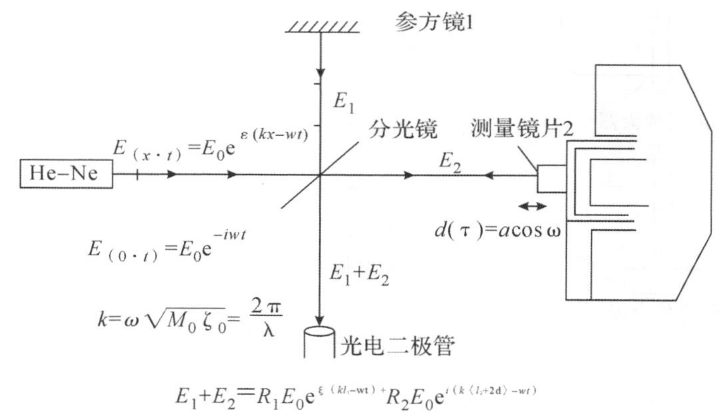

图 2 激光干涉仪的基本原理

图 2 中 E_1 和 E_2 是两个分光束的光强。l_1 和 l_2 是二光束的光程。R_1 和 R_2 是光传播损耗。镜片 2 即贴在加速度计端面或振动台面上，它的运动为

$$d(t)=\alpha_0\cos\omega_1 t$$

式中，a_0 表示振动幅度；

ω_1 表示振动角频率。

根据普通的电磁理论可看出，合成光束的光强可由下式给出：

$$\begin{aligned}I(t)&=C(E_1+E_2)^2=CE_0^2[R_1^2+R_2^2+2R_1R_2\cos K(l_2-l_1+2d)]\\&=A+B\cos 2\pi/\lambda(l_2-l_1-2\alpha_0\cos\omega_1 t)\end{aligned}$$

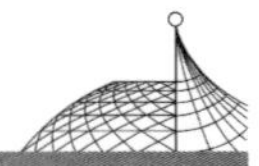

式中，A、B 和 C 为常数。

由上式可看出，光强最大的条件是

$$(2\pi/\lambda)(l_2-l_1+2d)=2n\pi$$

相邻两个最大光强之间对应的位移为：

$$2d=\lambda \text{ 或 } d=\lambda/2$$

即振动台台面向前或向后运动 $\lambda/2$，合成光束的光强在广电二极管上变化一个周期，从而在计数器上计上一个数。因此每一个振动周期相应的计数则为

$$4\alpha_0/(\lambda/2)=8\alpha_0/\lambda=R_f$$

$$\alpha_0=(\lambda/8)R_f$$

R_f 称"频率比"。用频比计数器测出 R_f 即可根据上式求出振幅 α_0。为了提高振幅测量精度，不是只测一个周期的干涉条纹数；而是测量 100 个周期的条纹数。

2.2　主要配套设备

激光校准装置的主要设备与作用示于图 3。

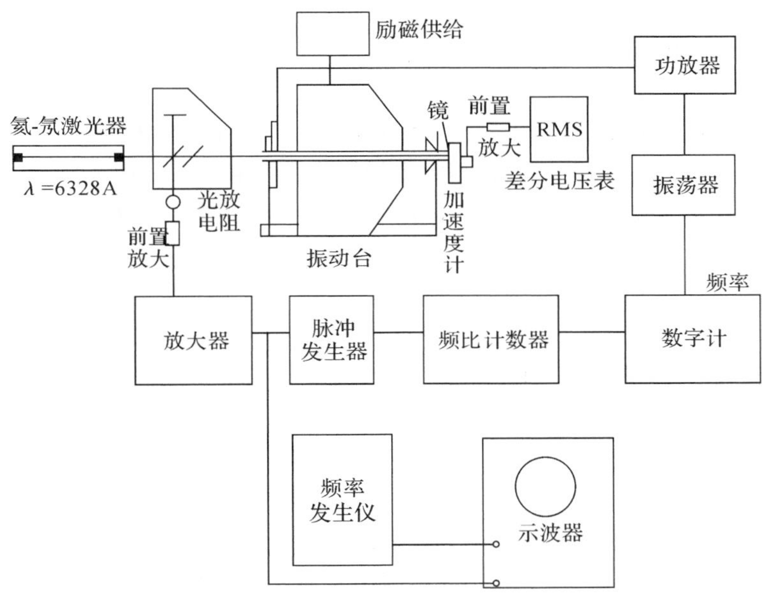

图 3　激光振动校准装置

(1)氦-氖激光器(包括电源)。波长为 6328Å。频率稳定度为±0.001%。

(2)迈克尔逊干涉仪结构很简单，由分光镜、补偿镜搭配而成，宛如教学用的教具。

(3)标准振动台为 MB 公司产的 C_{11} 型电动式振动台。其频率范围为 10～2000Hz。最大空载加速度为 50g。

据了解和分析，该振动台的性能并不佳。如台面加速度失真并不小，

150Hz	1g	1%
150Hz	3g	1.7%
300Hz	1g	0.8%
1000Hz	10g	6.6%

另外，台面横向运动也较大。但该公司校准时只在一个频率(160Hz)上进行。在此频率下失真度较小，其中对校准精度影响较显著的三次谐波小于0.1%。另外在此频率下横向运动亦很小。

(4)有效值差分电压表：用来测量被校加速度计的输出电压(前面经过前置放大器)。该电压表为美国Fluke公司产，型号为931B型。

频率范围：2～20Hz

20Hz～2MHz

峰值因数：10(至1500V)

精度：±0.1%(2Hz～2MHz)

±0.05%(30Hz～50MHz)

分辨率：±0.01%(三位十进度盘加差分表头)。

本仪器也是该公司的最高电压标准，定期地送荷兰的美国标准仪器站检定。

(5)频比计数器及数字频率计为五位显示数字，稳定度为10^{-8}。

(6)示波器：美国Tektronix公司产，型号为564型双线示波器。插件：3B3，3A3。

(7)前置放大器型号：2626。

(8)光电二极管型号：BPX 25。

(9)隔振地基。

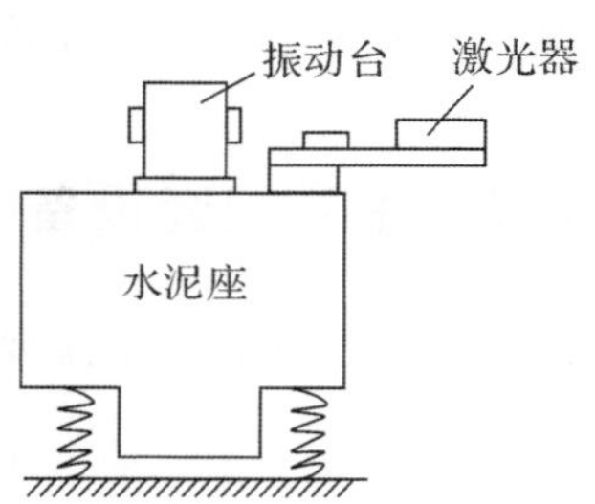

图4　振动台的安装

为了隔离背景振动对校准的影响，振动台、激光器、干涉仪和光电转换器均装在一个大的水泥基座上；而此水泥座用四个钢弹簧支撑起来。如图4所示。

水泥座尺寸为长0.8m，宽0.8m，高0.8m；重约1.2t，固有频率约1Hz。

2.3　校准精度

用上述激光校准装置对8305型标准加速度计灵敏度的校准精度为±0.5%。据公司解释，此精度包含如下误差因素：

(1)激光波长的误差：$\lambda=6328\text{Å}$，±0.001%。

(2)振动频率精度：10^{-8}。

(3)振动传递误差：即干涉仪与台体之间的相对运动所引起的误差。其测量方法是当振动台运动时，用加速度计测量干涉仪参考镜的加速度，即可求出它们之间的相对运动。经测量由此而产生的误差为±0.3%。

(4)振动波形失真引起的误差：按$\alpha=d\omega^2$计算，它所引起的误差小于±0.1%。

(5)电压测量误差：±0.1%。

(6)横向运动引起误差。由于标准振动台被选在横向运动小于1%的频率下工作，而且被校标准加速计的横向灵敏度很小(<2%)，所以由此引起误差很小，可以略去不计。

(7)加速度计负荷引起误差：8305型标准加速度计是作为背靠背校准的参考标准。校准时它的端面不加负载，直接作为干涉仪测量光束的反射镜。而实际使用时，它的端面须加负载(即被校加速度计重量)。由于标准加速度计的壳体作为一个弹簧与内部质量块，压电片以及端面所加负荷组成一个弹性系统，其谐振频率与所加负荷重量有关。它与灵敏度的关系如图5所示。

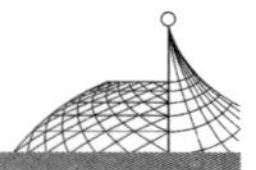

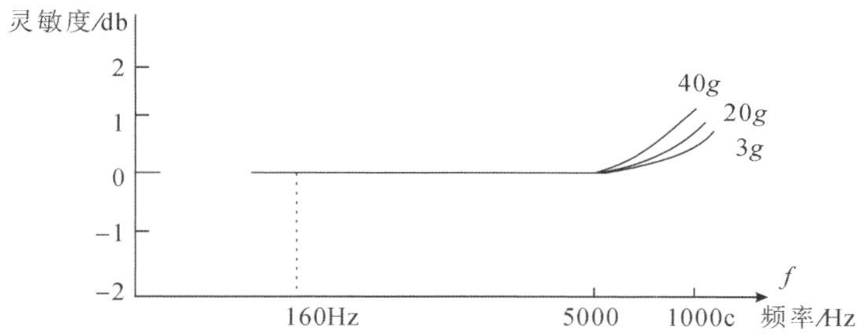

图 5　加速度计灵敏度与频率的关系

由图 5 可看出，所加负荷不同仅在使用高频端有所反映。而在校准频率 160Hz 时并无影响，因此它所引起误差可忽略不计。但在高频端因出厂时给出曲线，可做修正。

综上所述，所得综合误差为

$$\delta = \sqrt{\Delta 21 + \Delta 22 + \Delta 23 + \cdots} = \pm 0.3\% \sim 0.5\%$$

公司产的 8305 型标准加速度计的校准精度取±0.5%。

2.4　几点说明

(1)此校准精度±0.5%是在一个频率下(160Hz)给出的。为何在 160Hz 频率下校准？主要为了避开市电 50Hz 或 60Hz 及其高次谐波对校准的影响。

(2)公司的校准精度为±0.5%；而美国国家标准局的校准精度为±1%，为什么？据解释，公司校准精度的可信度为 67～80%；而美国的可信度为 99.9%。

另外，公司的校准精度是在一种频率下给出的；而美国的校准精度是在一定频率范围内给出的，如 f=10～900Hz 时，其精度为±1%。

(3)校准时，计数器计 100 个振动周期的条纹数，以便提高振幅测量精度。经实际观察，在 160Hz，约 1g 时，计数器显示条纹数的稳定性为：173.36；173.11；173.24；173.37；173.29；173.37；173.23；173.25；173.26；173.28 等。

(4)激光干涉仪的测量光束直接从 8305 型加速度的端面反射，不另贴反射镜。

(5)8305 型加速计与固定的电荷放大器一起校准，一起配套，不可互换。若换电荷放大器须另做校准。这样做可消除系统误差。

(6)据公司讲，他们所校准的加速度计曾拿到英国物理实验室(National Physical Laboratory)进行比对，发现校准结果相差很小。

3. 加速度计线性校准方法

加速度计的线性校准方法有两种：一是正弦振动法(共振梁法)；另一种是冲击法。

3.1　共振梁

公司在 C11 型标准振动台上加一对称共振梁，如图 6 所示。

梁的尺寸估计为：截面 $12\times12\text{mm}^2$，单端长度为 200mm，材料为弹簧钢。固有频率约 1200Hz，最

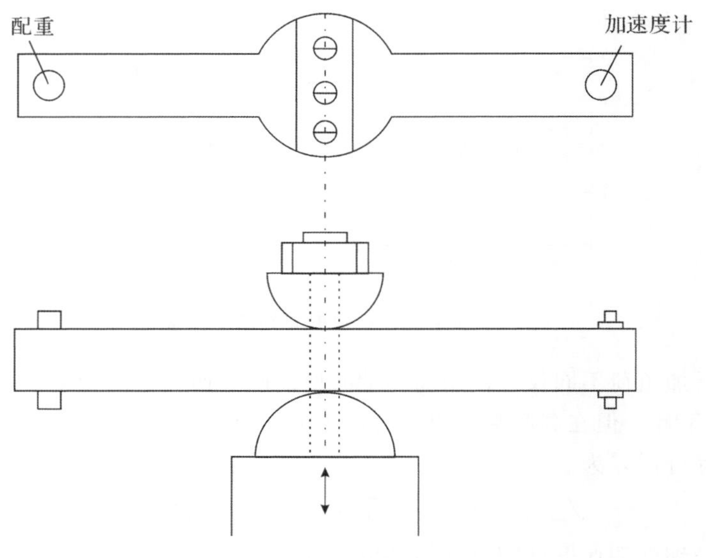

图 6 共振梁校准

大加速度为 $3000g$。

他们一般用此法比较校准，也可用读数显微镜测振幅做绝对校准。

3.2 冲击法

公司的高 g 校准系用动态力法，其示意图如图 7 所示。

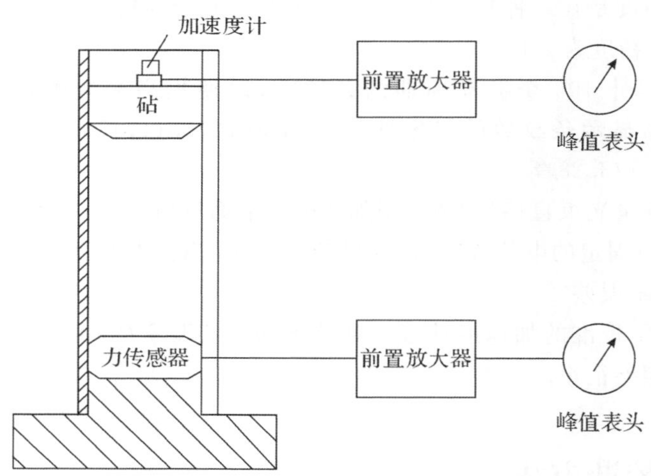

图 7 冲击法校准

被校加速度计装在一个砧上，砧自由落下，撞在 8201 型测力传感器上，由测力传感器测出的力 F 与组合件的质量 M 即可求出加速度：

$$a=F/M$$

据介绍该装置的下落高度约 1.5m，砧重约 50g。最大加速度可达 $50000g$；加速度脉冲宽度为 $20\mu s$。此法的校准精度主要取决于测力传感器的校准精度。

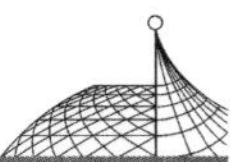

3.3 测力传感器的校准方法

(1)静态校准

有两种方法：一种方法是在一台小型材料试验机上与标准测力计进行比较确定力传感器的灵敏度，材料试验机与标准测力计均为Amstvol生产，其线性度±0.1%，精度1%。

另一种方法示意于图8。压缩空气通过活塞给测力传感器加一定的预压力F。然后放走压缩空气，卸掉预压力，根据传感器输出的大小即可求得测力传感器的特性。

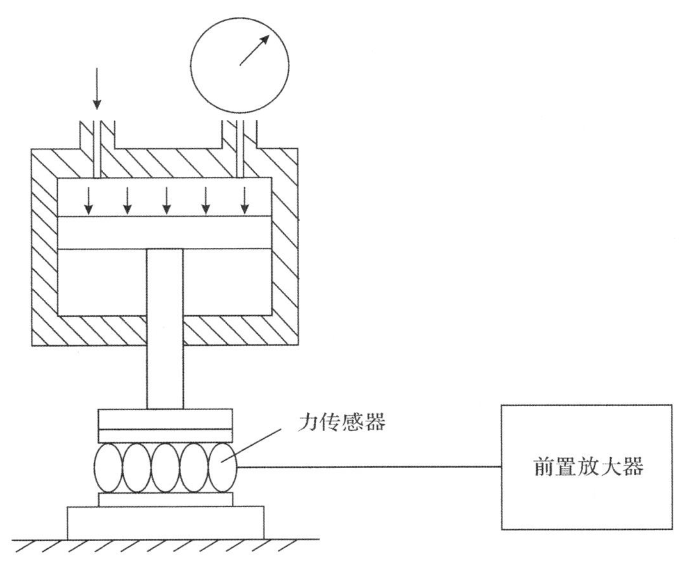

图8 测力传感器的校准

(2)动态校准

将力传感器装在振动台上，而力传感器上端加一质量M。当振动台振动时，质量M产生一惯性力F，并且

$$F=Ma$$

式中，a表示振动台的振动加速度。

根据力传感器输出电荷Q即可求出它的灵敏度：$S_F=Q/F$。此法可在不同的频率下进行，从而求出它的动态特性。此校准结果可与静态校准结果相比较。

4. 低频校准方法

关于压电式加速度计的低频校准方法问题，公司不是采用低频标准振动台的方法，但他们介绍了两种校准方法：重力场动态校准法和插入电压法。

4.1 重力场动态校准器

这种校准方法的原理示于图9。被校加速度计在与地面垂直的平面内做匀速旋转(加速度计的灵敏轴与旋转平面平行)，这时加速度计上作用三种加速度分量。

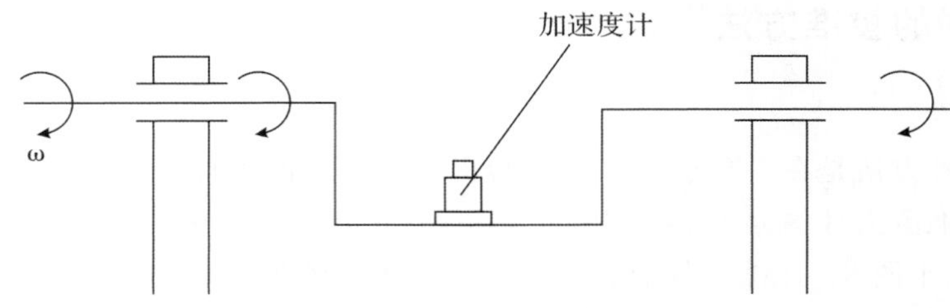

图 9 重力场动态校准

(1)幅度为$\pm 1g$的正弦加速度$a_1(t)$

$$a_1(t)=g\cos\theta$$

式中，θ表示加速度计灵敏轴与重力方向的夹角。

$$\theta=\omega t=\theta_0$$

式中，ω表示旋转角速度；θ_0表示初始相位角。

(2)恒定的离心加速度a_2：

$$a_2=R\omega^2$$

式中，R表示加速度计的敏感元件(质量块)距旋转轴心的距离，ω表示角速度

这个分量在线性范围内不影响重弦加速度的峰值；而且可以用调节加速度计安装位置的方法使$R\rightarrow 0$，因此这项分量影响很小，可以略去不计。

(3)正弦离心加速度a_3

由于加速度计的敏感元件受$a_1(t)$的作用，也相对于自己的平衡位置作正弦运动，使离心加速度半径叠加一个正弦分量：

$$R=R_0+d_0\sin\theta,$$

于是产生一个正弦离心力分量：

$$a_3=d_0\omega^2\sin\theta$$

但对于固有频率很高的加速度计，d_0很小，所以这项影响可以略去不计。

这种方法可产生$\pm 1g$的正弦加速度。它适合于横向灵敏度较小的加速度计校准。如果加速度计的横向灵敏度较大，当$\theta=n\cdot\pi/2$，其横向分量会百分之百的反映出来。

据公司介绍，他们用此法做到0～1Hz。而据美国规范介绍，用此法可做到0.5～45Hz，其精度为0.5%。

据介绍实现此方法须注意如下问题：

防止轴与轴承撞击及地面传来的振动，除了很好隔振以外，轴承采用软材料——聚四氟乙烯(PTFE)。

转速须均匀，且用光电方测转速。另外旋转部分须做仔细的动平衡。

4.2 插入电压法

插入电压法主要用于测量压电式加速度计的开路灵敏度。压电式加速度计在低频端的灵敏度下降主要是由于前置放大器的输入阻抗(包括漏电电阻)不够高而引起的，其响应曲线如图10所示。

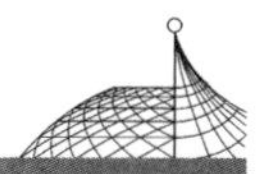

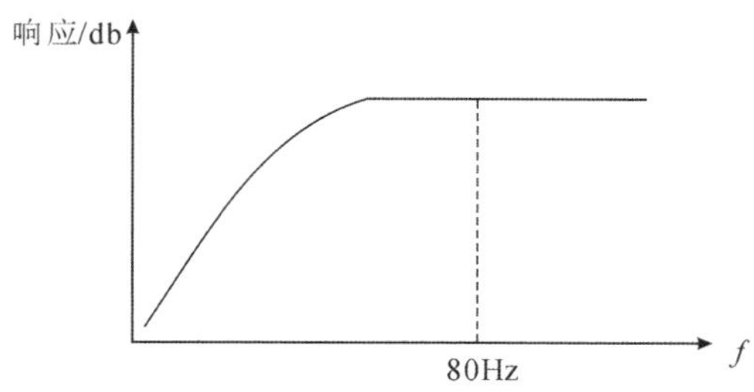

图 10　加速度计的低频响应

公司所用插入电压法是从 80Hz 下做的。一个加速度计和前置放大器可简化成图 11 的形式。其中加速度计可简化为一讯号产生器，所产生电压为

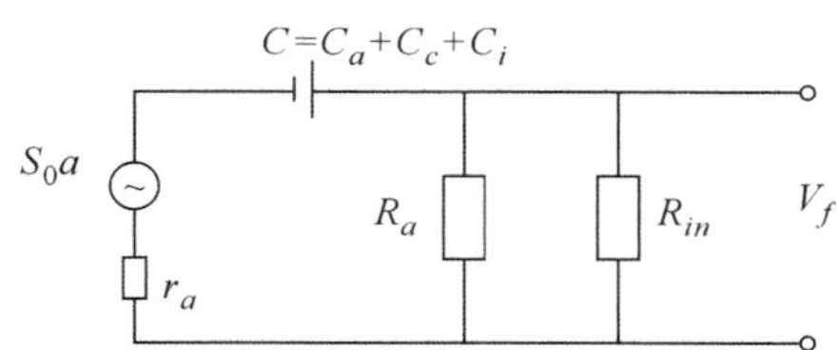

图 11　加速度计的等效电路

$$V_a = S_0 \cdot a$$

式中，S_0 为灵敏度；av 为加速度。图中，C_a 为加速度计电容；C_c 为电缆电容；C_i 为所使用的专用附件的电容(3pf)；R_a 为加速度计及电缆的漏电阻；R_{in} 为前置放大器的输入阻抗；r_a 为加速度计的纯电阻，它的值很小。

校准时，先在 80Hz 频率下用振动台激励加速度计产生一电压 V_{f1} 输出，然后关掉振动台，用一插入电压 E 代替 S_0a，并调节 E 使输出达到原来的 V_{f1} 值。然后逐渐降低插入电压频率，但电压 E 保持不变，分别读出电压输出 V_{f1}，V_{f1}，…。测量示意图见图 12。用此法即可得到图 10 那样的响应曲线。

需说明的是，此方法是假定加速度计的开路灵敏度不随频率变化。低频时灵敏度降低主要是电容和测量仪器输入阻抗造成的。

5. 高频校准方法

5.1　描绘频响曲线法

公司的加速度计出厂时都给出频响曲线。它是用 4290 型校准振动台自动描绘出的。不过这种方法是假定在内装加速度计的频响曲线平坦的基础上进行的。据公司解释，因内装加速度计的谐振频率很高，所以在使用的频段是不成问题的。而内装加速度计的频响是由谐振频率更高的加速度计校准。目前该公司在 4290 型上使用铍制振动头，内装加速度计的谐振频率为 200kHz，主要用来自动描绘高频加速度计的频率响应。

公司还介绍了如下几种方法，主要是用于试验和对上述方法的校准结果做比较。

5.2 互易法

公司在这方面做的工作较平常，没有什么独到之处，故不做介绍。他们用此法做到 5kHz。

5.3 激光干涉法

在高频时因振幅较小采用条纹消失法，可做到 10kHz。

5.4 静电激励法

如图 13 所示，在压电片之间加一直流电压，并用信号发生器供一交变电压。由于电压在压电片上加一静电力，它与电压成正比，从而可以得出相对的频响来。

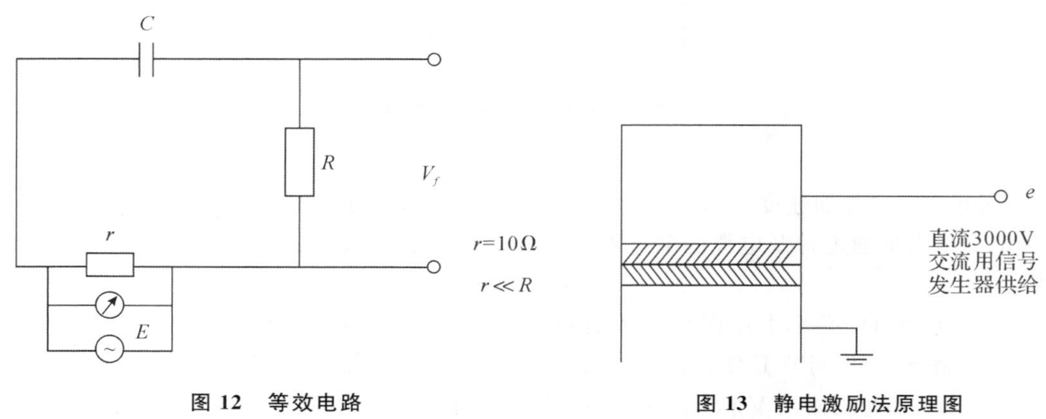

图 12 等效电路

图 13 静电激励法原理图

6. 横向灵敏度测量装置

横向灵敏度是加速度计性能指标之一。它的测定是在装配车间用一专用测量装置进行。图 14 为该装置的照片。它实际上是一个水平式的横向运动分量非常小（<0.1%）的机械式振动台。它的结构示意图如图 15 所示。用马达驱动曲柄连杆机构。台面的振动频率有两种：一是 25Hz 左右（对一般加速度计）；另一是 6.3Hz（对 8306 型加速度计）。为了确定加速度计不同方向的横向灵敏度，在水平运动台面上装一沿垂直轴旋转的自转台面，它由另一马达带动。它的自转速度为 2800°/分（用于一般加速度计）和 700°/分（对 8306 型加速度计）。

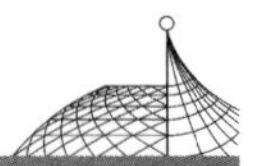

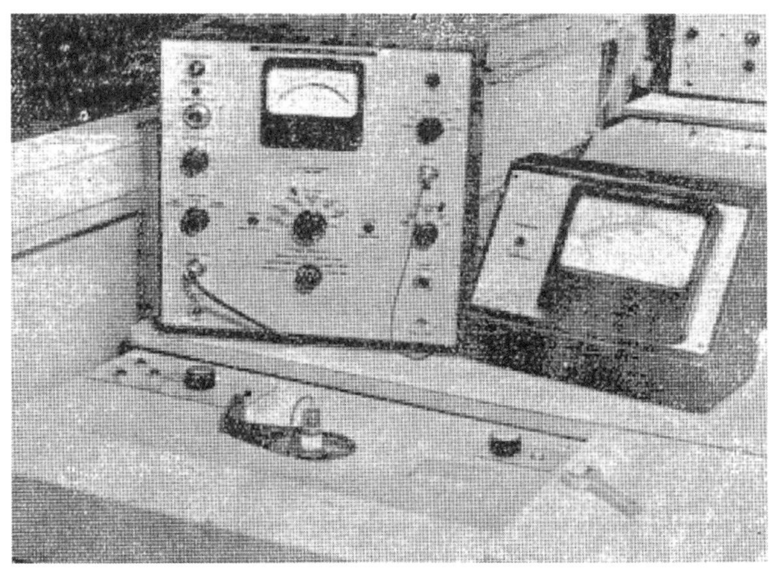

图 14　测量装置照片

该装置的原理很简单;但在实现它时须着重考虑如下两个问题。

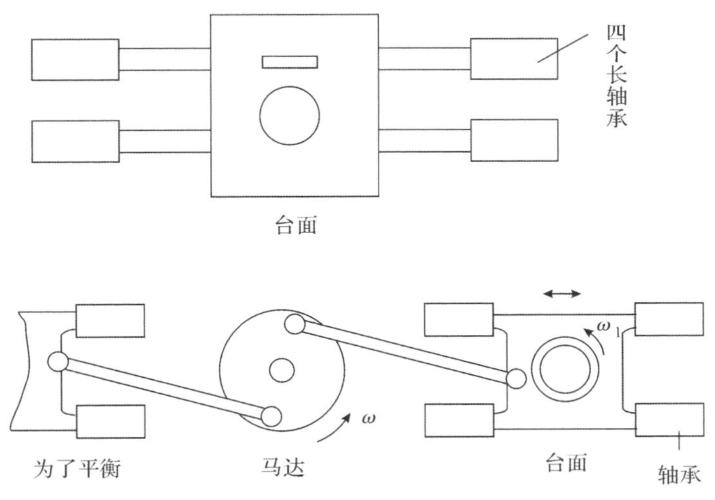

图 15　横向灵敏度测量装置

6.1　精确的导向

为了使台面本身的横向运动分量很小,即小于 0.1%,采用长轴承(约 200mm)导向。轴承与轴的间隙很小,其间用油润滑。考虑到轴承磨损,增大间隙,从而增大横向运动分量,公司是定期更换轴承。即每生产一万件加速度计更换一次轴承。

6.2 仔细的平衡

为了防止可动部分的惯性力和旋转部分的离心力造成整个装置的机体颤动，该装置的运动台面做成对称的两个。一个做使用，一个做平衡。并且两个台面质量做得很轻；而底座要很重，用了20mm 厚的钢板。另外回转部分均须考虑动平衡问题。

用该装置测量横向灵敏度的方法时：被测加速度计通过磁性连接块装在振动台上，先将加速度计灵敏度轴与水平运动方向平行。开动马达并逐渐提高加速度（约 $3g$），使加速度计输出至表头满刻度。停机，将加速度计垂直地装在自转台面上，以原来相同的加速度振动，在表头上可直接指示出横向灵敏度相对轴向灵敏度的最大值和最小值，且在最小值的方向标一红点座机号。若时用电平记录仪记录，可得一“8”字形的横向灵敏度曲线。

7. 基座应变灵敏度的测量

公司测量加速度计的基座应变灵敏度系采用美国标准 ANSI・S2・11-1969 所规定的方法进行的。在这里用一钢制悬臂梁，其尺寸与所用测量仪器示于图 16。加速度计装在距固定端 5 英寸处。在同一线上贴四片应变片测应变。测量时用手拨动梁的自由端，于是梁以橡皮垫上，产生一个冲击加速度加在被试加速度计上。这种方式可产生 $10000g$ 的冲击加速度。

如果要测更大的冲击加速度可另加一附件。如图 17 所示。被试加速度计装在质量块 M_1 上，质量块 M_1 用夹橡胶弹簧片支撑在附件座上。M_1 的固有频率大于 200kc/s。在做冲击试验时，由于 $M_1 < M_2$，所以在 M_1 上可得到较大的加速度。最大加速度可达 $100000g$。

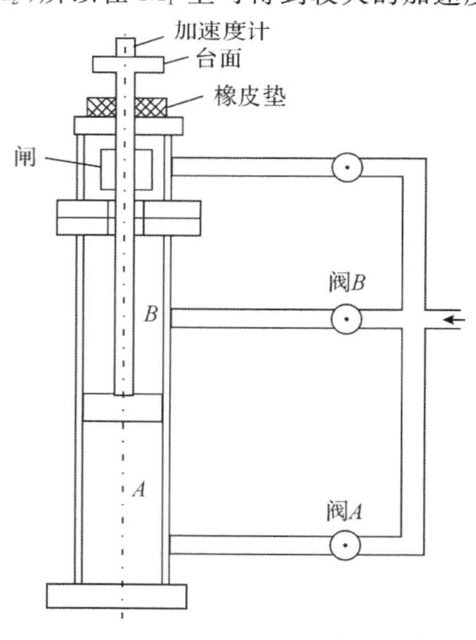

图 16 大加速度试验

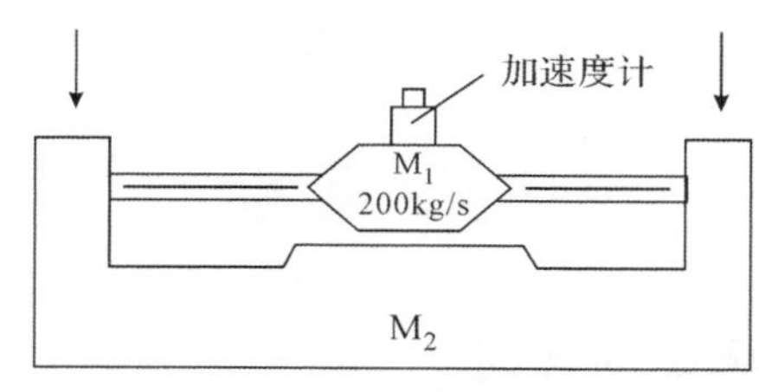

图 17 超大加速度试验台

参考文献

[1] “丹麦电声与振动技术考察报告”，中国科技情报所文献，1973.

安-24 飞机发动机的故障诊断研究*

摘　要：本文提出用 3-D 动态频谱分析技术，对 AN-24 飞机发动机进行了广泛的时域和频域振动分析研究，找出了发动机振动故障的原因。提出了振动标准。研究提出了用“转速跟踪滤波技术”监控发动机的高阶频率振动。

1. 序　言

1969 年 9 月 11 日，苏联柯西金总理从河内参加胡志明葬礼后，回国途中暂停北京，在北京机场候机楼贵宾室里与周恩来总理进行了会晤。这次会晤有一个重要的谅解：双方同意中苏之间的原则争论，不应该妨碍两国国家关系的正常化。这样，就使多年来一直僵持、紧张的中苏关系有了一丝松动。之后不久，我国从苏联购买了几十架安-24 飞机。

安-24 飞机是苏联安东诺夫设计局于 1958 年研制的双发涡轮螺旋桨支线飞机，1960 年开始批量生产。这些飞机交付我国使用后，出现了许多严重的技术问题：有的飞机飞行过程中振动特别厉害，甚至连发动机的叶片都振断了，已严重威胁飞行安全。经过一段时间的排查，苏方也没有办法查出，飞机只得停飞，严重影响了战备任务。中央对此事非常重视，要求三机部组织科技人员迅速与苏方共同查明原因。三机部技术司提出将这项紧迫任务交给 304 所及 120 厂并指定 304 所负责，要求他们诊断飞机故障所在，提出排除故障的办法。

飞机结构复杂、体型巨大的一架飞机，有成千上万个零件，要找出一个隐蔽得很深的问题无疑是大海捞针？许多人认为这个项目按照当时国内的科研水平和技术条件是很难攻克的。可是，如果我方找不出问题并分析出其产生的原因，拿不出准确的数据，对方就不会承认是他们的责任，就会使我方蒙受巨大的经济损失。

2. 发动机振动的 3-D 动态频谱分析技术

1973 年，“飞机故障诊断”在我国确实还是一个空白学科。此前，还没有人做过这项飞机工程的实用研究，因而也就没有可供参考的经验。查找国外有关资料，进行分析、研究要进行研究必须对发动机从开车，慢车到最大转速情况下的振动信号作时域和频域的全面分析，才有可能找到故障的所在。这项工作必须借助于计算机才能完成。项目组提出了 3-D 动态频谱分析方案图，见图 1。

图 1 中，磁带记录仪同时记录了从转速传感器传来的转速信号；从加速度计来的时域信号；以及从实时频谱分析仪输出的频域信号。电子计算机可以联机处理实时频谱分析仪输出的频域信号；也

* 本文为作者于 1976 年 12 月写的三〇四所技术总结报告摘要。

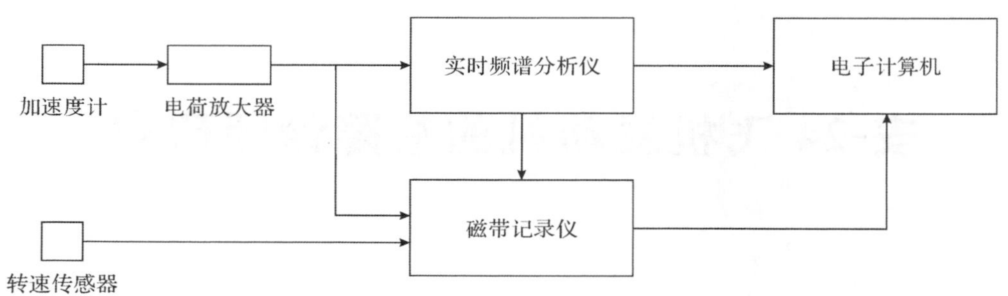

图 1　3-D 动态频谱分析方案图

可以脱机处理从磁带记录仪记录的时域信号、频域信号及转速信号。从时域信号分析可以找出振动最大时的总加速度和转速。从频域信号分析可以发现振动最大时的频率阶次、加速度分量和对应转速。频域信号分析更容易发现振动最大时的共振阶次、转速、分析振源。

由于计算机受西方国家禁运:内存不能超过 32K,只有二进制汇编语言,用纸带穿孔编程,近乎手工劳动。但有现代计算机的基本特点,与手摇计算机有本质不同。在当时国内还稀有的一台 16 位计算机上,用二进制编码、纸带穿孔编程来研究故障诊断,提出了实时诊断方案和程序,做时域和频域的振动信号分析。

然后奔赴各地机场,花了三年时间,对 55 架飞机逐个进行测试,积累数据,进行分析。

3. 故障的诊断

项目组用计算机作发动机过渡状态的 3D 动态频谱分析。进行严密的科学计算,故障重现实验、找出造成叶片断裂的主要原因是:发动机主轴转速 N 倍的高阶振动频率与叶片共振,从而引起了强烈的破坏。振动的原因与齿轮及传动轴的加工精度密切相关。当 N 倍谐波振动加速度大于 $7g$ 时会引起强烈的损伤;当谐波振动加速度大于 $11g$ 时会造成叶片的断裂。为便于现场检查,还用转速跟踪滤波器的方法,滤掉螺旋桨振动的强大干扰,在现场测量转速频率振动的大小。

4. 振动标准和故障的解决

科学的论证分析与确凿的数据,证明了这是制造方的责任,同时也确立了判定产品质量的振动标准:当谐波振动加速度大于 $7g$ 时为质量不好产品,要翻修更换传动轴;当谐波振动加速度大于 11g 时为有严重质量问题产品,必须报废更换发动机。

在事实面前,苏方只得无偿更换了 13 架有问题的飞机发动机。这项工作用了三年多时间,直至 1976 年才全部完成,共挽回了 1 亿多元的经济损失。但更为重要的是,这项工作开创了国内发动机故障诊断的研究,积累了许多重要的经验。①

① 此项目获得了 1978 年全国科学大会的“重大贡献奖”。

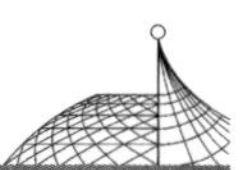

5. 发动机振动监控的“转速跟踪滤波技术”

安-24飞机发动机故障诊断的研究使用了许多复杂的数字设备，在飞机使用现场和修理部门很不方便。用户提出要研究一种便携式的发动机振动的监控仪器。项目组提出使用“转速跟踪滤波技术”。

由于共振发生在某个特定的转速时(并不一定在100%转速时)，这就需要在发动机转速增加或减少时寻找这个共振点。由于环境噪音很大，必须用滤波器滤掉噪音讯号。这个滤波器的中心频率在转速增加或减少时同步增加或减少，“跟踪”(tracking)发动机的转速频率，分析高阶振动谐波分量。这就是“转速跟踪滤波技术”。

如图2所示，转速一频谱图(三维频谱表示图)可阐明转速变化时，各转速对应的频率，阶次的频谱的变化。根据实际的转速进行采样即可进行转速跟踪阶次比分析，了解产生的振动，噪声与转速的比例倍数关系。二维表示为转速跟踪阶次分析图。

阶次分析的阶次数，与转速的频率相同的成分为基本1次成分，即1阶次成分，转速的频率成 N 倍的成分，即 N 阶次成分数。X 轴为阶次数，Y 轴为振幅，即阶次比分析。进行转速阶次比分析时，转速信息是必不可少的。

转速跟踪振动分析仪的原理如图3所示。

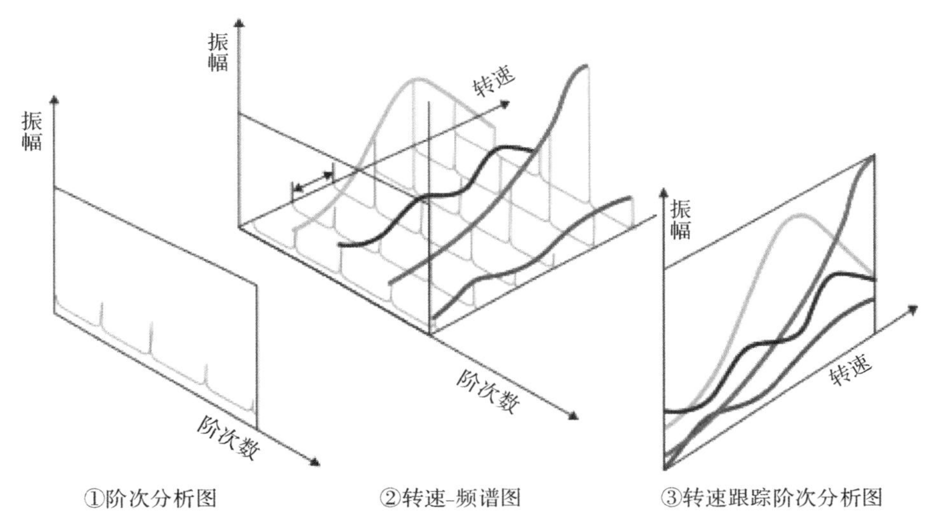

图2 转速跟踪滤波技术涉及图谱

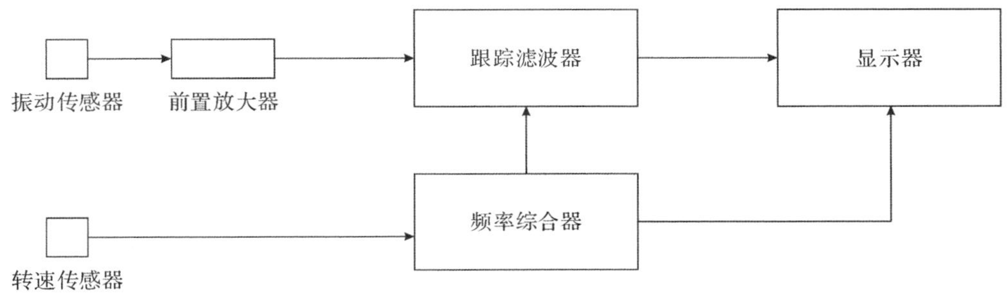

图3 转速跟踪振动分析仪的原理

图 3 中，频率综合器产生转速 N 倍频率的脉冲输出信号(方案中 $N=00.01\sim99.99$)，控制跟踪滤波器的中心频率。跟踪滤波器的中心频率随转速的 N 倍而同步变化，跟踪分析振动信号的 N 次谐波分量。跟踪滤波器是一个 RC 运算放大器组成的有源带通滤波器，由频率综合器输出的信号控制它的电阻、电容或电压，从而控制其滤波频率。调节跟踪滤波器的中心频率与频率综合器的 N 阶输出频率一致，又能随转速的变化同步变化，即可实现 N 阶次信号的跟踪滤波分析。[①]

转速跟踪振动分析技术可以有效地用于航空发动机故障诊断研究。有广泛的应用前景。

6. 结　论

本研究提出用 3-D 动态频谱分析技术，对安-24 飞机发动机进行了广泛的时域和频域振动分析诊断，找出了振动故障的原因，提出了振动不大于 $7\sim11g$ 的标准，更换了 13 台发动机。研究提出用“转速跟踪滤波技术”监控发动机的高阶频率振动。研制成便携式振动分析仪，用于修理和制造部门的车台上。

① 根据这个原理设计制造的振动分析仪长期使用在修理和制造部门的车台上，并获国防科技奖二等奖。

在电子计算机和傅里叶分析仪上作冲击响应谱*

1. 冲击响应谱的定义

通常,根据一个力学系统对冲击的响应来确定冲击如性质。假定把所研究的冲击力加给一个线性无阻尼单自由度的振动系统,把这个系统运动的最大加速度值对系统固有频率的函数叫做该冲击的冲击响应谱。

如果振动系统的质量为常值 m,冲步力为 $ma(t)$,刚度为 K 的线性无阻尼单自由度振动系统的运动方程为

$$\ddot{X}(\omega t)+\omega^2 X(\omega t)=a(t) \tag{1}$$

式中,$X(\omega t)$—位移的时向函数;

$\omega=\sqrt{\dfrac{K}{m}}$—系统的固有角频率;

$a(t)$—冲击加速度的时间函数。

运动系统的加速度为

$$A(\omega t)=\ddot{X}(\omega t) \tag{2}$$

加速度在时间域的最大值就是冲击响应谱:

$$S(\omega)=|A(\omega t)|_{最大} \tag{3}$$

实际的振动系统阻尼不可能为“0”,对同一系统有阻尼时的响应加或度要比无阻尼时的响应加速度小得多。冲击响应谱在理论上是以无阻尼系统为根据的,所以它在实际上表示最恶劣的情况,即表示系统可能产生的最大运动。系统实际产生的加速度总比冲击响应谱给出的值小。

通常把冲击响应谱分为初始冲击谱和剩余冲击谱。初始冲击谱是指冲击力作用期间($0<t\leqslant T$,T 为冲击力作用时间间隔)系统的冲击响应;剩余冲击谱是指冲击力作用结束后($T\leqslant t<\infty$)系统的冲击响应。由于冲击的作用时间很短,一般研究冲击响应谱,主要研究剩余冲击谱。[1]

为了从实验上分析冲击响应谱,有人提出用多振子模拟分析法[2,3]。就是把冲击加速度转换为电脉冲信号,输给一组无阻尼的光线示波器振子,每个振子有不同的固有频率。因为振子的运动方程与方程(1)相似,所以单个振子的运动就与线性无阻尼单自由度系统对冲击的响应相对应。如果这组振子的固有频率分布在整个分析频率范围上,就可以得到一组频率上的冲击响应谱值,组成一幅冲击响应谱。因为振子的数目有限,而且振子总有大小不一的阻尼,所以用这种分析方法获得的谱线条数少,精度差,速度慢。也可用电子计算机解方程(1)计算冲击响应谱。但计算方法多用于几种标准冲

---

* 文章发表于《航空标准化》,1980(S2):140-145.

击波形，而实际遇到的冲击波给是复杂的，只能近似计算。这种方法也不能实时得到冲击响应谱。要实时计算冲击响应谱就必须把冲击加速度转换成电脉冲信号，直接输给电子计算机。但这种方法要求有高速模数转换器和复杂的专用硬件。用软件实现速度慢，要用几百毫秒时间，而且占用内存很多。

本文提出一种用傅里叶分析仪作出冲击信号的傅里叶频谱，再把傅里叶频谱输给电子计算机求出冲击响应谱的方案。程序短，速度较快，提供一种新途径。

为此先要讨论冲击响应谱与傅里叶谱之间的关系。

2. 冲击响应谱与傅里叶谱间的关系

如果冲击加速度的时间函数为 $a(t)$ 由傅里叶变换的定义[6]得出：

$$a(t)=\int_{-\infty}^{+\infty}B(f)\cos 2\pi ft\cdot \mathrm{d}f+\int_{-\infty}^{+\infty}C(f)\sin 2\pi ft\cdot \mathrm{d}f$$

而

$$B(f)=\int_{-\infty}^{+\infty}f(t)\cos 2\pi ft\cdot \mathrm{d}t$$

$$C(f)=\int_{-\infty}^{+\infty}f(t)\sin 2\pi ft\cdot \mathrm{d}t \tag{4}$$

若用复数形式令：$F(f)=B(f)-iC(f)$ 则有

$$a(t)=\int_{-\infty}^{+\infty}F(f)\mathrm{e}^{i2\pi ft}\mathrm{d}f$$

$$F(f)=\int_{-\infty}^{+\infty}a(t)\mathrm{e}^{-i2\pi ft}\mathrm{d}t \tag{5}$$

$$|F(f)|=\sqrt{|B(f)^2|+C(f)^2|}$$

为了计算冲击响应谱，必须解方程(1)先求出 $X(\omega t)$，再求冲击响应谱 $S(f)$ 可以认为 $f(t)$ 是由许多时间间隔非常小的矩形脉冲叠加组成(见图1)。

如在时间 $T\rightarrow T+\Delta\tau$ 上冲击加速度为 $a(\tau)$，则由狄拉克的 δ 函数得出：

$$a(t)=\int_{-\infty}^{t}a(\tau)\delta(t-\tau)\mathrm{d}\tau \tag{6}$$

根据线性系统的叠加原理，方程(1)的解可由著名的杜哈曼积分表示出：

$$X(\omega t)=\int_{-\infty}^{+\infty}h(t-\tau)a(\tau)\mathrm{d}\tau \tag{7}$$

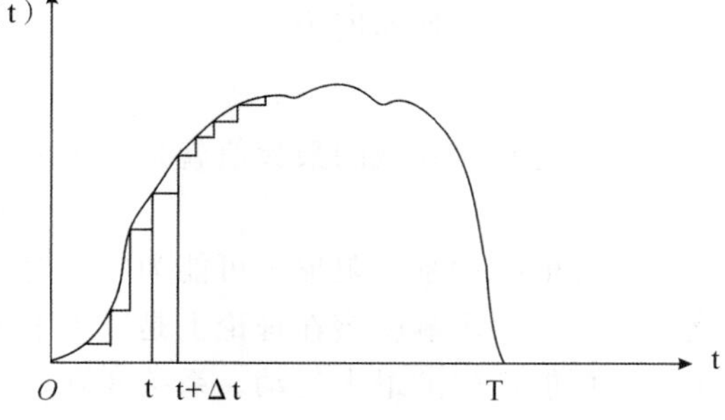

图1　时间域叠加组成的冲击波形

式中，$h(t-\tau)$ 为单位冲击函数 $\delta(t-\tau)$ 作用在同一线性无阻尼单自由度系统上的响应。$h(t)$ 可由下列方程解出：

$$\ddot{h}(t)+\omega^2h(t)=\delta(t) \tag{8}$$

由狄拉克函数的性质可知：方程(8)表示系统承受的冲击加速度在 $t\neq 0$ 的任何时间均为“0”，仅在 $t=0$ 的时间加速度不为“0”；因 $\int_{-\infty}^{+\infty}\delta(t)\mathrm{d}t=1$，所以冲击的速度增量为“1”。方程(8)可由下列方程及初速条件解出

$$\ddot{h}(t)+\omega^2h(t)=0 \tag{9}$$

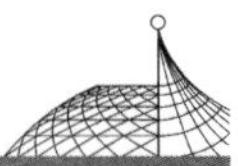

$$h(-0)=0$$
$$h(+0)=1$$

解方程(9)得[4]

$$h(t) = \frac{1}{\omega}\sin\omega t \qquad t>0 \tag{10}$$

把(10)式代入(7)式得到方程(1)的解为：

$$X(\omega t) = \int_{-\infty}^{t} \frac{1}{\omega}\sin\omega(t-\tau)a(\tau)\mathrm{d}\tau \qquad t>0$$

为计算剩余谱令 $t \geqslant T$ 得

$$X(\omega t) = \int_{0}^{T} \frac{1}{\omega}\sin\omega(t-\tau)a(\tau)\mathrm{d}\tau \tag{11}$$

这是线性无阻尼单自由度系统对冲击 $a(t)$ 的振幅响应，而加速度响应为

$$A(\omega t) = \dot{X}(\omega t)$$
$$C = -\int_{0}^{T}\omega\sin\omega(t-\tau)a(\tau)\mathrm{d}\tau$$
$$= -\omega\sin\omega t\int_{0}^{T}a(\tau)\cos\omega\tau\mathrm{d}\tau + \omega\cos\omega t\int_{0}^{T}a(\tau)\sin\omega\tau\mathrm{d}\tau$$

由(4)式的定义及 $\omega=2\pi f$ 得

$$\begin{aligned} A(ft) &= -2\pi f\{B(f)\sin2\pi ft - C(f)\cos2\pi ft\} \\ &= -2\pi f|F(f)|\sin(2\pi ft-\Phi) \qquad t\geqslant T \end{aligned} \tag{12}$$

式中

$$|F(f)| = \sqrt{|B(f)|^2+|C(f)|^2}$$
$$\Phi = \tan^{-1}\frac{C(f)}{B(f)}$$

冲击响应谱是加速度响应在时间上的最大值：

$$\begin{aligned} S(f) &= A(f\cdot t)_{\text{最大}} \\ &= 2\pi f F(f) \end{aligned} \tag{13}$$

3. 用电子计算机和傅里叶分析仪实时分析冲击响应谱的方法

由公式(13)可知，只要知道冲击脉冲的傅里叶谱，就能求出冲击响应谱。傅里叶谱可用傅里叶分析仪得出，然后再用模拟式数字计算机求出冲击响应谱。本文介绍一种傅里叶分析仪与联机数字计算机实时分析冲击响应谱的方法。

3348 型傅里叶分析仪是模拟-数字混合式时间压缩分析仪。每幅傅里叶谱由 400 条谱线组成。每条谱线的带宽 B 为分析频率上限 $f_{\text{上}}$ 的四百分之一：

$$B = f_{\text{上}}/400 \tag{14}$$

所以第 N 条谱线的频率数：

$$f_N = NB \tag{15}$$

式中，$N=1,2,3\cdots\cdots400$

如果傅里叶分析仪求出第 N 条谱线的频谱分量的分贝值为 FdB，而传感器的灵敏度在分析仪上读出为 F_0dB，则第 N 条谱线的加速度分量为

$$F(f_N) = 10\,\frac{F-F_0}{20}$$

$$= e^{2.3026\frac{F-F_0}{20}} \tag{16}$$

由(13)得出冲击响应谱为

$$S(f_N) = 2\pi BN\ e^{2.3026\frac{F-F_0}{20}} \tag{17}$$

其中，$N=1,1,3\ \cdots\cdots 400$。

只要预先标定好 F_0，根据傅里叶分析仪读出的 F dB 利用(17)，在电子计算机上很容易计算出 $S(f_N)$。计算机程序的原理框图见图 2。

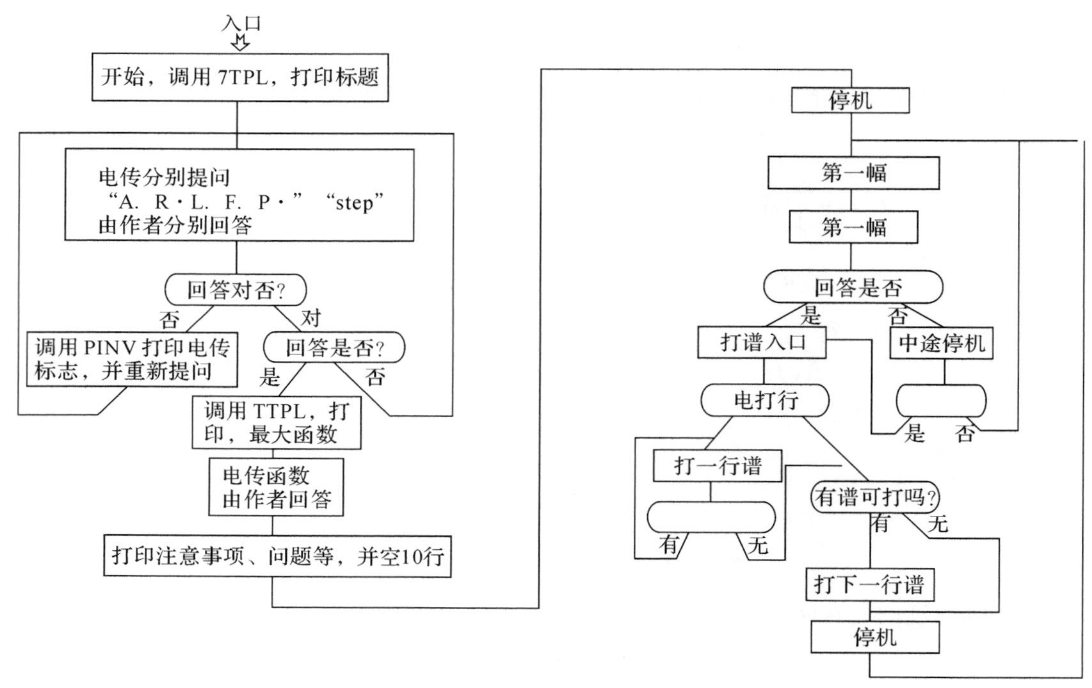

图 2　求冲击响应谱的主程序框图

首先根据程序提问，在电传上用人机对话方式回答：分析仪的频率范围；打印的上限频率和下限频率；打印的谱线间隔；预定存谱的幅数；传感器的灵敏度；日期和备注等。然后分析仪自动捕捉单次脉冲并进行傅里叶分析。电子计算机采、存好傅里叶谱，接着根据公式(17)计算冲击响应谱并在电传打字机上打印出 $S(f_N)-f_n$(G－Hz)的表格来。为了便于比较分析数据，电子计算机还可以多次采、存几个不同讯号的冲击响应谱并在同一张表上按次序和频率打印出来。采、存谱的最大允许数由计算机内存的空余量决定。

程序用汇编语言编成共长 1600 多字。为了少占内存多存几幅谱，把二条谱线的分贝数拼成一个十六位二进制的数存入计算机。原理是这样的：3348 实时分析仪的动态范围为 50.0dB，用定点数表示时，一条谱线的分贝数要占九位二进制数($2^9=512>500$)。但 3348 分析仪的精度为±0.2dB，末位数仅能是偶数(0,2,4,6,8)，为此我们先把谱线的分贝数除以 2，这样最大定点数为 250，可用八位二进制数来表示($2^8=256$)，正好占用半个计算机的字(7504 计算机字长十六位二进制数)。这样二条谱线的分贝数可存入一个计算机的字，而又不降低计算精度，大大增加了计算机存谱能力。

3348 实时分析仪的分析时间为 44.8ms，而计算机采，存谱的时间为 23～70ms(与所存谱的线数

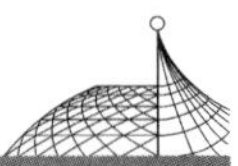

有关）。列表时间取决于电传速度，计算时间与列表时间相比可以忽略不计。分析的频率范围：下限频率为0Hz，上限频率为10Hz～10kHz，按一，二，五分十挡。动态范围为50dB，精度±0.2dB，最大加速度为9,999g。大于10000g时打印“＞10kg”。

附录

SHOCK RESPONSE SPECTRUM·(PROGRAM 3348……[16])

ANALYSERS RANGE(Hz)＝5000

LOWEST FREQUENCY TO BE PRINTED(Hz)＝4600

HIGHEST FREQUENCY TO BE PRINTED(Hz)＝4700

STEP＝2

NUMBER OF SPECTRUM MAY BE SAVED＝726

ACCELEROMETER CALIBRATION FACTER S(＊10)＝247

REMARK,

DATE：1979,6,7

READY

S(1G)＝24.7DB　　1979,6,7

F(Hz)　　A(G)

1　2　3　4　5　6　7　8　9　10　11　12

4600.0

4625.0

4650.0

4675.0

4700.0

参考资料

[1] IEC Recommendation Publication, 1968-2-27, Basic environmental testing procedures Test Ea: Shock.

[2] IES proceeding 1966.

[3]《振子式简易冲击谱分析仪》,1976.4,七机部七〇二所.

[4] P. M. MOJR. SE.《Vibration and Sound》,Mc Graw-Hill,1948.

[5] J. T. BROCH.《Mechanical Vibration and Shock Measurements》,1972.

[6] D. E. Newland.《Random Vibration and Spectral Analysis》,1975.

用电子计算机作动态(三维)谱分析的程序设计*

在科学和工程技术领域，现在已经有许多分析和记录动态现象的原理和仪器。但这些仪器大部分都是作二维记录和分析的。即：记录讯号强度随时间变化的曲线或者分析讯号在频率上的分布规律。属于时间域的二维记录仪器，有各种电子的、光学的和机械式的示波器和记录仪。属于频率域的二维分析仪器，有各种滤波器和频谱分析仪等。

但在科学和工程技术中经常遇到的动态现象大部分都是非稳态现象。如，飞机爬升、降落、特技飞行；发动机起动、加力、停止加力、停车5火箭发射、飞行；车辆行驶、公路运输；船舶行驶；水下噪音；语言现象；地震等都是非稳态现象。非稳态现象在时间域的强度曲线是不稳定的、非周期的、无规则(随机)的。在频率域的分布曲线是不稳定的、随时间变化的。因之，用二维的分析记录仪器来描绘稳态现象是困难的。必须有一种三维(强度、频率、时间)分析仪器来描绘动态现象的“瞬态谱”怎样随时间变化，构成一小立体图，这就需要动态谱分析技术。

在六十年代有人提出用环形磁带法[1]作动态谱分析。这种方法把动态讯号的磁带分成若干小环形磁带，使每个环形磁带连续运转，输出一个稳态周期讯号，可用普通频谱分析仪作一幅二维频谱曲线。对一组环带可以得到一组曲线，从而组成一个三维谱图。这种方法仅适用于准稳态过程，速度慢、效率低。作一个试验要用好几天时间，根本谈不上实时处理。也有人提出快速摄影法，但精度低很难给出准确数值来。

只有电子计算机的出现及在数据处理方面的深入使用才使动态谱分析成为可能。本文介绍一种用电子计算机作动态谱分析的方案。方案中电子计算机的作用在于把频谱分析仪输出的信息高速自动采集、存储和打印出来。

1. 动态谱分析程序的主要功能

这小程序是针对7504/3348电子计算机/频谱分析仪系统设计的。在程序指令的控制下，电子计算机自动对频谱分析仪输出的讯号进行定时采样并把信息存储到电子计算机的内存，然后根据不同传感器的校准因数把分析仪输出的分贝数换算成加速度值，按照三维谱要求的格式列表输出。列表输出的格式见“附件一”。

为了使程序有较强的灵活性和通用性，对于一些主要分析参数如：分析仪带宽、上限频率、下限频率、谱线间隔、传感器的校准因数、定时采谱的时间间隔、最多采、存谱数及日期备注等项目内容没有在程序中固定。而由操作人员根据实际需要，通过人机对话在电传打字机上给出；为了防止操作人员操作上的疏忽和错误，程序有自动发现错误的功能。在操作人员操作错误时，电子计算机能给出发现

* 本文为作者于1980年2月写的三〇四所技术报告。

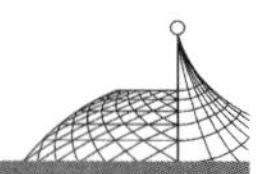

错误的信息,并重新执行上一条指令;为了增加程序的多样性和灵活性,便于改变操作、中断操作和重新呼叫等,程序中尽量发挥电子计算机上的三个开关 SS_1、SS_2 和 SS_3 的作用并适当安排必要的踏步等候。

现根据程序执行的顺序进一步介绍如下:

执行程序之后,电子计算机控制电传打字机首先打印出程序的标题和一段文字说明:

3-DIMENSIONAL ACCELERATION SPECTRUMS

SS_3 SET: MANUAL SAMPLING

SS_3 RESET: AUTO SAMPLING

打印完这段文字后踏步等候,操作员根据实验的要求确定用手动触发采谱,还是用电子计算机自动定时采谱。如果打算手工采谱就把电子计算机面板上的开关 3(SS_3)按下来(如用自动采谱就不用按)。然后按电子计算机上的运行开关,使程序继续执行。

接着,电子计算机就在电传打字机上自动提出第一个问题:

ANALYSERS RANGE (Hz)=

操作员根据实验中所选用分析仪的频率范围,在等号后面打印相应的数字(3348 频谱分析仪的分析范围有十一档:10、20、50、100、200、500、1000、2000、5000、10000、20000Hz)。打印可用句号、回车或打印空白等结束。如果在回答问题打印数字时,操作员错误地打印了某个文字(如:把数字"0"错打为字母"O",把数字"1"错打为字母"I"等)。电子计算机能自动识别这种错误,并打印出"INVALID"然后回车换行并重新提出这个问题。如果操作员自己已发现回答的数字有错误时,可有意识地在结束以前(打印句号等以前)打印一个字母如:A、X 等。电子计算机也可抹掉这一数字并重新提问。

在用句号等结束第一个问题的回答后,电子计算机接着在电传打字机上提出第二个问题:

THE LOWEST FREQUENCY TO BE PRINTED (Hz)=

由于 3348 频谱分析仪的下限频率接近直流,但是其它测量仪器的低频特性不好,使低频分量不准确;或者实验者对低频分量不感兴趣,可在问题等号后面直接回答要打印的最低频率数。自动诊断错误的功能和结束回答的方法与第一个问题相同。

紧接着电子计算机又提出第三个问题:

THE HIGHEST FREQUENCY TO BE PRINTED (Hz)=

提这个问题是因为有时候实验者所感兴趣的频率比分析仪的频率范围要小得多。为了节省内存、减少打印时间,操作员可以在问题等号后回答要打印的最高频率数。自动诊断错误的功能和结束回答的方法与第一个问题相同。

接着电子计算机又提出第四个问题:

STEP=

打印谱线的步长是多少?因为 3348 频谱分析仪有 400 条谱线,分辨力很高(0.025～25Hz)有时不需要把每条谱线都记录下来,隔几条谱线记录一条就足够了。STEP=1 时,表示每条谱线都记录;STEP=2 时,表示隔一条线记录一个;STEP=3 时,表示隔二条谱线记录一个等以此类推。这样一来就可以进一步节省内存和减少打印工作量。诊断错误的功能与结束方法与第一个问题同。

操作员回答完第四小问题以后,电子计算机的电传打字机上自动打印出一段文字数字:

MAX NUMBER OF SPECTRUM MAY BE PRINTED=××××

这是最大可能打印的谱数。是电子计算机根据程序以外的空余内存数和每幅谱要占的内存数算出来的。每幅谱要占用的内存数由上、下限频率和谱线间隔决定。

打印这一段文字和数字以后,电子计算机紧接着提出第五个问题:

NUMBER OF SPECTRUMS WANT TO PRINTED=

操作者可把实际需要存储和打印的谱的数字打印在等号后面。并具有第一个问题的诊断错误的功能和结束方法。同时，电子计算机还能自动判断我们要求存储的谱数是否超过内存容量。如果超过了上面给出的最大可能存谱数，电传打字机会自动打出“INVALID”并回车换行重新提问。这样就可避免溢出或抹掉引导程序。

回答完这个问题以后，电子计算机又提出第六个问题：

NUMBER OF IOMS BETWEEN SPECTRUMS=

这个问题要求给出自动定时采谱时，每二个相邻谱之间的时间间隔。回答的数字为 0～32767，对应的时间间隔为：0～327 秒。也具有第一个问题的找错功能和结束方法。如果用手工采谱(开关 SS_3 按下时)不提这一问题。

下一个问题是：

ACCEIEROMETER'S CALIBRATLON FACTORS (×10)=

传感器的校准因数可把 $1g$ 时传感器输出的电压加到 3348 频谱分析仪上，把所求的分贝数乘十倍(没有小数位)后打印出来即可。自动诊断错误的功能与结束方法与第一个问题相同(但最好不要用回车结束！以免后面打印的“DB”符号与问题重叠)。

回答完这个问题以后，电子计算机继续在电传上输出：

REMARK：

操作者可以在后面打印任何文字和数字如：试验项目、内容、操作人等。只能用回车结束。但最大允许打印的字符为 64 个(一行)，超过 64 个字符时，自动回车结束。

上项目结束后，电子计算机继续输出；

DATE：

操作者可以在电传上打印出年、月、日来。仅能用回车结束。最多允许打印十个字符。超过十个字符时，自动回车结束。

结束以后，电传输出：

READY

然后转入踏步状态等候采谱。

在频谱分析仪开始分析动态讯号时，如果要求作手工采谱(开关 SS_3 按下)时：只要起动计算机上的运行开关，便可采一个谱，然后又处于等待采谱状态。再起动一次，就采第二个谱。起动一次，采一个谱。直到采完预定的谱数时(在第五个问题中确定的)，才转入踏步状态等候打印。这时只要起动一次计算机的运行开关，便可开始打印。如果在采谱数目未完成以前，希望提前打印，可按下开关 SS_3，然后起动运行开关，即可直接转入打印。

如果开始分析时要求作自动定时采谱(开关 SS_3 未按下)，只要起动计算机上的运行开关，即可开始自动、定时采谱。直到采够预先确定的谱数时，计算机转入踏步状态等候打印。这时起动计算机的运行开关，即可开始打印。如果在自动采谱期间按下开关 SS_3，又可能为手工采谱，具有手工采谱的一切功能。每起动一次仅采一个谱。如果又复位开关 SS_3，还可恢复剩余工作的自动定时采谱。

打印的格式见附件一。先打印备注、日期和传感器灵敏度的分贝值，然后打印表格形式和单位。每行的开始先打印谱线的频率值，然后依次打印每幅谱中对应谱线的加速度值。打印的频率数为 0.001～9999.999Hz。打印的加速度 0.01～99.99g。

为了体现三维谱中谱值随时间变化的规律，这里乘用了“纵向”打印的程序。由于谱值在计算机内存中储存的次序定：第一幅谱的第一条线开始依次到第一幅谱的最后一条线；接着是第二幅谱的第一条线依次到最后一条线；接着是第三幅谱，第四幅谱等直到最后一幅谱的所有线。如果按内存地址次序打印，只有一行行打印完第一幅谱的所有线后，才能打印第二幅谱。这样不容易看出谱值随时间

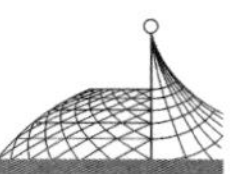

变化的规律。而“纵向”打印程序解决了这一问题。它先打印第一幅谱的第一条线，接着跳过第一幅的其他线打印第二幅谱的第一条线，再打印第三幅谱的第一条线……到第二行开始回过头来打印第一幅谱的第二条线，接着打印第二幅谱的第二条线。以此类推。这样打印出来的谱图，横看是谱值随时间的变化，纵看是谱值随频率的变化。对于每一个单幅谱，好象是“纵向”打印出来的。

为了使表格规则有序，采用定点打印程序。整数有效数字前面的“0”打印空白；小数有效数字后面的 0 也打印空白如：40.7□、□9.63 等(这里用□代表“空白”)。但为了服从人们日常手写的习惯，真分数小数点前面的一个“0”和纯整数在小数点后面的第一个“0”还是打印出来的，如：□0.05、25.0□等。

为了便于查数和装订，打印时每隔十行空一行。每五十行换页。由于电传打印纸的宽度有限，每页仅能打印十个谱，超过十个谱时，在打印完前十个谱的所有线后，从第十一个谱开始另换一页打印。如果超过二十个谱可再换一页继续打印，以此类推。

如果在打印中间希望暂停打印进行检查而又不扰乱原来程序，可按下开关 ss_3。这时电传打字机打完这行数字后便暂停打印，踏步等候。如果这时再按一次计算机的运行开关，可继续打印下一行，打印完这一行后，又踏步等候。如果复位开关 SS_3 并起动计算机的运行开关，电传打字机会继续打完所有数据，不会有任何遗漏和重复。

打印完所有数据以后，计算机踏步等待重新采谱。如不需要重新提高、改变参数的话，可启动计算机的运行开关，进行又一次采谱试验。如果要想改变参数，就必须重新提问，可从“0”地址重新呼叫。

2. 主程序的逻辑设计

根据动态谱分析的要求、主程序的逻辑框图见图 1。

现在对主程序中有关问题说明如下。

2.1 分析带宽的确定

在 3348 频谱分析仪中没有频率量输出。由于它是一神等带宽分析仪，所以我们根据谱线的序数乘以分析带宽来确定给定线的频率分析仪共有四百条谱，所以分析带宽可根据分析仪的频率范围求出：

$$B=\frac{f_R}{400}$$

为了提高定点运算的精度，在程序中采用带宽的一千倍进行运算：

$$B_k=1000B=f_R\cdot\frac{5}{2} \tag{1}$$

程序中，根据上限频率 f_R 和(1)式确定的一千倍带宽存储在地址 ADBK 中备用。

2.2 起始打印谱线的线数的确定

在程序执行中，人机对话确定了最低打印频率 f_L 以后，可由下式确定起始打印谱线的线数：

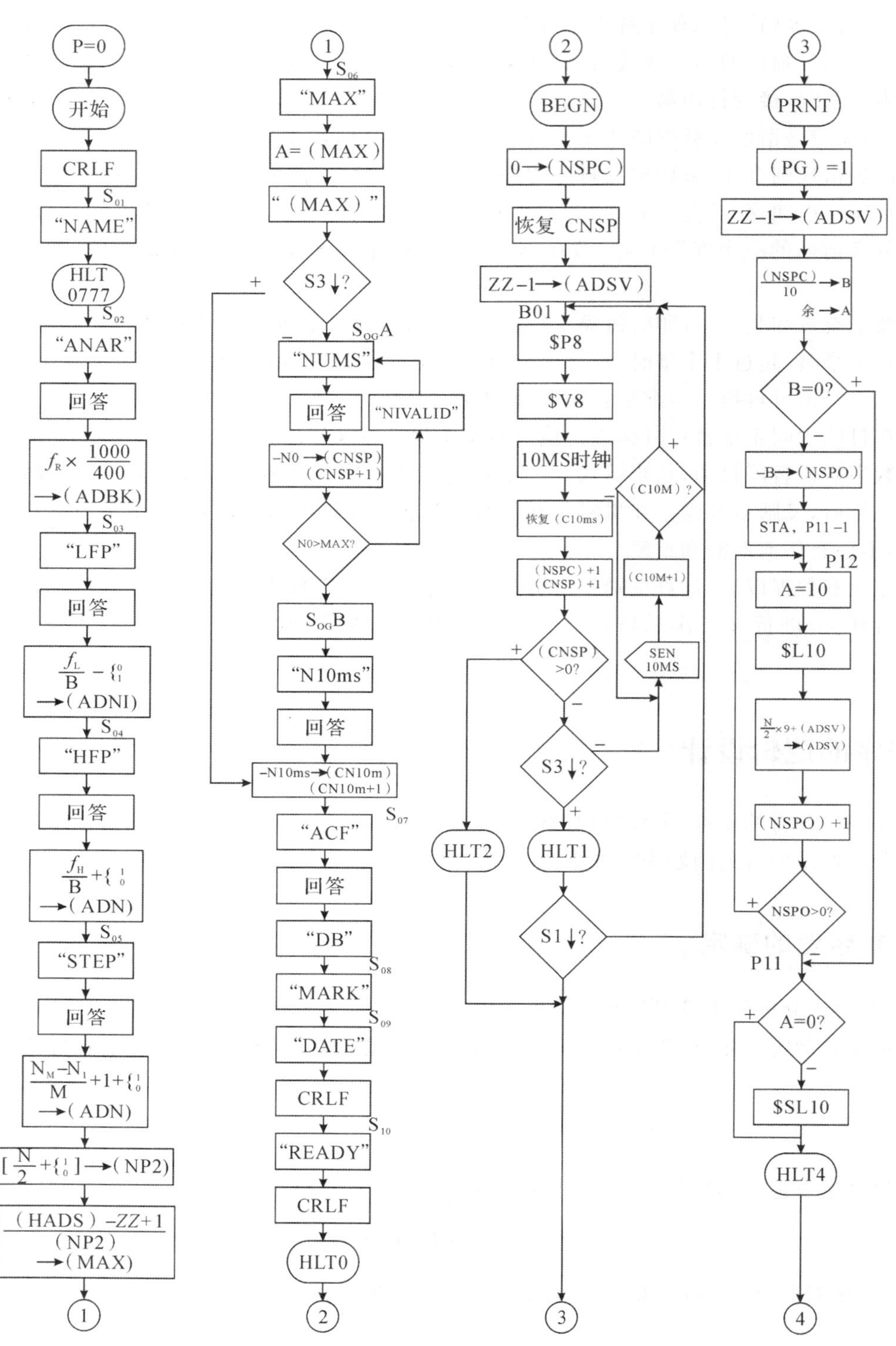

图 1　动态谱分析主程序逻辑简要框图

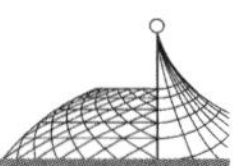

$$N_1=\frac{1000\times f_L}{B_k}+\begin{cases}0 & 商\neq 0 时\\ 1 & 商=0 时\end{cases} \tag{2}$$

如果(2)式不能整除(即要打印的最低频率位于二条谱线之间)便舍去余数,选用较小的商数。这样以后,实际打印的最低频率比程序中要求的频率要稍低一点,范围稍宽一点,但相差不超过一个带宽。如商为“0”便选 $N_1=1$,从第一条线开始打印(因为没有第“0”条线)。N_1 存入地址 ADNI 中备用。

2.3 最高打印谱线的线数的确定

同样,可以根据最高打印频率 f_H 确定最高打印谱线的线数为

$$N_m=\frac{1000\times f_H}{B_k}+\begin{cases}1 & 余\neq 0 时\\ 0 & 余=0 时\end{cases} \tag{3}$$

如不能除尽,便把余数进位,把商增加 1,这样可以保证实际打印的频率范围此程序要求的频率范围稍宽一点,保证了全部。有用的数据。但扩大的部分不超过一个带宽。N_m 暂时存入地址 ADN。

2.4 打印一幅谱所包含谱线的绝对数量

在人机对话确定谱线步号 M 以后,就可以确定打印一幅谱所包含谱线的绝对数量为:

$$N=\frac{1+N_m-N_1}{m}+\begin{cases}1 & 余\neq 0 时\\ 0 & 余=0 时\end{cases} \tag{4}$$

余数进位的原因同上。但在 $M\geqslant 2$ 时,用这种方法确定的 N 有可能使最多谱线的线数大于四百。如果大于四百时,N 必须减去一。判断如下:

$$N\rightarrow\begin{cases}(N-1) & [(N-1)M+N_1]\geqslant 401 时\\ N & [(N-1)M+N_1]<401 时\end{cases}$$

最后去顶的 N 存入地址 ADN$-N$ 存入地址 C_N 及 C_{N+1} 备用。

2.5 拼二为一的存谱技术和存储一幅谱所占内存数量的确定

3348 型频谱分折仪输出讯号的动态范围为 50.0dB,用定点数表示时,一条谱线至少要占九位二进制数($2^9=512>500$)。国外有人[2]用一个字长十六位的字存储一条谱线。但这种方法浪费大,占用内存多,存储的谱幅数少。

在这个程序设计中采用拼二为一的存谱技术:即把两条谱线的分贝数拼成一个十六位二进制的数存入计算机。二条谱线占一个字的内存,而且不影响分析精度。原理是这样的:3348 频谱分析仪的精度为±0.2dB,其输出量的末位数仅是偶数(0,2,4,6,8)。如果把输出的分贝数除以 2,得到的最大定点数为 250,可以用八位二进制数来表示($2^3=2567250$),正好占用半个计算机的字(7504 计算机字长十六位)。这样可以把二条谱线的分贝数拼成一小字存入计算机。计算机打印时分别把每个谱线取出来乘以 2,恢复了原来数字,又不降低±0.2dB 的精度。

采取拼二为一的存储技术后,只要知道每幅谱的线数,就可算出存一幅谱需占用计算机内存的字数:

$$N_{p_2}=\frac{N}{2}+\begin{cases}0 & N 为偶数\\ 1 & N 为奇数\end{cases} \tag{5}$$

这个数存入地址 N_{p_2} 备用。

2.6 最大允许存谱的幅数的确定

最大允许存谱的幅数，由计算机内存的空余量除以每幅谱要用的内存数，便可得扭。计算机内存的空余量，由计算机本身的软件和这个程序食身所占的内存决定。计算机的引导程序、二进制装存和转移程序位于计算机内存的最高地址处，其起始地址 0×7377 存在 HADS 地址中。而程序恰好位于计算机内存的最低部分，其末地址为 ZZ。所以最大允许存谱幅数为

$$\frac{0\times 7377-ZZ+1}{N_p} \tag{6}$$

所得的商数存入地址 MAX 备用，余数舍去。

2.7 接口时钟的启用

为了实现定时采谱，保证每两个谱之间的时间间隔符合操作员的指令，程序中启用接口时钟。接口时钟有 10，20，50，100，200，500，1000ms 几种。我们的程序中启用 10ms 时钟，它每 10ms 输出一个脉冲[3]。在人机对话中确定了 10ms 的倍数。每隔一个 10ms，记一个数。当达到预定倍数时，才开始采下一个谱。10ms 时钟启用办法：

```
,EXC,0163   呼叫 10ms 时钟
,SEN  0763 * +4 访问时钟
JMP   * -2  返回等待
```

10ms 倍数的负数存入 C10ms 及 C10ms+1 中。

2.8 传感器灵敏度和加速度的确定

传感器灵敏度定义为

$$S=\frac{e}{a} \tag{7}$$

式中，e 表示传感器输斑电压；

a 表示输入加速度。

所以加速度的分贝数为

$$A_{db}=e_{db}-S_{db} \tag{8}$$

由于频谱分析仪输出的定点数 e_{db} 是真实数 e_{db} 的十倍（如 25.6 分贝输出数为 256）。而在人机对话时给出的灵敏度值 $S(*10)=10S_{db}$，

所以

$$A_{db}=\{E_{db}-S(*10)\}/10 \tag{9}$$

把 A_{db} 由分贝化为绝对数字，即可得到加速度。

3. 几个主要子程序的设计

为了简化主程序的设计，增加通用性和积累程序。在程序编制中较多地使用了子程序。整个程

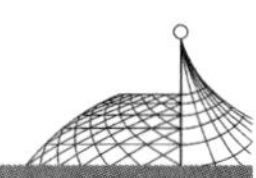

序中共使用了二十五个子程序。除去定点二进制他十进制数(XBTD)和十进制化二进制数(XDTB)子程序外，其余二十三个子程序都是新设计的。

整个程序共占 1710 个字，其中主程序(包括标号、文字、空白)仅占 563 个字，子程序占 1147 个字。所以程序设计的主要工作量，开始还是花费在子程序的设计上。

由于篇幅有限，下面分别对几个主要的子程序如：人机对话子程序；采谱子程序；存谱子程序；分贝数化加速度子程序和纵向打印子程序等的设计介绍一下。

3.1 人机对话子程序 TYNR

人机对话子程序 TYNR 的功能是：根据主程序中提出的问题，由操作员在电传打字机上回答相应的数字(≤32767)，子程序使这个数字在电传上打印出来并把它转换为二进制数字存入外地址 AD1 中及 A 寄存器上。数字回答完后打空白，句号和逗号等小于 0260 的码结束并自动返回主程序。

这个子程序有自动发现错误的功能，如在电传上回答数字时错打了文字如：A，B，C，…，X，Y，Z 等大于 0272 的码时，电传自动输出：□INVALID，回车换行并返回主程序以前的地址 AD2 重新提问。

子程序的呼叫方法：

,CALL,TYNR,ADl,AD2

其中，AD1 表示电传回答数字的存储地址；

AD2 表示±程序中的提问地址，如果电传回答有错时将返回这个地址重新提问。

子程序 TYNR 的逻辑框图见图 2。

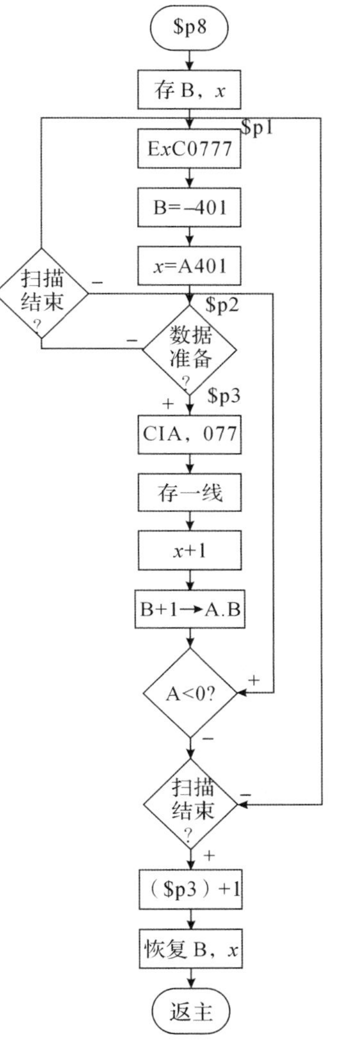

图 2 子程序 TYNR 的逻辑图

由于电传打印机输出 ASCI 码，数字 0、1、2…9 分别对应的 ASCU 码为八进制数 0260、0261、0262……0271。大于 0272 的码代表字母 A、B、C 等其他字符。小于 0260 的码代表句号、逗号、空白、回车换行等。在子程序中规定：大于 0272 的码被错打时，子程序输出 INVALID 并返回主程序重新提问；在小于 0260 的码被打印时，把数字化为二进制数存好并返回主程序。

怎样把 ASCⅡ转换为二进制码呢？对于个位数很容易从电传输给 A 寄存器中的 ASCⅡ数中减去 0260，得到：(A－0260)→A。在子程序中用－0272 和＋12 二攻实现的：－A0272＋012＝A－0260。对于二位以上的十进制数，由于电传先打印高位数后打印低位数，所以把十进位的数乘 10 加上个位数来实现，如十位数在 B，个位数在 A，恰好用一次乘法来实现 B×10＋A→B，对于四位数来说可用下列公式把十进制数化为二进制数：

$$[(A_1\times10+A_2)\times10+A_3]\times10+A_4$$

这个公式在计算机上可用三次乘法来实现。

3.2 采谱子程序＄P 8

采谱子程序的功能是：把 3348 型实时分析仪输出的 401 条谱线的 BCD 码采集下来并暂存在地址 A401 中：呼叫方法：

,CALL，＄P 8，A401

其中 A401 为 401 个字的空余内存的起始地址标号。子程序的逻辑框图见图 3。

为了进一步说明子程序的工作原理，现将其源程序写在下面：

```
$ P8,ENTR,
     ,STX,$ P 8+2 P
     ,STB,$ P 8+30
$P, EXC, 0777
     ,LDBL,-401
     ,LDX,$P8
     ,LDX,0,1
$P2, SEN, 0677, $P3
     ,SEN, 0777, $91
     ,JMP, $P2
$P3, CLA, 077
     ,STA, 0, 1
     ,LXR,
     ,INCR, 023
     ,JAN, $P2
     ,SEN, 0777, * +4
     ,JMP, $P1
     ,LNR, $P8
     ,LDX, * +4
     ,LDB, * +4
     ,JMP, $P8
     ,DATA, 0, 0
```

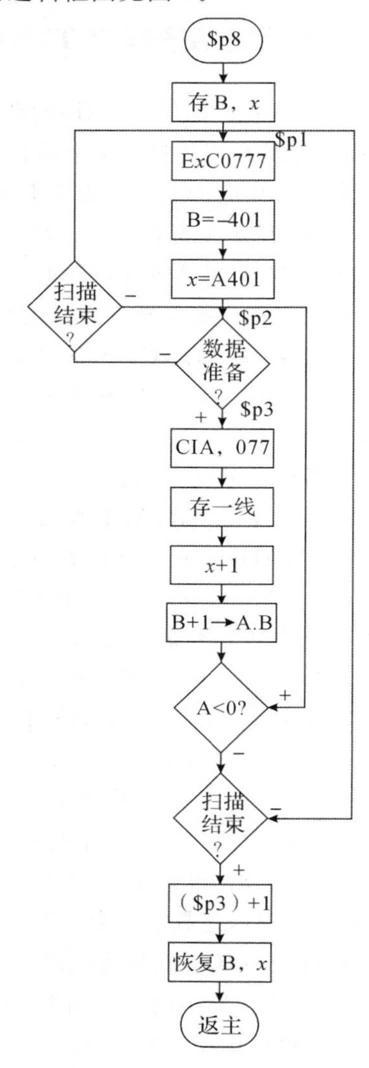

图 3　采谱程序＄P8 的逻辑框图

子程序开始先保存 X、B 寄存器中的数据到内存某地址，使其不受扰乱。然后发出一个数据需要的脉冲（EXC0777），在 B 寄存器装入谱线总数的负值－401，在 X 寄存器装入暂时存谱的空白内存的起始地址 A401，程序等待“数据准备”讯号（逻辑“1”），如果接受到这个讯号就把缓冲器中的数据装入 A 寄存器，然后用 X 变址存入主程序中空白地址，把 X 和 B 寄存器中的数各增加 1，以便存下一条谱线并判断 401 条谱线是否已经采完；如果没有接收到“数据准备”讯号，程序执行下一条指令：读出“扫描结束”讯号，在传递时应为“0”逻辑，如果逻辑为“1”，子程序从头重新执行；如果逻辑为“0”，则执行下一条指令：无条件转移到等待“数据准备”讯号，准备存数。这个过程周而复始，直到 401 条谱全部存完，这时 B 寄存器中的数变为“0”子程序又一次读出“扫描结束”讯号，这时 401 条已经采完应为逻辑“1”。如果逻辑为“0”，子程序从头重新执行；

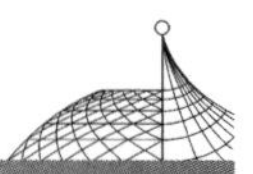

如果逻辑为"1",恢复 X、B 寄存器中原来的数据,出口地址增加 1 子程序结束并转入主程序下一条指令。程序中接口指令如:EXCO777, SEN0677,SEN0777 等的详细说明参见(3)。

3.3 存谱子程序 $ V8

存谱子程序的主要功能是:把已经采下的 401 条谱线(暂存在地址 A401 上),根据主程序规定的上限频率、下限频率和步长等选取有用的谱线,将其分贝值由十进制码转换为二进制码,减去参考值,除 2 并拼二线条为一个计算机的字存入预定地址。其逻辑框图见图 4。

由于把两条谱线的数值拼成一个计算机的字存好。子程序规定第一条线占计算机一个字的 8—15 位;而第二条线占同一字的 0—7 位。

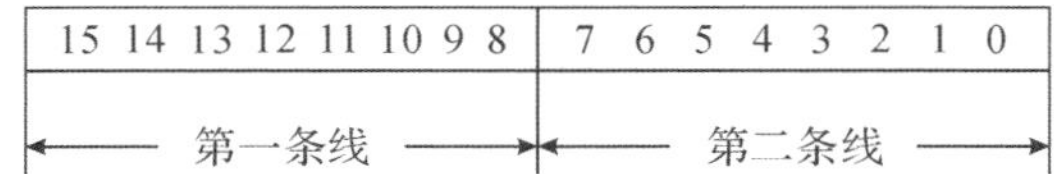

以后奇数次存的线占 8—15 位;而偶数次存的线占 0—7 位。如果一幅谱要存的总线条数为奇数,则计算机存谱的最后一个字的 0—7 位空余下来且为"0"。

在程序中使用了溢出和溢出转移指令等,这是人为地给出一个标志:在奇数次存谱时溢出熄灭;在偶数次存谱时溢出显示。这样就便于判断某一条错线应该存在一个字的前半部还是后半部。必须注意溢出转移指令(JOF)在遇到有溢出显示转移以后,又自动熄灭溢出这一特点。

子程序在取数时用 X 变址,存数时用 B 变址,使程序大为简化。在子程序中有几个外地址除前面已经说明之外,REFO 为存参考值的地址,C_N、C_{N+1} 线数 $-N$ 的地址,ADSV 为存谱起始地址的地址。

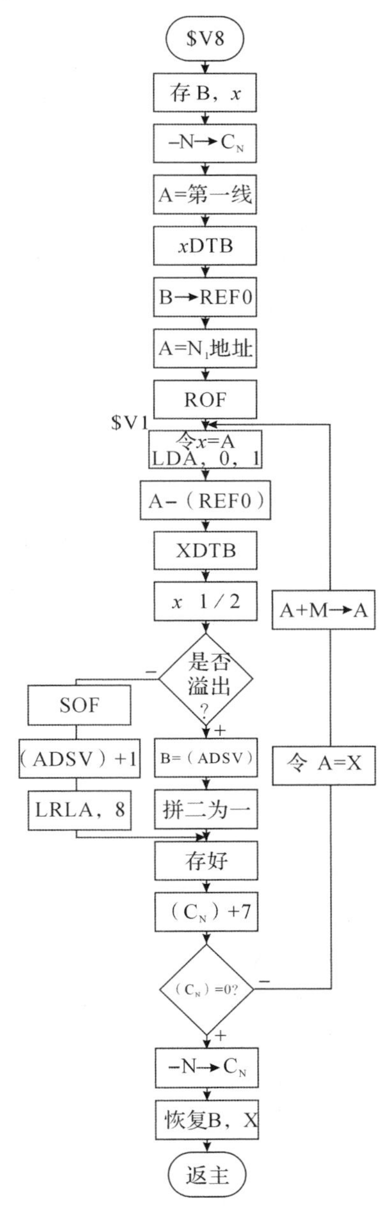

图 4 存谱子程序 $ V8 的逻辑框图

3.4 分贝化比值的子程序 DBTA、DBTP

子程序的功能是把实时分析仪输出谱线的分贝数转换为比值,如果已知传感器的校准因素就可以直接读出测量的物理量如:加速度、压力和声压等。这样充分利用电子计算机的长处,减少人工处理数据的时间,提高了精度。

由分贝定义知:

$$DB(N)=20\log_{10}\frac{N}{N_0} \tag{10}$$

所以,

$$N=\frac{100DB(N)-DB(0)}{20}=\left[e^{2.3026}\right]^{\frac{DB(N)-DB(0)}{20}} \tag{11}$$

实际上分贝化比值是一种指数计算,可以把指数函数展开成级数进行近似计算。为了提高精度、加快级数收敛,我们只要计算 20.0dB 以下的转换值就够了。因为 20.0dB=10,40.10dB=100 等,对于大于 20.0dB 的分贝数可先用 20 除，把余数（小于 20dB）化为比值，再乘以用商作指数的 10 的乘方倍。另外，由分贝的定义可知负分贝数对应的比值小于 1，而正分贝数对应的比值大于 1。由对数的性质可知，负分贝数对应的比值等于相应正分贝对应比值的倒数：

$$-DB(N)=20\log(\frac{1}{N/N_0}) \tag{12}$$

综上所述：不管多大数值的正、负分贝数都可以化为 0～20.0dB 的计算。

子程序 DBTA 的功能就是把 －40dB 到 ＋40dB 的值转为 0～20.0dB 的计算。而子程序 DBTP 的功能就是把 0～20.0dB 的分贝数转换为比值。它们的逻辑框图见图 5。

子程序 DBTP 是把 A 寄存器中 0～20.0dB 的分贝数转换为 1000～10000 的比值，结果在 A 寄存器中。由于实时分析仪输给电子计算机的分贝数是定点数，所以从 A 寄存器读出的数比实际分贝数大十倍，为 0～200。这样一来 (11) 式可写为

$$N=[e^{2.3026}]^{\frac{DB10}{200}}=e^{x} \tag{13}$$

式中，DB10 表示分贝数的十倍；

$$X=2.3026\times\frac{DB10}{200}\leqslant 2.3026$$

在定点运算中取 X 的小数点在第二十八位（双字长），这样整数位最大数为 3，正好满足要求。这样定位以后

$$\begin{aligned}X&=2^{28}\times\frac{2.3026}{200}DB10\\&=2^{28}\frac{115.13}{10000\times115}\times115DB10\\&=26874\times115\times DB10\end{aligned} \tag{14}$$

根据 (14) 式求得的 X 有 -5×10 的误差。为了加快 e^{x} 计算的收敛速度，我们在程序中仅计算 $0<X<1$ 的值，对于 X 大于 1，或大于 2 时，可由小数部分算得的结果分别乘以 e 或 e^2 为了读出四位有效数字便于输出打印，程序要求计算结果的 1000 倍存入 A 寄存器。

$1000e=2718$

$1000e^2=7389$

以上近似计算在最后一位有效数字上差 ±1，满足实验精度要求。子程序 DBTP 中有一个在 A 寄存器中 $+0.5\times2^{13}$ 项，是为以后乘法中舍去小数时四舍五入用的。同样，在子程序

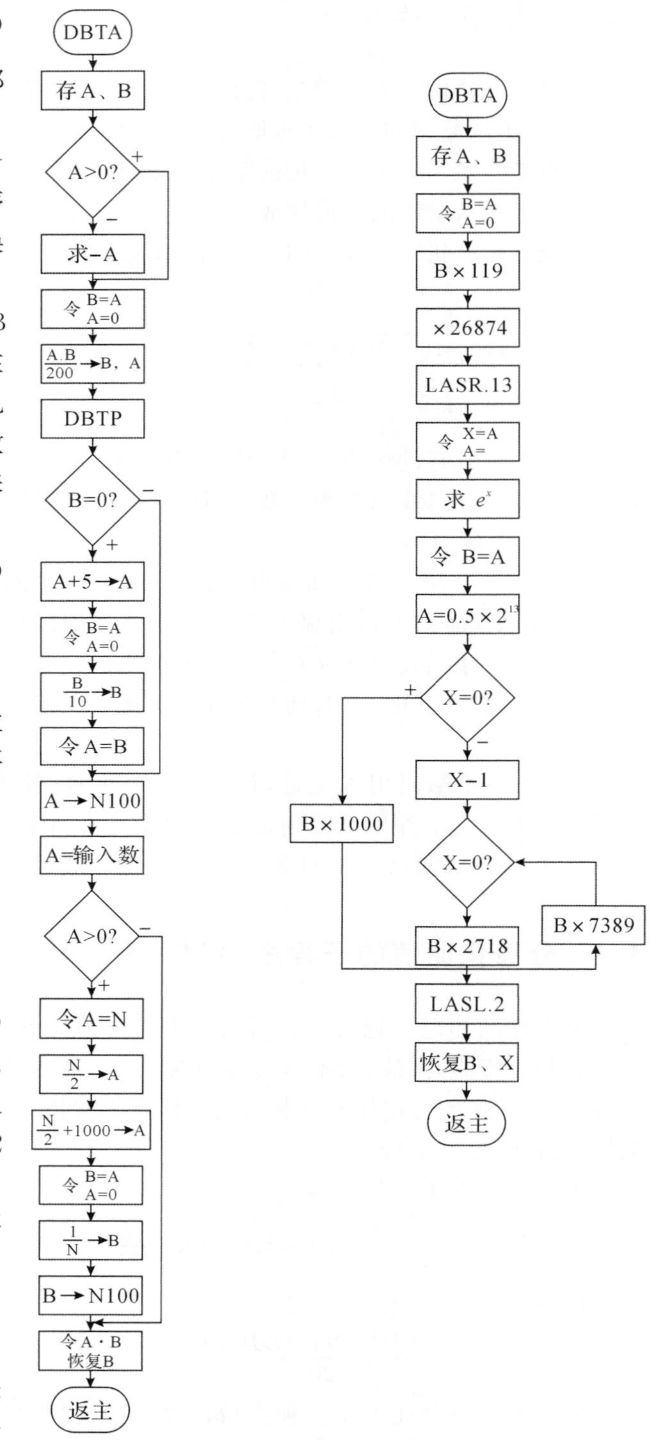

图 5　子程序 PBTA 和 DBTP 的逻辑框图

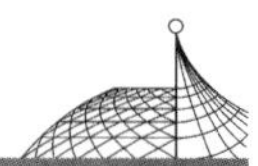

DBTA 中有一$+\frac{N}{2}+10000$ 项,也是为以后求倒数时四舍五入用的。

子程序 DBTA 将输入在 A 的分贝数的十倍化为比值的一百倍在 A 寄存器和外地址 N_{100} 中。子程序首先判断分贝数的正、负号,然后化为小于 20.0dB 进行计算,最后再计算总倍数。对于负分贝数还要求一次倒数。由于 DBTP 子程序输出 $1000N$,而子程序 DBTA 要求输出 $100N$。所以在分贝数小于 20 分贝时,要把 $1000N$ 除以 10,子程序中在除以 10 前给 A 寄存器中的数加 5 是为了在除完后四舍五入。

3.5　纵向打 EP 谱的子程序 $ L_{10}

这个子程序的功能是:把每十个谱(或少于十个谱)列表纵向打印出来。谱数多于十个时,由主程序控制,重新呼叫打印下十个谱。打印的格式见附件一。先打印备注、灵敏度、日期等,然后打印谱数序号。每一行开始,先打印频率数,再打印十幅谱中相应频率的分量。频率打印范围:0.025~10kHz,加速度范围 0.01~99.99g。如果加速度大于 100g,则打印">100G"。每十行空一行,每五十行换页,子程序的逻辑框图见图 6。

频率数的计算由分析带宽的一千倍乘谱线序数除以 1000,整数部分在 B 寄存器,小数部分在 A 寄存器。

$$f=\frac{B_K\times N}{1000}\rightarrow B,A \tag{15}$$

由子程序 PN43 完成频率数×→×的打印。为了节省打印时间,减少电传打字机的磨损。程序中对每一行后面的数值在打印以前要先判读一下:如果本行内某个谱值后面的数全为"0",则电传省去不打并回车换行打印下一行;如果后面有一个谱值不为"0",则这个谱值以前的每个"0"都要打印六个空白,以保证不错位。这对打印线状谱时非常有用。

为了把存谱对二条线存入的一个字,分解成两条谱线,这儿仍用溢出作一个指示:溢出熄灭时,取 8~15 位;有溢出指示时,取 0~7 位。

4. 程序设计的主要特点

4.1　占用内存少、速度快

由于采用了较难掌握的汇编语言,大量使用子程序和变址方式,整个程序仅占用内存 1710 个字;而丹麦 B&K 公司向有关单位提供的 DEMO3348 程序[2],功能少还要占用内存 4900 多字,这在内存仅 4K 的小型计算机上根本无法使用。我们程序采存一幅谱需要的时间为:23~70ms(与每幅谱存的线数多少有关),这与 3348 频谱分析仪的分析时间 44.8ms 相近,保证了较高的实时分析频率范围。

4.2　有较大的通用性和灵活性

由于用人机对话确定分析的主要参数如:上限频率、下限频率、频率间隔、存谱数量、采谱时间间隔和传感器的校准因素等。使程序可满足各种不同的分析要求。另外,程序中又由开关 SS_1、SS_2、SS_3 等控制手工采谱、自动采谱和打印等有较好的灵活性和通用性。

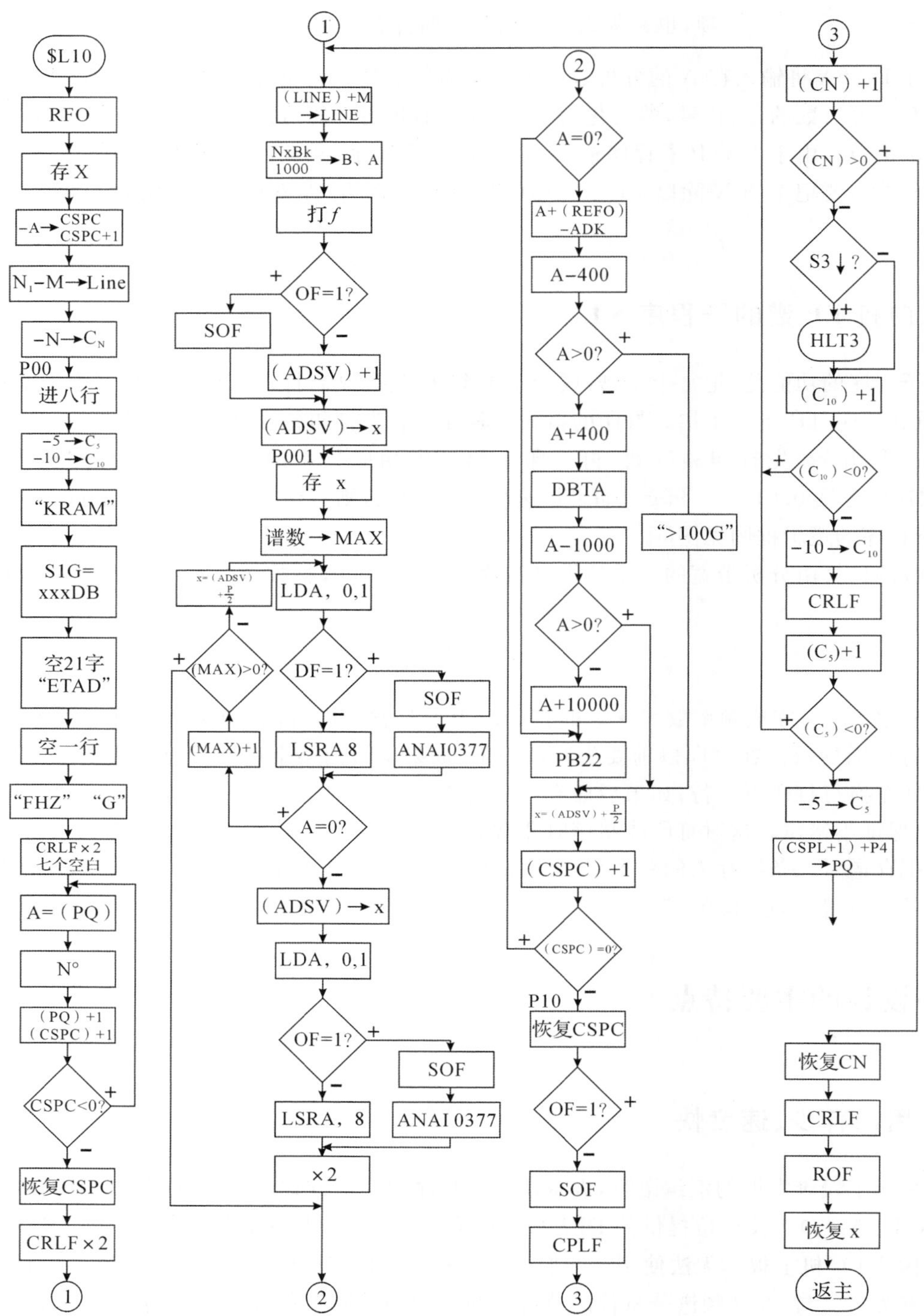

图 6 纵向列表子程序 $ L10 的逻辑框图

4.3 增加存谱能力的几项措施

频谱分析仪输出一幅谱有 400 条线，应占用内存 400 个字才能存一幅谱，占用内存太多。为了少

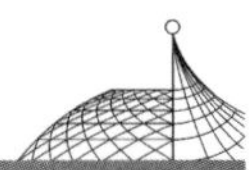

占内存、扩大存谱能力,采取以下三点措施:

(1)拼二为一的存谱技术。把每条谱线的定点数从:0～500除以2,化为0～250,占用半个计算机字。每两条谱线可以占用一个字存好。这样使存谱能力提高一倍。由于3348分析仪的精度为±0.2dB,所以采用拼二为一的存谱技术并不降低分析精度。

(2)跟制上、下限频率,尽量少存无用的信息:操作人员根据分析信号的特征和实验要求由人机对话确定上、下限频率,不存上、下限频率范围以外的信息,节省内存。

(3)在上、下限频率范围内,有规则地舍去一部分谱线不存:在谱值随频率变化比较缓慢时,可以隔一条或几条谱线存一条,不必每条谱线都存。这可由操作员在人机对话时,确定相应的谱线步长实现。

采用以上三项措施以后,可使存谱能力大为增加,例如:对于一个内存4K的小型电子计算机,除去引导程序和BLDI程序外,空余内存的上限地址为八进制数:07377,而字数1710的程序的占内存地址为:0～03422,所以空余内存为:07377－03422＋1＝03956＝2030字。如不采取上述措施仅可存谱5幅。如果采取上述措施,当存101～300条线,步长为2时,可存40幅谱。

4.4 能把对数转换为物理量直接打EP出来

频谱分析仪输出分贝数的数字量,其线性显示部分动态范围很小。这个程序能把分贝数化为比值,动态范围大。－40～＋40dB,即0.01～99.99,而且可以直接打印加速度值,直接读数,避免换算。B&K公司向有关单位提供的程序中,没有这种功能。

4.5 纵向打印列表,便于查找数据,直观,有三维表现力

附件一

3-DIMENSIONAL ACCELERATION SPECTRUMS

(PROGRAM 3 3 4 8 ———[13])

SS3 SET; MANUAL SAMPLING

SS3 RESET. AUTO SAMPLING

ANALYSERS RANGE (HZ)＝1000

LOWEST FREQUENCY TO BE PRINTED (HZ)＝200

HIGHEST FREQUENCY TO BE PRINTED (HZ)＝300

STEP＝4

MAX NUMBER OF SPECTRUM MAY BE PRINTED＝338

NUMBER OF SPECTRUM WANT TO PRINTED＝10

NUMBER OF 10 MS BETWEEN SPE CTRUMS＝2

ACCELEROMETER CALIBRATION FACTER S (* 10)＝25

REMARK:▽▽▽▽……▽

DATE:1980.1.25

READY

▽▽▽▽……▽

参考文献

[1] J. T. Broch. Mechanical Vibration and Shock Measurements,1972.
[2] Demo 3348 Programming List, 1977.
[3] B&K 7504 Instructions and Applications.
[4] Vorian 620L/100 Computer Handbook.

直升机技术的进展*

摘　要:本文回顾了直升机技术的发展。概述了直升机的飞行原理及类型,介绍了单旋翼式、双旋翼式直升机及倾转旋翼机。分析了直升机的关键技术:旋翼技术;桨毂技术;尾桨技术;发动机技术(含涡轴发动机的技术发展趋势);传动技术;减振技术;复合材料技术等。提出了我国直升机技术发展的方向。

1. 前　言

直升机的发展历史可追溯到中国公元前 400 年的竹蜻蜓和达·芬奇在 15 世纪末画的一些垂直飞行的机械装置草图。人类最早向往空中飞翔就是腾空而起,即所谓直升机方式。而近代航空发展史上,尽管许多发明家尝试垂直飞行,却还是在 1903 年飞机发明后三十多年才出现真正实用的直升机。究其原因,其一是以垂直起飞的直升机的需用功率大于同量级的飞机,要求功率重量比更大的发动机;其二是以旋翼作为升力源的直升机,其气动、强度、平衡及操纵问题,难于左右对称的固定翼飞机的同类问题。

飞机的发明大大提高了科学家探索直升机飞行的兴趣。1904 年法国的 Renard 制造了一架横列式双旋翼直升机。1922 美国的 George de Bothezat 建造了一架四副旋翼的直升机,多次带着乘客飞到 4m 至 6m 的高度。这是美国陆军订制的第一种直升机,但是在花费 200 万美元之后,由于机械上太复杂,最后放弃了该项目。1930 年意大利的一名科学家制造了一架共轴式双旋翼直升机。这架直升机保持了飞行高度(18m)、续航时间(8min45s)和飞行距离(1078m)的纪录若干年。但最后由于稳定性和操纵性等方面的技术原因也未获得成功。

在 20 年代和 30 年代,旋翼机得到了巨大的发展。1926 年西班牙的 Juan de la Cierva 成功研制了第一架 C-6 旋翼机。1925—1935 年间,Cierva 在英国创办的旋翼机公司生产了 500 架左右的旋翼机。旋翼机的成功研制对旋翼的发展产生了重大的影响,此后出版了许多有关旋翼的著作,它们形成了直升机分析的基础。

1941 年,Sikorsky 制造了 VS-300,这是一架三片桨叶主旋翼带抗扭小尾桨的直升机,飞行员的操纵和目前的标准方式一样。1942 年,Sikorsky 在 VS-300 的基础上制造了 R-4(VS-316),它的旋翼系统由三片直径为 11.6m 的桨叶组成,总重 1100kg,装一台 185hp 的发动机。第二次世界大战期间这个型号的直升机投入了批量生产并且制造了数百架。R-4 直升机通常被认为是第一架切实可行、真正可供使用的直升机。

随着涡轮轴发动机的研制成功并应用于直升机上,由于涡轮轴发动机的功率重量比(kW/daN)

* 本文为作者于 2000 年 2 月,在中国工程院香山会上做的报告。

高，大大改进了直升机的飞行性能，有力地推动了直升机应用。1951 年 Kaman 航空公司制造成了世界上第一架装涡轮轴发动机的直升机。至此，直升机步入良性发展和实际应用的新阶段。

直升机能垂直起降、空中悬停、低空低速飞行、机动灵活、发动机发生故障时可自转安全着陆以及无需专用机场的特点决定了其用途的广泛性。目前军民用直升机在各个领域发挥着越来越重要的作用，尤其是军用直升机在海湾战争中的突出表现，使各国更加重视军用直升机的发展。在军用方面，直升机在陆、海、空三军及武警中得到了广泛的应用，并且已成为陆军航空兵最主要的装备。其主要军事用途有：兵员/装备运输、机降突击、对地火力支援、反坦克、通信/联络、空中巡逻、搜索救援、观察、电子对抗、空战、后勤支援、武装护航、救护、校射、布雷、反舰、反潜、中继制导、训练等。

在民用方面，直升机几乎应用于经济建设的各个领域，通过使用直升机，劳动生产率可大大提高，在有些领域中甚至有不可替代的作用。归纳起来主要的应用领域有：海上油井服务，管线的架设和巡检，喷洒农药、化肥和种子，森林防火，货物吊运、牧场管理，渔业作业，地质和地貌的勘探和测量，电视拍摄和转播，边境巡逻，海关缉私，公路、铁路、河运的巡视，紧急救援，环境监测，城市治安管理，医疗救护，公务专机，航线航班及旅游等。

2. 直升机的飞行原理及类型

直升机是利用旋翼桨叶提供升力、推进力和操纵力的飞行器。直升机与其他飞行器相比，最主要的特点是：能垂直起降并可空中悬停。

旋翼的旋转由动力装置通过主减速器来驱动。直升机的需用功率分为四部分：产生旋翼拉力所需的诱导功率；使旋翼在空气中旋转所需的型阻功率；使直升机在空气中运动所需的废阻功率；改变重力势能所需的爬升功率。根据动量守恒定律，由发动机驱动的旋翼向下加速空气，从而旋翼获得对空气的数量相等方向相反的反作用力(升力)。因此，如果要保持平飞的话，由于留在旋翼尾迹里的空气具有动能，它必须由飞行器的动力源来供给，这就是诱导功率损耗。诱导功率损耗客观存在，并且是构成直升机平衡飞行所需的绝对最小功率。对于悬停状态的旋翼，诱导功率载荷与旋翼桨盘载荷(旋翼拉力与旋翼桨盘面积之比)的平方根成正比。因此，旋翼产生拉力的效率随桨盘载荷的减少而增加。对于给定的总重、诱导功率与旋翼半径成反比，因而直升机是以大直径旋翼的大桨盘面积为特征的。

直升机平飞时，旋翼的前倾拉力矢量在平移方向的分量克服平飞时直升机机体和旋翼的阻力。旋翼还是直升机操纵其位置、姿态和速度的力和力矩来源。在固定翼飞行器上，升力和操纵力由大小不同的气动面提供，而在直升机上，所有这三项都是由旋翼系统(包括尾桨)提供。

直升机与固定翼飞机还有一个很大的不同是它受地面效应的影响更明显。所谓地面效应就是当直升机贴近地面悬停或低速飞行时，在一定的功率下，旋翼的拉力较远离地面时有所增加；或在一定的拉力下，旋翼的需用功率较远离地面时有所减小。直升机离地高度低于旋翼直径的 1.2 倍时，认为有地面效应。否则，认为没有地面效应。有地效悬停升限，一般是指直升机能够保持机轮或滑橇离地面 1.5m 悬停的最大地面标高。

产生地面效应是由于地面显著地影响了旋翼的诱导速度大小及其分布。诱导速度向下垂直于地面的分量在接近地面时受到地面阻挡变为零，因而旋翼处的诱导速度也必定小于无地面影响时的速度。

参见图 1 所示，在地效内和地效外两种悬停情况的比较。从叶素理论来解释，若桨叶剖面绕旋翼轴旋转的角速度 Ωr 相同和两者的拉力 dT 相等，即对应桨叶剖面的迎角 α_{*} 相同时，由于地面效应使

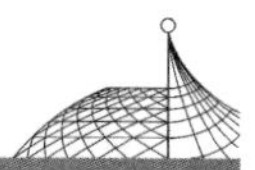

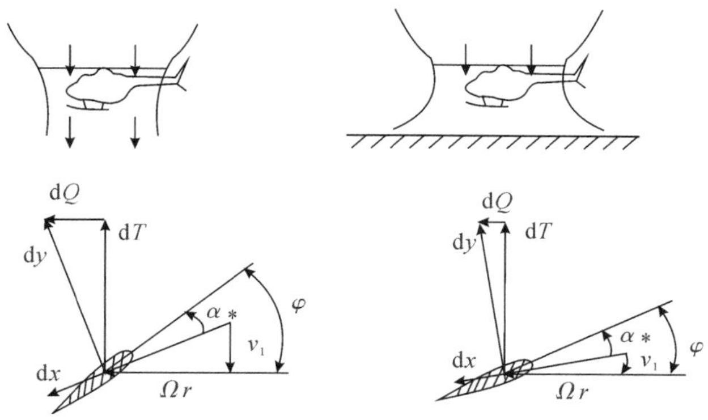

图 1　产生地面效应的原理示意图

诱导速度 v_1 减小，因而剖面升力 dy 的后倾角 φ 减小。于是，桨叶的诱导阻力 dQ 减小，导致驱动旋翼所需的扭矩及功率下降。

根据旋翼系统和尾桨的不同构形，目前投入实用的直升机主要分成三类：单旋翼式直升机、双旋翼式直升机及倾转旋翼机。

单旋翼带尾桨直升机是目前世界上采用最多的一种直升机的型式。在这种直升机的型式中，旋翼桨叶绕垂直轴转动，在一个水平面或接近于水平面的圆盘上运动。气动力主要是靠旋翼桨叶表面对空气的相对运动产生。与需要平移速度来维持飞行的固定翼飞行器不同的是，在直升机本身速度为零的情况下，绕轴旋转的旋翼也能产生气动力。旋翼通过其桨叶产生的气动力获得提供悬吊直升机重量的升力。

尾桨是单旋翼带尾桨式直升机不可缺少的一部分，它用于平衡主旋翼产生的扭矩并实现航向操纵。当前尾桨有三类，一类是由暴露在外的尾桨叶和尾桨毂组成的传统尾桨；二是涵道尾桨，三是无尾桨系统。传统的尾桨垂直地安装在尾梁上，其旋转由动力装置通过尾减速器来驱动。尾桨对主旋翼转轴的力臂通常稍大于主旋翼半径。这类直升机的俯仰和滚转操纵是通过周期变距使主旋翼拉力倾斜来达到，利用总距变化来改变主旋翼拉力大小以获得高度操纵，改变尾桨总距使尾桨拉力大小变化来完成航向操纵。

双旋翼直升机是使用两副互为反转的旋翼，两副旋翼的尺寸和载荷大小相等，因此它们的扭矩相互平衡。双旋翼直升机又分为纵列式、横列式和共轴式三种。

纵列式直升机有两个纵向布置、转向相反的主旋翼。两个主旋翼桨盘一般有 30%～50%的重叠，两旋翼轴的间距为旋翼桨叶半径(R)的 1.5～1.7 倍。为了减少后旋翼在前旋翼尾涡中工作所产生的气动干扰，后旋翼安装在一个支架上，一般高于前旋翼 0.3～0.5R。纵向操纵通过主旋翼差动总距变化使主旋翼拉力改变来进行，滚动操纵由周期变距使拉力产生横向倾斜而得到，高度操纵则由主旋翼的总距改变来完成。航向操纵则是利用差动周期变距使两主旋翼拉力差动横向倾斜来实现。纵列式旋翼结构一般适用于中型和大型直升机。

横列式直升机是两副转向相反的主旋翼沿横向安装在直升机上。两副旋翼安装在机翼或支架两端，通常没有重叠。差动总距实现滚转操纵，而纵向周期变距实现直升机的俯仰操纵。

共轴式直升机有两副转向相反、转轴轴线重叠的主旋翼，两副旋翼桨盘间有一段垂直的距离以适应横向挥舞的需要。利用主旋翼的周期变距来进行俯仰和滚转操纵，通过总距来进行高度操纵，航向操纵则通过两副主旋翼的差动扭矩来完成。这种直升机的结构紧凑，旋翼直径较小，且不需要尾桨。但旋翼操纵系统和传动系统较复杂。

倾转旋翼机以其优越的性能和广阔的用途而成为二十世纪九十年代直升机界最瞩目的飞行器，又以其重大事故频繁、研制费用高、技术难度大而引起极大的争议。倾转旋翼机有可能在二十一世纪形成较大的产业规模，并对作战方式和交通构架产生深远影响。目前世界上美国在倾转旋翼技术方面遥遥领先，其 V-22 倾转旋翼机已处于投入批生产前的试用和验证阶段。

倾转旋翼机是采用新的思维方法来设计直升机的旋翼和总体布局，设计思想已突破了传统直升机的范畴，属于新原理旋翼构型，是直升机技术突破性、跨越性的发展、是直升机工业带有革命性的一项高技术，也是直升机技术发展的必然结果。V-22 的问世已使美国海军陆战队重新定义两栖作战的法则，而民用型 BA609 的使用将会使通用航空进入全新的领域。据美国贝尔直升机公司预测，在未来二十年中将有一千多架倾转旋翼机的市场。

倾转旋翼机是在类似固定翼飞机机翼的两翼尖处，各装一套可在水平位置与垂直位置之间转动的旋翼倾转系统组件，当它垂直起飞和着陆时，旋翼轴垂直于地面，呈双旋翼横列式直升机飞行状态，并可在空中悬停和前后侧飞；在倾转旋翼机完成起飞并达到一定的飞行速度后，旋翼轴可向前倾转 90°角，呈水平状态，旋翼当作拉力螺旋桨使用，此时倾转旋翼机能象固定翼飞机那样以较高的速度作远程飞行。

V-22“鱼鹰”是世界上第一种投入使用的倾转旋翼机，它是一种融直升机垂直起降、空中悬停和固定翼飞机速度快、航程远等优点为一体的悬臂式上单翼飞机。V-22 在机翼两端翼尖各安装了一个旋转式短舱，两个短舱内各装有一台涡轮轴发动机。两个短舱头部装有一副由三片桨叶组成的逆时针旋转的旋翼，桨叶由石墨/玻璃纤维制成，平面形状为梯形，桨叶采用不同于一般直升机的设计，有利于提高前飞和悬停效率。V-22“鱼鹰”可在 20s 内由直升机飞行状态变成固定翼机飞行状态。当旋转短舱垂直向上时，便可象直升机一样垂直起降。当达到一定飞行高度和飞行速度后，旋转式短舱向前转动 90°到水平位置，该机便象普通固定翼螺旋桨飞机一样向前飞行。在以直升机方式飞行时，操纵系统可改变旋翼升力的大小和旋翼拉力倾斜的方向，以便使飞机保持或改变飞行状态。在以巡航方式飞行时，上单翼后缘的两对副翼可保证飞机的横向操纵。铰接在端板式垂尾上的方向舵和平尾上的升降舵可以依靠舵机改变飞行方向和飞行高度。

另外，可乘坐 9 名乘客的民用型倾转旋翼机 BA609 已首飞，2002 年将交付用户使用。

表 1　倾转旋翼机、直升机和涡桨飞机对比表

型号	起飞类型	起飞重量 /kg	速度 /(km·h^{-1})	升限 /m	航程 /km
V-22	可垂直起飞	27974	638	7925	3336
BA609	可垂直起飞	7265	509	7620	1400
直升机(S-70)	垂直起飞	9185	361	4360	550
涡桨飞机(“星舟”1)	滑跑起飞	6591	641	10605	2629

倾转旋翼机与一般的直升机相比，归纳起来有以下几个性能优点：

速度快：直升机因受旋翼的限制，巡航速度超过 300km/h 的不多，而 V-22 倾转旋翼机的巡航速度为 509km/h，最大速度可达 638km/h。

噪声小：倾转旋翼机因巡航时一般以固定翼飞机的方式飞行，因此噪声比直升机小得多，并且在 150m 高度悬停时，其噪声只有 80dB，仅相当于卡车 30m 外发出的噪声。

航程远：如 V-22 的航程大于 1850km；若再加满两个转场油箱，航程可达 3336km。如果进行空中

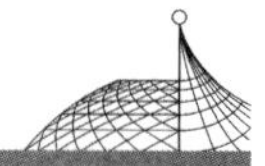

加油，该机具有从美国本土直飞欧洲的能力，而直升机的航程很少超过 1000km。

载重量大：美国研制的倾转旋翼机 V-22 起飞重量可达 27974kg，最大内载为 9072kg。贝尔直升机公司计划研制的下一代倾转旋翼机 V-44 可装载 80～100 名士兵或 10～20t 货物。

耗油率低：倾转旋翼机在巡航飞行时，因机翼可产生升力，旋翼转速较低，基本上相当于两副螺旋桨，所以耗油率比直升机低。

运输成本低：综合考虑倾转旋翼机耗油量少、速度快、航程大、载重大等优点，其用于民用运输的成本仅为直升机的 1/2。

振动小：由于倾转旋翼机的旋翼一般布置在远离机身的机翼尖端，并且旋翼直径较小，因此其座舱的振动水平比一般的直升机低得多。

虽然倾转旋翼机与一般直升机相比有许多优点，但倾转旋翼机由于是一类新型航空器，技术有其特殊性，技术难度相当大，归纳起来，其关键技术和技术难点涉及：倾转旋翼机总体设计技术，其技术难点是总体参数的选取，尤其是倾转短舱间距参数的选取；旋翼倾转系统组件设计技术，其技术难点是机翼旋转结构和旋转式短舱结构的设计和制造技术；倾转旋翼机气动技术，其技术难点是倾转旋翼机的旋翼/机翼、旋翼/旋翼、旋翼/机体相互干扰问题；倾转旋翼机动力学技术，其技术难点是旋翼在倾转过程中的动力学分析、旋翼/机翼耦合动载荷和稳定性问题；倾转旋翼机旋翼设计技术，其技术难点是倾转旋翼参数选择及旋翼桨叶翼型设计；倾转旋翼机飞控技术，其技术难点是倾转旋翼机操纵控制技术及操纵系统动力学设计技术。

3、直升机的关键技术

3.1 旋翼技术

旋翼是直升机的核心部件。传统的直升机旋翼由连接到桨毂上的两片或多片桨叶组成。旋翼通常靠来自发动机的扭矩保持转动，产生直升机飞行所必需的升力、拉力和操纵力。直升机的飞行性能、驾驶品质、振动、噪声水平、寿命及可靠性等问题的解决或改善，都依赖于对旋翼系统的空气动力学特性和动力学特性的掌握，以及旋翼设计分析方法、制造、试验与测试水平的提高。

从结构上分，旋翼由桨叶和桨毂两部分组成，其中桨叶是细长的柔性结构，在直升机飞行中高速旋转着，并处于左右不对称的非定常气流环境之中，产生比固定机翼复杂得多的气动载荷、惯性载荷、交变内应力、气动一弹性耦合及各种干扰问题。

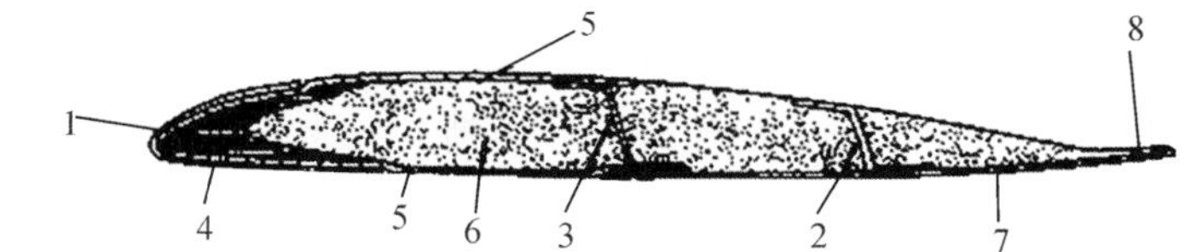

1—前缘包皮　2,3—Z形梁　4—大梁　5—蒙皮　6—泡沫塑料支持件　7—蒙皮　8—后缘条

图 2　直-9 直升机的桨叶构造

到目前为止，桨叶的发展大体经历了四个发展阶段。40 年代中期至 50 年代中期出现的第一代直升机上采用了金属木混合结构，这种桨叶的平均寿命只有 600h 左右；50 年代中期至 60 年代中期出现的第二代直升机上采用金属桨叶，桨叶寿命增加一倍，达到 1200h 左右；60 年代中期至 70 年代中期的第三代直升机上采用玻璃钢桨叶，其寿命是金属桨叶的三倍，达到 3600h 左右；70 年代中期至今出现

的第四代直升机上采用新型复合材料桨叶，其寿命是无限的。目前，人们正在研究智能材料桨叶。

为了提高桨叶的性能，主要采用两种方法：一是使用复合材料，二是利用先进的空气动力学原理改进桨叶形状和翼型设计。

桨叶采用复合材料，不仅能提高桨叶寿命、降低桨叶重量、减少使用成本，而且还有助于降低噪声、防腐和预防雷击。在我国生产的直-9上，就采用了复合材料桨叶(见图2)。

利用先进的空气动力学原理和计算流体力学手段，可以改进桨叶形状、选用新的翼型，从而提高桨叶的性能。目前，桨尖的形状已经从第一代的矩形，通过第二代的尖削、后掠的简单变化及第三代的曲线形桨尖变化，发展到第四代桨尖的三维变化。英国韦斯特兰公司利用先进空气动力学原理设计的BERP(British Experimental Rotor Programme)桨叶在巡航飞行条件下有效载荷增加了37%。

桨毂是直升机最重要、最复杂的关键部件之一。根据有无铰链，以及铰链在桨毂上的布置情况，可以把桨毂划分为铰接式桨毂、无铰桨毂、星型柔性桨毂、无轴承桨毂等。

在70年代以前，大部分投入使用的直升机都采用铰接式桨毂。它包括全铰接式、半铰接式和万向接头式三种。全铰接式桨毂包括壳体、水平铰、垂直铰、轴向铰、减振器和限动器，结构相当复杂；半铰接式桨毂省去了垂直铰和减振器，保留了水平铰和轴向铰；万向接头式桨毂是桨叶刚性地固定在桨毂上，而桨毂本身利用万向接头固定在转轴上，它没有每片桨叶所具有的水平铰、垂直铰和减振器。

无铰式桨毂是60年代末、70年代初出现的一种桨毂结构。它取消了铰接式桨毂中水平铰、轴向铰、垂直铰中的一个或两个铰，但并没有真正取消桨毂上的所有铰链。

星形柔性桨毂是法国航宇公司在70年代后期研制成功的一种复合材料桨毂。星型柔性桨毂的挠性件适应桨叶在三个主要自由度上运动，即在挥舞平面、旋转平面和变距平面内都有柔性。星形柔性桨毂与铰接式桨毂相比较，桨毂零件数减少了80%、重量减轻45%，制造费用降低50%，维修费用下降30%。

复合材料无轴承桨毂是真正的无铰桨毂(见图3)，它取消了所有铰链：水平铰、垂直铰和轴向铰，也取消了弹性轴承，它的主要结构部件大梁用与径向一致的单轴高强度纤维在环氧树脂膜中制造，大梁的横向剪切模量足够低，其柔性结构代替了铰链及其轴承。无轴承桨毂通常都是采用整体结构。这种桨毂结构十分简单、成本低、空气阻力小，并具有较高的操纵功效。目前美国正在研制的RAH-66直升机就采取了无轴承桨毂。

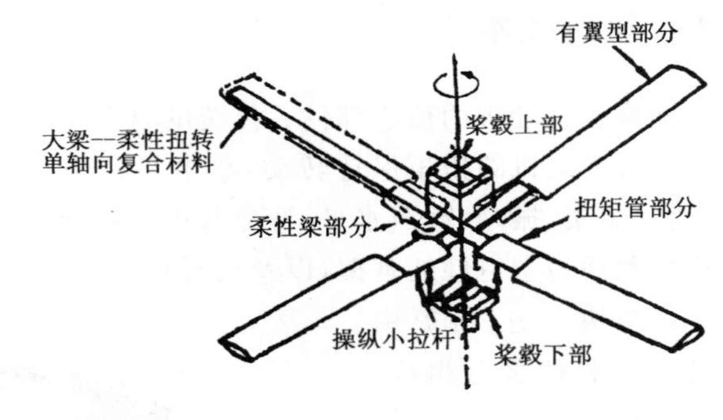

图3 复合材料无轴承旋翼示意图

到目前为止，直升机的尾桨也发展了三个阶段：一是传统的尾桨；二是涵道尾桨；三是无尾桨系统。

传统的尾桨由尾桨叶和尾桨毂两部分组成。尾桨毂包括轴向铰和水平铰。轴向铰允许尾桨叶转动，增大或减小桨叶迎角；水平铰允许尾桨叶做挥舞运动。这种尾桨技术发展得比较成熟，但存在结构复杂、安全性不好、气动效率不高，噪声大等缺点。

针对常规尾桨的缺点，人们在70年代研制了涵道尾桨。这种尾桨是在垂尾中制成筒形涵道，在涵道内装尾桨叶和尾桨毂，利用涵道产生附加气动力(见图4)。它有气动性能好、阻力小、噪声低及安全性好等优点，但在悬停时消耗的功率比普通尾桨多。

尾桨的主要作用是产生抗扭力，以平衡机身的力矩。如果能通过另一种途径产生抗扭力，并产生操纵直升机方向的操纵力，那么就可以取消常规尾桨。因此设计师们根据流速大、压力小，流速小，压

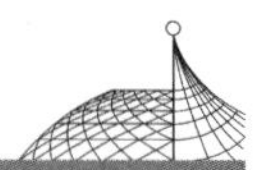

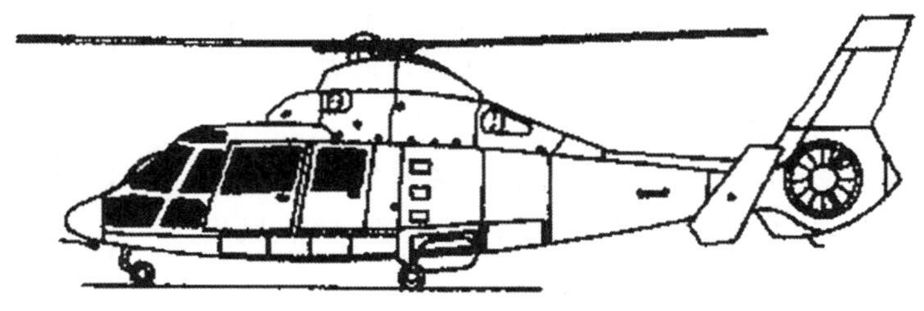

图 4　直-9 的涵道尾桨

力大的原理，采用一个低压空气循环系统代替常规尾桨。该系统除了尾梁前部的进气口和尾部的喷气口外，还有压气风扇，带缝隙尾梁和可转动的喷气锥体（见图 5）。由于气流不对称，在尾梁上将产生一个侧向压力，可用作为平衡旋翼反扭矩的辅助推力（见图 6）。

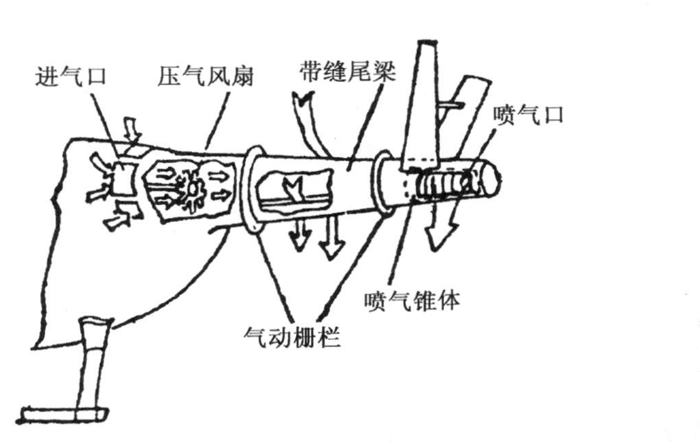

图 5　低压空气循环系统图

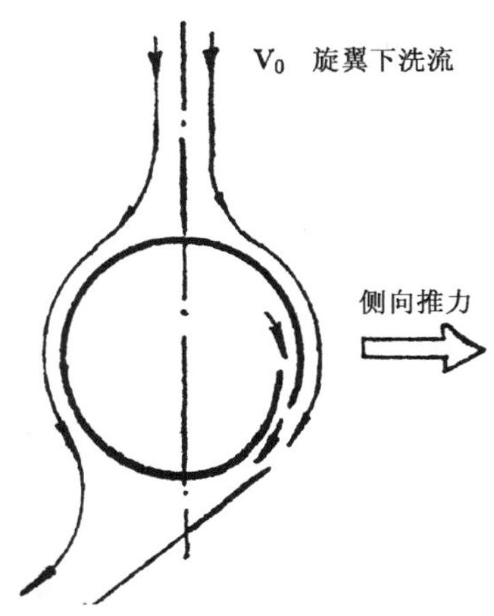

图 6　尾梁气流流线示意图

涵道尾桨和无尾桨系统都是为了克服常规尾桨的一些缺点而提出的，涵道尾桨和无尾桨系统存在的共同问题是如何提高悬停时的气动效率。前者着重改进涵道，进行导向叶片及转子叶片的优化设计。后者侧重于有效地利用旋翼下洗气流，改进低压空气循环系统。图 7 是几种形式的尾桨需用功率随前飞速度变化的关系曲线。从曲线中可以看出，在高速前飞时，无尾桨系统的需用功率最小。

3.2　传动技术

在直升机上，发动机所产生的功率大部分要传递到主旋翼和尾桨上。为了产生足够的升力，直升机旋翼的尺寸比固定翼飞机的螺旋桨要大得多，而其转速却比固定翼飞机螺旋桨的转速慢得多。这就造成了发动机转速与旋翼转速之间的巨大差别，再加上尾桨还要得到足够的功率，从而导致了直升机的传动系统复杂程度要远远高于固定翼飞机。

据有关方面统计，直升机传动系统的重量要占到直升机重量的 20%以上。这主要是由于直升机传动系统所面临的复杂工作环境造成的。例如，在限制传递功率为 3000kW 的直升机主减速器中，有些啮合齿轮要承受高达 10000kg 的力。因此会在两齿轮接触面之间出现分子黏着力，使得两齿轮在接触区内的金属微粒好象熔结在一起，出现所谓的粘结现象。加之齿轮转速高、压力大，导致接触表面温度大幅度上升，放出大量热能，促使金属微粒熔化结合在一起，这种现象称为熔结。这些都是在直升机传动系统设计时所必须考虑的问题。

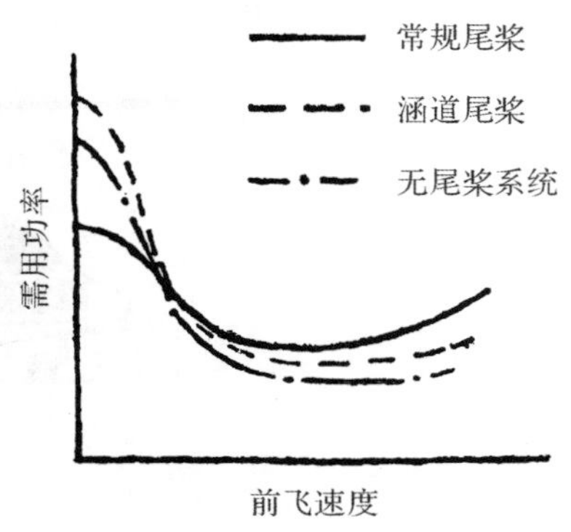

图7　尾桨需用功率变化示意图

直升机的传动系统主要包括：主减速器、中间减速器和尾减速器、传动轴、自由行程离合器、套齿联轴节、旋翼刹车装置、散热风扇等。构成传动装置的主要零件是齿轮、轴和轴承。

主减速器是传动系统中最大、最复杂和最重的部件，一般采用齿轮传动。它有发动机（一台或数台）的功率输入端以及与旋翼、尾桨附件传动轴相联的功率输出端（见图8）。主减速器的主要用途是减速、转向和并车。它将高转速小扭矩的发动机功率变成低转速、大扭矩的功率传递给旋翼轴，并按转速、扭矩要求将功率传递给尾桨、附件等。在直升机中，主减速器还起着中枢受力构件的作用，直接承受旋翼产生的全部作用力和力矩并传递给机体。

由于主减速器在直升机中的独特作用，因而除了对其提出寿命、可靠性和维修性等基本要求外，还提出了一些特殊要求。

首先是要求传递功率适当、重量轻。因发动机的功率必须通过主减速器传递，因此要求减速器的传动功率必须与发动机功率相配备，并减轻其重量。直升机主减速器的重量一般占整个直升机结构重量的1/7～1/9。

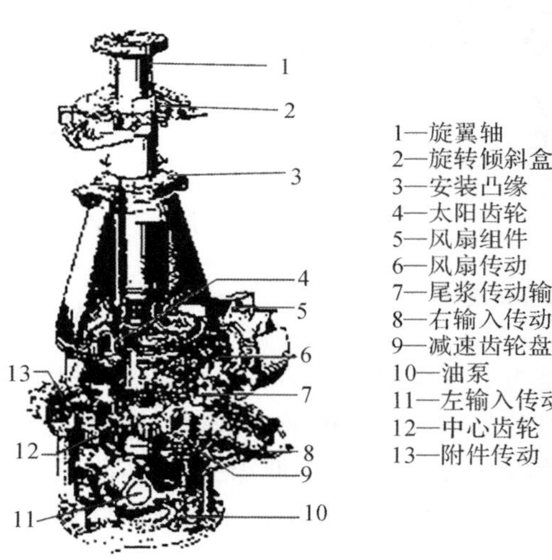

图8　某直升机主减速器的剖面图

其次是传动比要大，传递效率要高。传动比是指发动机功率输出轴转速与旋翼转速之比。由于旋翼与发动机输出轴转速相差悬殊，有的直升机总传动比高达120。转速差越大，旋翼轴的扭矩也越大，齿轮载荷就越高。为了减轻载荷，势必要采取多级传动和复杂的齿轮传动系统等卸载措施，这又给传动效率带来不利影响。因此必须采取措施来提高传动比和传动效率。目前直升机主减速器的传递效率已经达到0.985左右。

第三是要求干运转能力强。由于主减速器内部齿轮多、载荷重，工作时需要润滑油循环流动润滑，以保证主减速器正常工作，一旦没有润滑油，齿轮之间、轴与轴之间便会因过热而“烧蚀”，后果将

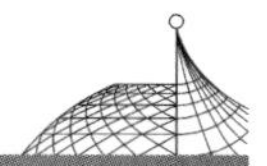

非常严重。因此一般要求主减速器有 30～40min 的干运转能力，以便一旦断润滑油后，能安全返场或紧急着陆。

目前，主减速器的设计制造主要从重量、寿命、结构紧凑性、传动效率、可靠性、维修性及润滑等几个主要方面进行综合考虑。为了防止传动系统的磨损、粘结和熔结现象，通常采用的主要方法包括：选择优质材料、安排有效的润滑和散热系统、提高齿轮的制造和加工精度等。此外，考虑到螺栓连接与花键连接对微动腐蚀与初始疲劳裂纹非常敏感，用焊接代替螺栓和花键连接也有利于提高主减速器的性能。欧洲直升机公司在设计“虎”直升机时，采用电子束焊将主减速器的各部件综合成为一体，使减速器的重量减轻了大约 8kg。

中间减速器可通过一对伞齿轮改变主减速器向尾减速度器传递扭矩的方向，减速比大多数为 1，它安装在尾梁和垂尾结合部。

尾减速器也是通过一对伞齿轮传递功率。它是尾桨功率传递系统中的终端部件，在将功率传给尾桨的同时减小转速，减速比一般为 2～3。

自由行程离合器可将来自发动机自由涡轮的扭矩传递给主减速器，在发动机发生故障时使自由涡轮轴自动脱离主减速器，这样就为使用一台发动机继续飞行，以及在两台发动机都出现故障时靠旋翼自转状态飞行创造了有利条件。此外，它还使发动机在地面单独、轮流试车成为可能。

3.3 发动机技术

直升机的发动机主要分为活塞式发动机和涡轴发动机两类。在直升机发展初期，均采用活塞式发动机。但这种发动机存在振动大、功重比低、控制复杂等缺点，在二十世纪五十年代涡轴发动机出现后逐渐被淘汰。

涡轴发动机主要由进气道、压气机、燃烧室、涡轮和排气装置等五部分组成(见图 9)。与活塞发动机相比，涡轴发动机的主要优点是：功重比大(500～600kW 级的发动机，功重比几乎比活塞发动机高 2 倍)；维修简单(特别在低温下不需加温起动)；振动小(无往复运动件、发动机转子平衡精度高)；截面较小，有利于提高直升机的气动性能。但它也存在如下缺点：动力涡轮转速高，增大了直升机主减速器的传动比，造成减速器大而复杂；燃油消耗率一般比活塞式发动机略高；周围介质(空气中的粉尘、温度、湿度)对其工作的影响较大；小尺寸的涡轮发动机生产难度大等。

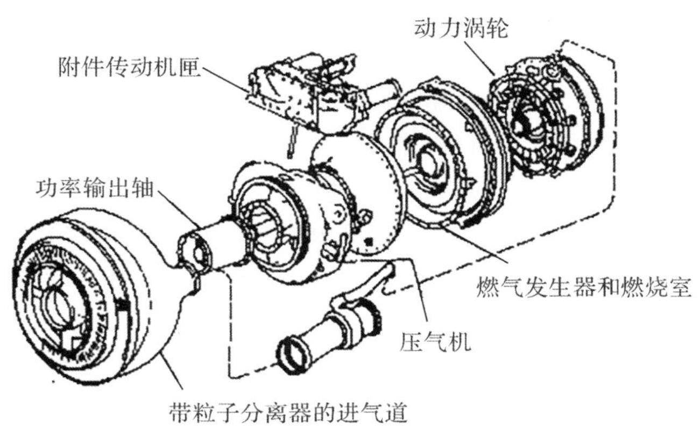

图 9　涡轴发动机的结构图

自从1953年莱康明公司研制成功第一台生产型涡轴发动机T53到今天，涡轴发动机已经发展了三代，目前正在研制第四代，并即将投入使用。涡轴发动机的技术水平已经较以往有了很大提高。主要表现在：(1)耗油率降低。第四代涡轴发动机(如T800和MTR390)的耗油率与第三代涡轴发动机中相同功率级别的“宝石”发动机相比，耗油率降低了8%左右，达到0.273kg/(kW·h)。(2)单位功率增加。50年代的T58发动机单位功率为166kW/(kg·s^{-1})；第二代产品T64的单位功率为197kW/(kg·s^{-1})；第三代T700的单位功率为267kW/(kg·s^{-1})；第四代T800的单位功率达到300kW/(kg·s^{-1})，比第一代产品提高了81%。(3)寿命期费用降低。如第三代的T700比第一代的T58发动机的寿命期费用降低了32%。(4)第四代涡轴发动机普遍具有10%～20%的功率储备。涡轴发动机的技术发展趋势参见表2。

表2　涡轴发动机的技术发展趋势

参数	使用中	研制中	研究中
总压比	8～14	13～15	16～26
涡轮转子前温度/K	1270～1370	1400～1500	1500～1920
功率重量比/(kW·daN^{-1})	3.8～6.7	5.8～7.1	8～13
起飞耗油率/(kg·kW^{-1}·h^{-1})	0.27～0.36	0.27～0.28	0.17～0.24

为了提高涡轴发动机的性能，在技术上所采取的主要手段包括：(1)采用双级离心或轴流加离心组合式压气机，提高压气机的总压比；(2)采用浮壁式回流环形燃烧室和气动雾化喷嘴提高燃烧效率；(3)利用新型结构材料和冷却技术提高涡轮前温度；(4)用全权限数字式电子控制系统提高发动机各部件的工作协调性；(5)采用合理的布局及转子动力学优化设计技术提高转子的动力学特性；(6)利用整体式粒子分离器，提高直升机的防砂能力。

3.4　抗坠毁技术

所谓抗坠毁性，是指直升机在发生意外事故或受到敌方攻击坠毁时，保护乘员生命安全的能力。由于直升机飞行高度低，民用直升机经常要在障碍物上方不远处甚至在障碍物之间飞行，而军用直升机易受地面火力攻击，因此，要求直升机具有较好的抗坠毁性。

在直升机坠毁时，乘员生存的可能性取决于以下几个方面：直升机结构保持生存空间的能力；坠毁时，乘员所经受加速度的大小和持续时间；在乘员附近的障碍、凸出物和松脱的设备可能造成的碰伤；撞击后，火、水和暴露物对乘员生存构成的威胁等。

此外，由于直升机重心位置较高，并且旋翼高速旋转，一旦旋翼打到树上或其他障碍物上，直升机就会受侧向冲击而倾翻。这不但会使顶棚撞击地面，产生垂直方向的变形而伤及乘员，也可能使桨叶穿透机身或者使传动装置断裂并打伤机上乘员。

美国军用标准MIL-STD-1290对直升机抗坠毁的要求是，直升机在垂直下落速度达12.8m/s时，乘员的生存率为95%，坠落时不应有动部件进入座舱，座舱容积的减小量不应大于15%。

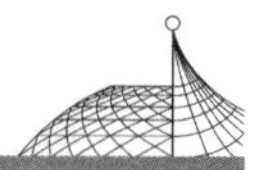

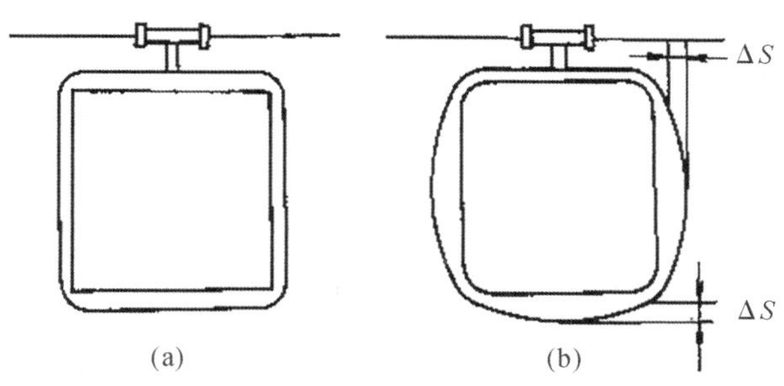

图 10　增加机身结构的吸能变形区

从技术上讲，直升机的抗坠毁设计主要从以下几个方面考虑：(1)改进机身结构，增加无人区间的结构变形或塌陷区，使之具有附加的结构吸能作用(见图 10)。(2)提高乘员区结构的强度和吸能能力，主要包括：加强驾驶舱和座舱结构，使之能承受较大的力而不塌陷，或使之在低于出现全面塌陷载荷的过载作用下具有塑性吸能作用；增强地板的吸能作用(见图 11)。(3)改进尾桨、尾斜梁、外挂架系统的结构，保证坠毁时损坏的部件安全脱离机体。(4)改进最早与地面接触的结构，易触地的结构表面应设计得大而平，以便使直升机能沿地面“滑行”，从而降低拱地程度，减小加速度和撞击力。(5)设计起落架时，必须尽可能防止机身触及撞击表面；最少要求起落架能吸收 7.6m/s 的垂直撞击能量；一旦起落架承受的强度超过设计极限，必须保证起落架的损坏不会伤及乘员或造成火灾；起落架的位置应远离燃油系统和乘员区。(6)座椅、连接件和支承结构应具有足够的强度，并尽量减小由直升机结构传给乘员的载荷。首先是利用座椅和地板之间的空间，使座椅和乘员相对直升机结构产生位移来减小传给乘员的载荷。其次是把座椅设计成抗坠毁座椅，用翻卷管吸收座椅的能量。(7)为了防止坠毁后失火，必须对燃油、氧化剂和火源这三种易产生火灾的因素进行综合考虑。首先要减少燃油溢出和火源；其次是加强机内防火隔离层。对燃油系统来说，应采用抗坠毁防弹自密封软油箱、自密封接头和软油管，以及负压供输油系统等。

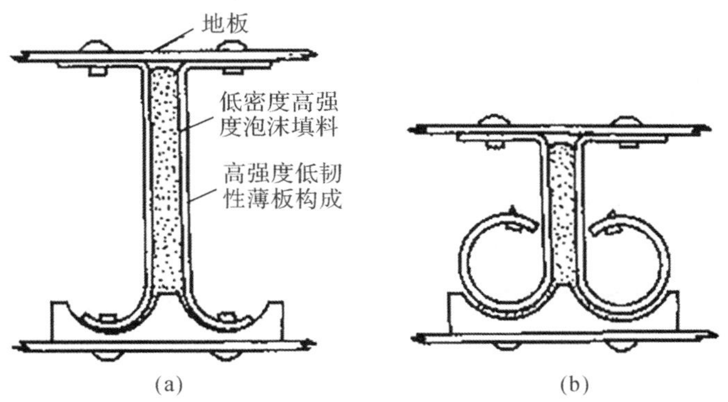

图 11　一种抗坠吸能地板的结构示意图

3.5　减振技术

直升机旋翼、尾桨、传动装置和发动机等转动部件产生的交变载荷，会引起机体结构的振动。这种振动将使直升机主要部件、仪表设备等疲劳失效，并且影响乘员的舒适性、直升机的寿命、可靠性、经济性及武装直升机发射武器的准确性。因此减振技术一直是直升机动力学的重要研究课题。在 50

年代初期，直升机的全机振动水平为0.25g左右，到60年代降低到0.15g左右，80年代以后又降低到0.1g，现代新型直升机的振动水平已经降低到0.05g。

为了减少直升机的振动，主要从三个方面着手，一是降低旋翼的激振力；二是采用被动减振措施；三是采用主动减振技术。

为了降低旋翼产生的激振力，目前采用的主要技术措施包括：(1)通过对旋翼翼型、几何扭转角、桨叶平面形状及桨尖形状的优化设计，提高旋翼的气动性能，减小旋翼的振动和噪声；(2)通过旋翼桨叶的动力学调频优化设计，控制桨叶的各阶固有频率，避免其与可传递到机体的那些谐波次数发生共振而产生大的振动响应；(3)通过改变桨叶的质量分布、集中质量及其位置来优化模态振型，使之尽可能与气动载荷正交，从而减小气动激振力对桨叶的广义模态力；(4)适当增加桨叶数量、改变桨叶的布置方式。例如，美国的OH-6A直升机原先采用4桨叶旋翼，为了降低振动水平，需要装垂直平面摆式振动吸振器。后来，麦道公司把OH-6A直升机改成装5片桨叶的MD500D时，振动水平显著降低，以至于那些吸振器变得可有可无。因此，生产型的MD500D上取消了吸振器。

被动减振是指通过加装减振、隔振装置的办法，减少或隔离振源传给机身的振动。这种减振技术目前已经发展得比较成熟，并且在许多直升机上得到了应用。它能使直升机的振动水平大体下降到0.1g左右，但是这种振动水平还满足不了实际需要。因此主动减振技术正受到越来越多的关注。

主动减振系统包括频率调谐跟踪式的动力吸振器、主动升力连杆隔振系统、高阶谐波控制(HHC)减振系统及结构响应主动控制减振系统(ACSR)等。

虽然许多国家对HHC进行了多年的研究，但由于人们对直升机不同的飞行状态控制律的认识还不深，有许多实际问题有待于进一步解决或完善。如由于叠加了高阶谐波，桨距变化有可能导致后行桨叶提前失速，高阶谐波的作动机构串联在主操纵线中，引起适航方面的问题；大功率的要求所带来的重量及功率损耗问题及作动机构工作在高频状态所引起的密封问题等。因此，这种减振系统与实际应用还有一段较大距离。

ACSR是将反共振概念与现代控制技术相结合的一种新的振动控制方法。其原理是通过一套传感器测量旋翼传给机身的载荷，用一台微机对测量载荷进行频谱分析，找出主要激振载荷的频率和幅值，受控的电液压作动筒产生一个对应的反向载荷，相互抵消，以达到隔离振动载荷的目的(见图12)。地面试验和飞行试验均已表明ACSR减振技术能够显著降低直升机的振动水平，同时能抑制几个不同频率的振动，并且任务方向的振动不超过0.05g。特别是ACSR能适应旋翼转速变化及飞行状态的变化，而且系统重量比被动式减振系统要轻。因此，ACSR技术是一种最有发展潜力的主动式减振技术。

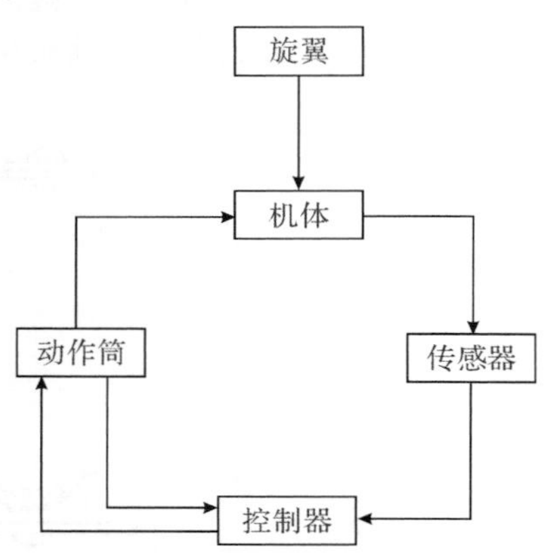

图12 ACSR系统原理图

3.6 复合材料技术

复合材料具有比强度、比刚度高的优点，且疲劳寿命长、损伤容限大、可以模压成型，并且材料本身具有较强的可设计性。所以特别适合在直升机上应用。这不但有利于直升机旋翼的气动弹性剪裁，而且还可以提高直升机零部件的耐腐蚀和耐疲劳性能，从而提高直升机的使用寿命、降低维修工作量和使用成本。

早在二十世纪五十年代，复合材料就开始用在直升机的次要结构(如蒙皮、整流罩等)上。六十年代，复合材料开始应用于主承力结构，旋翼桨叶的设计也已明显地朝着全复合材料结构的方向发展。

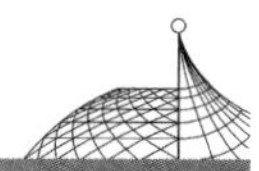

七十年代是复合材料迅猛发展的十年，直升机上大量使用复合材料，并且对复合材料结构的可靠性、修复性、维修性、吸湿性和长期老化问题等进行了专门的研究。同时，复合材料结构也经受了抗高速砂磨蚀、低速撞击损伤和抗坠毁等的考验。在这期间，全玻璃钢桨叶、复合材料“星形柔性”桨毂、无轴承柔性尾桨、尾梁以及石墨/环氧垂直安定面等相继出现。八十年代，复合材料在直升机大部分结构上的应用达到了相当成熟的地步，这期间美国的贝尔直升机公司和西科斯基公司各制造了三架全复合材料的机身（铝和钢只占机身结构重量的 3%），并进行试验。九十年代，复合材料在直升机上的应用又达到了新的高度，在美国的隐身直升机 RAH-66 上，大量采用了韧化环氧树脂、双马来酰亚胺树脂、石墨纤维、玻璃纤维和凯夫拉纤维复合材料，从而提高了飞机的性能，保障了其隐身能力。目前，直升机已经出现了越来越多地采用复合材料的技术发展趋势（见表 3）。

表 3　40 年来直升机所用材料的变化

型　号	H-34	CH-53E	UH-60A	S-76	RAH-66
技术水平	50 年代	60 年代	70 年代	80 年代	90 年代
金属材料	87%	85%	72%	59%	22%
复合材料	—	5%	12%	18%	50%
其它材料	13%	10%	16%	23%	28%

为了应对 21 世纪的技术挑战，复合材料技术正向着智能化的方向发展。国内外许多机构已经开展了智能复合材料的研究工作，并开始在直升机旋翼上进行试验。智能复合材料的结构主要包括：光学神经系统、信息处理及学习系统和执行控制系统三部分（见图 13）。

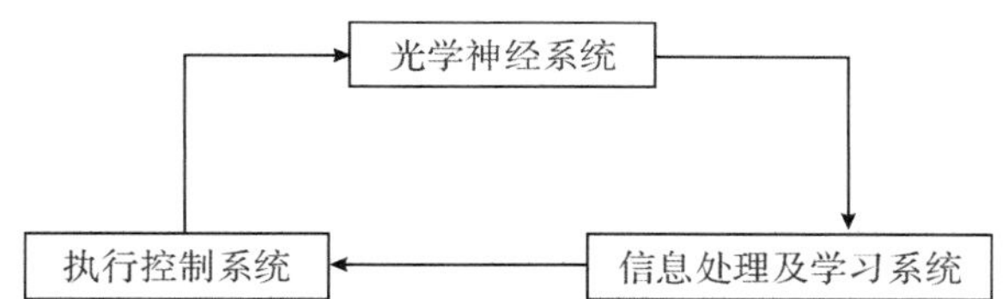

图 13　智能结构和性能跟踪系统基本框图

在智能复合材料中，埋在材料中的光纤传感系统起着“光学神经系统”的作用，所有信息都以光信号传输。在复合材料的成型、安装、使用和维修过程中，它可快速传输材料各处的应变、温度等信息。经过“信息处理及学习系统”的处理，可获得材料的受力、变形、损坏、危险点等全部状态信息。这些信息通过埋在复合材料中的执行控制系统的控制信号，使伺服执行器工作，纠正材料的各项参数或状态。直升机结构，尤其是旋翼等关键构件，采用智能复合材料可大大减小振动载荷，并可提高气动弹性剪裁特性。

复合材料技术发展的另一个方向是低成本化。目前复合材料比铝材贵 60 倍，导致许多直升机厂商，尤其是民用直升机的厂商在设计中仍大量采用金属材料。为了降低成本，人们正在对聚合物材料和复合材料的生产制造工艺进行研究，以便进一步降低其成本。

此外，为了满足高温、高强度和磨损严重条件下的工程需要，金属基复合材料近年来受到了人们普遍的重视，这种复合材料非常适合直升机上受力大的部件使用。

为了使复合材料在直升机上得到更好的应用，目前需要进一步研究的主要问题包括：复合材料损伤容限准则、铺层设计方法、成型工艺、可靠性分析等。

4. 结　论

本文回顾了直升机技术的发展。概述了直升机的飞行原理及类型，介绍了单旋翼式、双旋翼式直升机及倾转旋翼机。分析了直升机的关键技术：旋翼技术、桨毂技术、尾桨技术、发动机技术（含涡轴发动机的技术发展趋势）、传动技术、减振技术、复合材料技术等。提出直升机技术的发展方向。

特种飞行器及其对未来航空技术的挑战*

摘　要：本文概述了未来的特种飞行器。说明了中国的各种直升机、小型无人机、地效飞机、飞艇的发展。论述了未来飞机的发展对航空技术的挑战。阐述了21世纪飞行器需求的超音速飞行、先进空气动力学、新航空发动机，灵巧结构、新材料、自由飞行、信息和虚拟现实等技术。

关键词：特种飞行器；21世纪航空技术

1. 序　言

飞机是20世纪人类最伟大的发明之一，19世纪以前，上天飞行只不过是人类的幻想。自从1903年莱特兄弟发明第一架飞机以来，航空技术有了飞跃的发展，乘飞机已是人们日常生活中比较普遍的活动。航空的发展对人类的社会、生活、经济、贸易及军事产生了革命性影响。

近100年来，航空飞行已从每小时几十公里的速度提高到Ma数3以上；飞行高度从几十米提高到30000米以上；飞机的座级从单人飞机发展到400座的大型民用客机。展望21世纪，民用飞机将继续沿着安全性、经济性、舒适性、环保性的要求发展，更大、更快、更安全、更经济的飞机必将出现。500～1000座的飞机必将投入航线使用。

这对民用飞机技术提出了挑战，预计到21世纪初：

(1)飞机的阻力和结构重量将下降20%；

(2)研制的时间及费用将下降30%～35%；

(3)维护费用将下降40%；

(4)NO_x的排放及事故率下降80%；

(5)新一代的超音速民机也将在21世纪投入使用；

(6)新一代的军用飞机将具有隐身、超音速巡航、过失速机动、短距起落能力，并具有更先进的电子武器系统；

(7)新一代的军用飞机的作战效能将比现有飞机提高10倍，维护工作量降低70%。

图1　未来可载800人的大型客机

Ma数5～10的超高速军用飞机也将在21世纪研制。这些就将对气动技术、发动机、新材料、新结构、控制技术、电子设备、能源等航空技术提出更高的要求和更严峻的挑战。

---

*　本文是作者于2000年10月11日在“北京国际工程科技大会”上做的报告。这次大会是新中国成立以来中国工程科技界规模最大、级别最高的国际会议，来自世界30多个国家和地区的2000多名工程科技界的代表参加了会议。

在常规飞行器迅速发展的同时，特种飞行器在21世纪也遇到了新的发展机遇，在此，我愿同大家共同讨论一下特种飞机在21世纪的发展前景以及我国特种飞行器的发展情况。

2. 特种飞行器

2.1 中国直升机

我国直升机工业是从50年代后期开始发展的。先后经历了引进国外技术、参照设计、自行设计和进行国际合作等发展阶段；研制了701型、“延安二号”、Z-5、Z-6、Z-8、Z-9、Z-11和EC-120及M16共轴式超轻型直升机，其中投入批生产的有Z-5、Z-8、Z-9、Z-11和EC-120五种直升机型号，并且为西科斯基飞机公司的S-92设计和制造垂尾。

Z-8直升机是由中国航空工业第二集团公司研制生产的军民两用多用途直升机，也是我国生产的最大吨位的直升机。

Z-9是双发通用直升机，是中国航空第二集团公司引进欧洲直升机法国公司AS365N“海豚”2专利生产的直升机。

Z-11是由中国航空第二集团公司研制的轻型多用途军民两用直升机。它也是我国独立设计和制造的第一种直升机，可用于教练、警察巡逻、侦察、海岸警卫、地质勘测、救援和护林等。

图2　Z-11直升机

EC-120是由欧洲直升机法国公司、中国航空第二集团公司和新加坡科技宇航公司合作设计并生产的5座单发轻型直升机，中方负责机身、起落架和燃油系统。

“翔鸟”是由南京航空航天大学研制的无人驾驶直升机，是一种具有优良性能的空中平台，起降方便、操纵灵活、可在不同的任务设备下，用于敌情侦察、战况评估、通信中继、电子干扰、森林防火、渔场搜索待任务。该机采用金属骨架、玻璃钢蜂窝夹层蒙皮、先进桨尖形状的复合材料桨叶。双缸水冷活塞式发动机，数字式飞行控制系统，多种小型特殊传感器，GPS和激光高度计融合的测控定位系统并具有遥测和图象实时显示功能。

型　号	重量/kg	载重/kg	速度/(km·h^{-1})	续航时间/h	升限/m	遥控半径/km
“翔鸟”	280	30	150	4	3000	150

“海鸥”是由北京航空航天大学研制的我国第一架共轴式双旋翼无人驾驶直升机，1995年9月29日首飞。该机总重300公斤。机上有飞控导航系统和遥控遥测系统，可以自主飞行或遥控飞行。

M16共轴式单人直升机是北京航空航天大学自行设计、制造的首架共轴式单座直升机，于1997年8月12日试飞。

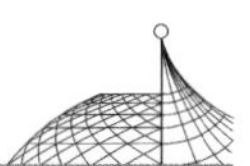

型　号	重量/kg	载重/kg	速度/(km·h^{-1})	续航时间/h
M16	350	30	132	1小时42分

2.2 国外倾转旋翼机

倾转旋翼机具有直升机和涡桨飞机的共同优点，它比直升机飞行速度更快，升限更高，航程更远，并且能垂直起降和空中悬停。它将成为未来一种重要的运输工具。目前美国、英国、法国、德国、意大利、西班牙、俄罗斯、日本等国家都在进行研制。其中美欧已成功地研制出了V-22军用型和BA609民用型倾转旋翼机。

型　号	起飞类型	起飞重量/kg	速度/(km·h^{-1})	升限/m	航程/km
V-22	可垂直起飞	27974	638	7925	3336
BA 609	可垂直起飞	7265	509	7620	1400

2.3 无人机

2.3.1 无人机发展方向

90年代，无人机的发展进入了一个崭新的时代。各种性能各异、技术先进、用途广泛的新型机种不断涌现。长航时无人机在2005年以后将逐步取代有人驾驶侦察机，无人战斗机将成为一种新型武器发放平台，微型无人机将成为未来战士手中的新式武器。长航时无人机、无人战斗机和微型无人机将是今后军用无人机发展的重点与方向。民用无人机也将具有广阔的应用前景。

图3　V-22倾转旋翼机

(1)中空长航时无人机——Tier2“捕食者”

Tier2“捕食者”为中空长航时无人机，主要用于小区域或山谷地区的侦察监视工作，可为特种部队提供详细的战场情报。另外，它还可从云层下选择可视图象和全速率的视频信号。该机的任务设备有光电/红外侦察设备及具有全天候侦察能力的合成孔径雷达等。Tier2“捕食者”无人机首次实现了全天候执行监视任务。在科索沃战争中发挥了重要作用。

Tier2“捕食者”的主要技术数据如下：

翼展14.85m，机长8.13m，机高2.21m。空重350kg，最大起飞重量850kg，任务设备重量204kg。最大平飞速度202千米/小时，巡航速度130km/h，活动半径805千米，实用升限7010米，续航时间(在活动半径)24h，最大续航时间40h。

(2)高空长航时无人机——Tier2＋“全球鹰”

Tier2＋“全球鹰”是美国特里达·瑞安航空公司研制的高空大型长航时无人驾驶侦察机。其主要用于连续监视高空、远程和长续航时间的侦察任务。Tier2＋是现有无人机中最大的一种。其特点是负载量大，可同时携带三种远距离的传感器；飞行高度在防空火力高度以上，大约在20000m，因此生存力较强;传感器作用距离远,可作远距离的侦察;覆盖面积大,每天监视范围可达 137320km^2。

Tier2+"全球鹰"主要技术数据如下:

翼展 35.42m,机长 13.53m,机高 4.63m。空重 3469kg,最大起飞重量 10394kg,任务设备重量 907kg,最大燃油重量 6445kg。巡航速度 635km/h,实用升限 20500m,活动半径 5560km,转场航程 26761km,定点续航时间(距离 5556km)24h,最大续航时间>42h。

(3)无人战斗机

目前,波音公司已完成无人战斗机验证机的全尺寸样机,正准备进行飞行试验。该机总重为 6800kg,安装 F124 涡扇发动机,推力为 28kN。预计在 2000 年首飞,2010 年后服役。

(4)微型无人机——"微型星"(MicroStar)

美国在从事固定翼微型无人机的方案研究,已取得了初步研究成果。"微型星"方案的原型机已于 1998 年 8 月进行了首飞。研究微型无人机的目标是续航时间为 1h,可实时发回图象。预计 2005 年后,有望交付战士使用。

"微型星"的技术特点是:飞机的翼展为 15cm,起飞重量为 85g,其中 18g 为有效载荷。巡航速度为 48km/h。目前续航时间为 20min。该飞机的主要功能部件都为一种半刚性的模块式结构,以便易于更换。其机体作为该系统的一部分用于散热和防止变形。

2.3.2 国产无人机的介绍

(1)ASN-104 无人侦察机

ASN-104 是西安爱生技术集团研制的一种小型低空低速无人驾驶侦察机。

主要技术数据:

翼展 4.3m,机长 3.3m,机高 0.9m。最大起飞重量 140kg,任务设备重量 30kg。最大平飞速度 205km/h,巡航速度 150km/h,实用升限 3200m,遥控半径 60km,续航时间 2h。

(2)ASN-206 多用途无人机

ASN-206 是西安爱生技术集团研制的多用途无人驾驶飞机。可用于昼夜空中侦察、战场监视、侦察目标定位、校正火炮射击、战场毁伤评估、边境巡逻等军事领域,也可用于航空摄影、地球物理探矿、灾情监测、海岸缉私等民用领域。

主要技术数据:

翼展 6m,机长 3.8m,机高 1.4m。最大起飞重量 222kg,最大任务设备重量 50kg。最大平飞速度 210km/h,实用升限 5000~6000m,活动半径 150km,续航时间 4~8h。

(3)长空-1(CK-1)高亚音速靶机

长空-1 是南京航空航天大学无人驾驶飞机研究所研制的高亚音速靶机。主要型别有:CK-1基本型,中高空靶机;CK-1A 取样机,用于核武器试验的取样工作;CK-1B 低空靶机,供低空防空武器系统鉴定用;CK-1C 高机动型,具有高机动盘旋能力,供空对空导弹和歼击机鉴定试验用。CK-1E 超低空型。

主要技术数据:

翼展 7.5m,机长 8.439m,机高 2.955m。起飞重量 2060kg,空重 1537kg,燃油重量 600kg。平飞速度(高度 11000m 以上)920km/h,使用高

图 4 ASN-206 无人机

度 18000m，最大航程 950km，续航时间 1h12min。

（4）长虹-1（CHANG HONG 1）

长虹-1 是北京航空航天大学无人驾驶飞行器设计研究所研制的高空多用途无人驾驶飞机，主要用于军事侦察、靶机或地质勘测、大气采样等科学研究。

主要技术数据：

翼展 9.76m，机长 8.97m，机高 2.18m。最大起飞重量 1700kg，任务设备重量 65kg，空机重量 1060kg，燃油重量 620kg。最大平飞速度 800km/h（高度 17500m），实用升限 17500m，航程 2500km，最大续航时间 3h。

（5）南航研制的微型飞行器

南航已起步研制微型飞行器，其翼展为四十几厘米。

2.4 地效飞行器

2.4.1 地效飞行器的发展方向

地效飞行器（飞翼船）是一种新型高速运输工具。与一般飞机和高速船相比，其特点是：乘坐舒适；建造成本、运营费用都比飞机低；可在水面或平地上起降而无须建机场、跑道；有非常广阔的应用前景，被公认为是 21 世纪重要的新型水上交通运输工具。国外地效飞行器研究比较成熟的是俄罗斯，它已有一系列型号投入使用：

“里海怪物”（KM）是一种试验机，长 100m 出头，翼展近 40m，最大起飞重量 540 多吨，最大速度 550km/h。装 10 台 NK-8-4 型涡喷发动机，其中 8 台位于机身头部，另外两台装在机身垂尾上。它的成功之处在于，它使设计师们解决了大型地效飞行器水上起降方法及起降时的稳定性等一系列难题。

“小鹰”号运输登陆艇，已装备部队，其机头可向右偏转，能运输轻型装甲车辆及陆战队士兵，其起飞重量为 140t，最大速度 500km/h。

“雌鹞”号导弹艇，可装载三排六枚导弹，其起飞重量为 350t，也已装备部队试用。

2.4.2 中国的地效飞行器

“天翼一号”（DXF100）地效飞行器系中国科技开发院地效飞行器开发中心开发研制。该中心由中国科技开发院联合中国航空工业总公司荆门特种飞行器研究所和中国航天工业总公司北京空气动力研究所于 1995 年初成立。

图 5 “天翼一号”（DXF100）地效飞行器

“天翼一号”(DXF100)主要性能参数

总　长/m	16
总　宽/m	11
起飞重量/kg	4800
载员(或载重)/kg	15 人(1125)
发动机	IO-540-K1B5
螺旋桨	铝合金可变距涵道螺旋桨
总功率/kW	447
耗油量/(kg・h^{-1})	140
最大速度/(km・h^{-1})	200
巡航速度/(km・h^{-1})	165
飞行高度/m	0.6～1.2
适航海况/级	3
航程/km	400

DXF200 主要性能参数

总　长/m	57.42
总　宽/m	42
总　高/m	14.639
最大起飞重量/t	160
任务载重/t	27.2
发动机型号	Д-30КП-2
发动机推力/kg	4×12000
满载航程/km	2283
最大飞行速度/(km・h^{-1})	600
巡航飞高/m	0.5～3

2.5 飞　艇

飞艇是一种轻于空气的飞行器，这样高度的空中平台可广泛用于通信中继、技术侦察、热点地区长期不间断监视。我国已研制出 FK 系列飞艇。

技术数据

飞艇型号	FK4	FK6	FK11	FK12	FK12B	FK100
飞艇总长/m	39	14	10.4	11.80	11.8	42.8
飞艇总宽/m	12	4.5	3.33	3.333	3.333	12.28

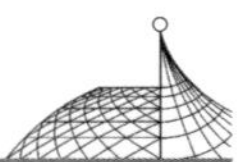

续表

飞艇型号	FK4	FK6	FK11	FK12	FK12B	FK100
飞艇总高/m	14	5	3.7	3.866	3.866	14.71
气囊总容积/m^3	2011	88	38	49	49	2580
最大起飞重量/kg	1900					2650
最大商务载重/kg	300					630
最大平飞速度/(km·h^{-1})	1800	300	300	300	30	1000
最大飞行高度/m						2×73.5
发动机功率/kW	2×34	3	1	1.5	2	4
续航时间/h	11	1	1	1	1	
遥控飞行半径/km	2×108	2×11.1	2×6	2×13.5	2×13.5	2×200
广告面积/m^2	4					9
乘员/人	载人	遥控	遥控	遥控	遥控	载人
备注						

3. 对航空技术发展的挑战

3.1 气动技术

目前，人们正致力于转捩和湍流结构的可用模型、对支配三维分离和再附着的参数的了解及其模型、对旋涡形成、旋涡相互作用和旋涡破裂现象的了解等方面的研究，并有望在不久的将来取得理论上的突破，从而使非定常空气动力学得到比较充分的完善。这将使飞机气动效率大幅度提高。目前，民航飞机的升阻比最高可达20左右，NASA预计将来亚音速民航机的升阻比可以比目前提高一倍，达到40。

3.2 发动机技术

不同的发动机有其固有的适用速度范围。随着飞行速度的提高，涡轮发动机的效率下降。为了适应更高的飞行速度需采用冲压发动机。为兼顾起飞着陆，需要采用多种发动机的组合，并研究新概念发动机。其中最引人注目的有超燃冲压发动机、脉冲爆震波发动机。在超燃冲压发动机里，燃烧室中的气流速度超过音速，发动机能适应M6～25的飞行速度。脉冲爆震波发动机利用在一个圆筒里燃烧爆震波的抽吸与反射压缩形成快速的脉冲推力，其结构简单，不需涡轮，推重比高，能适应从起飞到高超音速飞行。目前我国高校已经研制成小型脉冲爆震波发动机的原理样机。

3.3 智能结构

21世纪，智能材料和智能结构将在航空器中大量应用。在材料中植入敏感元件、控制系统、射频发射源或其它执行元件，能使飞机结构具有隐身、目标探测、发射信息功能，也能够根据飞行状态随时改变结构构型，或对结构的破损适时进行结构重组。智能结构的采用，不但提高了航空器的性能，而且加深了航空技术与微电子、计算机、人工智能和自动控制技术的结合，使航空技术以机械技术为主向以电子技术为主过渡。

3.4 新材料

按照用途的不同，航空材料可以分为结构材料、高温材料和功能材料。结构材料正向着高比强、高比模的方向发展，复合材料在未来飞机上将得到广泛应用，而且新复合材料的价格将会更低，使用维护也更方便。

为了提高发动机的推力，必须要提高涡轮前的温度，而这将会使发动机的寿命大大缩短。解决这一问题的最佳方法就是发展新一代的高温材料，提高发动机部件的耐热能力。目前，人们正在研制热塑性复合材料、高温钛合金、陶瓷基复合材料和碳一碳复合材料。预计到2010年，发动机上各种复合材料的用量就会大量增加。

功能材料能将各种物理量的变化转换为电信号，或者将各种形式的能量进行转换。从而实现对能量和信号的传感、转换和储存。现代航空中的激光、红外、隐身等技术均离不开功能材料。新一代的功能材料将使航空机载设备的功能更强，并将使智能结构的研制成为可能。

3.5 光传控制技术

在当代的飞机上，驾驶员的操纵多通过计算机产生的电控制信号，由电一液作动器控制操纵面，计算机软件还能“主动”在驾驶信号上叠加一些改善飞机性能、飞行品质、防止驾驶失误的信号。电传操纵系统容易受到雷击、电磁干扰和电磁脉冲的损害，液压系统又存在密封件易高温老化、漏液易着火、受损后的生存力差等问题。为此，目前正研究用光传代替电传，用电力作动系统代替液压作动系统。

3.6 自由飞技术

自由飞技术是基于计算机技术和卫星导航技术的新一代空中导航技术。通过自由飞技术，允许飞行员按自己选择的航线不受限制地飞行，从而达到省时、省油的目的。通过自由飞技术，还可以解决目前机场日渐拥堵的问题。虽然目前的GPS系统和卫星通信系统在安全性和可靠性方面还满足不了自由飞的需要，但是在未来10到20年中，自由飞技术就会逐渐变得成熟，并在未来空中导航系统(FANS)得到广泛应用。

3.7 新燃料、新能源

据预测，全球的天然气储量可开采100～200年，石油仅50年。为解决资源短缺和环境污染，国

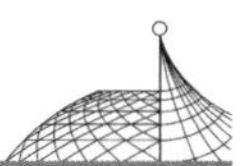

外从50年代起就开始研究各种航空替代燃料，并进行多次试飞。目前DASA公司正着手改装一架采用氢燃料的A310客机，认为这种飞机将在12～14年后投入运营。目前看好的主要有液氢和液态天然气，它们虽有沸点低、密度小的问题，如液氢单位体积的热值约为现用航空燃料的23%。这是航空发展中必须解决的技术。

3.8 虚拟现实技术

虚拟现实以软件化的已掌握规律为核心，由计算机通过传感器、制动器、立体视听设备，使人产生进入一个由计算机生成的“虚拟现实”环境的感受，通过人机系统直观和自然的交互方式，在“虚拟现实”环境中感知“现实”世界和完成操作。在飞机研制过程中，虚拟现实技术可为设计者和用户提供先期演示，检验设计方案和战术、技术性能和布局的合理性。在训练上，利用虚拟现实技术所提供的逼真环境，可以在保证训练质量的前提下减少实际飞行时间，降低训练费用。

4. 结束语

如今，我们已经开始了一个新的世纪。在21世纪开始的时候，我们对航空的未来充满了希望。我相信，在21世纪里，航空技术必将取得比20世纪更加辉煌的成就。但是，要想实现这些梦想，仅靠航空界的努力是不够的，仅靠一个国家的力量也是不够的，我们必须开展更为广泛的合作。不久，中国就将加入世界贸易组织，这将使中国同世界离得更近，并将为我国同世界各国开展航空技术领域的合作创造更海的条件。我相信，在我们的共同努力下，21世纪的航空事业必将取得更加辉煌的成就。

参考文献

[1] Y. Z. Zhang. Engineering Science, 1999, No. 1, 19.
[2] Y. L. Chen. Aeronautical material technology, 1999.
[3] L. B. Jiang. The advanced aerodynamic configurations of fighters, 1995.
[4] J. G. Liu. The engine of unmanned aerial vehicles, 1999.

The Future Special Aircraft and Its Challenges on Aeronautical technology

Abstract: The future special aircraft are presented. Different helicopters, mini-UAVs, ground effect aircraft, airships and tilt-rotors developing in China are described. The challenges of future aircraft on aeronautical technology are described. Supersonic flight, advanced aerodynamics, new aero-engine, smart structures, new materials, fly by light, free flight, new fuels, information and virtual reality technologies required by the 21st century aircraft are presented.

Keywords: special aircraft; aviation technology; 21st Century

21 世纪航空科学技术发展展望*

自从 1903 年莱特兄弟发明第一架有动力飞机以来，航空技术有了飞跃的发展，乘飞机已是人们日常生活中比较普遍的活动。航空的发展对人类的社会、生活、经济、贸易及军事产生了革命性影响。飞机是 20 世纪人类最伟大的发明之一。进入 21 世纪，航空科学技术的发展将取得更加辉煌的成就。

100 年来，航空飞行已从每小时几十公里的速度提高到 M3；飞行高度从几十米提高到 30000m；飞机的座级从单人飞机发展到 500 座级以上的大型民用客机。

展望 21 世纪，民用飞机将继续沿着安全性、经济性、舒适性、环保性的要求发展，更大、更快、更安全、更经济的飞机必将出现；500～1000 座的飞机将投入航线使用。这对民用飞机技术提出了挑战，预计到 21 世纪初，飞机的阻力和结构重量将下降 20％、研制时间及费用将下降 30％～35％、维护费用将下降 40％、氧化氮的排放及事故率下降 80％、新一代的超音速民机也将会在 21 世纪投入使用。

新一代的军用飞机将具有隐身、超音速巡航、过失速机动、短距起降能力，并具有更先进的电子武器系统。新一代的军用飞机的作战效能将比现有飞机提高 10 倍，维护工作量降低 70％。M5－15 的超高速军用飞机也将在 21 世纪研制。这一切也将对气动技术、发动机、新材料、新结构、控制技术、电子设备、能源等航空技术提出更高的要求和更多的挑战(见图 1)。

在此，愿同大家共同展望 21 世纪的航空科学技术的发展。

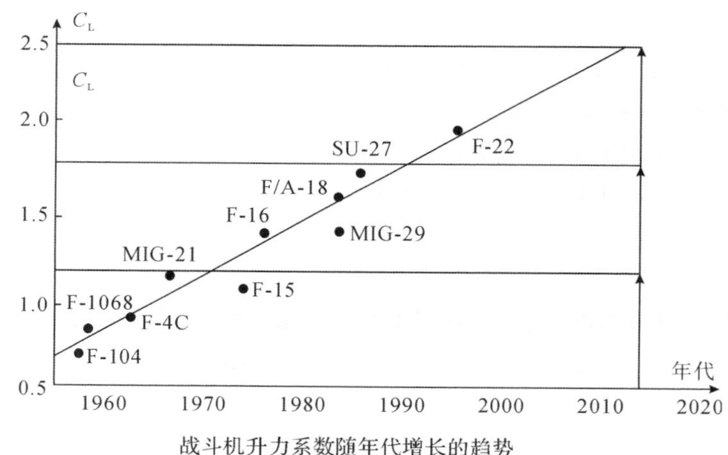

图 1　战斗机升力系数随年代增长的趋势

* 文章发表于《国际航空》，2001(2)：12-15.

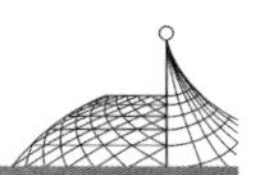

1. 空气动力技术

空气动力学是提高飞行器性能的重要技术之一。在航空技术高度发达的今天，空气动力学仍然在不断的发展之中，一些重要的理论问题有待突破，新的气动力技术不断产生，设计手段不断更新，这些都为气动技术的发展提供了广阔的应用前景。

在过去几十年里，气动技术取得了巨大进步。目前，人们正致力于转捩和湍流结构、三维分离和再附着、旋涡的形成、旋涡相互作用和旋涡破裂等方面的研究，并有望在不久的将来取得理论上的突破，从而使非定常空气动力学得到比较充分的完善。这将使飞机气动效率大幅度提高。目前，民航飞机的升阻比最高可达 20 左右，将来亚音速民用飞机的升阻比可以比目前提高一倍，达到 40 左右。

2. 发动机技术

在 21 世纪初期，飞行器仍将以燃气涡轮发动机为主要动力装置，发动机将朝着提高性能、增加推重比和降低成本的方向发展。另外，受高速飞机发展需求的牵引新型的发动机也将诞生(见图 2)。

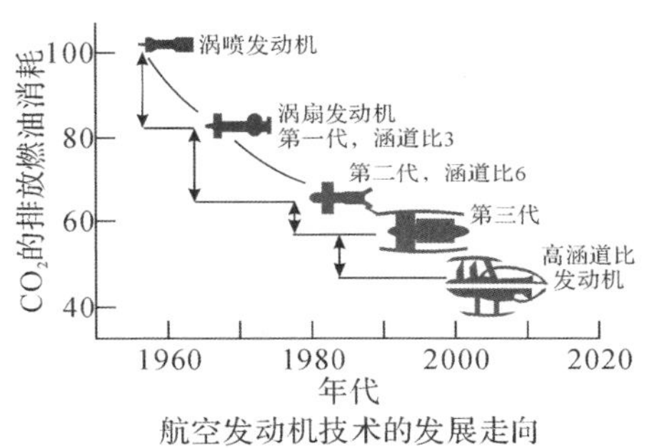

图 2　航空发动机技术的发展走向

表 1　具有代表性的燃气涡轮发动机性能参数发展趋势

服役年代	T_3^a/K	T_{41}^b/K	总压比	涵道比
1955	652	1044	10	＜2
1965	700	1211	12－13	2－3
1975	866	1616	14－16	5－6
1995	966	1700	35－40	8－9
2015(估计)	1039	2033	65－75	12－15

注：*a* 表示压气机排放口温度；*b* 表示涡轮进气温度。

如图 3 所示，不同的发动机适用于不同的速度范围。随着飞行速度的提高，涡轮发动机的效率下降。为了适应更高的飞行速度，需采用冲压发动机。为兼顾起飞着陆，需要采用多种发动机的组合，并研究新概念发动机。其中最引人注目的有超燃冲压发动机、脉冲爆震波发动机。在超燃冲压发动机里，燃烧室中的气流速度超过音速，发动机能适应 M6～25 的飞行速度。脉冲爆震波发动机利用在一个圆筒里燃烧爆震波的抽吸与反射压缩形成快速的脉冲推力，其结构简单，不需涡轮，推重比高，能适应从起飞到高超音速飞行。目前，世界上不少国家都已经开展了脉冲爆震级发动机的研究。

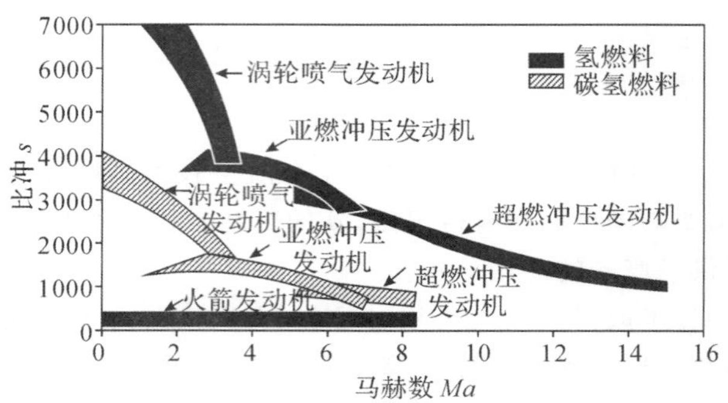

图 3　各种发动机的比冲随马赫数的变压

随着航空发动机的不断发展，其燃油消耗和二氧化碳排放呈明显下降趋势，比如，从 60 年代的涡喷发动机发展到 70 年代第一代涡扇发动机，油耗和二氧化碳排放下降 18%。从第一代涡扇发动机到 80 年代第二代涡扇发动机下降 20%，从第二代涡扇发动机到第三代涡扇发动机下降 12%，而从第三代涡扇发动机到目前正在研制的高涵道比发动机将可能减小 12%～20%。

3. 智能结构

21 世纪智能材料和智能结构将在航空器中大量应用。在材料中植入敏感元件、控制系统、射频发射源或其他执行元件，能使飞机结构具有隐身、目标探测、发射信息功能，也能够根据飞行状态随时改变结构构型，或对结构的破损适时进行结构重组。智能结构的采用，不但提高了航空器的性能，而且加深了航空技术与微电子、计算机、人工智能和自动控制技术的结合。

4. 新材料

按照用途的不同，航空材料可以分为结构材料、高温材料和功能材料。飞机性能的提高，在很大程度上依赖于航空材料的进步。目前，航空结构材料正向着高比强、高比模的方向发展，复合材料在未来飞机上将得到广泛应用，而且新复合材料的价格将会更低，使用维护也更方便，见图 4 和表 2。

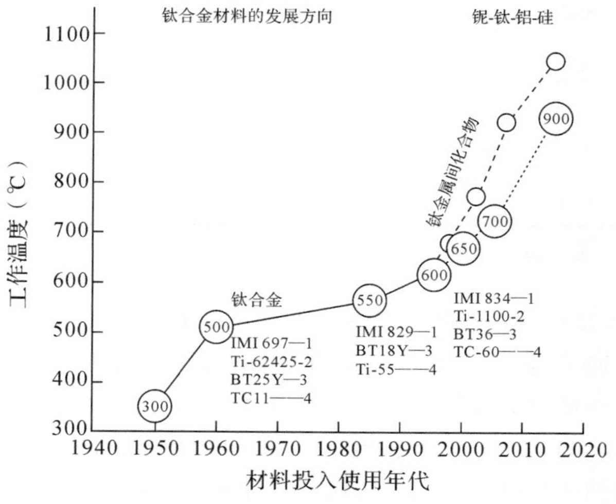

图 4　钛合金材料的发展方向

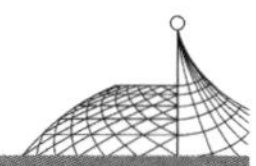

表 2　战斗机中不同的材料的百分数

战斗机	研制年代	铝合金	钛合金	钢	复合材料	其它
F-4	1959	54	6	17	—	23
F-14	1969	36	25	15	—	24
F-15	1969	37.6	25.8	5.2	1.2	30.2
F/A-18A/B	1978	49.5	12	15	9.5	14
F/A-18C/D	1988	50	13	16	10	11
F-22	1998	15	41	5	24	15
1.44	1998	35	27	30	3	5

为了提高发动机的推力，必须要提高涡轮前的温度，而这将会使发动机的寿命大大缩短。解决这一问题的最佳方法就是发展新一代的高温材料，提高发动机部件的耐热能力。目前，人们正在研制热塑性复合材料、高温钛合金、陶瓷基复合材料和碳一碳复合材料。预计到 2010 年，发动机上各种复合材料的用量会大量增加。

功能材料能将各种物理量的变化转换为电信号，或者将各种形式的能量进行转换。从而实现对能量和信号的传感、转换和储存。现代航空中的激光、红外、隐身等技术均离不开功能材料。

新一代的功能材料将使航空机载设备的功能更强，并将使智能结构的研制成为可能。

5. 光传控制技术

在当代飞机上，驾驶员的操纵多通过计算机产生的电控制信号，由电一液压作动器控制操纵面，计算机软件还能“主动”在驾驶信号上叠加一些改善飞机性能、飞行品质、防止驾驶失误的信号。电传操纵系统容易受到雷击、电磁干扰和电磁脉冲的损害，液压系统又存在密封件易高温老化、漏液易着火、受损后生存力差等问题。而光传控制系统以其电隔离性好、频带宽、容量大、传输速率高且重量轻的优势使电传操纵相形见绌。为此，目前不少国家都在研究用光传代替电传，用电力作动系统代替液压作动系统。90 年代光传技术开发取得突破性进展，采用光传系统的飞机已进行了试飞。目前的研究重点是各类光学传感器、光处理器和光传灵巧作动器，以实现整个飞行控制链的光传化。

6. 自由飞技术

自由飞技术是基于计算机技术、自动相关监测（ADS）及卫星导航技术的新一代空中导航技术。它允许飞行员按自己选择的航线而不是指定的航线进行不受限制地飞行，从而达到省时、省油的目的。通过自由飞技术，可以解决目前航线日渐拥挤的问题。虽然目前的 GPS 系统和卫星通信系统在安全性和可靠性方面还满足不了自由飞的需要，但是在未来 10～20 年中，自由飞技术就会逐渐变得成熟，并在未来空中导航系统（FANS）得到广泛应用，见图 5。

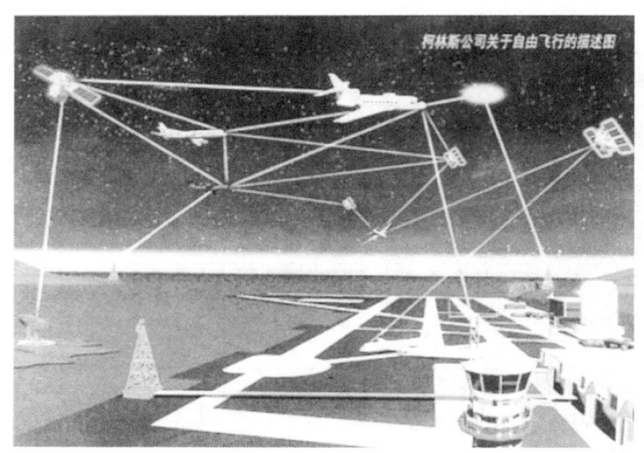

图 5　自由飞行的描述图

7. 环保新技术

人类只有一个地球，进入 21 世纪，环境保护成为人们日益关注的话题。航空所引发的环境保护问题主要是噪声和污染物排放。在历史上，航空运输业在降低噪声方面取得重大的进展。与 30 年前相比，民航机队的飞机的噪声降低了 20dB。相对应的是使噪声扰民现象减少了 75%。人们目前正在研发的技术将要使飞机的噪声进一步降低 10%，见图 6。

在 9000～16000m 的高空作巡航飞行，飞机排出的气体和颗粒不会对同温层的臭氧层产生太大的影响，但会产生"温室效应"，从而导致全球气候的变暖。

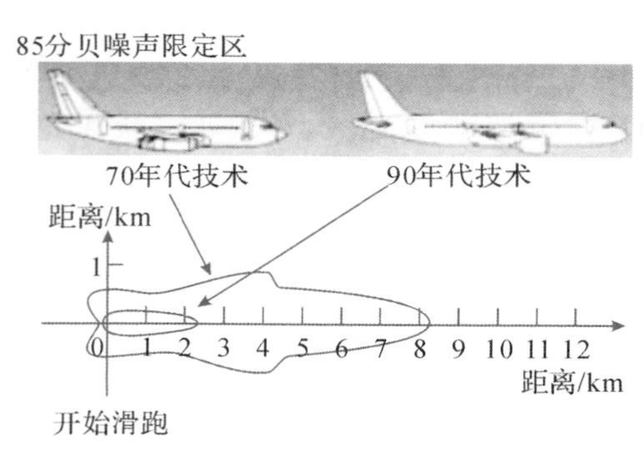

图 6　85 分贝噪声限定区

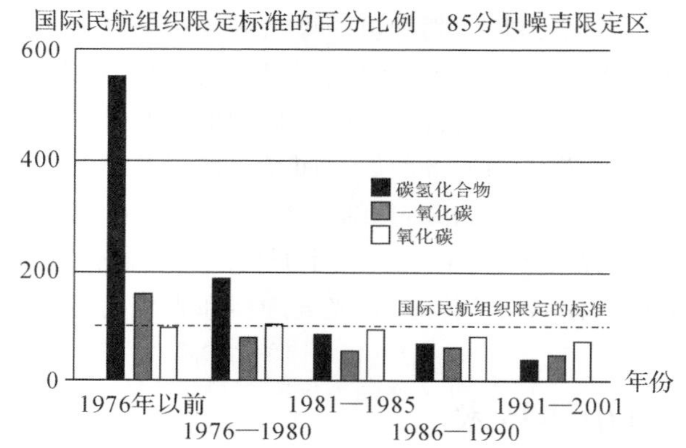

图 7　国际民航组织限定标准的百分比例

来自飞机的排放物包括二氧化碳、水蒸气和氮氧化物。飞机的主要污染物是一氧化碳、未充分燃烧的碳氢化合物及烟尘。在整个运输业中，航空运输消耗的油料占到 12%。喷气式飞机在全球人为氮氧化物和燃烧油料产生的二氧化碳的排放中分别占到 2%～3%和 2.5%。在所有人类活动产生的辐射中航空部分占到 3.5%。

国际民航组织已确定了氮氧化物、一氧化碳和碳氢化合物的污染物排放限制（见图 7），同时还通过研发新技术、改进基础设施和运营方法减少环境污染。在新技术方面，目前的目标是在今后的 5～10 年内，使氮氧化物的排放量减少 50%。

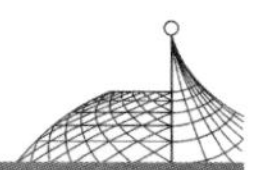

8. 新燃料

据预测，全球的天然气储量可开采100～200年，石油仅50年。为解决资源短缺和环境污染，国外从50年代起就开始研究各种航空替代燃料，并进行多次试飞。目前看好的主要有液氢和液态天然气，但是它们存在沸点低、密度小的问题，如液氢单位体积的热值约为现用航空燃料的23%。这是航空发展中必须解决的技术。目前，德国的DASA已打算将一架多尼尔328改装成为采用氢燃料的客机，这种飞机将在12～14年后投入运营，见图8和图9。

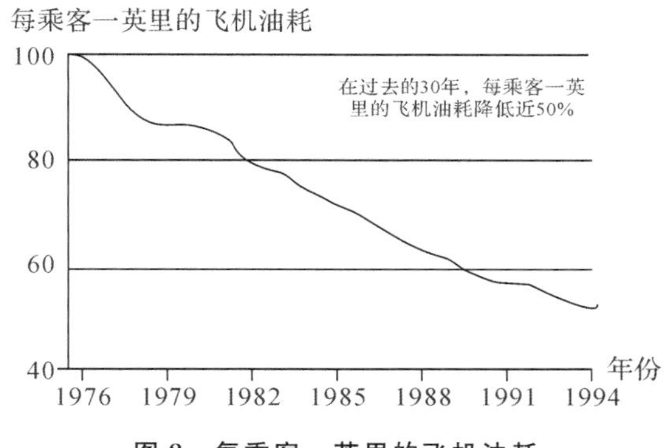

图8　每乘客一英里的飞机油耗

图9　正在为美国空军研制的未来高超音速攻击机

9. 虚拟现实技术

虚拟现实是以计算机软件为核心建立的人工媒体空间，由计算机通过传感器、制动器、立体视听设备，使人产生进入一个由计算机生成的“虚拟现实”环境的感受，通过人机系统直观和自然的交互方式，在“虚拟现实”环境中感知“现实”世界和完成操作。在飞机研制过程中，虚拟现实技术可为设计者和用户提供先期演示，检验设计方案和战术、技术性能和布局的合理性。在训练上，利用虚拟现实技术所提供的逼真环境，在保证训练质量的前提下减少实际飞行时间，降低训练费用，见图10。

图10　用“钴60”模拟计算的X·29压力场

人类已迈入一个新的世纪，我们对航空的未来充满了希望，在 21 世纪里，航空技术必将取得比 20 世纪更加辉煌的成就。但是，要想实现这些梦想，仅靠航空界的努力是不够的，仅靠一个国家的力量也是不够的，我们必须开展更为广泛的合作。中国即将加入世界贸易组织，这将使中国同世界离得更近，并将为我国同世界各国开展航空技术领域的合作创造更好的条件。我相信，在我们的共同努力下，21 世纪的航空事业必将取得更加辉煌的成就。

参考资料

[1] 赵新国，李义. 国外太空作战准备的特征研究[J]. 装备指挥技术学院学报 2008，19(6).
[2] 俄开发飞碟型航空器[J]. 西部交通科技，2010(2).
[3] 李杰信. 原始的呼唤[J]. 飞碟探索，2006(3).
[4] 展望未来第五代战斗机[J]. 国际航空，2003(6).
[5] 林聪榕. 世纪之交航天武器装备发展的回顾与展望[J]. 中国航天，2001 (7).
[6] 汪东林，张彩先，蒋晓彦. 21 世纪空中新杀手——无人战斗机[C]. 2004.
[7] 胡卫娜. 中国亮剑争锋长空[J]. 中国科技奖励，2010(8).
[8] 孙来燕. 面向世界，面向未来，加快中国航空航天产业发展[J]. 中国航天，2002(11).
[9] 军事科学院，军事百科研究所. 军事航空技术学科[J]. 国防，2007(7).
[10] 高育红. 人造飞碟向我们走来[J]. 科学之友，2007(5).

民用飞机和直升机的现状和发展*

1903年,莱特兄弟首次完成了有动力的载人驾驶飞行。首飞只飞了37m远,留空12s,速度每小时几十公里,高度几十米。1909年,中国人冯如发明了第一架中国飞机。100年来,飞机航程已达1万多公里,巡航时间十几个小时,飞行速度达到3倍音速,飞行高度达到3万米以上,客机座位数达到550座级。

飞机是20世纪科学技术最辉煌的创造之一,改变了人类的社会、经济和生活状况。飞机已广泛应用于客运、货运、工业、农业、海洋、医疗、救灾、科研等方面。到2001年年底,世界民用飞机和直升机已达34万架,预计未来十年还需要5万架。

21世纪,500～1000座大型客机和新一代高超音速客机将先后投入航线;涡扇支线飞机使用比例将迅速增长;直升机、通用飞机用途更加广泛;航班飞机、直升机、通用飞机将形成网络,联结社区。

20年后,科技进步将使飞机的阻力和结构重量下降20%,研制时间及费用下降30%～35%,维护费用下降40%,安全性提高10倍,运输成本降低50%,氧化氮的排放及事故率下降80%,使民用飞机的安全性、经济性、环保性和舒适性进一步改善。

1. 世界民用飞机和直升机的现状与发展

1.1 航班飞机

1935年,第一架活塞式商业运输机DC3投入使用,速度330km/h。1950年,第一种涡轮螺旋桨客机英国的“子爵”号投入航线,速度550km/h。1952年,第一架涡轮喷气式客机英国的DH106“彗星”号加入航线,速度850km/h。20世纪60年代,涡轮风扇式客机投入航线,使载客数百人的跨洋商业飞行成为现实。

(1)干线飞机

干线飞机一般指100座以上、航程大于3000公里的民航班机。现在世界上有干线飞机约12000架,预计到2021年全世界干线飞机将达到24000架。干线飞机生产企业主要剩下美国波音公司和欧洲空客公司。

现在的干线飞机几乎都是涡扇飞机,波音777是最新机型的代表,全数字化设计,采用了电传控制、高涵道比发动机、电子综合显示系统和大量的复合材料。

持续改进改型、系列化、大型化是干线飞机的发展趋势。波音公司和空客公司已经形成了从100多座到400多座的系列飞机,代表机型有150座级的A320、B737,400座级的A340、B747。空客公司

---

* 文章收录于中国科学院编写的《2003高技术发展报告》,北京:科学出版社,2003.

图 1　国外 1000 座飞翼布局运输方案

正在研制世界上最大的客机 A380，载客 550 人，计划 2006 年交付用户，座公里营运成本将比目前的波音 B747 减少 15%～20%。

音速和超音速飞机也是 21 世纪的发展方向。波音公司正在研究速度为音速 0.98 倍的大型客机“音速巡航者”，速度比现有的涡扇客机快 15%到 20%。2 倍音速的喷气客机“协和”和图 144 在 20 世纪 60 年代即研制成功，由于技术和经济原因，“协和”号生产了 15 架。美国正在预研新型的巡航速度 2.4 倍音速的涡扇运输机，可使现在 10 小时的飞行缩短到约 4 小时，并有望在 2020 年前后投入运营。

(2)支线飞机

支线飞机一般指 100 座以下的民航班机。2000 年全世界拥有支线飞机约 5300 架，预计未来 20 年世界还需要约 8000 架。

现在的支线飞机主要有涡桨、涡扇两种机型。1980 年以前，投入航线的主要是涡桨飞机，当前的代表机种有 ATR72、DHC8 等。从 1996 年开始，涡扇飞机的需求迅速增长，涡桨飞机需求下降，2001 年涡扇形的交付量已占整个支线飞机交付量的 80%，预计未来十年涡扇支线飞机的交付比例将保持在 80%左右。

新型涡扇支线飞机具有大型飞机的舒适性、安全性，飞机寿命超过 4 万个起落、5 万个飞行小时，具有多种航程、各种座级的系列化机型，现在世界 30 座以上新支线飞机的发展集中在涡扇机型。

30～50 座级涡扇支线飞机已进入市场的机型主要有：加拿大的 CRJ200，巴西的 ERJ135/140/145；70～100 座级新型涡扇支线飞机多数处在研制阶段或刚进入市场，如：加拿大的 CRJ700/900，巴西的 ERJ170/175/190/195。

1.2　通用飞机

通用飞机指除商用航班飞机之外的民用飞机，以小型飞机为主，在民用飞机中机种最多、数量最大。主要用于农林业、救护、勘探、私人飞机和其他用途。目前全世界有通用飞机约 30 万架(不含直升机)，其中美国有约 21 万架(不含直升机)。

现在，活塞式、涡桨式和涡扇式通用飞机并存。涡扇形主要用于公务飞行，是通用飞机中最贵的，在生产的机型有近 30 种，在研机型近 10 种。在未来的 10 年，全球将交付约 8000 架涡扇公务机。公务机也有涡桨式，但涡扇形已占主流。

其它通用飞机分为三个层次：第一层为中小型涡桨飞机，主要用于通用航空公司和大型飞行学校。第二层为轻小型飞机，约占通用飞机总数的 50%，多为私人拥有。第三层是超轻型飞机，以活塞发动机为主，价格便宜。

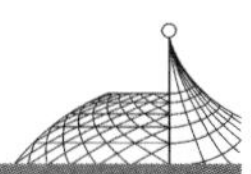

通用飞机的发展方向是降低采购和使用成本，提高安全性，减少噪声和排污。美国于 1994 年颁布了“通用航空振兴法案(GARA)”。美国国家航空航天局也推出了“通用航空推进装置(GAP)”计划，目的是研制更廉价、更轻、高效的发动机。还推出了“小飞机运输系统(SATS)”计划，目标是在未来 10 年内让小飞机实现以 4 倍于高速公路的速度到达全美 25%的城镇、乡村和偏远地区，在 25 年内到达 90%。

图 2　倾转悬翼机

1.3　直升机

全世界共有民用直升机 22290 架，平均每百万人拥有直升机 3.9 架，预计未来 10 年全世界将交付9000多架民用直升机。

公元前 4 世纪，中国人发明了竹蜻蜓。1936 年第一架载人直升机 FW61 成功试飞。20 世纪 40 年代研制出第一种投入实用的直升机 R4，采用活塞发动机。60 年代采用涡轴发动机的直升机出现，使飞行性能上了一个台阶，并使大型和重型直升机成为现实。

直升机发展的关键是旋翼、发动机、传动系统、飞控系统和复合材料等。旋翼桨叶经历了木质、金属、复合材料桨叶的发展过程，以改善气动、使用和维护性能，桨叶的寿命从几百小时发展到无限寿命。桨毂用弹性铰或其它柔性元件取代了金属轴承，近期还出现了全复合材料的无轴承旋翼，具有简化、长寿、无维护的优点。

新型的直升机发展趋势是机体结构大面积采用复合材料，装备先进的涡轴发动机，采用高度综合的航电系统，采用复杂的优化翼型、无轴承或弹性铰式桨毂。最大平飞速度超过 300km/h，噪声水平接近 80dB。

人们一直在探索研制新概念机，例如美国目前正在研制中的倾转旋翼机，兼具直升机垂直起降和固定翼飞机升限高、速度快、航程远、有效载荷大的优点，可能成为未来的重要交通工具。

表 1　倾转旋翼机、直升机、涡桨飞机主要性能对比

比较机型	起飞方式	起飞质量/kg	速度/($km \cdot h^{-1}$)	升限/m	航程/km
倾转旋翼机 V22	垂直	24947	638	7925	3336
直升机 CH47	垂直	24494	298	3095	1042
涡浆飞机 Q8-400	滑跑	28600	648	7620	2400

2. 民用飞机和直升机技术的发展

2.1 空气动力技术

先进的气动技术能够提高飞机的升力、降低阻力，达到省油和降低排放的目的。现在大中型飞机广泛使用超临界机翼，人们正加强层流技术和翼身融合体的研究，致力于转捩和湍流结构、三维分离和再附着、旋涡等方面的研究，以便提高飞机的气动效率。预计未来 20 年，亚音速飞机的升阻比将从现在的 20 提高到 40 左右。

2.2 发动机技术

发动机技术的主要发展方向是提高推重比、降低油耗、减少污染，实现途径主要是提高涵道比、压缩比、涡轮前温度等。过去的 40 年里，发动机的耗油率降低了 40%，预计未来 20 年，有望再降低 30%～40%，推重比从 10 提高到 15～20。同时适应 6～25 倍音速飞行的超燃冲压发动机和适应从起飞到超音速飞行的脉冲爆震波发动机等新概念发动机的研究也在进行。

2.3 航空控制技术

现在飞机主要采用机械和电传操纵控制技术。电传操纵应用范围将进一步扩大，以提高飞机的操纵性、改善飞机的舒适性、进一步放宽安定度、逐步淘汰机械液压操纵。发展方向是光传操纵，提高抗干扰能力，改善飞行品质，降低飞行员的操纵疲劳及飞机的事故率。

2.4 新材料

机体材料主要包括铝合金、钛合金和复合材料，发展重点是研究和扩大复合材料的使用。复合材料比同等强度的铝部件减重 25%，在直升机的用量已达 80%以上，在空客公司 A380 飞机的用量达到 25%。发动机材料主要是高温合金钢占 2/3，钛合金和其他材料占 1/3，人们正在研制热塑性复合材料、陶瓷基复合材料等。智能材料和智能结构将进一步实现自检测、自适应。预计在未来的 20 年，新材料的应用将使飞机总重量减轻 20%。

2.5 旋翼与抗坠毁技术

直升机旋翼主要是提高气动效率和使用寿命。通过研究高性能专用翼型和特型桨尖，优化桨叶形状，预计未来 20 年，旋翼气动效率将提高 20%。通过使用复合材料，旋翼寿命已做到无限。抗坠毁技术是提高直升机坠毁时机上人员的生存概率，新型直升机乘员的抗坠毁生存概率已能做到大于 85%。

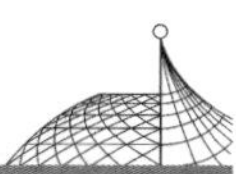

2.6 空中交通管制技术

空中航路变得日益拥挤，基于卫星通信导航技术的新一代空中导航技术允许飞行员按照自己选择的航线而不是指定的航线进行自由飞行，从而达到省时、省油和解决航线拥挤。在未来 20 年中，该技术会逐渐成熟，并得到广泛应用。改善空中交通管理系统，将能使目前国际航班机队每次飞行的油耗和二氧化碳排放减少 6%～12%。

2.7 环保新技术

飞机对环境的影响主要是噪声和污染物排放。民航飞机的噪声在过去 30 年降低了 20dB。目前正在研发的技术在未来 20 年内将使飞机噪声进一步降低 20dB。飞机排放的主要污染物是二氧化碳、一氧化碳、氮氧化物及碳氢化合物，导致温室效应。NASA 计划 2025 年，把氮氧化合物的排放量减少到现在的 1/5、二氧化碳减少 50%。

2.8 新燃料

为解决能源短缺和环境污染，国外从 50 年代就开始研究各种航空替代燃料，目前看好的主要有液氢和液态天然气。液氢来源多，燃烧时不产生碳氧化合物，产生的氮氧化合物也只有煤油燃烧时的 1/3，等热值含量是煤油的 2.78 倍。但沸点低、密度小、易爆、单位体积热值仅有煤油的 23%等工程应用难题还需要研究克服，目前还没有实用的航空煤油替代方案。

2.9 虚拟现实技术

在飞机研制中，虚拟现实技术可为设计者和用户提供先期演示验证，设计方案、技术性能和布局的合理性检验，提高设计质量、缩短研制周期。未来 25 年，研制周期可望缩短 50%。在训练上，利用虚拟现实技术所提供的逼真环境，在保证训练质量的前提下减少实际飞行时间，降低训练费用。

3. 中国民用飞机和直升机的现状与发展

3.1 航班飞机和通用飞机的现状及发展

(1)现状

我国航空工业始建于 1951 年，先后研制的民用飞机主要有农 5、运 5 系列、运 7 系列、运 8 系列、运 10、运 11、运 12 系列等，合作生产了 MD82/83/90-30 飞机。现在生产的机型为农 5、运 5、运 7、运 8、运 12 系列飞机。

我国干线飞机曾自行研制过 150 座级四发涡扇旅客运输机——运 10，1980 年首飞成功，共飞行了 130 个起落，170 个飞行小时，后停止研制，未能设计定型和投入航线使用。还和麦道公司合作生产过 37 架 150 座 MD82/83/90-30 涡扇飞机，1999 年停产。涡扇支线飞机研制发展刚刚起步。

我国现在生产的机型均为涡桨飞机。运 12 是多用途飞机，旅客运输型可载客 19 人，是唯一取得英、美型号合格证的国产飞机，已销售 120 多架，出口到 20 多个国家 94 架。运 8 是我国现在生产的最大的运输机，装四台发动机，最大商载 20 吨，已交付 80 多架。运 7 是双发多用途飞机，客机可载客 50～60 名，已交付 200 多架。运 5 是单发螺桨通用飞机，可乘 12 名乘客，已生产 1000 多架。

表 2　国产飞机的主要性能

机型	最大起飞重量/kg	最大商载/kg	速度/($km \cdot h^{-1}$)	使用升限/m	航程/kg	续航时间/(h:min)
农 5	2450	960	220	4280	282	5:45
运 5	5250	1500	239	4500	845	5:36
运 7	21800	4700	503	8750	1983	4:30
运 8	61000	20000	662	10400	5615	10:30
运 10	110000	25000	974	12000	6400	8:30
运 12	5670	1984	328	7000	1340	5:20
MD82	67810	19969	925		3798	

我国现有航班飞机 665 架，其中 100 座以上的飞机有 579 架，100 座以下的有 87 架；现有通用飞机 387 架(不含直升机)。预计未来 20 年我国需要航班飞机约 1700 架，其中支线飞机约 600 架。

(2)发展

(a)改进改型现有飞机

改进改型是飞机发展的一个特点，以适应不同用途、地区特点，不断提高技术水平。其中：

运 12 飞机已有系列改进改型机型。高原型运 12E，已于 2001 年取得中国民航适航证，更换了发动机、新型螺旋桨和先进电子设备，机体寿命延长了 16000h，单发升限从 3000m 提高到4200m。运 12F 型正在研制，重新设计机身、更改机翼、尾翼等，商载提高 500kg。

运 8 飞机最新完成的改进改型是运 8F400，驾驶体制由 5 人改为 3 人，重新设计了机头和驾驶舱，安装了先进的航电设备等，已于 2002 年取证。高原型运 8F600 正在研制中，驾驶体制改为 2 人，更换发动机、螺旋桨，机体寿命延长 10000h，货舱容积从 137m^3 扩大到 170m^3。运 8F800 正在论证，其最大商载从 20 吨提高到 30 吨，航程增加到 7800km。

(b)研制发展涡扇支线飞机

合资生产 30～50 座 ERJ145 系列飞机和自主研制 70～90 座级 ARJ21 飞机两个项目已经启动。

合资生产的 ERJ145 系列飞机，包括 ERJ145(50 座)、ERJ140(44 座)、ERJ135(37 座)多种型号和改型。ERJ145 飞机升限 11278m，巡航速度 833km/h，航程基本型约 2000km，延程型近4000km，基本覆盖国内所有航线，系统及部件通用性达 98%。计划于 2003 年开始向用户交付飞机。

自主研制的 ARJ21，基本型为 72 座，航程 1200km，巡航速度 833km/h，巡航高度 10668m，计划 2007 年 6 月取得型号适航证，其中发动机和机载设备进口。并有系列机型发展计划。

(c)发展大型运输机

重点研究商载 40～50t、航程 5000km 的大型运输机。我国已经基本具备研制该吨级飞机的能力。大型运输机应走军民结合，军机优先，以军促民，国家投资，自主发展和国际合作相结合的道路。希望能列入“十一五”计划。

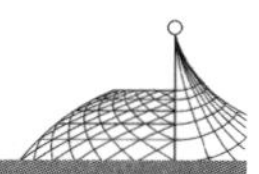

图3　合资生产的ERJ145飞机

3.2　中国直升机的现状和发展

(1)现状

1956年我国开始建立自己的直升机工业，研制了直5、直6、直7、直8、直9、直11直升机，国际合作研制了EC120直升机，参与了西科斯基公司S92直升机研制。现在生产的主要直升机为直8、直9、直11、EC120。

直8是13吨级直升机，涡轴、三发、单旋翼带尾桨式，陆地水上都可起降。直9是4吨级直升机，涡轴、双发、涵道尾桨式，已生产近100架。直11是2吨级直升机，涡轴、单发、单旋翼带尾桨式。EC120是由中国、法国、新加坡联合投资研制，用户有20多个国家。

表3　国产直升机的主要性能

机　型	最大起飞重量/kg	巡航速度/(km·h^{-1})	使用升限/m	航程/km	巡航时间/(h:min)
直8	13000	248	3050	800	4:06
直9	3850	293	4500	910	4:24
直11	2200	238	5240	600	3:42
EC120	1770	232	6035	748	4:12

(2)发展

(a)改进生产现有机型

直11正在研制单发型改型，更换发动机等，以改善高温高原性能，使用升限从5240m提高到6000m，无地效升限从3000m提高到4484m。双发型正在论证。

直9已有系列机型，其中：更换发动机改善高温高原性能的H410A在2001年完成取证，使海拔4000m无地效起飞重量提高380kg。H425正在研制，改进旋翼系统、航电系统、结构及内设，设计抗坠毁燃油系统，提高舒适性，商载提高100kg。H450正在论证。

直8正在研制新的改进型直8F，主要是换装大功率发动机，研制具有防冰能力的复合材料桨叶以替换原金属桨叶等，使用升限从3050m提高到4700m。

(b)研制发展6吨级直升机：装两台涡轴发动机，采用综合航空电子系统，采用抗坠毁设计，坠毁时机上人员生存概率＞85％，结构复合材料逐步达到80％，覆盖面基本为复合材料。

(c)预研攻关10吨级直升机：现在以技术预研攻关为主，开展以发动机、传动系统、旋翼、复合材料为核心的关键技术研究，重点突破2400马力涡轴发动机关键技术。

(d)前沿研究倾转旋翼机及其他概念机：倾转旋翼机兼具直升机垂直起落和固定翼飞机升限高、速度快、航程远的优点，是未来的重要运输工具，已建议列入"S863"计划，同时探索与国外合作研制。

直升机总体目标是经过10到15年的发展，形成2吨、4吨、6吨、10吨、13吨级直升机系列，形成具有一定国际竞争力的直升机研制和生产能力，技术上以突破发动机、传动、旋翼、抗坠毁、复合材料等关键技术为重点，整体技术达到或接近世界先进水平，成为国民经济的增长点和国防装备的可靠研制生产基地。

民用飞机在世界各国政府的支持下取得了令人吃惊的成就。民机的发展必须纳入国家的发展战略；必须坚持"改进生产一代、研制发展一代、预研攻关一代"的发展思路；必须坚持自主开发和国际合作相结合、技术和贸易相结合、军用和民用相结合的道路。

从 ICAS 大会看未来航空科学发展*

摘　要：2004 年在日本横滨举行的第 24 届国际航空科学大会，对包括空管、计算流体动力学、航空与环境、无人机，以及未来新飞机设计布局发展等涉及未来航空科学技术进步的学科领域，给予高度重视并提出了未来的发展重点和方向。

2004 年 8 月 29 日至 9 月 3 日，笔者参加了在日本横滨举行的第 24 届国际航空科学大会(ICAS, International Council of Aeronautical Sciences)。该会议由国际航空科学学会举办，每两年一次。来自世界各国的 557 人参加本届会议，共计发表 340 多篇学术论文。

从会议专题报告来看，当前航空界对航空科学技术发展关注最多的是“空中交通管理”、“复杂流场和非定常流场研究”等领域。这些专题研究报告的演讲占了足足 6 个半天。其次则是“推进系统和部件研究”“计算流体动力学(CFD)”“飞机概念研究”“直升机及其相关研究”等专业领域的报告。大会充分反映出了未来航空各学科领域的发展热点和动向。

1. 无人机领域研究异常活跃

本届会议上有关无人机领域的研究报告较多，反映出目前国际航空领域无人机发展和技术研究活动非常活跃。无人机不仅已成为今后军用航空的重要研究方向，其在民用方面的应用发展研究也日益受到重视。

以色列飞机公司在无人机发展领域处于世界领先地位。他们在大会上做了未来无人机发展趋势的报告，并在报告中提出了未来无人机的发展方向和目标，包括：安全性指标要求事故率为 0.33%～0.66%；任务出勤率＞90%；可采购性指标要求将制造成本降低到现在的 1/3～1/2；运行成本降低至目前的 1/5～1/8；飞行性能指标为将现有飞行有效载荷和飞行航程增加 2 倍；全天候运行指标要求能达到在恶劣气候条件下进行空中侦察。

图 1　空客未来大型运输机设想布局

民机结构布局期待重大突破在一些民用飞机布局研究报告中，很多专家认为：军用飞机近年来在结构布局上已经有了重大突破，但民用飞机几十年来基本都在沿用传统布局。因此新一代民

*　文章发表于《国际航空》，2005(1)：45-48. 系作者与崔德刚合作完成。

机要在性能上有重大突破，必须探讨新的结构布局。

近年来，翼身融合的飞翼布局受到广泛重视，许多国家对此进行了多种方案研究计划。如英国和美国的联合研究计划，欧洲多国的共同研究计划，以及日本的研究计划等。

其中，欧洲提出的(Very Large Efficiency Aircraft)计划：期望通过翼身融合的飞翼布局实现减轻飞机重量23%～30%的目标。但他们提出的设计方案目前存在旅客视线不好，飞机系列化发展有困难等问题。这种布局的经济性优势已受到一些航空大国的高度重视。欧洲目前已经针对这种布局进行了比较深入的调查研究，如德国慕尼黑技术大学航空学院对633位不同地域和身份的旅客进行了调查，探讨旅客对这种飞翼客机布局的接受程度。

日本目前提出了多机身布局的海上飞机方案，但由于该方案还处于初期探索阶段，显得比较粗糙。

空客提出，今后民用飞机主要的发展方向是：更大、更快、更清洁、更经济。欧洲正在进行低成本、低重量结构计划(TANGO)，该计划的主要目标是使得飞机的结构重量降低20%，飞机成本降低20%。

另外，美国的Honda研究中心还在会上介绍了他们研究的一种重约4吨的轻型公务机“洪达喷气”(Honda Jet)。该机采用了许多新技术，其布局也很有特色。据报告介绍，该机两台发动机固定在左右机翼后缘上方，采用自然层流机翼和层流机头设计。目前该布局已经通过风洞试验验证。飞机结构采用全复合材料机身结合蜂窝夹层板结构，降低了重量和成本。“洪达喷气”已于去年底试飞，结果表明飞机性能良好。

2. CFD技术发展受到更广泛重视

作为本届大会的东道主，日本宇航研究所的Fujii教授，在大会开幕仪式后做了“计算流体动力学(CFD)在航空航天领域发展现状和展望”的报告。报告总结了CFD的发展历史，介绍了目前国际上CFD研究的重点和技术发展方向，并介绍说日本目前CFD计算的网格要发展到1亿个以上，并将采用世界上最先进的每秒8T次运算速度的计算机进行运算。

欧盟的欧洲航空技术研究集团(GARTEUR，Group for Aeronautical Research and Technology in Europe)也提出了对未来计算流体动力学的发展看法。他们指出：

图2　未来超声速运输机(左)及飞翼大型运输机(右)布局

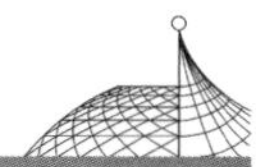

2.1 当前的研究重点

目前，在分离情况下非定常流 CFD 方法尚不能满足工程师的需求。为此，航空界正在重点开展非定常流的 CFD 技术研究，并提出要将研究方向放在薄机翼的失速特性研究；三角翼和双三角翼在大迎角情况下的气动特性研究；超声速后体流场研究；采用时间一精确方法对非定常流进行气动力计算的研究；利用平均雷诺数(N-S)方程的 CFD 计算，对翼身融合体飞行器的跨声速气动力进行研究，采用 N-S 方程计算细长体布局的超声速流场计算。欧盟 GARTEUR 还提出他们对压力敏感测压涂层的研究也十分感兴趣。

2.2 未来发展前景

CFD 的发展将与计算技术的发展关系更加紧密。未来，应该从目前采用紊流模型的平均雷诺数 N-S 方程仿真(RANS，Reynolds-Average Navier-Stokes Simulation with turbulence model)向采用大型涡流模型的 N-S 方程仿真(LES，Large Eddy Simulations)和向 RANS 和 LES 混合型模型平均雷诺数 N-S 方程仿真方向发展。后者可以比单独 LES 方法节省计算资源。

在 CFD 技术应用方面，下一步的重点研究方向应该放在建立误差在 10％以内的 CFD 数据库，并有试验的修正结果；向非 CFD 研究的工程人员提供适用于工程设计的 CFD 计算工具等方面。

3. 飞行力学和系统集成的研究重点

在飞行力学和系统集成方面的研究重点主要集中在飞行品质系统技术(安全、航电、取证、性能、稳定性和控制)；飞行试验技术和飞行模拟技术；空中交通管制；传感器技术；系统集成和人机工程技术研究等方面。

其中，GARTEUR 重点研究项目包括：防止飞行员人机环振荡的分析和试验技术研究，发展和评价相位补偿的新方法和进行固定翼飞机操稳品质研究；飞行员智力劳动量的测试研究，智力劳动总量的测量方法和技术，提出将其应用到多种运行环境的建议。建立“工作量工具箱”，以提供各种可选择的度量方法。形成智力劳动度量的 GARTEUR 手册；进行自主飞行无人机研究，发展和评价无人机的自主计划安排和决策支持技术，使无人机能在不确定环境下合作执行任务。

4. 垂直起降飞机的未来研究方向

在本届 ICAS 大会上，意大利阿古斯塔公司总裁做了题为“从工业角度探讨未来垂直飞行发展”的报告。报告提出，今后一方面要继续发展传统的，但能解决制约传统直升机发展中各种瓶颈问题的直升机技术；另一方面要发展倾转旋翼飞机。

对于传统直升机而言，未来主要的研究方向是：拓展飞行包线和改善直升机飞行性能，实现全天候飞行；降低使用成本；增加飞行安全和实用性；减少对环境的污染，降低噪声，以增加公众对直升机的认同；建立相应的空中交通管制、运营制度、规则和基础建设，使得直升机广泛运营得到法律上的认可。

传统直升机技术研究包括气动、气弹、飞行力学、飞行品质和操作控制、飞行试验和飞行模拟，人的因素等。

GARTEUR 和阿古斯塔公司目前对传统直升机的重点研究项目包括：

(1)在空气动力学方面，发展 CFD 技术，解决直升机非定常流的旋翼模拟流场计算；进行直升机主动流场控制技术的研究；评价旋翼叶片/桨毂载荷综合技术，计算桨毂上的动力载荷。

(2)通过 CFD 计算解决降低直升机噪声问题。

(3)在结构与动力学方面，开展复合材料优化设计、抗坠毁和鸟撞、智能材料结构旋翼变弯扭和智能桨尖、旋翼和机身振动主动控制技术和结构动力有限元方法的研究。

(4)在飞行力学和飞行控制方面，突出研究直升机主动控制的飞行力学和飞行品质问题；研制相关的飞行模拟器；建立评价直升机实时仿真模型的标准；基于风洞试验、飞行数据库和专家库，提高仿真模拟能力。

(5)在航空电子方面，着手为未来垂直起降飞机建立良好的人机界面，以减少飞行员的工作负荷，同时提高飞行员对周边环境的感知能力。同时开展对头盔显示、直接语音控制、利用类似固定翼飞机的侧杆操纵等技术进行研究。引人差分 GPS 和具有三维飞行状态分析的任务计算机和数字地图，可以实现直升机的全天候飞行。

(6)在信息化技术应用方面，建立全球直升机多企业的联合科研、设计制造信息系统。建立全球直升机网络化销售服务系统，以实现降低产品和运营成本的目标。

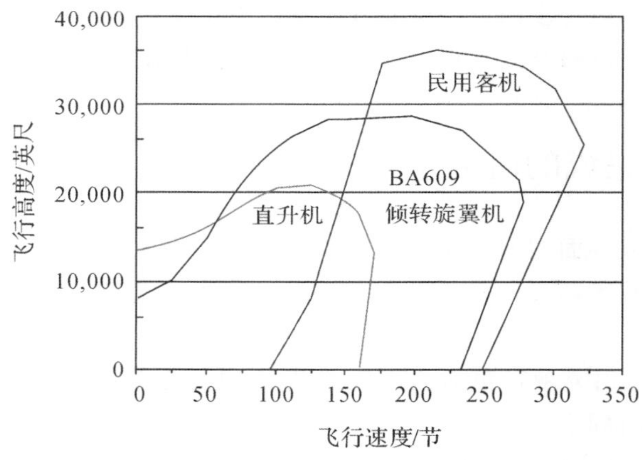

图 3　直升机、倾转旋翼机、民用客机飞行包线比较

5. 环保对航空技术研究的挑战

5.1　环保与航空发动机

减少环境污染是目前航空发动机研究中亟待解决的特别突出的问题。会上欧洲罗一罗、斯奈克玛及美国 GE 公司的文章都重点介绍了低排放环保发动机的研究与技术发展。

罗一罗公司和斯奈克玛公司在实现 2020 年的战略目标中，都在努力实现以下动力装置发展的具体目标：减少 CO_2 排放 50％；降低氮化物排放 80％；噪声污染降低 10 分贝；燃油消耗减少 10％～15％。

为达到上述目标，欧盟在其高科技计划的第五、第六框架计划中，共对 30 个项目的研究给予经费支持，从 2000 年开始的 4 年间，欧盟对一个名为“高效友好环境发动机”项目，投入了 1.01 亿欧元的

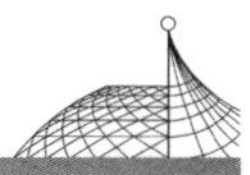

经费支持，并分别在罗一罗公司领导的ANTLE三轴发动机和斯奈克玛公司、MTU和意大利合作进行的Moteurs发动机研究项目上进行了技术验证。

前者在罗一罗"遄达"500基础上，改进了压气机、燃烧室、风扇部件，以达到低污染排放的目标。预计2008—2010年投入使用。后者的核心机由斯奈克玛公司产品Moteurs和MTU公司的高速低压涡轮和热交换器组成，形成具有内冷交换器的涡扇发动机。该发动机将有效降低CO_2排放，并将减少氮化物NO_x排放80%。预计2010—2015年投入使用。

2001年欧盟还启动了由16个国家参加的显著降低飞机公共噪声(SILENCE，Significantly Lower Community Exposure to Aircraft Noise)计划，总经费投入是1.12亿欧元。该计划考虑了发动机、短舱和起落架等的降低噪声技术。其目标是降低噪声6分贝。

2002年在欧盟的"第6框架计划"中，启动了VITAL计划，主要是降低发动机的环境污染，包括噪声。目的是为支持发动机的长远发展建立技术基础，形成三个新发动机的概念方案。该方案的进一步发展工作将在欧盟的"第7框架计划"中体现。

表1 欧洲发动机在减少环境污染方面的历史及未来的目标

目标	过去40年	2010年	2020年
减少CO_2排放	50%	12%～20%	50%
减少氮化物NO_x排放	+10%	60%～80%	80%
降低噪声值		6分贝	10分贝
燃油消耗降低	70%		10%～15%

图4 飞机噪声主要产生源

美国NASA自70年代开始进行降低发动机排放研究，开展了"清洁燃烧室验证项目"、"低排放燃烧室项目(LEC)"以降低发动机氮化物排放。该研究成果用到了CFM56系列发动机中，并降低排放50%～60%。

5.2 降噪研究受到高度重视

降低飞机噪声的研究工作在本次会议上很受重视。NASA在会上介绍了他们从2001年开始实施的"安静飞机技术项目(QAT)"的研究情况。该项目的目标是到2007年将实现将飞机噪声降至1997年水平的50%；并再进一步实现降低噪声至25%的目标。

飞机的噪声源是由发动机、增升装置、起落架、发动机和飞机结构气动干扰形成的。发动机噪声主要由喷管气流、风扇等产生，通过 CFD 的计算和试验来改进发动机的设计，如 GE 公司采用锯齿形喷管等，达到降低噪声 2 分贝的效果，未来还将进一步通过 CFD 计算和气动布局改进，实现降低起落架和增升装置及发动机与结构间干扰噪声的目标。

6. 飞机系统技术和新航行系统研究重点

欧盟将其正在实施的“动力优化计划”的“多电飞机”项目的情况在会上进行了介绍。传统飞机发动机的动力主要满足环控系统、机械系统、液压系统、电力系统四大系统的需求。由于系统越来越复杂，造成发动机能量利用率很低。为解决上述问题，混合或无引气的环控系统、多电动力技术、变频电动机和分布式体系结构系统将用于未来飞机上，其中一些技术已用于空客 A380 和波音 747 飞机上。

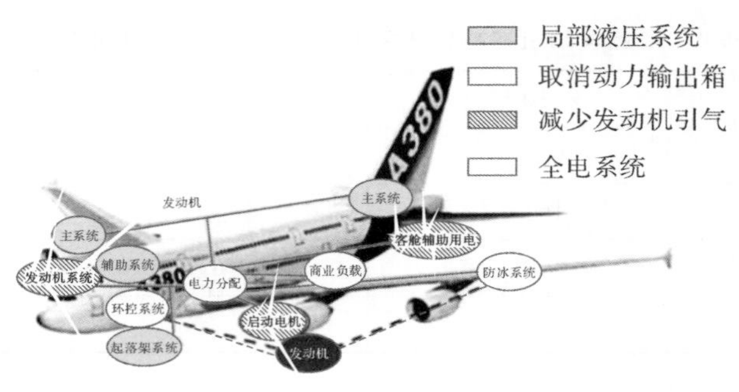

图 5　空客 A380 多电飞机方案

欧盟近期开展的“电传动力项目”，“多电集成系统”研究，美国空军实验室开展的“多电飞机”项目都已经取得许多应用成果，并在发展中的飞机项目上得到应用。

2002 年欧盟“第五框架计划”开展了“动力优化飞机”(POA)项目，预期 4 年完成。其目标是降低飞机的：非推力动力峰值的 25%，降低燃油消耗 5%，同时要求降低飞机系统重量和价格。其主要研究内容如下：

(1)发动机电力系统：该系统将从发动机的起动机/电动机直接产生高电压的直流：电能，同时为发动机提供燃油、滑油系统、发动机助力器系统和磁性轴承提供能源。

(2)飞机电力系统：提供机电舵机、混合电力舵机用于起落架收放、刹车、喷口收放、平尾控制等。

(3)环控系统：包括多电环控系统、机翼防冰系统、冷却循环系统、座舱环控系统和燃料电池等的应用。

上述成果已部分应用到空客 A380 飞机中。

关于新航行系统，这次会议有关的研究报告也很多，主要是探讨新一代航行系统的发展。新航行系统研究包括：全球航行设备的协同工作和操作的协同，创新的机场管理系统、机场安全技术、新一代空中交通管制系统发展；建立用户的状态认知系统；建立更广泛的飞行安全管理系统，提高运营效率，减轻环境污染；开发可靠的天气预报系统等。

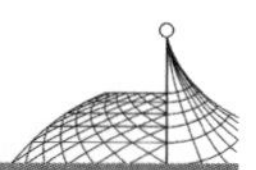

7. GARTEUR 获本届“冯·卡门”奖

为了表彰欧洲航空技术研究集团(GARTEUR)为欧洲乃至世界航空技术进步作出的突出贡献，这届 ICAS 会议将本届冯·卡门航空科学研究成就奖授予了 GARTEUR。

GARTEUR 是一个由欧洲七国(法国、德国、英国、荷兰、瑞典、意大利和西班牙)联合组成的航空技术研究机构，从事欧洲航空技术合作研究工作已达 30 年之久。

GARTEUR 主要着眼于长远目标的航空技术研究，以确保欧洲航空事业在全球的竞争力。其研究领域包括军用和民用航空技术，并实现相互间的转换。研究成果将转向工业界。

8. 参会后的感受

ICAS 航空科技大会是航空界技术领域最重要的会议，受到世界各国的重视。俄罗斯尽管经济状态不佳，但每次都派出规模很大的代表团参加会议。会上确实可以得到很多的航空技术发展信息，特别可以了解一些技术发展动向。首先，会议的论文集内容十分丰富，都是经过世界著名专家的严格筛选后确定的，对各技术领域的研究很有参考价值，也将成为我国各航空领域专业技术人员的重要参考资料。对我们今后确定技术研究方向很有参考价值。

大会期间，代表们还能有机会参观会议举办国重要的航空工业发展研究部门，了解这些国家航空技术的发展情况。本次会议期间，代表们参观了日本三菱公司的航空航天展示厅和日本航空研究院。因此，建议今后我国航空界能有更多的专家参加这类会议，并发表论文。

航空电子系统研究的新进展*

1. 概　述

航空电子系统是飞机的重要组成部分，是飞机的耳、目、大脑和神经，是飞机对外沟通的唯一通道。负责本机和周边信息的探测、收集、传输、处理、分发、应用、管理，为完成空中飞行任务和目标提供最优决策依据。是改善飞机性能和使用效能的倍增器，将影响和改变空中运行模式和战斗模式。

由于航空电子越来越重要，航空制造大国都加大了对航空电子的研究和投入。系统越来越复杂、成本越来越高。航空电子占军用飞机成本的比例由上世纪 60 年代 F-5A 的 15%，80 年代F-16C/D的25%～30%，到目前 F-22A 的 40%，RAH-66(攻击/侦察直升机)高达 55%。民用飞机的航空电子已占 15%～20%，加上保障费用所占比例更高。如何在提高性能的同时降低成本受到高度重视。

2. 国外航空电子系统的高速发展

近 30 年，在信息技术高速发展的推动下，航空电子系统得到了飞速的发展。从“数字航空电子信息系统(DAIS)”、“宝石柱(PAVE PILLAR)”、“宝石台(PAVE PACE)”三个计划实施和在 F-16、F-22A、F-35 飞机上的实现；从 B-737-200 到 B-787；从 A-320 到 A-380 可以看出其高速发展的态势。

2.1　F-22A 航空电子系统

F-22A 是美国研制的第四代先进战斗机。具有隐身、超音速巡航、高机动和先进航空电子等特征。F-22A 航空电子系统在世界上第一个全面采用综合航空电子系统和有源相控阵雷达。主要特征是：

(1)第一个全面综合化的航空电子系统

集成了美国过去开展的“宝石柱”计划；“综合通信、导航、识别航空电子系统(ICNIA)”计划；“综合电子战系统(INEWS)”计划三项研究成果。比“联合式”航空电子系统更先进，把综合范围从显示、控制推广到信息综合、数据处理等；资源共享范畴得到进一步扩充。

(2)开放式、模块化的共用综合处理器(CIP)

用外场可更换模块(LRM)构成共用综合处理器(CIP)替代各种单一功能的外场可更换单元(LRU)，成为整个综合系统的处理中心。用七种不同传输速率的总线和网络把模块、传感器、座舱、武

---

* 文章收录于中国科学院编写的《2007 高技术发展报告》，北京：科学出版社，2007：68-73. 系作者与金德琨合作完成。

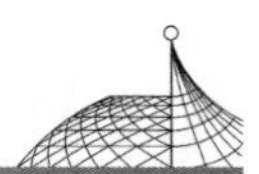

器管理、飞机管理系统和CIP相连，通过软件把所需完成的任务动态地分配给LRM，完成信号/数据处理、计算、分析、融合、辅助决策等各种运算。F-22A有三个CIP(一个为增长用)，每个CIP有66个模块插槽，一共有12种标准模块。这种开放式、模块化的综合系统，不但减小了体积、重量，变三级维修为二级维修，而且具有故障隔离、重构和扩展能力。

(3)第一个使用有源相控阵(AESA)机载雷达(AN/APG-77)

有源相控阵雷达用电扫描取代了机械扫描，速度快，精度高，在工作模式和性能上有质的突变，是机载雷达的一次革命。AN/APG-77雷达的目标作用距离200公里，具有18种工作模式。有波束捷变能力，能同时生成多个波束，在多个方向上同时搜索、跟踪、通信和发射干扰信号等多项任务。能控制对外辐射功率，低截获概率(LPI)和宽带(前视模式下带宽为2Ghz)性能可对付敌方的常规雷达告警侦收(RWR)和电子支援系统(ESM)的搜索。采用高峰值功率探测，对目标群进行分析，可以分辨入侵目标群(RCR)。具有合成孔往(SAR)、目标识别(ID)改进扩展功能，降低环境影响，扩大工作能力。APG-77雷达的使用，极大地提高了对周边态势的感知能力，给F-22A增添了一双锐利的"眼睛"。

2.2 F-35的航空电子系统

F-35是美国继F-22A之后研制的一种多用途攻击机，计划2008年服役。F-35航空电子继承了F-22A，同时还充分利用了"宝石台(Pave Pace)"、JAST预研成果，性能价格比更高。特别强调：减低成本；扩大系统综合范围；扩大信息来源，全面掌握周边态势；增加光电传感器，进行全球面防卫。主要特点是：

(1)综合传感器系统(ISS)。对雷达、电子战、通信、导航、识别等射频传感器进行功能和物理综合。首先是孔径，将天线综合成21个(F-22A天线为62个)，而且绝大部分是嵌入到飞机蒙皮中；其次对天线和综合核心处理机之间的射频支撑电路进行综合，把原来各自独立的收/发部件做成共用模块，按雷达、电子战、通信、导航、识别功能由软件调用，如图1所示。体积、重量、功耗都大幅减小。

(2)信息获取双向化。信息一部分来自机上传感器，一部分来自机外，内外信息的交换多达144种。F-35是第一个把本机传感器的大量信息向外发送的飞机，实现信息的双向流动，飞机成为全球信息栅格(GIG)的一个节点，适应了信息化战争的需要。

(3)新的光电传感系统。F-35采用了新的光电瞄准系统(EOTS)和分布孔径系统(DAS)。EOTS可对地面目标进行远距离探测和跟踪，包括斑点跟踪和激光指示；也可进行对空目标搜索和跟踪(IRST)，采用凝视焦平面装在机头雷达罩的下方。DAS采用六个红外传感器安装在飞机周围，组成一个分布式孔径系统。提供飞机球形(4π立体角)周边态势告警，是一种全新的传感器系统。提高了探测能力，延伸和扩大了防护范围。

(4)采用商用货架产品(COTS)。为贯彻成本优先的原则，F-35航空电子大力推广采用商用货架产品(COTS)，降低开发和生产成本，缩短开发周期，也降低了新研项目的风险、提供了好的升级支持、使用了可靠的软件环境和工具。由于这些措施，F-35航空电子的成本比F-22A降低20%左右。

(5)统一航空电子网络(UAN)。在F-35中采用统一航空电子网络(UAN)，是第一架全光纤战斗机(为照顾传统接口，个别地方保留了1553B总线)。通过试验，目前采用的FC方案，传输速度为2Gb/S，下一步可达8Gb/S。

(6)第四代机载雷达(AN/APG-81)。F-35用的AN/APG-81是第四代雷达，技术水平优于AN/APG-77，重量只有1/3(约90kg)、价格只有1/2。增加了SAR和MTI两个主要功能，大大提升了对地攻击能力。采用一体化设计把 Radar 和 EW、CNI 的部分功能综合为一体。从某种意义上讲已经不是一个独立的雷达，而被称作为“多功能综合射频系统(MIRFS)”。在光电传感器的协助下可识别地面 10km 处的坦克，具有目标自动识别分类功能和低观测性(LO)。

(7)先进的座舱系统。F-35 有目前世界上最先进的座舱系统，采用视觉和声音两个通道向飞行员传递信息；通过操纵杆、脚蹬、触摸屏、声音控制信息。采用“大图像”的全景显示，由两个 8×10 英寸的液晶显示器无缝连接组成，二者互为余度，可以合并成一个战术水平显示器也可分成多个显示窗口。显示画面的控制分别有语音指令、触摸图标和 HOTAS 上的游标三种方式。

用头盔显示系统(HMDS)替代传统的平显(HUD)。视野宽、分辨力高、实时性好，精度与平显相同，自动消噪，三维音响，重量约 1.9kg。该系统可使飞行员指引武器和传感器对准目标区域或发布飞行员注意提示。

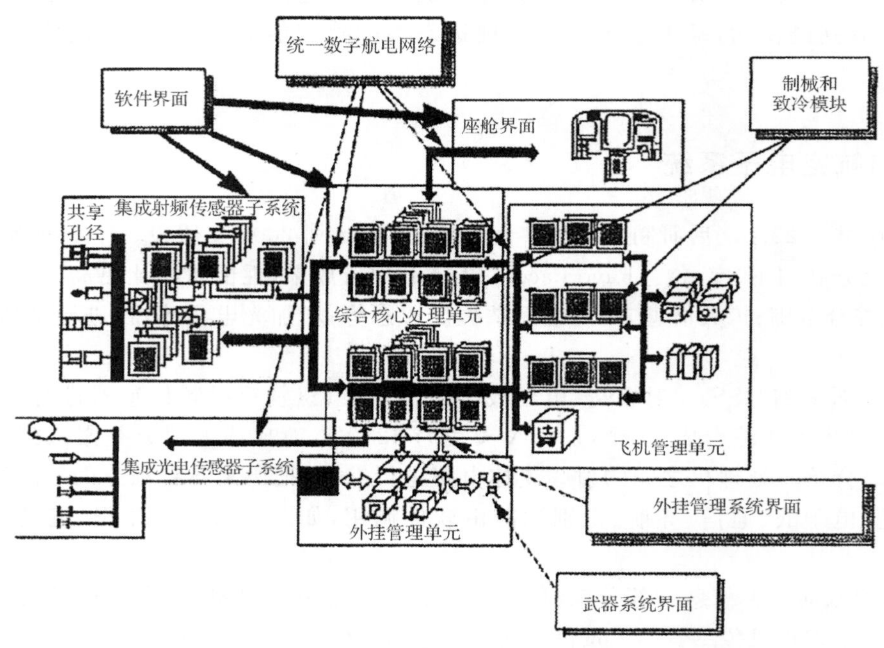

图 1　F-35 航空电子系统结构图

2.3　ASAAC 计划

鉴于美国的成功，欧洲各国也紧紧跟上，英、德、法三国于 1992 年在原有各自计划的基础上成立了“联合标准航空电子结构委员会(ASAAC)”。它是由六家公司在三国国防部组织下成立的工作小组。目的是定义并演示/验证一组满足综合模块化航空电子系统，为 2005 年以后新设计和改型的飞机使用的先进结构的一组开放式标准、概念和指南。计划分成两个阶段，并于 2003 年完成演示验证，鉴定、IMA 标准。

ASAAC 提出的综合模块化航空电子系统结构如图 2 所示。雷达、通信导航识别(CNI)、光电(EO/DASS)、任务/人机接口(MISION/MMI)加上核心计算机共五个综合区，另外还有飞机管理系统(VMS)与悬挂物管理系统(SMS)综合区。和宝石台、F-35 类似，不同的是五个综合区相对独立。ASAAC 结构的特点是：标准化的系统行为，标准化的硬件及软件接口；多个可供应用的共享系统资

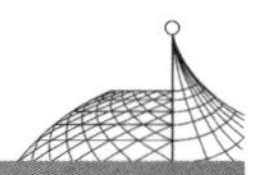

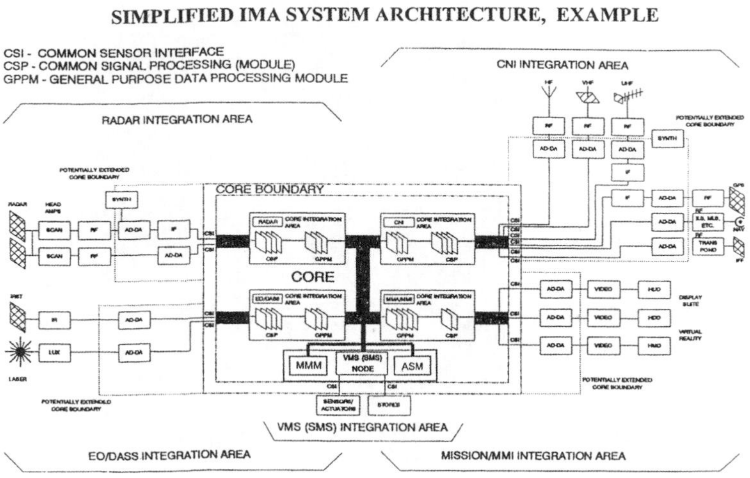

SIMPLIFIED IMA SYSTEM ARCHITECTURE, EXAMPLE

CSI - COMMON SENSOR INTERFACE
CSP - COMMON SIGNAL PROCESSING (MODULE)
GPPM - GENERAL PURPOSE DATA PROCESSING MODULE

图 2 ASAAC 推荐的综合模块化航空电子系统结构图

源;跨系统边界的资源重构;高度的实时性能约束;少量 LRM 构成 IMA;综合的健康及故障诊断;多任务的应用软件和高性能的应用网络互联能力。

2.4 A-380 民用航空电子系统

民用飞机航空电子系统,是以民机飞行管理为核心的航空电子系统。包括:核心分系统、无线电分系统、传感器分系统、非航空电子系统。以飞行管理为核心的分系统是民机航空电子系的关键。目前都采用开放式、模块化、综合化系统结构。

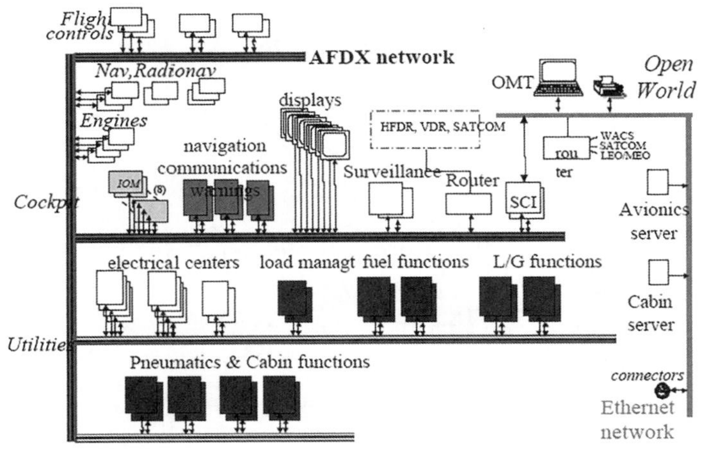

图 3 A-380 航空电子结构示意图

A-380 是空客公司研制的 550～800 座的宽体客机,2006 年 4 月首飞,2008 年投入航线运行,当今最大的民用客机。A-380 航空电子由欧洲泰勒斯(Thales)集团牵头研制,代表了当前世界水平,其结构如图 3 所示。特点如下:

图 4　A-380 飞机驾驶舱

（1）具有开放式结构的综合模块化航空电子系统，采用全双工以太网（AFDX）和 18 个 IMA 模块组成。

（2）应用新一代飞行管理引导系统，通信协议、网络技术规范均采用电子行业通用规范；硬件、软件尽可能采用电子行业成熟技术，保证高度开放性。

（3）第一次把驾驶舱和客舱电子系统全面综合起来，使核心系统便于协调全机。

（4）8 个 6 英寸×8 英寸液晶显示器（可互换）构成玻璃座舱，同时配置 2 个鼠标/键盘，具备交互能力。其座舱布局如图 4 所示。

（5）第一次把空地应用需求紧密结合，便于运行管理和空地一体化无缝隙服务。

（6）对无线电设备和传感器进行了综合：如新的飞机环境监视系统（AESS），综合了气象雷达、地形迴避、空中交通防撞（TCAS）、S 模式应答机、地形跟踪告警（TAWS）。

（7）使用 AFDX 数据交换网络，见图 5。

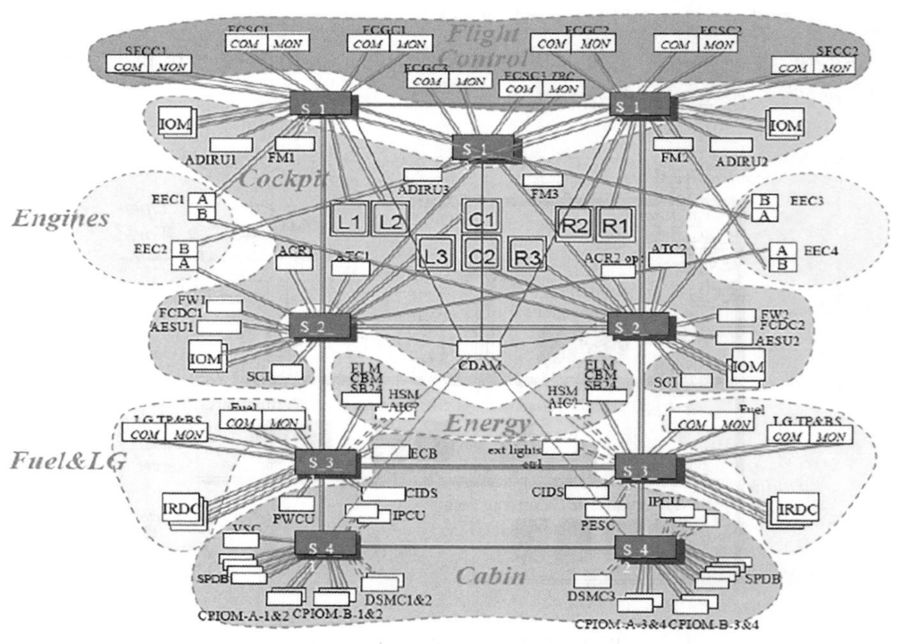

图 5　A380 的 AFDX 数据交换系统图

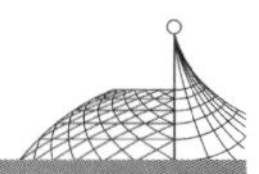

B787 综合模块化航空电子系统(IMA)结构:

AFDX 高速通信网络包括:5 个"9×12"液晶显示(LCD),2 个平显(HUD)。

驾驶员综合监视系统(CISS),类似 AESS 电子飞行包,内含地图、图表、手册等数据。

驾驶员信息系统/维护系统(CIS/MS),具有飞机状态监视和机上维护功能。

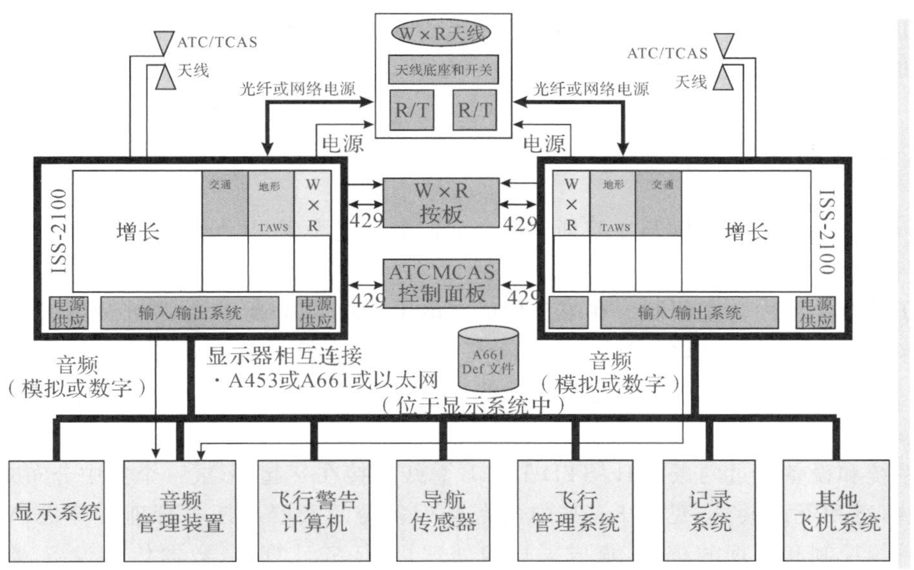

图 6 波音 787 航电系统结构示意图

图 7 B787 座舱布局

3. 国内航空电子的新进展

近二十年来我们采用了自行研制同国外合作的方式，通过若干个国家大型工程基本掌握第三代联合式航空电子系统的技术，初步掌握了综合式航空电子的关键技术，拥有一定技术储备。下面从FC-1、L-15 和 ARJ-21 可以看出我们的现状。

3.1 FC-1 航空电子

“枭龙(FC-1)”飞机是由中国与巴基斯坦联合研制的先进全天候、单发、单座、轻型多用途战斗机。飞机以空/空作战为主，兼有空/地作战能力。

航空电子系统由国内自主研制。在第三代航空电子系统的基础上，做了进一步的剪裁、综合。整个航电系统包含三十几个设备，分成武器与任务管理、雷达、惯性导航、电子战、通信导航与敌我识别、机电管理、悬挂管理、分布式大气数据等 8 个功能子系统，主要特点如下。

(1)高度系统综合

所有子系统和设备通过两条 MIL-STD-1553B 总线连接在一起，形成一个集中分布式的计算机网络系统，实现信息和资源共享，见图 8。其中两台互为备份的武器与任务管理计算机(WMMC)作为“枭龙”航电系统控制和管理的核心，集成了显控处理机、任务计算机、数据传输设备、数字地图处理机、通信导航管理等多个设备的功能，通过运行作战飞行软件包(OFP)程序，完成所有飞行作战任务。

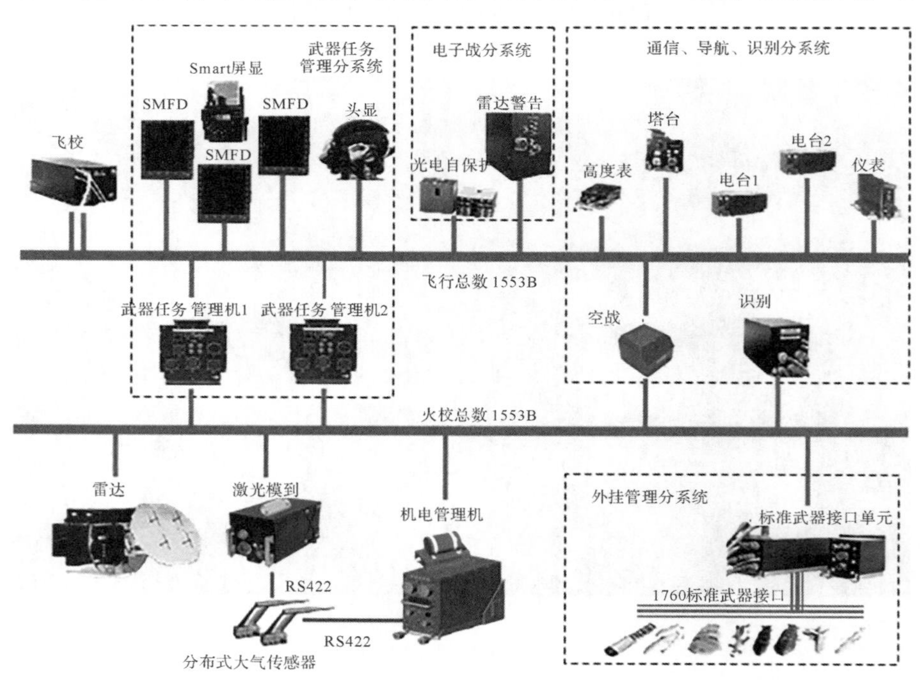

图 8　FC-1 航空电子系统构型

(2)先进齐全的传感器

飞机配装先进的多功能火控雷达、电子战系统、红外搜索跟踪系统，提供了强大的探测、跟踪能

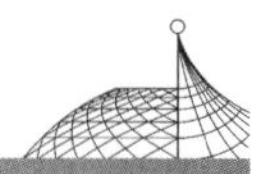

力；先进的电子战系统为“枭龙”飞机提供了优良的主动干扰和自保护能力。飞机配装了2部数字电台，提供了与指挥控制系统、预警机、编队友机的抗干扰保密数据通信、数传指挥引导控制及协同作战能力。

(3)综合化的HOTAS设计

飞行员手不离开油门杆和驾驶杆就可完成作战和武器发射任务。

(4)先进的座舱布局

采用目前国际上最流行的“一平三下”座舱布局，一个Smart平显，三个6英寸×8英寸的Smart多功能彩色液晶显示器以及一个正前方控制板，所有显示都与夜视兼容(NVIS)。综合了所有航空仪表的显示(包括发动机、燃油、航姿、大气等系统所需的仪表和指示器)，实现了真正意义上的“玻璃座舱”，见图9。

图9　FC-1座舱

(5)强大而灵活的武器配置能力

“枭龙”飞机的航电系统具有强大而灵活的武器配置能力，所有挂点全部采用MIL-STD-1760C标准接口，以便于系统升级和扩展。

(6)完整的维护、自检测和故障告警体系

可方便地进行设备的维护和故障检测、隔离，有力的保障飞行安全和飞机的出勤率。对飞行员和地勤人员提供完善的操作及人机界面。“枭龙”飞机配装的空战训练记录设备(ACMI)能记录飞机在飞行员的“Time Space Position Information”(TSPI)，并能实时传输给地面任务汇报系统供实时在线评估。

“枭龙”飞机航电系统完全满足第三代航空电子系统的标准，与F16后续批、EF-2000、“阵风”以及JAS-39等战斗机相比，达到第三代战机中较好的水平。在综合作战能力上与F-16 Block60相当，有的地方甚至超过它，价格却不及它的一半，这将极大地提高“枭龙”飞机在国际军机市场的竞争力。

3.2 ARJ21 航空电子

ARJ21-700 飞机是我国第一个正在自行研制的 80 座级的双发、中-短程支线客机。计划 2008 年 3 月首飞，2009 年 9 月取得中国民航适航证。

我国民机航空电子系统迄今为止尚未进入全面研制阶段，仅对少数关键技术进行了预研。上世纪 80 年代的 Y7-100 侠用柯林斯公司（COLLINS CO.）和 King 公司的以 ARINC429 为基础的航空电子系统；90 年代的 Y7-200A 是在 Y7-100 的基础上进行了部分国产化；Y-12 也是采购国外产品。

ARJ-21 航空电子系统由柯林斯总承包，国内再从柯林斯分包一部分工作。采用柯林斯公司的 Pro Line 21 系列结构，是国外新一代支线客机普遍采用的先进的综合化航空电子系统。由自动飞行系统、通信系统、指示/记录系统、导航系统、和中央维护系统组成。为了满足不同空公司用户的不同需要，ACAC 的 RFP 要求系统由基本设备和用户可选装设备组成。其核心部分为综合处理机柜（IPC），数据总线有以太网、ARINC429，框图见图 10。

五个 8 英寸×10 英寸的 LCD 显示器，如图 11 所示。

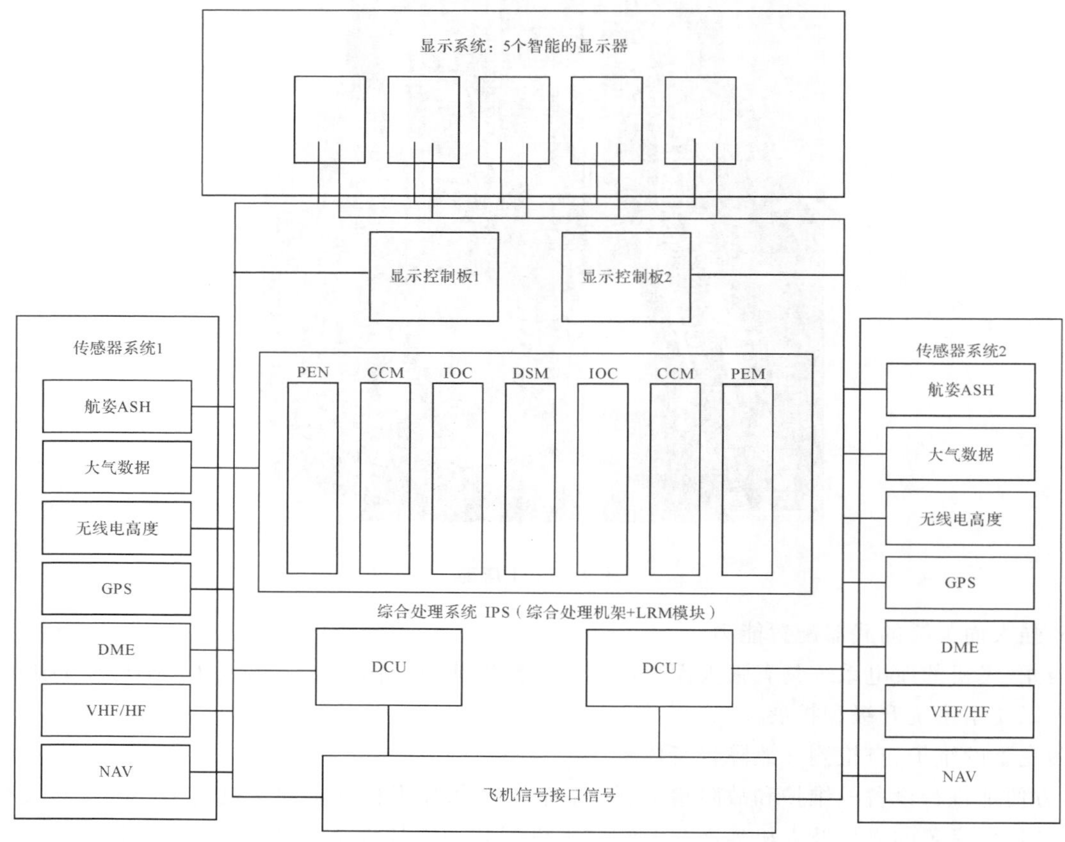

图 10 ARJ-21 航空电子系统方框图

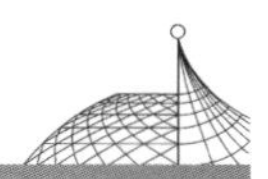

图 11 ARJ21 座舱

3.3 L15 航空电子

L15 是我国自行研制的新一代双座喷气式高级教练机，满足第三代战斗机飞行员的训练要求，能完成同型教练机大部分战术与战斗训练科目，实现“初教机→中级教练机→高级教练机→第三代双座同型教练机”的教练机系列配置，衔接第三代战斗机飞行员的训练，并适当前瞻第四代战斗机的训练需求，兼顾第二代战斗机改型机的训练要求。

L15 飞机充分利用国内三代战斗机综合航空电子成熟技术，结合高级教练机特定的使用需求，通过 GJB289A 多路传输数据总线将各自独立的子系统或传感器交联起来，实施统一的信息传输、调度和管理，实现了信息共享，并通过平视显示器和多功能下视显示器进行信息的综合显示。系统组成及座座显示分别如图 12、图 13 所示。

GJB289A 总线还交联发动机系统的 FADEC，飞控系计算机 FCC，实现发动机自动控制及参数综合指示和飞控系统自动驾驶控制及参数显示的综合。L15 飞机航电系统不但技术上充分借鉴国内三代系统技术，成品选装上也尽可能使用货架产品，新研产品所占比例不到 8%，因此从成本控制和进度风险出发，基于“功能覆盖，性能适当，提高效益，便于改装”原则进行设计，技术水平与三代战机综合航空电子系统相当。

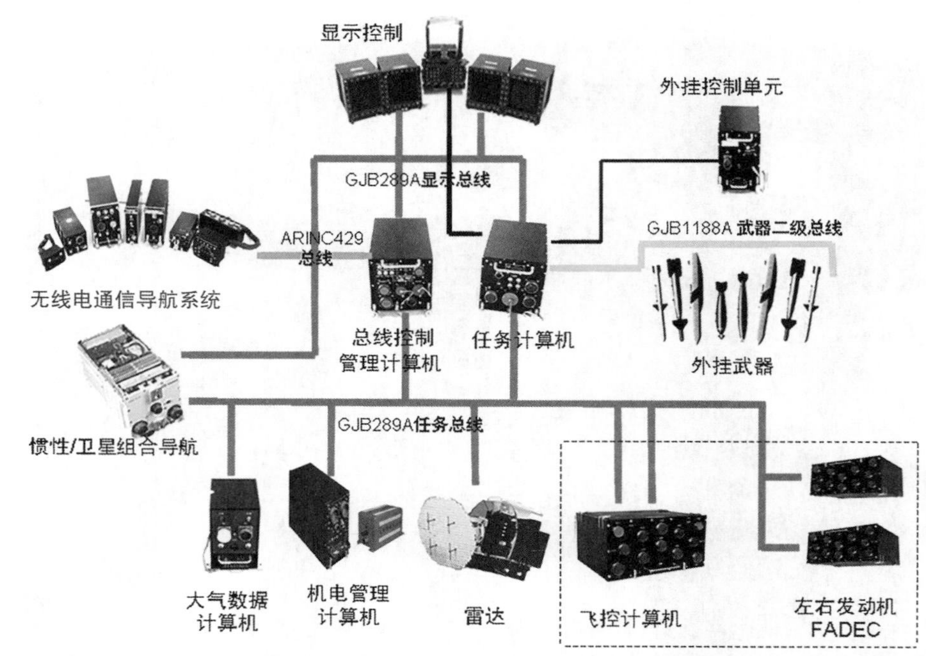

图 12　L15 飞机航电系统构型框图

图 13　L15 座舱显示

4. 未来航空电子的发展趋势

4.1　一体化

适应海陆空天一体化。最近几次局部战争，依赖高度一体化的信息系统，达成各作战要素、作战指挥单元和保障系统的横向一体化。作为飞机内部的一体化和其它装备之间的横向一体化责任主要落在航空电子身上。系统构型、接口标准、频段选择、通信互联、数字传输、指挥控制等不但要从本机考虑，从机群考虑，还要从其它武器装备协同考虑，以适应海陆空天一体化。

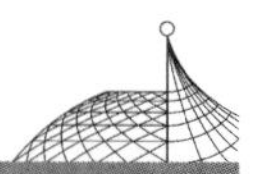

适应新航行系统全球一体化。所有航空器，特别是民用飞机必须满足国际民航组织(ICAO)为适应空中交通运输的增长提出的未来全球无隙运行的空中新航行系统(CNS/ATM)的要求，实现全球运输一体化。1983 年 ICAO 提出"未来航行系统(FANS)"，后来更名为"ICAO CNS/ATM System"，简称 CNS/ATM，我国称"新航行系统"。1995 年 FAA 提出"自由飞行(Free Fight)"面对 21 世纪空中交通流量的增长，企图用扩容解决飞行活动量的增加；建立飞行统一标准和体制解决无缝交通环境，飞行管理系统(FMS，ATM)，空天地一体化网络通信系统，如图 14 所示。

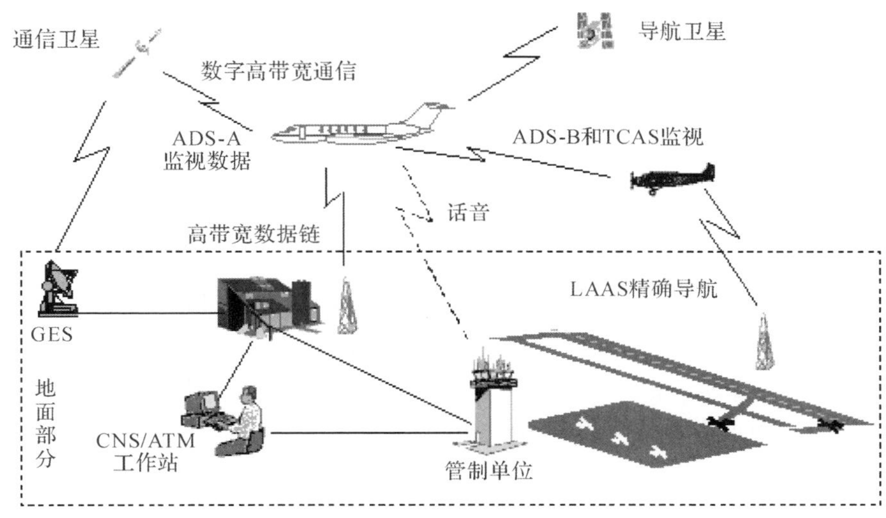

图 14　新航行管理系统示意图

4.2　态势透明化

未来航空电子的首要任务是提高对周边态势的感知(SA)能力，要求周边态势对飞行员是透明的。无论是"先发现、先开火、先命中"，还是提高生存力，都离不开对周边态势的了解，对千变万化的信息化战场更是如此。态势的正确感知取决于：载机本身完善的传感器系统；多渠道的外部信息；宽带、高速的传输链路；对各路态势正确地判断、处理和理解。

4.3　布局网格化

处理器速度的快速增长，A/D 变换采样速度、统一网络传输速率的提高(目前正在向 3GHz、8Gb/s迈进)，使得航空电子可能形成网格化的布局。将分布在飞机各个部位的孔径、传感器和处理器一体化，成为飞机内部网格上的节点，各自负责信息的采集、处理、存储、应用等不同任务。由系统管理软件负责配置各节点所需的软、硬件资源，调度运行操作的模式，启动应用软件，监督系统的健康状态，处理各种故障，实施重构完成各种规定的功能。这种应用功能和各种资源之间、功能之间在时间与空间上的充分分离，互不影响，达到安全性的要求。各种资源对使用它的应用功能而言，物理位置是透明的，距离几乎是相当的，可在适当的时间利用合适的资源进行适当的处理，将结果送给适当的对象。应用功能在系统中是浮动的，运行性能的事务(配置、安全、故障检测与处理)由系统管理软件处理。

实际是一种分布式计算机处理系统。但和第二代"联合式"航空电子系统有着本质的差别。"联合式”的功能是固定的和物理位置是对应的，重构能力是微弱的。分布式的最大优点是硬件的放置的任意性对飞机的总体布局非常有利，抗毁伤能力也强，是一个发展方向。

4.4 座舱虚拟化

上世纪90年代美国提出“全景座舱显示和控制系统（PCCADS）”计划、“大图像（BP）”座舱的概念，并已在F-22A、F-35上实现。

为适应未来的座舱，美国又提出超全景座舱（SPC）概念，中间建立一个大中心显示屏，两侧各有一个曲面显示屏，下视野达100度，同时在正前方还有一套第二个视野100度的平视显示，提供夜间、潮湿结冰、激光作用下的飞行能力。在传统的三维透视显示的基础上增加一维预测信息的时间维构成四维显示，时间维信息不但可用于导航而且可用于对目标的跟踪。

2002年美国又开始了虚拟座舱优化计划（VCOP）的验证，它是一种超越SPC的方案，又称“浸入式”座舱，由虚拟环境发生器、交互式大屏幕显示器、头盔显示器、三维声音告警系统、语音识别、头/眼/手跟踪系统、触觉/动觉系统等组成。充分利用视觉、听觉、触觉，一切从飞行员出发。虚拟座舱使飞行员进入一个封闭的虚拟环境，通过人机接口输出三维视觉、听觉和触觉信息，多通道刺激人体感官，使飞行员产生身临其境的感觉。虚拟座舱接受人的手指、话音、头、眼指向等多通道控制信息，实现人机交互。增强飞行员的态势感知能力，减轻负担，提高效率，再加上以人工智能为基础的“驾驶员助手（PA）”，让其集中精力于高层判断和决策，完全实现座舱显示/控制的智能化。

5. 发展我国航空电子研究的建议

5.1 加强系统总体和顶层设计研究

近20年，我国的航空电子，特别是雷达、电子战、通信、导航、识别、光电传感器、惯导、大气测量和系统综合方面取得了长足的进步，具有一定规模和研制力量，但从总体上看，我们的产品还较落后，系统综合化程度不高。整体能力和水平与世界先进水平相比有很大差距，其中最薄弱的环节是航空电子总体。缺少顶层规划、缺少像俄罗斯“国家航空系统研究院（ГОСНИИАС）”、美国“莱特实验室（Wright Lab.）”那样的专门研究机构。航空电子系统越来越复杂，而我们的所、厂专业分工和方向又是几十年前历史形成的，适应不了当前技术高速发展的形势。十几年来由于缺少顶层规划，做了不少重复建设，不少单位做了许多重复工作和无效竞争，由于缺少总体研究，不少工程型号走了不少弯路，浪费了时间、人力、物力。加强顶层规划和总体研究实为当务之急。

5.2 加强核心技术的预先研究

近十多年来，航空电子过分强调配套，忽视技术基础，形成短期效应，忽略先进性，瞻前性。航空电子有对主机依赖的一面，也有自己的发展规律。必须加强自主创新。预先研究应该以掌握核心技术，提高“能力”和“效率”为目标。美国和俄罗斯对预先研究都是非常重视，预研经费占科研经费的30%，美国的NASA和Wright Lab.是专门进行新技术预先研究的，经过验证后，提交给厂商开发用于型号。美国的航空电子之所以先进且不断创新和他们非常重视具有瞻前性的预先研究不无关系，

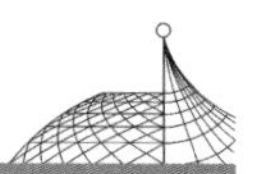

“莱特实验室(Wright Lab.)”功不可没。加强以掌握核心技术,提高“能力”为目标的预先研究,定会为我们的自主创新铺平道路。

5.3 自主开展民机航空电子系统研究

飞行管理系统(FMS)是现代飞机实现“四维”(三维空间加一维时间)导航,自动化飞行的基本配置,是整个航空电子系统的核心,处于顶层位置,是提高飞行安全、降低运行成本的有效手段。它是西方国家列为禁止转让的核心技术。中国研制的飞机如果由外方提供飞行管理系统,我方必须提供:全套飞机性能参数和控制律;全套的导航数据库;全套机场数据、地形数据;在新航行系统环境下,还必须提供全套的数据交换能力和网络通信能力。不利于国家战略安全。应尽快开展具有自主知识产权的飞行管理系统研究,也只有这样才有可能造出真正具有知识产权的飞机。

参考文献

[1] 金德琨. 未来的航空电子.《2005年会论文集》,总装备部科技委,2005.

[2] JAST Program Avionics Architecture Definition Version 1.0》.

[3] Contributing to the Common Good.《Jane's International Defense Review》,2002.

[4] Future European Programme:Open Archtecture,ASAAC Phase Ⅱ.

[5] Programme,《SMI 2nd Annual Conference:Integrated Avionics》,1999. Presentation at Paris Air Show. Paris, 14 June 2003.

[6] 武向荣,刘济美. 珠海航展上的中国军用航空航天系统. 现代军事. 2006,12. 总第353期.

大型飞机系统技术的发展*

摘　要：本文说明机载系统在飞机中的重要地位；分析了大飞机对系统技术的要求；阐明了大飞机机载系统的发展趋势；提出了机载系统的关键技术。建议大飞机要与机载系统协调发展，相互促进。

1. 机载系统在飞机里的重要地位

飞机通常由机体，动力系统和机载系统三大系统组成。机载系统包括：飞行控制系统；航空电子综合处理系统；飞行管理系统；导航系统；通信系统；仪表和指示系统；中央维护系统；电源系统；辅助动力系统；液压系统；氧气系统环控系统；燃油系统；刹车系统；防雨/防冰系统；防火/灭火系统；供水/排水系统；照明系统；应急撤离系统；生活服务设施；机上娱乐系统；逃逸救生系统等组成。

按功能，机载系统可以看作是飞机的神经系统、感官系统、操纵系统、血液系统、保障系统和安全系统。神经系统包括：电子综合、总线、计算机等；感官系统包括：通信，导航，识别等各类传感器；操纵系统包括：飞行控制，液压，机轮刹车等；血液系统如：燃油，滑油等；保障系统包括：电源，环控，供水，照明，APU 等；安全系统包括：防冰，防火，氧气，救生等。

机载系统在现代飞机成本中的比例愈来愈大，如：F-16、F-18、F-22 等国外军机，机载设备超过 40%；歼 10 占 44%，歼 11 占 42%，枭龙占 40%；ARJ-21 的成本构成中，机载设备约占 33%；国外大型客机中机载设备所占份额约为 30%以上。

世界各国都把采用先进的机载系统作为新飞机的创新点。如 A380 飞机就采用许多先进系统技术[1]，如：采用了先进的飞控系统；可提供机翼减载的燃油系统；模块化航电综合系统；机上维护系统(OMS)；二液压＋二电器电传操纵系统；电液飞控作动器；大功率变频发电机；35MPa 高压液压系统等，见图 1。

2. 大飞机对系统的要求

现代大型飞机的发展，对飞机的安全性、经济性、舒适性、维修性不断提出愈来愈高的要求。这也对大飞机的机载系统提出新的要求。同时也要满足适航标准的要求。

---

* 文章是作者于 2008 年 3 月在“大飞机机载系统研讨会”上做的报告。

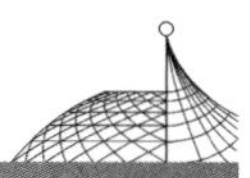

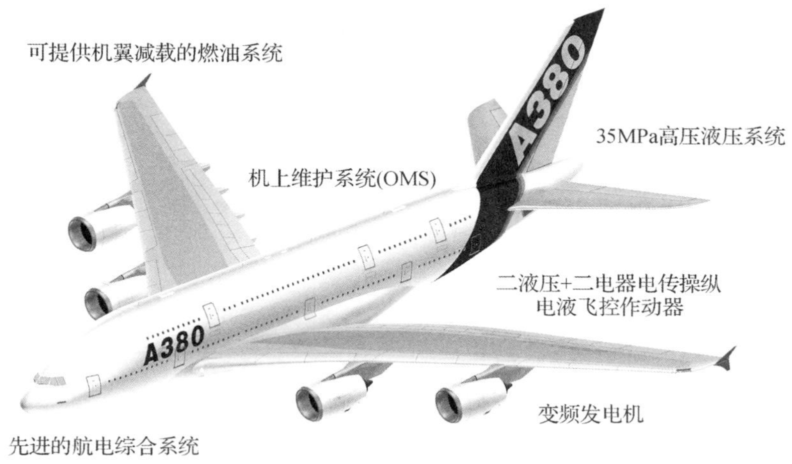

图 1　A380 飞机采用的先进系统技术

2.1　安全性对系统的要求

国际上预计：未来 20 年飞机的安全性提高 10 倍，事故率降低到现在的 1/10；即事故率为 0.3 次/百万次飞行，0.1 次/百万次飞行(技术原因)，安全性达 $10^{-7}\sim10^{-8}$。

首先，分析一下飞行安全事故的数据：根据“美国飞行安全基金会”公布的数据，全世界范围内，欧美制造的当代民航机事故原因如图 2 所示。

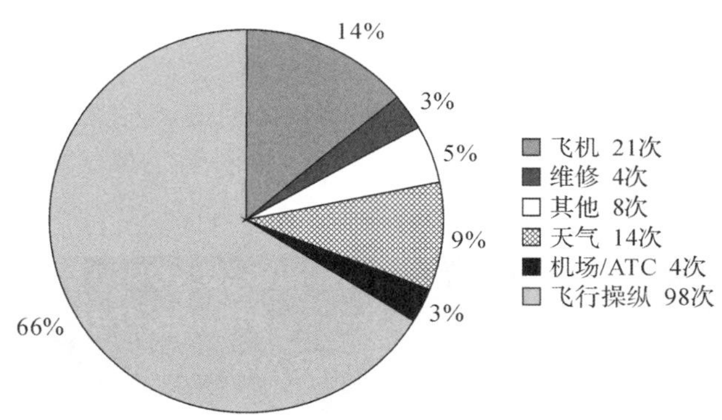

图 2　民航飞机事故原因比例

从上图可以看出：66%的民航事故是由飞行操纵引起的；14%的事故是由飞机的技术故障引起的；9%的事故是由气象原因引起的；飞机维修和机场空中交通管理原因各造成 3%的事故。由飞行操纵引起的事故比重最大。

同样，按飞行阶段统计事故，如图 3 所示。

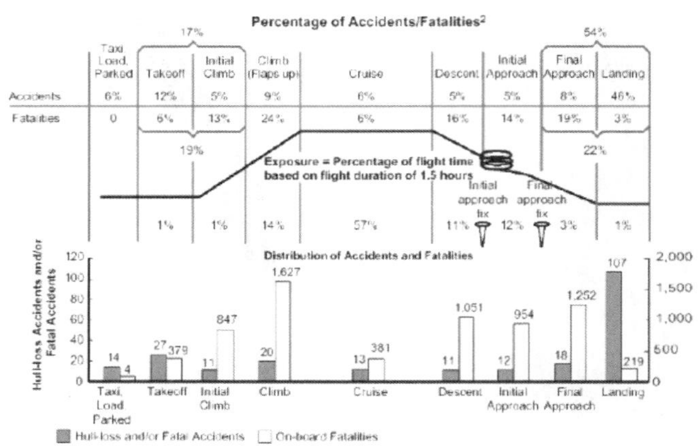

图 3　飞行事故的时间段百分比

从飞行时段来看，17％的事故发生在起飞阶段；巡航阶段发生 6％的事故；54％的事故发生在降落阶段。可以看出，飞行事故主要发生在降落阶段！

当前，飞行事故集中在如下三大类：可控飞机意外触地（CFIT）（包括风切变）；空中相撞；机场地面意外相撞或冲出跑道。

在这三大类事故中，可控飞机意外触地又是最常见的事故形式。这些安全性问题就对机载系统提出更高的要求。

电传操纵（FBW）高可靠性要求：10^{-9}。

综合飞行告警系统（CFIT）要求：具备防止飞机意外触地（CFIT）；空中防撞；机场地面意外防撞的能力。提出研究空中防撞系统（TICAS）、增强型近地告警系统（EGPWS）、S 模式应答机和风切变探测能力气象雷达的综合系统。包括：

风切变气象雷达：用气象雷达完成气象探测、恶劣气象回避，湍流探测和风切变探测。目前国外大型飞机所用的具有：风切变探测雷达 WXR-700FLW，检测全空域气象态势的多扫描功能 WXR-2100。

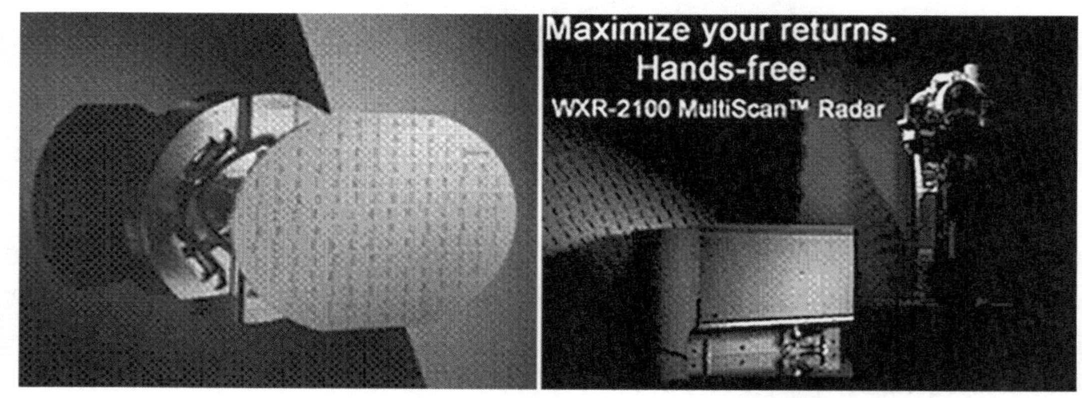

图 4　多扫描气象雷达 WXR-2100

空中防撞系统（TICAS）：交通告警防撞系统（TCAS）是独立于空中交通管制之外的空中飞机分融保证办法。TCAS 与 A/C 或 S 模式应答机配合给出飞机的速度和可能的航道变化，确定一旦出现碰撞可能，TCAS 向机组发出咨询（警告）。由于 TCASⅠ和 TCASⅡ只能提供垂直回避，局限性大，已发

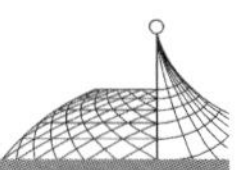

展了水平/垂直回避的TCASⅢ和TCASⅣ。但由于ADS-B的通用访问收发机(UAT)的发展,UAT将可提供交通信息服务(TIS)和飞行情报服务(FIS),不久将可能取代TCAS系统。

近地防撞告警系统(GPWS):它主要用于起飞、复飞和进近着陆阶段,且无线电高度低于800米时起作用。根据飞机飞行形态和地形条件,当接近地面出现不安全情况时,给出目视和音响告警,已普遍安装在大型飞机上。为了对正前陡峭地形实施告警,从90年代后期发展了增强型近地告警系统(EGPWS)。

导航系统的高精度要求:

以增强型卫星定位/双套激光陀螺捷联惯导系统为主的组合导航系统可满足国际民航组织所规定的新航行系统的有关要求;具有四维导航能力,在起降时间表临时发生调整和低空风场变化的情况下能做到按时到达(精度5s),可明显提高运营效率,避免在机场上空兜圈造成的油料浪费;提高在复杂气象条件下的近进导引能力,通过导引雷达、伪卫星相对定位、光电探测与惯导信息的综合为盲降提供强有力的信息支持(精度3m)。

燃油惰化系统的要求:

要求在燃油系统中增加燃油惰化系统,增加油箱中的氮气成分,大幅度减少油箱中的氧气比例,防止燃油汽化引起的爆炸,大幅度提高飞行的安全性。

座椅及逃逸救生系统的要求:

要求座椅的最大过载由 $9g$ 提高到 $16g$;FAR25要求逃逸救生系统90s中乘客全部疏散完成。图5表明客机逃逸救生系统。

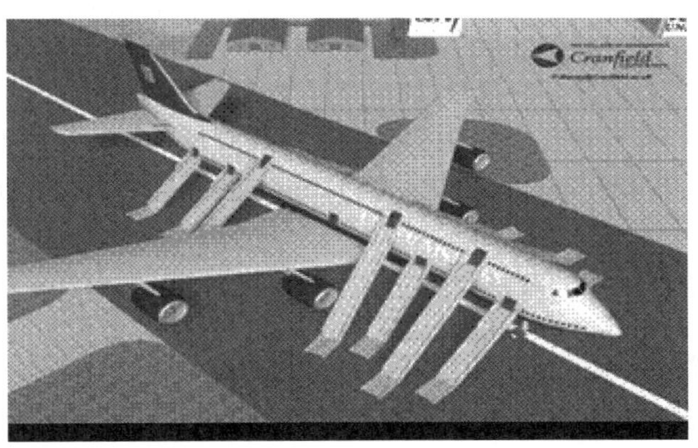

图5 客机逃逸救生系统

2.2 经济性对系统的要求

今后研制的新飞机DOC(直接使用成本)与现役的同级别飞机相比,要降低15%～20%。改善飞机经济性的主要技术措施是机体的减重、降阻和发动机的降油耗。发动机燃油要节省15%左右。飞机机体:提高气动效率,结构减重。机载系统也要为改善经济性作出贡献,做好系统的减重和管理。

其中飞行控制系统(FBW),可使飞机减重6.5%,降低全寿命成本3.2%,(可通过放宽静安定性使飞机重心后移,能减少平尾面积,实现减重节油);通过燃油在机翼中分配的管理,大大缓解机翼载荷和弯矩。B-52验证表明可降低飞机翼根弯矩40%,降低机翼重量8.2%,图6说明大型民机的燃油管理减载技术。

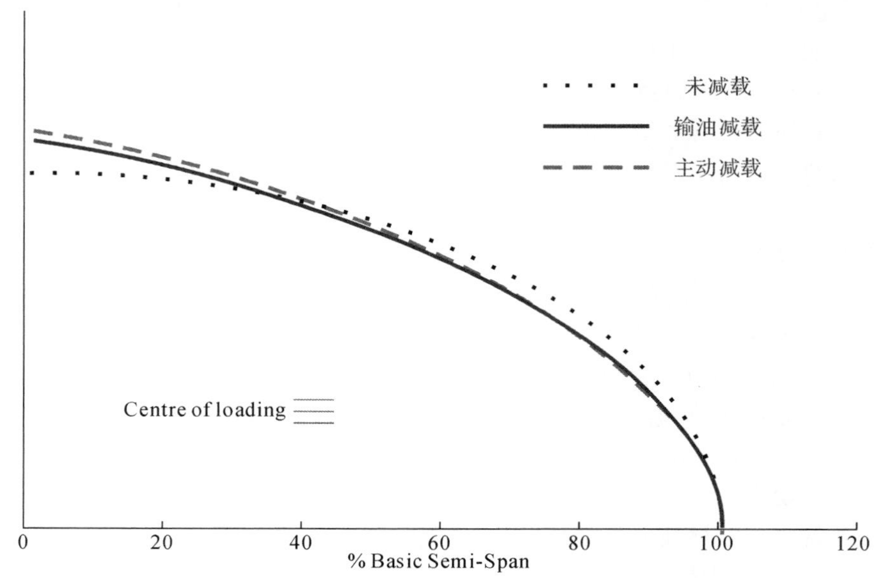

图 6 大型民机的燃油管理减载技术

液压系统：把压力从 21MPa 提高到 35MPa。使液压系统减重 25%～40%。

多电系统：可以减少冗重的机械液压系统，如：A380 的多电技术减重一1.5T。

航电系统：先进的飞行管理系统（FMS）优化航路和起飞、着陆时间，可节省燃油 3%～5%；驾驶舱由五人改成二人，减少三个飞行员的重量，同时驾驶员的劳动强度可以大幅度降低；综合飞机环境监视系统（AESS）增加了对飞机周边态势的感知，综合了四种设备降低了成本，也提高了可靠性；采用先进的体系结构—综合模块化航空电子系统（IMA），减轻重量，提高飞行管理效率。

2.3 舒适性对系统的要求

改善舒适性要求起降和巡航飞行更小更平稳；座舱舒适性：加大座舱压力和湿度，减少与地面的压差和湿度差；窗口大，视野好；加大座椅的宽度；机上娱乐系统：能在空中上网，打电话等。

改善飞行的平稳性，降低气流波动的影响。主要靠飞控系统的突风减缓功能实现。

改善座舱气压和湿度：靠空气管理系统来实现，如：座舱气压高度 2400m 调整到 1800m，舱内湿度由 4%提高到 15%左右。但要增加机体的强度，相当于座舱压力增加了 7.7%，机身的强度和重量也要相应增加。

客舱的娱乐：机载飞行信息系统（AFIS）覆盖了商务和休闲的需求，提供了可以在家中以及在地面办公室所能得到的全范围的通信和娱乐媒介；空中宽带网的建立缩短了机上和地面及世界各地之间的距离；机上视频点播（AVOD）不但可以点播机上存储的所有节目，下一步还可点播地面节目；客舱座椅及设备铺设的线路将改成无线传输，可以方便地改变客舱布局。

2.4 可靠性和维修性对系统的要求

维修周期加长，维修成本降低 30%；先进的飞机健康维护系统，及时发现、预防飞机的健康问题。这就要求改善系统的可靠性和维修性，增加和完善飞机的健康管理系统。

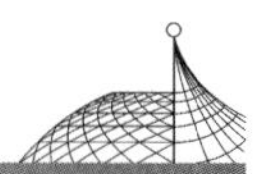

飞机的健康管理:要将告警、检测和维修纳入空地一体化的综合系统;不仅着眼故障,还要通过趋势分析判断"亚健康"并预告故障;应着眼于避免严重和灾难性事故以及应对频发故障,构建飞机健康维护系统的总体构架;基于多门类传感技术完成信息采集、处理和分发;机上具备实时故障诊断/隔离/系统重构能力,地面具备适时维护、修理等保障能力;要求国际合作与自主研究相结合,提高机载设备在寿命、可靠性等方面存在的差距,提高大型客机的安全性与信誉。

2.5 适航标准的要求

首先,要满足 FAR25(CCAR25)运输类飞机适航标准的要求。例如:FAR25.1309 设备、系统、装置,FAR25.581 雷电防护,FAR25.672 增稳系统及操纵系统,TSO(CTSO)技术标准规定。这些都是为保障飞行安全对机载设备规定的最低性能标准。

其次,要满足民机航空电子的标准要求。有关民机航空电子相关的标准、规范、文件有:联邦航空局(FAA):AC 25.1309-A;联合适航当局(JAA):AMJ 25.1309;航空运输协会(ATA):ATA-100;航空无线电技术委员会(RTCA):RTCA DO-160, RTCA DO-178B, RTCA DO-254, RTCA DO-297;汽车工程师协会(SAE):APR 4754, APR 4761 等。

最后,还要满足 RTCA/ARINC-航空电子的行业标准,如:无线电技术委员会 RTCA(Radio Technical Committee Association)作为行业协会,担任美国 FAA 的指定咨询机构,FAA 是它的主要经费来源,制定的文件一即 DO 文件,为 FAA 制定的技术标准规定,即 TSO 所引用,构成适航的最低标准。航空无线电技术公司 ARINC(Air Radio Inc.)是美国的一家非营利性公司。股东包括 15 个国家的 50 多家航空公司、飞机制造及航空电子厂商。有 40 多个国际会员单位,我国 615 所是会员单位。下设多个专业委员会,如航空电子工程委员会(AEEC),编制了许多适用有关航空电子系统与设备的标准目前已有 4 个系列 160 多种。如熟知的 ARINC 429, ARINC 600, ARINC 629, ARNIC 653 总线等标准。

3. 大飞机机载系统的发展趋势

下面对大型飞机电传飞控系统;电子综合处理系统;多电飞机和变频电源系统;高压液压系统;座舱空气管理系统;先进的飞机健康维护系统;模块化的航电系统的发展做出分析。

3.1 大型客机电传飞控系统

大飞机的电传飞控系统:可以提高飞机的安全性:改善飞行品质,提供全飞行安全包线,减少人为操作失误。提高经济性:放宽静安定性(飞机重心可后移,减少平尾面积,实现减重节油);通过机翼载荷控制缓解机翼"疲劳",可降低飞机翼根弯矩,降低机翼重量;提高舒适性:突风减缓能使飞行平稳。

对大型客机三余度飞控系统来说,采用电传操纵(FBW)和功率电传作动器(PBW)可使飞机减重 6.5%,降低全寿命成本 3.2%,增加平均故障间隔时间 5.4%。图 7 表示波音 787(B787)的主飞控系统:

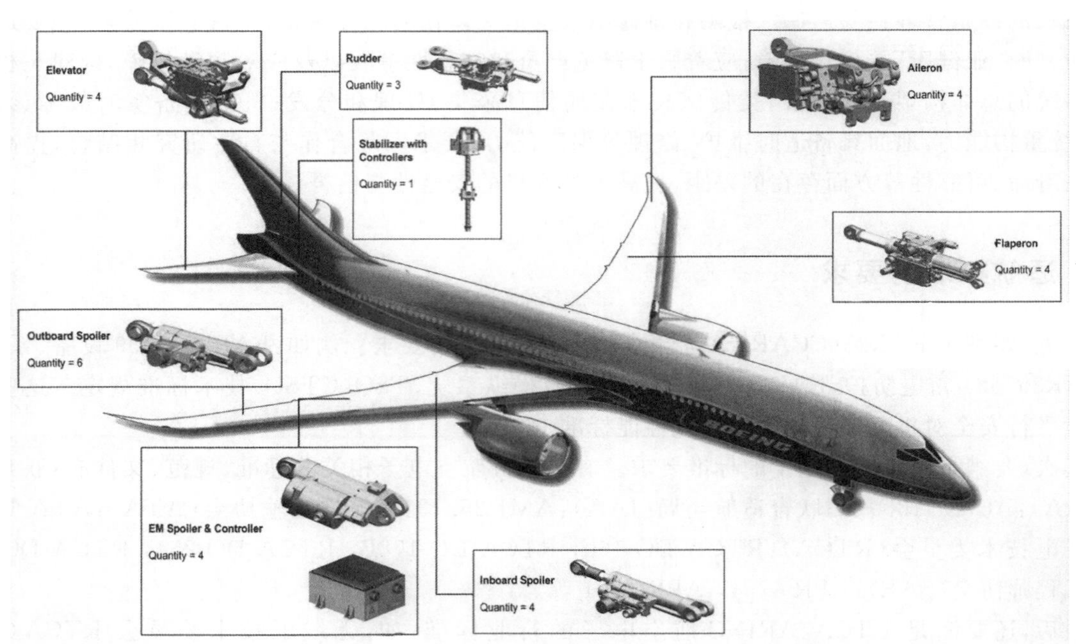

图 7　波音 787 主飞行控制系统

3.2　大型客机航空电子综合系统

世界上的大型客机均已采用了综合化、模块化的处理系统。该项技术使整个航电系统的体积减小 50%，重量减少 30%，功耗降低 16%，可靠性提高 20 倍。波音 787 减少了一百多个 LRU，为实现 20%的燃油节省做出了重要贡献。图 8 给出 B787 航电系统结构示意图。

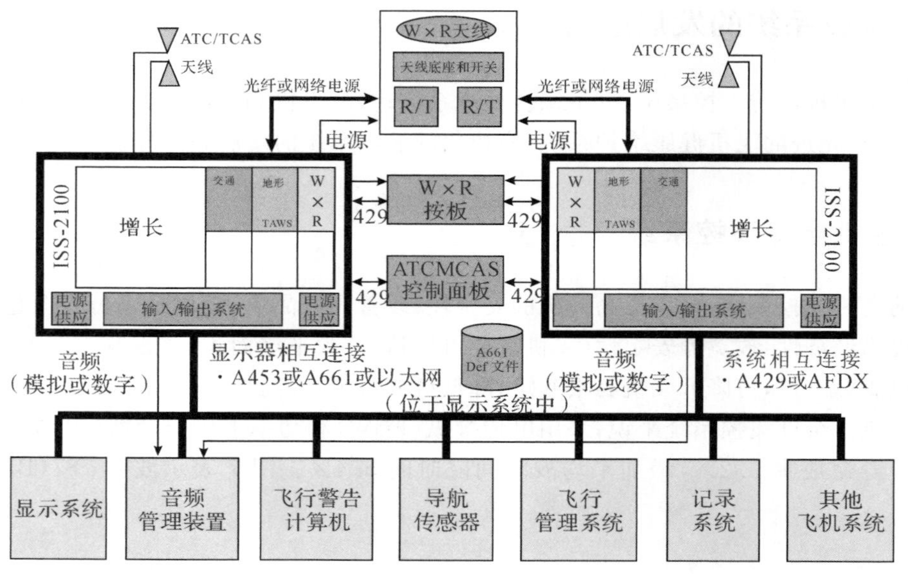

图 8　波音 787 航电系统结构示意图

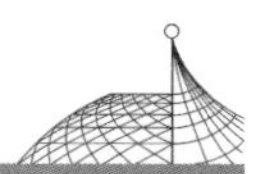

下面对其中几个航电系统介绍如下：

(1)综合飞行告警系统 CFIT

具备风切变探测能力的气象雷达，并与空中防撞系统(TCAS)、增强型近地告警系统(EGPWS)和S模式应答机综合，构成综合飞行告警系统。其难点是雷达、激光、红外传感器用计算机的综合；A380飞机采用的四 RDR-4000 气象雷达、B787 采用的是 CISS 系统，包括 TAWS 告警系统 TCAS 防撞系统。

(2)飞行管理系统(FMS)

根据 ARINC7O2 标准的规定，FMS 功能有导航、飞行计划、水平和垂直导引、性能优化和预计、空地数据链和人机接口等功能，是航电系统中的一个核心分系统；FMS 保障了稳定地实现日常航班的飞行品质一致性，乘坐舒适性，降低了出现飞行偏差的风险，可明显提高飞行安全和经济效益。图 9 给出 FMS 组成示意图。

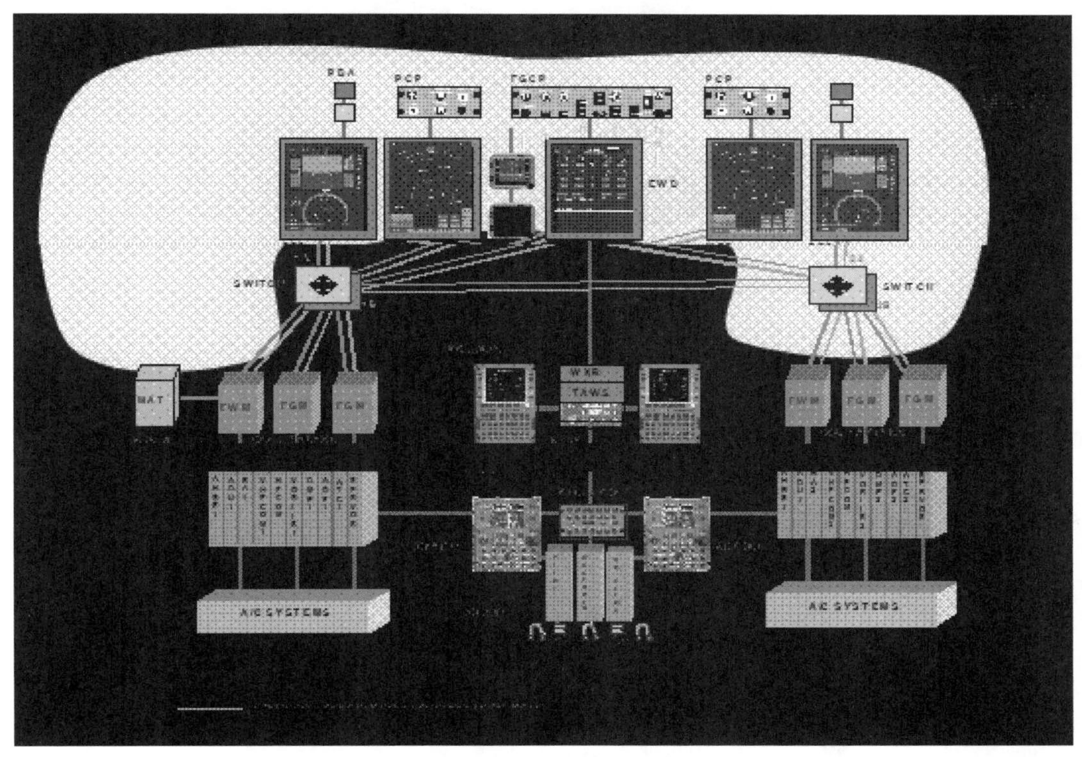

图 9　FMS 组成示意图

(3)空天地一体化网络通信系统

宽带卫星通信系统(下行 5Mbps，上行 1Mbps)和空地数据链通信(54Mbps)可实现航空公司、飞机与空管的实时动态指挥、控制和协同，实时上传大容量的飞行情报、气象信息和新电子飞行包(EFB)，下载飞行动态、飞机状态(包括 QAR 数据)和机舱视频，还可为旅客提供空中互联网服务；高速机间数据通信系统(31.5kbps)可实现自动相关监视和基于机间协同的 4D RNAV；机场平面的飞机地面高速数据通信系统(10Mbps)可实现起飞前准备的数字化、无纸化和无人值守化，同时也可以作为先进机场场面监视和引导系统的通信链路。

3.3 多电飞机和变频电源

多电飞技术是目前大型民用客机的机电系统逐步采用的技术。如A380和B787就分别采用了这项技术。该技术的目标是采用电系统减少传统的液压、冷气、发动机引气等系统。可以减轻重量,还可以减少发动机功率提取的损失,减少发动机功率提取5%左右。

多电技术主要用于:变频电力系统;全电刹车系统;全电防冰系统;全电发电机启动系统;全电环控系统;作动器采用电液泵等,图10给出多电飞机的主要系统。

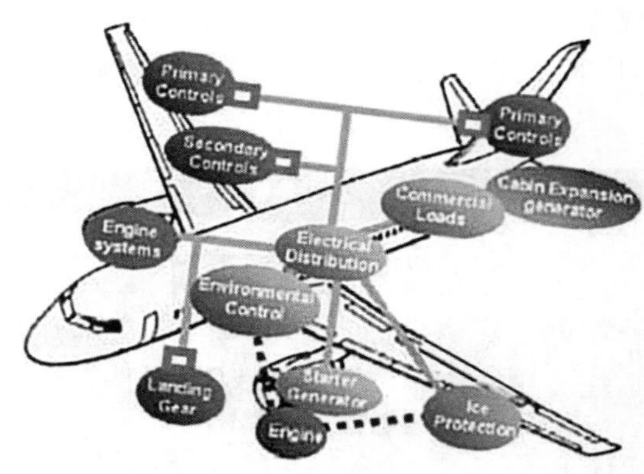

图10　多电飞机的主要系统

大型客机将向多电方向发展,要求使用更大功率变频电源。A380选用150kVA变频交流电源;B787选用225kVA变频交流电源。

变频电源系统的发电机直接与发动机附件机匣连接,不再需要复杂的恒速传动装置和大功率变换器。可减重30%;减体积40%;提高效率15%。

图11为B787飞机的变频电源系统。

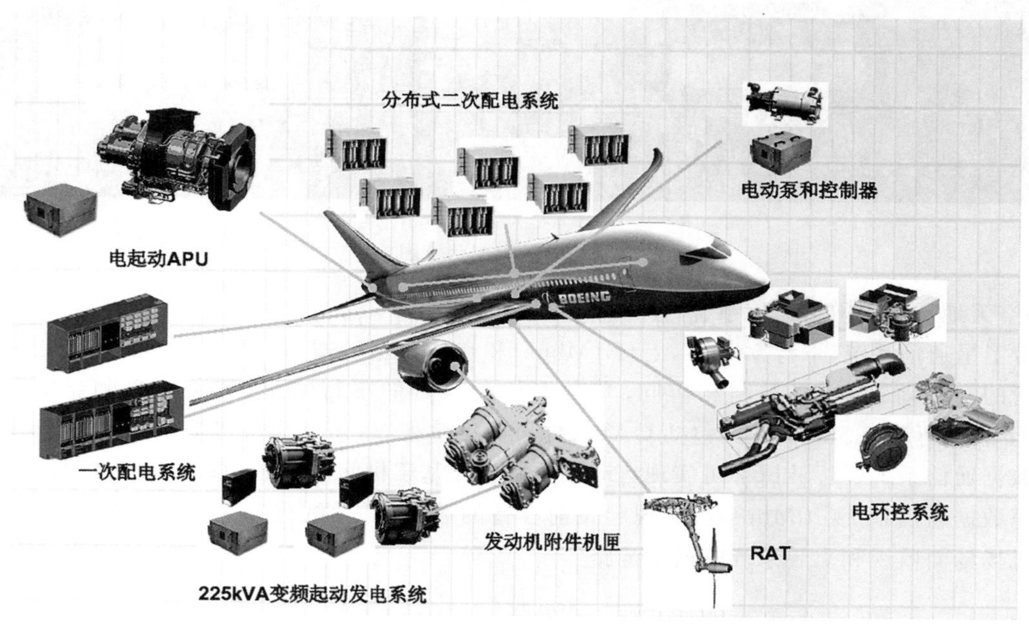

图11　B787的变频电力系统

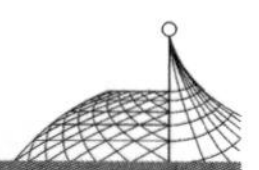

3.4 大飞机的液压系统

大型客机的液压系统一般采用 3 套或 4 套液压系统。有的飞机如 A380 的系统，除了 2 套液压系统外，还配备了电作动系统，向多电飞机方向又迈进了一步。大飞机的液压系统如图 12 所示。

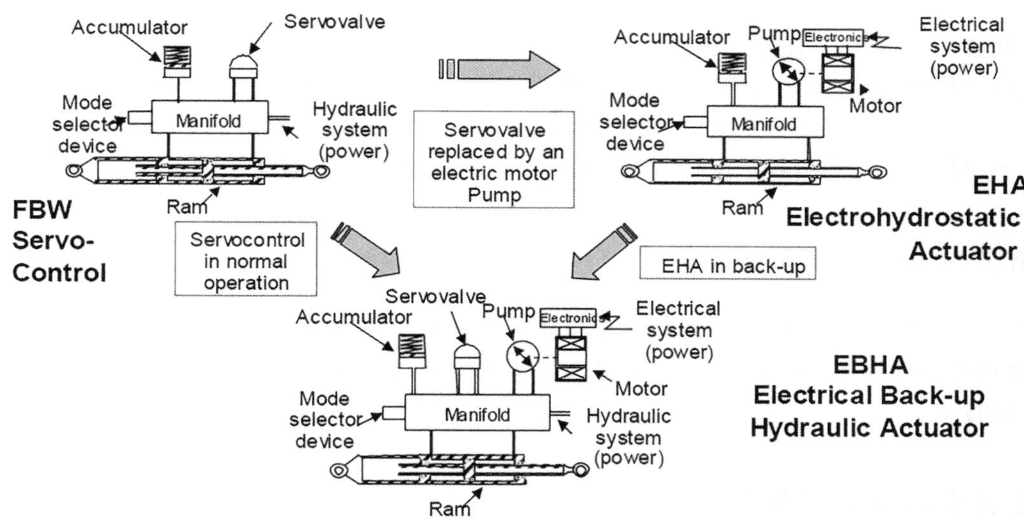

图 12　大飞机的液压系统

大飞机液压系统的压力在不断提高。A320，B737：3000psi（21MPa）；Su-27 系列：4000psi（28MPa）；A380 等飞机 5000psi(35MPa)。由于提高了压力，相应减少了液压系统的重量。把压力从 21MPa 提高到 35MPa 可使液压系统减重 25%～40%。

3.5 大飞机的环境控制系统

先进的座舱空气管理系统：保障座舱空气适当的温度、压力、湿度以及新鲜度，同时用于机载设备（含发动机）的冷却和防/除冰。为保证飞机舱内拥有清洁健康的环境，先进大飞机已做到每 3 分钟更新舱内空气 1 次。座舱气压高度由 2400m 降低到 1800m，改善舒适性，但也增加了座舱的强度要求。

表 1　座舱气压高度变化的影响

海拔高度/m	气压/mmHg	压力/Pa
0	760.00	101325
1800	611.44	81524 *（+7.7%）
2400	567.38	75653 *
3000	525.87	70121
6000	354.16	47217
8000	267.79	35651

续表

海拔高度/m	气压/mmHg	压力/Pa
10000	199.60	26499
11500	160.11	20980

从表 1 可以看出:座舱气压高度由 2400 米降低到 1800 米,相当座舱压力增加了 7.7%。

功能环境控制系统:国外新研发的大型客机均采用先进的"动压轴承三轮升压式高压除水带回流空气"的环境控制系统,可改善发动机热循环性能,不再从发动机引气,可降低 5%的燃油消耗,明显提高效率及可靠性。通过采用数字控制和动压轴承,提高了飞机可维修性。

3.6 先进的机轮刹车系统

采用新型碳/陶瓷刹车盘与碳/炭刹车盘相比可降低使用成本 1/3(刹车盘是消耗型器材);高强度、长寿命精模锻机轮及结构优化技术;采用自动刹车技术、前轮转弯与防滑刹车综合控制技术和轮胎压力监控技术。

3.7 燃油惰化及管理系统

2000 年后新设计的大型客机要求有燃油惰化系统,减少油箱中的氧气比例,增加油箱中的氮气成分,防止燃油汽化引起的爆炸,提高飞行的安全性。在我国还属空白。采用先进的燃油管理系统,以减少机翼的载荷,降低机翼的结构重量,提高飞机的经济性。

3.8 飞机健康维护系统

将告警、检测和维修纳入空地一体化的综合系统;不仅着眼故障,还要通过趋势分析判断"亚健康"并预告故障;应着眼于避免严重和灾难性事故以及应对频发故障,构建飞机健康维护系统的总体构架;基于多门类传感技术完成信息采集、处理和分发;机上具备实时故障诊断/隔离/系统重构能力,地面具备适时维护、修理等保障能力;鉴于我国机载设备在寿命、可靠性等方面存在的差距,研制上述系统对提高大型客机的安全性与信誉尤为重要。

3.9 新航行系统

20 世纪末民用航空领域有两项重大创议:1983 年 ICAO 提出"未来航行系统(FANS)",后来更名为"ICAO CNS/ATM System",简称 CNS/ATM,我国称"新航行系统";1995 年 FAA 提出"自由飞行(Free Fight)"面对 21 世纪空中交通流量的增长,企图用扩容解决飞行活动量的增加;建立飞行统一标准和体制解决无缝交通环境。图 13 给出新航行管理系统示意图。

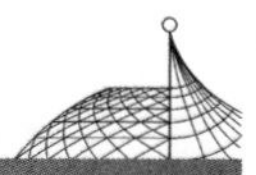

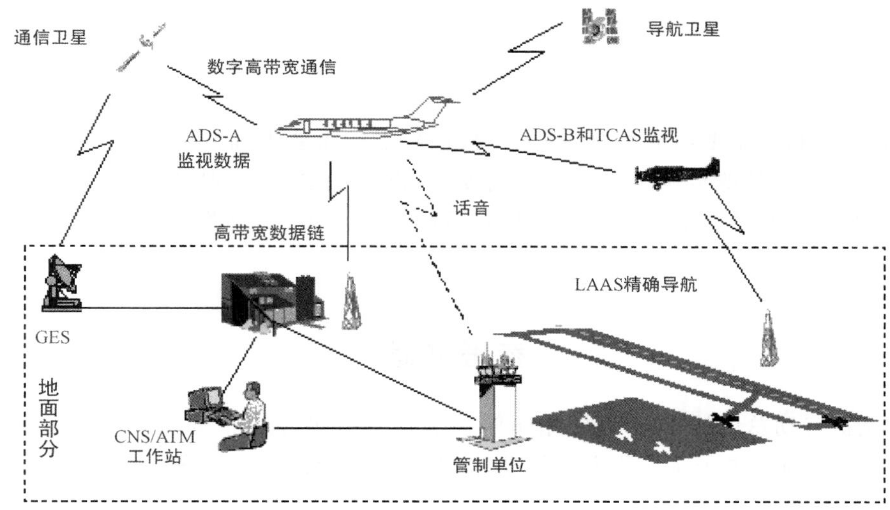

图 13 新航行管理系统示意图

4. 机载系统的关键技术

电传操纵的关键技术：多模态/多操纵面/分布式控制技术。

高可靠性/非相似余度管理技术；电液作动器(EHA、EBHA)等新型伺服作动器技术；10^{-9}的高可靠性，以及控制率的设计技术及软件实现。

电子综合的关键技术：软件技术，处理能力大于600MIPS的模块化综合处理机；传输速率达100Mbps的全双开关以太数据传输网络，AFDX数据交换技术；符合ARINC653标准的高安全性，开放式的综合模块化航空电子操作系统；高性能机载核心处理机通用模块；先进的玻璃座舱等。空天地网络通信系统关键技术：机载移动通信路由与交换技术，机载信息集成处理与分发技术等。

多电系统和电源系统的关键技术：大功率变频电源；发电机和可编程的辅助电力分配系统(SEPDS)是技术关键。取代了传统的断路器，可管理1500个负载。实现了对飞机负载管理、完好性诊断、故障隔离等功能；电为动力的推力反向作动器系统——ETRAS。

液压系统的关键技术：高压油泵，电液伺服阀，电液作动器(EHA，EBHA)，伺服控制系统等。

环控系统的关键技术：数字环控技术；动压轴承的四轮式高压除水空气冷却系统并具备系统重构能力；电动空气循环系统；数字环控技术等。

燃油惰化及管理关键技术：增加氮气成分、减少氧气比例的高分子材料及惰化技术，机翼减载的燃油管理技术。

飞机健康维护系统的关键技术：飞机健康维护系统的总体构架，各种传感器，信息采集、处理和分发技术，实时故障诊断/隔离/系统重构能技术。

飞行管理系统的关键技术：要突破飞行性能计算，航行计划制定与调整，飞行剖面的自动引导、传感器管理以及系统监控等关键技术。

机载系统寿命/可靠性工程与适航取证工程：攻克影响寿命的元器件、部件(如轴承、密封件、易腐蚀件等)的可靠性技术，提高寿命可靠性指标。加强寿命可靠性数据收集、储存和评估。掌握机载设备适航取证技术，将适航取证工作贯彻到研制工作的全过程。

5. 结　论

机载系统是大飞机的重要组成部分，是大飞机创新点的重要方面。大型飞机要与机载系统协调发展，相互促进。机载系统既要满足飞机发展的要求，也要自主发展，促进飞机的发展和升级。必须走自主创新与国际合作相结合的道路把国产机载系统发展上去，形成若干个一级机载集成系统和关键设备供应商。

参考文献

[1] 张彦仲. 大飞机气动总体技术的发展. 中国航空学会 2007 年学术报告，2007 年 9 月，深圳.
[2] 金德琨，张彦仲. 航空电子系统研究的新进展. 中国科学院. 2007 高技术发展报告，科学出版社，2007:68-73.

大飞机先进材料的发展*

摘　要：本文概述材料与飞机发展的相互关系，提出"一代材料，一代飞机"及"一代准则，一代材料"。介绍大飞机材料发展趋势，分析当前铝合金，钛合金及复合材料的国内外发展动向。研究我国大飞机初步选材方案及关键技术问题。讨论大飞机选材方案，提出大飞机选材考虑。

关键词：大飞机；材料；铝合金；钛合金；复合材料；关键技术；运输机选材；客机选材；重大设备

大飞机是指 150 座以上的客机以及起飞重量 100 吨以上的大型运输机。国务院于 2007 年 3 月 18 日向全世界宣布：国务院批准"大型飞机研制重大科技专项正式立项，同意组建大型客机股份公司，尽快开展工作"。中国商用飞机公司于 2008 年 5 月 11 日在上海挂牌成立，正式开始了大型客机的研制工作。

现代大飞机是国民经济、国家科技实力以及工业能力的结晶，涉及国民经济各部门，特别是冶金、化学、化工等各部门，没有这些部门的协同努力，大飞机上应用的成千上万种材料就不可能得到供应和保障。

1. 一代材料，一代飞机

"一代材料，一代飞机"就是飞机与材料关系的真实写照，是对技术推动、需求牵引最好的诠释。百年前当莱特兄弟发明第一架单翼、双座飞机时，当时可以提供的材料就是木材及帆布，用木材做桁条，帆布做蒙皮，也是一种复合材料结构的雏形。

第一代大飞机(1950—1960)为喷气式飞机，典型的有波音 707、727、DC-8 等，当时飞机追求速度快，选材追求高强度，主要选用了一些高强度的铝合金和钢，钛用量少，用了少量玻璃纤维增强的复合材料。

第二代大飞机(1960—1970)，出现了 L-1011、波音 737、DC-10 等宽体客机，选材特点是增加了钛合金及复合材料。{JP

第三代大飞机(1970—1980 中)，典型飞机有 A320、波音 767、757，采用了先进铝合金、复合材料及钛合金，三种材料加在一起占飞机结构重量的 90%左右，波音 767 首次采用 3%的石墨/环氧复合材料。

第四代(1980—1990)有 A330/340、波音 777 等，特点是大量用钛合金及复合材料，在波音 777 上还采用了 Glare，在 C-17 上采用了 ARALL 等新材料。

第五代(2000—)以 A380、波音 787 和 A350 为代表的大型飞机的特点是大量使用复合材料，其中波音 787 的复合材料结构重量比达到 50%以上，A350 为 52%，大型军用运输机 A400M 的复合材料占 40%。

2. 一代准则，一代材料

近一个世纪以来，飞机设计思想经历了静强度设计、安全寿命与破损安全设计、耐久性/损伤容限

* 本文系作者于 2008 年在"大飞机材料研讨会"上做的报告。

设计三个阶段。不同的设计准则，用不同的设计方法，也要求不同的材料性能[1]，拉动了材料的发展。

2.1 第一代设计准则——静强度设计

20世纪50年代以前的飞机都是按照静强度和刚度设计的，其基本思想是保证结构的强度和刚度，不考虑结构的寿命。因此对材料力学性能的要求着重于静强度指标，要求静强度高的材料，这就推动了7000系列高强度铝合金的发展。这种准则忽略了材料的韧性和疲劳性能，因而隐藏着结构的疲劳和突发性破坏的可能。

2.2 第二代设计准则——安全寿命与破损安全设计

第二次世界大战以来，随着飞机使用频率的提高和服役时间的延长，出现了多起灾难性的结构疲劳破坏事故(以国际上首架民航喷气客机——英国"彗星"号为代表)。由此使飞机设计者逐渐认识到，静强度和刚度要求设计并不能保证飞机的安全性。远低于最大强度的载荷，在长期交变应力作用下也会引起破坏，从而引起了对疲劳问题的重视，并形成了安全寿命与破损安全设计思想。在整个寿命期内，承力结构应不发生疲劳开裂。要求采用高强度、抗疲劳合金。这就推动了抗疲劳合金铝合金的发展。

安全寿命与破损安全设计思想建立在结构无初始缺陷的基础上，认为在生产制造、装配过程中通过严格控制质量就能够确保零件无损伤；同时要求结构在使用寿命期内不出现宏观损伤；一旦发现结构关键部位出现宏观可检裂纹，就认为结构已经破坏。也就是说，疲劳设计只考虑裂纹形成寿命，不考虑裂纹扩展寿命并通过对材料、部件和全尺寸飞机结构的试验所决定的结构疲劳寿命(指裂纹起始时间)除以一个安全系数(或称分散系数)来确定飞机的安全寿命，以使得破坏的概率降低到一个可接受的水平。当飞机使用到预定的安全寿命时，即使在服役中没有发生任何破坏，也要令其退役。

实践证明，采用安全寿命思想设计的飞机，仍存在很多不安全因素。于是，提出了破损—安全设计概念，力图通过多途径传力设计、止裂结构和增加敞开性设计等方法提高飞机的安全性能。

2.3 第三代设计准则——耐久性/损伤容限设计

尽管安全寿命设计考虑了静强度中未考虑的疲劳问题，但仍然存在重大缺陷。它仍没有承认结构和材料在初始状态时就可能存在冶金和制造缺陷，也没有考虑结构在服役过程中因环境、过载或外来物损伤等产生的裂纹，以及这些缺陷和裂纹在服役期间扩展的这一事实，因而并不能有效地保证结构在使用寿命期间的安全性。另一方面，使用到了一个安全寿命期的飞机不论其状态如何又必须退役，所以这种做法又不经济。

随着高强度和超高强度而低韧性地材料在航空结构中的应用，20世纪60年代末，基于安全寿命设计的飞机，出现了多起灾难性的断裂事故。如美国空军一架F-111飞机的机翼枢轴接头在执行训练飞机任务中突然断裂，造成机毁人亡事故。该架飞机只飞行了100多小时，远未达到安全寿命的使用期。其后的几年里又相继出现了F-5A、KC-135、F4等飞机的破坏事故。这些飞机也都远远未达到设计使用寿命。为什么按安全寿命设计的飞机也不能保证飞机设计使用寿命期内的安全呢？经研究分析发现：这一时期飞机结构设计大量采用了高强度和超高强度合金材料。一般来说，高强度合金材料的韧性降低，缺口敏感性强，由于材料和结构部件在加工、装配过程中不可避免地会漏检本身所带有的缺陷和损伤，致使结构发生早期的疲劳断裂。F-111飞机枢轴失效就是因带有初始缺陷，并由于在制造过程中漏检而发生的事故。实际上，无论采用什么样的质量控制手段，材料内部的初始缺陷、

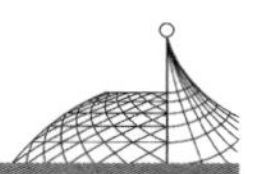

加工制造和装配过程中造成的损伤以及使用中引入的损伤等都是不可避免的。损伤容限设计思想就是在这样的背景下产生的。

损伤容限设计思想的重大进展主要体现在：它承认结构在使用前就带有初始缺陷或在使用中因疲劳、腐蚀或偶然因素损伤引起的裂纹，并且这些裂纹在飞机服役过程中会扩展；结构应该设计成能够容忍裂纹和给定的维修期内扩展，但不导致结构的断裂。也就是说，带有缺陷或损伤的飞机结构，在规定的维修使用期内，应满足规定的剩余强度水平，以保证飞机结构的安全性。对材料提出了断裂韧性和裂纹扩展性能指标。要求采用高强、高韧、抗疲劳合金。这就推动了耐损伤容限材料的发展。

综上所述，损伤容限设计关心的是含裂纹的飞机结构的使用安全问题。而耐久性设计关心的是飞机的使用经济问题。随着对飞机使用性能、寿命、完整性以及可靠性要求的提高，飞机研制成本、生产成本以及使用维护费用也急剧增加。为了提高飞机的出勤率，降低全寿命成本，要求设计者在确定飞机寿命时应从经济性的观点进行量化，于是产生了耐久性设计概念。耐久性是指在规定的期限内，飞机机体结构抵抗开裂(包括应力腐蚀开裂和氢脆所引起的开裂)、腐蚀、热退化、剥离、脱层、磨损、和外来物损伤的能力。耐久性设计概念认为飞机结构在使用前就存在许多微小的初始缺陷，结构在载荷/环境谱的作用下逐渐形成一定长度和一定数量的裂纹和损伤，继续下去将会造成结构功能性损伤和维修费用的剧增，影响飞机的备用性，此时必须进行修理(经济修理)。这种修理可以进行若干次，直到满足使用寿命要求。损伤容限准则容许结构损伤但仍能承受飞行载荷。这种损伤容限原则被列入适航条例。耐久性设计的目标是使其结构的经济寿命大于设计使用寿命，并在设计寿命内不出现影响使用功能的问题，如：刚度降低、失去控制、燃料外漏等。

新一代大飞机除了破损安全及损伤容限设计外，同时要求有抗蚀性，要求采用高强、高韧、耐腐蚀合金。主要有高强、高韧、耐腐蚀铝合金、钛合金以及复合材料等。

3. 大飞机材料发展趋势

表1为大飞机上各种材料应用变化情况，可从中看出材料发展趋势，总的趋势是复合材料和钛合金用量不断增加，铝合金用量下降，但仍在不断发展(见图1)。

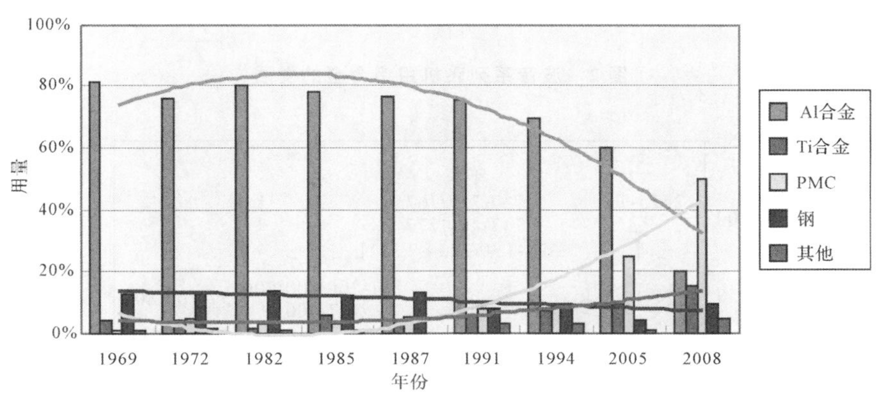

图1　大飞机材料发展趋势

从图1可以看出复合材料用量从波音747的1%增加到A380的25%，B787达50%。钛合金用量从波音747的4%增加到A380的10%，B787达15%。从年代来看，铝合金用量长期保持在70%～80%，从90年代开始下降，A380降为60%，B787降到20%左右，但铝合金的性能仍在不断提高。

3.1 大飞机用铝合金

(1)国外发展现状与趋势

航空铝合金的应用和发展是为飞机的设计、生产服务的。现代飞机不同结构部位对铝合金的性能有着不同的要求和特点。飞机结构部位与关键性能要求呈如下相关性:上机翼主要考虑压缩强度、刚度、损伤容限;下机翼重点关注疲劳、损伤容限;机身蒙皮着重研究疲劳、损伤容限、腐蚀;机身桁条考虑疲劳、压缩强度;机身框梁的重点是刚度、疲劳、压缩强度性能;机翼梁、肋的考虑重点是压缩强度、刚度、耐损伤。

从 1906 年到今天百余年来,飞机用铝合金经历了 1～4 代合金的演变。铝合金一直是飞机的主体结构材料。一代铝合金对应着一代飞机。飞机设计需求的不断提高推动着铝合金的不断发展,铝合金性能的不断提高为飞机设计的不断优化提供材料支撑。

1906 年,发现 Al-Cu-Mg 合金的沉淀硬化现象。2024-T3、7075-T6 等,形成第一代静强度航空铝合金。7075-T73、7075-T76 等,形成第二代耐腐蚀航空铝合金。7075-T74、7010-T4 等,形成第三代高纯航空铝合金。

20 世纪 70 年代,飞机减重要求,激发铝锂合金开发和应用。20 世纪 80 年代末,损伤容限设计,激发开发 7150-T77、7055-T77 等,形成第四代高强耐损伤航空铝合金。20 世纪 90 年代中期以后,降低成本设计要求,继续推动先进铝合金的研发。

图 2 为波音系列飞机用铝合金的发展情况。

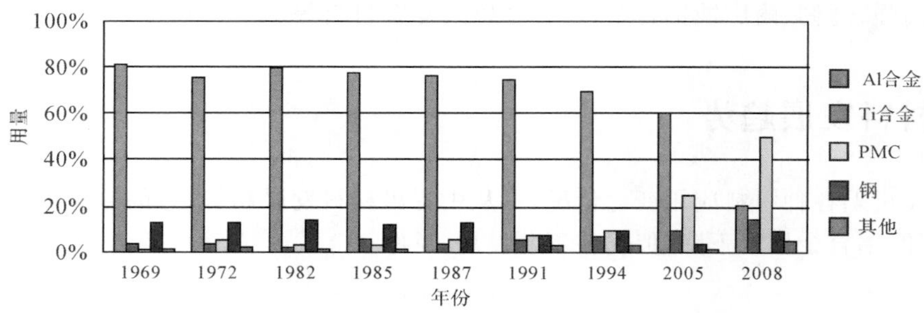

图 2　波音系列飞机用铝合金的发展

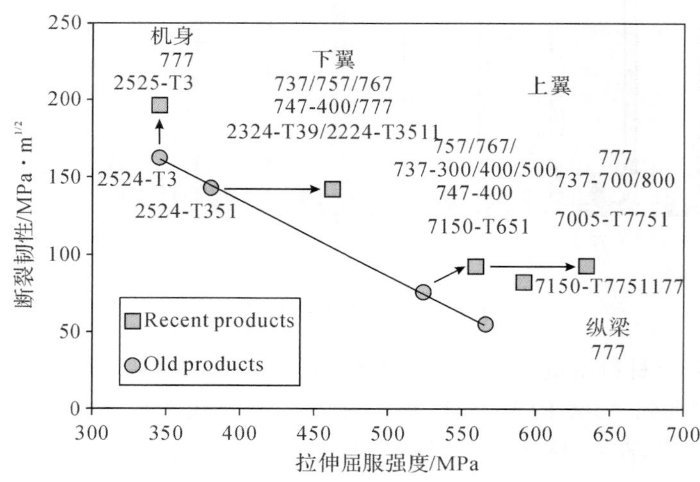

图 3　波音飞机铝合金应用情况

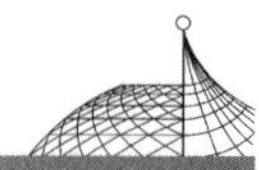

A380飞机上的铝合金选材足以代表当代最高水平。表2为A380铝合金应用情况。

表2 A380铝合金应用情况

形 式	合金牌号	应用部位
厚板	7056-T7951	A380-800F上翼面壁板(高韧性,比7449高40%)
	7055	上翼面(与Alcoa合作开发)
	7449-T7951	上翼面(与Alcan合作开发)
	2024A-T351	下翼面盖板(与Alcoa合作开发)
	2024HDT 2050-T84	下翼面结构 下翼面结构(三代铝锂)
	2027-T351	A380-800F下翼面外翼壁板(含Zr)
	7010-T7651	上翼面外翼壁板(3m×8m×0.09m,整体切削加工) 厚尺寸翼肋(2.3m×3.8m×0.2m)
	7040-T7451	机身主隔框,座舱窗框,梁(高静强、高韧性、低Cu、低Mg)
	7449-T7451	下翼面翼肋(高静强、用在小于100mm厚度)
	7040-T7651	翼梁(世界最大,高静强,高韧),内部前翼梁及中央翼梁
	7085	前后翼梁(与Alcoa合作开发)
厚载面	7449-T79511	上翼面桁条(冷压成形)
	2027-T3511	下翼面桁条(高静强,含Zr)
	2196-T8511	地板梁(早期设计研究,Weldalite系)
	2524和6013-T78	上、下机身蒙皮(与Alcoa合作开发)
小截面	座椅滑轨,中央翼盒加强筋	7349-T6511
	7349-T76511	机身加强筋
	2024HS-T432	机身框架(挤压件,比2024强度高10%
	6056-T78	机身加强筋(与6056-T78薄板连用)
	6056-T6	机身加强筋(与6156包铝-T6薄板连用)
	2196-T8511	地板结构,机身加强筋
	6056-T78	座舱地板下压力隔框
	6156-T6	机身壁板(韧性比6056高10%)

从以上例子可以看出,大多数客机铝材仍占其自身质量的70%左右,近年铝材受到新材料挑战,有下降的趋势,但铝合金仍有自己的优势——成本低。

目前,铝合金正向超高强度、高韧性、高损伤容限和耐腐蚀方向发展。不仅是取代部分钛合金与树脂基复合材料的低成本材料,7A55合金用作蒙皮还收到与树脂基复合材料相同的减重效果。7A55-T77、7B50-T77合金,损伤容限合金2E12-T3在F-22和F-35及B-777飞机上应用。7B50合金淬透性高,是一种抗拉强度达到600MPa以上,抗剥落腐蚀达到EB级,又能制造大截面构件的合金。美国Kaiser公司开发的7068合金屈服强度达到700MPa。

在A380、波音787等最新一代飞机中,新一代铝合金7085的问世具有里程碑意义。7085合金特别适用作超厚板以及大锻件。A380 的机翼前梁采用了 7085 合金，是由空客与 Alcoa 合作开发的高强铝合金，有极好的综合性，且与截面尺寸无关，它的应用使重量大为降低。尾翼梁 6.4m×1.9m 合重 3900kg，还用作机翼应急出口门的框架、货舱及客舱门。

空客飞机公司很久以来，一直尝试将铝锂合金用于 A300/A340 系列，第一代铝锂合金在 A320 及 A340 上用作机身和机翼蒙皮、桁条、框架及座椅滑轨等以及机翼前缘。但第一代铝锂合金由于热稳定性不足，存在各向异性以及开裂倾向性，使第一代铝锂合金 8090-T8511、2091-T851 均未获得成功应用。第三代铝锂合金的出现再一次激活了这方面的工作。第三代铝锂合金通过降低锂含量，优化了合金化，加入了 Mg 及 Zr，改进了析出相，从而提高了合金强度及韧性。A380 用了 2099 及 2196 两种合金。

2918-T851 将在 A380 货机上用作复合材料的竞争对手，它的性能与 2524 铝合金相似，在 A350 及 A340－600E 上也有将其用作蒙皮的考虑。

A350 新机开发方案中，在机身蒙皮中就准备采用第三代铝锂合金 2918，并采用搅动摩擦焊。通过设计、材料与工艺的结合来使铝合金适应新的要求。空客公司十分看好铝合金机身结构的抗损伤能力，认为在这方面优于波音 787 的复合材料机身。

(2)我国铝合金的研究进展

我国铝合金有近半个世纪的发展历程。20 世纪 50 年代至 70 年代，发展了静强度需求与仿制第一代静强度铝合金。仿苏联研制出 7A04 和 2A12，但热处理仅限于 T3 和 T6，广泛应用于歼 5/6/7/8。第一代航空铝合金发展几乎与国外同步，生产和应用虽然低于国外，但差距不大。

20 世纪 70 年代末至 80 年代中期，发展出耐腐蚀需求与过时效处理的第二代耐腐蚀铝合金。7A09-T73、T74 合金(相当于美国的 7075-T73、T74)是我国第一个自主知识产权的高强耐蚀铝合金，综合性能优于 7A04，在歼 7/8 大量应用。但与发达国家相比，研制应用已落后 20 年。

20 世纪 80 年代中期至 90 年代中期，研制出优良性能综合需求与仿制西方第三代高纯铝合金。90 年代中期基本完成欧美第三代高纯铝合金的预先研究，但未经工程化研究，熔铸和大规格半成品的关键制造技术未突破，冶金厂仍处于低纯铝合金生产水平。铝锂、快速凝固、铝复合材料等非传统合金研究限于探索阶段。

20 世纪 90 年代中期至今，制造苏-27 及第四代战机研制的需求，制造第三代高纯铝合金及欧美第四代高性能铝合金。90 年代中期后全面启动制造苏-27 飞机，经过 10 年，具备采用国产化材料 7B04/2D70/2D12 等生产制造歼 11B 的能力。开始对欧美第四代高性能铝合金进行跟踪研究。

(3)我国航空铝合金的主要差距分析

我国航空铝合金也经历了与国外类似的发展阶段，但每个阶段的发展水平都与国外存在较大差距。主要表现在：

基础理论、关键技术、合金品种规格、质量与效益、研究保障水平。其中主要差距表现在合金品种规格上。

在合金研制方面，我国基本处于欧美 20 世纪 70 年代末第三代，即高纯铝合金(7475、7050、2124、2324)的水平，但其规格与国外差距很大；

第四代铝合金(与国外 7055、2197 相当)仅限于个别方向的探索；基本没有自主创新研制的铝合金，品种、规格及状态不齐全；没有形成自己的材料体系。

在合金应用方面，与国外差距更加明显，目前飞机上广泛采用的仍是 7A09、2A12 等第二代铝合金，国内冶金、加工技术和装备与第三代高纯铝合金、第四代铝合金的工程化、工业化要求相差甚远。

我国航空铝合金应用水平基本处于欧美 20 世纪 60 年代末水平。国内 80 年代中期研制第三代铝合金没有经过工程化研究阶段，而冶金厂仍处于上一代低纯铝合金制品的生产水平。制造第三代

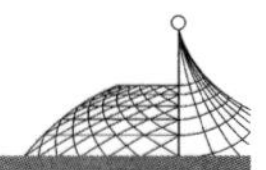

铝合金已开展工程研究，预计几年后达欧美70年代水平。但是合金研制和应用研究不同步，材料应用和国内批产也不同步，不能像欧美研制成功即可投产而得到应用。

(4)我国航空铝合金发展存在的问题

近年来军机所需铝合金大部分依赖进口，严重影响武器装备研制生产的国内自主保障。

材料成熟度差，质量不稳定，且品种少，规格远未达到先进国家水平，性能数据库不齐全，严重影响型号研制、生产和使用。

材料应用的相关工艺技术不完善，研究体制中各环节严重脱节，导致对航空铝合金的相关应用技术研究重视不够，造成研制的多，应用的少。

材料的系统集成和综合验证不足，缺乏对材料在真实服役环境下性能和行为的了解，最终既影响了型号的研制、生产，又增大了风险。研制航空铝合金必须以适航为准则。

跟踪国外研究，对每代合金的研发都有些涉及，但对其中很多问题都没有彻底搞透。主干材料体系落后，不完善，缺乏持续发展的规划和后劲。

对合金研制的工程化和应用研究非常不足，没有形成很好的研发体系和技术平台，也未形成能够协调好各研发环节的机制，难以保证新材料的顺利生产和自主保障。

3.2 大飞机用钛合金

(1)国外发展现状与发展趋势

钛除具有比强度、比刚度高、耐腐蚀等特点外，复合材料应用的增长也是原因之一，因它和复合材料之间不产生电偶腐蚀，在波音777上，钛占7%而在787上上升到15%。每架A380用钛90吨，A350则达到100吨。尽管近年钛合金的应用也受新材料竞争的威胁。但仍是航空材料中不可缺少的重要材料。估计在今后5年飞机增长速度达10%以上，波音787及A380，F-22及F-35等飞机仍是钛的大的用户。

研究表明[3]，飞机中钛占45%时，重量最低，25%时成本最低，因此目前民用机上的钛用量仍有上升空间。钛在大飞机上主要用作襟翼滑轨、发动机吊挂、起落架连杆、支柱及梁等。

图4为大型飞机钛用量增长情况[2]，图5为波音飞机用钛的变化。图6为空客飞机用钛变化。

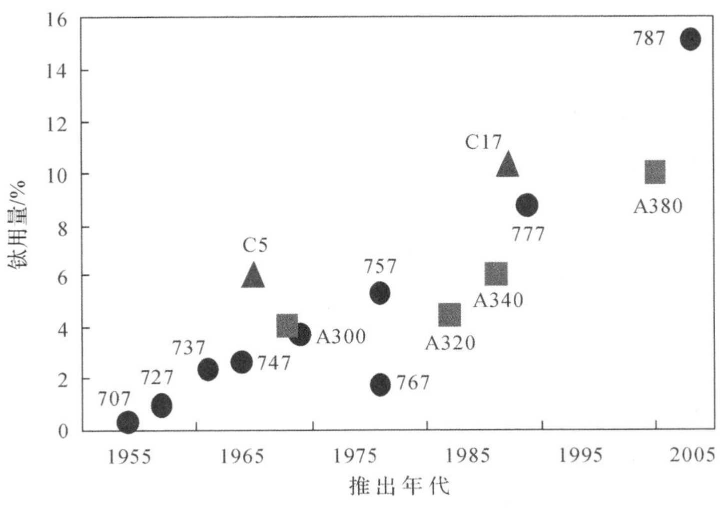

图4　大型飞机钛用量增长情况

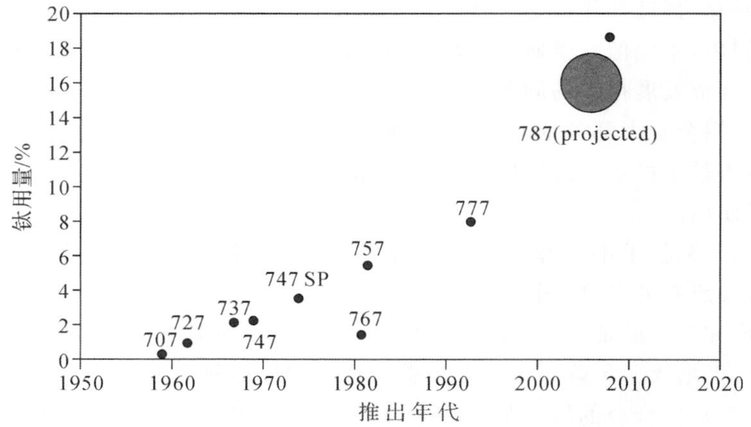

图 5　波音飞机钛合金增长情况

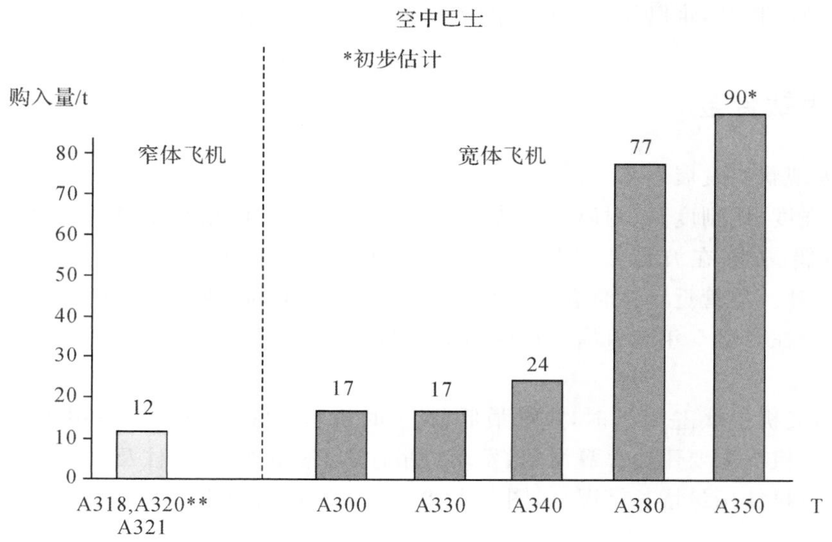

图 6　空客飞机钛合金增长情况

就大飞机来看，新型钛合金在新一代民用飞机 787 及 A380 上的应用具有典型意义。其中波音公司与俄罗斯 BCПМПО 公司在 1995—1996 年合作开发了比 Ti-1023 强度高而成本低的合金，即 BCT-55531（Ti-55531）合金，该合金已选作波音 787 的起落架零件以及机体结构。波音 787 主承力结构 20％是钛，Ti-55531 占其中很大一部分。大部分为锻件，锻件重 23～2600kg，长度 400mm～5700mm。相当于 Ti-1023，Ti-55531 的优点是偏析敏感性小，强度高出 15％，厚截面有较好的淬硬性，淬透性可到 150mm，而 Ti-1023 只有 75mm，Ti-55531 也有较低的切削加工成本，可空淬而不是水淬，因此变形小，目前该合金已进入全面生产，有两种热处理状态，强度分别达到 1260～1120MPa。

而 A380 用的钛合金，除 Ti-6-4 外，也选用了新的钛合金，要求高强度与高韧性相结合以适应 A380 的要求，目标是 $\sigma_b \geqslant 1100$MPa，$\sigma_s \geqslant 1000$MPa，$K_{IC} \geqslant 70$MPa。候选合金有俄罗斯 BCMПО 公司的 BCT55531（Ti-5Al-5V-5Mo-3Cr-1Zr）、Timet 公司的 Ti-555（Ti-5Al-5V-3Cr-0. 15Fe）、Timet 公司的 Ti-10-2-3 及 BCMПО 公司的 Ti-10V-2Fe-3Al 以及 RMI 公司的 Ti-6. 22. 22S（Ti-6Al-2Sn-2Zr-2Mo-2Cr）。

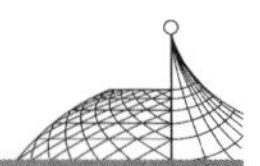

这些近β钛合金与α+β处理状态的 Ti-6-4 对比，可以看出这些合金完全满足空客公司的要求，与α+β处理的 Ti-6-4 相比，合金有较高的断裂韧性水平以及较高的拉伸强度，这些合金的首次应用是机翼吊舱的连接用销子，可以使其减重 15kg。

降低钛合金成本是目前的重点之一，工艺上的改进是主要出路。美国材料学会制定了新规范 AMS6945，批准 Ti-6Al-4V 合金只经一次熔炼，即采用电子束熔炼，已生产 225 万千克产品作军用。新近美空军对此工艺进行资助，为将来在航空上的应用打开了门路。今后趋势是降低钛的冶炼工艺成本，如采用钛矿直接还原以及粉末冶金等。等离子弧熔炼也是一种制造钛合金航空发动机转动件的优质工艺。还有近无余量的激光逐层制造法也有发展前途，目前已在 F-15 及 C-17 上进行了飞行验证。

(2)国内差距

国内钛及钛合金在飞机上的应用水平远落后于国外，主要表现为军机用钛比例低，民用钛领域相对较窄。如美国四代机 F-22 用钛量达到 41%(结构质量)、其 F119 发动机用钛量达到 40%，而我国的现役飞机用钛量为 3%～10%。因此，钛合金在航空领域的应用还有很大的提升空间。

3.3 复合材料

航空复合材料的市场既包括生产也包括维修。根据国外估计，在 2006 年，复合材料产值 73 亿美元，其中新飞机的零部件及结构(大多为碳纤维增强塑料)，占市场的 3/4，为 55 亿美元。

在总价值中，向航空公司提供客机及货机的空运设备制造商占 33 亿美元，其次是军用机制造商 16 亿美元。复合材料在军用机中用量大，但由于战斗机队数量及本身尺寸较民用机小，在市场中的份额因此相对较小。包括民用直升机在内的公务机的复合材料价值 6 亿美元，表明其结构重量较低以及结构本身较小。

对复合材料结构及零部件维修服务的市场需求相当大，为 18 亿美元，并且正在增长，但常被人忽略。在这方面的主要活动包括反推力装置、雷达罩、短舱、飞行控制面、结构件、直升机旋翼、整流罩以及飞机内装饰件的维修。

据预测，复合材料含量高的运输机的引入加上维修需求的增长，航空复合材料市场在 10 年内将翻一番，达到 140 亿美元，即年增长率大约 7%，运输机制造商将是这种增长的主要来源，因它的年增长可望达到 9.5%。

10 年后如何？国外估计 2016—2026 年间航空复合材料可再翻一番，到 300 亿美元。这个预测是假定未来取代波音 737 及 A320 的运输机在其承力结构中将以更高的比率引入复合材料。

进入新世纪以来，复合材料在大飞机特别是大型客机上发展迅速，其主要原因是：

①减重

大型飞机采用复合材料制造可实现 10%～30%减重。

②安全性

这首先取决于材料的技术成熟度。美国把成熟度分为 10 级，级别越高，成熟度越高。在波音公司看来，复合材料经过 30 多年的研究和应用，技术上已十分成熟，当前在 B787 上把用量扩大至 50%是安全的。

③耐久性

与铝合金相比，复合材料的损伤容限和抗蚀性要好得多，这显著有利于耐久性的提高，同时也提高了安全性。

④经济性

虽然复合材料比铝合金贵得多，但飞机结构重量大幅度减轻所带来的经济效益(包括燃油消耗降低 3%等)远远超过了它的负面效应。另外,波音 787 的外场维护间隔时间从 B767 的 500 小时提高到 1000 小时,维修费用比 B777 低 32%等也带来了可观的经济效益。在飞机设计中,从金属转向复合材料,可使结构成本降低 15%~30%。

⑤舒适性

由于采用了整体结构的复合材料机身,使波音 787 客舱的舷窗尺寸加大 30%至 280mm×480mm,这意味着旅客可以在更大的视野下观看窗外的精彩世界。

由于复合材料结构具有优于铝合金的抗疲劳和抗腐蚀特性,可将客舱气压从现有客机 2400 米高度的气压改善至 1800 米高度的气压,让旅客享受更舒适的空中旅行。

⑥环保

减重对于以高油价为特征的市场以及从飞机排放标准越来越严格的前景看十分重要。

国外发展现状与趋势主要从复合材料及层间混杂复合材料两部分加以介绍。

(1)复合材料

所谓的先进复合材料,即以碳纤维增强的环氧基复合材料、双马基、聚酰亚胺基热固性复合材料在 21 世纪以来获得迅猛发展。以 5250-4/IM7 为代表的双马复合材料以及以 977-3/IM7 和 T800S/3900 为代表的环氧基复合材料已广泛应用于当代最先进的战斗机及大型客机。在目前波音公司用的复合材料中,其第三代环氧与大丝束碳纤维的组合体现了当代的最高水平。三代高韧性环氧复合材料的 CAI 达到 245~315MPa 的水平。

表 3、表 4、表 5 及表 6 为目前碳纤维及树脂性能。

表 3　787 结构用主要碳纤维汇总表

碳纤维	AS4	T800H	T800S	IM7	T700S
	3K、6K、12K	6K、12K	24K	6K,12K	12K
拉伸弹性模量/GPa	221	294	294	276	230
拉伸强度/MPa	3930	5490	5880	5300	4900
断裂伸长率/1%	1.6	1.9	2.0	1.81	2.1
线密度/(g/1000m)		223,445	1032		800
密度/(g·cm^{-3})	1.79	1.81	1.80	1.77	1.8
直径/m		7	5		7
纤维标准	BMS8-256	BMS9-17 (自 1989 年起)	BMS9-17		BMS9-22 BMS9-223
环氧预浸料标准	AS4/8552	BMS8-276 T800H/增韧环氧	T800S/增韧环氧	BMS8-276	BMS8-276 织物预浸料
预浸料	T300/5208	T800H/3900-2	T800S/3900	IM7/8552	
CAI(67J/cm)/MPa	120~140	320~340		230	
设计许用应变/%	0.3~0.35	0.4~0.45	0.4~0.45		
应用	短舱、窗框	波音 777 平尾	主承力结构	起落架	次承力结构

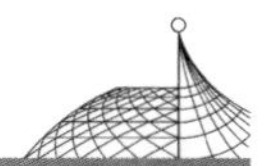

表4 碳纤维性能

	拉伸强度/MPa	拉伸模量/GPa	断裂延伸率/%	密度/(g·cm^{-3})
TT300	3530	230	1.5	1.76
TT300J	4410	230	1.9	1.80
TT700S	4800	230	2.1	1.80
TT800H	5490	294	1.9	1.81
TT1000G	6370	294	2.1	1.80
TT1000	7060	294	2.4	1.82

表5 高模量碳纤维性能

	拉伸强度/MPa	拉伸模量/GPa	断裂延伸率/%	密度/(g·cm^{-3})
MM35J	4700	343	1.4	1.75
MM40J	4410	377	1.2	1.77
MM46J	4210	436	1.0	1.84
MM50J	3920	475	0.8	1.88
MM55J	3920	540	0.7	1.93
MM60J	3920	588	0.7	1.94

表6 环氧树脂复合材料性能

	第一代 环氧树脂基	第二代 中等韧性环氧树脂	第三代 高韧性环氧树脂基	超高韧性环氧树脂基
CAI	100～190MPa	179～250MPa	245～315MPa	>315MPa

不愿像军用机那样冒风险的民航机在过去几十年内，复合材料用量却显著增加。特别是进入新时代以来，复合材料应用急剧升温。70年代及80年代初，飞机雷达罩、机身整流罩、内装饰结构、控制面用了复合材料，只占结构重量的1%～3%，但随着复合材料工业的成熟以及价格开始下降，新一代的A320以及后来的波音777、复合材料的用量就占结构重量的10%～15%。这种用量的急剧增长应归功于技术的新进展，其中有自动化的铺带机、纤维铺放机、树脂转移模塑(RTM)以及树脂膜熔渗(RFI)。在90年代初的结构制造成本为每公斤1100美元，现在已降到每公斤275～330美元。最新设计的飞机应用复合材料自由得多就不足为奇了。今年上天的A380近乎结构重量的1/4是复合材料。一架A380用的结构复合材料就有30吨之多。用同一尺度来看波音787，复合材料占结构重量的一半，将更加具有革命性。其特征是全复合材料的机身，在机翼、短舱及内装饰全都用了大量复合材料。加上更广泛的用钛及铝锂合金，将显著降低飞机的重量，油耗将比早期的宽体飞机省15%～20%。部分受波音787的推动，A350XWB的复合材料将增加到52%。此外，空客及波音公司都暗示将在窄机身飞机上明显扩大复合材料的应用。这些飞机将在几十年内最终取代广泛使用的波音737及A320。这将急剧加速复合材料的革命，加大对航空供应链的冲击，因为窄机身飞机目前占全球运输机队的70%。上述飞机大量采用复合材料，昭示着大型运输机已进入复合材料时代。

复合材料在现代发动机上的应用也在增多。GE90的风扇叶片采用了复合材料，约占发动机重量的 13%，超过 600kg，是 GE90 的 2 倍。不过由于受到树脂工作温度的限制，近期的应用还限于发动机的“冷端”。

图 7 为复合材料在各类飞机上的应用增长情况。

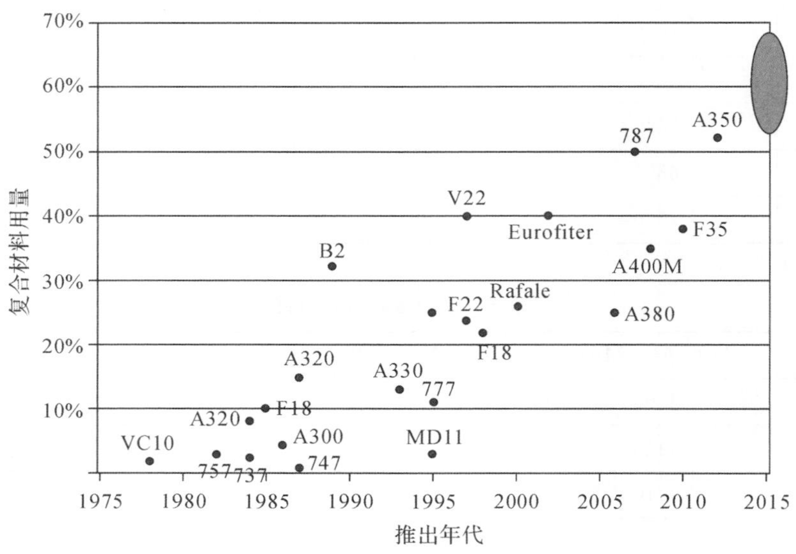

图 7　大型飞机复合材料用量增长情况

(2)层间混杂复合材料

①第一代——ARALL(Aramid Aluminium Laminate，即芳纶纤维铝合金层板)

上世纪八十年代初期，荷兰 Delft 工业大学航空系与 Fokker 公司合作始创了 ARALL，并由美国铝公司(ALCOA)生产了四种规格的 ARALL 商品。1985 年 ALCOA 提供 ARALL 产品给波音公司等 35 家公司和政府实验室进行综合性能试验，结果令人满意。1987 年荷兰 Fokker 飞机公司对 ARALL 制成的 F-27 飞机机翼下蒙皮进行全尺寸飞行模拟试验，与原铝合金构件相比，减轻 33%，疲劳寿命提高 3 倍。1989 年制成 C-17 运输机货舱门，减重 75kg(27%)。

②第二代——GLARE(玻璃纤维铝合金层板)

由于 ARALL 存在芳纶纤维容易在疲劳过程发生断裂和成本较高的缺点，因而影响了它的扩大应用。二十世纪八十年代末，Delft 工业大学用玻璃纤维代替芳纶纤维研制成功第二代纤维金属层板——GLARE，后来由荷兰 AKZO 公司与美国 Alcoa 公司联合生产。

与 ARALL 相比，GLARE 的密度较高和模量较低，但其成本显著降低，而且显著提高了疲劳性能、拉伸强度、压缩性能、冲击性能和阻尼性能，因此 GLARE 层板一问世，就引起世界各大飞机制造公司的关注。疲劳试验结果表明，3/2GLARE 的疲劳寿命为胶接铝板的 23～35 倍，这是由于纤维的桥接作用降低了铝板裂纹尖端的应力强度因子，经过一定循环次数后裂纹以近似恒定的速率扩展。

二十世纪九十年代后期至今，经斯托克—福克公司工程化生产和空客公司工程化应用方面的持续努力，GLARE 已发展到规模生产和大面积应用的新阶段。将 0.25mm 厚铝板与 S2 玻璃纤维环氧树脂预浸层在一个模子里交替铺放。GLARE 层板的厚度为 1.73～15mm，用于舱门进口部位的 GLARE 可两块叠加。在 A380 上 GLARE 机身壁板一共有 27 块，最长的一块为 11 米，总覆盖面积达 470 平方米。GLARE 还用于 A380 的垂尾前缘和水平稳定面上。GLARE 用量占 A380 总结构重量的 3%，使 A380 结构重量减轻 800kg，还提高了使用寿命和可维修性，成本却与铝材相近。

GLARE 的问题是刚度低，A380 选用 GLARE 当时是与复合材料在成本上对比的结果。空客称，

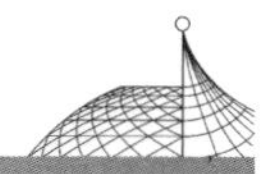

图 8　橄榄色给出了 GLARE 在 A380 机身上的使用位置

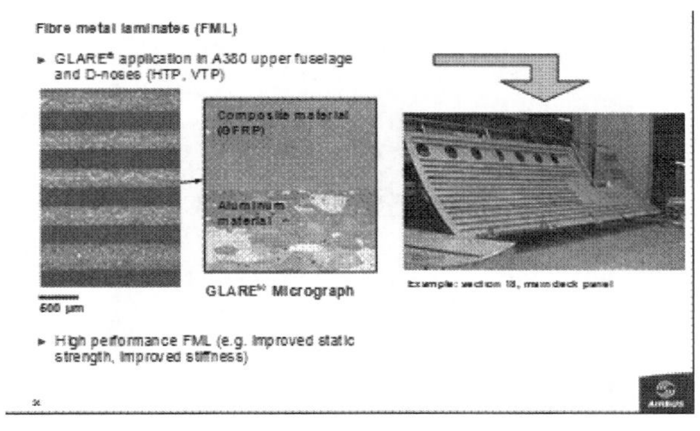

图 9　空客公司在 A380 上使用的 GLARE 材料

如果现在重新设计 A380 可能不一定要用它。A350 就未见用 GLARE。

为了解决 GLARE 刚度低的问题，近年开发了 Central 材料，即 GLARE 夹在铝板中间使用，既抗裂纹扩展，又不致降低刚度。

③第三代——CARE(碳纤维铝合金层板)

为了克服 ARALL 疲劳过程芳纶纤维易断裂和 GLARE 模量较小、重量较大的缺点，研制了第三代纤维金属层板—CARE。

④第四代——TiGr(石墨纤维钛合金层板)

由于 CARE 很难彻底解决碳纤维与铝合金之间的接触腐蚀问题，因此迄今无商品化产品，而 TiGr 既无电化学腐蚀问题，又可进一步提高综合性能(特别是高温性能)，因此就应运而生。据报道，波音公司将选用 TiGr 制造机翼和机身蒙皮。TiGr 还可以用来作为蜂窝夹层的面板。实践表明，用自动铺放的 TiGr 层板的性能高于手工铺叠的 TiGr 层板。

各种材料的减重效果见表 7。

表 7　几种结构材料的减重效果和成本

配料种类	减重效果	成　本
铝合金	0	1
铝锂合金	10%	3～5
先进复合材料	10%～30%	20～30
纤维金属层板	20%～30%	7～10

4. 我国大飞机选材考虑及关键问题

4.1　大飞机选材的考虑

我国大飞机初步选材考虑为：铝合金 70%左右、钛合金 10%左右、复合材料 10%左右。目前存在的关键问题是大型设备问题。图 10 为大飞机初步选材考虑。

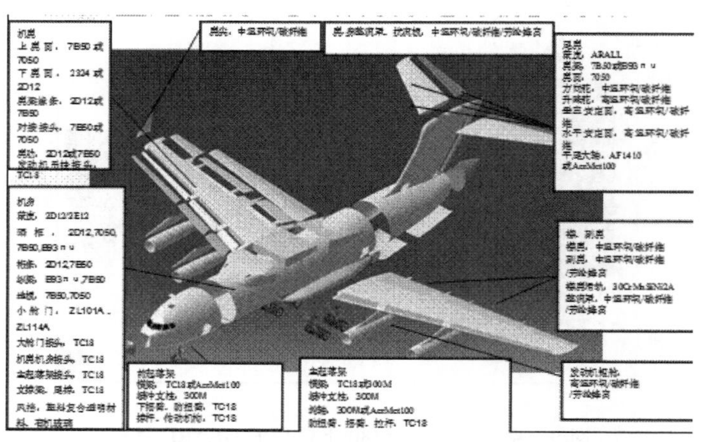

图 10　我国大飞机选材初步考虑

4.1.1　铝合金选材初步方案及关键问题

(1)铝合金选材初步方案

我国大飞机铝合金选材以 2D12 和 7050 合金为主，同时选用 2E12、7B50、B93пч、7175 等合金，并拟选用铝锂合金 5A90。

选用 2D12 合金制造机身蒙皮、壁板、普通隔框和纵梁等；选用 2324 或 2D12 制造机翼下壁板；选用 2E12 制造有特殊要求的机身蒙皮和壁板等。

选用 B93пч 大型锻件制造机身加强框、翼身对接框侧部锻件、主起落架框梁锻件、大开口边梁、龙骨架梁等，主要用于目前 7050 合金规格难以达到的零部件。

选用 7050 和 7B50 预拉伸厚板制造机翼上壁板、机身加强框、次加强框、翼梁、货舱地板、货桥、对接接头等；选用 7B50 挤压型材制造纵梁、翼梁缘条等。

选用 7475 预拉伸厚板制造机身蒙皮和壁板、翼肋、翼面等。

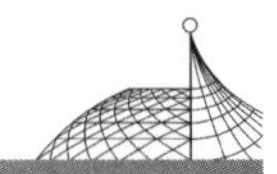

选用 7175 锻件制造接头、连接板、轮毂等中、小型锻件。

选用 5A90 合金制造蒙皮类构件和口盖等。

选用 ZL101A、ZL114A、ZL105A 等制造小舱门、舱口、精铸梁、仪表骨架。

选用 ZL201A、ZL205A 等制造支臂、支座、接头等受力较大构件。

(2)铝合金尚需突破的关键技术

我国大飞机研制生产过程中,铝合金存在的主要问题有铝合金壁板尺寸及铝合金锻件问题。

①铝合金壁板尺寸

在铝合金壁板尺寸方面存在的主要问题有:

预拉伸板最大机翼壁板尺寸:11000mm×2000mm;最大机身壁板尺寸:9500mm×1100mm×35mm;

若采用挤压毛坯经铣切加工而成的带 T 形截面长桁的整体壁板,则最大筋高 60mm,零件最大宽度 922mm。需毛坯宽度 980mm,最大长度 10.3m。

国内目前使用过的最大挤压壁板宽度为 750mm,厚度为 55mm,国内可供应的预拉伸板最大厚度可达 80mm,但板材的宽度和长度不够。

超薄板(0.3mm)的表面质量控制、大型薄壁复杂铝合金精密铸件的铸造技术以及高强耐损伤铝合金精密热处理技术。

厚度 80mm 以上高纯铝合金预拉伸板的制造及应用研究。

宽度超过 980mm,厚度 80mm 以上挤压壁板的研制。

②铝合金锻件

铝合金锻件存在的主要问题是 B93пч 大锻件的研制。

大型飞机拟采用大量大型铝合金锻件,锻件的材料拟采用:7050 或 B93пч。锻件投影面积大于 1.5m^2,如果供应情况允许,还可设计出整体铝合金加强框,其轮廓尺寸为:下部横梁长 6000mm,机身外部直径 5400mm,机身舱内高度 3800mm,舱内宽度 4000mm 的整体框锻件。国内研制虽有一定的基础,但锻件还未研制过。

总体来看,目前铝材需解决的主要问题包括:大规格原材料的研制;高纯铝合金的熔铸技术;大规格棒材的生产;锻造技术(设备能力、锻造工艺);热处理工艺(包括预压缩工艺);批量生产的稳定性;设备能力;表面处理技术;表面强化技术。上述关键问题的解决对于我国大飞机的发展具有决定性作用。

4.1.2　钛合金选材初步方案及关键问题

(1)钛合金初步选材方案

我国大飞机初步考虑选用 10%钛合金。其中钣金零件拟采用低强度钛合金选 TC1 或 TA2,中强度钛合金选 TC4 合金和超塑性成型用超细晶 TC4 合金,高强度钛合金选用 TB5。

锻件、模锻件将首选中等强度钛合金 TC4,焊接结构的大型重要承力构件首选 TA15(BT20)合金,高强度钛合金选用 TC18(BT22),损伤容限型钛合金选用 TC21。

管材选材方案为,抗拉强度抗 470MPa 的管材选用 TA16 钛合金,抗拉强度抗 620MPa 的管材选用 TA18 钛合金。

一般要求紧固件选用 TC16(BT16)钛合金冷镦后或冷变形强化后直接使用,有温度要求或疲劳性能要求较高的紧固件选用 TC4 钛合金。

在压力要求较高的液压系统等管接头视情选用 NiTiNb 合金。

至于钛铸件的应用,铸件:钛合金铸件选用中等强度铸造钛合金 ZTC4。

(2)钛合金尚需突破的关键技术

TC18 合金为大飞机的比选材料。该钛合金在退火状态下便具有高强度，零件尺寸可以不受淬透性限制。目前存在的问题是 TC18 钛合金大型锻件制造技术、大厚度 100mm 钛合金厚板及直径 300mm 以上的棒材研制。急需解决材料牌号的优选和材料成分的优化、大规格原材料的冶炼生产、锻造工艺及精密锻造技术(如等温精锻)、大型薄壁精密铸件的铸造和热等静压、工业化生产的质量稳定性、先进热处理技术及零件的表面处理及化铣技术等。

目前钛合金在大飞机机应用的最大问题是宽辐薄板(1200mm×0.3mm)的能力不足，需引进先进的宽辐薄板扎机来解决，否则将给大型军用运输机设计和制造带来较大困难。

4.1.3　结构钢选材方案及关键问题

(1)结构钢选材方案

我国大飞机所采用的结构钢主要考虑以下几种：

用超高强度钢 40CrNi2Si2MoVA(300M)或 CNG2000(AerMet100)制造起落架主承力件。

用具有高强度与高韧性的 16Co14Ni10Cr2Mo(AF1410)钢制造平尾大轴。

襟翼滑轨、作动筒、螺杆等重要承力构件可采用 30CrMnSiNi2A 钢制造。

选用沉淀硬化不锈钢(如 PH13－8Mo、1Cr15Ni4Mo3N、0Cr17Ni5Mo3、0Cr16Ni6 等)制造多种重要承力、抗腐蚀、抗应力腐蚀接头等零件，降低零部件因腐蚀或腐蚀疲劳而引起的破坏概率。

用 0Cr21Ni6Mn9N 钢管材制造液压系统导管。

用 0Cr18Ni9 钢板材和带材制造冷变形成型零件。

(2)结构钢尚需突破的关键技术

我国目前在大飞机结构钢应用中存在的关键问题主要是结构钢尺寸问题。大飞机的主起落架横梁，其轮廓尺寸约为长 1000mm、横梁长 1600mm 的 T 形件，整体锻件的投影面积约 0.8m^2。主起落架支柱和前起落架支柱外筒，投影面积分别为 0.64m^2 和 0.35m^2。拟采用 300M 钢整体锻件，但国内目前采用过的最大锻造用 300M 棒材直径为 300mm，而锻造此锻件需要棒材直径为 450mm 以上，采用 300M 钢整体结构的技术关键是直径 450mm 以上的 300M 钢棒材制备技术和大型锻件的制造技术。

因此，钢材需解决的主要问题包括大规格原材料棒材的研制(需 Φ450mm 以上棒材)；

大型整体锻件的锻造；大型零件的热表处理；大型制件的长寿命和可靠性技术；表面强化技术等。

4.1.4　复合材料选材初步方案及关键问题

(1)复合材料初步选材方案

大飞机复合材料的初步考虑比例为 10%。其中树脂选用中温固化环氧树脂为主，增强材料为 T300 系列碳纤维(用于承力构件)，EW 和 SW 玻璃布(用于天线罩、雷达罩和非承力构件)，芯材为 Nomex 蜂窝和铝蜂窝。

3218/SW 或 EW 复合材料用于雷达罩、天线罩等；

3234 树脂基复合材料用于层合结构件；

5224 树脂基复合材料用于使用温度和力学性能要求较高部位的层合结构件；

LT 系列低温固化树脂体系复合材料用于次承力构件；

GLARE 层板用于后货舱门和机身结构蒙皮等；

夹层结构芯材选用国内成熟的 Nomex 蜂窝、耐久铝蜂窝系列，成型工艺采用预浸料/热压罐成型工艺为主，兼顾低成本成型工艺。

成型工艺方法以预浸料/热压灌成型工艺为主，兼顾低成本成型工艺。

(2)复合材料尚需突破的关键技术

目前国内在原材料、制造工艺及试验测试等方面的已有基础远远不能满足大飞机复合材料的应

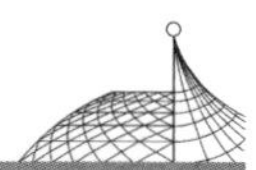

用。必须突破如下关键技术：

在国内现有材料基础上，按国外标准进行中温固化环氧树脂的研制(目标树脂为F155或913)；

制备碳纤维、玻璃纤维及芳纶增强中温固化环氧树脂基复合材料预浸料；

研制出分别适合用于飞机结构件、内装饰件及天线罩体的三种中温固化复合材料；

开展材料性能验证试验及材料工艺性试验；

进行材料设计许用值及必要的设计参数试验；

编制新材料专用技术条件及成型工艺说明书；

开展大型复合材料制件成型及加工工艺性试验；

装机试用及技术鉴定。

4.1.5　大型设备问题

大型设备是大飞机成功研制生产的关键所在。主要涵盖以下几方面内容：

(1)国内现有的3万吨水压机不能完全满足大型飞机的设计和生产需要，需尽快研制4.5万～8万吨的液压机。

(2)宽幅薄板(3500mm)，需解决宽幅开口轧机。

(3)厚250MM铝合金预拉伸机。

(4)宽度超过980mm，厚度80mm以上挤压壁板，需解决1.5万～2万吨的挤压机。

表8为大飞机所需民口配套的关键设备保障条件。

表8　大飞机所需民口配套的关键设备保障条件

序号	设备名称	用途
1	60000～80000吨模锻液压机	大型铝合金、钛合金、超高强度钢模锻件
2	3500mm宽扎机和大开口扎机	大型铝合金框、梁结构件
3	250mm铝合金厚板预拉伸机	大型铝合金框、梁、壁板结构件
4	大型先进铝合金全自动化熔铸设备	大型铝合金框、梁、壁板结构件
5	大型铝合金热处理设备数字化控制与改造	大型铝合金框、梁、壁板结构件
6	钛合金厚板制造辅助设备(加热、热处理、精整理等辅助设备)	大型钛合金框、梁、接头结构件
7	钛合金紧固件冷成型棒丝材扎制及辅助设备	飞机用钛合金紧固件
8	钛合金管材温扎设备	中高强度钛合金管材
9	15000～20000吨挤压机	大型铝合金挤压壁板、型材

4.2　大客选材建议

材料是飞机研制生产的物质基础，是影响大型客机能否研制成功的关键因素之一。材料直接关系到飞机的安全性、可靠性、使用寿命、经济性和市场竞争力。大飞机对材料的要求主要体现在满足长寿命设计要求，目标寿命为90000飞行小时、60000个起落、25年日历寿命；降低全寿命成本、直接运行成本和维护费用；降低机体重量，提高结构效率，减少油耗；除遵循传统的设计准则外，还必须按照耐久性损伤容限设计准则、抗声疲劳设计、防腐蚀设计及维修性设计准则，保证飞机的安全性；提高飞机的舒适性和经济性;减少技术风险,注重新技术/新材料的成熟度与可靠性,不片面追求先进性;通过国内外适航当局 CAAC 和 FAA 的适航审查。长期以来,我国民用飞机材料基本上依赖国外,而没有先进材料的保障,我国大飞机将成为无米之炊。目前存在的关键问题是由于取适航证的问题部分材料需要进口,因此为此实现大飞机材料自主供货,主要的两项工作是逐步实现材料国产化和加强材料取适航证工作。

4.2.1　复合材料比例的考虑及急需解决的关键技术

我国大客复合材料的应用比例有考虑中的三个方案:其一是 10%左右,用在次受力部件,垂尾等;其二是 25%左右,用于主受力部件,机翼等;其三是 50%左右,用于抗冲击部件,机身等。

我国要上大型飞机,当前复合材料方面国内存在的一些薄弱环节就会突显出来。经归纳分析后,认为应重点立项解决以下 5 个关键技术:

(1)碳纤维,树脂等原材料;

(2)自动化制造与高效低成本成形技术;

(3)计算机模拟和控制技术;

(4)无损检测技术;

(5)构件的修理技术。

其中,碳纤维的研制生产是大飞机的瓶颈技术,国产碳纤维的关键技术主要包括强度、分散度和表面的物理化学特性。

民机复合材料的攻关主要包括解决 T300 等复合材料原材料问题;生产 250～300MPa;高韧性环氧树脂基复合材料;突破受力部件的设计制造技术;研制民机复合材料机翼;

彻底解决复合材料的抗冲击等问题;预研民机复合材料机身等。

4.2.2　铝合金的选用及急需解决的关键技术

我国铝合金的选用主要考虑有 7055,7085,2524 及铝锂合金 2197。

(1)高强铝合金 7085

21 世纪初才正式推出的新型高强铝合金,最大厚度可达 300mm。美国铝公司生产的材料已制成特大锻件,应用于 A380 的机翼主梁,该锻件长 6.4m,宽 1.9m,重 3.9t。该合金强度和工艺难度与 7050 相当,但具有更好的淬透性,更高的 KIC 和更小的各向异性。虽然该合金总体上尚属国内空白,但由于我国有 7050 大锻件的研制经验,再加上已自行开展了初步试验研究,希望满足大型飞机研制需要。

(2)高损伤容限铝合金 2524

与第一代蒙皮合金 2024-T3(LY12)相比,第二代蒙皮合金 2524-T3 的疲劳强度提高 10%,KIC 提高 17%～20%,裂纹扩展速率降低 60%,在美国战斗机已全面代替 2024-T3 薄板,B777 飞机选用该合金制造机身蒙皮和后舱壁。

我国"十五"已开展,军机主要用 T62 状态(人工时效),而民用客机主要用 T3、T4、T36 状态(自然时效),以满足高损伤容限的要求。

(3)铝锂合金 2197

美国 90 年代研制成 2197 合金首先应用于 F-16 后机身框,构件寿命提高 4 倍以上,其密度比一般铝合金低 5%,E 高 8%～10%,抗损伤能力强,主要以厚板(厚 30～140mm)形式用于制造 180℃以下工作的壁板、框、梁等构件,其改进型合金准备用于波音飞机的高刚度垂尾。

国内作为十五重点预研项目完成了应用研究,但研究内容不包含大型飞机所需的大厚度板材($\delta \geqslant 100$mm),因此,应根据大型飞机的需要开展更大规格板材的研制和工程化研究。

4.2.3　钛合金的选用及急需解决的关键技术

我国大客钛合金选材比例约 10%左右。主要包括 TC4、TA15、TC18 及 TC21 等。

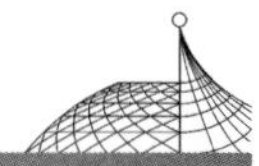

(1)TC4、TA15

在我国,TC4 合金也应用于多种军机和运 7,但其棒材规格限于直径 220mm 以下,锻件重量限于 60kg 以下。如大型飞机选用于更大的结构件,则组织性能和控制将出现新的困难,需要投入力量研制。

我国在九五和十五期间研制成功的 TA15(Ti-6.5Al-2Zr-1Mo-1V)合金与俄的 BT20 相当,并已成功地应用于某歼击机的隔框、梁等多种构件。BT20 的拉伸强度稍高于 TC4,焊接性能很好,已研制成功的棒材直径达 300mm,大锻件重量达 130kg,因此更接近大型飞机的要求。

(2)高强钛合金 TC18 和 TB6

TB6(Ti-10V-2Fe-3Al)是美国创立的近 β 型钛合金,TC18(Ti-5Al-5Mo-5V-1Cr-1Fe,与 BT22 相当)是俄罗斯创立的 α+β 钛合金(实际上应属近 β 型)。它们的拉伸强度保证值分别为 1105MPa 和 1080MPa。

TB6 合金颇适合于等温锻造(锻造温度低),其主要缺点是较贵,淬透性不理想(厚度<100mm)和易产生铁偏析缺陷(β 斑)。国内已完成预研并试用于军机的框段、梁、接头等零件。如选用,则应立项进行工程化研究以进一步提高其成熟程度。

(3)高损伤容限型钛合金 TC21

TC21 的名义成分是 Ti-6Al-2Sn-2Zr-3Mo-2Nb-1Cr。这是我国飞机结构钛合金材料中唯一有自主知识产权的。创立该合金的初衷是取代美国的损伤容限型高强钛合金 Ti-62222(Ti-6Al-2Sn-2Zr-2Mo-2Cr)并应用于军用飞机(特别是四代机)。美国 C17 军用运输机的平尾转轴就用 Ti-62222 制成。

TC21 合金与 Ti-62222 合金在提高损伤容限的工艺途径方面也有差别,TC21 采用准 β 锻造,而 Ti-62222 采用 β 热处理。两者的 KIC、da/dN、E 等相近,而 TC21 的 σb 要高一些(分别为 1100MPa 和 1030MPa)。

通过十五期间的预研和十一五的专项预研(含工程化研究,2007 年完成),由三个炉批的 3t 大锭制成的 φ130、φ210、φ300mm 大规格棒材和多种锻件已研制出来。待应用研究。

4.2.4 超高强度钢 300M 和 AerMet

美国 B737-300 型及其后推出的波音系列客机的钢制起落架基本上都选用 300M 钢。美国的第三代战斗机也通常选用 300M 钢制造起落架,但第四代战斗机 F/A-22 和 F35 的起落架开始选用新推出的 AerMet100(AM100)。

与 300M 钢相比,AM100 不仅强度更高一些($\sigma_b \geqslant$1930MPa,而 300M 钢 $\sigma_b \geqslant$1860MPa),而且抗腐蚀能力和损伤容限要好得多,疲劳性能也更好。然而,迄今为止,美国的民用客机仍未选用 AM100,价格太贵可能是一个重要原因。

我国大型客机超高强度钢约占结构重量的 8%~10%。经过几个五年计划的努力,300M 钢在我国歼击机上的应用技术已较成熟。J8 系列飞机前起落架和主起落架的疲劳寿命超过 5000 飞行小时,也成功地用于我国的两种第三代战斗机上,相应的棒材供货规格可达 φ300mm<φ450mm。

表 9 为我国大型客机选材方案初步考虑。

表 9　大型客机主要结构件选材初步考虑

种类	牌号	半成品	使用部位
铝合金	2524	薄板、型材	机身蒙皮、壁板、桁条
	7050	厚板、型材、锻件	机身长桁、框、摇臂、支座架、翼肋
	7B50	厚板、型材、锻件	上翼面壁板、长桁、纵梁(大开口边梁、龙骨梁)
	7A55	厚板、型材	上翼面壁板、长桁
	2324	厚板	下翼面壁板
	7475	厚板、型材	下翼面壁板、长桁
	2024	薄板、厚板、型材	普通隔框、桁条
	7085	锻件、厚板	框、梁、接头
	ZL101A、ZL114A	精密铸件	小舱门与舱口
结构钢与不锈钢	300M	锻件、管材	主、前起落架支柱、外筒、内筒(活塞杆)、轮轴
	AF1410	锻件	平尾大轴
	AerMet100	锻件	起落架
	PH13-8Mo	棒材、锻件	重要对接螺栓、重要接头
	00Cr18Ni10	板材、带材、棒材、管材	系统结构件
钛合金	TC4/TC4-DT	锻件、薄板、厚板、棒材、铸件	发动机吊舱蒙皮、框、长桁、滑轨、套筒
	TB6 或 TC18	锻件	起落架撑杆(斜撑杆或侧撑杆)、下摇臂、防扭臂、转弯传动机构
	TC21	锻件	机翼机身连接接头、发动机吊挂接头、主起落架安装接头、斜撑杆支撑梁
	TA18	管材	操纵系统
	TB5	板材	高强薄板成形零件
透明材料	无机一有机层合玻璃	板材	前风挡
	轻度交联定向有机玻璃	板材	侧风挡、弦窗
复合材料	环氧碳纤维复合材料	预浸料	扰流板、起落架舱门、襟翼、副翼、腹鳍、方向舵、升降舵、垂尾、平尾、机翼等
	环氧玻璃纤维复合材料	预浸料	雷达罩、天线罩、翼尖、襟翼滑轨整流罩、尾锥、翼一身整流罩、舱内隔板及地板等
	环氧芳纶复合材料	预浸料	尾翼前缘等
	ARALL	板材	升降舵、方向舵蒙皮壁板等
	GLARE	板材或制件	机身上部蒙皮壁板等
胶粘剂	高温固化胶粘剂		襟翼、副翼、方向舵、升降舵、垂尾、平尾、机翼等
	中温固化胶粘剂		腹鳍、翼尖、襟翼滑轨整流罩、尾锥、翼一身整流罩、舱内隔板及地板等

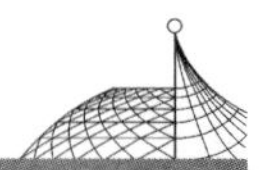

5. 结 论

通过以上分析，可以得出结论：

首先，材料是飞机发展的基础。铝合金、钛合金、复合材料的出现都促进飞机的升级发展。我们应抓紧先进复合材料、钛合金、铝合金和合金钢的研究。

其次，民用飞机材料要重视材料的取适航证工作，否则难以进入市场门槛。

参考文献

[1] 张彦仲："航空技术的发展趋势"，中国工程科学，第 1 卷第 1 期，1999.10.

[2] 张彦仲："大飞机气动总体技术的发展"，中国航空学会 2007 年学术报告会. 深圳，2007 年 9 月.

[3] 左铁镛："航空用铝合金情况"，大飞机材料研讨会上的报告. 北京，2008 年 1 月 28 日.

[4] 周廉："大飞机用钛及钛合金材料进展"，大飞机材料研讨会上的报告. 北京，2008 年 1 月 28 日.

[5] 杜善义等："我国大型客机先进复合材料技术应对策略思考"，大飞机材料研讨会上的报告. 北京，2008 年 1 月 28 日.

Abstract: The relationship between aircraft and material developments are described. "One generation of materials, one generation of aircraft" and "one type of standards, one type of materials" are proposed. The development of materials for large aircraft was introduced. The development of Aluminum alloys, Titanium alloys and composite materials are analyzed. Key technology and the choice of materials for large aircraft on China were presented. Materials for transport aircraft are discussed. Materials for passenger aircraft are proposed.

Keywords: large aircraft; material; Aluminum alloys; Titanium alloys; composite materials; key technology; transport aircraft; passenger aircraft

空管航空电子技术的进展*

1903年，莱特兄弟发明了飞机，标志着交通运输系统有了新方式。1919年，第一条国际民航航线开通。随着飞机数量增长和飞行更远更高，空中交通管理任务日益繁重。2010年，全球民用运输飞机达1.8万架，通用飞机达32万架。随着飞机数量增长和飞行得更远更高，空管任务日益繁重。快速发展的航空运输促进了空管系统的发展，进而带动了空管航电技术的进步。本文依次介绍了空管系统的发展历程，空管技术与航空电子技术融合发展的趋势，国内外新一代空管系统的最新发展，空管航空电子技术的新进展及关键技术，最后提出了发展我国空管航空电子技术的建议。

1. 空中交通管理发展历程

空中交通管理（空管）系统是保证飞行安全、维护空中交通秩序、实施空域资源管理、提高航空运行效率的核心系统。随着天空中飞机数量的增长，空管系统管理手段不断进步。从历史看，空管系统发展历程可分四个阶段，如表1所示。

第一代：程序管制时代（1930—1945年）：飞机采用仪表飞行规则和陆基导航系统，地面管制采用程序管制和无线电话音。从30年代DC3型飞机投入民航商业运营到1945年间，新型民用客机不断出现，航空运输运量不断上升。为保障飞行安全，仪表飞行规则建立，飞机进场使用无方向性信标（NDB，1929）和四航道信标，覆盖航路的陆基无线电导航系统出现，航路管制主要采用程序管制和无线电话音，第一代空管系统形成。机载航电设备采用无线电导航和话音通信设备。

第二代：雷达管制时代（1945—1983年）：空管采用雷达管制方式，集通信、导航和监视为一体的空管系统初步形成。二战后，喷气式客机的出现提高了飞行速度，飞机飞行高度提升到11000米左右平流层，跨洋飞行开始出现。航空运输飞速发展，航路飞行密度不断提高。在航路飞行中，测距器（DME，1959）与甚高频全向信标（VOR，1946）配套用于飞机定位。仪表着陆系统（ILS，1947）成为进场标准设备，微波着陆系统（MLS，1978）开始应用。塔康系统（TACAN，1956）研制成功，远程无线电导航罗兰-C系统应用不断拓展。飞机基本实现全阶段仪表飞行，雷达管制开始出现，集通信、导航和监视为一体的第二代空管系统形成。

空管系统发展对航电设备功能和性能提出了新要求。机载导航采用了惯性导航系统（INS，1960）和陆基无线电导航系统（VOR、DME、ILS等）接收机。机载通信采用了高频（HF）话音、甚高频（VHF）话音、飞机寻址与报告系统（ACARS，1977）。机载监视系统中，二次雷达系统（SSR）、信标防撞系统（BCAS）和空中交通警戒和防撞系统（TCAS）开始研究和使用，机载雷达进入数字化、模块化新时代。

---

* 文章收录于中国科学院编写的《2011高科技发展报告》，北京：科学出版社，2011：55-62. 系作者与张军合作完成。

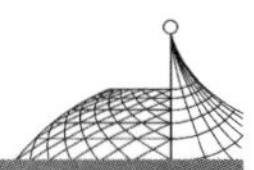

表 1　空管系统发展阶段

空管系统		第一代 1930—1945 年	第二代 1945—1983 年	第三代 1983 年至今	下一代
管制方式		程序管制[1]	雷达管制[1]	空地协同[1]	向“自由飞行”发展
空管设备[2,3]	导航	无方向性信标(NDB)、四航道信标	测距器(DME)+甚高频全向信标(VOR),塔康(TACAN)、罗兰-C、仪表着陆系统(ILS)、微波着陆系统(MLS)、惯性导航系统(INS)	卫星导航(GNSS)、陆基导航、组合导航、多模式接收机(MMR)、增强系统	网络化 导航与监视
	通信	无线电话音	高频(HF)话音、甚高频(VHF)话音、飞机寻址与报告系统(ACARS)	甚高频数据链(VDL Mx)、卫星数据链(AMSS)	
	监视	话音位置报告	雷达监视(PSR、SSR)、信标防撞系统(BCAS)	合同式自动相关监视技术(ADS-C)、广播式自动相关监视(ADS-B)、多点定位(MLAT)、空中交通警戒与防撞系统(TCAS)	
飞行运行方式与典型应用		仪表飞行	跨洋飞行 全飞行阶段仪表飞行	全球化飞行 向基于性能运行转变	复杂空域密集飞行 向基于航迹运行转变

第三代:空地协同管制时代(1983 年至今):基于卫星的通信、导航、监视技术广泛应用,空管航电技术进一步融合,进入空地协同管制新纪元。80 年代,民航飞机数量高速增长,到 1990 年年底,全球 550 多家航空公司共拥有 1.5 万架客机,比 1975 年增加一倍,航线密度增加,跨洋飞行和远距离飞行频繁,极地飞行出现。为满足飞行更安全、更密集、更灵活的需求,结合卫星导航(GNSS)、卫星通信和空地协同监视技术发展,国际民航组织(ICAO)认识到空管须从单纯地面指挥向空地协同发展,于 1983 年成立未来航行系统(FANS)特别委员会。1991 年,ICAO 通过新航行系统方案(CNS/ATM),在卫星和数字信息技术支持下,利用先进通信、导航和监视技术和空中交通管理(Air Traffic Management,ATM)系统,来解决飞行安全性不良、容量低、效率低等问题,空管系统进入空地协同管制新纪元。2005 年 6 月,北京至纽约首条飞越北极的直航航线开通,比以往经东京或其它城市中转节省约 5 小时。

新的空管航电开始出现。90 年代初,波音和空客公司提出新一代空管航电设备解决方案。机载导航采用了陆基导航、卫星导航、组合导航、导航增强的多模式导航接收机。机载通信采用了甚高频数据链(VDL Mx)、卫星数据链(AMSS)等。机载监视采用了自动相关监视(ADS)、空地协同监视和多点定位监视(MLAT)等,空中交通警戒与防撞系统(TCAS)开始实用。相关国际技术标准也开始制定,1995 年,ARINC 660 CNS/ATM Avionics[4] 标准发布,2001 年,ARINC 660A[5] 标准发布。为支持新一代航空运输系统计划(SESAR、NextGen,2005),欧洲和美国发布航电系统发展路线图(Study Report on Avionics Systems,2007[6];NextGen Avionics Roadmap[7],2008),给出了空管航电系统功能、性能和使用时间表。

2. 空管系统未来发展方向及技术需求

全球航空客运量在未来20年预计以平均每年4.7%的速度增长,新增民航飞机达2.5万架。空地协同空管系统正在实施,由于尚未实现全球覆盖,难以满足航路灵活选择和复杂空域安全飞行的需求,航班延误屡有发生,现有空管系统容量已趋于饱和。

未来空管系统采用以星基为主、星基和地基相结合的技术,面向“自由飞行”,采用网络化导航与监视设备,支持四维航迹运行,将实现复杂空域内高密度飞行。空管系统正朝着全球化、精细化和绿色环保化方向发展,如图1所示。

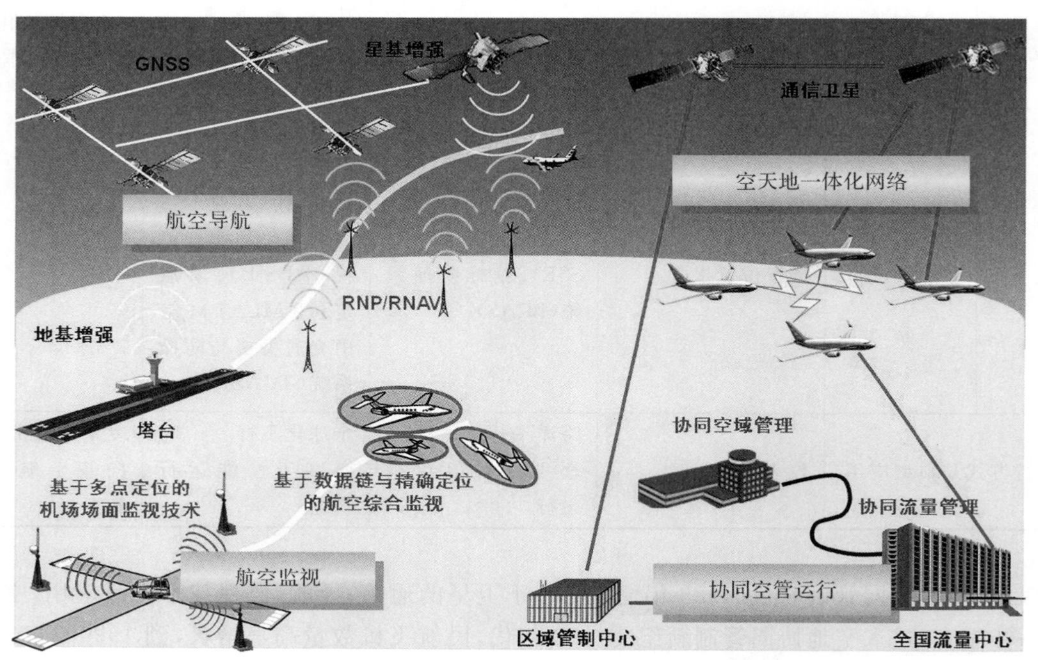

图1 未来全球化精细绿色空管系统

(1)全球化空管。通过构建全球导航(GNSS)、全球通信(空天地一体化网络)、全球监视等设施,实现无缝隙全球空管,为旅客提供安全、便捷“地球村”交通服务。

(2)精细化空管。通过采用基于性能导航(PBN)、广播式自动相关监视(ADS-B)、四维航迹运行(4DT)、飞行自主间隔保持等先进技术,进一步缩小时间和空间间隔,提高飞行灵活性和运行效率,实现航空运输运行的安全精细管理。

(3)绿色环保化空管。通过构建全球化空管设施,实现空管精细化运行,可优化航线、减少延误、节约燃油、减少排放,提高航空运输绿色环保水平。航空运输消耗燃料占运输业消耗燃料总量的12%[8],由于飞机在万米高空飞行,排放的CO_x、NO_x、CH_x等对大气层影响更大,2025年全球飞机的CO_2排放将增至12.28亿~14.88亿吨,相当于2006年日本全国排量,航空运输节能减排任务十分重要。采用空管新技术可优化飞行航线、降低排放,每次连续下降进近(CDA)可减排150~160kg CO_2,

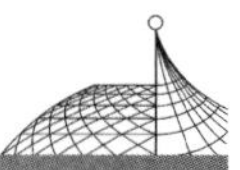

每次清洁速度起飞(CAD)可减排 600～5000kg CO_2。据统计,我国每个航班空中飞行和地面等待时间平均减少 3 分钟,全年可减少 20 万小时待机浪费。

为适应空管系统发展趋势,空管航电技术将向网络化、综合化和智能化方向发展。

(1)空天地一体网络化。通过机内外、空天地一体化航空电信网(ATN)和移动 IP 技术,集成多种模式机载数据链,构架航空 IPv6 移动信息网络,实现机载子网与空管网络互联,提供高质量航空移动通信服务,支持空管系统全球化发展趋势。

(2)CNS 性能综合化。集成机载和地基系统的通信(Communication)、导航(Navigation)、监视(Surveillance)性能,综合机载传感器和融合多元传感器信息,实现多元多尺度威胁物和飞行态势精确监视,支持空管系统精细化运行。

(3)人机交互智能化。智能处理实时气象、地形、交通态势、飞行情报、飞机姿态、位置、状态等信息,通过灵性的人机交互,形成机载三维空中态势可视情景,实现复杂环境自主避险和密集飞行航路优化,提高空管系统绿色环保水平。

以集成模块化为特征的空管航电系统(IMA)在 A380 和 B787 飞机上达到了新水平,B787 的集成监视系统(ISS)和 A380 的飞机环境监视系统(AESS)将地形、交通和气象等监视功能集于一身,紧密结合空地需求,实现了空地一体化无缝隙不间断空管服务。

3. 空管航空电子的关键技术

空管与航电技术从独立发展到技术融合,最终形成空管航电的概念:“空管航电是航电系统中为满足空管的运行而存在的设备、系统和功能的总和”。空管航电关键技术包括:机载通信网络、机载综合导航、机载综合监视和机载综合信息处理技术。

3.1 机载通信网络技术

机载通信网络技术是空天地一体化航空电信网的核心,通过研制机载智能宽频多波束天线系统、基于软件无线电的多制式宽带收发信机系统、百兆级机载卫星通信系统、万兆级机内全光网络系统、IPv6 机载交换设备和集成多链路机载通信管理系统等,为飞机、空管部门、航空公司、机场和个人提供所需的高速、安全可靠通信服务。

3.2 机载综合导航技术

机载综合导航技术利用陆基(VOR/DME、TACAN)、星基(GPS、COMPASS 等)和空基(INS、气压高度表等)的航空导航传感器信息实现综合导航,突破抗干扰机载多模导航共形天线、惯导/GNSS 超紧耦合组件、多模接收机(MMR)、三维视景增强引导等技术,实现低能见度和复杂飞行环境中精密导航(三类精密进近导航:精度为垂直 2.9 米、侧向 5 米)和安全引导。

3.3 机载综合监视技术

机载综合监视系统采集 ADS-B、气象雷达、激光雷达、红外探测等信息,实现空中交通态势舱内综合信息显示,提高飞行员态势感知能力。突破 200 公里范围飞行态势显示、间隔 3 海里密集飞行实时调控、分米级威胁物实时检测和告警、多跑道枢纽机场场面交通监视与全自动引导(5级,最低能见度条件)、高分辨率增强视景等技术,可实现航路、终端区和机场全飞行过程的精细安全监视。

3.4 机载综合信息处理技术

机载综合信息处理技术采集实时气象、地形、交通态势、飞行情报、飞机姿态、位置、状态等态势信息,进行融合处理和传感器综合,突破超高速(数百亿次/秒)机载综合核心处理机、机载多线程多核实时系统软件、自适应光照全景态势座舱显示器等技术,可提高飞机自主间隔保持和综合避险能力,在复杂空域(区域、气象)环境下,实现高密度运行安全管理与智能决策。

4. 我国空管航电技术及发展策略建议

4.1 我国航空运输及空管技术发展需求

2009年,我国航空旅客周转量达到3374.9亿人公里,居世界第二位。2010年,我国机队规模达到1500余架,通航飞机900余架。据波音公司预测[9],2020年我国机队规模将达到4330架,年航班飞行总量将达到400余万架次,通航飞机将达到5800架。

目前我国东部沿海空域十分拥挤,主要干线航路繁忙,枢纽机场航班延误状况不断恶化,空管系统面临巨大压力[10]。

空管基础设施严重不足。我国雷达监视、导航、气象服务系统仅达到美国本世纪初1/4～1/6的水平。西部存在大量监视盲区;陆基导航设备数量不足;通信网络仍以话音通信为主,空地数据通信带宽窄,还未完全覆盖西部高原地区。

亟须采用新技术实现跨越式发展。在有限空域资源条件下,只有加强空管技术,才能不断提高空域和航线容量,减少拥塞和飞行冲突,提高航班正点率。我国应当密切结合国际空管技术发展,规划、设计、研发和建设新一代空管系统,实现空管系统跨越发展。

4.2 我国空管航电技术发展策略建议

我国空管航电技术发展应以建设航空强国为奋斗目标,全面支撑民用航空运输业和航空制造业可持续发展,为国家经济建设和社会发展提供优质航空交通服务。

(1)加强领导和统筹

加强空管的国家统一领导,统筹规划国家空域资源,协调军航与民航、国际航空与国内航空关系,统一规划空管基础设施,促进航空运输和航空制造发展。

(2)加强核心技术体系研究和应用

提高自主创新能力,加强空管航电核心技术攻关,摆脱受制于人的困境,建立政府产学研用结合的空管航电科技创新体系,推动空管航电技术及产业发展。

(3)加强国际合作与适航工作,提高标准化水平

加强空管航电技术国际交流和合作,推进适航审定能力建设,积极参与国际标准制定工作,提高我国空管航电技术标准化水平。

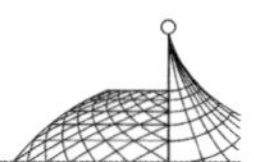

参考文献

[1] 张军,《现代空中交通管理》,北京航空航天大学出版社,2005 年,p1-8.

[2] Iran Moir, Allan Seabridge,《民用航空电子系统》,航空工业出版社,2009 年,p300-320.

[3] 霍曼等,《飞速发展的航空电子》,航空工业出版社,2007 年,p1-8,p17-18,p21,p41.

[4] ARINC,《660 CNS/ATM Avionics, Functional Allocation and Recommended Architectures》,1995.

[5] ARINC,《660A CNS/ATM Avionics, Functional Allocation and Recommended Architectures》,2001.

[6] EUROCONTROL,《Study Report on Avionics Systems for the Time Frame 2011—2020》2.2,13 Feb. 2007.

[7] Joint Planning Development Office,《NextGen Avionics Roadmap》1.0,28 Oct. 2008.

[8] 张彦仲,《航空环境工程与科学》,中国工程科学, 2001 年 7 月, p1-6.

[9] Boeing,《Current Market Outlook 2010—2029》, http://www.boeing.com/commercial/cmo/index.html,2010.

[10] 中国民用航空局,《基于性能的导航实施路线图》1.0 版,2009 年 10 月.

Development in CNS/ATM Avionics

Abstract: The Wright brothers invented the airplane in 1903, which marked the beginning of the new transportation era. In 1919, the first international civil airline was established. With the growing number of aircrafts and increasing flying distance and height, the workload of air traffic management has become heavier. In 2010, the number of global civil transport aircrafts reached 18,000, and there were up to 320,000 general aircrafts in the world. The rapid development of air transport led the advance of air traffic control technology, thereby bringing the avionics technology progress. In this paper, the development process of Air Traffic Management (ATM) is divided into four stages by the different air traffic demands and ATM methods. In each stage, different avionics systems have been developed according to ATM developing requirements. And then the paper analyzes the integrating development trends between ATM and avionics. The future ATM system will be global, delicate and green. Therefore, the future avionics will be an integrated and intelligent network system, which merges into ATM system. In addition, this paper introduces the latest development of next-generation ATM systems and new progress of avionics technology. The key technology of avionics system is summarized, which includes airborne communication network, airborne integrated navigation, airborne surveillance and airborne integrated information processing technology. Finally, Chinese avionics strategy is put forward based on the development of CNS/ATM Avionics.

Keywords: avionics; air traffic management; technology development

一代材料,一代动力*

摘　要:航空发动机和燃气轮机是飞机、舰船和能源工程的"心脏",本文阐述了世界发动机发展的水平及我国的差距,提出"航空强国,动力先行"的意见。材料技术是发动机发展的核心技术之一,文章分析了材料在发动机发展中的重大作用,提出"一代材料,一代动力"的论断。最后,文章研究分析了我国发动机材料的差距和问题,提出建设我国发动机材料体系的重点和关键,以及加强基础研究和培养人才等实施意见。

2016 年 8 月 28 日,习近平总书记在中国航空发动机集团公司成立时批示,"加快实现航空发动机及燃气轮机自主研发和制造生产,为把我国建设成为航空强国而不懈努力奋斗!"向我们提出建设航空强国的奋斗目标。

1. 航空强国,动力先行

航空发动机和燃气轮机是飞机、舰船和能源工程的"心脏",是工业皇冠上的明珠。据日本通产省研究,按产品单位重量创造的价值计,如果船舶为 1,则轿车为 9,彩电为 50,电子计算机为 300,喷气飞机为 800,航空发动机达 1400,如图 1 所示。

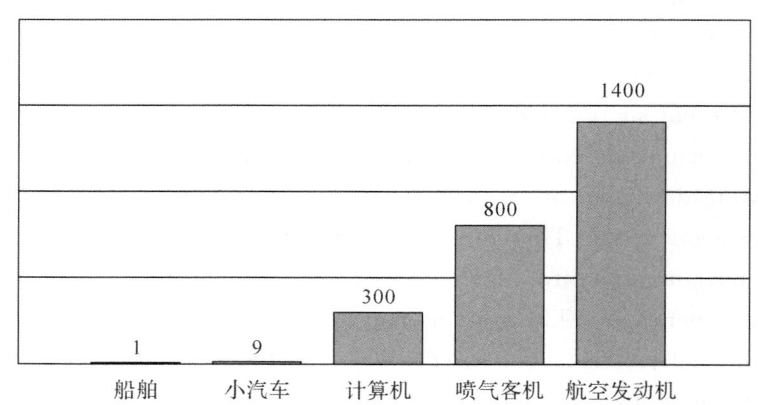

图 1　单位重量创造的价值比

(数据来源:日本通产省)

航空发动机的发展水平是一个国家综合国力、工业基础和科技水平的集中体现,是国家安全和大

* 文章是作者于 2008 年 1 月 28 日在大飞机论坛会上的报告。2018 年 7 月 4 日,作者在"先进发动机材料研讨会"上发言时对文章做了部分修改。

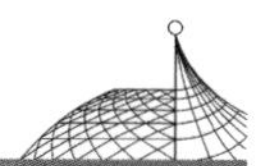

国地位的重要战略保障，对国民经济和科技发展有着巨大的带动和促进作用。

目前先进国家的航空发动机及燃气轮机技术和产品处于领先地位。在战斗机发动机领域，推重比 8 一级的发动机，20 世纪 80 年代已装于第三代战斗机 F-16 飞机；推重比 10 一级发动机，21 世纪初已用于第四代战斗机 F-22 飞机。涡轮前温度达到 1950K 左右，总压比达到 30 以上，加力油耗降到 1.8 左右(见表 1)。

表 1　国外军用发动机发展水平

参数	第一代	第二代	第三代	第四代
典型代表	J57 (普惠公司)	J79 (GE 公司)	F110 (GE 公司)	F119 (普惠公司)
服役年代	1951	1956	1986	2002
应用机型	F100	波音 F4	洛马 F-16	洛马 F-22
推力 kgf	7800	7715	12700	15000
总增压比	11.5	13.5	30	30
涡轮前温度/K	1140	1200	1700	1950
涵道比	—	—	0.76	0.40
耗油率/($kg \cdot kgf^{-1} \cdot h^{-1}$)	2.14	1.93	2.05	1.80～1.90

在民机发动机领域，先进国家大涵道比涡扇发动机最大推力超过 50000daN，热端零件寿命最长达到 4 万小时，耗油率进一步降低 15%。在直升机发动机领域，先进涡轴发动机的功重比达到 10 左右。欧美高超声速飞行器用的涡轮冲压组合发动机，计划在十年年左右达到技术成熟度 6 级。欧洲已经提出发展马赫数 4～6 的民用客机及其动力。

50 年来，民用发动机的推力提高了 100 倍，油耗降低了 1/2，排放降低了 80%。LeapX 发动机涡轮前温度达到 1920K，涵道比接近 11，总压比大于 40，油耗降到 0.50 以下，首返期达到 20000 小时(见表 2)。

表 2　窄体客机发动机国外发展水平

参数	第一代	第二代	第三代	第四代
典型代表	JT3C-6 (普惠公司)	JT8D-15 (普惠公司)	CFM56-5B2 (CFMI 公司)	Leap-1C (GE 公司)
服役年代	20 世纪 50 年代	20 世纪 70 年代	20 世纪 90 年代	21 世纪 10 年代中
应用机型	波音 EC135	波音 727	A321	C919
推力/kgf	5897	8340	14062	13608
总增压比	12.5	16.4	35	～41
涡轮前温度/K	1240	1285	1597	～1920
涵道比	0	1.08	5.5	～11.1
耗油率/($kg \cdot kgf^{-1} \cdot h^{-1}$)	0.77	0.65	0.602	0.502
首翻期/h	—	—	20000	20000

在燃气轮机领域，西方国家重型燃机的单机功率达到460MW，简单循环效率达到40%，联合循环效率达到60%以上，NO_x 与 CO 排放已经达到 0.0015%和 0.0010%的水平。

我国航空发动机事业经过 60 多年的发展，已生产交付 6 万多台发动机，基本保障了我军航空装备建设和航空工业发展需求。但我国先进战斗机发动机和大型运输机发动机研制进度落后于飞机的研制需求；C919 用大涵道比涡扇发动机从国外进口。我国航空发动机的基础研究薄弱，自主研发体系不健全，创新能力不足，受到西方国家制裁。整体上看，我国航空发动机与先进国家相比存在较大差距。发动机成为航空发展的瓶颈。

我国航空发动机的发展，必须立足于自主创新，自力更生。而研制一台新发动机要 15 年以上的时间，远远长于飞机的 10 年左右的研制周期。过去发动机附属于飞机发展，飞机上马，发动机才上马，飞机下马，发动机跟着下马，发动机很难跟上飞机的发展进度。航空发动机一定要先行，才能满足飞机发展的需求。我国航空发动机基础差，起步晚，更要优先发展。“航空强国，动力先行”，是几十年的经验，也是一条科学的规律！

2. 两机专项 新里程碑

我国先进航空发动机、燃气轮机长期受制于人，已经造成重大的国家安全风险。为加快实现我国“两机”自主创新的战略发展，2012 年 1 月 16 日，根据党和国家的战略决策，按照国务院的统一部署，经有关部门推荐并报国务院批准，成立了由军队、民航、中航工业、中国商飞、中船工业、中船重工、燃气轮机企业、中科院、高校、金融、管理及政策研究等部门 36 人组成的“两机”国家科技重大专项论证委员会，论证提出“两机”的实施方案。

国务院领导高度重视论证工作，先后 10 余次专门听取论证委员会的汇报。2014 年 5 月 16 日，国务院李克强总理主持召开国务院会议，听取论证工作汇报，原则同意立项。2015 年 8 月，习近平总书记主持召开政治局常委会议，同意论证结论，成立了筹备组，启动“两机”责任主体的筹备工作。航空发动机的责任主体单位“中国航空发动机集团公司”，于 2016 年 8 月 28 日在北京正式挂牌成立。

习近平总书记在中国航空发动机集团公司成立时的贺信中指出：“党中央做出组建中国航空发动机集团公司的决策，是从富国强军战略高度出发，对深化国有企业改革、推进航空工业体制改革采取的重大举措”。

中国的航空发动机事业，在新时代进入一个新的里程碑。

3. 一代材料，一代动力

航空发动机的更新换代，很大程度上取材料决于的进步和工艺技术的发展。从涡轮叶片的温度来看，50 年来，涡轮前的温度提高到 1800℃左右，其中，材料的贡献约占 2/3(1100℃)，冷却、涂层技术的贡献占 1/3(500～600℃)左右(见图 2)。

材料和制造技术对于发动机的减重贡献更大，美国 F100 发动机，采用粉末盘，重量从 170.4kg 降低到 111.9kg，减重 34.3%(见表 3)。

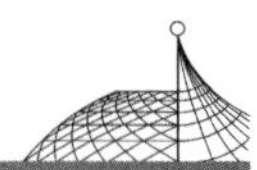

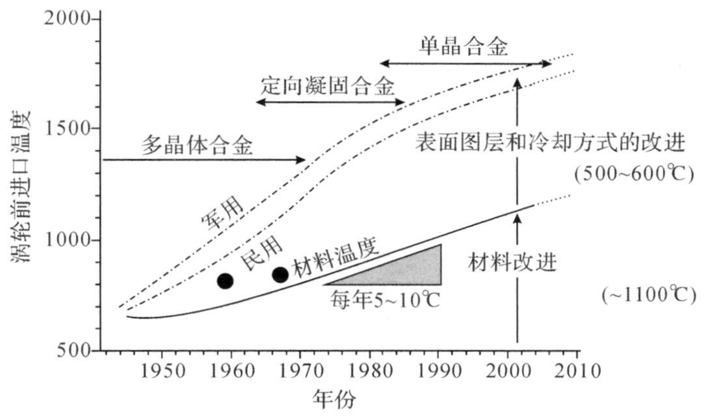

图2　叶片材料的发展

表3　F100发动机采用粉末盘减重效果

涡轮	普通盘/kg	粉末盘/kg	减重效果/kg
一级涡轮	53	37.6	15.4
二级涡轮	50.3	30.8	19.5
三级涡轮	34.9	24.9	10.0
四级涡轮	32.2	18.6	13.6
合计	170.4	111.9	58.5

先进的材料和制造技术，使发动机质量不断减轻，发动机的效率、使用寿命、稳定性和可靠性不断提高。材料的不断进步，推进发动机的更新换代。

钢的发展，促进了活塞式发动机的研制；高温合金和钛合金的发展，促进了涡喷发动机的研制；单晶定向镍基高温合金叶片和粉末盘的发展，促进了第三代发动机的研制；单晶空心叶片、复合材料等技术的发展，促进了第四代发动机的研制，充分体现了“一代材料、一代动力”的规律。

世界各国科学家都在研究不断提高高温合金的温度能力，25℃/代。图3表明单晶合金的温度能力的发展。

材料的进步也是很艰难的。过去50年，世界涡轮叶片材料温度平均提高5～10℃/年左右。发动机粉末冶金材料平均提高2℃/年左右(见图4)。

我们“文革”耽误了十多年，拉开了差距。我国航空发动机材料的研制，正处于自主发展的关键时期。改变过去型号牵引下的材料研发体系，开展航空发动机关键材料的自主基础科学研究、共性基础技术研究和工程应用研究，形成具有自主知识产权的关键高温材料体系，努力做到“一代材料、一代动力”，支撑航空发动机的自主创新发展。

4. 材料发展，夯实基础

没有先进的材料和制造技术就没有更先进的航空发动机。航空强国都投入了大量人力、物力和财力，对航空发动机用的材料技术进行全面、深入的研究。过去50年间，航空强国安排了一系列的发

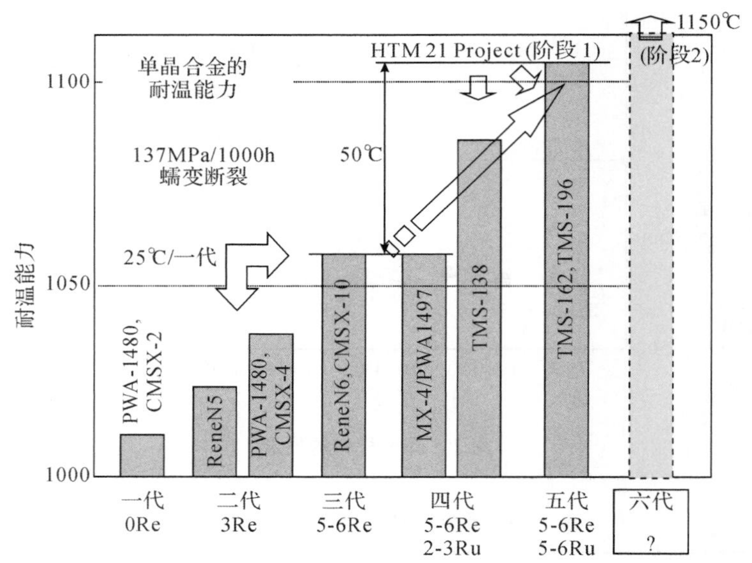

图3　单晶合金的耐温能力

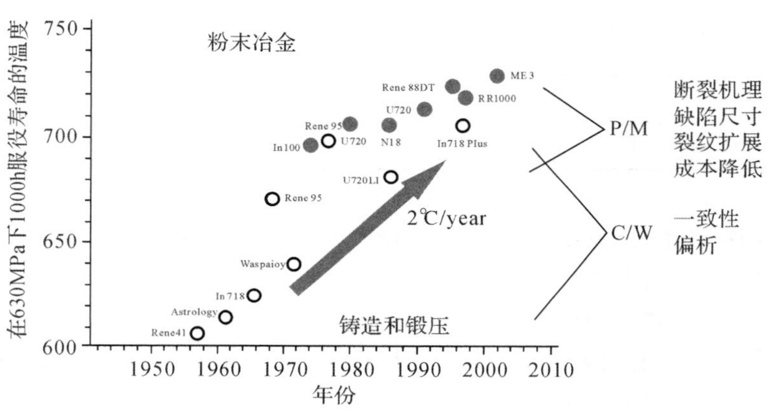

图4　发动机粉末冶金材料的发展

动机材料技术研究计划，规划了材料技术领域的发展方向，为先进军、民用发动机提供了坚实的技术基础。例如，美国的发动机热端部件技术(HOST)、先进高温发动机材料技术计划(HITEMP)、先进航空发动机材料(ADAM)、美国空军复合材料经济可承受性计划(CAI)等。通过这些国家层面的大型研究计划，大大推动了新材料和新工艺在发动机上的应用，提升了航空发动机的性能、缩短了研制周期、减少了应用风险。我国必须高度重视发动机材料的研究。

(1)材料是基础

我国航空发动机研制正处于自主发展转变的关键时期，而基础研究是我国航空发动机自主创新发展的源泉和基础。实现航空发动机的自主创新发展，设计是主导、材料是基础、制造是保障。材料是基础中的基础。

国外先进航空发动机研发实践表明：先进航空发动机性能的提高，50%左右的贡献来自材料及相关工艺技术；发动机减重，材料制造的贡献率占70%以上。材料是关键中的关键。

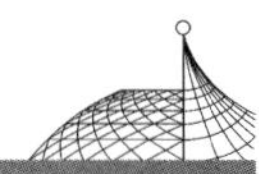

材料是长期制约着我国航空发动机的发展：航空发动机材料“多、杂、散”问题突出，主干材料不成熟，关键材料依赖进口，高端原材料质量不过关。材料是瓶颈中的瓶颈。

两机国家重大专项非常重视材料的发展，安排了15%左右的经费用于基础研究，材料是基础研究的重点。这个安排在国家十六个重大专项中是先行的。

(2)要突出重点，形成我国发动机材料体系

欧美等西方发达国家已构建了第三代(F110、F100、CFM56、T700)和第四代航空发动机(F119、EJ200、T800、MTR390)材料体系，第五代航空发动机的主干材料进行地面验证。我国第四代发动机设计采用了大量的新材料、新结构。高温部件材料和部分轻质高强材料、部分功能材料不成熟，材料服役性能数据缺乏等问题，亟待解决。发动机材料研究要有重点，要以叶片单晶合金；粉末盘；复合材料(金属基、陶瓷基复合材料)；高温涂层材料等为重点开展研究。逐步形成我国自己的发动机材料体系。

(3) 要重视基础科学的研究

国内从事航空发动机材料研发的科研人员，应充分调研航空发动机材料方面国内外发展历史和现状，梳理我国航空发动机材料领域存在的主要问题，凝练航空发动机材料学科的科学问题。如：叶片单晶合金等关键材料的成分初始配比原理(如Re元素的比例和分布)，高温材料长期服役中组织性能演化机理和规律等科学问题。汇聚优势团队和人才、开放共享、协同创新，在关键高温金属结构材料优化设计制备与服役行为、高温陶瓷基复合材料一体化设计制备表征与服役行为、轻质/高强结构材料一体化设计制备与表征、功能材料和表面结构设计制备与表征等方向，开展基础性、前瞻性和探索性研究，为我国航空发动机材料的自主创新发展奠定坚实的科学基础。

一种高精度声表面波标签无线测温算法*

摘　要：针对声表面波(Surface Acoustic Wave, SAW)标签无线测温时延估计精度不高的问题，提出了一种新算法；为降低对硬件转换速度和采样率的要求，采用频率步进连续波(frequency stepped continuous wave, FSCW)作标签的询问信号，利用频率粗估计和相位精估计相结合的方法提取回波时延；推导出回波时延估计的Cramer-Rao下限(CRLB)，分析了相关参数对其影响；在复加高斯噪声条件下，利用时延估计结果进行无线测温；当起始频率为902MHz，扫描带宽为26MHz时，仿真结果证明该算法测温误差仅为频率估计算法的1/60。

关键词：声表面波；温度；频率估计；相位估计

1. 引　言

声表面波(SAW)标签可在实现射频识别的同时实现无线测温，因其无源，故使用寿命长、免维护，具有广泛的应用前景[1,2]。

利用SAW标签实现无线测温的前提是回波时延的精确估计，其精度直接影响温度测量的性能。读卡器处理回波信号主要有时域分离和频域分离两种方式。前者需要快速的收发切换开关与高速采样器从而使得读卡器价格昂贵，后者一般基于频率步进连续波(frequency stepped continuous wave, FSCW)[3-5]原理，降低了采样率要求，易于低成本实现，但存在识别精度不高的问题。为提高识别精度，针对FSCW回波信号特点，本文采用频率和相位联合估计的方法得出回波时间，并推导出复加性高斯白噪声下其与频率估计算法各自的CRLB界。将此方法用于温度测量，仿真实验结果证明性能优于传统频率估计算法。

2. 系统模型

图1给出了一个基于SAW标签的RFID系统，由读卡器和SAW标签组成。其中SAW标签由天线、压电基片、叉指换能器(interdigital transducer, IDT)和反射极组成。天线接收读卡器发来的询问信号，通过叉指换能器将其转化为声表面波，其沿衬底表面传播，经脉冲位置编码的反射极阵列，由叉指换能器重转化为电磁波并通过天线发出形成回波序列信号[6]。回波之间的时延差随标签所处环境温度

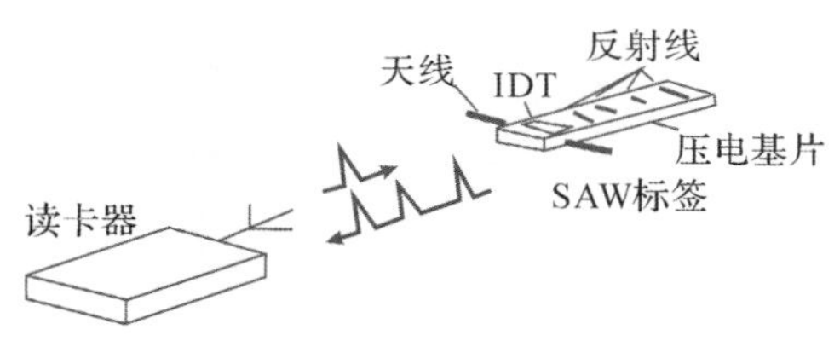

图1　基于SAW标签的RFID系统

* 文章发表于《计算机测量与控制》，2011，19(7)：1586-1588. 系作者与文霄杰、邹定蓉、李署坚合作完成。

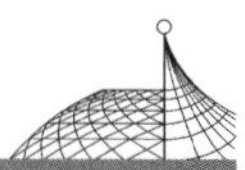

的改变而呈线性变化，读卡器检测出回波时延后得出差值，进而可以测出标签所处环境的温度。

读卡器发射信号的频率在带宽 B 内以阶梯形式扫描，起始频率 F_0，每个阶梯的频率步进长度为 F_{step}，每个扫描周期内频点数为 $N=\dfrac{B}{F_{\text{step}}}$。发射的询问信号可以表示为

$$S_{\text{TX}}(t)=\cos[2\pi(F_0+nF_{\text{step}})t+\varphi_0];n=0,1,2,\cdots,N-1 \tag{1}$$

式中，φ_0 为信号在 $t=0$ 时的初相。

询问信号经具有 p 反射极的 SAW 标签反射，形成的第 k 个回波信号为

$$S_{\text{RX}}(t,n)=a_k\cos[2\pi(F_0+nF_{\text{step}})(t-\tau_k)+\varphi_0];n=0,1,2,\cdots,N-1 \tag{2}$$

式中 a_k，τ_k 分别为第 k 个回波的幅度和时延。

如图 2 所示，回波信号与发射信号及其正交分量相乘，经过低通滤波器除高频分量，采样可得：

$$S_{\text{LP}}(n)=\frac{a_k}{2}\cos[2\pi f_k n+\Phi_k];n=0,1,2,\cdots,N-1 \tag{3}$$

$$\hat{S}_{\text{LP}}(n)=\frac{a_k}{2}\sin[2\pi f_k n+\Phi_k];n=0,1,2,\cdots,N-1 \tag{4}$$

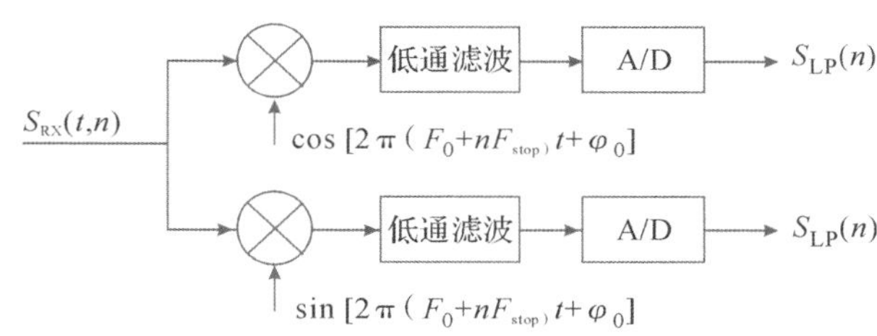

图 2　回波信号正交下变频原理图

通过估计(3)、(4)式的频率 $f_k=F_{\text{step}}\tau_k$ 或相位 $\Phi_k=2\pi F_0\tau_k$，即可得出回波时延 τ_k。

设其中两个反射的时延分别为 τ_1 和 τ_2，其差为：

$$\tau_{21}=\tau_2-\tau_1 \tag{5}$$

其为温度 ϑ 的函数：

$$\tau_{21}(\vartheta)=\tau_{21}(\vartheta_{\text{ref}})(1+\text{TCD}(\vartheta-\vartheta_{\text{ref}})) \tag{6}$$

其中，TCD 为温度延迟系数，$\tau_{21}(\vartheta_{\text{ref}})$对应温度 ϑ_{ref}时的时延。

由(6)式可得出标签所处环境温度值为 $\vartheta=(\dfrac{\tau_{21}(\vartheta)-\tau_{21}(\vartheta_{\text{ref}})}{\text{TCD}}\tau_{21}(\vartheta_{\text{ref}}))+\vartheta_{\text{ref}}$。由此可知获取回波时延是用 SAW 标签进行无线测温的首要条件，其精度直接影响温度测量的误差。

3. 一种新的联合估计算法

传统的时延估计算法是从式(3)、(4)中得出估计值 $\hat{f}_k$ 进而得出回波时间 $\hat{\tau}_k$[2-4]。计算公式如下：

$$\hat{\tau}_k=\frac{\hat{f}_k}{E_{\text{step}}} \tag{7}$$

可以从(7)式看出，回波时间的估计精度正比于频率的估计精度。

以下将引入一种新算法来提高回波时延估计精度。

从(3)、(4)式中可以看出，相位信息 Φ_k 也包含回波信息，但单独对其进行估计时存在 2π 的整周模糊度。可以利用频率估计和相位估计相结合的方法消除模糊度，得出回波延迟时间。

首先，联合(3)式和(4)式得到复信号：

$$\begin{aligned}\hat{S}_{\text{LP}}(n)&=S_{\text{LP}}(n)+j\hat{S}_{\text{LP}}(n)\\&=\frac{a_k}{2}e^{j(2\pi f_k n+\Phi_k)};n=0,1,2,\cdots,N-1\end{aligned} \tag{8}$$

在(8)式中，分别得出频率估计 $\hat{f}_k$ 和相位估计 $\hat{\varphi}_k(0\leqslant\hat{\varphi}_k<2\pi)$。先由频率估计得出时延的粗估计：

$$\hat{\tau}_{k,\text{frequency}}=\frac{\hat{f}_k}{F_{\text{step}}} \tag{9}$$

再由 $\hat{\varphi}_k$ 得出 $\hat{\Phi}_k$ 的估计值如下：

$$\hat{\Phi}_k=2\pi F_0\hat{\varphi}_{k,\text{phase}}=\hat{\varphi}_k+2\pi L \tag{10}$$

其中，$\hat{\tau}_{k,\text{phase}}$代表由频率和相位联合估计得到的时延，以[ ]代表取整运算，mod()代表模运算，L 由下式确定：

$$L=\begin{cases}[F_0\hat{\tau}_{k,\text{frequency}}]+1; & \text{mod}\ (2\pi F_0\bar{\tau}_{k.\text{phase}},2\pi)-\bar{\varphi}_k>\pi\\ [F_0\hat{\tau}_{k,\text{frequency}}]-1; & \text{mod}\ (2\pi F_0\bar{\tau}_{k.\text{phase}},2\pi)-\bar{\varphi}_k<-\pi\\ [F_0\hat{\tau}_{k,\text{frequency}}]; & 其他\end{cases} \tag{11}$$

在式(11)中考虑了$(\tau_{k,\text{frequency}})$对$[F_0\tau_{k,\text{frequency}}]$的估计可能带来的±1误差，故联合相位值 φ_k 进行处理。

最后，由(10)式得出联合估计所得回波时延：

$$\hat{\tau}_{k,\text{phase}}=\frac{\varphi_\text{k}+2\pi L}{2\pi F_0}=\frac{\varphi_k}{2\pi F_0}+\frac{L}{F_0} \tag{12}$$

与式(7)相比，可以看出，(12)式同时利用了频率估计和相位估计信息。

4. 算法精度分析

考虑如下信号模型，

$$x[n]=A_k\mathrm{e}^{j(2xf_kn+\varphi_k)}+w[n];n=0,1,\cdots,N-1 \tag{13}$$

式中，$A_k>0,0<f_k<\frac{1}{2}$，$w[n]$为零均值、方差 σ^2 的复高斯白噪声，$\theta=[A_k\quad f_k\quad \varphi_k]^{\mathrm{T}}$ 为待估计向量。

θ 的 Fisher 信息矩阵元素由下式给出[7]：

$$J_{k,l}=\frac{2}{\sigma^2}\sum_{n=0}^{N-1}\text{Re}\{\frac{\partial x(n)}{\partial\theta_k}\frac{\partial x\cdot(n)}{\partial\theta_l}\},k,l=1,2,3 \tag{14}$$

联合(13)式和(14)式得到 Fisher 信息矩阵如下：

$$J=\frac{2}{\sigma^2}\begin{bmatrix}N & 0 & 0\\ 0 & (2\pi)^2A_k{}^2\sum_{n=0}^{N-1}n^2 & (2\pi)A_k{}^2\sum_{n=0}^{N-1}n\\ 0 & (2\pi)A_k{}^2\sum_{n=0}^{N-1}n & NA_k{}^2\end{bmatrix} \tag{15}$$

根据 CRLB$=J^{-1}$可导出频率 f_k 和相位 $\dot{\varphi}_k$ 的 CRLB 界如下：

$$\text{var}(f_k)\geqslant\frac{6}{(2\pi)^2\eta N(N^2-1)} \tag{16}$$

$$\text{var}(\hat{\varphi}_k)\geqslant\frac{2N-1}{\eta N(N+1)} \tag{17}$$

其中，信噪比 $\eta=\frac{A_k{}^2}{\sigma^2}$。

将(16)式代入(19)式，频率估计算法所得时延的 CRLB 界为

$$\text{var}(\hat{\tau}_{k,\text{frequency}})_{\text{CRLB}}=\frac{1}{F_{\text{step}}{}^2}\frac{6}{(2\pi)^2\eta N(N^2-1)} \tag{18}$$

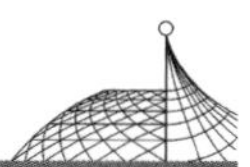

注意到 $F_{\text{step}}=\dfrac{B}{N}$，故而上式可进一步化简为

$$\operatorname{var}(\hat{\tau}_{k,\text{frequency}})_{\text{CRLB}}=\frac{1}{(2\pi B)^2}\frac{6N}{\eta(N^2-1)} \tag{19}$$

在(12)式中，当 $\Delta(\mathrm{F}_0\dfrac{f_k}{F_{\text{step}}})<1$，即 $\Delta f_k<\dfrac{F_{\text{step}}}{F_0}$ 时，第二项估计误差可以忽略，联合(17)式，得到联合估计算法所得回波时延的 CRLB 界：

$$\operatorname{var}(\hat{\tau}_{k,\text{phase}})_{\text{CRLB}}=\frac{1}{(2\pi F_0)^2}\frac{(2N-1)}{\eta N(N+1)} \tag{20}$$

比较(19)式和(20)式，有：

$$\frac{\operatorname{var}(\hat{\tau}_{k,\text{phase}})_{\text{CRLB}}}{\operatorname{var}(\hat{\tau}_{\text{k},\text{frequency}})_{\text{CRLB}}}=\frac{B^2}{{F_0}^2}\frac{(2N^2-3N+1)}{6N^2}\approx\frac{B^2}{3{F_0}^2} \tag{21}$$

对于实际的 RFID 系统通常有 $B\leqslant F_0$，则 $\operatorname{var}(\hat{\tau}_{k,\text{phase}})_{\text{CRLB}}\leqslant\operatorname{var}(\hat{\tau}_{k,\text{frequency}})_{\text{CRLB}}$ 联合估计的精度要优于单独依靠频率估计的精度。

同时也可以从(19)式得出，根据频率估计方法得到回波时延的 CRLB 界反比于 B^2 和频率步进频点数 N，即 RFID 系统发射信号带宽越宽，频点数越多，则估计精度越高。对于频率估计与相位估计相结合算法来说，精度则取决于系统工作的起始频书和频率步进点数，且联合估计的精度优于频率估计算法的精度，优化程度正比于系统起始频率与带宽比值的平方，独立于扫频点数和信噪比。

5. 仿真结果

SAW 标签工作于 902～928MHz 波段，即起始频点 $F_0=902\text{MHz}$，扫频带宽 $B=26\text{MHz}$，扫频频点数 $N=4096$。建立接收信号模型如下式：

$$r[n]=\sum_{k=1}^{p}A_k\mathrm{e}^{j(2\pi f_k n+\varphi_k)}+\omega[n],n=0,1,\cdots,N-1 \tag{22}$$

对其加窗后做 FFT，并通过相位差法校正得到频率估计和相位估计，据(9)～(12)式分别得出频率估计算法和联合估计算法所得时延估计。在加性高斯白噪声条件下，进行蒙特卡罗仿真，选取仿真次数 $M=1000$，得出不同的信噪比下两种算法所得时延估计误差的方差，与两者的理论 CRLB 界相比较。如图 3 所示，横轴为信噪比，纵轴为方差，采用对数坐标。可以看到，随着信噪比增高，两者估计误差减小，而联合估计算法的精度一直优于频率估计算法的精度，优化程度独立于信噪比。

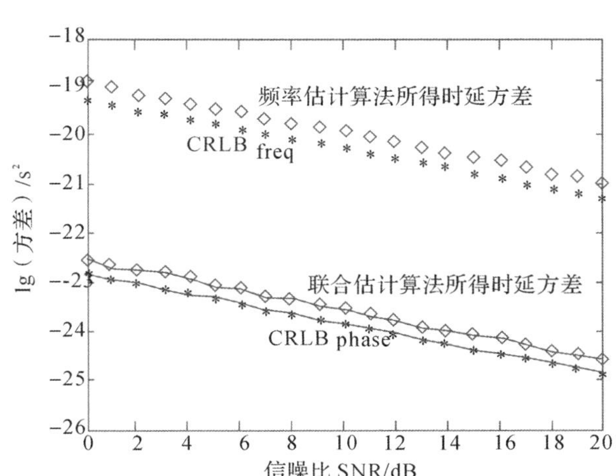

图 3 两种算法所得时延估计的 CRLB 与仿真结果

利用(22)式模型，设定温度在 0～200℃范围内变化，温度延迟系数在估计出各反射极的回波时延后，选取其中两个反射极得出时延差进而计算温度值。图 4 所示为两种算法所得测温误差。图 5 以直方围形式给出测温误差的统计分布图，其中，图 5(a)所示传统频率估计算法误差分布在±2℃范围，图 5(b)所示联合估计算法的测温误差在±0.03℃范围。

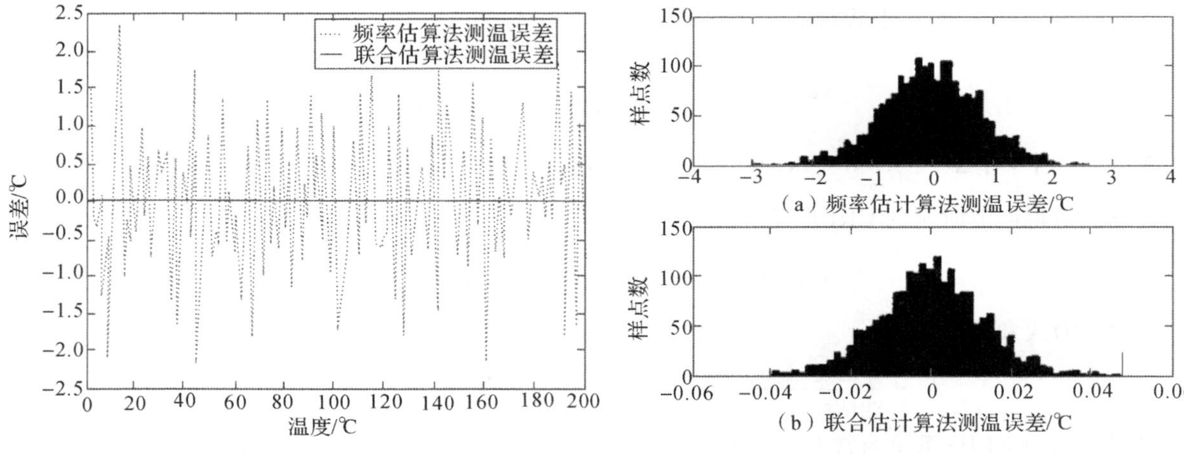

图 4　两种算法所得测温误差

图 5　两种算法所得测温误差统计分布图

6. 结　论

本文提出了一种频率和相位联合估计时延实现 SAW 标签无线测温的算法。采用频率步进连续波作询问信号，利于硬件低成本实现，比较此种算法与传统频率估计算法所得回波时延两种算法测温误差比较的 CRLB 界，可以看到其性能有明显提高，仿真结果证明了此算法的良好性能，在起始频点 F_0＝902MHz，扫频带宽 B＝26MHz 时，此算法的测温误差仅为传统算法的 1/60。

参考文献

[1] Chawla V, Dong Sam Ha. An overview of passive RFID[J]. IEEE Communications Magazine, 2007, 45(9): 11-17.

[2] Scholz P, Dierkes M, Hilleringmann U. Low-cost transceiver unit for SAW-Sensors using customized hardware components[A]. IEEE Ultrasonics Symposium[C]. 2006: 953-956.

[3] 周佺，李庆亮，韩韬. 基于频率步进原理的声表面波射频标签的辨识[J]. 压电与声光，2007, 29(2): 132-134.

[4] Reindl L, Shrena I. Wireless measurement of temperature using surface acoustic waves sensors [J]. IEEE Transactions on Ultrasonics, Ferroelectrics, and Frequency Control, 2004: 51(11): 1457-1463.

[5] Stelzer A, Schuster S, Scheiblhofer S. Readout unit for wireless SAW sensors and ID—tags [A]. Chiba: Proc Second Int Symp on Acoustic Wave Devices For Future Mobile Communication System[C]. 2004: 37-44.

[6] 王涛进，陈坤良，赖颖昕，等. 基于零中频接收技术的 RFID 阅读器射频电路单元的设计[J]. 计算机测量与控制，2010, 18(3): 664-667.

[7] Peleg S, Porat B. The Cramer-Rao lower bound for signals with constant amplitude and polynomial phase[J]. IEEE Transactions on Signal Processing, 1991, 39(3): 749-752.

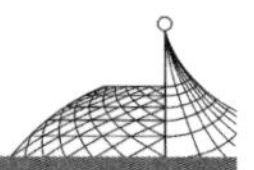

A High Precision Algorithm for Wireless Measurement of Temperature Using Surface Acoustic Wave Tags

Abstract: A new algorithm is proposed to improve the poor performance of time delay estimation when the surface acoustic waves (SAW) tags are used for wireless measurement of temperature. The FSCW (frequency stepped continuous wave, FSCW) concept is used for the simplicity of the hardware. The frequency and phase are both used in the algorithm to get the delay time of reflected pulses form SAW tags. The Cramer-Rao lower bound (CRLB) for the variances of estimated delay time is deduced, and the related parameters are analyzed. In the circumstances of additive Gaussian noise, estimated time delay is used to measure temperature. When the start frequency is 902MHz, the sweep bandwidth is 26MHz, the performance of the algorithm is verified by simulating, results show that the temperature error is decreased almost 1/60 of the one using frequency estimation algorithm.

Keywords: SAW; temperature; frequency estimation; phase estimation

汽车中轴综合扭矩测试系统*

摘　要：介绍了如何用51单片机及高层开发工具Visual Basic设计汽车中轴综合扭矩测试系统。该系统总成了汽车中轴的扭矩测试，从系统的角度给出了一个较为有效的实现方法。该方法在功能上完全胜任一般的机械测试，并具有普遍的意义。

关键词：单片机；数据采集；PC机

1. 引　言

汽车中轴是汽车的关键部件之一，它的性能的好坏直接决定了汽车性能的优劣。如何对汽车中轴的性能进行有效地、准确地测试，成为衡量其性能的关键问题。目前，国内实际使用的测试系统一般为单项测试，且实时性、准确性、可控制性均较差。本文利用单片机作为下位机，实时检控机械传动部分；利用PC机作为上位机（高层软件用Visual Basic实现），实时显示测试数据，处理用户交互信息；单片机和PC间的通信采用RS232标准。文章从整体角度给出了一个计算机测试系统的设计和实现方法。

2. 系统总体设计

2.1　系统组成

汽车中轴综合扭矩测试系统由上位机系统、下位机系统和机械传动单元三部分组成（如图1所示）。上位机系统基于PC机平台，其上的用户接口软件基于Visual Basic开发，由核心控制及界面模块、串口通信模块、波形计算及显示模块、波形存储及打印模块、例外处理模块等几部分构成。可以实现如下功能：对来自串口的数据进行实时处理和显示，并把来自用户的控制信息通过串口发送至下位机。

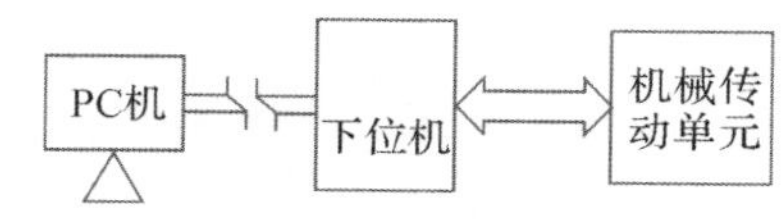

图1　汽车中轴综合扭矩测试系统框图

下位机系统采用单片机子系统，主要包括单片机控制驱动模块、AD/DA转换输出模块、ON/OFF输出驱动模块、PC机串口通信模块、异常/例外处理模块；可以实现如下功能：实时采样由机械传动单元的传感器传来的数据并通过串口传至上位机，实时控制机械传动单元的动作接口。上位机与下位机之间由RS232接口实现通信。

机械传动单元是直接与测试部件相连接的部分，包括扭矩传感器、角度传感器、液压马达、磁粉离

* 文章发表于《计算机自动测量与控制》，2001，9(6)：9-12. 系作者与周强、杜琳、齐怡合作完成。

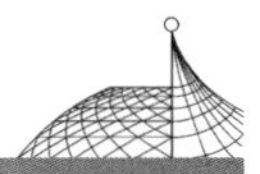

合器、夹头、支座、精密开关电源、电液比例控制、继电器控制板等部分组成，是检测的起点和控制的终点。本系统软件分为两部分，下位机软件固化存储在 EEPROM 中，加电即可执行；上位机软件基于 Visual Basic 开发，运行环境为中文 Windows 95/98/NT。

2.2 系统测试需求

根据克莱斯勒公司有关汽车中轴的工程技术标准要求，本系统可完成以下三类测试。

(1)极限寿命测试

测试的目的是确定在各种高温条件下工件的整体性能。测试时应满足：(1)工件从零位开始顺时针旋转 2.5 周，返回零位，然后逆时针旋转 2.5 周，旋转过程中承受磁粉制动器施加的 40Nm 的恒定扭矩，旋转频率为每分钟约 6～7 周，至指定次数结束；(2)工件从零位开始顺时针旋转 1.5 周，返回零位，然后逆时针旋转 1.5 周，旋转过程中承受磁粉制动器施加的 41Nm 的恒定扭矩，旋转频率为每分钟约 15 周，至指定次数结束。

(2)结构耐久性测试

测试的目的是监控在失效产生之前，工件必须完成的最小循环次数。测试时应满足：(1)固定工件的输出端，使其从零位开始，承受顺时针扭矩直至 136Nm，然后扭矩换向为逆时针，直至 136Nm，再重新将扭矩换向为顺时针，如此反复循环，频率为 2Hz；(2)固定工件的输出端，使其从零位开始，承受顺时针扭矩直至 250Nm，然后扭矩换向为逆时针，直至 250Nm，再重新将扭矩换向为顺时针，如此反复循环，频率为 2Hz。

(3)极限失效测试

测试的目的是监控使工件被破坏的最大扭矩。测试时应满足：固定工件的输出端，以每分钟 82±14Nm 单方向加载，一直持续到工件已不能承受扭矩为止。

2.3 系统工作原理和操作时序

系统工作原理：系统连接完成后，由用户在 PC 机上执行高层软件部分；接着，对串口进行自检；之后，用户可在菜单中选择待测项目并完成量程检测，执行测试的底层操作对用户是完全透明的。用户启动测试后，下位机将完成对数据的检测及机械传动单元的控制，并同时向 PC 机实时发送检测数据及状态信息。PC 机的高层软件依据收到的数据实时动态地画出参数变化曲线。用户可从高层软件自行终止测试，也可由测试本身要求等待测试完毕。测试后，可存储波形或打印波形，并存档。(详细过程请参看表 1)

表 1 汽车中轴综合测试系统时序表

	计算机(用户程序)	单片机(检测程序)
系统自验过程		上电自检
	用户输入检测模式、数据及扭矩量程	
	发送握手信号(Control Frame，ID=1，HS)	
		收到，发送回应(ID=2，HS_ACK)
	(收到)，进步下一步； (超时)，取消或重作系统自检。	

续表

	计算机(用户程序)	单片机(检测程序)
量程检验过程	发送量程检验信号(ID=3,RD)	
		收到,检测扭矩传感器量程
		发送量程检测结果(ID=4,R50); ID=5,R_300;ID=6,R_ERR
	{量程设置错误},则重做本过程 {量程设置正确},进行下一过程	
正常测试过程	发送检测模式(ID=8～11,MODE 1～4)	
		收到,开始正常检测
		{收到结束测试的指令},退出 {没有收到},发送检测数据(DataFrame)
	收到检测数据,处理、作图	
	继续进行数据的发送与接收……	
	{到达检测次数,或出现异常(如恒零)}, 发送停止信号(ID=14,STOP)	
		收到,停止测试系统 发送回应(ID=15,STOP_ACK)
	收到,向用户显示测试结束信息,用户确认后发送关机信号(ID=15,HALT)。	
		关闭系统

2. 单片机子系统

2.1 硬件部分

子系统中51单片机担当核心部件(如图2所示)。外围部件包括:两路8位D/A转换,分别用于磁粉离合器和液压马达控制;一路8位A/D转换,用于来自扭矩传感器的模拟信号的转换和输入;一路12位计数器,用于来自角度传感器的脉冲信号的输入。此外,还包括从51单片机端口引出的2根信号线,它们直接与继电器控制板连接,用于控制磁粉离合器和液压马达控制器的开关。51单片机本身所带的串口用于实现与PC之间的通信。

考虑到与系统实现相关的其它因素,我们还作了如下处理:为保证程序可靠运行,提高硬件的可靠性,采用了看门狗电路;为防止D/A转换中数字地和模拟地之间的干扰,在电路设计时将二者隔离;为防止机械传动单元的电磁干扰,一方面对下位机的电路板进行了屏蔽,一方面在上下位机的RS232通信中采用双绞屏蔽线作为信号传输介质。此外,由于系统测试要求扭矩量程范围较大,在保证精度的条件下,采用最大量程分别为50Nm和300Nm的两个传感器。这样在系统测试时,对扭矩传感器量程的预先检测成为一个较为关键的问题:一方面可避免小量程传感器因为过载而损坏;另一

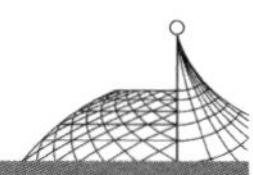

方面可避免因工作人员的操作失误导致测试失败。

2.2 软件部分

下位机的软件流程如图 3 所示。软件设计采用模块化结构，包括系统自检模块、量程检验模块、正常测试模块（又可分为极限寿命测试模块、结构耐久性测试模块和极限失效测试模块）和例外处理模块；底层模块包括 RS232 通信模块、A/D 转换模块、D/A 转换模块等。

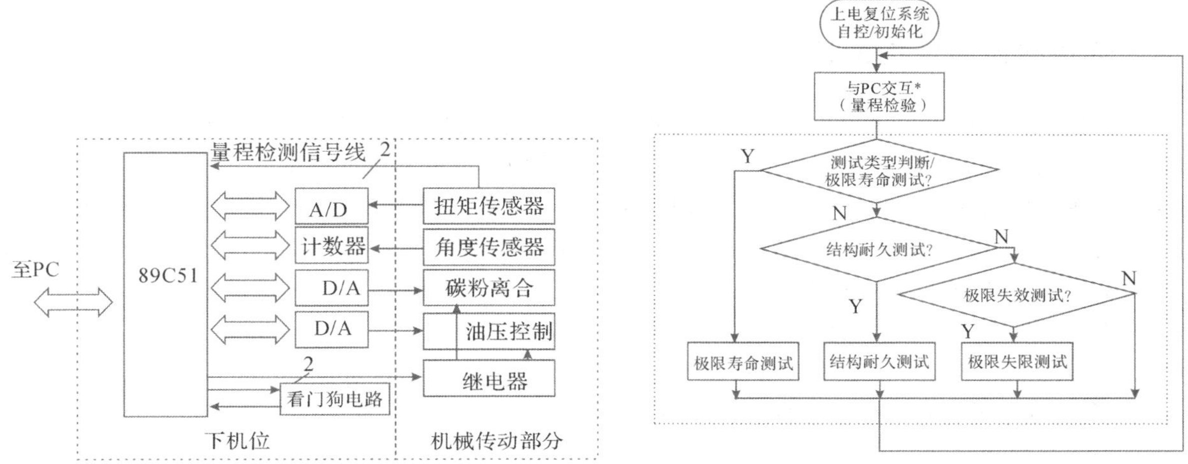

图 2 单片机子系统及其所处位置

图 3 单片机子系统软件流程图

3. 高层软件

PC 机上的高层软件采用 Visual Basic 编写。Visual Basic 是当前较流行的应用层开发软件之一，它基于对象和文件驱动，支持结构化的程序设计和面向对象的程序设计，提供了一系列更加完善的功能，真正做到了面向对象，并与数据库技术进行了近乎完美的结合（见图 4）。在这里，我们也从对象的角度得到了以下控件和对象：串口通信控件、绘图控件、打印控件。由于采用了面向对象的程序设计方法，大大简化了编程过程，提高了编程效率。

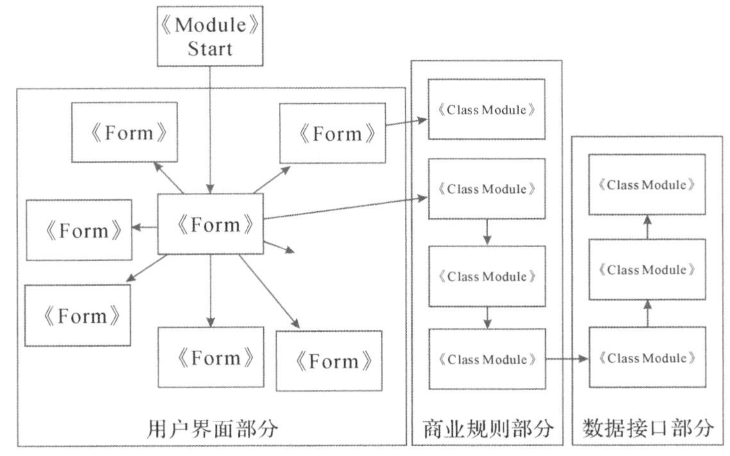

图 4 高层软件体系结构图

3.1 高层软件系统概述

由于本系统的测试内容较多,用户操作较复杂,测试结果需要保存及打印存档,因此需要使用一台单独的上位机来对整个系统进行统一的协调与控制。上位机控制系统主要包括以下功能模块:用户操作界面、串口通信、测试曲线的计算及显示、结果数据的加载与保存、测试曲线的打印和例外情况的处理等,详细过程可参看表1。

3.2 软件的体系结构设计

上位机软件使用 Visual Basic 编写,采用面向对象的方法进行分析与设计,其体系结构如图4所示。该图可以划分为3个主要部分:用户界面部分、商业规则部分和数据接口部分。其中用户界面部分包括应用程序主窗体和其它功能窗体。用户可以通过主窗体输入机床控制指令、观察各种测试曲线;其它窗体用于实现加载和保存数据、打印、设置等功能。商业规则部分主要包括打印机、测试、曲线和数据帧4个类,它们将各种测试及其数据以对象的方式封装起来,从而把底层细节对高层隐蔽起来。数据接口部分主要包括数据接口、串口和设备控制块3个类,数据接口类用于设置串口、收发数据、成帧及拆包等,它使得上层软件可以透明地操作串口;串口类和设备控制块用于实现串口的设置与通信,负责底层的通信操作。这种三层体系结构的设计方法具有非常大的优越性,它可以将各个子功能按层次模型加以划分,使得各层模块之间的耦合度较小,以便软件的开发、维护与升级。另外,由于各模块功能相对较独立,模块的可重用性也非常好。

3.3 数据文件格式设计

数据文件以分段二进制方式存储,文件的缺省扩展名为"tor"整个文件可分为以下几个段,段与段之间用一个零字符:chr(0)或'\0'来分隔,各段的长度不限。

各段数据包括:文件标志、测试名称、测试工厂、开始时间、结束时间、测试设置、扭矩零点、测试说明、测试数据。其中,测试数据以3个字节(BYTE)为一个数据单元,对应收到的一帧数据即对应一个采样点。每个数据单元的格式与帧格式保持一致,一直存储到最后一个需要存储的数据。

4. 底层通信设计

由于本测试系统需要实时地控制机床和显示测试结果,而且对测试曲线的精度要求较高,因而数据量较大,对实时性的要求也较高,这就对底层的通信设计提出了比较苛刻的要求。由于用户要求系统能在0.2s内对用户测操作做出反应,测试曲线的精度要求每秒绘制的点数不少于40点,综合考虑外界干扰、设备延时、处理时间和数据帧结构等因素,串口的波特率采用9600bps,8位无奇偶校验传输,串口帧速率为50帧/s。

如果使用VB中提供的MSComm控件来实现串口通信,虽然编程简单,但用于大量数据传输(如帧速率大于20帧/s)时会占用大量的CPU时间,导致程序的实时响应能力较差。而使用Windows提供的串口API来操作串口虽然编程较复杂,但在大数据量传输时(帧速率可达80帧/s)仍能够得到很高的实时性,因此本测试系统的底层通信部分采用了直接在VB中调用串口API的方法。为了克

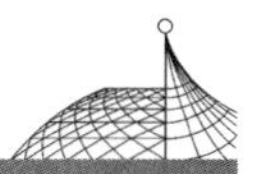

服由此带来的软件开发的复杂性，在设计中将串口 API 封装在串口和设备控制块这两个类模块中，所有的底层 API 调用均由它们来完成，对上层表现为一个透明的串口设备。这样不仅降低了上层软件的复杂性，还便于串口通信模块的重用。

此外，由于串口通信中每字节的最高位已被中文环境系统应用所占用，我们考虑对通信子系统的帧格式作出了如下定义（如图 5 所示）分为数据帧和控制帧；数据帧定义测试中实时传输的角度和扭矩数据，控制帧定义保证通信子系统正常工作的各种握手信号。

5. 例外情况处理

在本测试系统中，大致存在下面几种例外情况，针对每种例外情况，系统都提供了相应的处理：

(1)用户操作例外

对用户的各种例外操作，软件均给予了友好的错误提示，并指导用户以正确的方式进行操作。

(2)控制帧错误

图 5　数据帧和控制帧格式定义

软件内部设置了一个专用定时器，开始等待设备的回应数据帧的时刻开启定时器。如果定时器超过预定的超时时间后软件还没有收到设备回应，向用户提示通信帧超时及可能原因，并由用户来选择重发或放弃。

(3)数据帧错误

由于数据帧可能受到外界干扰而发生错误，在通信设计中采取了一定的检错方法来消除错误的测试数据。发送方（下位机）为数据帧添加一个 8 位的帧头，其中包括 4 位数据帧类型标志和 4 位帧序号，在接收方（上位机）检查数据帧的类型标志及其编号，如果标志不符或序号不连续，均认为该帧在传输中发生了错误。软件将该错误帧丢弃，并以上一个正确帧的结果作为该帧的正确内容提交给上层软件。由于本系统测试的都是连续时变的信号，而且 RS232 通信的错误高发区在每帧数据的前部，因此这种检错及处理可以满足系统的容错要求。

6. 结束语

需要指出的是，系统间操作的时序是系统间通信的关键；而从实时性的角度来说，Windows API

的应用显然优于 Visual Basic 的 MSComm。本系统总成了对汽车中轴的扭矩测试，从系统的角度给出了一个较为有效的实现方法。从底层的 51 单片机测控到高层用户接口软件的实时数据处理，以及 PG 机与单片机之间信息交互，在功能的实现上完全胜任一般的机械测试，该实现方法具有普遍的意义。

参考文献

[1] 何立民. MGS-51 系列单片机应用系统设计[M]. 北京：北京航空航天大学出版社，1990.

[2] 杨国才，等. VISUAL BASIC 4.0 实用技术与方法[M]. 成都：电子科技大学出版社，1997.

[3] 秦青. RS-232-C 应用技巧与实例[M]. 北京：海洋出版社，1992.

[4] 沈飙，夏海燕. 运用 Visual Basic 实现 PG 与 89G51 单片机之间的串行通信[J]. 计算机自动测量与控制，1999，6(2)：13-45.

Synthetical Torsion Testing System for Automobile Shaft

Abstract: How to design a synthetical torsion testing system for automobile shaft by using singlechip and Visual Basic is introduced in this paper. The goal system conclude multiple torsion testing for automobile shaft, and propose an efficient implementation for the system are presented, The method is functionally competent for general mechanical testing, and has a universal meaning.

Keywords: singlechip; data acquisition; personal computer

航电系统SCI环型互连的计算机仿真建模*

摘　要：研究可扩展一致性接口SCI环型互连的计算机仿真问题。作为未来一代航电系统的首选技术，SCI互连系统性能的优劣直接影响到飞行器的质量，对其性能的评价因此显得尤为重要。文中按照计算机仿真建模的一般方法。从SCI协议的基本原理出发，建立了接口和节点模型解决了并发数据交互的仿真时序问题，给出了SCI环型互连的系统仿真模型，并通过例子对仿真模型的有效性进行了验证。

关键词：计算机仿真；网络互连；分布型网络；可扩展一致性接口；航空电子

航空电子技术正以其迅猛发展为世人瞩目，随着高性能飞机的发展及作战环境的日趋复杂，综合式系统结构已成为先进航空电子系统的主要结构形式。可扩展的一致性接口（SCI，即Scalable Coherent Interface）[1]作为未来一代综合化航电系统的首选协议标准[2]，拥有较高的可靠性、实时性和网络带宽，可替代现役先进航电系统中多种总线和接口（如F-22中的6、7种总线和接口），目前，美国联合先进攻击计划组准备将其用于下一代战斗机JSF（联合攻击战斗机），从而构筑新一代的航空电子综合化系统[3]。作为飞行器系统中的"神经中枢"，SCI的性能优劣直接影响到整个飞行器系统的质量，在军用环境下，甚至关系到飞行器的作战乃至生存能力。因此，对SCI互连系统进行性能分析与评价具有非常重要的理论意义和工程意义。

性能评价的常用方法包括解析法、外推法、实测法和仿真法。其中仿真法是在建立计算机仿真模型的基础上，编制和运行仿真程序来实现的。互连系统的工作适于用计算机的程序来表示：互连系统中的协议是算法，系统资源的随机需求模型在仿真中用伪随机数发生器来构成。因此，仿真技术通过对细节的充分考虑，能建立与现实系统非常接近的模型，使得系统性能分析的结果更为准确。

本文利用计算机仿真的一般方法，对SCI环型互连进行仿真建模研究。图1描述了SCI环型互连的计算机仿真过程。

1. 环型互连系统模型

SCI是一种面向高速、低延迟应用的IEEE标准（IEEE-STD 1596—1992），它采用独立的单向点到点连接，可以提供类似"总线"型的服务（包括全局时钟、中断、访问仲裁、分离交互等），同时又避免了总线方式"在同一时刻只能有一个节点访问总线介质"的限制，在不同的SCI环路部分，可以同时进行数据包的传输，大大提高了

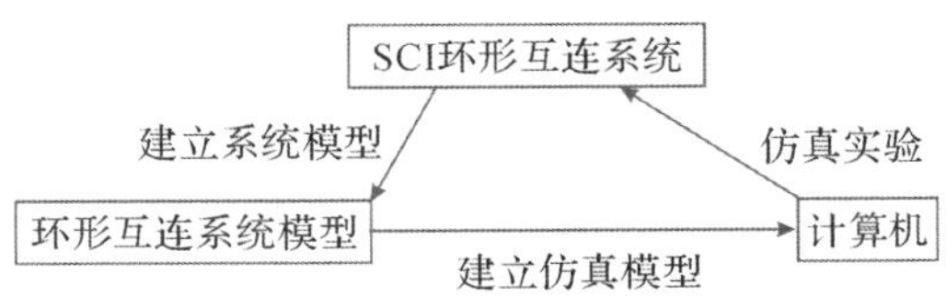

图1　SCI环型互连系统的计算机仿真过程

---

* 文章发表于《遥测遥控》，2002，23(1)：46-52.系作者与周强、罗志强合作完成。

网络吞吐量，带宽可达 G 级 SCI 可支持多达 64K 个节点的互连规模，并在所有节点内建立统一的共享地址域，而且有效合理地解决了处理器缓存之间的一致性问题，大大降低了消息的传输延迟。SCI 是一种宽带数据接口，可以支持底板互连和 LAN 互连 I/O 互连、存储器互连乃至处理器互连，是未来一代 JSF 航电系统进一步综合化的首选互连标准。

SCI 环型互连是 SCI 互连系统中一个基本形式，它是由节点单元经由接口单元[①]，并通过链路单元(Link)互连组成的。下面从接口和节点模型和数据交互方式两个方面对 SCI 环型互连系统模型进行描述。

1.1 SCI 接口和节点模型

图 2 为 SCI 接口和节点模型示意图。

IEEE 标准为 SCI 接口定义了基本配置，包括接收缓冲区 FIFO、发送缓冲区 FIFO、旁路缓冲区 FIFO、解码器和多路选通/编码器。来自其它节点的消息经由解码器被识别，如果是传向本节点的，则进入接收缓冲区。对于传向其它节点的转发消息，如果本节点发送缓冲区没有消息发送，则直接经由多路选通器/编码器传出至下一节点；如果本节点正在发送消息，则转发消息将进入旁路缓冲区，直到当前的消息发送完成之后，才进行转发消息的发送。如图 3 所示，由 n 个节点顺次连接其输入和输出将构成 SCI 的环型互连系统。

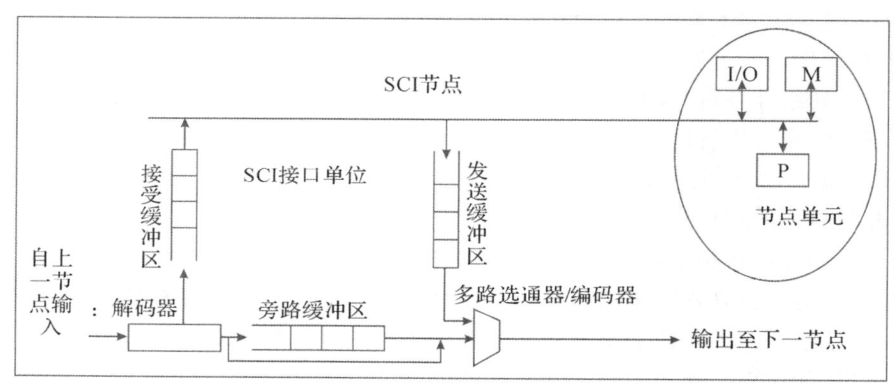

图 2　SCI 接口和节点模型

1.2 数据交互方式和事务类型

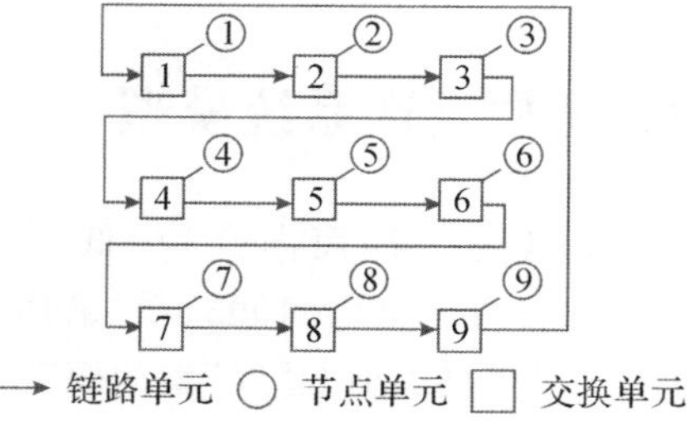

图 3　SCI 环型互连系统

SCI 节点间的数据交互采用事务方式，它一般由请求和响应两个子过程(subaction)组成。首先由请求方节点(request node)向响应方节点(response node)发送请求包，之后由后者返回给前者相应的回应包，这时完成请求子过程；接着再由后者向前者发送响应包，最后由前者返回相应的回应包，而完成响应子过程，这样就完成了一次数据交互过程。图 4 为数据交换过程

① 这里的接口单元实际上对应于 1－输入、1－输出单元，较复杂的互连系统是由多－输入多－输出交换单元组成的。详见参考文献[5]。

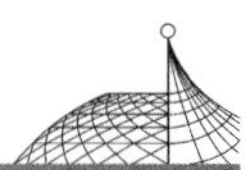

示意图。

如图 5 所示，事务类型包括 readxx，writexx，locks，movexx 和 eventxx 五种。其中，前三种事务中的请求过程会有相应的响应过程确认。这样在可靠性要求不高的情形下，可提高传输的效率。eventxx 操作不仅没有响应过程，连请求过程的回应握手也略去了，它主要应用于发送全局时钟同步的时间标记。

2. 仿真模型的建立

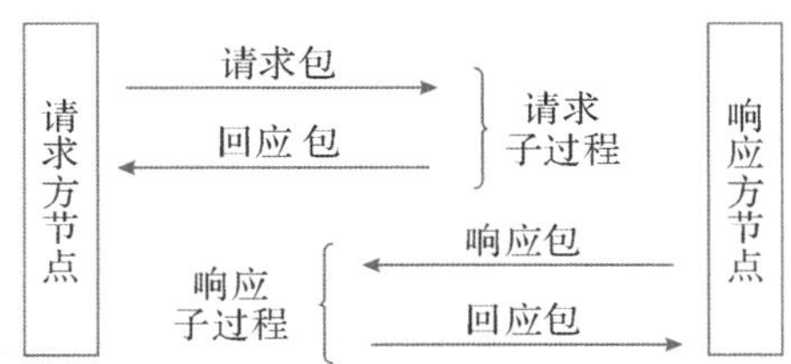

图 4　SCI 数据交互过程

针对 SCI 环型互连系统的仿真建模，我们必须解决仿真时钟推进方法、消息流随机模型、SCI 节点单元数据结构设计等几个方面的问题。

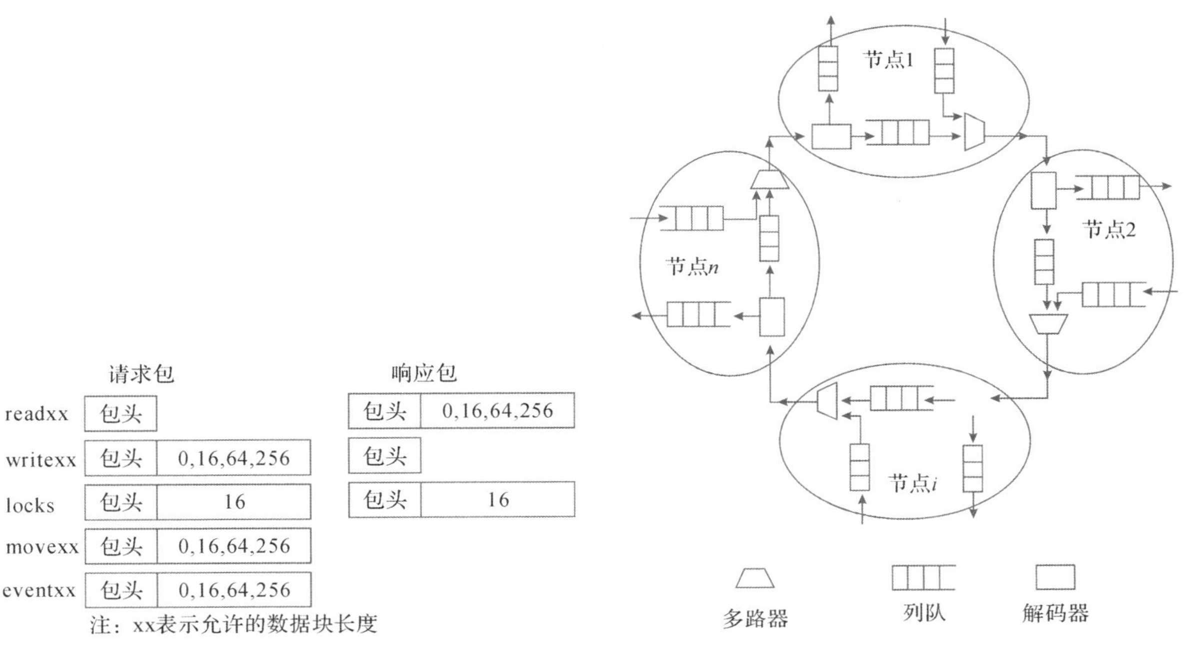

图 5　事务类型的数据包格式

图 6　SCI 环型互连仿真模型

2.1　仿真时钟推进方法

SCI 互连属于分布式系统，仿真的关键问题在于如何在 PC 机上解决并发数据的仿真，也就是说，如何在仿真模型中推进时钟，使得计算机能够合理地对 SCI 的并发数据交互地模拟。下面从图 6 所示的基本的环型互连出发来寻找合理有效的时钟推进方法，针对 SCI 的协议机理，箱要考虑源点消息

（输出队列中的消息）与旁路消息的关系，可分为四种情况：

(1)节点无消息发送，则源点消息和旁路消息先到先发；

(2)节点正发送源点消息，若下一源点消息连续到达，则无论是否有旁路消息，均在发送当前消息后发送下一源点消息；

(3)节点正发送源点消息，没有连续到达的源点消息，则源点消息和旁路消息先到先发；

(4)节点正发送旁路消息，则源点消息和旁路消息先到先发。

为详细分析上述内容，作如下假设：

①旁路缓冲区足够大，不会丢失消息单元；

②消息产生与消息长度均符合某特定的随机分布；

③接收队列延迟固定，均为 t_r；

④解码器延迟为 t_d 多路器延迟为 t_m 链路延迟为 t_{link}，节点延迟为 t_n。

为方便起见，把消息记为如下形式：$m=m(i,j,sa,ta,da,len,ts,tt,t_{\text{firstsend}})$。其中 i 表示节点，j 表示该节点的第 j 个消息，sa，ta，da 分别表示源节点、当前消息到达节点和宿节点，表示消息长度 ts 为消息产生的时刻，zt 为当前时刻，zi 为消息传输完成时刻，$t_{\text{firstsend}}$ 为消息从源点发出的时刻。

(1)在初始状态下，各节点的发送队列和旁路队列消息数均为 0，如图 7 中 t_0 时刻(此时对应于情况 1)。

(2)每个节点均产生消息(消息产生的时间和消息长度符合某种随机分布)，这些消息构成一个消息集合 M_t，即当前待发的消息集。

(3)寻找 M_t，中 t_t 项最小的消息，它就是将要处理的消息，例如在 t_1 时刻所产生的消息(1,1,4)[①]。

(4)依据环型互连的顺序转发特点决定该消息的下一位置。

if ($da=ta$) {$t_1=t_2+t_{link}$；$t_f=t_i$；并从 M_t 中划去该消息；} //表示消息已达到宿节点

if (da！$=ta$) //消息未完成

{$t_1=t_2+t_{\text{link}}$；//

if($ta=sa$//表示该消息为源点消息//显然，此时源点消息到达时间早于转发消息

{发送该源点消息；}　　　//图 7 中 t_1 时刻

if(da！$=ta$)//表示该消息为转发消息//显然，此源点消息到达时间晚于转发消息

{if(该节点的上一源点消息的 $f_{\text{firstsend}}+l_{\text{en}}$/传输率＞本次消息的 t_0(图 7 中 t_7))则发送该源点消息；(此时对应于情况 2)

elscif{发送转发消息}//图 7 中 t_3 时刻(此时对应于情况 3)

}

}

如果某节点发送队列空，则产生下一消息，并更新 M_t 在此过程中进行统计。

(5)依照(3)、(4)循环，直到到达仿真时间结束。

2.2 随机棋型与随机数的产生

仿真建模中要用服从各种分布的随机变量来描述系统中存在的随机性和偶然性因素。比如，各站点的消息到达时间、到达消息的长度等都是随机变置，在仿真过程中，对随机变贯的产生有两个要求。首先是准确，即所产生的随机变置确实服从所指定的分布类型；其次是快速，在短时间内产生大

① 为简化书写，略去了除前三项外的其他项参数。

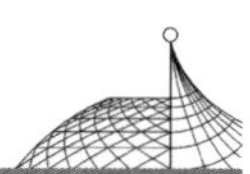

量的随机变量满足仿真过程的需要,提高仿真运行的效率。仿真语言中一般都有可产生均匀分布随机变量的功能语句。利用它们可产生略微复杂的分布,这里介绍指数分布和泊松分布的仿真生成。

2.2.1 指数分布

这里用反变换方法生成。已知参数为 a 的指数分布的密度函数为

$$p(x)=a\mathrm{e}^{-ax}, x>0 \tag{1}$$

对上式积分得,

$$F(x)=1-\mathrm{e}^{-ax}, x>0 \tag{2}$$

从而 $F(x)$ 的反函数为

$$F^{-1}(x)=-\ln(1-r)/a \tag{3}$$

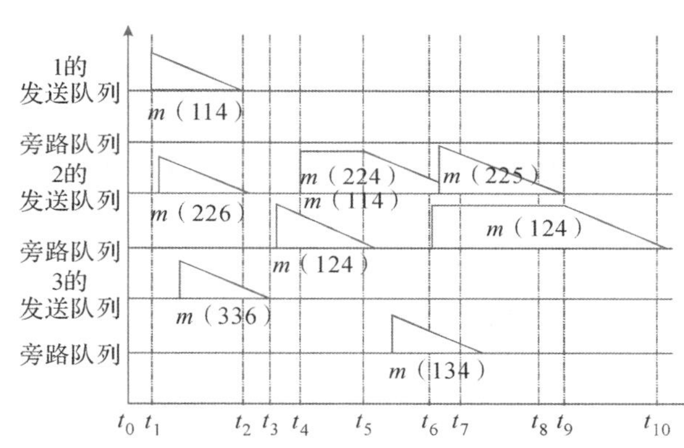

图 7 SCI 互连消息调度与仿真时序的关系

因为 r 在[0,1]区间上均匀分布,则 $1-r$ 在[0,1]区间上也均匀分布。因此用于产生服从指数分布随机变置的随机数 r 可以用 $1-r$ 代替。即随机变量

$$x=-(\ln r)/a \tag{4}$$

为所求的服从指数分布的随机变量。

2.2.2 泊松分布

泊松分布用来描述排队系统中实体到达的泊松过程。泊松分布的密度函数为

$$p(k)=p(N=k)=\mathrm{e}^{-\lambda}\lambda^{k}/k!, k=0,1,2\cdots \tag{5}$$

式中,N 可以解释为单位时间内实体到达的个数,而相继实体到达的间隔时间服从参数为 λ 的指数分布。

2.3 数据结构设计和性能参数

依照 SCI 节点单元的排队模型,给出了计算机仿真环境下的数据结构设计。用链表来实现节点间的结构关系,同时每个节点的消息队列也采用链表的结构,图 8 给出了单个节点的输出缓冲区队列和旁路缓冲区队列的数据结构。

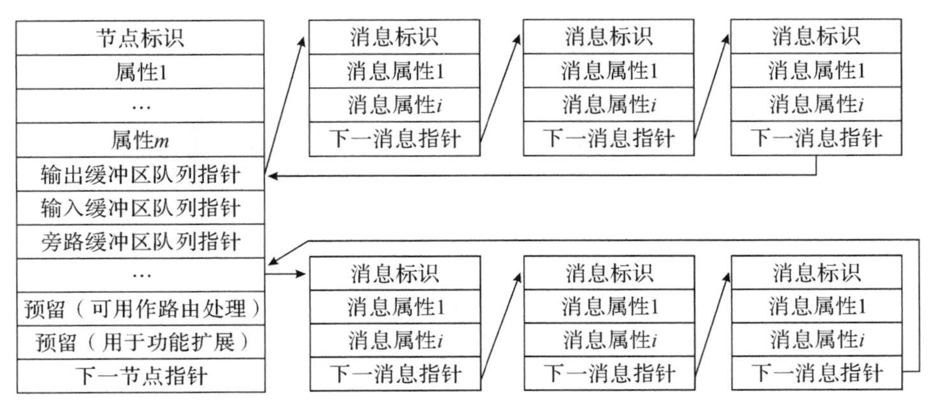

图 8 SCI 节点单元的数据结构

在仿真建模过程中,考查以下指标来衡量互连系统的性能。

①消息延迟:从消息产生时刻直到消息到达宿点所经历的时间间隔,它包括消息在队列中(发送

队列和旁路队列)的等待时间(图 7 中 $m(2,2.4)$在 t_4 和 t_5 之间为发送队列等待时间,而 $m(1,2.4)$在 t_6 和 t_9 之间为旁路队列等待时间)、消息传输时间、链路延迟和其它开销。

②归一化延迟:归一化延迟指的是平均消息延迟与平均消息传输时间的比值。

③吞吐量:吞吐量是指在单位时间内所完成发送的数据比特数。

④效率:效率是指发送数据的比特数与总比特数之比值(数据和开销)。

3. 例子与讨论

为验证仿真模型的有效性,采用解析方法与其进行对比。

假设环型 SCI 互连环埔设置如下:节点数目为 n 的单向环;消息到达为均匀分布;某一节点向环上的其它节点均进行 64byte 的 event 事务操作;目的节点的概率均等;链路数据传输率为 rGByte/s 则系统可达到的峰值带宽可以用下式表示[6]:

$$T_{\text{ring}}=\frac{n\times 64(\text{byte})}{[\frac{n}{2}\times 80(\text{byte})]\times\frac{1}{r}(\text{s/GByte})}=1.6r(\text{GByte/s}) \tag{6}$$

其中,分子 64byte×n 表示系统并发进行 n 个 event64 操作的数据传输量;而分母表示完成事务过程所需的时间,即请求包(16byte 的帧头和 64byte 的数据,共 80byte)被发送至目的节点的时间,其值为 $[\frac{n}{2}\times 80(\text{byte})]\times\frac{1}{r}(\text{s/GByte})$。

在相同的参数设置下($t_r=t_d=t_m=t_{\text{link}}=t_n=0$)考察了两种情况:1)节点数目恒定的条件下($n=4$),不同数据传输率对系统峰值带宽的影响;2)数据传输率恒定的条件下($r=0.25$)。不同节点数目对系统峰值带宽的影响。通过对仿真结果进行分析,我们发现:对情况(1)而言,环型 SCI 互连系统峰值带宽基本上与数据传输率成正比,这与解析结果是一致的(见图 9a);对情况(2)而言,节点数目对系统峰值带宽基本上没有影响,这也与解析结果相一致(见图 9b)。

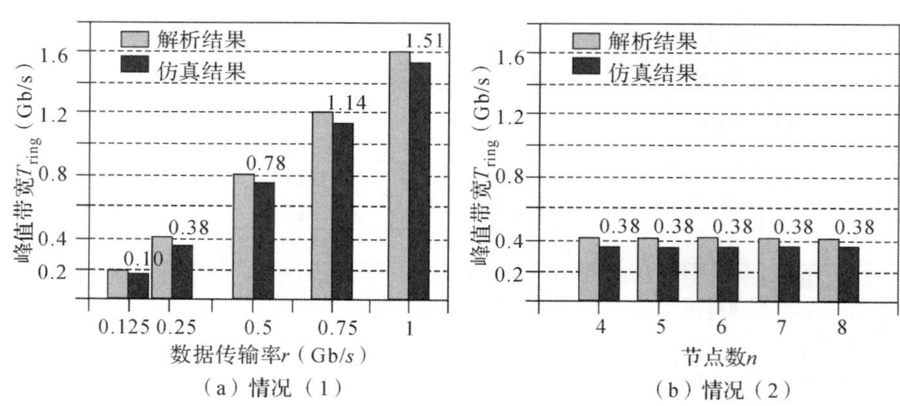

图 9 解析结果与仿真结果的对比

4. 结束语

采用计算机仿真技术实现对 SCI 环型互连系统的建模分析,避免了其它方法的不足,为研究 SCI 互连系统性能提供了一种有效的途径,考虑到航空电子系统本身较为复杂,涵盖的功能较为广泛。用

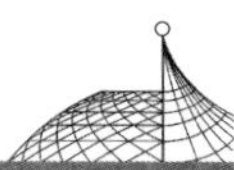

SCI 互连构建新的航空电子系统同样也是一个较复杂的过程，应分阶段、分层次地逐步进行研究。本文所建立的 SCI 环型互连仿真模型对于进一步分析和研究基于 SCI 互连航电系统的性能具有一定的意义。

参考文献

[1] IEEE 1596—1992，IEEE Standard for Scalable Coherent Interface [S]. Piscataway，NJ：IEEE Service Center，1993.

[2] 周强，罗志强. 未来一代军用航空电子系统[J]. 航空电子技术，2000，31(3)：52-58.

[3] Joint Advanced Strike Technology Program，Avionics Architecture Definition，Appendices，Version 1. 0[DB/OL]，http：ftp. jast. mil，1994.

[4] 王维平等. 离散事件系统建模与仿真[M]. 北京：国防科技大学出版社，1997.

[5] 周强，罗志强. SCI 协议标准综述[J]，航空电子技术，2001，32(2)：9-18.

[6] Sarwar M A. On the Performance and Reliability of Fault-tolerant Scalable Coherent Interface Networks[D]. US：The Florida State University，1999.

On Computer Simulation Modelling with SCI Ring Interconnection of Avionics Systems

Abstract：The problem of computer simulation model for scalable coherent interface (SCI) ring interconnection is studied. The performance of the SCI interconnection system，as the primary candidate technology of future avionics system，has a deep affect on the quality of the aircraft，which attaches much more importance to evaluation of its performance. Based on the principal of SCI protocol and the general scheme van interface and node model is developed. A resolution on how to schedule simulation clock for concurrent data transfer is given. A system simulation model of SCI ring interconnection is provided. A example is given to demonstrate the validity of the simulation model.

Keywords：computer simulation；network interconnection；distributed networks；SCI avionics

高速数据总线性能评价工具设计*

摘　要:高速数据总线是先进军机航空电子综合化的关键支撑技术。如何对其性能指标进行评价是一个非常重要的理论和工程问题。从高速数据总线的网络模型和消息模型出发,建立了基于离散事件系统仿真方法的系统仿真模型,编制了基于 Visual C++平台的系统仿真程序,最后在给定 ICD 接口控制文件的条件下,得出了高速数据总线性能指标(网络负载率、消息延迟率)的评价结果。

关键词:高速数据总线;离散事件系统仿真;接口控制文件

1. 引　言

高速数据总线是美国空军"宝石柱"计划中的关键支撑技术,具有高带宽、强实时性和高可靠性等特点[1,2],已用于当前先进的 F-22 战机中,其用途将扩展到航天飞机、军舰和陆地战车等的电子综合化系统中。如何用合理有效的方法对高速数据总线的性能进行评价和分析是系统设计和系统实施阶段所必须关注的问题。

美国已经对航空电子综合化系统进行了计算机辅助分析设计,并产生了此类软件工具,如针对 1553B 总线的 MUTUS,在国内利用计算机对航空电子综合化进行辅助设计的工作刚刚起步[3,4],特别是对采用高速数据总线的下一代航空电子综合化系统还是一个空白。

本文从高速数据总线(HSDB)的网络模型和消息模型出发,建立了基于离散事件系统仿真方法的系统仿真模型[5,6],编制了基于 Visual C++平台的系统仿真程序(评价工具)。最后在给定 ICD 接口控制文件的条件下,得出了高速数据总线性能指标(网络负载率、消息延迟率)的评价结果。对于航空电子综合化系统设计和实施具有重要的意义。

2. 系统设计

2.1　总体设计方案

性能评价工具的设计过程如图 1 所示。首先建立 HSDB 的网络模型和消息模型,然后建立起相应的仿真模型,其次用 VC++设计和实现"评价工具"最后用"评价工具"对 HSDB 网络性能进行分析评价;在整个过程中,ICD 文件所提供的消息流特征参数给出了设计阶段和评价分析阶段的入口。

---

*　文章发表于《系统工程与电子技术》,2002,24(5):91-94.系作者与周强、罗志强合作完成。

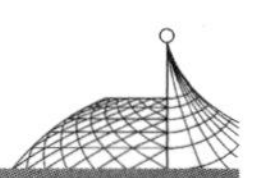

2.2 网络建模和消息建模

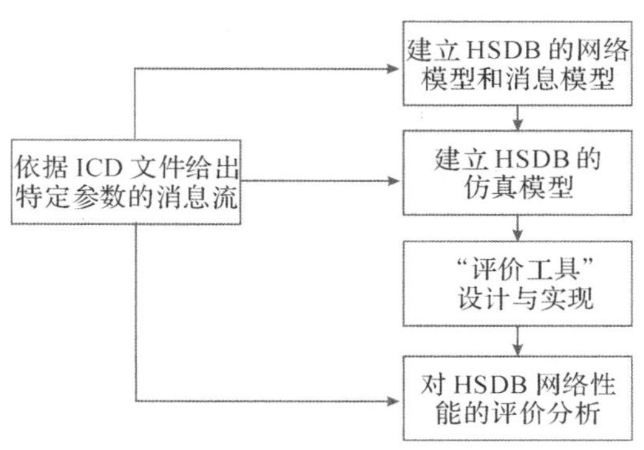

图 1　总体设计方案框图

2.2.1　网络模型

HSDB 属于令牌传递网络，在拓扑结构上，它类似于 IEEE 802.4(总线型)，而不同于 IEEE 802.5 和 FDDI 分布式光纤数据接口(环型)；但从消息传输的意义上讲，它们均是采用逻辑环的结构，其网络模型见图 2。令牌传输协议采用令牌实现对传输介质的访问，在正常工作时，网络上的节点根据它们的物理地址编码的大小组成逻辑环路，令牌沿逻辑环路逐节点传输。环路上获得令牌的节点得到机会向其它节点发送消息，每个节点能够使用的网络带宽(占用总线的时间)受到协议参数令牌持有时间 THT 的限制。

2.2.2　消息模型

HSDB 协议是一个限时令牌多优先级传输协议，网络上的节点共享一条广播式传输介质，当 HSDB 工作时，网络上的节点根据它们的物理地址编码的大小组成逻辑环路，令牌沿逻辑环路逐节点传输。环路上获得令牌的节点得到机会向其它节点发送消息，每个节点能够使用的网络带宽(占用总线的时间)受到令牌持有定时器 THT 的限制，而节点中令牌旋转定时器 TRT 则确定了消息依据优先级别发送的次序。这里讨论最高优先级消息的实时传输。

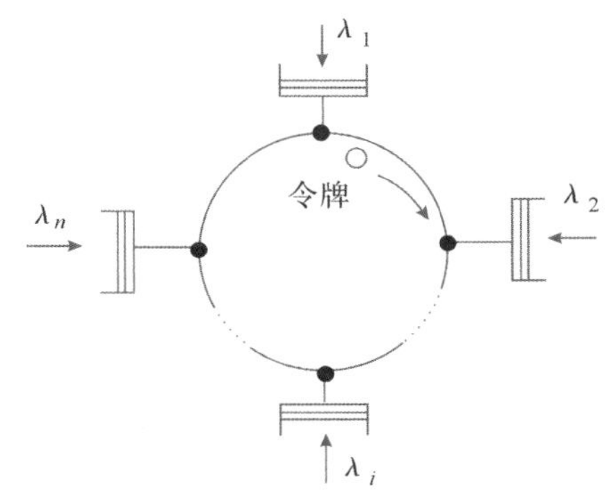

图 2　HSDB 线性令牌传递总线的网络模型

假设网络中有 h 个节点，每个节点各有一个实时消息流要在网络上传输，分别由 $S_1, S_2, \cdots, S_n$ 表示，由它们组成一个消息集合 M，即

$$M=\{S_1,S_2,\cdots,S_n\}$$

对于消息流 S_i，有如下假设：

(1)消息流产生周期 P_i 表示消息流 S_i 的消息产生周期，对于非周期性消息，则表示消息产生最小时间间隔；

(2)消息流长度 C_i 表示消息流 S_i 的传输时间，包括网络协议规定的信息域、校验域和前导符等消息帧全部内容；

(3)消息流最大允许延迟时间等于消息流产生周期 P_i。

2.2.3　消息调度原则

HSDB 属于限时令牌多优先级传输协议，网络中的消息传输由相应的定时器控制。网络中传输着各种各样的消息，如显示控制指令、雷达火控数据、导航数据、测试和维护数据等。不同类型的消息表现出不同的实时性要求，因此消息允许的传输延时是不尽相同的。HSDB 为控制这些不同类型的消息延时，通过几个定时器来管理消息的传输。每个节点有一个令牌持有定时器 THT 用来控制该节点占用的网络带宽，3 个令牌旋方数定时器 TRT 用来控制消息的优先级排序。

HSDB 可将任意一个节点的消息分为最多 4 个优先级传输，优先级别从高到低用 P_0, P_1, P_2 和 P_3 表示，TRT_1，TRT_2 和 TRT_3 分别控制 P_1, P_2 和 P_3。

如图 3 所示，当节点接收到令牌，即对 THT 初始化，并发送 P_0 消息直到 P_0 队列为空，或者 THT 计数到零。当上一优先级队列发送完毕且 THT 仍未计数到零，则将当前 TRT 值与 THT 值比较，将其中小者赋予 THT，对 TRT 初始化并发送当前优先级消息直到其队列为空，或者 THT 计数到零。当最低优先级 P_3 消息发送完毕，或者 THT 计数到零，则将令牌传递给下一个节点。通过这种机制，实现对不同延迟要求任务的消息调度。

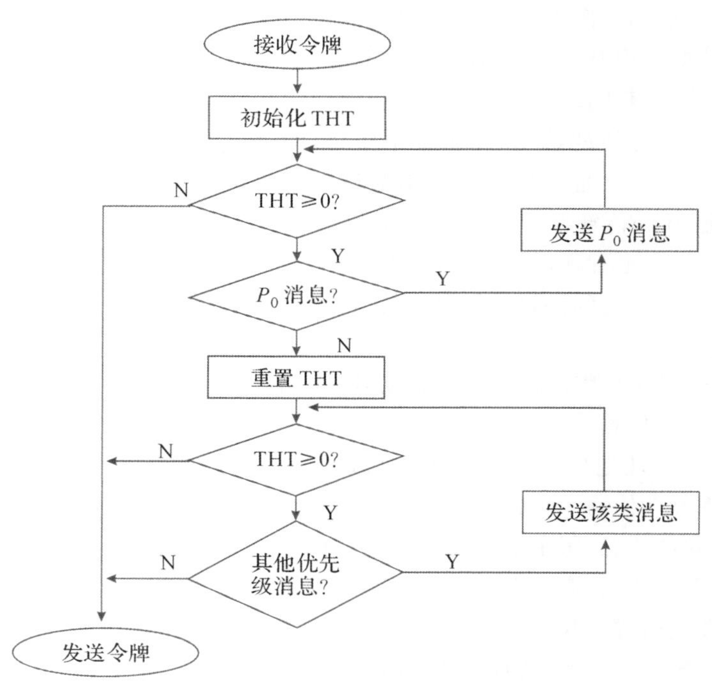

图 3　HSDB 消息调度流程图

2.3　仿真建模

HSDB 网络属于离散事件系统，它的仿真过程包括仿真时间的推进机制、仿真算法的设计等几个重要部分。下面依照这些部分对 HSDB 的仿真建模进行描述。

2.3.1　仿真时钟的推进机制

令牌传递网络仿真建模的关键在于令牌循环的时序仿真，如图 4 所示。图中仿真时钟的推进表示令牌环绕逻辑环的仿真进程。图 4(a)表明站中无消息发送时的仿真时序，此时令牌只是环绕逻辑环逐节点依次传递(1 传递到 2 或从 2 传递到 3)，全局时钟变量按照令牌传递的时间 T_{token}不断增加。图 4(b)表明了站中有消息待发送时的仿真时序。节点 1 有消息待发，在其持有令牌后发送该消息，时间为 T_{msg}；肖息传输完毕后将释放令牌，并将其传递至节点 2，时间为 T_{token}；之后依次传递令牌并在节点有待发消息时发送消息。

2.3.2　HSDB 的仿真算法

依照令牌传递网络的协议调度机理，图 5 给出了它的仿真算法。仿真过程开始后，首先检测某节点 P_0 队列中是否有消息，若有消息则比较待发消息的产生时间与仿真时钟，当前者先于后者并且 THT 尚未计满时，可发送消息并更新仿真时钟，直至 THT 计满或 P_0 消息发完；当 P_0 消息发完且 THT 未计满时，按照消息的处理方法依次查询消息，直至 THT 计满或消息均已发送。然后，传递令

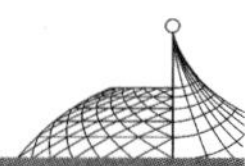

牌至下一节点，同时仿真时钟进行更新。最后，仿真时钟计满，仿真结束。

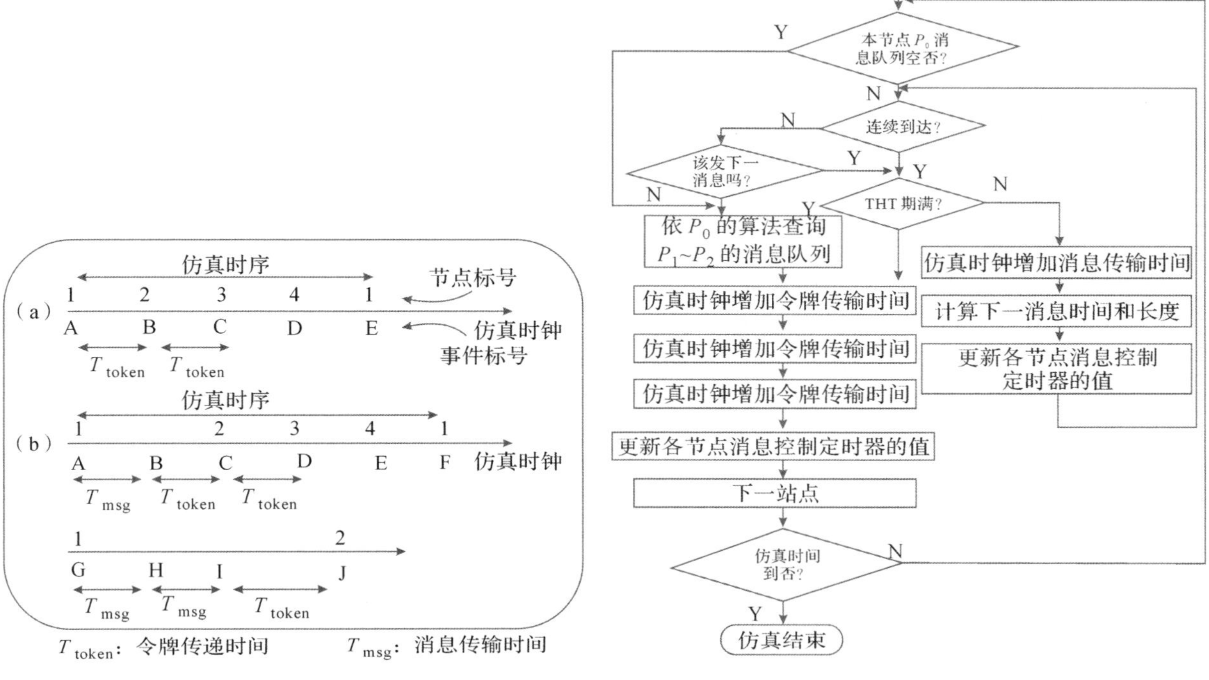

图4 令牌循环的仿真时序图

图5 LTPB的仿真算法

3. 程序设计与实现

本仿真软件工具采用C++作为编程语言，采用基本类库的方式简化具体的编程。软件采用面向对象的程序设计方法。软件开发选用 Microsoft 公司的 Microsoft Visual C++6.0 作为软件开发平台。利用类的概念从数据结构的角度定义了消息类和节点类，消息类定义了消息的各个属性(其中包括消息建模中的几个参数)；节点类定义了节点属性、消息队列和统计参数三部分数据。下面给出了它们的语言描述。

3.1 数据结构的设计

3.1.1 消息类的定义

```
class CMessage
{       public:
        CMessage();
        virtual~CMessage();
        int. src_address;           //源点(地址)
        int length;                 //消息长度
        double arr_time;            //消息到达时间
        int des_address;            //宿点(地址)
```

```
        double period;                //消息产生周期
        CString mess_name;            //消息标识
};
```

3.1.2　节点(站)类的定义

```
class CStation
{       public:
        CStation();
        virtual~ CStation();
        //站属性
        int this_address; //本站地址
        int next_address; //下站地址
        double dist_to_next;// 到下一站的距离
        double prop_delay; //传播延迟
        double last_access_time;
        //消息队列
        CArray <CMessage,CMessage&> messageQueue; //
        //站统计参数
        double total_access_delay;
        int num_message_sent; //当前站发送消息总数
        int total_len_message_sent;// 当前站发送消息总量
        double total_mess_sent_delay;
};
```

3.2　评价工具的实现

评价工具的设计包括算法实现部分和用户界面部分。算法实现部分是工具软件设计的核心，应依据前面所建立的网络模型、消息模型和仿真模型。用户界面部分是用户与算法实现部分交互的接口，它涉及软件使用的方方面面，包括程序界面、用户操作、软件容错性等方面的工作。用户界面的风格如图 6 所示。

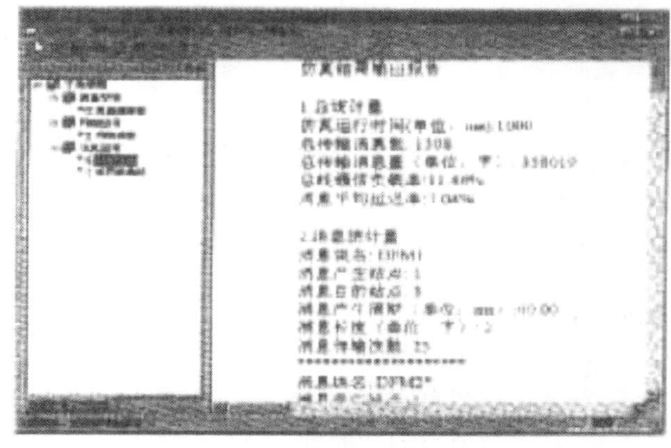

图 6　评价工具的用户界面

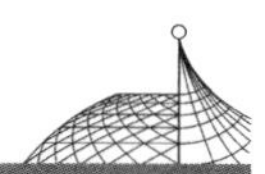

4. 实　例

依据ICD接口控制文件抽取出了相应数据流参数，见表1。采用本文的消息建模原理和性能评价方法，在所实现的工具中，在该消息集参数情形下对高速数据总线的网络性能进行评估，结果如图7。其中，仿真时间为1000ms，性能评价结果如下：总线通信负载率为11.46%；消息平均延迟率为7.04%。

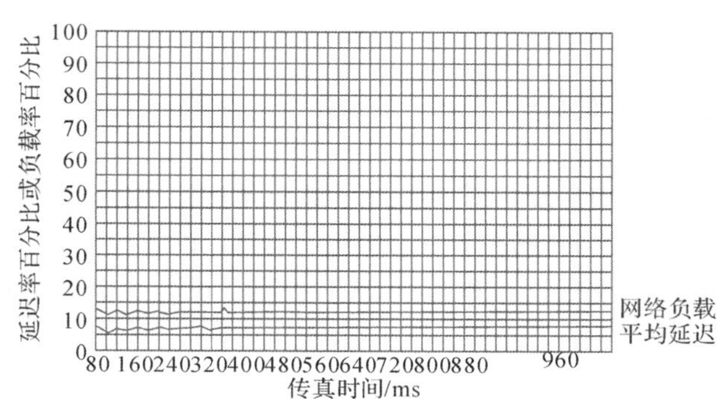

图7　网络性能评价结果

表1　从ICD中提取的消息流参数

序号	消息标识	源点	宿点	消息长度/字	消息产生周期/ms	序号	消息标识	源点	宿点	消息长度/字	消息产生周期/ms
1	DFM1	1	3	2	40	24	FCM2	3	2	4	40
2	DFM2*	1	3	125	40	25	FLIR2	3	2	3	40
3	DFM3	1	3	4	40	26	CADC1	3	2	11	40
4	IRM1	1	3	4	40	27	INS1	3	2	26	40
5	IRM2	1	3	9	40	28	INS2	3	2	20	40
6	IRM3	1	3	24	40	29	DFM4	3	1	1	40
7	RDM1	1	3	5	40	30	IRM4	3	1	3	40
8	RDM2	1	3	20	40	31	RDM5	3	1	6	40
9	RDM3	1	3	6	40	32	DTE4	3	4	4	40
10	RDM4*	1	3	31	40	33	DTE5	3	4	11	40**
11	DFM2	1	2	125	40	34	DTE6	3	4	7	40**
12	RDM3	1	2	6	40	35	DTE7	3	4	8	40**
13	RDM4	1	2	31	40	36	DTE8*	4	3	4	40
14	DTE1	1	4	4	40	37	DTE9	4	3	225	20**
15	EWM1*	2	3	1	40	38	DTE10	4	3	14	20**
16	EWM2*	2	3	48	40	39	DTE11	4	3	2050	20**
17	FCM1	2	3	34	40	40	DTE12	4	3	259	20**
18	FLIR1	2	3	5	40	41	DTE13	4	2	129	20**
19	EWM1	2	1	1	40	42	DTE14	4	2	2050	20**
20	EWM2	2	1	48	40	43	DTE15	4	2	4	40
21	DTE2	2	4	4	40	44	DTE16	4	1	2050	20**
22	DTE3	2	4	103	40	45	DTE17	4	1	4	40
23	EWM3	3	2	1	40						

注：*表示该消息需要传送到多个分系统；**表示该数据块只在一定条件下发生。

5. 结束语

利用计算机对航空电子综合化进行辅助设计系统分析对系统设计具有重要意义。从评价工具得到的结果将是进行航空电子系统设计的重要依据。此外ICD文件的设计也可依据系统仿真软件的仿真结果进行设计和调整,从而提高了设计阶段的可靠性和工作效率,达到系统设计优化的目标。

参考文献

[1] Society of Automotive Engineers. AS4074 Linear Token Passing Multiplex Data Bus[S]. Warrendale: Society of Automotive Engineers Inc., 1993.

[2] Society of Automotive Engineers. AIR4288 Linear Token Passing Multiplex Data Bus User's Handbook[S]. Warrendale: Society of Automotive Engineers Inc., 1992.

[3] 陈彩,熊华钢,罗志强.多路数据总线通信传输方案优化[J].电光与控制,1996(3):31-36.

[4] 罗志强.航空电子综合化系统[M].北京:北京航空航天大学出版社,1990.

[5] 周强,熊华钢,罗志强.线性令牌传递总线LTPB的仿真建模研究[J].系统仿真学报,2001,13(4):531-535.

[6] 周强,熊华钢,罗志强.LTPB网络带宽分配策略的实时性能研究[J].北京航空航天大学学报,2001,26(1):20-23.

Design on a Performance Evaluation Tool for High Speed Data Bus

Abstract: High speed data bus is the key technology in avionics integration for advanced fighters. How to evaluate its performance index is an important theoretical and practical question. Based on the network model and message model of the high speed data bus, the system simulation model with the method of discrete event system simulation is established, and the system simulation program by using the Visual C++ platform is developed. Finally, with the supposed ICD, the network utility and message delay ratio which indicate the performance of high speed data bus are obtained.

Keywords: high speed data bus; discrete event system simulation; ICD

AFDX 交换机在强实时条件下的分组调度*

摘　要:研究了航空电子全双工交换式以太网(AFDX, Avionics Full Duplex Switched Ethernet)交换机分组调度方法的实时性能,采用实时通信中的周期性任务模型,依据 AFDX 协议"确定性网络"中关于交换机支持双优先级消息调度原则,推导出了相应的交换机关键参数的数学表达,提出了强实时约束下基于双优先级调度的负载匹配的分组调度方法(DP-LM,Dual Priority-Load Match),比较了单/双优先级分组调度的不同(消息调度、关键参数和匹配方法)。算例结果表明:由于低优先级消息的引入将会对高优先级消息的实时传输产生重要影响。

关键词:航空电子;分组调度;交换机;AFDX(航空电子全双工交换式以太网)

航空电子全双工交换式以太网(AFDX,Avionics Full Duplex Switched Ethernet)是由工业标准以太网经过适用性改进形成的,具有更高的可靠性、抗恶劣环境适应性和确定的实时性,已经应用于当前先进大型客机项目(A380),AFDX 系统互连已成为构筑新一代民机航空电子系统的基础[1,2]。航空电子等关键通信领域要求网络提供强实时约束下的消息传输,特别强调互连系统中特定消息集合的延时控制和实时性能评价。

AFDX 属于交换式以太网(SE,Switched Ethernet)对于实时性的研究,多集中于网络演算(NC,Network Calculus)方法,文献[3]基于 NC 给出 SE 的最大延迟计算方法,但不适合具有优先级区分的网络。文献[4]采用流量整形方法,并基于 NC 理论研究端到端延迟,该方法需要对协议标准进行适应性修改,流量模式必须满足一定的突发性要求才能确保延迟要求。另一个研究方向是针对交换机采用适合的分组调度方法和接入控制算法来提高系统的确定性延迟特性。文献[5]通过在 SE 端节点和交换机上增加实时层来支持实时通信,提出在交换机中采用分组调度、建立实时通道来确保实时周期消息的传输。文献[6]针对 SE 提出一种确保周期性消息实时传输的分布式调度方法,但没有给出消息的可行性条件。文献[7]针对航电光纤通道(FC, Fiber Channel)交换机提出一种分组调度方法,考虑实时消息的情况,没有引入支持多优先级消息的机制,不适合 AFDX 交换机对双优先级消息调度的要求。

本文研究 AFDX 系统交换机中定长分组调度方法,依据 AFDX 交换机的消息调度原则,给出了双优先级情况下交换机关键参数 $X_i(t)$ 的数学表达,提出了强实时约束下基于双优先级调度的负载匹配的分组调度方法(DP-LM,Dual Priority-Load Match)同时比较了单优先级(SP, Single Priority)双优先级(DP, Dual Priority)分组调度的不同,算例结果表明:低优先级消息的引入将会对高优先级消息的实时传输产生重要影响。

---

* 文章发表于《北京航空航天大学学报》,2009,35(4):449-452.系作者与周强、熊华钢、张晓林合作完成。

1. AFDX 交换节点模型

1.1 消息模型

采用实时通信中的周期性任务模型，每个交换机（交换节点冲有 n 条入线和 n 条出线[7]，每个入线均支持高低两类优先级消息高优先级为实时消息，低优先级为非实时消息）所有消息流需要传送至出线；对于所有的高优先级消息，它们组成一个实时消息集合 M_S 对于所有的低优先级消息，它们组成一个非实时消息集合 M_A 表示为

$$\begin{aligned} M_S &= \{S_1, S_2, \cdots, S_n\} \\ M_A &= \{A_1, A_2, \cdots, A_n\} \end{aligned} \tag{1}$$

对于实时消息流（简称消息流）S_i 和交换节点，有如下假设：①消息流产生周期 P_i：消息流 S_i 的消息产生周期。对于非周期性消息，则表示消息产生最小时间间隔；②消息流最大长度 C_i：第 i 个消息流的传输时间，包括网络协议规定的分隔符、帧头、信息域和校验域等帧的全部内容；③输出链路的轮长 L_{MR}交换节点在分组调度中每次轮转所允许的最大时隙数，分组调度轮转周期的上限；④消息流最大允许延迟时间等于消息流产生周期 P_i：消息流产生周期 P_i 的最小值用 P_{min}表示；⑤消息流与交换节点参数均以时隙为基本时间单位进行归一化，时隙归一化结果为 1。

消息由一个二维数组表示：

$$S_i = (C_i, P_i) \tag{2}$$

消息流负载率 U 定义为

$$U_i = C_i / P_i \tag{3}$$

网络总的负载率为

$$U = \sum_{i=1}^{n} U_i \tag{4}$$

1.2 分组调度模型

进入交换节点的消息帧根据时隙大小重新打包（见图 1），设每个入线队列 Q_i 对应实时消息集 M_S 中一个消息 S_i 并假定其工作在最差情形下：n 条入线同时竞争一条出线。

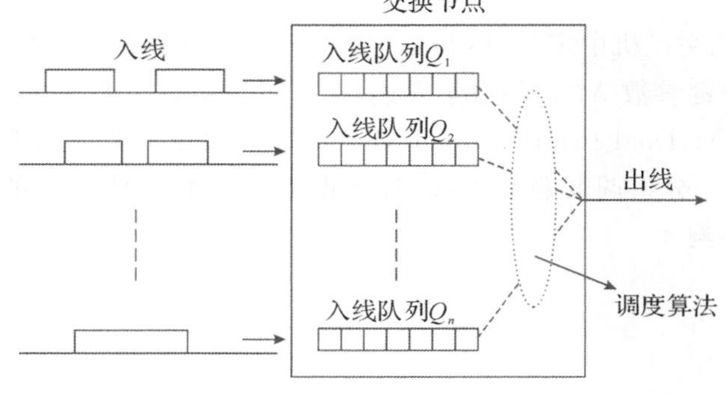

图 1　分组调度模型

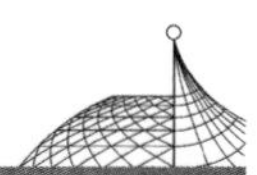

2. 实时条件及关键参数

2.1 实时限制条件

在一个输出链路上，用 n 表示已建立连接的数目（假定每个入线支持 1 个连接），调度程序为每个连接 i 分配一个权值 W_i，在强实时条件下，分组调度方法为每个连接所分配的权值应同时保证消息传输的时限约束条件和轮转权值约束条件。

（1）轮转权值约束条件：

$$\sum_{i=1}^{n} W_i \leqslant L_{\mathrm{MR}} - \theta \tag{5}$$

θ 为调度程序进行连接轮转的切换开销。

（2）时限约束条件：

对任意时间间隔，t 用 $X_i(t)$ 表示入线队列 Q_i 发送实时消息的最小时间量。消息集合 M_s 中每个消息在最大允许延迟时间内，应有足够发送该消息的时间，因此对于任意消息流 S 应有：

$$X_i(P_i) \geqslant C_i \quad i=1,2,\cdots,n \tag{6}$$

若分组调度方法同时满足轮转权值约束条件和时限约束条件，则该分组调度方法可实现特定消息流的实时传输。

2.2 关键参数 $X_i(t)$

（1）SP 当交换机每个入线均只支持实时消息（单优先级情况：如文献[7]中对 FC 的讨论）时，关键参数表达为[17]

$$X_i(t) = [t/L_{\mathrm{MR}}] W_i \tag{7}$$

（2）DP 依据 AFDX 交换机规则要求[1]：

Ⅰ. 交换机有优先级机制，可以支持两类优先级消息：高优先级（实时消息）和低优先级（非实时消息）。

Ⅱ. 高优先级的消息可优先发送，但不能“抢夺”(pemped)正在发送的低优先级消息帧。

根据 $X_i(t)$ 的定义，结合以上规则，建立以下通过“最差情形”来确定的。根据文献[8]的思路，最差情形定义为一组条件，在这些条件下，入线队列 Q_i 在任意时间间隔内可发送实时消息的时间量取得最小值。若该条件下消息的实时性能得到满足，则任何情况下均能保证消息的实时传输。根据 ADX 交换机的调度规则和其“最差情形”包括以下条件：①在 t_0 时刻之前，交换机中入线队列 Q_i 无高优先级消息待发送，而有足够的低优先级消息待发送；②在 t_0 时刻，除入线队列 Q_i 的每个队列均有足够的消息高优先级或低优先级）待发送；③在 t_0 时刻，入线队列 Q_i 由于无高优先级的消息，低优先级的消息得到调度；恰在此时，高优先级的消息流 S_i 到达。

从 $X_i(t)$ 的物理含义出发，以时间轴的原点 0 对应入线队列 Q_i 首次获得分组调度权的时刻，对应于“最差情形”的 t_0 从此时刻起的第一个轮长 L_{MR} 内，由“最差情形”的定义，因为要发送已到达的低优先级消息，它不能发送刚到达的高优先级消息；入线队列 Q_i 在接着的第 m_i 次获得分组调度权后，如果经历的剩余时间小于 W_i（见图 2 中 1 所指箭头位置），$X_i(t)$ 则为 (m_i-1) 个 W_i 再加上剩余时间值；如果经历的剩余时间超过 W_i（见图 2 中 2 所指箭头位置），$X_i(t)$ 则为 m 个 W_i。

综上所述，可得

$$X_i(t)=\begin{cases}0 & 0\leqslant t<L_{\mathrm{MR}}\\(m_i-1)W_i+t-m_iL_{\mathrm{MR}} & m_iL_{\mathrm{MR}}\leqslant t\leqslant L_{\mathrm{MR}}+W_i\\m_i\times W_i & L_{\mathrm{MR}}+W_i\leqslant t\leqslant(m_i+1)L_{\mathrm{MR}}\end{cases}\tag{8}$$

式中，$m_i=[t/L_{\mathrm{MR}}]$，$m_i\geqslant1$；[·]表示对实数取整。

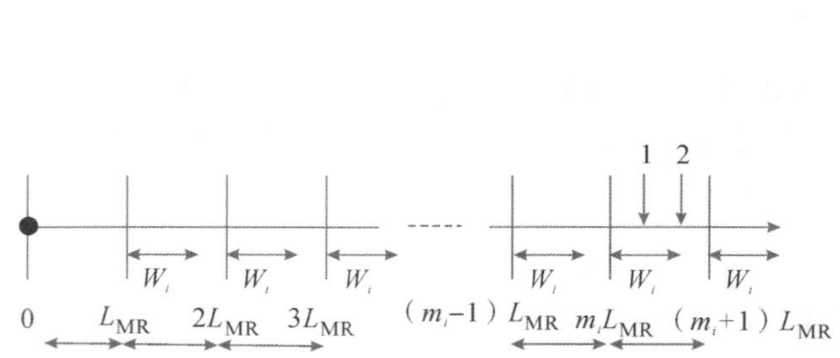

图 2　最差情形下 Q_i 发送实时消息的时间量

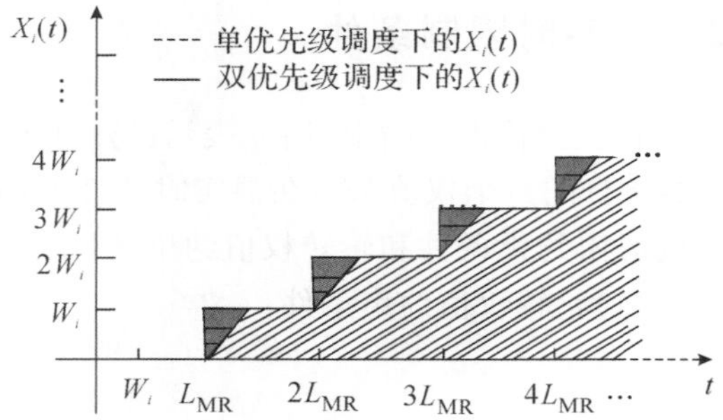

图 3　单/双优先级调度规则下 $X_i(t)$ 的比较

图 3 给出了单/双优先级消息调度规则下的关键参数 $X_i(t)$（入线队列 Q_i 发送实时消息的最小时间量）的比较。图 3 中"阴影"表示由单优先级消息规则下可传输的实时消息量，而在双优先级规则下不能用于实时消息传输的时间量。

3. 分组调度方法

由 $X_i(t)$ 的定义，则消息产生周期 P_i 内入线队列 Q_i 可发送消息的最小时间量为 $X_i(P_i)$ 而待发送的消息量为 C_i；从负载匹配的角度出发，令消息发送量 $X_i(P_i)$ 和消息量 C_i 相等，则可得到一种负载匹配的轮转调度方法（LM，Load Match）。

(1)SP 当交换机每个入线均只支持实时消息时，由式(7)，可得负载匹配的轮转调度方法（SP-LM）为[7]

$$0\leqslant W_i-\frac{C_i}{[P_i/L_{\mathrm{MR}}]}<1\tag{9}$$

(2)DP ADX 支持双优先级，由式(8)可得其负载匹配的轮转调度方法（DP-IM）为

$$W_i=\begin{cases}C_i & 0\leqslant P_i-L_{\mathrm{MR}}<L_{\mathrm{MR}}\\C_i/m_i & P_i-m_i\circ L_{\mathrm{MR}}\geqslant W_i\\\dfrac{C_i-(P_i-m_i\circ L_{\mathrm{MR}})}{m_i-1} & P_i-m_i\circ L_{\mathrm{MR}}<W_i\end{cases}\tag{10}$$

式中，$m_i=[P_i/L_{\mathrm{MR}}]$，$m_i>1$。

4. 算例分析

针对单双优先级消息交换机分组调度实时性进行算例讨论。算例采用文献[7]中的消息集（见表 1），则 $P_{\min}=0.12\mathrm{ms}$。假定 $L_{\mathrm{MR}}=0.06\mathrm{ms}$，数据率为 $r=100\mathrm{MB/s}$。当 AFDX 采用无优先级策略未考虑非实时消息的影响）的调度方法（式(9)时，由于该方法不能反映非实时消息引入对分组调度的影响，因此会产生与实际结果不一致的地方。本例中消息 S_4，S_7 和 S_9 就不满足实时调度条件。

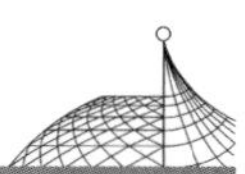

对于消息 S_4（$C_4=L_4/r=0.01$ms，其中 L_4 为消息字长度，为简化略去单位 ms）只有在 0.125°(0.12+0.005)时刻才能发送完，不能满足最差情形下的实时调度传输条件(0.125>0.12)见表 2；而采用双优先级策略及分组调度方法(式(10))可知当 0.07 时刻就能发送完消息 S_4 并满足实时调度传输条件(0.07<0.12)，见表 3。消息 S_7，S_9 与 S_4 有类似的结果。

综上可知，AFDX 交换机在强实时约束下的分组调度方法必须考虑非实时消息的影响；单优先级分组调度方法由于没有考虑非实时消息引入所带来的影响，因此不能正确实现 AFDX 交换机对实时消息的分组调度；与之相反，双优先级分组调度方法是基于 AFDX 交换机消息调度机制得到的，充分考虑了强实时约束下非实时消息对分组调度方法的影响，因此可确保对实时消息集的分组调度。

表 1　单/双优先级分组调度方法在文献[7]消息集下的实时性对比

队列 i	消息名称	消息长度 L_i/bit	发送周期 P_i/ms	无优先级策略(未考虑非实时消息的影响)的调度方法(式(9))				双优先级策略(考虑非实时消息的影响)的调度方法(式(10))			
				W_i/ms	轮转权值约束条件?	时限约束条件?	能否实时传输?	W_i/ms	轮转权值约束条件?	时限约束条件?	能否实时传输?
1	S_1	1000	0.19	0.006667	Y	Y	Y	0.006667	Y	Y	Y
2	S_2	2000	0.38	0.006667	Y	Y	Y	0.006667	Y	Y	Y
3	S_3	2000	0.44	0.005714	Y	Y	Y	0.005714	Y	Y	Y
4	S_4	500	0.12	0.005	Y	N	N	0.01	Y	Y	Y
5	S_5	1000	0.19	0.006667	Y	Y	Y	0.006667	Y	Y	Y
6	S_6	1000	0.19	0.006667	Y	Y	Y	0.006667	Y	Y	Y
7	S_7	200	0.12	0.002	Y	N	N	0.004	Y	Y	Y
8	S_8	2000	0.44	0.005714	Y	Y	Y	0.005714	Y	Y	Y
9	S_9	200	0.12	0.002	Y	N	N	0.004	Y	Y	Y
10	S_{10}	1000	0.19	0.006667	Y	Y	Y	0.006667	Y	Y	Y
				不能实时调度				可进行实时调度			

表 2　无优先级策略最差情形下消息集 S_4 传输时序

时间/ms	S_4		
	队列 Q_i	T_s	T_a
0	—	$W_4=0.005$	4
0.005	—	$W_5=0.02/3$	5
…	…	…	…
0.06	$W_4=0.005$	—	4
0.065	$W_5=0.02/3$	—	5
…	…	…	…
0.12	$W_4=0.005$	—	4

注：T_s 表示用于实时消息的时间片；T_a 表示用于非实时消息的时间片

表 3　双优先级策略最差情形下消息集 S_4 传输时序

时间/ms	S_4		
	队列 Q_i	T_s	T_a
0	—	$W_4=0.01$	4
0.01	—	$W_5=0.02/3$	5
…	…	…	…
0.06	$W_4=0.01$	—	4

5. 结束语

本文研究 AFDX 系统交换机中定长分组调度方法，依据 AFDX 协议调度原则，给出了双优先级情况下交换机关键参数 $X_i(t)$ 的数学表达，提出了强实时条件下基于双优先级调度的负载匹配的分组调度方法(DP-LM)比较了单双优先级分组调度的不同，算例结果表明：由于低优先级消息的引入将会对高优先级消息的实时传输产生重要影响。研究结果将为 AFDX 实时系统中交换网络的工程设计与优化提供了理论依据。

参考文献

[1] ARINC 664[S]. 2002.

[2] Francois Jean. Using AFDX as 429 replacement [EB/OL]. France Airbus France, 2004 [2008-04-15]. http://www. globalink biz/2004/presentations/using_afdx_429_replacement. pdf.

[3] Georges J P, Rondeau E, Divoux T. Evaluation of switched Ethernet in an industrial context by using the network calculus[C]//4th IEEE Int Workshop on Factory Communication System USA. IEEE. 2002:19-26.

[4] Loser J, Hartig H. Low-latncy hard real time communication over switched ethernet[C]// 16th Euromicro Conference on Real Time Systems. USA: IEEE, 2004: 13-22.

[5] Hong H, Jonsson M, Hasrm U, et al. Switched real time Ethernet with earliest deadline first-scheduling protocols and traffic handling[C] //16th Int Parallel and Distributed Processing Symposium. USA: IEEE, 2002:94-99.

[6] Kim M K, Lee H C. Periodic message scheduling on a switched Ethernet for hard real time communication[C]//LNCS High Performance Computing and Communication. Berlin: Springer Berlin, 2006:457-466.

[7] 林强，熊华钢，张其善. 光纤通道交换机在强实时约束下的分组调度[J]. 计算机学报，2006，29(4)：570-575.

[8] 周强，熊华钢，罗志强. LTPB 网络带宽分配策略的实时性能研究[J]. 北京航空航天大学学报，2001，27(1):20-23.

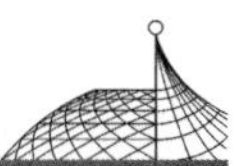

Packet Scheduling for AFDX Switch Under Harder Time Constraints

Abstract: AFDX(avionics full duplex switched Ethernet)is a witched interconnection designed to meet requirements related to the ever increasing demand for civil air craft such as A380. A packet scheduling scheme on hard realtime performance in AFDX switch was studied. Based on the dual-priority-message scheduling principle of AFDX Protocol, an analytical expression of its key parameter was derived and a new packet scheduling scheme (DP-LM, dual-priority-load match) under hard real time constraints was proposed. The different factors such as scheduling progress, key parameter and load-match method between dual-priority-message scheduling and single-priority-message one were deeply compared, and example resultants indicate that low priority message can impact on real time transmission for high priority one.

Keywords: avionics; packet switching; switch; AFDX (avionics full duplex switched ethernet)

一种用于GNSS中实时定位解算的简易方法*

摘　要:在全球导航卫星系统中,定位解算是十分重要的一部分。本文改进了基于线性迭代思想的定位解算算法,并采用了MATLAB进行了仿真和分析。通过大量仿真,分析了算法中影响及决定定位精度和实时性的误差门限、用户钟差、初始位置等参数。仿真得出定位精度与用户钟差和误差门限呈负相关、实时性与误差门限和初始位置与用户真实位置差呈正相关等结论。这为以后硬件接收机和软件接收机设计提供了参考。

关键词:全球导航卫星系统;定位解算;线性化;迭代运算

1. 引　言

随着全球导航卫星系统(global navigation satellite system,GNSS)不断发展,无论是民用还是军用,定位导航产品的需求量日益增加,并且产品的功能也越来越多样化,其应用领域也越来越广泛。定位解算是接收机开发研制过程中非常重要的一部分,当前关于定位解算的理论方法有多种,但如何提高定位解算实时性并保证定位精度并未定量分析。在产品竞争激烈的情况下,解决产品的成本问题更加重要。很多算法能达到的精度较高但是实现起来或困难或复杂,实用并不多[1-6]。本文从算法简单实用性方面来研究,改进了线性迭代和最小二乘法则相结合方法。为具体接收机设计提供了参考。

2. 卫星定位方程[7-10]

每颗卫星在特定的时间 t_n 发射信号,接收机在稍后的时刻 t_M 接收到信号。卫星 i 和用户之间的距离是:

$$\rho_{iT}=c(t_M-t_n) \tag{1}$$

式中,c 是光速,ρ_{iT} 称为用户和卫星 i 之间伪距的精确值,t_n 称为从卫星发射的精确时刻,t_M 是接收的精确时刻。

从实现的观点来讲,得到卫星或用户的正确时间是很困难的,几乎不可能。实际卫星时钟时间 t'_n 和实际的用户时钟时间 t'_M。与精确时间的关系式为

$$t'_n=t_n+\Delta b_i,t'_M=t_M+b_{M'} \tag{2}$$

式中,Δb_i 是卫星的时钟误差,$b_{M'}$ 是用户的时钟误差。除了时钟误差外,还有其他的影响伪距测量的因素,测量到的伪距可表示为

---

* 文章发表于《电子测量技术》,2011,34(11):51-54.系作者与熊治坤、李署坚、张波合作完成。

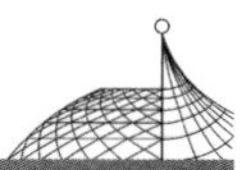

$$\rho_i = \rho_{iT} + \Delta D_i - c(\Delta b_i - b_{M'}) + c(\Delta T_i + \Delta I_i + \nu_i + \Delta\nu_i) \tag{3}$$

式中，ΔD_i 是卫星位置误差对距离的影响，ΔT_i 是对流层延迟误差，ΔI_i 是电离层延迟误差，ν_i 是接收机测量噪声误差，$\Delta\nu_i$ 是相对论时间修正。误差会导致用户位置的不精确。然而，用户的时钟误差不能通过接收机的信息进行修正。这样，它仍是个未知数，则定位方程可列出如下。

$$\begin{aligned}
\rho_1 &= \sqrt{(x_1 - x_M)^2 + (y_1 - y_M)^2 + (z_1 - z_M)^2} + b_M \\
\rho_2 &= \sqrt{(x_2 - x_M)^2 + (y_2 - y_M)^2 + (z_2 - z_M)^2} + b_M \\
\rho_3 &= \sqrt{(x_3 - x_M)^2 + (y_3 - y_M)^2 + (z_3 - z_M)^2} + b_M \\
\rho_4 &= \sqrt{(x_4 - x_M)^2 + (y_4 - y_M)^2 + (z_4 - z_M)^2} + b_M
\end{aligned} \tag{4}$$

式中，b_M 是以距离表示的用户时钟偏差，即 $b_M = cb_{M'}$。在接收机中，最少需要 4 颗卫星来测出用户的位置。

3. 线性迭代算法[8-9]

根据方程式(4)很难求出 4 个未知解，因为它们非线性的联立方程。解决该问题的 1 个常用的方法地将它们线性化。上面的方程可以简化为

$$\rho_i = \sqrt{(x_i - x_M)^2 + (y_i - y_M)^2 + (z_i - z_M)^2} + b_M \tag{5}$$

式中，$i=1,2,3$ 和 4，而 x_M、y_M、z_M 和 b_M 是未知数。伪距 ρ_i 和卫星位置 x_i、y_i、z_i 是已知的。

对方程微分，结果为

$$\begin{aligned}
\delta\rho_i &= \frac{(x_i - x_M)\delta x_M + (y_i - y_M)\delta y_M + (z_i - z_M)\delta z_M}{\sqrt{(x_i - x_M)^2 + (y_i - y_M)^2 + (z_i - z_M)^2}} + \delta b_M \\
&= \frac{(x_i - x_M)\delta x_M + (y_i - y_M)\delta y_M + (z_i - z_M)\delta z_M}{\rho_i - b_M} + \delta b_M
\end{aligned} \tag{6}$$

式中，δx_M、δy_M、δz_M 和 δb_M 被认为是仅有的未知数。x_M、y_M、z_M 和 b_M 可认为是已知值，给这些量赋初值即可。从这些初值里解出一组新的 δx_M、δy_M、δz_M 和 δb_M 值。用这些值对原来的 x_M、y_M、z_M 和 b_M 值修正，得到一组新解。这组新解又可以看作是已知量。重复这个操作，直到 δx_M、δy_M、δz_M 和 δb_M 值小到预定的门限内，则认为是所需要的解。当 δx_M、δy_M、δz_M 和 δb_M 值是未知数时，上面的方程就变成了线性方程。这个过程为线性化。上面的方程用矩阵的形式可以表示为

$$\delta\rho = \alpha\delta x \tag{7}$$

式中，

$$\delta\rho = [\delta\rho_1 \quad \delta\rho_2 \quad \delta\rho_3 \quad \delta\rho_4]^{\mathrm{T}} \tag{8}$$

$$\delta x = [\delta x_M \quad \delta y_M \quad \delta z_M \quad \delta b_M]^{\mathrm{T}} \tag{9}$$

$$\alpha = \begin{bmatrix} \alpha_{11} & \alpha_{12} & \alpha_{13} & 1 \\ \alpha_{21} & \alpha_{22} & \alpha_{23} & 1 \\ \alpha_{31} & \alpha_{32} & \alpha_{33} & 1 \\ \alpha_{41} & \alpha_{42} & \alpha_{43} & 1 \end{bmatrix} \tag{10}$$

$$\alpha_{i1} = \frac{x_i - x_M}{\rho_i - b_i} \quad \alpha_{i2} = \frac{y_i - y_M}{\rho_i - b_i} \quad \alpha_{i3} = \frac{z_i - z_M}{\rho_i - b_i} \tag{11}$$

则式(7)的解为

$$\delta x = \alpha^{-1}\delta\rho \tag{12}$$

虽然上式不能直接提供需要的解，然而，由它可以得到需要的解。为了得到需要的位置解，就必

须重复运用迭代方法。常用 1 个量来确定是否达到了需要的结果,这个量就是:

$$\delta\nu=\sqrt{\delta x_M{}^2+\delta y_M{}^2+\delta z_M{}^2+\delta b_M{}^2} \tag{13}$$

当这个值小于某个预先确定的门限时结束迭代。有时,在式(13)中不包括时钟偏差 b_M。

当可用卫星超过 4 颗以上时,求解用户位置通常是利用所有卫星,当然有时也采用选星算法。如果有 n 颗卫星,$n>4$,式(5)可写为

$$\rho_i=\sqrt{(x_i-x_M)^2+(y_i-y_M)^2+(z_i-z_M)^2}+b_M \tag{14}$$

式中,$i=1,2,3,\cdots,n$,它和式(5)唯一的区别就是 $n>4$。将此式线性化,得到的结果为

$$\delta\rho=\alpha\delta x \tag{15}$$

式中 δx 不变,则:

$$\delta\rho=[\delta\rho_1 \quad \delta\rho_2 \quad L \quad \delta\rho_n]^{\mathrm{T}} \tag{16}$$

$$\alpha=\begin{bmatrix} \alpha_{11} & \alpha_{12} & \alpha_{13} & 1 \\ \alpha_{21} & \alpha_{22} & \alpha_{23} & 1 \\ M & M & M & M \\ \alpha_{n1} & \alpha_{n2} & \alpha_{n3} & 1 \end{bmatrix} \tag{17}$$

$$\alpha_{i1}=\frac{x_i-x_M}{\rho_i-b_i} \quad \alpha_{i2}=\frac{y_i-y_M}{\rho_i-b_i} \quad \alpha_{i3}=\frac{z_i-z_M}{\rho_i-b_i} \tag{18}$$

式中,因为 α 不是方形矩阵不能直接进行求逆。方程式(15)仍然是个线性方程,在方程数比未知数多时可用最小二乘法求解。其解为

$$\delta x=[\alpha^{\mathrm{T}}\alpha]^{-1}\alpha^{\mathrm{T}}\delta\rho \tag{19}$$

从这个方程能求出 δx_M、δy_M、δz_M 和 δb_M 的值。一般来讲,最小二乘法比用 4 颗卫星求出的位置解更好,因为采用了更多的数据。

4. 仿真分析[11]

为了验证前述方法,进行了一系列的仿真。具体仿真分析如下。

4.1 迭代误差门限仿真

在这里假定用户初始位置为坐标系的原点,用户钟差为 0.1ms,那么迭代误差门限从 0.01m 到 10km 进行仿真,仿真结果如图 1、图 2 所示。从图中分析得出以下 3 条结论:

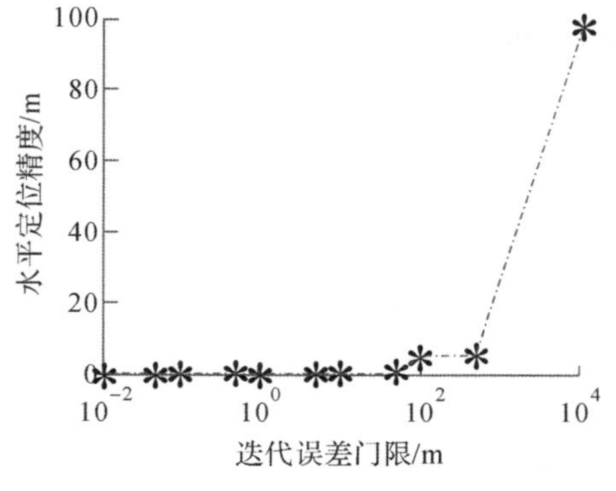

图 1 迭代误差门限对定位精度的影响

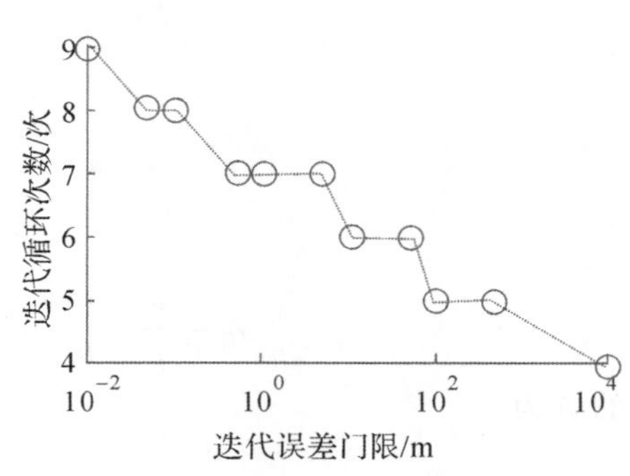

图 2 迭代误差门限对迭代次数的影响

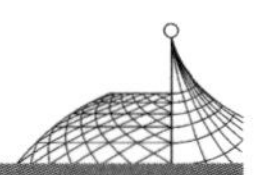

①在图 1 中，可以得出当误差门限不到增加时，定位精度不断降低。当迭代误差门限较大时，定位精度明显下降。因而在实际选取门限时不可过大。

②在图 1 和图 2 中，可以得出当门限越低时，所需要的计算时间越多，迭代次数也越多，也即实时性将变差。在图中计算时间为 ms 级。

③综合以上两点分析，迭代误差门限逐渐增加时，定位精度将降低，而定位实时性将提高。在一定范围内，相对而言，迭代门限对实时性的影响大于对定位精度的影响。这就造成了精度和实时性有一定的矛盾，具体设计接收机时需要权衡处理。

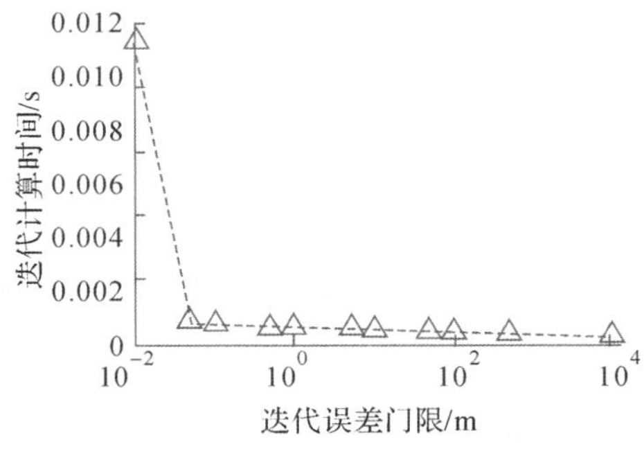

图 3　迭代误差门限对计算时间的影响

4.2　用户钟差仿真

在这里假定用户初始位置为坐标系的原点，迭代误差门限为 100m，那么用户钟差从 0.1ms 到 1mm 进行仿真。仿真结果如图 4、图 5 所示，经分析，得出以下 3 条结论：

①在图 4 中，随着用户钟差的增加，定位精度几乎线性增长，它们是正相关。因此可以说，用户钟差对定位精度起着决定性的影响。

②在图 5 中，用户钟差在 1 个数量级变化之内对算法的迭代次数几乎没有影响或是影响极小。也即，用户钟差对定位实时性几乎没有影响。

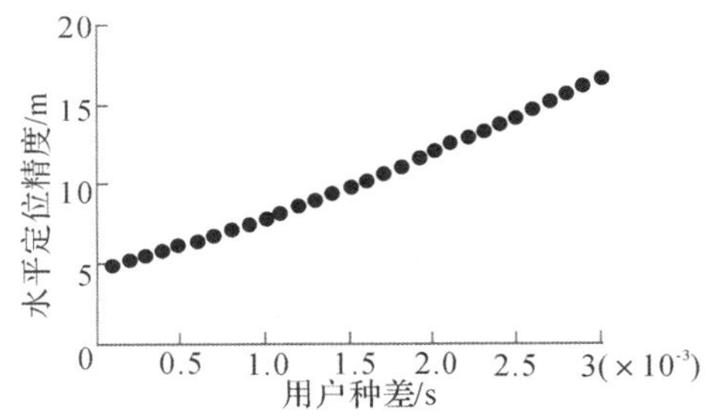

图 4　用户钟差对定位精度的影响

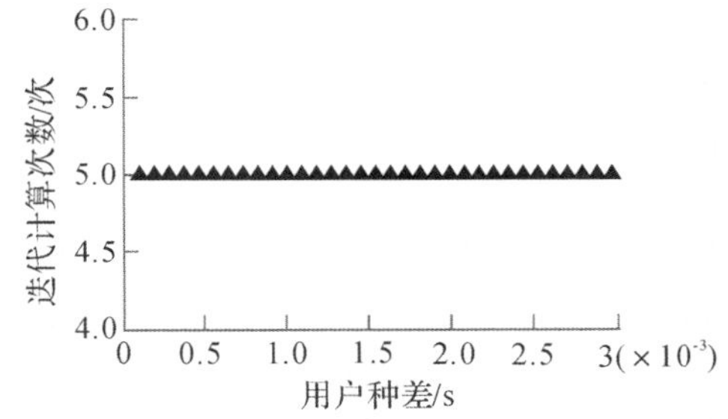

图 5　用户钟差对迭代次数的影响

③综合得出：用户钟差越小，定位精度越高，而对定位解算的实时性几乎没有影响。这要求接收机设计时，时钟的高稳定性和高精准度是必须考虑好。

4.3　用户初始位置的影响

在这里假定用户钟差为 0.1ms，迭代误差门限为 100m，那么用户初始位置距离用户真实位置由远及近变化，直到逼近用户的真实位置点。具体仿真结果如图 6～图 8 所示。分析结论如下。

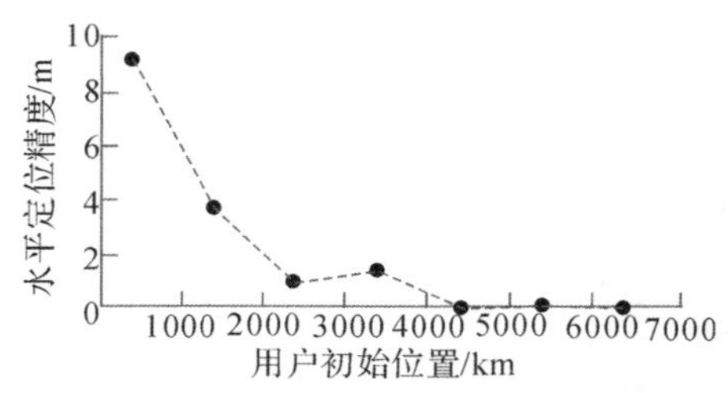

图 6　用户初始位置对定位精度的影响

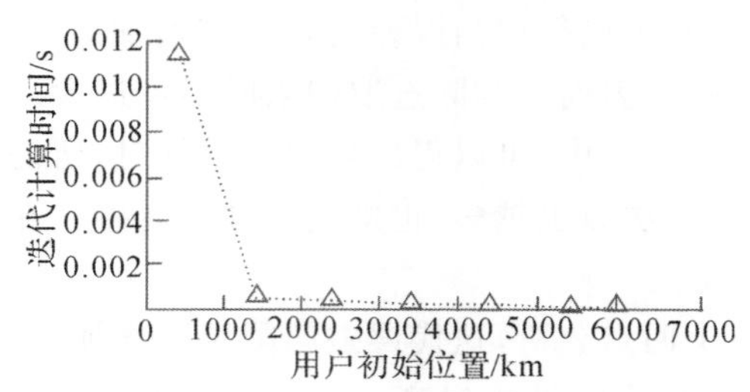

图 7　用户初始计算时间的影响

①在图 6 中，当用户初始位置离用户真实位置越来越近时，定位精度有提高的趋势，但图中也有畸变。这说明在一定范围内，对精度略有影响。

②在图 7 和图 8 中，可以得出用户初始位置离真实位置逐渐变小时，仿真计算时间会减少、同时迭代次数也会减少。这说明有利于实时性的提高。

③综合以上两点得出：用户初始位置离真实位置越近时，定位将越快，也就是说实时性越好，同时定位精度也相对好一些。因此，在实践中，不管是采用软件定位解算还是硬件定位解算，采用上一次定位结果作为下一次定位解算的初始位置将大大提高定位解算速度。

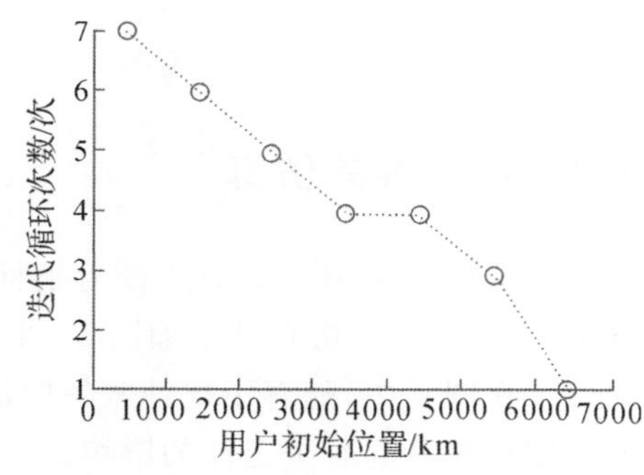

图 8　用户初始位置对迭代次数的影响

5. 结　论

定位精度主要取决于用户钟差，钟差越小，定位精度越高，同时也受迭代误差门限的影响，误差门限越小，定位精度也越高，受用户初始位置影响较小。实时性主要取决于用户初始位置与用户真实位置之间的距离，当距离越小时，迭代次数少从而解算速度快，同时迭代误差门限值越高，实时性也越高，基本不受用户钟差的影响。在实践中，设计卫星接收机时，根据定位精度和实时性的要求，可以参考以上结论才有更有效的措施改善接收的指标。

参考文献

[1] 朱新慧，王刃. 卫星导航接收机测距精度评价方法研究[J]. 全球定位系统，2007，5：15-17.

[2] 张桂华，陈锡春. 北斗用户设备测试系统的设计与实现[J]. 电子测量与仪器学报，2009，23(1)：16-17.

[3] 强成虎，李铮，郑铮，等. 高精度 GPS 时间信息的研究 与应用[J]. 国外电子测量技术，2007，26(3)，68-70.

[4] 蔡体菁，刘莹，宋军，等. 嵌入式 GPS/MIMU/磁罗盘组合导航系统[J]. 仪器仪表学报，2010，31(12)：2695-2698.

[5] 罗大成，王仕成，曾洪贵，等. 一种 GPS 软件接收机的设计[J]. 仪器仪表学报，2008，29(9)：1856-1857.

[6] 刘美生. 全球定位系统及其应用综述(一)——导航定位技术发展的沿革[J]. 中国测试技术，2006，

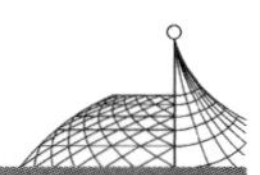

32(5)：1-7.

[7] 黄理军，万刚，陈惠兵. 北斗卫星导航定位中PVT解算的研究与应用[J]. 科技信息，2010，19：439-440.

[8] 王婵媛，徐建城，陈远均. GPS静态伪距方程代数解算法的研究[J]. 计算机工程与应用，2011，47(5)：213-215.

[9] 李罡，吕晶，常江，等. 两种卫星导航静态定位算法性能分析[J]. 科技资讯，2007(4)：212-213.

[10] 彭天浪，范胜林. GPS卫星系统单历元确定姿态技术研究[J]. 电子测量技术，2010，33(11)：30-33.

[11] 刘元文，黄迎春. 伪距误差对于GPS接收机定位解算的影响分析[J]. 网络与信息，2009(4)：48.

One Simple Method about Real-Time Position Solution for GNSS

Abstract: In the global navigation satellite system, position solution is very important part of the system. The position solution method, based on the idea of linear iterative algorithm, is improved, simulated and analyzed by Matlab. Through a lot of simulation, these parameters, such as error threshold, user clock error, initial position, which decide or affect real-time and location accuracy of the algorithm, are analyzed. It comes to conclusion that negative correlation between location accuracy and user clock error and error threshold, but positive correction between real-time and error threshold and D-value of initial position and user real position. This provides the reference about designing future hardware receiver and software receiver.

Keywords: global navigation satellite system; position solution; linearization; iterative solution

基于 DSP 的 GPS/Galileo 组合接收机定位解算设计与实现*

摘　要：为了实现双系统接收机的定位解算并满足接口标准化，提出了一种基于 DSP 的 GPS/Galileo 双系统定位解算实现方案及数据传输接口设计方法。定位解算基于最小二乘法解算原理，接口设计符合 UART 标准协议。联调测试结果表明，兼容接收机可以准确地实现定位解算功能，组合定位水平精度优于单系统。

关键词：定位解算；最小二乘法；TMS320C6416；UART；EMIF

1. 引　言

在传统卫星导航接收机中，捕获、跟踪、定位解算等信号处理功能由专用的芯片来实现，信号处理算法全部在芯片内部实现，具有功耗低、集成度高的优点，但是用户很难改变相应的参数或更换新的算法。随着软件无线电技术的不断发展以及 DSP 和 FPGA 芯片运算速度的提高，软件接收机的嵌入式实现成为可能[1]，采用 FPGA+DSP 的嵌入式架构可以将传统接收机里由专用芯片实现的信号处理功能改用软件实现，具有灵活性高、易于算法改进及功能升级的优点，且目前已成为接收机的一种发展趋势。同时，多系统(如 GPS/北斗、GPS/Galileo)组合接收机的发展要求同一平台能够实现多种模式定位解算，且组合定位解算精度高于单系统定位解算精度。本文基于 TMS320C6416 DSP 处理器设计了一种 GPS/Galileo 双系统定位解算实现方法，并设计数据传输接口：EMIFA 接口接收待处理的观测量和导航电文数据、UART 接口输出导航定位解和接收机的状态。

TMS320C6416 是 TI 公司推出的高性能定点数字信号处理器，工作时钟频率高达 1GHz，运算速度高达 8000MIPS，拥有 64 个独立通道的 EDMA 控制器，3 个多通道同步缓冲串口 McBSP，两个扩展存储器接口 EMIFA 和 EMIFB[2]。该 DSP 的处理能力和速度完全满足 GPS/Galileo 双系统定位解算功能的实现需求，且外设资源丰富方便接口设计，也便于在现有的基础上进行性能升级和功能扩展。

2. 系统平台

本系统平台提出的双系统接收机针对 GPS、Galileo 导航系统，用于卫星信号的接收、捕获、跟踪及定位解算，可实现单 GPS 系统、单 Galileo 系统或者双系统组合导航定位。

系统平台由射频前端将接收到的卫星信号进行低噪解算处理、嵌入式显示平台构成，系统原理框图如图 1 所示。

---

* 文章发表于《计算机工程与应用》，2012，48(S2)：132-136. 系作者与王静、张波、王鑫合作完成。

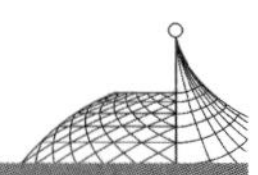

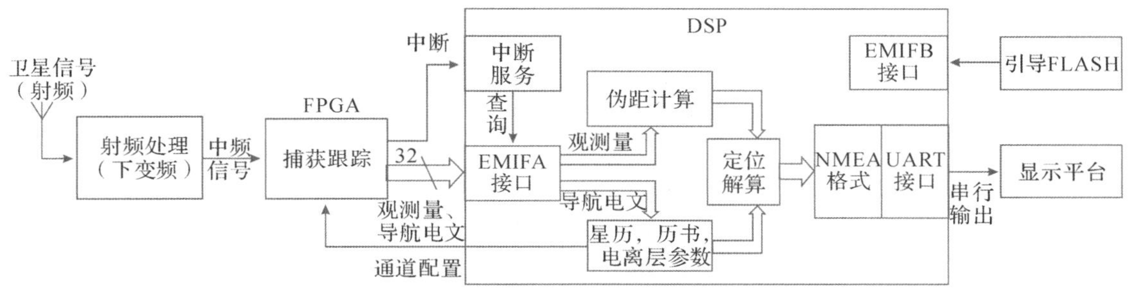

图 1　系统原理框图

首先，射频前端将接收到的卫星信号进行低噪声放大、信号下变频得到中频信号；然后将中频信号送给 FPGA 进行捕获跟踪处理，计算观测量并解析出导航电文同时传送给 DSP；接下来 DSP 提取导航电文中包含的卫星号和时间信息、估计可见星，并对 FPGA 进行通道配置和时间设定，完成定位解算得到接收机的地理位置信息以及时间信息等；最后，DSP 以 NMEA-0183 标准格式将定位结果通过 UART 接口输出给显示平台进行显示。下面详细介绍 DSP 处理平台在整个系统中定位解算功能的实现以及 EMIF 接口和 UART 接口设计的实现。

3. 定位解算的实现

3.1　最小二乘法解算原理

利用伪距计算位置的最常用算法是最小二乘法，当观测量多于未知量时常使用该方法[3]，该方法具有结构简单、计算量小、定位实时性好的优点。本文即采用最小二乘法从四颗或者更多卫星的伪距求解接收机的位置。

令 ρ' 为实际可测到的卫星与接收机之间的距离观测量，由于其不同于真实距离 ρ，故称为伪距；Δt_s 为卫星钟钟差，可由地面监控系统测定并通过卫星发播的导航电文提供给用户；Δt_r 为接收机钟差，一般认为是未知量，Δt_{ion} 是 GPS 信号的电离层传播延迟，经导航电文提供的电离层参数模型校正后，仍有部分残差；Δt_{ito} 是对流层传播延迟；Δt_{mp} 是多径效应引起的测量误差。用 (x,y,z)，(x_s,y_s,z_s) 分别表示接收机和卫星在地球惯性坐标系中的三维坐标，则伪距 ρ' 的基本观测方程为

$$\rho'=\sqrt{(x-x_s)^2+(y-y_s)^2+(z-z_s)^2}+c\Delta t_r-c\Delta t_{sj}+c\Delta t_{\text{ion}j}\cdots+c\Delta t_{\text{ito}j}\cdots+c\Delta t_{\text{mp}j}\cdots \tag{1}$$

上式中有 4 个未知量 $(x,y,z,\Delta t_r)$ 需要求解，因此至少需要 4 组卫星观测量，可得方程组：

$$\rho'_j=\sqrt{(x-x_{sj})^2+(y_{sj}-y)^2+(z_{js}-z)^2}+c\Delta t_r-c\Delta t_{sj}+c\Delta t_{\text{ion}j}+c\Delta t_{\text{ito}j}+c\Delta t_{\text{mp}j},\ j=1,2,\cdots,N \tag{2}$$

式(2)即为伪距定位的观测方程组，在使用最小二乘法之前，此方程组必须化为线性方程组来求解。

假设给定接收机的估计位置，对式(2)方程用泰勒级数展开并略去高次项得到线性化方程：

$$\Delta\rho'_j=\rho'_j-\hat{\rho}'_j(x_0,y_0,z_0)=\left[\frac{\partial\rho'_j}{\partial x}\quad\frac{\partial\rho'_j}{\partial y}\quad\frac{\partial\rho'_j}{\partial z}\right]\cdot\left[\Delta x\quad\Delta y\quad\Delta zc\quad\Delta t\right]^{\mathrm{T}}+\varepsilon_j \tag{3}$$

式中，ρ'_j 为测量伪距，$\hat{\rho}'_j$ 为预报伪距估计，$\Delta\rho'_j$ 为预报伪距误差，j 表示的第 j 颗卫星，$\varepsilon_j=c\Delta t_r-c\Delta t_{sj}+c\Delta t_{\text{ion}j}+c\Delta t_{\text{ito}j}+c\Delta t_{\text{mp}j}$ 为所有误差项之和。

令

$$\Delta x=\left[\Delta x\quad\Delta y\quad\Delta zc\quad\Delta t\right]^{\mathrm{T}},\ \varepsilon=\left[\varepsilon_1\quad\varepsilon_2\quad\varepsilon_3\quad\cdots\quad\varepsilon_n\right]^{\mathrm{T}}$$

$$\Delta\rho'_j=\left[\Delta\rho'_1\quad\Delta\rho'_2\quad\Delta\rho'_3\quad\cdots\quad\Delta\rho'_n\right]^{\mathrm{T}}$$

$$G=\begin{bmatrix} \frac{\partial \rho'_1}{\partial x} & \frac{\partial \rho'_1}{\partial y} & \frac{\partial \rho'_1}{\partial z} & 1 \\ \frac{\partial \rho'_2}{\partial x} & \frac{\partial \rho'_2}{\partial y} & \frac{\partial \rho'_2}{\partial z} & 1 \\ \vdots & \vdots & \vdots & \vdots \\ \frac{\partial \rho'_n}{\partial x} & \frac{\partial \rho'_n}{\partial y} & \frac{\partial \rho'_n}{\partial z} & 1 \end{bmatrix},\text{有}$$

$$\Delta\rho=G\cdot\Delta x+\varepsilon \tag{4}$$

G 称为几何矩阵，由卫星与接收机的几何关系决定。$[\frac{\partial \rho'}{\partial x} \quad \frac{\partial \rho'}{\partial y} \quad \frac{\partial \rho'}{\partial z}]$为卫星到用户接收机的单位矢量 l 的方向余弦，与接收机的方位角 A，高度角 E 的关系是：

$$l=[\frac{\partial \rho'}{\partial x} \quad \frac{\partial \rho'}{\partial y} \quad \frac{\partial \rho'}{\partial z}]=[\cos E \quad \sin A \quad \cos E \quad \cos A \quad \sin E] \tag{5}$$

假定 ε 为零均值误差，G 可逆，上述方程的最小二乘估计为

$$\Delta\hat{x}=G^{-1}\Delta\rho, n=4$$

$$\Delta\hat{x}=(G^{\mathrm{T}}G)^{-1}G^{\mathrm{T}}\Delta\rho, n>4 \tag{6}$$

可得接收机的位置为

$$x=x_0+\Delta\hat{x} \tag{7}$$

上述解是以非线性方程线性化为基础、略去高次项得到的，在接收机的初始位置估计比较精确时，定位结果比较精确。

3.2 DSP 定位解算功能的实现

虽然伽利略和 GPS 的导航电文完全不同，一旦时间数据和星历数据被解析，两个系统定位解算的过程却完全一样，本文重点设计 Galileo 和 GPS 组合定位处理算法的实现。DSP 接收来自 FPGA 的数据后，需要对不同系统的导航电文和观测量分别进行处理，然后进行定位解算。本文将 Galileo 系统时间转化为 GPS 时来处理，组合定位结果融合两个系统的定位解，主体程序处理流程如图 2 所示。

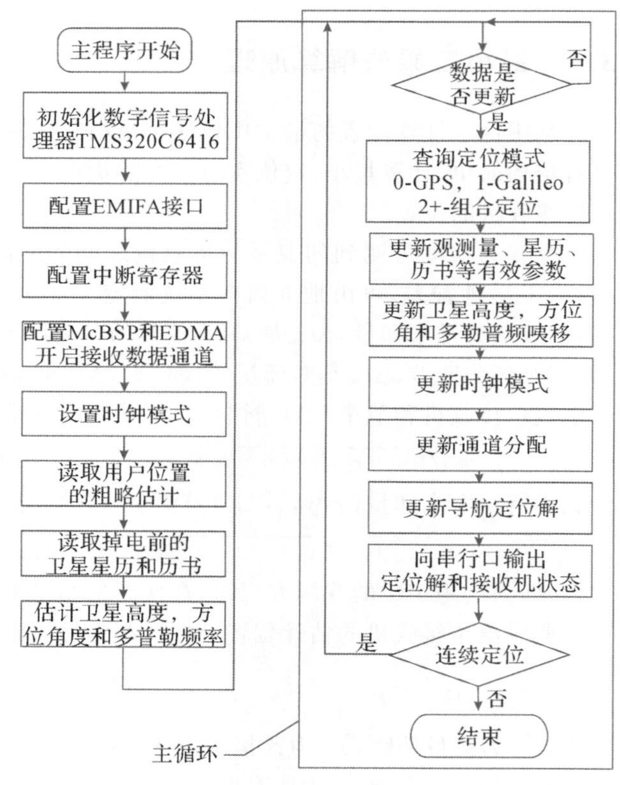

图 2　DSP 主体程序处理流程图

图 2 可以看出，接收机首先进行一系列初始化及配置工作：

(1)DSP 的 EMIFA 总线设置为等待状态，处理器处于中断允许状态，配置 McBSP 和 EDMA 使处理器具有 UART 标准接口功能并开启实时接收数据功能。

(2)读取用户接收机的时间和设置接收机时钟和频率漂移，将时间转化为 GPS 系统时。

(3)读取用户的初始位置或上次掉电前的位置，读取掉电前的星历和历书，验证有效性，并估

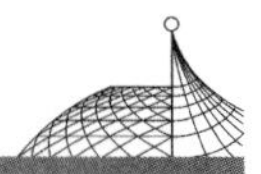

计空间卫星的高度角、方位角和多普勒频移。

然后，中断程序不断接收来自 FI>GA 的导航电文和观测量数据，验证并更新给主程序。主程序进入循环状态，主要完成以下功能：

(1)每隔 0.5s 观测量更新一次，6s 处理一次导航子帧。另外，每隔 1s 往串口输出导航定位解和接收机的状态。

(2)查询定位模式，更新相应的有效参数。

(3)根据更新的星历和历书，估算卫星新的高度角、方位角和多普勒频移。

(4)根据解算的接收机时与 GPS 系统时的误差，更新接收机的时钟。

(5)根据估计的卫星高度角对卫星进行排序，更新舰的卫星设置。

(6)从观测量提取模块中获取各种观测量，计算卫星的伪距，建立伪距方程，更新导航定位解。

(7)定时输出卫星的导航定位解和接收机状态，定位解采用 NMEA-0183 格式。

4. 接口设计与实现

DSP 接口设计主要包括两部分：与 FPGA 进行数据传输的 EMIFA 接口、与显示平台连接的 UART 标准接口。

4.1 输入接口——EMIFA

DSP 的输入来自 FPGA，与 FPGA 交互的数据主要是导航电文、观测量的传输及通道控制的反馈设置。这一部分采用 DSP 的 EMIFA 外部存储器接口。FPGA 内部开辟一段 32bit 的 ROM 空间作为 DSP 外部存储接口 EMIFA 的 CE1 存储空间，FPGA 和 DSP 通过往相同的存储空间写数据来实现数据交互。读写的时序控制通过中断和查询实现，如图 3 所示。

FPGA 定时给 DSP 发送中断信号 EINT4，对应 DSP 中断服务程序查询地址 0 位置是否为非零，非零即为有数据，DSP 读取 EMIFA 接口地址空间的数据并存入对应的全局结构体变量中，给后面的定位解算提供参数，同时，通过对特定地址写数据实现发送舰配置命令给 FPGA。

4.2 输出接口——UART 标准接口

DSP 将定位结果输出给嵌入式显示平台，数据传输要求通过 UART 标准接口来实现。UART 即通用异步接收器/发送器，是比较成熟的串行数据交换协议，不需要发送时钟信号，每帧数据包含起始位、数据位、校验位(可选)、停止位，有特定的波特率。本文采用 TMS320C6416 处理芯片，外设中串行通信接口是同步串行接口 McBSP(多通道缓冲串口)，不支持 UART 标准。为了使 DSP 具有 UART 标准通信功能，本文使用 McBSP 接口和 EDMA(增强型直接存储器存取)传输控制通过软件程序设计和相应的寄存器配置来实现 UART 异步串口通信。

McBSP 工作在串口模式，连接方式如图 4 所示。TMS320C6416 的 McBSP 数据输入和帧同步输入都与 UART 的发送数据线相连。因为 UART 的串行数据线既有数据信息又有帧信息，而 UART 的接收数据线要与 McBSP 的数据输出线相连。

设定 UART 帧格式为 8 数据位、1 停止位、无校验位，波特率为 115200bit/s。TMS320C6416 使用 McBSP 内部采样时钟，一次发送 16bit 数据，因为 UART 的 1bit 对应 McBSP 的 16bit 字。发送子程序将要发送的数据加上起始位、校验位、停止位形成 UART 的一帧，然后把 1bit 数据扩展成相应的 oxFFFF 或者 0x0000 的 16bit 数据存入发送缓存；接收子程序将接收缓存的每 16bit 数据压缩成 UART 的 1bit 数据，提取数据信息。

控制寄存器初始配置主要涉及四个寄存器：接收/发送控制寄存器(RCR/XCR)、采样速率发生寄存器(SRGR)、引脚控制寄存器(PCR)，分别设置为 0x81040840、0x81040840、0x20000050、0x00000B0C。引脚控制寄存器(PCR)配置成串口模式；接收/发送控制寄存器的帧同步需要忽略；采样速率发生器 CLKGDV＝80(波特率为115200b/s，DSP 工作主频为 600MHz)，产生的内部串行时钟是 UART 波特率的 16 倍。

EDMA 主要处理内存单元和外设之间的数据传输，不占用 DSP 时钟周期。发送数据时，EDMA 从 DSP 内存发送缓存区中将数据搬移到 McBSP 的 DXR 寄存器再串行输出，利用 McBSP 发送同步事件启动数据的传输。接收数据时，数据通过 McBSP 串口输入到 DRR 寄存器中，触发 McBSP 接收同步事件并启动 EDMA 将数据搬移到内存接收缓存区。

EDMA 数据传输控制主要由参数 RAM 决定。设计中用到 McBSP2 发送事件和 McBSP2 接收事件，因此只需配置相应事件对应 RAM 区的传输参数即可。发送的源、目的地址为发送缓存区到 DXR；接收的源、目的地址为 DRR 到接收缓存区。

根据系统数据输出格式的要求，数据采用 NMEA-0183 标准格式输出。为了兼容显示 Galileo 位置信息，本设计将 Galileo 的卫星状态信息和定位结果信息也按照 NMEA-0183 GPS 格式输出。Galileo 的卫星编号从 33 开始以区别于 GPS，且方便组合定位结果信息的显示。

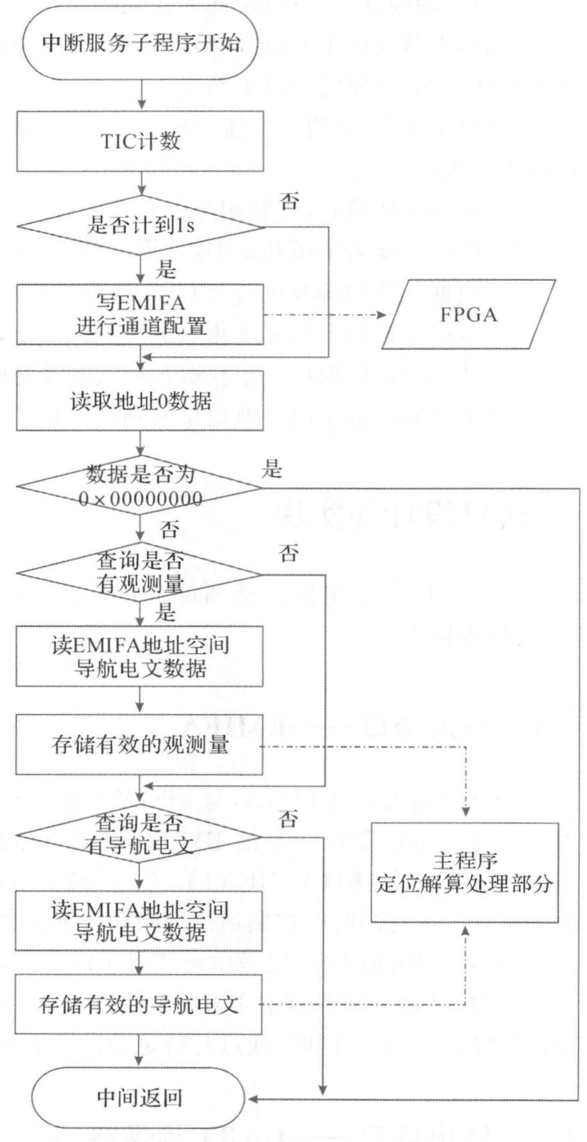

图 3 DSP 与 FPGA 间接口设计流程图

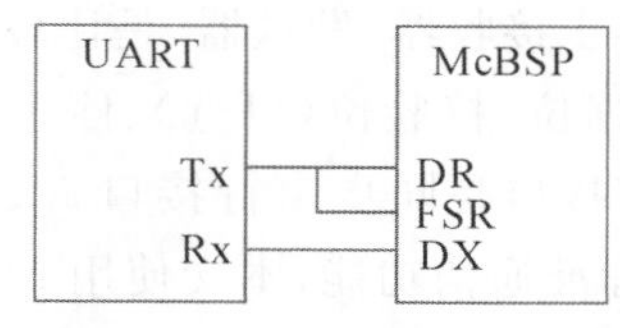

图 4 串口模式时 DSP 与 UART 接口连接图

5. 实验结果与分析

在本系统平台的测试中，使用了某商用的 GPS 模拟器和 Galileo 模拟器，信号直接注入接收机。模拟器的测试场景设定为用户静态位置东经 110°、北纬 30°，分为单 GPS 系统、单 Galileo 系统、双系统组合三组测试。定位结果采用 NMEA-0183 格式输出。单 GPS 系统定位结果某采样点输出如下所示：

$GPGGA，090616.000，3000.0001，N，11000.0005，E，1，07，1.2，103.0，M，0.0，M，，*65

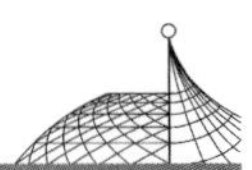

$GPRMC, 090616.000, A, 3000.0001, N, 11000.0005,E, 0.24,121.86,071288,,,*2E

由上可以看出输出语句格式和定位结果信息都满足要求，说明数据传输接口段计和定位解算功能都能正确实现。

每组数据对定位结果采样 10min(每秒采样一次)，统计三组定位解水平位置如图 5 所示。图中的圆以接收机静态位置为中心、5m 为半径，可见大部分定位解水平位置在圆内。对单 GPS 系统、单 Galileo 系统，组合系统三组采样数据统计最小均方差为 1.4077m，1.8049m，1.0683m，结合统计图可以得到组合定位解算精度明显优于单 GPS、单 Galileo 系统。

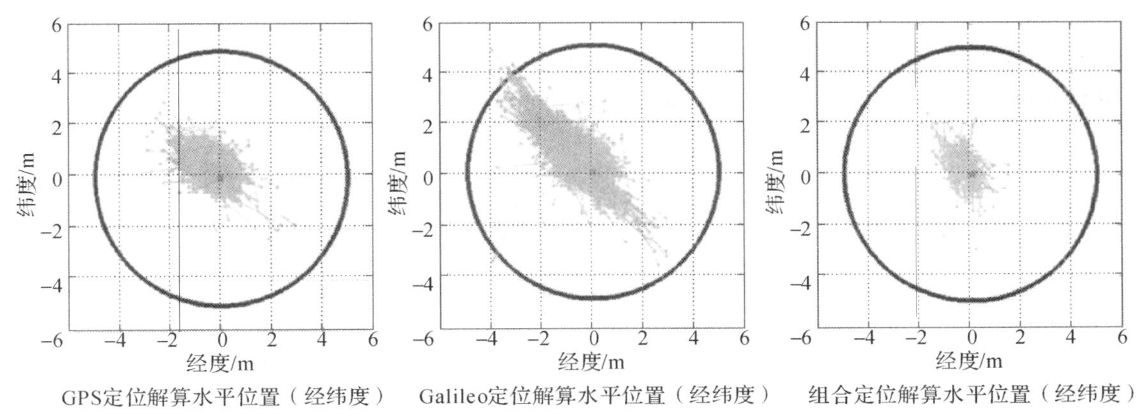

图 5　定位解水平位置统计图

6. 结束语

基于 DSP 的双系统定位解算方案可以准确地实现单 GPS 系统、单 Galileo 系统、双系统组合定位解算功能，而且便于改进解算算法，进一步提高定位精度。同时，DSP 输入输出接口的设计不仅符合此系统要求也具有可移植性、通用性。

参考文献

[1] 曾庆喜，王庆，王浩为，等. 基于 DSP 的 GPS 软件接收机关键技术研究与实现[J]. 仪器仪表学报，2009,30(6).

[2] Texas Instruments Incorporated. TMS320C6000 系列 DSP 的 CPU 与外设[M]. 卞红雨，译. 北京：清华大学出版社，2007.

[3] Borre K，Akos D M，Bertelsen N. 软件定义的 GPS 和伽利略接收机[M]. 杨东凯，张飞舟，张波，译. 北京：国防工业出版社，2009.

[4] 罗兴宇. 基于 DSP 技术的高动态 GPS 接收机的研制[D]. 北京：北京航空航天大学，2002.

[5] Texas Instruments Incorporated TMS320C620x/C642x McBSP: UART[EB/OL]. (2008). http://www.ti.com/cn/litv/pdf/spra633c.

DSP Implementation of Position Calculation on GPS/Galileo Integrated Receiver

Abstract: This paper describes the position calculation implementation based on DSP and the design of DSP data transmission interfaces on GPS/Galileo dual-system receiver. The position calculation is based on the least-squares method, and the interface meets the UART standard protocols. According to the performance of the receiver, the DSP position resolution is realized and it concludes that the combination position is better than a single system.

Keywords: position calculation; least-squares method; TMS320C6416; UART; EMIF

一种低空飞行器定位监视终端的设计与实现*

摘　要：低空空域是国家的宝贵资源，由于缺乏有效的定位监视手段，我国的低空空域开发进展缓慢。针对现状，本文设计了一种符合我国国情的低空空域飞行器定位监视终端。该终端基于GPS与北斗卫星导航系统获得位置信息，利用北斗卫星导航系统独有的短报文服务平台，发送位置信息至地面监控中心以及接收地面监控中心的广播信息。终端在地面的功能测试，表明其可以实现预期的定位监视功能，对提高我国低空空域的飞行保障能力和服务管理水平有积极的作用。

关键词：低空空域；定位监视；GPS；北斗导航

1. 引　言

随着我国经济建设的快速发展和人民生活水平的逐步提高，私人飞机已经进入公众视野，公众对低空空域的开放需求日益增加。然而，目前我国现有的航空服务保障体系，是为了保障民用航空和军用航空而建立的。低空空域由于严格的空域管制政策长期得不到发展，其所必需的通信、导航、监视等服务保障系统发展滞后，制约了低空空域的开发利用。随着低空空域管理改革的进行，我国亟须建立1套完善的低空空域飞行器定位与监视系统[1]。

针对现状，本文设计并实现了低空空域飞行器定位监视终端。该终端基于现有的全球导航卫星系统（global navigation satellite system，GNSS）成熟技术，开发周期短，且成本低廉，覆盖范围包括我国全境，应用范围广泛，既可以应用于低空空域的飞行器定位监控，也可以应用于海洋、高山、沙漠等边远偏僻通信不发达区域的船舶、车辆及人员的定位监控。

2. 系统组成与工作原理

本文只涉及低空空域飞行器定位监视系统机载终端的设计与实现，没有涉及地面监控中心的研究，为保持系统组成的完整性，本节中仍然包含相关组成部分的介绍。

低空空域飞行器定位监视系统包括机载终端和地面控中心两部分，如图1所示。

机载终端是安装在飞行器上具有位置信息解算与报告功能的设备。此外，也具备接收并显示地面监控中心传来的广播信息功能。按照功能划分，机载终端由主控模块、定位模块、人机交互模块和数传模块组成。

地面监控中心监视飞行器的飞行状态，显示其位置和身份信息。按照功能划分，地面监控中心由数传模块、数据库存储模块，地理信息系统模块和人机交互模块组成[2]。

---

* 文章发表于《电子测量技术》，2012，35(5)：99-102. 系作者与王鑫、于龙洋、李署坚合作完成。

系统工作过程如下所述：

飞行器在低空飞行时，机载终端开始工作。机载终端实时接收 GNSS 卫星的广播信号，由定位模块解算出位置信息，通过人机交互模块进行显示。同时，主控模块对位置信息进行封装，生成位置报告，由数传模块发送至地面监控中心。机载终端收到地面监控中心发送的广播信息时，能够显示以提醒驾驶员注意[3]。

地面监控中心接收到飞行器发送的位置报告后，解析出位置信息并存储于数据库中。借助地理信息系统模块，显示飞行器的位置信息，历史航迹信息。通过人机交互模块，监控中心不仅能够向监控区域的所有用户广播信息，也可以向特定用户发送信息

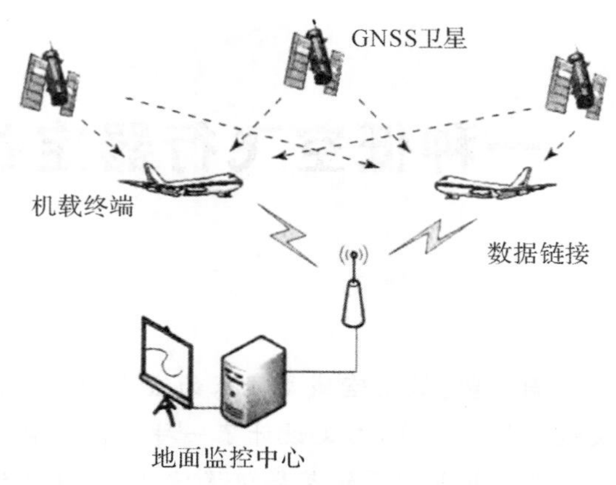

图 1 低空空域飞行器定位监视系统组成

3. 硬件设计选型

机载终端由主控模块、定位模块、数传模块和人机交互模块 4 部分组成，各部分的设计如下所述。

主控模块是机载终端的核心，控制其余模块正常工作。机载终端的工作环境要求主控模块功耗低，同时具备较高的处理速度以及良好的可扩展性。兼顾这 3 点要求，主控模块选择 TI 公司的 MSP430F149 微控制器。MSP430F149 是 16 位精简指令集(reduced instruction set computer，RISC)结构的微控制器，工作电压范围为 1.8～3.6V，最高时钟频率为 8MHz，耗电电流因工作模式不同为 0.1～400μA，功耗极低同时具备强大的处理能力。此外，其具有丰富的片内外设，如看门狗、定时器、串行通信接口、硬件乘法器、模拟比较器和 AD 转换器等。

定位模块为机载终端提供有效准确的位置信息，基于 GNSS 技术实现。目前 GNSS 的 4 大系统中——GPS、GLONASS、GALILEO 和 BeiDou，GPS 技术最成熟，应用范围最广，具有多种解决方案，因此定位模块采用 GPS 解决方案获取位置信息，同时为了保障定位模块定位结果的可靠性，选择北斗卫星导航模块作为 GPS 的辅助定位手段。北斗卫星导航系统是我国具有完全自主知识产权的卫星导航系统，目前覆盖范围包括我国全境在内的亚太大部分地区，2020 年将覆盖全球。除了具有导航定位授时功能外，北斗系统还具备双向短报文传输功能，非常适合本方案的设计[5]。本机载终端中的定位模块选用国腾电子公司的 YDD-0-07 型号的 GPS/北斗双模导航 OEM 模块。此模块通过 RS232 串口与主控模块进行数据通信[6]。

数传模块的功能是与地面监控中心进行通信，将主控模块封装好的位置信息发送至地面监控中心，同时接收地面监控中心传来的广播信息。由于本方案应用背景为低空空域领域，数传模块系统的覆盖范围要包括我国全境，满足此特定要求的数传系统有卫星通信网络和蜂窝式移动通信网络[7]。蜂窝式移动通信网络虽然应用广泛，但在某些地区存在通信盲区，不适用本系统。卫星通信网络覆盖范围广，可靠性高，保密性好，满足本系统要求。我国的北斗卫星导航系统的短报文服务基于卫星通信链路，充分满足数传模块的要求。硬件上，数传模块与定位模块相集成，简化

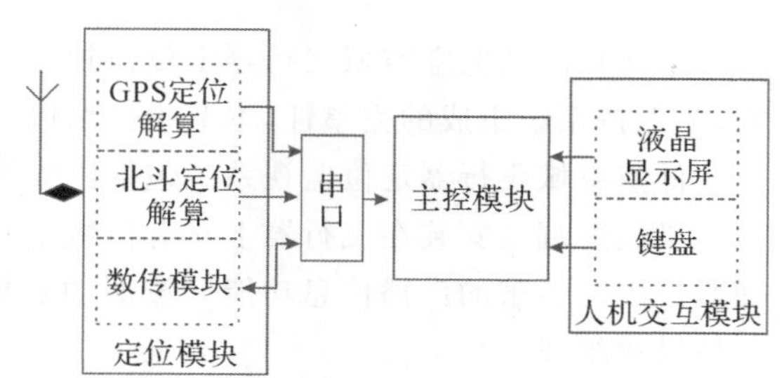

图 2 机载终端硬件连接示意

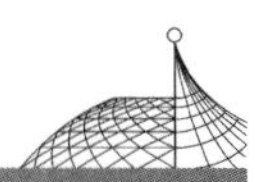

了机载终端的设计，便于控制[8]。

人机交互模块的功能是显示机载终端的位置信息和地面监控中心的广播信息，以及提供参数设置功能，人机交互模块只需能够显示中英文字符，硬件上选择 12864 点阵式液晶显示屏和 4×4 键盘。

机载终端的硬件连接如图 2 所示。

4. 软件实现

机载终端各项功能由 MSP430F149 微控制器控制实现，为了保证软件程序的简洁高效，开发环境选择 IAR 公司的 EW430 集成开发环境，开发语言选择 C 语言，根据机载终端的功能需求，其软件部分由初始化、位置报告生成、报文收发和参数设置 4 个功能模块构成。

(1)初始化：主控模块通过串口与定位模块和数传模块通信，同时控制液晶屏显示。机载终端上电启动后，主控模块需要对串口以及液晶屏进行初始化设置。MSP430F149 集成了串口模块，通过配置波特率、数据位、校验位和停止位等参数，可以硬件自动实现 RS232 协议，可靠性高，液晶屏的控制通过主控模块写人命令字实现，根据显示内容，调整命令字[9]。

(2)位置报告生成：定位模块通过串口输出符合 NMEA(national marine electronics association，美国国家海洋电子协会)0183 协议的语句，主控模块从中提取位置信息进行封装。NMEA 0183 协议的语句均为 ASCII 字符，以“$”字符开始，以“〈CR〉〈LF〉”结束，信息项以逗号分隔。软件实现中，主控模块需要处理的语句为 GPGGA(GPS 定位信息)和 GPRMC(GPS 推荐最少信息)，从中提取日期、时间、经度、纬度、高度、速度和方向角信息并保存至位置报告中。

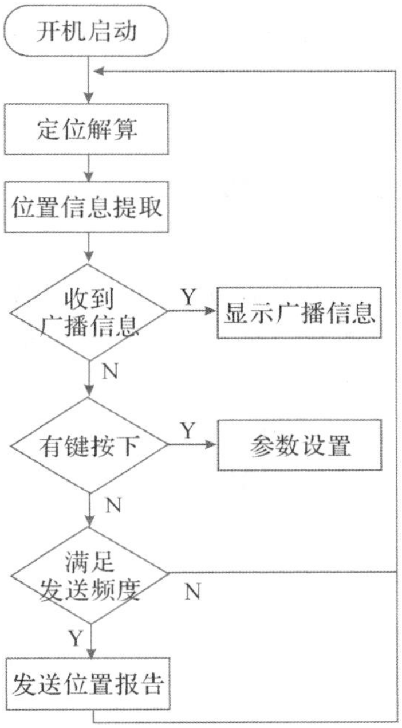

图 3 机载终端软件流程

(3)报文收发：基于北斗短报文服务实现机载终端向监控中心发送位置报告，以及接收来自监控中心的广播信息[10]。通过北斗短报文服务提供的通信协议实现位置报告的封装发送，以及广播信息的内容提取[11]。

(4)参数设置：设置机载终端的软件系统参数，通过键盘选择不同操作项由主控模块实现。设置的参数包括位置报告的发送频度、位置报告包含的信息数目和液晶屏的刷新频度 3 项。根据飞行器的速度，人工调整参数，便于监控中心对飞行器状态的监控。

机载终端的软件工作流程：开机启动后，定位模块开始定位解算。主控模块通过串口读取定位模块解算出的位置信息后，在后台对其进行封装，根据预先设定的位置报告的发送频度，控制数传模块发送位置报告至地面监控中心；同时前台通过液晶屏实时显示机载终端的位置信息或地面监视中心的广播信息[12]。当主控模块检测到键盘上有按键被按下时，产生中断，根据按键调用相应的中断服务程序完成参数设置。整个工作流程如图 3 所示。

5. 功能测试

本机载终端的功能测试流程：放置机载终端于汽车上，驾车在北京市四环公路上行驶 1 圈，模拟飞行器在低空空域的飞行过程。测试时，设置机载终端的位置报告发送频度为 1 次/mim 位置报告包含的位置信息数目为5条。监控中心收到机载终端发送的位置报告后，提取位置信息，在地图上显示。实测的行车轨迹如图4所示。

图4中，右侧路段的红点相比于其他路段的红点特别密集，由于北京东四环的车流量大，车速慢，该路段机载终端发送的位置报告比其他路段多。从地图的红点轨迹可见，机载终端发送的位置报告反映了汽车的实际运动状态，具备定位监视功能。地面的交通状况比空域拥挤复杂，地面功能测试的成功，可以说明机载终端在功能上满足低空空域飞行器定位监视的需求。

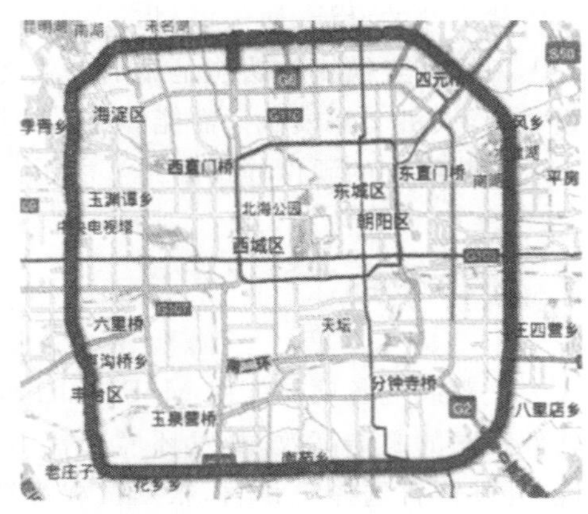

图4　监控中心收到的机载终端位置示意

6. 结　论

本文采用GPS/北斗双模导航模块，通过北斗卫星导航系统的双向短报文服务平台，设计并实现了低空空域飞行器定位监视终端。地面功能测试的成功，表明机载终端能够报告自身的位置信息，充分满足定位监视的功能需求。机载终端与地面监控中心配合使用，可填补我国在低空空域监控管理系统的空白。同时，由于终端基于北斗短报文服务发送位置信息，也可以应用于海洋、高山、沙漠、孤岛等边远偏僻且通信不发达地区的船舶、车辆及人员的定位监控，具有良好的应用前景。

参考文献

[1] 张军. 空域监视技术的新进展及应用[J]. 航空学报，2011,32(1):1-14.

[2] 陈伟. 低空空域小飞行目标动态监视方法与实验平台研究[D]. 济南:山东大学,2010.

[3] 曾庆化,刘建业,胡倩倩,等. 北斗系统及GNSS多星座组合导航性能研究[J]. 全球定位系统,2011,36:53-57.

[4] 蔡体菁,刘莹,宋军,等. 嵌入式GPS/MIMU/磁罗盘组合导航系统[J]. 仪器仪表学报,2010,31(12):2695-2699.

[5] 张炳琪,刘峰,李健,等. 北斗导航系统电文播发方式研究[J]. 武汉大学学报:信息科学版,2011,36(4):486-489.

[6] 韩靖. 北斗二代导航系统在新航行系统中的应用[C]. 中国航空学会2007年学术年会论文集,2007:561-564.

[7] 周欣,行鸿彦,季鑫源. 多功能自动气象站控制与管理系统[J]. 电子测董与仪器学报,2011,25(4):348-354.

[8] 袁力. 基于北斗卫星技术的军交运输指挥系统关键技术研究[D]. 吉林大学,2009.

[9] 向勇,胡红波,何健. 基于MSP430的智能航标系统研究[J]. 国外电子测量技术,2011,30(7):62-65.

[10] 魏麟. 通用航空飞行数据采集技术初探[J]. 中国民航飞行学院学报,2011,22(3):5-7.

[11] 李娟,张军,朱衍波,等. 空间信号完好性监测技术研究[J]. 航空电子技术,2010,4(2):9-12.

[12] 刘永光,侯鹰. 基于北斗卫星定位技术构建车辆监控系统[J]. 全球定位系统,2007,32(4):33-36.

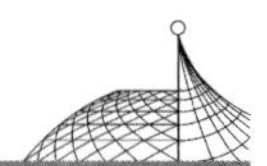

Design and Implementation of Low Altitude Airspace Aircraft Positioning and Monitoring Terminal

Abstract: The low altitude airspace is valuable resource of the country. Due to lack of effective positioning and monitoring means, the development of low altitude airspace in China goes slowly. For this situation, this paper provides an aircraft positioning and monitoring terminal conforming to the status of China. The terminal gets location information based on GPS and Beidou satellite navigation system, and sends location information making use of Beidou short message service to the ground control center. The functional testing in the ground indicates that this terminal can achieve the desired positioning arid monitoring capabilities, and have a positive effect on the improvement of flight security in the low altitude airspace.

Keywords: low altitude airspace; positioning and monitoring; GPS; Beidou navigation

GPS 软件接收机中一种新的弱信号捕获算法*

摘　要：在软件 GPS 接收机中，捕获是接收机最先启动的工作模块，为保证接收机的高灵敏度，对捕获模块的指标要求严格。为了在弱信号环境下捕获 GPS(global positioning system)信号，提出一种新的算法。该算法首先对 1ms 的数据进行分块和补零处理，然后通过对导航数据跳转沿的估计，延长了相干累积时间，综合考虑捕获时间和灵敏度，处理数据长度设置为 280ms。仿真结果表明，这种算法能够捕获信噪比为 −44dB 的信号，同时确保较少的运算量和较高的灵敏度。

关键词：弱信号捕获；软件 GPS 接收机；相干累积；分块；补零

1. 引　言

传统 GPS 接收机，从天线接收到定位数据输出，都是有硬件完成，部分数据处理还需要专用芯片[1]，由于对硬件接收机的改进所需成本非常大，因此其更新步伐非常缓慢。随着软件无线电的蓬勃发展和深入应用，技术人员对接收机的改进变得非常方便，用户对 GPS 导航系统使用要求也越来越高，高灵敏度导航逐渐成为目前最新的技术发展方向[2]。GPS 接收机要实现用户的定位功能，至少需要 4 颗以上的卫星信号[3]。但是在弱信号环境中，由于多径和遮挡的原因，普通 GPS 接收机很难准确搜索到卫星[4]，这就限制了 GPS 接收机的使用。如果 GPS 接收机要在弱信号环境下进行导航，对于捕获模块，也就是接收机最先启动的部分，就有非常高的指标要求[5]，即很高的灵敏度。这就要求 GPS 接收机要有很好的弱信号捕获特性，即能够捕获足够低的功率的信号。如果不能在捕获模块得到导航信号的相关参数，那么之后的同步和跟踪模块也就无法运行[6]。

综上所述，弱信号的捕获已经成为 GPS 接收机的关键技术[7]，开发可以在实践中应用的弱信号捕获算法势在必行。

2. 相关工作

文献[8]提出了一种基于快速傅里叶变换(fast Fourier transformation，FFT)的循环相关算法。该算法易于实现且效率高，它按照每种多普勒频移，对所有不确定的码时延，计算其相干积分值。这样，搜索空间就是多普勒频移，而多普勒频移槽相对较少，捕获时间也就极大减少。

文献[9]提出一种相干累积时间为 10ms，未知数据位跳转沿位置的算法。这种方法首先分别计算相邻的 2 个 10ms 信号的相干累积，然后对相干累积结果通过非相干的方法相加。因此，这种方法能保证至少有 1 组不含有数据翻转，但却限制了积分时间长度。

---

* 文章发表于《电子测量技术》，2012，35(11)：13-17. 系作者与李源明、张波、李署坚合作完成。

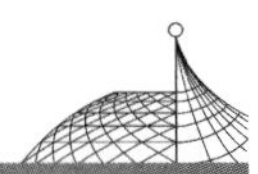

文献[10]讨论了一种采用了 20ms 的相干累积，然后进行非相干累积。这种算法利用 199bit 的数据量，能够捕获载噪比为 21dB-Hz 的信号。然而，由于噪声同时也被平方，使处理增益受到平方损失的影响。

文献[11]介绍了二倍分组块补零法(double block zero padding，DBZP)，这种方法通过数据分块的方式，将长数据的相关运算变为小块的循环卷积。相比循环相关法，这种算法在计算所有多普勒频移的过程中，处理步骤大大减小。

文献[12]介绍了估计导航数据最佳组合的圆周相关策略(circular correlation with multiple data bias，CCMDB)的算法，这种算法通过对导航数据跳转沿的估计，得到了超过 20ms 的相干累积时间，并且对估计过程进行优化，使运算量极大地减少。

3. 算法实现流程

GPS 信号捕获是从搜索过程开始的，接收机首先搜索可见卫星，然后通过捕获模块得到卫星信号的载波频率、码相位的粗略值和少量不确定的导航数据位边沿位置[13]。接收机前端的作用是将射频信号下变频至中频信号，然后对中频信号进行模数转化，最后将数字中频信号输入到捕获模块中[14-15]，捕获模块可以在软件接收机中实现。

本文介绍算法基于并行码相位搜索算法[3-8]，如图 1 所示。

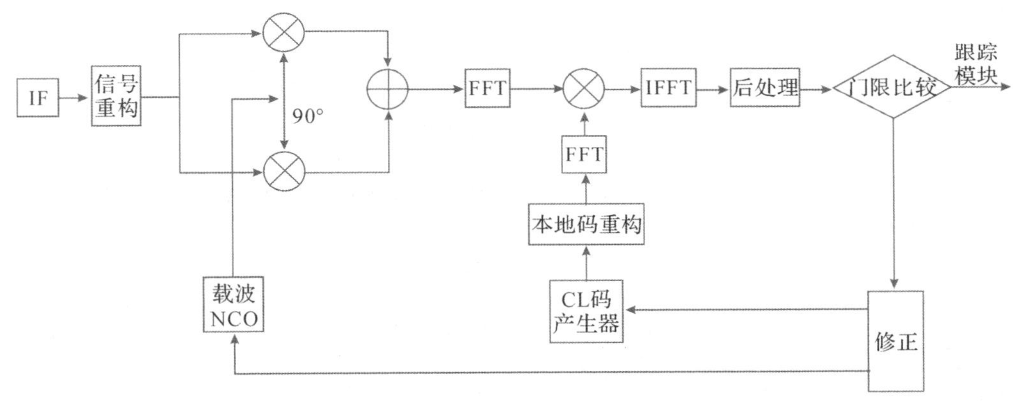

图 1　并行码相位搜索算法

输入中频信号首先进行去载波操作，与本地载波同相分量相乘产生 I 路信号，与本地载波正交分量相乘产生 Q 路信号，然后对两路信号组成的复信号 $x(n)=I(n)+Q(n)$ 进行傅里叶变换，得到频域信号。对于本地产生的伪码，则先进行傅里叶变换后，再取其共轭，得到其频域信号，将 2 个频域信号相乘后，再通过傅里叶逆变换变换到时域，然后取其模值的平方就会得到输入信号和本地伪码的相关结果。对相关结果进行搜索，若所得的峰值大于预先设定的阈值门限即认为成功捕获信号，捕获模块即输出该卫星信号的载波频率、码相位的粗略值和少量导航数据位边沿位置到跟踪模块；若没有峰值大于预先设定的阈值门限，则表明当前频率槽信号未捕获，调整多普勒频移值，重新进行上述过程[16-17]。

本文提出的算法首先是对 1ms 数据分别通过分块和补零，构造成新的数据进行相关运算，然后对经过快速傅里叶逆变换(inverted fast Fourier transform，IFFT)得到的相关运算结果进行新的累积过程。

4. 算法具体实现

算法基本流程是首先得到 1ms 接收信号与本地 C/A 码的相关结果，然后将多次存储的 1ms 相关结果进行相干和差分相干累积，具体过程如下：

(1)对接收机接收到的中频信号进行解调，将其变化成基带信号。采用 T_I 毫秒的接收信号，将其分块，分组块数等于多普勒频移槽数($N_{fd}+1$)，定于分组块的大小为 S_{block}，最后 1 个分组块是与大小为的额外采样进行组合的，该额外采样是从超过 T_I 毫秒范围的等效采样中获得。多普勒仓的间距等于 $1/T$。

(2)将基带信号相邻的 2 个子块组合成 1 个长度为 $2\times S_{block}$ 的双块，这样就会产生 N_{fd} 个大小为 $2\times S_{block}$ 的双块，但其大小却增加了 1 倍。

(3)同样提取 T_I 毫秒本地 C/A 码，采用相同的分组块数，用零元素拓展成 1 个长度为 $2\times S_{block}$ 的双块，将接收信号和本地信号对应位置数据进行相关运算，得到的相关运算结果的前 S_{block} 个点保存。

(4)本地产生 C/A 码具有 1ms 的循环周期，为覆盖所有不确定的 N 个码时延，本地 C/A 码向左循环，其余的($N_{fd}-1$)个周期的基带信号重复 2)和 3)，每次相关运算后保存结果的前 S_{block} 个点，得到矩阵的大小为 $N\times N_{fd}$。

(5)将横轴方向的相关结果组合就会构成 N_{fd} 个 1ms 相关运算结果，比较这 N_{fd} 个结果，得到最大值作为 1ms 输入信号与本地 C/A 码的相关结果。如图 2 所示。

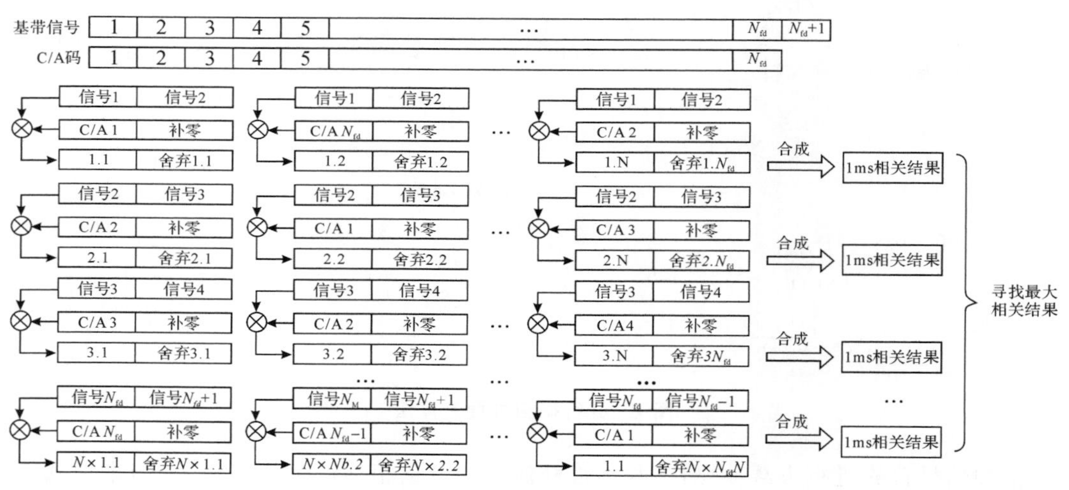

图 2　1ms 数据处理

(6)将 1ms 相关运算结果作为基本单元组成 M 个连续的 20ms 的数据块，由于这些数据块都有可能对应导航数据跳转沿，为估计导航数据位边沿位置，对这些数据块相互延迟 1ms，这样就会得到 20 组数据，如图 3 所示。对各个分块儿都做 20ms 的相干累积，那么 20 个分组中的每组数据都会得到 M 个相干累积结果。

(7)对第 1 个分组的相邻 2 个相干累积矩阵进行差分运算，得到($M-1$)个差分矩阵，每个差分矩阵又对应 1 个可能的导航数据位边沿位置，用每个可能的数据比特组合与矩阵相乘消除数据符号影响。然后，对每一个可能的数据比特组合，将结果相加在一起，得到总的相干累积。

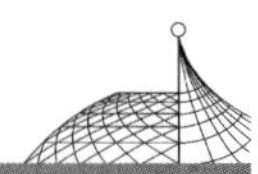

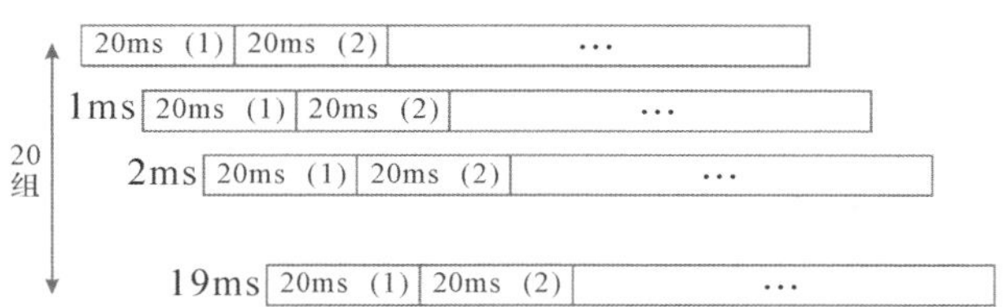

图3　20ms数据分块方法

(8)对其他19个分组进行同样的操作,这样就得到20组经过导航数据沿估计的差分相干累积结果,搜索这20组结果,将得到的最大值,也就是最接近跳转沿的累积结果与阈值门限比较。

5. 仿真分析

本文采用的中频数字信号由美国科罗拉多大学利用射频采集前端采集获得,其参数如下:采样频率为38.192MHz,中频为9.548MHz,有符号字符型采样格式(8位)。通过加入信号噪声,不改变信号的码相位和多普勒频移值,构造出不同信噪比的数字信息以供仿真使用,对不同的载噪比信号捕获结果如下。表1为在不同的信噪比状态下的捕获参数设置和捕获结果如表1所示。

表1　捕获参数设置和捕获结果

信噪比/dB	数据/ms	非相干累积次数	检测概率
−38	80	5	0.97
−41	80	5	0.8
−41	280	5	0.95
−44	80	5	0.45
−44	280	5	0.9
−48	280	5	0.67

由表1的统计结果可以看出,在增加数据处理长度的前提下,在捕获信噪比为−44dB的GPS信号时,检测概率可以达到90%。以图4、图5为仿真结果,在仿真图中,横坐标均为码相位采样点,纵坐标均为相关峰值。

图4中处理数据长度为80ms,非相干累计次数为5,通过仿真说明,当信噪比越来越低时,噪声均值逐渐增大,此时相关峰值增大到足够影响到成功捕获信号。在捕获信噪比为−44dB的信号时,最大相关峰值与次相关峰值的比值低于1.5,远远低于阈值门限,尽管在正确的码相位延迟的位置出现峰值,但是在实际捕获过程中,会有很大的虚警概率,不能保证接收机的检测概率。

图5中处理数据长度为280ms,非相干累计次数为5,将图4(b)、(c)与图5(a)、(b)进行比较,可以很明显地看出,通过增加数据处理长度,可以明显地抑制次相关峰值。通过仿真表明,对于信噪比为−44dB的信号,该算法能很好地捕获,而对于信噪比为−48dB的信号,则由于噪底很高,导致不能准确捕获。

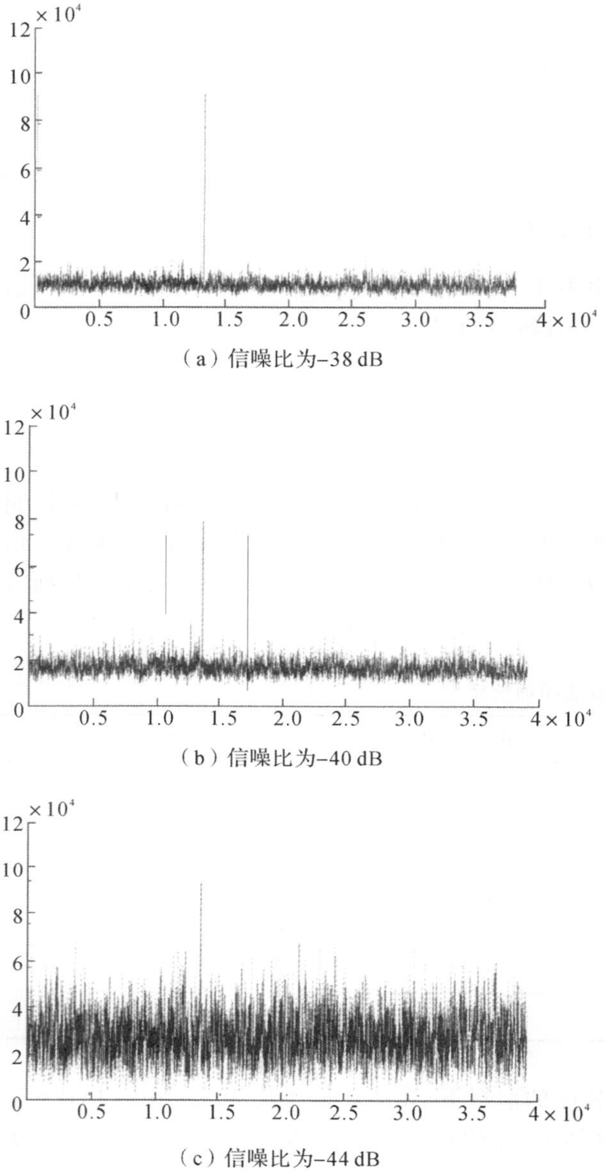

（a）信噪比为-38 dB

（b）信噪比为-40 dB

（c）信噪比为-44 dB

图 4　处理数据长度为 80ms 捕获结果

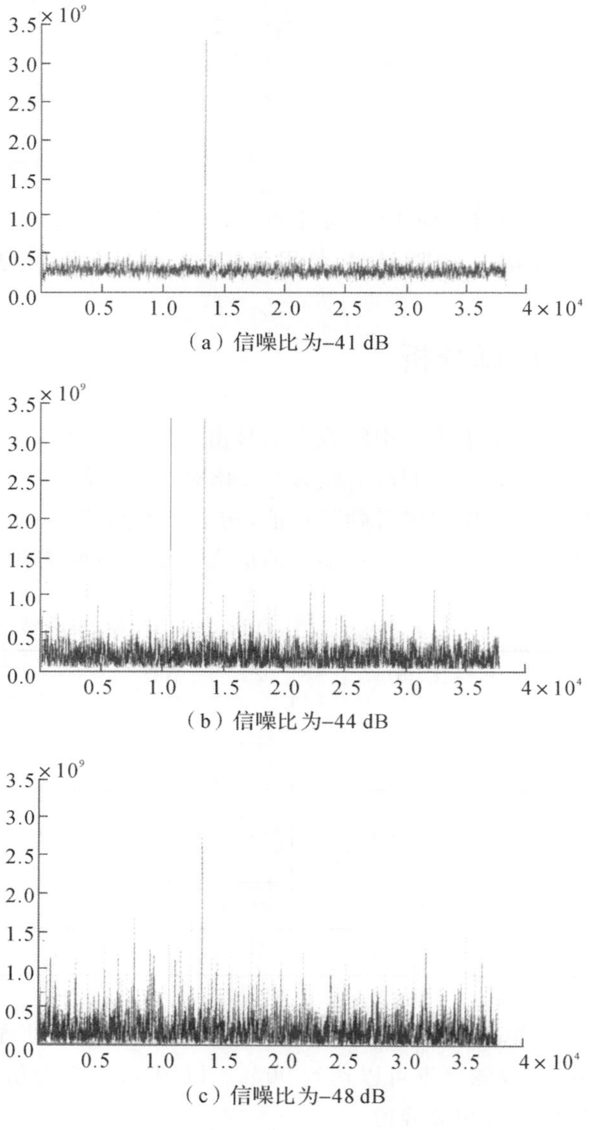

（a）信噪比为-41 dB

（b）信噪比为-44 dB

（c）信噪比为-48 dB

图 5　处理数据长度为 280ms 捕获结果

这种新的捕获算法，关键的技术是对 1ms 数据的重新构建和导航数据位跳转沿的估计。通过表 1的统计数据和图 4、图 5 仿真结果可以看出，在不增加硬件设备，基本不增加计算量的情况下，对于在微弱信号环境下的 GPS 信号，增加处理数据的长度可以达到较高的检测概率，使 GPS 软件接收机能够适用于各种应用场合。由仿真实验，我们可以得出，在室内环境下，和并行频域捕获算法相比，使用文中介绍的这种算法可以获得更优良的捕获结果。

6. 结　论

本文提出一种可用于 GPS 软件接收机的伪码捕获算法. 该算法通过两个途径提高接收信号的增

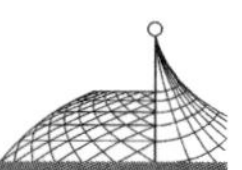

益，包括对 1ms 的数据进行分块补零处理和对导航数据位的估计，通过这些方法使相干累积时间超过了 20ms。仿真的结果表明，在处理数据长度为 280ms 的情况下，能够捕获到信噪比为－44dB 的信号。在 GPS 软件接收机中可以实现这种算法，这将可以有效地进行室内 GPS 定位，为高灵敏度 GPS 接收技术的实现提供保证。

参考文献

[1] 曾庆喜，王庆，王浩为，等. 基于 DSP 的 GPS 软件接收机关键技术研究与实现[J]. 仪器仪表学报，2009，30(6)：1251-1255.

[2] 马海瑞，韩云东，袁群哲，等. 基于 LABVIEW 的 GPS 信息采集与解析[J]. 国外电子测量技术，2011，30(9)：64-75.

[3] NESREEN I Z. GNSS receivers for weak signals[M]. 2006：1-7.

[4] 李荣冰，于永军，刘建业，等. 大气辅助的 SINS/GPS 组合导航系统研究[J]. 仪器仪表学报，2012，32(9)：1961-1966.

[5] 刘彬，巴晓辉，陈杰. GPS/Galileo 双模捕获引擎的 VLSI 实现[J]. 国外电子测量技术，2010，29(9)：77-80.

[6] 滕云龙，师奕兵，郑植. 恶劣环境下 GPS 接收机定位 算法研究[J]. 仪器仪表学报，2011，32(8)：1879-1884.

[7] HUANG P，PI Y. Study on constant false alarm rate GPS signal detection based on differential accumulation[J]. Journal of Electronic Measurement and Instrument，2011，25(1)：10-15.

[8] BORRE K，AKOS D M，BERTELSEN N，et al. A software-defined GPS and Galileo receiver [M]. Birkhhauser，2007：67-77.

[9] 裘勋，卢艳娥. GPS 弱信号的半比特差分捕获算法[J]. 电子技术应用，2012，38(3)：106-109.

[10] 姜冰心，张中兆，孟维晓. 弱信号下软件 GPS 接收机全比特捕获算法[J]. 电子技术应用，2008，34(9)：99-102，

[11] 焦瑞祥，茅旭初. 基于 DBZP 方法的微弱 GPS 信号快速捕获[J]. 电子学报，2009，36(12)：2285-2289.

[12] WEIXIAO M，RUOFEI M，SHUAI H. Optimum path based differential coherent integration algorithm for GPS C/A code acquisition under weak signal environment[C]. 2010 First International Conference on Pervasive Computing Signal Processing and Applications (PCSPA)，2010：1201-1204.

[13] 朱江华，鲍其莲. 高动态环境下 GPS 信号处理与分析[J]. 电子测量技术，2011，34(1)：31-34.

[14] 崔秋丽. 基于 ARM 的 GPS 数据接收系统的设计与实现[J]. 电子测量技术，2011，34(1)：106-108.

[15] 赵丽，陈小惠，潘树国. GPS 频域并行码捕获改进算法[J]. 电子测量与仪器学报，2011，25(11)，985-990.

[16] 罗大成，王仕成，曾洪贵，等. 一种 GPS 软件接收机的设计[J]. 仪器仪表学报，2008，29(9)：1856-1861.

[17] 邵显奎，刘党辉，林建华，等. 弱导航信号捕获技术仿真分析国外电子测量技术，2012，31(7)：20-23.

Algorithm for Weak Signal Acquisition in GPS Software Receiver

Abstract: Capturing is the first started working module in the software GPS receiver. To ensure high sensitivity of the receiver^the property requirements of the capturing module is strict. In order to capture the GPS (global positioning system) signals in the weak surrounding successfully, a new algorithm is proposed in this paper. Firstly, the data of 1ms are processed using the method of block breaking and zero padding. Then by estimating the navigation data bit transitions, the coherent cumulation time is prolonged. By considering the capturing time and sensitivity synthetically, the length of the processing data is set as 280ms. Simulation results show that this algorithm is able to capture the signals whose signal-to-noise ratio (SNR) is 44dB. Meanwhile, the algorithm can ensure less amount of computation and higher sensitivity.

Keywords: weak signal capture; GPS software receiver; coherent integration; block breaking; zero padding

一种用于无人机的 PRP-OFDM 数据链路信道估计方法*

摘 要:针对无人机数据链路高速传输的工程应用需要,提出了一种基于伪随机后缀的正交频分复用(orthogonal frequency division multiplexing, OFDM)系统模型,并针对其数据链路在快时变信道下的信道估计需求,提出了基于最小平方(least square,LS)的信道估计方法和利用重叠相加法(overlap add, OLA)、自干扰消除(self-interference cancellation, SIC)、判决反馈(decision-directed, DD)的符号恢复方法。在无人机常见的运动速度下,对误码率性能进行了仿真分析。仿真结果表明,该方法在快时变信道具有较好性能,对无人机数据链路高速传输具有良好的工程应用前景。

关键词:无人机;正交频分复用;信道估计;伪随机后缀;自干扰消除;判决反馈

1. 引 言

无人机可以实现超低空和超高空长时间盘旋,其应用范围越来越广,随之而来的无人机与地面控制系统的信息传输量也迅猛增加,普通无人机数据传输系统已难以满足实际需求。在无人机链路通信中采用正交频分复用(orthogonal frequency division multiplexing, OFDM)调制方式,能有效对抗多径时延,提高传输速率[1-8]。传统无人机 OFDM 主要是采取循环前缀(cyclic prefix,CP)-OFDM 方式,其循环前缀和导频降低了数据传输效率[7-15]。文献[14-15]提出了伪随机后缀(pseudo random postfix,PRP)-OFDM 的模型及相关算法,PRP-OFDM 无须插入导频和循环前缀,能有效提高传输效率,但其信道估计和均衡算法仅适用于缓变信道,无法直接应用于无人机。

本文提出了一种用于无人机的 PRP-OFDM 模型,该模型对零保护间隔(zero padding, ZP)-OFDM 模型进行了改进,并提出了相应的信道估计和符号恢复方法,组合了重叠相加法(overlap add, OLA)、自干扰消除(self-interference cancellation,SIC)和判决反馈(decision-directed,DD)多项措施,提高了无人机信道环境下的 OFDM 性能。下文通过框图详细介绍其原理,并且在快时变信道下进行仿真和分析。

2. 无人机 PRP-OFDM 模型

针对传统 OFDM 的一些局限和不足,本文提出了一种用于无人机的 PRP-OFDM 模型。该模型

* 文章发表于《系统工程与电子技术》,2013,35(11):2400-2404,系作者与崔金、张波合作完成。

采用最小平方(least square,LS)信道估计,在接收端引入 SIC 和 DD 进行符号恢复,在快时变信道下可实现有效的信道估计和均衡。该模型相比传统 OFDM 无须单独发送导频,可显著提高传输效率,对信道的估计具有很好的实时性,可以适应快时变信道。

下面给出无人机 PRP-OFDM 模型并介绍其原理。图 1 为 N 个子载波的无人机 PRP-OFDM 模型。

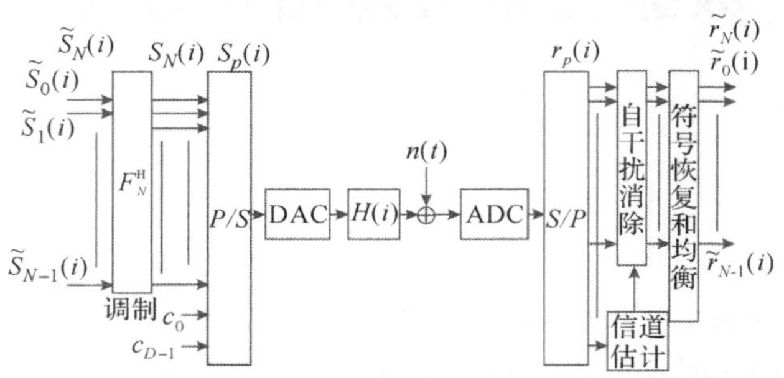

图 1 无人机 PRP-OFDM 基本原理图

图中,N 表示数据符号的长度为;伪随机后缀长度为 D;OFDM 总符号长度为 $P=N+D$。

将 OFDM 数据符号表示为 $\boldsymbol{S}_N(i)=\boldsymbol{F}_N^{\mathrm{H}}\overline{\boldsymbol{S}}_N(i)$,即先做 IFFT 变换。之后在符号后端加入伪随机后缀,后缀向量为 $\boldsymbol{c}_D=[c_0,c_1,\cdots,c_{D-1}]^{\mathrm{T}}$,这里的后缀取为一个长伪随机序列中的一段。该模型的发送向量为

$$\boldsymbol{S}_P(i)=\boldsymbol{F}_{\mathrm{ZP}}^{\mathrm{H}}\overline{\boldsymbol{S}}_N(i)+\boldsymbol{c}'_D \tag{1}$$

式中,$\boldsymbol{F}_{\mathrm{ZP}}^{\mathrm{H}}=\begin{bmatrix}\boldsymbol{I}_N\\ \boldsymbol{0}_{D\times N}\end{bmatrix}\boldsymbol{F}_N^{\mathrm{H}}$ 表示对符号前端的数据做 IFFT 变换,后端置零;$\boldsymbol{c}'_D$ 为后缀前端添零后的向量,记为 $\boldsymbol{c}'_D=\begin{bmatrix}\boldsymbol{0}_{N\times 1}\\ \boldsymbol{c}_D\end{bmatrix}_{P\times 1}$,它与传统模型[14]后缀的区别在于:该模型后缀不与伪随机因子 $\alpha(i)$ 相乘。

将信道的时域离散冲激响应写为向量形式

$$\boldsymbol{h}=[h_0,h_1,\cdots,h_{L-1}]^{\mathrm{T}} \tag{2}$$

为了保证能对信道进行有效估计,必须保证伪随机后缀的长度 D 大于信道的多径数 L,即满足 $D>L$。

根据信道对 OFDM 符号的影响,由于存在符号间干扰(inter symbol interference,ISI)和块间干扰(inter block interference, IBI),可将信道矩阵拆分成 $\boldsymbol{H}_{\mathrm{ISI}}(P)$ 和 $\boldsymbol{H}_{\mathrm{IBI}}(P)$:$\boldsymbol{H}_{\mathrm{ISI}}(P)$ 是其下三角阵(包含对角线元素,第 1 列是 $[h_0,h_1,\cdots,h_{L-1},0,\cdots,0]^{\mathrm{T}}$),反映了信道的 ISI;$\boldsymbol{H}_{\mathrm{IBI}}(P)$ 是其上三角阵(不包含对角线,第 1 行是 $[0,\cdots,h_{L-1},\cdots,h_1]^{\mathrm{T}}$),反映了信道的 IBI。第 i 个接收向量的 OFDM 符号可写为{JP

$$\boldsymbol{r}_P(i)=(\boldsymbol{H}_{\mathrm{IBI}}(P)+\boldsymbol{H}_{\mathrm{ISI}}(P))\boldsymbol{S}_P(i)+\boldsymbol{n}_P(i) \tag{3}$$

3. 信道估计方法

本文针对传统 PRP-OFDM 模型基于一阶统计的信道估计方法[14]仅适用于缓变信道的局限,研究了一种用于无人机 PRP-OFDM 模型的 LS 信道估计方法。

设计用于信道估计的向量为

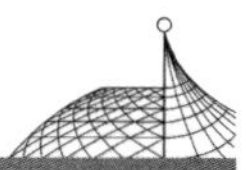

$$\boldsymbol{r}_C(i)=\begin{bmatrix}\langle \boldsymbol{r}_P(i-1)\rangle_{N+1:P}\\ \langle \boldsymbol{r}_P(i)\rangle_{1:L-1}\end{bmatrix}_{(D+L-1)\times 1} \tag{4}$$

式中，$\langle \boldsymbol{A}\rangle_{p:q}$表示从一个列向量或行向量 $\boldsymbol{A}$ 中取其第 p 到第 q 个分量构成的新向量。

为了便于分析问题，进一步构造第 i 个时刻的 2 个时刻相邻的向量分别为

$$\boldsymbol{r}_{C1}(i)=\begin{bmatrix}\langle \boldsymbol{r}_P(i-1)\rangle_{N+1:P}\\ \langle \boldsymbol{r}_P(i)\rangle_{1:L-1}\end{bmatrix}_{(D+L-1)\times 1} \tag{5}$$

$$\boldsymbol{r}_{C2}(i)=\begin{bmatrix}\langle \boldsymbol{r}_P(i)\rangle_{N+1:P}\\ \langle \boldsymbol{r}_P(i+1)\rangle_{1:L-1}\end{bmatrix}_{(D+L-1)\times 1} \tag{6}$$

可知两者时间上相邻，即满足

$$\boldsymbol{r}_{C1}(i)=\boldsymbol{r}_{C2}(i+1),\ \forall\, i \tag{7}$$

由 OFDM 系统输入输出矩阵关系，可将 $\boldsymbol{r}_{C1}(i)$表示为

$$\boldsymbol{r}_{C1}(i)=\boldsymbol{C}(i)\boldsymbol{h}+\boldsymbol{n}(i) \tag{8}$$

式中，$\boldsymbol{h}$ 是信道冲激响应构成的向量；$\boldsymbol{n}(i)$是一个$(D+L-1)\times 1$ 的加性白高斯噪声向量。

矩阵 $\boldsymbol{C}(i)$结构比较特殊，可分解为

$$\boldsymbol{C}(i)=(\boldsymbol{C}_L(i)+\boldsymbol{C}_0+\boldsymbol{C}_U(i)) \tag{9}$$

式中，$\boldsymbol{C}_0$ 是一个$(D+L-1)\times L$ 的 Toeplitz 矩阵，它的第 1 列为$[c_0,c_1,\cdots,c_{D-1},0,\cdots,0]^{\mathrm{T}}$，第 1 行为$[c_0,0,\cdots,0]$；$\boldsymbol{C}_U(i)$是一个$(D+L-1)\times L$ 的上三角 Toeplitz 矩阵，它的第 1 列为零向量，第 1 行为$[\boldsymbol{0},\langle \boldsymbol{S}_P(i-1)\rangle_{N:N-(L-2)}]$；$\boldsymbol{C}_L(i)$是一个$(D+L-1)\times L$ 的下三角 Toeplitz 矩阵，它的第 1 列为$[\boldsymbol{0}_{1\times D},\langle \boldsymbol{S}_P(i-1)\rangle_{1:L-1}^{\mathrm{T}}]^{\mathrm{T}}$，第 1 行为零向量。

将式(9)代入式(8)可得

$$\boldsymbol{r}_{C1}(i)=\boldsymbol{C}(i)\boldsymbol{h}+\boldsymbol{n}(i)=\boldsymbol{C}_0\boldsymbol{h}+\boldsymbol{n}'(i) \tag{10}$$

式(10)最后一项噪声项为 $\boldsymbol{n}'(i)=\boldsymbol{n}(i)+\boldsymbol{C}_L(i)\boldsymbol{h}+\boldsymbol{C}_U(i)\cdot\boldsymbol{h}$，其中的 $\boldsymbol{C}_L(i)\boldsymbol{h}$ 会给信道估计带来 ISI，其干扰是由当前符号造成的；而 $\boldsymbol{C}_U(i)\boldsymbol{h}$ 项引入 IBI，其干扰是由之前符号造成的。因此，整个信道估计的干扰由 ISI、IBI 和加性白高斯噪声这三部分造成。

所以，信道的时域 LS 估计为

$$\hat{\boldsymbol{h}}_0=\{(\boldsymbol{C}_0{}^{\mathrm{H}}\boldsymbol{C}_0)^{-1}\boldsymbol{C}_0{}^{\mathrm{H}}\}\left(\frac{1}{2}(\boldsymbol{r}_{C1}(i)+\boldsymbol{r}_{C2}(i))\right) \tag{11}$$

4. 符号恢复

信号经过快时变多径信道，会经历各种衰落，所以接收端需要做均衡和符号恢复。为了提高性能，引入 SIC 和 DD，使模型在快时变条件下的性能进一步提高。

4.1 引入 OLA 的符号恢复

OFDM 系统中，为了消除由于多径传播造成的载波间干扰(inter carrier interference, ICI)，需要加入循环前缀。PRP-OFDM 由于没有加入循环前缀，若直接做 FFT 解调会存在 ICI，使性能不理想。因此可采用 ZP-OFDM 中的 OLA，将符号后端长度为 L 的分量补偿到符号的前端，这样可以改善各子载波的正交性，提高系统性能。设计补偿项为

$$\boldsymbol{r}_{\mathrm{ICI}}(i)=\begin{bmatrix}\langle \boldsymbol{r}_P(i)\rangle_{N+1,N+L-1}\\ \boldsymbol{0}_{(N-L+1)\times 1}\end{bmatrix} \tag{12}$$

加入 OLA 补偿项以后的符号为

$$\tilde{\boldsymbol{r}}_{N,\mathrm{OLA}}(i)=\boldsymbol{F}_N(\boldsymbol{r}'_N(i)+\boldsymbol{r}_{\mathrm{ICI}}(i)) \tag{13}$$

4.2 引入 SIC 的符号恢复

PRP-OFDM 模型后端填充的是非零的伪随机后缀，由于多径效应，会给系统造成自干扰。所以，需要引入 SIC 处理，将后缀带来的自干扰尽可能消除，提高系统性能。

自干扰主要是上一符号的非零后缀由于多径效应，扩展到当前符号造成的多径干扰，可以把 SIC 补偿项设计为

$$\hat{\boldsymbol{r}}_{\mathrm{SIC}}(i)=\boldsymbol{C}'_0\hat{\boldsymbol{h}}_0(i-1) \tag{14}$$

式中，$\boldsymbol{C}'_0=\langle\boldsymbol{C}_c\rangle_{(L-1)\times L}$，其中

$$\boldsymbol{C}_c=\begin{bmatrix} c_0 & c_{D-1} & \cdots & c_1 \\ c_1 & c_0 & \cdots & c_2 \\ \vdots & \vdots & \ddots & \vdots \\ c_{D-1} & c_{D-2} & \cdots & c_0 \end{bmatrix}$$

是由伪随机后缀构成的循环矩阵[16]。

综合式(13)和式(14)，采用了 OLA 和 SIC 的符号恢复为

$$\boldsymbol{r}'_{N,\mathrm{OLA\text{-}SIC}}(i)=\boldsymbol{F}_N(\boldsymbol{r}_N(i)+\boldsymbol{r}_{\mathrm{ICI}}(i)-\hat{\boldsymbol{r}}_{\mathrm{SIC}}(i)) \tag{15}$$

4.3 均　衡

由于采用 OLA 和 SIC 处理，有效改善了载波间正交性，可直接采取频域均衡。

先对信道时域冲激响应 $\hat{\boldsymbol{h}}_0(i)$ 做 DFT 变换，得到列向量 $\hat{\boldsymbol{H}}_0(i)=\boldsymbol{F}_N\hat{\boldsymbol{h}}_0(i)$，再构造对角矩阵为

$$\hat{\boldsymbol{H}}_e(i)=\mathrm{diag}\{((\hat{\boldsymbol{H}}_0(i))_{i\times 1})^{-1}\},i=1,2,\cdots,N \tag{16}$$

可得解调向量为

$$\hat{\boldsymbol{r}}_N(i)=\hat{\boldsymbol{H}}_e(i)\boldsymbol{r}'_{N,\mathrm{OLA\text{-}SIC}}(i)=\hat{\boldsymbol{H}}_e(i)\{\boldsymbol{F}_N(\boldsymbol{r}_N(i)+\boldsymbol{r}_{\mathrm{ICI}}(i)-\hat{\boldsymbol{r}}_{\mathrm{SIC}}(i))\} \tag{17}$$

5. 引入 DD 的信道估计和均衡

利用 DD 的信道估计方法主要利用先前符号得到的信道响应来估计当前时刻的信道响应，相当于接收机中有一级负反馈，可以提高信道估计的准确性。

引入 DD 的 LS 信道估计为

$$\boldsymbol{h}_{\mathrm{DD}}(i)=\{(\boldsymbol{C}_0^{\mathrm{H}}\boldsymbol{C}_0)^{-1}\boldsymbol{C}_0^{\mathrm{H}}\}\boldsymbol{r}_{\mathrm{C,DD}}(i) \tag{18}$$

其中

$$\boldsymbol{r}_{\mathrm{C,DD}}(i)=\frac{1}{2}((\boldsymbol{r}_{C_1}(i)+\boldsymbol{r}_{C_2}(i))-\hat{\boldsymbol{C}}_U(i-1)\hat{\boldsymbol{h}}_{\mathrm{DD}}(i-1)) \tag{19}$$

初态设为

$$\hat{\boldsymbol{h}}_{\mathrm{DD}}(0)=\hat{\boldsymbol{h}}_0(0),\hat{\boldsymbol{C}}_U(0)\hat{\boldsymbol{h}}_{\mathrm{DD}}(0)=\boldsymbol{0} \tag{20}$$

还可将引入 DD 的信道估计量 $\hat{\boldsymbol{h}}_{\mathrm{DD}}(i)$ 进行 SIC 处理，即

$$\hat{\boldsymbol{r}}_{\mathrm{SIC\text{-}DD}}(i)=\boldsymbol{C}'_0\hat{\boldsymbol{h}}_{\mathrm{DD}}(i-1) \tag{21}$$

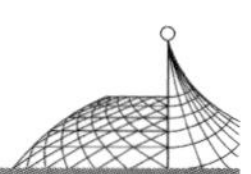

式中，$C'_0 = \langle C_c \rangle_{(L-1)\times L}$。

相应的符号恢复为

$$r'_{N,\text{OLA-SIC-DD}}(i) = F_N(r_N(i) + r_{\text{ICI}}(i) - \hat{r}_{\text{SIC-DD}}(i)) \tag{22}$$

频域均衡采用 $\hat{h}_{\text{DD}}(i)$ 的 N 点 DFT，即

$$\hat{H}_{\text{DD}}(i) = F_N \hat{h}_{\text{DD}}(i)$$

做频域均衡时，将 $\hat{H}_{\text{DD}}(i)$ 各个分量的倒数作为对角线元素，构造对角矩阵 $\hat{H}_{e,\text{DD}}(i) = \text{diag}\{((\hat{H}_{\text{DD}}(i))_{i\times 1})^{-1}\}(i=1,2,\cdots,N)$，可得解调向量为

$$\hat{r}_{N,\text{DD}}(i) = \hat{H}_{e,\text{DD}}(i) r'_{N,\text{OLA-SIC-DD}}(i) = \hat{H}_{e,\text{DD}}(i)\{F_N(r_N(i) + r_{\text{ICI}}(i) - \hat{r}_{\text{SIC}}(i))\} \tag{23}$$

6. 仿真分析

本文在美国 MathWorks 公司的 Matlab R2011b 环境下进行仿真分析研究。本文主要对 PRP-OFDM 在接收端采用不同处理对性能提升的影响，以及对传统插入导频 CP-OFDM、传统 PRP-OFDM[14] 取不同符号数做期望进行信道估计和迫零(zero forcing，ZF)均衡、PRP-OFDM(加入 SIC、加入 SIC 和 DD)在快时变信道下的性能进行了仿真和比较。信道采用典型的 COST207RA 信道[16]，子载波调制采用四相相移键控，编码采用 $N=7$ 的(133,171)卷积码，重点分析无人机模型的性能。

仿真中，OFDM 系统参数设置如表 1 所示。

表 1 OFDM 系统参数

参　数	数　值
载波频率/GHz	2.4
FFT 点数	64
采样时间/ns	200
带宽/MHz	20
子载波间隔/kHz	78.125

CP-OFDM 的导频间隔：$N_t=4$ 和 $N_f=4$。

首先在 $r=20\text{m/s}$ 的情况下，分析比较 CP-OFDM、PRP-OFDM 不加 OLA、PRP-OFDM 加入 OLA、PRP-OFDM 加入 OLA 和 SIC、PRP-OFDM 加入 OLA 和 SIC 以及 DD 的性能，仿真结果如图 2 所示。

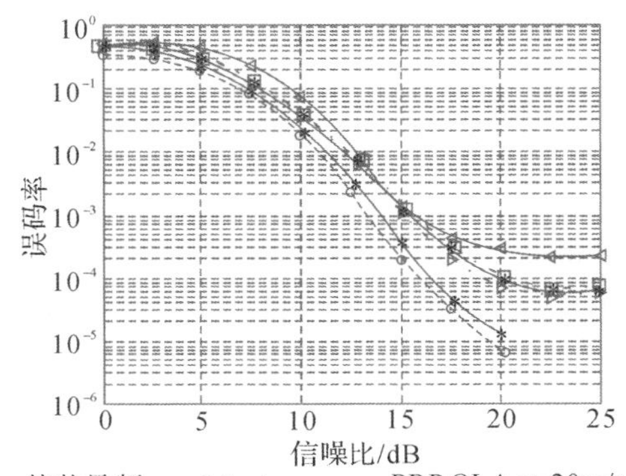

图 2 $v=20\text{m/s}$ 下几种接收端处理性能比较

从图 2 可知，PRP-OFDM 不加 OLA 时，与 CP-OFDM 相比，在信噪比小于 15dB 时，PRP-OFDM 性能略好于 CP-OFDM，在信噪比大于 15dB 时，性能变差；加入 OLA 能使 PRP-OFDM 性能好于 CP-OFDM，并且加入 SIC 和 DD 都使性能有了进一步提高。仿真结果说明，本文所提出的 PRP-OFDM 方案，

由于采用了 OLA、SIC 和 DD3 项措施，使得系统性能相比 CP-OFDM 有了比较明显的提升。

由于目前的无人机主要以执行侦察、监视等任务为主要目的进行开发，其滞空时间长，制造和飞行成本低，中小型无人机的飞行速度普遍不是很快，大约为 20～30m/s，其中先进的美国“捕食者”无人机，其巡航速度也不过为 35m/s，故选取 20m/s 和 35m/s 的情况进行仿真分析。

首先在 $v=20\text{m/s}$ 的情况下，进行仿真，比较几种算法的性能，仿真结果如图 3 所示。

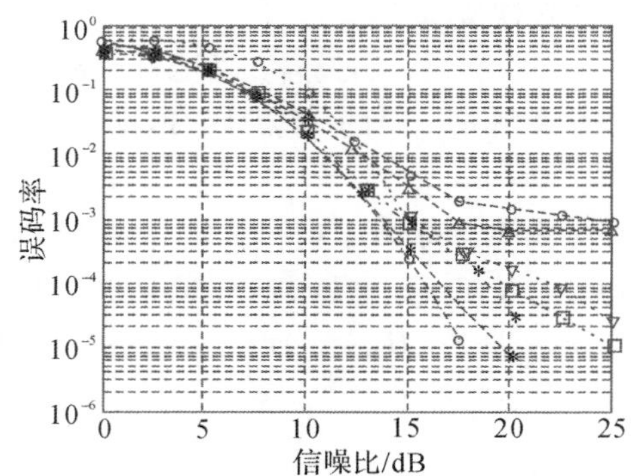

- *- ：块状导频，v=20m/s；- □- ：梳状导频，v=20m/s；
—*— ：PRP OLA-SIC，v=20m/s；--○-- ：PRP-ZF-80，v=20m/s；
--△-- ：PRP-ZF-20，v=20m/s；--▽-- ：PRP-ZF-40，v=20m/s；
--⊖-- ：PRPDD-OLA-SIC，v=20m/s。

图 3 $v=20\text{m/s}$ 的误码率性能比较

从图 3 可知，在 $v=20\text{m/s}$ 的情况下，由于传统 PRP-OFDM[14] 算法不适用于快时变信道，其性能还不如插入导频的 CP-OFDM。分析结果表明，无人机 PRP-OFDM 算法的性能要好于其他算法，在 $v=20\text{m/s}$ 的情况下性能稳定，加入 DD 后性能相比未加入 DD，误码率性能略有提高。之后在 $v=35\text{m/s}$ 的情况下，进行仿真，性能如图 4 所示。

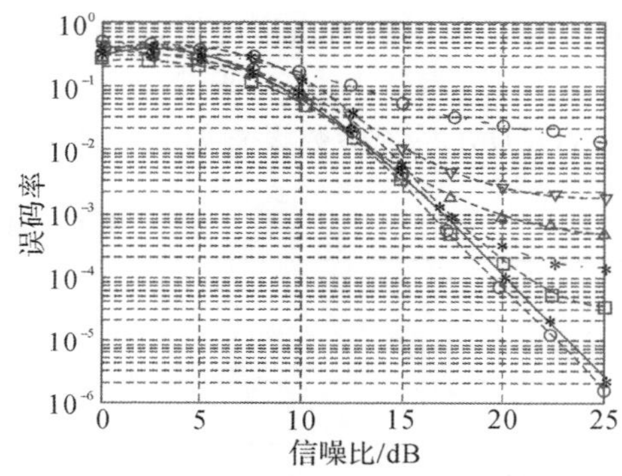

- *- ：块状导频，v=35m/s；- □- ：梳状导频，v=35m/s；
—*— ：PRP OLA-SIC，v=35m/s；- ○- ：PRP-ZF-80，v=35m/s；
--△-- ：PRP-ZF-20，v=35m/s；--▽-- ：PRP-ZF-40，v=35m/s；
--⊖-- ：PRPDD-OLA-SIC，v=35m/s。

图 4 $v=35\text{m/s}$ 的误码率性能比较

从图 4 可知，在 $v=35\text{m/s}$ 的情况下，传统 PRP-OFDM[14] 性能已经明显不如 CP-OFDM。原因在于：在 35m/s 的情况下，运动速度又有显著增加，信道估计算法的跟踪能力决定了系统的性能，传统 PRP-OFDM 算法已经失效。分析结果表明，无人机 PRP-OFDM 算法的性能仍然要好于其他算法，在 $v=35\text{m/s}$ 的情况下误码率性能稳定，并且引入 DD 后，系统性能也有一定提高。

7. 结　论

本文针对无人机数据链路传输的需求，对传统 OFDM 信道估计算法进行有效改进，研究了一种用于无人机的 PRP-OFDM 系统模型，并针对该模型提出了一种 LS 信道估计方法，能有效跟踪信道，适用于快时变信道；其接收端采用了 OLA、SIC 和 DD，能提高系统在快时变信道下的性能，可适用于无人机数据链路。

以上仿真分析结果对无人机 OFDM 数据链路高速传输具有良好的工程应用前景。

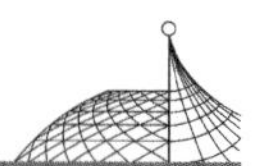

参考文献

[1] Porcello A, John C. Designing and implementing OFDM communications for advanced multifunction UAV payloads using FP-GAs[C]//Proc. of the Aerospace Conference, 2012:1-12.

[2] Hammarberg P, Rusek F, Edfors O. Channel estimation algorithms for OFDM-IDMA: complexity and performance[J]. IEEE Trans. on Wireless Communications, 2012, 11(5): 1722-1732.

[3] Sheng B, Zhu P C, You X H. An enhanced Doppler spread estimation method for OFDM systems [J]. IEICE Trans. on Communications, 2012, 95(12): 3911-3914.

[4] Sheng B, Zhu P C. Joint blind estimation of channel length and noise variance in OFDM systems [J]. IEICE Trans. on Communications, 2011, 94(12): 3614-3617.

[5] Wu K G, Wu J A. Reduced-complexity decision-directed channel estimation in OFDM systems with transmit diversity[J]. Wireless Personal Communications, 2013, 68(1): 175-185.

[6] Rosati S, Corazza G E, Vanelli-Coralli A. OFDM channel estimation based on impulse response decimation: analysis and novel algorithms[J]. IEEE Trans. on Communications, 2012, 60(7): 1996-2008.

[7] Huang W Z, Wang Y S, Ye X Y. Studies on novel anti-jamming technique of unmanned aerial vehicle data link[J]. Chinese Journal of Aeronautics, 2008, 21(2): 141-148.

[8] Christian B, Christoph H, Robert W. SDR OFDM waveform design for a UGV/UAV communication scenario[J]. Journal of Signal Processing Systems, 2012, 69(1): 11-21.

[9] Yu M, Sadeghi P. A study of pilot-assisted OFDM channel estimation methods with improvements for DVB-T2[J]. IEEE Trans. on Vehicular Technology, 2012, 61(5): 2400-2405.

[10] Zhu M, Adegbenga B, Awoseyila B G. Low complexity time-domain channel and delay spread estimation for OFDM systems[J]. IEEE Trans. on Consumer Electronics, 2010, 56(4): 2170-2177.

[11] Chen J, Babak D. MIMO performance evaluation for airborne wireless communication systems [C]//Proc. of the Military Communications Conference, 2011: 1827-1832.

[12] He J, Zhang Y T. Impact of Doppler on high speed UAV OFDM system[C] // Proc. of the International Conference on Communication Software and Networks, 2009: 742-745.

[13] Guan W, Xixnag H G. Low-complexity channel estimation using short-point FFT/IFFT for an iterative receiver in an LDPC-coded OFDM system[J]. Wireless Personal Communications, 2012, 64(4): 739-747.

[14] Muck M, de Courville M, Duhamel P. A pseudo random post-fix OFDM modulator and inherent channel estimation techniques[C] // Proc. of the Global Telecommunications Conference, 2003: 2380-2384.

[15] Muck M, de Courville M, Miet X, et al. Iterative interference suppression for pseudo random postfix OFDM based channel estimation[C]// Proc. of the 30th IEEE International Conference on Acoustics, Speech, and Signal Processing, 2005:765-768.

[16]郭梯石,邬国扬.移动通信[M].西安:西安电子科技大学出版社,2006:125-127.

Channel Estimation Method Used in UAV PRP-OFDM Data Links

Abstract: A model of pseudo-random-postfix orthogonal frequency division multiplexing(PRP-OFDM) system is proposed in accordance with the needs of engineering application of unmanned aerial vehicle data link high-speed transmission. According to the requirements of UAVs, channel estimation under the fast time-varying channel, channel estimation method based on least-square, symbol recovery method with overlap add, self-interference cancellation, and decision-directed feedback are proposed. The performance of bit-error-rate(BER) is also simulated and analyzed at common mobile speed of small and medium size UAVs. The result shows that this method can get good performance on the channels of fast time-varying and has good prospects for engineering application of UAV data link high-speed transmission.

Keywords: unmanned aerial vehicle; orthogonal frequency division multiplexing (OFDM); channel estimation; pseudo-random-postfix; self interference cancellation; decision directed

基于 DDMR 辅助的 GNSS-R 载波相位差测高方法*

摘　要：提出了一种基于时延-多普勒映射接收机(DDMR，Delay-Doppler Map Receiver)辅助的载波相位差提取方法，给出了系统结构及信号处理方法。该方法将DDMR中所观测到的码相位差作为直射信号与反射信号的码相位延时量，将完成跟踪的直射信号扩频码进行对应的延时用于完成对反射信号的开环码跟踪。该方法省去了码相位延时搜索的过程，且可以准确地对反射信号扩频码进行同步。为了验证系统的可行性及实际性能，进行了针对水面高度测量的岸基试验并给出了试验结果。岸基试验证明采用该方法的GNSS-R(Global Navigation Satellite System Reflection)接收机可以稳定地对反射信号进行跟踪并提取直射与反射信号的载波相位差，测高精度约为2.5cm，经过0.5s的数据平均后精度可达0.6cm。

关键词：全球卫星定位系统；反射信号；接收机

基于全球卫星定位系统(GNSS，Global Navigation Satellite System)的GNSS-R(GNSS-Reflection)微波遥感技术利用GNSS的无线电信标源作为散射雷达照明源进行微波遥感，通过接收机装置连续采集GNSS卫星直射信号及经探测目标散射的回波信号并进行相关的数据处理[1]。

GNSS-R技术因其全天候、全天时、宽覆盖、丰富且免费的信号资源以及高时空分辨率等应用优势而成为遥感和导航技术领域近年来的研究热点，国内外研究机构先后开展了利用GNSS反射信号实现海面高度测量、海态监测[2-4]、海面风场反演[5-7]、海冰反演[8]、土壤湿度测量[9]、海面浮油探测[10]等方面的研究工作，具备广阔的发展和应用前景。对海面、湖面等反射面进行测高是GNSS-R遥感的主要应用领域，主要分为码相位和载波相位测高两种方式。码相位测高是通过对直射信号与反射信号的时延一多普勒映射接收机(DDMR，Delay-Doppler Map Receiver)相关结果的码相位差进行观测而实现，码相位测高的精度会受到导航扩频码测距能力的限制，通常将采用该方法的GNSS-R系统应用于机载和星载测量中[11-13]。基于直射一反射信号载波相位差的测高方式可实现更高的测量精度，但该方法对于应用环境的要求较严格，一般只应用于波浪较小的江面、湖面等平静水域的岸基测高，且反射信号的跟踪处理需采用特殊的信号处理方法，如文献[14]中所提出的半闭环处理方法等。由于反射信号的信噪比较差且信号功率波动大，采用传统的载波相位测高方法对实测数据进行处理时容易出现搜索不到相关功率峰值或错误定位峰值的情况，从而引起失锁或出现测量误差。

本文提出了一种基于DDMR辅助载波相位差提取的GNSS-R岸基测高方法，该方法采用闭环跟踪方式对直射信号进行跟踪，将完成跟踪后的载波与反射信号相乘，并将扩频码进行对应的延时，用于完成对反射信号的扩频码同步，延时的时间通过对直射与反射信号DDMR的观测获得，反射信号的跟踪采用全开环的处理方式。岸基实验证明该方法可实现对反射信号的稳定跟踪并准确提取载波相位差。

* 文章发表于《北京航空航天大学学报》，2014，40(2)：257-262. 系作者与王艺燃、洪学宝、张波合作完成。

1. GNSS-R 的测高原理

GNSS-R 海面测高的原理如下：相对于到达接收机天线的 GNSS 直射信号，经过镜面反射点的反射信号存在一个时间延迟 τ，τ 中含有海面高度的信息，可以据此进行海面高度的反演。在岸基 GNSS-R测量中可近似认为地球表面为水平的，即忽略地球曲面的影响。根据光学几何原理建立的 GNSS-R 测高几何关系如图 1 所示。

不考虑大气层的损耗等空间传播不理想因素，GNSS 反射信号与直射信号的传播路径差可表示为

$$\Delta\rho_{\mathrm{E}}=(2h_{\mathrm{r}}+d)\cdot\sin\theta \tag{1}$$

式中，h_r 为接收机反射天线到反射面的高度；θ 为镜面反射点处的卫星高度角；d 为接收机 RHCP 天线与 LHCP 天线之间的距离。当精确测量出 $\Delta\rho_{\mathrm{E}}$ 后，即可获得反射点到接收机的高度为

$$h_{\mathrm{r}}=\frac{1}{2}\left(\frac{\Delta\rho_E}{\sin\theta}-d\right) \tag{2}$$

设 h_{R} 为接收机相对大地参考框架的高度，则海面高度实际值为

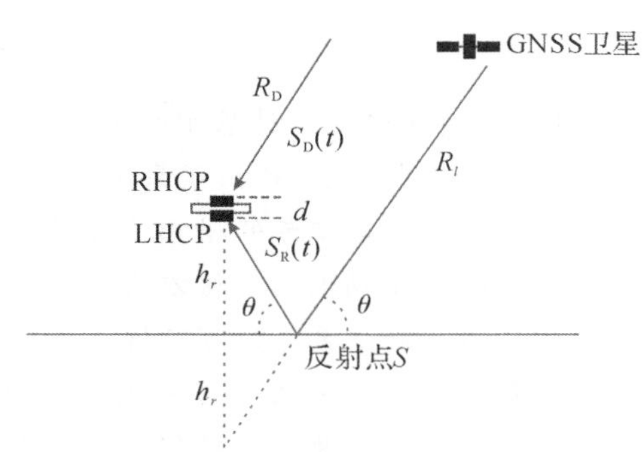

图 1　GNSS-R 海面测高原理

$$h_{\mathrm{s}}=h_{\mathrm{R}}-h_{\mathrm{r}} \tag{3}$$

2. 载波相位差提取方法

2.1　直射与反射信号载波相位差的提取

对于利用载波相位测高的岸基 GNSS-R 接收机，其直射、反射信号的路径延时可以表示[15]为

$$\Delta\rho_E=(2h_{\mathrm{r}}+d)\cdot\sin\theta=\lambda_{\mathrm{L1}}\cdot\Delta\Phi_i^{R-D}=\lambda_{\mathrm{L1}}\Phi+\lambda_{\mathrm{L1}}n \tag{4}$$

其中，$\Delta\Phi_i^{\mathrm{R\text{-}D}}=\Phi_i^{\mathrm{R}}-\Phi_i^{\mathrm{D}}$ 为反射和直射信号载波相位观测量的差值；λ_{L1} 为 GPS L1 波段信号波长；Φ 为载波相位差小数部分；n 为相位差的整周数。在直射导航信号的处理中，一般使用科斯塔斯环对信号的载波相位进行跟踪并提取相应的载波相位观测值。反射信号经水面反射后不但信号能量会出现衰减，且衰减情况会随水面状况的变化出现波动，而当水面粗糙度过大时，载波相位的连续性也受到影响，故采用普通的码跟踪及载波跟踪方法很难对反射信号的载波相位进行跟踪和提取。

目前最为有效的 GNSS-R 载波相位测高方法是文献[14]中所提出的半闭环处理方法，该方法采用传统的闭环跟踪方式对直射信号进行跟踪，将完成跟踪后的载波引入反射信号处理通道与反射信号相乘，并对同步后的扩频码进行延时，调整延时量的大小使其与反射信号的相关功率最大，延时的步长为 100ns（对应 C/A 码 0.1 码片），搜索范围不大于 2 个码片，完成对反射信号的扩频码同步，并利用四象限反正切鉴相器（four quadrant arctangent discriminator）对同步后的直射反射信号进行处理，得到载波相位差小数部分的单次估计值[14]。该方法的优点是结构简单、易于实现，可直接得到载波相位差小数部分的结果，即有效消除整周模糊，但在反射信号的开环码跟踪搜索过程中容易因搜索不到相关功率峰值或错误定位峰值而引起失锁或出现测量误差。

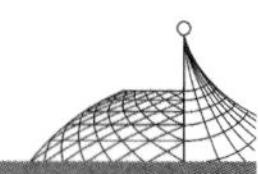

2.2 基于 DDMR 辅助的载波相位差提取

本文提出了一种基于 DDMR 辅助的载波相位差半开环提取法，该方法将 DDMR 码相位测高的信号处理过程中所求得的码相位差 $\Delta\tau_{D\text{-}R}$ 作为直射通道与反射通道的码相位延时量，即对直射通道中同步后的扩频码进行 $\Delta\tau_{D\text{-}R}$ 的延时后与反射信号相关，用于反射通道的码跟踪。该方法省去了码相位延时搜索的过程，且可以准确地对反射信号中的扩频码进行同步。

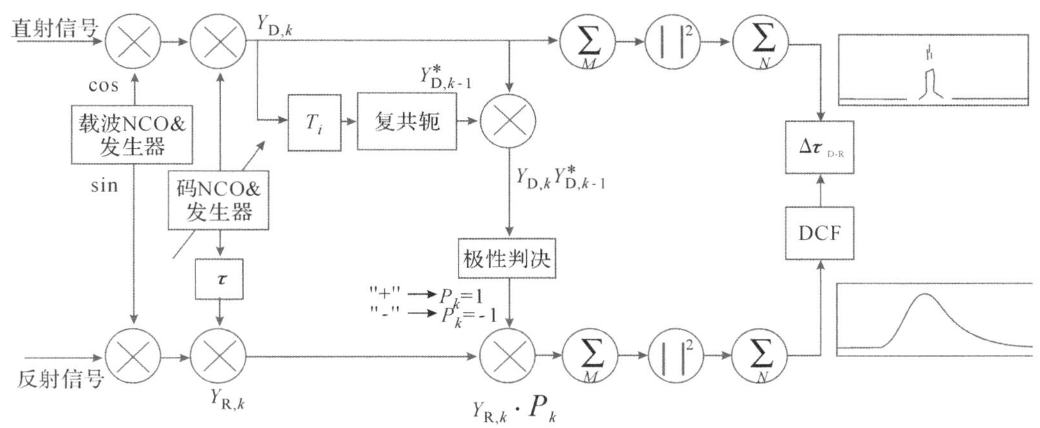

图 2 DDMR 处理过程

2.2.1 DDMR 的处理方法

首先通过 DDMR 实现对直射与反射信号之间码相位延时的精确估计，DDMR 提取码相位延时的处理过程如图 2 所示，对反射信号的积分过程中使用了文献[16]中的反射信号导航数据位翻转快速检测与修正技术。DDMR 提取 $\Delta\tau_{D\text{-}R}$ 的具体处理流程如下：

(1)对直射、反射信号进行 1ms 的相干积分预处理，对直射信号预处理后的 DDMR 输出结果进行差分相干(将前后 2 个预处理周期的 DDMR 结果进行差分相乘)处理，提取其峰值实部后进行极性判决，生成导航数据位修正因子序列；

(2)依据 p_k 对相同处理周期内的反射信号 DDMR 结果进行修正，并对修正后的直射、反射信号 DDMR 结果做进一步的相干积分；

(3)直射信号 DDMR 输出结果分为两路，一路作为捕获结果参与直射信号同步与解扩解调，实现对接收机的定位(第 4 步)；另一路同反射信号 DDMR 一起继续进行非相干累加(第 5 步)；

(4)对捕获后的直接信号进行跟踪和定位解算，该部分的软件接收机结构与常规的 GNS 接收机相同；

(5)对相干积分后的直射与反射信号 DDMR 结果进行非相干累加处理，进一步提高信噪比并消除斑点噪声的影响，得到信号的相关波形，完成对直射与反射信号的相关处理；

(6)对反射信号的 DDMR 相关波形进行相关函数微分(DCF，Derivative of the Correlation Function)处理[7]，得到反射信号的 DCF 峰值码相位，与直射信号相关峰值所对应的码相位求差值即可得到反射和直接信号的精确码延时估计 $\Delta\tau_{D\text{-}R}$。

2.2.2 载波相位差的提取

将 $\Delta\tau_{D\text{-}R}$ 作为直射通道与反射通道的码相位延时量，即：将直射通道中同步后的扩频码进行 $\Delta\tau_{D\text{-}R}$ 的延时后与反射信号相关，用于反射通道的码跟踪。基于 DDMR 辅助的载波相位差提取方法如图 3

所示。基于 DDMR 辅助的载波相位差提取方法流程如下：

(1)对直射信号进行同步，当本地码和本地载波实现了对直射信号的跟踪后，输出直射信号的同相和正交分量相关值，记为 I_d 和 I_r；

(2)将完成跟踪后的载波与反射信号相乘，并对同步后的扩频码进行延时，延时时间即为 DDMR 输出的码相位延时参考量 $\Delta\tau_{D\text{-}R}$，完成对反射信号的扩频码同步；同步后直射信号的同相、正交分量相关值在送入环路鉴别器之前均进行 20ms 的积分处理以消除导航数据位的影响；

(3)利用 I_D 分别对反射信号的同相和正交支路进行基带数据位剥离，得到

$$\left.\begin{aligned}\tilde{I}_R&=\text{sgn}(I_D)\cdot I_R\\ \tilde{Q}_R&=\text{sgn}(I_D)\cdot Q_R\end{aligned}\right\}\tag{5}$$

其中 sgn 为符号函数，即

$$\text{sgn}(x)=\begin{cases}1 & x\geqslant 0\\ -1 & x<0\end{cases}\tag{6}$$

(4)使用四象限反正切鉴相器计算得到载波相位差小数部分的单次估计值：

$$\Delta\Phi^{R\text{-}D}=\arctan 2(\tilde{Q}_R,\tilde{I}_R)\tag{7}$$

(5)对 $\Delta\Phi^{R\text{-}D}$ 进行滤波并去除粗差后利用式(4)对路径延时进行计算。

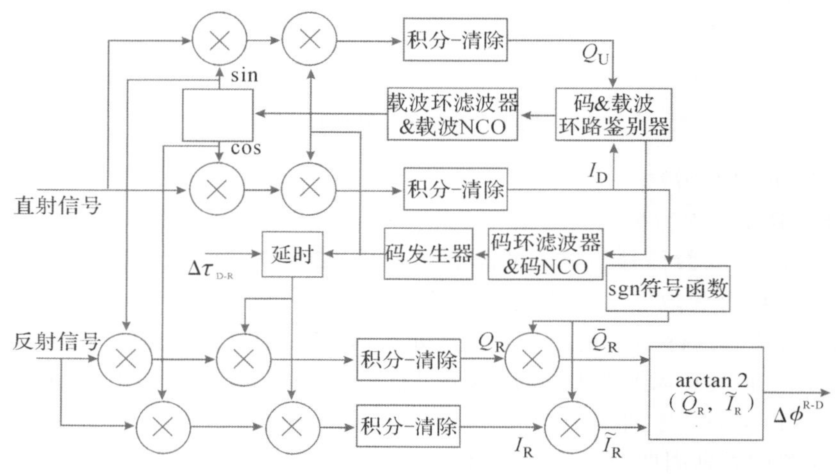

图 3　基于 DDMR 辅助的载波相位差提取方法原理图

3. 岸基试验验证

2013-02-17—2013-02-20，笔者所在课题组在辽宁省丹东市鸭绿江水域开展了岸基 GNSS-R 的测高试验，接收机架设于鸭绿江断桥桥面(东经 124°39′23.9117″，北纬 40°6′57.1334″)，天线朝向西南，方向角约为 220°，为了更有效地对反射信号进行接收，天线有大约 5°的仰角。试验位置及接收机架设方式如图 4 所示。

图 4　丹东鸭绿江断桥试验天线架设位置图

接收机的硬件部分主要包括用来接收 GPS 直接信号的普通低增益(3dB)GPS 右旋极化天线、接

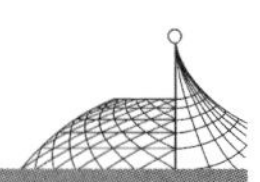

收水面反射信号的中等增益(12dB)GPS 左旋极化阵列天线以及射频前端和采样器等。直射和反射信号分别经天线接收后由射频前端完成下变频，射频前端采用 Olink Star 的 NS210M 多通道信号采样器，其中频采样频率为 16.367667MHz，2bit 量化后产生原始采样数据经 USB 接口转至电脑中由接收机的软件部分进行处理。接收机的软件部分主要由包括常规的 GPS 软件接收机定位功能，原始采集数据预处理功能以及高度反演模块等功能模块组成。

使用软件接收机处理 2013-02-19T17:00—18:30 所采集的数据。试验以江中的水文水位标尺判读数据作为高度反演结果的参考依据，试验开始时江面至接收机的高度约为 16.51m，结束时约为 16.37m。选择 2013-02-19T17:10 开始的数据，此时的卫星空视图如图 5 所示。

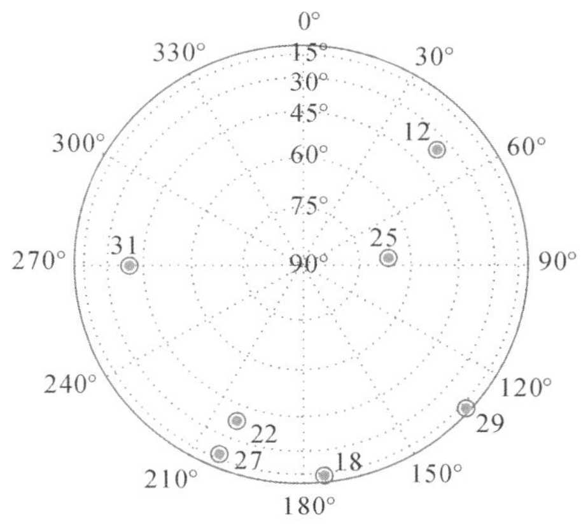

图 5　GPS 卫星空视图

试验中，PRN 22 与 PRN 27 卫星近似位于天线架设正前方向，PRN 27 的卫星高度角低于 20°，不适宜用于高度反演试验，PRN 22 的高度角为 40.8°，故选取 PRN 22 卫星信号作为处理对象。DDMR 分别对直射与反射信号进行 21ms 的相干积分及 80 次非相干累加，获得直射信号与反射信号的码相位延时估计值，用于对反射信号进行开环跟踪。连续处理 10s 的数据，提取载波相位差并计算水面至接收机的高度，结果见图 6。去除粗差并进行 0.5s 的数据平均后的测高结果见图 7。图中所示的标准差均为去除粗差后的测算结果。

可见，使用该方法进行反演，未进行潮位修正的反演结果围绕实际高度上下浮动约 10cm，标准差约为 2.5cm，测量精度达到厘米级。在对长度为 0.5s 的数据进行平均后标准差约为 0.6cm。图 7 中，第 1.5s～第 3s 的高度落差大于 2cm，这是由于试验中架设天线使用的是有弹性的木质天线架，会出现随风轻微抖动现象。试验结果可见，采用该方法的 GNSS-R 接收机可以稳定地对反射信号进行跟踪并提取直射与反射信号的载波相位差。

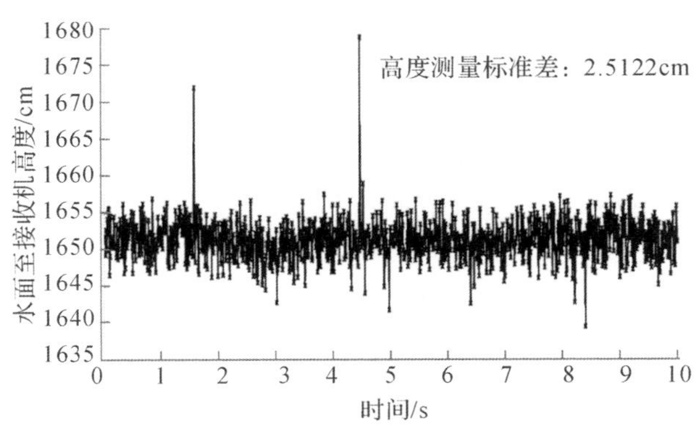

图 6　岸基试验水面至接收机高度反演结果

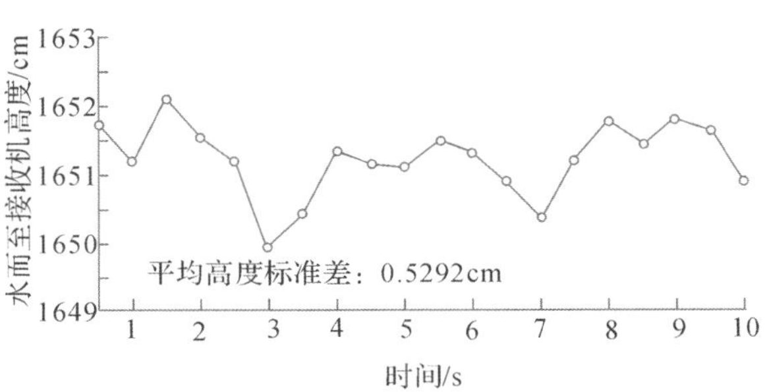

图 7　岸基试验水面至接收机高度反演结果(0.5s 平均)

4. 结　论

本文提出了一种基于 DDMR 辅助的载波相位差提取方法，给出了系统结构及信号处理方法，并利用该方法进行了基于载波相位差反演水面高度的岸基试验。试验证明采用该方法的 GNSS-R 接收机可以稳定地对反射信号进行跟踪并提取直射与反射信号的载波相位差，实现厘米级的测高精度，经过 0.5s 的数据平均后精度可达毫米级。

参考文献

[1] Martin-Neira M. A passive reflectometry and interferometry system (PARIS): application to ocean altimetry[J]. ESA Journal, 1993,17: 331-355.

[2] Valencia E, Camps A, Park H, et al. Impact of the observation geometry on the GNSS-R direct descriptors used for sea state monitoring[C] // International Geoscience and Remote Sensing Symposium (IGARSS). Piscataway,NJ:IEEE,2012:2825-2828.

[3] Soulat F, Caparrini M, Germain O, et al. Sea state monitoring using coastal GNSS-R[J]. Geophys Res Lett, 2004, 31(21): L21303.

[4] Marchan-Hernandez J F. Sea state determination using GNSS-R techniques: contributions to the PAU instrument [D]. Barcelona:Univ Politecnica de Catalunya, 2009.

[5] Zavorotny V U, Voronovich A G. Scattering of GPS signals from the ocean with wind remote sensing application[J]. IEEE Trans Geosci Remote Sens,2000,38(2):951-964.

[6] 路勇,杨东凯,熊华刚,等.基于 GNSSA 的海面风场检测系统研究[J].武汉大学学报,2009,4(4):470-473.

Lu Yong, Yang Dongkai, Xiong Huagang, et al. Study of ocean wind-field monitoring system based on GNSS-R[J]. Geomatics and Information Science of Wuhan University, 2009, 34(4): 470-473 (in Chinese).

[7] Garrison J L, Komjathy A, Zavorotny V U, et al. Wind speed measurement using forward scattered GPS signals[J]. IEEE Trans Geosci Remote Sens,2002,40(1):50-602.

[8] Fabra F, Cardellach E, Rius A, et al. Phase altimetry with dual polarization GNSS-R over sea ice[J]. IEEE Transactions on Geoscience and Remote Sensing,2012,50(6):2112-2121.

[9] Zavorotny V U, Voronovich A G. Bistatic GPS signal reflections at various polarizations from rough land surface with moisture content[C] //International Geoscience and Remote Sensing Symposium (IGARSS). Piscataway, NJ: IEEE, 2000: 2852-2854.

[10] Valencia E, Camps A, Rodriguez-Alvarez N, et al. Using GNSS-R imaging of the ocean surface for oil slick detection[J]. IEEE Journal of Selected Topics in Applied Earth Observations and Remote Sensing,2013,6(1):217-223.

[11] Germain O, Ruffini G, Soulat F, et al. The eddy experiment: GNSS-R speculometry for directional sea-roughness retrieval from low altitude aircraft[J]. Geophysical Research Letters, 2004,31(21):L21307.

[12] Marchan-Hernandez J F, Rodriguez-Alvarez N, Camps A, et al. Correction of the sea state impact in the L-band brightness temperature by means of delay-Doppler maps of global navigation satellite signals reflected over the sea surface[J]. IEEE Transactions on Geoscience and Remote Sensing, 2008, 46(10): 2914-2923.

[13] Rodriguez-Alvarez N, Akos D M, Zavorotny V U, et al. Airborne GNSS-R wind retrievals using delay & Doppler maps[J]. IEEE Transactions on Geoscience and Remote Sensing,2013, 51(1): 626-641.

[14] Helm A, Beyerle G, Potsdam M N G, et al. Detection of coherent reflections with GPS bipath interferometry [EB / OL]. New York: Cornell University Library, 2004 [2013-04-01].

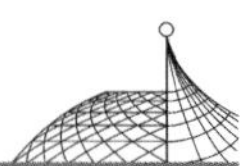

http://arxiv.org/abs/physics/0407091.

[15] Ruffini G, Caparrini M, Ruffini L. PARIS altimetry with L1 frequency data from the bridge 2 campaign experiment[R]. CCN3-WP3 Technical Report, ESA/ESTEC Contract No. 14285/85/nl/pb,2002.

[16] Wang Yiran, Zhang Bo, Shao Dingrong. Differential coherent algorithm based on fast navigation-bit correction for airborne GNSS-R software receivers[J]. Tsinghua Science and Technology, 2013,18(1):88-99.

[17] Hajj G A, Zuffada C. Theoretical description of a bistatic system for ocean altimetry using the GPS signal[J]. Radio Science, 2003,38(5):1089.

Carrier Phase Difference Estimation Method Based on DDMR-Assistance for GNSS-R Altimetry

Abstract: A carrier phase difference estimation method based on the delay-Doppler map receiver (DDMR)-assistance for (GNSS-R) coastal altimetry was proposed. The system structure and the signal processing method were given. The proposed method, which can avoid the complicated search for the GNSS spreading codes, uses the code phase difference observed from DDMR as the estimated time-delay between the spreading codes of the direct signal and the reflected signal, and then delays the tracked codes of the direct signal to achieve the open-loop tracking of the reflected signal. Field experiments with real coastal receivers demonstrate the effectiveness of this method, which can steadily track the weak reflected signal and accurately extract the difference of the carrier phase. The experiment results show that the altimetry accuracy is about 2.5cm without data average or 0.6cm with 0.5s average.

Keywords: global navigation satellite system (GNSS); reflected signal; receiver

基于低轨卫星的北斗反射事件仿真分析*

摘　要:导航卫星反射事件的空间分布和数量是星载反射信号应用的综合评估指标之一,北斗系统作为我国独立研发的导航系统,与其他系统相比,其反射事件的空间分布和数量具有独特性。针对上述问题,通过研究北斗系统空间星座的特征,模拟生成了完整的北斗系统空间星座,给出了反射事件空间分布和数量的分析步骤,利用导航卫星反射信号的基本几何关系推导了镜面反射点存在性判决条件。从机理上分析了北斗反射事件的影响因素,在此基础上仿真分析了低轨卫星轨道高度、倾角、升交点赤经以及近地点角距对北斗系统同步地球轨道、倾斜地球轨道和中地球轨道卫星反射事件空间分布和数量的影响。结果表明:低轨卫星高度、升交点赤经只影响北斗反射事件数量,而不影响分布,轨道倾角对数量和分布都有显著影响,轨道近地点角距无显著影响。最后,总结给出了对地观测需合理设计低轨卫星轨道参数的指导性结论。

关键词:北斗导航卫星系统;反射事件;空间分布;轨道参数

1. 引　言

随着全球导航卫星系统(Global Navigation Satellite System,GNSS)技术的发展,基于GNSS反射信号的双/多基雷达已经成为一种新型的遥感技术,该技术通过接收、处理经地表反射的GNSS信号,可进行海面高度测量[1]、海面风场反演[2]、海冰以及土壤湿度测量[3],与其他遥感技术形成优势互补,近20年来得到了国内外学者的广泛关注。

根据应用领域和观测目的不同,GNSS反射信号接收设备可配置在地面[4]、航空载体[5]或低轨卫星[6]上,实现对地的实时观测。基于卫星配置的应用因其高度高、探测范围大、可长时间连续观测,成为GNSS反射信号应用的发展趋势,也是该领域学者重点关注的研究方向之一。2002年,Stephen T. Lowe等人首次从星载数据中检测到GNSS反射信号[7],验证了星载GNSS反射信号应用的可行性。经过十几年的研究,在信号检测、信号增强、信号处理以及同步技术上取得了巨大成果[8-9],为星载GNSS反射信号应用提供了理论支撑。对于星载GNSS反射信号应用,除了接收机设计需高灵敏度,其天线设计和搭载卫星的轨道也需特殊考虑,以探测到地表指定的区域。GNSS反射事件的空间分布对探测区域进行了划分和描述,反映了探测区域的分布,是星载GNSS反射信号应用综合效能评估的重要指标之一。文献[10]利用T/P星载高度计的轨道参数分析了星载全球定位系统(Global Positioning Systems,GPS)反射事件的分布,得出GPS反射事件比传统高度计反射事件分布广泛,可覆盖全球的结论。文献[11]研究了低轨卫星轨道参数对GPS海洋反射事件分布和数量的影响,得出卫星轨道参数对GPS反射事件具有重要影响的结论。文献[12]分析了低轨卫星在不同高度及高度

* 文章发表于《电波科学学报》,2015,30(3):409-416.系作者与杨东凯、王峰、李伟强合作完成。

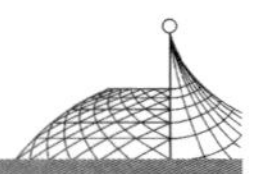

角条件下的地面探测区域形状及范围，对星载 GNSS 反射信号应用的接收机设计提供了指导。

北斗系统是我国自主研发的卫星导航系统，其在海洋气象和农业领域的遥感应用[13]已获得初步成果，关于星载北斗反射信号应用也已处于前期论证之中。与 GPS 系统不同，北斗系统是由同步地球轨道（Geostationary Earth Orbit，GEO）卫星、倾斜地球轨道（Inclined Geosynchronous Satellite Orbit，IGSO）卫星和中地球轨道（Middle Earth Orbit，MEO）卫星组成的混合星座[14-15]，其反射事件的分布具有独特之处，从目前文献看，关于北斗掩星事件的分析较多[16]，而对反射事件的研究成果较少。

针对上述问题，通过研究北斗系统空间星座的特征，借助卫星仿真工具软件，模拟生成了完整的北斗空间星座，给出了北斗导航卫星反射事件分布的分析方法，从北斗卫星可见性和地表反射区域可见性两个方面给出了反射事件存在性判决准则。以此为基础，参考文献[11]所采用的变量分离原理，仿真分析了低轨卫星的轨道高度、倾角、升交点赤经以及近地点角距对北斗 GEOJGSO 以及 MEO 卫星反射事件空间分布和数量的影响，得出了对星载北斗反射信号应用具有指导意义的结论。

2. 反射事件分析模型

北斗反射事件描述和划分了探测区域的空间分布，具体指接收机上视天线接收直射信号的同时，下视天线可接收经地表反射的信号，其分布主要与搭载北斗反射信号接收机的低轨卫星、北斗卫星和镜面反射点构成的几何关系，以及低轨卫星的下视天线扫描范围相关。具体而言，利用北斗卫星反射信号对地表进行观测必须满足如下条件：北斗卫星处于低轨卫星的可视范围；该卫星的地表反射信号能够被下视天线接收，即反射信号在下视天线扫描范围内。由此可知，仿真分析北斗反射事件空间分布的步骤如下：

（1）北斗卫星可见性判断；

（2）镜面反射点可见性判断；

（3）镜面反射点位置估算；

（4）反射事件数量及分布的统计。

2.1 北斗卫星可见性判断

北斗卫星相对于低轨卫星上视天线可见须满足两个条件：（1）低轨卫星不在北斗卫星发射天线形成的地球阴影区内；（2）北斗卫星在低轨卫星上视天线的可视范围。为简化分析，假设低轨卫星上视天线为全向性天线，在分析北斗卫星可见性时只考虑条件（1）。北斗卫星发射天线形成的地球阴影区如图 1 所示，其中 θ 为临界角，α 为低轨卫星到地心连线与北斗卫星到地心连线间的夹角，δ 为低轨卫星处于北斗卫星发射天线形成的地球阴影区边界时低轨卫星到地心连线与北斗卫星到地心连线间的夹角，分别得到（1）～（3）式：

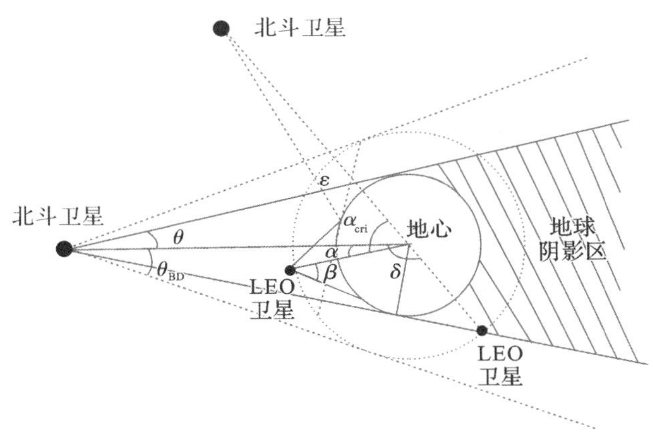

图 1　北斗卫星地球阴影区示意

$$\theta = \arcsin\left(\frac{R_e}{H_{BD}+R_e}\right) \tag{1}$$

$$\alpha = \arccos\left(\frac{r_{BD} \cdot r_{LEO}}{|r_{BD}| \cdot |r_{LEO}|}\right) \tag{2}$$

$$\delta = \pi - \arcsin\left(\frac{H_{BD}+R_e}{H_{LEO}+R_e} \cdot \sin\theta\right) - \theta \tag{3}$$

式中，R_e 为地球半径，取 6378.137km；H_{BD}为北斗卫星高度；H_{LEO}为低轨卫星的高度；r_{BD}为北斗卫星CGCS2000[15]坐标；r_{LEO}为低轨卫星 CGCS2000 坐标。低轨卫星不在北斗卫星发射天线形成地球阴影区须满足如下关系为

$$\alpha \leqslant \delta \tag{4}$$

2.2 镜面反射点可见性判断

表 1 低轨卫星转道参数

研究对象	高度/km	倾角/°	升交点赤经/°	近地点角距/°	偏心率
高度	300～900	87.277	144.210	257.706	0.004
倾角	452.287	0～180	144.210	257.706	0.004
升交点赤经	452.287	87.277	0～360	257.706	0.004
近地点角距	452.287	87.277	144.210	0～360	0.004

镜面反射点根据几何光学原理确定，是入射信号与反射信号满足菲涅尔反射条件的反射点。在图 1 中，ε 为镜面反射点位于下视天线扫描临界线时，北斗卫星相对于镜面反射点的高度角，可由式(5)求解。

$$\varepsilon = \arccos\left(\frac{R_e+H_{LEO}}{R_e} \cdot \sin\beta\right) \tag{5}$$

式中，β 为低轨卫星下视天线最大扫描角。假定镜面反射点位于下视天线扫描临界线上时，低轨卫星到地心连线与北斗卫星到地心连线间的夹角为 α_{cri}，可由式(6)得到。

$$\alpha_{cri} = \pi - 2\varepsilon - \beta - \arcsin\left(\frac{R_e}{H_{BD}+R_e} \cdot \cos\varepsilon\right) \tag{6}$$

当镜面反射点可见时，满足如下关系

$$\alpha \leqslant \alpha_{cri} \tag{7}$$

2.3 镜面反射点位置估算

镜面反射点位置是确定反射事件空间分布的决定因素，在星载 GNSS 反射信号应用中将直接控制天线指向形成定向波束。文献[17]提出了一种快速镜面反射点估计算法，该算法基于对导航卫星和低轨卫星之间的线段不断进行二分的思想，通过在该线段上寻找一点并使该点的星下点满足菲涅尔反射条件的方法估计镜面反射点位置，具有迭代次数少、估算精度高等优点。

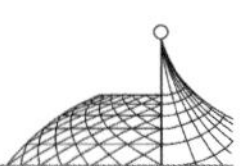

3. 反射事件的数量及分布

3.1 条件设置

文章借鉴德国亥姆霍兹波茨坦中心暨地学中心(GFZ)研发的CHAMP卫星轨道参数[18]进行仿真分析,分析某一轨道参数影响时,其他轨道参数设置为固定值,具体轨道参数设置如表1所示。

在实际应用中,星载接收机的上视天线一般为全向天线,能够兼容接收多系统导航卫星(至少包括北斗和GPS)的直射信号,而下视天线一般采用高增益窄波束天线,具有一定的扫描范围,假定为−30°～30°。由于导航卫星信号经地表反射后信号变得很微弱,而到达低轨卫星后进一步衰减[18],为了仿真分析简单,在仿真过程中不考虑因信号衰弱致使反射事件不存在的现象,且天线波束不少于同时可见的反射事件数量[19]。

根据文献[15],北斗MEO卫星的回归周期为7d,IGSO卫星的回归周期为1d,GEO卫星相对于地球静止。因此,仿真分析中,仿真时长设定为7d,间隔为1min。

3.2 统计分析

3.1.1 轨道高度的影响

随着低轨卫星高度增加,下视天线覆盖范围增大,所能覆盖的镜面反射点数量将增加[19]。图2为低轨卫星高度以50km为步进,北斗反射事件数量变化的统计结果。随着轨道高度增加,GEO、IGSO和MEO卫星反射事件数量均呈线性增加,其斜率分别为1.39,0.77,8.39,比例为4.5∶2.5∶27,略小于GEO、IGSO和MEO三种轨道卫星的数量比例,主要是由于GEO和IGSO为区域覆盖,而MEO是全球覆盖。

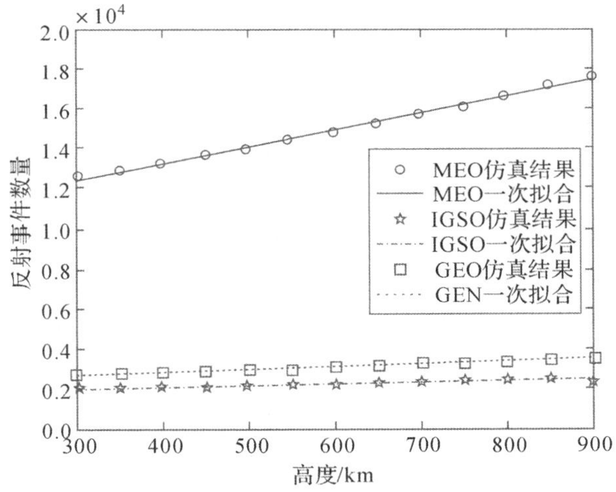

图2 星载北斗反射事件数量随轨道高度的变化

间分布是决定星载探测能力和水平的重要指标。当低轨卫星的高度发生变化时,GEO、IGSO和MEO卫星反射事件随经纬度的分布不发生明显变化。以700km高度为例,如图3所示,反射事件经纬度分布为:(1)北斗GEO卫星反射事件主要分布在26°S～26°N和18°E～160°W,且越接近赤道,反射事件数量越多,同时,在经度为60°E～160°E反射事件近似呈均匀分布,主要是由于在此区间内的5颗GEO卫星呈均匀分布;(2)IGSO卫星反射事件主要分布在80°S～80°N和70°E～170°E,在接近赤道的区域,反射事件数量相对较少,而纬度接近IGSO卫星轨道倾角时,反射事件数量相对较多,总体上,反射事件随纬度以赤道为中心呈对称分布,在经度方向,越接近IGSO轨道交叉点[15],反射事件数量越多;(3)MEO卫星反射事件在纬度方向的分布IGSO卫星的分布相似,经度方向上在180°W～180°E呈均匀分布。

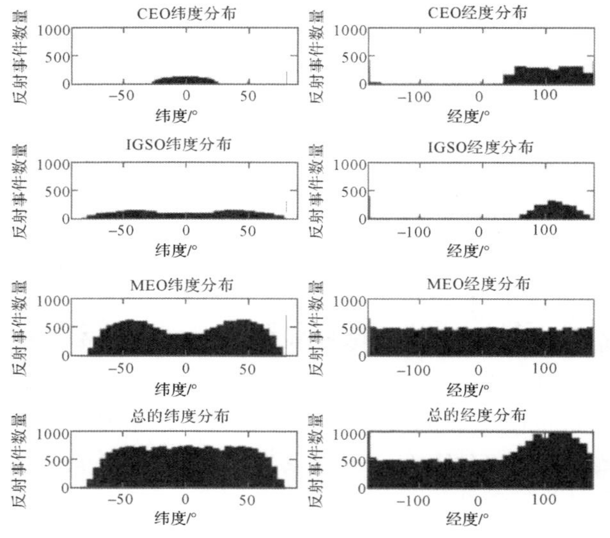

图 3 星载北斗反射事件经纬分布随轨道高度的变化

将 GEO、IGSO 和 MEO 卫星反射事件累加，北斗反射事件在 60°S～60°N 成均匀分布，克服了 GPS 反射事件在高倾角轨道条件下，低纬度分布较少的缺点，更加有利于全球性的对地观测；同时，北斗反射事件在 90°E～150°E 的分布明显多于其他区域，为我国陆海参数有针对性的探测提供了基础支撑。

综上分析，低轨卫星高度对北斗反射事件数量有明显影响，且呈近似线性关系，而对反射事件经纬分布的影响不明显。卫星高度的增加将使反射信号更加微弱，对天线增益和后端信号处理的要求越高[19]。因此，在设计低轨卫星高度时，即要考虑反射事件增多带来的好处，同时也要考虑天线和接收机设计复杂所导致的不利。

3.2.2　轨道倾角的影响

轨道倾角不同，低轨卫星在运行时产生的星下点轨迹将不同，反射事件数量和经纬度分布随之会发生变化。图 4 给出了轨道倾角以 15°为步进，北斗反射事件数量随轨道倾角变化的统计结果。从图可知：(1)低轨卫星倾角对北斗反射事件数量有很大影响，且对 GEO、IGSO 和 MEO 卫星反射事件数量的影响不同；(2)在低轨卫星轨道与赤道共面时，GEO 卫星反射事件数量达到极大值，而 IGSO 和 MEO 卫星反射事件数量达到极小值；(3)在轨道倾角在 0°～180°时，GEO 卫星反射事件数量以 90°为中心呈对称分布，且在 90°时达到极小值；(4)低轨卫星倾角变化时，IGSO 和 MEO 卫星反射事件数量变化趋势一致，均在接近 IGSO 和 MEO 卫星轨道倾角时达到最大值。

轨道倾角对北斗反射事件经纬度分布影响很大，且在经度和纬度两个方向上不同，随着低轨卫星倾角趋于 90°，GEO、IGSO 和 MEO 卫星反射事件分布向高纬度扩散，当低轨卫星倾角高于 45°时，GEO 反射事件在纬度方向上的分布不再随倾角变化，且无论倾角多大，GEO 反射事件都分布在低纬度地区，IGSO 和 MEO 卫星反射事件分布相似，当低轨卫星倾角高于 75°时，IGSO 和 MEO 卫星反射事件分布不再随轨道倾角变化，且低、中、高纬度地区的反射事件比例分别为 35.0％、48.4％、16.6％，即反射事件主要分布在低中纬地区。图 5(其中，inc 为低轨卫星轨道倾角)给出了三类卫星在低轨卫星轨道倾角在 0°到 90°之间 7 种不同倾角条件下，北斗反射事件随纬度分布的变化情况(图中的数字序号与纬度分布的对应关系如表 2 所示)。轨道倾角为 90°到 180°的反射事件与 0°到 90°的情况基本上呈对称分布，但其反射事件的数量明显是后者多。例如：45°情况下的反射事件数量比 135°多近 50％。在经度方向上，GEO、IGSO 和 MEO 卫星反射事件分布不受倾角变化的影响。

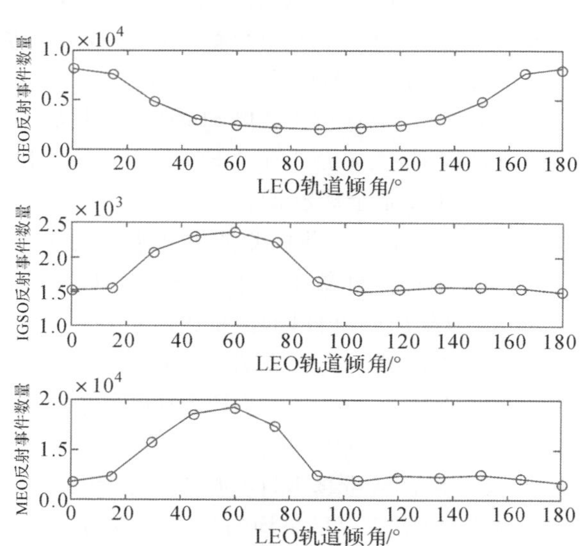

图 4 星载北斗反射事件数量随轨道倾角的变化

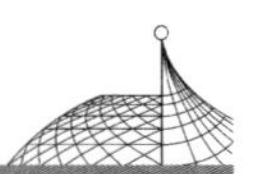

表 2　图 5 中的数字序号与纬度分布对应关系

序列号	纬度范围	序列号	纬度范围
1	−90°～−80°	10	0°～10°
2	−80°～−70°	11	10°～20°
3	−70°～−60°	12	20°～30°
4	−60°～−50°	13	30°～40°
5	−50°～−40°	14	40°～50°
6	−40°～−30°	15	50°～60°
7	−30°～−20°	16	60°～70°
8	−20°～−10°	17	70°～80°
9	−10°～0°	18	80°～90°

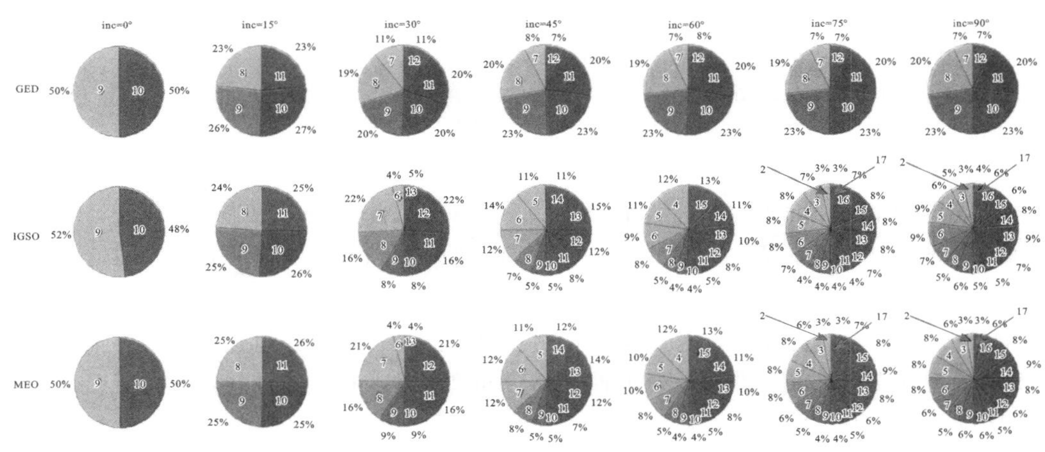

图 5　星载北斗反射事件数量随轨道升交点赤经的变化

3.2.3　轨道升交点赤经的影响

图 6 给出了轨道升交点赤经以 15°为步进，北斗反射事件数量变化的统计结果。从图中可以看出：(1)低轨卫星升交点赤经对 GEO 卫星反射事件数量的影响不大，反射事件数量的相对极差[21]近似为 1.88%；(2)低轨卫星升交点赤经对 IGSO、MEO 卫星升交点赤经靠近 MEO 卫星三个轨道面的升交点赤经 36.4°、156.8°和 275.6°时，MEO 卫星反射事件数量达到极大值。

北斗反射事件的空间分布在经度和纬度方向基本上都不受升交点赤经变化的影响，其经纬分布的规律和图 3 相近，由于升交点赤经对 IGSO 和 MEO 卫星反射事件数量有较大影响，为此，在设计低轨卫星轨道时，可使其升交点赤经尽量靠近

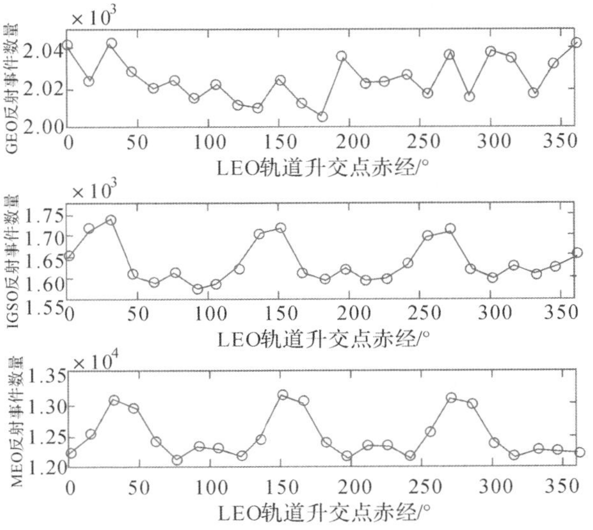

图 6　星载北斗反射事件经纬分布随轨道倾角的变化

IGSO 或 MEO 卫星某一轨道面的升交点赤经，以充分利用这两个轨道面上的北斗卫星反射事件。

按照表 1 中设定的参数，卫星轨道近地点角距以 15°为步进，北斗反射事件数量变化的统计结果如图 7 所示，其中 GEO、IGSO 和 MEO 卫星反射事件数量的相对极差分别为 2.57%，2.13%，1.37%，即近地点角距对反射事件数量基本上没有影响。因此，对实施星载北斗反射信号应用的低轨卫星，可以忽略近地点角距的影响。

4. 结　论

通过研究北斗系统空间星座的特征，利用卫星仿真工具软件模拟生成了完整的北斗系统空间星座，给出了北斗反射事件的统计方法和步骤，理论分析了北斗卫星可见性和镜面反射点可见性判断准则，以及镜面反射点位置估计算法。在此基础上，仿真分析了低轨卫星轨道高度、倾角、升交点赤经以及近地点角距对星载北斗反射事件的影响，得出如下结论：

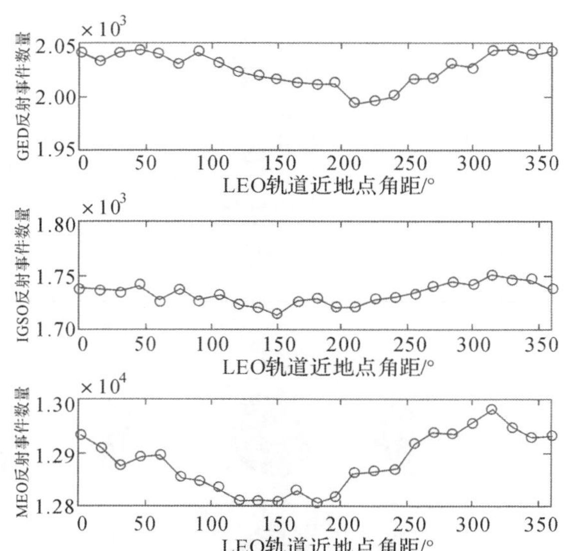

图 7　星载北斗反射事件数量随轨道近地点角距的变化

（1）低轨卫星高度对北斗反射事件的经纬分布无显著影响，但直接影响北斗反射事件数量，在设计低轨卫星轨道时，要综合考虑轨道高度和天线、接收机设计复杂度。

（2）低轨卫星倾角北斗反射事件纬度分布和数量影响显著，但对经度分布无显著影响，为了实现特定区域观测，必须合理设计低轨卫星倾角。

（3）低轨卫星升交点赤经对北斗反射事件经纬分布和 GEO 卫星反射事件数量无显著影响，但对 IGSO 和 MEO 卫星反射事件数量有显著影响，可适当靠近北斗卫星轨道面升交点赤经，使反射事件数量增多。

（4）低轨卫星近地点角距对北斗反射事件无显著影响，在设计低轨卫星轨道时，可忽略近地点角距对北斗反射事件的影响。

GEO 和 IGSO 卫星的存在，克服了仅 MEO 星座观测时，低纬度反射事件少的缺点；GEO 卫星反射事件主要分布在东半球低纬度区域，IGSO 卫星反射事件主要分布在东半球，更有利于对我国陆地和海洋的观测。

一般而言，在实施星载 GNSS 反射信号应用时，会采用多星组网提高观测覆盖率，因此，在分析反射事件数量和分布时，需考虑星座设计对反射事件的影响，这也将是后续研究内容之一。

参考文献

[1] MARTIN-NEIRA M. A passive reflectometry and interferometry system (PARIS): application to ocean altimetry[J]. ESA J, 1993(17): 321-355.

[2] VALENCIA E, ZAVOROTNY V U, AKOS DM, et al. Using DDM asymmetry metrics for wind direction retrieval from GPS ocean-scattered signals in airborne experiments[J]. IEEE Transactions on Geoscience and Remote Sensing, 2014, 52(7): 3924-3936.

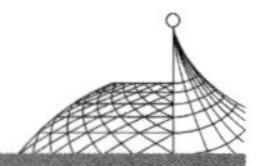

[3] RODRIGUEZ-ALVAREZ N, BOSCH-LLUIS, X, CAMPS A, et al. Soil moisture retrieval using GNSS-R techniques: experimental results over a bare soil field[J]. IEEE Transactions on Geoscience and Remote Sensing, 2009, 47(11): 3616-3624.

[4] 王鑫,孙强,张训械. 中国首次岸基 GNSS-R 海洋遥感实验[J]. 科学通报,2008, 53(5): 589-592.

[5] 杨东凯,张益强,张其善. 基于 GPS 散射信号的机载海面风场反演系统[J]. 航空学报,2006, 27(2): 310-313.

[6] GLEASON S T, HODGART S. Detection and processing of bistatically reflected GPS signals from low earth orbit for the purpose of ocean remote sensing[J]. IEEE Transactions on Geoscience and Remote Sensing, 2005, 43(6): 1229-1241.

[7] LOWE S T, LABRECQUE J L, ZUFFADA C, et al. First spaceborne observation of an earth-reflected GPS signal[J]. Radio Science, 2002, 37(1):1007-1029.

[8] PARK H, VALENCIA E, CAMPS A, et al. Delay tracking in spaceborne GNSS-R ocean altimetry[J]. IEEE Trans on Geoscience and Remote Sensing, 2013, 10(1):57-61.

[9] UNWIN M, GLEASON S, BRENNAN M. The Space GPS reflectometry experiment on the UK disaster monitoring constellation satellite[C]//Proc ION. Portland, 2003.

[10] WAGNER C, KLOKOCNIK J. The value of ocean reflections of GPS signals to enhance satellite altimetry: data distribution and error analysis[J]. Journal of Geodesy 2003, 77: 128-138.

[11] 王迎强,严卫,符养. 单颗 LEO 卫星轨道参数对 GNSS-R 反射事件分布和数量影响的模拟研究[J]. 武汉大学学报,2009, 34(12):1410-1414.

[12] 杨东凯,王烨. 全球导航卫星系统反射信号几何关系数值分析[J]. 电波科学学报,2012, 27(4): 637-643.

[13] 李伟强,杨东凯. 基于北斗 GEO 卫星反射信号的台风风速观测[C]//第五届中国卫星导航学术年会, 2014.

[14] 中国卫星导航系统管理办公室. 北斗卫星导航系统公开服务性能规范(1.0 版)[S/OL]. [2014-07-20], http://www.beidou.gov.cn/attach/2013/12/26/20131226fe8b20aad5f34091a6f8a84b08b1c4b1.pdf.

[15] 中国卫星导航系统管理办公室. 北斗卫星导航系统空间信号接口文件(2.0 版)[S]. [S/OL]. [2014-07-20], http://www.beidou.gov.cn/attach/2013/12/26/2013122604a521b35b7f4a54b44cfbbc8abd74a8.pdf.

[16] 王先毅,孙越强,白伟华. 北斗掩星事件数量与分布的模拟研究[J]. 地球物理学报,2013, 56(8): 2522-2530.

[17] 张波,王峰,杨东凯. 基于线段二分法的 GNSS-R 镜面反射点估计算法[D]. 全球定位系统,2013, 38(5):11-16.

[18] 周建. 基于 GPS 非差观测值得 CHAMP 卫星约化动力学定轨方法研究[D]. 郑州:解放军信息工程大学,2011.

[19] 冯剑锋. 星载 GNSS-R 互相关处理方法的研究和实现 [D]. 北京:北京航空航天大学,2014.

[20] HAJJ G A, ZUFFADA C. Theoretical description of a bistatic system for ocean altimetry using the GPS signal[J]. Radio Science, 2003, 38(5): 1089-1107.

[21] 庄楚强,何春雄. 应用数理统计基础[M]. 广州:华南理工大学出版社,2013.

[22] 张晓坤. 星载 GPS-R 若干关键技术研究[D]. 北京:中国科学院研究生院,2008.

Simulation Analysis of BeiDou Reflection Events Based on LEO Satellites

Abstract: Spatial distribution and number of GNSS reflection events is one of evaluation standard in spaceborne GNSS-R, and BeiDou system is developed by China independently, whose spatial distribution and number of reflection events is distinct with other navigation system. To analyze above-mentioned distinction, in this paper the complete BeiDou Navigation Satellite System constellation was simulated based on its space segment parameters. BeiDou reflection events spatial distribution calculation procedure was given through the specular reflection point visibility judgment. Its effects on the number and spatial distribution were studied including the orbit height, inclination, argument of perigee and right ascension of ascending node. And BeiDou satellites such as GEO (Geostationary Earth Orbit), IGSO (Inclined Geosynchronous Satellite Orbit) and MEO (Middle Erath Orbit) could provide different reflection events. Simulation results show that the orbit height and right ascension of ascending node affect only the events number, however, the inclination affect both the number and distribution in latitude or longitude, and the argument of perigee has no any influence on the events. The final conclusion was given on the low earth orbit parameters design with the different requirements for the earth observation.

Keywords: BeiDou Navigation Satellite System; reflection events; orbit spatial distribution; orbit parameters

GNSS 海面反射信号的三维建模方法*

摘　要:GNSS-R 技术应用中需 GNSS-R 信号模拟器来测试反射信号接收机,以降低成本。为此,提出了一种基于双基雷达原理的 GNSS 海面反射信号建模方法。首先,分析了 GNSS-R 双基雷达遥感原理,根据延迟和多普勒频移在海面的分布特点,选择海面的反射点,并计算相应反射单元的面积。然后,对散射系数进行了计算。最后,对多条反射信号的合路信号进行相关的仿真验证。验证的结果表明模拟的海面反射信号的相关功率曲线与 ZV 模型理论曲线的相关系数优于 0.92,能够有效地用于 GNSS 海面反射信号的生成。对反射信号模拟器的研制具有一定的理论参考意义和实际应用价值。

关键词:GNSS;反射信号;双基雷达;ZV 模型;海洋遥感

GNSS-R(Global Navigation Satellite System-Reflection)已成为一种新兴的海洋遥感技术[1]。该技术以 GNSS 卫星为信号源,采用双基雷达前向散射模式进行海洋信息的探测[2]。具有信号源稳定、覆盖范围广、成本低等优点[3],近 20 年得到了国内外学者的广泛关注。

美国、欧洲以及中国都投入了很多精力对 GNSS-R 海洋遥感技术进行研究,并开展了多次有关的地基、机载和星载试验,取得了大量的研究成果[4-7]。由于 GNSS-R 的许多试验对测试场景都有苛刻的要求,需要耗费大量的人力物力才能进行。而且,由于受到气候的影响,海况条件复杂多变,这就使得试验可重复性非常差。因此,非常需要可在实验室测试的 GNSS-R 信号模拟器,以便于 GNSS 反射信号接收机的测试。

对于 GNSS-R 信号模拟器的研制处于起步阶段,可用于反射信号模拟器的信号模型还在探索中。本文根据 GNSS-R 双基雷达遥感原理,分析了海面反射信号的空间域和散射系数的计算,以此建立起反射信号的模型,最后对计算的信号参数进行了相关验证。

1. GNSS-R 双基雷达遥感原理

GNSS-R 海洋遥感的原理,是利用海面对 GNSS 信号的反射探测海面状态,实质是 L 波段微波遥感。以陆基、机载或星载 GNSS 接收机,获取海面对 GNSS 电磁波的反射信号,可以看作为一种收发分置的 L 波段雷达系统。基于微波信号散射理论,特别是利用双基地雷达传输方程,可分析海面反射信号与 GNSS 直接信号在强度、频率、相位等参数之间的变化,从而实现海面的微波遥感探测。这也是 GNSS 海面反射信号建模的理论基础。

图 1 是 GNSS-R 信号传播的过程及其海洋遥感原理示意图。GNSS 卫星与海面反射区域、机载接收机构成了一种收发分置的双基雷达系统。接收机一般需要采用两副天线,一副向上的右旋圆极化天线,用于接收直射信号;另一副向下的左旋圆极化天线,用于接收海面反射信号,通过测量 GNSS

---

* 文章发表于《北京航空航天大学学报》,2018,44(1):125-131. 系作者与祁永强、张波、杨东凯、张健敏合作完成。

反射信号功率得到海面特征信息。海面反射区域可以看作大量独立反射元的集合，那么接收机接收到的海面反射信号就可以看作每个反射元的反射信号的叠加。为了便于分析，接收到的海面反射信号可表达为

$$S_r(t)=\sum_k A_k p(t-\tau_k)\sin[2\pi(f+f_k)t+\varphi_k] \tag{1}$$

式中，A_k 为信号幅值，$p(t)$ 为值为 ±1 的数据码与伪码的异或和，τ_k 为信号时延，f_k 为多普勒频移，φ_k 为初始相位。

不考虑信号与海面的相互作用时，信号时延和多普勒频移都可以在海面准确映射[8]。也就是说，信号在海面上的基本时间以及频率特性是较容易预知的，但获知反射后的信号功率是比较难的。

设卫星发射功率为 P_t 发射天线的功率增益为 G_r，接收天线的功率增益为接收信号的波长为 λ，卫星距海面反射点的距离为 R，接收机距海面反射点的距离为 R_r，双基雷达截面积为 σ，那么海面上某个反射点的信号功率可表示为

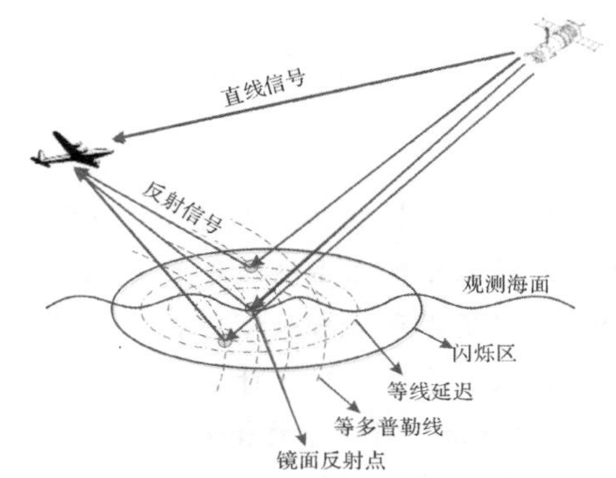

图 1　GNSS-R 信号传播示意图

$$P_r=\frac{P_tG_tG_r\lambda^2\sigma}{(4\pi)^3R_t^2R_r^2} \tag{2}$$

从式(2)可以看出，关键是雷达截面积 σ 的计算。

$$\sigma=\sigma_0\cdot A \tag{3}$$

式中，σ_0 为标准化的双基散射系数，A 为反射元对应的面积。

2. 海面反射信号的空间域分析

2.1　延迟和多普勒频移在海面的分布

为了方便研究，引入镜面反射点概念，即从发射机经反射点到达接收机的路径最小的点。接收机接收的海面反射信号主要来自镜面反射点周围的闪烁区。GNSS 卫星的信号经海面反射后将在闪烁区上形成一系列的等延迟线和等多普勒线，如图 2 所示。

根据扩频信号接收原理可知，反射信号不同的传播时间表现为不同的码延迟，等延迟线就是与镜面点反射信号相比具有相同时间延迟的点组成的曲线。其形状为椭圆，相邻两个椭圆之间的时间间隔可根据需要而定。等延迟线的形状和大小与接收机的高度、GNSS 卫星的高度角和方位角等因素有关[9]。

等延迟线的椭圆方程形式[10]为

$$\frac{(y-y_0)^2}{a^2}+\frac{x^2}{b^2}=1 \tag{4}$$

式中

$$y_0=\delta\frac{\cos\gamma}{\sin^2\gamma} \tag{5}$$

$$a=\frac{\sqrt{\delta(\delta+2h\sin\gamma)}}{\sin^2\gamma}\approx\sqrt{\frac{2\delta h}{\sin^2\gamma}} \tag{6}$$

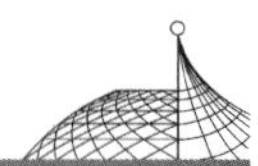

$$b = a\sin\gamma \approx \sqrt{\frac{2\delta h}{\sin\gamma}} \tag{7}$$

式中，δ 表示任意散射路径（发射端—任意散射点—接收机）与镜面反射路径（发射端—镜面反射点—接收机）之间的路径差，h 表示接收机的高度，γ 为卫星仰角。

由于接收机和卫星的相对运动，接收机接收到的海面不同反射点的反射信号可能具有不同的多普勒频率，且随着卫星参数和接收平台运动参数的变化而变化。具有相同多普勒频率的海面反射点组成的曲线称为多普勒线。其形状是二次曲线，对称轴是接收机运动速度在海面上的投影。

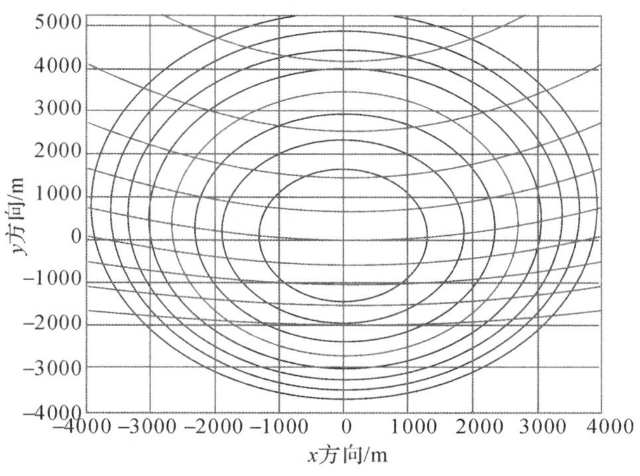

图 2　等时延/多普勒线

等多普勒线的二次方程形式[10]为

$$\begin{aligned}&(V_D{}^2 - V_{rx}{}^2)x^2 + (V_D{}^2 - V_{ry}{}^2)y^2 - 2V_{rx}V_{ry}xy + 2hV_{rx}(V_{rz} - V_{ry}\cot\gamma)x\\&\quad + 2h[V_{ry}V_{rz} + (V_D{}^2 - V_{ry}{}^2)\cot\gamma]y\\&\quad = h^2[(V_{ry}\cot\gamma - V_{rz}) - V_D{}^2\csc^2\gamma]\end{aligned} \tag{8}$$

其中

$$V_D = \lambda f_{D_0} + V_{ty}\cos\gamma + V_{tz}\sin\gamma \tag{9}$$

式中，(V_{rx}, V_{ry}, V_{rz}) 为接收机在 x、y 和 z 三个方向的速度，(V_{ty}, V_{tz}) 为卫星在 y 和 z 方向的速度，h 表示接收机的高度，γ 为卫星仰角，f_{D_0} 为反射信号的多普勒频移。

以 GPS 卫星 C/A 码信号为例，设卫星高度为 20200km，接收机高度为 5km，卫星高度角为 60°，接收机的速度为(0，120，0)m/s，卫星的速度为(2728，−1048，1131)m/s，等时延线和等多普勒线如图 2 所示。其中，(0，0)点为镜面反射点。椭圆线为等延迟线，每个椭圆延迟 0.5chip。三条弧线为等多普勒线，相邻两条弧线间隔是 50Hz。

2.2　海面反射点的选取

GNSS-R 接收机接收到的海面反射信号是海面一系列散射点反射信号的集合。这就涉及反射点选取的问题。反射点数越多，计算量就越大，增加实现难度；但是反射点数太少了，就可能不能够正确反映海面特性信息。如何选取科学合理的反射点，是反射信号建模的一个关键。

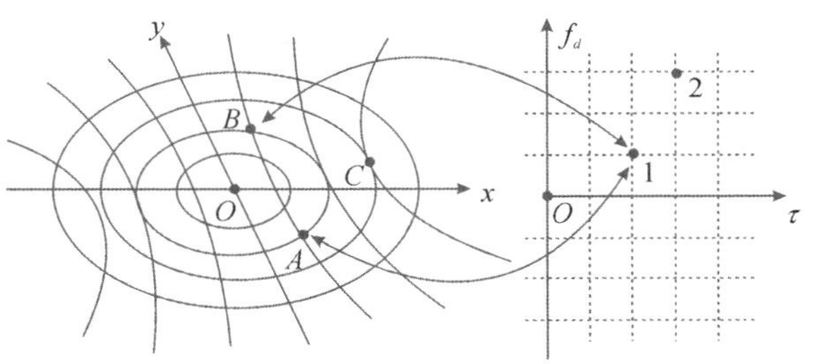

图 3　反射信号空间域和时频域的关系

选取海面反射点可根据信号在海面的分布情况来选取其特征点来完成。镜面反射点由其定义可知是唯一的，也是闪烁区的中心点，如图 3 中的 O 点。镜面反射点通常作为测量和建模应用的主要参考点，其重要性不言而喻。另一类点是等延迟线和等多普勒线的交点，通常有两个交叉点，如图 3 中的 A 点和 B 点。通过这些点，才能建立起延迟和多普勒频移之间的拓扑关系。还有一类点是等延迟线和等多普勒线的切点，是椭圆与二次曲线的一个平滑过渡点，如图 3 中的 C 点。切点也是反射点中不可或缺的组成部分。因此，特征点包括中心点、交点和切点 3 种点。

每个反射点的信号基本上可用功率、传播延迟和载波相位变化三个参量来完整描述[11]。也就是说，信号建模实际上是在时频域上描述信号。而海面反射点的选取是在空间域进行的，因此有必要分析信号在空间域和时频域的关系，如图 3 所示。

为简明起见，设空间域中的点$\{O,A,B,C\}$组成集合 S，时频域中的点$\{0,1,2\}$组合集合 T，那么集合 S 到集合 T 的映射如图 4 所示。

该映射的对应法则是“电磁波的叠加原理”。设 A 点的信号功率为 P_A，B 点的信号功率为 P_B，点 1 的信号功率为 S，则

$$P_1 = P_A + P_B \tag{10}$$

通过这种映射就可建立起反射信号在空间域与时频域中的对应关系，为反射信号的选点和建模奠定了理论基础。

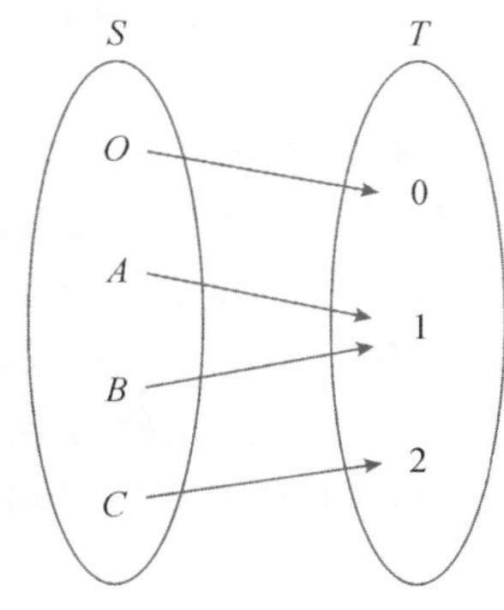

图 4　反射点的映射

GNSS-R 海洋遥感是利用反射信号的时延多普勒相关功率来反推海洋表面信息的。作为基本的观测量，时延多普勒相关功率的波形是对称的。为保证接收到的海面反射信号相关功率的波形，特征点的选取应满足两个要求：(1)特征点的分布是较为对称且相对均匀的，(2)特征点的数量是足够的，且基本无冗余点。

基于以上考虑，本文根据 3 种点的特征分别来选取。中心点是唯一的，也是很明确的。对于交点，根据延迟和多普勒频移在海面的分布，设置延迟和多普勒频移的间隔，并选取合适的点。延迟间隔设定为 1/4chip，共选取 14 个等延迟环，从内到外依次设为 c_1，c_2，…，c_{14}。根据等多普勒线在海面分布的特点，以过镜面反射点的等多普勒线 l_0 为界，在其上方选取间隔为 15Hz 的 14 条等多普勒线，从下到上依次设为 l_1，l_3，…，l_{27}。在 l_0 下方选取间隔为 25Hz 的 14 条等多普勒线，从上到下依次设为 l_2，l_4，…，$l_2 8$。然后从 l_0 上方选取等延迟环和等多普勒线的交叉点，即依次是 c_1 和 l_1 的交点，c_2 和 l_3 的交点，…，c_{14} 和 $l_2 7$ 的交点。从 l_0 下方选取等延迟环和等多普勒线的交叉点，即依次是 c_1 和 l_2 的交点，c_2 和 l_4 的交点，…，c_{14} 和 l_{28} 的交点。对于切点，在空间域中等多普勒线的对称轴上，在不同的等延迟环上获得。最终在海面上选取的反射点如图 5 所示。

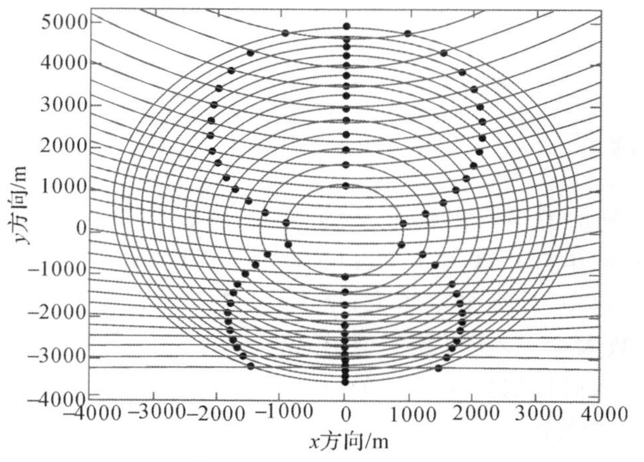

图 5　海面反射点选取

2.3　反射点对应单元的面积计算

反射单元的面积是影响反射信号功率的另一个重要因素。考虑到信号辐射的特点，每个反射点

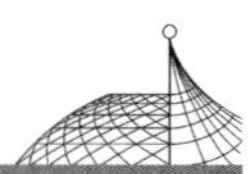

所对应的单元区域设为圆形。

设椭圆 c_1 的长轴为 a,短轴为 b,那么镜点反射单元的圆形半径为

$$r_0=\alpha_0 \cdot (a-\sqrt{a^2-b^2}) \tag{11}$$

设椭圆 c_1 上的某个反射点 P 坐标为(x_1,y_1),点 O 到点 P 的射线 OP 斜率为

$$k=y_1/x_1 \tag{12}$$

可得射线 OP 与椭圆 C_2 的交点 Q,坐标设为(x_2,y_2)。那么点 P 反射单元的圆形半径为

$$r=\alpha \cdot \sqrt{(x_2-x_1)^2+(y_2-y_1)^2} \tag{13}$$

式中,α_0、α 为选择系数。为了每个反射单元的面积不重叠,选择系数应小于 0.5。设镜点反射单元的选择系数 α_0 为 0.4,弧线 l_0 上方反射单元的选择系数 α 为 0.25,弧线 l_0 下方反射单元的选择系数 α 为 0.18。每个反射单元的散射面积如图 6 所示。

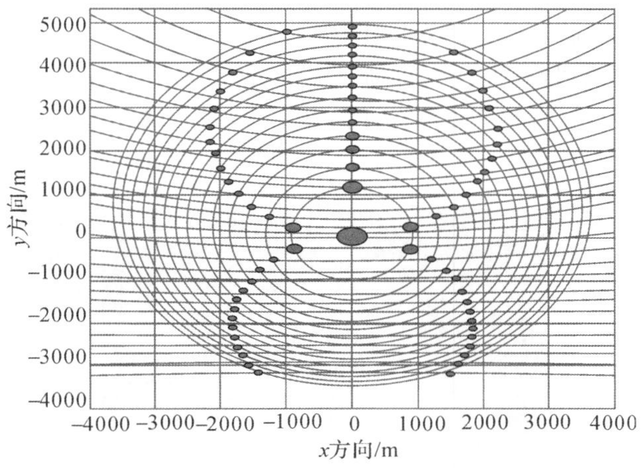

图 6 反射单元的面积

3. 散射系数计算

散射系数是指单位面积上的雷达散射截面,是入射电磁波与海洋表面相互作用结果的度量。设海面的菲涅耳反射系数为 R,散射向量为 q,则标准化的散射系数[12]可表示为

$$\sigma=\pi|R|^2\left(\frac{q}{q_z}\right)^4 P\left(-\frac{q_x}{q_z},-\frac{q_y}{q_z}\right) \tag{14}$$

GNSS 信号经过海面反射后极化方式发生变化,反射后的信号由右旋圆极化变为左旋圆极化。其菲涅耳反射系数[13]为

$$R=R_{RL}=\frac{1}{2}(R_V-R_H) \tag{15}$$

式中,“R”“L”“V”“H”分别代表右旋圆极化、左旋圆极化、垂直线极化和水平极化。运用菲涅耳等式可得到垂直极化和水平极化的菲涅耳反射系数为

$$R_{\mathrm{V}}=\frac{\varepsilon\sin\theta-\sqrt{\varepsilon-\cos^2\theta}}{\varepsilon\sin\theta+\sqrt{\varepsilon-\cos^2\theta}} \tag{16}$$

$$R_{\mathrm{H}}=\frac{\sin\theta-\sqrt{-\cos^2\theta}}{\varepsilon\sin\theta+\sqrt{\varepsilon-\cos^2\theta}} \tag{17}$$

式中，ε 为海面的复介电常数，θ 为卫星的高度角。

式(17)中的 P_s 为海面倾斜联合概率密度函数[14]。假设海面服从高斯分布，则对于二维的情况而言，其表达式为

$$P(s_x,s_y)=\frac{1}{2\pi\sigma_{sx}\sigma_{sy}\sqrt{1-b_{x,y}^2}}\exp\left[-\frac{1}{2(1-b_{x,y}^2)}\right]\times\left(\frac{S_x{}^2}{\sigma_{sx}{}^2}-2b_{x,y}\frac{S_xS_y}{\sigma_{sx}\sigma_{sy}}+\frac{S_y{}^2}{\sigma_{sy}{}^2}\right) \tag{18}$$

其中，$S_x=-q_x/q$，$S_y=-q_y/q$ 分别为沿 x 和 y 方向的海面倾斜度；$\sigma_{sx}{}^2$，$\sigma_{sy}{}^2$ 分别为海面沿 x 和 y 方向的均方倾斜度；$b_{x,y}$ 为 S_x，S_y 的相关系数。海面倾斜方差和相关系数与海面风场之间可以通过波浪谱建立如下关系：

$$\sigma_{sx,sy}^2=\langle s_{x,y}^2\rangle=\int_{-\infty}^{k_0}\int_{-\infty}^{k_0}k_{x,y}^2\psi(k_x,k_y)\,\mathrm{d}k_x\mathrm{d}k_y \tag{19}$$

$$b_{xy}=\langle s_x,s_y\rangle/\sigma_{sx}\sigma_{sy} \tag{20}$$

$$\langle s_x,s_y\rangle=\int_{-\infty}^{k_0}\int_{-\infty}^{k_0}k_xk_y\psi(k_x,k_y)\,\mathrm{d}k_x\mathrm{d}k_y \tag{21}$$

其中，k_x 和 k_y 为海浪的波数，$\psi(k_x,k_y)$ 为海浪谱函数。如果风向沿 x 方向或者 y 方向，则 $b_{xy}=0$，否则 $b_{xy}\neq0$。假设海浪谱主要是由海风产生的，那么 $\psi(k_x,k_y)$ 可由 Elfouhaily 模型[15]来计算。

设风速为 5m/s，风向为 0°，波龄为 0.84，海温为 25°C，盐度为 20%，可计算得到整个闪烁区的散射系数，图 7 所示。

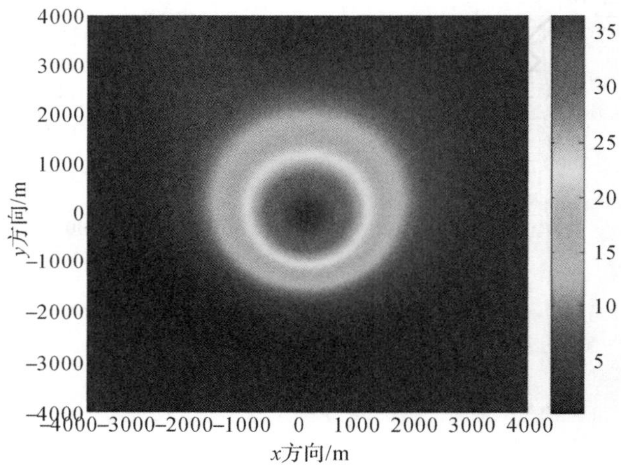

图 7　整个闪烁区的散射系数

4. 海面反射信号的相关处理

本节对由这些反射信号组成的海反信号进行相关处理，以此来验证所取的海面反射点是否恰当以及计算的反射信号功率是否正确。按照文献[16]中的处理结构图，对模拟的海反信号进行相关处理仿真。在仿真中，设本地伪码间隔 0.25chip，共 64 个相关器，本地载波间隔 20Hz，范围是 −400～400Hz。这样，得到的海反信号相关功率如图 8～11 所示。

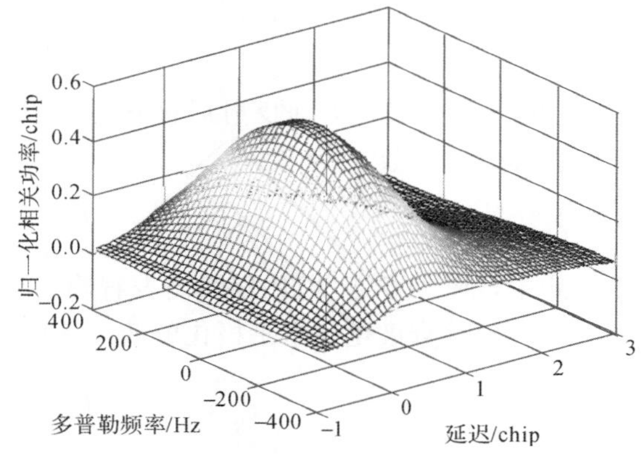

图 8　处理后的反射信号相关功率图

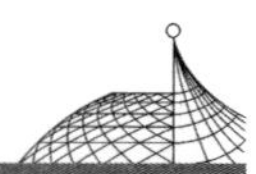

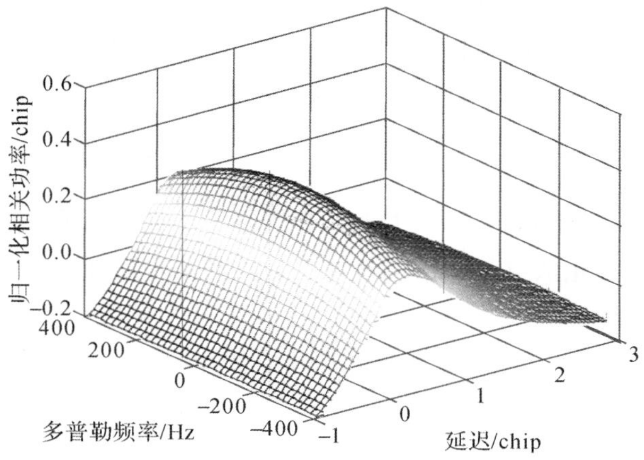

图 9　ZV 模型的反射信号相关功率图

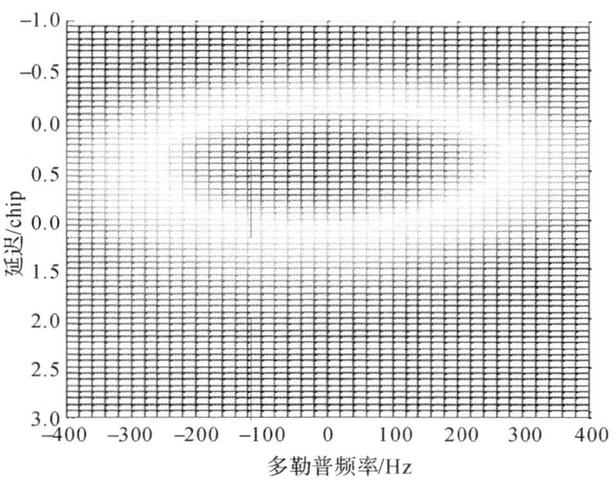

图 10　处理后的反射信号相关功率顶图

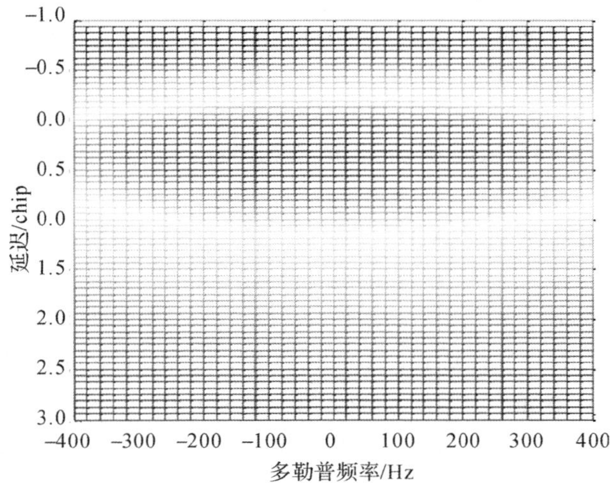

图 11　ZV 模型的反射信号相关功率顶图

在利用GNSS海面散射信号进行海面风场遥感的研究中，Zavorotny等人[16]利用Kirchhoff近似的几何光学方法建立了GNSS海面散射信号相关功率模型，即ZV模型。ZV模型的时延一维相关功率是指在某个特定的多普勒频移 f_0 下的相关功率，其表达式如下：

$$\langle |Y(\tau, f_0)|^2 \rangle = T_i{}^2 \int \frac{D^2(\bar{\rho})\Lambda^2[\tau-(R_0+R)/c]}{4\pi R_t{}^2 R_r^2} \times |S[f_0(\bar{\rho})-f_c]|^2 \sigma_0(\bar{\rho}) \mathrm{d}^2\rho \tag{22}$$

式中，T_i 为相干积分时间；D 为接收机天线的增益；Λ 为GNSS伪随机码的自相关函数；S 为多普勒滤波函数；σ_0 为粗糙海面的标准化散射截面；$\bar{\rho}$ 为镜像反射点到平均海面上某一点的向量；R_t，R_r 分别为GNSS卫星和接收机到 $\bar{\rho}$ 端点的距离。

利用ZV模型在相同的条件下即可得到理论的时延多普勒二维相关功率波形，如图9和图11所示。由图8～11可以看出两者的近似度很高，其相关系数为0.9255。

5. 结　论

从上面的建模分析和仿真可得到以下结论：

（1）海面反射点的选取方法既符合延迟多普勒海面分布的特点，又考虑到相关功率的对称性，且基本无冗余点。

（2）计算反射单元面积的方法是合理可行的，为应用双基雷达原理计算GNSS海面反射信号的功率奠定了基础。

（3）通过ZV模型与反射信号的相关处理的比较，验证了该建模方法的可行性和有效性。

参考文献

[1] ZUFFADA C, LI Z J, NGHIEM S V, et al. The rise of GNSS reflectometry for earth remote sensing[C]//2015 IEEE International Geoscience and Remote Sensing Symposium(IGARSS). Piscataway, NJ: IEEE Press, 2015: 5111-5114.

[2] SHAH R, GARRISON J L, GRANT M S. Demonstration of bistatic radar for ocean remote sensing using communication satellite signals[J]. IEEE Geoscience and Remote Sensing Letters, 2012, 9(4): 619-623. DOI:10.1109/LGRS.2011.2177061.

[3] MASHBURN J, AXELRAD P, LOWE S T, et al. An assessment of the precision and accuracy of altimetry retrievals for a Monterey Bay GNSS-R experiment[J]. IEEE Journal of Selected Topics in Applied Earth Observations and Remote Sensing, 2016, 9(10): 4660-4668. DOI:10.1109/JSTARS.2016.2537698.

[4] SOISUVARN S, JELENAK Z, SAID F, et al. The GNSS reflectometry response to the ocean surface winds and waves[J]. IEEE Journal of Selected Topics in Applied Earth Observations and Remote Sensing, 2016, 9(10): 4678-4699. DOI:10.1109/JSTARS.2016.2602703.

[5] VALENCIA E, ZAVOROTNY V U, AKOS D M, et al. Using DDM asymmetry metrics for wind direction retrieval from GPS ocean-scattered signals in airborne experiments[J]. IEEE Transactions on Geoscience and Remote Sensing, 2014, 52(7): 3924-3936. DOI:10.1109/TGRS.2013.2278151.

[6] ZHANG Y, TIAN L M, MENG W T, et al. Feasibility of code-level altimetry using coastal

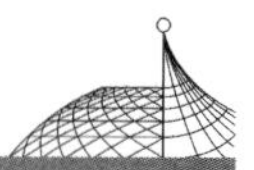

BeiDou reflection (BeiDou-R) setups[J]. IEEE Journal of Selected Topics in Applied Earth Observations and Remote Sensing, 2015, 8(8): 4130-4140. DOI:10.1109/JSTARS.2015.2446684.

[7] CARRENO-LUENGO H, PARK H, CAMPS A, et al. Submeter ocean altimetry with GPS L1 C/A signal[C]//2012 IEEE International Geoscience and Remote Sensing Symposium (IGARSS). Piscataway, NJ: IEEE Press, 2012: 7071-7074.

[8] GLEASON S, GEBRE-EGZIABHER D. GNSS applications and methods[M]. Norwood: Artech House, 2009: 399-433.

[9] 杨东凯，张其善. GNSS反射信号处理基础与实践[M]. 北京：电子工业出版社，2012：165-174.
YANG D K, ZHANG Q S. GNSS reflected signal processing: Fundamentals and applications [M]. Beijing: Publishing House of Electronics Industry, 2012: 165-174. (in Chinese)

[10] 白永星. 利用GNSS-R信号反演土壤湿度的关键技术研究[D]. 北京：北京航空航天大学，2013.
BAI Y X. Study on soil moisture remote sensing using GNSS-R signals[D]. Beijing: Beihang University, 2013.

[11] 谢钢. 全球导航卫星系统原理——GPS、格洛纳斯和伽利略系统[M]. 北京：电子工业出版社，2013：288-289.
XIE G. Principles of GNSS: GPS, GLONASS, and Galileo[M]. Beijing: Publishing House of Electronics Industry, 2013: 288-289. (in Chinese)

[12] 祁永强，张波，杨东凯，等. 基于双基雷达原理的GNSS海面反射信号建模方法[J]. 北京航空航天大学学报，2017，43(8)：1610-1615.
QI Y Q, ZHANG B, YANG D K, et al. GNSS sea surface reflection signal modeling method based on the principle of bistatic radar[J]. Journal of Beijing University of Aeronautics and Astronautics, 2017, 43(8): 1610-1615. (in Chinese)

[13] MAURICE W L. Radar reflectivity of land and sea[M]. Boston: Artech House, 2001: 65-94.

[14] ELFOUHAILY T, THOMPSON D R, LINDSTROM L. Delay-Doppler analysis of bistatical reflected signals from the ocean surface: Theory and application[J]. IEEE Transactions on Geoscience and Remote Sensing, 2002, 40(3): 560-573. DOI:10.1109/TGRS.2002.1000316.

[15] ELFOUHAILY T, CHAPRON B, KATSAROS K, et al. A unified directional spectrum for and short wind-driven waves[J]. Journal of Geophysical Research: Oceans, 1997, 104(C7): 15781-15796.

[16] 杨东凯，丁文锐，张其善. 软件定义的GNSS反射信号接收机设计[J]. 北京航空航天大学学报，2009，35(9)：1048-1051.
YANG D K, DING W R, ZHANG Q S. Software defined GNSS reflections receiver design [J]. Journal of Beijing University of Aeronautics and Astronautics, 2009, 35(9): 1048-1051. (in Chinese)

[17] ZAVOROTNY V, VORONOVICH A. Scattering of GPS signals from the ocean with wind remote sensing application[J]. IEEE Transactions on Geoscience and Remote Sensing, 2000, 38(2): 951-964. DOI:10.1109/36.841977.

Three-Dimensional Modeling Method of GNSS Sea Surface Reflection Signal

Abstract: In the application of global navigation satellite system-reflection (GNSS-R) technology, the GNSS-R signal simulator is needed to test the reflection signal receiver in order to reduce costs. A modeling method of global navigation satellite system (GNSS) sea surface reflection signal based on the principle of bistatic radar is presented. First, the remote sensing principle of GNSS-R bistatic radar was analyzed. Then, according to the distribution characteristics of the delay and the Doppler frequency on the sea surface, the reflection points of the sea surface were selected, and the area of corresponding reflection units was calculated. Subsequently, the calculation of the scattering coefficient was carried out. Finally, the simulation verification of the multiple combined signals was conducted. The simulation results indicate that the correlation coefficient of the simulated ocean reflection signal's correlation power curve and the theoretical curve of the ZV model is better than 0.92, which can be used to generate the GNSS ocean reflection signal effectively.

Keywords: global navigation satellite system (GNSS); ocean remote sensing; reflection signal; bistatic radar; ZV model

重大科技战略

关于把航空技术列为重点高技术领域的建议*

江泽民总书记　李鹏总理：

我们研究了《中共中央关于制订国民经济和社会发展九五计划和2010年远景目标的建议（征求意见稿）》，深受鼓舞。但注意到稿中提出的重点发展的高技术领域，未列入航空技术。与1991年七届人大四次会议通过的《关于国民经济和社会发展十年规划和第八个五年计划纲要》中“航空航天技术”的提法不同，这将在国内外造成重大影响。我们建议在修改《征求意见稿》时，还是维持原来的提法，把航空技术继续列为重点发展的高技术领域。

1. 航空技术确属高技术

航空工业是国际公认的高技术产业。按世界经济合作与发展组织和《欧盟科学技术指标报告》的标准，都把航空工业列为高技术产业。

航空技术是不断创新的高技术。从40年代以来，大体以10年左右为周期，相继出现了以喷气、超音速巡航、宽体机身、低污染高效发动机、飞机综合化和隐身为标志的高新技术。它们的应用使军、民航空器的工作原理和性能发生了质的变化。

航空器是高技术的集成。大量单项高技术是航空器的技术基础，但没有先进的航空总体综合技术是研制不出高性能的航空器的。

2. 航空技术应列为重点高技术领域

航空技术是战略性高技术。海湾战争充分证实空中力量在现代高技术战争中起决定性的作用。先进的飞机与机载武器在未来各种规模的军事行动中是实际可用的主战武器，也是实现国家政治和外交目标的重要手段。没有先进的航空技术就没有巩固的国防，就难于应付现代战争。

发展民机是我国航空高技术产业化的必由之路。我国航空运输迅猛发展，对民用飞机的需求日益增长。预计未来20年外购飞机价格总额将达近千亿美元。这个受到世界关注与争夺的巨大市场绝不应该拱手让给外国，要牢牢抓住这个机遇，大力发展我国的民用航空产业。

航空工业是国民经济发展的先导产业。航空技术的发展是带动相关产业科技进步的动力，是民用高技术的重要发源地。如50年代以来为航空配套建设的一些工业基地已成为对国民经济建设具有重大影响的企业，推动了我国冶金、橡胶、石化、轻工、电子、机械等工业部门的发展和技术水平的提高。因此，主要发达国家都把航空技术列为关键技术，近年来，韩国、新加坡等新兴工业国家和中国台

* 文章是1995年9月22日，作者与王大珩、师昌绪、马宾、高镇宁、庄逢甘及顾诵芬七人写给中央的信。后被中央采纳，“航空高科技”被列入1995年10月中共十四届五中全会决议，以及1996年3月第八届全国人大第四次会议决议。

湾地区均把发展航空工业作为推动其产业高技术化的主要举措。

3. 发展航空高技术必须重视的几个问题

当代的航空工业是国际性工业,加强国际合作就能充分利用国外的技术与资源,提高科研起点,是发展航空技术的重要途径。但在合作中,核心技术决不会转让,必须以自身的技术实力为基础,强调坚持以自力更生为主地开展国际合作和航空技术研究。

现代航空技术方兴未艾,在组织型号技术攻关的同时,要特别注意世界航空技术发展趋势,对未来航空发展具有突破性的前沿技术,必须提前开展研究,以提高自我创新能力,增强科技主动权,具有国际竞争能力。

航空技术多数具有军民两用性,成熟的军民用航空技术能相互转移和促进,但各有特点。军用航空更强调产品的特殊功能、性能与生存力,民用航空更重视产品的安全性、经济性和舒适性。我国民用航空技术基础十分薄弱,必须加速发展。

面对冷战后军品生产规模收缩,世界航空工业正进行精干队伍的结构调整。我国航空工业已具有相当基础,但摊子过大、力量分散的问题一直未能解决。必须加速产业结构调整,集中力量,形成拳头,以更有效地发展航空事业。

我国航空工业与国外比还有较大差距,2010 年是我国全面完成现代化建设的第二步发展部署,并向第三步战略目标迈出重大步伐的关键时刻。在这段时间内,如再不把航空技术抓上去,在综合国力竞争中将存在严重的缺陷,在军事上将陷于被动的困境,我国 21 世纪初近千亿美元的国内民机市场将继续被国外占领。为此,建议在修改《征求意见稿》时,将航空技术列为重点高技术领域。

王大珩　师昌绪　马　宾　高镇宁　庄逢甘　张彦仲　顾诵芬

1995 年 9 月 22 日

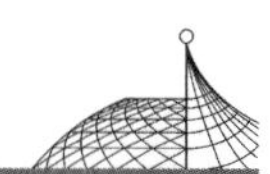

附件：

进一步明确航空工业的高技术产业地位*

1. 航空工业是国际公认的高技术产业

高技术产业是国际经济和科技竞争的重要阵地，高技术及其产业发展已被众多国家视为本国经济实力增长最强劲的推动力。

制定发展高技术产业政策的前提是需要对“高技术”进行界定。目前西方国家以下列三个指标作为界定高技术产业和产品的依据：(1)R&D密集度，如R&D经费占制造业总产出(以增加值计算)或总销售额的比重。(2)科技人员比重，如从事研究开发人员占职工总数的比重。(3)产品可见的技术复杂程度，如产品的技术水平、产品的生产设备、工艺水平。通常，用上述一个或几个指标的组合作为界定和划分高技术产业和产品类别的标准。

OECD(世界经济合作与发展组织)把R&D密集度作为界定高技术产业的标准。1986年，OECD将制造业中的六大产业界定为高技术产业(见表1)。其中，R&D密集度的计算以13个OECD成员国的22个制造业行业1980年数据为基础，产业分类采用ISIC(国际标准产业分类)。1992年OECD重新审定了上述定义，其界定结果仍未改变。OECD的高技术产业界定方法在国际上已被广泛采用，包括美国在内的几乎所有发达国家都用此办法进行国际比较。

表1

OECD确定的高技术产业	R&D密集度
飞机、航空器制造业	22.7
办公及计算机设备制造业	17.5
通信设备制造业	10.4
医药品制造业	4.8
科学仪器制造业	4.8
电气设备制造业	4.4

《欧盟科学技术指标报告》(1994)把有很高的经济增长率和国际竞争能力，有较大的就业潜力，同时R&D投入高于所有部门平均水平的航空航天制造业、化工产品制造业、医药品制造业、电气设备制造业、电子设备制造业、数字处理和办公设备制造业、汽车及零部件制造业、科学仪器制造业八大产业作为技术密集型或先导性产业。

以上资料标明，飞机、航空器制造业作为高技术产业是不容置疑的。

2. 航空工业是国家的战略性产业

世界航空工业发展的历史表明，许多国家把航空工业看作是关系国家安全、经济增长和技术进步的一个战略性产业。

---

* 本附件是1995年5月作者在“全国科技大会”上的书面建议。后登于《航空工业经济问题研究》，1996(2)：1-5。该文获1996年“全国优秀管理论文”二等奖。

首先，航空工业是国防力量的基础产业。海湾战争证明，未来战争是以飞机和战术导弹为主要进攻武器的高技术战争。如果没有强大的航空工业就不可能应付现代战争，就不可能有巩固的国防。

其次，航空工业是国民经济发展的先导产业。当代先进的航空器高度密集了大量先进技术，它的发展必然带动我国有色金属、高温合金、橡胶工业以及石化、轻工、电子、机械等工业部门的发展和技术水平的提高。如，为使航空动力有更大的推重比，推动了轻质合金、复合材料的发展。由于航空高技术是综合性技术，它不仅带动了其它产业的发展，而且还导致新兴产业的形成，从而推动了工业技术的发展。

再次，航空工业是高附加值、高创汇率的重要产业。据日本资料介绍，按单位重量价值比较，如轮船为 1，则小轿车为 9，电子计算机为 300，喷气式民用飞机为 800，航空发动机为 1400；按附加值率计算，航空产品为 44%，钢铁为 29%，汽车仅为 25%。如美国出口一架波音 747 客机，可以弥补进口 12000 辆小轿车所造成的逆差。

同时，随着我国国民经济的发展，我国航空运输迅猛发展，对民用飞机的需求日益增长。据统计，截止 1993 年底中国民航及各地方航空公司共拥有各型运输飞机 373 架，其中进口 7 个国家 32 种型号飞机 310 架，占机队总数 83%；国产飞机仅有 63 架，占机队总数 17%。据英国宇航预测：1991 年至 2011 年，中国需订购支线飞机 449 架；欧洲空中客车公司估计：未来 20 年中国外购飞机价格总额将达 400 亿美元。我们认为，这个巨大的市场不应该拱手让给外国，要牢牢抓住这个机遇大力发展我国的民用航空工业。

3. 统一认识，大力加强航空工业高技术产业地位

由于航空工业的特殊性质和重要地位，第二次世界大战后，美、英、法、德、苏联等国一直高度重视发展航空工业。经济发展较快的亚太地区，近年来也出现了大力发展航空工业的新局面。由于多方面原因，我国航空工业与世界先进水平存在不小差距。如不加快发展，中国就有丧失亚洲航空工业大国地位的危险，并且对我国国民经济发展构成不利影响。

当前需要引起重视的问题是，有些同志把航空工业视为一般机械加工业，有的综合部门也未把航空工业列入高技术产业。早在 1991 年 3 月全国人大七届四次会议上，李鹏总理代表国务院所作的《关于国民经济和社会发展十年规划和第八个五年计划纲要的报告》中指出，“要注意跟踪世界新技术发展进程，努力在生物工程、电子信息技术、自动化技术、新材料、新能源、航空航天、海洋工程、激光、超导、通信等高技术领域取得成果”。1991 年人大七届四次会议 110 位全国人大代表提议制订航空工业振兴法提案，随后连续 4 次全国人大会议出现同一提案。并且，提议的人大代表人数越来越多，今年全国人大会议上有 314 名代表署名提议，要求大力振兴航空工业。这代表了全国广大人民群众的共同预期。所以，国家有关部门应该采取有力措施进一步明确和加强航空的高技术产业地位。

实施大飞机重大专项的建议*

摘　要：本文论述中国为什么要造自己的大飞机，中国有没有能力造大飞机，提出中国大飞机的战略奋斗目标和“四性”要求。分析中国应该造什么样的大飞机，为什么要从150座级客机起步，阐述大飞机的关键技术。

大型飞机主要是指150座级以上的干线客机、总重100t以上的大型运输机。大型飞机产业是装备制造业的重要组成部分，是国家工业、科技水平和综合实力的集中体现。实施大型飞机重大专项，关系国家经济社会发展和国防安全的全局，是建设创新型国家的标志性工程。

造自己的大飞机是全国人民多年的愿望。1958年，毛泽东同志在上海西郊宾馆与陈丕显等同志谈话时指出：中国要造自己的大飞机；1970年8月，国务院、中央军委决定研制运10飞机；1981年10月，邓小平同志在中央政治局扩大会议上提出：“国内航线飞机要考虑自己制造”，1981年12月30日又说：“今后国内民航飞机统统用国产飞机”。

在制定国家中长期科学和技术发展规划的过程中，中国要不要造大飞机？和造什么样大飞机的问题，有长期的争论。2003年11月26日，国家成立了大型飞机重大专项论证组，进行了几个月的独立论证。我想发表几点意见：

1. 为什么中国要造自己的大飞机？

1.1　大飞机对经济和科技有重大带动作用　是提高我国综合实力和国际竞争力的战略选择

我国正处于更多依靠科技进步和创新推动经济和社会发展的历史阶段，需要选择一批事关国家竞争力的关键领域，实现跨越式发展。航空工业产业链长、辐射面宽、联动效应强。在航空发达国家，大型飞机工业作为重要支柱产业，在国民经济发展和科学技术进步中发挥着重要的作用。

据国际测算，以大型客机为主的民用飞机工业销售额每增长1%，可推动GDP增长0.744%；2000年美国民用飞机制造业总产值1400亿美元，拉动相关产业9000亿美元产值，占当年GDP的9%，并且创造了1100万个就业机会。据日本通产省研究，按产品单位重量创造的价值计，如果船舶为1，则轿车为9，彩电为50，电子计算机为300，喷气飞机为800，航空发动机达1400。美国兰德公司统计，民用飞机工业可以为相关产业提供12倍于自身的就业人数，航空工业每投入1亿美元，10年后航空及相关产业产出80亿美元。我国实施大型飞机重大专项，可以有效推动国民经济的增长，促进

*　文章是作者于2004年在全国政协会议上的发言。2006年年初，大型飞机被列入《国家中长期科学和技术发展规划纲要（2006—2020）》16个重大专项之一。2013年1月26日，运20大型运输机首飞成功。2017年5月5日，C919大型客机首飞成功。

产业结构调整和技术升级。

大型飞机是高新技术成果的集合，在技术发展方面具有先导性。按所含零部件和技术参数的量级比较，汽车为10^4，火箭为10^5，民用飞机则达到10^7。波音747-400大型客机的零件数量达到600万件。据日本有关机构对500余项技术案例调查，汽车工业技术扩散率为9.8%，而航空工业技术扩散率可达60%。因此，发展大型飞机对技术进步具有很强的牵引作用，能够带动新材料、先进制造、电子信息、自动控制、计算机等领域关键技术的群体突破，拉动众多高技术产业发展

发展大型飞机，还将带动流体力学、固体力学、计算数学、热物理、化学、信息科学、环境科学等相关基础学科的重大进展，促进我国科学技术水平的全面提高。发展大飞机是提高我国综合实力和国际竞争力的战略选择！

1.2 国内民航市场需求大 面临难得的历史机遇

我国民用航空市场需求的强劲增长，对大型飞机产业的发展将提供有力的牵引和支持。特别是和一些经济强国如日本相比，我国民航市场潜力巨大，这是我们发展大型客机特有的优势。

随着我国国民经济的快速发展，民航运输业持续高速增长。2004年我国民航运输总周转量、旅客运输总量均跃居世界第二。至年底，我国共有民航飞机863架，其中大型客机785架。“十五”期间我国民航飞机净增336架，“十一五”期间民航将新购置飞机840架，年平均增长14.6%。

未来20年是我国大型客机需求的高速增长期，但这个机遇期不会持续很长时间。根据1997年国际货币基金组织(IMF)统计报告，人均GDP处于1000～5000美元区间，是航空运输需求高速增长时期(见图1)。人均GDP超过10000美元、人均乘机达到1次后，航空运输增长将趋缓。我国1997年人均乘机0.02次，2004年人均乘机已达0.1次，目前正处在民航市场高速发展阶段。

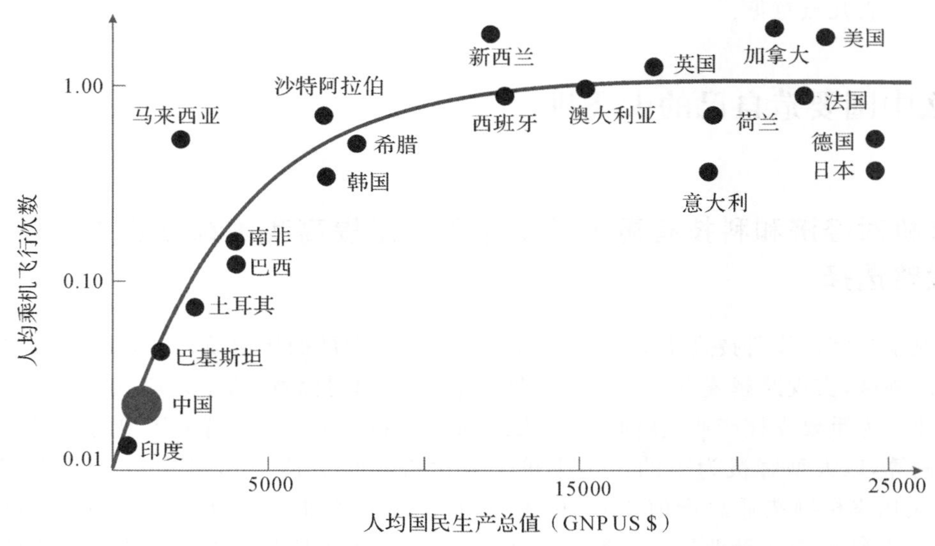

图1 航空客运需求的国际比较(IMF报告，1997年)

据中国民航总局发展研究所预测，2007—2026年，我国将新增大型客机4752架。波音公司预测，2004—2023年，中国将新增2319架客货运输飞机。空客公司预测，未来20年中国将新增1790架客货运输飞机。以这些预测的均值计，未来20年我国民航需要新购置的飞机总数为2953架，总价值1000亿美元以上，足以同时买下波音和空客两公司(2005年底波音和空客净资产分别为600亿美元

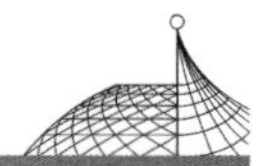

和 208 亿美元)。如不抓住当前难得的历史机遇，自主研发大型客机，我国民航市场高速发展带来的巨大经济利益将全部落入波音和空客手中！

1.3 完善航空工业产业结构

新中国航空工业的成就有目共睹。但长期以来，我国航空工业以军用为主，民用部分尚未形成适应市场竞争的良性循环发展机制，制约了自身的发展，这既不利于军工体制改革，对经济和技术进步也难以产生应有的拉动作用。

欧美等航空强国已形成以民机产业为主体的航空工业格局，其民用飞机产值约占 70%，军用飞机约占 30%。来自民机市场的收入与政府财政支持，共同保证了航空产品和技术研发的经费需求，有力推动了技术进步。我国实施大型飞机重大专项，通过研制大型客机建立有国际竞争力的民机产业，是推动航空工业走上健康发展道路的重大举措。

发展大型客机可以为航空工业建立新体制、新机制提供突破口和生长点，有利于广泛开展国际合作，利用国内外技术资源，有利于吸收先进的管理文化和理念，有效提高我国航空工业的管理水平、制造能力和服务水平。

1.4 欧美都将其作为国家战略性产业来发展

大型飞机由于其重要战略地位，成为大国之间竞争的焦点。当前，世界上具有研制生产大型飞机能力的国家只有美国、欧盟(法、德、英等国)和俄罗斯。大型客机的国际市场主要由美、欧垄断，年销售量达 600～700 架。飞机发动机市场也基本由美、欧垄断。俄罗斯的大型客机一直没有打入西方市场。

当前国际大型飞机的发展趋势，一是技术进步速度快，飞机的总体性能、安全可靠性和性价比不断提高；二是飞机研发和制造的国际合作发展迅速，发动机、机载设备的研发、生产、服务走向专业化、国际化；三是技术标准愈益先进，执行更严格，在适航标准走向一体化、无差别化同时，对国外产品适航审定附加国际关系的色彩更加鲜明；四是波音、空客两大垄断集团之间竞争激烈，一方面围绕政府补贴和技术转移问题明争暗斗，另一方面加快研制更有竞争力的新机型。目前的竞争主要集中在远程宽体大型客机(空客 A380、A350、波音 787)领域。随着技术的提高和竞争的加剧，后来者进入门槛不断抬高。

美欧各航空强国都将大型客机列为国家优先支持发展的战略高技术领域，不断投入巨资给予支持，努力保持自己的技术优势。波音指责欧洲几国政府在 25 年间给予空客 250 亿欧元补贴，空客指责美国政府对波音的补贴达 300 亿美元，甚至诉诸世贸组织。

美国政府投入巨资支持军用航空技术的研发，将技术成果向民用飞机领域大量转移；加大对航空基础科技的投入，2000 年以来，美国航空航天局(NASA)的航空技术预算年平均增长 8.85 亿美元。1997 年，美国政府支持波音兼并麦道成为大型客机寡头，与空客对抗。

欧洲在各个“框架计划”中对民用飞机及相关技术领域研究提供资金支持，其“第六框架计划(2002—2006 年)”投入 10.75 亿欧元支持航空航天基础科研，明确把增强民用飞机及其发动机方面的竞争力作为发展目标。

由于大型飞机潜在的军事价值，各航空强国都对其核心技术严格控制封锁，通过行政手段防止扩散，尤其是作为对华遏制的重要内容。1989 年，波音有意拖延对我国客机备件供应，使部分航线无法正常营运。目前，国际大型飞机市场在波音、空客垄断下，飞机价格出现了加速上涨的趋势。我国购进的波音 737 某型飞机价格，由 2001 年的 3000 万美元左右/架，上升到 2004 年 4000 多万美元/架，涨幅超过 30%[①]，飞机维修和航材价格也大幅度上涨。

因此，发展大型飞机是摆脱受制于人局面的战略选择，我们不能寄希望于外国转让核心技术，必须立志攻关，自主创新。

1.5 增强国防实力的重要产业

大型运输机是现代战争中军队快速反应、远程机动、灵活部署和空降作战的主要运载装备，是保证各军兵种协同作战、兵力快速投送和战场持续支援保障的重要手段；也是发展特种飞机（预警、指挥、信息中继、电子对抗、空中加油、空射武器等）的重要平台，对提高我军现代化作战能力、优化国防力量结构具有重要意义。鉴于其特殊功能以及在军事上的重要作用，世界强国都把军用运输机作为军队现代化的重要装备。大型运输机也是衡量国防实力和综合国力的重要标志之一。当前世界上只有美国、欧盟和俄罗斯具有大型运输机的研制能力。美俄已形成了完整的空运体系。我军现役运输机中大部分是运载量有限的中、小型战术运输机，大型运输机仅相当于美国运力的 3.75%左右。急需发展大型运输机。

当前，波音、空客正在忙于完成远程宽体客机波音 787、空客 A350。而波音 737、空客 A320 后继机项目尚未正式启动，为我国发展大型客机提供了不可多得的历史机遇。同时，对大型运输机的迫切需求，也对大型飞机产业的发展起到支撑的作用。我们应紧紧抓住这一难得的机遇，把大型飞机产业搞上去，使我国从民航购机大国变为真正的航空强国。

2. 中国有没有能力造大飞机？

2.1 有 150 座机飞机的研制经验和能力

我国航空工业经过 50 多年的发展，经历了仿制生产、测绘改进到自行设计制造的发展过程，已有一定的实践经验和型号锻炼。

上世纪 60—70 年代，我国引进消化生产了最大起飞总重 70t 的轰 6 飞机、测绘仿制了 20t 级的运 7 飞机和 60t 级的运 8 飞机，自行研制了 45t 的水轰 5 飞机。

1980 年自行研制成功的运 10 喷气式客机，起飞总重 110t（189 座），远程设计商载航程 8300km，最大巡航速度 974km/h，最大巡航高度 12000m。曾飞抵北京、哈尔滨等 7 个城市，7 次飞抵拉萨。运 10 研制留下了许多成果和宝贵经验，主要包括：参照欧美适航标准进行研制；采取机翼下吊涡扇发动机的总体布局；首次大规模进行计算机辅助设计等。在系统工程和全国协作的组织实施等方面达到了一个新的高度，标志我国有了自主设计制造大型飞机的能力。

改革开放以来，我国与麦道合作，组装生产了 35 架 150 座级的 MD82/83 飞机；上世纪 90 年代生产了 2 架 150 座级客机 MD90，机体制造国产化率达到 70%，并获得美国联邦航空局（FAA）颁发的“海外生产许可延伸”。该项目引进了先进的生产管理理念、现代化制造工艺、信息化系统管理和质量控制标准，成功运用了“主制造商—供应商”管理模式，标志我国具备了 150 座级飞机的总装和机体部

① 注：2015 年已达 7000 万美元/架。

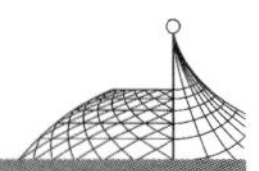

件制造能力。

此外，我国转包生产的部件大部分是150座级客机的大型部件，如机身尾段、机翼组件和舱门、制造难度很大的空客A320机翼翼盒、波音737尾翼和麦道机头等，现在年销售额超过5亿美元。目前，波音737飞机的垂直和水平尾翼的绝大部分由我国转包生产。

中航商飞自主研发70～90座的ARJ21支线飞机、航空二集团与巴西合作生产的50座ERJ145支线飞机，也为大型飞机项目的实施奠定了基础。ARJ21项目将为大型客机按照运输类飞机25部适航标准进行适航符合性设计和适航符合性验证提供技术准备，同时也积累了自主设计整机并进行发动机、机载设备国际合作以及市场开发、产品支援和客户服务的经验。在座级上，70～90座的ARJ21也可与150座级客机互相补充，形成较完整的产品线。

2.2 有专业类别较为齐全的人才队伍

经过多年实践，我国已形成一支经验较为丰富的中青年设计、试验、制造和管理队伍。目前我国从事大、中型飞机研发生产的专业技术人员有3500人，一批参加过运10、麦道等大型客机项目的技术人员虽不少陆续退休，但有丰富的实践经验和献身航空的热情，可以发挥"传、帮、带"作用。我国现有20多所高等院校设有航空专业院系，每年可培训出大量的航空后备人才。

2.3 具备主要关键技术的设计、试验能力

我国已建立了较完善的航空技术体系。"十五"以来，国家加强了投入，使航空工业的能力和产品实现了大发展。

在关键技术方面，开展了超临界机翼，结构耐久性和损伤容限设计与评定等预先研究；建立了飞机总体、气动、强度、结构、系统设计分析、仿真的数字化手段；已初步具备研制大涵道比涡扇发动机的基础和能力。

我国基本具备承担大型飞机各类试验的能力和多数设施，有条件完成绝大部分试验项目。飞机试验包括风洞、结构强度、系统和飞行试验四大类。我国已有6m×8m低速风洞、2.4m×2.4m跨音速风洞、3.5m×4.5m低速增压风洞等，具备了大型飞机初步设计的风洞试验能力；在结构试验方面，具备150座级客机的静力和疲劳试验能力、200吨级飞机的静力试验能力；在飞行试验方面，具备较先进的机载飞行测试和地面数据处理系统以及较完整的飞行保障系统和指挥调度系统。

2.4 综合国力的增强为发展大型飞机奠定了坚实基础

近25年来，我国国内生产总值(GDP)年平均增长速度达9.4%，工业年平均增速达13%。。国家外汇储备充足。上百种重要产品的产量居世界前列，国内配套能力进一步增强。20多年来，全社会投资年递增19%以上，建成90多万个项目，包括三峡工程、载人航天、西气东输、青藏铁路等特大型复杂项目。我国经济发展迫切要求结构升级、提高经济增长的科技含量。同时，国家经济实力和财力不断增长，也有能力支持大型飞机重大专项。

我国具有社会主义制度下集中力量办大事的能力。具有研制"两弹一星"的光荣传统，在新时期又积累了丰富的实施国家重大工程的经验。只要充分发挥集中动员资源、组织全国协作的优势，就能够进一步挖掘现有的潜力，成功实施大型飞机重大专项。

3. 造什么样的大飞机？（为什么从150座级客机起步）

造什么样的大飞机？我国大型客机从多上座机切入？要从市场需求、技术能力基础和国际竞争风险等因素考虑。

大型客机按座位分类，通常可分为150座级、250座级和300座级以上，其中：150座级是指130～200座，主要有波音737系列、空客A320系列；250座级是指200～300座，主要有波音767、空客A300、A330以及正在研制的波音787、空客A350；300座级以上的飞机主要有波音777、747、空客A340以及正在研制的空客A380（见图2）。

从150座级起步是最佳选择

我们对150座级和250座级客机的市场需求、航线和机场适应性、国际竞争态势、研制难度等进行了对比分析。通过广泛调研和深入讨论，认为，我国发展大型飞机应从150座级客机起步。

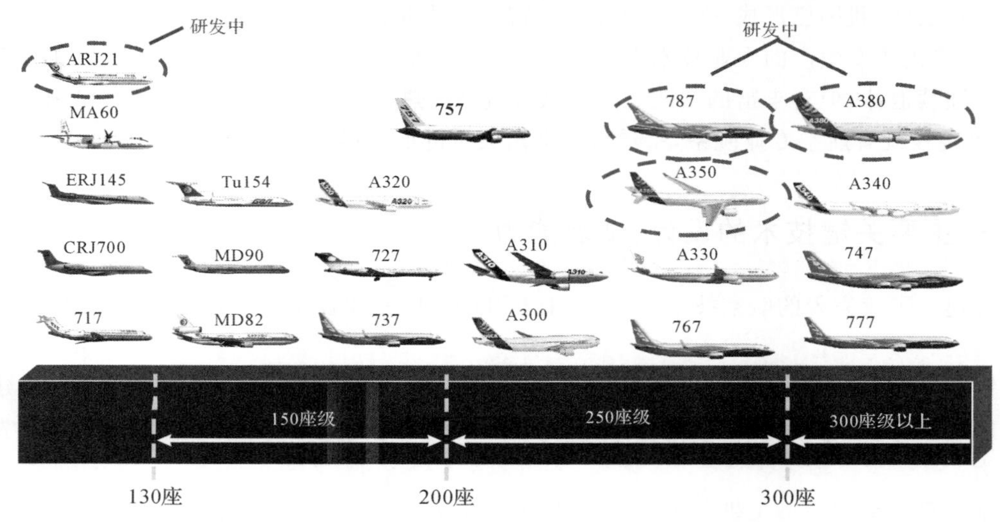

图2 客机座级分类

3.1 150座级客机有较大的市场需求

150座级客机是当前国内民航市场的主要机型。2005年我国民航机队的总数为863架，其中150座级600架，占总架数的69.5%。从2005年我国民航运输业完成业务量上看，150座级客机占客运量比例为72.8%。

150座级客机是未来我国民航市场需求的主要机型。据中国民航总局发展研究所预测，未来20年国内民航市场需要增加的飞机中，150座级的期望值为3712架，250座级的期望值为829架。其中2017—2026年，需增加150座级2593架、250座级570架（见表1）。大型客机的盈亏平衡点通常在400架左右，国产大型客机只要占领届时国内市场购机期望值2593架的六分之一，就可以超过盈亏平衡点。

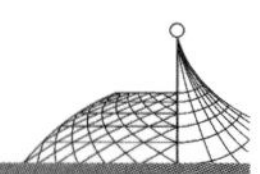

表 1　2007—2026 年我国民航飞机交付预测表　（单位：架）

年份 \ 机型	150 座级	250 座级	300 座级
2007—2016	1119	259	53
2017—2026	2593	570	156
累　计	3712	829	211

150 座级客机也是国际民航市场需求的主要机型。波音公司预测，未来 20 年全球共需要客机 25700 架，其中单通道客机（主要是 150 座级客机和少数大的支线客机）15300 架，占 59.5%。空客公司预测，未来 20 年全世界需要 17000 架客机，其中单通道客机 10902 架，占总架数 64.1%。

3.2　150 座级客机有广泛的航线和机场适应性

目前国内航线航距以 800～2000km 为主。2005 年国内客运航线中，航距 800～2000km 的干线 552 条，2000km 以上干线 136 条，支线（800km 以下）336 条。北京、上海、广州、重庆、兰州等国内主要城市间的航线，航距都在 2000km 以内（见图 3）。

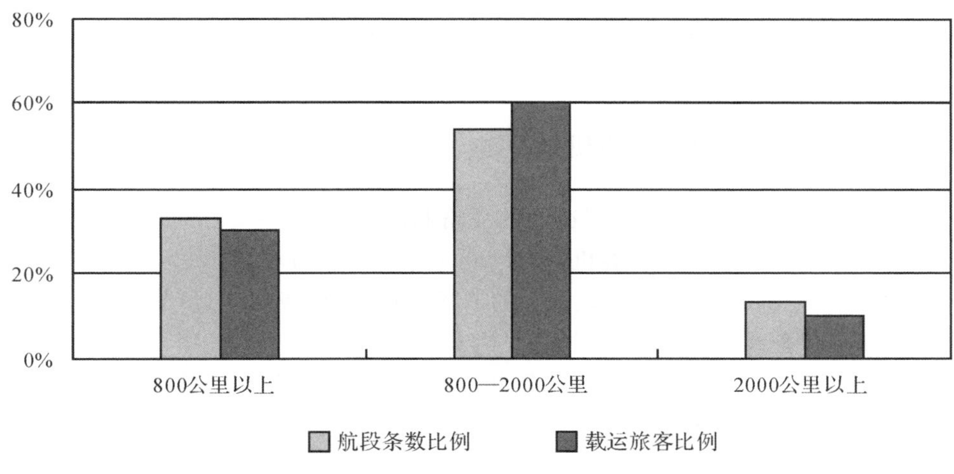

图 3　国内航线结构比例

由于航线适应性强，150 座级客机是使用最频繁的机型。从 2005 年 800～2000km 航线的客机营运情况看，150 座级营运的航线数占航线总数 50%以上，飞行架次占总架次 70%以上，客运量占总客运量 70%以上（见图 4）。

150 座级客机有广泛的机场适应性和覆盖面。我国现有机场 82.6%能够满足 150 座级的起降要求，而满足 250 座级起降要求的机场有 44.7%。至 2005 年底，国内共有民航机场 132 个（不含香港、澳门、台湾），其中可起降 300 座级飞机的 4E 类机场 25 个，起降 250 座级飞机的 4D 类以上机场 59 个，起降 150 座级飞机的 4C 类以上机场 109 个，起降波音 737 以下机型的 3C 类支线机场 23 个。根据民航发展规划，未来 15 年，我国 4D 类以上机场将增加到 66 个，占总机场数的 29.5%；而 4C 类以上机场将增加到 176 个，占 78.6%（见表 2）。

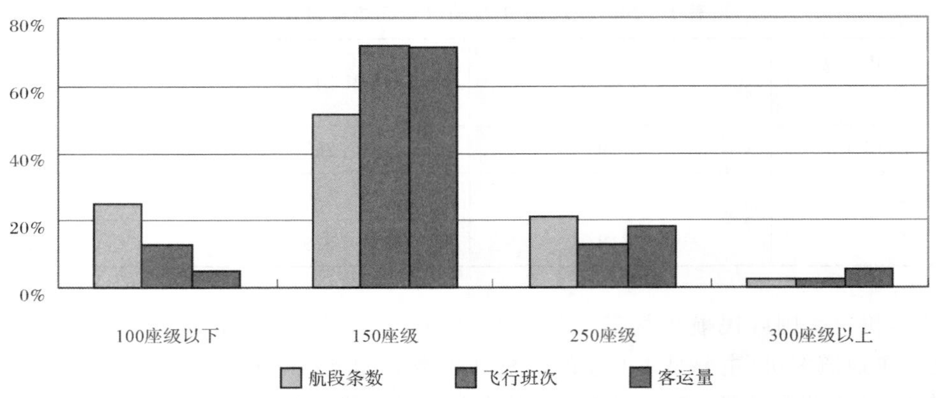

图 4　国内 800～2000 公里干线航段运输情况

表 2　国内机场现状及未来 15 年发展规划　　（单位：个）

飞行区等级	4F	4E	4D	4C	3C	合　计
最大起降机型	A380	747　A340	767　A300	737　A320	支线	
2005 年年底	0	25	34	50	23	132
2020 年年底	3	30	33	110	48	224

3.3　150 座级客机有较好的市场机遇

波音和空客争相占领当今世界航空制造业的战略制高点，目前主要在 250 座级以上的新机型进行竞争，波音正在研制 250 座级的 787 客机（预计 2008 年后投放市场）和 300 座级以上的 747-8 客机（航程 15000 公里），空客正在研制 300 座级以上的 A380 和 250 座级的 A350 客机，且已获得先锋用户订单，而它们现有的 150 座级机型已相对老化。

波音 737 飞机基本型即 737-100，于 1964 年开始研制，1968 年交付使用，距今已有 39 年，虽然上世纪 90 年代后发展了改进型系列 737（600～900 型），但机身构型没有很大的改进。空客 A320 飞机基本型即 A320-100，于 1979 年开始研制，1988 年交付使用，距今也已有 19 年。目前这两种机型系列的后继机只有设想，还没有启动研制。如果波音 737 和空客 A320 的后继机的研制近期正式启动，估计在 2012—2016 年才能投放市场。因此，从需要和可能综合分析，今后 10 年是我国自主研制的大型客机进入市场的最佳机遇。由于这个机遇期不会持续很长时间，国产大型客机应尽快启动并力争不迟于 2016 年进入市场。我国自主研制大型客机不能错过这个难得的历史机遇。

另外，目前世界上巴西、俄罗斯等国经济发展强劲，国内民航市场扩张很快，均有发展大型客机的打算。如果我国抓不住当前稍纵即逝的机遇在 2016 年推出自己的 150 座级客机，我们不仅将继续购买波音、空客的飞机，还可能面临购买俄罗斯，甚至巴西等国客机的局面！

3.4　150 座级比 250 座级研制难度相对较小

从设计方面看，150 座级客机机体尺寸较小，满足结构设计要求相对容易；在加工方面，250 座级比 150 座级尺寸大 50％以上，对数控机床、大型锻压设备、热压罐等设备的要求更高；在发动机方面，

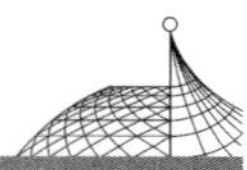

150 座级客机需要的发动机单台推力为 13000～15000kg，而 250 座级客机发动机单台推力为 20000～22000kg，研制难度更大。

综上所述，150 座级客机相对于 250 座级，市场容量更大，切入市场有更多的机遇，航线和机场适应性强、投资相对较少，适于我国现有研制能力基础，总体条件较好。发展大型飞机，应以 150 座级客机为切入点，争取在 2016 年投放市场并逐步实现系列化发展。

4. 大飞机的战略奋斗目标

第一步（2007—2016 年）目标：研制 150 座级客机及大型运输机。

第二步（2017—2025 年）目标：研发 250 座级宽体客机；研制 150 座级客机及大型运输机的发动机。

我国自主研制的客机基本型的主要技术指标是：座位 130～200 座，航程 2000～5000km，巡航马赫数 0.8，巡航高度 11000m，最大起飞重量 60～100t（见图 5）。

要在 130～200 座之间，根据市场调研和论证，确定基本型座位数，在基本型的基础上研制生产加长型、缩短型、货运型、增程型，逐步实现系列化发展。

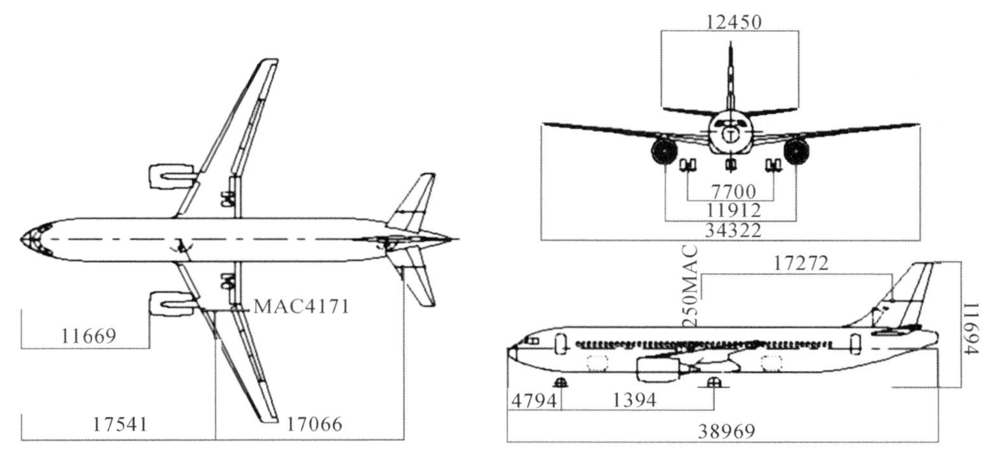

图 5　150 座级客机初步方案（建议）

通过对空客 A320 和波音 737 后继机的预测分析，按照“整体可比、突出亮点”的思路，界定国产大型客机的特征技术指标，即：确保安全性、突出经济性、改善舒适性、重视环保性。

（1）确保安全性：飞机设计、生产符合中国 CAAC、美国 FAA 和欧洲 EASA 有关适航标准的全部适用要求，对飞机的设计、生产、营运、维修实施严格的适航管理。投入市场的各类飞机在全服务期内，灾难性安全事故百万小时发生率低于 0.1%，有力支持实现我国航空运输系统百万运输飞行小时重大事故率低于 0.3 次；低故障率达到世界先进水平，签派率达到 99.9%以上。

（2）突出经济性：与目前空客 A320 相比，吨公里油耗、单机成本、直接使用成本（DOC）和全服务期成本均降低 10%，提高可维护性。

（3）改善舒适性：增大客舱空间和座椅宽度（见表 3），舱内噪声降低 3 分贝，客舱灵活布置以适应多种布局。

（4）重视环保性：发动机排放污染物满足国际民航组织的排放标准要求，外场噪声满足 CCAR-36

(FAR-36)要求。

表 3　座椅宽度对比

机　型	椅背宽度	扶手宽度	过道宽度
建议方案	18.5″	2″	19.5″
A320	18″	2″	19″
B737	17″	2″	18″

“四性”的核心是安全性和经济性。确保安全性是对飞机的根本要求，突出经济性则是形成商业竞争力的基础。要在研制、生产、服务的全过程确保飞机的安全性和经济性，严格适航管理，使飞机的性能价格比可与波音、空客届时同类机型竞争。

5. 大飞机的关键技术

(1)先进气动布局、新一代超临界机翼技术；
(2)先进的结构强度设计、损伤容限技术；
(3)先进金属材料和复合材料的设计、制造技术；
(4)全三维模块化设计、制造技术；
(5)先进电传操纵和主动控制技术；
(6)先进综合航电技术；
(7)先进客舱综合设计技术。

6. 结　论

本文提出中国必须造自己的大飞机！科学地论述了中国完全有能力造大飞机。提出了中国大飞机的战略奋斗目标和“四性”要求。分析中国大飞机应该从 150 座级客机起步。阐述了大飞机的关键技术。

实施航空发动机及燃气轮机重大专项的建议*

摘　要:本文研究实施航空发动机及燃气轮机重大专项的重要性和紧迫性。阐明了国内、外情况和我国的差距,分析我国航空发动机和燃气轮机的存在问题。提出实施航空发动机及燃气轮机重大专项的意见。建议专项的实施要以"夯实基础、突破关键、强化验证、攻坚型号、提升能力"为重点。要加强基础研究和重视人才培养。

1. 实施航空发动机及燃气轮机重大专项的重要性和紧迫性

航空发动机及燃气轮机(以下简称两机)是国之重器,是航空、船舶和能源工业的心脏,是装备制造业的尖端。

据日本通产省研究,按产品单位重量创造的价值计,如果船舶为1,则轿车为9,彩电为50,电子计算机为300,喷气飞机为800,航空发动机达1400,见图1。

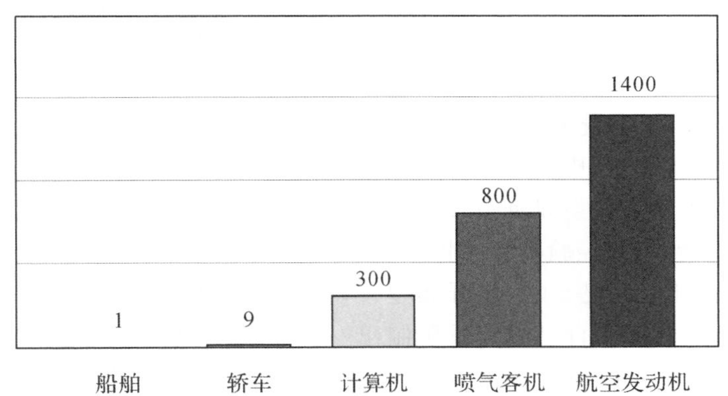

我国航空发动机及燃气轮机有巨大的市场需求、实现制造业转型升级的重要项目。未来20年我国民用航空发动机市场价值超过1500亿美元,燃气轮机装机需求超过1.7亿kW,自主发展相关产品将加速我国制造业转型升级、加速建设创新型国家目标的实现。

航空发动机及燃气轮机技术将拉动科技和相关产业发展。航空发动机及燃气轮机集成了一系列尖端高新技术,产业链长,辐射面宽,科技和产业带动面大,发展和掌握相关技术将有力地牵引我国尖端技术学科和高技术产业的发展。

突破动力瓶颈,防止受制于人,是我国战略安全的关键。航空和舰船动力是常规战略力量的核心,是捍卫制空权、制海权的主要工具,是维护我国战略利益日益拓展的基本手段。燃气轮机是动力

---

* 文章是作者于2011年3月在两院院士座谈会上的发言。

2015年国家批准设立"航空发动机及燃气轮机重大专项"。2016年8月28日,"中国航空发动机集团公司"正式挂牌成立。

设备的核心。当前我国已经进入构建新型国防和国家安全体系的关键时期，现代军机、大飞机的发动机，舰船燃气轮机和重型燃气轮机还不能完全实现自主保障，受制于人。突破动力瓶颈，已经成为新时期战略装备建设的重中之重。

1.1　国内情况发展现状

我国航空发动机经历了从引进修理、测绘仿制、改进改型的发展历程，正在向自主研制转变。我国航空发动机起步于 20 世纪 50 年代，在苏联的帮助下获得了航空发动机修理技术和部分制造技术，但并未获得核心制造和设计技术。航空工业经过艰苦努力，通过修理、引进、测绘仿制、改进改型等工作，逐步掌握了活塞 6、涡桨 6、涡喷 6、涡喷 13、涡扇 9、涡扇 11、涡轴 8 等发动机的设计、制造技术，建立了一定规模的工业和技术体系。20 世纪 90 年代起我国开始自主研制涡扇 10 和涡轴 9 等发动机，以涡扇 10、涡轴 9 发动机设计定型为标志，我国基本具备了第三代战斗机用小涵道比涡扇发动机和直升机用涡轴发动机的研制能力，但国内民用航空发动机生产近乎为零。进入 21 世纪，在第四代战斗机、大飞机工程的牵引下，我国必须自主研制第四代战斗机发动机、大型飞机发动机。

20 世纪 70 年代后期我国开始开展航空发动机预研，近 30 年来突破了一批航空发动机关键技术，推进了航空发动机设计体系建设，一定程度上支撑了新一代航空发动机产品研制。这期间，航空发动机基础性科研工作取得了一批标志性成果，如“沙丘驻涡火焰稳定器”、“轴流大小叶片压气机技术”、“超高温结构复合材料”、“双层壁主燃烧室设计技术”、“复合倾斜叶型单级高压涡轮”等。正在实施的“航空推进技术验证计划”(简称 APTD 计划)和“先进航空发动机技术研究计划”(简称 AATR 计划)加强了我国航空发动机预先研究工作。

经过 60 年的奋斗，我国已经建成了一批航空发动机科研、生产、试验基地，配备了零部件试验台、地面试车台、高空模拟试车台、飞行试验台等科研手段，建立了各类发动机零部件、分系统、整机的制造和装配能力，研制生产了 80 多种型号、6 万多台航空发动机，基本保障了我国航空武器装备建设和航空工业发展需求，为国防现代化建设做出了突出贡献。经过 60 年的发展，我国航空工业形成了以中航工业集团为主体，高等院校、中科院等为支撑的科研生产体系，拥有一支科研、试验、生产、管理和教学人才队伍。我国专业从事航空发动机设计、试验和材料工艺研究的工程技术人员超过 5500 人，拥有一批有较高学术造诣、工程经验丰富的骨干人才。

我国燃气轮机行业自上世纪 50 年代开始建设，受多种因素影响，发展历程也十分曲折。在舰船燃气轮机方面，至今未能依靠自己的力量研制出一型全面满足海军需求、性能先进、成熟可靠的产品。1993 年从国外引进了 GT25000 燃机生产许可证，经过近二十年国产化研制，具备小批量制造能力，开始配装我国新型驱逐舰。在涡扇 10 航空发动机基础上研制的 GT7000 燃气轮机，获得小批量订货。在轻型工业燃气轮机方面，以涡喷 14 和涡扇 10 航空发动机为基础发展的 QD70、QD128、QD185 工业燃气轮机尚未形成市场批量，GT25000 燃机获得西气东输订单。在重型燃气轮机方面，在历经三十多年的停滞之后，从 2003 年开始，国家通过三次打捆招标引进国外产品，哈汽、上汽、东汽、南汽分别与美国通用电气、德国西门子、日本三菱等形成合作或合资，已累计生产或订货 F/E 级重型燃机 130 余台。初步掌握了当前主流重型燃机的部分制造技术并进行了本地化制造。“十五”以来国家通过 863、973 计划对自主发展燃气轮机技术给予了一定支持，新一代重型燃气轮机的自主研制刚刚起步。

1.2 世界发展情况和我国的差距

在战斗机发动机领域，先进国家推重比 8 一级的第三代战斗机发动机 20 世纪 70－80 年代研制成功，推重比 10 一级第四代战斗机发动机 21 世纪初研制成功。

在运输机发动机领域，先进国家大涵道比涡扇发动机最大推力超过 50000daN，空中停车率降到每百万飞行小时 5 次以下，热端零件寿命最长达到 4 万小时，耗油率进一步降低 15％的新一代产品将在 2020 年左右全面进入市场(见表 1)。

表 1　大型窄体客机发动机国内外发展及对比

	第一代水平		第二代水平		第三代水平		第四代水平(目标)	
	国外	国内	国外	国内	国外	国内	国外	国内
典型代表	JT3C-6 (普惠公司)		JT8D-15 (普惠公司)		CFM56-5B2 (CFMI 公司)		Leap-1C (GE 公司)	CJ1000A (验证目标)
服役年代	20 世纪 50 年代		20 世纪 70 年代		20 世纪 90 年代		21 世纪 10 年代中	21 世纪 20 年代中
应用机型	波音 EC135		波音 727		A321		C919	C919
推力/kgf	5897		8340		14062		13608	12913～13608
总增压比	12.5	—	16.4	—	35		～41	～40
涡轮前温度/K	1240		1285		1597		～1920	～1900
涵道比	0		1.08		5.5		～11.1	～10
耗油率/(kg·kgf^{-1}·h^{-1})	0.77		0.65		0.602		0.502	0.525～0.54
			—		20000		20000	
首翻期/h	—							

在直升机发动机领域，全世界已发展的数十种涡轴发动机用于全球 4 万多架各类型直升机，先进涡轴发动机的功重比达到 10 左右(见表 2)，具备先进的可靠性、敏捷性、低油耗、低成本。

表 2　直升机发动机国内外发展及对比

	第一代水平		第二代水平		第三代水平		第四代水平	
	国外	国内	国外	国内	国外	国内	国外	国内(民用)
典型代表	T53-L-13	涡轴 6	PT6T-6	涡轴 8A	Makila 1A1	涡轴 9	CTS800-4	1000kW 涡轴
备注	美国	测绘	加拿大	专利生产	法国	自研	美国	技术目标
取证/定型时间	1966 年	1994 年	1974 年	1998 年	1985 年	2010 年	2004 年	2020 年
装机对象	贝尔 UH-1A	直 8	AB212	直 9	AS332	直 10	“山猫”	
总压比	7.1	5.9	7.3	8.0	10.4		13.5	

续表

	第一代水平		第二代水平		第三代水平		第四代水平	
	国外	国内	国外	国内	国外	国内	国外	国内(民用)
涡轮前温度/K	—	1245	—	1330	1415		1500	
耗油率/($kg\cdot kW^{-1}\cdot h^{-1}$)	0.353	0.39	0.361	0.354	0.293		0.285	
单位功率/($kW\cdot kg^{-1}\cdot s^{-1}$)	190	182	214	210	249	227	286	
首翻期/h	—	500	—	800	2500		3000	

在燃气轮机领域，先进国家舰船与工业燃机的单机功率达到40～50MW，效率40%～42%；重型燃机的单机功率达到460MW，简单循环效率达到40%，联合循环效率达到60%，采用天然气燃料的NO_x与CO排放已经达到15～25ppm和10ppm的水平。先进国家燃气轮机正朝着大功率、高效率、低排放、燃料多样化、高可靠性方向发展(参见表3)。

表3 燃气轮机国内外技术发展水平比较

	重型燃气轮机				轻型燃气轮机	
	F级		G/H级			
	国外	国内	国外	国内	国外	国内
典型代表	MS9001FA	自主研制	M701G2B	自主研制	MT30	自主研制
备注	美国	中国	日本	中国	英国	中国
取证/定型时间	1996年	2020年	1997年	2030年	2001年	2025年
功率/MW	256.2	300	334	380－400	36	40
效率	36.9%	38%	39.5%	40%	40%	40%
压比	16.6	17	21	23	24	34～45.9
涡轮前温度/℃	1400	1400	1500	1500	1340	1300～1357

整体上看，在两机领域我国与先进国家相比存在巨大差距。在战斗机发动机、直升机发动机方面存在一代左右的差距，在大型客机发动机、重型燃气轮机方面存在一代以上的差距。

2. 我国航空发动机和燃气轮机的存在问题

我国航空发动机和燃气轮机存在的问题主要表现在四个方面。

(1)不能有效满足国防和国民经济高速发展的迫切需求

我国第三代战斗机发动机还不能实现完全自主保障，第四代战斗机发动机和大型飞机发动机研制进度难以满足飞机的研制进度需求。

我国舰船燃气轮机动力受制于人的局面到目前为止还没有根本性改观，国内工业轻型和重型燃机虽具备一定制造基础，但关键技术、部件和材料仍依赖国外。重型燃气轮机产品在国际市场上缺乏

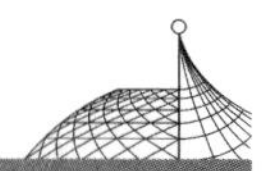

竞争力。

(2)基础研究体系薄弱,自主研发体系不健全,创新能力不足

长期以来我国航空发动机以型号科研工作为主,但至今尚无一型航空发动机走完基础和关键技术研究—核心机技术验证—整机技术验证—全面工程研制—使用发展改进的全过程,工程经验匮乏。对航空发动机关键技术、前沿和基础技术研究的投入严重不足,技术储备极为匮乏,不能实现科技创新推动装备建设的发展模式。以自主创新为核心的航空发动机研发体系还在形成过程中。

我国燃气轮机研发体系不健全,不掌握核心技术。舰船燃机没有一型走完自主设计、生产及应用的全过程,没有形成自主创新的研发体系。工业燃机研制仍处于起步阶段,尚无市场认可产品。重型燃机通过打捆招标引进冷端部件制造技术,但设计、调试核心技术和热端部件的制造维修技术仍由国外垄断。我国燃气轮机自主研制面临极为复杂的知识产权问题,基础研究、应用研究和产品开发等方面技术储备严重不足。

(3)产业链不完整,系统配套能力差,材料工艺技术发展滞后

经过60年的努力,我国已建立起相对完整的航空发动机配套产业体系。由于航空发动机技术与产品面临跨代发展的需求,我国相关配套能力发展严重滞后,第三代、四代军用航空发动机所需高性能材料、高精度轴承、高性能元器件等基础薄弱,技术储备匮乏,发展水平与国外差距大,难以实现国内自主保障;国内高温材料、先进工艺基础研究和预先投入不足,工程化应用严重缺失,制约了航空发动机的发展。我国用于发展先进燃气轮机的高温结构材料和工艺发展严重滞后,研发和试验手段匮乏,长期缺乏有效的组织来系统解决产业基础问题。

(4)专业人才不足,领军人才与团队匮乏

随着航空发动机和燃气轮机技术复杂度的日益提高,专业人才的规模、领军人才和团队的作用日益突出。美国仅通用电气公司一家企业就长期保持着一支由9000名工程技术人员组成的团队,几乎是我国航空发动机全行业工程技术人员规模的一倍;这支队伍持续完成了大批产品和技术研发项目,具有丰富的工程研制和技术研究经验。我国在人才方面与竞争对手相比存在巨大差距,是我国实现跨越发展的最大瓶颈。

我国必须下大决心,采取果断措施,实施两机重大专项,才能突破瓶颈,缩短差距!

3. 关于实施航空发动机及燃气轮机重大专项的建议

在指导思想上要坚持自主创新、科学规划、打牢基础、大力协同,推进体制改革与机制创新,探索和构建社会主义市场经济条件下的新型举国体制,军民融合,加速完善航空发动机及燃气轮机自主创新体系,选择有代表性的战略产品走完研制全过程,实现航空发动机及燃气轮机从跟踪研仿到自主创新发展的战略转变。

(1)坚持自主创新:构建面向自主创新的研发体系和产业体系,积极变革体制机制,推动企业成为创新主体,努力实现发展模式的整体转变。

(2)坚持科学规划:从加强顶层设计入手,聚焦核心技术和战略产品,认真研究和充分论证技术路线,科学规划,合理布局,高效组织,系统实施。

(3)坚持打牢基础:增强基础研究、预先研究、技术验证、综合集成实力,为航空发动机及燃气轮机自主创新提供完备的人才基础、知识基础、研发基础和产业基础。

(4)坚持大力协同:充分利用国际国内各种战略性资源,加大产学研用协同的广度和深度,在科学研究、技术开发、产品研制、能力建设各方面推进和深化军民融合。

我们要通过近 20 年的奋斗，建成高水平的自主创新的基础研究、技术与产品研发和产业体系，造就一支高素质、高水平的科技和管理人才队伍，培育具有国际竞争力的创新型企业；实现军用航空发动机及燃气轮机自主保障和发展，民用航空发动机及燃气轮机获得市场准入并投入使用；走完战略性、代表性产品自主创新研制全过程，实现从测仿研制到自主创新发展的战略转变，进入世界航空发动机及燃气轮机先进国家行列。

专项的实施要以“夯实基础、突破关键、强化验证、攻坚型号、提升能力”为重点，统筹安排基础研究、关键技术研究与验证、工程验证机、重点型号、条件建设和人才培养等内容。基础研究和关键技术研究是型号研制和创新发展的技术支撑，型号研制是基础研究和关键技术研究成果的验证。

4. 夯实基础研究

专项在借鉴国外发展经验基础上，遵循两机发展客观规律，以基础研究、关键技术、工程验证、型号研制为科研重点(见图 2)，加强条件建设和人才培养，形成两机专项科研体系和技术途径，实现两机专项突破重大瓶颈、自主发展的战略目标。

图 2　基础研究的科研定位

基础研究是专项自主创新的源泉和基础。系统筹划并持续加强基础研究，获取知识，夯实基础，支撑和推动关键技术突破，是两机专项实现奋斗目标的战略技术途径。专项的基础研究以应用基础研究为主，包括基础科学研究和共性基础技术两方面研究内容。

基础科学研究将紧密结合专项重点任务，针对我国两机基础研究领域突出问题，重点开展三类基础科学研究工作：

夯实基础：加强顶层规划，系统开展两机相关专业学科领域的理论和实验研究，积累基础数据，补充、完善、夯实两机数据和知识基础。

支撑发展：针对两机专项必须突破的关键技术，凝练重大科学问题，系统组织相关基础科学研究，为工程研制提供技术支持。面向更高目标，开展下一代高性能涡扇/涡轴发动机、更高马赫数涡轮冲压组合发动机的前瞻性研究。

探索前沿：面向两机领域未来发展，开展前瞻性的自由探索和新概念、新原理、新方法研究，为实现跨越式发展提供创新的科学和技术基础。

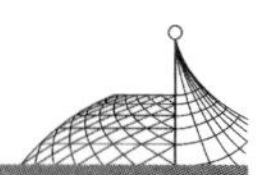

4.1 基础科学研究

以与航空发动机及燃气轮机密切相关的基本学科和交叉学科为基础开展(见图 3),包括:

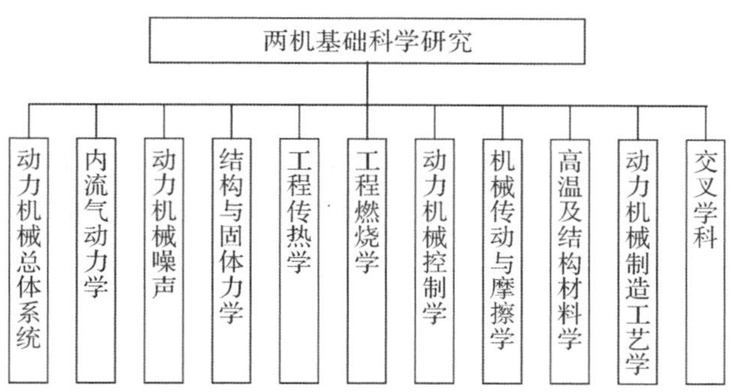

图 3 基础科学研究重点领域

动力机械总体系统:稳态、过渡态性能,飞机/发动机匹配,燃气轮机联合循环,空气系统一体化等基础模型;适航性、安全性、可靠性、环境适应性、经济性等基础模型;交叉学科耦合问题等。

内流气动力学:在强三维、强旋流、固有非定常、复杂几何边界、复杂湍流背景条件下,风扇/压气机、涡轮、进排气系统高效、高稳定性、高能量密度流中完成能量转换的气动力学问题以及交叉学科耦合问题等。

动力机械噪声:高速高压高温的高能量密度流中,复杂动静边界交替条件下,噪声的产生、传播、衰减和抑制基础问题等。

结构与固体力学:结构、强度与寿命、振动、碰撞和包容等基础问题;结构完整性和可靠性等交叉学科耦合问题等。

工程传热学:热端旋转/静止部件的传热等基础问题;流固热等学科交叉耦合问题等。

工程燃烧学:压力、温度、油气比、燃料成分在宽范围变化条件下,高温、高热容、高效、低污染排放等燃烧基础问题;多种燃料燃烧;燃烧、传热、噪音交叉学科问题等。

动力机械控制学:全权限、多余度、智能化、分布式控制基础问题;控制系统可靠性中的学科交叉耦合问题等。

机械传动与摩擦学:传动,轴承,润滑,密封等基础问题;机械系统中的学科交叉耦合问题等。

高温及结构材料学:高温及结构材料设计等基础问题;材料、结构、工艺一体化的学科交叉耦合问题等。

动力机械制造工艺学:复杂零部件的制造工艺基础问题;制造过程中的学科交叉耦合问题等。

交叉学科:面向综合性、全局性复杂问题,以 10 个基本学科为基础,考虑系统性和综合性加强基础学科融合,开创基础研究新领域。如高温热端部件,高超速强预冷新强换热技术,流、固、热、材料、工艺多学科一体化研究等。

4.2 共性基础技术

包括 7 个领域,各领域的研究重点如下:

先进材料技术:单晶涡轮叶片;粉末高温合金涡轮盘;热障涂层;钛铝系金属间化合物等。

先进制造技术:高温钛合金/钛铝金属间化合物整体叶盘;高能束流快速成型;大涵道比风扇钛合

金空心叶片；大型复杂薄壁机匣整体成形；纤维增强树脂基复合材料风扇叶片；超冷涡轮叶片；大尺寸高温合金轮盘；大尺寸定向空心涡轮叶片等。

试验测试技术：发动机高空模拟/环境适应性试验技术；高温/非接触/智能先进测试技术；发动机飞行试验与测量技术；发动机瞬态、过渡态试验与测量技术；燃气轮机发电试验与测量技术等。

结构完整性/系统可靠性技术：高温构件复合损伤与寿命预测技术；结构、系统可靠性的评定和预测技术；典型构件高/低周疲劳预测与振动抑制技术；发动机新结构/智能结构设计分析方法与设计准则；动力系统振动控制技术等。

先进仿真技术：整机多维气动热力仿真和过渡态仿真技术；整机/部件结构动力学仿真技术；高温部件破坏损伤仿真技术；多学科耦合数值仿真技术；数字化集成设计技术等。

适航安全性技术：航空发动机适航性设计技术；航空发动机适航性试验验证技术；航空发动机适航审定技术等。

标准、计量、情报：支撑两机专项实施的标准、计量、情报等重大技术基础。

4.3　构建基础研究体系

全面夯实两机自主创新的科学和技术基础。通过开展基础科学研究，系统掌握两机相关的基础知识，建立完善的基础数据库，提供完备的基础理论和方法，为两机跨越式发展提供科学和技术基础；通过开展共性基础技术研究，夯实材料、制造、测试、结构完整性、仿真、适航等共性基础技术，全面支撑两机关键技术发展和工程应用。

系统构建两机基础研究协同创新平台。构建政府主导，高等院校、中科院、产业和使用部门科研院所等相互协同的基础研究协同创新平台，提升创新效率，促进成果转化；建设两机直接相关的国家实验室、国家/国防重点实验室及其他研究平台，提升两机自主创新能力，完善基础研究体系。

持续完善两机特色学科建设与人才培养体系。通过两机基础研究，培养一批科技领军人才，提升行业科研队伍的整体研究水平；发展交叉学科，调整学科布局，新建紧缺专业，构筑优势学科群；应设立“航空动力科学与技术”一级学科。

5. 突破关键技术

只有突破关键，才能掌握核心技术，支撑航空发动机及燃气轮机的发展。关键技术的重点是：突破和掌握先进航空发动机及燃气轮机的总体设计、压缩系统、燃烧室、涡轮、进排气系统、控制系统、传动、综合热管理及燃油等关键技术。在开展部件级、系统级关键技术验证基础上，完成关键技术的核心机和整机级集成验证，为新一代发动机和燃气轮机研制提供技术支撑（见图4）。

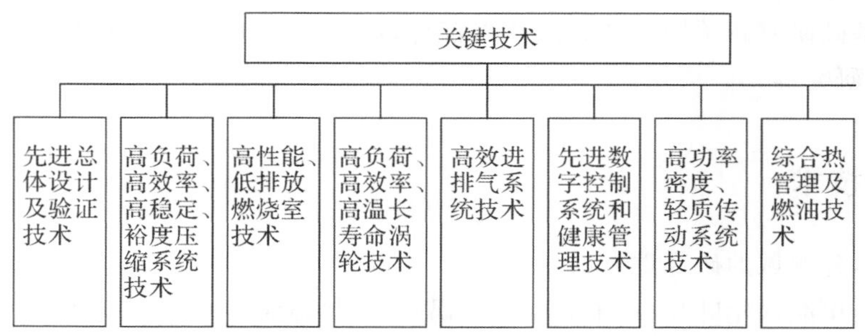

图4　关键技术

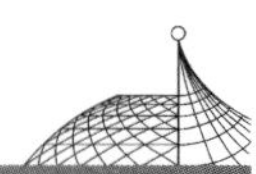

(1)先进总体设计及验证技术

开展高推重比涡扇、大涵道比涡扇、高功重比涡轴、高超声速涡轮/冲压组合发动机的核心机和技术验证机总体设计及集成验证,重型燃气轮机的总体设计及集成验证等技术研究。

(2)高负荷、高效率、高稳定裕度压缩系统技术

开展多级风扇,低噪声大涵道比风扇/增压级,组合压气机,升力风扇、大流量多级轴流压气机,核心驱动风扇,弯掠、串列叶片,间冷器匹配等技术研究。

(3)高性能、低排放燃烧室技术

开展高温升环形直流/回流、分级分区短环、一体化加力、亚燃冲压燃烧室以及多燃料、高热容、低温度梯度多管燃烧室、陶瓷基复合材料燃烧室、双模态冲压燃烧室等技术研究。

(4)高负荷、高效率、高温长寿命涡轮技术

开展复合冷却单晶涡轮叶片、无导叶对转涡轮、多级低压涡轮、小型叶片冷却、大功率气冷涡轮、铌基金属间化合物/陶瓷基复合材料涡轮叶片等技术研究。

(5)高效进排气系统技术

开展机械和气动矢量喷管、先进粒子分离器、低噪声短舱与反推装置、高隐身进排气装置、抗盐雾低阻尼进排气装置、高马赫数进排气系统等技术研究。

(6)先进数字控制系统和健康管理技术

开展先进全权限数字电子控制系统(FADEC)、三冗余控制盘、预测健康管理系统、紧凑轻质燃滑油系统、多变量/分布式控制等技术研究。

(7)高功率密度、轻质传动技术

开展大功率高转速传动结构、大传动比直升机传动系统减速器、齿轮传动风扇、高性能长寿命轴承、非/少润滑高转速轴承、刷式和指尖密封、大功率内置起动/发电机、舰船动力复杂轴系设计等技术研究。

(8)综合热管理及燃油技术

开展飞发一体化高效热管理系统,高效紧凑型间冷器,高速推进系统热防护,高热沉、高热值新型燃油等技术研究。

6. 重视人才培养

人才是实施专项的关键,也要通过专项的实践培养一支高水平的人才队伍。

要产学研用结合,加大专业人才培养规模。进一步增加高校和科研院所相关专业的招生规模,加强继续教育,改革人才培养模式,通过产学研用相结合的方式,为企业和社会输送科技人才。

提高人才素质,改善行业人才队伍结构。制定落实专项人才战略和政策,提升各层次专业技术人员、管理人员与技能人员的能力和水平,加速完善人才和团队结构,支撑专项实施。

重视领军人才,加强科技创新团队建设。培养一批在科学研究、专业技术、技术管理领域杰出的高端人才,建设若干科技创新团队,解决目前行业高端人才缺乏的现状;加强海外高层次人才引进。

完善学科布局,提高教学科研水平。整合现有学科,调整学科布局,加强航空发动机相关特色学科建设,加强人才的国际化引进和国际化培养,通过国际交流,促进科研和教学水平的提高。

实施多种人才培养计划。

骨干人才培训计划。扩大相关专业学历教育招生规模;建立工程博士培养体系;设立国家航空动力奖学金,吸引最优秀人才加入到航空动力行业。采取多种形式,扩大科技人才、管理人才和技能人

才的培养规模，提高专业水平。每年定向培训两机企业专业人才500人，高端人才500人。

教育质量提升计划。实施人才培养模式综合改革，寓教于研，加强校企联合培养，推进企业导师制；重构教师评聘机制和评价指标体系。分批筹建一批中外联合实验室，建设一批基础研究的国际化联合团队，共同针对两机所分解发布的基础科学与技术问题开展攻关。

领军人才引育计划。培养和引进50～100名科技领军人才，提升行业研发队伍素质和水平。在基础研究、关键技术攻关、产品研制和使用发展各条战线，培育一批高水平创新团队。

基础学科拓展计划。发展交叉学科，新建紧缺专业，加强相关基础学科建设，构筑优势学科群。调整学科布局，建议设立“航空动力科学与技术”一级学科。

7. 结　论

要充分认识实施航空发动机及燃气轮机重大专项的重要性和紧迫性。尽快实施航空发动机及燃气轮机重大专项。专项的实施要坚持自主创新、科学规划、打牢基础、大力协同。推进体制改革与机制创新，加速构建自主创新体系。选择有代表性的战略产品走完研制全过程，实现从跟踪研仿到自主创新发展的战略转变，缩短与世界的差距。实施方案要以“夯实基础、突破关键、强化验证、攻坚型号、提升能力”为重点。切实加强基础研究和重视人才培养。

大型宽体客机与重型直升机的发展战略研究*

摘　要：本文分析我国研制大型宽体客机与重型直升机的必要性和市场需求。论证大型宽体客机与重型直升机的发展战略和总体方案。研究提出大型宽体客机的座机、航程和总体构型。研究提出重型直升机的最大起飞重量、外挂能力、高原能力、航程和总体构型。提出大型宽体客机与重型直升机的关键技术。

大型宽体客机与重型直升机是关系国防安全、国民经济和民生建设的战略性装备，是对外战略合作的重大项目。早在2010年就开始对外进行谈判，但一直没有达成共识。2013年初，中央领导指出："重型直升机我们有需求，宽体客机我们也有需求。"与俄合作也是相得益彰，不影响我们与西方的合作"。

2013年3月，中国航空战略发展研究院在唯实大厦开会期间，中国工程院院长周济与张彦仲、中国商飞、中航工业、北航领导五人商定一致同意：马上启动"我国大型宽体客机与重型直升机工程发展战略"咨询项目，研究我国宽体客机与重型直升机的发展战略。中国工程院很快批准这个项目，并列入工程院重大咨询项目。由张彦仲院士任组长，16位院士和71位专家参加研究。

针对目前国家形势急需，提出了发展战略研究咨询建议。

1. 大型宽体客机的发展战略

1.1　发展大型宽体客机的必要性

经研究分析，未来20年全球对民用飞机的总需求为33500架，价值达4.06万亿美元；宽体客机需求为8150架，价值为2.04万亿美元；宽体客机架数仅占总架数的24.3%，但却占了总价值的50.2%。大型宽体客机已经成为继单通道干线飞机后，极具市场潜力的民机产品，成为国际民机市场发展重点。

仅依靠150座级单通道产品，面对产品型谱完整的波音和空客产品时，将会处于独木支撑的局面；要真正在世界大型民机市场上有完整国际竞争能力，必须研制具有国际竞争力的宽体客机；通过完善民机型号谱系，丰富民机产品系列，为客户提供不同层次市场需求的产品，提高民机产业的整体竞争力。

型宽体客机的主要争论是：座级和航程多大为好。外方提出220座、8000km航程。经我们认真

---

*　文章是作者于2014年11月17日，在景德镇召开的中航工业科技委第三次会议上做的报告。

2017年5月22日，"中俄联合商用飞机公司"在上海正式挂牌成立，宽体客机和重型直升机已获两国政府批准，开始研制。

研究分析意见如下。

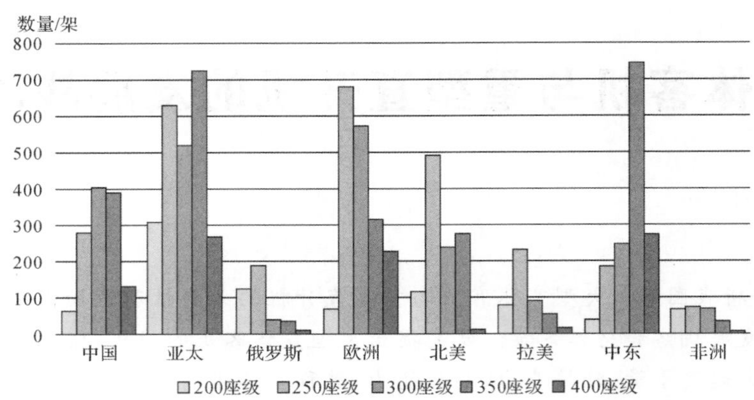

图 1　全球宽体机场市场预测(2023—2043 年)

1.2　大型宽体客机的座机大小分析

2023—2042 年全球共需交付 9356 架宽体客机，其中 250～350 座飞机共 7552 架，约占总数的 81%。2013—2032 年全球宽体客机交付量为 7547 架，250～350 座飞机约占总数的 77%。中国的宽体机客机交付量为 1268 架，其中 250～350 座级约占总数 85%。

研制 250～350 座级宽体客机，更符合市场的需求。

1.3　大型宽体客机的航程分析

表 1　大型宽体客机的航程

运营商所在地区	<9000km 航线	<10000km 航线	<12000km 航线
中国	87%	95%	99%
亚太	91%	95%	99%
俄罗斯	95%	99%	100%
欧洲	86%	96%	100%
拉美和非洲	92%	97%	99%
中东	96%	97%	99%
北美	91%	93%	98%

宽体客机的航程 10000～12000km 可以满足 95%以上航段的需求。

经反复调研认为宽体客机的基本型为 280 座级，12000km 航程为好。并与外方协调取得一致意见。

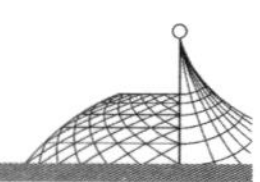

1.4 大型宽体客机的总体构型

研究国际上的发展，建议采用双发、下单翼的常规总体布局，如图 2 所示。

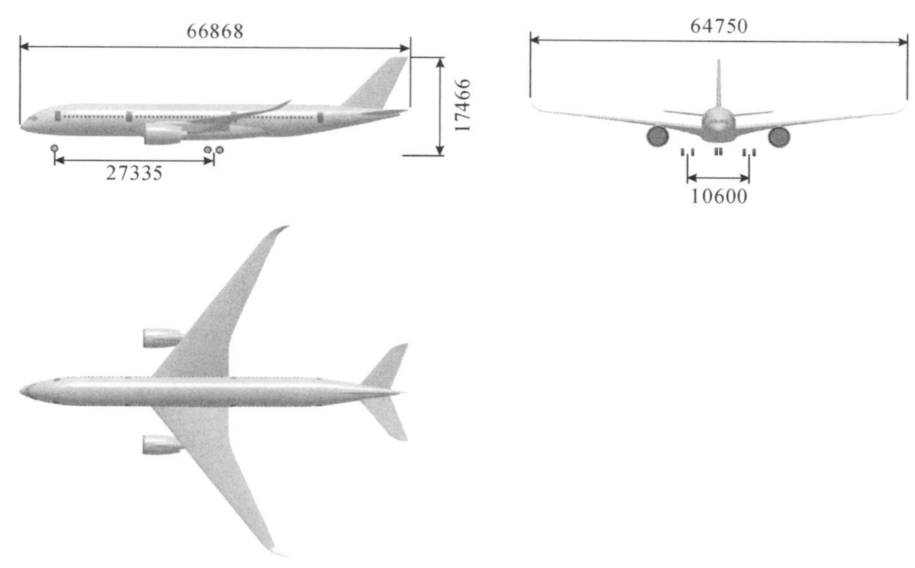

图 2 大型宽体客机的总体构型

2. 重型直升机的发展战略

我国国土面积大，自然地理环境复杂多样，自然灾害多。山区和高原占总陆地面积的三分之二，300 万平方千米的领海上分布着 6500 多个大小岛屿，重型直升机的市场需求大。重型直升机的研制要突出高原和海上使用特点，也满足平原使用要求。重型直升机的发展战略的主要问题是：最大起飞重量、外挂能力、航程和高原性能。

(1)最大起飞重量为 30～40t，适合发展战略需求

外方主张 56 吨级，直接用米-26 就行了；国内也有人主张研制 20 吨级直升机。经反复研究：要满足我国实情对外挂、航程、高原性能的主要要求及我国的工业能力，重型直升机的最大起飞重量为 30～40t(30 吨级)适合我国的发展战略需求。

(2)外挂能力为 13～15t 时，可覆盖 85%以上吊挂任务需求

外挂任务需求覆盖情况如图 3 所示。

(3)航程 600～800km，基本满足国内的需求

统计分析显示，我国有 300 万 km^2 的领海，渤海、黄海、东海大部分海域和中沙、西沙群岛、南沙群岛海域，上分布着 6500 多个大小岛屿，任务航程应达到 600km；为基本覆盖东沙群岛海域和南沙群岛海域，任务航程应达到 800km。按照我国现有机场分布，也可覆盖除藏北无人区外的全部陆上疆域。因此，重型直升机任务航程为 600～800km，可基本满足国内的需求。

(4)高原能力达 4500m，符合我国国情

我国国土面积大，自然地理环境复杂多样，是一个高原国家，山区和高原占总陆地面积的三分之

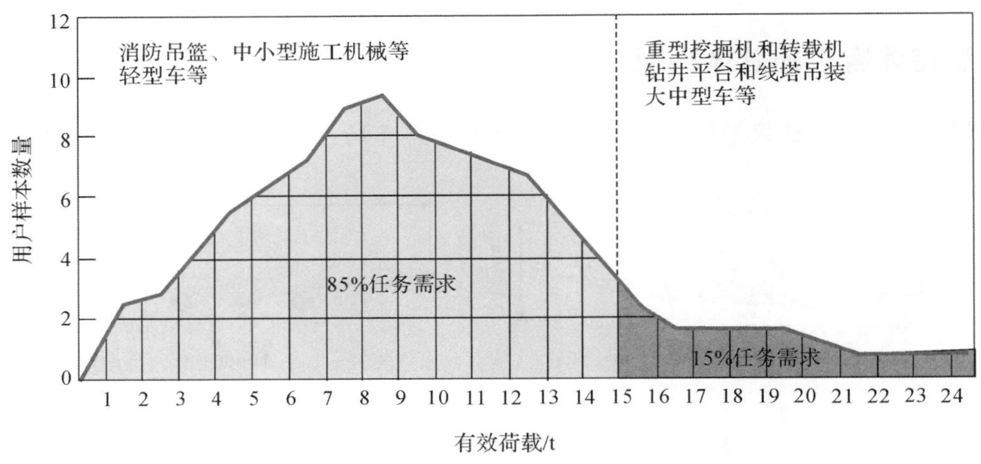

图 3　外挂任务需求覆盖情况

二。海拔 3000m 起飞，使用范围可覆盖全国 95％的县级所在地；海拔 4500m 起飞，商载 5t 左右，可在青藏高原绝大部分地区执行任务，使用范围可覆盖全国 99％的县级所在地。

(5)重型直升机的总体构型

研究比较国际上的发展趋势，建议采用单旋翼、带尾浆的常规构型。如图 4 所示。

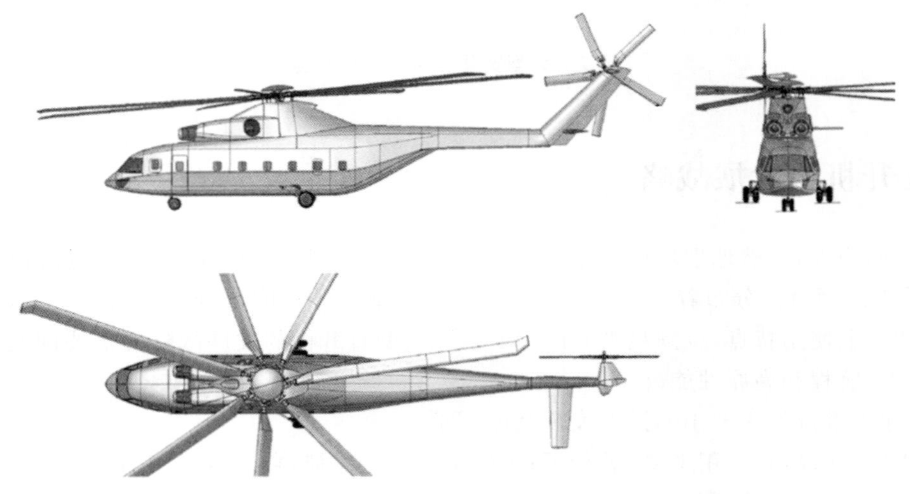

图 4　重型直升机外形图

3. 关键技术

3.1　大型宽体客机的关键技术

(1)宽体客机总体气动布局多方案权衡设计与验证；

(2)宽体客机复合材料主承力结构设计/制造及验证技术；

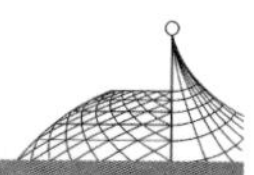

(3)基于模型的系统综合集成设计与验证技术;
(4)综合模块化航电技术、多电系统应用技术;
(5)主动控制技术、飞发一体化设计技术。

3.2 重型直升机的关键技术

(1)总体综合技术:大吨位直升机综合设计技术、振动和噪声控制;
(2)旋翼系统技术:拉力30吨级的大尺寸旋翼系统部件和球柔性、大尺寸、长寿重载弹性轴承;
(3)传动系统技术:10000千瓦功率级的高功重比主减速器;
(4)涡轴发动机:功率7000千瓦级的涡轴发动机。

4. 结 论

本报告论证大型宽体客机与重型直升机的发展战略和总体方案。研究提出大型宽体客机的基本座级为280座、基本航程为12000公里和总体构型。研究提出重型直升机的最大起飞重量为30～40吨级、外挂能力10～15吨、高原能力4500米、航程600～800公里和总体构型。提出大型宽体客机与重型直升机的关键技术。

中国工程院把项目组提出的“我国大型宽体客机与重型直升机工程发展战略研究的咨询报告”上报中央。2014年5月16日,中央领导在工程院的报告上批示:“这是中俄战略合作项目,务必加强领导、稳步推进。”

中央领导的批示,极大地推动了我国大型宽体客机与重型直升机工程的进展,论证工作进展很大,各方很快达成一致意见。现已开始实施推进。

提升机载系统能力的研究*

摘　要:机载系统是航空之花,是航空产业链的三大组成部分之一。它是高度军民融合的,更新快,有"一代机载,多种平台"和"一代平台,几代机载"的特点。文章说明我国机载系统是大飞机发展的短板,其核心技术又受西方国家的严格限制,受制于人。未来 20 年,我国航空机载设备采购价值大,产业带动面宽,我们必须实施机载系统提升计划。文章提出机载系统提升计划的奋斗目标是:2021 年达到大型运输机可靠性和寿命要求,2025 年达到当代单通道客机机载系统水平。提出机载提升计划要实施十项重点任务、攻克八大系统关键技术、形成五大能力,以及建立军民融合、技术先进的机载系统供应商的意见。文章最后分析了实施计划的风险,提出了实施计划的政策和建议。

1. 机载系统是航空之花

机载系统是航空装备的大脑、神经、耳目和关节,是一个大的系统工程。一般包括:飞行控制、电子综合、液压系统、环控氧气、电力系统、燃油系统、机轮刹车、救生系统、通信导航、显示控制、武器火控等。其研制品种多、更新快、难度大、技术复杂,涉及机械工程、电子信息、自动控制、材料工艺、系统集成、人机工程等多学科领域。是航空产业链的重要组成部分,一个国家的航空工业与科技水平的重要标志,是航空之花。

航空机载系统与机体、发动机是飞机三大组成部分之一。随着信息技术的发展,一架现代飞机中机载系统要占 30%～50%的比重。机载系统更容易实现"军民融合,大小兼顾",做到"一代机载,多种平台"。在一种飞机的全寿命过程中,机载系统还要更新升级几代,"一代平台,几代机载"。如 B52 飞机是 20 世纪 50 年代的飞机,由于机载武器系统的不断升级改造,至今还在服役。

2. 机载系统提升计划的论证

早在 2006 年,院士专家在组织大飞机国家重大专项方案论证时,就已经认识到这个问题。提出大型客机研制初期是全球择优采购先进产品,第二阶段(2017－2025)"要形成具有国际竞争力的机载设备研发体系"。

2017 年 3 月 1 日国务院大飞机重大专项领导小组第十三次会议上,中国商飞也提出加强机载系统国产化的意见。领导小组作出关于大飞机"改善供应链管理,不断提升国产化水平"和"要尽早把建立军民融合、技术先进的航空机载设备供应商体系提上日程"的决定。

工信部会同发展改革委、财政部、科技部、国防科工局、民航局等单位,组织中国航空工业集团公

---

*　文章为作者于 2018 年 1 月 11 日在论证委员会总结会上的报告。机载系统提升计划已于 2018 年 2 月 8 日,经国务院大飞机领导小组第十四次会议审议通过,开始实施。

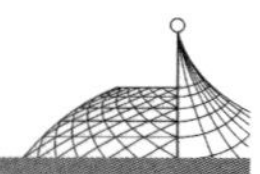

司、中国商用飞机公司、中国电子科技集团公司等部门和单位，组织建立了以张彦仲同志担任主任委员的专家委员会，开展了为期 9 个月的论证工作，提出“机载系统提升计划”。

论证工作的第一阶段全面梳理了大飞机机载系统当前存在的问题和主要发展需求，分析了国内外差距，掌握了技术和产品的发展趋势。专家委员会先后听取了大客总设计师吴光辉院士关于“C919 机载系统需求”、大运总设计师唐长红关于“运 20 机载系统需求”、直 10 总设计师吴希明关于“直升机机载系统需求”、中国航空工业集团和中国电子科技集团关于“机载系统发展思路”等专题报告，以及工信部装备司先期启动的“机载 1＋X”演示验证项目的总体安排，并分赴华东、西北和西南等地进行了实地调研。第二阶段讨论确立了大飞机机载系统提升计划的总体思路，明确了指导思想和发展目标；围绕重点机载系统和关键部件，在充分吸收各方面意见和建议的基础上，求同存异、凝聚共识，反复迭代优化，明确了重点；研究提出了各项重点任务的进度安排、经费需求和保障措施意见；形成了由一份总报告和十份分报告组成的、超过 50 万字的机载系统提升计划。

3. 为什么要提升机载系统？

(1)机载系统成为大飞机发展的短板

机载系统发展滞后制约了大飞机重大专项的实施和航空工业的发展。主要表现在：一是严重影响了大型运输机实现更加先进的可靠性指标；二是造成了大型客机机载系统主要依赖国外供应商的局面，形成了重大的自主可控风险；三是整体上削弱了我国航空产品的竞争力，阻碍了我国航空工业占领国内国际市场。改变机载系统发展滞后的局面刻不容缓。

亟须提升大型运输机机载系统的可靠性。大型运输机已经基本实现了航空机载系统“自主研制、自主配套”的发展目标，但还不能达到国外先进的质量和可靠性水平，部分机载系统甚至存在数量级的差距。国产机载系统及其部组件普遍存在可靠性低、故障率高、测试性差的问题，国产液压泵、冲压空气涡轮、电机、机轮刹车套件等部组件的可靠性水平仅为国外同类产品的十分之一。由于复杂系统软件设计和验证能力不足，基础操作系统采用多种国外系统，航空电子系统的整体可靠性指标也仅为国外同类产品的八分之一。

亟须实现大型客机机载系统的自主可控发展和应用。由于国内供应商无法提供满足性能和适航要求的机载系统和设备，造成大型客机 C919 机载系统依赖国外供应商的局面，导致研发进度和成本受制于人，给后续批量生产和持续运营带来潜在风险，同时也限制了先进民机平台的扩展应用。

先进机载系统核心技术是西方对华出口严格管制的内容。进口机载系统国内不能拆装其核心模块，不能检测校准和维修维护，无法掌握核心数据，成为“技术黑箱”，存在信息安全风险。国外供应商利用技术垄断或优势地位获取战略利益，或者利用我方工程经验不足、设计更改频繁增加索取研发费用，导致 C919 机载系统研制费用预计翻番。某国外供应商拥有完整的民用机载数据链产品线，且经过各种适航认证，应用于新型飞机无须大改，但在 C919 项目中提出了高达 3000 万美元的研发费用要求。某国外供应商提供的冲压空气涡轮晚于合同规定的交付时间长达 1 年，不能满足研制进度的要求，严重影响 C919 首飞。

亟须形成技术先进的国产航空机载系统供应商体系。欧美已经建立相对完善的机载供应商体系，形成了美国联合技术公司、霍尼韦尔公司、通用电气公司、法国赛峰公司等一批龙头企业，垄断了大部分军民机机载系统市场。现代航空机载系统研发投入和成品价值占飞机总研发投入和总价值的 30％～50％，已经形成了机体/总装、发动机、机载系统价值各占三分之一的格局。根据波音公司 2017 年的预测，未来 20 年我国将采购 7240 架干线和支线飞机。据测算，这些飞机总价值将超过 1 万亿美元，按占比30%计算，航空机载设备采购价值将达到3000亿美元，约2万亿人民币。由于我国没有形成有市场竞争力的机载系统供应商体系，这个市场面临拱手让人的局面，即将造成巨大的市场价值和产业利润损失，尽快提升我国航空机载系统供应商实力和竞争力迫在眉睫。

(2)国产机载系统面临重大发展机遇

我国新研制的大型运输机运20、大型客机C919、宽体客机CR929、重型直升机等重点型号未来30年的订货将超过3600架。随着我国支线飞机、直升机、通用飞机的进一步发展，未来30年对国产机载系统也将产生数千台套的巨大的市场需求。国产机载系统面临前所未有的重大发展机遇，有机会发展成为具有战略和经济双重价值的支柱型产业。

(3)机载系统引领和辐射科技和产业发展

机载系统技术是电子、计算机、物理、化学等基础学科和机械、材料等工业技术的综合。“一代平台，多代机载”是航空产业的发展特点。机载系统技术的发展和更新速度快，对相关基础学科、工业技术发展不断提出新的要求，是这些学科和技术发展的催化剂和驱动器，对相关领域的科技发展有巨大的引领和带动作用。

机载系统产业与先进制造业高度融合，机载系统的龙头企业，如美国联合技术公司、霍尼韦尔公司、通用电气公司、法国赛峰公司等，也是全球制造业巨擘，在多个制造业领域处于垄断和领先地位，显示了机载系统巨大的技术和产业辐射效应。我国企业一旦在机载系统领域赢得优势地位，必将推动我国占据全球制造业的高端位置，实现中国制造的战略目标。

习总书记指出，“大型客机研发和生产制造能力是一个国家航空水平的重要标志，也是一个国家整体实力的重要标志。我们要做一个强国，就一定要把装备制造业搞上去，把大飞机搞上去！起带动作用、标志性作用。中国是巨大的飞机市场，过去有人说造不如买、买不如租，这个逻辑要倒过来，要花更多资金来研发、制造自己的大飞机”。

4. 提升机载能力的任务

(1)总体目标

形成先进机载系统的综合设计、系统集成、试验验证、精益制造和适航保障等5大能力；突破航电、飞控、燃油、液压、空气管理、电力、起落架、辅助动力等8大机载系统关键技术，掌握技术核心，形成自主知识产权；建立军民融合、技术先进的机载系统供应商体系。

2021年机载系统达到大型运输机可靠性和寿命要求，2025年机载系统达到当代单通道客机机载系统水平。

(2)阶段目标

①2021年目标

大型运输机关键部件在现有基础上可靠性提高2倍以上，安全性指标提升1个数量级。8大机载系统完成工程样机研制和地面集成验证；初步形成机载系统的综合设计、系统集成、试验验证、精益制造和适航保障等5大能力。建立符合适航规章和标准体系的设计标准规范和研发流程，形成面向机载系统的分层分级设计开发与集成验证环境，发展覆盖各系统研发流程的工程委任代表(DER)能力；初步建立军民融合、技术先进的机载系统供应商体系。

②2025年目标

实现大型客机机载系统的自主保障能力，达到当代单通道客机机载系统的水平。完成开放式综合化航空电子系统、非相似多余度分布式电传飞行控制系统、5000千克/小时供输量20吨载油量燃油

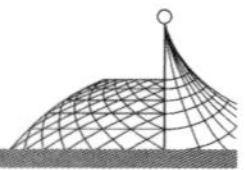

系统、35兆帕液压系统、30千瓦制冷量舒适安全空气管理系统、115伏/(360～800)赫兹大容量变频交流电力系统、60000起落/4%重量系数的高可靠起落架系统、400千瓦功率量级辅助动力系统等8大系统的地面/飞行试验验证,关键分系统和设备达到中国技术标准规定(CTSO)的适航要求;形成先进机载系统的综合设计、系统集成、试验验证、精益制造和适航保障等5大能力;建立军民融合、技术先进的机载系统供应商体系。

5. 重点任务

航空机载系统覆盖的专业领域宽、技术复杂、集成难度大,涉及20多个不同功能的系统。按照确立的指导思想和发展目标,专家论证委员会在充分吸收各方面意见和建议的基础上,突出重点,提出了以下10项重点任务:

①开放式综合化航空电子系统;

②非相似/多余度/分布式电传飞行控制系统;

③5000千克/小时供输量20吨载油量燃油系统;

④35兆帕液压系统;

⑤30千瓦制冷量舒适安全空气管理系统;

⑥115伏/(360～800)赫兹大容量变频交流电力系统;

⑦60000起落/4%重量系数的高可靠起落架系统;

⑧400千瓦功率量级辅助动力系统;

⑨十一项关键机载部件可靠性提升;

⑩空中试验平台及系统集成验证。

6. 风险分析

大飞机机载系统提升计划的重点任务技术跨度大、系统集成面宽、有非常系统和严密的验证和适航要求,而且对相关产业能力体系和供应商体系建设提出了协同发展的明确要求。就我国机载系统当前的发展水平而言,这些重点任务面临重大挑战。为实现明确的发展目标,提升计划已经在进度、经费、试验设施、验证平台、飞机和机载发展协调等方面做出了系统性规划和部署,但实现提升计划的发展目标仍然存在多方面的风险。

(1)市场风险

欧美机载系统供应商目前处于市场垄断地位,而且产业集中度在持续提升,已经形成了寡头垄断的格局,机载系统综合集成能力和关键设备、零部件研制能力集中在不到十家欧美机载系统供应商手中,已经占据了绝大部分我国在役和在研民机机载系统市场。我国企业在打破欧美寡头企业垄断、在较短的时间内占领国内外市场方面还存在较大风险。

(2)知识产权风险

欧美机载系统供应商已经在全球范围内形成了极具攻击性的知识产权布局。我国机载系统进入市场时,很有可能由于在相关知识产权布局方面的经验不足,与欧美机载系统供应商形成有效博弈,存在较大的市场准入风险。

(3)技术风险

我国当前的机载系统技术储备在完备性和先进性方面还不能有效支撑提升计划完成重点任务的

全部目标。提升计划在夯实技术基础、完备技术构成、加速技术发展方面已经做出了系统性部署，但在成功发展和掌握较为先进的核心技术、支撑机载系统功能和性能的先进性方面，还存在较大的不确定性风险。

（4）管理风险

我国机载系统领域在产业结构优化、产业集中度提升、核心技术共享、供应链整体协同方面，与欧美相比存在较大差距。提升计划在开放竞争、军民融合、举国体制、协同攻关方面都做出了必要和可行的部署，但在缩小管理差距方面，还存在改革力度不大、效率不高、管理创新不足的风险。

（5）人力资源风险

欧美机载系统供应商已经凝聚了全球机载系统领域的顶尖人才和团队，在中国也进行了研发中心布局，争夺国内优秀人才和团队。我国机载系统研制单位也在引进国际水平人才和团队方面采取了多种手段和措施，但在机制的灵活性、长期的凝聚力、协作的规范性方面，相对于竞争对手仍然处于下风，在领军人才和核心团队方面，存在较大的人力资源风险。

7. 对策和建议

（1）加强领导，协同推进

按照国务院大飞机重大专项领导小组的统一部署，加强机载系统发展的顶层设计，实现机载系统发展的战略优先和政策稳定；采用专项支持的方式，为各项重点任务的实施提供资金保障；建立系统规范、公正客观的监督评估机制，及时动态调整资源和政策配置，确保实现机载系统发展目标。

围绕重点任务，建立与各相关部门的顶层协调机制，实现大飞机发展与机载系统发展的战略协同；在确保大飞机实现发展目标的基础上，围绕机载系统发展形成任务分解和系统部署，逐层明确责任主体，协调任务进度安排，确保重点任务的有序实施和全面衔接。同时，谋求相关国家重大专项对机载系统关键元器件、原材料和基础软硬件的发展战略性支撑，协同突破机载系统各项关键共性技术，夯实机载系统发展的技术与产业基础。

（2）强化基础，长远发展

基础研究是技术发展的原动力，是确保机载系统长远发展的重要支撑。针对我国机载系统基础技术储备仍显薄弱的现状，加强机载系统领域基础研究，建议设立专项研究基金，统筹安排多电/全电、光纤总线、人工智能、大数据和新型电源等前沿技术的基础理论与应用探索研究，进一步加大情报、标准、计量、测试、适航等技术基础研究力度。

（3）联盟共进，规范发展

推动行业技术共享是实现机载系统产业高效发展的战略途径。鼓励和支持建立机载系统企业技术联盟，实现技术资源互补，减少开发风险，降低投入成本，加速行业技术创新。

加速发展具有国际水平的机载系统产业标准体系和认证组织体系，切实保障机载系统的全寿命周期安全、可靠、环保、经济运行，切实保障机载系统供应链的可控、有序、高效发展。

（4）举国协同，开放创新

集举国之力，充分利用社会优势资源，加强军民技术、航空与非航空技术的相互支撑、有效转化，抓紧弥补短板。充分发挥举国体制优势，建立以传统航空骨干企业为核心、优势非航企业为辅助、相关高校和科研院所为支撑的产、学、研协同创新体系，实现国家主导与市场驱动相结合，增强机载系统技术创新力度和深度。

要进一步加大机载行业开放力度，建立小核心、大协作的机载行业产业链，主动积极引导各类优

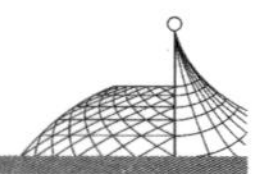

势行业资源进入机载系统配套体系。充分利用多双边国际合作机制与交流平台，加强机载系统技术合作交流，鼓励骨干企业“走出去”，利用收购、专利转让、设立海外研发中心等多种方式，大力引进先进技术和高端人才，探索市场化国际合作机制新模式。

8. 结 论

“机载系统提升计划”由专家论证委员会通过实地调研、系统性缜密论证和反复迭代优化编制而成。该计划是根据大飞机专项领导小组第十三次会议纪要，面向大飞机发展需求，基于机载行业发展现状，统筹规划国内机载系统2025年前奋斗目标和方向而制定的八年行动计划。其内容涵盖重要性和必要性、指导思想和发展目标、重点任务、进度及经费、风险及对策以及措施建议等部分。

“机载系统提升计划”的总体思路是针对大型运输机机载系统故障率高、可靠性低、寿命短以及C919机载系统依赖国外供应商、进度和成本等受制于人的问题，基于“问题导向，聚焦关键；创新驱动，掌握核心；军民融合，开放发展；整体统筹，协调突破”等发展原则，以2021年达到大型运输机的可靠性和寿命要求为阶段目标，2025年达到当代单通道干线客机机载系统水平为总目标，突出国内发展急需，抓住制约发展主要矛盾，选取航电、飞控、燃油、液压、空气管理、电力、起落架和辅助动力等8大机载系统以及关键机载部件的可靠性提升作为重点任务，突破关键技术，开展飞行验证，取得适航认证，掌握自主知识产权，形成先进机载系统的综合设计、系统集成、试验验证、精益制造和适航保障等5大能力，建立军民融合、技术先进的机载系统供应商体系。

专家论证委员会一致认为“机载系统提升计划”的指导思想明确、奋斗目标清晰、重点突出、技术指标可行，经费合理，能够解决大飞机专项当前遇到的迫切问题，并对建立军民融合、技术先进的机载系统供应商体系有重要意义，是贯彻落实“十九大”关于“加快建设制造强国、加快发展先进制造业”重要举措，是支撑大飞机国家重大专项真正成为“建设创新型国家的标志性工程”的必由之路。

建议将“机载系统提升计划”纳入大型飞机重大专项组织实施。

成本系统工程*

摘　要:本文用系统工程方法研究成本问题,提出了成本系统工程的概念,根据产品成本的全寿命周期,对制造企业的成本进行了分析,研究了开发成本、生产成本、管理成本与质量成本,探讨了降低制造成本的方法,提出了广义成本系统工程概念,分析了寿命与使用成本、批量与生产成本、技术与开发成本、人才与管理成本以及廉政与采购成本的关系。

关键词:成本管理;成本系统工程;作业成本管理;目标成本

1. 成本系统工程及其意义

1.1　国内外实行成本管理工程的情况

降低成本、提高经济效益是世界各国在发展经济中普遍十分关注的问题。发达国家在长期经济发展中,已形成一套行之有效的成本工程管理方法。与之相比,我国起步较晚,企业推行的传统标准成本制度、责任成本制度、变动成本法等成本管理仅处于初始阶段。

国外在成本管理方面的研究已经由某一个具体的降低成本手段、全寿命成本管理方法等,发展到了公司的战略决策高度,成本管理作为公司战略决策系统的一个子系统起着至关重要的作用。而我国的成本管理研究基本上还停留在全寿命管理阶段,能在资本成本的水平上进行成本管理研究的并不多见,在企业发展战略的高度上进行成本管理研究的就更少了。

其实早在1885—1920年,成本会计已经发展到了可与今天教科书中论述的许多内容相媲美的优秀会计实务阶段。随着生产、技术、管理环境的变迁,传统成本管理越来越难以适应管理实践的需要。从80年代起,国际上对传统成本管理系统的批评日益增多,认为传统成本会计管理未能正确反映当前的制造环境,所提供的成本信息缺乏准确性和透明度。当前世界范围内,一种全新管理方式——战略成本管理,正日益为世人所瞩目。所谓战略成本管理即在成本管理过程中,不仅要强调降低成本,而且要突出提高企业的战略地位的目标。实施战略成本管理的目的,就是要使企业在竞争中取得优势,增强企业战略地位,获取超过平均水平的报酬。因此,战略成本管理一开始便受到企业管理层的关注,目前发达国家无论在战略成本管理理论上,还是在实践应用方面都得到了较大发展(James,1998)。表1给出了有关战略成本管理和传统成本管理的比较。

*　本文为作者于2000年3月在中航二集团财务会议上的报告。刊于《航空科学技术》,2000(3):1-7.
2002年获国防科技进步奖。

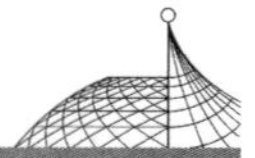

表 1　战略成本管理与传统成本管理比较

比较项目	传统成本管理	战略成本管理
管理着眼点	生产阶段	供应、生产、服务阶段
管理领域	企业内部价值链	企业外部价值链
成本动因观	单一标准:产量	多成本动因
成本管理观	增加的价值	一系列关联作业

对国内外成本管理研究进行分析之后,我们可以清楚地看到有关成本管理理论和方法发展脉络:产品经营成本——产品经营成本与资本经营成本并存——战略成本管理以及运营成本管理。

90 年代起,国际范围内以高新技术发展为标志的经营环境发生了迅猛变化,为适应日益剧烈的国际竞争需要,世界上高度发达国家在成本管理理论与实践方面率先迈出了革新的一步,作为战略成本管理理论的两大主要代表性管理模式——美国"作业成本管理"(Activity based cost management)与日本的"目标成本或成本设计"(Target costing or Cost design)开始崛起,逐渐成为主导全球成本管理的主流思潮。随着我国经济与国际经济一同进入高度信息化发展阶段,成本管理问题也日益被视为企业经营管理中至关重要的问题。各国众多的管理实践也证明传统的立足于生产现场的降低成本思想难以确立企业长期竞争优势,我国企业界过去长年在成本管理道路上所做的摸索基本上也证明了这一点。表 2 是战略成本管理的"主流"欧美国家与日本的比较。

表 2　成本管理"主流"的欧美国家与日本比较

地域	欧美	日本
针对的主要信息视野	财务成本信息	技术成本信息
采用的主要方法	管理会计方法	管理工程方法
主要方法目前 隶属的学科领域	成本会计 (或管理会计)	工业工程领域 工程经济学方法 工厂工程领域 管理系统领域 新产品开发领域

传统欧美式的成本管理是基于财务成本信息管理,即借助财务会计的成本资料,运用管理会计的信息处理方法,对生产经营过程发生或可能发生的成本数额与形态,实施控制、分析和评价。与此相对应,日本的目标成本则对成本有另一种理解。日本人认为,成本决非单纯是账簿的产物,它既然在制造过程中发生,就应该从工程的、技术的层面去把握成本信息,以工程的方法对成本进行预测、监控。由表 2 可以看出,日本的目标成本对应的管理工程方法实际是个泛义的概念,应该说成本管理采用的是隶属于管理工程的成本工程(Costing Engineering,CE)(陈胜群,1998)。成本工程是指根据企业成本信息和经营中各种假定前提条件,运用各种成本管理方法和手段,使企业成本目标得以实现的思想和技术的总称。成本工程虽也利用会计信息,但却主要采用非会计属性的工程方法实施管理。因此可以认为广义的成本管理即是成本工程。

国外在成本工程的实践中,积累了许多成功的经验。在激烈的民用飞机市场竞争中,波音公司与空中客车公司为了战胜对手,建立了两个目标,即:一是要在竞争中保持订货优势,二是要保证公司一定的利润。所用的策略就是降低成本,其中第一个手段是降低研制费并增大销量,以使每架飞机均摊的研制费尽可能的低，波音737就是该策略的一个典型；降低成本的第二个手段是降低生产成本，降低每架飞机所需的工时，缩短研制和生产周期。此外，波音还通过采用招标、转包等生产方式，利用转包商的特长来降低研制和生产费用。空中客车公司也有类似的经验，比如他们制订了要在近几年降低30%成本的目标，也取得了明显的效果。

经过20多年的改革开放，我国也有一些优秀企业形成了自己独特的成本管理风格。比如：邯钢在走向市场的同时，为了降低产品的成本，在企业内部建立起“模拟市场核算、实行成本否决”的经营机制，即用模拟的办法，把市场机制引入企业内部管理。这一机制可概括为8个字：市场、倒推、否决、全员。公司将1000多个综合指标分解到二级厂和处室，然后再细化分成10万个小指标，层层分解落实到每一个职工。一是将模拟市场核算机制由主要生产厂拓宽到辅助厂、生活后勤等所有单位，以后邯钢又把这一做法进一步拓广和完善；二是将模拟市场核算从生产领域引入到基建工程管理等其它管理领域，效果也很显著。

南京金陵制药（集团）有限公司在改革与发展的实践中，探索、构建与实施了“哑铃型”管理模式，即：建立一头抓产品开发——科研，一头抓产品销售——市场，用生产环节连接这两头的“两头大、中间精”的管理体系。

潍坊亚星集团有限公司大胆探索国有企业管理的新路子，建立了以财务管理为中心的企业运行机制，在物资采购和产品销售上实施了购销比价管理的新方法。购销比价管理有两层含义：一是在满足企业质量需求的前提下，通过比价实现低成本采购；二是在满足用户质量需求的前提下争取较高价位销售。

除此之外，还有许多企业都创造性地提出和发展了新的成本管理方法。但总的来说，我国国内的成本管理发展，在理论上，尤其从企业战略的高度上有所建树的成本管理理论还相当薄弱，和国外相比差距较大。

1.2 为什么成本工程是系统工程

“系统论”是近几十年蓬勃兴起的一门研究事物共同属性或普遍联系的某些共同方面的一门科学。它为研究各种系统对象提出基本原则，引导人们全面地分析和处理一定的对象及有关整体的联系，以便有效地解决各种错综复杂的问题。系统论认为，凡是有相互作用和相互依赖的若干组成部分的、具有特定功能的有机整体，就是一个系统。系统工程是一门实现系统最优化的科学，是组织管理的科学方法，它以系统为对象，从系统全局的观点出发，利用运筹学，现代数学方法，管理科学，控制论，以及计算机科学等现代科学理论与方法去解决系统问题，并使其达到最优。

系统工程方法解决实际问题的特点是：①系统的观点，即统观全局的观点，从系统的整体效果出发分析解决问题；②相关制约的观点，即系统的各元素和子系统之间是相互联系、制约的；③模型仿真的观点，系统可以通过模型化进行仿真处理；④系统优化的观点，即寻找或选择一个最优系统解决方案。

成本系统工程的理论包括组成系统工程的系统论、控制论、信息论等系统信息科学。成本系统工程的具体实施方法，包括建立成本规划、成本控制、成本决策模型等等。

“整体大于各孤立之和”，这是系统理论关于系统组成的著名定律。成本系统工程就是这样一个概念，在企业经营活动中，通过对企业产品全寿命发生的成本进行控制，达到争取企业最优效益，增加市场竞争能力的战略目标。反之，离开这个系统整体，如果仅对个别生产经营环节上的成本进行管理，则会出现个别环节上成本的降低导致其他环节成本的升高，使降低产品总成本的努力失去作用。因为产品成本管理是一个系统工程，由于其他各个环节上资金成本的制约，某一生产经营环节上成本

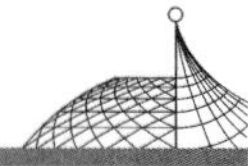

最低，整体经济效益却不一定最优。根据成本管理内在的规律，在决策人的干预和调整下，通过系统工程的方法，完全可以控制产品成本，为企业的竞争战略目标服务。

按照系统论的观点，如果我们把企业的经营管理看作在特定的社会经济条件下，由相互联系的若干管理分系统所组成的具有一定管理功能的开放系统，则成本管理就是企业经营管理系统中的一个分系统。该分系统是以生产过程中产品生产成本的控制为核心，以企业最优经济效益为目的的一个有机整体。它的各个组成部分有着特定的经济内容，主要包括：开发成本、生产成本、管理成本和质量成本等。成本管理的上述各个组成部分，都是衡量各个生产经营环节资金耗费经济效果的重要因素，从而对企业的整体经济效果产生影响。而且，各个组成部分之间也有着密切的内在联系。既然在企业经营活动中的成本管理是一个客观存在的系统，那么，对这个系统实施系统工程的管理就构成了成本系统工程。

受长期计划经济观念的影响，我国企业在成本管理中往往只注重研究生产成本的管理，忽视其它方面的成本分析与研究，这种成本管理远远不能适应市场经济环境的要求。在市场经济环境下，我们应树立成本的系统管理观念，将成本管理工作视为一项系统工程，强调整体与全过程，对企业成本管理的对象、内容、方法进行全方位的分析研究。

1.3 实行成本系统工程的重要意义

在世界上开创了企业战略竞争理论的著名管理学家迈克尔·波特尔认为：三种战略思想是成功企业应该具有的，其中之一就是总成本领先理论。总成本领先理论要求企业坚决地建立起高效规模的生产设施，在经验的基础上全力以赴降低成本，抓紧成本与管理费用的控制，以及最大限度地减小研究开发、服务、推销、广告等方面的成本费用。在激烈竞争的市场中，公司的产品成本低，意味着当产品进行降低售价竞争时，产品成本高的公司不可能随之进行降价销售。因为一种可能的情况是产品成本高的公司根本不能将价格降到成本低的公司那样低的程度，另一种情况是当成本高的公司将产品价格降低到相同价位时，有可能已失去利润或亏损，而成本低的公司却依然可获得利润，因此具有成本优势的公司自然就比别的公司具有更强的竞争力。

实行成本系统工程的意义在于：

(1)成本由孤立单项的管理向系统整合、系统优化的方向发展，由主要考虑生产性领域，包括产品设计、物料采购、生产计划、制造、销售和服务在内，向最终产品市场价格最优目标发展，追求系统综合成本优势。

(2)在市场化步伐进一步加快的情况下，通过增加资产、人力资源、研究开发资源、信息资源、销售渠道、市场开发与交易等在内的共享资源的规模和频率，来降低成本，是一条便捷的途径。必须更多地走专业化、通用化、标准化和规模化的道路，通过企业对全社会乃至全球成本优势的组合，来获得个别成本的优势。

(3)企业靠涨价来增加利润的现象基本不会再现。我国众多的工业企业，大部分是在传统的计划经济和短缺经济下走过来的。一般来说，计划经济很少考虑到成本，随着社会主义市场经济的逐步确立，从总体上来看，企业的产品价格，开始走上“下降通道”的不归路，即使是高附加值、高科技含量的产品也越来越难以维持其价格的“垄断地位”，特别是随着科技革命的加速和竞争的白热化，价格趋于国际化，受各种因素影响会越来越低。在此情况下，企业只有保持比较成本优势，才能站得住脚。

(4)通过企业技术创新来追求降低成本成为企业发展的不尽源泉。通过技术创新来提高技术水平，提高附加价值来改善比较成本，赢得竞争优势；通过结构创新和管理创新，有效配置和优化企业资源，提高资源使用效率和效益来降低成本；通过人力资源开发创新，充分调动员工的积极性和创造性，实行“自下而上”的全员成本管理，提高劳动生产率和工作效率来降低成本。

(5)靠国家对国有企业给予优惠政策的时代已经结束。随着改革的不断深入，特别是1994年以来，国家财政、税收、金融、外贸等方面改革的力度加大，国有企业已经难以从财政税收、贷款上获得更多的支持。国有企业只有丢掉幻想，通过努力降低产品成本费用等措施，自己救自己，才能求得竞争、生存和发展的机会。

(6)中国加入WTO后，更加直接面对国际竞争，使国内生产成本面临巨大压力。中国一旦加入世界贸易组织，尽管为我国许多企业和行业提供了发展机遇，但一些缺乏竞争力的行业将面临空前挑战，汽车行业(特别是轿车)就是其中之一。这些行业普遍的问题是产品质量差，价格高、规模小，难以在国际市场上和跨国公司进行竞争，因此迫切需要加强企业经营管理，降低成本，加强市场竞争力。

(7)信息技术和信息管理系统日益成为降低成本的主要途径。在知识和信息时代，如果没有一套高效的信息管理系统，降低成本将是难以想象的。面向21世纪的竞争，企业必须首先建立起以计算机和互联网为中心的高效信息管理系统，并广泛使用和利用电子数据交换系统(EDI)、国际互联网、计算机集成制造系统(CIMS)、集合生产商、批发商、零售商在内的连锁供应系统(ECR)、电子结算系统(EBS)等。

随着市场经济体制的逐步确立，企业正处在向现代企业制度进行转变，特别是面临着加入世界贸易组织之后即将而来的激烈的市场竞争，传统成本管理已越来越难适应新的竞争要求，迫切需要建立一种新的成本管理方法和理论来指导企业的实际生产活动。

2. 成本系统工程的组成

在我国，成本管理常常被认为只是财务上的事。在企业的实际工作中，影响成本的因素非常复杂，涉及技术、财务、管理，甚至党风党纪方面的事。

根据产品成本在产品整个寿命周期中发生的阶段，将成本系统工程的组成分为四部分：开发成本、生产成本、管理成本以及质量成本。

2.1 开发成本

开发成本即新产品、新技术研究开发(R&D)的费用。通常开发一个新产品、新车型，新机型，必须首先进行预研、设计、试制、鉴定等摊销费用，这些都是开发成本。不同产业开发成本占总成本的比重有很大不同，高科技产业开发成本占的比重较大，如软件业的开发成本占总成本的比重为70%～80%，飞机占的比重为20%～30%，汽车占的比重为10%～20%。企业的产品开发一般具有三种模式：自行开发、国外引进、自行开发与国外引进相结合。其中第三种模式是前二种的混合或折衷模式。

另外，对现有产品进行改进和改型，是一种投资少，周期短，效益高的开发方式。如果产品的性能可以满足市场和用户的要求，应坚持不断改进和提高开发模式。其缺点是对产品性能的进一步提高有一定限制。

2.2 生产成本

根据生产力三要素：生产工具、劳动者以及生产资料，我们将产品生产阶段发生的成本叫做生产成本，具体又可分为生产工具成本、人力成本、材料、部件(采购成本)成本，以及风、水、电气的运行成

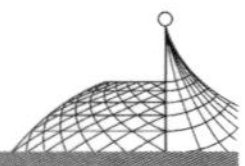

本。不同产业生产成本占总成本的比重差别很大，一般技术产业生产成本占的比重很大，如建筑业、一般加工业、原材料工业等生产成本比重很高，有的甚至高达90%～95%。

生产工具成本，主要表现在企业的生产设备上。一般来讲，对于新企业是一笔购买新设备的费用，而对于已有企业来讲则主要是对生产线进行技术改造的费用。因此，生产工具成本主要是由于上新产品，例如引进新车型，需要购置新模具、工装以及对生产线进行技术改造引起的费用，折旧费就是对生产工具成本的摊销。

人力成本，主要是工资、劳动保护、保险等费用，一般来说员工的年工资越高，劳动力数量越多，企业的人力成本就越大。劳动密集型产业中，人力成本占比重较大，资本密集型产业，人力成本占比重则较小。

采购成本，即企业在生产中需要购买原材料、零部件等的费用。在整机装配工业中，采购成本占的比重很大，有的高达80%～90%。

在生产成本中，还有维持企业生产所必需的运行成本，即风、水、电、气等维持正常生产所付出的费用，这一部分还包括运输过程中所发生的费用。在跨国生产的产品成本中，运输费占相当高的比重。

2.3 管理成本

管理成本主要包含流动资金周转天数、库存量、财务费等三部分费用。企业流动资金的周转天数越长，企业的管理成本就越大；企业的库存量越大，企业的管理费用也就越大；企业的财务费主要指企业在筹集生产经营所需资金而发生的各项费用，包括企业生产经营期间发生的利息支出、汇兑净损失、金融机构手续费以及筹资发生的其它财务费用。

2.4 质量成本

质量成本这一概念最早提出的是美国质量管理专家菲根堡姆(A V Feigembawm)，本世纪初，他把产品质量预防和鉴定活动费用与产品不合要求造成的损失一起加以考虑，朱兰博士(J M Juran)等管理专家也提出了“矿中黄金”的思想，他们把因产品质量造成的支出总和看作是一座金矿，可以对它进行有利的开采。菲根堡姆在60年代初，提出把质量成本划分为预防成本、鉴定成本、内部损失成本和外部损失成本四大类，为质量成本在全面质量管理中的应用奠定了基础。生产、采购过程中的废、次品造成直接经济损失，加大了产品成本，有的产品因重大质量问题引起大批产品退货、返修，导致企业灾难性有形或无形的损失。

ISO/DIS 8402－1991《质量管理和质量保证一词汇》对质量成本的定义是：为确保和保证满意的质量而导致的费用，以及没有获得满意的质量而导致的有形或无形的损失。

质量成本的形成源于市场竞争的需求，特别是当今经济全球化时代已经来临，为确保和扩展市场份额，对产品质量成本的研究非常重要，企业不得不以更为专门的手段控制质量成本去适应日益激烈的竞争需求。

3. 怎样降低成本

成本系统工程的研究目标是用系统工程的方法研究降低成本，研究内容则是如何有效地降低成本。下面我们根据产品成本的组成分别进行讨论。

3.1 怎样降低开发成本

在企业产品开发中,我们应该研究技术和成本的关系。因为,企业最终的目标是通过市场的环节获取最大的收益或利润,而企业开发新的技术、降低产品成本等一系列努力,仅仅是实现最终目标的过程和手段。在买方市场下,如果不能使顾客满意,即使是"好商品"也会卖不出去,因此需要分层次开发,充分考虑顾客消费观念和消费形态的变化。当今时代,物质收入不很充裕的消费者,往往首先着眼于产品是否经久耐用,较多考虑的是质量、功能和价格三大因素,评判产品用的是"好与不好"的标准;物质收入比较充裕的消费者,比较重视产品的款式、品牌及使用功能,价廉物美不再是这些顾客考虑的重点,评判产品用的是"喜欢与不喜欢"的标准;而物质收入非常充裕的消费者,则更多的关注产品会给他们带来的活力、充实、舒适和美感,评判产品用的是"满意与不满意"的标准。因此,企业在产品开发中,应该充分考虑产品的市场定位,而不能只片面注重追求新产品技术性能的先进性。比如在汽车的开发中,如果所有的车型一味追求技术先进性,产品总成本肯定居高不下。而实际上,多数消费者的物质收入不是很充裕,对产品的特殊功能要求不是非常高,比较注重汽车的价格和实用性,能够买得起,负担得起。

在新产品开发中,还要注意研究开发费用和产品技术性能的关系。由于产品的创新曲线是S形,通过新产品的不断开发,形成的产品创新包络线即企业的生命周期曲线是一条第一象限内向右上方延伸的曲线。当企业处于市场"跟进者"角色时,主要采取国外引进的办法,以至于企业可以从较高的技术起点,以较快的速度发展,尽快缩短与领先者的差距;当企业赶上"领先者"时,则应该采用自行开发的模式。实际上企业任何时候,都要坚持国外引进和自行开发相结合,只是各个时期侧重点不同。

3.2 怎样降低生产成本

在降低生产工具成本方面,我们应该学习南京金陵制药(集团)有限公司的"哑铃型"管理经验,即:建立一头抓产品开发——科研,一头抓产品销售——市场,中间用生产环节连接的"两头大、中间精"的管理体系。企业在生产环节中,要注重企业在市场上的竞争能力的培养,转变企业管理观念,由重生产、轻开发转为重开发、重科研。由于中间的生产环节上只保留了产品的核心部件,其余的配套零部件从其它相关的部件厂家采购,这样就避免了企业搞成"小而全",应该像日本本田公司培养发动机核心能力一样,可以集中有限的资本和技术力量,重点发展自己的核心技术力量。实际上,"哑铃型"管理模式的精髓不是不重视生产制造这块,而是生产环节需要提高质量,降低成本。

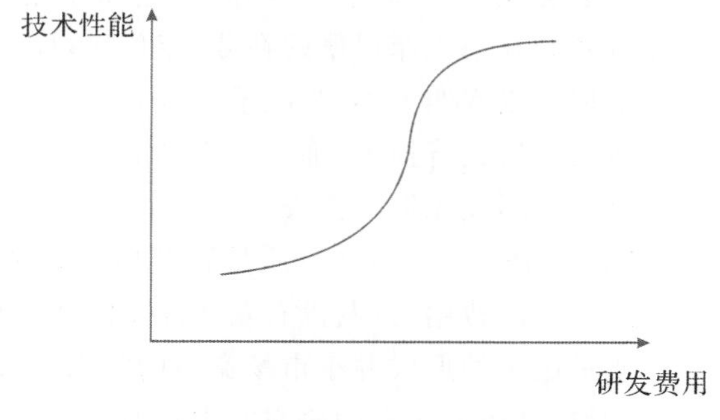

图1 研发费用接入与产品技术性能关系分析

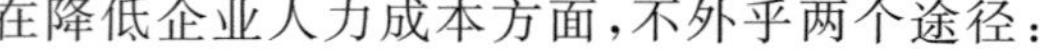

在降低企业人力成本方面,不外乎两个途径:

(1)降低员工的年工资;

(2)减少企业的员工数量。

在今天普遍提高人民物质生活水平的大前提下,降低员工的年工资似乎不符合当今的潮流,而且

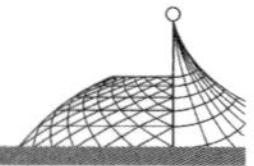

也与提高生产率的要求不符。比较可行的途径是，企业通过减员增效，将员工从效率低的地方减下来，进行培训，实行人力资源的重新配置，使人力资源这种宝贵的资源配置到效率最高的地方去，真正实现人尽其才，才尽其用，而不是成为企业的负担。在企业减员增效的过程中，首先要减的是那些人浮于事的部门和富余人员，而那些真正给公司带来效益的人才，不仅不应该减，而且应该增加他们待遇，实行奖励制度，以便能够留住人才，真正调动这些人才的创造力和干劲。

企业人力成本还可以通过技术创新和管理创新得到降低。正如历史上利用机器设备替代工人增加生产效率一样，企业可以通过技术创新的途径，减少员工的数量，客观上可以得到降低人力成本的效果。但是由于增加了生产工具成本，因此能否采用该措施的依据之一是总成本能否降低。企业还可以利用管理制度创新，有效地降低人力成本，提高企业的生产效率。90 年代初，美国三大汽车巨头之一的福特汽车公司位于北美的应付账款部有 500 多名员工，负责审核并签发供应商供货账单的应付款项。公司对采购进行了业务流程重组(BPR，Business Process Reengineering，也有译为流程再造)，完全改变了应付账款部的工作和应付账款部本身，仅保留了 125 人(仅为原来的 25%)，意味着节俭了 75%的人力资源成本(中外管理导报增刊，1999)。

在降低企业的材料、零部件成本(采购成本)方面，应该积极学习亚星的购销比价采购机制。购销比价管理有两层含义：一是在满足企业质量需求的前提下，通过比价实现低成本采购；二是在满足用户质量需求的前提下争取较高价位销售。原材料及成件的采购，是企业生产的起始环节，根据外购原材料及成件品种多、数量大、进货途径复杂的特点，企业应建立多元化供货配套机制，学习潍坊亚星集团购销比价方法，做到货比三家，同样产品比质量，同样质量比价格。大宗采购，采取政府采购模式，实行集中、招标采购。对于企业内部配套，也应贯彻同等质量下，内部与市场价格孰低原则。建立采购与使用单位相分离制度，堵塞买方市场的各种漏洞。在提高采购人员素质的同时，尝试实行采购目标责任制，对于同等质量下，做到低成本购进的采购人员进行奖励。

3.3 怎样降低管理成本

企业的管理成本的高低，体现了企业生产管理、资金运用、产品营销等综合管理的水平。

企业流动资金的周转天数越长，企业的管理成本就越大；企业的库存量越大，企业的管理成本也就越大。最理想的情况是企业的零库存和流动资金的零周转天数，这就需要加强企业管理，采用适合自己企业的先进管理技术。如日本丰田公司的准时生产(Just in time，简称 JIT)、美国最新的作业量基本成本法(ABC)，价值工程等等，来达到“零库存，零天数”的目标。在使用这些先进成本管理技术的时候，我们需要注意运用成功企业的经验，充分考虑社会文化环境与我们企业的不同，决不能简单的模仿和照搬。

财务费用是指企业为筹集生产经营所需资金而发生的各项费用，包括企业生产经营期间发生的利息支出(减利息收入)、汇兑净损失、金融机构手续费以及筹资发生的其它财务费用等。财务费用的降低主要体现在筹资过程中，为了节约财务费用，企业应该选择最经济的方式及资金成本最低的方式筹集资金，并要注意在恰当的时间取得合理的资金。也可以通过预定的资金成本与实际成本相比较，揭示费用的发生是否合理。

销售费用在管理成本中占相当大的比例，降低广告、服务、营销网络等方面的费用，对于降低管理成本有明显的意义。

3.4 怎样降低质量成本

从产品的质量性质考察，产品质量就是产品的适用性。一般情况下，企业要改进和提高产品的质量，就要多支付研究试验费用，培训和提高工人的技能，就要加强检验工作，多耗用检验工时和翻修工时，多投入质量费用。应该说，质量和成本的关系是一个辩证法，需要讲究质量的经济性，以获得最大经济效益。一般来说，高质量也往往意味着高成本，在价格不变的情况下，企业就可能会盈利减少；反之，产品质量低劣，销售不出去，也可能造成企业的人力、财力的浪费，付出的成本会更高。因此需要探求能够取得企业最佳经济效益的质量水平。

图 2 表明质量与收益的关系。其中曲线Ⅰ表示为质量—成本—费用曲线。当质量很低时，用户不购买造成积压，或用户购买后要求索赔多，损失大而成本高。随着质量的提高，次品及废品损失减少，成本降低，到某一质量水平后，再要提高质量水平，成本随之上升。曲线Ⅱ表示质量—价格—销售收入之间的关系。随着质量提高，销售收入增加，当质量水平上升到一定程度后，由于价格昂贵，销售量减少，收入增长缓慢，甚至下降。因此，可以确定图 2 中 O 点即为最佳水平质量。

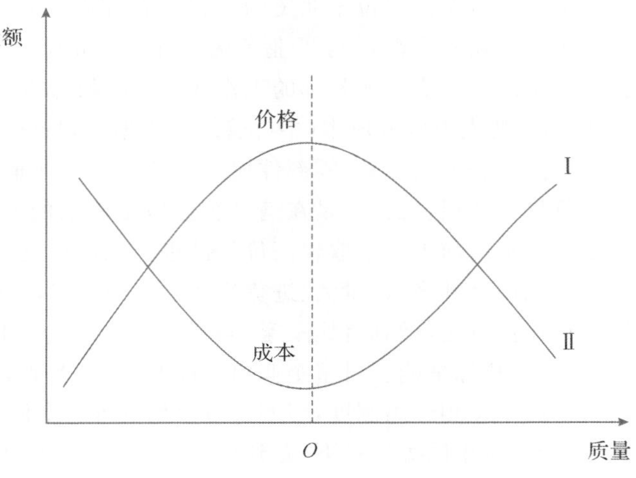

图 2 最佳质量水平

实践也证明，单纯降低成本的措施通常不能提高质量，而有效的质量预防、控制和改进，往往能够导致成本持续下降。

3.5 用系统工程方法降低成本

成本管理是企业管理工程的一部分，对企业的生产经营活动，既要注意定性分析，又要注意定量分析，通过事物现象看本质，揭示问题的实质。分析企业复杂的经济活动，一定要分清客观和主观的因素，分清主要因素和次要因素，在多种矛盾中找出主要矛盾，集中力量解决主要矛盾，但也不能忽视次要矛盾的解决。要提高对企业生产经营活动规律性的认识，有效地运用系统整体性原则、控制论的观点、信息论的观点，提高产品质量，降低产品成本，提高企业的经济效益，增强其在市场上的战略竞争地位。

我们选了三个公司的成本数据，分别进行相关的成本分析。分析数据分别是 1997 年至 1999 年属于三个公司的三种产品微型汽车、微车发动机和直升机的制造成本数据。

首先采用企业成本分析的结构分析法，计算制造成本的各个组成部分占总体的比重，分析其内容构成变化，从而掌握矛盾的性质，区分主要矛盾和次要矛盾。通过观察和计算，发现在某微型汽车和某直升机的制造成本构成中，成品件占的比重较大。

以 1997 至 1999 年的数据为例：

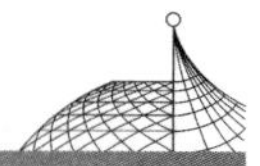

表 3　制造成本数据表

	原材料	成品件	燃料动力	工资及附加费	制造费用	专用工装	废品损失	制造成本
某微车								
1997 年	0.3000	2.4400	0.0500	0.1100	0.1100	0.1000	0.0000	3.1040
1998 年	0.2800	2.3500	0.0700	0.1000	0.0900	0.1000	0.0000	2.9930
1999 年	0.2300	2.2500	0.0500	0.1000	0.0700	0.1000	0.0000	2.8000
某微发								
1997 年	0.3158	0.1390	0.0317	0.0283	0.1160	0.0505	－0.0079	0.6734
1998 年	0.3215	0.1007	0.0270	0.0276	0.1165	0.0397	0.0104	0.6434
1999 年	0.1654	0.1302	0.0428	0.0371	0.1043	0.0646	0.0148	0.5592
某直升机								
1997 年	427.9200	2316.700	52.060	100.2300	229.5100	80.0000	2.5600	3,208.980
1998 年	227.9400	2530.800	75.460	76.9100	248.5600	80.0000	2.3200	3,241.990
1999 年	240.2400	2531.600	78.050	85.4900	207.6200	100.0000	32.0000	3,275.000

表 4　制造成本构成比例

	原材料	成品件	燃料动力	工资及附加费	制造费用	专用工装	废品损失
某微车							
1997 年	0.0966	0.7861	0.0161	0.0354	0.0354	0.0322	0.0000
1998 年	0.0936	0.7852	0.0234	0.0334	0.0301	0.0334	0.0000
1999 年	0.0821	0.8036	0.0179	0.0357	0.0250	0.0357	0.0000
某微发							
1997 年	0.4690	0.2064	0.0471	0.0420	0.1723	0.0750	－0.0117
1998 年	0.4997	0.1565	0.0420	0.0429	0.1811	0.0617	0.0162
1999 年	0.2958	0.2328	0.0765	0.0663	0.1865	0.1155	0.0265
某直升机							
1997 年	0.1334	0.7219	0.0162	0.0312	0.0715	0.0249	0.0008
1998 年	0.0703	0.7806	0.0233	0.0237	0.0767	0.0247	0.0007
1999 年	0.0734	0.7730	0.0238	0.0261	0.0634	0.0305	0.0098

在降低产品成本过程中，应该通过价值链进行分析，抓问题的主要矛盾，但也不能忽视问题的次要矛盾。影响产品成本的因素当中，有的因素所占的比重虽然不大，但如果有较大的可降空间，也是我们降低产品成本的主要对象。

这里只是用案例说明降低成本的一些方法，真正解决问题可能非常复杂，需要不断探索新的方法。

4. 广义成本系统工程的几个问题

实施成本系统工程是为企业在市场上的长远战略和现实利益服务的，并以取得企业最优的经营战略地位为目标。在前面几节中涉及的成本都是基于通常意义的，即发生成本的“主体”大多存在于生产过程。下面我们研究的成本则有些不同，即成本发生的“主体”不一定是生产过程的企业，也可能是产品使用者——用户。因此，从这个意义上讲，我们将本节研究的成本系统工程，称之为广义成本系统工程。

4.1 寿命与使用成本

企业在生产经营过程外，还发生一些耗费或支出，其中之一是使用成本。使用成本与企业中发生的开发成本、生产成本和管理成本并不相同。因为前者发生的主体是消费者，而后者成本的主体是企业。使用成本还应该包括产品的操作费用，如电费、油耗等，以及产品的寿命及维修费用，零部件置换费用等。对于飞机来讲，使用成本有个概念叫“直接使用成本”，即 DOC(Direct Operating Cost)，包括寿命、油耗、维护费等。而对于汽车来讲，使用成本则是油耗，汽车的寿命，可靠性等等。

产品的寿命直接影响到产品的使用，如果产品的寿命很短，则用户可能就会很快失去产品的使用功能和产品价值，直接影响到产品在市场上的营销，很多产品甚至引入了每小时成本的概念。因此可以认为产品的寿命是产品的使用成本的一个非常重要的部分。

过去在计划经济下，企业只注重产品的生产，对商品的使用成本研究不多。使用成本虽然发生的“主体”是消费者，不是企业，但是它会对商品的销售有很大的影响，企业为了保持或扩大其市场份额，必须降低产品的使用成本，如降低耗电量、延长寿命、提高可维护性等，这些都必须与产品的研制开发结合起来。

好的企业都比较重视产品的售后服务，以降低用户的使用成本。通过售后服务，吸引顾客源，树立良好形象，促进产品销售。然而从成本的角度来审视售后服务这一活动时，不难看出：良好的售后服务一般源自高额的管理费用，从而减少了当期利润。从这一意义上说，用良好的质量、较长的寿命，来减少售后服务，能够降低使用成本。

延长产品的使用寿命，肯定会给企业增加一系列支出，但同时也会增大企业产品的市场份额。因此如何发挥其正面效应、规避其负面效应便成为企业的一个战略和策略问题。一般可以从两方面考虑这个问题：(1)加强质量管理，降低质量成本。售后服务的一部分原因在于产品质量不过关，因而产品使用过程中质量问题频出。因此售后服务可以作为质量成本的一部分，通过加强企业的质量管理来降低或削减；(2)在产品的设计和开发阶段，将顾客作为企业的一项战略资源加以对待，以推进差别化战略的实施。实际上，由于成本管理在企业管理活动中是一个系统工程，因此，产品的各个组成部分必然有各种联系。在国外已经出现了一种新产品开发的用户合作模式，这种模式具有体现市场用户需求，降低新产品开发的风险与损失的作用，是一种较好的新产品开发模式。这种用户合作开发新产品模式，在微软公司“Windows 95”操作系统软件的开发中表现尤为突出，微软公司为使“Windows 95”更贴近用户、产品开发和用户之间的信息反馈更好地反映到最终推向市场的新产品上来，采取各种措施和用户进行交流，满足市场用户的各种要求和偏好。因而在 1995 年 8 月 24 日，微软公司的新

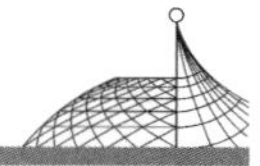

产品“Windows 95”正式推出后，创下了一分钟销售一张电脑软件的新纪录，从而坐稳了电脑王国的霸主地位。

4.2 批量与生产成本

产品的生产成本和产品的数量或批量关系最为密切，存在着一个最佳批量，即成本最小点对应着最适当的批量规模，见图3所示。传统的概念把业务量（如产量）看作是唯一的成本动因，认为它对成本分配起着决定性的制约作用，而把其它因素（动因）撇开不论。按照这一认识，形成了诸如“量本利”分析以及依存于产量的弹性预算等在成本管理中的具体应用，这虽不失为成本管理的有效思路。然而实际上，业务量并不是驱动成本唯一的因素。

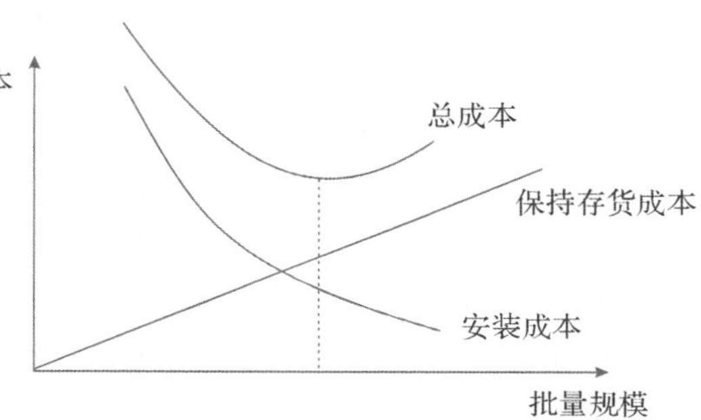

图3 批量与总的成本之间的关系

库玻和卡普兰于1987年在一篇题为《成本会计怎样系统的歪曲了产品成本》的文章中第一次提出了“成本动因”（Cost Driver，成本驱动因子）的理论，认为成本本质上是一种函数，是各种独立或交互作用着的因素驱动的结果。按照库玻和卡普兰的“成本动因”理论，成本动因可归纳为5类：数量动因、批次动因、产品动因、加工过程动因、工厂动因。从这观点出发，我们应在分析有关各种成本动因的基础上，开辟和寻找成本控制的新途径。比如，按照作业成本法（ABC法——Activity Based Costing）对成本动因的分析，企业成本可以划分有业务量动因驱动的短期变动成本（如直接材料、直接人工等）和由作业量动因驱动的长期变动成本（主要是各种间接费用）。基于此种认识，在企业成本管理中应该考虑通过适度经营规模来有效地控制成本，因为通常较大规模比较小规模更有利于降低单位产品成本。如采购费用支出，不单纯受采购数量所制约，还与采购次数有关，大量采购能降低单位采购成本；营销费用支出不单纯受销售数量所制约，还与销售批次有关，大量销售能降低单位产品负担的消费费用。管理会计中介绍的最优订购批量决策模型就是进一步分析出各动因（自变量）与成本（因变量）之间的关系，建立起成本函数的具体模型，即可进一步运用数学方法确定最优经济规模。

4.3 技术与开发成本

技术的先进性与产品成本是一对矛盾，当技术的先进性要求很高时，由于需要较高的专业设备以及素质较高的专业人员，结果不可避免地会带来产品开发成本与生产成本的上升；然而有的时候，由于技术先进性又会给产品成本的降低提供了可能性，比如新技术出现了以后，原来对原材料等有较高要求的，有可能应用成本较低的材料，比如塑料替代钢铁的例子。尤其是高技术产品，往往意味着高附加值和较强的市场竞争能力，因此，按照不同层次用户需求，开发不同档次的产品，是明智的抉择。当某一时期，由于技术先进带来的收益超过了引起成本上升的部分，采用新技术是合适的；而当产品的新技术带来的收益不足以抵消成本的上升时，是否采用新技术就值得斟酌了。企业的实际情况是，由于影响企业决策的因素很多，例如市场份额、产品定位、顾客的风俗习惯等等，这类企业决策具有权变性（Contingency），但所有的决策目标是增加企业的核心竞争能力、企业的市场份额占有率以及企业的利润等。

在技术和成本之间存在着一个折衷点，在这点上企业将得到最大的收益。我们应该采用价值工程的方法，来分析新技术和产品功能之间的关系。价值工程（Value Engineering，VE）又称为价值分析（Value Analysis，VA）是一门新兴的管理技术，是降低成本提高经济效益的有效方法。所谓价值工程，指的是通过集体智慧和有组织的活动对产品或服务进行功能分析，使目标以最低的总成本（寿命周期成本），可靠地实现产品或服务的必要功能，从而提高产品或服务的价值。进行一项价值分析，首先需要选定价值工程的对象。一般来说，价值工程的对象是要考虑社会生产经营的需要以及对象价值本身被提高的潜力。例如，选择占成本比例大的原材料部分，如果能够通过价值分析降低费用提高价值，那么这次价值分析对降低产品总成本的影响也会很大。价值工程虽然发源于材料和代用品的研究，但这一原理很快就扩散到各个领域，有广泛的应用范围。

设计成本与成本设计，企业除过降低设计成本外，还提出要进行成本设计。即从方案设计阶段，在技术和方案上采取措施，对项目成本进行预先设计，加以控制，叫成本设计。是一种行之有效的办法，比如在设计某型飞机前，预先先设定目标成本，然后按照这一目标开展设计，使成本始终控制在一定范围内。这一方法在发达国家已广泛使用。如，美国研制的第四代战斗机 F-22，性能很先进，但是成本很高，每架飞机要一亿多美元，即使美国这样的国家也大量买不起。美国政府提出研制一种低成本的联合战斗机 JSF，每架成本要在 3500 万美元以下，成为一种"买得起"的飞机，以便大量采购。但是，这种飞机还要满足先进的战术技术指标要求。这就要求总设计师设计出一种既满足技术指标要求，又要实现目标价格的飞机。为了实现目标价格，总设计师就要在技术总体方案上采取很多措施，以降低成本。这种设计就叫按成本设计。

4.4 人才与管理成本

企业的成败关键在人。因此，人才作为一种特殊的资源，我们应该认识到其重要性和价值。

高层次人才队伍，主要指企业经营管理者，他们是企业发展和运作的决策者、管理者和组织者。人才投入是以人才资源为对象进行投资的，其目的是为了提高人才素质的质量，以构成新的生产能力，产生更大的社会效益和经济效益。人才效益是人才全部才能的最终体现和集中反映。提高人才效益，也就是降低了人才成本。

在市场经济条件下，企业是研究与开发的主体。企业为了要在激烈竞争的市场上立于不败之地，必须注重新产品的研究和开发，这必须要有大量的高素质人才。企业的人力成本降低应该减掉没有用的人，大力引进高素质的人才，因为只有高素质的人才，才可能为公司创造出产品的高附加值。应该说，为引进高素质的人才，企业付出相应的成本是值得的。但是应该注意的是，人才储备越多，人才成本越高，企业必须处理好人才使用与成本的关系，建立充满生机和活力的用人机制，人尽其才，才尽其用。应该树立这样一个观念：人才只有得到了充分利用，其成本才是最低的。

企业成本也会受到人为主观因素的驱动，这也正是人具有的最大的能动性，人为的主观因素也是驱动企业成本的一个重要因素。比如，职工的成本管理意识、综合素质、集体意识、企业主人翁地位意识、工作态度和责任感、个人之间以及个人与干部之间的人际关系等，都是影响企业成本高低的主观因素。从成本控制角度来看，人为的主观动因具有巨大的潜力。

4.5 廉政与采购成本

严格地说，廉政并不属于成本系统工程的范畴，但是现实表明，廉政与企业产品的成本关系很大。

生产秩序混乱，回扣成风。许多企业为两件事犯难：一方面，企业采购成本居高不下，另一方面，个别采购人员却在黑色收入的滋润下，越来越"肥"。许多企业的采购员在企业的采购方面，为一点蝇

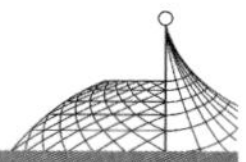

头私利拉关系户，买坏不买好，买贵不买贱，买远不买近，结果导致企业采购成本居高不下，直接影响了产品的市场价格，导致企业市场竞争力下降，市场份额萎缩，损害了企业的利益。在企业的采购方面，我们应该借鉴潍坊亚星集团有限公司的购销比较管理，可以很好地防止采购成本上升。

如果企业的高级管理人员腐败，对成本的影响更大。由于他们相对权力较大，因此对企业的破坏也就更大，将会直接导致企业成本急剧上升。而如果涉及对公司影响重大的项目，就有可能把公司搞垮，后果非常严重。因此，必须通过建立完善企业经理人员的激励和约束机制，促使企业经理人员竭尽全力发挥它自身的所有潜力，摒弃所有的“败德行为”和“机会主义行为”，从而实现企业效益最大化，成本最小化。

5. 结束语

本文阐述了实施成本系统工程的重要意义。分析了成本系统工程的四个组成部分：开发成本、生产成本、管理成本以及质量成本问题。提出降低成本的措施。研究广义成本系统工程的几个相关的重要问题：寿命与使用成本；批量与生产成本；技术与开发成本；人才与管理成本；廉政与采购成本等关系，努力实现企业效益最大化，成本最小化。

Cost System Engineering

Abstract: The cost question is discussed by way of system engineering and a new concept-Cost System Engineering is given in the paper. According to the all-life cycle of product cost, this paper analyzes the cost of the manufacturing enterprises, including development cost, production cost, management cost and quality cost, inquires into the methods to reduce the production cost, and analyses the relation of life and useful cost, batch and production cost, technology and development cost, men of talent and management cost, and honest politics and procurement cost.

Keywords: cost management; cost system engineering; activity based cost management; target costing

研发全球化是经济全球化的新趋势*

摘　要:分析了经济全球化对世界发展产生的重大影响,提出研发全球化是经济全球化的一个新阶段;研究了研发全球化的机遇与挑战及对经济全球化的促进和影响;分析了跨国公司在中国设立研发机构的特点;提出了鼓励在发展中国家建立研发机构的措施及发展中国家应采取的对策。

关键词:研发全球化;经济全球化;跨国公司;研发中心。

经济全球化的迅速发展对世界进步产生了重大影响。研发全球化成为经济全球化的一个新的趋势,经济全球化被引入一个新的阶段。也存在一些问题需要各国共同来研究与讨论。

1. 经济全球化对世界的发展产生了重大影响

上个世纪,经济全球化经历了制造和销售全球化。跨国公司在发展中国家建立许多制造厂,进行全球化生产,并逐步扩大到服务业。经济全球化有利于发达国家扩大市场,利用发展中国家的廉价劳动力和资源,从而一方面降低成本,获得丰厚利润;另一方面也加快了资金、产品、技术、服务等要素向发展中国家的流动。然而,也产生了知识产权保护问题。

在经济全球化过程中,发展中国家引进了资金,扩大了就业,培养了人才,学习了先进的制造技术、管理经验和现代市场营销知识,进而推动了经济和产业结构调整,同时也影响了发展中国家民族产业的发展。并产生了环境、资源和人权方面的问题。

中国实行改革开放以来,利用外资从无到有,从小到大,从单一到多元,已经形成了全方位、多层次、宽领域的格局。迄今为止,来华投资的国家和地区已超过 180 个,全球最大的 500 家跨国公司已有 480 多家在华投资,其中 40 多家在华设立了地区总部。截至 2006 年,中国累计批准设立外商投资企业 613110 个,合同外资金额达 10781.68 亿美元,实际使用外资金额 7238 亿美元,见图 1。

2004 年上半年,外商投资企业进出口总额达 5644.52 亿美元,比上年同期增长 21.31%,占中国进出口总额的 57.54%。

高于同期全国进出口增幅(36.5%)5.3 个百分点,占全国进出口总值的 57.42%,见图 2。

* 文章系作者于 2005 年 1 月 24—26 日在日内瓦"联合国贸易和发展会议"(UNCTAD)上做的报告,中文稿发表于《中国工程科学》,2005,7(9):14-17.

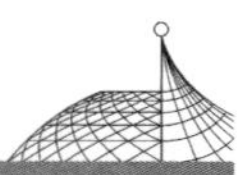

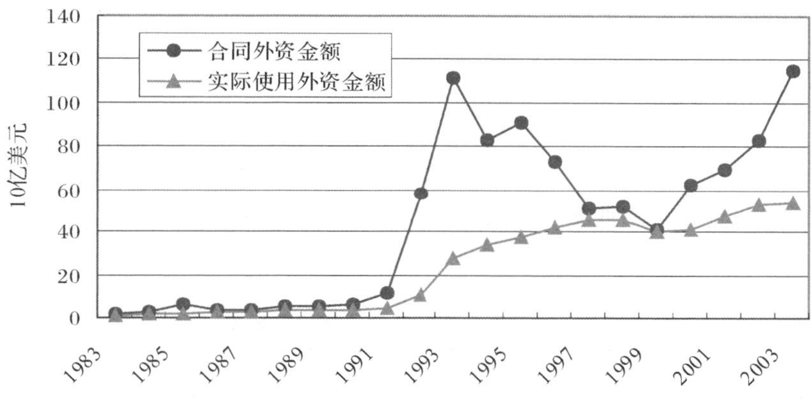

图 1　2003 年以前中国使用外资情况

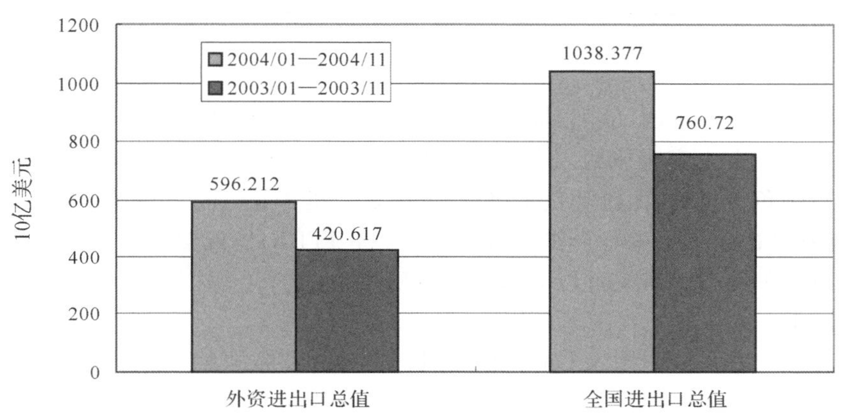

图 2　2004 年 11 月月底前中国进出口总额

2. 研发全球化是经济全球化的新阶段

2.1　受发达国家驱动

随着世界科技和市场经济的迅速发展，产品的开发周期逐渐缩短，产品的更新换代愈来愈快，而产品的研发成本愈来愈高。仅通过在发展中国家建立制造企业，已经不能满足瞬息变化的市场和全球经济发展的要求。上个世纪末以来，许多跨国公司已不满足于投资办企业这种模式，开始把注意力转向在发展中国家建立研发机构。其投资策略正逐步由劳动密集的生产加工型向资金、技术密集的研发生产型转变；由单纯的技术转让向研究开发本地化转变；由被动的勉强的技术转让向自觉的技术投入转变。到 21 世纪初，更多的跨国公司在发展中国家实行本地化战略，加强了人才、原材料、供应商、生产、产品研发与企业文化等全方位、深层次的本地化经营进程。

世界科技和经济的发展，促进了发展中国家技术和教育水平的不断提高，为发达国家在发展中国家建立研发机构提供了丰富的人力资源和广阔的技术应用市场。随着信息技术尤其是网络技术在发展中国家的快速发展，又进一步推动了研发全球化的发展。

上述两方面因素推动了研发全球化的迅猛发展，经济全球化进入研发全球化的新阶段。

2.2 发展中国家的环境

一方面，发展中国家在科学教育方面的提高提供了低成本的智力资源；另一方面，信息与国际互联网等技术状况的迅速改变也为研发全球化的发展提供了有利条件。

外商直接投资的研发可分为4种不同类型。

表1 不同类型的外商直接投资研发

	发达国家(美国、欧洲和日本等)	发展中国家(中国、印度等)
发达国家(美国、欧洲和日本等)	合作(类型A)	扩张(类型B)
发展中国家(中国、印度等)	跟随(类型C)	本地化(类型D)

(1)类型A:合作

此类型指发达国家(如:美国、欧洲、日本等)之间通过相互进行外商直接投资来合作，从而最好地利用各自的专长，例如:空中客车飞机就是在伙伴国家之间按照一定的工作分工联合开发与制造的(法国负责总装，英国负责机翼，西班牙负责尾段，德国负责机体)。而且，德国、荷兰、法国、英国、意大利、瑞典和西班牙在基础研发上进行合作。另一个例子是ITER(国际热核实验反应堆)，由欧洲、俄罗斯、日本、中国、印度、韩国参加研发，ITER设施建在法国。

(2)类型B:扩张

此类型指发达国家在发展中国家(如:中国、印度等)建立研发机构，通过本地化来降低成本、扩大市场。例如:诺基亚在22个国家建立了44个研发中心，雇用了13000人，占其全部海外雇员的30%。此外，微软、IBM、通用电气、西门子、联合利华、索尼、丰田等都已在全球各地建立了研发机构。

(3)类型C:跟随

此类型指发展中国家在发达国家建立分支机构，以掌握信息、了解趋势、利用当地的人才。例如:海尔是一家中国公司，它在美国的硅谷、日本、法国、荷兰和加拿大等都建立了设计分支部门，在韩国、中国香港、中国台湾、奥地利、澳大利亚，美国、日本和荷兰等建立了信息中心。

(4)类型D:本地化

此类型指发展中国家为开发适用于本地的产品、实现本地化而在发展中国家建立地区总部和研发中心。中国公司华为属于此种类型。它建立了8个地区总部，并在美国、瑞典、俄罗斯和印度建立研发中心以实现本地化。华为已申请了2635项专利合作条约下的国际和外国专利(14252项国内专利)。

在所有外商直接投资研发中，类型B最为普遍，占64%，而类型D最少采用，仅占3%，类型A与C分别占25%和8%。

表2 不同类型外商直接投资研发的百分比

	发达国家(美国、欧洲和日本等)	发展中国家(中国、印度等)
发达国家(美国、欧洲和日本等)	类型A 25%	类型B 64%
发展中国家(中国、印度等)	类型C 8%	类型D 3%

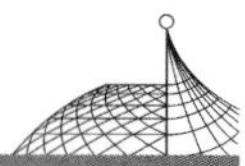

2.3 跨国公司研发在华迅速发展

在中国，外商投资研发机构增长较快，截至2004年6月，以各种形式在中国设立的研发机构已经超过750家，累计投资的研发金额约40亿美元。近40%由美国设立，约25%由欧洲和日本设立。在众多的跨国公司中，如：

（1）IBM1995年9月在中国成立研究中心，约800人，是其全球8个研究中心之一，主要研究项目为进行具有中国特色的软、硬件产品技术开发，包括汉语语音识别技术、汉字文本分析等。1999年在中国成立了IBM中国软件开发中心，主要从事电子商务整合、分布计算、LINUX等软件领域的开发。

（2）微软中国研究开发中心始建于1993年，约2000人。其前身是微软北京测试中心，1995年正式成立微软中国研究开发中心，是中国最大的外商软件产品研发机构。设有Windows平台部、桌面应用部、中文技术部、Windows系统服务器部、MSTV产品部、程序开发工具产品部、家用与零售产品部、MSN国际产品部，以及移动设备产品部等9个部门。针对中国市场开发了中文版的Windows平台系列、中文版的Office软件以及微软拼音等共计230多个中文软件产品。

（3）GE中国研发中心是GE3个全球研究中心之一，员工700人，计划于2005年增加到1200人，主要从事电力、电子、先进制造技术、医疗影像技术、材料科学、化学及材料等领域的研究，其技术及产品研发支持GE在全球的机构和业务。

（4）诺基亚在中国建有5个研发机构，从事汉字移动电话产品设计、CDMA软件和3G/WCDMA网络解决方案软件平台等无线技术的研究。诺基亚还投资100多亿人民币发起兴建世界级高新技术产业园区——星网（国际）工业园，从事有关移动通信产品及零部件的研发、制造、销售、服务等业务。

（5）空中客车公司最近在中国建立了有200名工程师左右的工程中心，进行民用客机开发。

其他跨国公司研发组织详情请参见附录。

跨国公司在中国设立的研发机构有以下特点：

（1）初期建立的研发机构主要是针对中国的实际情况，按照中国的市场规范、标准、汉字语言等要求，开发相应的产品。例如：微软、IBM，诺基亚等IT厂商，纷纷开发汉字化的电脑、手机、软件、打印设备等在中国销售；索尼、松下等家用电器厂商，将在日本、美国推销的110V电压的产品改为220V电压，使之成为适合中国用户需求的PAL制式视频、音像产品；众多国外汽车厂商，把在本国推出的右驾驶车辆改为左驾驶，成为适合中国行驶规则的车辆。

（2）研发机构主要集中在产品技术密集型的行业。如计算机、电子及通信设备制造、医药制造、化学原料及化学品制造、交通运输设备制造等。60%以上的研发组织分布在IT业，约10%或低于10%分布在其它行业，如：精炼化工，生物技术，汽车及其它行业。

加拿大与中国在研发方面的潜在合作领域包括：能源业（尤其是可再生能源）、农业、环境保护、航空工业和高技术。

（3）研发机构人力资源逐步实现本土化，来自本地的研发人员已达95.1%。

（4）研发机构主要集中在经济、技术比较发达，人力资源、通信、交通等基础条件较好的地区。如外商在北京、上海、广州和深圳等中心城市的研发机构，已占在华研发机构的85%。且大多靠近大学和研究机构，或集中在开发区、享受相应的优惠政策。在北京，跨国公司研发机构建在中关村地区和北京经济技术开发区的达50个。中关村地区已成为是中国大陆智力密集的地区，坐落着200多个研究机构和69所大学。

（5）近年来，愈来愈多的跨国公司把在华的研发机构，从主要针对中国市场的产品开发，逐步扩展到面向全球，从而提升其研发机构在全球战略中的地位。例如，GE公司在上海建立的研发中心，其核磁共振、塑料和先进制造技术等不仅支持 GE 在中国的产品，也支持 GE 在全球的产品。另外，像微软、诺基亚、索尼爱立信、松下等公司在华的研发机构，都是集团公司的全球研发中心。

3. 研发全球化的机遇与挑战

3.1 发达国家的机遇与挑战

(1)有利于占领和扩大市场。跨国公司在发展中国家建立研发机构，提高了它们在世界上的竞争力，有利于扩大世界市场，降低研发成本，获取更大的利润。

(2)有利于产业本地化。跨国公司在发展中国家建立研发机构，有利于将原有产品在技术上按照当地标准、规范、语言等要求，开发出适应当地市场需求的产品，实现研发本地化；也有利于利用本地的资源，实现材料配套和生产的本地化；有利于雇用当地人才，实现人才本地化。

(3)有利于降低研发成本。由于产品的技术含量不断增加，研发的人工成本不断增大，发达国家产品的研发成本愈来愈高。例如，发达国家软件产业的研发成本占其总成本的 60%～70%，航空产品的研发成本占其总成本的 20%～30%，汽车产品的研发成本占其总成本的 5%～20%。而发展中国家具有的物产丰富，有可用于研发的资源；人工成本低(发展中国家人工成本大约是发达国家的 1/10～1/3)，服务费用少；交通方便，进入市场距离短，运输费用便宜等优势，为跨国公司建立研发机构，降低研发成本提供了良好条件。

(4)有利于利用本地的智力资源。一些发展中国家，如中国、印度等在 20 世纪 80 年代以后，高等教育发展很快，本科生和研究生的数量和质量都有很大提高，外语水平也有明显变化；又有大量的海外留学生。中国每年就有 350 万大学生、30 多万研究生毕业，几万名留学生回国。这些人熟悉外语，具有一定专业知识，为发达国家在发展中国家建立研发机构提供了丰富而低成本的智力资源，又不存在移民问题。

(5)有利于掌握市场信息，开发新技术、新产品。跨国公司了解发展中国家的消费习俗和文化传统，掌握当地市场信息，研制的产品针对性强，容易被用户接受。例如，中国人喜欢功能多、使用寿命长的家用电器，喜欢价廉、物美、多座的经济实用型轿车等。

(6)存在的问题，主要是知识产权的保护问题。

3.2 发展中国家的机遇与挑战

(1)有利于提高利用外资的质量，促进结构优化和产业升级。

(2)有利于满足本国消费者日益多样化的需求，拉动消费，促进经济发展。

(3)有利于进一步吸引外资，引进设备，在更宽泛的领域开展多方位的合作并提高本地化程度；扩大引进外资的技术外溢效应，加速发展。

(4)有利于本地人才成长和吸引海外学者回国创业。

(5)有利于了解信息，学习先进技术，提高水平。

(6)存在的问题，主要是高科技人才竞争、自主创新能力和自主知识产权的形成等问题。

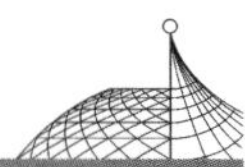

3.3 对经济全球化的促进和影响

从研发全球化的效果看，既有利于发达国家掌握市场信息，开发新技术、新产品和利用发展中国家的人力资源，降低成本，实现产品本地化，占领和扩大市场、赚取丰厚利润，也有利于发展中国家进一步吸引外资、引进设备，在更宽泛的领域开展多方位的合资合作，促进人才成长和吸引海外学者回国创业，了解信息，学习先进技术，提高水平。从世界贸易总体上看，若没有研发全球化，经济全球化将难以向更高阶段发展。因此，研发全球化是推动经济全球化，促进世界经济发展的新趋势，对发达国家和发展中国家都是利大于弊的“双赢”好事，世界各国应该同心协力，全力推进。

4. 鼓励在发展中国家建立研发机构的措施

当前，研发全球化在世界范围内发展迅猛，但也存在国家之间、地区之间发展的不平衡，以及发达国家与发展中国家之间缺少有效的沟通机制。因此，有必要研究支持和鼓励在发展中国家建立研发机构的政策措施。

4.1 发达国家应采取的政策措施

(1)放宽对高新技术产业在发展中国家建立研发机构的限制。

(2)制定支持跨国公司在发展中国家建立研发机构的政策，鼓励跨国公司的资金、产品、技术和研发向发展中国家流动。

(3)帮助发展中国家加快人才培养和提高科学教育水平。

4.2 发展中国家应采取的政策措施

(1)加强基础设施建设，如加强 INTERNET 网络、通信、交通、金融、生活等基础条件的建设，为建立研发机构创造必要的物质条件。

(2)营造吸引发达国家在本国建立研发机构的良好“软”环境。制定比支持单纯投资办企业更加优惠的政策，如支持本国科研机构与跨国公司共建研发机构；减免跨国公司投向研发机构的非营利专用设备的税收；对跨国公司建立的研发机构实施“国民待遇”，扩大知识产权保护范围，鼓励人才流动等。

(3)研究和制定在与跨国公司共建研发机构时，如何发展自主创新能力和自主知识产权的法规、政策措施。

(4)重视人才培养，加强科研条件建设，发展教育，提高科教水平。

4.3 中国政府已采取的政策

(1)对研发机构在投资总额内进口的自用设备及其配套技术、配件、备件及不构成生产规模的非生产性设备，免征进口关税和进口环节税。

(2)对研发机构自行研发技术转让收入，免征营业税。

(3)研发机构的技术开发费比上年增长10%及以上的,可再按技术开发费实际发生额的50%,抵扣当年度的应纳税所得额。

(4)允许研发机构为对研发的产品进行市场测试,进口并销售少量其母公司生产的高新技术产品。

4.4 联合国应采取的措施

(1)把支持和鼓励发达国家逐步取消对高技术转移的限制,及倡导跨国公司在发展中国家建立研发机构,作为促进世界贸易发展的重要内容,纳入联合国贸易发展工作的议程。

(2)支持发展中国家加快科技、教育的发展,资助发展中国家与跨国公司共建研发机构,实现双赢,以促进研发全球化的深入,缩小与发达国家的差距。

(3)建立在发展中国家设立研发机构的沟通、磋商机制,及时研究协调研发全球化过程中的问题。对版权、商标等知识产权制定明确的界定办法,确定研发全球化的游戏规则和保护政策,促进研发全球化和经济全球化的发展。

5. 外商直接投资研发是东道国创新机制的重要组成部分

外商直接投资研发是东道国创新机制的一个重要组成部分,这是因为:

(1)外商直接投资研发的本地化可以促进国际文化交流及知识更新。

(2)外商直接投资研发的技术溢出效应有助于提高东道国技术与管理水平。

(3)源于外商直接投资研发的创新也有助于东道国知识创新。

(4)外商直接投资研发活动比合资公司更有助于东道国的经济和科技发展。

为了支持跨国创新产生的研发活动,国家可以采取一些举措,如:

(1)为创新产生的研发活动提供优惠的政策支持,例如税收方面。

(2)完善风险资本投入方面的政策。

(3)加强知识产权保护。

(4)鼓励加快研发成就的转化与应用。

(5)鼓励中小型跨国公司的研发。

6. 结束语

经济全球化的迅速发展对世界进步产生了重大影响。研发全球化成为经济全球化的一个新的趋势。在研发全球化过程中,机遇与挑战并存。研发全球化的发展趋势及驱动力、其对创新与技术转让产生的影响以及其对本国与东道国带来的益处与代价应尤其予以关注。

中国作为最大的发展中国家,支持联合国促进研发全球化的举措,欢迎更多的跨国公司到中国建立有利于双方发展的高技术研发机构,为研发全球化共同努力。

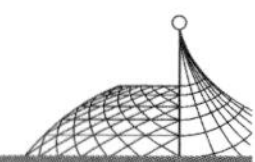

Globalization of R&D: New Trend of Economy Globalization

Abstract: The rapid development of economy globalization has exerted significant influence on the progress of the world. Globalization of R&D has become a new trend in economy globalization, which is thus led into a new stage. However, there exist some issues need to be studied and discussed jointly by all countries.

Keywords: economy globalization; globalization of R&D; transnational companies (TNCs); R&D Center

依靠科技创新　搞好节约型社会*

摘　要:本文从我国资源、能源的现状出发,说明建设节约型社会这一基本国策的重要性。研究了制造业的能耗、物耗,提出搞好节约型制造的紧迫性。分析了电力、钢铁、有色、建材、石化、化工、汽车,建筑等几个主要制造业的情况,提出依靠科技创新,搞好节约型制造的措施和目标。

我国要在实现2010年人均GDP比2000年翻一番,单位GDP能耗比2005年下降20%;2020年人均GDP比2000年翻两番,单位GDP能耗比2005年下降50%的目标,就必须依靠科技创新。从节约资源;节约能源;再循环、再制造、再利用等几个方面入手,逐步完成节约型制造的预定目标。为全面建设节约型社会奠定一个坚实的基础。

关键词:科技创新;节约型制造;电力;钢铁;有色;建材;石化;化工;汽车;建筑;再循环;再利用;再制造

1. 建设节约社会是我国的一项基本国策

2005年中共中央召开了十六届五中全会,做出了《中共中央关于制定国民经济和社会发展第十一个五年规划的建议》,指出:“我国土地、淡水、能源、矿产资源和环境状况对经济发展已构成严重制约,要把节约资源作为基本国策,发展循环经济,保护生态环境,加快建设资源节约型、环境友好型社会,促进经济发展与人口、资源、环境相协调”。

为什么要把建设节约型社会作为我国的一项基本国策?

1.1　我国资源相对不足

我国是一个人口大国,有13亿人,占全世界人口的20%。但资源相对缺乏,是一个资源相对不足的国家,人均资源占有量大大低于世界平均水平(见图1)。

从图1中可以看出我国可耕土地总面积占全世界的7%;人均1.4亩(1亩=0.6667hm^2),是世界人均量的40%、人均淡水量2200m^3为世界人均量的1/4、人均木材储量9m^3是世界人均量的1/8、人均石油储量为世界人均量的1/10、天然气为世界人均量的1/25。

---

*　文章发表于《中国表面工程》,2006,19(5):3-16.后被收录于《工程前沿(第6卷):节约型制造科技前沿》,北京:高等教育出版社,2007:3-34.

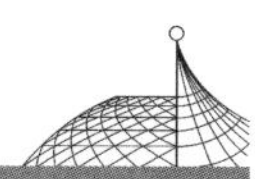

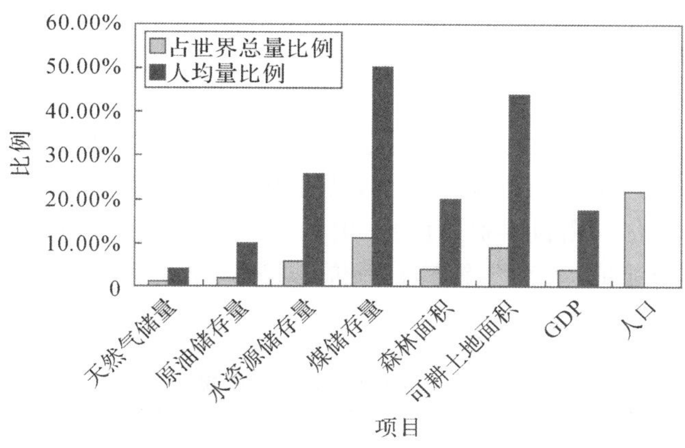

图 1　截至 2003 年我国主要资源、产值所占世界的比例

1.2　我国资源能源使用效率相对低

由于历史原因，我国的能源系统的总效率低，与 90 年代世界先进水平相比，我国能源开采效率低 30 个百分点左右，中间效率低 5 个百分点，终端利用效率低 10 个百分点，能源系统总效率低 10～20 个百分点。

单位产品能耗高。总体上，我国主要耗能产品的能耗水平比国际先进水平高出 20%～40%。我国发电厂供电煤耗比世界先进水平高 20%左右，每吨钢可比能耗比国际先进水平高 11%，每吨水泥熟料燃料比国际先进水平高 30%。2003 年，我国 GDP 约占世界的 4%，但资源和能源的消耗却占世界资源的比重很大。

从图 2 看出，2003 年煤的消耗量占世界的 31%；钢铁的消耗量占世界的 27%；水泥的消耗量占世界的 45%；铝的消耗量占世界的 25%；石油的消耗量占世界的 7.5%。每单位 GDP 消耗的能量（标准煤），为世界平均量的三倍；消耗的水是世界平均量的四倍。

我国矿产资源总回收率约 30%，比国外先进水平低 20 百分点；全国煤矿平均资源综合回收率（煤炭的采收率）30%左右；全国油田平均采收率 27%左右；木材综合利用率约 60%，低于国外先进水平的 80%；废纸回收率 28.7%，低于世界平均水平的 70%；工业固体废弃物综合利用率为 55.8%，堆积量达几十亿吨，占地很大。

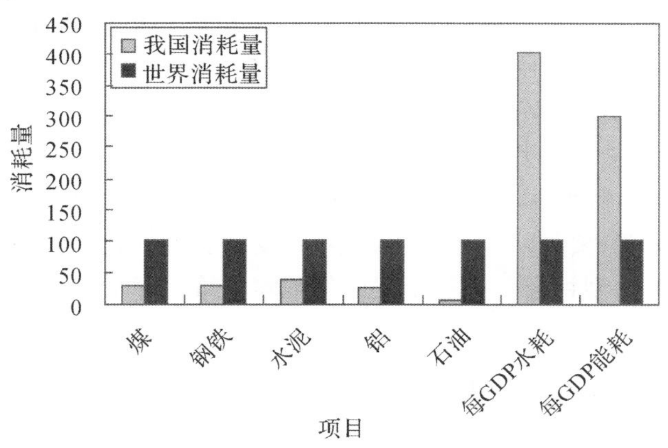

图 2　我国与世界单位 GDP 耗能比较

1.3 一些资源对外依存度增加

由于资源消耗量过大，这几年，我国不得不从国外进口大量的石油、铁矿石、铝、铜等。2004 年我国石油净进口量 1.22 亿 t，占全国消耗量的 40%，已成为仅次于美国和日本世界第三大石油进口国。去年我国进口铁矿石 2.08 亿 t，占世界贸易量的 30%。资源大量进口，消耗大量外汇，如 2004 年石油进口花费 431 亿美元；不断涨价，2005 年铁矿石涨价 71.5%；能源大量进口，也危及我国的经济和战略安全。

表 1 相关资源进出口情况

项目	2000		2001		2002		2003		2004	
	进口	出口	进口	出口	进口	出口	进口	出口	进口	出口
煤/万 t	—	5505	—	9012	—	8384	—	9388	—	8666
电力/(亿 kW·h)	15.46	98.78	17.98	101.9	23	97	29.8	103.4	—	—
原油/万 t	7013	1044	6026	755	6941	721	9113	813	12272	549
纸和纸板/万 t	595	—	557	—	633	—	636	—	611	—
水泥/万 t	—	605	—	621	—	518	—	533	—	—
钢材/万 t	1596	621	1722	474	2449	545	3717	696	2930	1423

1.4 污染问题严重

经济高速发展和资源利用带来了环境污染问题(包括水污染、土壤污染和空气污染等)不容忽视，发展和环境保护的矛盾日益突出。多年来，中国在保护环境、实施能源可持续发展方面采取了一系列行动，但能源生产和利用技术落后仍是环境污染的重要因素。据测算，2003 年我国二氧化硫排放量 2159 万 t、烟尘排放量 1048 万 t、工业粉尘排放量 1021 万 t、工业固体废料 1941 万 t，其中 85%～90% 是由于能源开发利用，特别是煤炭的粗放型开发利用引起的。烟尘和二氧化碳排放量的 70%、二氧化硫的 90%、氮氧化物的 67%来自于燃煤。由于二氧化硫排放大大超过环境自净能力，中国已有约 1/3 的国土受到酸雨污染。另外，有 3 亿亩耕地和 1/4 的水域受到各种污染。

我国的城市环境污染状况未见明显改善，单位生产总值的污染排放量比世界平均水平高出几十倍，我国目前城市废水排放总量为 439.5 亿 t，超过城市环境容量的 82%。此外，由于能耗大，污染严重，我国的发展也受到了京都议定书限制。

因此，我国要在实现 2010 年人均 GDP 比 2000 年翻一番，单位 GDP 能耗比 2005 年下降 20%；2020 年人均 GDP 比 2000 年翻两番，单位 GDP 能耗比 2005 年下降 50%的目标，不能靠拼资源和能源的办法，要贯彻科学发展观；要加快经济结构调整，转变增长方式：大力发展三产和高科技产业。归根要依靠科技进步，建立节约型社会——这是我国的基本国策。

2. 节约型制造是节约社会的重要部分

经过 50 多年的发展，特别是改革开放以来，我国制造业得到了长足的发展，成为国民经济的重要

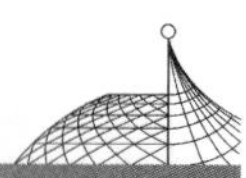

基础产业和支柱产业，很多产品产量居世界第一，成为制造大国。如：钢铁工业自1996年以来，钢产量已连续9年保持世界第一；化学工业中的硫酸、烧碱、纯碱、合成氨、磷肥、农药、电石、染料、涂料、合成橡胶等几十种化工产品产量都居世界第一位；石化工业中的原油加工能力居世界第二位、乙烯加工能力居世界第三位、合成树脂居世界第二位、合成橡胶居世界第三位、合成纤维第一位；有色金属的生产和消费都居世界第一位；水泥、平板玻璃、陶瓷以及石材等主要建材产品的产量连续多年位居世界第一；汽车工业连续实现产量的跨越，2005年我国已成为世界第三大汽车生产国。

然而，这些产业都消耗大量资源、能源。我国制造业存在有创新能力不足，核心技术对外依赖度高；能耗物耗偏高，污染大；以企业为主体的创新体系还不够健全等问题。

2.1 制造业是能耗大户，单位能耗偏高

流程制造业属于资源、能源密集型产业，由此带来了对能源、资源的较多依赖，已成为能源、资源的消耗大户。2003年，全国的总能耗为17亿t标煤，制造业消耗的能源为9.3亿t，占全国54.7%，其中以原油的消耗比例最大，占到了80.0%以上，见表2。

表2 2003年制造业能耗比例

2003年	总能耗/亿t	煤炭/亿t	原油/亿t	天然气/亿 m^3	电力/万亿度
全国	17	16.3	2.49	339	1.9
制造业	9.3	5.8 (电力7.8)	2.07	175	0.95
比例	54.7%	35.5% (电力47.8%)	83.0%	51.6%	50.0%

同时，制造业的单位能耗偏高。中国的火电、钢铁、乙烯、合成氨、水泥等与世界先进水平相差18%、11%、27%、19%、29%，见表3。

表3 我国制造业与世界水平的单位能耗比

地域	火电/ ($g \cdot kW^{-1} \cdot h^{-1}$)	钢铁/ ($kgce \cdot t^{-1}$)	铝/ ($kgce \cdot t^{-1}$)	乙烯/ ($kgce \cdot t^{-1}$)	合成氨/ ($kgce \cdot t^{-1}$)	水泥/ ($kgce \cdot t^{-1}$)
中国2003年水平	380	726	1150	889.8	1200	181.0
世界水平	312	646		629.0	970	128.4
差距	18%	11%		27%	19%	29%

与世界先进水平相比，存在着企业平均规模小、产业集中度低、生产技术水平较低、粗放型生产、产品层次低和污染较大等制约各行业可持续发展的问题。

2.2 重要产品能耗物偏高

(1)建筑业能耗物偏高

建筑一直以来都是占地和耗能耗材大户。改革开放20多年来，我国经济发展取得了世界上“奇

迹般的增长"，但与之相伴随的是土地资源消耗速度的加快。2000 年，全国净减少耕地面积 1443.5 万亩，2002 年减少 2529 万亩，2003 年减少了 3806.1 万亩。从 1996 年到 2003 年 7 年间，耕地减少了 1 亿亩，平均每年减少 1428 万亩。到 2004 年年底，全国城镇规划范围内共闲置、空闲、批而未用土地 395.61 万亩，相当于现有城镇建设用地总量的 7.8%。

根据数据显示，目前我国的建筑能耗惊人，单位建筑面积能耗是同纬度国家的 2～3 倍。其中建造和使用建筑时能源消耗已经占到全社会总能耗的 30%、建筑用钢占全国用量的 30%、建筑用水泥占全国用量的 25%、建筑用水占城市用水的 47%。另外，我国目前现有建筑中 95%达不到节能新标准，新增建筑中未达节能新标准的超过八成。另外，我国建筑在建设中还存在土地资源利用率低、水污染严重、建筑耗材高等诸多问题。

我国的建筑平均使用寿命短。一些工业建筑只有 20～30 年使用寿命。80、90 年代修建的公路、铁路桥梁和隧道工程结构的劣化已经到了相当严重的程度。某些城市建设开发中盲目大拆大建，造成巨大浪费。对于修缮和管理体系都比较完善的欧美发达工业国家，每年的土建结构维护支出也要达到其 GDP 值的 5%左右，我国也面临建筑修缮的问题。

另外，建筑钢筋、水泥和混凝土的强度普遍偏低，标号低于发达国家，导致耗材量过高；新型墙体材料推广使用率低；缺乏合适的粘土砖替代材料；以及二次装修造成巨大浪费。

(2)汽车产品油耗高

未来 20 年内，中国的大部分石油消费将由交通运输业的需求带动，在所增加的石油需求中，2/3 的石油消费将来自交通运输业，中国交通业消耗的石油将从 2003 年占全国石油消费总量的 40%增加到 2020 年的 55%。2003 年全国汽车消耗汽油总量约占 85%，柴油消耗总量约占 28%，汽柴油消耗总量约占 46%。

我国运输用油消耗量大，节油潜力也大，然而与国外相比，我国汽车单位油耗却相对偏高。2002 年，我国汽车发动机每百公里油耗的设计值比发达国家要高 10%～15%。而平均单车年耗油的实际值是 2.28t/年辆，比美国高 10%，比日本高 1 倍。机动车燃油经济性水平比欧洲低 25%，比日本低 20%，比美国整体水平低 10%。与国外先进水平比，载货汽车油耗高 1 倍以上、内河运输船舶高 10%～20%。

2.3 循环经济尚未形成

我国循环经济尚未形成，造成极大浪费。流程制造业(包括冶金、化工、建材、石化等)消耗着大量的自然资源和能源，在生产过程中又伴随着大量的各种不同形式的排放物，造成巨大的资源和环境负荷。随着技术的进步，流程制造业存在着减量化、再利用和再循环的巨大潜力，不同流程制造业之间有时也存在着互为依存的产业生态链，也存在着消纳社会废弃物的机会和潜力。另外，全国每年报废的汽车有 200 万辆以上；报废的电视机、洗衣机、冰箱有 1500 多万辆；报废的手机有上千万台；废纸 1400 多万吨；农村每年还有 7 亿吨秸秆要处理等等。这些废弃物如不及时处理，势必会造成很大的浪费和污染。

表 4　我国汽车、家电等年报废数量

报废项目	现保有量/万	年报废数量/万
汽　车	3000	>200
机　床	400	

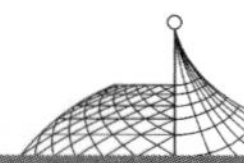

续表

报废项目	现保有量/万	年报废数量/万
冰　箱	12000	400
洗衣机	17000	500
电　视	40000	>500
电　脑	1600	500
手　机	35000	>1000

从以上的数据和资料可以看出，我国的制造业在能源消耗、物耗以及土地资源占用等方面都占有重要的比例，甚至是主要的消耗构成，所以，节约型制造是建设节约型社会的重要组成部分。只有做好节约型制造，完成了节约型制造的奋斗目标，才能为建设节约型社会打下坚实的基础。节约型制造的奋斗目标是：

(1)力争到2010年我国消耗每吨能源、铁矿石、有色金属、非金属矿等十五种重要资源产出的GDP比2003年提高25%左右；矿产资源总回收率和共伴生矿综合利用率分别提高5百分点。工业固体废物综合利用率提高到60%以上。再生铜、铝、铅占产量的比重分别达到35%、25%、30%，主要再生资源回收利用量提高65%以上。工业固体废物堆存和处置量控制在4.5亿t左右；城市生活垃圾增长率控制在5%左右。

(2)到2020年制造业的能耗，物耗及排放达到2003年世界水平。

3. 节约型制造的主要领域

3.1　电　力

长期以来，我国一次能源生产、消费结构始终以煤炭为主，电力是我国的用煤大户。2003年发电用煤7.8亿t，占全国用煤的47.8%。2004年，我国电力生产量为21854亿kWh，其中，火电18073亿kWh，占电力总量的82%。预计到2020年电量需求将达到45000亿kWh，煤电发电量到29140亿kWh/年，仍将占到66.2%。未来火电(主要是煤电)仍然是我国发电的主体。

然而，电力工业能源利用率较低，2002年，我国的供电煤耗为383(gce/kWh)，而国际先进水平为316(gce/kWh)。如每度电煤耗降50g，就可节省原煤1亿t；通过有效提高煤炭燃烧效率，对燃煤含硫量大于1%的机组进行增装脱硫装置的改造等，可节约煤炭5%左右。

3.2　钢　铁

中国钢铁工业在20世纪90年代快速发展，自1990年以来的15年间钢产量增加了3.17倍。自1996年以来，钢产量已连续9年保持世界第一，在全球占有重要位置。2004年中国产钢量为27246万t，占世界钢产量的25.77%。中国钢铁工业在世界上有举足轻重的作用。在我国工业化和城镇化的进程中，钢材仍是不可替代的结构材料和使用量最大的功能材料。

然而由于近几年钢材市场需求旺盛的刺激，出现了盲目投资、低水平能力扩张的现象，加剧了产业布局不合理，资源、能源消耗增加以及环境污染等方面的矛盾。2004年钢铁工业的能耗约占全国总能耗的11%，排放的废水和废气约占工业总排放量的14%，固体废弃物约占工业废弃物总量的16%。目前我国钢铁企业的能源费用占生产成本的比重约30%，比国外先进企业约高10百分点。2004年我国宝钢的能耗水平与国际先进水平相当，但重点钢铁企业平均吨钢可比能耗比国外先进水平高10%左右，各工序能耗的水平也有差距(见表5)。

表5　2004年我国钢铁企业能耗与国际先进水平对比

项目	吨钢综合能耗/($kgce\cdot t^{-1}$钢)	吨钢可比能耗/($kgce\cdot t^{-1}$钢)	焦化/($kgce\cdot t^{-1}$)	烧结/($kgce\cdot t^{-1}$)	炼铁/($kgce\cdot t^{-1}$)	转炉/($kgce\cdot t^{-1}$)	电炉/($kgce\cdot t^{-1}$)	轧钢/($kgce\cdot t^{-1}$)
重点企业平均	761	701	142.2	66.4	466.2	26.6	209.9	92.9
宝　钢	675	648	88.1	62.2	395.4	−0.3	182.7	80.5
国际先进水平	655(日本平均,2004)	/	128	51	438	−8.8	198	128*

*：国外包括热轧：47.80kgce/t，冷轧：80.23kgce/t

重点企业吨钢新水耗量虽已从1993年的48.04m^3/t钢，下降到2004年的11.62m^3/t钢，下降了75.81%。但与国外先进企业的水平仍高出9m^3/t左右(见表6)。

表6　近年我国钢铁工业环保现状及与国际水平比较

项目	宝钢(2004年)	我国重点钢铁企业平均(2004年)	国外先进企业水平
工业水重复利用率/%	98.30	92.13	9.00
吨钢新水耗量/($m^3\cdot t^{-1}$钢)	4.08	11.62	5.5(Arcelor)，2.6(Thyssen Krupp)
吨钢外排废水/($m^3\cdot t^{-1}$钢)	1.08	8.60	1.1(Thyssen Krupp)
吨钢排SO_2/($kg\cdot t^{-1}$钢)	2.04	3.08	1.28(Arcelor)
吨钢CO_2排放量/($kg\cdot t^{-1}$钢)	2124	2220	1652(2002年日本平均)
吨钢排尘/($kg\cdot t^{-1}$钢)	0.86	2.16	0.5(Arcelor，Thyssen Krupp)
厂区降尘量/($t\cdot km^2\cdot 月^{-1}$)	14.89	34.32	2.43(Nippon Steel)

钢铁产量越大，能源消耗越多，每生产1t钢，消耗自然资源23t；而二氧化碳排放量与一次能源消费量成正比，即能源消费量越高，二氧化碳排放量越大。因此，以煤为主的能源消费结构也是我国钢铁生产环境污染负荷重的主要原因。大中型钢铁企业CO_2排放总量的增长势头在“九五”期间得到遏止，2000年出现下降趋势，但近两年由于钢产量大幅度增加而有所回升，见图3。

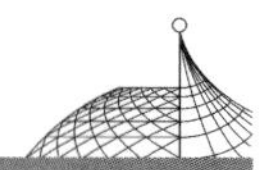

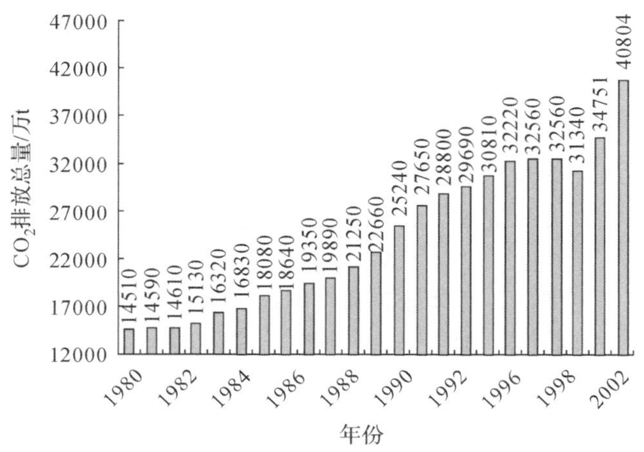

图3　1980—2002年钢铁工业CO_2排放总量的变化(共75家企业)

3.3　有色金属

2004年中国有色金属总产量约1430万t,消费量1353万t左右,生产和消费都占世界第一。表7是2004年中国铜、铝、铅和锌的生产和消费情况。

表7　2004年有色金属及铜、铝、铅和锌金属的生产和消费　　(单位:万t)

	总产量	占世界比/%	世界位次	总消费量	自给率	探明储量
有色金属	1430.0		1	1353.00		
其中:铜	217.0	13.8	2	321.00	35%	7年
铝	683.7	22.3	1	618.00	50%	30年
铅	181.2	26.7	1	182.00	60%	6年
锌	251.9	24.7	1	271.00	85%	8年

2003年,我国消耗了约占全球20%的氧化铝、铜和锌资源;每万美元GDP消耗的铜、铝、铅、锌分别是世界平均水平的4.8、4.9、4.9和4.4倍,有色金属单位产品能耗达4.75吨标准煤。1990—2003年期间,我国有色金属能源消耗年平均增长率为8.7%,支撑了有色金属产量增长五倍。随着矿山产量快速增长,储量大量消耗,而全国矿产资源勘查工作进展缓慢,资源保障程度急剧降低。在这样的情况下,其矿产资源储量保有年限只有10～20年不等。据报道:"按2002年已探明储量,铜矿可开采7年、铅矿5～6年、锌矿7～8年锡矿5年、锑矿5～6年,铝土矿30年"。

2003年有色金属行业用水总量35亿t,总取用水量6.12亿t,单位产品取水量55t,仍然是耗水较多的行业。大量消耗水资源,也带来了严重的环境问题。

此外,我国有色金属矿产还面临着资源利用率低、单位产品能耗高,能源消费总量增长过快以及"三废"资源化率甚低等问题。

3.4 化　工

我国化学工业的资源不足。据最新的全国矿产资源储量套改统计结果，磷矿等 8 种主要化工矿产资源可利用的基础储量绝大多数均不足总量的 1/3，低于全国矿产资源的平均水平。资源不足已经成为影响我国化学工业未来发展的重要因素。化工资源的消耗巨大，仅 2004 年，就消耗了 4000 万 t 磷矿、4000 万 t 硫铁矿、500 万 t 盐、1.2 亿 t 煤、60 亿 t 水。总能耗占到了全国的 15%。

化学工业的资源能源利用率低。总体能源利用率比先进水平低 15%，与发达国家相差 20 年，节能降耗潜力很大，能源利用中间环节（加工、转换和贮运）损失量大，浪费严重。一些产品单位能耗比先进水平高 20%～30%，甚至高出 40%～50%，单位产值能耗为先进水平的 4.1 倍。我国化工单位产值耗水量为 1000m^3/万美元，而先进水平超过 300m^3/万美元，单位产值水耗高达 3 倍。

化学工业的精细化率不高，为 40%左右，比发达国家落后 15～20 年。精细化工的发展程度是一个国家综合国力和技术水平的重要标志之一。据统计，美国 70 年代精细化率为 40%，80 年代增至 45%，目前已超过 53%。原联邦德国，现已达到 56%。日本最高为 57%。2000 年发达国家精细化率增至 60%～65%。而我国化学工业长期以来是以支农化工和传统基础产业为主，高新技术和新领域精细化工起步较晚，大部分尚未形成产业。

化工工业的环境污染严重。由于化工行业门类繁多、工艺复杂、产品多样、生产中排放污染物种类多、数量大、毒性高，是污染大户。我国在“九五”期间，加大了“三废”污染的治理力度，新建和技术改造项目始终坚持“三同时”和以新带老的原则，有效地控制了新污染源的产生，在废弃物回收利用和资源综合利用方面取得显著成效。但从总体上看，化工“三废”治理率还较低，污染仍十分严重。

3.5 石　化

我国石化工业经过 50 多年发展，通过几次较大规模的改革重组，已建立了实力强大、配套完整的工业体系，原油加工能力、乙烯和三大合成材料产能均居世界前列。截至 2004 年底，原油一次加工能力达到 3.18 亿 t/年，居世界第二位；乙烯生产能力达到 605.5 万 t/年，居世界第三位；合成树脂生产能力 1950 万 t/年，居世界第二位；合成橡胶生产能力 139 万 t/年，居世界第三位；合成纤维生产能力 1310 万 t/年，居世界第一位。同年加工原油 2.73 亿 t，生产汽煤柴三大类油品 1.64 亿 t，基本满足国内市场需求；乙烯产量达到 626.6 万 t，所产石化产品支持了国民经济的发展。

我国石化工业在资源和能源节约、环保方面取得了很大成绩，但与世界先进水平相比，在整体能耗、物耗和环境保护水平方面还存在一定差距。

（1）石油资源浪费严重

由于地方利益驱动，目前我国石油加工散、乱、小的问题不仅没有得到彻底解决，而且还有进一步发展的趋势。2004 年，全国还有相当数量规模低于 100 万 t/年的小炼厂，合计加工能力达 2600 万 t/年以上。一般情况下，小炼厂的轻油收率平均比大型炼厂低 10 百分点以上。此外，目前全国已建成和规划建设的涉及石化和化工产业的各类化工园区约有 320 多个，设置过多、分布太散，多数园区中拟建的石化项目均是小化工，项目重复，能耗、物耗高，产品质量差，环境污染严重，浪费了大量土地和石油资源。我国石化资源的对外依存度不断加大。

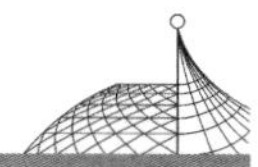

表8　我国石化资源对外依存度

年份	2003	2010	2015	2020
原油总需量/亿 t	2.66	3.2	3.7	4.5
进口量/亿 t	0.96	1.4	2.1	2.5～2.7
对外依存率	36%	43.7%	51.7%	55%～60%

(2)石油资源利用率低

我国炼厂和乙烯厂平均规模均低于世界平均水平，能耗物耗较高，使得石油资源的利用率较低。2004 年中国石油、中国石化两大集团炼厂的轻油收率平均为 72.6%，综合商品率为 92.4%，加工损失率在 1.0%左右，而小炼厂的轻油收率和综合商品率更低，与国外相比均有一定差距。另外，目前我国交通运输用油和化工用油消费占石油消费的比例还偏低，石油资源未能充分得到有效合理的利用。

(3)工艺技术水平与国外有一定差距，造成装置能耗较高

目前，我国石化工业总体工艺技术水平相当于国外 90 年代水平。装置套数多、结构复杂，多数炼油企业能耗指标与国外先进水平相比还存在一定差距，见表 9。

表9　我国石化综合指标与国外的差距

	中国	世界	差距
综合商品率/%	92.4%		
轻油收率/%	72.6%	80.0%	7.4%
综合能耗/(kg・t^{-1})	75.65		17%
裂化能耗/(kg・t^{-1})	55～60	37	32%～38%
乙烯能耗/(kg・t^{-1})	702.3	500～650	7%～28%

3.6　建　材

20 世纪 90 年代以来，我国已成为世界上最大的建筑材料生产与消耗国家，水泥、平板玻璃、陶瓷以及石材等主要建材产品的产量连续多年位居世界第一。建材工业在满足基础设施建设、城镇和住房产业发展的需求，为我国社会财富积累做出巨大贡献的同时，也消耗了大量的能源，见图 4 和图 5。

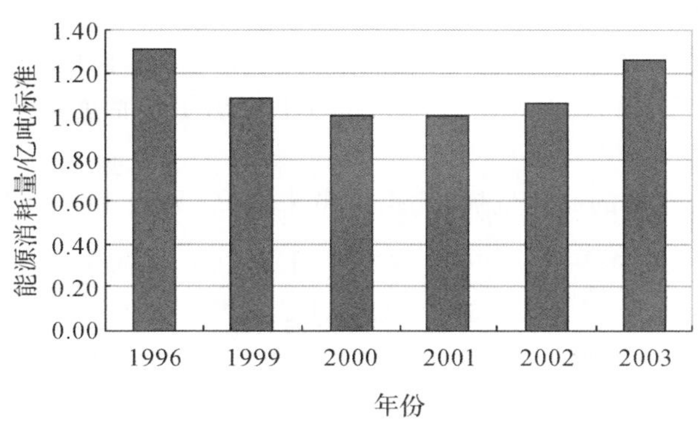

图 4　1995—2003 年建材制造业能源消耗量

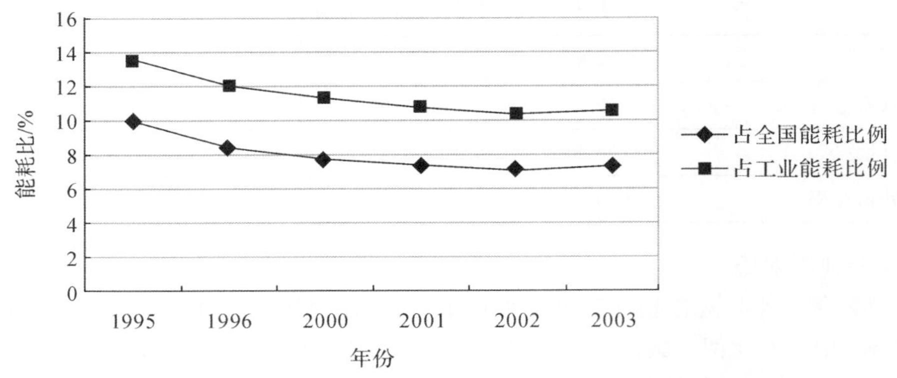

图 5　1995—2003 年建材制造业占全国工业能耗的比例

我国生产水泥、玻璃、粘土砖等建材，每年需采矿 13.5 亿 t，占全国总量 24%，耗能 2.2 亿 t 标煤，消耗资源 35 亿 t，万元产值耗资源 87t；我国 2004 生产水泥 9.7 亿 t，占世界水泥产量的 46%，消耗 1.22 亿 t煤，资源利用率和人工效率相对国外有较大的差距。

表 10　国内外水泥生产对比

先进技术、指标		国　外	我　国	差　距
新型干法预分解技术/%		>90	33	3 倍
综合能耗/(kWh·t^{-1})	一般	95～100	<110	10%～15%
	先进	85～90	<100	
劳动生产率/(吨·人$^{-1}$·年$^{-1}$)		8000～15000	2000	4～7.5 倍
烟气排尘/(mg/Nm^3)		<50 15～30	<100 <50	1 倍

3.7　汽　车

进入二十一世纪以来，中国的汽车工业在开放的大环境下，取得了快速增长，我们仅仅用了两年的时间，就完成了从 200 万辆到 300 万辆的跨越，且在接下来的两年里以每年百万辆的速度高速增长，使得中国汽车工业在 2004 年突破了 500 万辆产量，位居世界第四；2005 年整车产销量达 570 万辆；在过去 10 年里，国民经济 GDP 年均增长 9.3%，汽车产量年均增长 15%，引起了国际经济界和汽车界的广泛关注。根据预测，到 2010 年，中国将成为世界第二大汽车生产国；成为当今世界汽车销售增长最快的地区。然而中国汽车工业高速增长的同时也付出了包括能源、环境和各种资源消耗的巨大代价。

汽车是耗油大户，随着汽车的高速发展，比重会愈来愈高，见表 11。而且我国油耗要明显高于欧美以及日本等国家。

表 11　汽车耗油预测

年份	2000	2010	2020
石油总消费量/亿 t	2.3	3.2	4.5

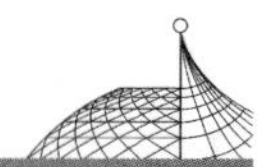

续表

年份	2000	2010	2020
汽车用油量/亿 t	0.77	1.38	2.57
比例/%	33	43	57

机动车燃油消耗将成为推动我国石油消费持续增长的主要因素。2000 年机动车燃油消耗约占石油消费总量的 1/3，据预测，到 2010 年、2020 年这个比例将分别提高到 43%和 57%。到 2020 年，我国石油消费占能源消费总量的比例将达到 26.0%～27.5%，与当前美国、英国、日本等发达国家石油消费占 40%(2000 年世界平均水平为 37.8%)的水平相比仍有较大距离。2020 年我国人均石油消费量将达到 0.30～0.41t。为 2000 年世界人均石油消费量 0.56t 的 54%～73%。

4. 依靠科技创新，搞好节约型制造

考虑到中国的国情，虽然我国人口的增长得到了有效控制，但 2020 年前，每年人口还要增长 1000 万人左右；并且随着城镇化的发展，每年有 1000 万～2000 万人口转入城市，相当长时间内，房屋、汽车、家电等仍是内需的重要增长点；特别是西部大开发及中部崛起，基础设施建设要先行，在相当一个时期内，我国流程制造业仍将会是我国能源和资源消耗的最重要部分。因此，能源资源不足的矛盾还将长期存在，解决这一矛盾，既要调整和转化产业结构；制订发展节约能源资源和开发新能源产业的规划，发掘新的能源资源；提倡节约光荣，浪费可耻的社会风尚，树立节约型消费方式。但归根结底是要按照科学发展观，依靠科技创新，走节约高效的道路，实现节约型制造，这也建设节约型社会的重要途径。

4.1　节约型设计：开发节约型产品

(1)节约型房屋

房屋的耗能过大除气候、锅炉效率低、分散等原因外，房子保温性能差，能耗大；门窗及玻璃散热快等是重要的原因。随着建筑节能要求的提高和建筑装饰装修业的快速发展，应该切实推动新型墙体材料、高性能水泥、建筑保温材料、建筑门窗、涂料、铺地材料、建筑五金以及各种装饰材料等方面的发展。

据预测，如果房屋节能达到 50%，则可节约全国能耗 11%。

(2)节油汽车

2004 年我国柴油消费量分别达到 4706 万 t 和 10292 万 t，而 2003 年分别为 3065 万 t 和8595 万 t，同比分别增加 15%和 20%，油品消费的增长速度远大于国民经济的增长速度。若按此比例增长，则以“能源翻一番，保国民经济翻二番”是无法做到的。因此，节约用油，降低单位能耗是一件迫在眉睫的大事。如果开发节油汽车，如果 2020 年汽车油耗能降低 30%，每年可节油 6000 万 t。目前正在研究的节油技术有：

高效发动机：可提高效率：10%～15%；

混合动力：可节油：15%～40%；

燃料电池：115.6km/h，1.048kg/100km；

代用燃料：醇醚，燃气可替代燃料 5%～15%；

汽车电子：电喷，电控进一步提高效率；

轻量化：铝，复合材料可减重：15%～30%

(3)节能电力设备

火电一直以来都是我国电源的主体，消耗的煤炭资源也占了我国消耗总量的大部分。因此，有效提高发电机组的效率将有很大的节能潜力。

目前，增压流化床联合循环发电，高效、环保的超临界(超临界机组的发电效率比亚临界高 2%，节约煤炭约 5%)和超超临界发电等煤炭高效燃烧技术；新建燃煤发电机组都要安装脱硫装置，对燃煤含硫量大于 1%的在运机组都要进行增装脱硫装置的改造，推广炉内低 NO_x 燃烧技术和烟气脱硫技术都能有效的节约能源、提高生产效率。

如果每度电的煤耗可降低 50g，即：从 380g/(kW・h)降到 330g/(kW・h)，按每年发电 2 万亿 kW・h，则每年可节约 1 亿 t 煤。

此外，提高能源转换、输运、储存、分配和终端使用过程能效技术，建设可靠高效灵活的电网技术，电器节能技术等也是有效的节能途径。

4.2 节约型生产：降低能耗物耗

(1)钢铁生产

20 世纪 90 年代以来，由于连铸技术，高炉喷煤技术，高炉长寿技术，棒、线材连轧技术，流程工序结构调整综合节能技术和转炉溅渣护炉技术等六项关键—共性技术的推广和集成，使我国钢铁工业在节能降耗、提高产品质量、减少污染排放等方面取得了显著的效果，技术经济指标明显提高。由此带来的钢铁生产流程优化产生的节能效果占其总节能量的 40.7%。

1990 年到 2000 年的十一年间，我国钢产量翻了近一番，钢铁工业总的能源消耗只增加了 31%左右，吨钢综合能耗下降了约 43%，吨钢新水耗量下降了 57.3%，吨钢废水排放量下降了 47%左右，年排尘量下降了约 36%。为我国钢铁工业的健康发展奠定了良好的基础。

预计到 2020 年，我国钢铁工业应在 2000 年粗钢产量的基础上用增加 60%左右的能源消耗、翻一番左右的粗钢产量支持我国 GDP 翻两番。具体为：

①淘汰落后工艺装备，淘汰落后产品，大力节约能源、改善环境，使钢铁制造流程进一步合理化；落实国家钢铁产业发展政策规定的限期淘汰的 300m^3 高炉、20t 转炉、4.3m 以下焦炉等一批落后设备，淘汰 600mm 以下热轧窄带钢，年产 25 万 t 及以下热镀锌板卷等产业政策限制类产品。

②实现新一代钢铁制造流程的工艺和装备的自主创新、集成设计、制造和生产；

③大力推动节能技术的普及以及系统集成，使 2010 年吨钢综合能耗、可比能耗和吨钢新水消耗量分别降到 730kgce/t、685kgce/t 和 8m^3/t；2020 年分别达到 700kgce/t、640kgce/t 和 6m^3/t。

④进一步提高钢的使用效率 5%～10%，资源循环利用率提高 15%；

⑤通过新一代钢铁制造流程的开发和环境友好技术的应用，力求 2010 年，大型钢铁企业吨钢 CO_2 排放量小于 1900kg/t，其它钢铁企业吨钢 CO_2 排放量小于 2000kg/t；吨钢 SO_2 排放量，大型钢铁企业小于 2kg/t，其它小于 3kg/t。

⑥实施绿色制造，为钢铁企业的生态化转型创造条件。促进形成钢铁与发电、建材等行业的工业生态制造链。

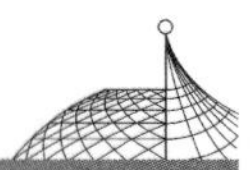

表 12　未来钢铁生产指标的目标

年份	可比能耗/（kgce・t^{-1}）	综合能耗/（kgce・t^{-1}）	水耗（m^3・t^{-1}）	CO_2 排放/（kg・t^{-1}）	SO_2 排放/（kg・t^{-1}）
2000	781	930	24.8	2463	5.56
2004	701	761	12.0	2200	3.24
2010	685	730	8.0	1900	＜3
2020	640	700	6.0	1800	＜2

(2)有色金属生产

以资源循环利用为中心，以科学技术为动力，同时落实减量化消耗、减量化排放和“三废”资源化利用的原则，争取到 2020 年有色金属资源利用率显著提高，再生资源循环利用能力明显增强，为构建节约型行业奠定坚实基础。

到 2020 年，有色金属矿产资源利用率（较目前）提高 5％～10％，单位产品能耗下降 40％左右，硫回收率从目前的 82％提高到 95％以上，工业用水复用率提高到 90％以上，单位产品取水量降低到 38t；充分合理的利用国内、外有色金属再生资源，大量增加再生资源循环利用量。到 2020 年有色金属发展的规划总量列于表 12。

“三废”资源综合利用产品产值达到 35 亿元，利润约 2000 万元；固体废物综合利用率由约 10％提高到 25％，年利用约 3000 万 t，利用尾矿作矿山生产充填材料，赤泥和炉渣生产水泥和其他建筑材料。

表 13　再生金属规划总量及占同类金属总需求量的比例

金属	项目	2010 年	2020 年	金属	项目	2010 年	2020 年
铜	需求总量/万 t	450	640	铅	需求总量/万 t	200	250
	再生金属量/万 t	200	360		再生金属量/万 t	50	100
	再生需求比/％	44	56		再生需求比/％	25	40
铝	需求总量/万 t	880	1340	锌	需求总量/万 t	320	390
	再生金属量/万 t	320	750		再生金属量/万 t	20	30
	再生需求比/％	36	56		再生需求比/％	6	8

根据表 13 数据，假设到 2020 年再生有色金属总产量达 1240 万 t（约为 2003 年的 5 倍），届时，原生有色金属的总产量约为 1380 万 t，再生金属将接近原生金属的产量；与原生有色金属（2003 年）的状况比，可节省矿产资源 2000 万 t 以上（金属量），1380 万 t 原生金属的总能耗约为 5520 万 t 标煤，1240 万 t 再生金属的能耗约为 1500 万 t 标煤，总计能耗 7000 万 t 标煤，单位产品的能耗从目前的 4.75 降低至约 2.67（吨标煤 / 吨金属），单位产品节能率达 40％以上；此外，还将年节约用水约 5 亿 t；少排放二氧化硫 45 万 t；少排放固体废物超过 1.2 亿 t。实现工业总产值约 2500 亿元以上。可以明显看出，再生资源循环利用，将取得巨大的资源效益、经济效益、环境效益。将成为有色金属工业新的经济增长点。

(3)石化生产

石油是不可再生的资源。近年来，随着国际市场原油价格持续大幅上涨，为了最大限度地将宝贵的石油资源转化为油品和石化产品，提高利用率，保护环境，国外都非常重视节约资源能源和环保技术的开发和应用，推动了世界石化技术的快速发展。针对我国石化工业的情况，应采用先进技术，积极实施“煤代油、焦代油、气代油”工程，提高资源利用效率；推广先进适用技术，不断对生产装置和公用工程进行节能改造，促进能源消耗不断降低；强化节水减排工作，合理使用水资源，提高工业水重复利用率；推广应用清洁生产技术和环境友好产品生产技术，以资源的高效和循环利用，支持循环经济的发展。以期达到：

①轻油收率从2004年的72.6%提高到2010年的75%，按2010年加工原油3.2亿t计，可增产轻质产品770万t左右；再由2010年的75%提高到2020年的78%，按2020年加工4.25亿t原油计，可增产轻质油品1275万t；通过减少自用率和损失率，使综合商品率由2004年的92.43%提高到2020年的93%以上，可增产石油产品240万t左右；通过煤、石油焦、天然气代油，节约石油500万t左右。

②加工一吨原油综合能耗由2004年的75.65kgce/t下降为2010年的70kgce/t，按2010年加工原油3.2亿t计，可降低炼油综合能耗180万t标油，到2020年再进一步下降为65kgce/t，按2020年加工原油4.25亿t计，可降低炼油综合能耗210万t标油；乙烯综合能耗由2004年的702.25kgce/t降至2010年的650kgce/t，按2010年生产乙烯1400万t计，可降低综合能耗73万t标油，到2020年乙烯综合能耗进一步降低为600kgce/t，按2020年生产乙烯2000万t计，可减少综合能耗100万t标油。

③到2020年，工业用水重复利用率达到96%以上，外排污水合格率达到100%；加工吨原油取水量由2004年的每吨0.9t降至2010年的0.6t以下，按加工原油3.2亿t计，可节水9600万t，到2020年进一步降低到每吨0.5t以下，按加工原油4.25亿t计，可节水4250万t，实现原油加工量增加，取水量不增加。

(4)化工生产

目前，国外发达国家将重化工转移至发展中国家的趋势为中国等发展中国家提供了经济发展的机遇，也带来资源过度消耗和环境更严重污染的危机。我们要在经过环境、市场和技术、经济收益的全面平衡后，抓住机遇，有选择地接受大型化工生产装置的转移，同时进行重化工业技术改造创新，淘汰污染严重及落后技术，实现技术、产品和产业体系的升级，减少高能耗和高物耗产品出口。

使用先进节能降耗生产技术，用先进科学技术提高传统化工产品的生产水平，降低产品物耗、能耗。通过节约能源和不可再生资源，最大限度提高资源、能源利用效率，在化工生产过程中使之逐步达到国际先进水平；在化工生产过程中推行清洁生产，实行原料、工艺、催化剂的绿色替代；利用可再生资源替代煤，石油等化石资源，逐步发展生物质化工产业，提升化学工业中可再生资源的利用比例。

化学工业资源节约技术及措施发展战略主要考虑2006—2020年阶段，其中近期为2006—2010年，中远期为2011—2020年。主要指标见表14。

表14　节约型化工生产目标

年份	2004	2010	2020
资源生产力	100%	+30%	+70%
能耗/GDP	100%	−25%	−60%
水耗/GDP	100%	−30%	−70%
固体排放物	100%	−25%	−60%
单产能耗差距	20%～30%	10%～15%	0
精细化率	40%	50%	60%

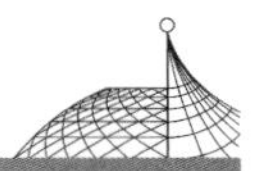

(5)建材生产

建材工业是一个资源(矿产资源、土地资源等)消耗多、能耗高、环境影响大的产业,它们的发展消耗大量资源、能源,又污染环境。为实现建材工业持续发展和向生态化转型,必须通过技术创新,改造并提高技术装备水平、产品升级等手段把资源、能源消耗降下来,环保达标率提上去;必须从源头上减少对不可再生资源、能源的消耗,利用可再生的资源、能源,提高资源利用率,开发推广节能技术和装备;提高建材产品的质量和功能,开发绿色建材产品;同时要充分发挥建材工业可消纳其它工业废弃物和社会垃圾的优势,为建筑节能降耗做出贡献。建材工业产品的生产将更加突出节能、节约资源和综合利用资源,建材产品的使用过程将更加突出健康、节能和环保;节约能源、降低资源消耗,最大限度地减少对环境的污染,将是我国建材产业发展中永恒的主题,发展循环经济和绿色建材将是我国建材工业实现可持续发展的必由之路。节约型建材生产的目标见表15。

表15　节约型建材生产的目标

年份	水能/亿t	墙体材料/亿块	节煤(比2000年)/亿t	废弃物利用(比2000年)/亿t
2010	12.5	8200	0.5 (−30%)	4 (+200%)
2020	14.5	8800	1.0 (−60%)	5 (+250%)

4.3　开发新材料应用

(1)汽车轻量化

轻量化材料技术的发展着眼于解决为降低汽车排放、提高燃油经济性而追求减轻汽车自身质量。根据最新资料,国外汽车自身质量同过去相比减轻了20%~26%。预计在未来的10年内,轿车自身质量还将继续减轻20%。

(2)建筑用材

钢用HRB400代替335,可节钢材10%~25%;水泥用42.5级代替32.5级每立方米可节约80kg;推广到50%,可节约3000万t/年。

4.4　提高制造质量,延长产品寿命

我国的建筑平均使用寿命短。许多工业建筑只有20~30年使用寿命。80、90年代修建的公路、铁路桥梁和隧道工程结构的劣化已经到了相当严重的程度。一些城市建设开发中盲目大拆大建,造成巨大浪费。据测算,如果将建筑寿命由目前的30年左右提高到50年,则相当于节约70%的资源。

此外,提高电器、容器、汽车、船舶、飞机等耐用产品的制造质量,延长其使用寿命,则可降低使用成本,节约我国的生活方面的资源和能源消耗,才能全面构造节约型社会。

4.5　发展再循环,再利用及再制造,提高综合效率

(1)制造业内部的综合利用

一个年产粗钢800万~1000万t的钢铁联合企业,如全部回收可燃气体,按热值计算可供一个120

万 kW 发电厂所需的能源。如全部回收固体废弃物，可满足一个年产 300 万 t 水泥厂所需的原料。

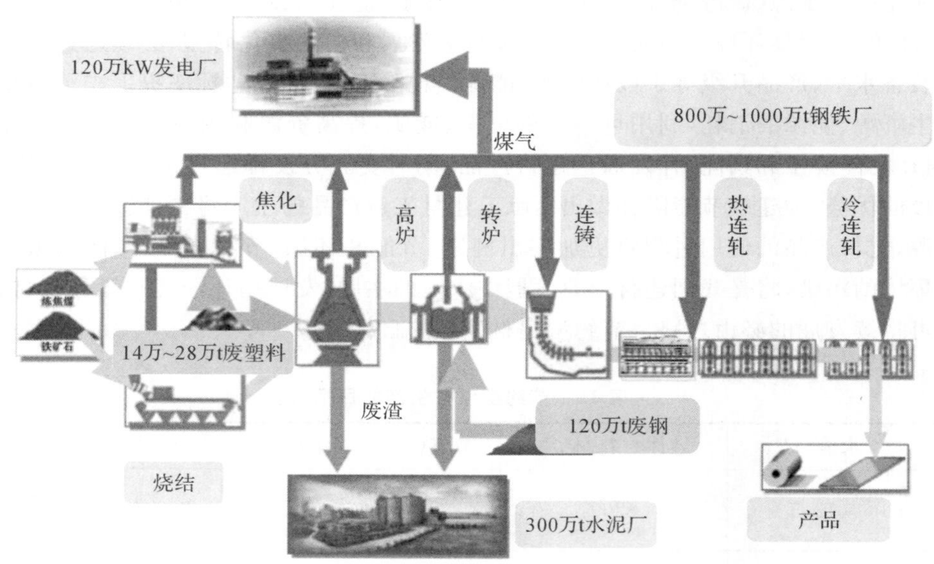

图 6 资源节约、环境友好的新一代钢铁制造流程设想

(2)生产领域的再循环和再利用

①水的再循环和再利用

我国人均水资源占有量不足世界平均水平的 1/3。按照联合国规定的人均水资源量低于 1700m³ 为用水紧张国家，目前我国已有 16 个省市人均水资源＜1700m³，10 个省市人均水资源＜500m³。目前，我国的用水结构如下：

表 16 我国的用水结构

年份	农业用水/%	工业用水/%	生活用水/%
1980	84	10	6
2004	65	22	13

面对我国水资源日渐短缺，无节制、低利用率的粗放型开发利用模式，以及水体污染严重的状况，建设水资源可持续利用的节水防污型社会已势在必行，水资源的再循环，再利用是有效的方式之一。我们的目标见表 17。

表 17 我国用水量及保护目标

年份	总用水量/亿 m³	污水处理率/%
1949	1000	
2004	5600	14(工业)
2010	6000	50
2020	6500	70
2030	6800	80

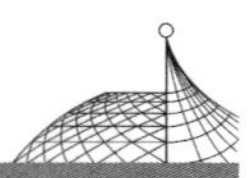

②木材、纸张的再循环和再利用

我国森林覆盖率为18.21%，相当于世界平均水平的61.53%；全国森林面积1.75亿公顷，人均占有面积为0.132hm^2；人均森林蓄积量为9.048m^3，仅为世界人均蓄积量的1/8。林分平均每公顷蓄积量只有84.73m^3，相当于世界平均水平的84.86%。

我国商品木材每年缺口8000万m^{3}以上，2003年进口原木及木质林产品折合木材占全国木材总供给量的43.5%，木材供需矛盾突出。我国一方面木材利用率低，仅为60%，低于发达国家85%的水平；另一方面木材及其产品废弃物回收再利用率也低，浪费现象严重。2004年我国进口纸张、纸板、纸浆、废纸、纸制品共2592万吨，耗用外汇96.87亿元。回收率仅28.7%。澳大利亚废纸回收率达到73.5%，日本达到78%，我国废纸回收率远低于发达国家水平。因此，必须提倡木材、纸张的节约和再循环、再利用。目标如下：

表18　木材消耗及节约目标

年份	总消耗量/亿m^3	综合利用率/%	废纸回收率/%
2004	1.8	60	28.7
2010	2.4	80	35.0
2020	3.2	90	45.0

③矿产的再循环和再利用

我国有45种矿产资源人均量低于世界人均量的50%，其中：铁矿石为世界人均量的42%；铜矿为世界人均量的18%；铝矿为世界人均量的7.3%。我国矿产资源总回收率约30%，比国外先进水平低20百分点。而且，我国矿产资源开发利用的能耗高，每吨原铝直流电耗高2.5%，锌冶炼平均能耗高33.4%，铅冶炼平均能耗高84.2%。因此，再生金属的循环利用，在资源和能源消耗方面能起到推动作用，而且与我国的金属资源的再利用率相比世界平均水平还有相当差距，因此还有很大的节约潜力。

表19　再生金属的能源消耗比较

能源	矿石生产耗能/(GJ·t^{-1})	用废品生产耗能/(GJ·t^{-1})	节约能量/(GJ·t^{-1})	节约能量比例/%
镁	372	10	362	97.3
铝	353	13	340	96.3
镍	150	16	134	89.3
铜	116	19	97	83.6
锌	68	19	49	72.1
钢	33	14	19	57.6
铅	28	10	18	64.3

表20　金属资源的再利用

资源(2003年)	再利用量/万t	再利用率/%	世界平均率/%
钢铁	5800	26	43
铜	93	22	37
铝	145	21	40

(3)消费产品的再循环、再利用和再制造

消费产品的再循环、再利用主要应用在汽车、机电产品、家电、建材、生活垃圾等领域。目前,国外进行再制造的主要是机械类产品,也包含了少量的电子电器类产品。美国的再制造商数据库中有84种不同种类的产品能够被再制造,包括汽车配件(包括起动器、发电机、刹车器、离合器、传感器、发动机等)、医疗诊断用磁共振图像设备及复印机等,其中大多数是机械类产品。

在对废旧汽车进行再循环、再制造,2000年我国汽车保有量为1900万辆左右,达到报废标准的汽车210万辆。2005年,我国汽车保有量将达到3250万～3500万辆,2010年将达到4351万～4700万辆,今后每年报废的汽车都将在200万辆以上。根据上述发展趋势测算,至2010年,若我国报废车辆的30%可用于再制造,则年均销售额可创360亿元、回收附加值490亿元、节电21亿度、解决就业18万人、减少CO_2排放230万t,见表20。因此,废旧车辆的再制造工程具有巨大的发展潜力。

表21　报废车辆用于再制造产生的情况

用于再制造的比例	年均销售额/亿元	回收附加值/亿元	节电/亿度	解决就业/万人	减少CO_2排放/万t
30%[1]	360	490	21	18	230
80%[2]	3360	4582	193	168	2146

1. 至2010年,若我国报废车辆的30%可用于再制造;
2. 至2020年,若我国报废车辆的80%可用于再制造。

在废旧电脑方面。废旧电脑中除了含有一些有害物质外,还有多种有价成分,是宝贵的二次资源。平均一吨电脑及部件约含0.8kg黄金、270kg塑料、128kg铜、1kg铁、58.5kg铅、39.6kg锡、36kg镍、19.8kg锑,还有钯、铂等贵重金属。

此外,废塑料对环境造成的污染和危害越来越严重。目前,我国废塑料的年发生量接近500万t,其中,北京地区废塑料年发生量达50万t。废塑料的利用在发达国家逐渐受到重视,包括直接再加工成其他品种塑料,或经裂解催化改质,制造液体燃料,还可以在焦炉和高炉中作为燃料及还原剂,替代部分煤炭,并显著减少简单焚烧法产生二噁英和CO_2。

5. 结　论

由于制造业的资源、能源消耗大、环境污染严重,一些生产方式是粗放,存在产品层次低、企业平均规模小和生产技术落后等产业结构不合理问题。因此,未制造业要满足市场需求、保障有效供给最根本的出路在于转变经济增长方式,依靠科技创新和技术进步降低生产能源和资源单耗,加速调整产业结构,走资源节约型和环境友好型的可持续发展道路。现在,全国各行各业都在研究采取节约能源的各种措施。相信通过各行业、各部门的共同努力,通过采取有力的政策和措施,依靠科技,我国提高能源资源利用效率的工作,一定能取得明显的成效。到2020年实现用能源资源翻一番,完成GDP翻两番的目标,建成有中国特色的节约型社会。

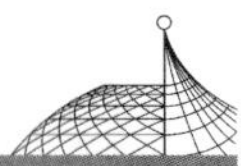

Develop Efficient Manufacture Based on Science and Technology Innovation

Abstract: The importance of the basic national policy-building efficient society based on domestic the resources and energy present state was described. The energy consumption and substance consumption of manufacturing industry were researched, the urgency of building efficient manufacturing. Some main manufacturing industries present state and efficient target were analyzed, such as electric power, steel, nonferrous, building materials, petrochemical, automobile, construction industries. To realize the goal of per capita GDP doubling that for 2000, unit GDP energy consumption reduced by 20% for 2005 up to 2010, and per capita GDP secondly doubling that for 2000, unit GDP energy consumption reduced by 50% for 2005 up to 2020, the science and technology innovation must be depended and developed. Some measures should be adopted by reuse, recycle and remanufactured.

Keywords: science and technology innovation; efficient manufacture; manufacturing industry; remanufacture

定海神针　千秋大业*

摘　要：本文阐述了南海自古以来就是中国的领土的历史情况和法律依据。分析了南海的岛礁被外国侵占、资源被外国开采、生态环境受到严重威胁的严峻形势。提出：实施“围棋战略”；加快“填礁造岛”；建设“定海神针”；依靠“自主引领”；重视“环保先行”；长期“屯岛戍疆”的南海发展战略。提出抓住机遇、加快建设“定海神针”工程的建议，以及“定海神针”实施的工程方案。

1. 南海自古以来就是中国的领土

1.1　历史记载

公元前221年，秦始皇统一六国后，分全国为42郡，其中南海郡管辖包括西沙群岛在内的整个南海诸岛。公元前111年，汉武帝平定南粤之乱后，在海南岛设儋耳、朱崖两郡，辖南海诸岛。武德五年（公元622年），唐高祖改二郡为一州，时号振州，管辖南海诸岛。宋元明清四代，以“石塘”“长沙”为名记述南海诸岛。《元史》记载，至元十六年（1279年），元世祖忽必烈委派同知太史院士郭守敬到南海进行测量，在绘制的《广舆图》中，把南海诸岛的西沙群岛标为“千里长沙”，南沙群岛标为“万里石塘”。明朝，广东下设琼州府，行政管辖南海诸岛。清朝，沿袭明制不变。民国时期，1911年辛亥革命后，广东省政府宣布把南海诸岛划归海南崖县（今三亚市）行政管辖。1939年，日本非法侵占了东南亚诸国和我国南海诸岛。

1945年8月日本天皇宣布无条件投降。1945年9月，日本政府在《日本投降书》中明确全面接受《波茨坦公告》，并承诺忠诚履行《波茨坦公告》各项规定。1946年，根据《开罗宣言》和《波茨坦公告》的决定，时任国民党海军海防第二舰队司令的林遵率“太平”“中业”两舰接收南沙群岛，将南沙主岛命名为“太平岛”和“中业岛”，并在岛上树立刻有“太平岛”及“中业岛”字样的纪念碑。随后接收人员又到中业岛、西月岛、南威岛，分别在岛上举行接收仪式，并立碑为证。

1947年，国民政府公布“南海诸岛图”确立九段线。日本政府于1952年正式表示“放弃对台湾、澎湖列岛以及南沙群岛、西沙群岛之一切权利、权利名义与要求”，从而将南沙群岛正式交还给中国。

1959年3月24日，中央政府批准成立“西南中沙工作委员会”，并设立南中沙群岛办事处，隶属于广东省。2012年7月24日，经国务院批准，海南省三沙成立地级市。

---

*　文章选自2013年6月中国工程院提出的“关于南海保护与开发若干问题的建议”。2012年8月中国工程院启动“南海保护与开发战略研究”项目，作者任项目组长。

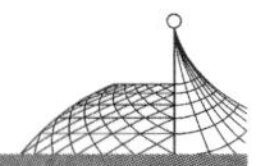

1.2　法律文件

1943年中美英三国《开罗宣言》宣布，此次战争的宗旨之一是“使日本所窃取于中国之领土，例如满洲、台湾、澎湖群岛等归还中国”，当时的南沙群岛被日本划归台湾管辖。1945年《波茨坦公告》再次确认了中国收复失地的立场。1945年《波茨坦公告》第八条规定：《开罗宣言》之条件必将实施，而日本之主权必将限于九州、四国、本州、北海道四大岛。

1958年9月4日，我国政府发表领海宽度为12海里的声明，适用于中国一切领土，包括南海诸岛。越南人民日报于9月6日详细报道了这一声明。越南总理范文同于9月14日向周总理表示承认和赞同这一声明。不少国家政府和国际会议的决议也承认南沙群岛是中国的领土。例如，1955年在马尼拉召开的国际民航组织太平洋地区航空会议通过的第24号决议，要求中国在南沙群岛加强气象观测，会上没有任何一个代表对此提出异议或保留。1987年2月，联合国教科文组织大会通过《全球海平面联测计划》，决定同意我国家海洋局的建议，在中华人民共和国永暑礁建立第74号海洋观测站。1988年8月2日，南沙永暑礁海洋观测站胜利竣工，我军民几十年常驻岛上。

1.3　官方地图证据

许多国家出版的地图也都标注南沙群岛属于中国。例如，日本1952年由外务大臣冈崎胜男亲笔推荐的《标准世界地图集》。以及1962年由外务大臣大平正芳推荐出版的《世界新地图集》，1954年德意志联邦共和国出版的《世界大地图集》，1956年英国出版的《企鹅世界地图集》。1956年法国出版的《拉鲁斯世界与政治经济地图集》不但用法文拼音标明西沙、南沙和东沙群岛的中国名称，而且在各岛名称后注明属于“中国”等，都明确标注南沙群岛属于中国。越南于1960年、1972年出版的世界地图及1974年出版的教科书都承认南沙群岛是中国领土。1963年美国出版的《威尔德麦克各国百科全书》，1971年美国出版的《世界各国区划百科全书》说：“人民共和国包括几个群岛，其中最大的是海南岛，在南海岸附近。其他群岛包括南中国海的一些礁石和群岛，最远伸展到北纬4度。这些礁石和群岛包括东沙、西沙、中沙和南沙群岛。”日本于1972年出版的《世界年鉴》说：“中国……除大陆部分的领土外，有海南岛、台湾、澎湖列岛及中国南海上的东沙、西沙、中沙、南沙各群岛等。”1973年的《苏联大百科全书》都明确标注南沙群岛属于中国。越南 1974 年出版的地理教科书，在《中华人民共和国》一节中写道：从南沙、西沙各岛到海南岛、台湾岛……构成了保卫中国大陆的一座长城。直到 1979 年，日本共同社出版的《世界年鉴》都承认南沙群岛是中国领土。世界各国都公认南海属于中国。

南海诸岛属于中国有充足的法律和地图依据。

2. 南海的形势十分严峻

(1)南海的岛礁被外国大量侵占。西沙群岛在我国实际控制之内。南沙群岛被侵占情况非常严重。南沙四十多个岛礁中：越南占领 29 个岛礁；菲律宾占领 8 个岛礁等。中国控制 8 个岛礁，其中，包括中国台湾控制的太平岛。这些事情多发生在 70 年代。1971 年菲律宾占领中业岛(0.38km^2)。1974 年越南占领南威岛(0.16km^2)等。

(2)南海的资源被外国大量开采。有的国家提出“合作区块”和“招标区块”39 万平方公里，占九段线中南部盆地总面积的 62%(绿色和灰色区域)。钻井：2000 口，油气田：120 个，储量：石油 12.5 亿 t，天然气 4.13 万 m^3。2012 年产量：石油 5000 万 t。每年采走一个大庆!

(3)南海基础设施建设十分薄弱。南海的码头、机场、淡水、电力等基础设施十分薄弱，亟待加强。

(4)南海生态环境受到严重威胁。

(5)南沙深海远程基地尚未建设。南沙距海南 1500km 以上，我国缺乏深海远程空、海基地。难于对南海的航运、空运、采油、渔业等提供淡水、燃油、粮食、蔬菜等的支持和进一步开发。捍卫祖国的领海和领土后勤距离也太远。急需在南海建设深海远程空、海基地，像“定海神针”保卫南海、建设南海。

(6)美国“重返亚太”的战略转移。过去，美国先后策划阿富汗、伊拉克、利比亚、乌克兰、叙利亚等国动乱；“北约东扩”逐步实现。美国智囊提出“重返亚太”的意见。2011 年奥巴马在夏威夷 APEC 会上提出“转向亚洲”的战略变化，把矛头指向正在崛起的中国。2012 年美国防长帕内塔在香格里拉提出“亚太再平衡”战略，到 2020 年把 60%的战舰部署在太平洋。近年，美国飞机、军舰以“航行自由”为借口，不断挑衅中国南海，并拉拢有关等国制造事端，引起南海局势紧张。

3. 南海开发的战略

(1)统筹谋划，实施“围棋战略”。南海成百上千个岛屿，犹如一盘围棋。实施“围棋战略”，抓紧“填礁造岛”，有效监控南海地区空、海域，并服务三沙市的发展和建设。

(2)抓紧机遇，加快“填礁造岛”。

(3)千秋大业，建设“定海神针”。永兴岛、永暑礁、渚碧礁、美济礁等岛礁是我国实际控制岛礁中战略位置十分重要的几个岛礁，分别位于南海的不同关键位置。在这几个岛礁上修建大型机场、码头，提供淡水、燃料、药品、食品等。形成军民结合的大型固定海空基地。像“定海神针”一样，“镇住”南海，是千秋大业。

(4)共同开发，依靠“自主引领”。南海油气资源开发要以“自主开发”引领“共同开发”。过去“主权属我、搁置争议、共同开发”的原则被有些国家无情的搁置。我们只有通过“自主开发”才能使对方回到谈判桌上，从而为“搁置争议、共同开发”奠定基础，建设友谊合作之海。油气资源开发的目标建议：

①近期目标：2016 年左右，建成 1 到 2 个深海远程综合基地；

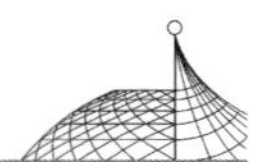

②中期目标：2020 年左右，加快开发南海中南部海域油气资源，在南海建成千万吨级油当量产能，形成初步的岛礁经济链；

③远期目标：共同开发，深入开发南海资源，形成亿吨级油当量产能，成为新的经济增长点，建立周边国家共同的南海经济圈。

(5)维权发展，重视“环保先行”。建设 4 个国家级、省级海洋自然保护区。建设 6 个南海生态环境监测系统。打造世界级珊瑚礁生态环境保护研究平台，建设清洁南海。

(6)军民共建，长期“屯岛戍疆”，建设和平之海。

4. 抓住机遇　加快建设“定海神针”工程

“定海神针”工程战略位置十分重要，分别位于南海的不同关键位置。在这儿修建大型机场及码头，像“定海神针”一样，“镇住”南海，是千秋大业，意义重大。

当前，西方国家正忙于叙利亚、乌克兰问题。我国应抓住战略机遇期，发挥社会主义国家能集中力量办大事的优势，军民结合，加快建设“定海神针”工程！

人工造岛的四种工程模式：

(1)吹填造岛(<5m)。吹填造岛速度快。水深 5 米左右，我国已有浦东机场等近海的经验。有吹填造岛工艺。我国有世界上先进的吹填机。扬程：60m，能力：几万立方米/日。

(2)高桩结构平台(<30m)。如：杭州湾跨海大桥。东海跨海大桥等，我国已有经验。

(3)大型海洋浮式平台(>30m)。

(4)地下空间开发与利用。

由于时间紧，建议首选吹填造岛工程方案！

5. 结　论

本文阐述了南海自古以来就是中国的领土的历史情况和法律依据，分析了南海的岛礁被外国非法侵占、资源被非法开采、生态环境受到严重威胁的严峻形势，以及我国的基础设施建设十分薄弱、深海远程基地尚未建设的问题。提出：统筹谋划，实施“围棋战略”；抓紧机遇，加快“填礁造岛”；千秋大业，建设“定海神针”；依靠“自主引领”共同开发；维权发展，重视“环保先行”；军民共建，长期“屯岛戍疆”等六项发展战略。提出抓住机遇、加快建设“定海神针工程”的建议，以及“定海神针”工程实施的吹填施工方案。

航空强国的发展战略研究*

摘　要:本文分析了国际和国内情况,说明航空是一个经济强国的重要标志、军事强国的重要保障、科技强国的重要引擎。我国实施"航空强国"战略和我们的"两个一百年"奋斗目标是一致的。文章提出我国航空强国的战略目标及 2035 年、2050 年的阶段发展目标。阐述实施航空强国战略,必须以自主领先创新为发展理念,以掌握核心技术为发展重点,以新时代军民融合体制改革为发展动力等意见。

2014 年 5 月 23 日,习近平总书记在视察中国商飞公司时指出,"研制大飞机承载着几代中国人的航空梦,搞大飞机和我们的'两个一百年'奋斗目标是一致的","我们要做一个强国,就一定要把装备制造业搞上去,把大飞机搞上去!"2016 年 8 月 28 日,他在中国航空发动机集团公司成立时批示:"加快实现航空发动机及燃气轮机自主研发和制造生产,为把我国建设成为航空强国而不懈努力奋斗!"向我们提出建设航空强国的奋斗目标。

1. 航空强国是现代化强国的重要标志

"大型客机研发和生产制造能力是一个国家航空水平的重要标志,也是一个国家整体实力的重要标志"。在本世界中叶,中国将进入世界强国行列,航空强国将为中国更加频繁地参与全球事务、经贸往来、交流合作提供强大支撑,也将为中国推动全球经济、政治、军事体系的发展提供强有力手段。更重要的是,航空科技创新作为建设航空强国最核心、最有效的战略步骤,也将为实现科技强国的战略目标提供强大的驱动力。成为航空强国不仅意味着中国拥有了在 21 世纪保持持续繁荣和长治久安的经济和军事支柱,也意味着中国重新成为尖端科技和工业文明的先行者。

(1) 航空强国是经济强国的重要标志

航空业是欧美自二战以来经济和社会发展的重要支柱。到 21 世纪初,包括航空制造业、航空运输业、航空基础设施和运行保障、军用航空等的航空业整体,为美国提供了 1300 万个高质量就业岗位,占美国全部雇员的 15%①。2015 年,美国航空制造业产品和服务的增加值占国民生产总值的 1.8%,出口占全国出口的 10%,航空制造业成为美国经济的战略性支柱②。据日本通产省研究,按产品单位重量创造的价值计,如果船舶为 1,则轿车为 9,彩电为 50,电子计算机为 300,喷气飞机为 800,航空发动机达 1400。美国兰德公司统计,民用飞机工业可以为相关产业提供 12 倍于自身的就业人数,航空工业每投入 1 亿美元,10 年后航空及相关产业产出 80 亿美元。航空制造业还具有巨大的产业辐射和带动作用。在航空制造业的带动下,美国发展出全球先进的材料、元器件、软件、工艺装备、工业控制、动

---

* 本文原载于《百名院士谈建设科技强国》,中国科学院、中国工程院,2018:345-354.

① 《美国航空航天未来委员会报告》,美国国会专门委员会,2002.

② 《美国航宇工业协会报告》,美国航宇工业协会网站,2016.

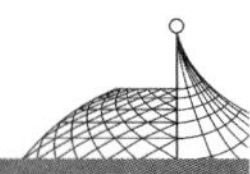

力能源工业，美国的冶金、化工、机械、仪表等配套的基础性工业也始终保持在全球基础性工业分工的价值链顶端。欧洲空中客车公司在欧洲的供应链体系就涉及1万多家企业，近半个世纪以来一直是拉动欧洲制造业持续升级最强有力的火车头。航空业是一个国家装备制造业水平的重要标志。

（2）航空强国是军事强国的重要保障

自二战以后，美欧严格限制其盟国发展军用飞机。目前美国军用固定翼飞机的规模仍保持在10000架左右，旋翼机规模保持在6000架以上，超过俄、中、英、法等其他安理会常任理事国的总和①。美军隐身飞机可同时投放的远程空对地精确打击弹药的能力超过1500吨；战略空运能力达到1.3亿吨公里/天，超过全球其他国家能力的总和。由于高度重视制空权和空基打击在现代战争中核心作用，美军近三十年来仍将采办费用的一半用于配置现代化的航空和空基武器装备②。航空装备是空中优势、海上优势和陆地优势的重要保障。

（3）航空强国是科技强国的重要引擎

随着航空深入人类生活的方方面面，航空科技的全体系特征愈发突出。按照我国的学科分类标准，航空涉及13大学科门类中9个门类的近2000个三级学科。航空业的每一次重大科技进步，都带动着相关学科和技术向前发展，并引发整个社会科技水平的全面提升。由于投资航空科技发展具有巨大的体系带动效应，航空成为主要国家科技投资的重点领域。日本的一项研究表明，在当时被调查的500多个技术扩散案例中，60%的核心技术源于航空工业；欧洲的一项研究表明，在航空领域每投入1亿美元研发，后续可以形成每年9000万美元的产出③。美国对航空在整个科技体系中的作用有非常深刻的认识，美国二战以后由国家航空航天局、国防部、交通运输部等长期稳定投资航空研发，近20年来仍然保持每年百亿美元规模的航空研发投入，不仅形成了全球最强大的航空研发力量，而且带动了空气动力学、固体力学、工程热物理、计算数学、物理学、化学、电子学、信息、控制学等众多门类的基础科学和工程技术长期保持世界顶尖的研究创新和工程应用。欧盟连续9个框架计划中，航空是研发投入增长最快的战略性领域。美欧都将航空研发作为驱动整个科技创新的战略引擎。

20世纪以来的强国竞争史已经雄辩地证明，不是航空强国难以成为真正的现代化强国。航空在英、法、德、意、俄、日等国的强国发展史上都留下过浓墨重彩的一笔，二战之中的各强国无一不全力谋求航空优势，苏联更是曾经与美国在军用航空领域分庭抗礼。在航空领域的竞争失败，是许多国家未能继续现代化强国进程的原因之一。二战结束后，对德、日、意等战败国发展航空工业做出严格限制。德国积极与欧洲通过技术和市场的联合发展，使民用航空成为欧洲复兴进程的主要支柱；日本在二战之后，航空高度依附美国，没有形成自主发展格局，没有为日本的发展做出巨大贡献。从目前的发展趋势看，航空强国仍然是所有全球性强国发展不可或缺的重大战略依靠，超越对手形成航空优势是现代化强国发展进程中面临的最重大战略挑战。

2. 航空强国的战略目标

深刻认识我国全疆域快速运输和高效治理的战略需求。我国陆地和海洋面积超过1200平方公里，只有建立强大的航空运输体系，才可以支撑我国全疆域“门到门”运输效率提升到12小时以内（欧盟2050年的目标是欧洲全境4小时）。即使按照较低的航空运输年增长率④来估算，20年后我国航

---

① 《世界空中力量》，英国2018简氏出版集团，2018.

② 《武器系统费用》，美国国防部，1986—2016.

③ 《航空，真正的互联网》，牛津经济研究所，2008.

④ 我国过去四十年的航空运输年增长率保持在两位数以上，是国民经济增长率的1.8倍。这里按航空运输年增长率6.8%计算。

空客运规模从目前的每年8000亿人公里提升到每年3.6万亿人公里，我国民航机队的规模将从目前的不足3000架达到超过7000架，新机购置数量超过6000架，价值超过1万亿美元。即使实现了这个目标，我国年人均乘机次数也仅是从目前的0.35次提升到20年后的接近1次。进一步提高陆域和海域的开发、运营、管控和治理水平，支撑我国无论是地理位置边远的村落、还是人口高度密集的城市，都能达到相对一致的社会文明程度和国家治理效率，有效解决发展不平衡、不充分的问题，还需要大力发展我国的通用航空。需要特别指出的是，从国家治理能力和效率的角度出发，航空运输和通用航空体系都不能存在全局性受制于人的战略性风险。

深刻认识在全球性体系中确保我生存和发展空间的战略需求。到21世纪中叶，作为一流军队的重要组成部分，我国航空装备要在空、天、网、电、陆、海全部六个作战域的占有信息、敏捷机动、精准打击、跨域作战、自主后勤等方面占据领先位置，以稳定的军事能力持续有效覆盖全部潜在冲突区域，以真正的战斗力和威慑力维护我国的主权和全球利益。我国航空装备不仅要在数量和质量上与持续快速进步的竞争对手形成全面抗衡的局面，而且还要以低于竞争对手的资源占用和整体成本，形成超越对手的作战实力和作战适用性。作为联合国常任理事国、世界第二大经济体，我国航空装备还要支撑战略性资源的全球快速到达能力，支撑中国作为大国在全球体系中发挥基本职能作用。

深刻认识我国航空工业和整个制造业转型升级的战略需求。我国经济发展模式已经进入一个极端重要的转型升级期，其成败取决于高端制造业的发展水平、发达程度。美国和欧洲向全球市场提供了“航空”这一不可或缺的公共产品，自身也获得了巨大的经济回报和产业增长。波音和空客公司目前都是拥有千亿美元以上创新资产的产业巨擘，它们还领导着拥有数万亿美元创新资产的欧美航空工业。简而言之，我国经济要持续发展，航空产业是制造业必争之地、也是世界航空市场必争之地。

为满足我国未来航空发展需求，支撑国家“两个一百年”战略目标的实现，必须确立航空强国的发展目标。航空强国的战略目标可划分为2035年和2050年两个阶段。

第一阶段——到2035年，步入先进航空国家行列，基本实现我国航空现代化。

自主研发先进的航空产品；自主掌握航空核心技术；形成全面的航空技术体系和产品体系；建成先进的航空产品设计、制造、生产和运营支持能力；培养一支高水平的人才队伍。军用航空装备能有效支撑军队现代化，民用航空产品有效占据世界市场份额，初步建立基于自主航空的高速、高效国家运行和治理体系，有力支撑国家全疆域经济和社会的平衡发展。

第二阶段——到2050年，成为世界一流航空国家，建成世界航空现代化强国。

研发出世界一流的航空产品；领先创新能力突出、掌握有战略优势的航空核心技术；航空技术体系和产品体系完备；建成一流的航空产品设计、制造、生产和运营支持能力；培养世界一流的人才队伍。航空装备全面支撑一流军队的持续发展，全面支撑国家全疆域经济和社会的平衡发展，全面支持我国参与全球治理体系。我国民用航空产业成为世界航空产业链的重要力量，支撑人类共同体可持续发展的新篇章。

3. 航空强国的建设

进入21世纪以来，数字化、网络化、智能化融合发展为全球科技创新不断提供新的发展空间和创新驱动力，推动着科技革命和产业变革以更加迅猛的方式影响人类生活的方方面面。与此同时，未来航空发展已经向人类科技创新提出了最强有力的挑战，航空领域也进入了科技革命和产业变革期。

在航空运输安全性方面，人类已经可以达到灾难性事故率1次/1亿飞行小时水平，但面对持续增长的运输需求，欧美已经提出在本世界中叶将航空运输安全性再提高一个数量级的目标；在与自然和

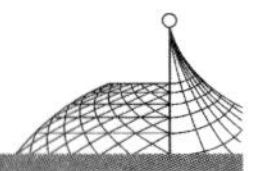

环境协调发展方面，能源转换和能效提升、绝对排放规模大幅收缩、与全球生态体系共存等要求已经在国际层面被认定为未来航空获得进一步长足发展必须实现的基本条件；在与人类社会协调发展方面，有人无人飞行器混行、风险和偏远空域的有效管控、人类个体与群体行为冲突等都已经通过重大事件的方式对航空的发展提出了战略性挑战，必须发展出更加强大的技术和管理，人类才能继续保持对发展和应用航空的信心。

国家要强，科技必须强，航空科技体系更要强。航空科技必须以自主领先创新为发展理念，以掌握核心技术为发展重点，以新时代军民融合体制为发展动力，抓住历史机遇，在航空强国建设进程中长足发展、做出巨大贡献。

(1) 立足自主创新推进航空强国建设

我们要彻底改变“造不如买、买不如租”的逻辑，要“形成我们独立的、自主的能力”。我国航空自主研发活动启动晚、研发决策多变、研发体系不健全等是20世纪后半叶影响我国航空自主创新的问题。航空工业几十年发展经验证明：无论是民用飞机、还是军用飞机，凡不坚持自主创新，想依赖西方国家的技术，都遇到重大挫折！当前最重要的自主创新部署，是着眼长远、持之以恒地开展航空研发活动，在国际国内市场和供应链高度融合的状态下，坚持自主开发和创新核心技术。以自己的核心技术掌握项目和产品的的技术和市场主导权。

(2) 重点突破航空关键核心技术

“关键核心技术是要不来、买不来、讨不来的。”只有把关键核心技术掌握在自己手中，才能从根本上保障国家经济安全、国防安全和其他安全。当代航空工业的核心技术，不仅涉及航空体系、飞行器平台、发动机和机载系统、专用部组件、材料和工艺、元器件－软件－标准件等各个层面，还涉及需求开发、技术验证、工程和制造研制、小批和大批量生产、使用和保障等各个环节的设计开发工具、工程验证手段、体系保证方法和运营支持技术。重点要突破飞机、发动机和机载系统的核心技术。

飞机关键核心技术：飞行器总体综合设计技术，绿色飞行器高效气动设计技术，长寿命高可靠性轻质航空结构技术，系统集成技术，飞行器试验测试技术，大部件复合材料设计制造技术等。

发动机关键核心技术：大涵道比涡扇发动机设计和验证技术，高效率、高稳定裕度压缩系统，低排放燃烧室技术，高温长寿命涡轮技术，先进数字控制系统，高功率密度传动技术，综合燃油管理技术，高温材料及制造技术，测控技术等。

机载系统关键核心技术：综合模块化航电系统、非相似多余度电传飞控系统、燃油系统、液压系统、空气管理系统、电力系统、起落架系统、辅助动力系统设计和验证技术等。

(3) 军民融合，建立新时代举国体制

航空是支撑国防和国家安全、国家运输体系、国家应急体系、国家公共安全体系、自然资源保护、生态环境保持、农村农业发展、文化旅游发展、城市化和分级医疗体系建设的重要手段。集合并充分发挥与发展航空、应用航空、管理航空的各方面力量，建立新型举国体制，我国航空工业才能够敏捷开发和交付产品响应市场和军事需求，才能够高效组织创新链和供应链降低发展和运行成本，才能够形成较高的投资回报吸引产业资本和优秀人才，才能够形成良性持续发展模式自主、快速、领先发展，才能够在全球航空产业的各层次、各领域竞争中胜出，才能够在我国制造业各领域的人才和资本的竞争中胜出。新型举国体制，需要以更强大、更专业的国家基础研究体系来支撑航空领域的自主创新，以更流畅、更完备的技术转化和转移体制来加速航空领域的创新进程，以更广泛、更深入的经济和社会应用来驱动航空领域的技术产品化、产业化进程。

时不我待，航空发展已经进入“两个一百年”的战略征程。推动航空强国建设，是实现“两个一百年”战略目标不可回避的战略挑战、不可或缺的战略基石、不可动摇的战略途径。中华民族有智慧、有能力成为世界航空科技和航空产业发展的重要力量，航空也将为中华民族的伟大复兴插上翅膀！

专著目录

[1] 张彦仲.机械振动与冲击测量.北京:国防工业出版社,1973.
[2] Zhang Y Z. Finite State Machine Realization of Digital Signal Processing Systems. Cambridge University, U. K. ,1984.
[3] 张彦仲.数字信号处理系统及其实现. 北京:科学出版社,1989.
(1992年获新闻出版署"全国优秀科技图书"二等奖)
[4] 张彦仲.快速傅里叶变换及沃尔什变换.北京:航空工业出版社,1990.
[5] 曾义方,张彦仲.信号处理名词术语集.北京:航空工业出版社,1991.
[6] Zhang Y Z. Digital Signal Processing System and Its Realization. Beijing: Science Press; New York: CRC Press, 1992.
[7] 张彦仲.信号处理单片机及应用(上、下册).北京:航空工业出版社,1996(上册);1997(下册).
[8] 张彦仲等.英汉信息技术词典.北京:航空工业出版社,1999.
[9] 曾义方,张彦仲.多媒体实用技术(上、下册).北京:航空工业出版社,2001(上册); 2002(下册).
[10] 张彦仲等.建设节约型社会战略研究.北京:中国工程院,2005.
[11] 张彦仲.张彦仲经济文集.北京:北京航空航天大学出版社,2005.
[12] 张彦仲,殷瑞钰,柳百成.节约型制造科技前沿.北京:高等教育出版社,2007.
[13] 归永嘉等.剑桥学子航空人——中国工程院院士张彦仲.北京:航空工业出版社,2015.

编辑说明

本书是张彦仲院士中文科研论文的汇集，在较长时间跨度上反映了我国航空系统工程及信息技术的发展历程，可作为相关科学领域的重要参考资料。全书分为信息技术、航空工程、重大科技战略三个部分，每一部分中按文章重要程度排布。本书收录的是张彦仲院士的部分中文代表作，外文代表作另行集结出版。

因本书收录文章的写作时间跨度长达四十余年，且文章在不同刊物和会议上发表，因此行文风格和格式有所不同。为此，在编辑过程中，我们既注意保持文章的历史原貌，又兼顾全书格式大体一致。对原文的语句表述、参考文献等，一般维持原样，仅对少许字句、标点、计量单位、公式、变量等，尽量按照现代出版规范进行统一和订正。

由于时间仓促，编辑过程中难免有疏漏之处，恳请读者谅解并予以指正。

图书在版编目(CIP)数据

张彦仲科学文集/张彦仲著. —杭州:浙江大学出版社，2020.6(2020.10 重印)
ISBN 978-7-308-18825-8

Ⅰ.①张… Ⅱ.①张… Ⅲ.①航空航天工业—文集 Ⅳ.①V-53

中国版本图书馆 CIP 数据核字(2019)第 000734 号

张彦仲科学文集
张彦仲　著

策划编辑　许佳颖
责任编辑　金佩雯　侯鉴峰
责任校对　郝　娇
封面设计　黄晓意
出版发行　浙江大学出版社
(杭州市天目山路 148 号　邮政编码 310007)
(网址:http://www.zjupress.com)
排　　版　杭州中大图文设计有限公司
印　　刷　浙江海虹彩色印务有限公司
开　　本　889mm×1194mm　1/16
印　　张　37.5
插　　页　14
字　　数　1068 千
版 印 次　2020 年 6 月第 1 版　2020 年 10 月第 3 次印刷
书　　号　ISBN 978-7-308-18825-8
定　　价　278.00 元